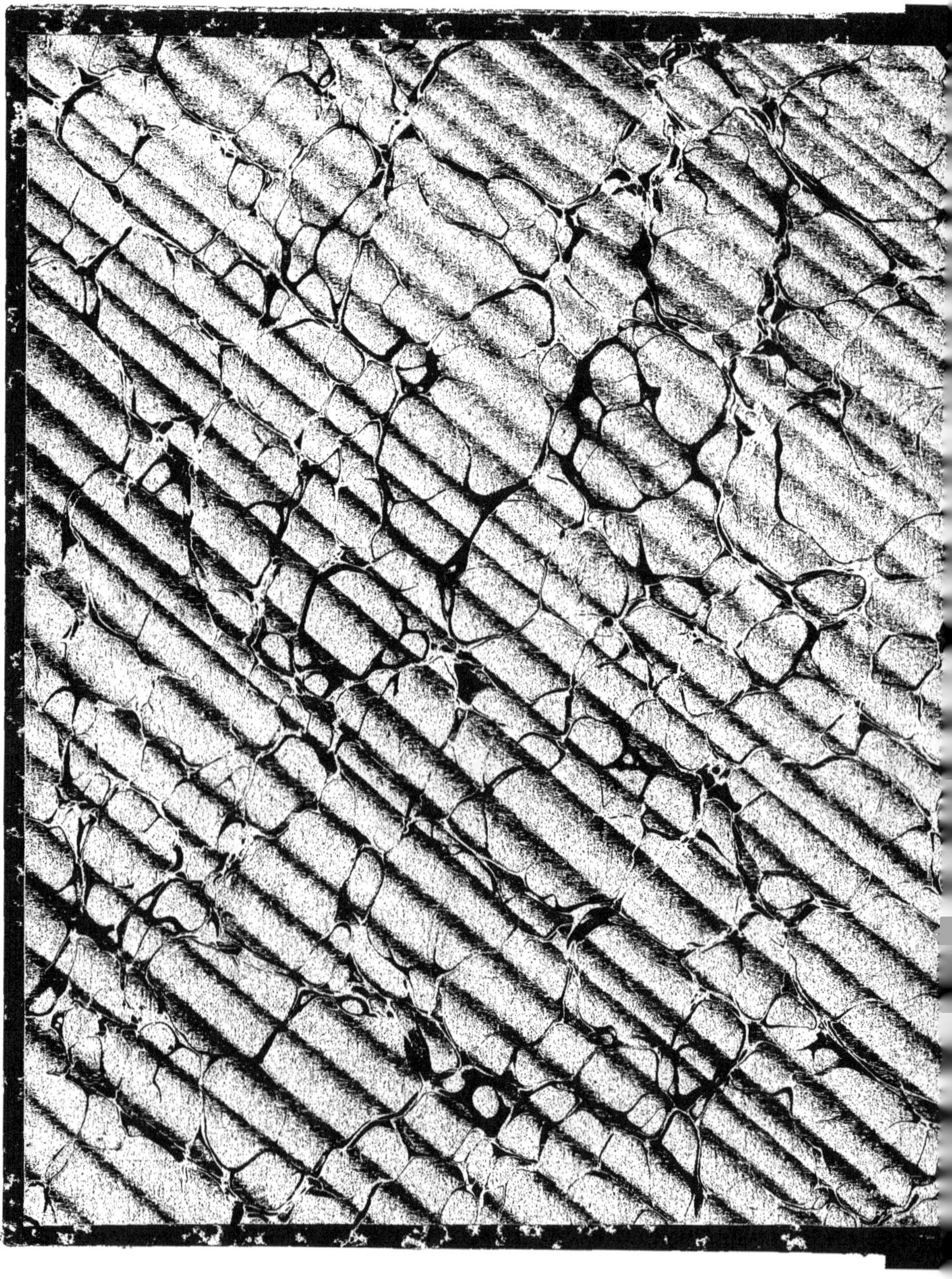

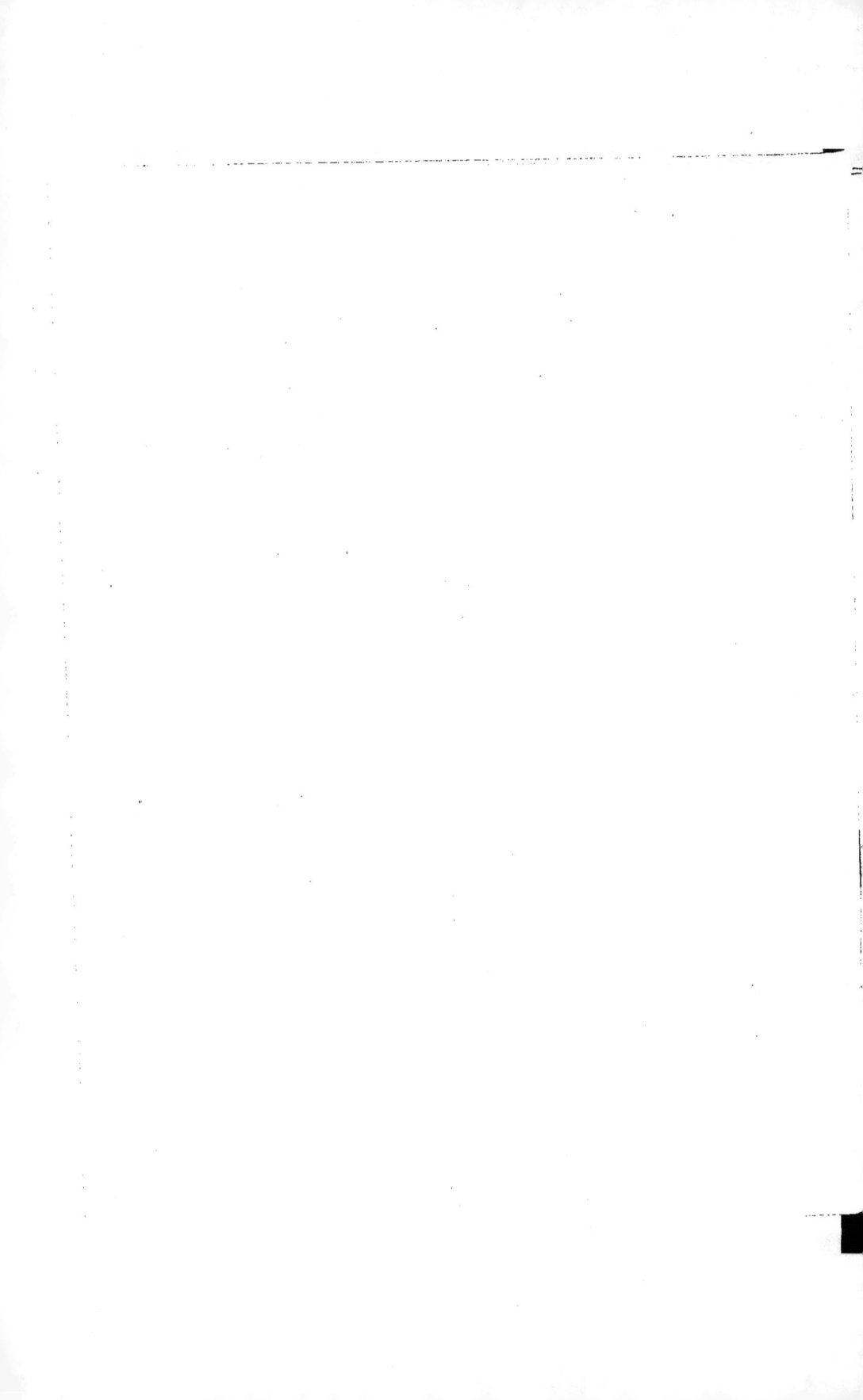

RECHERCHES

SUR LES

TERRAINS ANCIENS

DES ASTURIES ET DE LA GALICE

(ESPAGNE)

* * *

EXTRAIT DES MÉMOIRES DE LA SOCIÉTÉ GÉOLOGIQUE DU NORD

TOME 2, MÉMOIRE N° 1, 1882.

Séances des 2 *Juin*, 16 *Juin*, 8 *Décembre* 1880, 21 *Janvier*, 16 *Février*, 30 *Mars*, 4 *Mai*, 22 *Juin* 1881.

* * *

RECHERCHES

SUR LES

TERRAINS ANCIENS

DES

ASTURIES ET DE LA GALICE

PAR

Charles BARROIS

DOCTEUR ÈS-SCIENCES.

Ouvrage accompagné d'un Atlas de 20 Planches.

LILLE

IMPRIMERIE ET LIBRAIRIE SIX-HOREMANS

244, Rue Notre-Dame

1882.

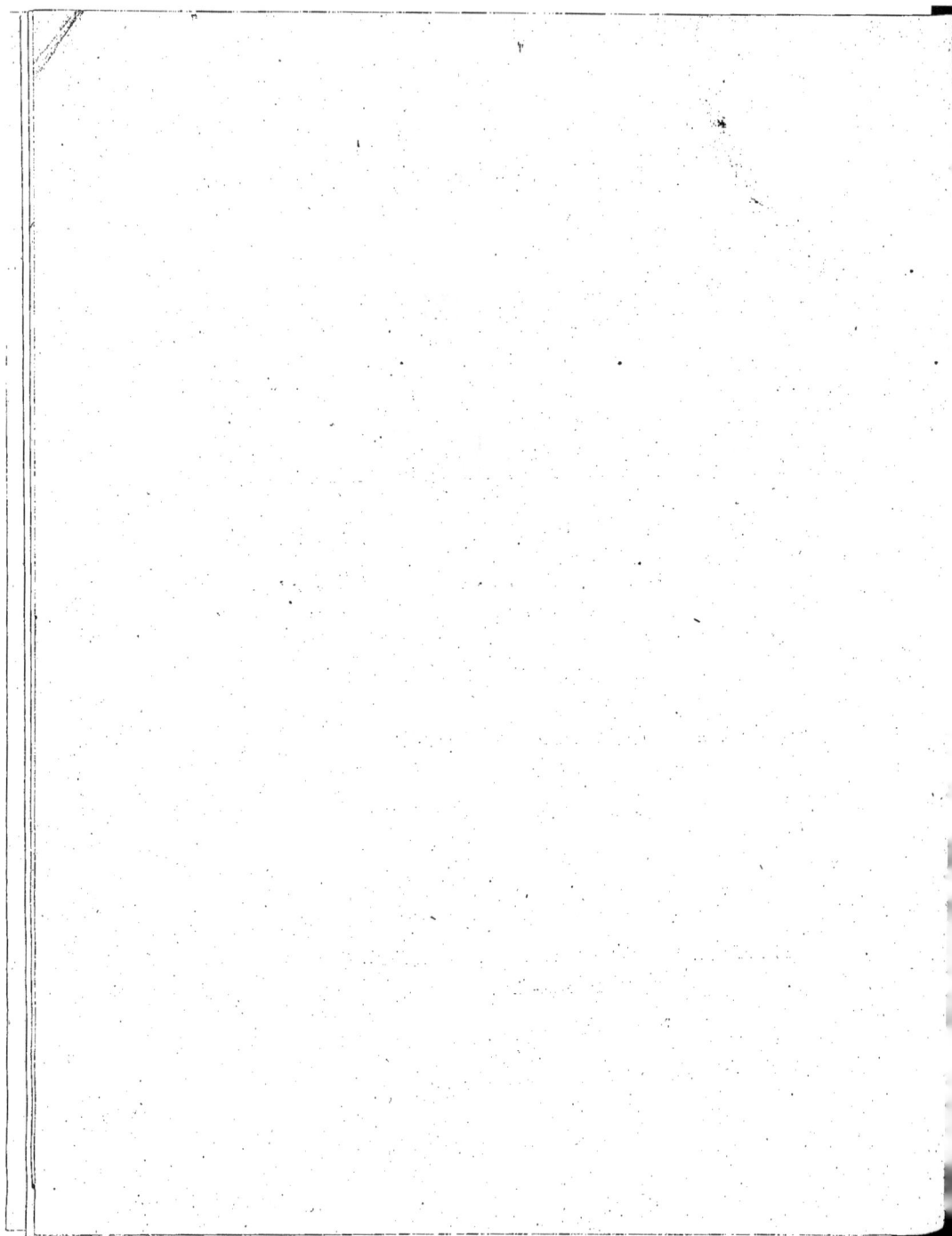

A

Monsieur F. FOUQUÉ

Membre de l'Institut,
Professeur au Collège de France

ET

Monsieur A. MICHEL-LÉVY

Ingénieur des Mines,
Directeur-Adjoint du Laboratoire des Hautes-Etudes au Collège de France.

Hommage de reconnaissance pour les savantes leçons du Collège de France, qui m'ont permis de rédiger la partie lithologique de ce Mémoire.

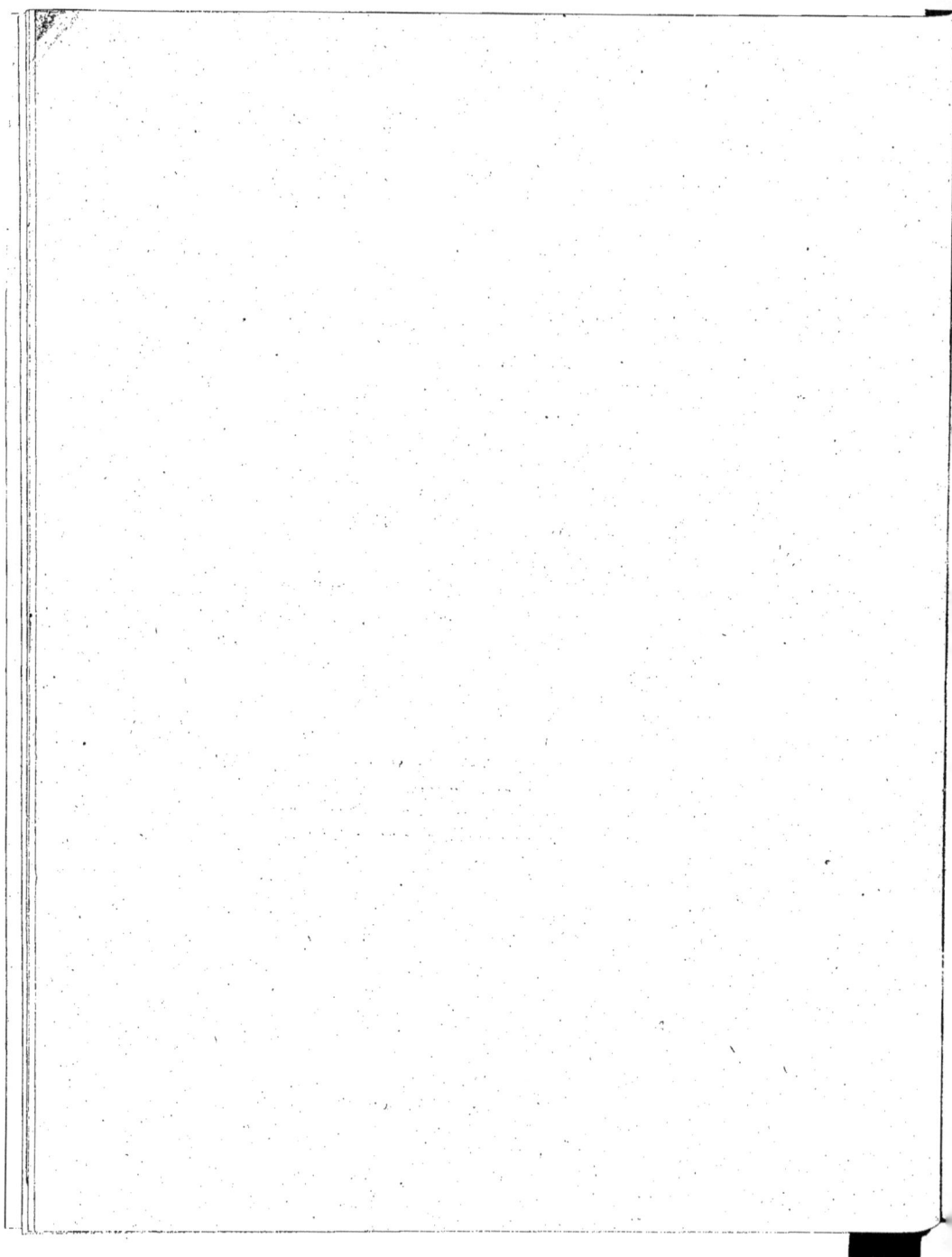

PRÉFACE

Ces recherches sur les Terrains anciens des Asturies et de la Galice remontent à 1877 (1) ; j'étais parti pour l'Espagne au commencement de cette année, dans l'espoir d'y faire quelque découverte géologique.

Je voulais connaître la faune primordiale, je désirais voir les localités dévoniennes de Ferroñes, Pelapaya, tant vantées par de Verneuil : les Monts Cantabriques m'apparaissaient comme une terre promise, qui découverte par Paillette, Casiano de Prado, de Verneuil, leur avait fourni des trésors paléontologiques, mais avait conservé en partie le secret de leur histoire.

Il n'est pas possible encore, de comparer en détail les formations paléozoïques des Monts Cantabriques, malgré leur richesse en fossiles, avec les couches synchroniques des régions voisines, divisées en assises, et en niveaux paléontologiques distincts. Non-seulement on ne voit pas de relations immédiates entre les faunes successives de ces pays, mais les listes de fossiles de certaines localités espagnoles classiques (Ferroñes, Almaden) présentent des caractères anormaux, des mélanges curieux, restés inexpliqués. Des fossiles du Dévonien supérieur ont été souvent cités dans des gisements caractérisés par des formes du Dévonien inférieur ; D'Orbigny d'accord avec d'Archiac, rapportait même des houilles des Asturies et du Léon au terrain dévonien, pensant « qu'il y avait

(1) J'ai fait dès mon retour, une relation détaillée de ce voyage, que l'on pourra trouver dans les Annales de la société (T. IV, p. 292. — 20 juillet 1877).

une alternance réelle que MM. Paillette et de Verneuil avaient parfaitement constatée (1) ».

Reconnaître la succession des différents niveaux des Terrains paléozoïques dans les monts Cantabriques, avait pour moi d'autant plus d'intérêt, que j'avais conservé un souvenir plus vivant de mes premières recherches géologiques. Divers séjours dans les Ardennes, où M. Gosselet avait bien voulu me prendre pour compagnon de ses courses, m'avaient appris à comprendre et à aimer l'étude parfois ardue des anciennes formations géologiques. Souvent, le soir dans la *Posada*, il m'est arrivé, après mes courses toujours trop rapides à travers la montagne, de regretter les bonnes soirées des bords de la Meuse, et les conseils qui auraient jeté tant de lumière sur le travail de la journée! Mais les leçons au moins de mon cher et savant maître M. Gosselet, ont toujours été présentes à mon esprit, et ce Mémoire est un fruit nouveau de son fécond enseignement.

Je dois aussi un témoignage de ma profonde reconnaissance à MM. Fouqué et Michel-Lévy, pour la direction savante et dévouée qu'ils ont bien voulu me donner : c'est à leur école que je me suis formé à l'étude microscopique des roches.

C'est pour moi un devoir de remercier ici les savants qui m'ont reçu en Espagne d'une manière si cordiale : qu'il me soit permis de mentionner spécialement M. Manuel Fernandez de Castro, Directeur de la commission de la carte géologique, qui a su donner une si vive impulsion aux recherches géologiques en Espagne, ainsi que M. J. Mac Pherson, et M. Daniel de Cortazar, ingénieur en chef des mines. Je leur dois de nombreux documents sur la géologie de l'Espagne, je leur dois d'avoir pu me procurer les cartes et les livres indispensables à mes études : grâce enfin à leur obligeance, j'étais parfaitement équipé et muni de nombreuses introductions auprès des ingénieurs des mines asturiennes, quand je quittai Madrid pour la province de Léon.

De nombreux renseignements pratiques, si utiles au géologue qui va travailler pour la première fois en Espagne, m'avaient été donnés avant mon départ, avec la plus grande obligeance par M. Jacquot, Directeur de la carte géologique de France, par Coquand, par MM. Ernest Favre et Louis Lartet, collaborateurs de de Verneuil. Qu'ils veuillent bien agréer l'expression de toute ma gratitude, ainsi que M. le marquis de Folin, M. A. Detroyat, de Bayonne, M. A. Mareuse d'Avilès, et tous ceux dont l'amitié a facilité ces recherches

Je ne terminerai pas sans adresser des remercîments empressés à M. Hébert, de

(1) *D'Orbigny* : Cours élémentaire de paléont. et de géol. stratigraphique. 2e partie, p. 325.
De Verneuil et d'Archiac : Bull. soc. géol. de France, 2e sér., 1845.

l'Institut, qui a mis libéralement à ma disposition son laboratoire et sa bibliothèque de la Sorbonne; à M. Douvillé qui m'a ouvert les collections de l'Ecole des mines, où sont conservées les collections de Verneuil; à M. Paul Fischer qui m'a montré au Muséum la collection de d'Orbigny.

Une large part de l'intérêt que pourra présenter mon mémoire revient à MM. Grand'Eury et Zeiller, qui ont bien voulu se charger de la détermination des végétaux que j'avais ramassés dans les houillères, et qui ont ainsi fixé nos idées sur l'âge auparavant si discuté des houilles des Asturies.

Leurs observations devaient être insérées dans ce volume, où leur place était marquée; mais les retards apportés à la publication de mon Mémoire, ont décidé le Bureau de la Société, à faire paraître ces travaux indépendamment du mien. Les différents chapitres de ce Mémoire ont été lus à la Société Géologique du Nord en 1880 et 1881, comme l'indiquent les comptes-rendus des séances, publiés dans les Annales (1). Les premières feuilles sont tirées depuis un an déjà, aussi n'ai-je pu mettre à profit, à mon grand regret, divers travaux publiés dans le courant de 1882 : les indications données dans l'addenda ne peuvent suffire à combler cette lacune.

(1) Sur le granite des Asturies et de la Galice, T. VII, p. 206, 2 juin 1880.
Sur les kersantites récentes des Asturies, T. VII, p. 217, 16 juin 1880.
Sur les Coralliaires paléozoïques des Asturies, T. VIII. p. 21, 8 décembre 1880.
Sur les Bryozoaires paléozoïques des Asturies. T. VIII. p. 35. 21 janvier 1881.
Sur les Crinoïdes paléozoïques des Asturies, T. VIII, p. 90. 30 mars 1881.
Sur les Lamellibranches, Gastéropodes et Céphalopodes, T. VIII. p. 176, 4 mai 1881.
Sur les roches sédimentaires des Asturies, T. VIII. p. 232, 22 juin 1881.

ERRATA ET ADDENDA

Page 15 ligne 47, ajoutez : Bull. soc. géol. de France, 2e sér. T. IX. p. 482.

— 56 — 12, lisez Pl. XIX fig. 17 au lieu de Pl. XIX.

— 85 — 20 — Pl. XX fig. 7 — Pl. XXI

— 85 — 26 — Pl. XIX fig. 14 — Pl. XIX.

— 86 — 7 — Pl. XIX fig. 13 — Pl. XIX.

— 112 — 25 — le feldspath et le quarz — le feldspath et l'orthose.

— 130 en note — zonés. — zones,

— 134 ligne 26 — est plus — plus est.

— 144 — 6 — Filons de Presnas (Pl. 1, fig. 2).

— 146 — 30 — Filons de Selviella (Pl. 2, fig. 1).

— 148 — 27 — Pointement de Salave (Pl. 1, fig. 1).

— 177 Les *Verticillipora* auxquels j'ai comparé ici les *Scolithes*, forment aujourd'hui le type du nouveau genre *Barroisia* (Munier-Chalmas), dont les relations avec les éponges calcaires (*Pharetrones du groupe des Sphinctozoa*) ont été clairement établies par M. G. Steinmann. Il n'y a donc plus lieu de parler de leurs relations avec certaines algues (*Siphonées verticillées*) : et c'est des Cœlentérés inférieurs (*Calcispongiaires*) qu'il convient de rapprocher les *Scolithes*. Dans le même Mémoire de M. G. Steinmann sont figurées diverses Pharetrones paléozoïques des Asturies (*Neues Jahrb. f. Miner.* 1882, 2 *Bd. p.* 139).

— 194 en note lisez Bd. XXI au lieu de XI.

— 270 Notre *Pentamerus Oehlerti* devra sans doute être réuni au *Pentamerus Hercynicus* de M. A. Halfar (Zeits. d. deuts. geol. Ges. Bd. XXXI, nov. 1879. pl. XIX. p. 705), dont on ne connait encore que le moule interne, granulé, seule partie inconnue du *P. Oehlerti*.

— 372 ligne 12, lisez phylum au lieu de phyllum.

— 420 — 9 — Pl. XIX fig. 8 — Pl. XIX, f. 10.

— 428 — 6 — sont — vont.

— 484 — 11 — Pl. XIX, fig. 4 — Pl. XIX, f. 3.

— 494 — 14 — Pachypora cervicornis — Athyris cervicornis.

— 523 — 30 — Pl. XIX, fig. 6 — Pl. XIX, f. 2.

— 583 en note, ligne 3 lisez 1881 — 1841.

— 595 ligne 11, lisez highly — higlhy.

INTRODUCTION HISTORIQUE

Le sol des Asturies, comme celui des parties voisines de la Galice, est extrêmement accidenté; de nombreuses gorges, des cascades, des torrents et des rivières coupent de hautes montagnes pittoresques, ornées d'une riche végétation. Ces provinces ne forment pour le naturaliste qu'une même région naturelle, elles ont même climat, même faune et même flore; leur étude est inséparable pour le géologue, qui ne trouve que dans la Galice les *terrains primitifs*, sur lesquels reposent les *terrains paléozoïques* des Asturies.

Cette région naturelle est limitée au nord par l'océan, elle est nettement limitée au sud par la chaîne Cantabrique, dont quelques sommets atteignent plus de 2500 mètres de hauteur; de cette ligne de faîte jusqu'au rivage de la mer, s'étend une série de *sierras* et de *cordales* inégales, verdoyantes, échelonnées les unes au-dessus des autres, et séparées par des vallées profondes, transversales, qu'il faut parcourir successivement pour se rendre compte de la structure de ce massif montagneux. Au sud de la province, la rapidité des pentes rend souvent fort difficile l'accès des sommets; au centre, l'abondance de la végétation ne permet pas de reconnaître facilement l'allure des couches houillères, toujours fortement inclinées; à l'ouest enfin, dans la sauvage contrée Cambrienne, l'éloignement des gîtes où l'on puisse passer la nuit, est un obstacle sérieux au relevé des coupes détaillées.

Les richesses de toutes sortes que contiennent ces monts des Asturies, expliquent l'attention qui leur a été donnée par de nombreux ingénieurs et géologues: En 1869, d'après les rapports de M. Denis de Lagarde, la province d'Oviédo a fourni à l'industrie 335492 quintaux métriques de minerai de fer, 11500 de zinc, 81000 de mercure, 22256 de manganèse, 775 de cobalt, et 3671951 de houille; aussi, plus de 60 mémoires géologiques ont déjà été écrits sur la province d'Oviédo. Il est facile d'en retracer l'historique depuis le grand travail du directeur de la carte géologique d'Espagne, M. Manuel Fernandez de Castro, qui a écrit d'une façon si magistrale l'histoire de la géologie en Espagne (1).

Après les notes de Pline, sur l'or et l'étain des monts Cantabriques, le premier mémoire écrit sur la géologie des Asturies remonte d'après M. Manuel Fernandez de Castro à 1644 et est dû au P. Gaspar de Ibarra. Ce mémoire, comme la plupart des suivants, dûs au Comte de Toreno, à Jovellanos, à Fernandez, n'ont plus aujourd'hui qu'un intérêt historique.

Le rapport sur les "Minas de carbon de piedra de Asturias" publié en 1831 par les ingénieurs Joaquin Ezquerra, Rafael Amor, Felipe Bauza, Francisco Garcia, fut le premier mémoire vraiment scientifique publié sur la géologie des Asturies. Il fut le signal d'une série de travaux mémorables de M. G. Schulz et de Paillette, publiés de 1834 à 1858 dans les "Anales de Minas" et la "Revista minera". On dût aussi à cette époque quelques observations intéressantes à Buvignier.

En 1845 parut l'étude de Paillette sur quelques-unes des roches qui constituent la province des Asturies, étude importante pour la connaissance du terrain houiller, et sur laquelle nous aurons souvent l'occasion de revenir. Cette même année vit paraître le premier mémoire de l'importante série des publications paléontologiques de de Verneuil sur les Asturies.

(1) Excmo Sr. D. Manuel Fernandez de Castro; Notas para un estudio bibliografico sobre los origenes y estado actual del mapa geologico de Espana. Bol. de la com. del map. geol. T. 1. 1874, p. 17-152.

Excmo Sr. D. Manuel Fernandez de Castro: Noticia del estado en que se hallan los trabajos del mapa geologico de Espana en 1874. Bol. de la com. del map. geol. T. 3, 1876, p. 40.

En 1849, Paillette et E. Bezard publient leurs importantes recherches sur les minerais de fer des Asturies, où en outre de nombreux détails sur la composition et la valeur industrielle de ces minerais, ils reconnaissent leurs différences d'âge, et étudient successivement: 1° gisements dans les granites, 2° gisements dans les schistes lustrés, vraisemblablement siluriens, 3° gisements dans le terrain dévonien, 4° gisements dans le calcaire de montagne, 5° gisements dans le calcaire carbonifère proprement dit, 6° gisements dans le Lias? peut-être terrain Pénéen, 7° gisements dans les terrains crétacés ou postérieurs à la craie. Paillette publia en outre en 1849 une étude sur les poudingues houillers de Mieres.

En 1850, la *Revista minera* donna deux mémoires sur les terrains houillers des Asturies, l'un sur le terrain houiller d'Arnao dû à Desoignie, l'autre sur le terrain houiller de Riosa de Dionisio Thiry. Un volumineux mémoire de P.P. y Lopez sur la géologie agricole de la province des Asturies, fut publié en 1853 et couronné par l'académie royale des sciences; l'auteur paraît toutefois avoir trouvé la plupart de ses documents géologiques dans les travaux précités de M. G. Schulz.

Une description rapide des mines de houille des Asturies fut écrite en 1854 par MM. Fernando Bernaldez, Juan Pablo Lasala, et Ramon Rua Figueroa.

En 1855, la *Revista minera* contient un article de Paillette sur le calcaire carbonifère des Asturies, et un autre de Desoignie sur le tunnel d'Avilès. Paillette publia cette même année en collaboration avec R. A. Builla, le plan général des houillères de Ferroñes et de Santo-Firme.

L'année 1858 restera célèbre dans les annales géologiques de la province d'Oviédo, c'est l'année où parût la *Descripcion geologica de Asturias* de M. G. Schulz, mémoire fondamental qui restera toujours la base de la géologie cantabrique. Ce mémoire a une très grande valeur au point de vue de la topographie géologique: l'auteur s'était proposé de suivre dans les Asturies la répartition des masses ou divisions sédimentaires qui lui semblaient les plus naturelles, et il y a parfaitement réussi. Grâce à M. Schulz, les Asturies sont mieux connues actuellement que plusieurs des provinces paléozoïques françaises.

Le plan du présent mémoire diffère essentiellement de celui qui a été suivi par Schulz dans sa description des Asturies. J'ai négligé davantage le tracé des limites des divers terrains qu'il avait si bien étudié, et me suis attaché au contraire à suivre les falaises, les ravins, les vallées, qui pouvaient me montrer l'ordre de succession des diverses couches, et leurs relations mutuelles. Je me suis proposé de reconnaître ainsi les divisions les plus naturelles de la série stratigraphique de cette région asturienne, qui devait être un jour d'après Paillette [1], "le champ de bataille des géologues et des paléontologistes"; j'en ai ensuite étudié avec soin les roches et les fossiles, et ai cherché à comparer au point de vue de leur importance, de leur faune, et de leur superposition, les formations paléozoïques des Asturies, avec les formations correspondantes des régions mieux connues du nord de la France, de l'Angleterre et de l'Allemagne. Les progrès récents de la science permettaient d'ajouter un second volume à celui qu'a écrit M. G. Schulz en 1858, mais je crois qu'il ne serait guère possible de refaire mieux le premier. Ce volume de M. G. Schulz est accompagné d'un atlas avec deux cartes et une planche de coupes.

En 1859, parut une note de A. Desoignie sur le bassin houiller de Langreo; M. Antonio Luis de Anciola donna aussi dans la *Revista minera* de brèves observations sur les bassins houillers des Asturies.

En 1860, M. Ramon Pellico publia un mémoire sur les mines des environs d'Oviedo, et M. Gabriel Heim sur les mines des environs de Quiros. Cette année nous apporte le dernier mémoire de de Verneuil sur la paléontologie des Asturies: nous reviendrons plus longuement sur ses travaux dans la partie paléontologique de ce mémoire, nous contentant d'en donner ici la liste.

En 1861, son excellence Francisco de Luxan publia une relation détaillée de son voyage scientifique en Asturies; la plupart des observations géologiques sont empruntées aux travaux de M. G. Schulz.

En 1865, M. Landrin décrit dans le Journal des mines, le bassin houiller de Tudela.

En 1866, M. Victor Lopez Seoane publia une description géologique et géographique de la Galice, où les matériaux ont été recueillis dans les publications de G. Schulz, plus que sur le terrain.

En 1867, H. B. Geinitz donne une liste des végétaux trouvés dans les schistes houillers d'Arnao et les rapporte au terrain houiller à sigillaires.

En 1874, MM. F. Botella et E. Cifuentes publièrent dans les "Memorias de la comision del mapa geologico de España", les observations géodésiques et topographiques faites par la commission chargée de l'étude des bassins houillers des Asturies : le soin

(1) Bull. Soc. géol. de France, 2e Sér. T. 2. p. 443.

avec lequel cette partie du travail est exécutée nous font attendre impatiemment la fin de cette publication, qui fournira les documents les plus précieux sur la géologie de l'époque houillère dans les monts cantabriques. Cette même année 1874 vit paraître une énumération des plantes fossiles d'Espagne par M. A. de Areitio y Larrinaga, une étude de M. Daniel de Cortazar sur la province d'Orense, ainsi qu'un rapport sur les houilles de Moreda (Aller) par M. Virlet d'Aoust, auteur d'un premier mémoire en 1837 sur le terrain houiller de Turon.

Le travail de M. A. Grand sur le bassin houiller des Asturies (Paris 1875) fournit de nombreux renseignements utiles, mais ne peut remplacer le travail promis par la commission officielle, qui a dû avoir entre les mains, foule de profils et de sondages, que M. Grand n'a pu se procurer plus que nous.

En 1877, M. Enrique Abella étudie la mine de Teberga aux confins des Asturies. De 1877 à 1881 parurent diverses notes dans le "Boletin de la comision del mapa geologico de España", et les "Annales de la Société géologique du Nord", où je cherchai successivement à fixer l'âge des schistes à nodules de la Collada de Llama (Léon), et celui du marbre griotte dans le Léon et les Asturies ; je donnai également une étude détaillée du terrain crétacé de la province d'Oviédo, et indiquai la succession générale des couches paléozoïques dans les monts cantabriques.

En 1878, MM. L. Mallada et J. Buitrago firent d'intéressantes observations sur le gisement de la faune primordiale sur les deux versants de la cordillère cantabrique. M. J. F. N. Delgado qui avait accompagné ces savants pendant leur exploration présenta un intéressant rapport sur ces questions à l'académie royale de Lisbonne.

Les études sur la province de Léon continuées de 1878 à 1881 par M. Luis Natalio Monreal devront être consultées par tous ceux qui s'occuperont de la géologie des monts cantabriques. Il en est de même du "Synopsis de las especies fosiles que se han encontrado en España" publié dans le "Boletin de la comision del mapa geologico de España" (Tomes 2 à 8) par M. Lucas Mallada, et où sont figurées toutes les espèces fossiles trouvées jusqu'ici dans la péninsule.

L'étude des roches de la Galice, si négligée jusqu'ici, vient d'être l'objet d'un intéressant mémoire de M. Jose Mac Pherson (Madrid 1881) sur lequel nous reviendrons plus loin.

En résumé, les monts Cantabriques ont été l'objet d'un assez grand nombre de publications plus ou moins géologiques, que l'on trouvera énumérées et analysées dans l'important travail bibliographique de M. Manuel Fernandez de Castro. Plusieurs de ces mémoires contiennent des documents locaux de valeur, quelques-uns dans le nombre sont des travaux de grand mérite, et resteront la base et le point de départ de toutes les recherches géologiques dans les Asturies : ce sont les travaux stratigraphiques de M. G. Schulz, les travaux de Paillette sur les roches, et les travaux de de Verneuil et de Casiano de Prado sur les fossiles. Nous devrons nous y reporter trop souvent dans le cours de ce mémoire, pour qu'il soit nécessaire d'en donner ici une analyse détaillée.

Nous recommandons spécialement pour la lecture de ce mémoire, les excellentes cartes géographiques et géologiques de M. G. Schulz: nous avions trop peu de modifications à y apporter pour les reproduire dans cet ouvrage, et ajouter encore ainsi aux frais considérables auxquels les planches existantes nous ont déjà entraîné. Le présent mémoire sera divisé en 3 parties distinctes : la première traitera des roches cristallines (*Lithologie*), la seconde des fossiles paléozoïques (*Paléontologie*), la troisième de la disposition des terrains anciens qui forment le sol des Asturies et de la Galice (*Stratigraphie*). Nous laisserons entièrement de côté l'étude des terrains secondaires (Triasique, Jurassique, Crétacé), qui forment divers lambeaux à la surface des terrains primaires de ces contrées.

LISTE DES MÉMOIRES RELATIFS A LA GÉOLOGIE DES ASTURIES ET DE LA GALICE.

1644 *P. Gaspar de Ibarra* : Manuscrit sur l'histoire naturelle de la province d'Oviedo, cité par son Ex. Sr. D. Manuel Fernandez de Castro.

1781—1783 *Conde de Toreno* : Discursos pronunciados en la Real Sociedad de Oviedo.

1783 *Cornide Saavedra y de Larruga* ; Informe sobre minas al Intendente general del Reino de Galicia.

1790 *Cornide Saavedra y de Larruga* : Memoria sobre el discubrim. de una mina de carbon de piedra en las Puentes de Garcia Rodriguez.

1795 *Gaspar Melchor de Jovellanos* : Noticia del Real Instituto Asturiano.

1799 *Domingo Garcia Fernandez* : Informe sobre el salitre natural descubierto en Asturias.

1831 *Ezquerra del Bayo, Bauza, A. de la Torre, et Garcia* : Minas de Carbon de piedra de Asturias, in-8, Madrid, avec carte et coupes.

1834 *G. Schulz* ; Sur la Galice. Bull. Soc. Géol. de France, 1re Sér. vol IV, p. 416.

1835 *G. Schulz* : Descripcion geognostica del Reino de Galicia, Madrid, 8°, 52 p. 1 carte. Résumé par Ami Boué, in Bull. Soc. Géol. de France, 1re Ser. T. VI, p. LII.

1837 *G. Schulz* : Note sur la Géologie des Asturies, Bull. Soc. Géol. de France, 1re Ser. T. VIII, p. 325.
Ch. Virlet d'Aoust : Sur le terrain houiller de Turon (prov. d'Oviedo) in 4°. Paris.

1838 *G. Schulz* : Resena geognostica del principado de Asturias. Anales de Minas, vol. 1.
Silvertron : Resena geognostica de la provincia de Asturias.

1839 *Buvignier :* Note géologique sur les Asturies, Bull. Soc. Géol. de France, 1re Sér. T. X, p. 100.

1841 *G. Schulz :* Algunos datos para la historia de la mineria de Asturias y Galicia, Anales de minas, T. 2.

1844 *G. Schulz :* Breves informes sobre algunas minas de carbon de Asturias, Bol. ofic. de minas, p. 93, 116, 147.

1845 *A. Paillette :* Recherches sur quelques unes des roches qui constituent la province des Asturies, Bull. Soc. Géol. de France. 2e Sér. vol. II, p. 439.

De Verneuil et d'Archiac : Notice sur les fossiles dévoniens des Asturies, Bull. Soc. Géol. de France, 2e Sér. vol. II p. 458.

S. Pratt : On the coal deposits of the Asturias. — Athenaeum, p. 676.

1846 *A. Paillette et de Verneuil :* Sur quelques dépôts carbonifères des Asturies, Bull. Soc. Géol. de France, 2e Sér. T. 3, p. 450.

G. Schulz : Vistazo geologico sobre Cantabria, An. de minas, vol. IV. — Bol. ofic. de minas, p. 461, 1845. — B. S. G. F. vol. VIII, p. 326.

1847 *F. Gutoli :* Memoria sobre las minas de estano situadas en las provincias de Pontevedra y Orenze.— Madrid.

1848 *A. Paillette, A. Maestre, J. G. Lasala et R. A. Builla :* Plano topografico de la cuenca carbonifera central de Asturias, Paris.

1849 *A. Paillette et Bézard :* Coup d'œil sur les minerais de fer des Asturies, Bull. Soc. Géol, de France, 2e Sér. vol. VI. p. 575.

A. Paillette : Des galets avec empreintes d'autres galets dans les poudingues houillers des Asturies, Bull. Soc. Géol. de France, 2e Sér. T. VII, p. 37.

Agustin Martinez Alcibar : Examen de antiguos trabajos de explotacion de minerales auriferos en Asturias y noticias sobre la Ballesterosita y la Plumbostanita. Rev. min. T. I. p. 33.

1850 *D'Archiac :* Histoire des progrès de la Géologie, vol. 2, p. 284 et 825 ; vol. 3. p. 17 et 349.

A. Desoignie : Descripcion del criadero carbonifero de Arnao. Rev. min. vol. 1, p. 274, 1 pl.

Haussmann : Sur le terrain houiller de la province de Léon, Karsten u. Dechen's Archiv für miner. Vol. XXIII, p. 761.

C. de Prado: Sur les terrains de Sabero et de ses environs (Léon). Bull. soc. géol. France, 2e Sér. T. VII. p. 137.

De Verneuil : Note sur les fossiles dévoniens de Sabero. Bull. soc. géol. de France, 2e Sér. T. VII. p. 155.

José Salgado y Guillermo : Monografia de las Aguas de Caldas.

1851 *Dionisio Thiry:* Memoria relativa à las minas de Riosa (Asturias) Revista minera T. 2. p. 481.

Eugenio Fernandez : Adicion à las noticias publicadas sobre existencia de minerales de Cobalto en Espana.

1852 *C. de Prado :* Notice sur le terrain carbonifère de la province de Léon. Bull. soc. géol. de France. 2e Sér. T. IX, p. 881.

C. de Prado : Note sur les blocs erratiques de la chatne cantabrique. Bull. soc. géol. de France. 2e Sér. T. IX. p. 171.

1853 *De Verneuil et Collomb:* Coup d'œil sur la constitution géologique de quelques provinces de l'Espagne. Bull. soc. géolog. de France. 2e Sér. T. X. p. 61. Suivi d'une Bibliographie géologique de l'Espagne, p. 139.

Pascual Pastor y Lopez : Memoria geognostico-agricola sobre la provincia de Asturias, 4° Madrid.

A. Paillette : Investigaciones sobre la historia y condiciones de yacimiento de las minas de oro en el Norte de Espana.

A. Paillette : Ojeada sobre los criaderos de hierro de Asturias. Boletin del ministerio de Fomento, T. V.

1854 *Fernando Bernaldez, Juan Pablo Lasata, et Ramon Rua Figueroa:* Memoria sobre las minas de carbon de Asturias. Rev. min. T. VI. p. 306-327.

1855 *C. de Prado:* Del criadero de azogue de la Flecha, en el concejo de Mieres (Asturias) Revista minera T. VI, p. 48.

A. Paillette: Estudios quimico-mineralogicos sobre la caliza de montana de Asturias, Rev. min. T. VI. p. 289.

A. Desoignie: Noticia sobre el Tunel cerca de Avilès, Rev. min. T. VI. p. 670.

G. Schulz: Mapa topographico de la provincia de Oviedo, formado de Orden de S. M. La Reina. Escala de 1 por 127500. Madrid.

A. Paillette et R. A. Builla: Plano general de las minas de carbon de Ferrones y de Santo-Firme.

1857 *C. de Prado:* Lettre à M. de Verneuil sur le terrain Silurien des Asturies. Bull. soc. géol. de France, 2e Sér. T. XV, p. 91.

1858 *G. Schulz:* Descripcion geologica de la provincia de Oviedo, Madrid, 4° avec atlas de 8 Pl. chez D. José Gonzalez.

Andres Peréz Moreno: Industria minera en Oviedo, Rev. min. T. IX. p. 660-689-722.

1859 *Antonio Luis de Anciola:* Estudios sobre la cuenca carbonifera de Asturias. Rev. min. T. X, p. 169.

1860 *C. de Prado, de Verneuil et Barrande:* Sur l'existence de la faune primordiale dans la chaîne cantabrique. Bull. soc. géol. de France. 2e Sér. T. XVII. p. 516.

Le François: Mémoire sur les bassins houillers de l'Espagne, Madrid.

1861 *Excmo S. D. Francisco de Luxan:* Viaje cientifico à Asturias, Madrid 4°.

Gabriel Heim: Nota sobre las minas del distrito de Quiros, Rev. min. T. XII. p. 81-97.

1862 *Pedro Sampayo:* Memoria sobre el estado de la mineria en Asturias, Rev. min. T. XIII.

1863 *J. G. A.:* Dos palabras sobre la industria carbonera de Langreo, Rev. min. T. XIV. p. 421.

1864 *W. Sullivan et J. O'Reilly:* Geology and mineralogy of the Spanish provinces Santander and Madrid, Madrid.

A. Maestre: Descripcion fisico-geologica de Santander. Mem. de la com. de la mapa geol. de Esp. Madrid 4°.

1865 *H. Landrin:* Les mines de houille du bassin de Tudela (Asturies). Journal des mines.

Jose Centeno: Apuntes sobre las industrias minera y metalurgica de la provincia de Oviedo. Rev. min. T. XVII. p. 695-715.

1866 *Jose Garofalo y Sanchez:* Monografia de las aguas minerales de Fuensanta de Buyeres de Nava.

Victor Lopez Seoane: Descripcion geographica, geologica, etc. de Galicia (in Historia de aquel Reino par D. Manuel Murguia).

1867 *H. B. Geinitz:* über organische überreste aus der Steinkohlengrube Arnao bei Avilès, in Asturien, Neues Jahrbuch f. miner. p. 283.

Ramon Rua Figueroa: Marmoles de Galicia.

1870 *Klemm:* Gisement du Cinabre dans le terrain carbonifère de Mieres en Asturies. Berg. und Hütt. Zeit. Vol. 26. (Analysé dans la Revue de géologie de Delesse et de Lapparent T. VII).

José Garralda: Algunas lineas sobre la Cueva de Rivadesella, Rev. min. T. XXI.

1873 *Quiroga y Rodriguez:* Hausmannita de Asturias, Anal. Soc. Esp. Hist. nat. p. 397.

Virlet d'Aoust: Rapport sur les concessions houillères de Moreda, district d'Aller, prov. des Asturies, in-4°. Paris.

1874 *Eduardo Cifuentes, F. Botella:* Trabajos geodesicos ejecutados par la comision de estudios de las Cuencas carboniferas de Asturias, Leon y Palencia, Mem. de la com. del map. geol. de Espana.

A. de Areitio y Larrinaga: Enumeracion de las plantas fosiles Espanolas. An. Soc. Espan. Hist. nat. Vol. 3. p. 225.

Luanco: Descripcion y analisis de los aerolitos que cayeron en Cangas-de-Onis, Anal. Soc. Esp. Hist. nat. p. 69.

1874 *Excmo. Sr. D. Manuel Fernandez de Castro*: Notas para un estudio bibliografico sobre los origenes y estado actual del mapa geologico de Espana. Bol. de la com. del map. geol. de Espana. Vol. 1, p. 17.

Daniel de Cortazar: Datos geologico-mineros de las provincias de Zamora y Orense, Bol. de la com. del map. geol. de Esp. Vol. 1. p. 291.

Marcial Olavarria: Datos geologico-mineros recojidos en la provincia de Santander. Bol. com. map. geol. T. 1. p. 249.

1875 *Albert Grand*: Bassin houiller des Asturies — 8°. 64 p. 1 carte, Paris, Viéville et Capiomont (publié d'abord dans les Mémoires de la Société des Ingénieurs civils p. 804-812. Paris 1874.)

Francisco Gazcue: Observaciones sobre una parte de la provincia de Santander, Bol. com. map. geol. T. 2. p. 377.

1876 *Excmô. Sr. D. Manuel Fernandez de Castro*: Noticia del estado de los trabajos del mapa geologico de Espana en 1° de Julio 1874. Bol. de la com. del map. geol. de Espana, T. 3. p. 1.

Francisco Quiroga y Rodriguez: Ofita de Pando, Santander. Anal. de la Soc. Esp. de Hist. nat. T. V.

José Gonzalez Lasala: Areniscas bituminosas del puerto del Escudo, en las provincias de Burgos y Santander, Bol. mapa. geol. Esp. T. 3, p. 235.

Felix Sanchez Blanco: Apuntes geologicos de la provincia de Santander. — Bol. com. map. geol. T. 3. p. 279.

Angel Rubio: Resena fisico-geologica del valle Laceana, provincia de Leon.— Bol. com. map. geol. T. 3. p. 333.

1877 *Enrique Abella*: Datos topographico-geologicos del concejo de Teverga, provincia de Oviedo, Bol. com. mapa geol. de Esp. T. IV. p. 251.

Ch. Barrois: Relation d'un voyage géologique en Espagne, Ann. Soc. geol. du Nord. T. IV. p. 292. (Bol. de la com. del mapa geol. de Espana T. IV. p. 373)

Calderon y Arana et Quiroga y Rodriguez: Erupcion ofitica de l'ayuntamiento de Molledo, Santander. Anal. Soc. Esp. de Hist. nat. T. VI. p. 15.

Mac Pherson: Sobre los caracteres petrographicos de la ofita de las Cercanias de Biarritz An. Soc. Esp. de Hist. nat. T. VI. p. 401.

Grand'Eury: Flore du terrain houiller de Mieres. Ann. des mines, 7e Sér, T. XII. p. 372 ; — ainsi que Flore houillère de Sama, *in* Flore carbonifère du Dépt de la Loire et du centre de la France, Paris, p. 431.

1878 *L. Mallada et J. Buitrago*: La fauna primordial à uno y otro lado de la cordillera cantabrica, Bol. com. mapa geol. de Espana. T. V. p. 177.

Luis Natalio Monreal: Datos geologicos acerca de la provincia de Leon recogidos durante la campana de 1877 à 1878. — Bol. com. mapa geol. T. V. p. 201.

Calderon y Arana: Ofita de Trasmiera, Santander. Anal. Soc. Esp. Hist. nat. — T. VII. p. 27.

1879 *J. F. N. Delgado*: Relatorio da commissao desempenhada em Hespanha no anno de 1878. Typog. da acad. real das sciencias, Lisboa.

Luis Natalio Monreal: Datos geologicos acerca de la provincia de Leon recogidos durante la campana de 1878 à 1879. — Bol. de la com. del mapa geol. de Esp. T. VI. p. 311.

Charles Barrois: Nota acerca del sistema devoniano de la provincia de Leon. Bol. de la com. del mapa geol. de Espana. T. VI. p. 91.

1880 *Luis Natalio Monreal*: Datos geologicos acerca de la provincia de Leon, recogidos durante la campana de 1879-80. Bol. com mapa geol. de Esp. T. VII. p. 283.

Charles Barrois: Formacion cretacea de la provincia de Oviedo, con nota por M. Cotteau, acerca de los Equinodermos urgonianos recogidos. Bol. de la com. del map. geol. de Espana. T. VII. p. 115.

1880 *Charles Barrois*: Sobre las Kersantitas recientes de Asturias, Chronica cientifica, Barcelona. T. 3. p. 401.

1881 *J. Mac Pherson*: Apuntes petrograficos de Galicia, Anal. de la Soc. Esp. de Hist. nat. T. X. p. 49.

L. Carez: Etude des terrains crétacés et tertiaires du nord de l'Espagne, Paris, Savy. 8°. 328 p. 8 pl.

Charles Barrois: El marmol amigdaloide de los Pirineos, Bol. de la com. map. geol. de Espana. T. VIII. p. 181. Lam. B. C.

Lucas Mallada: Synopsis de las especies fosiles que se han encontrado en Espana. — Bol. com. map. geol. de Espana. Tomes 2 à 8. — 1875 à 1881.

PREMIÈRE PARTIE

LITHOLOGIE

Description des Roches

CHAPITRE I

DES ROCHES SÉDIMENTAIRES

Un coup d'œil jeté sur la carte géologique des Asturies de M. G. Schulz montre que cette province est formée presque entièrement de roches sédimentaires : sa moitié orientale est constituée essentiellement par une masse calcaire qui se poursuit dans la province voisine de Santander; dans sa moitié occidentale affleurent des schistes et des quarzites qui reposent directement sur les roches schisto-cristallines de la Galice.

J'ai reporté la description de ces schistes cristallins, dont le mode de formation est encore si obscur, à la partie stratigraphique de cet ouvrage, où sont exposées leurs conditions de gisement. J'indiquerai ici successivement les caractères minéralogiques des *schistes argileux*, des *quarzites* et des *calcaires*, qui forment la masse des monts Cantabriques. Je négligerai l'étude des roches sédimentaires subordonnées, n'ayant rien à ajouter par exemple, aux belles études de Paillette et Bézard sur les minerais de fer des Asturies, ni aux recherches de Paillette, Manuel de Aspiroz, sur la houille, auxquelles on pourra se reporter directement.

Je terminerai la description des principales roches sédimentaires des monts Cantabriques, par l'étude des *mimophyres* de la région, roches cristallines, régulièrement interstratifiées, et considérées ici comme des tufs porphyriques.

§ I

SCHISTES ARGILEUX (*Thonschiefer*).

Les schistes argileux des monts Cantabriques sont des roches d'apparence simple, où on ne distingue guère à l'œil que des paillettes isolées de mica blanc, des grains charbonneux, ou de petits cubes de pyrite. Ils perdent facilement leur cohérence par l'exposition aux influences atmosphériques, et se transforment en argile ; avant d'arriver à ce résultat extrême de décomposition, les schistes se délitent en feuillets généralement droits, et en petits polyèdres aplatis terminés irrégulièrement. Ils sont souvent ternes, quelquefois luisants; leurs couleurs variables unies ou bigarrées sont le grisâtre (cambrien, silurien, dévonien, carbonifère), le brunâtre (dévonien), le rougeâtre (dévonien, silurien, carbonifère), le verdâtre (cambrien, dévonien), le jaunâtre (cambrien, dévonien, carbonifère) : ces variations sont dues aux proportions et à l'état du fer et des matières charbonneuses qui se trouvent dans tous ces schistes, elles sont sans valeur dans la classification bien qu'utiles pour le stratigraphe. Je ne saurais par exemple, distinguer avec certitude sur des échantillons isolés, les schistes siluriens, des schistes dévoniens ou des schistes cambriens des Asturies; bien qu'ils contiennent ordinairement plus de matières charbonneuses que ces derniers, et soient souvent aussi noirs que les schistes houillers. A part quelques observations locales, l'étude comparative des schistes asturiens d'âge différent, ne m'a donné aucun résultat appréciable: je ne vois pas de relations entre leur classification lithologique et leur âge.

Les principales variétés des roches schisteuses répandues dans les Asturies sont :

1° *Les schistes argileux ordinaires.*

2° *Les calcschistes.*

3° *Les phyllades.*

4° *Les schistes grossiers quarzeux.*

Les *calcschistes* se distinguent aisément des autres schistes par leur teneur en calcite. Les *Phyllades* forment des couches à texture schisto-compacte, ordinairement susceptibles de donner des feuillets d'une grande dimension et de se diviser ainsi d'une manière presque indéfinie en fragments d'une extrême minceur. Ils sont souvent plus luisants que les schistes ordinaires, plus durs, résistent mieux aux influences météoriques et se transforment à la longue en une terre onctueuse qui ne fait point pâte avec l'eau ; leurs couleurs dominantes sont le gris-bleuâtre et le verdâtre. Le phyllade est assez commun dans les Asturies ; cette roche si exploitée en France dans les terrains cambriens, siluriens, dévoniens, où elle passe à l'ardoise, n'est guère travaillée encore dans cette contrée. Je n'ai vu que de rares exploitations dans les terrains cambriens et siluriens, mais il est peu douteux que des recherches bien dirigées n'en retrouvent comme en Bretagne dans les terrains plus récents. Les *schistes grossiers quarzeux* sont plus ternes que les schistes ordinaires, on y reconnait à l'œil nu ou au moins à la loupe, les grains de quartz qui en forment la plus grande partie. Leurs couches alternent avec les schistes argileux ordinaires, et ils passent souvent au quarzite.

L'étude microscopique de ces roches schisteuses confirme bien les quatre divisions macroscopiques indiquées, en même temps qu'elle explique les différences qui les séparent. Les roches schisteuses cambriennes se prêtent surtout à cette étude, elles se taillent plus facilement que les autres : je vais donc en décrire les diverses variétés, et leur comparerai ensuite rapidement les schistes des autres formations qui m'ont, du reste, montré les mêmes éléments constituants.

Schistes argileux ordinaires (*du terrain cambrien*) : Les schistes gris-verdâtre de la Punta del Pason près Valdepares, ainsi que ceux de las Vallotas, m'ont présenté au microscope du quarz, du mica blanc, de la chlorite, du graphite, et comme minéraux accessoires de rares cristaux de tourmaline et de rutile.

Ces minéraux ont des caractères particuliers : le quarz est en petits grains cristallins, à contours nets, arrondis, polygonaux, clastiques. Il est transparent, et contient des inclusions liquides de très petite taille, ainsi que de petits microlithes prismatiques biréfringents, jaunâtres, d'une détermination difficile. Les grains de quarz sont juxtaposés, et cimentés entre eux par une substance phylliteuse micacée, en paillettes irrégulières, froissées, contournées, brisées, sans contours cristallins et disposées sans ordre. Ces paillettes offrent une coloration très claire dans la lumière naturelle; le déplacement du polariseur n'amène pas de changements sensibles de teintes; elles polarisent vivement sous les nicols croisés en présentant des couleurs irisées, éclatantes, dans lesquelles dominent le rouge et le jaune. Il n'y a toutefois qu'un petit nombre de paillettes qui donnent ces couleurs de polarisation entre les nicols croisés, elles s'éteignent alors suivant leur longueur; la plupart d'entre elles sont empilées suivant le plan de division du schiste et sont couchées dans mes préparations suivant leur base O P, leur contour est irrégulier, elles restent constamment sombres sous les nicols. Ces caractères rattachent cette substance à un mica potassique à deux axes, mais aucun de ces caractères microscopiques ne permet d'identifier avec certitude ces lamelles à une espèce déterminée de mica blanc: elles ne m'ont jamais présenté les fibres enchevêtrées et croisées en tous sens de la séricite des roches ardennaises.

On trouve avec ces paillettes de mica blanc, d'autres paillettes moins abondantes, vertes, dichroïques, fibreuses, radiées, à éléments non parallèles, s'éteignant en long, et présentant les caractères ordinaires de la chlorite.

Les matières charbonneuses sont peu abondantes, elles sont à l'état de granules irréguliers, à bords chagrinés, opaques dans la lumière naturelle, à éclat gris métallique dans la lumière réfléchie, et se rapportent ainsi au graphite. La poussière du schiste chauffée au chalumeau sur une lame de platine est décolorée, par suite de la combustion de ces granules noirs de matière charbonneuse.

Les petits cristaux de tourmaline et de rutile indiqués dans ces schistes y sont extrêmement rares, et ce n'est que par leur analogie avec des formes abondantes dans les phyllades que nous les déterminons ici. Il y a enfin dans ces préparations de nombreux corps arrondis, biréfringents, qui ne me paraissent être que des cavités dues à l'altération de la roche, et remplie de chlorite et de limonite de décompostion.

Phyllades (*du terrain cambrien*) : Ces phyllades se distinguent essentiellement au microscope des schistes que je viens de décrire, par l'abondance du mica blanc que l'on y rencontre, la petitesse des grains de quarz, et le grand nombre des microlithes observables dans la lumière naturelle, aux forts grossissements. C'est ce que montrent mes préparations de Punta Corbeira, San Agustin à Navia, Punta de Rumeles, et Ouest de Cabo Cebes.

La plus grande partie du quarz est en grains microscopiques clairs, transparents, de formes irrégulières, arrondies, oviformes, polarisant vivement; ses bords ne sont pas frais ni anguleux, mais passent insensiblement et uniformément à la pâte encaissante. Les contours sont indistincts sous les nicols croisés où ils sont noyés dans l'épaisse masse du mica argenté formant pâte. Je n'ai pu y distinguer d'inclusions déterminables: ce quarz me paraît par tous ses caractères assez récent comme l'indiquait déjà M. Zirkel [1] dans son premier mémoire; il diffère nettement du quarz clastique signalé dans les schistes ordinaires. Il entoure quelquefois (Punta Corbeira) de rares grains de quarz clastique, plus gros, irréguliers, avec rares microlithes filiformes très déliés (apatite?), et petites inclusions liquides à bulles mobiles. Le quarz des phyllades est bien plus difficile à étudier que celui des schistes à cause de l'abondance du mica qui obscurcit dans les sections tous ses caractères. Ces préparations sont traversées de petits filonnets secondaires, formés de gros grains cristallins juxtaposés de quarz, avec nombreuses inclusions liquides, et microlithes jaunes identiques à ceux qui abondent dans la pâte du phyllade (rutile).

La substance micacée qui remplit ici le rôle de pâte, et dans laquelle sont enchassés tous les autres éléments, est extrêmement abondante dans les Phyllades. On l'observe presque seule dans les sections normales à la stratification; les grains de quarz montrent alors sous les nicols croisés leur contour étiré au milieu des fibres multicolores du mica, qui éteignent en long suivant le clivage, et présentent les couleurs de polarisation des micas blancs. Dans les sections parallèles, ce mica taillé presque uniquement suivant sa base reste constamment éteint, et on pourrait le prendre pour une base amorphe isotrope, où on ne distinguerait ici que quelques rares cristaux. Dans la lumière naturelle, il est incolore ou d'un blanc légèrement verdâtre, parait en petites paillettes contournées, irrégulières, que l'on ne peut hésiter à rapporter à un mica blanc. L'examen microscopique ne suffit pas on le sait, à déterminer la variété de muscovite à laquelle il appartient.

Le feldspath est un élément rare et accidentel de nos phyllades: peut-être pourrait-on même le considérer ici comme étant d'origine clastique? Je n'en ai reconnu

(1) *F. Zirkel*: Ueber die mikrosk. Zusammensetzung v. Thonschiefern u. Dachschiefern, Poggendorffs Annal. der Physik. u. Chem. T. 144. 1872. p. 319.

que dans les phyllades vertes de la Punta Corbeira, il y est peu abondant, et appartient à un feldspath triclinique, en petits grains irréguliers, arrondis, formés seulement de 3 à 4 lamelles maclées. Je n'ai jamais vu d'orthose dans les phyllades. M. A. Cathrein (1) a signalé des grains de feldspath triclinique analogues à ceux-ci dans les schistes grossiers de Kitzbühel (Tyrol); ils se distinguent au contraire par l'absence d'inclusions des curieux grains cristallins d'albite remplis de *nädelchen* de rutile découverts par M. Sauer (2) dans les schistes feldspathiques de Schellenberg. On sait que M. Michel Lévy (3) a reconnu aussi l'existence du feldspath *(orthose et oligoclase)* dans les schistes micacés de St-Léon (Allier).

L'oligiste est souvent reconnaissable dans les phyllades, en tables hexagonales, plus ou moins opaques et présentant une couleur rouge foncé par transparence (San Agustin à Navia) et en agrégats arrondis opaques à contours sinueux, disséminés dans toute la préparation. Ces lamelles paraissent toujours couchées suivant la stratification du phyllade, car je n'en ai pas rencontré de sections transversales dans mes préparations faites suivant la stratification. La proportion de l'oligiste est très variable dans les phyllades cambriennes, elle est en général assez faible, mais augmente dans certains lits brunâtres; on exploite du reste des lits d'oligiste dans le Cambrien.

La chlorite n'est pas un élément constant des phyllades asturiennes, ainsi je n'ai pas reconnu sa présence dans les phyllades de la Punta de Rumeles, ni de Navia, de couleur gris-violacé. Je rapporte au contraire à cette espèce, des houppes radiées, formées d'écailles enchevêtrées, vert-jaune à vert-brunâtre dans la lumière naturelle, dichroïques, présentant leur maximun de coloration et d'absorption lorsque le plan principal du polariseur est parallèle à leur longueur. Ces écailles taillées de façon à présenter leurs tranches minces, fibreuses, sub-parallèles, s'éteignent en long. Aux forts grossissements, elles sont composées de fibres ténues, enchevêtrées, diversement orientées et plus ou moins recourbées; ces houppes restent généralement sombres sous les nicols croisés, ce qui est dû à l'orientation d'une partie des fibres, et au grossissement employé. Elles sont abondantes dans les phyllades de Cabo Cebes, Punta Corbeira, qui leur doivent leur teinte verdâtre.

Les phyllades grisâtres (Navia, Rumeles, Cebes) contiennent un grand nombre de

(1) A. Cathrein: Neues Jahrbuch für miner. 1881 p. 169.
(2) A. Sauer: Neues Jahrbuch f. miner. 1881. T. I. p. 233.
(3) Michel Lévy: Sur les schistes micacés de St-Léon. Bull. Soc. géol. de France, T. IX. 1881. p. 188.

grains irréguliers noirs, à contours chagrinés, à reflet gris-noirâtre métallique. On peut les brûler comme ceux des schistes, en chauffant la roche réduite en poussière sur une lame de platine : la teinte blanche que prend la poussière prouve qu'on avait à faire à une substance charbonneuse. La disposition de ces grains est remarquable: le phyllade de Cabo Cebes que j'ai pu tailler normalement à la stratification, montre que les gros grains charbonneux sont alignés en certaines directions, et que ces traînées sont obliques, formant un angle très aigu, avec les feuillets de la roche, dûs à l'empilement des lamelles de mica blanc de la pâte. Ces grains charbonneux sont assez gros dans la plupart des phyllades où ils présentent les caractères indiqués; on trouve avec eux dans les phyllades de Navia, une fine poussière de granules noirs que je ne puis pas en distinguer.

En outre des minéraux précédents qu'on étudie facilement aux faibles grossissements du microscope, il en est d'autres de plus petite taille, et qui sont en bien grand nombre dans les phyllades. La *Tourmaline* est le moins petit de ces minéraux, ainsi que le plus facilement reconnaissable. Elle est en prismes allongés, souvent brisés suivant la base, terminés d'un côté par des faces se coupant sous un angle plus ou moins ouvert, et terminé de l'autre comme d'habitude par une droite. Ils sont toujours couchés dans mes préparations parallèlement aux feuillets de la roche. Leur teinte est d'un vert-pâle ou bleu-grisâtre, dans la lumière naturelle. Ces prismes sont biréfringents, dichroïques, presque incolores quand ils sont couchés parallèlement à la section principale du polariseur, et passant du bleu-brun au bleu-violet quand ils sont allongés perpendiculairement à ce plan de vibration de la lumière incidente. Entre les nicols croisés, ces prismes s'éteignent quand leur axe principal est parallèle à la section principale de l'un ou l'autre nicol. Ces préparations montrent les faces terminales OR. R. et sans doute $-\frac{1}{2}R$; on peut reconnaître les faces du prisme sur nos préparations transversales de Cabo Cebes, où ces cristaux taillés obliquement ou normalement à l'axe montrent un contour triangulaire, un peu arrondi, à 9 pans, avec $\infty P 2. - \frac{\infty R}{2}$. Les sections suivant la base restent éteintes sous les nicols croisés. Ces cristaux se trouvent ici accumulés dans les traînées déjà décrites, formées par les grains charbonneux. La forme et les caractères optiques de ces cristaux concordent pour les faire rapporter à la tourmaline; ils ont déjà été reconnus du reste, dans les mêmes conditions par de nombreux observateurs. M. Anger (1) paraît les avoir signalés le premier dans les

(1) F. A. Anger : Mikrosk. Studien über Klast. Gestein - Mineral. Mittheil. von Tschermak. 1875. p. 162.

schistes cristallins, M. Zirkel (1) dans les phyllades des Hautes-Fanges, M. Renard (2) dans le coticule des Ardennes, M. Rosenbusch (3) dans les Steiger-Schiefer des Vosges, M. Mallard (4) dans les schistes des Ardennes et de l'Anjou, M. Michel-Lévy (5) dans les schistes de St-Léon (Allier).

L'autre espèce minérale de très petite taille, que l'on trouve aussi très répandue dans certains phyllades (San Agustin à Navia, Punta Rumeles) est à l'état de véritables microlithes. Ils sont prismatiques, jaune-verdâtre, transparents, très réfringents, assez mal terminés, à extrémités arrondies ou irrégulières ; leur petite taille rend souvent difficile la détermination de toutes les faces de ces cristaux, toujours complets mais peu nets : c'est à San Agustin que j'ai trouvé les plus gros, et qu'il est facile de voir nettement les formes. La plupart de ces microlithes sont en petits bâtonnets, qui semblent recourbés et diversement renflés sur les préparations minces ; ce n'est toutefois qu'une apparence trompeuse due à leur position dans la substance micacée du phyllade. On reconnaît que ce sont en réalité des prismes allongés, à faces paraissant se couper sous un angle d'environ 90°, mais souvent striées en long et portant des modifications suivant leurs arêtes latérales; ils polarisent vivement et s'éteignent en long sous les nicols croisés dans les préparations très minces, mieux encore quand ils sont isolés. Très souvent ils s'agrègent en trémies irrégulières, ou en mâcles diverses cordiformes ou géniculées, dont l'étude est intéressante. Les mâcles géniculées dominent, ces petits prismes se réunissent sous des angles de 113° à 115° (Punta de Rumeles), à San Agustin de Navia au contraire les mâcles cordiformes dominent : elles sont identiques à celles du coticule d'Ottrez qui ont été découvertes et figurées pour la première fois en 1877, par M Renard. Ces mâcles ont une forme triangulaire, elles sont un peu plus grosses que celles de Belgique; on y reconnaît de même une fine ligne joignant l'angle au sommet et l'angle opposé : ces deux moitiés polarisent avec des couleurs complémentaires montrant qu'elles ont leur axe optique orienté d'une manière différente, et que l'on a par conséquent ici des formes hémitropes. L'angle au sommet est d'environ 55°, et le plan de mâcle est un dôme, (3 P ∞ comme l'a

(1) F. Zirkel : Der Phyllit von Recht in Hohen-Venn, Verh d. natur. der preuss. Rheinl. u. Westph. Bd. XXIII, p. 33-36.

(2) A. Renard, S. J.: Sur le Coticule: Mém acad. de Belgique, T. XLI, 1877, p. 27.

(3) Rosenbusch : Abhandl. z. geol. specialk. v. Elsass-Lothringen, Bd. 1. Heft 2. 1877. p. 104.

(4) Mallard : Sur l'examen microscop. de quelques schistes ardoisiers, Bull. Soc. minér. de France. 1880 no 4.

(5) Michel Lévy : Sur les schistes de St-Léon. Bull. Soc. géol. de France. T. IX. p. 181.

reconnu M. Renard). Les faces les plus développées des microlithes de Navia sont $\infty P \infty$ suivant lesquelles ils sont aplatis, on y voit en outre, ∞P. m P. Ces microlithes ne sont pas attaqués par les acides, on peut les isoler facilement en attaquant le schiste réduit en fines esquilles par l'acide fluorhydrique et l'acide sulfurique: il est alors aisé d'observer les formes de ces microlithes.

On y reconnaît les corps tant étudiés en Allemagne, depuis que M. Zirkel (1) les signala en 1872 sous le nom de naedelchen dans les schistes argileux, les rapportant avec doute à l'augite. M. G. R. Credner (2) et M. W. L. Umlauft (3) les signalèrent à leur tour, les rapportant encore avec doute à l'augite et à la hornblende, vu leur petitesse et leur position dans le mica, qui rendaient leur détermination si difficile. M. H. C. Sorby (4) les rapporte à la magnétite. En 1877, M. Renard (5) put indiquer le premier sur ses belles préparations d'Ottrez, la forme cristalline et la mâcle de ces naedelchen, qu'il rapporta à cause de leur forme, au chrysobéril. Kalkowsky (6) ayant reconnu en 1879 que l'acide fluorhydrique n'exerçait pas d'action sur ces microlithes, réussit à les isoler de la masse du schiste dévonien de Caub sur le Rhin, d'Adorf en Saxe, et à en tenter l'analyse chimique: le résultat de cette analyse le décida à les rapporter à la staurotide. Plus récemment de nouvelles analyses entreprises sur de plus grandes quantités de naedelchen, isolés d'après la méthode de Kalkowsky ou des méthodes analogues, sont venues modifier cette détermination, contre laquelle on objectait toujours les valeurs angulaires des petites mâcles qui n'étaient pas celles de la staurotide. M. VanWerveke (7) reconnut ainsi, que les microlithes des schistes d'Ottrez, du coticule ardennais, et des schistes de Weiler dans les Vosges, appartenaient au rutile, à cause de leur forte teneur en TiO^2. Les études faites simultanément par M. A. Cathrein (8) et M. A. Sauer (9) à Strasbourg et à Leipzig, sont venues confirmer

(1) F. Zirkel: über die mik Zusammensetz. v. Thonschiefern u. Dachschiefern-Poggend. Annal. 1871. p. 319.

(2) G. R. Credner: Die krystallinischen Gemengtheile gewisser Schieferthone und Thone, Zeits. f. d. gesamml. Naturw. Halle 1874.

(3) W. L. Umlauft: Beitraege z. Kenntniss der Thonschiefer, Prag. 1876.

(4) H. C. Sorby: Anniv. Address to the geol. Soc. 1880. Q. J. G. S. Vol. 36. p. 69.

(5) A. Renard. S. J.: Sur le coticule: Mém. acad. Roy. de Belgique. T. 41. p. 31.

(6) Kalkowsky: Uber die Thonschiefer naedelchen, Neues jahrb. für miner. 1879. p. 382.

(7) L. Vanwerveke: Rutil im ottrelitschiefer von Ottrez und im Wetzschiefer der Ardennen; Neues jahrb. f. miner. 1880. 2, p. 281.

(8) A. Cathrein: Ein Beitrag zur Kenntniss der Wildschonaucr Schiefer und der Thonschiefernaedelchen. Neues Jahrb. f. miner. 1881. p. 169.

(9) A. Sauer: Rutil als mikrosk. Gesteinsgemengtheil, Neues Jahrb. f. miner. 1879. p. 569.

A. Sauer: Rutil als mikrosk. Gesteinsgem. in der Gneiss-und Glimmerschieferformation, sowie als Thonschiefernaedelchen in der Phyllitformation. Neues Jahrb. f. miner. 1881. I. p. 227.

et généraliser la détermination de M. L. VanWerveke, en faisant voir 1° que les angles des mâcles des microlithes des phyllades étaient les mêmes que ceux qui ont été donnés pour le rutile par M. Descloizeaux (1), la curieuse mâcle cordiforme des schistes ayant même été figurée par M. Descloizeaux d'après des échantillons macroscopiques du Brésil; et 2° que ces microlithes étaient répandus dans un très grand nombre de phyllades de localités et d'âges différents, voire même d'après M. Sauer dans les schistes d'Adorf (Saxe) étudiés par Kalkowsky, où les microlithes rapportés à la staurotide, seraient aussi en réalité du rutile.

Les microlithes de rutile des phyllades bleuâtres du Terrain cambrien des Asturies, y sont disposés sans ordre (Navia, Rumeles), ils sont tous couchés sur leur face ∞ P ∞ suivant les lamelles membraneuses de mica blanc, correspondant aux plans primitifs des phyllades. Tous les axes principaux de ces microlithes sont dans des plans parallèles, mais ces aiguilles ne sont pas parallèles entre elles, elles semblent disséminées au hasard et ressemblent sur certaines préparations, comme M. Zirkel l'avait indiqué, à des cheveux qu'on aurait coupés, puis répandus sur un plan.

Les phyllades vertes des Asturies contiennent moins d'aiguilles de rutile que les précédentes, mais ce fait est loin d'être général : les phyllades vertes d'Haybes (Ardennes) sont remplies de ces aiguilles. Mes préparations de phyllades vertes de Cabo Cebes très pauvres en formation de ce genre, contiennent au contraire, de gros grains irréguliers très réfringents, rappelant les grains analogues signalés déjà dans les schistes d'Allemagne par M. Zirkel (l. c) et par M. Cathrein (2), pour qui ils pourraient être des aiguilles de rutile incomplètement développées.

Schistes grossiers quarzeux (*du Terrain cambrien*): Ces schistes grossiers se distinguent surtout des roches schisteuses précédentes par l'abondance des grains de quarz, clastique, anguleux, à contours nets, que l'on reconnaît dans toutes les préparations; on y trouve de même les autres éléments des schistes argileux, mais en proportions différentes. A Rivadeo, Llumeres, par exemple, ces grains se voient en très grand nombre, et forment sous les nicols une mosaïque à parties juxtaposées, anguleuses, sub-arrondies. Les inclusions que l'on y observe sont généralement des poussières très tenues, indistinctes; le plus petit nombre contient des inclusions à

(1) Descloizeaux : Manuel de minér. T. 2. p. 197. pl. 47. f. 343.
(2) Dr A. Cathrein : Neues Jahrbuch für miner. 1881. p. 175.

bulle mobile visible, ils rappellent ainsi en général, les caractères des quarz des schistes cristallins, d'où ils dérivent pour la plupart : j'ai cependant reconnu quelques grains quarzeux à grosses inclusions liquides anguleuses, rappelant celles du quarz des pegmatites, mais dont les libelles mobiles ne changent pas de volume lorsqu'on chauffe, et dont je ne m'explique pas l'origine.

Ces grains de quarz sont cimentés entre eux par des paillettes de mica blanc, mais elles sont en beaucoup moins grande abondance que dans les phyllades, ne s'étendant plus ici en membranes ondulées. Elles sont souvent isolées ou disposées en houppes fines, où on reconnait ordinairement quelques lamelles distinctes présentant nettement les caractères optiques du mica blanc à 2 axes. Les houppes à fibres enchevêtrées, présentant les caractères de la chlorite, ne sont pas rares. Les grains noirs charbonneux sont moins abondants que dans les phyllades, la couleur verte est la teinte dominante de ces schistes grossiers ; ils sont souvent riches en pyrite, à Llumeres par exemple, la pyrite est disséminée dans la roche en très petits cristaux cubiques, groupés en petites masses sphéroïdales et en rosettes diverses, élégantes au microscope dans la lumière réfléchie. Elle est souvent décomposée, et transformée en limonite, qui s'est infiltrée dans toute la roche qu'elle colore en jaune. Quelques préparations m'ont en outre montré de très rares cristaux de tourmaline de petites dimensions, ainsi que quelques aiguilles de rutile ; elles sont accompagnées de petits grains très réfringents, irréguliers, qui présentent les caractères du sphène.

Schistes post-cambriens : Il y a de nombreuses variétés différentes de schistes dans les terrain siluriens, dévonien, et carbonifère des Asturies : les quelques préparations que j'en ai faites, montrent qu'elles sont formées essentiellement des mêmes éléments que les schistes cambriens, mais associés en proportions variables.

Terrain Silurien : Des sections de schistes noirs de la faune seconde silurienne de El Horno, m'ont montré du quarz en petits grains irréguliers, anguleux, en grande partie clastique, entourés et cimentés par un mica blanc-verdâtre, formant la pâte du schiste. Il contient également du quarz récent, comme le prouvent les sphérolithes de quarz calcédonieux qu'on y observe, à structure radiée et concentrique, donnant entre les nicols croisés une croix noire immobile située dans les plans principaux des nicols. Il y a en outre des grains noirs irréguliers de substance charbonneuse, de la calcite en grandes plages irrégulières, et du rutile assez rare, présentant sa forme ordinaire en aiguilles. Je n'y ai pas reconnu de cristaux de tourmaline, si communs habituellement dans les schistes; j'y ai observé par contre, quelques cristaux de feldspath triclinique, en grains irréguliers, frais, formés de 6 à 8 lamelles mâclées. Les schistes de El Horno sont avec les phyllades vertes de la Punta Corbeira, les seules roches argilo-schisteuses des Asturies qui m'aient fourni du feldspath. Son origine ne peut être rapportée ni dans l'un ni dans l'autre cas, à un métamorphisme de contact, attendu qu'il n'y a pas de roche plutonienne au voisinage, et que de plus on ne trouve pas de feldspath dans les schistes de cette région modifiés par des roches franchement éruptives ; d'autre part, la fraîcheur de ce feldspath est une objection sérieuse à son origine clastique.

Terrain Dévonien : Les schistes dévoniens sont généralement argileux, calcaires et passent aux calcschistes ; ils contiennent souvent de nombreux restes de coquilles, de crinoïdes, ainsi que des plages irrégulières de calcite. Des sections de schistes, des affleurements près l'embouchûre de la rivière de Laviana, montrent une pâte formée de grains de quarz et de paillettes de mica blanc, dans laquelle on distingue des grains de matière charbonneuse, des plages de calcite, ainsi que quelques rares aiguilles de tourmaline et de rutile.

Terrain Carbonifère : Les schistes qui alternent avec les marbres griottes et avec les calcaires de l'assise de Leña, contiennent beaucoup de calcite et passent souvent aux calcschistes ; parmi les débris organiques qu'on y reconnaît, il faut signaler l'abondance des coquilles des Foraminifères et des Entomostracés. Les schistes des environs de Quiros m'ont particulièrement donné de belles préparations, remplies de débris de cette nature, mais que je n'ai pas su déterminer faute de pouvoir les dégager. Ces coquilles sont remplies de cristaux de calcite mâclés, purs et transparents, qui tranchent ainsi nettement sur la masse hétérogène et colorée de la roche. Les autres éléments constituants sont des grains de quarz clastiques, avec inclusions à libelles mobiles, des paillettes micacées incolores, des grains jaunes dans la lumière réfléchie et présentant la forme et l'aspect de la pyrite, des tables opaques hexagonales rouge-jaunâtre que je rapporte à l'oligiste, et enfin quelques très petites aiguilles ressemblant aux aiguilles de rutile, dont elles ont les dimensions et l'extinction, mais non les mâcles caractéristiques.

Composition générale des Schistes : On voit d'une manière générale, que les diverses roches argilo-schisteuses des Asturies, présentent des variations caractéristiques dans leur composition intime, qui distinguent les *Schistes argileux*, des *Phyllades*, des *Calcschistes*, et des *Schistes grossiers quarzeux*; mais qu'on peut en résumé les considérer comme formées de deux sortes d'éléments :

1° *Éléments allothigènes* (1) (Éléments clastiques ou anciens) : Quarz, Feldspath, Mica blanc.

2° *Éléments authigènes* (Éléments cristallisés ou récents): Quarz, Rutile, Tourmaline, Mica blanc, Chlorite.

M. Zirkel (2) qui signala d'abord cet état semi-cristallin des schistes au microscope, posa en même temps la difficile question de savoir si cet état était initial, ou acquis postérieurement ?

S'il est initial, on doit se demander avec MM Zirkel, Renard, Rosenbusch, s'il s'est produit en même temps que le dépôt boueux, ou seulement avant le durcissement de ce dépôt? Les différences indiquées entre les couches alternant entre elles, de schistes argileux, de phyllades et de schistes grossiers, fournissent une preuve palpable de différences initiales dans la composition minéralogique de ces sédiments. C'est à cette différence initiale de composition chimique ou minéralogique, que certains bancs de phyllades (Ardoises) doivent leur fissilité propre, tandis que la même propriété ne s'est pas développée dans les couches schisteuses interstratifiées, soumises pourtant aux mêmes pressions.

Ce que nous savons de la composition des schistes, nous montre clairement la prédominance des éléments secondaires authigènes. Tous les éléments constituants que l'étude microscopique permet d'y signaler, y sont aussi métamorphiques que ceux des schistes cristallins primitifs, et paraissent dus à des phénomènes postérieurs. La tourmaline et le rutile sont des apports postérieurs : on ne connait pas de sédiments récents contenant fluor, bore, titane; on connaît au contraire, la richesse en tourmaline et en minéraux titanifères, des granites à mica blanc (granulites de M. Michel-Lévy) et des roches encaissantes près de leur contact. Nos recherches dans l'ouest de la Bretagne, pour le service de la Carte géologique de France, en apporteront encore de nombreux et nouveaux exemples. Le quarz est, nous l'avons montré, en partie récent. Une partie du mica blanc, date sans doute de l'époque du dépôt de la roche, comme le pense M. Rosenbusch; mais on a d'autre part, tant d'exemples de sa formation récente

(1) Kalkowsky : Ueber die Erforschung der Archaischen Formationen, Neues Jahrb. f. miner. 1880. I. p. 4.
(2) F. Zirkel : Poggend. Annal. Bd. 144. 1871. p. 325.

au voisinage des granulites, et on a si souvent l'occasion de le voir épigénisant les minéraux récents de schistes métamorphisés [1] (feldspath, andalousite, staurotide), qu'il est sans doute aussi en partie, de formation secondaire. On peut encore trouver une preuve de sa formation secondaire, dans la disposition qu'il présente dans les schistes où la schistosité ne correspond pas à la stratification ; ce mica est alors disposé suivant la schistosité, et est par conséquent de formation postérieure à la stratification du schiste. L'analyse chimique et la détermination précise des micas blancs, paraissent ainsi à présent, un point capital de l'étude des schistes argileux.

L'examen microscopique n'a fait qu'augmenter le nombre des éléments métamorphiques connus dans les schistes argileux: ce sont pour nous des roches essentiellement métamorphiques par les minéraux qui les constituent, comme par la structure (schistosité) qui les caractérise. On ne voit guère que leurs caractères acquis. En Asturies, la schistosité correspond généralement à la stratification, et les fossiles, voire même ceux des schistes cambriens, sont peu déformés; il est ainsi remarquable de constater, comment les mouvements moléculaires qui ont donné naissance aux paillettes et aux aiguilles cristallines, si nombreuses et si régulièrement orientées dans ces roches, n'ont pas fait disparaître les traces organiques (Rivadeo, Radical), pas plus qu'à Haybes (Ardennes), ou à Angers.

§ II

QUARZITES

On rencontre à différents niveaux de la série des terrains sédimentaires des Asturies des quarzites et des grès. Je n'ai pas reconnu de différence capitale entre ces diverses roches, elles sont toutes formées essentiellement de grains clastiques de quarz, auxquels s'ajoutent parfois comme éléments accessoires, des grains de feldspath, et des paillettes de mica. Le ciment qui réunit ces matériaux est essentiellement siliceux, il est parfois coloré par de la chlorite ou par du fer, à divers états d'oxydation. Les caractères de ces roches sont ceux qui ont été si bien définis par M. J. A. Phillips [2]

(1) Nous en citerons de nombreux exemples dans les schistes métamorphisés par le granite dans le Finistère et le Morbihan.

(2) J. A. Phillips : On the constitution and history of grits and sandstones, Quart. journ. geol. Soc. Vol. 37. 1881. p. 6.

pour les grès et quarzites d'Angleterre, comme on pourra en juger par la rapide description que je vais en donner.

Terrain Cambrien : Les quarzites du terrain cambrien des Asturies et de la Galice forment des lits généralement minces, alternant avec des schistes gris-bleu noirâtre ou verdâtre (Degolada, Rumeles, Vallotas, Cudillero, Cangas de Tineo). Leur couleur dominante est le gris-verdâtre, ils sont très durs, à grains fins et passent souvent aux schistes grossiers décrits plus haut; ils sont parfois si décomposés, qu'on peut les exploiter comme sables, comme à l'ouest de Fonsagrada (Galice), par exemple. Au microscope, ils paraissent formés de grains anguleux clastiques de quarz, de paillettes de mica blanc, et de grains irréguliers de feldspath assez rares, réunis par un ciment siliceux souvent verdâtre, coloré sans doute par de la chlorite. Les grains de quarz sont parfois dépourvus d'inclusions liquides, quelques-uns en contiennent de très grosses à contours anguleux, mais la plupart sont caractérisés par de très petites inclusions liquides, assez nombreuses, et rappelant les caractères assignés aux grains de quarz des schistes cristallins de la région. Ces schistes cristallins ont certes fourni la plus grande partie des matériaux des quarzites cambriens, mais on ne peut les leur rapporter tous sans exception.

Terrain Silurien : La division inférieure du terrain Silurien est formée par une épaisse masse de grès blanchâtre (grès à Scolithes) passant aux quarzites; de rares et minces bancs de schistes micacés interrompent seuls la continuité de cette épaisse masse de sédiments arénacés (Cabo-Busto, Cabo Vidio, Cabo de Peñas). Au microscope, on reconnaît dans ces grès, deux variétés principales, formées essentiellement l'une et l'autre de quarz et de mica blanc : la première variété, qui me paraît typique, montre du quarz en grains arrondis, ou anguleux à angles émoussés, et parfois fendillés et brisés ; leur volume est à peu près constant, il n'y a pas les différences de grosseur qu'on observe dans les sédiments formés rapidement. Ces grains polarisent vivement, sont orientés irrégulièrement, en divers sens dans la roche, et s'éteignent d'un seul coup sous les nicols croisés ; ils contiennent des inclusions liquides en petit nombre, ainsi que des aiguilles microlithiques de rutile. Le mica blanc est disposé sans ordre autour des grains de quarz, il est en paillettes disséminées au hazard dans la roche, et y remplissant l'office de ciment : aucune de mes préparations ne renfermait de restes de feldspath (Busto, Arniella, Sierra del Acebo, Sierra del Palo, Canero, O. de Salas et de Belmonte).

Tous les caractères de ce premier type des grès à Scolites nous indiquent pour cette formation, une origine clastique très accentuée : l'état du quarz, son assortiment en grains de même grosseur, la disparition du feldspath, l'abondance du mica blanc, tout concorde à prouver que les débris archéens et cambriens, ont été longtemps roulés et décomposés chimiquement avant de constituer les grès à scolites. Je n'ai pu toutefois me fixer définitivement au sujet du mica blanc, est-il uniquement clastique ou a-t-il pris postérieurement naissance dans la roche en place, aux dépens de la décomposition séculaire des feldspath ? M. H. C. Sorby (1) attribue cette origine, au mica blanc de certaines roches d'Angleterre, à grains fins, intermédiaires entre les phyllades et les schistes cristallins ; dans ce cas les paillettes de mica ne sont pas stratifiées, mais se concentrent, et s'agrègent autour des minéraux anciens. La disposition variable du mica blanc dans les grès siluriens des Asturies me fait penser qu'on ne peut lui attribuer une origine unique, et qu'il est en partie ancien et en partie récent.

La seconde variété ou type de grès de cet âge (Porcia, Sierra de Mezana, que j'ai reconnu également à La Feuillée, en Bretagne) est justement caractérisée par une modification récente, profonde, dont je n'ai malheureusement pas réussi à reconnaître la raison déterminante. Il est également formé essentiellement de quarz et de mica blanc, mais les grains de quarz sont ici bien différents, ils sont transparents, pauvres en inclusions, leurs contours sont irréguliers, découpés, guillochés, et enchevêtrés sur leurs bords ; sous les nicols croisés, ils ne s'éteignent pas d'un seul coup, mais présentent des espèces d'ondes qui s'étendent capricieusement d'un grain à l'autre, la moitié d'un grain s'éteignant parfois en même temps que la moitié d'un grain voisin. Leurs caractères nous rappellent ceux des grains de quarz récents des gneiss acides ; on a ici sous les yeux une formation récente de silice, qui aurait cristallisé à nouveau en place. Ce phénomène nous paraît comparable à celui qui a été signalé à diverses reprises par MM. Bonney (2), H. C. Sorby (3), J. A. Phillips (4) dans les grès d'Angleterre, et par M. A. S. Tornebohm (5) dans les quarzites rouges de la Dalękarlie, où des grains irréguliers de quarz clastique sont recouverts d'une enveloppe à contours cristallins nets

(1) H. C. Sorby : Anniv. address.-Quart. journ. geol. Soc. 1880. Vol. 36. p. 69.

(2) Bonney : Quart. journ. geol. Soc London. Vol. 35. p. 666.

(3) H. C. Sorby : Anniv. address.-Quart. Journ. Geol Soc. London. 1880. Vol. 36. p. 62.

(4) J. Arthur Phillips : On the constitution of grits, etc. Quart. Journ geol Soc. London, Vol. 37. p. 8-14.

(5) A. S. Tornebohm : Ein Beitrag zur Frage der Quarzitbildung. geol. Forens i Stockholm. Forh. B III. K. 35 (Neues Jahrb. f. miner. 1877. p. 210).

de quarz récent, ou sont entourés d'une auréole de quarz récent orienté comme lui et s'éteignant en même temps. Certains quarzites siluriens des monts Cantabriques paraissent donc au microscope de simples agrégats de quarz cristallin grenu, dépourvus de toute apparence de clasticité.

Terrain Dévonien : Ce système présente dans les Asturies trois grandes divisions lithologiques : la division moyenne est formée essentiellement de calcaires, où nous distinguerons toute une succession de faunes diverses, les deux autres, également arénacées, homogènes, et dépourvues de fossiles sont essentiellement formées de grès blancs, gris, assez souvent rougeâtres ; le terrain dévonien est même caractérisé ici d'après Paillette et Bézard, par ces grès rubannés ferrifères ou ferro-manganésifères, représentant l'Old-Red-Sandstone. Au sommet de l'assise arénacée inférieure (grès de Furada) sont des couches ferrugineuses régulièrement exploitées et correspondant aux couches de Landevennec en Bretagne. Il y a également de plus minces lits de grès ferrifères dans le terrain Dévonien moyen (Candas) et dans le grès dévonien supérieur (grès de Cué). La zône ferrifère principale se présente avec une puissance moyenne de 2 à 5 mètres ; elle a généralement l'apparence oolithique, à grains plus ou moins fins confondus dans un grès pétri d'oxyde de fer, comme le minerai des mines de Telledo au sud des Asturies, analysé par Paillette et Bézard (1). J'ai peu étudié ces grès, qui m'ont paru formés uniquement de grains de quarz clastique, de paillettes talqueuses, et d'une pâte en grande partie ferrugineuse, ou au moins teintée par des produits d'oxydation du fer. Ils contiennent en outre des ségrégations, des mouches de cinabre, d'azurite, de malachite, et d'autres parties minérales, dont nous négligeons l'étude dans ce mémoire. Il est assez difficile de se prononcer sur l'origine de ces grès ferrugineux du dévonien : Se sont-ils formés directement dans des eaux chargées d'oxyde de fer, ou ce qui paraît moins probable, faut-il voir dans ces gisements des produits d'imprégnation postérieurs à la formation des couches arénacées, comme cela a eu lieu pour les gîtes cinabrifères ?

Terrain carbonifère : Au-dessus de la masse calcaire qui forme la base de ce terrain (*Assises du griotte, et des canons*), sont des alternances de grès, de schistes et de calcaires. Les grès de cet âge (Assises de Leña, de Sama) varient beaucoup par la grosseur de leur grain et leur teneur en calcite : ils passent parfois aux conglomérats.

(1) Paillette et Bézard : Sur le gisement et la composition de quelques minerais de fer des Asturies. Bull. soc. géol. de France, 2e Sér. T. VI. p. 586.

D'une manière générale, ils se distinguent des grès des périodes précédentes par leur coloration noirâtre due aux substances charbonneuses, et par leur richesse en mica généralement blanc, en assez grandes paillettes, souvent disposé par lits. Il y a en outre, des fragments de feldspath. L'abondance des débris micacés et leur disposition, montre que ces débris sont ici évidemment clastiques : ces grès houillers paraissent avoir emprunté beaucoup plus de leurs éléments constituants aux granites éruptifs qu'aux schistes cristallins anciens, dont les débris prédomineraient au contraire, dans les sédiments cambro-siluriens.

§ III

CALCAIRES

Le calcaire est une des substances les plus abondantes des terrains paléozoïques des Asturies ; on l'y trouve à divers niveaux, et avec différents caractères : les principales modifications correspondent aux époques différentes de formation, ce sont de haut en bas :

1° Calcaire carbonifère,

2° Marbre griotte, campan, ou amygdalin,

3° Calcaire dévonien,

4° Calcaires, marbres et cipolins cambriens.

Ces calcaires présentent entre eux des différences importantes dues aux conditions de leur formation et à des modifications métamorphiques postérieures à leur dépôt. Tous sont formés de fragments de coquilles en divers états de décomposition, et plus ou moins reconnaissables. Certains fragments sont d'assez grande taille, ou présentent des caractères suffisants pour montrer leurs relations avec les coquilles entières que l'on trouve dans ces couches. Un plus grand nombre de fragments petits et méconnaissables montrent qu'à cette époque reculée, les vagues n'ont pas été seules à concasser les coquilles, mais qu'elles ont été aidées dans ce travail par la désagrégation lente, due à la décomposition de la matière organique. Le résultat final de cette décomposition est d'après M. Sorby (1) de donner naissance aux plus petites parties cristallines constituantes,

(1) Sorby : Anniv. Address. Quart-Journ. Geol. Soc. London. Vol. XXXV. 1879. p. 70.

parties qui diffèrent chez les diverses espèces d'après leur structure: Les tests des Echinodermes se désagrègent en plaquettes distinctes, celui des Brachiopodes en petits fragments prismatiques, tandis que celui des Mollusques et les Coraux se réduisent en petites lames, fibres, ou granules calcaires. Ces granules perdent souvent tout caractère propre, et on ne peut les distinguer des granules clastiques provenant de roches calcaires antérieures, ni de certains granules déposés chimiquement; par conséquent, quand un calcaire contiendra beaucoup de débris reconnaissables d'organismes calcaires, il sera naturel de conclure que la masse des granules calcaires qui le constituent sont de même origine.

Calcaire Carbonifère : Le calcaire carbonifère des Asturies est gris plus ou moins bleuâtre, avec veines blanches de spath calcaire ; sa texture est fine et serrée, sa cassure légèrement conchoïdale. Le microscope permet d'y distinguer plusieurs variétés correspondant assez bien aux différents niveaux stratigraphiques (Assise du griotte, des cañons, de Leña). D'une manière générale, la plupart de ces calcaires sont compactes, gris-bleuâtre, et doivent leur couleur à des parties charbonneuses, puisque cette couleur se perd par la calcination (Assises des cañons, de Leña, dont nous nous occuperons seulement dans ce paragraphe); la teinte gris-bleu des calcaires n'est elle-même que superficielle et résulte de leur altération à l'air, comme le prouve la teinte gris-sombre des cassures fraîches. Cette matière colorante forme avec un peu d'argile une masse fondamentale dans laquelle sont disséminés sans ordre de petits grains anguleux de calcite, des fragments organiques reconnaissables, et de petits granules calcaires, restes de coquilles calcaires dont le ciment organique a disparu. On doit à Paillette [1] diverses analyses de ces calcaires, que nous reproduisons ici :

	del Aramo	de Riospaso	de Brañota
Carbonate de chaux.	0,957	0,987	0,990
Carbonate de magnésie	0,001	0,005	traces
Oxydes de fer et de manganèse	0,001	0,002	traces
Argile	0,015	»	traces
Matières bitumineuses	0,026	0,006	0,010
TOTAL. . . .	1,000	1,000	1,000

La plus grande partie des éléments reconnaissables au microscope des calcaires

(1) Paillette : Revista minera, T. VI p. 305.

carbonifères asturiens, sont des fragments d'encrines, puis des brachiopodes, puis en troisième lieu des foraminifères *(Fusulinella, Dentalina*, etc.); les coraux, bryozoaires, prismes de coquilles de mollusques, sont en moindre abondance, quoique parfois assez nombreux. Il y a une très grande abondance de granules calcaires de décomposition organique, et de forme méconnaissable.

Les coralliaires ne forment comme espèces et comme individus qu'une infime portion de la faune du calcaire carbonifère de la région : les crinoïdes forment la partie essentielle du dépôt. Cette composition de la faune carbonifère a dû avoir plus d'influence sur la nature du calcaire formé, que la structure minéralogique des coquilles. M. Sorby préfère expliquer les différences entre certains calcaires par le fait que les gastéropodes, la plupart des lamellibranches, les coraux, étant en aragonite se décomposent bien plus facilement que les échinodermes, brachiopodes, qui sont en calcite, et forment ainsi des roches bien différentes par leur grain. Il semble comme M. Harting (1) l'a déjà indiqué, qu'il est bien difficile de diviser ainsi les coquilles, en coquilles en aragonite, et coquilles en calcite ; car la substance organique combinée aux sels calcaires ne peut être considérée comme n'exerçant aucune influence sur la forme cristalline. Sa combinaison avec le carbonate de chaux peut par son poids spécifique, sa dureté, s'approcher tantôt plus du spath, tantôt plus de l'aragonite, c'est pourtant toujours un corps nouveau, qui n'est identique ni à l'un ni à l'autre.

Les Encrines et les Echinodermes si abondants dans ces calcaires sont de tous les fossiles anciens les mieux prédisposés à la fossilisation; leurs débris parfaitement conservés dans l'assise de Leña sont formés,comme l'a indiqué M. Sorby,de calcite orientée de telle façon, que chaque plaque de l'animal est un cristal simple de calcite, creusé à l'intérieur de cavités spéciales pendant la vie, et rempli de calcite semblablement orientée chez les fossiles. La structure des coraux fossiles est moins simple, et leur conservation plus mauvaise que celle des échinodermes. Ils permettent de juger plus facilement des violentes compressions auxquelles ces terrains ont été soumis, on voit souvent les cloisons et les planchers dérangés de leur position primitive, pliés et brisés dans divers sens : le diamètre de certains calices est parfois réduit dans une direction au quart de sa valeur primitive. Les cavités laissées dans les coraux, entre les cloisons, les planchers, les vésicules, se sont remplies comme les géodes des mélaphyres. Ce sont donc parfois de vraies géodes concrétionnées à remplissement postérieur ; d'autres fois ce sont des

(1) Harting : Etude microscopique des précipités et de leurs métamorphoses (Bull. des Sciences physiques et naturelles de la Néerlande, 1840, p. 257).

agglomérations de calcite cristallisée présentant toutes les orientations possibles, de sorte qu'ils se brisent avec une cassure saccharoïde, et montrent en lames minces une masse de petits cristaux sans arrangement uniforme, disposée sur le squelette primitif d'aragonite; celui-ci est représenté ordinairement par une calcite à grains très fins, et moins transparente.

Le *calcaire des canons* se distingue généralement des calcaires de l'*assise de Lena* par la désagrégation plus complète des débris organiques constituants, par le concrétionnement plus avancé de la calcite (bancs oolitiques de Caso, du Pont de Demues), et par les cristaux de dolomie, de quarz, qu'il contient. Quelques couches de cette *Assise des canons* sont de la dolomie presque pure ; elles sont d'un blanc-jaunâtre, gris, saccharoïdes, grenues, et contiennent en moyenne de 41 à 44 % de carbonate de magnésie d'après les analyses de Paillette (1). Les analyses suivantes de dolomies carbonifères, sont dûes à Paillette et Bézard (2).

	Brañotas de la Grandota	Bizarrera	Laviana
Carbonate de chaux	48,6006	54,652	50,518
Carbonate de magnésie	41,8652	44,023	41,935
Oxydes de fer et de manganèse	5,7000	traces	2,750
Résidu insoluble et pertes	3,8342	1,325	4,797
TOTAL	100,0000	100,000	100,000

L'alternance de bancs calcaires et dolomitiques dans la série carbonifère des cañons, permet de penser que les roches dolomitiques contenaient déjà lors de leur dépôt, une certaine proportion de magnésie. Telle n'est pas cependant je crois, l'origine des masses dolomitiques de ces régions; sans discuter ici les nombreuses hypothèses si habilement exposées par Zirkel (3) sur ce sujet, il me semble que la plus vraisemblable, autant qu'on peut en juger par leur structure et leur disposition stratigraphique, est de considérer ces dolomies comme des calcaires ordinaires changés complétement après le dépôt (4). Elles contiennent en effet parfois des fossiles (articles d'encrines) dolomitisés

(1) J'ai traité plus en détail cette question de l'origine de la dolomie dans mon mémoire sur le terrain crétacé des Ardennes, j'y comprends de la même façon la dolomitisation de la craie de cette région. (Ann. Soc. Géol. du Nord, T. V. 1878, p. 451-453.)

(2) Paillette et Bézard : Bull. Soc. Géol. de France, 2me sér. T. VI, 1849, p. 589.

(3) A. Paillette : Estudios quimico-mineralogicos sobre la caliza de montana de Asturias. Revista minera, T. VI, 1855, p. 305.

(4) F. Zirkel : Lehrb. d. Petrographie, Bonn. 1866, p. 245.

comme les dolomies carbonifères de Belgique décrites par M. Renard (1); elles présentent en outre de très grandes variations lithologiques (voir n° 7, coupe des falaises), et de plus grandes variations d'épaisseur d'un point à un autre. Ainsi à Cabo Prieto, Arnielles, et autres points de l'Est des Asturies, la dolomitisation est bien plus forte et plus étendue qu'à l'Ouest de la province. Ce phénomène n'est pas ici en relation immédiate avec les roches granitiques, comme nous en donnerons plus loin de nombreux exemples en traitant des calcaires cambriens métamorphisés au contact du granite, et comme cela a été reconnu par Durocher (2) dans les Pyrénées françaises. Les sources auxquelles nous rapportons l'apport métallique (galène, blende, calamine) ne sont peut-être pas étrangères à la dolomitisation, et si l'apport de ces substances n'a pas été synchronique, il a dû au moins se faire suivant les mêmes fissures, puisqu'on trouve ordinairement ces produits réunis (voir à la partie stratigraphique de ce mémoire, coupe des falaises, n° 7). L'action métamorphisante des eaux minérales ou magnésiennes, n'atteint pas son maximum sur le chemin d'éjaculation de ces eaux, mais bien quand elle est sortie, et qu'elle s'est répandue en dehors où elle s'infiltre irrégulièrement et séjourne. Ces infiltrations ont pu aussi se produire horizontalement, suivant certaines couches plus décomposables ou plus poreuses, et déterminer ainsi les alternances indiquées de bancs dolomitiques et calcaires.

Le minéral le plus intéressant des calcaires carbonifères de l'assise des cañons est le *quarz*, il s'y présente partout en prismes hexagonaux terminés à leurs deux extrémités par les pyramides: il est tellement répandu dans ces calcaires, qu'on peut l'en considérer comme caractéristique dans toute la chaîne cantabrique, et M. A. de Maestre (3) dès 1864, se basait déjà sur sa présence pour distinguer sur le terrain, les calcaires carbonifères des autres calcaires compactes, de la province voisine de Santander.

Ces cristaux ont généralement une teinte gris-cendré, et se rapportent ainsi au quarz enfumé; leurs dimensions sont très variables, les plus grands que j'ai recueillis ne dépassent pas deux centimètres de long, ils sont ordinairement plus petits, et on trouve de microscopiques, en dissolvant des fragments de ces calcaires dans un acide.

---

(1) A. Renard. S. J.: Des caract. dist. de la dolomite et de la calcite dans le calc. carb. de Belgique, Bull. Acad. R. de Belg. 2e sér. T. 47, 1879, p 1.

(2) Durocher: Essai sur la classification du terrain de transition des Pyrénées, Ann. des mines 1844. t. VI. p. 82. pl. 2. f. 9. 10.

(3) « La presencia de estos cristales es tan caracteristica en la caliza anthraxifera de esta provincia, que muy bien puede suplir a la falta de fosiles. » (Descripc. de Santander. 1864 p. 47.)

Ces cristaux se distinguent nettement par leur forme prismatique des dihéxaèdres de quarz que l'on peut également ramasser dans les porphyres quarzifères décomposés des Asturies; ils se rapprochent plus par leur forme des hyacinthes de Compostelle, des couches gypseuses voisines des ophites des Pyrénées Espagnoles, et surtout des beaux cristaux prismatiques des argiles fines (1) qui accompagnent les minerais de zinc à Puente-Viesgo (Prov. de Santander). Mais leur relation la plus curieuse est avec les petits cristaux de même espèce, signalés par M. Renard dans les calcaires carbonifères de Belgique (2), par MM. T. Wardle et Woodcroft (3) dans les calcaires carbonifères d'Angleterre, par M. W. J. Sollas (4) dans les calcaires carbonifères du pays de Galles ainsi que dans d'autres calcaires. Il semblerait ainsi, que dans tout l'ouest de l'Europe pendant l'époque carbonifère, la silice qui se trouvait amenée dans ces dépôts, cristallisait directement et indépendamment de la masse calcaire environnante, qui a dû toutefois se solidifier et cristalliser en même temps.

Marbre griotte: Le *marbre griotte* ou *marbre amygdalin*, forme un niveau constant dans les Pyrénées d'Espagne et de France; il y est exploité partout avec activité, ayant été de tout temps très apprécié pour l'ornementation. Il est non seulement employé dans l'industrie locale, mais est souvent expédié au loin; on le retrouve dans tous les monuments construits sous Louis XIV (Versailles, Trianon, etc.), dans le palais royal de Berlin, dans la cathédrale de Léon bâtie en 1200, et dans un grand nombre d'autres édifices publics de l'Europe.

Dufrénoy (5) définit nettement en 1833 et décrivit avec soin ces marbres, dans son explication de la carte géologique de France. Ce sont des calcaires, ordinairement compactes et esquilleux, de couleur verdâtre, ou fortement colorés en rouge, et qui alternent avec des schistes argileux. Une variété des calcaires schisteux a reçu le nom de *calcaire entrelacé;* le schiste et le calcaire, au lieu d'alterner par petites couches, forment un mélange intime au milieu duquel le calcaire constitue généralement des

(1) O'Reilly et Sullivan : Geol. of the province of Santander, London 1863 p. 129.

(2) A. Renard S. J.: Recherch. sur les Phtanites, Bull. acad. Belg. T. 46. 1878 p. 15.

(3) T. Wardle: Proceed. of the North-Staffordshire Field-Club. 1873.

(4) W. J. Sollas: On the flint nodules of the Trimingham Chalk, Annals and Mag. Décembre 1880. p. 446.

(5) Dufrénoy: Sur la nature et la position des marbres désignés sous le nom de calcaires amygdalins, Ann. des mines, 3e Sér. T. 3. 1833. p. 123.
Dufrénoy: Mémoire pour servir à une description géol. de la France, T. 2. 1834.
Dufrénoy: Explication de la carte géologique de France, T. 1. p. 166. 1841; T. 3. p. 186. 1873.

nodules plus ou moins arrondis, enveloppés de schiste. Cette disposition donne à la roche une structure, qui rappelant celle des amygdaloïdes, l'a fait désigner sous le nom de *calcaire amygdalin*. La différence de couleur du schiste et du calcaire donne à ces amygdaloïdes, lorsqu'elles sont polies, un aspect très agréable, et les fait rechercher comme marbres d'ornement. Les marbriers les désignent sous le nom de *marbre griotte* quand le schiste qui accompagne le calcaire est rougeâtre, et de *marbre campan* (nom de vallée où on l'exploite), lorsque ce schiste est coloré en vert.

La coloration de ces marbres est due à des oxydes métalliques; le fer à l'état de péroxyde a produit les teintes rouges, à l'état de protoxyde les teintes vertes. En examinant ces marbres avec attention, Dufrénoy reconnut que la plupart des amandes calcaires n'étaient autre chose que des moules de céphalopodes; les fossiles empâtés par le schiste, sont devenus des centres d'attraction pour le carbonate de chaux, qui les a emplis et remplacés.

L'étude microscopique des *marbres griottes* ne fait que confirmer entièrement les observations de Dufrénoy: La plus grande partie du calcaire est formée de débris de goniatites, en général peu décomposées, et en fragments clastiques de grandeur reconnaissable; elles sont toutes transformées en spath calcaire transparent. La conservation de ces débris, qui ne se sont guère désagrégés comme dans la plupart des calcaires en leurs plus petites parties constituantes, est d'autant plus étonnante que les coquilles des céphalopodes sont en aragonite d'après M. Sorby, c'est-à-dire en cette forme instable de carbonate de chaux, qui disparaît ou se transforme si facilement. Le griotte a donc un grand intérêt lithologique, comme étant un des rares marbres formés essentiellement de débris de céphalopodes; ils y sont si nombreux que les loges des grosses goniatites sont remplies de goniatites plus petites, et toutes mes préparations microscopiques montrent de petites goniatites entières au milieu d'une foule de fragments de même nature. La belle conservation des restes organiques dans le griotte est le fait qui m'a semblé le plus remarquable: des débris de Crinoïdes et d'Echinides rencontrés dans mes préparations, m'ont montré bien conservé le réseau treillisé si délicat et si caractéristique des échinodermes (1). Les fragments de céphalopodes et d'échinodermes sont les plus reconnaissables des griottes, on y trouve en outre des grains calcareux plus petits, d'origine problématique, dérivant peut-être de coraux ou de brachiopodes; ils sont noyés comme les précédents dans une pâte homogène, peu

(1) Gegenbaur: Manuel d'anat. comparée, Paris, p. 289.

transparente, argileuse, verte ou rouge, et colorée par du fer à divers états d'oxydation. L'observation de Dufrénoy (1) et de M. Zirkel (2) que les goniatites sont moins bien conservées dans les marbres campans que dans les griottes, paraît assez générale, leurs contours y sont moins nets et leur transformation en calcite plus complète; il ne paraît pas toutefois en être de même pour tous les fossiles du marbre campan, car c'est dans ces marbres que j'ai trouvé les plus beaux brachiopodes (Mere, Vallota).

La silice est rare dans les griottes, en certains points (Naranco, etc.), on rencontre cependant de véritables phtanites en lits, passant du rouge au jaune rosé; ces phtanites ont un grain serré, et se brisent assez facilement en minces esquilles pour rendre les préparations difficiles à réussir. Le grain de cette roche est cryptocristallin, elle paraît à l'œil parfaitement homogène; en section mince, elle est transparente dans la lumière naturelle, on y reconnaît en certains points, des sections de calcite décomposée, ainsi que de nombreux granules rougeâtres de limonite. Sous les nicols croisés, ces sections minces, transparentes, et à aspect homogène, se résolvent en petits granules quarzeux, fortement serrés les uns contre les autres, et orientés de diverses façons; quelques rares points de la masse siliceuse s'éteignent entre les nicols croisés, d'autres points très limités présentent les stries rayonnantes et les caractères de la calcédoine. Ces dernières plages ont parfois des contours irréguliers, mais affectent le plus souvent les formes allongées, si abondantes dans les calcaires voisins, des sections de test des goniatites. Cette pseudomorphose des tests calcaires en calcédoine, jointe à la préservation de quelques plages de calcite dans la masse du phtanite, tendent à prouver que ces bancs siliceux de Naranco, ont été formés comme les phtanites d'Irlande (3) et de Belgique (4) par la silicification postérieure des éléments de couches stratifiées calcaires.

Calcaire dévonien : Les calcaires dévoniens présentent de nombreuses variétés de texture et de couleur; ils sont généralement compactes, d'un gris cendré, bleuâtre, ou d'un gris-noirâtre, quelquefois cependant, ils sont rougeâtre, et dans ce cas nuancés de blanc, tachetés ou flambés. La teinte est souvent alors d'un rouge-

---

(1) Dufrénoy : Annal. des Mines, T. 3. 1833. p. 123.

(2) F. Zirkel : Géol. des Pyrénées, Zeits. d. deuts. Geol. ges. Bd. XIX. p. 154.

(3) Hull et Hardman : Journal R. geol. soc. Ireland, Ser. 2. Vol. IV. p. 245.

(4) A. Renard S.J.: Sur les phtanites du c.c. de Belgique, Bull. Acad. Roy. de Belg. T. 46. 1878.

lie-de-vin, et ne peut jamais être confondue avec la couleur rouge-brique des *calcaires schisteux griottes*.

Les calcaires dévoniens possèdent une cassure esquilleuse passant parfois à la cassure grenue; ils forment ordinairement des couches peu épaisses, séparées par du schiste argileux; mais ces couches étant nombreuses, il paraît très puissant. Il présente dans les falaises et autres escarpements naturels, les formes abruptes que la décomposition atmosphérique donne habituellement aux grandes masses calcaires.

Au microscope, on reconnaît que ces calcaires sont formés principalement de débris de polypiers, de petits prismes de brachiopodes venant en second lieu par leur abondance, puis enfin de fragments d'encrines; il y a en outre, de nombreux petits granules calcaires méconnaissables. Ces restes organiques sont cimentés entre eux par une pâte argileuse contenant de très petits granules calcaires, et colorés tantôt par des matières charbonneuses, tantôt ferrugineuses, comme dans les calcaires carbonifères; cette structure originaire m'a semblé moins souvent conservée que chez ces derniers, et il y a plus souvent un ciment cristallin de calcite secondaire.

Ces calcaires dévoniens se distinguent en outre des calcaires carbonifères, par l'absence des cristaux de quarz, caractéristique des premiers, ainsi que par le manque de foraminifères que je n'ai jamais pu y observer. L'absence, ou au moins la très grande rareté de cette classe d'animaux, est peut-être due à une différence originaire; mais c'est difficile à admettre si l'on songe à la variété des Foraminifères du calcaire carbonifère, qui paraissent ainsi dater d'une époque plus reculée, et n'ont pas fait leur apparition dans ce terrain. On peut expliquer cette répartition différente par le fait que les calcaires dévoniens des Asturies, sont plutôt des calcaires coralliens, que les calcaires carbonifères, qui sont crinoïdaux. Or d'après M. Dana, les calcaires coralliens sont ceux qui se forment le plus rapidement, ceux dont le tissu est le plus lâche. On sait en effet, que les puits des îles coralliennes ont leur niveau d'eau, soumis à l'influence des marées, preuve que la masse de l'atoll est remplie comme une éponge par l'eau de mer. Cette eau se modifie lentement, parce qu'elle dissout les particules calcaires, petites et minces, elle se sature ainsi de chaux et elle fait alors un dépôt. On en a la preuve dans les sections microscopiques de roches prises à 50 pieds sous le niveau de la mer dans les Bermudes, où on constate ce dépôt de carbonate de chaux. Les petites coquilles sont remplies, et les fragments de coquilles et coraux sont cimentés entre eux, par de la calcite. On peut expliquer de cette façon, l'absence de beaucoup des coquilles les plus délicates de certains calcaires.

Je crois ainsi que les coquilles des Foraminifères ont été dissoutes par les eaux marines chargées d'acide carbonique, qui circulaient facilement dans ces calcaires coralliens spongieux; au contraire, ces coquilles ont été préservées dans les calcaires carbonifères formés de crinoïdes, parce que ces calcaires plus compactes que les calcaires coralliens ne laissaient pas aussi facilement filtrer l'eau. Cette théorie qui concorde assez bien avec celles de M. Fuchs[1] et de M. Murray[2] explique en même temps l'existence plus fréquente du ciment de calcite cristallisée des calcaires dévoniens, citée plus haut.

Dans certains cas, l'intérieur des coquilles, ou les loges des polypiers, ont servi d'abri à certains fossiles de très petite taille, et les ont ainsi préservés de la décomposition : j'y ai trouvé par exemple, des *Coccolithes*. Ils y sont assez rares, c'est je crois la première fois que ces formations sont reconnues dans le calcaire dévonien et d'une manière générale dans des calcaires compactes réduits en lames minces. On sait au contraire, combien ils sont communs dans la craie et la plupart des calcaires marneux que l'on peut étudier par lavages; aussi y ont-ils été signalés par M. Gümbel [3] à tous les niveaux de la série stratigraphique.

Les coccolithes découverts d'abord par Ehrenberg [4] en 1838 dans la craie, reçurent de lui le nom de Kreide-morpholithe. Depuis cette époque, M. Sorby[5] reconnut que les disques de la craie n'étaient pas plans comme le pensait Ehrenberg, mais concavo-convexes: Il se déclara pour leur origine organique. M. Huxley [6] en 1858, dans ses rapports sur les sondages profonds, signala la ressemblance de ces disques de la craie, avec les disques qu'il venait de découvrir de 1700 à 2400 pieds et qu'il avait appelés coccolithes. Ces coccolithes de l'Atlantique furent en 1868, distingués en discolithes et en cyatholithes par M. Haeckel [7]; les discolithes (monodisques coccolithes) varient de un à deux millimètres ; les cyatholithes (amphidisques coccolithes)

(1) Fuchs: Uber die Entstehung der Aptychenkalke, Sitzb. du K. Akad. der Wissens. 1877.

(2) Murray: Proceed. of the Roy. Soc. of Edinburgh 1880. Vol. X. p. 513.

(3) Gümbel: Neues Jahrbuch f. miner. 1870. p. 752.

(4) Ehrenberg: Abhandl. d. Berlin Akad. 1839.

(5) Sorby: Annals and Mag. of nat. hist. Septembre 1861.

(6) Huxley: Deep sea soundings in the north Atlantic Ocean, made in H. M. S. Cyclops, London. 1858.

(7) Haeckel: Studien über moneren 1870. p. 85.

sont doubles, une face plus grande est convexe, l'autre plus petite est plane. Les coccosphères sont formées par l'agglomération de plusieurs coccolithes.

On considéra ces coccolithes de l'Atlantique comme des sécrétions du *Bathybius* jusqu'au jour où MM. Murray et Buchanan (1) montrèrent que le *Bathybius*, au lieu d'être la substance protoplasmatique que l'on pensait, n'était qu'un précipité minéral, résultant de ce que le sulfate de chaux toujours contenu dans l'eau de mer devient partiellement insoluble en présence d'un excès d'alcool. Cette condition avait toujours été réalisée par ceux qui avaient jusque-là observé le *Bathybius*. Du reste, les coccolithes que j'ai trouvés dans les loges de certains polypiers, où ils sont enchassés dans de la calcite cristallisée pure, transparente, ont dû y prendre naissance; ils n'ont pu y être apporté du dehors après la mort de l'animal, puisqu'ils n'y sont pas accompagnés de petits fossiles, ni des divers pigments et granules clastiques que l'on trouve toujours dans la pâte des calcaires compactes.

Ce fait joint à l'identité de mes coccolithes dévoniens avec ceux que j'ai formés moi-même (2) en répétant les expériences de M. Harting sur la production des formations calcaires dans les substances organiques, mais en employant des éponges comme milieu organique, me semble convaincant. Je donne ici quelques figures qui permettront de voir ces rapports (Pl. XX.)

Cette comparaison établit clairement le mode de formation inorganique des coccolithes tel que le pensaient M. Harting, Vogelsang. D'après M. Harting(3) à qui sont dues les premières recherches dans cette direction, les liquides organiques d'origine animale, en se combinant aux sels calcaires insolubles, au moment où ces sels prennent naissance, leur impriment une tendance marquée à adopter certaines formes, qui sont propres à ces combinaisons. Ces corps naissent absolument de la même manière que les cristaux, c'est-à-dire qu'on les voit apparaître au milieu d'un liquide comme de petits points, qui s'agrandissent par apposition, en s'appropriant la substance cristallisable existant dans le liquide ambiant, sans qu'on puisse voir comment cela se fait; chacun de ces petits points est un centre d'attraction dont la sphère s'étend également dans toutes les directions, tandis que pour les cristaux véritables, cette

(1) Murray et Buchanan: Proceed. Roy. Soc. of London, T. XXIV. p. 605; voyez en outre de Lapparent, Revue des questions scientifiques, Louvain 1878.

(2) Ch. Barrois: Embryologie de quelques éponges de la Manche. Annal. des Sci. nat. Zoologie. 6e Sér., T. 3 1876, p. 70.

(3) Harting: Recherches de morphologie synthétique, Chap. 2. Haarlem 1872.

action attractive s'exerce plus dans un sens que dans l'autre, et il en résulte des corps à faces planes, limitées par des angles ayant une grandeur fixe propre à la substance, et pourvus d'axes déterminés.

Les coccolithes du calcaire dévonien ressemblent à ceux de la craie du nord de l'Europe, par exemple à ceux qui ont été figurés par M. J.W.Sollas(1); ils sont composés d'un disque arrondi ou elliptique, incolore, ou gris-verdâtre, et nettement limité en dehors. La zône périphérique en est mince, transparente, la partie centrale plus épaisse, opaque, est souvent nuageuse ou granulée. On remarque ordinairement au centre, ou à peu de distance de cette partie centale, un granule sombre, qui est sans doute le globulite ou corps étranger autour duquel s'est groupée la calcite pour former le coccolithe.

Certains coccolithes m'ont présenté des stries radiaires partant du centre, et doivent par conséquent être formés comme certains calcosphérites de M. Harting, d'un assemblage de pyramides groupées autour d'un centre commun. Chaque pyramide s'accroît par sa base, et c'est ainsi que la sphère entière augmente de volume. Ces stries radiaires pyramidales ne sauraient être considérées comme de simples cristaux réunis autour d'un centre commun ; elles sont en effet de grandeurs très variables chez des calcosphérites de même taille, et n'ont pas la régularité que comporte la structure cristalline ordinaire. Les Entomostracés du Portlandien décrits et figurés par M. Sorby (2) pour l'épaississement de leur test, s'accroissent absolument de la même manière que ces derniers coccolithes. Certains coccolithes inclus dans des loges de mes coralliaires dévoniens, sont entourés de calcite cristallisée; la disposition de ces grands cristaux irréguliers manque de toute orientation particulière, ou est telle que leur axe principal converge vers le centre du coccolithe. Le coccolithe est donc entouré alors d'une couronne radiaire, de cristaux allongés de la même façon, et qui donne une croix noire immobile sous les nicols croisés.

L'étude des coccolithes nous amène à reconnaître deux stades dans la fossilisation des coraux conservés dans le terrain dévonien : le premier stade a lieu de suite après la mort du polypier, alors qu'il est encore chargé de matières organiques, dont la combinaison avec le carbonate de chaux est nécessaire pour la production des coccolithes. Ce fait est une preuve palpable de la richesse en calcaire des eaux de ces mers

---

(1) J. W. Sollas : Geol. Mag. Dec. 2. Vol. 3. 1876. pl. 21. f. 5-7.

(2) Sorby : Address. Quart. Journ. Geol. Soc. London, Vol. XXXV. 1879. p. 67. f. 2.

anciennes. C'est pendant ce même stade que les coquilles et les cavités largement ouvertes des coralliaires se remplissaient de boue calcaire clastique; la manière brusque dont cette injection a été parfois arrêtée par un mur ou un plancher chez les coralliaires, permet parfois d'avoir des sections très élégantes, où les différences de coloration des diverses parties rappellent les plus jolies préparations histologiques modernes. Le deuxième stade de fossilisation est celui de la formation de la calcite d'infiltration, il se poursuit encore de nos jours, il a eu pour résultat le remplissage des cavités ouvertes, suivant le mode des géodes; la calcite forme le remplissage ordinaire de ces géodes concrétionnées, elle en tapisse diversement les parois. Elle y est parfois disposée avec symétrie; mais il n'y a pas de disposition générale pour tous les coraux: elle est agglomérée dans certains cas avec toutes les orientations possibles, dans d'autres cas ces cristaux m'ont présenté leur axe optique parallèle à l'axe du polype (*Microplasma* de Moniello), ou disposés radiairement autour d'un coccolithe (*Zaphrentis truncata* de Santa-Maria).

Ce remplissage cristallin ressemble à la calcite des filonnets secondaires, ramifiés dans la plupart de ces calcaires; dans les deux cas l'origine de la calcite est la même, elle provient de fossiles en aragonite, de ceux qui avaient été décomposés en leurs parties élémentaires, de tous ceux qui par leur position dans la roche sont plus immédiatement exposés aux eaux et aux altérations atmosphériques.

Certains calcaires dévoniens sont dolomitiques, (Arcas, Rañugues, Vaca de Luanco, San Roman, etc.) et la dolomitisation s'est produite à des niveaux différents, dans les monts Cantabres: la particularité la plus intéressante des dolomies dévoniennes, c'est le passage graduel qu'elles présentent des calcaires compactes aux calcaires dolomitiques. Un calcaire de Moniello présente dans une pâte compacte argilo-calcaire brune, attaquée par les acides faibles, de petits rhomboèdres plus résistants, s'éteignant en long, et que je rapporte au rhomboèdre primitif de la dolomite.

Des fossiles dévoniens sont parfois remplis et entièrement transformés en silice (Arnao, Requejo) : on ne trouve plus ici la silice en cristaux isolés comme dans le calcaire carbonifère, ni en bancs continus comme dans les griottes. La matière siliceuse qui a ainsi pris comme centre d'attraction un fossile, a pu se trouver mélangée à l'état gélatineux dans les sédiments des mers dévoniennes; la pseudomorphose de la coquille calcaire en silice, se serait alors opérée comme dans le laboratoire de M. A. C. Church [1], où des coralliaires ont été pseudomorphosés en silice dans une solution

(1) A. C Church: Chem. news. v. 95; Journ. Chem. Soc. T. XV. p. 107.

étendue de silice colloïde. La silicification de ces fossiles dévoniens, s'est malheureusement produite de manière à voiler entièrement leur structure primitive; j'ai examiné à ce point de vue des *chætetes*, des *cyathophyllum*, des *atrypa*, et des *calceola* siliceuses : toutes m'ont montré la même déformation des éléments primitifs, remplacés par de la silice fibro-radiée ou conc étionnée. Généralement, le test de ces fossiles est transformé en calcédoine, il est formé d'une foule de petits sphérolites serrés et juxtaposés, à structure radiée et concentrique, donnant entre les nicols croisés une croix noire située dans les plans des nicols, et se comportant comme si chaque fibre avait un axe optique unique, parallèle à sa longueur; les cavités internes de ces tests siliceux sont tapissées d'une seconde couche siliceuse trois ou quatre fois plus épaisse de calcédoine concrétionnée, fibro-radiée, dont les fibres sont groupées en secteurs sphériques composés de couches concentriques. Cette couche rappelle la disposition macroscopique ordinaire des agates. A l'intérieur de la couche fibro-radiée de calcédoine, des grains de quarz secondaire, à contours irréguliers anguleux, s'éteignent nettement entre les nicols croisés, et remplissent entièrement les cavités. Ces fossiles silicifiés du dévonien des Asturies sont ainsi devenus de véritables géodes d'agate, dont les parois sont tapissées de cristaux de quarz : la silicification n'a donc eu lieu qu'après la calcification, décrite à propos des coccolithes, et postérieurement à la fossilisation des animaux, par remplacement de la matière première de leurs tissus. Cette silicification a dû toutefois se faire avant le durcissement des dépôts, puisque l'acide silicique qui s'y infiltrait, trouvait dans les fossiles de ces terrains, des centres d'attraction. Les seules parties étrangères que l'on trouve dans les coquilles silicifiées, sont des rhomboèdres jaunâtres de calcite ou de dolomie, identiques à ceux qui ont été décrits par M. Renard (1) dans les phtanites de la Belgique, et qui étaient formés avant le temps de la pénétration de la silice.

Calcaires cambriens. Il y a un niveau très constant de calcaires dans le terrain cambrien des Asturies, mais ce niveau est mince, dépourvu de fossiles, et d'une composition lithologique très variée que j'attribue à une action métamorphique. La route de San Julian de Cabarcos à Mondoñedo (Galice) montre une belle série de carrières de ces calcaires; son épaisseur est d'environ 20^m, il se trouve régulièrement interstratifié dans les schistes verdâtres du Cambrien. Ce calcaire bleu rubanné incline S. 20° E. = 40° à Los Castros (Pousada de la carte de Coello), il forme à partir de ce point

(1) A. Renard, S. J.: Sur les Phtanites du calc. carbonique de Belgique. Bull. Acad. Roy. de Belg. T. 46. 1878. p. 23.

jusqu'à Grobe une ligne de petites collines à l'ouest de la route; à Grobe, inclinaison S. 40° E. = 10°, où il est encore bleu et rubané à la base, mais passe au marbre blanc à sa partie supérieure; les schistes verdâtres du cambrien contiennent ici de petites mâcles. A Requenjo, les lits de calcaire bleu et de calcaire marbre blanc alternent entre eux et avec de petits lits de schistes graphiteux, talqueux (S. 40° E. = 60°); il y a dans les calcaires bleus des flammèches rouges de sidérose.

La cathédrale de Mondoñedo est pavée de dalles calcaires, qui proviennent de la couche cambrienne que nous décrivons; ce calcaire est très employé actuellement pour l'entretien des routes, il est regrettable que les populations agricoles de la Galice, n'en profitent pas plus pour l'amendement de leurs terres qui en ont tant besoin. Au sud de Mondoñedo, le calcaire incline S. 40° E. = 30° au sortir de la ville; une belle carrière, située à Folgeraraza, 1 kilomètre au nord de San Vicente m'a donné la coupe suivante, intéressante par les modifications diverses produites par le métamorphisme sur les différents bancs calcaires:

Schistes verdâtre gaufrés.	
Calcaire très micacé.	5m00
Calcaire schisteux, un peu ferrugineux.	2.00
Schistes calcareux, imprégnés de calcite concrétionnée, alternant avec lits de calcaire blanc et bleu.	25.00
Calcaire chocolat, rempli de sidérose	5.00
Calcaire bleu rubané, en bancs épais (partie exploitée).	12.00
Calcaire très cristallin, dolomitique, blanc-grisâtre.	2.00
Calcaire bleu	2.00
Calcaire gris-brun, caverneux, avec géodes tapissées de cristaux de dolomie.	3.00
Calcaire blanc-grisâtre, saccharoïde.	5.00
Schistes verts.	
Total....	61.00

Ces calcaires inclinent S. 50° E. = 30°, ils forment la continuation stratigraphique de la bande calcaire que nous suivons depuis San Julian, et présentent donc les mêmes variations d'épaisseur que les couches calcaires des formations plus récentes, puisqu'ils atteignent ici une épaisseur de 60 mètres, L'alternance indiquée des couches calcaires et dolomitiques rappelle le fait analogue si bien étudié en Pensylvanie (à Walton) par MM. Lesley et Mac Creath. (1)

Tous les calcaires de cette époque que j'ai étudiés sont saccharoïdes, mais leur couleur et leur composition varient. La structure cristalline, lamelleuse, des calcaires,

(1) Second geological Survey of Pennsylvania, 1879. vol. MM. p. 345.

paraît susceptible de se former il est vrai, dans des circonstances très diverses : ainsi M. Sorby a montré qu'il se formait actuellement des calcaires cristallins dans les récifs modernes des Bahamas et des Bermudes, qui n'ont été évidemment soumis à aucune action métamorphique; cet état est dû par conséquent ici aux circonstances dans lesquelles s'opère le dépôt. Mais dans la Galice, le voisinage ordinaire des calcaires saccharoïdes et du granite, ainsi que l'existence dans ces calcaires de divers minéraux métamorphiques, indiquent naturellement ce granite comme l'agent du métamorphisme; nous partageons pleinement l'opinion de Durocher [1], qui rapportait à l'action du granite l'origine des minéraux particuliers des calcaires Pyrénéens, et qui étendait de 1500 à 2000^m la limite d'action du granite sur le calcaire. La disposition en couche mince, irrégulière, du calcaire cambrien métamorphisé dans les Asturies, empêche d'y suivre des auréoles métamorphiques comme dans les grandes masses schisteuses mâclifères précédemment décrites.

L'action métamorphique la plus ordinaire de ces calcaires a été une complète recristallisation en place de tout le carbonate de chaux, qui a fait entièrement disparaître les contours antérieurs des restes organiques : les mêmes couches calcaires qui contiennent dans la province de Léon les fameux fossiles primordiaux étudiés par C. de Prado, de Verneuil, M. Barrande, sont parfois transformés dans les Asturies en marbre blanc saccharoïde, à Villavedelle par exemple. Ce marbre blanc de Villavedelle est formé uniquement de cristaux de calcite enchevêtrés ensemble de la manière la plus complexe et la plus serrée, et où on ne trouve plus trace de la structure primitive; les grains de calcite qui le constituent ont des contours irréguliers, ils sont sillonnés sur les sections de lignes de clivages, et formés à de très rares exceptions près de lamelles hémitropes, maclées suivant les faces du 1er rhomboèdre obtus, comme dans des marbres de Carrare étudiés d'abord par Oschatz [2]. Ces grains de calcite sont absolument transparents, formés en général d'une trentaine de lamelles hémitropes; leurs différences d'orientation dans les grains voisins donnent au microscope des couleurs très variées dans la lumière polarisée.

Les calcaires saccharoïdes cambriens des Asturies ne sont pas toujours aussi purs que celui de Villavedelle, dont la stratification est le seul témoin de sa structure primitive. Ils sont souvent chargés de pyrite dodécaédrique, de mica blanc, et passent alors au cipolin, comme à Folgeraraza; d'autres fois ils contiennent du graphite en proportion variable

(2) Durocher : Bull. Soc. Géol. de France, 2e sér. T. 8.

(2) Oschatz : Zeits. d. deuts. geol. ges. Bd. VII, 1855, p. 5.

(Vega de Rivadeo, Villavedelle), sa couleur passe alors du gris au bleu, et cet état des calcaires cambriens est certes le plus ordinaire. Ils contiennent enfin en abondance (Requenjo), d'autres paillettes talqueuses, micacées, ou chloriteuses, difficiles à déterminer, et que l'on trouve aussi comme l'a remarqué M. Sorby[1] dans les schistes environnants; elles sont sans doute dûes d'après lui au kaolin que l'on trouve dans les calcaires impurs plus récents.

Dans la plupart des calcaires métamorphiques de la Galice, que j'ai observés, les impuretés initiales, sable, argile, etc., sont concentrées en amas irréguliers, ou ont donné naissance aux cristaux que je viens de citer. Il ne m'est jamais arrivé d'y rencontrer les silicates cristallisés, grenat, idocrase, albite, etc., que l'on rencontre souvent dans les calcaires plus métamorphisés. Je dois toutefois une mention spéciale aux calcaires de Mondoñedo, ce sont des calcaires saccharoïdes gris-bleuâtres, analogues aux précédents, mais contenant en outre des cristaux de la famille des Wernérites. On dégage facilement ces cristaux, par l'action d'un acide faible sur la roche, on les recueille encore plus facilement en cherchant dans l'affleurement les bancs altérés du calcaire sur lesquels ils restent en saillie. Ce sont de petits cristaux noirâtres, quadratiques, à huit pans, larges de 1 à 2^{mm}, et montrant les faces prismatiques ∞ P. ∞ P ∞ ; les pans de ces prismes sont striés; ils ne m'ont pas présenté de terminaison reconnaissable. On y voit facilement au microscope deux clivages suivant les faces du prisme ; les couleurs de polarisation sont assez vives sous les nicols, l'extinction se fait suivant les clivages. Ils présentent donc tous les caractères de la couséranite de Charpentier, des calcaires liasiques (!) des Pyrénées, minéral si bien étudié depuis par M. Zirkel ; d'après MM. Fouqué et Michel-Lévy [2], le dipyre se distinguerait de la couséranite par sa plus grande teneur en silice et en soude. N'ayant pas fait l'analyse du minéral de Mondoñedo, je ne puis fixer à laquelle des deux espèces il appartient, sa couleur noire le rapproche davantage de la couséranite; mais d'après M. Zirkel [3] il y aurait lieu de réunir ces deux espèces entre lesquelles il y a concordance complète de caractères physiques. Le gisement de ce calcaire cambrien à Mondoñedo est au voisinage immédiat du granite; il contient en outre du minéral précédent, de la sidérose, des grains irréguliers anguleux de quarz cristallisé, et quelques cubes de pyrite.

(1) Sorby : Address, Quart. Journ. Geol. Soc. London. Vol. XXXV. 1879. p. 90.
(2) Fouqué et Michel-Lévy : Miner. microg. p. 317.
(3) Zirkel : Zeits. d. deuts. geol. ges. Bd. XIX. 1867, p. 209.

Dans beaucoup de calcaires cambriens des Asturies, un peu de carbonate de chaux a été remplacé par de l'oxyde de fer ou de la magnésie; des grains calcaires sont souvent remplacés (Mondoñedo, Pont Radical) par de petits cristaux de carbonate de fer, subséquemment très oxydés, ou par des cristaux de dolomie (Mumayor, Aguilar, Cadavedo). Ces derniers forment parfois à eux seuls toute la roche, ils sont remarquables par leur grosseur uniforme, leurs contours anguleux rappelant la forme rhomboédrique (1); on les distingue aussi des grains de calcite comme l'a fait remarquer M. Inostranzeff (2) par l'absence constante des stries hémitropes, absence exceptionnelle dans les calcaires blancs et bleus du cambrien des Asturies. Toutes mes sections de dolomie sont caractérisées en outre par une teinte uniforme brun-jaunâtre, elles sont peu transparentes; elles passent ainsi au *braunspath*; certains grains sont recouverts de limonite concrétionnée, le fer qui colore cette roche est surtout reconnaissable dans les échantillons décomposés. Un des caractères les plus saillants de la dolomie en lames minces, est la difficulté avec laquelle elle se décompose sous l'action des acides faibles attaquant les calcaires : certaines dolomies cambriennes (Aguilar, Cadavedo) ne m'ont pas présenté de trace de calcite; je n'y ai jamais trouvé non plus de minéraux métamorphiques qui semblent limités aux calcaires de cet âge.

On trouve de la silice dans ces calcaires cambriens comme dans tous les autres calcaires paléozoïques des Asturies; le quarz s'y montre çà et là dans les préparations, formant sous les nicols des mosaïques de petits cristaux arrondis ou anguleux, serrés les uns contre les autres, et à extinctions vives caractéristiques. Il est peu abondant (Mondoñedo, Villavedelle).

On doit à Paillette et Bézard (3) l'analyse chimique d'un échantillon de ces calcaires cambriens, gris, modifié, un peu cristallin, ramassé entre Cangas de Tineo et Rao. Il renferme :

Résidu insoluble argilo-siliceux.	4,100
Péroxyde de fer alumineux	1,700
Carbonate de chaux.	89,800
Carbonate de magnésie.	2,220
Eau, un peu de matière colorante	2,180
TOTAL....	100,000

(1) A. Renard S. J.: Sur les caractères distinctifs de la dolomite, Bull. Acad. Roy. de Belg. T. 47, Mai 1879.

(2) Inostranzeff : Unt. v. Kalk. u. Dolomiten, Tschermak's min. Mittheil. 1875, p. 45.

(3) Paillette et Bézard: Coup d'œil sur le gisement et la composition chimique de quelques minerais de fer de la province des Asturies. Bull. Soc. Géol. de France, 2e Sér. T. 6. 1849. p. 579.

§ 4

MIMOPHYRES

Les terrains cambrien, silurien et permien des Asturies, contiennent en outre des roches précédemment décrites, des roches feldspathiques à texture schisteuse et porphyrique à la fois, qui paraissent régulièrement intercalées dans les couches de quarzites, de phyllades et de schistes sédimentaires. Une partie de ces roches, en bancs minces, avait échappé aux premiers observateurs; mais la plupart d'entre elles se présentent en masses assez importantes, et avaient été reconnues par M. G. Schulz et de Verneuil, qui les indiquent l'un et l'autre sur leurs cartes, par la teinte unique qui y est affectée aux terrains cristallins.

La position stratigraphique de la plupart de ces roches ne peut laisser de doutes toutefois sur leur origine sédimentaire; leur composition lithologique assez variable, présente à l'œil nu une pâte analogue à celle des porphyres, ou à des schistes chloriteux, avec des cristaux plus gros de quarz et de feldspath. On ne peut les laisser parmi les porphyres, car elles appartiennent en réalité, à la classe des roches désignées aujourd'hui sous le nom de porphyroïdes dans le Harz et les Ardennes, arkoses dans le Brabant, roche verte dans le Morvan, feldspathic ashes dans le pays de Galles, mimophyres dans les Vosges, etc. Nous nous arrêterons à ce dernier nom qui paraît avoir la priorité en sa faveur.

Ce nom fut proposé en 1841, par Elie de Beaumont [1] pour désigner une roche stratifiée des Vosges qui participait des caractères du pétrosilex porphyroïde et de la grauwacke. Il la définissait comme une roche feldspathique grise ou d'un vert-bleuâtre sale, devenant jaunâtre près des surfaces exposées à l'air ; roche très variable, quelquefois grenue et devenant alors une grauwacke très feldspathique, passant au porphyre ordinaire ou aux brèches porphyriques; quelquefois compacte, à cassure conchoïde, esquilleuse, devenant un véritable pétrosilex ; quelquefois schisteuse, charbonneuse et contenant des empreintes végétales.

Les mimophyres sont voisins par leurs caractères minéralogiques des porphy-

(1) E. de Beaumont: Explication de la carte de France, 1841. p. 355-356.

roïdes ; mais ils se distinguent (à part quelques exceptions ?) des roches du Harz ainsi nommées par M. K. Lossen [1], par leur origine différente : M. K. Lossen [2] a en effet défini les porphyroïdes comme des roches métamorphisées par contact. M. Renard [3] a il est vrai, beaucoup étendu la définition primitive des porphyroïdes de M. Lossen; car en outre des porphyroïdes métamorphiques, il en admet d'autres, formés par des sédiments stratifiés clastiques, qui auraient cristallisé immédiatement après le dépôt. Il les distingue sous les noms de *Porphyroïdes cristallins*, et de *Porphyroïdes clastiques*.

C'est principalement des *Porphyroïdes clastiques*, qu'il convient de rapprocher les *Mimophyres d'Espagne*, ils formeraient dans notre esprit un terme intermédiaire entre ces porphyroïdes et les arkoses, qui sont des grès feldspathiques où domine le quarz.

Nous étudierons successivement ici les mimophyres des terrains cambrien, silurien et permien; nous commencerons toutefois par ces derniers, qui sont mieux développés, et nous permettent de mieux comprendre l'origine et le mode de formation de ces roches.

Mimophyres permiens : Ces mimophyres tels qu'on les voit à Gargantada, Viñon, me rappellent surtout ceux des Vosges par leurs caractères minéralogiques ; ils sont de plus comme eux postérieurs au terrain houiller, et recouverts par des couches de grès et de marnes rouges. Dans les Vosges, ils ont été parfaitement étudiés par E. de Beaumont, M. Daubrée dont les travaux ont été confirmés par les recherches récentes du nouveau service géologique. D'après M. Benecke [4], les porphyres des Vosges, du moins ceux du Rothliegenden, ont presque toujours donné lieu à la formation de tufs ; leur éruption avait lieu sous l'eau, et leurs débris divisés, joints aux restes des masses porphyriques et sédimentaires plus anciennes, y formaient ces nouveaux sédiments. Ils sont composés d'argile, de sable, de galets, et de fragments de cristaux feldspathiques du porphyre. Tantôt l'argile domine, tantôt l'élément porphyrique, et il est parfois alors difficile de le distinguer du porphyre : « Das ganze unter-elsässer Rothliegende enthält solcher Tuffe. » E. de Beaumont [5] avait dit de même : « Le grès rouge

(1) K. Lossen: Zeits d. deuts. geol. ges. Bd. XXI. 1869. p. 281.
(2) K. Lossen : Zeits. d. deuts. geol. Ges. Bd. XXVI. 1874. p. 901.
(3) A. Renard, S. J. et de Lavallée-Poussin : Mém. sur les roches. Plut. de Belgique. Mém. Acad. Roy. de Belg. p. 85. 156.
(4) Benecke : Abriss. der Geol. von Elsass-Loth. Strasbourg. 1878. p. 36.
(5) E. de Beaumont : Explication de la carte de France, 1841. p. 388.

(Rothliegende) composé en partie de débris de porphyre plus ou moins solidement agglutinés, et lié, par une transition graduelle, aux parties brèchiformes des masses porphyriques, a évidemment avec ces masses, des rapports fort analogues à ceux que les tufs trachytiques stratifiés, tels que ceux du Mont-Dore, de la Hongrie, des Champs Phlégréens, etc. présentent eux-mêmes avec les masses trachytiques. »

Les mimophyres de Gargantada avaient été considérés par M. G. Schulz comme des eurites près San Justo, sur le coteau de San Justo à Gargantada, entre le carbonifère et le Keuper; il indique (1) à Gargantada même un filon d'eurite et de porphyre avec roches métamorphiques.

Les tranchées de la route de Gargantada (Ouest de Coto de Arenas) vers Sama de Langreo, donnent des coupes décisives pour le gisement et l'origine des mimophyres. (Voyez pl. XIX): On y observe en effet les couches suivantes:

1. Schistes gris houillers, incl. N. 20° O. = 20°.
2. Mimophyre gris-tendre, grossier, passant à la grauwacke, divisé en bancs alternants, avec et sans cristaux de feldspath, et par conséquent plus ou moins porphyroïdes. Cette roche se décompose en boules comme tant de roches éruptives. Incl. S.
3. Marne gris-rouge 0,10
4. Mimophyre très feldspathique. 0,15
5. Marne rougeâtre. 0,10
6. Mimophyre avec galets roulés de porphyre rouge. 0,20
7. Marnes rouges (Trias) Incl. S.

Ces alternances de couches de mimophyres et de marnes montrent que la grande masse éruptive a apparu au commencement de cette époque et qu'il y eut dès lors des remaniements variés, comme suffiraient à le prouver les galets roulés du porphyre rouge (N° 6 de la coupe, pl. XIX) que nous décrirons en détail en parlant des porphyres.

Ces mimophyres de Gargantada sont des roches gris-verdâtre, où dominent tantôt l'argile et tantôt les cristaux porphyriques; ils ressemblent dans le premier cas à des schistes grossiers gris-verdâtre, dont il est difficile de distinguer à l'œil les éléments, et dans le deuxième cas à des grauwackes, à des porphyroïdes, où des cristaux d'orthose de deux à trois millimètres sont disséminés dans une pâte argilo-schisteuse. La roche en se décomposant prend une teinte brunâtre, due à la limonite, et est alors traversée de nombreux filonnets secondaires de calcite.

Au microscope, la roche paraît formée de nombreux cristaux de feldspath tricli-

(1) G. Schulz; Descripcion de Asturias, p. 77.

nique, grands, mâclés, et généralement très composés. Leurs contours n'ont pas la netteté des minéraux cristallisés en place, ils sont émoussés, usés, échancrés, troués, présentant ainsi des preuves de transport. Les décompositions opérées sur place sont toutes différentes, elles ont déterminé l'altération de ces feldspaths, et leur transformation en calcite : on ne peut leur rapporter les formes irrégulières de ces cristaux dont les mâcles sont découpées des plus diverses façons. On trouve associés à ces feldspaths tricliniques quelques cristaux d'orthose, peu nombreux. Le quarz se présente à deux états différents : en petits grains anciens anguleux, clastiques, brisés d'après nous par l'action mécanique du transport, nettement limités des minéraux voisins ; et en grains vagues, à bords ondulés, formant des plages récentes où les individus très transparents sont à peine séparés sous les nicols croisés. Quelques lamelles de mica blanc clastique, déchiqueté, s'observent dans la pâte, ainsi que des points et des houppes verdâtres, à reflet bleuâtre sous les nicols croisés, dichroïques par places, se rapportant ainsi à la viridite de Vogelsang, et que nous ne pouvons guère distinguer ici de la chlorite. Des grains de pyrite en cubes et en dodécaèdres-pentagonaux sont reconnaissables, mais ont souvent donné lieu par leur décomposition aux tâches ocreuses, brunâtres, opaques, répandues dans la masse. La décomposition de tous ces éléments est assez avancée en général, et les préparations de ces roches sont remplies et obscurcies par la calcite qui a remplacé en partie les plagioclases, a pénétré tous les autres éléments, et s'est de plus concentré en nombreux filonnets secondaires.

Si nous n'avons pas d'hésitations à rapporter ces roches de Gargantada aux mimophyres, il n'en est plus de même des roches cristallines du massif de Viñon. Ces roches furent découvertes par M. G. Schulz au S. du groupe carbonifère de Viñon et au N. de Santa-Eulalia de Cabranes ; il les décrivit comme des diorites noires, vertes et des porphyres. Ils se dirigent à l'Est, et forment la Sierra de la Soma jusqu'à Giranes, en altérant très fort au contact le carbonifère et le keuper, qui prennent l'aspect d'un porphyre stratifié. Parfois ces roches plutoniques ont altéré le keuper à une grande distance, entre Castiello et Torazo [1], où il a pris l'aspect d'une arkose feldspathique. La relation de ces roches du massif de Viñon avec le carbonifère et le keuper, la ressemblance de ces *porphyres stratifiés* et de ces *arkoses feldspathiques* de M. G. Schulz, avec les mimophyres de Gargantada, nous ont seules décidé à en parler ici. Les échantillons que j'ai pu ramasser à Puerta et Valbuona où j'ai étudié ces roches sont tellement décomposés, qu'il m'est

(1) G. Schulz : Descripc. geol. de Asturias, p. 77,

impossible de les déterminer sérieusement : il en est qui ressemblent microscopiquement à certains mimophyres très décomposés de Gargantada, mais elles s'en distinguent toutefois toujours par leur pauvreté en calcite de décomposition. La décomposition des feldspaths a ici pour résultat principal une matière micacée, très abondante, qui forme presque toute la masse des préparations que j'ai pu faire. Certaines sections présentent des contours de grands cristaux de feldspaths tricliniques, épigénisés en mica blanc, et dont la forme et la disposition rappellent plutôt les cristaux de nos *Kersantites quarzifères récentes* que les fragments clastiques des mimophyres : peut-être devra-t-on rapporter à ces kersantites éruptives ces roches décomposées du massif de Viñon ? En outre du mica blanc et des débris feldspathiques, je n'y ai trouvé que de la limonite de décomposition, et du quarz calcédonien d'infiltration récente.

L'état fragmentaire clastique des minéraux des mimophyres espagnols, leur stratification grossière, leurs intercalations avec d'autres couches sédimentaires à Gargantada, et les galets porphyriques que l'on y trouve encore conservés, sont des arguments qui nous paraissent suffisants pour considérer ces roches avec les roches analogues des Vosges, comme des tufs porphyres. A côté de cette première question d'origine qui nous a préoccupé jusqu'ici, il en est une autre non moins intéressante, celle de l'âge du mimophyre. Il repose en stratification discordante sur le terrain houiller moyen, et lui est donc postérieur, il est au contraire recouvert en concordance et alterne à la base avec des schistes, marnes et grès rouges que M. G. Schultz et de Verneuil ont également rapporté au Trias. Ce terrain toutefois n'a pas encore fourni de fossiles, et l'on peut donc encore se demander s'il appartient au Permien, au Trias, ou s'il représente leur ensemble ?

La commission de la carte géologique d'Espagne (1) considère le Trias comme reposant directement dans tout le royaume sur le terrain houiller, sans interposition de Permien, qui ferait défaut dans tout le pays. M. Jacquot (2), Inspecteur général des Mines, avait cependant donné d'excellentes raisons dans son esquisse géologique de la Serrania de Cuenca, pour admettre l'indépendance de deux groupes de couches dans les terrains réputés triasiques de cette province ; le groupe inférieur, intermédiaire entre le terrain carbonifère et le Trias, présentait la même position et des caractères lithologiques identiques à ceux du Rothliegende des Vosges. M. Jacquot (3) avait de plus reconnu la même

(1) Boletin de la com. del map. geol. de Espana. T. V. 1878, p. 155.

(2) E. Jacquot : Esquisse géol. de la Serrania de Cuenca, Annal. des Mines, 6me sér. T. IX, p. 391, pl IX (voir p. 13-18 du tirage à part).

(3) Lan : Voyage en Andalousie, Ann. des Mines. 5e sér. T. XII.

division en Andalousie. L'existence des mimophyres à la base des couches triasiques des Asturies, confirme certainement la justesse des observations de M. Jacquot; c'est un caractère permien de plus, reconnu pour la base de la série triasique Espagnole, et en même temps une preuve de l'homogénéité de ce système en Espagne, de Cuenca à Oviédo. Aux caractères lithologiques et stratigraphiques permiens signalés par M. Jacquot à la base du Trias d'Espagne, nous venons ajouter ce fait que la base de cette série s'est déposée pendant que faisaient éruption des porphyres rouges à pâte sphérolitique (Voyez chap. 2, § 2, Porphyres quarzifères B), identiques aux porphyres permiens des Vosges et de l'Estérel, et que ces porphyres ont de même donné lieu dans ces régions à des tufs porphyres (mimophyres) analogues. La spécialisation des roches cristallines porphyriques aux différentes époques, que les travaux de M. Michel-Lévy tendent à établir en France, ajoute de l'importance au fait que nous indiquons ici. Il y a donc lieu d'après nous de croire à l'existence du terrain permien dans les Asturies.

Mimophyres siluriens : Je considère comme des mimophyres interstratifiés dans le terrain silurien, des roches cristallines à éléments clastiques, limitées dans les Asturies à l'affleurement des schistes de la faune seconde silurienne (Ferrero, Castro, Bayas). Signalées d'abord par M. G. Schulz [1], les roches de Bayas furent rapportées par lui à l'eurite; il indiquait aussi des filons de porphyre vert dioritique au S. O. et au N. E. de Ferrero, ainsi que des traces de granite et de grauwacke porphyrique à l'est de cette localité. Je n'ai pu relever de section assez nette pour reconnaître la disposition de ces roches, et avoir ainsi une preuve stratigraphique de leur origine clastique; ma conclusion repose donc surtout sur des arguments lithologiques.

C'est près du Cabo-de-Peñas que ces mimophyres se présentent avec leur plus beau développement, et qu'on peut le mieux les étudier, en suivant l'affleurement des schistes noirs de la faune seconde silurienne. Je les ai vus sur le chemin qui descend de Ferrero à la mer, ainsi qu'au haut de cette même falaise; j'en ai également ramassé des échantillons en allant vers Castro. A l'ouest d'Avilès, on trouve au bord de la mer à Bayas, un important gisement de ces mêmes roches, au S. O. de cette localité et dans toutes les rues du village même. Ces mimophyres sont assez variés : ce sont des roches verdâtres où les cristaux de feldspath de un à deux millimètres sont parfois assez prédominants pour donner à la roche l'aspect d'une diorite ou d'une porphyrite à grains fins; parfois au contraire, ces cristaux sont invisibles à l'œil nu et la roche

(1) G. Schulz : Descrip. geol. de Asturias. p. 40.

passe à un schiste grossier, sorte de grauwacke, où on remarque quelques sphérules de deux à trois millimètres d'une substance verte serpentineuse, ou jaunâtre limoniteuse.

Au microscope, les mimophyres de Ferrero montrent de nombreux grains cristallins de feldspath plagioclase, en individus polysinthétiques, à contours bizarres, arrondis, échancrés, et limités d'une façon très irrégulière sans relations avec les lignes de mâcles qui sont coupées dans tous les sens. On remarque surtout cette irrégularité dans les sections de feldspath où deux mâcles sont superposées, par exemple celle de Baveno à celle de l'albite; les deux individus mâclés suivent la loi de l'albite, qui se touchent en biseau suivant la loi de Baveno, sont parfois usés de telle façon que leur ensemble ait une forme allongée, où l'un des individus est presque entièrement conservé, tandis que l'autre placé à angle droit, a perdu toute sa portion en saillie. Le transport parait la cause la plus probable de cette fragmentation. Les débris d'orthose sont plus rares, mais pourtant assez constants dans ces couches; leur altération est en général plus avancée et donne naissance à une substance micacée. Le feldspath microcline est beaucoup moins répandu que les précédents, il fait entièrement défaut dans certaines préparations, tandis qu'il prédomine sur l'orthose dans d'autres échantillons. Les grains en sont irréguliers, arrondis, et moins abondants que d'autres grains de ce mélange de quarz et d'orthose décrit par MM. Fouqué et Michel-Lévy sous le nom de micropegmatite; leurs plages à contours arrondis, présentent deux extinctions différentes pour le fond feldspathique, et pour tous les cristaux parallèles de quarz qui y sont inclus et alignés.

Le quarz est un des éléments essentiels de ces roches, et est alors en grains libres, isolés, dépourvus de contours cristallins. La petitesse ordinaire de ces grains et leur forme irrégulière, anguleuse, sont d'après M. Daubrée (1) des caractères de clasticité; avec ces petits grains anguleux, il y en a quelques autres, plus gros, arrondis, creusés de petits golfes irréguliers remplis de la substance verdâtre de la pâte, et rappelant les grains de quarz des porphyres quarzifères: ils contiennent des traînées d'inclusions liquides. En outre de ce quarz ancien en débris, il y a des plages plus récentes de ce minéral, elles sont plus transparentes, formant sous les nicols croisés une mosaïque de très petits grains agglomérés, dont les contours parfois vagues passent même au quarz calcédonieux. La coexistence de quarz ancien et de quarz formé en

(1) Daubrée: Etud. synth. de géol. expérimentale, 1878. p. 258.

place dans ces roches clastiques, est d'accord avec les observations de M. Sorby (1) sur les roches analogues des environs de Wiesbaden, et de MM. Renard (2) et de La Vallée-Poussin sur celles de la Belgique. Ce quarz récent forme une grande partie de la pâte, mais la masse en est surtout constituée par une substance vert-foncé qui donne à la roche sa couleur : les caractères de cette substance sont ceux de la serpentine. Elle n'a aucune forme cristalline, moule tous les éléments figurés entre lesquels elle s'infiltre, en remplissant toutes les fissures ; elle est dépourvue de dichroïsme et de toute action propre sur la lumière polarisée ; elle présente la polarisation d'agrégat. La limonite est assez abondante à Ferrero comme résultat de décomposition.

Le mimophyre de Castro est très voisin de celui de Ferrero : le feldspath triclinique en grains gros, nombreux, présente les mêmes caractères, il est recouvert d'une poussière micacée de décomposition, et contient encore des inclusions. L'orthose est moins abondante, le microcline et la micropegmatite font défaut. Les grains arrondis de quarz ancien dominent, ils contiennent des inclusions liquides ; le quarz récent forme aussi des plages distinctes, quelques-unes sont formées de quarz calcédonieux. La serpentine paraît remplacée ici par de la chlorite, le minéral vert de la pâte étant disposé en magnifiques houppes, à fibres entrelacées, dichroïques, présentant leur maximum de coloration et d'absorption lorsque le plan principal du polariseur est parallèle à leur longueur. Il entoure et empâte en les isolant tous les autres éléments de la roche. La limonite est assez répandue, et le sphène est reconnaissable comme élément accidentel.

Le mimophyre de Bayas est intimement allié aux précédents par ses caractères microscopiques : il est formé de petits grains cristallins, cassés, de feldspath triclinique, très décomposés en une substance micacée, de quarz ancien en grains arrondis, ou anguleux très petits, à inclusions liquides. Le quarz récent est rare ; la pâte verte montre à la fois de la chlorite en écailles et en paillettes isolées, et une masse serpentineuse verte, disposée par places en sphérolithes colloïdes, réguliers, montrant sous les nicols croisés, une croix noire située dans les plans principaux des nicols.

D'une manière générale, on voit donc que les roches considérées ici comme des mimophyres siluriens, sont formées d'une pâte verte microcristalline de quarz

(1) *H. C. Sorby :* On the original nature and subsequent alteration of micaschist, quart. Journ Geol. Soc. Lond. 1863. p. 404.
(2) A. Renard et de La Vallée-Poussin : Mém. Acad. R. de Belgique. T. XL. 1876. p. 108.

récent avec chlorite et serpentine, contenant des fragments plus ou moins gros de feldspath et de quarz, qui lui donnent un faciès porphyrique. Elles rappellent beaucoup parfois la roche verte du Morvan, décrite par M. Michel-Lévy (1).

Si des coupes géologiques heureuses venaient confirmer les données lithologiques qui nous mènent à considérer les roches de Ferrero, Castro, Bayas, comme des roches clastiques formées aux dépens de masses cristallines éruptives contemporaines, le terrain silurien (faune 2e) des Asturies, nous présenterait une intéressante relation avec les terrains synchroniques du Pays de Galles (2), et des Ardennes (3), où ces intercalations de " *feldspathic ashes* " et de " *porphyroïdes clastiques* " sont aujourd'hui des faits classiques. La théorie de M. J. Judd (4) qui considère dans le nord de l'Europe l'époque silurienne (faune 2e) comme une des grandes phases d'activité volcanique du globe, aurait ainsi une confirmation locale intéressante.

On doit considérer comme contemporaines, et provenant peut-être d'éruptions sous-marines, les roches cristallines dont les débris ont contribué à la formation des mimophyres siluriens: on verra en effet, dans la partie stratigraphique de ce mémoire, que les mouvements du sol, qui eurent lieu entre le dépôt du *grès de Cabo Busto à Scolithes*, et celui des *Schistes de Luarca à Calymene Tristani*, ne permettent pas d'admettre l'arrivée dans cette nouvelle mer de sédiments venus de régions cristallines, qui n'auraient pas eu accès dans la mer du grès à scolithes. La mer des *schistes de Luarca* était moins étendue que celle du *grés de Cabo Busto*, à en juger par ce que les dénudations nous en ont laissé.

Mimophyres cambriens: C'est avec doute que je rapporte aux mimophyres une roche des falaises de Cudillero, qui avait déjà attiré l'attention de M. G. Schulz. Il avait indiqué qu'à Recuevo entre Pravia et Cudillero la grauwacke et les schistes ont un aspect porphyrique, et qu'ils contiennent beaucoup de chlorite, d'amphibole, des grains et des cristaux de feldspath, sans qu'on trouve au voisinage de roche éruptive. Une roche analogue à celle de Recuevo se retrouve au sud des maisons de Cudillero; c'est une roche stratifiée verdâtre, micro-cristalline, où des grains de feldspath de 4 à 5mm sont alignés suivant les feuillets grossiers, ondulés.

(1) *Michel-Lévy*: Sur la roche verte des environs de Cussy en Morvan. Bull. Soc. Géol. France, 3e Sér. T. IV. 1876. p. 731.

(2) *A. Ramsay*: The geol. of North-Wales, Mem. geol. Survey of England. Vol. 3, 1866. p. 98.

(3) *A. Renard*, S. J. et *de Lavallée-Poussin*: Mém. Acad. Roy. de Belgique. T. XL. 1876. p. 115.

(4) *J. Judd*: On volcanoes, geological Magazine. Dec. 2. Vol. 3. 1876. p. 114.

Au microscope, les plus grands cristaux se rapportent à un feldspath triclinique présentant les extinctions de l'oligoclase. Ils sont brisés, mais leurs fragments sont souvent restés en place, peu dérangés, et ressoudés par un ciment quarzeux ; quelques grains sont cependant irréguliers, arrondis, et à apparence clastique. Ils sont souvent composés et recouverts d'une substance micacée d'altération. La pâte est formée de grains de quarz calcédonieux, à contours vagues et irréguliers dans la lumière polarisée, à formes granulitiques, étirées comme dans les gneiss. Toute la roche est pénétrée d'une matière verte chloriteuse, en filets minces ramifiés dans la pâte, et entourant, encadrant, les gros grains de plagioclase: elle rappelle ce qu'on observe dans la roche verte du Morvan (1). Il y a en outre des pinceaux, des houppes, bien caractérisées de chlorite, ainsi que d'autres paillettes vertes indéterminables.

On observe à Bodegas, au N. de Cangas de Tineo, une autre roche à caractères peu tranchés, dont on peut placer ici la description: elle forme une couche mince interstratifiée aux schistes verts cambriens, verticaux et dirigés à 20° dans la tranchée de la route; sa couleur est d'un gris-verdâtre, on y reconnaît à l'œil nu du quarz et de la pyrite. Elle parait se rattacher aux arkoses. Au microscope, elle est formée de débris de quarz, en grains gros, nombreux, arrondis ou anguleux, remarquables par de nombreuses inclusions liquides, disposées en trainées, à bulles immobiles, et de volume invariable quand on chauffe la préparation (eau salée); la pyrite y abonde, plus ou moins décomposée, en cubes et en aiguilles diversement associées. Il y a quelques fragments d'un minéral indéterminé, prismatique, allongé, s'éteignant en long, non dichroïque, renfermant des inclusions en aiguilles. Chlorite en houppes fibreuses, dichroïques, passant du brun au vert; substance talqueuse en très petites paillettes répandues dans la pâte. Cette pâte est un agrégat de polarisation de petits grains de quarz; elle pénètre jusque dans les fissures des cristaux anciens, souvent brisés et ainsi ressoudés.

Ces roches et notamment celle de Cudillero, rappellent les porphyroïdes qui se trouvent interstratifiés dans les schistes cambriens des Ardennes françaises (2), et qui d'après les travaux de MM. Renard et de La Vallée-Poussin auraient cristallisé sur place au fond de la mer cambrienne des Ardennes, peu après la sédimentation, et lorsque les matériaux étaient encore plastiques. De nouvelles études sur le terrain sont

(1) *Michel-Lévy*: Bull. Soc. géol. de France, 3e Sér. T. IV. p. 781.

(2) *A. Renard et de La Vallée-Poussin*: Roches plutoniques des Ardennes françaises: Mém. Acad. Roy. de Belgique, T. XL. 1876. p. 214.

Gosselet: Roches cristallines des Ardennes. Annal. Soc. geol. du Nord, T. VII. p. 155.

indispensables pour qu'on puisse se prononcer définitivement sur l'origine des mimophyres siluriens et cambriens des Asturies : nous considérons leur origine clastique comme probable, mais nous devons admettre la possibilité qu'on les reconnaisse un jour pour des brêches de friction ?

Chapitre II

DES ROCHES CRISTALLINES MASSIVES

Les terrains stratifiés du Nord-Ouest de l'Espagne sont traversés par diverses roches cristallines massives, qui n'ont guère attiré encore l'attention des minéralogistes. M. G. Schulz (1), auteur de cartes géologiques de ces provinces, avait reconnu que ces roches étaient peu développées dans les Asturies: Il signale le granite, la diorite, l'eurite, le porphyre en divers points de la région paléozoïque, et fait remarquer que les porphyres pénètrent également les roches secondaires. Si l'on réunissait d'après lui, en une masse, tous les affleurements du terrain plutonique des Asturies, cette masse n'occuperait que les 7/8 d'une lieue carrée, bien qu'il y en ait 46 affleurements différents. Le travail de M. G. Schulz, excellent au point de vue topographique, remonte à une époque où les études lithologiques étaient trop peu avancées, et tout reste encore à dire au point de vue de la constitution des roches cristallines.

Avant les beaux travaux de MM. J. Mac Pherson, Calderon y Arana, Quiroga y Rodriguez, les roches d'Espagne étaient réellement inconnues; et la carte de de Verneuil et Collomb n'ajoute rien à nos connaissances sur les terrains plutoniques des Asturies et de la Galice. Elle distingue par deux couleurs différentes les roches de cette région : les granites (*g*) sont très développés dans la Galice, les roches plutoniques (π) affleurent seules dans les Asturies; il n'y a pas d'observations sur leurs diverses variétés.

J'ai revu dans la Galice et les Asturies, la plupart des pointements de roches cristallines, découverts par M. G. Schulz, et j'en ai trouvé un petit nombre de nouveaux. Ces roches appartiennent à un certain nombre de familles différentes, que je décrirai successivement dans l'ordre suivant :

1. *Granites*
2. *Porphyres quarzifères*
3. *Diorites*
4. *Diabases*
5. *Kersantites quarzifères récentes*

Si au lieu de classer ces roches d'après leur composition minéralogique, on les

(1) G. Schulz: Descripcion geol. de Asturias, Madrid 1858, p. VIII.
id. : Descripcion geogn. del Reino de Galicia, Madrid 1835.

groupait au contraire d'après leur âge, on verrait que toutes dépendent des terrains paléozoïques, à l'exception de celles que nous décrivons ici pour cette raison, sous le nom de *Kersantites quarzifères récentes*.

§ I

GRANITES

Je décrirai successivement deux massifs principaux de granite éruptif, postérieurs dans les deux cas aux schistes cambriens: on peut les désigner sous les noms de *massif de Boal* et de *massif de Lugo*. Ces massifs cristallins sont figurés déjà sur les cartes géologiques d'Espagne ; le *massif de Boal* est indiqué comme granitique sur la carte de M. G. Schulz, il est au contraire rangé parmi les roches plutoniques π (porphyres, ophites, etc.) par de Verneuil et Collomb, à l'inverse de celui de Lugo qui est considéré par ces savants comme granitique.

1. **Massif de Boal**

Remarquable par son peu d'extension, ce massif de forme elliptique a déterminé au contact des schistes encaissants d'intéressantes modifications métamorphiques. Le plus grand axe de l'ellipse est dirigé du N. un peu E., au S. un peu O., il a 3 kilomètres de longueur; le plus petit axe est O. un peu N, à E. un peu S., il n'atteint que 2 kilomètres; ce massif de granite envoie plusieurs petites apophyses vers le nord, la principale se dirige au N. N. E. suivant le plus grand axe de l'ellipse, et se retrouve en divers points, n'affleurant qu'à intervalles, mais avec la même direction jusqu'à la côte, à Freijulfe. La composition du granite n'étant pas la même dans ces apophyses que dans la masse principale, nous l'étudierons successivement dans les deux gisements. L'altitude de ce massif n'est que de 300 mètres au-dessus du niveau de la mer.

La limite du granite du massif central et des schistes encaissants est irrégulière et ondulée en zig-zag, je n'ai pu reconnaître de modification endomorphe constante du granite dans la zône de contact : il y est un peu plus micacé, et les filons de quarz y semblent plus abondants. Le granite est un peu plus décomposé et plus riche en feldspath au nord, il est plus dur et plus cohérent au midi du massif; mais les différences entre ces diverses carrières n'ont rien d'essentiel. Il est partout exploité comme pierre de taille pour la confection de bornes, seuils, appuis, etc. Ce granite forme des collines arrondies, cultivées, couvertes d'arbres, et est donc dans un état de décomposition superficielle assez avancé.

Description minéralogique : Le granite de Boal est une roche grenue contenant quarz, orthose, feldspath plagioclase, et deux micas, je n'y ai jamais reconnu de pâte porphyrique ou microcristalline: elle mérite donc réellement le nom de granite au sens de Gustave Rose et de tous les lithologistes allemands. Il est à grains moyens, avec quarz gris, feldspath blanchâtre affectant parfois la forme de gros cristaux porphyriques de un à deux centimètres, à nombreuses lamelles de mica noir à contours bien limités, et à minces lamelles de mica blanc associées au feldspath ou au mica noir. Il rappelle la granulite d'Alençon de M. Michel-Lévy, à laquelle il y aura peut-être lieu de le réunir. Je vais passer rapidement en revue tous ces minéraux.

L'Orthose est en grands cristaux blancs, souvent clivés suivant p et g^1 et montrant même à l'œil des inclusions de mica noir et quelques grains arrondis de quarz. Les clivages au microscope donnent une apparence fendillée aux sections ; celles-ci sont toutefois remarquablement fraîches, elles ont une transparence et un éclat qui rappellent ceux de la sanidine, ou plutôt de l'orthose transparente déjà décrite par M. Zirkel (1) dans le gewöhnlicher Pyrenaengranit. On ne trouve pas plus d'orthose rose dans le granite de Boal que dans le granite ordinaire des Pyrénées étudié par M. Zirkel ; il est toujours blanc, et jaunit ou blanchit encore par décomposition; il présente parfois la macle de Carlsbad. Quelquefois ces cristaux présentent plusieurs zônes concentriques qui suivent exactement tous leurs contours, les unes sont blanchâtres et opaques, les autres vitreuses et translucides; la partie centrale des cristaux est opaque et blanchâtre, la partie externe vitreuse; ces variations sont habituellement rapportées à des différences de composition. Les zônes blanchâtres ressemblent davantage à l'orthose ordinaire, ce sont celles qui se décomposent le plus aisément, celles où le mica blanc atteint son plus grand développement.

La formation du mica blanc parait le produit ordinaire et premier de la décomposition de l'orthose; il apparaît d'abord suivant les clivages, et présente par conséquent un aspect bien différent d'après l'orientation des sections étudiées. Il se présente sous forme de petites lamelles irisées, éteignant en long sous les nicols croisés, et assemblées entre elles à angles droits quand on étudie une section suivant

(1) F. Zirkel: Beit. z geol. Kennt. d. Pyrenäen, Zeits. d. deuts. geol. ges. Bd. XIX. 1867. p. 87.

ph^1; ces petites lamelles couchées suivant les clivages de l'orthose sont alors vues de champ. Il se présente sous forme de plages irrégulières quand la section est suivant le Klinopinakoïde, car l'œil néglige alors les lamelles disposées suivant p pour s'arrêter sur celles qui sont étalées suivant g^1; c'est surtout dans ce cas qu'on juge de l'inégale répartition du mica blanc dans le cristal, on reconnaît qu'il suit les zones de l'orthose, et que le centre de ces cristaux est toujours micacé jusqu'à une certaine étendue. Cette substance micacée présente tous les caractères ordinaires du mica blanc; mais il y a un autre terme dans la décomposition de l'orthose, et peut-être même formation d'un autre produit. Certaines sections d'orthose se montrent recouvertes d'un enduit brillant, à polarisation d'agrégat, dont les grains se groupent en plages arrondies et qui rappellent beaucoup au microscope le talc. M. Zirkel a indiqué la présence du talc dans son gewohnlicher Granit des Pyrénées, et j'étais naturellement porté par analogie à chercher cette substance dans le granite de Boal, qu'il est naturel de considérer comme le prolongement des grandes masses granitiques Pyrénéennes; mais si on peut reconnaître des traces de talc dans le granite de Boal, on ne peut y méconnaître de nombreuses lamelles de mica blanc bien reconnaissables à l'œil nu aussi bien qu'au microscope. La présence du mica blanc joint aux autres éléments dans ce granite, le distingue de tous les autres granites décrits par M. Zirkel dans les Pyrénées.

Je n'ai pas reconnu dans l'orthose d'inclusion microscopique différente de celles qui sont visibles à l'œil; elles sont masquées par les produits d'altération, si elles existent et si elles n'ont pas été détruites.

Feldspath plagioclase : Outre l'orthose, le granite de Boal contient du feldspath triclinique comme tous les granites, mais on ne peut ici le rapporter à une espèce unique : on distingue en effet au microscope, des plages feldspathiques présentant les caractères optiques de l'oligoclase, du microcline et de l'albite. L'albite est invisible à l'œil nu, l'oligoclase est si peu abondant dans la roche qu'on ne trouve qu'exceptionnellement à l'œil nu les stries de ce feldspath triclinique, le microcline au contraire est en gros cristaux intimement maclés à l'orthose, et contribue en grande partie à donner au granite son aspect porphyrique.

Les cristaux que je rapporte à l'oligoclase se rencontrent sans exception dans toutes les préparations, mais y sont rares relativement à l'orthose, et de plus petite taille. Leur couleur est blanchâtre, leur décomposition peu avancée, de sorte qu'il est facile de mesurer les angles d'extinctions des sections symétriques. Ces cristaux sont de plus toujours maclés, le plus souvent suivant g^1 mais parfois à cette première macle s'en superpose une autre à angle droit, la macle du Périkline, composée suivant p, avec axe de rotation $p\ h^1$ et rotation de 180°. Les extinctions des lamelles hémitropes voisines (zône $p\ h^1$) rapportées à la trace du plan de macle g^1 sont restées constamment inférieures à 18°, angle de l'oligoclase; on peut donc éliminer les feldspaths plus basiques; mais comme ces extinctions variant de 10° à 15° s'approchent parfois beaucoup de ce maximum, et qu'un grand nombre d'autres sections (zône $p\ g^1$) ont leurs lamelles hémitropes qui s'éteignent presque simultanément, on a de bonnes raisons suivant la théorie de MM. Fouqué et Michel-Lévy pour rapporter ces cristaux à l'oligoclase.

Les cristaux de microcline se distinguent des précédents par de nombreux caractères. Ils sont d'abord beaucoup plus grands, et contiennent à leur intérieur des fragments cassés de l'oligoclase précédent, avec macles polysynthétiques, en même temps que des fragments d'orthose, de quarz et de mica noir. Ces grands cristaux qui remplissent tout le champ du microscope, à la façon d'une pâte englobant une partie des autres minéraux, présentent l'apparence quadrillée à réseau estompé qui le fait distinguer si facilement des autres feldspaths tricliniques, et qui est due à son système de macles. Il est ici intimement associé à l'orthose qui forme le fond et comme le support des lamelles maclées de microcline (1).

L'albite indiquée dans cette roche traverse les plages de microcline en minces filonnets parallèles les uns aux autres, et s'éteignant tous en même temps. Cette albite de contraction est jaunâtre sous les nicols croisés, elle présente quelquefois la macle suivant la loi de l'albite.

Ces derniers feldspaths sont plus récents que l'orthose et l'oligoclase déjà décrits, ils présentent toutefois et surtout sur les bords, d'abondants produits de décomposition. Les sections de ces grands cristaux d'orthose récente maclée avec le microcline, sont en effet très souvent recouvertes au microscope d'un enduit, ou plutôt d'arborisations du plus beau mica blanc. Il est hors de doute que ce mica doit en grande partie son origine à la décomposition de ce feldspath; mais sa constance dans ce massif de Boal, et son abondance qui le rend aussi reconnaissable à l'œil nu qu'au microscope, nous décident à le considérer comme un des éléments essentiels de ce granite. A l'œil nu, il se présente en lamelles de petite taille, jamais en grandes piles hexagonales, elles sont minces, irrégulières, accolées aux grands cristaux d'orthose et parfois en

(1) *Michel-Lévy* : Des divers modes de structure, Annales des mines, 1875. Tome VIII. p. 390.

connection avec le mica noir, comme dans les granites typiques de Gustave Rose (1).

Le *mica noir* est un des éléments abondants du granite de Boal, il forme des lamelles hexagonales noirâtres à éclat brillant, presque métallique, suivant les faces fraîchement clivées. Il est très dicroïque, polarise vivement, certaines sections offrent parfois des alternances de ces lamelles brun-noirâtre avec d'autres verdâtre ; cette particularité rappelle la structure zonaire de certaines augites et hornblendes, plutôt qu'un produit de décomposition. Il y a tout lieu de croire avec M. Rosenbusch (2), qui a observé le même fait dans le granite des Vosges, que les différences de couleurs des lamelles sont dues à de différents degrés d'oxydation du fer. Ce mica est en général peu décomposé, il présente alors une bordure verte, qui passe à la chlorite. Les formes des sections suivant *p* sont généralement irrégulières, ce qui est dû aux compressions subies dans la couche par ces cristaux qui ont ainsi été froissés et contournés.

On trouve divers minéraux en inclusions dans le mica noir: l'apatite en longs et minces prismes hexagonaux fendillés y est assez fréquente, toutes les lamelles de mica n'en contiennent pas toutefois, et elles n'en contiennent jamais plus de un ou deux cristaux. Le fer oxydulé en petits granules arrondis, diversement groupés, opaques, et reconnaissables à leur éclat bleuâtre métallique dans la lumière réfléchie, s'amasse fréquemment dans les joints de clivage du mica. Je n'ai jamais reconnu l'enduit blanchâtre (Leucoxène) qui recouvre souvent le fer titané qu'il aide ainsi à reconnaître ; la présence du sphène est cependant ici évidente. Il se trouve dans les plages de mica noir, à l'état de petits grains cristallins, transparents au centre, mais présentant au bord un relief très accentué, sombre, dû aux réflexions totales qui s'opèrent dans ce minéral ; il a une coloration jaune-brunâtre et un aspect rugueux chagriné. Ces grains de sphène offrent habituellement des traces de décomposition, et sont alors entourés d'une auréole circulaire verte; ils sont disséminés très irrégulièrement dans le mica noir, quelques lamelles en paraissent exclusivement chargées. Il arrive assez souvent que leur décomposition est totale, et que les lamelles de mica ne montrent qu'une série de tâches verdâtres circulaires qui seraient difficiles à expliquer si on ne pouvait suivre la marche de l'altération qui les fait rapporter au sphène. Ces grains réfringents sont très rares en dehors du mica, j'en ai cependant vu quelques-uns dans l'oligoclase.

---

(1) *Gustave Rose* : Zeits. d. deuts. geol. Ges. Vol. 2. p. 357.

(2) *Rosenbusch* : Zeits. d. deuts. geol. Ges. Vol. XXVIII. p. 373.

Le *Quarz*, hyalin, gris, se présente à différents états dans ce granite, mais jamais avec des contours cristallins réguliers. Il y est le plus souvent en grains, parfois assez gros, moulant les autres minéraux, et ayant par conséquent les formes les plus irrégulières, parmi lesquelles on ne voit que rarement un contour anguleux propre ; il est chargé d'inclusions, disposées en séries alignées. Elles sont petites, de forme irrégulière, contiennent un liquide et une bulle immobile à la température ordinaire. Il contient encore en inclusions des aiguilles incolores, allongées, analogues à celles qu'on rapporte parfois au rutile. Ce premier quarz est postérieur à l'oligoclase, à l'orthose, et au mica noir ; il s'est au contraire solidifié avant les grands cristaux d'orthose maclés avec le microcline, car il s'y trouve en fragments irréguliers reconnaissables à leur forme, à leurs inclusions, et parfois à leur soudure intime avec un lambeau de mica englobé avec eux. Une deuxième variété de quarz commune dans ce granite, est le quarz de corrosion de MM. Fouqué et Michel-Lévy ; il est reconnaissable à sa forme arrondie, en gouttes d'eau, et d'une remarquable transparence; on le rencontre dans deux conditions différentes : dans l'orthose ancienne, et dans l'orthose récente. Dans l'orthose ancienne, il est injecté en très petites gouttelettes, très nombreuses, toutes étirées dans un même sens, et orientées semblablement ; il y forme ainsi des sortes de petites palmes. Dans l'orthose récente maclée au microcline au contraire, ces gouttelettes de quarz sont plus grosses d'environ 50 diamètres, elles sont plus régulièrement arrondies et sont disséminées sans aucun ordre.

En résumé, le granite de Boal nous a présenté les éléments suivants, consolidés dans l'ordre indiqué ici :

I. Apatite, sphène, fer oxydulé, mica noir, oligoclase, orthose.

II. Quarz granitique et plus tard orthose, microcline, albite.

III. Quarz de corrosion, mica blanc, talc.

Ségrégations : Le granite de Boal comme celui d'une foule d'autres localités des Pyrénées, des Alpes, etc. renferme par places des agrégats ou fragments de forme irrégulière, contenant en tout ou en partie les éléments constituants du granite, et avec un grain différent de celui qu'ils conservent dans la masse de la roche. Le volume de ces agrégats est des plus variables ; leur forme est généralement arrondie, les uns passent insensiblement à la roche environnante tandis que d'autres en paraissent nettement limités.

Au point de vue de la composition minéralogique, il en est à Boal deux variétés principales : la première a un aspect porphyrique, de gros morceaux de quarz se joignent à des cristaux d'orthose de la grosseur habituelle, pour trancher porphyriquement dans une pâte grise à grains fins où se trouvent tous les éléments ordinaires du granite en très petits cristaux. Au microscope, on reconnaît l'orthose ancienne, et le quarz en grandes plages irrégulières à extinctions successives comme dans beaucoup de granites ; tous les autres éléments sont beaucoup plus petits, notamment l'orthose récente associée au microcline, qui est ici en tous petits cristaux, on n'y voit plus de filonnets d'albite, ni aucune des inclusions qu'elle renferme dans le granite ordinaire ; le mica noir conserve le même aspect et les mêmes inclusions, mais cette roche se distingue surtout par la rareté de l'oligoclase, et par la rareté plus grande encore du mica blanc, l'un et l'autre existent toutefois indubitablement. Enfin il y a du quarz de corrosion qui a pénétré en gouttelettes tous les feldspaths.

La seconde variété de ces fragments inclus dans le granite de Boal, est surtout caractérisée par sa teneur en mica noir et sa schistosité ; c'est un granite micacé à grains fins : elle est la plus répandue, et est identique aux nodules micacés signalés dans le granite de toutes les régions par les auteurs qui s'en sont occupés. Elle montre au microscope et avec les mêmes caractères, tous les éléments signalés dans le granite ordinaire de Boal, je n'attirerai donc l'attention que sur les différences qu'il y a entre eux : la plus frappante est fournie par le mica, le mica est ici beaucoup plus abondant, il forme au moins la moitié de la masse de la roche, il est remarquablement moins élastique que dans le granite, ses lamelles épaisses il est vrai, ne sont point repliées et froissées comme d'habitude, elles sont souvent au contraire brisées perpendiculairement au clivage et les tronçons ont chevauché les uns sur les autres lors de la consolidation de la roche. L'orthose récente associée au microcline est bien moins abondante ici que l'orthose de première consolidation, il en est de même de l'oligoclase qui est rare. Cette rareté du feldspath plagioclase, devra être constatée sur un plus grand nombre d'échantillons que ceux que j'ai eus à ma disposition, avant d'être admise comme générale en Espagne ; car on se rappelle que M. J. A. Phillips (1) a signalé au contraire la prépondérance du feldspath plagioclase dans les nodules inclus des granites d'Angleterre.

On voit en résumé que ces divers agrégats du granite de Boal contiennent les mêmes éléments que la masse du granite encaissant; ils ne s'en distinguent réellement que parce qu'ils sont plus acides que lui, quant à leurs feldspaths.

---

(1) *J. A. Phillips* : Quart. journ. geol. Soc. London, vol. XXXVI. 1880, p. 6, 12, 19.

On est ainsi porté à ne voir dans ces nodules que des ségrégations à grains fins de la roche principale, ségrégations contemporaines de la consolidation du granite lui-même, et caractérisées par leur teneur en mica noir et leur pauvreté en feldspath triclinique : leur origine serait due à des accidents de cristallisation. Des ségrégations micacées analogues, et de formes parfois anguleuses, sont communes dans toutes les régions granitiques: Charpentier (1) dans les Pyrénées les considérait déjà comme formées en même temps que le granite, et son opinion fut partagée par M. C. W. C Fuchs (2). Naumann (3) y voyait également des concrétions; M. J. Jokely (4) les appelle en Bohême des ségrégations du granite, et plus tard M. F. von Andrian (5) adopte la même opinion.

Cette interprétation n'est pas toutefois universellement admise. M. Daubrée (6) insistant sur la forme anguleuse de ces fragments dans les Vosges, conclut qu'ils y ont été arrachés à des formations plus anciennes par le granite, qui les avait de plus modifiés métamorphiquement. Beaucoup de savants partagent la manière de voir de M. Daubrée, généralement admise en France.

M. J. Geikie (7) a proposé encore une autre théorie: il considère les fragments cristallins pincés dans le granite, comme le résultat de l'altération *in situ* de certains dépôts stratifiés, dont la modification métamorphique plus avancée aurait produit la masse du granite même. M. J. A. Phillips (8) a concilié la plupart des théories précédentes en distinguant nettement deux catégories de fragments inclus dans le granite, les premiers de forme ovoïde présentent la plupart des éléments du granite dont ils ne sont que des accidents de cristallisation; les seconds au contraire sont souvent anguleux et présentent des caractères propres rappelant parfois ceux de diverses roches schisto-cristallines.

La plupart des fragments inclus dans le granite de Boal appartiennent à la

(1) *Charpentier*: Essai sur la constit. géol. des Pyrénées, p. 130.

(2) *C. W. C. Fuchs*: Neues Jahrbuch f. miner. 1870. p. 788.

(3) *C. F. Naumann*. Lehrb. d. Geogn. 2 Aufl. Vol. 1. p. 422. Vol. 2. p. 208.

(4) *J. Jokely*: Geogn. Verhält. in einem Theile d. mittl. Böhmen, Jahrb. K. K. geol. Reichsanst. 1855. p. 375.

(5) *F. von Andrian*: Beitrag. z. geol. d. Kaurimer u. Taborer Kreises in Böhmen, Jahrb. K. K. geol. Reichsanst. 1863. p. 166.

(6) *Daubrée*: Descript. géol. et minér. du Dép. du Bas-Rhin, p. 28.

(7) *J. Geikie*: Geol. mag. Vol. 3. p. 533.

(8) *J. A. Phillips*: On concretionary patches and fragments of other rocks contained in granite. Quart. Journ. geol. Soc. Vol. XXXVI. 1880. p. 1.

première catégorie de M. J. A. Phillips. Ils abondent en effet dans les carrières ouvertes au centre du massif de Boal, loin d'être limités au contour de ce massif; ajoutons que des ségrégations micacées analogues se trouvent aussi dans les *Kersantites récentes* des Asturies, et dans cette kersantite comme dans les granites, les ségrégations contiennent tous les éléments de la roche encaissante, mais avec un grain plus fin et en proportions différentes. Il est donc naturel de les considérer comme des accidents de cristallisation de la masse elle-même; tandis qu'il n'y a aucune raison pour admettre que les fragments arrachés aux diverses roches souterraines, gneiss, schistes, quarzites, calcaires, aient revêtu un caractère identique et dépendant uniquement de la roche qui les modifiait. Le métamorphisme par contact observé dans les salbandes de ces mêmes roches, donne des preuves du contraire: les gneiss, les schistes, les calcaires, qui encaissent ces filons sont modifiés de manière bien différente, et conservent des caractères propres.

Il y a d'autre part des régions granitiques en Espagne (Galice) et en France (Basse-Bretagne), où abondent les exemples de fragments remaniés de M. J. A. Phillips: je puis ainsi affirmer que dans l'ouest du Finistère dont j'ai fait une étude très détaillée, ces fragments anguleux abondants dans les granites éruptifs au voisinage de leur contact avec les terrains primitifs, diminuent constamment de nombre à mesure qu'on s'éloigne du contact; je n'y ai jamais trouvé de fragments anguleux à plus de un kilomètre de tout contact.

2. Massif granitique de Lugo

Très développé en Galice, le granite forme le sol de la presque totalité de cet ancien royaume comme le montre la carte de M. G. Schulz. Je n'ai étudié que le vaste massif qui traverse du nord au sud la province de Lugo, en passant à l'est du chef-lieu. Ce granite que j'appellerai pour cette raison granite de Lugo, quoiqu'il ne commence à affleurer qu'à quelques kilomètres à l'est de la ville de ce nom, a fait éruption après le cambrien; il sépare les couches cambriennes qui forment à l'est la chaîne des monts Cadebo, des schistes amphiboliques de la série primitive de l'ouest, sur lesquels Lugo est bâtie.

Le granite qui forme ce massif de Lugo conserve une constitution à peu près constante, et montre facilement à l'œil les cristaux de quarz, de feldspath blanc, et de mica noir, dont il est formé. Les cristaux de feldspath orthose sont les plus grands éléments de la roche à laquelle ils donnent un aspect porphyrique, ils atteignent quatre centimètres à Carballido. Le quarz paraît prédominant vers Gondar. Le granite forme généralement dans toute cette région des collines arrondies, nues, basses, couvertes seulement de maigres landes; ce n'est que dans les vallées que se développe une épaisse végétation de chataigners : sur les pentes on remarque de grosses boules de granite plus dur, qui ont résisté aux désagrégations atmosphériques qui ont déterminé autour d'eux la formation de l'arène. Le profil de ces crêtes couvertes de gros blocs arrondis, paraissant de loin dans un état d'équilibre instable, présente au voyageur un aspect saisissant et fantastique : des masses pierreuses semblent rouler sans cesse de ces pentes arides, vers les vallées où l'on va passer pour sortir de ces régions désertes. Les masses granitiques affectent des formes un peu différentes à l'est de Basena, elles sont en bancs à apparence stratifiée, épais de 0,25 ; cette disposition ne doit se rapporter qu'à un accident du refroidissement de la roche ; on doit encore noter ici les ségrégations et autres fragments sur-micacés, pincés dans le granite de cette localité. A l'ouest de Villar-de-Cas on remarque dans le granite, une masse de pegmatite. Le granite devient plus rose à l'est de la chaîne, vers Cubelas et Castroverde, tandis que la couleur blanche paraît constante à l'ouest; aux environs de Castroverde, le granite est coupé par d'assez nombreux filons d'une roche granitique à grains très fins, où on ne distingue plus les cristaux à l'œil nu. Je ne pourrai malheureusement insister sur les caractères de ces variétés, ayant dû abandonner une partie des roches que j'avais recueillies dans cette région, avec mon mulet, qui mourût en route pendant cette tournée en Galice.

Le granite ordinaire du massif de Lugo rappelle au premier abord celui de Boal, comme lui il est grenu, à grains moyens, et montre des grains de quarz gris, du mica noir en abondance et des cristaux blancs d'orthose. Ces cristaux sont les plus gros éléments de la roche, ils atteignent souvent un à deux centimètres et paraissent alors ségrégés porphyriquement. Le mica noir se présente en petites piles hexagonales noires, brillantes, peu altérées. Ce granite se distingue surtout de celui de Boal par l'absence du mica blanc, et par l'abondance de grandes paillettes vert-foncé, dont la détermination est difficile.

L'*Orthose* ancienne, est en assez petits cristaux simples et parfois maclés suivant la loi de Carlsbad, elle est blanc-grisâtre ; dans le massif de la Guadarrama elle prend par altération une couleur rosée. Elle est moins abondante, et dans un état de décomposition plus avancée que le feldspath oligoclase: elle a alors un aspect mat, opaque.

Les *feldspaths plagioclases* sont plus frais et plus nombreux que les précédents, ils sont en assez grands cristaux, présentent des assemblages polysynthétiques de macles suivant la loi de l'albite. Plusieurs de ces cristaux présentent comme l'oligoclase des stries qui s'éteignent à peu près simultanément de chaque côté de la ligne de macle dans la zône pg^1; et en outre un des systèmes de stries est beaucoup plus développé que l'autre. Les sections suivant ph^1 m'ont de plus donné des extinctions considérées comme caractéristiques de l'oligoclase. Cet oligoclase m'a paru prédominer sur l'orthose ancienne dans les échantillons de granite où se trouvaient les lamelles verdâtres dont il sera question plus loin.

L'oligoclase n'est pas le seul feldspath triclinique du granite de Lugo, on y trouve en outre du microcline et de l'albite, intimement associés comme à Boal, aux grandes plages d'orthose récente. Les cristaux avec microcline sont parfois très grands comme à Boal, et englobent alors comme lui d'autres minéraux, oligoclase, mica, etc. parmi lesquels j'ai remarqué aussi les lamelles verdâtres précitées ; ils sont plus souvent ici sous forme de petits cristaux, à section rectangulaire, et ne dépassent pas le volume moyen des autres éléments du granite ; ils sont alors moins chargés d'inclusions.

Le quarz est abondant, et s'est consolidé aussi en deux temps différents, sa première époque de formation a suivi celle des feldspaths anciens, il a pris alors des formes irrégulières, granulitiques, déterminées seulement par les vides laissés entre les minéraux déjà formés. Ces plages de quarz présentent le phénomène assez commun aux quarz du granite de ne pas s'éteindre d'un seul coup sous les nicols croisés, mais de paraître formés de parties diversement orientées. Ils contiennent de grosses inclusions liquides à bulles immobiles à la température ordinaire, et remarquables par leurs contours polygonaux irréguliers. Les quarz de la Sierra Guadarrama contiennent de nombreux microlithes transparents, allongés en aiguilles, rappelant ceux de Méry et Montebras (Creuse) (1); ils contiennent également des inclusions liquides, avec bulles spontanément mobiles. Le quarz a eu un deuxième temps de consolidation après l'individualisation des feldspaths récents, orthose et microcline, comme on en a la preuve dans les nombreuses gouttelettes de ce minéral qui ont injecté ces cristaux ; ce quarz est ici transparent, en gouttes arrondies, ou en larmes, et se rapporte au quarz de corrosion.

Le *mica noir* en lames minces est en sections hexagonales, comme on pouvait s'y

(1) *Michel-Lévy*: Des roches acides, Bull. Soc. Géol. de France, 3e Sér. T. 8. p. 204.

attendre d'après l'examen macroscopique des belles piles de ce minéral. Il est très dichroïque, éteint absolument en long dans les sections suivant l'axe principal, et ne m'a présenté comme inclusions, que l'apatite en petits prismes aciculaires.

Toutes les préparations contiennent en même temps que le mica noir, un autre corps qui devra peut-être lui être réuni, bien qu'il s'en distingue nettement, au premier abord. Nous voulons parler des lamelles phylliteuses vertes déjà signalées dans l'examen macroscopique. Ces lamelles présentent au microscope des formes irrégulières, déchiquetées, suivant *p*; elles sont fibreuses et allongées quand elles sont coupées suivant l'axe cristallographique principal, et elles s'éteignent alors à peu près en long sous les nicols croisés. Leur couleur est verte à la lumière naturelle; elles sont dichroïques mais à un moindre degré que le mica noir, et passent du blanc au vert foncé. Elles se distinguent donc facilement du vrai mica noir ferro-magnésien; elles s'en éloignent encore par leurs inclusions, je n'y ai pas trouvé d'apatite, mais à leur place un réseau de petites aiguilles rouge-noirâtre foncées, que je rapporte à l'oligiste. On hésite dans la détermination de ces lamelles vertes entre la chlorite et la hornblende, ou un mica vert? Elles ne présentent pas aux forts grossissements la disposition fibreuse, radiée de la chlorite. Leur couleur et leur dichroïsme les rapprochent de l'amphibole, mais il m'a été impossible d'en retrouver ni les formes extérieures, ni les clivages caractéristiques, parmi mes sections. Leur disparition peut être rapportée à l'altération de ce minéral, on en a en effet la preuve dans la forme irrégulière des sections, et aussi dans les aiguilles incluses, produits ferrugineux opaques, dont l'origine me paraît due à un premier stade de décomposition de l'amphibole dont le fer aurait été enlevé par lavage pour se redéposer ensuite à l'état de sesquioxyde de fer dans les clivages et les fissures de l'amphibole. Si l'on accepte cette interprétation, la disposition des aiguilles en réseau, rappelle plus les clivages de l'amphibole, que le clivage basique du mica Ces lamelles vertes sont quelquefois maclées avec les lamelles du mica noir typique, elles rappellent beaucoup alors les lamelles de mica verdâtre que je signalais aussi dans le granite de Boal; je ne vois aucun moyen de vider cette question avec les seuls matériaux que j'ai entre les mains. Peut-être de meilleurs échantillons permettront-ils d'affirmer la présence de la hornblende dans ce granite de Lugo, qui se distingue surtout on le voit, de celui de Boal, par l'abondance de ces lamelles vertes, et par l'absence de mica blanc.

En résumé, le granite de Lugo, nous a présenté les éléments suivants, consolidés dans l'ordre donné ci-dessous :

I. Apatite, mica noir, amphibole?, oligoclase, orthose.
II. Quarz en grains, orthose, microcline, albite.
III. Quarz de corrosion, fer oligiste.

Vaste extension de ce granite en Espagne : Le granite de Lugo qui correspond bien à la granitite ordinaire, ou à la Hornblendeführender Granitite des auteurs allemands, paraît avoir un très grand développement en Espagne. Nous l'avons observé dans une grande partie de la Galice, M. Zirkel (1) l'a signalé dans les Pyrénées, enfin dans une courte excursion que j'ai pu faire au centre de l'Espagne, dans la Sierra de Guadarrama, aux environs de Las Navas, j'ai pu reconnaître que le granite de ces montagnes ne se distinguait par rien d'essentiel de celui de Lugo. J'ai même cru devoir le décrire en même temps que celui-ci, en notant dans les lignes précédentes les particularités qui le distinguaient. On doit encore comparer à ce type de Lugo, le granite qui atteint un si grand développement dans le sud de l'Espagne, où il a été si bien étudié par M. Mac Pherson (2) sous le nom de *granite normal*, dans la province de Séville.

M. G. Schulz (3) avait pu distinguer trois variétés principales de granite dans la Galice : 1° le *granite ordinaire* ou granite commun, très répandu (Viana, Sierra de Queija, Orense, Pontevedra, la Corogne) ; 2° le *granite porphyrique* distinct du précédent par la présence de grands cristaux de feldspath, très répandu en Galice, il forme des régions désertes couvertes de gros blocs arrondis, épars (Tierra de Chamoso, Sierra de Teijeiro, environs de Lugo) ; 3° le *granite gneissique*, moins répandu que les précédents, forme la transition du granite au gneiss et au micaschiste (Monte Oroso, Tierra de Narla, Niñones près Corme, etc.).

Mode de décomposition : Le granite de la Sierra de Guadarrama se décompose absolument à l'air comme celui du massif de Lugo. Dans ces deux régions les roches qui affleurent deviennent en grande partie friables par suite des altérations subies dans les propriétés physiques et chimiques de leurs minéraux constituants. Par suite de ces altérations, elles se désagrègent en arène meuble, perméable à l'eau, où les cristaux d'orthose blanchâtres ont perdu leur éclat, leur translucidité, et sont devenus friables et jaunâtres, le feldspath triclinique n'y est plus reconnaissable, le quarz est et

(1) *F. Zirkel* : Zeits. d. deuts. geol. ges. Bd. XIX. p. 91.
(2) *Mac Pherson* : Bol. com. map. geol. de Espana Tome 5. p. 21.
(3) *G. Schulz* : Descr. geogn. del Reino de Galicia, Madrid 1835.

grains irréguliers, le mica noir a pris une teinte bronzée plus claire. Ces changements sont accompagnés de modifications plus intimes, les feldspaths et micas sont épigénisés par diverses substances phylliteuses, mica pâle, chlorite, ou par de la calcite; elles se transforment enfin en des matières terreuses, sans caractères optiques propres, et qui se rapportent sans doute au kaolin et à l'halloysite. J'ai fait observer en décrivant l'aspect de cette chaîne granitique de Lugo, la surface dénudée des sommets et des pentes, contrastant avec la beauté de la végétation de chataîgners et de chênes dans les vallées; ces différences s'expliquent justement par les divers états de décomposition du granite, en masse solide ou à l'état de blocs sur les collines, et au contraire à l'état d'arène perméable dans les vallées. Cette localisation du granite décomposé dans les vallées, où il est pénétré par une plus grande quantité d'eau, montre bien que les eaux atmosphériques ont joué le rôle prépondérant dans sa décomposition. Au milieu du granite transformé en arène, ou plutôt sur les pentes de ces collines granitiques, nous avons signalé de nombreux blocs arrondis formés par du granite non décomposé; ces blocs présentent même, comme en Bretagne, en Estramadure et dans les Vosges, des enveloppes concentriques qui sont de moins en moins altérées à mesure qu'on se rapproche du centre; M. Le Play (1), ainsi que MM. Egozcue et Mallada (2) ont donné de bonnes figures de cette disposition du granite dans l'Estramadure et la province de Caceres. Dans les Vosges, d'après M. Delesse (3), ces blocs auraient une composition minéralogique un peu différente de celle de l'arène qui les enveloppe, celle-ci contenant plus de mica et de feldspath triclinique; mais je n'ai pu saisir de semblable différence dans la Galice, où ces blocs ne m'ont pas paru en relation avec les ségrégations minérales; on doit y expliquer sans doute leur origine d'une autre façon. Ce granite dans les points où sa décomposition est moins avancée (Bascua) offre comme je l'ai fait remarquer une sorte de stratification, ou division en lits; cette division en bancs d'un granite évidemment éruptif, nous représente les plans des surfaces successives de refroidissement de la masse. En se refroidissant la roche a dû se contracter et produire ainsi une série de fendillements perpendiculaires à sa surface et aux joints précédents. Ainsi se sont trouvés formés les blocs irréguliers, anguleux de granite, que

(1) *Le Play:* Observ. sur l'Estramadure et le nord de l'Andalousie, Ann. des mines. 1884.

(2) *J. Egozcue et L. Mallada*: Mem. geol. min. de la prov. de Caceres. p. 76. pl. 5 a fig. 1-4. Mem. Com map. geol. de Esp. 1876.

(3) *Delesse*: R. sur le granite. Mém. prés savants étrangers à l'Institut. T. XVIII Paris. 1866. p. 26.

l'on rencontre parfois : mais le plus souvent les eaux atmosphériques, ont filtré dans les fissures, transformant ainsi en arène la partie périphérique des blocs et effaçant en même temps leurs contours anguleux, pour donner finalement naissance aux blocs arrondis que nous trouvons ensevelis dans l'arène, ou gisant sur les pentes.

Variations de composition : La composition minéralogique et la structure macroscopique du granite de Lugo paraissent généralement constantes ; il est cependant quelques variétés qu'il importerait de signaler, tel est le granite à grands éléments pegmatoïdes de Villar-de-Cas. Cette roche ne présente pas les caractères d'un filon ayant fait éruption dans le granite environnant, mais ceux d'une masse concrétionnée au milieu de ce granite ; elle rappelle ainsi les filons concrétionnés de granite de la granulite de Saxe décrits par M. H. Credner (1).

Cette roche à gros éléments, paraît surtout formée à l'œil de cristaux d'orthose, de deux à quatre centimètres, de couleur rose passant au rouge-saumon ; ils la forment presque toute entière, ils y ont cristallisé en place et présentent des facettes libres : ils donnent parfois ainsi à la roche un caractère drusique. Ces gros cristaux d'orthose contiennent presque tous les autres éléments en inclusions. Ces éléments sont du quarz gris en grains irréguliers, du mica noir verdâtre et du mica blanc en petites paillettes, de petits grains feldspathiques vert-clair, et quelques prismes de tourmaline noire, fibreuse.

Au microscope, le quarz est certes l'élément le plus remarquable de ces préparations, sa forme est irrégulière et ses dimensions variables, mais il se distingue du quarz du granite de Lugo, par sa richesse en énormes inclusions liquides. Il ne contient pas d'inclusions vitreuses, ni même de gazeuses. Il se rapproche par là du quarz des filons de *granite concrétionné* de M. Credner (2), et aussi du *granito rojo* de Séville sur lequel M. Mac Pherson (3) a fait d'intéressantes observations. Ce granite rouge bien développé dans la province de Séville à Venta Quemada et à El Parroso, contient des milliers d'inclusions liquides par millimètre cube de quarz, elles sont remplies de liquide et ont en général une bulle mobile. Ces bulles sont parfois douées d'un mouvement très rapide, tantôt au contraire, leur vitesse est petite et ne s'élève pas d'après M. Mac Pherson à plus de deux mètres par an ; l'existence dans le liquide de

(1) *H. Credner* : Zeits. d. deuts. geol. ges. Bd. XXVII. p. 122.
(2) *Credner* : Zeits. d. deuts. geol. ges. Bd. XXVII. p. 128 et 217.
(3) *Mac Pherson* : Est. geol. del norte de la prov. de Sevilla. Bol. com. map. geol. de Esp. T. 5. 1879. p. 23 à 33.

nombreux cubes de chlorure de calcium fait penser que le liquide est de l'eau saturée de ce sel, mais il y aurait en outre d'après M. Mac Pherson, et notamment dans les inclusions à bulles peu mobiles, du chlorure de magnésium. Les inclusions du quarz de Villar-de-Cas rappellent celles de Séville par leur nombre, leur volume, mais leur libelle est immobile ou présente un mouvement très lent; cette différence semble surtout ici en relation avec la grosseur des bulles, plutôt qu'avec la composition chimique du liquide, car ces bulles sont énormes, occupant généralement la moitié du volume total de la cavité. La forme des inclusions est généralement irrégulière, arrondie, ou réniforme et allongée dans différents sens; il n'est pas rare de leur trouver des contours cristallins qui sont alors ceux du quarz en prismes terminés (cristaux négatifs), et j'ai même observé deux de ces cristaux accolés suivant les faces de la pyramide et contenant chacun leur libelle. Ce quarz se reconnaît au microscope comme un élément de seconde consolidation. Le mica blanc très abondant, est plus récent que lui, il est en petites paillettes radiées et semble provenir entièrement de la décomposition de l'orthose, qui en est criblée dans les lames minces; il est bien plus abondant que le mica noir, qui lui est associé ici comme dans les filons du granite concrétionné de la Saxe. Il est en lamelles irrégulières, présentant généralement des traces de décomposition et passant à une chlorite verdâtre. La tourmaline noire est bien caractérisée. L'orthose en grands cristaux est assez bien conservée, mais peu transparente à cause des inclusions qu'elle contient: les plus communes sont les grains d'oligiste qui lui donnent sa couleur, et les paillettes de mica blanc qui l'envahissent souvent entièrement. Le feldspath plagioclase n'est pas rare, quoique moins abondant que l'orthose, il est plus opaque à la lumière naturelle, et présente sous les nicols croisés les extinctions de l'oligoclase.

3. **Filons du granite à mica blanc, autour du massif de Boal :**

Au nord du massif granitique de Boal précédemment décrit, on observe dans les schistes cambriens divers filons de granite à mica blanc muscovite. Le principal se dirige au N. N. E. de Boal suivant le prolongement du plus grand axe de ce pointement elliptique de granite, on peut le suivre jusqu'à la côte de Freijulfe entre Andès et Piñera; sur toute cette étendue il conserve la même direction, mais il varie d'épaisseur, et n'affleure même qu'à intervalles, se montrant dans des fissures allongées, sur les pentes orientales de la Sierra de Peñouta, de la Sierra de Ronda, de Santa Eulalia à Trabaces, à Villacondide, à Piquera de Navia, dans la vallée du Rio Navia, puis vers Villaoril et Freijulfe.

En tous ces points, le granite traverse en filons minces les schistes cambriens. Ces schistes plus ou moins modifiés sur une périphérie de un kilomètre et plus, autour du massif granitique de Boal, éprouvent une nouvelle modification indépendante de la première et de leur état de cristallinité, au contact de ces filons minces de granite. Cette modification est toutefois beaucoup moins profonde que la première, son action ne s'étendant pas au delà de quelques centimètres des salbandes; en outre de ce métamorphisme exomorphe, les filons minces de granite offrent aussi une modification endomorphe très sensible, leur grain diminue de grosseur aux salbandes où la roche devient cryptocristalline et euritique. Ce n'est que dans les parties centrales des filons, que ce granite se présente avec son aspect grenu caractéristique. Ces filons sont nettement tranchés de la roche encaissante, il n'y a rien qui ressemble à un passage minéralogique entre l'eurite et les schistes, et ceux-ci ne contiennent jamais un cristal de feldspath; l'épaisseur de ces filons est généralement minime, variant de 0,50 à 1 et à 2 mètres, et sont le plus souvent dirigés parallèlement aux schistes, simulant ainsi des filons couches.

Description minéralogique du granite à mica blanc: Le granite qui forme la partie centrale grenue de ces filons est une roche à pâte cristalline gris-vert ou rose, où tranchent porphyriquement de gros cristaux dihéxaédriques de quarz parfaitement limités mais corrodés, et revêtus d'une écorce de mica blanc; on y trouve en outre des débris de feldspath orthose, rose saumon, ou rose thé, de grandeur inégale, à grands clivages très brisés, ainsi que de petits débris vert-clair de feldspath strié, triclinique, et de larges lamelles hexagonales de mica blanc avec centre brun-foncé ou le plus souvent verdâtre.

Au microscope, le *quarz* attire d'abord l'attention par ses grandes plages à contour hexagonal très net, où le magma simulant la pâte pénètre en pédoncules irréguliers à la façon des porphyres. Il y a dans ces quarz des traînées d'inclusions, ces inclusions ne sont pas vitreuses, contrairement à ce qui a lieu dans le quarz des porphyres, mais contiennent un liquide, et j'ai observé dans plusieurs une bulle spontanément mobile. En outre de ces grands cristaux anciens, le quarz forme encore dans la pâte de nombreux petits grains granulitiques irréguliers, le plus souvent arrondis.

L'*orthose* en grands cristaux, est le feldspath prédominant, il présente parfois une structure zonaire, mais est souvent rendu opaque par les progrès de la décomposition dont le résultat final est une production de mica blanc; elle n'est généralement pas aussi avancée. Je n'ai pu reconnaître toutefois d'inclusion vitreuse ni liquide dans ce feldspath; et il est vraisemblable qu'elles auront été effacées par des actions secondaires propagées le long de ses clivages faciles. Le remplissage de ces inclusions aura d'abord été ainsi attaqué, pour être remplacé par des infiltrations d'oligiste rougeâtre, en traînées, qui valent à ces cristaux leur couleur rosée.

Les feldspaths plagioclases en moins grand nombre que les précédents, sont facilement reconnaissables dans les sections grâce à leur bon état de conservation. Ils montrent de nombreuses lamelles hémitropes, dont les extinctions dans les sections symétriques, permettent de le rapporter à l'oligoclase. Cette espèce caractérisée par ses extinctions, est de beaucoup la plus abondante, et existe souvent seule; je dois toutefois signaler qu'une roche de Trabaces contient des feldspaths tricliniques qui m'ont donné 40° pour les extinctions de deux lamelles hémitropes suivant la loi de l'albite, voisines et symétriques: cette valeur trop considérable pour l'oligoclase, peut faire supposer que l'on trouvera du labrador dans ce granite.

Le *mica noir* est bien caractérisé, mais peu abondant et en très petits éléments. Le *mica blanc* se présente en piles hexagonales, en palmes et en paillettes qui remplissent absolument tous les interstices laissés entre les minéraux, ainsi que les cavités des quarz anciens bipyramidés; il est de formation relativement récente. Il englobe par places des noyaux verts plus dichroïques que lui, et rappelle les associations de biotite et de muscovite décrites par Gustave Rose (1) et par M. Michel-Lévy (2), aussi bien que les associations de micas potassiques blanc et vert, décrites dans les roches analogues par M. Rosenbusch (3). Ce mica vert est également en lamelles isolées dans la roche, où on le distingue à l'œil nu, il est difficile à distinguer de la biotite au microscope. Il est du reste rarement frais, et est très souvent transformé en agrégats radiés et fibreux de chlorite; ces houppes chloriteuses assez abondantes, sont identiques à celles qui proviennent de la décomposition de l'amphibole comme l'a fait aussi remarquer M. Rosenbusch (4). L'*amphibole* paraît rare, je ne l'ai reconnue qu'à Villaoril.

La pâte de ce granite dans laquelle les gros cristaux paraissent disséminés, se

(1) *G. Rose*: Ueber die regelmassige Verwachsungen, etc., Poggendorf's Annal. 1869. p. 177.

(2) *Michel-Lévy*: Note sur la structure des roches acides anciennes. Bull. Soc. géol. de France. 3e Sér. T. 3. p. 202.

(3) *H. Rosenbusch*: Die Steiger Schiefer.-Alhandl. zur geol. Specialkarte von Elsass-Lothringen Strassburg 1877. p. 277.

(4) *Rosenbusch*: Die Steiger Schiefer. p. 363.

résout entièrement au microscope en une masse entièrement cristalline formée de petits cristaux identiques à ceux que nous venons de décrire; c'est une microgranulite dans laquelle il y a de l'orthose et du quarz récent en petits grains cimentés par du mica blanc. Ce mica blanc de la pâte présente les mêmes caractères que celui qui a été indiqué par M. Michel-Lévy dans les aplites du Plateau Central, et par M. Sorby (1) dans celles du sud de l'Angleterre.

On peut donc formuler comme suit la composition élémentaire de ce granite :

I. Orthose, oligoclase, quarz bipyramidé, peu de mica noir, et accidentellement amphibole.

II. Quarz récent, orthose récente, mica blanc, chlorite.

Description minéralogique de l'eurite granulitique : L'étude du gisement du granite à mica blanc nous a montré que cette roche au voisinage du schiste encaissant devenait compacte et euritique. L'étude attentive de ces parties compactes montre comme on pouvait s'y attendre, que cette modification consiste essentiellement en un changement de grosseur des grains cristallins. Les échantillons ont une couleur gris-bleuté clair, et paraissent à l'œil absolument compactes, on ne distingue dans cette pâte homogène que quelques gros cristaux individualisés d'orthose rose, de plagioclase verdâtre, des hexagones de quarz, et des lamelles de mica vert. Au contact immédiat du filon où les infiltrations sont plus faciles, la roche est décolorée, et sa couleur est d'un blanc-jaunâtre.

Au microscope, on reconnait les mêmes cristaux d'orthose, d'oligoclase, de mica noir et de quarz bipyramidé, que dans les variétés grenues de la roche : ils sont toutefois en moins grand nombre. La pâte qui réunit ces cristaux, et forme la masse de la roche, est entièrement cristalline; c'est une microgranulite. Les éléments les plus abondants sont les petits granules de quarz, ils forment ici une poussière tenue, et leurs contours sont parfois assez mal définis comme il arrive à des variétés moins cristallines de silice; ils sont du reste intimement associés à une orthose récente, qui difficile à reconnaître dans les variétés granitiques, se montre ici avec une évidente netteté. Cette orthose intimement associée au quarz récent, a cristallisé en même temps que lui, en se groupant en grains cristallins irréguliers et simulant parfois des pegmatites grossières à grains arrondis; il y a en outre beaucoup de paillettes de mica blanc dans la pâte.

L'examen microscopique de cette roche montre qu'elle s'est formée en deux

(1) *H. C. Sorby*: Anniv. Address. — Quart. journ geol. Soc. 1880 Vol. 36. p. 53.

temps de consolidation : dans le premier temps eut lieu l'individualisation des grands cristaux qu'on trouve à la fois dans la roche granitique et dans la roche euritique ; dans le second temps au contraire, les phénomènes sont différents dans ces deux roches, la prise a lieu en masse et confusément dans la roche euritique, sans doute refroidie brusquement par le contact des parois encaissantes, tandis que la cristallisation plus lente de la roche granitique permet à l'orthose et au quarz récents de s'isoler davantage, et de s'individualiser en grains cristallins mieux limités.

Ces granites à mica blanc se rapportent à des types bien connus : il y en a d'analogues dans l'ouest de la Bretagne, ils sont identiques aux elvans de Saint-Just en Cornouailles, ne s'en distinguant que par leur pâte microgranulitique à grains plus fins, et par la petitesse relative de leurs dihexaèdres de quarz. Ils sont en tous points comparables aux elvans de St-Yvoine, et à ceux du plateau Central (Chaîne de Blond, Vaury, Mairy) décrits et figurés par M. Michel-Lévy (1) ; ainsi qu'aux filons d'aplite décrits par M. Rosenbusch dans les Vosges. Le cachet spécial de cette roche qui se distingue si facilement des granites, rendrait commode l'emploi de cette dénomination d'*aplite*, prônée par M. Rosenbusch (2), et préférable au terme d'*elvan* donné indistinctement à des filons de nature très diverses par les mineurs des Cornouailles (3).

Gisement du granite à mica blanc : Le granite à mica blanc ou *aplite*, que nous venons de décrire ne se trouve qu'en filons minces dans la région de Boal, ils sont tous semblablement dirigés vers le N. E. (voyez pl. XX). Nous avons dit qu'ils traversaient les schistes cambriens ; mais il nous reste à parler de leur action métamorphique propre sur ces schistes, ou de leur métamorphisme exomorphe. Cette action serait nulle dans les Vosges d'après M. Rosenbusch (4) qui a étudié ces roches d'une façon si complète ; il n'en est pas de même dans les Asturies, comme le montreront diverses coupes. Ainsi, à l'ouest de Trabaces, sur le flanc oriental de la Ronda, on voit la coupe suivante (Pl. XIX) :

1. Granite grenu à mica blanc et cristaux de feldspath rose-thé, dihexaèdres de quarz.
2. Eurite blanche, compacte, microgranulitique, où on ne distingue à l'œil que les dihexaèdres de quarz 0m60
3. Couche stratifiée à apparence schisteuse, très ferrugineuse, et chargée de cristaux de quarz analogues à ceux de la roche éruptive 0 03
4. Schistes durs gris un peu ferrugineux 0.10
5. Schistes gaufrés (Terrain cambrien).

L'épaisseur du filon de granite ne dépasse pas 1m, il forme une petite enclave

(1) *Michel-Levy* : Bull. Soc. géol. de France. 3e Sér. T. 3. pl. IV. fig. 2.
(2) *Rosenbusch* : M. Physiog. d. massig. gest.-Stuttgart. 1877. p. 20.
(3) *Rutley* : Rudiments of petrology. London, Longmans and Co, 1879. p. 204.
(4) *Rosenbusch* : Die Steiger Schiefer.-Abhandl. z. geol. Karte v. Elsass Lothringen. 1877, p. 280.

au milieu des schistes encaissants ; on peut le suivre sur une longueur de 25^m, et l'on constate qu'il va en s'amincissant de chaque côté, pour disparaître ainsi insensiblement.

Un autre filon voisin du précédent, et épais de trois mètres devient comme celui-ci compacte dans les salbandes : il présente des phénomènes particuliers de refroidissement et de décomposition (Voyez pl. XIX). Il forme par décomposition à la surface du sol, des boules grossièrement arrondies, dont on peut suivre aisément la formation progressive. Ce granite n'est pas massif, mais divisé en bancs un peu obliques aux parois du filon ; il est remarquable que ces bancs dus évidemment aux contractions de la roche en se refroidissant, ne soient pas perpendiculaires à ces parois, comme cela arrive habituellement. Les schistes gaufrés qui forment les épontes de ce filon, sont noirs, et ne semblent pas à première vue bien modifiés, mais leur métamorphisme devient très sensible quand la roche de contact est étudiée en lame mince au microscope. On voit alors que le schiste est entièrement transformé au contact immédiat de la roche éruptive, et qu'il est changé sur une épaisseur de 0,002, en une substance phylliteuse, en petites palmes irrégulières, qui paraît identique au mica blanc (Damourite?). Au-delà, ce même mica paraît constituer encore à lui seul la presque totalité du schiste, mais il y est orienté différemment, il n'est plus palmé, mais bien en lamelles minces, parallèles à la schistosité. On ne distingue entre ces lamelles dichroïques que des grains d'oligiste, et une grande quantité de points noirs charbonneux.

Il n'y a pas lieu de décrire tous les filons analogues que l'on trouve dans cette partie de la Sierra de la Ronda, leur direction est constante, leur composition reste la même et elles conservent la même salbande euritique, épaisse de 0^{m}50 à 1^m ; il en est un toutefois près de Santa-Eulalia sur la route de Armal, qui est remarquable par l'absence du mica macroscopique. Les schistes cambriens qui forment la région, sont noirs et gaufrés ; ce n'est pas toutefois à l'action des filons minces d'aplite qu'il faut rapporter leur structure métamorphique. On s'en persuade aisément en suivant le prolongement des filons d'aplite au N.-E. et au S.-O. ; on reconnaît que les schistes encaissants perdent leurs caractères métamorphiques au N.-E., tandis qu'ils en acquièrent de plus prononcés vers le S.-O. Ainsi au N.-E. de Trabaces, un filon d'aplite coupe les schistes à Piquera de Navia, les schistes sont ici grossiers et de couleur gris-noirâtre, ils ne sont pas gaufrés, et ne présentent au contact qu'une zône métamorphisée, ferrugineuse, épaisse de 0,10. Au-delà, dans la même direction N.-E., à Villaoril et à Freijulfe, l'aplite traverse encore les schistes cambriens, qui sont ici grossiers, verdâtres, et ont leurs caractères normaux. Au S.-O. de la Sierra de la Ronda au contraire, les schistes gaufrés acquièrent des caractères métamorphiques de plus en plus francs, et indépendants des filons d'aplite, qui les coupent par places; ainsi sur le versant oriental de la Sierra de Peñouta ces schistes deviennent noduleux, micacés et mâclifères. Ces caractères cristallins s'exagèrent encore vers Santa-Eulalia et Armal où on arrive sur des schistes mâclifères typiques, que l'on suit jusqu'à Boal. C'est donc à l'influence du granite de Boal qu'il faut rapporter cette action métamorphique étendue, et non aux filons minces d'aplite, qui ont eu une action différente, plus restreinte.

Il serait d'un haut intérêt de fixer les relations réciproques de ces roches éruptives elles-mêmes, et de montrer les rapports des filons minces d'aplite avec la masse granitique de Boal. On doit en effet se demander s'il faut rapporter les filons d'aplite à une éruption différente de celle qui a amené au jour le granite de Boal; ou si les deux roches sont contemporaines, et des expressions spéciales d'un même phénomène éruptif dans des conditions différentes? En un mot, si les filons d'aplite sont les apophyses du massif granitique de Boal, ou si ils en sont des filons indépendants? Les recherches récentes de MM. Lossen et Rosenbusch, nous ont habitué à des relations de ce genre entre les masses granitiques et leurs apophyses plus ou moins porphyriques.

Durocher [1] décrivait déjà dans les Pyrénées, une variété de granite à mica blanc, disposée en veines comme les aplites asturiennes, et à laquelle il ne pouvait accorder une postériorité bien tranchée: il la considérait comme s'étant fait jour pendant le refroidissement de la masse granitique principale. Il ne m'a pas été possible de reconnaître entre l'aplite et le granite de Boal, le passage graduel et insensible que j'ai signalé et décrit plus haut entre l'aplite granitoïde, et les variétés euritiques de cette même roche. On ne peut toutefois en conclure que les deux roches ont une origine distincte. Je n'ai pas vu l'aplite en filons distincts dans le granite de Boal. Les dykes d'aplite paraissent limités aux schistes cambriens, ils n'y forment pas un filon continu de Boal à la côte, mais sont discontinus, en chapelet, d'épaisseurs et d'étendues variables; ce qui reste constant en même temps que leur composition, c'est leur direction N. 25° E., et elle est précisément la même que celle du grand axe du massif granitique elliptique de Boal. Cette coïncidence des directions, jointe au voisinage des roches,

(1) *Durocher*: Ann. des mines, T. VI. 1844 p. 72,

fournit une forte présomption en faveur de l'hypothèse que les filons d'aplite ne sont autre chose que les apophyses du massif granitique de Boal.

4. Age du granite dans le Nord-Ouest de l'Espagne :

L'âge d'éruption de l'aplite comme celui des granites précédemment décrits dans les Asturies et la Galice, serait donc d'après nos observations assez constant. Ces roches traversent toutes dans ces pays, les couches strato-cristallines primitives (Archéennes) et les schistes cambriens, elles leur sont donc postérieures ; nous n'avons pas encore vu de raison pour les supposer postérieures au silurien, nulle part elles ne coupent ce terrain. L'âge des roches granitiques des Asturies serait donc le même que celui qui leur a été assigné dans la province de Séville par M. Mac Pherson (1), et par M. de Lapparent (2) en Normandie, mais serait beaucoup plus ancien que celui de ces mêmes roches dans le reste de la chaîne pyrénéenne ! Fait surprenant et difficile à admettre quand on sait combien est naturelle et homogène cette région pyrénéenne, et combien il est facile d'y suivre et de généraliser en ses divers points les observations locales. Telle est aussi l'opinion de M. Zirkel (3), qui est arrivé cependant à des conclusions bien différentes des nôtres touchant l'âge des granites pyrénéens : Il admet ainsi que M. Fuchs, avec Dufrénoy (4), Coquand (5), Rozet (6), Durocher (7), que le granite aurait fait successivement éruption à diverses époques dans les Pyrénées, avant et après le silurien, après le Trias, après le Jurassique, et même après le crétacé. Pour M. Stuart Menteath (8), le granite des Pyrénées d'Espagne et de France est postérieur au Trias. Je ne puis généraliser ces observations d'après ce que j'ai vu dans la partie cantabrique de la chaîne pyrénéenne ; les terrains secondaires sont magnifiquement représentés dans les Asturies, mais en aucun point on ne peut y reconnaître de filon de vrai granite, la seule roche éruptive qui leur soit postérieure est celle que je décris sous le nom de *Kersantite récente*. Cette divergence nous force à renoncer actuellement à toute généralisation sur l'apparition en masse des granites, à des moments donnés dans les Pyrénées d'Espagne

---

(1) *Mac Pherson* : Bol. de la com. del mapa geol. de Esp. T. 5. p. 19.
(2) *De Lapparent* : Bull. Soc. géol. de France, 3e Sér. T. V. 1877. p. 569.
(3) *F. Zirkel* : Zeits. d. deuts. geol. ges. Bd. XIX. 1867. p. 109-110.
(4) *Dufrénoy* : Ann. des mines, 2e Sér. T. VIII. 1830. p. 542.
Id. Mém. pour servir à une descr. géol. de la France, T. II. p. 432.
(5) *Coquand* : Bull. Soc. géol. de France, 1re Sér. T. XII. 1841. p. 321.
(6) *Rozet* : Comptes-rendus. T. XXXI. 1850. p. 884.
(7) *Durocher* : Ann. des mines. 4e Sér. T. VI. p. 15.
(8) *Stuart Menteath* : Bull. Soc. géol. de France. 3e Sér. T. IX. p. 304.

et de France; je devrai me borner ici à réunir les documents qui pourront aider à fixer l'âge du granite de cette région. J'indiquerai successivement pour arriver à ce but, les gisements de roches cristallines des Asturies, qui paraissent se rattacher à la série du granite, en indiquant en même temps les terrains qu'ils traversent: ils sont toutefois peu nombreux.

Falaise de Promontorio: Les falaises de la partie orientale de la Galice permettent d'observer des filons ramifiés dans les schistes verts qui forment ces escarpements. La nature lithologique de ces filons est constante; c'est une eurite blanchâtre, compacte, où l'on distingue des cristaux d'orthose d'un blanc rosé, et de très beaux petits cristaux dihexaédriques de quarz: les échantillons sont identiques à ceux qui forment les salbandes des filons d'aplite au N.-E. de Boal, et sans doute aussi aux eurites signalées par M. G. Schulz (1) aux environs de la Corogne, à Oza, Mazaricos, etc. en Galice.

Cette aplite euritique affleure à marée basse au milieu de l'Arenal de Portelas, mais on peut mieux l'étudier dans la falaise de Promontorio. A l'est de ce cap, elle forme des filons discontinus épais de 0 à 0,50, tantôt parallèles et tantôt obliques aux couches de schistes. A l'ouest de ce cap, elle atteint son plus beau développement, et coupe les schistes dans toutes les directions, en filons de 2 à 3 mètres d'épaisseur. Je n'ai pas observé de parties macro-cristallines au centre de ces filons. Je n'ai malheureusement pas pu suivre l'affleurement de ces filons de façon à découvrir leurs rapports avec le massif granitique de Lugo, dont ils sont peut-être des dépendances, des apophyses?

Au microscope, cette aplite euritique de Promontorio, est entièrement cristallisée. Sa pâte entoure de grands cristaux d'orthose assez décomposés et transformés en mica blanc, ainsi que des sections de dihexaèdres de quarz, corrodés, dans lesquels elle pénètre irrégulièrement. Sa structure est microgranitoïde sans interposition de substance amorphe: les petits grains de quarz microgranulitiques, comme ceux de feldspath qui constituent cette roche, sont mal individualisés, à contours irréguliers. On y reconnaît de rares petits cristaux microlitiques de feldspath, s'éteignant en long; ainsi que quelques plages de quarz mal individualisé, calcédonieux, en grains assez gros. Les préparations sont en outre remplies de petites lamelles jaunes, brillantes, de formation secondaire, présentant les caractères du mica blanc.

Les filons minces de cette aplite euritique passent parfois à une véritable brêche, ils sont divisés en fragments anguleux de quelques centimètres cubes, recimentés

(1) *G. Schulz*: Desc. geog. del reino de Galicia, Madrid 1835.

par du quarz cristallin. La roche est alors géodique, et dans les cavités le quarz récent a cristallisé, en montrant ses prismes cannelés à six pans, qui distinguent bien ces cristaux, du quarz dihexaédrique pincé dans la roche. Le contour des fragments d'eurite est parfois dessiné avec netteté par une bordure noire, dendritique, composée sans doute de peroxyde de manganèse.

Si l'on admet l'identité de ces aplites euritiques de Promontorio, avec celles des salbandes de la région de Boal, on ne modifie pas la notion précédemment acquise de leur âge. Ces filons sont encore limités ici aux schistes cambriens, comme on le verra dans la partie stratigraphique de ce mémoire; ces schistes sont verts, grossiers, et alternent avec des lits de quarzite, ils deviennent micacés, brunâtres, et souvent décomposés au contact de la roche éruptive.

Bassin de Tineo: Au nord de l'Ayuntamiento de Cangas-de-Tineo est situé un long et étroit bassin houiller appartenant par sa flore au terrain houiller supérieur de MM. Grand'Eury et Zeiller, et qui s'étend jusqu'à Tineo; ses couches reposent en stratification discordante sur les schistes cambriens. Dans la partie méridionale de ce bassin, près de Santa-Ana sur la route de Lomes à Corias, on voit au milieu des schistes grossiers avec poudingues qui forment la base du terrain houiller en ce point, de nombreux blocs épars d'une roche éruptive de couleur rosée, qu'il convient d'étudier ici. Je n'ai pu prendre la direction de ce filon, mais les nombreux blocs de cette roche que l'on trouve ici à la surface des schistes houillers, rendent probable l'intercalation du filon dans ces schistes. Il était déjà connu par M. G. Schulz (1), qui indique un petit massif de *granite commun* de Santa-Ana à Puelo.

La roche de ce filon est formée par une pâte de couleur rose, dans laquelle sont segrégés porphyriquement de nombreux cristaux dihexaédriques de quarz de 0,003 à 0,002 et des cristaux d'orthose rose-thé un peu plus volumineux. On y distingue en outre à l'œil nu de nombreuses tâches vert-clair chloriteuses, des grains blanc-verdâtre de feldspath strié, et des produits ferrugineux de décomposition. Cette roche ne se distingue de la plupart des aplites qui forment la longue traînée au N.-E. de Boal que par l'absence du mica en grandes paillettes hexagonales; et elle est donc identique à leurs variétés pauvres en mica, comme celle de Santa-Eulalia.

Au microscope, le quarz ancien en sections hexagonales abonde, la pâte y pénètre en pédoncules irréguliers à la façon des porphyres, ils contiennent toutefois de

(1) *G. Schulz*: Descripc. geol. de Asturias, p. 19.

nombreuses inclusions liquides à bulle mobile, comme dans les aplites. L'orthose est le feldspath le plus abondant, il est en grands cristaux, souvent décomposés et transformés en mica blanc; aussi cet élément est-il loin de manquer à la roche, quoique toujours moins abondant que dans les aplites. On y voit également du mica noir, peu abondant, et en petits éléments ; il passe à des variétés décolorées, vertes, chloriteuses. Le feldspath plagioclase est facilement reconnaissable quoique moins abondant que l'orthose, et souvent dans un état de décomposition assez avancé, qui a pour résultat final une formation de chlorite et de calcite; les cristaux de ce feldspath m'ont présenté les extinctions de l'oligoclase. Tous les éléments cristallins précédents sont noyés dans une pâte qui paraît au microscope entièrement cristalline, elle est microgranulitique, le quarz récent en granules arrondis y domine, il y a en outre de petits cristaux feldspathiques; on remarque autour d'un certain nombre de cristaux anciens de quarz une sorte d'auréole de quarz récent, solidifié en même temps que l'orthose récente, et représentant des étoilements ou sortes de micro-pegmatites grossières. La roche est assez chargée de produits de décomposition du fer, qui lui donnent sa couleur.

On doit se demander pour déterminer cette roche, qui appartient en tous cas aux microgranulites de M. Michel-Lévy, s'il convient de la rapporter aux aplites ou aux porphyres; ou suivant les termes de M. Lossen, si elle est un porphyre apophyse, ou un porphyre vrai indépendant de toute masse granitique? La question est insoluble en l'état actuel de nos connaissances sur la stratigraphie de la région, et il n'y a pas de preuve pour la rattacher comme apophyse à une masse granitique souterraine. Il serait très important de fixer les relations de cette microgranulite avec les autres roches éruptives des environs, ainsi qu'avec les terrains sédimentaires encaissants; car cette aplite ou porphyre granitoïde de Santa-Ana est le seul exemple que j'aie rencontré dans ces provinces, d'une roche granitique paraissant postérieure au terrain houiller.

Nous devons donc conclure de nos recherches sur l'âge de ces roches : 1° que les granites éruptifs des massifs de Boal et de Lugo sont certainement postérieurs au terrain cambrien, et qu'ils paraissent antérieurs au terrain silurien; 2° que des filons minces, analogues aux aplites de Boal que nous considérons comme les apophyses de ces massifs, semblent traverser le terrain houiller.

Il n'y a plus de roches de cette série dans les terrains secondaires du N.-O. de l'Espagne, contrairement à ce qui est indiqué dans la partie française des Pyrénées : les granites des Asturies sont certes postérieurs au cambrien, et certes antérieurs aux terrains secondaires; je dois laisser à des études ultérieures de fixer, s'ils sont réellement antérieurs au terrain silurien comme ils le paraissent, ou s'ils ont poussé des apophyses jusque dans le terrain houiller?

5. **Phénomènes métamorphiques au contact du granite**:

A l'approche des masses granitiques de Boal et de Lugo les roches schisteuses deviennent cristallines, micacées, et si l'on trace les différentes zônes d'affleurement de ces schistes modifiés ou micacés, on reconnaît qu'elles offrent une disposition concentrique par rapport aux masses de granite, et la cause directe de cet état cristallin devient ainsi évidente. Ce fait a été reconnu depuis longtemps dans les Pyrénées françaises par Durocher (1), dans les Pyrénées d'Andorre par M. Seignette (2), dans la Sierra-Morena par M. Le Play (3), et dans les Pyrénées espagnoles par M. G. Schulz (4); il y a été récemment étudié et mis en pleine lumière par M. Zirkel (5), et M. C. W. C. Fuchs (6).

A. Métamorphisme des Schistes: Les roches modifiées autour du massif granitique de Boal, et sur le flanc oriental de la masse granitique de Lugo, sont des schistes argileux, d'un noir-bleuâtre ou gris-foncé, colorés par un peu de matière charbonneuse et de fer oligiste; ils appartiennent au terrain cambrien. M. G. Schulz (7) cite de nombreux points en Galice où on peut observer les schistes mâclifères au contact du granite: Sierra de Eje jusqu'à Jares, nord de la Sierra del Invernadero sur Requejo, entre Puente Cazolga et la vallée de Oro, au pied ouest de los Picos de Ancares, à Toca, etc. — A l'ouest du massif de Lugo, les couches modifiées sont généralement des schistes amphiboliques et des mica-schistes primitifs, ils présentent des phénomènes plus complexes de métamorphisme rappelant ceux des régions granulitiques de la Saxe: nous ne nous en occuperons pas ici, nous réservant d'en parler en traitant des *terrains primitifs*. Nous n'aurons donc à étudier ici que l'action du granite sur les schistes argileux cambriens; la preuve que l'état cristallin de ces schistes est en relation avec le granite, c'est qu'on ne les trouve dans les Asturies que là où il y a du granite. Le métamorphisme de ces schistes argileux

(1) *Durocher*: Annal. des Mines 4e Sér. T. VI. 1844. p. 78.
(2) *Seignette*: Essai d'études sur le massif pyrénéen de la Hte-Ariège, Thèse de Montpellier, 1880. p. 149.
(3) *Le Play*: Obs. sur l'Estramadure, Ann. des mines, 3e Sér. T. VI. 1834. p. 336
(4) *G. Schulz*: Descripc. geol. de Asturias, Madrid 1858. p. 11.
(5) *F. Zirkel*: Zeitz. d. deuts. geol, ges. Bd. XIX. 1867. p. 175
(6) *C. W. C. Fuchs*: Die alten sediment-formationen und ihre metamorphose in den franzosischen Pyrenaen. - Neues Jahrb. für miner. 1870. p. 719.-851.
(7) *G. Schulz*: Descripc. geogn. del reino de Galicia, Madrid 1835. p. 25.

cambriens des Asturies a toujours eu pour effet de les rendre feuilletés, micacés, et de les transformer finalement en véritables micaschistes (Leptynolithes); il y a eu en même temps production de cristaux de chiastolithe, ce minéral n'y est qu'accessoire, disséminé ça et là dans la roche, et constamment subordonné au mica. M. G. Schulz a signalé en outre quelques bancs de schistes chargés de cristaux de grenat et de pyrope, entre Doiras et Villar de San Pedro, au sud de Boal.

M. G. Schulz (1) avait déjà indiqué aussi des divisions dans l'auréole des schistes métamorphisés qui entourent le massif granitique de Boal; il dit que les cristaux de chiastolithe deviennent de plus en plus gros à mesure qu'on approche du granite, et qu'ils atteignent la grosseur d'un pouce, à 1/4 de lieue du contact. Plus près encore du granite, ces schistes maclifères sont transformés en gneiss et en micaschistes, non seulement au contact immédiat, mais même en certains points jusqu'à la distance de 1000 mètres. Ces différentes auréoles métamorphisées méritent d'être décrites successivement; la succession donnée par M. G. Schulz n'est pas précise, et il est du reste impossible d'en donner une rigoureusement exacte, les caractères de ces auréoles sont extrêmement variables d'un point à l'autre d'un même massif. Il est toutefois facile de reconnaître d'une façon générale dans les schistes qui entourent les massifs de Boal et de Lugo, les mêmes stades de métamorphisme qui ont été décrits dans les auréoles métamorphiques des massifs granitiques de l'Alsace (2) et de la France (3). On peut ainsi distinguer trois auréoles métamorphiques principales, concentriques, autour des masses cristallines des Asturies; je les distinguerai comme suit, en commençant par la plus extérieure :

1° *Auréole des schistes gaufrés*
2° *Auréole des schistes maclifères*
3° *Auréole des Leptynolithes*

1° **Auréole des schistes gaufrés** : Le premier effet métamorphique produit, le plus simple, consiste dans un changement de structure, dans le développement de la structure feuilletée, de la structure gaufrée, où les feuillets du schiste sont plissés en une sorte de réseau à mailles allongées parallèlement; il ne s'est encore formé aucune combinaison nouvelle dans les éléments de la roche, les particules n'ont fait que s'agréger d'une manière différente. On distingue souvent alors dans leur masse (Sierra de la Ronda

(1) *G. Schulz* : Descrip. geol. de Asturias, p. 11.
(2) *Rosenbusch* : Abhandl. z. geolog. Specialkarte. v. Elsass-Loth. 1877. p. 169.
(3) *Michel-Lévy* : Bull. Soc. géol. de France, 3e Sér. T. IX. p. 181.

(Asturies), Villalle (Galice), de nombreux petits points de couleur foncée, de grosseur variable, et parfois si petits, qu'on ne les distingue que par leur éclat mat au reste de la roche. Ces points mats ont été décrits déjà par Durocher (1) sous le nom de *fausses macles*, ils ont été récemment l'objet de l'étude approfondie de M. Rosenbusch (2), qui n'y voit que des agrégations du pigment charbonneux du schiste, et non des commencements de cristallisation. Ces schistes correspondent aux *fleckschiefer*, et aux *garbenschiefer* des géologues allemands. Un des caractères les plus constants de ces schistes métamorphiques dans les Pyrénées d'Espagne et de France, est leur couleur foncée, bleu-noirâtre, qui remplace les tons variables, jaunes, verts, gris, noirs, des schistes cambriens non modifiés de cette région : la principale modification qui se produit est celle de leur matière colorante, les matières organiques carbonées et les oxydes ferrugineux (limonite, oligiste), tendent à passer à l'état de graphite et de fer magnétique ; l'examen microscopique permet d'ailleurs de reconnaître ces minéraux dans les schistes gaufrés. C'est là, la principale différence que révèle le microscope entre ces schistes et les schistes non modifiés ; mes préparations de Cabinas et du sommet de la Sierra de Ronda se montrent composées de très petits fragments de quarz subarrondis, allongés dans le sens de la stratification, contenant de très petites inclusions liquides peu visibles, et enveloppés de lamelles flexueuses d'un mica à deux axes. N'ayant pas analysé cette substance phylliteuse, je n'ai pas de notion nette sur sa nature réelle ; elle présente les caractères microscopiques des micas potassiques, et pourrait se rattacher à la damourite ou à la séricite (3). Les granules pigmentaires opaques (graphite, fer magnétique) tendent à rendre les préparations peu transparentes, et empêchent probablement de voir les aiguilles de rutile que je n'ai pu observer ; ils ne sont pas disséminés sans ordre, mais se concentrent en de petits amas irréguliers ou allongés, et sont en grains fins, sans contours déterminés. La tourmaline est représentée par d'assez nombreux cristaux prismatiques, identiques à ceux des schistes ordinaires.

On trouve enfin dans ces roches des minéraux fusiformes longs de 1 à 2^{mm}, que je ne connais pas dans les schistes ordinaires, ni dans les schistes métamorphiques des auréoles internes. Ces minéraux visibles à l'œil nu, me paraissent se trouver avec le plus d'abondance, à la limite de cette auréole et de la suivante, car on les voit parfois comme

(1) *Durocher* : Bull. Soc. géol. de France. 2e Sér. T. 3. p. 546.

(2) *H. Rosenbusch* : Die Steiger Schiefer und ihre contactzone an den Granititen v. Barr-Andlau u. Hohwald — Strasbourg 1877. p. 178.

(3) *M. Michel-Lévy* a determiné comme séricite, le mica blanc des schistes glanduleux de St-Leon (Allier), très voisin de ceux-ci. (Bull. Soc. géol. de France, 3e Sér. T. IX. 1881. p. 185.

à Cabinas, dans des schistes avec quelques grands cristaux isolés de chiastolithe. Les schistes qui contiennent ce minéral, paraissent à l'œil, pailletés de petites lamelles extrêmement minces, brillantes, noir-verdâtre, plus ou moins circulaires, et présentant tous les caractères macroscopiques des ottrélites d'Ottré et de Serpont dans les Ardennes, auxquelles je les assimilai à première vue. Au microscope, ces lamelles sont opaques, noires, et présentent dans les parties bien conservées un reflet métallique rappelant celui du fer titané : elles se distinguent donc immédiatement de l'ottrélite. La disposition de ces paillettes est très irrégulière dans les schistes, de sorte qu'une même préparation microscopique en contient le plus souvent de couchées à plat, en même temps que d'autres coupées transversalement ou obliquement. Les sections de ce minéral taillées sur champ, sont grossièrement arrondies et à contour irrégulier ; elles sont entourées d'une zône incolore ou jaunâtre de substance micacée, leur partie centrale est opaque, mais fissurée irrégulièrement, trouée en nombre de points, suivant lesquels s'est opérée une décomposition dont le résultat est un produit blanc-jaunâtre un peu verdâtre, dichroïque, très réfringent, rappelant l'enduit de sphène de certains fers titanés. Les sections transversales de ce minéral sont minces et allongées, sans traces de clivages ; leur forme n'est pas celle d'un parallélogramme allongé, mais est au contraire renflée au centre, atténuée aux extrémités, de manière à ce que la section soit en fuseau. Les sections sont donc fusiformes et les lamelles ont une forme discoïde. Les préparations taillées normalement à la schistosité montrent que ces sections fusiformes sont entourées du mica blanc déjà cité, quand elles sont allongées suivant les feuillets ; et qu'elles sont au contraire entourées d'une couronne de gros grains cristallins de quarz récent quand elles sont obliques aux feuillets du schiste, ce qui est fréquent. Je ne puis identifier ce minéral à aucune espèce définie ; elle n'est cependant pas nouvelle, étant identique aux paillettes des roches de Paliseul (Ardennes) rapportées par Dumont à l'ottrélite, et que M. Renard (1) a décrites et figurées avec soin. Cette comparaison a été confirmée par M. Renard qui a bien voulu revoir ces préparations. On peut encore en rapprocher les paillettes des schistes satinés de la vallée d'Ossau, comparées aussi par M. Zirkel (2) à l'ottrélite.

2° **Auréole des schistes maclifères** : En approchant du granite, on passe sur des schistes noirâtres, qui se distinguent des précédents par l'existence de

(1) *A. Renard. S. J. et de la Vallée-Poussin* : Sur l'ottrélite, Ann. Soc. géol. de Belgique, T. VI. p. 62.
(2) *F. Zirkel* ; Zeits. d. deuts. geol. ges. Bd. XIX. p. 166.

grandes parties cristallines segrégées porphyriquement; on y reconnaît souvent à l'œil nu des lamelles de mica noir, et des cristaux de chiastolithe à contours nets, ou en grains irréguliers. Ces schistes ont été désignés anciennement dans les Pyrénées par Ramond sous le nom de *schistes glanduleux*, ils sont connus en France comme *schistes maclifères* (*macline* de Cordier), et en Allemagne comme *Knotenschiefer* (quand ils contiennent des concrétions arrondies), et comme *Fruchtschiefer*, *Chiastolithschiefer*, (quand ils contiennent de grands prismes de chiastolithe). Cette auréole correspond aux zônes des *schistes maclifères* (Luzy, les Plats) et des *schistes micacés* (St-Léon) de M. Michel-Lévy; notre première auréole se rapportant à sa zône des *schistes tachetés ou glanduleux*.

Ces *schistes maclifères* forment l'auréole la plus large autour du massif de Boal, elle affleure sur une largeur de plusieurs kilomètres et sur une grande longueur du revers oriental de la Sierra de Peñouta; elle est bien représentée également en Galice, le long du massif de Lugo, à l'est de Castroverde.

Au microscope, ils présentent des particularités intéressantes: j'ai étudié des échantillons recueillis à Santa-Eulalia, au nord de Boal, et qui m'ont paru former le passage entre ces *schistes maclifères* et les schistes moins métamorphisés: on y voyait à l'œil nu de nombreuses petites lamelles de mica brunâtre, et des taches mates obscures rougeâtres, longues de plusieurs millimètres. On y reconnaît au microscope un grand nombre de petits grains de quarz qui forment comme dans les exemples précédemment décrits presque toute la masse du schiste; leur forme est la même, mais leurs contours de forme elliptique sont beaucoup mieux délimités, ce qui est dû à l'absence du silicate hydraté (chlorite, mica blanc) qui les empâte dans les schistes ordinaires, et les noie complètement sous les nicols croisés. Il est remplacé par du mica biotite en grandes lamelles brunes, très dichroïques, à clivage facile, mais pas toujours parallèle à la schistosité, et coupées très diversement dans les sections. Ces lamelles sont pures, limpides, à contours irréguliers, et ne contiennent guère en assez grand nombre, que de petits fragments arrondis de quarz. Cette substitution du mica noir aux chlorites, indiquée par M. Rosenbusch (1) dans les Vosges, s'opère de la même façon en Espagne.

On voit en outre des cristaux très nets de tourmaline en petits prismes couchés pour la plupart suivant les feuillets du schiste; ils s'éteignent régulièrement en long. Ils sont terminés par un pointement rhomboèdrique à une extrémité, par le pinakoïde de

(1) *H. Rosenbusch*: Die Steiger Schiefer, Strasbourg 1877. p. 190.

base à l'autre, et assez souvent brisés en plusieurs tronçons suivant la base du prisme ; on peut encore remarquer que peu de ces prismes conservent la même épaisseur d'une extrémité à l'autre. Ils ne sont pas rares, et on en trouve toujours plusieurs à la fois dans le champ du microscope. Il y a des plages cristallines plus grandes que les cristaux précédents, et peu visibles cependant au premier abord dans la lumière naturelle ; ce sont des plages à contour absolument irrégulier, qu'on ne remarque guère que sous les nicols croisés puisqu'elles s'y éteignent tout d'un coup, l'extinction se fait parallèlement à un clivage continu peu net. Ces plages cristallines englobent de nombreux grains du quarz déjà décrit, ainsi que les autres éléments de la roche, fragments de mica, tourmaline, grains de graphite et de fer magnétique. Elles deviennent à peine visibles quand on dépolarise, et il est alors impossible de distinguer leur contour qui se perd insensiblement ; des traînées allongées de granules charbonneux, rappellent seules les clivages observés dans la lumière polarisée. La comparaison de ces plages cristallines avec les cristaux parfaits d'andalousite, que l'on trouve dans les schistes un peu plus métamorphisés, me fait considérer ces noyaux comme formés par cette substance, conclusion qui est d'accord avec les faits observés par M. Fuchs (1) dans les Knotenschiefer des Pyrénées françaises.

Au sud de Santa-Eulalia, plus près du granite, et à Armal, il y a des schistes noirs analogues aux précédents, mais où on reconnait aisément à l'œil de gros cristaux de chiastolithe, longs de plusieurs centimètres. La pâte des schistes d'Armal ne diffère guère au microscope de celle des schistes de Santa-Eulalia que je viens de décrire : les éléments dominants sont de petits grains de quarz, juxtaposés ou cimentés entre eux par un minéral lamelleux présentant les caractères des micas blancs, de nombreux grains noirs charbonneux diversement groupés, et des piles bien reconnaissables de mica noir-brunâtre dichroïque.

Les grands cristaux de chiastolithe dont ces schistes sont remplis en forment un des traits les plus intéressants, ils ont la forme de prismes rhomboïdaux presque carrés, généralement gros de 0,01 et longs de 0,03 à 0,04, parfois simples, mais le plus souvent un peu modifiés par les facettes e^1. Ils sont couleur de chair, brun-rougeâtre, ou brun-verdâtre clair, et se distinguent ainsi du schiste qui les entoure par leur couleur comme par leur dureté qui est beaucoup plus considérable. Ils se décomposent moins rapidement que le schiste, et font saillie à sa surface dans les affleurements ; ils appa-

(1) *C. W. C. Fuchs* : Neues Jahrbuch f. miner. 1870, p. 858.

raissent alors comme des glandules noirs schisteux (*knotenschiefer*), car la substance du schiste leur est intimement adhérente, et il est rare de les trouver isolés. Leur surface est tapissée par un enduit micacé, formé de petites écailles nacrées, blanc-verdâtre, rappelant la damourite.

Les coupes suivant la base de ces cristaux de chiastolithe offrent habituellement un fond de couleur claire, plus ou moins vitreux, de forme rhomboïdale, avec un petit rhombe noir placé en son centre, et quatre lignes de la même couleur, dirigées suivant les diagonales, de manière à partager le tout en quatre segments triangulaires : on a ainsi la *macle tétragramme* de Haüy. Souvent à cet assortiment, s'ajoutent quatre autres petits rhombes noirs, situés vers les angles : c'est alors la *macle pentarhombique*. Il n'est pas rare de rencontrer des prismes presque entièrement noirs (*macle monochrome*, de Charpentier) [1], et qui ont quelquefois une enveloppe mince de couleur blanche (*macle circonscrite*). Les coupes des cristaux de chiastolithe, normales à celles que nous venons de décrire, et dirigées par conséquent suivant la longueur, montrent que la matière colorante ne constitue pas des solides prismatiques, mais bien de forme pyramidale, à l'intérieur des cristaux, comme Durocher l'a signalé le premier.

Les grands cristaux de chiastolithe d'Armal (Pl. III) sont souvent épigénisés par un minéral micacé, fibreux; la transformation se fait graduellement de dehors en dedans, car un certain nombre de cristaux restés clairs et vitreux au centre, sont formés à leur périphérie par une substance jaunâtre, micacée, fibreuse, disposée radiairement. Au microscope les grands cristaux de chiastolithe ne se montrent jamais intacts, ils sont assez souvent transformés entièrement en une matière fibreuse, palmée, à fibres perpendiculaires aux clivages *mm*, et présentant les caractères des micas blancs potassiques; les cristaux qui ont échappé à ces actions secondaires, et ce sont souvent les plus petits, sont transparents, grisâtres, s'éteignent suivant leurs clivages, parallèles à l'allongement, leurs couleurs de polarisation peu vives passent du rouge-brun au verdâtre.

En cristallisant, les chiastolithes ont englobé de nombreuses substances étrangères, (Pl. XX) dont la distribution macroscopique régulière les avait fait regarder comme le résultat d'un groupement régulier de quatre cristaux simples, associés en macle; mais on reconnait bien vite au microscope que ces losanges noirs n'ont pas d'individualité propre, ils ne sont réellement que des agglomérations incluses dans un même cristal des divers minéraux constitutifs du schiste. Le ciment d'andalousite qui les réunit est homogène,

(1) *Charpentier* : Essai sur la const. géol. des Pyrénées. p. 196.

et s'éteint d'un seul coup sous les nicols croisés: ces cristaux comme l'a prouvé M. Zirkel [1], ne sont pas des macles, mais des cristaux simples. Il y a donc lieu d'abandonner l'expression de macle de Haüy; il n'y a pas non plus d'avantage à conserver celle de chiastolithe pour désigner les cristaux d'andalousite où une matière noire étrangère est interposée d'une manière régulière et symétrique: on trouve en effet tous les passages entre les cristaux transparents d'andalousite, les chiastolithes à rhombes noirs, et les andalousites noires comme celles du pic du midi de Bigorre [2], qui ne se distinguent entre eux que par l'abondance et la disposition de leurs inclusions.

Ces inclusions sont pour la majeure partie des grains de matière charbonneuse, car le feu les fait disparaître; mais ils ne sont pas seuls dans les andalousites des Asturies, j'y ai reconnu en outre des grains de fer magnétique, et des prismes de tourmaline. Dans les schistes à andalousite d'Armal, c'est surtout autour des cristaux d'andalousite que les grains charbonneux se sont accumulés, et ils leur forment comme une couronne sombre; dans les sections suivant *p*, ces couronnes semblent pousser des prolongements à angle droit, à travers la substance du cristal, ces prolongements se réunissent en son centre, et sont de couleur moins foncée que la couronne noire; ils contiennent avec la matière charbonneuse, des grains de fer magnétique et des cristaux de tourmaline. Ils ne sont pas séparés d'une matière brusque et tranchée des parties claires de l'andalousite, comme cela a lieu pour la couronne noire de ces cristaux, mais se perdent graduellement dans la masse cristalline claire par la diminution progressive du nombre des inclusions.

La tourmaline des andalousites d'Armal et de Santa-Eulalia mérite une mention spéciale, pour son accumulation par centaines dans un seul cristal d'andalousite (Pl. III); elle y est en prismes allongés, à reflet bleuâtre nacré à la lumière naturelle. Les sections normales à l'axe montrent que ces cristaux ont une structure zonaire, formée de parties diversement colorées, la partie centrale jaune-rougeâtre est entourée d'un étui bleu-verdâtre; elles rappellent ainsi certains cristaux macroscopiques du Massachusetts. Ces sections montrent un contour à neuf faces. Les sections allongées suivant l'axe principal, sont très dichroïques, s'éteignant rigoureusement en long; elles sont terminées d'un côté par un pointement rhomboèdrique, de l'autre par un plan normal à l'axe, il y a souvent des

(1) *Zirkel*: Zeits. d. deuts. geol. ges. Bd. XIX, 1867, p. 185.
(2) *C. W. C. Fuchs*: Neues Jahrb. f. miner. 1870. p. 853.

clivages parallèles à ce dernier plan, qui divisent les prismes en tronçons régulièrement limités. Ces cristaux sont souvent décroissants à leurs extrémités; ils contiennent des inclusions liquides avec bulle, dont la forme souvent irrégulière présente parfois nettement celle de cristaux négatifs.

La disposition des aiguilles de tourmaline dans les cristaux d'andalousite est confuse, je n'ai pu voir de relations entre leur disposition et la schistosité des schistes voisins, comme celles que M. C. W. Cross (1) a indiquées pour les inclusions des chiastolithes de Bretagne. Mes sections microscopiques m'ont montré à la fois dans un même cristal d'andalousite, des tourmalines coupées dans toutes les directions. L'existence et la concentration de ces cristaux de tourmaline dans les andalousites, prouve évidemment que leur formation est antérieure à celle de ces minéraux.

Je ne connais pas d'explication plausible de la disposition symétrique des matières accidentelles que les cristaux de chiastolithe ont entrainé et retenu dans leur masse en cristallisant : ces particules incluses ne sont disposées qu'exceptionnellement suivant les plans de clivage; elles n'ont pas non plus la disposition concentrique zonaire qu'on peut expliquer par des arrêts de développement ou des variations de milieu pendant la formation des cristaux. J'ai tâché de me rendre compte de leur disposition en menant une série de coupes parallèles et perpendiculaires à l'axe principal, à travers un certain nombre de cristaux de chiastolithe : on voit ainsi que les inclusions sont disposées généralement suivant les sections principales macrodiagonale et brachydiagonale, et qu'il y a accumulation de ces inclusions aux intersections de ces plans entre eux et avec les arêtes du prisme. Il est facile de concevoir comment cette répartition des inclusions présente sur les coupes suivant la base du prisme, les dispositions en *macle pentarhombique*, en *macle tétragramme*, ou en *macle centrale*.

Ces diverses figures ne sont pas distribuées irrégulièrement dans la masse du prisme de chiastolithe; c'est aux extrémités du prisme que les substances étrangères sont surtout abondantes (*macle monochrome, circonscrite, pentarhombique*), elles diminuent vers le centre où on passe aux *macles tétragrammes*, pour arriver enfin aux *macles centrales*, où il n'y a plus qu'une simple croix noirâtre.

On peut se représenter le système ainsi produit par les inclusions à l'intérieur de ces prismes de chiastolithe, comme limité par douze lames partant respectivement des douze arêtes solides du prisme et aboutissant toutes à un petit prisme rhombique placé

(1) *C. W. Cross* : Tschermak's m. Mittheilungen, 1880 p. 383.

au milieu de l'ensemble. Ce petit prisme rhombique est solide et rempli d'inclusions, comme aussi les deux pyramides rhombiques opposées par le sommet, qui sont limitées par les lames partant des arêtes de base du prisme extérieur.

On ne peut rapporter la symétrie de cette charpente intérieure qu'à des mouvements moléculaires qui se seraient produits dans l'intérieur des cristaux de chiastolithe lors de leur formation. Il est curieux de remarquer que la disposition des particules solides incluses dans ces cristaux, rappelle celle des lames formées par les liquides visqueux à l'état d'équilibre à l'intérieur des charpentes polyédriques solides.

M. J. Plateau [1] a montré que si on plonge la charpente en fil de fer d'un cube, dans son liquide glycérique ou dans l'huile, et qu'on l'en retire ensuite doucement, on le trouve occupé par un système de lames liquides. Ce système qu'on s'attendrait à voir constitué irrégulièrement suivant le hasard des mouvements qu'on a imprimés à la charpente en la sortant du liquide, présente au contraire, toujours une disposition parfaitement régulière et symétrique. Il est formé ici de douze lames partant respectivement des douze arêtes solides et aboutissant toutes à une lamelle unique quadrangulaire placée au milieu de l'ensemble. La disposition des lames liquides dans une charpente de prisme rectangulaire (*l. c. p.* 343), est extrêmement voisine de celle des inclusions dans les cristaux de chiastolithe. N'y a-t-il rien de plus ici qu'une simple analogie de forme?

3° **Auréole des Leptynolithes**: Les schistes à andalousite se chargent de plus en plus de mica à mesure qu'on se rapproche du massif granitique; ils sont généralement assez décomposés, et prennent des teintes rouge-brunâtre. Au sud d'Armal, ces schistes sont grossiers, grisâtres; au contact du granite à Boal, on reconnait encore dans le schiste de petites macles, mais ce schiste est surtout micacé, c'est un micaschiste, brunâtre par décomposition. Au microscope, on y reconnait comme minéral dominant de nombreuses paillettes et palmes de mica blanc, formé en grande partie aux dépens de l'andalousite décomposée; on y trouve en outre des lamelles brunâtres, dichroïques, coupées dans toutes les directions, qui ont tous les caractères du mica noir, il y a enfin beaucoup de grains irréguliers de quarz. Je n'y ai pas reconnu avec certitude de feldspath, et dois admettre avec M. Rosenbusch [2] que ce minéral fait généralement défaut au nord de l'Espagne comme dans les Vosges, dans les auréoles métamorphiques

(1) *J. Plateau*: Statique expérimentale et théorique des liquides soumis aux seules forces moléculaires, Gand 1873. p. 318-392.

(2) *H. Rosenbusch*: Die Steiger Schiefer, Strasbourg 1877. p. 224.

schisteuses du granite.

Cette roche micacée se rapporte aux *leptynolithes* de Cordier, *cornubianites* de M. Michel-Lévy [1]; je n'ai pas trouvé dans les Asturies de *cornéenne* (*killas, hornfels*) au contact des granites. Cette roche à grains fins, à cassure esquilleuse, parfois grossièrement conchoïde, dure, tenace, gris-bleu, micro-cristalline, dont les caractères microscopiques ont été si bien représentés par MM. Fouqué et Michel-Lévy [2] parait manquer dans les monts cantabriques, aussi bien que dans les Pyrénées, où elle ferait défaut d'après MM. Zirkel [3] et Fuchs; il en serait de même dans l'Erzgebirge d'après MM. Naumann et Rosenbusch [4]. On sait que la cornéenne est au contraire très répandue dans les différents massifs anciens de la France, Morvan, Bretagne, Vosges; je puis même signaler en passant ce fait que j'ai observé dans les andalousites de certaines cornéennes de Bretagne (St-Herbot). Ces petits cristaux intacts et bien conservés ont parfois subi une action secondaire toute spéciale; ils sont remplis de petits grains arrondis de quarz, qui se distinguent nettement des grains de quarz des schistes, par leurs contours courbes, et leur orientation généralement la même dans chaque cristal de chiastolithe; ils sont identiques aux quarz de corrosion décrits par MM. Fouqué et Michel-Lévy dans les feldspaths, et par M. Pohlig [5] dans les andalousites de Saxe et du Siebengebirge.

Dans la Galice, et notamment au nord du massif de Lugo, l'action du granite sur les schistes est moins remarquable, ou plutôt moins classique que dans les Asturies. Les schistes à andalousite sont moins bien développés, l'auréole des schistes micacés a au contraire un plus grand développement, et parait même remplacer en partie la précédente; ainsi à Celleiro, à Villanueva de Lorenzana, aux environs de Mondoñedo, à Sasdonigas, on observe des schistes vert-clair à éclat argentin où l'examen microscopique décèle de très nombreuses piles de mica noir et des grains noirs brillants à contours irréguliers de graphite.

Au microscope, un schiste de cette espèce, recueilli au sud de Mondoñedo m'a paru formé principalement de grains irréguliers de quarz agglutinés dans un minéral

(1) *Michel-Lévy*: Bull. Soc. Géol. de France, 3e Sér. T. IX. p. 193.

(2) *Fouqué et Michel-Lévy*: Miner. microgr. pl. 3. f. 1.

(3) *F. Zirkel*: Zeits. d. deuts geol. Ges. Bd. XIX. 1867. p. 191.

(4) *Rosenbusch*: Die Stieger Schiefer, Strasbourg 1877 p. 200.

(5) *Hans Pohlig*: Der archaeische District von Strehla bei Riesa i. S., Zeits. d. deuts. geol. Ges. Bd. XXIX. 1877. p. 560.

id. : Die Schiefer fragmente im Siebengebirger Trachyt, Tschermak's m. u. p. Mittheil. Bd. III. 1880. p. 345.

lamelleux que je rapporte à un mica blanc. Toutes les lamelles en sont orientées parallèlement, et suivant les feuillets du schiste, aussi se comportent-elles comme des corps isotropes sous les nicols croisés dans les préparations faites suivant leurs bases. On y voit en outre quelques sections arrondies de graphite, à bords chagrinés, sub-anguleux ; il y a de grandes et belles lamelles empilées de mica brun-noirâtre, orientées dans toutes les directions possibles. Elles sont remplies et injectées suivant leur clivage de grains de quarz de formation récente, parfois même disposé en filonnets secondaires. J'y ai reconnu en outre de la tourmaline assez abondante, en petits cristaux prismatiques, généralement terminés aux deux extrémités ; ainsi que d'assez nombreux microlithes de rutile généralement isolés, et parfois en macles géniculées de 114° ; j'y ai enfin reconnu quelques macles rares de feldspath triclinique.

L'existence de ces cristaux de feldspath est remarquable, elle rappelle les curieux schistes feldspathiques de Schellenberg décrits par M. Sauer (1); elle est toutefois très exceptionnelle dans les régions de l'Espagne que j'ai étudiées. Je n'ai trouvé de cristaux de feldspath dans le schiste, qu'à Mondoñedo, à la Punta-Corbeira (cambrien), et à El Horno (silurien): l'éloignement de ces deux dernières localités de tout pointement granitique m'empêche de considérer ces cristaux de feldspath comme développés dans ces schistes par l'injection directe d'une roche éruptive, comme M. Michel-Lévy (2) en a découvert de si curieux exemples au Châtelier dans les schistes micacés de Saint-Léon.

Peut-être pourra-t-on rapporter les différences minéralogiques indiquées entre les schistes métamorphiques des environs de Mondoñedo et ceux des environs de Boal, à leur différence de composition originaire ? Car les schistes des environs de Mondoñedo appartiennent à des couches plus élevées dans la série stratigraphique que celles que j'ai décrites aux environs de Boal, ils se trouvent au sommet de la formation cambrienne, où il y a des couches calcaires subordonnées.

Irrégularités des auréoles métamorphiques : Les descriptions qui précèdent montrent bien que dans les Pyrénées espagnoles, le granite a eu une action métamorphique sur les schistes au milieu desquels il a apparu. Le premier effet métamorphique produit, le plus simple, consiste dans un simple changement de structure, il s'observe à une assez grande distance du granite ; il ne s'est alors formée aucune

(1) *Dr A. Sauer* : Neues Jahrb. f. miner. 1881. T. I. p. 238.

(2) *Michel-Lévy* : Sur les schistes micacés de St-Léon. Bull. Soc. géol. de France, 3e Sér. T. IX. 1881. p. 188.

combinaison nouvelle dans les éléments de la roche, les particules n'ont fait que s'agréger d'une manière différente. Plus près du granite, l'effet métamorphique est différent et plus intense; des minéraux dont la substance se trouvait disséminée à l'état pulvérulent à l'intérieur de la roche, ont cristallisé par suite de changements moléculaires, les particules de nature semblable s'attirant et se groupant entre elles. Je n'ai rencontré dans les schistes métamorphiques de cette région, aucun minéral *récent* dont on doive expliquer l'origine par des émanations souterraines, sources ou fumerolles (1); tous les minéraux récents constituants sont essentiellement des silicates d'alumine, seuls, ou combinés avec des silicates de base terreuse ou alcaline, qui se trouvent déjà dans ces schistes non métamorphisés. Ces minéraux métamorphiques considérés dans leur ensemble et sous le rapport de leur composition, affectent comme l'avait déjà reconnu M. Durocher (2), un caractère général d'analogie qui est en connexion avec leur gisement.

L'apport du bore, du fluor, etc., a dû se faire antérieurement par émanation, et d'une manière peut-être indépendante, car la tourmaline, le rutile, etc. se trouvent à la fois dans les Asturies, dans les schistes argileux et dans les schistes maclifères, sans qu'il paraisse y avoir de relation entre leur abondance et la proximité des massifs granitiques. Leur absence dans les grès intercalés est digne de remarque.

Le métamorphisme des schistes argileux, en schistes à andalousites et en leptynolithes, se produit donc ici sans modification de composition chimique; les schistes à andalousite naissent des schistes argileux par simple changement moléculaire. Sauvage (3) avait montré que la composition des schistes est celle d'un mélange de quarz et de mica, or nous voyons que dans le passage du schiste argileux, au schiste à andalousite et au leptynolithe, le quarz et le mica tendent de plus en plus à s'individualiser, pendant que l'excès d'alumine, se concentre sous forme de silicates d'alumine (andalousite) en cristaux distincts, qui englobent en se formant des minéraux anciens de la roche (graphite, tourmaline, rutile). Les causes de ces modifications moléculaires ont été en grande partie élucidées par les études fondamentales de MM. Durocher, Fuchs, Rosenbusch, Michel-Lévy; les analyses chimiques de M. C. Fuchs (4), de M. Rosenbusch (5),

(1) *H. Rosenbusch*: Die Steiger Schiefer, Strasbourg 1877. p. 257.

(2) *Durocher*: Bull. Soc. géol. de France, 2e Sér. T. 3. p. 590.

(3) *Sauvage*: Recherches sur la composition des roches du terrain de transition, Annal. des mines, 1845.

(4) *C. W. C. Fuchs*: Neues jahrbuch f. miner. 1870. p. 871.

(5) *H. Rosenbusch*: Die Steiger Schiefer, Strasbourg 1877. p. 264.

ont montré que les schistes métamorphiques des Pyrénées et des Vosges avaient perdu une partie de leur eau de composition, ainsi qu'une portion des substances charbonneuses, mais qu'ils étaient au contraire plus riches en silice ; il en est sans doute de même des schistes métamorphiques d'Espagne.

Une relation importante par sa généralité, entre les schistes métamorphiques de ces différentes régions, c'est la manière irrégulière et capricieuse dont s'est propagée partout l'action modifiante. Cette irrégularité ne se traduit pas seulement par des variations d'épaisseur de la zône métamorphisée, mais encore dans l'ordre de succession de ses diverses auréoles. Durocher (1) a déjà fait remarquer qu'en Bretagne, ce ne sont pas toujours les schistes les plus rapprochés du granite qui renferment les macles les mieux cristallisées et les plus pures; M. Zirkel (2) a également insisté sur le fait que dans l'auréole des knotenschiefer des granites pyrénéens, les cristaux d'andalousite sont limités à certains bancs. Il y a des bancs alternants épais de quelques pouces, avec et sans macles, et qui sont parallèles entre eux. Dans la Galice, le même fait s'observe, ainsi que dans les Asturies sur tout le revers oriental de la Sierra de Peñouta ; de Cabiñas à Armal par exemple, on voit souvent alterner des schistes gaufrés, avec des bancs à grands cristaux d'andalousite, ainsi qu'avec d'autres à petits cristaux, et d'autres très micacés. Ce n'est donc que d'une façon très générale qu'on doit admettre la succession d'auréoles que nous avons décrite ; les caractères indiqués sont dominants, mais non pas exclusifs. Ainsi il arrive souvent dans l'auréole moyenne, qu'un lit de schiste micacé avec cristaux d'andalousite, soit intercalé au milieu de schistes gaufrés moins métamorphisés; cette couche cristalline peut parfois se suivre assez longtemps. Ce fait acquiert de l'importance quand on prend en considération certains phénomènes difficiles à expliquer, et que l'on peut observer à Grandas de Salime dans les Asturies par exemple, ou plus en grand dans les Ardennes, le Harz, etc. Nous faisons ici allusion aux couches très cristallines, que l'on trouve régulièrement interstratifiées dans ces régions au milieu de couches moins cristallines, sans qu'il existe au contact de masse éruptive à laquelle on puisse rapporter l'action métamorphique; telles sont par exemple, certains porphyroïdes, les coticules, les phyllades ardoisiérs, micacés, ou ottrélitifères, etc., que l'on trouve interstratifiés dans ces régions au milieu des schistes argileux.

On a tenté d'expliquer ces faits de diverses manières : tandis que MM. de La

(1) *Durocher* : Bull. Soc. géol. de France, 2e Sér. T. 3. p. 606.

(2) F. *Zirkel* : Zeits. d. deuts. geol. Ges, Bd. XIX., 1867. p. 176-183.

Vallée-Poussin et Renard [1] pensent que les porphyroïdes ont cristallisé sur place, au fond de la mer, peu après la sédimentation, et lorsque les matériaux étaient encore plastiques; M. K. Lossen [2] au contraire, frappé de leur identité lithologique avec certaines roches métamorphiques de contact, les considère plutôt aussi comme des roches métamorphisées. L'existence de bancs plus cristallins, à divers niveaux des auréoles métamorphiques qui entourent le granite éruptif des Asturies, fournit certes un argument à la thèse de M. Lossen. Là, le métamorphisme s'est produit avec force sur certaines couches, à l'exclusion des couches voisines, moins modifiées.

Il s'est cependant produit aussi dans la région des Asturies, certaines modifications qu'il est bien difficile d'expliquer par une action de contact; telles sont celles déjà citées des environs de Salime, et qui avaient déjà attiré l'attention de M. G. Schulz [3]. De Grandas-de-Salime à Salime, les flancs de la profonde gorge où le Rio Navia a frayé son cours, sont formés par un schiste noir, foncé, où on remarque des paillettes brillantes, nacrées, de 2 à 3^{mm}, ressemblant à l'ottrélite. Au microscope, on reconnaît que ces lamelles opaques, noires, à reflet métallique gris d'acier, sont identiques par leur forme discoïde, leurs caractères optiques, et leurs couronnes de mica blanc ou de quarz récent, au minéral problématique que j'ai signalé et décrit à Cabiñas et dans la Sierra de Ronda dans l'auréole métamorphique externe du granite éruptif. Ces schistes pailletés des bords du Rio Navia ressemblent du reste par leurs autres caractères à ceux de Grandas-de-Salime, où les grains de quarz, petits, oviformes, assez clairsemés, sont noyés dans une masse de mica blanc dont les paillettes sont disposées parallèlement; on s'en convainc facilement dans les sections transversales au schiste, où ces lamelles, qui polarisent avec des couleurs vives, s'éteignent en long. Les granules charbonneux sont petits, et concentrés en plages irrégulières; la tourmaline en petits prismes transparents y est disposée irrégulièrement et coupée dans diverses directions.

On n'a pas encore signalé, et je n'ai pu trouver non plus, de Salime à Grandas-de-Salime, de roche éruptive, à laquelle on puisse rapporter la formation des minéraux discoïdes indéterminés, dont l'origine est évidemment métamorphique à Cabiñas et dans la Sierra de Ronda.

(1) *De La Vallée-Poussin et Renard* S. J.: Sur les roches crist. des Ardennes françaises, Mém. Acad. Roy. de Belgique, T. XL. 1876. p. 207-209.

(2) *K. Lossen*: Metamorphische Studien ans der palaeozoischen Schichtenfolge des Ostharzes, Zeits. d. deuts. geol. Ges. Bd. XXI. 1869. p. 321.

K. Lossen: Der Bode gang im Harz. Zeits. d. deuts. Geol. Ges. Bd. XXVI. 1874. p. 905.

(3) *G. Schulz*: Descripc. geol. de Asturias, p. 11.

B. Métamorphisme des calcaires: La cause qui a changé les schistes argileux des Asturies et de la Galice en schistes micacés à andalousite et en leptynolithes, a aussi généralement rendu cristallins les calcaires qui les accompagnent, tantôt grenus ou saccharoïdes, tantôt lamelleux et quelquefois à très grandes lames. L'action qui a produit la modification feuilletée-phylliteuse des schistes, a déterminé chez les calcaires une structure cristalline; les calcaires argileux ou sublamellaires qui forment un niveau régulier vers la partie supérieure du cambrien, deviennent ainsi saccharoïdes, semblables à des marbres blancs statuaires, au voisinage du granite. Ils deviennent souvent dolomitiques comme Durocher (1) l'avait déjà indiqué; cette dolomitisation par contact n'est pas nécessairement liée toutefois à l'action du granite, on trouve dans les Pyrénées des calcaires transformés en dolomie au contact des diabases les plus basiques, aussi bien que près du granite: la dolomitisation s'est en outre produite dans cette région loin de toute roche éruptive (dolomies carbonifères). Les calcaires cambriens métamorphisés par le granite, contiennent encore en Galice avec la dolomite, des cristaux de divers silicates, tels que le dipyre, des micas, etc. J'en ai donné une description détaillée dans la partie de cet ouvrage consacrée à l'étude des calcaires des monts cantabriques (Voyez p. 52).

C. Sources au contact du granite: La plupart des auteurs qui se sont occupés des granites des Pyrénées, et principalement Durocher (2) ont rattaché à leur étude certains phénomènes qui paraissent se rapporter aux mêmes causes que les faits du métamorphisme. On sait que sur les deux versants des Pyrénées, il y a de nombreux gisements d'eaux thermales sulfureuses, or tous ces gisements sont placés, soit dans le granite, soit dans les roches de transition, et presque toujours le point d'émergence des sources est situé près de la séparation du granite et des roches paléozoïques (3) (gites de contact de Durocher). Il en est de même dans les Asturies, où se trouvent des sources de ce genre dans le massif de Boal, à Prelo. Ces sources ne sont pas limitées toutefois au granite, on en trouve également au voisinage des roches que nous décrirons plus loin sous le nom de kersantites récentes; on en voit un bel exemple à Salave, dans les falaises à l'est de la baie de Figueiras; M. G. Schulz (4) en cite un

(1) *Durocher*: Essai sur la classification du terrain de transition des Pyrénées: Ann. des Mines. T. VI. 1844.

(2) *Durocher*: Bull. Soc. géol. de France, 2e sér. T. X. 1853. p. 424.

(3) *Durocher*: Essai sur le terrain de transition des Pyrénées, Ann. des mines, T. VI. p. 104.

(4) G *Schulz*: Descrip. geol. de Asturias. p. 126.

autre exemple à Nava, au sud des affleurements crétacés. Il est évident que la distribution de tous les affleurements d'eaux sulfureuses suivant une même position géologique ne peut être que le résultat de causes naturelles; il est encore difficile de les définir d'une manière précise, malgré les intéressantes recherches de Durocher (1) et de Delesse (2).

§ 2

PORPHYRES QUARZIFÈRES

(Pl. II et III).

Sous la dénomination de *porphyres quarzifères*, je comprendrai ici avec la plupart des pétrographes, les roches bien caractérisées macroscopiquement, par l'association de minéraux cristallisés de plus ou moins grandes dimensions (orthose et quarz), et d'une masse fondamentale homogène, ou au moins irrésoluble à l'œil nu; dans laquelle ces gros cristaux sont enchassés.

Les porphyres quarzifères qui présentent un si grand développement dans la Sierra Morena et le sud de l'Espagne, où M. Mac Pherson (3) a décrit leurs nombreuses variétés, sont bien réduits dans les monts cantabriques, ils n'y forment que quelques filons minces. Nous pouvons abréger d'autant plus leur description, que les figures que nous en donnons (pl. 2 et 3), montrent clairement à l'œil les caractères intimes de leur structure, et que nous pouvons les rapporter à des types porphyriques que M. Michel-Lévy a fait connaître dans tous leurs détails. Il est intéressant de trouver des types porphyriques très différents, dans le nombre si restreint des roches de cette série qui traversent les couches sédimentaires des Asturies. Nous parcourrons successivement leurs divers gisements, en signalant les caractères spéciaux de ces roches.

A. PORPHYRES A TEXTURE GRANITOIDE.

1. **Porphyre à globules à extinctions de Corias**: Le petit bassin houiller allongé, qui s'étend de Tineo à Cangas-de-Tineo, déjà cité à l'occasion de

(1) *Durocher*: Bull. Soc. géol. de France, 2e Série. T. X. 1853 p. 424.
(2) *Delesse*: Bull. Soc. géol. de France, 2e Série. T. X. 1853. p. 429.
(3) *J. Mac Pherson*: De las Relaciones entre las rocas graniticas y porfiricas, Anal. de la Soc. Esp de Hist. nat. T. IX. 1880. p. 186. pl. IV.-V.

l'aplite, paraît avoir été la ligne suivant laquelle les éruptions porphyriques ont eu leur plus grande activité. J'ai reconnu dans ce bassin et surtout dans les schistes cambriens qui l'entourent, un assez grand nombre de filons, assez minces, ne dépassant guère 1m d'épaisseur; ils sont la plupart du temps décomposés et forment des roches terreuses blanc-jaunâtre ou rosé, où on reconnait parfois encore des cristaux d'orthose, ou des lamelles de mica verdâtre. M. G. Schulz (1) avait déjà indiqué de nombreux pointements éruptifs dans ce district.

Ces roches cristallines paraissent moins décomposées dans les schistes cambriens qui limitent le bassin de Tineo qu'à l'intérieur de ce bassin même, où elles n'ont pu me fournir de préparation: elles paraissent faire partie d'une même série et sont dirigées de même N. 25° E. parallèlement à la longueur du bassin houiller. Au nord du couvent des Dominicains de Corias, en suivant la route qui longe le Rio Narcea, on rencontre dans ces schistes cambriens plusieurs petits filons porphyriques.

Le premier filon, peu distant du couvent, est peu épais, et dirigé comme les schistes N. 20° E.; il faut prêter une certaine attention à la coupe pour distinguer cette roche porphyrique compacte des bancs de quarzites intercalés aux schistes: elle présente une teinte gris-jaunâtre, terne, et les gros cristaux segrégés porphyriquement de quarz et de feldspath n'y dépassent pas 2mm. — Au microscope, cette roche représentée (pl. 3) montre d'abord comme à l'œil nu, deux parties constituantes essentiellement distinctes: les cristaux et la pâte. Les cristaux se rapportent au quarz, à l'orthose, et à l'oligoclase. Le quarz présente des contours cristallins réguliers, il est rongé sur les bords et pénétré par des pédoncules de la pâte. L'orthose est très attaquée par les actions secondaires; le feldspath plagioclase (oligoclase), est abondant et présente de nombreuses stries polysynthétiques. On voit en outre dans cette roche des restes de mica verdâtre passant à la chlorite, fibreuse ou rayonnée.

La pâte vue au microscope à la lumière naturelle, parait chargée de sphérolites radiés, mais ces sphérules se distinguent nettement des vrais sphérolites sous les nicols croisés en ce qu'ils ne présentent pas le phénomène de la croix noire. La plupart de ces sphérules s'éteignent alors en une fois, dans quatre directions à angle droit pour une rotation de 360° de la plaque mince sur la platine du microscope; quelques-unes s'éteignent en deux ou trois parties différentes, elles ont généralement pour centre un débris irrégulier de quarz ancien, leur contour est arrondi ou polygonal. Elles sont

(1) *G. Schulz*: Descripc. geol. de Asturias. p. 19-20.

enchassées dans une pâte de felsite kryptocristalline, paraissant formée de quarz mal individualisé, et contenant en outre des microlithes noirâtres. Ces sphérules paraissent se rapporter aux pseudosphérolites de M. Rosenbusch (1). Des formations analogues avaient été signalées déjà par MM. Kalkowsky (2), Cohen (3), Lossen (4); M. Michel-Lévy appela l'attention sur le fait dominant que l'extinction des débris centraux de quarz ancien se produit en même temps que celle de la sphérule qui les entoure, et il en déduisit une explication de leur mode de formation. D'après lui, la matière finement houppée et pétro-siliceuse des globules est imprégnée de quarz récent, qui a cristallisé suivant une orientation générale unique, coïncidant avec celle du débris de quarz central; ce dernier a servi de pivot et de point de départ à l'étoilement cristallin (5).

Des porphyres de ce genre ont déjà été signalés dans le sud de l'Espagne par M. Mac Pherson (6), entre El Huerna et El Biar, et à Malos Pasos, dans la province de Séville. Les classifications modernes des porphyres étant essentiellement basées sur la structure de leur pâte, on devra reconnaître dans ce porphyre des Dominicains de Corias, les caractères des granophyres de M. Rosenbusch (7), ceux des porphyres ou micropyromérides avec globules à extinction de M. Michel-Lévy (8).

2. **Micropegmatite de Corias :** Un autre filon porphyrique affleure à Corias au nord du précédent, il lui est parallèle et se trouve dans les mêmes conditions stratigraphiques. Ce porphyre est de couleur jaunâtre, euritique, le quarz y est peu visible, l'orthose en petits cristaux blancs nacrés de 0,002, l'oligoclase en cristaux irréguliers blanc-jaunâtre, striés, et souvent kaolinisés. La pâte jaune, grumeleuse, compacte, est parsemée de paillettes de mica vert terni.

Au microscope, les grands cristaux présentent les mêmes caractères que dans la roche précédente. Le quarz a ses contours extérieurs polygonaux et est pénétré par la pâte en pédoncules irréguliers; l'orthose est en grands cristaux, assez décomposés, et parsemés de paillettes de talc. L'oligoclase est moins abondant que le feldspath

(1) *Rosenbusch* : Mikrosk. physiog. p. 82.
(2) *Kalkowsky* : Die felsitporphyre bei Leipzig. Zeits. d. deuts. geol. ges. Bd. XXVI. 1874. p. 586.
(3) *E. Cohen* : Die zur Dyas gehor. Gest. des Odenwalds, Heidelberg, 1871.
(4) *K. Lossen*; Sphaerolithische Porphyre des Harzes, Zeits. d. deuts. geol. ges. Bd. XIX, 1867. p. 14.
(5) *Michel-Lévy* : Divers modes de structure des roches éruptives. Ann. des mines, 7e Sér. T. VIII, 1875. p. 378.
(6) *J. Mac Pherson* : Estud geol. y petrog. del norte de la prov. de Sevilla. Bol. de la Com. del mapa geol. de Espana vol. V. 1879. p. 47.
(7) *Rosenbusch* : Mikrosk. Physiographie.
(8) *Michel-Lévy* : Microg. mineral. pl. XII. f. 1.

monoclinique: nous l'avons déterminé par les angles d'extinction de ses faces maclées symétriques. Le mica vert passe à la chlorite, il y a en outre de nombreuses petites houppes qui ont tous les caractères optiques assignés habituellement au talc. La roche est assez chargée de pyrite, qui par sa décomposition a donné naissance à la limonite qui colore toute la masse.

La figure (pl. 3.) rend bien compte de l'aspect que prend la pâte sous le microscope. Elle est de celles que M. Michel-Lévy a décrit sous les dénominations de micropegmatites ou de microgranulites. La masse fondamentale paraît entièrement cristallisée sous les nicols croisés: on y distingue dans les plages irrégulières d'une substance feldspathique nettement douée des quatre extinctions à angles droits, d'innombrables petits coins limpides, des palmes, des gouttelettes, à polarisation vive, disposées symétriquement. Ces parties rappellent entièrement les pegmatites graphiques, elles sont formées de quarz pegmatoïde consolidé en même temps que les plages d'orthose qui leur sont associées. C'est autour des cristaux anciens, que cette micropegmatite s'est surtout rassemblée; elle est disposée autour de ces débris en segments grossièrement rayonnés, s'étendant irrégulièrement dans la pâte. Ils ne se touchent pas entre eux, mais sont séparés par une véritable microgranulite, pâte très grenue, formée par des microlithes et des grains cristallins d'orthose, et par de petits granules de quarz très diversement orientés.

On ne peut hésiter dans la détermination de ce porphyre qu'entre les micropegmatites et les microgranulites de M. Michel-Lévy; je crois devoir le rapporter au premier de ces groupes. Il n'y a pas lieu du reste de revenir ici sur les passages déjà signalés entre ces deux catégories; ces passages sont complets, et le voisinage, le parallélisme, comme sans doute le synchronisme de ce filon avec le précédent, de micropyroméride avec globules à extinctions, n'ont rien qui doive nous étonner. Les porphyres de Lucenay L'évêque, de Sillé, de Cusset, du Toureau des Grands Bois, ont permis à M. Michel-Lévy d'établir les passages par gradations insensibles des roches sphérolithiques douées de globules à extinctions, aux micropegmatites à étoilements. Les échantillons provenant d'un même filon pouvant même présenter toutes les variétés intermédiaires (1). En Espagne même, des variations aussi étendues ont déjà été signalées par M. Mac Pherson dans la province de Seville; notre micropegmatite de Coriasparaît voisine des masses qu'il a décrites au N.-O. de Cantillana, et qui passent d'après lui minéralogiquement et stratigraphiquement aux autres variétés

(1) *Michel-Lévy*: Divers modes de structure, Annales des mines, 7e Sér. T. VIII. 1875. p. 381.

de porphyres quarzifères (1).

Je terminerai en faisant remarquer que cette micropegmatite de Corias n'est pas très éloignée minéralogiquement de la microgranulite que j'ai déjà décrite près de là à Santa-Ana, au paragraphe de l'aplite. Des études postérieures les rattacheront peut-être à une même venue.

D'une manière générale, nous pouvons dès à présent considérer comme établi que les roches éruptives de la région de Cangas-de-Tineo appartiennent à la série des porphyres granitoïdes de M. Grüner, à celle des porphyres antracifères de M. Michel-Lévy : nous y reconnaissons ses microgranulites, ses micropegmatites, et ses micropyromérides avec globules à extinctions.

3. **Micropegmatite d'Albuern** : La figure 2 (pl. 2) représente une des plus belles micropegmatites que nous connaissions, soit de visu, soit même d'après descriptions. La roche qui donne ces belles préparations est un porphyre compacte rose, assez semblable à première vue à certains calcaires sublamellaires de cette nuance ; quand on le regarde cependant de plus près, on y distingue vite des grains anguleux de quarz, transparent, ou vert-clair, des paillettes de talc, et quelques lamelles de feldspath monoclinique rose et de plus rares encore de feldspath triclinique verdâtre, mais on remarque surtout des globules de 0,005 à 0,006 de diamètre, à structure radiée, et qui forment presque à eux seuls la roche. Le contour de ces globules est irrégulier, grossièrement sphérique, et ils paraissent se fondre insensiblement sur les bords les uns aux autres ; c'est surtout vers leur partie centrale que la radiation est visible, on y reconnait souvent à l'œil nu le grain cristallin de quarz qui en forme le centre.

Au microscope, on reconnaît immédiatement que les rayonnements qui occupent presque tout le champ de la préparation, sont de magnifiques étoilements de micropegmatite. Le feldspath et l'orthose récents qui forment ici la pâte se sont consolidés en même temps ; leur consolidation a été très prompte, comme le prouve la rareté des grands cristaux qui n'ont pas eu le temps de s'individualiser avant cette prise en masse, elle a été de plus très complète, comme l'atteste la rareté de la partie plus récente de la pâte.

Les cristaux anciens qu'on trouve dans cette roche sont donc peu abondants : le quarz est en débris anguleux comme il arrive souvent chez les porphyres, il sert habituellement de centre à l'étoilement de micropegmatite, mais il n'est pas rare de trouver

(1) *J. Mac Pherson* : Estud. geol. del norte de la prov. de Sevilla, Bol. de la com. del mapa geol. de Espana, T. 5. 1879. p. 58.

un débris de feldspath au centre de ces systèmes. Les cristaux d'orthose ancien ont des contours irréguliers, rongés, et contiennent tous de petites lamelles maclées de microcline. Ce microcline n'est pas le seul feldspath triclinique de la roche, elle contient en outre quelques rares cristaux à macles multiples, que je rapporte avec doute à l'oligoclase, n'ayant pu en trouver dans mes préparations de belles sections symétriques.

Ces cristaux anciens ainsi que les étoilements de micropegmatite, sont cimentés dans une pâte felsitique, microgranulitique, de consolidation plus récente, où domine le quarz en grains irréguliers ; elle est toutefois très peu répandue comme le fait voir la figure (Pl. II). Il faut encore citer dans ce porphyre de nombreuses houppes rayonnantes, à polarisation vive, de talc.

Ce porphyre, qu'il convient donc de rapporter aux micropegmatites, forme un filon mince dirigé vers le nord vrai, à l'ouest d'Albuern, entre les caps de Busto et de Vidio, près la côte asturienne. Il se trouve au point où passeraient les filons de Corias, prolongés en ligne droite. Il coupe les schistes cambriens.

4. **Microgranulite de Gondar** : Un autre filon mince de porphyre assez semblable au précédent par sa couleur rose et la rareté des gros cristaux segrégés porphyriquement, se trouve assez loin de là à Gondar, en Galice, dans le massif granitique de Lugo.

La roche est compacte, granitique, et d'une teinte plate, rose-clair ; on n'y distingue à l'œil que quelques grands cristaux d'orthose, et de rares paillettes de mica noir passant à la chlorite. On n'y reconnaît aucun débris de quarz ancien, et la pâte rose ne laisse voir à l'œil attentif que les lamelles brillantes dues aux clivages de petits cristaux feldspathiques.

Au microscope, on reconnaît de nombreux cristaux d'orthose, ils sont d'assez petite taille, mais se sont sans doute solidifiés en même temps que les plus grands cristaux précédemment signalés. La plupart de ces cristaux présentent les caractères des mélanges d'orthose et de microcline, avec leur apparence quadrillée connue. Il y a en outre, des cristaux de feldspath présentant des assemblages multiples de macles suivant la loi de l'albite, et que leurs extinctions permettent de rapporter à l'oligoclase. De rares lamelles de mica noir sont presque entièrement transformées en chlorite. Le fer oxydulé en formes irrégulières, termine la série des éléments anciens enchassés dans une pâte microgranulitique. Cette pâte présente encore çà et là de l'orthose récente avec quarz orienté comme dans les micropegmatites, mais en général le quarz a des contours granulaires grossiers et s'est consolidé sans ordre en même temps que l'orthose ; il a donné ainsi naissance à une véritable pâte granulitique. On voit dans cette pâte de nombreuses lamelles, à contours nets, à disposition palmée, à polarisation vive, et s'éteignant suivant leur longueur, qu'il est difficile de ne pas considérer comme du mica blanc.

La présence de ce mica blanc et l'absence du quarz ancien porphyrique, sont des caractères qui éloignent cette roche des précédentes. Elle se rattache ainsi à la classe des granulites de M. Michel-Lévy, et pourrait n'être qu'une masse concrétionnée au milieu du granite de Lugo, comme M. H. Credner en a signalé dans la région granulitique de la Saxe. L'analogie macroscopique de cette roche avec les eurites et porphyres à grains fins précédents, m'a toutefois porté à la rapporter pour le moment, en l'absence de relations stratigraphiques bien nettes aux microgranulites de M. Michel-Lévy. On se rappelle du reste que certains porphyres granitoïdes sont pauvres en quarz (porphyre feldspathique de Saint-Just), et qu'il en est qui contiennent de même du mica blanc, comme l'eurite rosée de la descente de St-Thurin à Urphé (1).

Telle est la série des porphyres à structure granitoïde que j'ai trouvée dans les monts cantabriques ; elle se rapporte aux porphyres antracifères de M. Michel-Levy, à la division γ^2 de la carte géologique détaillée de France. Il est digne de remarque, que je n'aie trouvé dans cette partie des Pyrénées espagnoles, aucune roche porphyrique se rattachant à la famille si bien représentée en France des porphyres houillers de M. Michel-Lévy (γ^3), ou felsophyres des pétrographes allemands, ou porphyres types des anciens auteurs. Les porphyres asturiens (γ^2) paraissent prépondérants dans la chaîne pyrénéenne, on en a des indications dans les passages du porphyre au granite décrits par M. Zirkel (2) à Case de Broussette. Il est intéressant de noter que ce fait n'est pas isolé : une autre région montagneuse, celle des montagnes Rocheuses, contient aussi d'après M. Zirkel (3), une prépondérance curieuse des porphyres granitiques, sur les felsophyres si répandus au contraire dans toute la partie centrale de l'Europe.

B. PORPHYRES A TEXTURE TRACHYTOIDE.

1. **Porphyre globulaire de Gargantada** : On trouve des échantillons d'un porphyre rouge lie-de-vin, très différent de ceux que nous venons de décrire, à

(1) *Michel-Lévy* : Roches acides, Bull. Soc. géol. de France, 3e Sér. T. 3. p. 205.
(2) *F. Zirkel* : Zeits. d. deuts. geol. Ges. T XIX. 1867. p. 106
(3) *F. Zirkel* : U. S. geol. explor. of. the 40th parallel. Washington 1876. p. 73.

Gargantada (Asturies), sur la route de Noreña à Sama-de-Langreo, et dans la première tranchée à droite du pont de Gargantada dans la direction de Sama. Il faut une certaine attention pour trouver ce porphyre qui n'est pas ici en filon, mais en petits galets de 1 à 5 centimètres cubes, grossièrement arrondis, ou à angles simplement émoussés, et interstratifiés dans une couche tuffacée en dessous du Trias. Nous avons indiqué déjà son gisement en traitant plus haut des mimophyres (p. 56. pl. XIX).

Ces galets porphyriques ont une belle couleur rouge amarante, et sont revêtus d'un enduit extérieur de limonite. Leur couleur est limitée à leur pâte qui constitue la masse principale, on y reconnaît toutefois en outre d'assez nombreux cristaux de 1 à 3mm de feldspath orthose d'un jaune rosé, d'abondantes paillettes de mica noir, et quelques rares débris de quarz.

Au microscope, l'orientation des lamelles dichroïques du mica noir donne des traces de fluidalité. Ce mica noir est très frais et n'est que rarement décomposé en chlorite, on reconnaît en outre parmi les cristaux en débris, le quarz transparent, limpide, à contours anguleux, contenant des inclusions vitreuses, et souvent entamé sur les bords par des invaginations de la pâte. L'orthose est en gros cristaux, très attaqués, vacuolaires, transparents et vitreux, son éclat brillant et son fendillement, rappellent la sanidine des roches récentes: J'ai reconnu dans une de mes préparations un grand cristal polysynthétique de feldspath, qui m'a présenté les extinctions caractéristiques de l'oligoclase, il est très injecté de quarz récent de corrosion; sa présence est ici remarquable, attendu que les feldspaths tricliniques font ordinairement défaut dans toute cette série. Il faut encore signaler parmi les éléments anciens l'apatite et le fer oxydulé en grains irréguliers.

La pâte comme le montre la figure (pl. 3) est entièrement globulaire; elle est formée de très petits sphérolites bien circulaires, pressés les uns contre les autres, et composés d'un noyau pointillé d'hématite ou d'un débris de quarz entouré d'hématite, d'une partie médiane assez claire, et d'une couronne radiée d'un rouge plus foncé. Sous les nicols croisés, on observe quelquefois le phénomène de la croix noire, mais la plupart de ces sphérolites s'éteignent tout entiers, simultanément ou par segments irréguliers. Ces sphérolites limités par une couronne hématiteuse, sont intimement pressés les uns contre les autres; la partie vitreuse interstitielle qui les réunit sans doute, est masquée par les grains d'hématite qui donnent à cette roche sa couleur rouge sombre.

Ce porphyre rouge de Gargantada diffère beaucoup par sa structure et la nature de sa pâte des porphyres précédemment décrits ; il présente toutefois de grandes analogies avec des types précédemment connus, comme par exemple avec ceux qui ont été décrits par M. Michel-Lévy (1) à Dossenheim (Baden), ainsi que dans l'Esterel et les Vosges, sous les noms de porphyres permiens violets ; ils sont en Espagne comme en France plus récents que les précédents, puisqu'ils traversent ici toute la série des terrains houillers. Ils y sont antérieurs aux terrains rapportés sur les cartes des Asturies au Trias. Ces porphyres sont en relation avec d'importantes formations de tufs porphyriques (mimophyres permiens) sur lesquels nous avons insisté en commençant.

§ III

DIORITES

Les diorites ne présentent pas un grand développement dans les monts Cantabriques, je n'en ai rencontré que quelques filons isolés dans les Asturies et la Galice. Il y a toutefois des représentants des deux principales familles des diorites : les diorites quarzifères et les diorites sans quarz.

A. DIORITES QUARZIFÈRES.

Ces roches en filons minces, coupent obliquement les schistes cambriens (Corbeira, Cadavedo, Pola de Allande, etc.) ; elles sont cristallines, verdâtres, cohérentes, souvent schisteuses et difficiles à étudier à l'œil nu : on y reconnaît un minéral fibreux ressemblant à l'amphibole, de petits grains de quarz à éclat gras, et des lamelles d'un feldspath strié blanc-verdâtre. Elles sont schistoïdes et passent parfois (Corbeira) à de véritables chlorito-schistes.

Au microscope, leur texture est microgranitoïde, sans pâte amorphe, et sans microlithes proprement dits. On y reconnaît du fer titané, du sphène, de l'amphibole, du feldspath triclinique, et comme éléments secondaires du quarz, de l'épidote, de la chlorite, de la serpentine et de la calcite. La couleur verte de la roche est due à l'amphibole, et à ses produits de décomposition ; des cristaux de feldspath y sont en grand nombre, et paraissent se rapporter tous à une même espèce triclinique : les macles se reconnaissent difficilement à la lumière ordinaire, mais la constitution polysynthétique de

(1) *Michel-Lévy* : Bull. Soc. géol. de France, 3e Sér. T. 3. p. 221.

ces cristaux apparaît avec évidence à la lumière polarisée. Ces sections feldspathiques se présentent sous le microscope généralement très allongées, suivant la ligne de macle; elles s'éteignent parfois symétriquement de part et d'autre de la ligne de macle (sections perpendiculaires au brachypinakoïde), plusieurs angles m'ont alors donné la valeur de 37°, caractéristique de l'*oligoclase* d'après M. Michel-Lévy [1]. Ce feldspath est généralement altéré, comme on en a la preuve dans sa faible transpareuce, et dans les particules verdâtres isotropes qui y paraissent très répandues à la lumière naturelle; la décomposition n'a jamais cependant été assez loin pour effacer les traces des macles des nombreuses sections perpendiculaires à g^1. Je n'ai pas reconnu de feldspath orthose; je pense que le seul feldspath présent est l'*oligoclase*.

L'*amphibole* si abondante dans cette roche est ordinairement très altérée, et appartient à la variété fibreuse. On la reconnaît principalement à ses extinctions suivant les coupes prismatiques; ces prismes ne sont jamais terminés, comme c'est le cas ordinaire chez les diorites, mais ils montrent nettement de nombreuses lamelles parallèles correspondant aux clivages *m*. On voit ainsi que les cristaux sont composés de fines aiguilles amphiboliques de dimensions très variables; leur longueur inégale donne au contour de la section un aspect frangé. Ces aiguilles amphiboliques ne sont pas toujours droites, mais forment parfois des groupes diversement inclinés; elles sont parfois réunies en masse ou dispersées en séries parallèles au milieu d'un produit de décomposition verdâtre. Ces houppes de substance radiée, verte, dichroïque, doivent dans ce cas être rapportées à la chlorite. Un produit de décomposition verdâtre s'y trouve associé, il ne paraît pas s'être fait régulièrement de dehors en dedans des cristaux d'amphibole, ni en suivant régulièrement les cassures; mais s'est avancé irrégulièrement en suivant les clivages, et tantôt suivant l'un, tantôt suivant l'autre. Le résultat de cette marche irrégulière de la décomposition, est d'avoir entièrement détruit une partie des petits losanges délimités par les clivages sur les coupes suivant *p*, et d'en avoir au contraire laissé d'autres intactes, souvent séparés les uns des autres par des intervalles décomposés.

Cette substance verdâtre, isotrope, forme en d'autres points des plages à contours irréguliers; elle nous a rappelé une substance analogue décrite par M. Renard [2] dans la diabase de Belgique, où elle est aussi en relation avec l'amphibole, nous sommes portés à la considérer comme une variété de serpentine. Elle contient alors des microlithes en

(1) *Michel-Lévy*: Annal. des mines, T. XII. 1877. p. 462.

(2) *A. Renard*, S. J.: Bull. Acad. Roy. de Belgique. 2e T. XLVI. 1878. p. 12.

aiguilles, disposées suivant des lignes régulières, et rappelant celles qui se trouvent dans le mica noir des kersantons; une partie de la chlorite dérive donc sans doute du mica noir magnésien, ce qui expliquerait la rareté dans cette roche du mica magnésien, élément ordinaire des diorites quarzifères.

Les nombreux cristaux verts d'amphibole sont très dichroïques, et passent du brun-verdâtre au vert-clair, quand on les regarde sous un seul nicol que l'on fait tourner. Parmi ces plages brunâtres déchiquetées d'amphibole, on remarque alors des parties à contours irréguliers, qui se distinguent à première vue des précédentes par leur peu de dichroïsme; un examen attentif y montre d'autres différences importantes. Le contour irrégulier des sections empêche de reconnaître leur forme cristalline, mais leur couleur jaune dans la lumière naturelle, leurs clivages et leurs propriétés optiques, concordent à faire rapprocher ces cristaux de l'épidote. Ils sont très réfringents et attirent ainsi l'attention dans la lumière naturelle; ils deviennent remarquables entre les nicols croisés par leurs belles couleurs vives, uniformes, limpides, jaunes-orangées. On peut remarquer le fait très général de deux clivages très différents, l'un étant très bien accusé, et l'autre oblique à celui-ci, beaucoup moins accusé. Ces grains d'épidote sont enchassés dans des plages de feldspath décomposé, ainsi que dans les parties chloriteuses qui dérivent de l'altération de l'amphibole; ils semblent s'être produits aux dépens de ces minéraux.

Les cristaux d'amphibole sont souvent associés à des cristaux de fer titané, qui figurent par conséquent ici parmi les minéraux les plus anciennement formés de la roche. Il est abondant et ordinairement entouré d'une couche opaline blanchâtre de décomposition; ces enduits gris-blanchâtre que M. Fouqué considère comme des enduits de sphène développés par des actions secondaires, sont parfois tellement épais qu'ils remplacent presque entièrement le fer titané.

Il y a en outre dans cette roche quelques minéraux qui n'y jouent qu'un rôle secondaire : tels sont les granules de quarz récent, en plages arrondies irrégulièrement, et contenant de nombreuses inclusions alignées; ils remplissent les vides entre les minéraux précédents, leurs contours sont indécis. On reconnaît enfin la présence de la calcite, à l'action des acides sur la roche. La pyrite très abondante se voit même à l'œil nu.

La description qui précède, permet de rapporter sans hésiter les roches qui en sont l'objet à des *diorites quarzifères*, identiques en Espagne à celles qui traversent le silurien inférieur dans les Ardennes (1) et en Bretagne. Je vais en décrire successivement les différents gisements :

1° **Filon de Cadavedo:** On observe dans les falaises de la baie de Cadavedo (Asturies) un filon de 10ᵐ d'épaisseur, de diorite quarzifère, coupant un peu obliquement les schistes verts cambriens verticaux. Cette diorite à laquelle s'applique assez bien la description précédente contient plus de feldspath et moins de quarz, que celle de Corbeira; elle est très chargée des produits de décomposition de l'amphibole.

2° **Filon de Corbeira:** Plusieurs filons de diorite quarzifère traversent les schistes cambriens de la falaise de Corbeira en Galice. Un filon oblique de 8ᵐ d'épaisseur (voyez pl. XIX) est assez riche en quarz granulitique, et contient quelques paillettes de mica noir ainsi que des parties verdâtres qui proviennent peut-être de la décomposition du mica magnésien. Un autre filon, plus épais, coupe les couches de la Punta Corbeira; il présente de remarquables alternances de la même diorite quarzifère, avec des couches de schistes chloriteux. Dans ces couches la hornblende diminue au point de disparaître, le feldspath est très rare, et la roche est un schiste chloriteux et épidotique, généralement peu résistant et fortement altéré; quelques paillettes blanchâtres paraissent être de la muscovite. Des fentes produites postérieurement dans la masse de la diorite, y ont été depuis remplies de quarz cristallisé, assez abondant dans cette falaise, à l'état de petits filons.

3° **Filon de la Pola-de-Allande:** La diorite forme à l'est de cette localité un massif important de plusieurs kilomètres carrés; elle se distingue par de nombreux caractères des roches quarzifères de Cadavedo et de Corbeira, auxquelles s'appliquent les descriptions précédentes, et nous la rapprocherions plus volontiers des diorites ordinaires de Lago, Ceda, Celon, si elle n'était si riche en quarz. Il y aurait lieu d'étudier plus en détail cette région, la plus belle des Asturies, pour les roches amphiboliques. La diorite, y serait la roche dominante d'après M. G. Schulz (2), elle mériterait d'après lui le nom de syénite entre Salime et Pola-de-Allande, et passerait au granite aux environs de Pola; les schistes au contact sont peu altérés à l'est et à l'ouest du massif, ils sont au contraire modifiés dans les autres directions : près de Saint-Martin, ils seraient transformés en gneiss et en micaschiste, ainsi qu'entre Villavaser et Figuéras, où ils passent aux talcschistes et aux schistes froissés, fibreux, blanchâtres, lustrés, à aspect nacré, qui ont

(1) *Renard S. J. et de Lavallée-Poussin* : Mém. sur les roches plutoniennes de la Belgique et de l'Ardenne française, Mém. Acad. Roy. de Belgique. 1876. T. XL. p. 248.

(2) *G. Schulz* : Descr. geol. de Asturias, p. 18-20.

fourni à l'industrie de l'asbeste et de l'amiante.

Mes échantillons de diorites de la Pola-de-Allande sont des roches de couleur plus pâle et de structure moins massive que les diorites ordinaires; elles sont feuilletées et ondulées comme certains schistes actinolitiques, l'inclinaison apparente de ces feuillets étant N. 80°. O. = 70°. — On y reconnaît à l'œil, les minéraux fibreux blanchâtres rapportés à l'asbeste par M. G. Schulz, du feldspath strié, des écailles verdâtres disposées en traînées, et des grains de quarz transparent.

Au microscope, l'élément essentiel est un feldspath triclinique, en grands cristaux maclés, très transparents et cependant brisés, injectés de grains de quarz obliquement aux clivages : quelques sections suivant ph^1 donnent des extinctions symétriques de part et d'autre de la ligne de macle, ne dépassant pas les valeurs angulaires de l'oligoclase. L'existence de l'orthose comme élément accessoire est ici évidente; elle est en grands cristaux brisés en place dans la roche, pénétrés de filonnets quarzeux, et recouverts d'une poussière micacée de décomposition. On remarque dans les sections, de grands cristaux allongés, fibreux, cannelés, rugueux, de couleur blanc-verdâtre dans la lumière naturelle, non dichroïques; l'angle des clivages visible sur quelques faces hexagonales p est de 124°, les coupes allongées s'éteignent exceptionnellement en long sur mes préparations (zône $h^1 g^1$), leur extinction fait toujours un angle d'environ 15° avec la trace des clivages faciles : tous ces caractères indiquent que ce minéral est réellement de la trémolite comme l'avait indiqué M. Schulz. Les amphiboles à base de chaux et de magnésie nous ont semblé très caractéristiques de toutes les diorites de ce massif de la Pola-de-Allande, auxquelles elles impriment ainsi un cachet tout spécial.

La trémolite est souvent accompagnée de granules en relief ou de petits cristaux groupés en éventail d'épidote, reconnaissable à ses couleurs de polarisation extrêmement vives et uniformes dans les teintes jaunes et oranges, et dérivant sans doute de la décomposition des minéraux disparus : ils s'infiltrent en effet dans tous les vides de la roche. Cette épidote est polychroïque, le maximum d'absorption se produisant quand le plan principal du nicol coïncide avec l'orthodiagonale, c'est-à-dire ici avec la longueur du cristal et les traces du clivage facile. La chlorite accompagne parfois l'épidote; il y a enfin du fer titané très altéré, et grandement transformé en sphène. Le quarz est extrêmement abondant dans cette roche, il y est en grains granulitiques frais, à contours nets, subarrondis, s'éteignant vivement sous les nicols croisés, et formant une mosaïque serrée entre les cristaux anciens, ainsi que dans les fissures des gros feldspaths, qui sont parfois ainsi séparés en plusieurs fragments ressoudés. Ce quarz renferme des inclusions de très petites dimensions, il est postérieur aux autres éléments de la roche, à part l'épidote.

C'est sans doute ici qu'il conviendrait de décrire la roche verte qui traverse le dévonien inférieur près la Vid (province de Léon). Mes échantillons très décomposés, sont riches en viridite, qui remplit tous les creux, et est disposée en houppes, en sphérolites à croix noire. Il y a en outre, du fer titané, du sphène, ainsi que du quarz en grains et en micropegmatite autour de grands cristaux maclés de feldspath triclinique. Les grains de quarz contiennent de nombreuses aiguilles d'apatite.

B. DIORITES SANS QUARZ.

Roches grisâtres foncées, tirant sur le vert, dans lesquelles les éléments les plus discernables sont les prismes d'amphibole (Buzdongo, Celon); dans quelques variétés les sections de feldspaths striés sont en grande abondance (Lago, Ceda près Pola-de-Allande). Toutes ces roches forment des filons minces dans les schistes cambriens, qui ne paraissent pas modifiés au contact.

Au microscope, ces roches se montrent essentiellement formées de feldspath plagioclase et d'amphibole auxquels s'ajoutent comme éléments accessoires, fer titané, apatite, pyrite, rares grains de quarz, et comme éléments secondaires de décomposition, chlorite, épidote, serpentine, calcite et limonite.

Le feldspath triclinique se présente en grands cristaux, leurs contours nets et leur antériorité à l'amphibole prouvent qu'ils se sont formés très anciennement dans la roche. Ces cristaux sont généralement maclés suivant le klinopinakoïde. Leurs angles d'extinction les font rapporter pour la plupart au feldspath oligoclase, quelques-uns m'ont présenté de plus grands angles et doivent par conséquent appartenir au labrador; ils sont en beaucoup moins grande quantité que les premiers, certaines roches comme celles de Lago par exemple, ne m'ont donné que les extinctions de l'oligoclase. Les inclusions sont peu abondantes, et ne présentent aucune orientation spéciale (Lago, Celon), les plus grosses sont des inclusions gazeuses, de formes irrégulières, disséminées sans ordre, il y a en outre une fine poussière opaque indéterminable aux plus forts grossissements. Elles sont plus abondantes à Ceda, Pola-de-Allande, où leurs formes sont étirées, ovales, et disposées par lignes obliques aux clivages faciles; quelques-unes paraissent liquides. L'état de décomposition des cristaux de feldspath est fort variable, très frais à Lago, ils sont très décomposés à Buzdongo; la décomposition ne paraît pas s'être produite du centre à la périphérie comme dans beaucoup de diorites classiques, mais bien suivant les fissures qui sillonnent ces cristaux. Ce mode de décomposition est bien mis en évidence, dans les échantillons de cette série où il s'est formé de la serpentine aux dépens de l'amphibole; elle a alors rempli les fentes des feldspaths, elle est entourée de calcite formée aux dépens du feldspath. La plupart du temps la décomposition du feldspath a donné naissance à des agrégats granuleux-fibreux, peu transparents, gris-verdâtre, peu déterminables.

L'amphibole se présente en beaux cristaux à formes cristallines bien délimitées, et le plus souvent en masses fibreuses, déchiquetées, groupées autour des cristaux de plagioclase. Les faces terminales ne se voient pas nettement, celles du prisme sont au contraire bien développées, les faces g^1 sont beaucoup moins étendues que *mm*, et les faces orthopinakoïdes h^1 manquent parfois entièrement (Lago). La coupe suivant *p* est alors hexagonale, elle donne l'angle $mm = 124°$, caractéristique de l'amphibole. Le dichroïsme est très variable, il est parfois très vif, mais est insensible dans d'autres cas; ses irrégularités varient avec les couleurs des cristaux dans la lumière naturelle, et par suite avec leur composition chimique. Certaines amphiboles (Buzdongo, Celon) sont verdâtres dans la lumière naturelle, et passent du vert au jaune quand on les regarde sous un nicol que l'on fait tourner; les amphiboles de Lago sont d'un vert-émeraude très pâle. Les inclusions sont peu abondantes dans ces amphiboles, on y reconnaît facilement de rares prismes d'apatite; il a dû y en avoir d'autres, dont la disparition s'explique facilement par l'état de décomposition généralement assez avancé des amphiboles. Le résultat ordinaire de cette décomposition a été la production de la chlorite: celle-ci est dichroïque, disposée en fibres jaune-verdâtre ne présentant pas d'habitude le parallélisme des fibres d'amphibole, mais se groupant en faisceaux divergents ou en houppes. Ces fibres polarisent entre les nicols croisés, elles sont parfois bordées de couleurs vives jaunâtres; elles deviennent parfois très petites et prennent une disposition radiée sphérolitique, qui vue en lame mince sous les nicols croisés, présente une croix noire située dans les plans principaux des nicols. L'épidote est moins belle qu'à la Pola-de-Allande. Certaines diorites où la transformation de l'amphibole en chlorite est très avancée, présentent en relation avec ces minéraux, des plages arrondies d'une substance verte, concrétionnée, ayant coulé dans les interstices des autres cristaux et offrant tous les caractères de la serpentine: les roches de Buzdongo sont les plus caractéristiques sous ce rapport.

Le quarz est très peu abondant dans cette série, il est en grains irréguliers granulitiques, peut-être d'origine secondaire (Ceda, Celon), il manque parfois même entièrement (Lago, Buzdongo). La pyrite cubique est commune dans toutes ces roches, la limonite que l'on y trouve est le produit de sa décomposition.

Le fer titané hexagonal se retrouve avec une grande constance dans les lames minces de toutes ces diorites, il y est en grandes trémies creuses emboîtées les unes dans les autres ; ses lamelles sont recouvertes de la couche opaline de décomposition, leucoxène de M. Gümbel, titanomorphite de M. von Lasaulx, sphène des auteurs français.

La composition de ces roches les range dans les diorites proprement-dites des géologues allemands, les diorites andésitiques de MM. Fouqué et Michel-Lévy. J'en connais quatre gisements distincts.

1° **Filon de Buzdongo** : Ce gisement déjà signalé par C. de Prado, est situé au nord de l'église de Buzdongo, à la limite des provinces de Léon et d'Oviedo ; la diorite forme ici un filon mince dans les grès siluriens, elle est décomposée en boules, séparées les unes des autres par des parties brunes terreuses, où la décomposition est à son maximum. Les plaques minces des parties les moins décomposées sont surtout intéressantes par les produits de l'altération de l'amphibole, chlorite et serpentine, qui s'y trouvent en abondance, et montrent bien les relations génétiques de la serpentine à l'amphibole. La calcite est également abondante. Tous ces produits secondaires rendent difficile la détermination des feldspaths, qui sont aussi profondément altérés, et imprégnés de chlorite ; les lamelles polysynthétiques des plagioclases sont cependant reconnaissables sous les nicols, et leurs angles d'extinction m'ont paru plus grands que ceux de l'oligoclase : des échantillons mieux conservés permettront peut-être de ranger cette roche parmi les diorites labradoriques. Le fer titané revêtu de son enduit blanchâtre opaque, abonde en grandes plages.

2° **Filon de Celon** : La diorite forme un filon mince à Celon dans les schistes cambriens ; elle est d'un vert foncé, on y reconnaît à l'œil, en outre des prismes allongés d'amphibole, des plages blanchâtres de feldspath strié, et des cavités jaunâtres, remplies de limonite due à la décomposition de la pyrite. Au microscope on voit de nombreux réseaux de lamelles croisées de fer titané avec enduit de sphène ; l'amphibole est de la hornblende, éteignant en long, fibreuse, déchiquetée, jaune-verdâtre tirant sur le vert ; elle contient des prismes allongés d'apatite, et est en grande partie décomposée en chlorite. Cette chlorite est en agrégats fibreux, radiés, en houppes et en sphérolites donnant la croix noire sous les nicols croisés. Les feldspaths sont mieux conservés que dans le filon de Buzdongo, ils présentent de nombreuses lamelles hémitropes, et on peut mieux apprécier leurs angles d'extinction : l'immense majorité de ces cristaux présente les extinctions caractéristiques du feldspath oligoclase, il en est toutefois un certain nombre qui s'éteignent sous un plus grand angle et qui paraissent ainsi se rapporter au labrador. Cette coexistence de deux feldspaths tricliniques différents dans une même roche, concorde du reste avec ce qui a été décrit par M. Rosenbusch (1) dans les diorites des Vosges et d'Allemagne. La plupart des cristaux sont maclés suivant la loi de l'albite, mais souvent à cette première macle vient s'en superposer une seconde à angle droit. Cette diorite contient des grains de quarz irréguliers, granulitiques, infiniment moins nombreux que dans nos diorites quarzifères.

3° **Filon de Lago** : La diorite de Lago est en filons-couches dans les schistes cambriens, il y a au contact une brèche de friction contenant des fragments irréguliers de schistes dans une pâte feldspathique ; la limite entre le filon et la roche encaissante est rendue ainsi difficile à tracer. La roche cristalline est blanchâtre, couleur pâle qui correspond bien à la pauvreté en fer des amphiboles qui entrent dans sa décomposition, la hornblende en est entièrement absente, l'actinote au contraire et la trémolite même, y sont toutes deux reconnaissables. L'actinote de couleur vert-clair, fibreuse, est en prismes très allongés suivant h^1g^1, les extinctions dans cette zône montent jusqu'à 15°, mesurés à partir de l'arête de zône ; ces cristaux sont dichroïques. Il en est d'autres non dichroïques, incolores dans la lumière naturelle, en grands cristaux prismatiques, à contour hexagonal, à aspect rugueux, et présentant les mêmes extinctions que l'actinote, qui doivent se rapporter à la trémolite. On y remarque des microlithes en aiguilles. Les feldspaths en grands cristaux forment presque toute la masse de la roche, ils sont transparents, très bien conservés, présentent de nombreuses macles suivant le klinopinakoïde, s'éteignant suivant les angles caractéristiques de l'oligoclase. Le fer titané et le sphène sont des parties intégrantes de cette roche, le sphène même assez beau ; on y trouve en outre divers produits de décomposition, la chlorite en fibres radiées et en sphérolites provenant de l'amphibole remplit les vides laissés entre les autres minéraux, la limonite résultant de la pyrite se trouve dans les mêmes conditions.

4° **Filon de la Ceda près de la Pola-de-Allande** : La diorite de Ceda forme un filon mince dans les schistes verts cambriens verticaux ; c'est une roche gris-

(1) *Rosenbusch* : Mik. Physiog. d. mass. Gesteine, 1877. p. 256.

brunâtre où l'on ne reconnaît à l'œil que les grands cristaux clivés de feldspath qui lui donnent sa couleur dominante et qui paraissent réunis par une pâte chloriteuse. Au microscope, cette diorite se distingue des précédentes par l'abondance du microcline qui est ici l'élément constituant essentiel; ces cristaux sont très brisés, leurs fragments ont chevauché, et les fissures sont remplies de chlorite. Avec ces cristaux on en trouve d'autres également de grande taille, présentant les stries hémitropiques ordinaires des feldspaths tricliniques, et aussi brisés qu'eux. Ils présentent les extinctions de l'oligoclase. Ces grands cristaux de feldspath forment presque à eux seuls la roche; on y trouve en outre comme minéraux accessoires de l'amphibole verte en petits lambeaux déchiquetés fibreux, de la chlorite, du fer magnétique, et du quarz en petits grains récents en connexion avec les filonnets de chlorite.

Ces gisements de Ceda, Lago, Celon, sont au voisinage de la Pola-de-Allande, et appartiennent évidemment à ce même massif. La division des *diorites avec* et *sans quarz*, que nous avons adoptée ici, n'a aucune valeur géologique pour nos roches d'Espagne; elle est purement minéralogique. Les diorites de la Pola-de-Allande que nous avons décrites séparément à cause de leur richesse en quarz, se rapprochent nettement de ces diorites de Ceda, Lago, Celon, par la présence de leur amphibole à base de chaux et de magnésie, l'absence de mica biotite, et par le bon état de conservation des feldspaths plus frais que dans la plupart des diorites anciennes.

§ 4

DIABASES

On n'a pas encore signalé de diabases dans les monts cantabriques, ce qui est d'autant plus surprenant au premier abord, que les ophites si riches en pyroxène, sont très répandues dans la partie pyrénéenne de cette chaîne de montagnes, où elles étaient remarquées et décrites dès 1798 par Palassou (¹). Je n'ai pu que constater la pauvreté des Asturies en roches diabasiques, je n'y ai pas rencontré d'ophite: ce fait me semble en relation avec l'absence des ophites dans les parties centrales des Pyrénées, auxquelles correspondent les monts cantabriques; c'est sur les revers pyrénéens, à la

(1) *Palassou*: Journal des mines, 1798, nº 49.

limite de la plaine, que se sont fait jour pour la plupart les typhons ophitiques (¹).

Les diabases des Asturies me paraissent avoir échappé aux observations si consciencieuses de M. G. Schulz. Je n'en ai du reste reconnu qu'un seul gisement dans cette province, encore est-il dans des conditions tout-à-fait exceptionnelles, et assez obscures. Je l'ai observé à Santa-Eulalia de Tineo, au nord de Tineo, près du pont où la grand-route traverse un ruisseau. Il est situé à la limite du petit bassin houiller de Tineo, et en relation avec des schistes verts qui me paraissent à la base de ce bassin houiller. Ces schistes verts inclinent N. = 10° à 40° près du pont, où ils alternent avec des bancs de quarzites, d'arkoses, et de grès verts grossiers que je considère comme des tufs diabasiques, ils contiennent des fragments anguleux de schistes, ainsi que des galets roulés de calcaires paléozoïques, et de diabases. Je ne connais donc la diabase des Asturies qu'en galets remaniés à l'époque houillère, sans pouvoir indiquer en quel point ni à quelle époque ses éruptions se sont produites.

Les tufs diabasiques de Santa-Eulalia de Tineo sont des roches grossières vert-foncé, où on voit à l'œil nu en outre des gros fragments remaniés, une pâte homogène formée de petits grains de quarz et de chlorite. Au microscope, les éléments anciens principaux sont les grains de quarz, formant à eux seuls presque toute la roche, ils sont gros, roulés, sub-arrondis, et diffèrent entre eux par la nature et la disposition de leurs inclusions ; on voit ainsi qu'ils proviennent de terrains différents et ont été plus ou moins remaniés. On observe encore de gros fragments de feldspath triclinique, peu nombreux, et cassés sans aucune régularité ; ils rappellent par la forme de leurs contours les débris feldspathiques décrits dans les mimophyres. On trouve avec eux des fragments plus rares de feldspath microcline. Tous ces éléments sont enchassés dans une pâte verte, formée essentiellement de chlorite et de serpentine, présentant les mêmes caractères que dans les mimophyres siluriens, mais remarquables par les divers éléments secondaires qu'elle contient. Les uns sont des produits de décomposition, comme l'épidote qui y est en petits granules, comme la calcite qui provient des feldspaths et des galets du calcaire remanié ; les autres sont de nouvelles formations, elles sont limitées à certaines plages plus étendues où la pâte a pris un plus grand développement. Ce sont des microlithes allongés, transparents, s'éteignant en long, présentant les caractères ordinaires des microlithes feldspathiques, et les extinctions des microlithes d'oligoclase ; on leur trouve associés dans les mêmes plages

(1) *Dufrénoy* : Pyrénées, Mém. de la carte géol. de France. T. 3. p. 174.
Leymerie : Description géol. des Pyrénées de la Hte-Garonne, p. 603. Toulouse 1881.

des sphérolithes calcédonieux. Cette roche me paraît identique aux *Diabasconglomerat* du Harz, du Voigtland saxon, de Hof en Bavière, du Fichtelgebirge, du Devonshire, dont M. Lasaulx a résumé les caractères (1).

Les galets de diabase atteignent pour la plupart un volume de 3 à 5 cent. cb. ; ils sont jaunis extérieurement par altération, mais présentent une teinte vert-foncé quand on vient à les briser, ils sont très homogènes, on n'y distingue à l'œil que quelques cristaux striés de feldspath triclinique de 2 à 3^{mm}.

Au microscope, le minéral le plus anciennement consolidé parait être le fer titané, il présente de nombreuses sections triangulaires ou hexagonales, ou est en grains arrondis, souvent entourés de la substance gris-jaunâtre, légèrement translucide, agissant fortement sur la lumière polarisée (titanomorphite de M. von Lasaulx) et identique au sphène signalé dans les mêmes conditions par M. Michel Lévy dans les ophites des Pyrénées. L'apatite est rare dans ces préparations, elle s'y présente en petits prismes allongés, fractionnés.

Le pyroxène augite est un minéral très répandu dans ces galets, il est brunâtre, non dichroïque, présentant les traces de deux clivages ∞ P, qui forment entre eux un angle de 87°, mesuré dans les sections suivant P. Ces sections assez fréquentes dans toutes nos préparations, sont assez petites, elles montrent que les faces du prisme ∞ P sont très peu développées aux dépens des pinakoïdes, dont l'un surtout a un développement considérable ; on trouve avec elles d'autres sections allongées, en zône suivant l'axe vertical, et s'éteignant avec un angle de 38° : les cristaux auxquels se rapportent toutes ces sections sont de petite taille, ils sont entourés par les cristaux feldspathiques, et paraissent avoir pris naissance avant eux. L'augite me parait s'être formé en deux temps dans cette roche, car avec ces petits cristaux nettement terminés que je viens de citer, on le trouve aussi en grandes plages, à contours irréguliers, moulant les autres éléments, entrecoupées par de petits cristaux microlitiques, entrecroisés, de feldspath, et par suite plus récents qu'eux. Dans les ophites des Pyrénées au contraire, l'augite est toujours plus récent que les feldspaths, il y a donc ici une différence entre ces roches ; de plus, tandis que le pyroxène des ophites passe si souvent au diallage, il ne m'est arrivé de reconnaitre la lamellisation caractéristique du diallage que sur une seule de mes préparations de Santa-Eulalia de Tineo, et pour un seul cristal.

A l'augite de ces diabases se rattache une série de minéraux qui en proviennent par décomposition, comme le prouve leur abondance dans les échantillons les plus altérés ce sont l'épidote, la chlorite, la serpentine. Le pyroxène ne m'a jamais présenté l'ouraliti-

(1) *Von Lasaulx:* Elemente der Petrographie, Bonn 1875, p. 385.

sation souvent signalée dans les ophites, et l'amphibole m'a toujours paru manquer. L'épidote est un élément constant, bien qu'en quantités très variables, jaune-verdâtre, assez dichroïque, à couleurs vives et éclatantes sous les nicols croisés, en petites lamelles irrégulières ou allongées, présentant deux clivages, dont l'un suivant p est parallèle à l'allongement (orthodiagonale), et l'autre difficile g^1 coupe irrégulièrement le premier, normalement à la longueur des petits prismes d'épidote. La chlorite est en houppes vertes, radiées, dichroïques, se distinguant facilement des plages vertes de serpentine, que l'on trouve au voisinage, dépourvue de tous contours cristallins, à polarisation d'agrégat, et remplissant les vides laissés entre les autres cristaux.

Les feldspaths de mes préparations sont sans exception tricliniques, et composés de lamelles hémitropes suivant la loi de l'albite : ils se présentent en deux états différents, en grands cristaux et en microlithes. Ces feldspaths ne se sont pas formés en même temps : tandis que les microlithes sont de formation antérieure à la partie récente, en plages irrégulières, du pyroxène, mais postérieure aux cristaux isolés anciens de ce minéral, il y a lieu de croire que les grands cristaux de feldspath sont antérieurs à toute cristallisation du pyroxène. Tous les microlithes de mes diverses préparations sont très allongés suivant le klinodiagonal, maclés suivant g^1, l'extinction des lamelles hémitropes étant presque simultanée et parallèle à la ligne de macle, il y a lieu de les rapporter à l'oligoclase. Les grands cristaux tricliniques ne présentent pas des extinctions aussi uniformes ; tandis que la valeur des extinctions de deux lamelles hémitropes suivant la loi de l'albite, mesurées dans les sections symétriques, ne dépassent pas 37° dans certaines préparations, elles s'élèvent à 60°, 62°, dans d'autres préparations, c'est-à-dire que ces grands cristaux présentent dans le premier cas les extinctions de l'oligoclase, et dans le second celles du labrador. A cette différence dans la nature des grands cristaux feldspathiques des divers galets, en correspond une autre ; les préparations où dominent les grands cristaux d'oligoclase montrent d'assez nombreux grains de quarz granulitique transparent, que je n'ai pas observés dans les roches riches en labrador.

Je me suis efforcé dans tout le cours de ce Mémoire de mesurer aussi exactement que possible les valeurs des angles d'extinction des feldspaths tricliniques, dans les zônes importantes pg^1, ph^1; et j'en ai conclu directement la détermination spécifique du feldspath, malgré les objections que l'on peut sans doute faire à ce procédé. Que l'on admette en effet l'individualité des feldspaths avec MM. Descloizeaux, Fouqué et Michel-Lévy (1) ou que

(1) *Michel Lévy et Fouqué*, Miner. micrographique, p. 227.

l'on admette la théorie de l'isomorphisme des feldspaths de M. Tschermak, développée par M. Max Schuster (1), on aura néanmoins ainsi une donnée approximative sur la nature des feldspaths déterminés optiquement. En effet si on admet avec M. Tschermak, en se basant sur la composition chimique de ces feldspaths, que l'oligoclase et le labrador ne sont que de simples mélanges isomorphes d'albite et d'anorthite, types extrêmes entre lesquels il y aurait un nombre indéterminé de types intermédiaires (andésine, bytownite, etc.), on devra admettre en même temps avec M. Max Schuster que ces feldspaths forment au point de vue optique une série parallèle à la précédente, et qu'à chaque mélange isomorphe des termes extrêmes, correspondent des caractères optiques déterminés. En l'absence d'analyses chimiques, les déterminations optiques des feldspaths essayées dans ce mémoire, donneront au moins des indications sur les quantités relatives de soude et de chaux qui sont entrées dans leur composition, si on n'admet pas l'individualité de ces feldspaths tricliniques.

Les grands cristaux de feldspath triclinique de nos diabases sont généralement troubles et fortement attaqués par les actions secondaires qui y ont développé de la calcite, souvent très belle, fraîche, en plages formées de cristaux maclés, rappelant celle des kersantons.

D'après l'examen des feldspaths, et la présence du quarz, il paraîtrait y avoir deux types différents de diabases parmi les galets de Santa-Eulalia de Tineo : les uns seraient des diabases andésitiques, les autres des diabases labradoriques, rappelant ainsi les divisions analogues reconnues par M. Michel Lévy (2) parmi les ophites des Pyrénées, dont ces diabases sont certes voisines. Elles s'en distinguent surtout par l'absence de l'amphibole, par la présence de grands cristaux tricliniques paraissant antérieurs aux microlithes feldspathiques, et par la cristallisation en deux temps du pyroxène. Ces différences ne sont pas capitales ; et si nous ne comparons pas en détail ces diabases avec les roches ophitiques du nord de l'Espagne décrites par MM. Mac Pherson, Quiroga y Rodriguez, Adan de Yarza, Calderon y Arana (3), c'est que nous réservons cette comparaison pour le chapitre de nos *Kersantites quarzifères récentes*, plus difficiles à classer que ces diabases, et plus importantes qu'elles par leur abondance, leur gisement et leur âge.

(1) *Max Schuster* : Ueber die optische Orientirung der Plagioclase. Tschermak's m. Mittheil. 3 Bd. 1880 p. 236.

(2) *Michel Lévy* : Bull. Soc. géol. de France, 3e Sér. T. VI. 1878. p. 156.

(3) Ces divers mémoires sont publiés dans les Anales de la Societad Espanola de Historia Natural, 1876 à 1879

§ 5

KERSANTITES QUARZIFÈRES RÉCENTES

Planches I à III.

Les roches désignées sous ce nom sont assez répandues dans les Asturies, j'en ai recueilli aux extrémités opposées de cette province, et dans des étages sédimentaires très éloignés : elles n'occupent toutefois qu'une étendue très restreinte, se présentant en pointements isolés (Salave, Ynfiesto, Selviella, Presnas). Ce sont des roches entièrement cristallisées, formées essentiellement d'un feldspath triclinique et de mica noir dans une masse fondamentale finement grenue ou compacte, et où il y a généralement des grains de quarz granulitique, de l'amphibole, et un minéral pyroxénique.

Au microscope, la masse fondamentale gris-noir bleuâtre paraît elle-même microcristalline ou porphyrique, formée de petits cristaux de plagioclase, amphibole, et surtout quarz, qui forme presque seul la pâte. Comme éléments secondaires, on reconnaît au microscope dans la plupart de ces roches, pyroxène, fer oxydulé, apatite, feldspath monoclinique, fer titané et sphène, talc, chlorite et calcite. Je vais décrire successivement ces différents éléments constituants.

Caractères microscopiques des éléments constituants : *Feldspath* : les plus grands cristaux sont les plagioclases, ils sont vitreux, et bien conservés (mikrotine) ; ils ont de 0,02 à 0,005 de longueur. Il n'est cependant pas rare de les rencontrer à divers états de décomposition ; aussi les voit-on souvent au microscope avec un éclat terne, et une couleur jaunâtre, ils paraissent souvent alors entre les nicols croisés, comme couverts d'une poussière brillante, irisée ; ce produit d'altération est sans doute du carbonate de chaux. Leur décomposition est parfois si avancée que la roche est transformée en une véritable arène granitoïde, argileuse, comme à Salave, où on ne reconnait que les grains de quarz et les paillettes de mica ; les feldspaths de certaines variétés de ces roches se décomposent en une matière micacée talqueuse.

Les grands cristaux de feldspaths tricliniques sont parfois simples, ils présentent alors des zônes concentriques remarquables (1), mais le plus souvent ils sont maclés, et suivant la loi de l'albite. Cette macle forme les cristaux polysynthétiques qui constituent la

(1) Ces cristaux zonés rappellent ceux qui ont été figurés par M. Zirkel, U. S. geol, Explor. 40th Parallel, pl IV. fig. 4, pl. V fig. 3.

plus grande partie de la roche, mais il y a assez souvent une deuxième macle qui vient se superposer à cette première, les stries de macles de ce deuxième système font avec les premières un angle de 90°, c'est la combinaison des macles de l'albite et du periklline, souvent citée par M. Fouqué, [1] dans les andésites-amphiboliques de Santorin. Il y a d'autres combinaisons plus compliquées. Une partie de ces feldspaths tricliniques me parait devoir se rapporter au labrador, et une autre à l'oligoclase. La présence du labrador me semble constante dans les roches les plus compactes de la série, je l'ai reconnue à l'existence des sections sensiblement rectangulaires, appartenant par conséquent à la zône *ph*¹ et qui s'éteignent entre les nicols croisés sous des angles de 25° à 31°, de chaque côté de la ligne de macle. Les cristaux de feldspath des roches granitoïdes, et porphyroïdes de la série, me semblent se rapprocher de l'oligoclase, par leurs angles d'extinction plus petits, s'éteignant à 18° de chaque côté de la ligne de macle dans les sections de la zône *ph*¹.

La teneur en inclusions de ces grands cristaux de plagioclase est très irrégulière ; elle est tantôt très faible, ou tantôt considérable ; les plus communes sont des inclusions vitreuses à bulles uniques ou souvent multiples, et présentant les formes les plus irrégulières, la matière amorphe des inclusions est verdâtre, on n'en trouve plus de traces dans le magma cristallisé ambiant. Ces grands cristaux enclavent encore quelquefois des lamelles d'hornblende ou de mica, souvent accumulées au centre du cristal, ou en relation avec la structure zonaire, qui est si commune ; cette structure si ordinaire aux plagioclases des diorites, n'est pas due toujours aux inclusions, mais aussi aux changements de composition chimique de la substance cristalline, et sans doute encore à d'autres causes.

Un certain nombre de ces roches, celle dont la structure est la plus compacte, contiennent en outre de ces grands cristaux de feldspath triclinique un grand nombre de cristaux feldspathiques beaucoup plus petits, mais qui ne méritent pas toutefois encore le nom de microlithes. Ces petits cristaux de feldspath triclinique sont généralement assez allongés, et ordinairement en macles binaires, ils s'éteignent à peu près dans le sens de leur longueur, et appartiennent sans doute par conséquent à l'oligoclase. Il en est qui m'ont présenté le groupement en croix de la macle de Baveno.

La nature de ces feldspaths m'empêche de comparer ces roches à la *dolérite granitoïde* signalée par M. vom Rath [2] dans les Pyrénées ; l'analyse qu'il donne du feldspath

(1) *Fouqué* : Santorin, Paris 1881.

(2) *G. vom Rath* : Beit. zur Petrographie, Zeits. d. deuts, geol. ges. Bd. XXVII. p. 357.

de ces roches n'y ayant découvert que de la potasse et de la soude, sans traces de chaux.

Orthose : Plusieurs préparations m'ont présenté de grands cristaux feldspathiques simples en tables rectangulaires, s'éteignant parallèlement aux côtés des rectangles, et que je suis porté pour ce motif à rapporter à la sanidine. Quand on tourne ces préparations entre les nicols croisés, chaque section de ces cristaux se couvre partiellement d'une ombre à bords mal accentués semblant rouler à sa surface. Ce caractère, ou plutôt ce fait que l'extinction ne s'opère pas d'une manière uniforme dans toute l'étendue d'une même section de sanidine, a été signalé par M. Fouqué (1), comme aidant à reconnaître la sanidine, des cristaux simples de feldspath triclinique. Les cristaux de sanidine ne sont jamais aussi abondants à beaucoup près dans nos roches d'Espagne, que ceux de feldspath triclinique; ils empâtent parfois des quarz anciens.

Mica-biotite : C'est un élément constant des roches de cette série, où il est généralement très abondant, plus que l'amphibole. Il se trouve en minces tables hexagonales et en petits prismes raccourcis, ayant le plus souvent des contours polygonaux compliqués ou déchiquetés; il ne fait pas partie de la pâte sous forme de granules. Il contient souvent des prismes allongés d'apatite et des grains de fer oxydulé; ces derniers y sont parfois répartis irrégulièrement, ou lui forment une sorte de couronne, ou sont arrangées plus rarement encore avec ordre à l'intérieur de la lame de mica, où ils rappellent les inclusions des leucites.

Ces micas noirs sont le plus souvent très anciens à l'état de cristaux de première consolidation; ils sont souvent aussi associés à la hornblende et paraissent l'épigéniser, il serait alors récent. Il est assez souvent épigénisé en chlorite dans les termes un peu décomposés de la série. Dans un seul cas (Pl. 3), le mica noir ne s'est pas présenté en lamelles tabulaires étendues, mais en petits cristaux à aspect microlitique, rappelant les cristaux de seconde consolidation des hornfels et de certaines porphyrites. Les grandes lamelles de mica noir, présentent en certains cas des noyaux foncés, dont la teinte s'affaiblit du centre à la périphérie, et que l'on peut attribuer au résultat de la décomposition de petits noyaux de sphène.

Amphibole : Ce minéral forme ici de grands cristaux prismatiques, bruns ou verts, très dichroïques; les verts sont les plus abondants. L'extinction parallèle au côté des sections prises dans la zône $h^1 g^1$, et surtout l'angle *mm* égal à 124°, prouve absolument qu'on a ici à faire à la hornblende. Cette hornblende verte est souvent fibreuse chez les cristaux

(1) *Fouqué* : Santorin, Paris 1881. p. 349.

allongés ; ils contiennent diverses inclusions qui ne diffèrent guère de celles du mica noir. Les plus communes sont les grains de fer oxydulé, qui envahissent parfois tout le cristal de hornblende, mais l'entourent le plus souvent d'une façon irrégulière, comme dans des dacites des Andes étudiées par M. vom Rath (1), les diabases de M. Dathe (2), et les ophites des Pyrénées de M. Johannes Kühn (3). On y trouve aussi les aiguilles figurées par M. Zirkel (4), ainsi que de l'apatite.

La hornblende se trouve ici en grands cristaux de première consolidation, j'ai reconnu plusieurs cristaux, brisés, et fragmentés, comme celui qui a été figuré par M. Zirkel (5) pour les andésites amphiboliques d'Amérique ; je crois devoir cependant considérer comme produits ferrugineux secondaires, les plages opaques qui entourent ces cristaux et pénètrent habituellement suivant leurs clivages. Cette substance opaque désignée sous le nom d'opacite par M. Zirkel (6), et Vogelsang (7), serait d'après eux le résultat d'une action caustique produite à la surface des cristaux d'amphibole par la masse en fusion qui les entourait ; le phénomène mécanique dont on trouve la preuve dans la nature fragmentaire d'un grand nombre d'individus d'hornblende, se serait produit en même temps que cette réaction chimique. Je ne puis toutefois distinguer cette opacite de mes roches espagnoles, des divers produits ferrugineux opaques secondaires ; sa formation parait se faire lentement aux dépens de l'amphibole, en suivant les clivages et les petites crevasses ; à la limite de la hornblende et de cette zône noire, il y a souvent un enduit de viridite.

La plus grande partie, la presque totalité de l'amphibole de ces roches se rapporte bien à la hornblende ; il y a cependant quelques sections fibreuses allongées qui s'éteignent à 15° (zône h^1 g^1), et que je dois rapporter à l'actinote.

Pyroxène : Le pyroxène n'est pas rare dans les roches de cette série, il s'y présente en cristaux de première consolidation, parfois cassés et antérieurs au feldspath. On en trouve des cristaux dans presque toutes nos préparations, et souvent en relation avec le mica, ou avec la hornblende qui a dû parfois se former à ses dépens. Il est tantôt en beaux cristaux présentant les contours et tous les caractères optiques de l'espèce, mais le plus souvent en grains entourés d'amphibole fibreuse (ouralite). Ces grains à contours irrégu-

(1) *Vom Rath* : Zeits. d. deuts. geol. Ges. Bd. XXVII. 1875. p. 304.
(2) *Dathe* ; mik. Unters. üb. Diabase. Zeits d. deuts. geol. Ges. 1874. Bd. XXVI. p. 29.
(3) *Johannes Kühn* : Unt. üb. pyrenaische Ophite, Inaug. Dissert. Leipzig 1881 p. 15.
(4) *F. Zirkel* : U. S. geol. Explor. 40th Parallel, pl. 2. f. 2.
(5) *F. Zirkel* : U. S. geol. Explor. 40th Parallel. pl. 5 f. 2.
(6) *F. Zirkel* : U. S. geol. Explor. 40th Parallel. p. 95.
(7) *Vogelsang* : Die Cristalliten, Bonn 1875, p. 156.

liers ne sont pas dichroïques, et montrent en même temps que le clivage facile *mm*, des fendillements assez irréguliers dirigés perpendiculairement. La présence du pyroxène comme élément constant, dans cette série de Kersantites récentes, riche en quarz, est importante à remarquer : on ne l'a guère cité dans les mêmes conditions que dans des blocs rejetés par les éruptions les plus anciennes des volcans, dans les granit-porphyres des Vosges (1), et dans les andésites-amphiboliques du Siebengebirge (2).

Une partie des cristaux de pyroxène que j'ai étudiés dans ces roches, se rapporte à l'augite : Plusieurs de ces cristaux allongés suivant $h_1 g^1$, m'ont donné des extinctions faisant jusqu'à 38° avec la direction des clivages *mm* ; l'angle *mm* mesuré sur des sections suivant *p* est sensiblement égal à un droit.

Les caractères fournis par la dureté, et par les couleurs de polarisation, sont également bien ceux de l'augite. Il présente des macles fréquentes suivant l'orthopinakoïde, et il n'est pas rare de trouver une dizaine de bandes hémitropes dans un même cristal.

Gédrite? : La plus grande partie des minéraux que je rapporte ici en hésitant à la gédrite de Dufrénoy, appartient peut-être au diallage, ou à une autre espèce de ce groupe des bisilicates ; mais cette détermination est loin de présenter le degré de certitude des précédentes, elle est même très douteuse. Ce minéral représenté sur les planches (I à III) se présente parfois en cristaux bien terminés, mais le plus souvent en grains cristallins irréguliers, passant au bord à l'amphibole (ouralitisation) ; dans ce cas, leur bord est très dichroïque, tandis que leur partie centrale non décomposée, l'est à peine, passant du bleu vert-d'eau au rose-brun. Il polarise vivement et est presque incolore à la lumière naturelle.

Les cristaux bien terminés permettent de reconnaitre leur forme monoclinique, ou orthorhombique, avec les faces du prisme, l'orthopinakoïde, le klinopinakoïde, et le pointement $b^{1/2}$ assez habituel. La forme extérieure des sections suivant la base est octogonale ; *mm* est très peu marqué, les plus petits côtés de la section étant parallèles aux clivages, dont l'un plus est accentué sur toutes les sections qui passent par *p*. Ces cristaux en plaques minces présentent une apparence rugueuse spéciale et des clivages irréguliers, qui rappellent comme beaucoup des caractères précités, l'apparence du pyroxène ; ce n'est qu'en étudiant ces cristaux à la lumière polarisée qu'on reconnait l'invraisemblance de cette assimilation. En effet sous les nicols croisés, les sections en zône $h^1 g^1$, s'éteignent toujours parallèlement à leur longueur tandis que dans le

(1) *Rosenbusch* : Zeits. d. deuts. geol. Ges. Bd. XXVIII. p. 374.

(2) *Vom Rath* : Niederrhein. Gesell. f. naturk. u. Heilk. zu Bonn. Juillet 1879 p. 179.

pyroxène l'angle d'extinction varie d'une façon continue de 0° à 39° ; en outre l'angle *mm* est plus ouvert que dans le pyroxène, comme dans l'amphibole. On ne peut cependant considérer ce minéral comme une variété d'amphibole non dichroïque, car la position des axes optiques n'est pas la même dans ces substances.

Ce minéral étudié dans la lumière polarisée convergente d'après les indications de MM. Fouqué et Michel-Lévy, permet de trouver dans les lames minces la position des axes optiques ; on voit ainsi, que le plan de ces axes optiques est perdendiculaire à la longueur et à la trace du clivage facile. Ce minéral est allongé suivant l'axe d'élasticité moyenne β. Nous avons encore reconnu en employant la lame compensatrice en quarz de Biot, que ce minéral était positif, son plus petit axe d'élasticité (γ) sert de bissectrice à l'angle aigu des axes optiques. Enfin notons que le polychroïsme de cette espèce est faible : lorsque dans les sections $h^1 g^1$, les traces du clivage *m* sont perpendiculaires au plan principal du polariseur la teinte est jaune-brunâtre, lorsqu'elles sont parallèles, la teinte est vert-bleuâtre.

Les caractères de ce minéral observé dans la lumière polarisée convergente empêchent de le rattacher à l'amphibole, enstatite, gédrite, etc. ; l'étude dans la lumière polarisée parallèle empêchait de le rattacher au pyroxène ou au diallage. Le péridot (fayalite) présente les mêmes traits essentiels dans la lumière convergente, et il est presque seul à les présenter. On pouvait donc penser à lui malgré l'invraisemblance de son gisement dans une roche à orthose, mica noir, quarz, etc. ; mais traité par l'acide chlorhydrique à chaud, pendant 24 heures, il ne fut nullement attaqué, ce qui serait arrivé pour le péridot. Cette attaque eut un résultat assez inattendu, et se porta même plutôt sur les feldspaths, et jusque sur le mica noir.

Un certain nombre de ces cristaux présentent en outre des clivages *mm*, une lamellisation suivant les pinakoïdes, notamment suivant h^1, qui donne un aspect strié aux sections allongées suivant l'axe principal. En supposant ces cristaux allongés suivant ph^1, on pourrait rapporter au diallage les caractères observés dans la lumière convergente ; mais cette forme ne saurait donner les coupes octogonales observées suivant *p*, ni les extinctions observées dans la lumière polarisée parallèle. Cette supposition permet aussi de les rapporter à la gédrite, mais cette forme allongée ne saurait non plus donner les coupes octogonales transversales. Dans l'incertitude où je suis de la place qu'il convient d'assigner réellement à ce minéral, je le *désignerai provisoirement* dans mes descriptions sous le nom de *gédrite* pour le distinguer du pyroxène augite, que renferme aussi cette roche. Il présente du reste de grandes analogies dans la lumière naturelle et la lumière polarisée parallèle, avec des échantillons de gédrite de Superbagnères (Hte-Garonne) qui m'ont été donnés par M. Gourdon, et qui se trouvent de même dans une roche cristalline massive, riche en mica noir, plagioclase frais, avec hornblende, fer magnétique, mais moins riche toutefois en quarz.

Quarz : Le quarz se trouve en débris anciens dans les diverses variétés de ces Kersantites Espagnoles ; moins abondant dans les variétés porphyriques, il est très répandu dans les granitiques. Il contient des inclusions liquides à bulles mobiles ; sa forme présente l'irrégularité ordinaire des débris de cette nature.

Le quarz récent a ici une grande importance, comme c'est lui qui imprime en grande partie à ces roches leur cachet spécial, et permet de définir diverses variétés. Il forme en effet, à peu près à lui seul la pâte. Dans les variétés les plus granitiques, il se trouve en grains granulitiques assez gros, de forme irrégulière, arrondie, dépendant des intervalles laissés entre les autres cristaux ; ils contiennent des inclusions liquides. Le nombre et la grosseur de ces grains de quarz varient beaucoup, parmi les diverses kersantites granitiques des Asturies.

Dans certaines variétés, le quarz granulitique est en grains plus fins encore que dans les variétés granitiques, il est microgranulitique, et forme encore avec de petits cristaux de feldspath, la pâte dans laquelle nagent en outre de nombreux granules de fer oxydulé titanifère.

Dans les variétés les plus porphyriques, l'union est plus intime dans la pâte, entre le quarz et le feldspath, et on reconnait de beaux exemples de micropegmatite. Enfin les variétés les plus basiques présentent encore leur quarz sous un autre aspect, qui rappelle à certains égards le quarz de corrosion des gneiss. Le quarz devient très rare dans ces derniers termes de cette série, où la pâte est entièrement formée par de petits cristaux de feldspath.

Le *fer titané* abonde dans ces *kersantites récentes*, comme dans les ophites, les diabases ; il est souvent décomposé et caractérisé alors par le produit blanchâtre de décomposition (titanomorphite de M. von Lasaulx), rapporté en France au sphène.

On reconnait comme *formations secondaires* des houppes d'un mica potassique, et de la calcite, formées aux dépens des feldspaths ; de la chlorite formée aux dépens de l'amphibole, et enfin parfois de l'épidote.

En outre de ces minéraux, plus ou moins essentiels, on en trouve accidentellement un certain nombre d'autres, qu'on peut appeler accessoires, et parmi lesquels j'ai reconnu :

Molybdénite, d'aspect métallique, d'un gris de plomb, ressemblant par ses caractères extérieurs et son peu de dureté au graphite, et se présentant comme celui-ci en lames hexagonales, se clivant facilement parallèlement à la base, et souvent en petites lamelles irrégulières disséminées isolément dans la roche.

Zircon, peu abondant, mais réparti d'une façon assez régulière. Il est en très petits prismes quadratiques, terminés par les faces de l'octaèdre b^1, il se remarque facilement dans les plaques minces à cause de sa grande réfringence, il se pare de couleurs très vives entre les nicols croisés.

Tourmaline, en cristaux mal terminés, s'éteignant en long, et présentant des cassures irrégulières ; leur relief est assez marqué, leur couleur bleue. On sait combien ce minéral est abondant dans certaines parties concrétionnées du granite de l'Ile d'Elbe, comparable en plusieurs points aux roches que nous décrivons ici.

Cassitérite, abondante d'après M. Schulz (1), et même exploitée suivant M. Pascual Lopez (2), depuis le temps des Phéniciens. Il n'y a donc pas lieu de douter de son existence bien que je n'aie pas reconnu sa présence. Elle a du reste été signalée également dans le granite de l'Ile d'Elbe par M. vom Rath (3).

Rutile, en aiguilles microscopiques dans le quarz, difficiles à reconnaître avec certitude.

Pyrite, cristallisée, pas rare.

La présence de ces minéraux accessoires dans une roche récente (car nous fixerons plus loin son âge), mérite de fixer l'attention : on sait combien les roches granulitiques récentes sont appauvries en substances métalliques. Elie de Beaumont a mis en lumière combien le cortège métallique des roches éruptives acidifères s'appauvrit, à mesure que leurs modes d'éruption et de cristallisation se modifient pour se réduire au mode actuel (4). La richesse métallique d'après lui, diminuait en même temps que la richesse en silice et que la puissance de cristallisation ; elle diminuait même plus vite, puisque les derniers granites auraient été privés de la partie la plus caractéristique du cortège métallique des

(1) *G. Schulz* : Descripc. geol. de Asturias. p. 18.
(2) *D. Pascual Lopez* : Mem. geogn. agric. sobre la prov. de Asturias. Madrid 1853. p. 15.
(3) *vom Rath* : Die Insel Elba, Zeits. d. deuts. geol, Ges. Bd. XXII. 1870. p. 671.
(4) *Elie de Beaumont* : Note sur les émanations volcaniques et métallifères. Bull. Soc. géol. de France. 3e Sér. T. IV. p. 1249.

granites anciens. Le granite tertiaire de l'Ile d'Elbe, ne fournit plus tous les minéraux variés et riches en corps simples des granites anciens, malgré les récentes recherches de M. vom Rath (1), qui y a reconnu toutefois la tourmaline, la cassitérite et l'émeraude. Il y a donc aussi un fait théorique curieux dans la récurrence du molybdène, du zirconium, et de l'étain dans la kersantite récente des Asturies, comme corollaire intéressant de la récurrence granulitique tertiaire indiquée par M. Michel-Lévy (2). La richesse métallique de cette roche coïncide avec sa richesse en silice, et sa puissance de cristallisation: elle a produit des effets métamorphiques considérables sur les roches sédimentaires à travers lesquelles elle a fait éruption.

Nous décrirons plus loin les modifications métamorphiques des roches traversées; les noyaux micacés qu'on trouve souvent dans ces kersantites ont une autre origine. Ces taches semblent au premier abord des noyaux d'une autre roche empatée ; on pourrait les considérer comme des fragments gneissiques pris en profondeur par les kersantites, mais il est plus probable qu'elles résultent simplement d'une sorte de départ qui se serait effectué entre les éléments, car elles se fondent vers l'extérieur avec la roche de composition normale, comme pour les grünstein de Hongrie (3). Ces taches de couleur foncée, plus ou moins étendues, sont formées d'un mélange intime de feldspath et de mica noir comme dans divers granites et syénites (cf. p. 73). Le feldspath est blanc-verdâtre, mat, triclinique en majeure partie, et criblé de lamelles de mica noir.

2. Principales variétés des kersantites quarzifères récentes.

Je vais décrire sommairement les diverses variétés de kersantites quarzifères récentes que j'ai observées; je les diviserai dans ce but en trois groupes principaux d'après leur aspect macroscopique :

A *Kersantites quarzifères récentes granitoïdes*

B *Kersantites quarzifères récentes porphyroïdes*

C *Kersantites quarzifères récentes compactes*

Ces différences d'aspect correspondent à des différences minéralogiques, et à des différences de structure visibles au microscope; les *kersantites granitoïdes* sont beaucoup plus acides que les *kersantites compactes* ; il y a de grandes variétés parmi les diverses roches de cette

---

(1) *vom Rath*: l. c. p. 671.

(2) *Michel-Lévy*: Sur l'ophite, Bull. Soc. géol. de France, 3e Sér. T. VI. 1878. p. 173.

(3) *Zeiller et Henry*: Ann. des mines. 7e Sér. T. III. 1873. p. 19. 54.

cf. *Hans Pohlig*: Die Schieferfragmente im Siebengebirger Trachyte v. d. Perlenhardt bei Bonn. Tschermaks' M. mittheil. III. 1880. p. 336.

série, mais entre les variétés les plus extrêmes on trouve tous les passages intermédiaires. Je puis dire de ces roches ce qu'écrivaient MM. Zeiller et Henry (1) des grünstein de Hongrie, qui forment une série voisine de celle dont nous nous occupons, et présentent des variations aussi étendues. Quand on parcourt d'après ces auteurs (l. c.), le massif de grünstein qui s'étend aux environs de Schemnitz, on voit que les diverses variétés passent insensiblement de l'une à l'autre et ne correspondent nullement, comme cela a lieu pour les trachytes, à des époques d'arrivée différentes. Il est par conséquent impossible d'établir dans ce groupe, même pour l'étude lithologique, des divisions un peu nettes. On ne peut non plus suivre pour les décrire un ordre géographique, la distribution des différentes variétés de grünstein étant absolument irrégulière. Chacune d'elles se retrouve en un grand nombre de points fort éloignés les uns des autres ; seules les variétés quarzifères semblent un peu localisées, mais dans le terrain qu'elles occupent leur aspect et leur composition même, au point de vue de la distribution des éléments minéralogiques autres que le quarz, varient dans des limites si étendues et si rapidement d'un point à un autre, qu'on ne peut songer à les décrire dans l'ordre où on les rencontre. Il faut se contenter de choisir dans la série un certain nombre de termes et de les étudier successivement en indiquant par quelle suite de transformations ils peuvent se relier les uns aux autres. »

Les trois groupes extrêmes que je vais décrire ici, présenteront plus de différences entre eux que l'on est habitué d'en rencontrer dans les diverses variétés des roches récentes d'une même espèce ; les passages lithologiques entre ces différents groupes sont si complets, les liaisons et les alternances stratigraphiques entre les divers types si intimes, que je ne puis rapporter les différences entre les diverses variétés qu'aux conditions dans lesquelles s'est faite la solidification. Toutes sont caractérisées par la prédominance du feldspath triclinique, qui les forme presque à lui seul ; les autres éléments essentiels mais subordonnés à celui-ci étant le mica noir, le quarz, le pyroxène et l'amphibole.

A. Kersantites récentes granitoïdes.

A l'examen macroscopique, ces roches sont entièrement cristallisées, montrant à l'œil un mélange confus de petits grains feldspathiques d'un blanc mat, et des lamelles de mica noir, associées à un minéral en lamelles brun vert, quelques échantillons présentent des grains de quarz en petits grains vitreux.

Au microscope, ces roches se montrent surtout formées de gros cristaux de feldspath oligoclase et de mica, avec de la hornblende ; les plages de quarz granulitique assez

(1) *Zeiller et Henry* : Mém. sur les roches éruptives et les filons de Schemnitz (Hongrie) Annal. des Mines 7e Sér. T.-III. p. 31.

grandes, remplissent tous les intervalles entre les autres minéraux. Les minéraux pyroxéniques sont moins abondants que dans les autres termes de la série, dont ce membre est le plus acide.

1° **Pointement de Salave** : Les kersantites récentes ont leur plus beau développement entre les communes de Salave et de Campos, où elles forment une grande masse que l'on peut surtout étudier dans les falaises voisines de Cierva. Ce massif s'élève à 40^m au dessus du niveau de la mer, et son étendue totale est d'environ 3 kil. du S. E. au N. O. (entre les églises de Campos et de San Martin de Tapia), sur 1000^m de large : il a déjà été décrit par M. G. Schulz, qui parle d'anciennes exploitations d'étain, situées à l'ouest de l'église, et exploitées à ciel ouvert et par galeries qui s'ouvraient en mer. D'après M. G. Schulz, la roche prédominante de ce massif est le granite avec ses diverses variétés, mais on y trouve en outre de la syénite, du porphyre, et au Sud-Est de la diorite ; ces roches d'après lui (1) n'auraient pas modifié les formations sédimentaires voisines. Sans insister sur ses déterminations, nous verrons plus loin que cette action métamorphique, moins étendue en effet, que celle des granites anciens, n'a cependant pas été nulle.

Diverses variétés de kersantites granitoïdes sont très abondantes en ce gisement de Salave. L'oligoclase y est en cristaux de 0,001 atteignant souvent 0.002 à 0,003, à lamelles hémitropes suivant la loi de l'albite, avec macle de Carlsbad superposée, et plus souvent celle du péricline; ils sont très frais, très limpides, rarement cassés, et à bords intacts. Les inclusions vitreuses qu'ils contiennent n'y sont pas disséminées irrégulièrement, mais sont le plus souvent accumulées au centre et en zônes concentriques, parallèles aux contours du cristal, qui revêt ainsi une structure zonaire : on ne peut cependant toujours ici rapporter cette structure à des inclusions, comme l'ont déjà prouvé MM. Fouqué et Michel Lévy (2) pour les feldspath des andésines du mont Olibano.

La sanidine n'est pas rare, quoique beaucoup moins abondante que le feldspath triclinique, elle est en grands cristaux, mais on la trouve aussi quelquefois en très petits cristaux dans le quarz granulitique. Elle est généralement assez décomposée, et souvent transformée en une matière phylliteuse, ressemblant à du mica blanc. Un de mes échantillons m'a montré des plages d'orthose passant au microcline. Le mica noir biotite est en belles paillettes noires, généralement minces, mais très polychroïques ; elles contiennent toujours de petits prismes d'apatite, mais en infiniment moindre quantité que dans

(1) *G. Schulz* : Descripc. geol. de Asturias, p. 18.

(2) *Fouqué et Michel-Lévy* : Miner. microg. p. 219.

les kersantites anciennes, où ils sont si répandus. Ces paillettes sont généralement en connexion intime avec les cristaux d'amphibole qui leur sont accolés, et qu'elles paraissent parfois épigéniser. Aux forts grossissements certaines lamelles de mica noir paraissent épigénisées par du mica blanc, reconnaissable aux houppes que ce minéral offre sous le microscope. Il y a des cristaux de pyroxène bien caractérisés ; les cristaux du pyroxène diallagique (gédrite)? sont plus nombreux, quoiqu'en bien moins grand nombre que dans les termes plus basiques de cette série. Ils sont par places dans un état d'ouralitisation assez avancé, et passent à une véritable amphibole, très dichroïque. L'amphibole est dans certains cas très bien caractérisée, j'y ai vu quelquefois des inclusions noires en bouquets (1) elle passe souvent à la viridite (chlorite).

Le fer oxydulé, avec son reflet bleuâtre dans la lumière réfléchie, s'y montre bien caractérisé ; on le voit s'entourer par place de lamelles brunes, très dichroïques, qui paraissent de la biotite. La gœthite se montre rarement en inclusions, microlitiques, allongées, dans la biotite.

Il y a de très nombreux granules de quarz, qui paraissent de consolidation postérieure à tous les éléments précédents. Leur volume varie beaucoup, ils sont parfois en si petits grains qu'on peut les rapporter à une microgranulite, comparable à celle de Luzy, figurée par MM. Fouqué et Michel-Lévy(2); ils sont ordinairement plus gros et ont des formes irrégulières granulitiques, on y reconnait alors des inclusions liquides, à bulles mobiles. En outre de ce quarz récent, un certain nombre de préparations, permet de reconnaitre quelques fragments anguleux de quarz, que je considère comme plus ancien ; il contient des inclusions liquides de formes irrégulières.

Avec les espèces qui précèdent, j'ai trouvé comme minéraux accessoires, apatite, sphène, fer titané, zircon, pyrite, molybdénite ; on peut citer ici la cassitérite, qui y a été indiquée par M. G. Schulz. Il faut encore ajouter à cette liste d'autres minéraux dont l'origine est bien plus récente (mica blanc, chlorite, talc, calcite), et doivent être considérés comme des résultats de décomposition ; on peut surtout les étudier dans les filons minces qui se détachent à Salave de la masse cristalline principale.

Ainsi, une roche qui forme un filon mince de 0,50 dans ces schistes cambriens, parait composée à l'œil nu, de cristaux irréguliers jaune-rosé de feldspath, avec lamelles talqueuses blanches, d'un peu de quarz en petits grains, et de nombreuses paillettes tal-

(1) *F. Zirkel*: U. S. geol. Explor. 40th. Parallel. Washington, 1876. pl. 2 f. 2.

(2) *Fouqué et Michel-Lévy*: Miner. microgr. pl. X.

queuses blanc verdâtre qui semblent y former des nids. On voit enfin dans la roche, quelques paillettes de mica brun et quelques mouches de molybdénite : elle empâte au contact des fragments anguleux de schistes chloriteux métamorphisés.

Au microscope, cette roche présente encore quelques cristaux de feldspath triclinique reconnaissables, mais la plupart sont épigénisés en mica blanc, talc, et calcite, qui forment presque à eux seuls la roche entière ; le quarz granulitique toutefois est encore reconnaissable. Un autre échantillon moins décomposé, pris également à Salave, à peu de distance de la roche encaissante, s'est montré au microscope très riche en calcite et en mica blanc ; ce mica n'a ici qu'une faible action sur la lumière polarisée et paraît passer un peu au talc, il éteint en long, il est disposé en rosettes dont les lamelles ne sont pas enchevêtrées et sont terminées carrément. J'y ai observé en outre de l'orthose passant en un point au microcline, fait que je n'ai point reconnu dans mes autres préparations ; il y a encore de l'oligoclase, du quarz granulitique, du mica noir, de l'amphibole très dichroïque avec curieuses inclusions en aiguilles qui pourraient être de la sillimanite, et enfin de petits cristaux de zircon.

2° **Filon d'Ynfiesto** : Ce filon relativement mince, se trouve à l'ouest d'Ynfiesto, où il s'est injecté suivant une faille, à la limite des terrains paléozoïques et du terrain crétacé. L'affleurement qui se trouve au bord de la route, et sous un coteau boisé, est très obscurci par la végétation ; la roche est généralement décomposée, mais certaines parties en sont restées fraîches, et ne m'ont pas présenté de variations aussi étendues que dans le pointement de Salave. La roche d'Ynfiesto pourrait se prendre à première vue pour une diorite ; elle est granitoïde, à grains fins, et de couleur foncée ; on y reconnaît à l'œil des grumeaux lamelleux d'un feldspath blanc mat, du mica noir, et de l'amphibole brunâtre, le quarz ne se voit guère qu'à la loupe.

Au microscope, le feldspath triclinique en grands cristaux, remarquable par sa fraîcheur, présente tous les caractères optiques de l'oligoclase. Il est maclé suivant la loi de l'albite, et suivant celle du périkline superposée à la première. Il contient des inclusions vitreuses. La sanidine est identique à celle de certaines variétés de Cierva, elle n'est pas plus abondante. L'élément bisilicaté est ici bien développé : il se compose d'un très beau pyroxène incolore présentant les clivages *mm*, souvent maclé suivant la face h^1 avec axe de rotation perpendiculaire, et de la gédrite décrite plus haut. Les fines stries brunâtres, lamelleuses, probablement parallèles à h^1 de cette gédrite, sont ici assez bien développées ; elle est transformée en amphibole sur les bords et est très souvent emboîtée par le mica noir. La biotite est abondante, et contient de petits prismes d'apatite; elle est accompagnée de fer oxydulé, et parfois épigénisée sur les bords en mica blanc C'est dans ces roches qu'on constate la présence de la tourmaline bleue.

3° **Filon de Lozano** : Ce filon un peu plus épais que celui d'Ynfiesto, se trouve comme lui à la limite des terrains anciens et du terrain crétacé ; il présente les variations d'aspect les plus étendues dans sa composition : tantôt la roche est granitoïde, tantôt les cristaux paraissent se fondre dans la masse d'un noir-verdâtre, et l'on a des variétés compactes aphanitiques, qu'un œil non prévenu pourrait prendre sur le terrain pour un calcaire compacte Les variétés granitoïdes paraissent formées de feldspath en cristaux assez nets, présentant les stries du système triclinique, de belles lamelles hexagonales de mica, d'amphibole, et de quelques grains de quarz.

Au microscope, la roche montre un peu de fer oxydulé. L'oligoclase est abondant, en grands cristaux maclés, présentant les extinctions caractéristiques ; il se décompose en chlorite suivant des zônes concentriques. La sanidine présente parfois une apparence striée, frangée, sur les bords. La biotite abondante contient de l'apatite. Les minéraux pyroxéniques paraissent bien moins abondants qu'à Ynfiesto ; il y a par contre une plus grande quantité d'amphibole hornblende verte avec les clivages de 124°, dans les sections suivant *p*. La chlorite est également abondante ; elle paraît produite aux dépens de l'amphibole, et épigénise parfois le feldspath triclinique, ou forme de beaux sphérolithes montrant la croix noire sous les nicols croisés. Le quarz granulitique abonde en assez gros grains, il contient des inclusions liquides, à formes irrégulières, dont quelques-unes sont mobiles à la température ordinaire.

2. Kersantites récentes porphyroïdes.

Ces roches paraissent formées macroscopiquement d'une pâte et de gros cristaux enchassés. La pâte est d'un gris-verdâtre, à grains fins, à texture serrée ; elle est criblée de cristaux de feldspath d'un blanc mat, légèrement nacrés. Ces cristaux ont la forme de tablettes de 10 à 2 mm. de longueur en moyenne, avec une largeur un peu moindre, et 3 à 1 mm. d'épaisseur ; quelques-uns d'entre eux sont brisés suivant les plans de clivage et ont alors un vif éclat. On y reconnaît parfois les gouttières caractéristiques des feldspaths du système triclinique ; la plupart sont maclés. On reconnaît encore dans la pâte des lamelles de mica noir, et des cristaux amphiboliques.

Au microscope, les cristaux abondants, présentent les caractères de l'oligoclase et du mica noir, on y voit en outre du pyroxène et de l'amphibole; la pâte est formée par du quarz granulitique peu abondant rempli de traînées de micropegmatite et des minéraux précédents en petits cristaux. Les roches de cette nature sont surtout répandues aux environs de la Pola-de-Allande, où elles se trouvent en filons minces; elles y sont associées à des variétés compactes.

1. **Filons de Presnas**: Il y a plusieurs filons de cette roche, aux environs de Presnas, près Pola-de-Allande; j'en ai vu quatre, entre Presnas, Otero et Lomes; ils sont généralement minces, et ne dépassent pas 1m d'épaisseur; les uns sont parallèles aux schistes, les autres les coupent obliquement, et ne les modifient pas plus que les premiers au contact.

Ces roches rappellent les variétés à grands cristaux des porphyres bleus de l'Esterel, on y voit dans une pâte bleuâtre de grands cristaux segrégés porphyriquement de feldspath triclinique, de mica noir, quelques grains de quarz, et quelques prismes verdâtres.

Au microscope, les grands cristaux de feldspath triclinique sont très frais, vitreux, et présentent de plus grands angles d'extinction que les feldspaths des kersantites granitoïdes; ces angles sont pourtant trop petits pour être rapportés au labrador, ils ne sont pas assez différents des précédents pour nous empêcher de considérer ces cristaux comme appartenant aussi à l'oligoclase. Une analyse quantitative serait ici bien intéressante, pour fixer la nature de ces cristaux de feldspath, qui ont de grandes analogies d'aspect avec ceux du feldspath andésine des porphyres bleus de l'Esterel. L'essai par la méthode de M. Szabo m'a montré pour ces feldspaths la flamme rosée de la chaux; les cristaux d'hydrofluosilicates produits par la méthode Boricky m'ont montré les formes de palmes, fuseaux, et de prismes hexagonaux, avec plus de chaux que dans les oligoclases purs. La sanidine est moins abondante dans ces roches que dans les variétés granitoïdes, il y a des préparations où elle fait défaut.

La biotite abonde, disposée en lamelles hexagonales déchiquetées, elle contient de l'apatite, et est en partie transformée en chlorite. Les minéraux pyroxéniques sont rares. L'amphibole est au contraire plus abondante que dans les roches granitoïdes; peut-être cette différence est-elle simplement due à un état plus avancé de décomposition (ouralitisation) dans les filons minces; elle est dichroïque en brun, et n'a pas de clivages bien marqués. Le fer titané domine sur le fer oxydulé, il est associé à du sphène. Les gros grains de quarz ancien sont assez rares, il est beaucoup plus répandu dans la pâte, qui est du type des micropegmatites à étoilements grossiers : il y a donc ici du feldspath en association intime avec le quarz dans la pâte ; mais on y en trouve en outre de mieux individualisé, sous forme de petits cristaux pseudo-microlitiques, monocliniques, et tricliniques.

2. **Filon de Lomes, près la Pola-de-Allande** : Des fragments de kersantite porphyroïde sont assez fréquents dans le terrain silurien au N.-O. de Lomes, où elle doit par conséquent venir au jour ; à l'est de cette localité affleure un autre filon de 6^{m} d'épaisseur de cette même roche, il coupe obliquement les schistes cambriens, un peu transformés au contact, et passés à l'état de Knotenschiefer. La roche a un aspect porphyrique, les gros cristaux verdâtre de feldspath triclinique se remarquent au sein d'une pâte gris-bleuâtre.

Au microscope, les cristaux tricliniques rappellent ceux de Presnas, ils sont toutefois plus décomposés, et sont en partie épigénisés par une matière chloriteuse. La sanidine est aussi rare qu'à Presnas, la biotite est plus rare et contient également de l'apatite ; l'amphibole est aussi ici l'élément bisilicaté dominant, elle est en petits lambeaux décomposés, verts, très dichroïques, passant parfois à la chlorite. La pâte est très feldspathique formée de peu de microgranulite avec traînées de micropegmatite, et contenant beaucoup de petits cristaux de feldspath. Ces cristaux un peu trop grands pour mériter vraiment le nom de microlithes, sont souvent maclés, ils présentent la macle de l'albite, les individus ainsi maclés se pénètrent parfois en forme de croix en se touchant en biseau suivant la loi de Baveno : leur extinction sous les nicols croisés se faisant en long, nous les rapportons à l'oligoclase.

3. **Pointement de Salave** : Parmi les roches du pointement de Salave décrit plus haut, il en est quelques-unes qui se rapprochent de cette série par leur aspect porphyrique. L'oligoclase très abondante y est en beaux et grands cristaux, la sanidine y est rare, l'amphibole beaucoup plus abondante que les minéraux pyroxéniques dont elle paraît ici provenir ; le mica et le fer oxydulé conservent leurs caractères ordinaires. Le quarz est encore ici le plus récent des minéraux consolidés anciennement dans la roche, il y est à l'état granulitique, passant par places à une micropegmatite très grossière, il épigénise les grands cristaux de feldspath et se rapproche du quarz de corrosion. Ces roches sont très chargées de calcite, de consolidation récente, secondaire ; elles renferment aussi de la pyrite.

4° **Filon de Celon, près la Pola-de-Allande** : Il y a au sud de Celon un filon mince d'une roche que je n'ose rattacher à la série précédente. Je la décrirai cependant ici parce qu'elle se trouve dans ce même massif de Pola-de-Allande, et parce que je ne sais à quel autre groupe la rattacher. Je l'ai fait figurer (pl. 3); on voit ainsi qu'elle se distingue de toutes les Kersantites récentes par l'état du mica noir, qui est ici très abondant et se trouve en microlithes allongés, au lieu d'être en grandes plages plus ou moins hexagonales. Cette roche de Celon offre à l'œil un aspect porphyrique, montrant de gros cristaux blancs de feldspath strié dans une pâte compacte gris-bleu foncé, où on voit en outre quelques gros grains de quarz limpide, et quelques rares piles de biotite. L'étude macroscopique de cette roche ne pourrait la distinguer de certains porphyres bleus de l'Esterel. Au microscope, les cristaux de première consolidation sont le feldspath triclinique, identique à celui de Presnas, la sanidine très rare, l'amphibole très décomposée passant à la chlorite, le fer magnétique, le mica noir en très rares lamelles, et quelques grains douteux de pyroxène. Les minéraux de seconde consolidation, qui forment la pâte, sont surtout feldspathiques, peu de quarz granulitique très fin, et nombreuses petites paillettes allongées de mica brun, très dichroïque, éteignant suivant leur longueur.

3. **Kersantites récentes compactes.**

Macroscopiquement ces roches ont une pâte verdâtre, foncée, à cassure esquilleuse, et les éléments dont elle est formée sont à peu près indistincts ; on y aperçoit toutefois encore de très petites lamelles feldspathiques que leur éclat seul permet de distinguer, et parfois quelques paillettes de mica noir ou des fragments de hornblende.

Au microscope, ces roches sont entièrement cristallisées, et contiennent les mêmes éléments que les types granitoïdes de cette série. Les différences essentielles sont l'existence de grands cristaux de feldspath labrador qui viennent remplacer l'oligoclase, la plus grande richesse en minéraux pyroxéniques, et l'état particulier du quarz, auquel s'ajoutent pour former la pâte de nombreux petits cristaux presque microlitiques de plagioclase (oligoclase). On trouve en outre dans ces roches de la biotite, du fer oxydulé, de la gédrite, de l'amphibole, de la sanidine, comme dans les autres variétés. C'est de cette variété que se rapproche le plus la roche à gédrite de Superbagnères (Haute-Garonne).

1. **Filon de Selviella** (Pl. 2) : Un filon mince coupe les grès siluriens au sud de Leiguarda dans la région de Salas, il n'y a pas de modification au contact. La roche éruptive a l'aspect euritique, c'est une masse compacte vert-bleuâtre où on ne reconnait qu'à leur éclat vitreux les cristaux feldspathiques; certaines parties contiennent de grands

cristaux de feldspath triclinique blanchâtre, longs de 3 à 4 mm., qui tranchent sur le fond obscur et donnent ainsi à la roche une apparence porphyrique, peu éloignée des variétés précédemment décrites.

L'examen microscopique montre que les grands cristaux de feldspath triclinique sont composés de lamelles hémitropes juxtaposées suivant la face g^1 (macle de l'albite) qui paraît développée; souvent à cette première macle se superpose celle du périkline. Les sections feldspathiques se présentent souvent dans les plaques minces allongées suivant la ligne de macle; celles qui appartiennent à la zône orthodiagonale, et dans lesquelles les lamelles hémitropes accouplées s'éteignent symétriquement de part et d'autre de la ligne de macle, m'ont donné pour l'angle compris entre cette double extinction des valeurs qui vont jusqu'à 63° environ, angle caractéristique du labrador. Ce feldspath est généralement très frais, vitreux, présente de remarquables zônes concentriques; les inclusions vitreuses de forme irrégulière y sont belles et nombreuses. Au feldspath triclinique se trouvent associées quelques plages de sanidine, dont les sections rectangulaires s'éteignent suivant leurs côtés.

Le mica biotite en grandes paillettes hexagonales déchiquetées est abondant, il se trouve en compagnie de fer magnétique. Les minéraux pyroxéniques sont plus abondants que dans les variétés déjà décrites; il y a de l'augite bien caractérisée, où j'ai reconnu la position des deux axes optiques dans le plan de symétrie g^1, direction de l'allongement des cristaux; il y a en même temps de la gédrite, montrant la lamellisation diallagique, elle est moins décomposée en général que dans la série précédente et ce n'est que sur les bords qu'elle devient plus dichroïque et présente les clivages de l'amphibole. On se convainc facilement de l'ancienneté de formation de ce minéral, il est souvent brisé suivant les clivages, et les fragments ont chevauché les uns sur les autres avant la dernière consolidation de la roche. Il y a en outre quelques grains de quarz ancien dans la pâte. Cette pâte paraît être un magma de consolidation feldspathoïde, où de petits cristaux pseudo-microlitiques de feldspath nagent dans une masse d'une composition toute spéciale. Elle paraît quarzeuse, mais le quarz n'a pas ici la polarisation vive du quarz granulitique, les grains qui la composent ont des contours vagues à bords indécis, s'éteignant progressivement et limités seulement par les formes des cristaux voisins; ils ont pourtant une tendance évidente à prendre des contours courbes, ou des apparences vermiculaires, qui rappellent assez nettement les formes décrites par MM. Fouqué et Michel-Lévy sous le nom de quarz de corrosion. Dans les variétés un peu porphyroïdes de la série, on trouve des traînées de micropegmatite. La plupart des petits cristaux feldspathiques que je signalais dans la pâte, présentent les extinctions caractéristiques du labrador ; quelques-uns plus rares sont des feldspaths monocliniques ; il y a en outre dans cette pâte des grains d'amphibole, et de nombreux petits granules microlitiques de fer oxydulé titanifère.

2° **Filon de Lozano** : Le filon de Lozano présente des parties compactes en même temps que les parties granitoïdes décrites plus haut ; je n'ai pu rattacher cet état euritique à un phénomène de salbande. Cette partie compacte du filon, épaisse de moins de 1^{m}, m'a paru au contraire flanquée des deux côtés de roches granitoïdes, elles sont toutefois très décomposées du côté nord, où se trouvent à la fois une source, et la faille qui sépare le bassin crétacé du terrain houiller.

La roche compacte est de couleur bleuâtre, on y reconnaît à l'œil des cristaux de feldspath vitreux strié, et des paillettes de mica blanc. Les grands cristaux de feldspath présentent au microscope les mêmes caractères optiques que ceux de Selviella, et sont donc aussi du labradorite, il en est cependant certains dans le nombre qui m'ont présenté des angles d'extinction beaucoup plus considérables, et que je dois rapporter pour cette raison à l'anorthite. Ils sont très peu nombreux ; les grands cristaux monocliniques sont également assez rares. La gédrite est assez répandue, un des clivages suivant les faces du prisme est beaucoup mieux marqué que l'autre, celui-ci est plus irrégulier et a surtout ouvert la voie à la décomposition ; dans certaines fissures, il s'est ainsi produit une matière vert-brunâtre serpentineuse, amorphe, qui ne polarise plus. Le mica noir avec apatite, en grandes lamelles, est associé avec les plages d'amphibole ; on trouve dans ces minéraux des inclusions en aiguilles qui pourraient bien être du rutile. La pâte quarzeuse rappelle l'aspect du quarz de corrosion, elle présente les mêmes caractères que dans les roches de Selviella, moins l'abondance des petits cristaux feldspathiques.

3° **Pointement de Salave** : On trouve plusieurs filons de kersantite compacte dans les falaises de Cierva, au nord de Salave, en relation avec le grand pointement de kersantite granitoïde déjà décrit ; il y en a entre autres un petit filon dans la baie de Figueiras au contact des schistes pyriteux d'où sort la source minérale. Cette kersantite est compacte, vert-noirâtre, euritique, ne laissant reconnaître que de petites lamelles vitreuses striées de feldspath, et des paillettes de mica noir brun.

Au microscope, la roche se montre riche en fer oxydulé, présentant des concrétions de formes diverses, elle contient également du fer titané et du sphène; celui-ci se trouve sous la forme de fragments irréguliers, très réfringents, disséminés, et aussi de petits grains localisés dans les lamelles de biotite, où ils sont entourés d'une auréole circulaire grisâtre de décomposition, formée sans doute de sesquioxyde de titane. La biotite contient de l'apatite et est associée à l'amphibole; cette substance est ici bien caractérisée par ses clivages et ses extinctions, elle se rapporte comme dans la plupart des cas précédents à la hornblende; mais elle est remplacée par l'actinote dans le filon mince de Figueiras. La gédrite assez abondante présente ici ses caractères ordinaires, elle est pourvue des clivages *mm* suivant lesquels commence la décomposition, et montre aux plus forts grossissements la lamellisation du diallage, mais s'éteint toujours en long et parallèlement aux clivages sous les nicols croisés. Les grands cristaux de feldspath triclinique forment la partie essentielle de la roche, ils présentent les extinctions caractéristiques du labrador; ils sont vitreux, contiennent des inclusions vitreuses, et aussi de petits microlithes verdâtres, s'éteignant obliquement et rappelant les microlithes de composition du pyroxène; les grands cristaux de sanidine sont rares. Il y a quelques petits cristaux de zircon. La pâte dans laquelle se trouvent ces cristaux de première consolidation, est quarzeuse comme celle de Selviella et de Lozano; il en est tout-à-fait ainsi pour le petit filon de Figueiras, mais d'autres échantillons recueillis dans la falaise voisine de Cierva s'en distinguent par l'absence totale du quarz, les microlithes de feldspath forment à eux seuls, les éléments de seconde consolidation : ils paraissent avoir aussi les extinctions du labrador.

3. Rang à assigner aux kersantites récentes dans la série pétrographique.

A. Relations avec les kersantites anciennes : Les roches que nous venons de décrire sons le nom de *kersantites quarzifères récentes*, présentent des rapports et des différences avec les vraies kersantites de Bretagne et de Nassau, décrites par MM. Delesse (1), Zirkel (2), Zickendrath (3), Michel-Lévy (4) et Douvillé, Rosenbusch (5), Whitman Cross (6). Ces roches sont également formées de mica noir, de feldspath triclinique, et contiennent en outre comme minéraux accessoires, amphibole, pyroxène,

(1) *Delesse* : Sur le Kersanton, 1850. Bull. Soc. géol. de France, 2e Sér. T. VII. p. 704.

(2) *Zirkel* : Berichte der K. Sachs. gesell. d, Wissens. Math. — Phys. Classe 1875.

(3) *Ernst Zickendrath* : Der kersantit von Langenschwalbach, Inaug. Dissert. Würzburg 1875.

(4) *Michel-Lévy et Douvillé* : Sur le Kersanton, Bull. Soc. géol. de France, 2e Sér. T. V. p. 51. 1876.

(5) *Rosenbusch* : Die mikr. Physiog. der mass. Gesteine. p. 250.

(6) *C. Whitman Cross* : Studien üb. Bret. Gest., Tschermak's Mittheil. III. 1880 p. 407.

orthose, quarz, calcite et chlorite. Les roches d'Espagne sont toutefois beaucoup plus pauvres en apatite que les kersantons de Bretagne ; et elles s'en distinguent surtout par certains caractères qui attestent en même temps leur origine récente. Ces caractères sont (1°) l'état frais des feldspaths tricliniques, remplis d'inclusions vitreuses, et (2°) l'abondance du fer oxydulé non hydraté.

Avant donc de considérer ces roches d'Espagne à biotite et plagioclase, comme une récurrence dans la série récente des kersantites anciennes, et d'admettre par conséquent que l'on a à faire à une nouvelle espèce de roches, il convient de rechercher si on ne peut la rapporter à un groupe déjà étudié de roches récentes.

B. Comparaison avec les ophites : Les ophites sont si répandues dans toute la chaîne pyrénéenne et en Espagne, qu'on doit nécessairement fixer leurs relations avec les kersantites récentes de ces régions : il est facile de comparer ces roches depuis les études de MM. Zirkel (1), Quiroga y Rodriguez (2), Mac Pherson (3), Calderon y Arana (4), Ramon de Yarza (5), Michel Lévy (6), Johannes Kühn (7). Il y a analogie de composition élémentaire entre ces kersantites récentes et les ophites des Pyrénées, telles qu'elles ont été décrites en dernier lieu par M. Kühn : ce sont essentiellement d'après lui des roches à augite et plagioclase, spécialement caractérisées par leur structure cristalline, l'apparence diallagique de leur pyroxène, associé du reste à du diallage véritable, ainsi qu'à du pyroxène passant fréquemment à l'ouralite. Le fer titané y domine sur le fer magnétique ; la hornblende et le mica magnésien sont des éléments anciens, répandus en

(1) *Zirkel*: Beitraege. zur geologischen Kenntniss der Pyrenaeen. Zeits. d. deuts. geol. Ges. XIX. 1867, p. 166.

(2) *Francisco Quiroga y Rodriguez* : Ofita de Pando (Santander), Anal. de la Soc. Esp. de Hist. nat. T. V. 1876, p. 217.

Calderon y Arana, y Quiroga y Rodriguez : Erupcion ofitica de Moledo (Santander), Anal. de la Soc. Esp. de Hist. nat. T. VI. 1877, p. 15.

(3) *J. Mac Pherson* : Sobre los caracteres petrograficos de las ofitas de las cercanias de Biarritz, Anal. Soc. Esp. de Hist. nat. T. VI. 1877. p. 401.

J. Mac Pherson : Sobre las rocas eruptivas de la prov. de Cadiz y de su semejanza con las ofitas de los Pirineos, Anal. Soc. Esp. Hist. nat. T. V. 1876. p. 5.

(4) *Calderon y Arana* : Ofita de Trasmiera (Santander), Anal. Soc. Esp de Hist. nat. T. VII. 1878. p. 27

(5) *Ramon Adan de Yarza* : Roca eruptiva de Matrico (Guipuscoa), Anal. Soc. Esp. de Hist. nat. T. VII. 1878, p. 21.

Ramon Adan de Yarza : Las rocas eruptivas de Vizcaya. Bol com. del mapa geol. de Esp. T. VI. 1879 p. 269.

(6) *Michel-Lévy* : Note sur quelques ophites des Pyrénées. Bull. Soc. géol. de France, 3e Sér. T. VI. 1878. p. 156.

(7) *Johannes Kühn* : Untersuchungen über pyrenaeische Ophite, Inaug. Dissertation, Leipzig 1881.

proportions très variables. Les différents stades de décomposition de ces roches ont en outre donné naissance à divers minéraux secondaires. M. Kühn classe les ophites des Pyrénées en distinguant d'abord les groupes avec et sans amphibole ancienne, et parmi ces derniers, ceux où l'augite se décompose en diallage, en ouralite, ou en viridite. L'abondance constante du mica noir, et la présence de la sanidine dans nos kersantites récentes suffirait donc à les séparer des ophites étudiées par M. Kühn ; mais on peut se rendre beaucoup mieux compte des différences intimes de ces roches d'après les études de M. Michel-Lévy, car la différence essentielle qui existe entre elles consiste dans leur structure.

La structure la plus habituelle des deux roches est une structure de passage entre l'état granulitique et l'état microlithique ; mais tandis que le pyroxène diallagique de l'ophite est constamment de consolidation postérieure à celle des plagioclases, l'élément bisilicaté est toujours de première consolidation dans les kersantites récentes, où ses cristaux sont parfois brisés lors de la formation des feldspaths. C'est des variétés les plus acides des ophites, celles à l'oligoclase et à quarz granulitique que nos roches se rapprochent le plus.

Le groupe des ophites d'Espagne tel qu'il est décrit par M. Mac Pherson, est plus vaste que celui qui a été limité par M. Michel Lévy ; il est même une des variétés d'ophites de M. Mac Pherson que M. Rosenbusch (1) rapporte aux andésites-augitiques. M. Mac Pherson a étudié et décrit avec talent les nombreuses roches vertes à plagioclase, amphibole et augite, connues dans la province de Cadix et dans les Pyrénées ; il a reconnu que toutes ces roches avaient des caractères propres qui leur valent le nom d'ophite, mais qu'elles présentaient en outre de grandes différences entre elles, différences parfois considérables, mais toujours liées par les passages les plus insensibles. M. Mac Pherson est arrivé à distinguer 3 types principaux d'ophites :

1° *Ophites compactes*

2° *Ophites semi-cristallines*

3° *Ophites cristallines noirâtres*

Aux ophites cristallines noirâtres, les plus anciennes, on peut rattacher une quatrième catégorie d'ophites, ce sont les *ophites cristallines vertes*, qui ne représentent qu'un état de décomposition plus avancé des ophites noirâtres. Ces ophites cristallines noirâtres ne présentent pas de traces de pâte amorphe ; elles contiennent de l'augite qui souvent

(1) *Rosenbusch* : M. Physiogr. d. mass. Gesteine, 1877. p. 274.

devient diallagique et remplit les interstices des cristaux de plagioclase. Les feldspaths, le plus souvent troubles, contiennent des aiguilles d'amphibole et des inclusions gazeuses, vitreuses, et liquides à bulle mobile. L'analogie de l'augite avec le diallage provient, non pas de la présence des microlithes bruns souvent caractéritiques de ce dernier minéral, mais simplement de la prédominance d'un clivage parallèle aux arêtes du prisme. Cette augite diallagique est souvent transformée en amphibole et en chlorite. On rencontre exceptionnellement de petits grains de quarz et d'hématite ; l'épidote est de formation secondaire. Je n'ai pas observé de variétés analogues dans les Asturies.

Les ophites compactes de M. Mac Pherson contiennent des plagioclases souvent en groupements étoilés, et des grains de pyroxène jaunâtre en partie transformés en amphibole et en chlorite ; ces cristaux sont noyés dans une pâte verdâtre vitreuse, où se trouvent de petits grains de fer magnétique, de pyroxène, et des microlithes de feldspath.

C'est dans la troisième catégorie d'ophites de M. Mac Pherson, ophites semi-cristallines ou intermédiaires, que l'on trouve les types les plus voisins des kersantites récentes des Asturies. Il est toutefois impossible en l'état actuel de nos connaissances d'assimiler ces roches ; de plus, les kersantites récentes des Asturies, ne présentent pas malgré leurs nombreuses variétés, de passage aux ophites proprement dites.

Il n'y a donc pas lieu de croire à l'existence d'ophites dans les Asturies, et nous ne pouvons plus admettre actuellement avec M. Manuel Pastor y Lopez (1) qu'elles affleurent dans la partie silurienne de cette province. M. Mac Pherson m'a du reste fait savoir, qu'il n'avait pu non plus trouver d'ophite dans les Asturies.

C. Comparaison avec les Dacites : Des roches de la série récente avec lesquelles ces kersantites me paraissent avoir beaucoup de relations sont certains *grünstein*, et *dacites* de Hongrie, qui se rapprochent surtout de nos variétés porphyroïdes et compactes. J'ai eu l'occasion de voir ces roches dans la collection Beudant au Collège de France, et dans la collection de MM. Zeiller et Henry à l'école des mines. Les dacites étudiées par M. von Richthofen (2) en Hongrie, M. Stache (3) dans le Siebenbürgen, et M. vom Rath (4) dans les monts Euganéens, doivent leur nom au pays où elles ont leur plus beau développement, le Siebenbürgen (ancienne Dacie) : ce sont des roches formées de cristaux de feldspath plagioclase, de sanidine, de hornblende, de quarz, dans une masse fonda-

(1) *S. D. Manuel Pastor y Lopez* : Mem. geogn. agric. sobre la prov. de Asturias, Madrid 1853, p. 22.
(2) *von Richthofen* : Zeits. d. deuts. geol. Ges. Bd. XX. 1868.
(3) *G. Stache* : geol. von Siebenbürgen. Wien 1863.
(4) *vom Rath* : Fragmente aus Italien, Zeits. d. deuts. geol. Ges. Bd. XXII. 1870.

mentale à grains fins ou compactes La masse fondamentale gris-noirâtre parait elle-même porphyrique au microscope, formée de petits cristaux de sanidine, de plagioclase, de hornblende ; le quarz forme presque seul la pâte quand il n'est pas visible macroscopiquement. Les cristaux les plus abondants dans la roche sont ceux de feldspath, et notamment ceux de feldspath oligoclase, ils sont vitreux. La biotite est commune et parfois plus abondante même que l'amphibole.

Les roches d'abord décrites en Hongrie par Beudant(1) sous le nom de grünstein, et étudiées depuis par MM. Zeiller et Henry (2), sont composées essentiellement d'un mélange de feldspath et d'amphibole hornblende. Le feldspath se montre souvent en cristaux assez nets présentant les stries du sixième système cristallin ; on le considérait comme étant de l'andésine depuis l'analyse de Ch. Sainte-Claire Deville (3), mais on le rapporte plutôt au labrador depuis les analyses de M. K. von Hauer (4), et de MM. Zeiller et Henry (5). Il y a un peu d'orthose, de mica noir ou vert, et quelquefois du quarz en grains, en outre des deux éléments essentiels précédents.

En 1867 M. von Richthofen (6) rencontra à Washoe et dans les Silver mountains (Nevada), des roches offrant des caractères petrographiques voisins de ceux des dacites du Siebenbürgen, il les distingua cependant par le nom nouveau de propylite, parce que partout où il les voyait apparaitre, elles étaient comme les précurseurs de toute la série des roches volcaniques de la période tertiaire (7). La principale différence entre les propylites et les dacites était d'après M. von Richthofen une différence d'âge ; les phénoménes éruptifs ayant débuté pendant la période tertiaire par l'éruption des propylites. Il était toutefois possible de les reconnaître minéralogiquement ; leurs caractères distinctifs ont surtout été mis en lumière par M. Zirkel (8) qui y distingua :

Propylites { *sans quarz* / *avec quarz*

Andésites amphiboliques { *sans quarz* / *avec quarz, Dacite*

Les kersantites récentes d'Espagne se rapprochent par de nombreux caractères des

(1) *Beudant* : Voyage minér. et géol. en Hongrie, Paris 1822.
(2) *Zeiller et Henry* : Mem. sur les roches éruptives et les filons métallifères du district de Schemnitz, Hongrie, Annal. des mines. 7e Sér, T. III. p. 207.
(3) *Ch. Sainte-Claire Deville* : Bull. Soc. géol. de France, T. VI. 1849, p. 410. 412.
(4) *K. von Hauer* : Verhandl. der K. K. geol. Reichsanstalt 1867.
(5) *Zeiller et Henry* ; l. c., Annal. des mines, 7e Sér. T. III p. 49.
(6) *von Richthofen* : Natural System of volcanic rocks, Memoirs of the academy of California, 1867.
(7) *von Richthofen* : Zeits. d. deuts. geol. Ges., Vol. XX, 1868. p. 663.
(8) *F. Zirkel* : U. S. geol. exploration of the 40th Parallel, 1876. Microscopical Petrography, p. 110.

propylites quarzifères de M. Zirkel, par la couleur vert-grisâtre de la masse fondamentale porphyrique, jamais vitreuse comme dans les andésites; par la présence de petites particules de hornblende dans cette masse; par la couleur verte de la hornblende qui est fibreuse, mais qui toutefois est accompagnée de fer magnétique comme le sont habituellement les seules hornblendes brunes de la propylite d'Amérique, et surtout par les inclusions liquides à bulles mobiles qui se trouvent dans son quarz, inclusions qui sont toujours remplacées par des inclusions vitreuses dans le quarz des andésites amphiboliques. Nos roches se rapprochent au contraire des andésites-amphiboliques et s'éloignent par conséquent des propylites, par l'absence d'épidote microscopique, et par la présence générale de l'augite comme élément secondaire. Il parait donc également difficile d'assimiler nos kersantites récentes d'Espagne, à l'une des divisions établies par M. Zirkel dans les roches analogues de l'Amérique.

Nous terminerons cette comparaison de nos roches espagnoles avec les dacites, en les envisageant comme elles sont comprises aujourd'hui par MM. Rosenbusch (1), Doelter (2); C'est d'après leur structure que M. Doelter a subdivisé les dacites, il y a distingué les groupes suivants :

1° *Dacites granitoporphyriques (ressemblant au granite).*

2° *Dacites trachytiques.*

3° *Dacites porphyriques* :
- Dacite proprement dite, passant aux Rhyolithes à oligoclase de Hongrie.
- Dacite à biotite.
- Dacite pauvre en quarz, passant aux andésites sans quarz.

C'est surtout des dacites granitoporphyriques de Doelter, et de ses dacites porphyriques à biotite, que nos roches se rapprochent le plus ; on ne peut cependant les identifier, comme je m'en suis convaincu par l'étude d'une collection de ses types donnée par M. Doelter à M. Fouqué, au Collège de France. La différence fondamentale a été mise en relief par MM. Fouqué et Michel-Lévy dans leur minéralogie micrographique (p. 162), où ils rangent les dacites parmi les roches à structure trachytoïde, tandis que la structure des kersantites récentes d'Espagne est au contraire granitoïde.

D. Comparaison avec les porphyres bleus de l'Esterel : Les porphyres

(1) *Rosenbusch* : Mik. Physiog. p. 304.

(2) *Doelter* : Tschermak's min. Mittheil. 1873, p. 102.

bleus de l'Esterel, et les roches qui en ont été rapprochées récemment par MM. Michel-Lévy [1] et Vélain [2], c'est à dire les granulites de l'Ile d'Elbe et les microgranulites de la grande Galite (Algérie) forment une autre série récente, peu éloignée de celle qui nous occupe. Les porphyres bleus de l'Esterel que j'ai pu étudier, sont des microgranulites contenant beaucoup plus de cristaux tricliniques (andésine) que de sanidine, de l'amphibole, du mica noir, des grains de quarz et du fer titané; M. Rosenbusch [3] hésite à les ranger dans les dacites plutôt que dans les liparites ; M. von Lasaulx [4] les rapporte aux rhyolithes quarzifères. Certaines des kersantites récentes d'Espagne, notamment les variétés porphyroïdes, parmi lesquelles je citerai celle de Celou, ont d'étroites relations avec ces porphyres bleus ; les variétés granitoïdes d'Espagne paraissent se rapprocher davantage de la granulite récente de la grande Galite décrite par M. Vélain, et de la granulite récente de l'Ile d'Elbe décrite par MM. Michel-Lévy, vom Rath [5] : leur différence essentielle étant l'extrême rareté du feldspath monoclinique dans les roches d'Espagne. Ces caractères les rapprochent de la série des roches granitoïdes tertiaires, à feldspath plagioclase dominant et à quarz libre, sur laquelle M. J. W. Judd [6] a attiré l'attention dans son mémoire sur Schemnitz ; les granites tertiaires de l'Ile de Mull du même auteur [7] doivent aussi être rappelés ici.

La conclusion de cette revue comparative des roches voisines de nos *kersantites quarzifères récentes*, est de nous montrer leurs plus proches alliées dans les kersantites anciennes, dont elles ne diffèrent que par les caractères superficiels indiqués plus haut (p. 150).

4. Modifications métamorphiques au contact de la kersantite récente.

Les kersantites en filons minces de 1 à 2 m. n'exercent généralement pas d'action métamorphique sur les roches sédimentaires, schistes ou grès qu'elles traversent : c'est une analogie avec les grünstein de Hongrie qui se trouvent dans les mêmes conditions [8].

---

(1) *Michel Lévy* : Divers modes de structure des roches éruptives, Annal. des mines, 7e Sér., T. VIII. p. 480.
(2) *Vélain* : Constitution géol. des îles voisines du littoral de l'Afrique, du Maroc à la Tunisie, Compt. rendus Ac. sci., 5 janvier 1874 et 18 déc. 1876.
(3) *Rosenbusch* : Mik. Physiog. d. mass. Gesteine, 1877. p 806.
(4) *Von Lasaulx* : Elem. der Petrographie, 1875. p. 275.
(5) *Vom Rath* : Die Insel Elba, Zeits. d. deuts geol. Ges. XXII, 1870. p. 604.
(6) *J. W. Judd* : On the ancient Volcano of the district of Schemnitz, Quart. journ. geol. soc. London 1876. Vol. XXXII. p. 309.
(7) *J. W. Judd* : Quart. journ. geol. Soc. London 1874. Vol. XXX. 234
(8) *Zeiller et Henry* : Annal. des mines, 7e Sér. T. III. 1873. p. 57.

Lorsque les filons sont un peu plus épais, ils impriment un caractère nouveau aux couches encaissantes ; les phyllades ardoisiers sont transformés au contact en phyllades glanduleux micacés comme à Lomes, Presnas, etc., mais ce n'est toutefois que lorsque la roche s'est épanchée en masse qu'elle a produit une altération notable, et qu'il devient intéressant de l'étudier en détail.

Il est facile de le faire à Salave, et notamment dans les falaises voisines de Cierva ; la coupe (pl. XIX) montre que les phyllades cambriens gris-noir avec lits de quarzite gris-verdâtre qui forment ces falaises, se modifient au contact des roches éruptives. On peut y distinguer deux auréoles distinctes :

A. Schistes tachetés

B. Micaschistes chloriteux.

A. Auréole des schistes tachetés : Elle est la plus externe, d'une épaisseur assez difficile à fixer, d'environ 30 mètres ; cette modification est assez peu marquée, et ne consiste qu'en petits points mats répandus irrégulièrement à la surface brillante du schiste. Elle rappelle la première modification produite par le contact du granite dans l'auréole des schistes gaufrés (fleckschiefer). L'auréole interne *B* est formée de micaschistes chloriteux passant souvent au gneiss près des masses cristallines importantes, son épaisseur totale ne paraît pas dépasser 3 à 4 m ; elle affleure très bien dans la baie de Figueiras.

Au microscope, un *schiste tacheté* ramassé dans la falaise de Cabo Cebes près Cierva, m'a paru formé comme la plupart des phyllades de petits grains de quarz, irréguliers, allongés, très nombreux, cimentés par du mica blanc formant pâte. On y reconnait en outre du graphite en gros grains irréguliers, de la tourmaline en prismes courts, de très rares microlithes de rutile, et des grains assez volumineux, irréguliers, très réfringents (grenat ?). On y remarque enfin du mica noir en petites paillettes, très dichroïques, et disposées en trainées parallèles : il constitue la modification essentielle de la roche, et détermine les taches observées sur le schiste.

B. Micaschistes chloriteux : Roches feuilletées, blanc verdâtre, paraissant formées uniquement à l'œil, de paillettes de chlorite et de mica blanc verdâtre. Au microscope cette roche se montre composée de grains égaux de quarz, réunis par des paillettes d'un mica potassique pâle, il y a en outre de la chlorite qui est de beaucoup l'élément prédominant. Il est facile de reconnaître qu'elle est entièrement ici de formation secondaire, et qu'elle a pris naissance aux dépens du mica noir presque entièrement décomposé. Ce mica noir dont on ne retrouve plus que les débris, devait être abondant, et en grandes lamelles disposées irrégulièrement dans le schiste ; il contient de nombreuses inclusions ferrugineuses allongées en aiguilles, ainsi que du sphène, en grains libres, biréfringents, et souvent décomposés.

On suit tous les stades de l'altération du mica noir se transformant en chlorite ; d'abord les lamelles de mica verdissent, leur dichroïsme dimiaue, puis seulement elles sont épigénisées par la chlorite dont les fibres disposées comme celles du mica prennent ensuite leur arrangement caractéristique en houppes. On retrouve souvent dans la chlorite les inclusions en aiguilles du mica noir. La roche contient encore de l'oligiste bien reconnaissable, en grains; ainsi que de grands cristaux à contours irréguliers, s'éteignant en long, et ayant de nombreuses inclusions charbonneuses disposées grossièrement suivant leurs clivages, ils sont à peine dichroïques, et présentent bien des caractères de l'andalousite. On est parfois tenté de rapporter quelques-uns de ces cristaux à l'orthose, mais je n'ai pu toutefois me convaincre de la présence de ce feldspath On se rappelle du reste, que M. H. Pohlig (1) a montré que des galets de schistes dévoniens clastiques pincés dans le trachyte du Perlenhardt (Siebengebirge) étaient transformés en schistes maclifères par cette roche éruptive tertiaire, comme au voisinage d'un granite ancien. Les micaschistes chloriteux de Cierva contiennent enfin en très grande abondance de petits cristaux maclés de feldspath triclinique, dont les angles d'extinction ont des valeurs très faibles, et qui appartiennent sans doute à l'oligoclase. Je termine la description de cette roche en indiquant des plages récentes d'une substance cristalline, sans contours déterminés, et infiltrée dans les vides produits par la décomposition des autres minéraux; elle polarise à la façon de certaines orthoses récentes, et est sans doute une matière silicatée.

Ces micaschistes chloriteux de Cierva rappellent par plusieurs de leurs caractères les *fruchtgneiss* et les *cornubianitgneiss* métamorphiques de l'Erzgebirge décrits par Naumann (2) et M. Rosenbusch (3) ; ils rappellent mieux encore peut-être les spilosites métamorphiques, agrégats de feldspath albite et de chlorite souvent disposés en boules, qui se développent d'après M. K. Lossen (4) au contact des roches cristallines à pyroxène. Si l'on pouvait assimiler des roches par l'identité de leur action métamorphique,

(1) *Hans Pohlig* : Die Schieferfragmente im Siebengebirger Trachyt von der Perlenhardt bei Bonn, Tschermak's m. u. p. Mittheil, III, 1880. p. 347.

(2) *Naumann* : 2 Hefte der Erläuterungen zu der geognostischen Karte des Königreichs Sachsen.

(3) *Rosenbusch* : Die Steiger Schiefer, Strasbourg 1877. p. 204-243.

(4) *K. Lossen* : Sur la Spilosite et la Desmosite de Zincken, Zeits. d. deuts. geol. ges, Bd. XXIV. 1872. p. 701.

nous trouverions encore dans cette action un rapprochement de plus à faire entre nos kersantites récentes et les granites tertiaires de l'île d'Elbe : ce granite d'après M. von Rath [1], se ramifie irrégulièrement dans les schistes à San Piero, ils sont argileux, micacés, sombres ; mais passent au contact, à des micaschistes cristallins fibreux, noirs ou gris, avec chlorite, épidote, mica, et où on reconnait des cristaux de feldspath triclinique.

Fer magnétique de Celléiro : Une autre action métamorphique non moins intéressante des kersantites récentes, est celle qu'elles exercent sur les minerais de fer (hématite), qui se trouvent en couches dans les terrains primaires. Une couche de cette nature se suit d'une manière constante près la partie supérieure du terrain cambrien des Asturies (voir à la partie stratigraphique de ce mémoire) ; elle était citée dès 1849 par Paillette et Bézard [2], dans l'espace compris entre Cudillero, Muros, Pravia, et Soto del Barco, et affleure aussi aux environs de Salave où elle a été exploitée récemment à Celléiro. Le minerai de Salave a été reconnu par Paillette et Bézard pour du fer oxydulé (l. c. 580). on ne le trouve d'après eux qu'en blocs ou cailloux assez volumineux, non loin de Porcia, à la limite du granite stannifère de Salave et des roches sédimentaires qu'on traverse en se dirigeant vers l'est. — Comme il existe une vaste et ancienne exploitation romaine à Salave sur les bords de la mer, d'où suivant l'opinion générale, on extrayait anciennement de l'étain, il se peut que le minerai de Porcia soit l'aimant dont parle Pline [3] : « Cette pierre est aussi une production de la Cantabria, mais ce n'est pas le véritable aimant qui forme des roches fermes et continues. Ce sont plutôt des cailloux ou des fragments éparpillés qu'on nomme *Bullation*. Je ne sais pas s'il sera aussi utile que l'autre pour fondre le verre, puisque personne ne l'a essayé jusqu'à présent ; mais ce qui est certain, c'est qu'il influe sur le tranchant des épées et autres outils en fer, comme le véritable aimant. »

M. G. Schulz [4] connaissait aussi cette couche, il la décrit comme composée de fer magnétique et formant un filon dans les schistes. Je n'ai pas vu de raisons probantes pour admettre l'éruptivité du fer magnétique de Celléiro. Le minerai imprègne un schiste noir, très pesant, assez difficile à reconnaître à première vue ; il donne toutefois la poussière noire du fer oxydulé, et a une action vive sur l'aiguille aimantée. Les sections

(1) *Vom Rath* : Fragmente aus Italien, Zeits. d. deuts. geol. Ges. Bd. XXII. 1870. p. 634, 607, 644.

(2) *Paillette et Bézard* : Bull. Soc. géol. de France, 2e Sér. T. VI. p 581.

(3) *Pline* : Lib. XXXIV. cap. 13.

(4) *G. Schulz* : Descripc. geol. de Asturias, p. 18.

minces de cette roche y font reconnaître deux éléments constituants distincts: l'un opaque à la lumière naturelle, est disposé en agrégats irréguliers, composés de nombreux petits octaèdres alignés suivant les axes du système cubique et juxtaposés par leurs pointes; souvent ces octaèdres sont maclés suivant leurs faces; souvent aussi ils perdent ces contours réguliers et se présentent en grains et en granules arrondis. L'éclat bleuâtre métallique de ce minéral, dans la lumière réfléchie, concorde avec ses formes extérieures pour le faire rapporter au fer magnétique. Tous ces petits cristaux sont entourés et réunis entre eux par une substance transparente, incolore, fibrilleuse et radiée aux forts grossissements, elle reste constamment éteinte sous les nicols croisés; ce n'est qu'exceptionnellement qu'elle présente un feuillet cristallin à aspect micacé: elle rappelle surtout les micas potassiques qui forment la masse fondamentale de beaucoup de schistes, et qui reste également éteinte dans les sections parallèles aux feuillets. Elle contient des plages verdâtres irrégulières à aspect chloriteux, et aussi en certains points des grains cristallins, réfringents, isotropes.

Ce minerai magnétique de Celléiro diffère minéralogiquement de l'oligiste que l'on rencontre habituellement dans cette position, formant une couche au sommet du cambrien. Je ne puis comprendre cette différence qu'en la rapportant à l'influence modifiante des kersantites récentes qui se trouvent au voisinage, et qui auraient métamorphisé le fer oligiste en fer magnétique. Ce fait n'est pas isolé, on en connaît un exemple au voisinage de roches cristallines peu différentes, dans l'île d'Elbe, où M. vom Rath (1) a montré que le fer magnétique de Punta-Bianca est métamorphique, et formé par pseudomorphose aux dépens d'une couche de fer oligiste.

Ce massif de Salave est celui où j'ai pu observer les plus beaux exemples de métamorphisme au contact des kersantites récentes. Ailleurs dans les Asturies, on ne trouve plus guère cette roche qu'à l'état de filons minces; les environs de Pola-de-Allande méritent toutefois une mention spéciale à cause du nombre de ces filons (Presnas, Lomes, Celon). Le métamorphisme est peu sensible au contact de ces derniers filons, mais paraît plus important au nord de la Pola-de-Allande où les schistes sont chargés de chlorite d'après M. Schulz (2) qui y indique des cristaux de chlorite, et de feldspath, sur une longueur de plusieurs kilomètres. Il y aurait lieu d'étudier plus en détail les roches de la Pola-de-Allande, car en outre des kersantites récentes qui affleurent au sud de cette

(1) *Vom Rath*: Die Insel Elba, Zeits. d. deuts. geol. ges. Bd. XXII, 1870. p. 723.
(2) *G. Schulz*: Descripc. geol. de Asturias, p. 77.

localité, il y a aussi des filons de diorites, et sans doute encore d'autres roches éruptives et métamorphiques.

5. Age géologique des kersantites quarzifères récentes.

Les kersantites récentes sont des roches éruptives, leurs filons coupent transversalement et dans toutes les directions les roches sédimentaires, qui ont été métamorphisées au contact de la roche ignée. Les roches sédimentaires ainsi traversées et modifiées appartiennent généralement aux séries les plus anciennes; ainsi les kersantites récentes se trouvent dans le terrain cambrien à Salave, Campos, Cierva, Presnas, Lomes, Celon, Selviella, c'est-à-dire à peu près partout. Ce n'est que dans les environs d'Ynfiesto que j'ai pu constater l'apparition plus récente des kersantites; peut-être l'étude attentive du pays de Viñon que je n'ai vu qu'imparfaitement fournirait-elle une confirmation de cette observation. A l'ouest d'Ynfiesto, la tranchée de la grand'route, montre un filon de kersantite traversant les schistes et grès houillers, à quelques pas de là, affleurent les poudingues urgoniens; la végétation et les éboulements ne m'ont pas permis de reconnaître les relations exactes de ces couches entre elles; je n'ai pu voir si la roche éruptive traversait le terrain crétacé, mais sa postérité au terrain houiller est évidemment acquise.

Au sud de ce bassin crétacé d'Ynfiesto, près du petit village de Lozano, j'ai relevé une autre coupe, où un beau filon de kersantite tantôt granitoïde et tantôt compacte, coupe encore les schistes houillers : on les voit au sud de la roche éruptive, mais je n'ai pu les retrouver au nord, où l'on reconnaît près du petit ruisseau des schistes et des grès calcareux blanc-jaune avec fossiles turoniens. La kersantite est ainsi intercalée à Lozano, entre les schistes houillers et le terrain crétacé supérieur, où elle remplit une faille : elle a donc fait son apparition dans la région d'Ynfiesto à l'époque de la formation des failles qui relevèrent le terrain crétacé. Telle est également l'opinion de M. G. Schulz, qui avait aussi remarqué la position des roches éruptives d'Ynfiesto, à la limite des couches carbonifères et crétacées: « Tal vez estas rocas plutonicas habran contribuido a elevar tanto las sierras de Ques y Cayon, que se distinguen en medio del valle longitudinal de Asturias, llevando por ambos flancos el terreno de la creta. »

J'ai déjà indiqué l'âge des roches éruptives d'Ynfiesto en 1879 (1) dans mon Mémoire sur le terrain crétacé de la province d'Oviedo; je concluais des observations consignées

(1) *Ch. Barrois* : Mém. sur le T. crétacé de la prov. d'Oviedo; Ann. des sciences geol. T. X. 1879 Paris, p. 34 35.

dans ce travail « que le terrain crétacé de la province d'Oviédo était recouvert en stratification concordante par des couches éocènes, marines à Colombres, lacustres au centre du bassin ; le terrain éocène occupe le sommet de la série des formations observées dans ce pays : les eaux miocènes n'y ont vraisemblablement pas pénétré, puisqu'on n'en trouve aucun reste. On est donc ainsi conduit à rattacher la formation du bassin crétacé synclinal d'Oviédo à la fin de la période éocène et avant la période miocène. » De la concordance entre les couches nummulitiques et le crétacé, il ressort évidemment que dans la province d'Oviédo comme dans le reste de la chaine pyrénéenne, on ne trouve pas trace de mouvement général du sol entre les terrains crétacés et tertiaires ; il en ressort également que les kersantites récentes en relation à Ynfiesto avec les failles qui ont façonné ce bassin crétacé, ne peuvent leur être antérieures, et sont par conséquent aussi comme elles postérieures à la période éocène. Elles ont dû faire leur apparition à l'époque des grandes dislocations du sol qui donnèrent naissance aux Pyrénées entre l'éocène et le miocène.

DEUXIÈME PARTIE

PALÉONTOLOGIE

INTRODUCTION

Historique : Les grands noms de de Verneuil, Barrande, resteront toujours attachés à l'histoire de la paléontologie en Espagne : c'est à eux que revient l'honneur d'avoir reconnu les fossiles primordiaux découverts par Casiano de Prado ; c'est encore à eux (1), aidés de d'Archiac, Paillette, que nous devons nos connaissances actuelles sur les

(1) *De Verneuil* : Description du Pentremites Paillettei, Bull. soc. géol. Fr., 2e Sér. T. I. 1844. p. 213.
De Verneuil et d'Archiac : Notice sur les fossiles dévoniens des Asturies, Bull. soc. géol. de France, 2e Sér. vol. II, 1845 p. 458.
A. Paillette et de Verneuil : Sur quelques dépôts carbonifères des Asturies, Bull. soc. géol. de France, 2e Sér. T. 3 1846. p. 450.
Casiano de Prado : Sur les terrains de Sabero et de ses environs (Léon). Bull. soc. géol. de France, 2e Sér. T. VII. 1850 p. 137.
De Verneuil : Note sur les fossiles dévoniens de Sabero. Bull. Soc. géol. de France, 2e Sér. T. VII. 1850. p. 155.
De Verneuil et Barrande : Description des fossiles trouvés dans les terrains silurien et dévonien d'Almaden, d'une partie de la Sierra Morena et des montagnes de Tolède. Bull. soc. géol. Fr., 2e Sér. T. XII, 1855, p. 964.
Casiano de Prado, de Verneuil et Barrande : Sur l'existence de la faune primordiale dans la chaîne cantabrique. Bull. soc. géol. de France, 2e Sér. T. XVII. 1860, p. 516.

belles faunes siluriennes, dévoniennes et carbonifères, de la péninsule Ibérique. De Verneuil a signalé ou décrit plus de 425 espèces, dans les terrains paléozoïques d'Espagne.

J'ai trouvé personnellement 385 espèces dans les terrains paléozoïques des Asturies, en y ajoutant celles qui sont citées par de Verneuil et M. Mallada (1) et que je n'ai pas retrouvées, le nombre total des formes connues à cette époque en Espagne s'élève à environ 620, nombre encore insignifiant si on le compare à ceux qui sont donnés pour d'autres régions dans les *Thesaurus siluricus* et *devonico-carboniferus* de Bigsby. Il reste donc beaucoup à faire avant de pouvoir proposer un essai complet sur la répartition géographique des espèces paléozoïques dans cette partie méridionale de l'Europe ; il y a cependant certains faits qui cadrent avec les résultats généraux de la science et que l'on peut dès aujourd'hui mettre en lumière. Les observations ultérieures ne pourront que les confirmer.

Généralités sur les faunes paléozoïques des Asturies : On sait déjà que le développement paléontologique s'est fait de la même manière dans les terrains paléozoïques des Asturies que dans ceux des pays voisins ; ce premier résultat énoncé par de Verneuil pour les grandes divisions stratigraghiques ou *Terrains*, se poursuit dans les divisions d'un ordre inférieur *Etages* et *Assises*. De Verneuil avait indiqué dans le terrain silurien d'Espagne des formes siluriennes de Bohême, et dans le terrain dévonien des formes dévoniennes du Rhin ; on reconnait de même que l'eifelien des Asturies, contient des formes eifeliennes des Ardennes, et que le frasnien contient les formes du frasnien de Belgique ; le calcaire carbonifère de Leña contient la faune du calcaire carbonifère de Visé ; les schistes houillers de Sama, la flore des schistes houillers moyens d'Angleterre et du nord de la France ; et les schistes de Tineo la flore de Saint-Etienne.

En Espagne, certains genres sont beaucoup plus riches en individus que dans les assises étrangères correspondantes ; ces genres sont en même temps, les plus riches en espèces. Le fait capital est que les êtres organisés se sont succédés, dans cette région et s'y sont développés dans le même ordre que dans les autres contrées de l'Europe, malgré les conditions spéciales du milieu, qui n'ont influencé que les détails. Ainsi, la mer des calcaires Asturiens était une mer entrecoupée,

(1) *Lucas Mallada* : Synopsis de las especies fosiles que se han encontrado en Espana. — Bol. com. map. geol. de Espana, Tomes 2 à 8 — 1875 à 1881.

obstruée, par des îles schisto-cristallines alignées suivant l'axe des Pyrénées ; les conditions d'existence y étaient par conséquent bien différentes de celles des golfes ardennais, ou des mers ouvertes de la Russie : la succession des faunes est cependant la même, et témoigne ainsi de la constance des grandes lois suivant lesquelles la matière évolue depuis la création. Les modifications des espèces, leur extinction et leur renouvellement ont des causes prochaines, locales et temporaires, telles que les changements de courants, les changements orographiques, la sélection, la lutte pour l'existence, etc. ; mais les effets de ces causes sont réglés par un même plan général d'une admirable unité, plan divin qui gouverne la nature, et dirige la marche de l'évolution.

C'est dans ces limites que la succession des êtres me parait dépendre des conditions extérieures : les causes actuelles ne suffisent pas à expliquer l'extinction brusque d'une foule de groupes divergents arrivés à leur apogée, comme celle des Cystidées, des Productus, des Fenestellidæ, etc., lorsque certains genres et même certaines espèces qui les accompagnaient dans un terrain se retrouvent dans le terrain suivant, au delà de la limite qui a été fatale à tout un groupe. Ces causes actuelles n'expliquent pas non plus le parallélisme des branches de l'arbre généalogique des êtres, qui ont poussé dans la même direction dans tous les pays ; car la succession des changements éprouvés par les êtres animés, est la même dans tous les pays, et leurs modifications y paraissent presque simultanées.

Sans voir davantage de raison suffisante, pour expliquer la différente facilité d'adaptation des diverses formes ; il est intéressant de noter ce fait que nous présentent les fossiles paléozoïques des Asturies, qu'il y avait à cette époque dans la région bien plus d'espèces cosmopolites, que pendant les âges suivants. Il y a de nombreuses espèces cosmopolites dans les terrains primaires, qui s'étendent dans plusieurs terrains et dans plusieurs provinces ; on peut voir dans le *Thesaurus* de Bigsby, la liste des espèces qui ont vécu du silurien au carbonifère, et qui sont communes à toutes les parties du monde. Des faits de ce genre sont de plus en plus rares à mesure qu'on avance dans la série, bien que les migrations soient toujours plus étendues : ainsi Forbes (1) a cru pouvoir affirmer la connexion de l'Irlande aux Asturies, à cause de quelques espèces terrestres communes à ces

(1) *Forbes* : Mem. geol. Survey, Vol, 1. 1846. p. 348.

deux régions ; de nos jours [1], les bords opposés Est et Ouest d'un même océan n'ont jamais la même faune, et n'ont presque pas d'espèces identiques.

Ce fait vérifié en Asturies, de la facile adaptation des faunes paléozoïques, aux diverses régions où pénètrent les eaux marines de ces époques, présente un des traits particuliers frappants de l'histoire paléozoïque en Espagne.

En outre de cette vaste répartition de certains fossiles sporadiques, et de la localisation de diverses espèces endémiques, les faunes successives conservées dans les différentes couches paléozoïques des Asturies, nous présentent des analogies plus grandes avec certaines contrées paléozoïques qu'avec d'autres, de sorte que les faunes paléozoïques synchroniques (ou du moins homotaxiques), avaient à la fois des rapports et des différences. Ces différences entre les faunes des divers bassins paléozoïques, rappellent ce que nous appelons aujourd'hui des provinces marines zoologiques. Ces provinces paraissent avoir eu de curieuses modifications de frontières en Asturies pendant la période paléozoïque : la faune cambrienne appartient avec la Bohême, à la zône méridionale de l'Europe ; il en est de même de la faune silurienne, qui est en outre identique à celle de Bretagne. Au contraire les terrains siluriens situés au nord, Ardennes, Angleterre, Scandinavie, ont une faune spéciale qui a permis à M. Barrande de les réunir en une zône septentrionale Européenne : il y avait donc d'après M. Barrande entre ces deux régions, une barrière naturelle.

Pendant l'époque suivante dévonienne, on ne reconnait plus en Espagne les caractères propres à la zône méridionale Européenne, on y voit arriver formée de toutes pièces et sans mélange, la faune dévonienne septentrionale des Ardennes et du Harz. A cette époque il existe assez d'espèces communes entre ces régions pour être assuré que la mer qui couvrait les Asturies était en communication avec celle de l'Europe septentrionale. Il existe en même temps assez d'espèces propres pour démontrer que la distribution géographique des espèces, telle que nous la voyons aux époques postérieures, était déjà esquissée à cette époque : les provinces zoologiques étaient d'autant moins distinctes les unes des autres que le climat était alors sans doute plus uniforme sur le globe.

Cette uniformité de climat me semble attestée, parce que les changements physiques qui ont déterminé les lacunes stratigraphiques et qui avaient ainsi pour corollaires nécessaires des modifications orographiques et climatériques dans la

(1) *Leconte* : Elements of geology, New-York. 1878. p. 162.

région, n'ont pas eu un plus grand effet sur le développement de la faune. De nos jours, un exhaussement de moins de 1000 mètres du sol de l'Espagne y amènerait un climat alpestre, et la faune lusitanienne des côtes serait vite mélangée de formes boréales.

Ainsi, les changements orographiques qui ont eu lieu en Asturies, et auxquels nous devons rapporter l'absence pendant l'époque dévonienne des faunes du givétien, du famennien, et du condrusien, n'ont pu apporter aucune modification dans le climat ni dans les courants; puisque la faune du frasnien qui succède en Asturies à la lacune givétienne, y retrouve comme à l'époque eifélienne, les mêmes conditions que dans la région Rhénane, et y présente les caractères connus du frasnien du Nord.

Le faune et la flore carbonifères qui succédent à la lacune condrusienne, présentent de même, et terme à terme, les caractères des différents niveaux du carbonifère septentrional. On doit nécessairement conclure de ceci, qu'il n'y a pas eu de mouvement bien considérable du sol pendant les périodes dévoniennes et carbonifères, puisqu'il n'y a pas eu de changement de climat ni de courants marins; ou bien que le climat avait une considérable uniformité. En tous cas, on doit constater qu'à aucun moment de la période paléozoïque, les Asturies n'ont constitué une province zoologique spéciale. Nous chercherons plus loin à nous rendre compte des conditions dans lesquelles se sont déposés ces terrains paléozoïques dans les Asturies, après avoir étudié en détail les espèces que nous y avons rencontrées.

Chapitre I

FAUNE DES TERRAINS CAMBRIENS ET SILURIENS

§ 1

DESCRIPTION DES FOSSILES DU CAMBRIEN

Les travaux fondamentaux de notre illustre compatriote M. Barrande, sur la faune primordiale, nous dispensent d'entrer dans les détails de la description des quelques fossiles que nous avons ramassés dans cette ancienne formation. Il suffira d'indiquer ici les rapports et les différences qu'il y a entre nos échantillous et les descriptions de M. Barrande.

J'ai trouvé des *Paradoxides* en très grand nombre dans les Asturies, en ayant rapporté 56 échantillons de la Vega de Rivadeo, et 68 de Pont-Radical. Il ne m'est cependant pas arrivé de trouver un seul individu complet, et les différentes pièces qui constituent la carapace de ces animaux sont ordinairement séparées dans ces couches schisteuses : cette désagrégation a dû se produire avant la fossilisation de l'animal, ainsi elle est générale à la Vega de Rivadeo, où ces fossiles sont pourtant le mieux conservé, mais où je n'ai pu trouver qu'un seul échantillon à peu près complet, je l'ai représenté (Pl. IV. fig. 1 c), il a perdu ses joues mobiles. A Radical, les différentes pièces sont plus souvent réunies, la désarticulation est plus rare, mais il est plus difficile pourtant d'étudier les tribolites, très déformés.

Trochocystites Bohemicus, BARR (1).

Trochocystites Bohemicus : BARR. Bull. soc. géol. Fr., 2e Sér. T. XVII. 1860. p. 537, pl. VIII. f. 5.

J'ai trouvé cinq cystidées identiques à ceux du Léon, décrits et figurés par

(1) *Remarque générale* : Afin d'abréger la partie de paléontologie descriptive de cet ouvrage, j'ai cru pouvoir me dispenser de retracer l'historique de toutes les espèces citées. Ce n'est pas en effet une monographie des fossiles paléozoïques d'Espagne que j'ai tenté de faire, mais seulement une liste critique des espèces que j'ai ramassées. Ce ne sont donc que des documents préliminaires que j'ai réunis ici ; et je me suis borné à citer les auteurs dont les figures et les descriptions correspondaient *le plus exactement* à mes échantillons, en insistant seulement sur les *rapports* et les *différences*.

M. Barrande sous le nom de *T. Bohemicus* ; mes échantillons sont à l'état de moules, et tellement déformés et aplatis dans les schistes, qu'il m'est impossible de les décrire en détail, ou d'en donner une diagnose plus complète que celle qui en a été proposée provisoirement par M. Barrande.

Localité : Radical.

Brachiopode ?

Quelques mauvaises empreintes des schistes rappellent assez les figures 5 données par M. Barrande dans son travail précité, et qu'il considère avec doute comme représentant un nouveau genre de brachiopodes.

Localité : Vega de Rivadeo.

1 *Paradoxides Pradoanus*, BARR.

Paradoxides Pradoanus : BARRANDE, 1860. Bull. soc. géol. Fr. 2e Sér. T. XVII. pl. 6. f. 1-6. p. 526.

Cette espèce a été bien décrite et figurée par M. Barrande d'après des échantillons du Léon provenant de Casiano de Prado : elle est surtout caractérisée par la disposition et la forme de son pygidium. Mes échantillons des Asturies sont de la même taille et présentent les mêmes caractères que ceux qui ont été figurés par M. Barrande, ils ne sont pas assez complets pour ajouter quoique ce soit à ce que M. Barrande a dit de cette espèce.

Espèce rare dans les Asturies, où je n'en ai trouvé que trois exemplaires. L'espèce suivante la plus commune dans cette province, diffère de toutes celles qui me sont connues, je crois devoir la désigner sous un nom nouveau.

Localité : Pont Radical.

2. *Paradoxides Barrandei*, C. B., nov. sp.

PL. IV. fig. 1 a, 1 b, 1 c, 1 d, 1 e, 1 f.

La plupart des fragments de *Paradoxides* appartiennent à une même espèce, malgré les différences considérables de taille qu'ils présentent : je crois cette forme nouvelle pour la science, et je la dédie à notre illustre maître M. Barrande. On doit l'éloigner à première vue de *P. Pradoanus* décrit par M. Barrande, dans la province de Léon, et signalé depuis par M. Mallada dans les Asturies ; le pygidium de cette espèce présente d'après M. Barrande, son caractère spécifique le plus distinct, par sa surface plane, allongée, et à extrémité postérieure pointue, sans bifurcation. Au contraire, les pygidiums de nos échantillons sont tronqués, et échancrés à leur partie postérieure, rappelant ainsi le pygidium du *P. rugulosus* de Bohême, figuré par M. Barrande pl. XIII. f. 5 ; ils ne portent cependant jamais de pointes comme sur la

22

figure 6 du même auteur.

Notre *Paradoxides Barrandei* appartient à la division des *P. spinosus* et *P. rugulosus* par les 4 paires de sillons de la glabelle. Le contour extérieur de la tête est arrondi, le bord frontal assez large. La largeur de la glabelle égale environ les 2/3 de sa longueur. L'anneau occipital large, saillant, paraît lisse, et dépourvu de tubercule médian. Les yeux forment un arc de cercle partant du 2e sillon, où il touche presque la glabelle, et aboutissent un peu au-dessus du sillon occipital. Les joues mobiles s'articulent avec la joue fixe suivant la grande suture, en formant au-dessus et au-dessous de cet arc de cercle, des angles plus aigus que dans les espèces de Bohême, et caractéristiques de cette espèce. La joue mobile présente un bord assez large, dont les pointes se prolongent jusqu'à la moitié du corps, jusqu'au huitième segment; elles sont bien plus larges et plus longues que chez les *P. spinosus* de même taille. L'angle génal est plus arrondi que chez *P. Sacheri*, et que par conséquent *P. spinosus*. L'hypostome, que j'ai toujours trouvé sans le limbe, est aplati comme tous les fossiles que l'on trouve dans les schistes, mais son corps central a dû être assez bombé. Ce corps central est trapézoïdal, on remarque en arrière les mêmes impressions musculaires que chez le *P. spinosus*; nos hypostomes s'en distinguent surtout par les contours latéraux plus anguleux, et de forme un peu différente. La surface est couverte des mêmes nervures.

18 (?) segments au thorax. Les fossiles qui nous offrent ce nombre, ayant la partie postérieure un peu fruste, il nous reste un léger doute à ce sujet: nous pouvons toutefois donner ce nombre 18 comme un minimum certain, pour cette espèce. L'axe saillant est de moitié moins large que les côtés; la forme des plèvres figure un arc analogue à celui qu'on voit dans *P. Sacheri* de Bohême, et *P. Pradoanus* d'Espagne. Elles ne présentent pas toutefois l'échancrure en coutelas de leur bord postérieur.

Le pygidium a un axe saillant large, sur lequel je ne compte que deux articulations: il dépasse à peine le tiers de la longueur totale. Les lobes latéraux forment une surface plane, portant de chaque côté l'impression longitudinale qui représente le sillon pleural du premier segment; leur diamètre égale le double de la largeur de l'axe. Le contour est bifurqué en arrière, au droit de l'axe, mais les branches en sont courtes, arrondies, et jamais pointues comme chez *P. rugulosus*.

Le test est transformé en une couche jaune-verdâtre pulvérulente; des stries identiques à celles des autres espèces sont très apparentes sur l'impression de la doublure du test, et sur la surface de l'hypostome. Ces mêmes stries se reconnaissent sur les joues mobiles, les lobes latéraux du pygidium paraissent granulés.

Dimensions : Petit échantillon complet : Longueur totale 60 ^{mm}. (dont : tête 20^{mm}, thorax 37^{mm}, pygidium 3^{mm}), largeur 38^{mm} ; le rapport de la longueur à la largeur est de 5 : 3. La plus grande glabelle de ma collection a 48^{mm} de long, sur 28^{mm} de large ; la plus petite a 5^{mm} sur 4^{mm}.

Localités : Vega de Rivadeo, Pont Radical.

1. *Conocephalites Sulzeri*, ZENK.

Conocephalites Sulzeri, BARR. : Bull. soc. géol. France, 2e Sér. T. XVII. 1860 p. 527 pl, VII. fig. 1 5.

J'ai trouvé des échantillons identiques à ceux du Léon décrits par M. Barrande ; cette espèce est beaucoup plus rare en Asturies que les suivantes (8 échantillons).

Localités : Vega de Rivadeo, Pont Radical.

2. *Conocephalites Ribeiro*, BARR.

Conocephalites Ribeiro, BARR. : Bull. soc. géol. France, 2e Sér. T. XVII. 1860. p. 528. pl. VI. f. 7. 12.

Echantillons identiques à ceux du Léon figurés par M. Barrande, mais moins bien conservés encore que ces types (22 échantillons).

Localités : Vega de Rivadeo, Pont Radical.

3. *Conocephalites Castroi*, C.B nov. sp.

Pl. IV. fig. 2 a, 2 b, 2 c.

Cette espèce nouvelle appartient au groupe des *Conocephalites Ribeiro*, et *C. striatus*, pourvus d'yeux ; elle se distingue surtout de la première de ces espèces par les caractères de sa tête. Cette partie est semi-circulaire, allongée transversalement, à anneau et sillon occipital très distincts. Le sillon est lisse, l'anneau est granuleux et porte en arrière 9 épines caractéristiques, la médiane est la plus courte, de chaque côté vient ensuite une épine courte et grosse, les secondes de chaque côté sont les plus longues, elles vont ensuite en diminuant jusqu'aux quatrièmes qui sont situées sur les côtés de l'anneau.

Glabelle conique, amincie au front, lobée par 2 à 3 paires de sillons latéraux, peu profonds, non réunis sur l'axe, une paire de sillons est si superficielle qu'on n'en voit que deux paires sur la plupart de mes échantillons. Chaque paire forme un angle ouvert en avant. Toute la glabelle est couverte de petits tubercules, plus petits que ceux qui ornent les joues. Sillons dorsaux larges, profonds, rectilignes, lisses, et s'unissant en arc devant le front. Les yeux sont extrêmement petits, ils paraissent de simples dilatations de la suture faciale ; chacune de ces sutures coupe le bord frontal en avant de l'œil, et elle se dirige en arrière vers l'angle génal, où elle se termine un peu à l'intérieur de cet angle. Le bord postérieur de la joue fixe est lisse, ainsi que le sillon postérieur de cette joue; mais en avant de ce sillon, il y a sur la joue une rangée de plus gros tubercules. Les pointes génales sont un peu plus longues que les plus longues épines de l'anneau occipital; elles ne dépassent pas toutefois le second anneau du thorax.

La disposition du thorax est peu caractéristique, et je ne saurais distinguer ces parties isolées, de celles du *C. Ribeiro*; ils portent la même ornementation de granules spiniformes, sur l'axe du thorax et sur la bande antérieure des plèvres. Je n'ai que des fragments incomplets de thorax, les uns isolés, les autres adhérents à la tête : l'échantillon le plus complet représenté *Fig. 2 a* permet de compter 14 segments thoraciques, nombre également indiqué par M. Barrande pour le *C. Ribeiro*. mais en l'absence du pygidium je ne puis donner ce nombre que comme un minimum. Je pense toutefois que le pygidium manque seul à cet échantillon. Je n'ai pas même trouvé de pygidium isolé, ce qui est assez singulier vu le grand nombre de têtes que j'ai trouvées, car j'en ai rapporté 35 des deux gisements où je les ai découverts.

Rapports et différences: Il n'y a lieu de comparer cette espèce qu'au groupe des *Conocephalites* pourvus d'yeux de M. Barrande; et nous pouvons dès l'abord éliminer de la comparaison toutes les espèces de Suède figurées par Angelin (1), sans pointes génales. L'existence de ces pointes distingue aussi le *C. Castroi* du *C. Ribeiro*, qui s'en rapproche pourtant par tant d'autres caractères; on les distingue encore toutefois par les sillons de la glabelle un peu mieux marqués chez *C. Castroi*, ainsi que par les 9 épines de son anneau occipital.

Je me suis fait un devoir de dédier cette belle espèce à M. M. F de Castro, Directeur de la Carte géologique d'Espagne, qui a déjà tant fait pour la géologie dans son pays.

Localités : Vega de Rivadeo, Pont Radical.

Arionellus ceticephalus, BARR.

Arionellus ceticephalus, BARR.: Bull. soc géol. France, 2e Sér., T. XVII. 1860. p. 526. pl. VI. f. 13-17.

Je n'ai trouvé dans les Asturies que de mauvais échantillons, rares du reste, que je rapporte avec doute à cette forme signalée par M. Barrande dans le Léon, (2 échantillons).

Localité : Vega de Rivadeo.

(1) *Angelin*: Pal. Suec. p. 23. pl. 18,19.

§ 2

Description des fossiles du silurien.

L'analogie de la faune primordiale de l'Espagne avec celle de la Bohême, a continué d'exister pendant la période suivante, de la faune silurienne seconde. De Verneuil et M. Barrande (1) ont déjà signalé en 1855 cet accord en décrivant la faune seconde de la Sierra Morena ; les fossiles de cet âge que j'ai trouvés dans les Asturies appartiennent évidemment d'une part à la faune du grès armoricain, et d'autre part à la faune de la Sierra Morena en Espagne, Bussaco en Portugal, Angers en France.

Il nous parait évident comme l'a indiqué M. Barrande que cette uniformité ne saurait être attribuée qu'à un ensemble de circonstances physiques plus ou moins semblables qui ont présidé aux dépôts siluriens inférieurs et moyens dans toute la région centrale de l'Europe, et notamment dans la région occidentale que nous avons étudiée. Cette région comprenant l'Espagne et la France (moins les Ardennes), formait à l'époque silurienne une seule province zoologique maritime, où les variations lithologiques ne doivent être rapportées qu'à des différences bathymétriques.

Bilobites.

Les Bilobites sont des fossiles bien connus du terrain silurien d'Espagne, on en doit déjà de belles illustrations à Casiano de Prado (2), et à M. F. M. Donayre (3) : les bonnes figures de M. Donayre étant identiques aux échantillons Asturiens du grès de Cabo Busto, me dispensent de les figurer ici. Ces *Bilobites* (Dekay) (4), *Cruziana* (d'Orb.) (5), *Fræna* (Rouault) (6), ou *Crossochorda* (Schimp.) (7), se composent essentiellement d'après M. de Saporta (8), de deux cylindres accolés, l'accolade étant

(1) *Barrande et de Verneuil* : Bull. soc. géol. de Fr., 2e Sér. T. XII. p. 964.
(2) *Casiano de Prado* : Descripcion fisica y geologica de la provincia de Madrid. p. 94, pl. 1.
(3) *F. M. Donayre* : Descripc. geol. de la prov. de Saragoza, Mem. com. map. geol. de Esp. 1874 pl. 1.
(4) *Dekay* : Ann. of. New-York, 1824.
(5) *D'Orbigny* : Voyage d'Amér. mérid. 3. pl. 1. 1842.
(6) *M. Rouault* : Bull. soc. géol. de France. 2e Sér. T. VII. 1849.
(7) *Schimper* : Handb. der Palaeont. 1879, p. 52.
(8) *De Saporta et Marion* : L'évolution du règne végétal (Cryptogames) Bibliothèque internationale, Germer-Baillière, Paris 1881. p. 65 à 97.

marquée par un sillon médian d'où partent des stries obliques et onduleuses qui recouvrent la convexité des cylindres, en les entourant d'un réseau de cannelures sinueuses. Les crêtes ou costules qui délimitent les sillons varient dans leur direction et leur saillie, et les sinuosités du réseau qu'elles constituent sont aussi plus ou moins prononcées. Ces fossiles ont déjà été l'objet de nombreuses observations; certains auteurs ont cherché à fixer leur place dans la classification, et les ont rangés tantôt parmi les algues, tantôt parmi les animaux; pour d'autres comme M. Nathorst, (1) ils auraient été produits par des traînées d'objets inertes, qui auraient rayé le fond des mers de l'époque, sous l'impulsion du mouvement des vagues. Malgré l'incertitude de la position systématique des Bilobites, certains spécificateurs se sont déjà hatés de prendre date, et ont assigné à ces corps énigmatiques une foule de noms spéciaux ; des catalogues raisonnés de fossiles de Bretagne donnent à ce sujet de curieuses listes.

Le progrès le plus réel fait pour la connaissance de ces fossiles est dû à M. Morière (2) qui reconnut que ces Bilobites sont fixés en demi-relief à la partie inférieure des lits où on les observe, et sont toujours imprimés en creux sur la face contigüe de la couche sous-jacente. J'ai pu depuis lors confirmer cette observation dans le département de la Sarthe, en compagnie de M. Guillier, ainsi que dans les Asturies. Depuis la découverte de M. Morière, les observations de MM. de Saporta (3), Crié, Heer, Torell, Schimper (4) furent d'accord pour considérer les Bilobites comme des algues éteintes (*Diplochordeae*), et alliées de loin d'après M. de Saporta aux types inférieurs de la classe des algues, particulièrement aux Siphonées (Caulerpées, Codiées, Udotées).

Le fait que les Bilobites sont représentés par des moules en creux sur les roches en place, rend en même temps une actualité véritable à l'opinion de MM. Mac Coy, Emmons, Geinitz, qui les considéraient comme des traces de vers (Crossopodia, Nereites), ainsi qu'à celles de MM. James Hall, Murchison, F. Rœmer, Gümbel, Nicholson, Nathorst, qui y voient indifféremment des traces de vers ou de mollusques, et enfin à celle de M. Hancock (5) qui y voit des pistes de crustacés. MM. de Saporta et Marion (6) qui se sont occupés en dernier lieu avec soin des Bilobites, ont vu dans

(1) *Nathorst* : Kongl. Svenska vet. akad., Bd. XVIII, n° 7. Stockholm, 1881. 11 pl.
(2) *Morière* : Assoc. franc. av. sciences, Paris 1878. p. 573.
(3) *De Saporta* : Végétaux paléoz. nouveaux. Assoc, franc. av. sciences. Paris 1878. p, 576.
(4) *Schimper* : Handb. d. Palæont. 1879. p. 52.
(5) *Hancock* : Annals and mag. of nat. hist. 1858. Sér. 3. Vol. 2.
(6) *De Saporta et Marion* : L'évolution du règne végétal, Bibl. internat. Paris 1881, p. 69. à 74.

ce fait de leur fossilisation en demi-relief un argument en faveur de leur origine végétale (l. c, p. 72). Pour eux les Bilobites étaient des algues inférieures, à consistance feutrée ou cartilagineuse extérieurement, mais probablement lâches et semi-lacunaires à l'intérieur ; ces algues auraient été ensevelies dans des sédiments formés assez vite et gardant assez longtemps leur plasticité pour conserver et mouler ces fossiles en suivant en même temps le retrait de leur volume, grâce à la poussée continue des lits supérieurs.

Les sections minces des Bilobites du grès silurien des Asturies ne m'ont présenté aucune trace d'organisation, et je n'aurais rien à ajouter à tout ce qui a déjà été décrit sur les relations de ces fossiles, si je n'avais trouvé dans des terrains plus récents des débris de même forme qu'il est intéressant de leur comparer. Je figure ici (Pl. V, fig. 4) des fossiles des grès dévoniens des Asturies (*Crossochorda*) qui ne sont pas plus instructifs que ceux du Silurien ; mais cette planche montre (fig. 5 a, 5 b.) deux autres fossiles analogues, provenant des marnes turoniennes inférieures des Ardennes.

J'ai ramassé ces fossiles à Séry, mais on les trouve communément dans toute cette région au même niveau. Ils sont parfois formés (5 a), comme les Bilobites de deux parties convexes ou cylindriques accolées, marquées à la surface de stries sinueuses et obliquement dirigées ; mais le plus souvent le sillon médian fait défaut et la ressemblance est moins grande : sans donc prétendre identifier spécifiquement ces fossiles, nous pensons qu'il y a entre eux une très grande analogie, et qu'ils sont au nombre des corps figurés qui se rapprochent le plus des Bilobites. L'examen de nos figures de la Pl. V. permettra de juger de la valeur de notre comparaison entre ces fossiles crétacés des Ardennes et les Bilobites des grès siluriens d'Espagne figurés par M. Donayre.

Ces Pseudo-bilobites crétacés sont formés en grande partie de carbonate de chaux, et par conséquent solubles dans les acides ; je n'ai retrouvé comme résultat de cette attaque que quelques grains de sable, et quelques spicules d'éponge. Je fus ainsi amené à considérer ces fossiles et avec eux les Bilobites comme des spongiaires ; mais cette opinion ne put résister à un examen plus approfondi : des coupes minces de mes fossiles crétacés me permirent de constater que les spicules d'éponges ne formaient qu'une minime partie de leurs éléments constituants, je ne pouvais de plus les rattacher à aucun genre connu, à cause de leur variété. La partie constituante essentielle et presque exclusive de ces fossiles est formée de coquilles de foraminifères appartenant aux espèces et aux genres les plus divers ; avec eux on trouve quelques fragments clastiques de coquilles de mollusques. La variété des foraminifères agglomérés dans ces Pseudo-bilobites crétacés est telle, que leur recherche me paraît le meilleur moyen de se faire rapidement une collection de foraminifères de ce niveau ; j'ai pu en dégager un grand nombre de formes en lavant ces Bilobites au moyen d'une brosse dure, et ai pu reconnaître des représentants des genres *Frondicularia*, *Dentalina*, *Cristellaria*, *Flabellina*, *Rosalina*, *Globigerina*, *Bulimina*, *Uvigerina*, etc.

Cet assemblage curieux de diverses formes de Foraminifères, de spicules d'éponges, de fragments de coquilles, constituant ainsi la masse des Pseudo-bilobites de la craie des Ardennes, nous empêche de considérer ces fossiles comme les débris d'une espèce animale. Les tubes que les Térébelles forment autour d'elles sur nos plages, fournissent il est vrai d'après les notes de M. Terquem (1) une semblable agglomération de coquilles variées ; mais la forme extérieure des Pseudo-bilobites est trop différente de celle des tubes de Térébelles pour que nous puissions les leur assimiler. L'hypothèse à laquelle la structure intime de ces coupes semble donner le plus d'appui, est celle qui les considère comme les pistes laissées en creux sur un rivage par le passage d'un animal quelconque ; ces creux auraient ensuite été comblés lentement par les *particules les plus pesantes* (foraminifères, spicules, etc.) que les flots de la mer crétacée étalaient sur son lit. L'identité de forme extérieure de ces Pseudo-bilobites et des Bilobites siluriens, est une raison sérieuse d'assigner à ces derniers la même origine, quoiqu'ils n'aient pas conservé de trace de leur structure primitive.

Abandonnant par conséquent l'explication du mode de fossilisation par demi-relief, proposée par M. de Saporta, comme inconciliable avec les observations faites sur les sections minces des Pseudo-bilobites, je crois cependant que l'autorité de MM. de Saporta et Marion, doit encourager à chercher de nouvelles homologies entre ces fossiles et les algues les plus inférieures. On peut encore se demander si les empreintes en creux, dont le remplissage a déterminé la formation des bilobites, ne sont pas des cavités laissées par la rapide décomposition de débris végétaux? Je serais du reste d'autant plus porté à admettre ces conclusions, qu'il me paraît d'autre part y avoir des relations intimes entre les

(1) *Terquem* : Essai sur les animaux qui vivent sur la plage de Dunkerque, Paris 1875, p. 6.

Siphonées verticillées de M. Munier-Chalmas (Dasycladées), et les Scolithes qu'on trouve toujours associés aux Bilobites. Les niveaux à Bilobites et Scolithes représenteraient donc d'anciennes grèves couvertes d'algues siphonées, analogues à certaines côtes de nos mers tropicales.

Localités : Arniella, Cadebo, Fontaneira, Caroges, Canero, et ailleurs dans ces grès.

Scolithus (1) (HALD.)

Scolithus linearis, HALL

Pl. IV. Fig. 4, — Pl. V. Fig. 1. 2. 3.

Scolithus linearis : HALL, Paleont. of New-York, 1847, Vol 1, p. 2, Pl. 1.

Aucun caractère visible ne permet de distinguer les débris du silurien d'Espagne que je désigne sous ce nom, de la forme du Potsdam sandstone d'Amérique. Il est du reste oiseux de multiplier les divisions spécifiques dans ce groupe dont les affinités génériques sont encore si obscures : on sait que certains paléontologistes les considérent comme des tubes d'annélides, tandis que d'autres les regardent comme des végétaux. J'ai indiqué en 1875 leurs rapports avec les moules internes de certains Rhizopodes (2), qui me rappelaient à la fois certains traits de l'organisation des Eponges et de celle des Foraminifères ; jè citai alors comme type de ce groupe le *Verticillipora anastomosans*, Mant., dont le tissu ressemble à celui des Foraminifères porcellanés et qui présentent si nettement la disposition métamérique signalée chez des éponges vivantes par Miklucho-Maclay et Haeckel, et si commune chez les éponges fossiles. On sait que ces *Verticillipora* ont été étudiés depuis cette époque, et rangés par M. Zittel dans la nouvelle famille d'Eponges calcaires qu'il a désignée sous le nom de *Pharetrones* (3) ; M. Steinmann les rattache à sa sous-famille des *Sphingtozoa*

(1) Plusieurs auteurs francais ont pensé qu'il fallait substituer le nom de *Tigillites* (Rouault) à celui de *Scolithus* (Hald.), à la suite de l'observation de M. de Tromelin que le nom de *Scolithus* avait été antérieurement appliqué à un genre d'insectes (Congrès de Nantes, pour l'avancement des Sciences, 1875, p. 24.). Mais outre l'inconvénient de changer une appellation universellement admise, on fait ainsi trop bon marché de l'orthographe et de l'étymologie : le genre de curculionides adopté par Fabricius en 1792 et proposé par Geoffroy en 1764 sous le nom de *Scolitus*, dérive comme l'indiquent ses auteurs et son orthographe du mot grec *Scolupto* ; tandis que le genre *Scolithus* (Haldeman, 1840, Suppl. to monog. of Limniades) dérivant de *Scolex* (ver), et *lithos* (pierre), a à la fois, une orthographe et une racine différentes du précédent. On doit donc conserver le nom de *Scolithus* pour les fossiles siluriens que nous décrivons ici.

(2) M. Louis Crié avec qui j'ai souvent échangé mes vues à ce sujet, a bien voulu rappeler dans son intéressant article de la Revue scientifique de Décembre 1881 (p. 759.) cette note, où « je comparai les Scolithes au moulage de la partie interne des *Verticillipora*, ou d'un groupe voisin éteint » Annal. soc. géol. du Nord, T. 3. 1875. p. 19.

(3) *Zittel* : Studien über fossile Spongien, 3 abth., abhandl. der K. Bayer. Akad. der W., XIII Bd. 1878, München.

que je ne serais pas étonné de voir un jour rapporter aux *Siphonées verticillées.*

Les belles recherches de MM. Munier-Chalmas [1] et Steinmann [2] sur ces groupes ont beaucoup étendu nos connaissances sur les algues inférieures ; et leur importance pendant les époques géologiques passées est aujourd'hui reconnue. Si donc on considère l'isolement du groupe éteint des *Pharetrones* au milieu de la classe des Eponges, et au contraire les analogies des *Verticillipora*, *Peronella*, etc. avec les *Siphonées verticillées* de M. Munier-Chalmas, Benecke, Steinmann ; on est plus porté à leur trouver des analogies dans le règne végétal que dans le règne animal. L'ordre des *Pharetrones* n'est pas admis du reste par les spongiologistes anglais, qui font rentrer les Pharetrosponges dans la famille des Renieridae [3] ; on ne peut toutefois songer un instant à rapprocher les *Sphingtozoa* des *Reniera*. Si nous cherchons à schématiser l'organisation des *Siphonées verticillées* calcaires, leur squelette nous paraît formé par un ou deux cylindres calcaires : le cylindre externe limite les cellules les plus extérieures et les fructifications des verticilles ; le cylindre interne entoure le canal central et est percé de pores conduisant dans les cellules verticillées. Il résulte donc de l'organisation des *Siphonées verticillées* calcaires, comme l'a indiqué M. Louis Crié [4], que lorsque la matière organique est détruite, il reste presque toujours chez les espèces fossiles, qui fixaient plus de calcaire que les espèces actuelles, un squelette généralement cylindrique, massif, creusé de canaux (rayons des verticilles) et de loges (fructifications). Ces prémices étant admises, on devra trouver avec nous les caractères des *Siphonées verticillées* dans de nombreux *Sphingtozoa*, *Scolithus*, et autres fossiles paléozoïques.

Quoiqu'il en soit de la position systématique du groupe des *Sphingtozoa*, son changement de place ne toucherait en rien les rapports des *Scolithes* et des *Verticillipora*, que nous croyons très naturels. Nos recherches établissent en tout cas que ce groupe remonte très haut dans la série géologique, puisque j'en ai rencontré trois genres nouveaux (*Sollasia*, *Amblysiphonella*, *Sebargasia*) dans le calcaire carbonifère des Asturies ; il aurait déjà atteint un développement considérable à l'époque du silurien inférieur, si on lui rattache les Scolithes.

(1) *Munier-Chalmas* : Obs. sur les algues calcaires appartenant au groupe des Siphonées verticillées (Comptes rendus acad. Sciences, 1877. T. LXXXV).

(2) *Steinmann* : Divers mémoires dans le Neues Jahrbuch f. mineralogie.

(3) *Sollas* : On Pharetrospongia, Quart. journ. geol. soc. London, Vol. 33. pl. XI.

(4) *Louis Crié* : Revue scientifique, Décembre 1881. p, 758.

Des observations récentes ont été faites en France sur les Scolithes du grès armoricain par MM. Morière [1], Crié [2], de Saporta [3]; ces fossiles identiques à ceux des Asturies qui vivaient dans la même mer, constituent d'après M. de Saporta des corps cylindriques associés en colonies, disposés verticalement, occupant encore dans le grès armoricain leur position naturelle, et devenus solides par le remplissage. M. de Saporta conclut que ces scolithes ne sont pas des végétaux, mais des tubes d'annélides arénicoles, voisins même d'après M. Marion des *Spirographis* actuels ! En l'absence de tout tissu conservé, il sera toujours difficile de fixer définitivement la position systématique de ces fossiles : un seul fait parait établi et admis également par tous les naturalistes qui se sont occupés des Scolithes, c'est qu'ils ne représentent que des moules internes de fossiles, aujourd'hui disparus. Il y a donc lieu de rechercher d'abord dans cette étude, quels sont les êtres connus, vivants ou fossiles, dont les moules internes peuvent présenter une forme analogue à celle des Scolithes? Je reconnais volontiers en commençant cet examen comparatif qu'il y a des analogies entre ces scolithes siluriens et les annélides qui creusent le sable de nos plages et y secrètent leur tube ; mais avant d'accepter un rapprochement entre le genre *Spirographis* actuel et les plus anciens fossiles de France, avant d'admettre que les annélides les plus différenciées, comme les *Sabellides*, avaient déjà terminé leur évolution à l'époque où vivaient les Cystidées et les trilobites les plus inférieurs, on doit avoir épuisé toutes les hypothèses possibles.

Les *Verticillipora* auxquels je compare encore ici les *Scolithus*, ne présentent pas avec eux des relations génériques immédiates ; on ne peut y voir que des représentants d'un groupe voisin, antérieurement éteint. Peut-être même trouverait-on parmi les *Sphinglozoa* de Steinmann, un autre groupe présentant avec Scolithus des analogies plus intimes : je n'ai pris comme type de comparaison les *verticillipora* qu'à cause de leur abondance, et du grand nombre que j'en ai eu entre les mains. Les *Archæocyathus* par exemple, décrits par M. Mac Pherson [4] dans le cambrien de Séville, paraissent présenter en effet comme l'a fait voir M. Crié [5] bien plus d'analogies

(1) *Morière* : Assoc. franc Av. Sciences. Congrès de Paris 1878. p. 576.
(2) *Crié* : Revue Scientifique, Paris 1881 T. 28 p. 755.
(3) *De Saporta* : Assoc. franc. Av. Sciences Congrès de Paris 1878 p. 576.
(4) *Mac Pherson* : Estud. geol. y petrog. de la prov. de Sevilla, Bol. com. map. geol. de Esp., 1879. Madrid. p. 188.
F. Rœmer : Zeits. d. deuts, geol. ges. XXX. 1878. p. 369.
(5) *Louis Crié* : Revue Scientifique Décembre 1881. p. 759.

avec les *scolithus* que les *verticillipora*. Les *verticillipora* sont des touffes, ou cormus, formés d'individus cylindriques, subparallèles, divisés en nombreux métamères. L'oscule de chaque individu cylindrique se poursuit dans toute sa longueur par un canal central, limité par un mur (*cylindre interne*) ; l'individu est limité en dehors par un autre mur (*cylindre externe*) ; l'espace compris entre les deux murs, et qui dépend du cylindre externe, est partagé par une série de feuillets parallèles qui donnent ainsi lieu à la division en métamères. Le tissu de ces *verticillipora* est fibreux, lacuneux et calcaire, comme celui des Pharetrones ; les divers métamères ou loges comprises entre les planchers, communiquent avec le canal central par une couronne régulière de pores ouverts dans le cylindre interne [1].

La comparaison des *Scolithes* avec les *Verticillipora* se présente naturellement à l'esprit pour les raisons suivantes, basées surtout on le verra sur l'examen d'un très grand nombre d'échantillons de localités et de conservations différentes :

1° Le moule intérieur du canal central des Verticillipora, représenté (Pl. IV. Fig. 6 b.) m'a montré un tube, long souvent de 2 à 3cent, lisse, et orné à des distances régulières d'anneaux concentriques, correspondant aux pores des différents métamères. Ces anneaux sont formés de granules distincts sur les moules pris au plâtre fin, mais les granules deviennent moins distincts et confluent entre eux sur les moules pris avec un plâtre plus grossier, où on ne voit que des anneaux concentriques.

Or, les *Scolithus* ne sont des tubes lisses, comme les types figurés par M. James Hall, que lorsque les grès qui les contiennent sont métamorphisés, ou qu'ils ont été soumis à de puissantes pressions, ou qu'il sont décomposés. Ces conditions sont souvent remplies à la fois, dans le terrain silurien de la plupart des régions étudiées (Mortain, Bagnols, etc.) ; en certains gisements exceptionnels, les Scolithes sont mieux conservés (Ile St-Marcouf, Cabo Busto), et ils ressemblent un peu alors au genre *Trachyderma* de Salter [2] de Ludlow, caractérisé par des stries ou anneaux irréguliers superposés. Quand ces *Scolithes* sont très bien conservés, ces anneaux superficiels sont plus réguliers et rappellent ainsi à peu près le moule du canal central des *Verticillipora* (Fig. 6 b.) La comparaison de cette figure

(1) En outre des fragments de Verticillipora représentés (Pl. IV. fig. 6.), on en verra d'assez bonnes figures dans Sharpe (quart. journ. geol. Soc. London, Vol. X. p. 176. 1853), Phillips, (geology of Oxford, 1871. p. 432), Zittel (Handb. der Palaeont, Bd. 1. 1880. p. 190), Gosselet (Esquisse geol. du Nord, 1881. pl. XIV. f. 15).

(2) *Salter* : Mem. geol. Survey. T. 2 Part 1, pl. IV.

avec celle d'un *Scolithus* bien conservé de l'Ile St-Marcouf (Manche), (Pl. IV. fig. 4), montrera les rapports qu'il y a entre ces deux fossiles : ils diffèrent par la moindre régularité des anneaux chez la forme silurienne, et par sa taille plus grande, mais il n'y en a pas moins entre eux une ressemblance frappante.

2° La (Fig. 2. Pl. V.) d'un échantillon de grès à scolithes du Cabo Peñas, vu de face, suivant les oscules, montre un autre caractère de ces fossiles : autour de la tige principale décrite sous le nom de Scolithus, il y avait un cylindre creux concentrique. Cette apparence est générale, quoique plus ou moins visible suivant les gisements ; cette zone périphérique a souvent une composition minéralogique différente de la première, étant parfois argileuse ou talqueuse. Cette partie correspondrait dans notre hypothèse au cylindre calcaire qui limite le canal central des *verticillipora*. Son épaisseur chez les *Scolithus*, est de 1mm sur les individus de 3mm de diamètre, et de 3mm, chez ceux de 8mm de diamètre : cette épaisseur admissible dans le cas de la disparition d'une couche solide, me parait inexplicable dans l'hypothèse des trous d'annélides. Je crois qu'elle représente la place du cylindre interne des *verticillipora*, détruit après le remplissage des loges par le sédiment, et rempli ensuite après coup.

3° La plupart des échantillons de *Scolithes* ne montrent rien de plus que ce que je viens d'indiquer, et ne permettent pas de pousser plus loin la comparaison avec les *verticillipora*. J'ai eu toutefois la bonne fortune de trouver dans les falaises de Cabo-Busto, un échantillon unique à ce sujet ; c'est un bloc de grès rempli de *scolithes* (Scolithodème), qui par suite d'une longue exposition aux agents atmosphériques si puissants sur ces côtes, a été préparé ou plutôt disséqué par la nature, de façon à révéler encore de nouveaux détails de structure. J'ai figuré ce bloc (Pl. V. Fig. I.) où les scolithes se présentent dans leur position ordinaire verticale, parallèle, avec leur diamètre et leurs caractères habituels : les tiges centrales sont entourées du cylindre déjà décrit, et commun à tant d'échantillons ; mais en dehors de ces tubes, on reconnait que l'intervalle compris entre les *scolithes* est divisé en un grand nombre de feuillets horizontaux, un peu renflés en leur milieu, en séries correspondant aux différents scolithes. Leur distance moyenne assez irrégulière, est d'environ 2mm, 5. Le bombement de ces feuillets empêche de les rapporter à la stratification originelle du grès ; leur origine me semble également impossible à comprendre si on considère les *scolithes* comme des trous de vers. L'explication en est au contraire aisée si on les compare aux *verticillipora*, ces feuillets sont les moules internes des loges, dont les planchers de séparation auraient disparu comme toutes les autres parties calcaires du cormus.

4° En admettant l'analogie des *scolithes* et des *verticillipora* pour les trois motifs précités, on voit donc que leurs diverses parties sont respectivement représentées de part et d'autre. Si maintenant on fixe son attention sur les différences que présentent ces fossiles, on remarque *a*) l'absence du cylindre externe chez les *scolithus*, *b*) la taille plus grande des *scolithes*, *c*) la verticalité constante des *scolithes*. Ces différences ne me paraissent pas former des objections sérieuses à l'assimilation proposée.

a) En effet, l'absence du cylindre externe ne saurait séparer les *scolithodèmes* des *verticillipora* ; j'ai ramassé un très grand nombre de *verticillipora anastomosans* dans l'aptien de Blangy (Aisne) et de Farringdon (Berkshire), ils présentent pour la plupart les caractères connus du genre, mais j'en figure ici une variété dont j'ai quelques échantillons (Pl. IV. Fig. 6 *c*), dont le cylindre externe a disparu et dont les planchers se soudent directement entre individus voisins comme chez les Scolithodèmes.

b) Je ne puis réfuter de même la seconde objection tirée de la taille des Scolithes, n'ayant pas trouvé de *verticillipora* dont le canal central ait plus de 2^{mm} de diamètre. Mais des différences basées sur la taille ne sont que subordonnées en morphologie.

c) Les *scolithes* sont réputés droits, verticaux, parallèles, tandis que les individus d'un cormus de *verticillipora* forment un faisceau plus ou moins divergent. J'ai vu toutefois des souches de *verticillipora* à individus droits, parallèles entre eux sur des longueurs de 30^{mm} ; cette distance est certes moindre que chez les scolithes, mais la divergence diminue beaucoup si on a égard à la différence des diamètres. En outre, je figure ici (Pl. V. Fig 3) un *Scolithodème* de Tornin (Asturies), ramassé au hasard sur le terrain, il ne montre que cinq scolithes, mais laisse voir, comme du reste beaucoup d'autres *Scolithodèmes*, que le parallélisme des *scolithes* n'est qu'approximatif et ne doit pas être exagéré. Les divers *scolithes* recourbés qui ont été cités à l'appui de l'hypothèse des trous de vers, représentent pour moi les anastomoses des canaux centraux à la base du cormus.

En résumé, je crois devoir conclure de ce qui précède, que le groupe des *Verticillipora* (ou d'une manière générale des *Sphingtozoa*), est très voisin des *Scolithodèmes* siluriens. Nous avons en effet reconnu entre eux divers rapports importants de structure, et il est du reste vraisemblable de trouver la vie représentée à cette époque reculée, par des coelentérés ou des algues, très inférieurs. Je crois donc que l'on peut regarder les *Scolithodèmes* comme formant une famille éteinte de *Sphingtozoa*, différant surtout des *Verticillipora* par sa taille, par l'absence constante du cylindre externe, par la plus grande irrégularité de ses planchers.

Localité: Très communs partout dans les grès de l'étage de Cabo-Busto.

SCOLITHOMÈRES.

Scolex, ver ; *Lithos*, pierre ; *Meros*, partie.

Pl. IV. fig. 5.

Je désigne sous ce nom des fossiles très problématiques du grès à *Scolithes*. Ils forment à ce niveau un banc assez continu que j'ai reconnu à Quiruas et à Cañero ; ils y sont en si grande quantité que la roche a été presque entièrement formée de leurs débris. Ces fossiles ont toutefois été décomposés, et ils ont disparu ne laissant dans la roche que des vides, correspondant à leur moule externe. Leur forme rappelle entièrement à première vue celle des Entroques, ou articulations d'encrines, et la roche ressemble ainsi à s'y méprendre aux grauwackes à encrines, désignées sur le Rhin par le nom de *Schraubensteine* : quand elle est un peu altérée, les contours des articles deviennent moins nets, et la roche à une apparence spongieuse grossière.

Ces restes sont-ils suffisants pour faire remonter l'apparition des Encrines en Europe, à la fin de la période primordiale, ou au commencement de la faune seconde ? On pourrait le croire avec d'autant plus de raison que M. James Hall (1) a déjà cité des Encrines dans le Potsdam Sandstone des États-Unis. Elles seraient alors représentées en Espagne par des tiges cylindriques de 2 a 4mm de diamètre, et à canal central circulaire : toutes les articulations sont séparées, et ne sont pas restées en piles, allongées, ou enroulées, comme c'est le cas habituel des tiges d'encrines dans les grauwackes dévoniennes.

Un examen attentif nous montre d'autres différences importantes entre ces articulations et celles des encrines ordinaires. Toutes les encrines qui me sont

(1) James Hall : 16 *th* Annual Report, 1863, p. 123.

connues ont les articles de leur tige cylindriques; ces articles (scolithomères) sont au contraire des cônes tronqués, dont la base supérieure n'a souvent que la moitié du diamètre de la base inférieure (Pl IV. Fig. 5). Leur hauteur varie de 2 à 4^{mm}.

Une troisième différence réside dans la disposition des facettes articulaires. Ces facettes sont planes chez les Encrines, et présentent diverses ornementations, dont la plus ordinaire est une couronne de stries radiaires; les articles que nous décrivons, présentent au contraire des facettes articulaires biconcaves. La petite facette (sommet du cône) est presque entièrement occupée par le canal central très gros de ce côté; la grande facette (base du cône) n'était percée au centre que d'un petit trou, car le canal se rétrécit de ce côté comme le montre la fig. 5 b — De plus cette facette (Fig. 5 d) montre sur son pourtour 5 grandes dépressions, qui devaient faire communiquer les articles entre eux ou avec le dehors.

Cette comparaison montre que ces articulations diffèrent tellement de celles des véritables Encrines, qu'on ne peut sans témérité conclure de leur présence dans le grès à scolithes, l'existence de la famille des Encrines à cette époque, en Espagne. Il me semble qu'on peut les comparer avec autant de justesse à des métamères isolés des *Verticillipora* décrits et figurés plus haut; ils présentent de même un canal central, des murs interne et externe cylindro-coniques, et des planchers dont l'intervalle n'aurait pas été rempli par les sédiments, contrairement à ce qui a eu lieu pour les scolithes. La comparaison de nos figures (Pl. IV. fig. 4-5-6) permettra de juger des relations qu'il y a entre ces formes.

Il me semble donc que ces articles ont pu appartenir à un genre voisin des *Verticillipora*, et des *Scolithes*; c'est pour indiquer cette parenté probable que je les désigne sous le nom de *Scolithomères*, qui indique en même temps leur état fragmentaire et leur mode de fossilisation. Le rapport qu'il y a entre les *Scolithomères* et les *Verticillopora*, ne vient-il pas naturellement à l'appui des relations indiquées entre ce dernier groupe et les *Scolithes*, et *Scolithodèmes*, pour prouver que bon nombre de ces débris énigmatiques du silurien inférieur ne représentent pas des annélides, des encrines, etc., etc., mais nous montrent les racines d'une souche inférieure, celle des Cœlentérés (*Sphingtozoa*), ou des algues (*Siphonées verticillées*), dans ces terrains où nous ne connaissons avec certitude que les trilobites et les brachiopodes les plus inférieurs en organisation?

Localités: *Étage de Cabo Busto*: Quiruas, Cañero.

Synocladia hypnoïdes, SHARPE.

Synocladia hypnoïdes, SHARPE, Quart. jour. geol. soc. London, Vol. IX. p. 147. pl. 7. fig. 10.
Mallada, Bol com. map. geol. de Esp., p. 35, pl 6. f. 14. no 81.

Localité: Étage de Luarca: Ferrero.

Disteichia reticulata, SHARPE.

Disteichia reticulata, SHARPE, quart. j. g. s. London, Vol. IX. p. 146. pl. 7. f. 8.

Localité: Étage de el Horno: El Horno.

Chaetetes sp.

Localité: Étage de el Horno: El Horno.

Entrochus sp.

Localité: Étage de el Horno: El Horno.

Obolus Bowlesi, DE VERN.

Obolus Bowlesi, DE VERN. Bull. soc. géol. de France, 2e Sér. T. XII. p. 995. pl. XXVI. f. 9.

J'ai ramassé une coquille rappelant la figure 9 b de de Verneuil, de la faune seconde de Puebla de don Rodrigo, et de la Ballestera. Elle est cependant moins lamelleuse, et est en trop mauvais état pour être déterminée.

Localité: Étage de el Horno: El Horno.

Lingulella, SALTER.

Salter en proposant ce genre en 1866 (Memoirs of the geological Survey, Vol. 3. p. 333), a bien mis en lumière les rapports et les différences qu'il présente avec les genres voisins *Lingula* et *Obolus*.

Lingulella Heberti, C. B. nov. sp.

Pl. IV. Fig. 3 a, b, c, d.

Coquille cornée, régulière, déprimée, allongée, légèrement convexe, à peine inéquivalve. Elargie sur la région palléale, où le contour est arrondi; acuminée aux crochets; plus longue que large. Marquée de rides d'accroissement très marquées sur toute la coquille, quelques-unes plus fortes que les autres. Le test est couvert de petites ponctuations fines, alignées, comme certains *Kingena* du terrain crétacé, et produites par de fines stries granuleuses obliques (fig. 3 d).

Les moules internes (fig. 3 *c*.) montrent nettement que les crochets étaient munis d'une forte rainure en dedans, pour laisser passer le pédoncule. Cette large rainure rappelle celle des *Lingulella Davisii* (Dav.) (1), avec laquelle nos coquilles ont bien des analogies. Le septum médian est bien marqué, ainsi que les dépressions correspondant au

(1) *Davidson*: Mon. Brit. Brach., Sil. pl. IV. f. 14-16.

point d'attache des muscles du pédoncule (Fig. 3 c. B), et celles des muscles transmédians qui permettent le glissement des valves l'une sur l'autre (A. Fig. 3 c).

Observations: La *Lingulella Heberti* est très voisine de *L. attenuata*, Sow. des Llandeilo flags (1); elle s'en distingue par les ornements du test qui rappellent ceux de *L. Granulata*, Phil. (2). — Il faut encore lui comparer la forme figurée par Linnarsson (3) sous le nom de *Lingulella? Nathorsti*, des couches à *Paradoxides Forchhammeri* de Suède. Elle est peut-être un peu plus longue, mais a de grandes analogies avec notre espèce. M. Davidson qui a bien voulu nous donner son appréciation sur cette petite coquille, si abondante à la base des grès siluriens du Cabo Vidio, la rapporte avec nous au genre *Lingulella* ; il croit que malgré ses analogies avec *L. Davisii* et *L. granulata*, il y a probablement lieu d'en faire une espèce nouvelle. Nous la dédions à M. Hébert, auquel on doit tant de découvertes sur la géologie pyrénéenne.

Dimensions: Longueur 8 à 10^{mm}, largeur 7 à 9^{mm}.

Localités: *Étage de Cabo Busto*: Falaises de Cabo Vidio, plus rare à Los Negros.

Leptaena Beirensis, SHARPE.

Leptaena Beirensis, SHARPE, Quart. journ. geol. soc. London, T. IX. pl. VIII. f. 8.

Localité: *Étage de Luarca*: Ferrero (rare).

Orthis Budleighensis, DAV.

Orthis Budleighensis: DAVIDSON, Brit. Sil. Brach. pl 39. f. 6 1869.

Orthis Budleighensis: SALTER, Quart. journ. geol. soc. London, p. 294, pl. XVII. f. 7.

Orthis Budleighensis: BARRANDE ET DE VERNEUIL, Bull. soc geol. de France. 2e Sér. T. XII. pl. 27. f. 9.

Localité: *Étage de Luarca*: Ferrero (commun).

Orthis exornata, SHARPE.

Orthis exornata, SHARPE, Quart. journ. geol. soc. T. IX. pl. VIII. f. 2.

Localité: *Etage de Luarca*: Ferrero (rare).

Orthis Ribeiroi, SHARPE.

Orthis Ribeiroi, SHARPE, Quart. journ. geol. soc. London, T. IX. pl. VIII. f. 1

Localité: *Étage de Luarca*: Ferrero (commun).

Orthis Berthoisi, SHARPE.

Orthis Berthoisi, SHARPE, Quart. journ. geol. soc T. IX. pl. 8. f. 4.

Localité: *Étage de Luarca*: Ferrero.

---

(1) *Davidson*: Mon. Brit. Brach., Sil. p. 44. pl. 3. f. 18-27.
(2) *Davidson*: Mon. Brit. Brach., Sil. p. 36. f. 15-18.
(3) *Linnarsson*: On the brachiopoda of the Paradoxides beds of Sweden, Bihang. till K. svenska vet. akad. Handlingar, Bd. 3. No 12. 1876. Pl. 3. Fig. 24-30.

Bellerophon bilobatus, Sow.

Bellerophon bilobatus, DE VERNEUIL, Bull. soc. géol. de France, 2e Sér. T. XII. p. 984. pl. 27. f. 1.

Échantillon identique à ceux de la Sierra-Morena figurés par de Verneuil.

Localités: *Étage de el Horno*: El Horno; *Étage de Luarca*: Luarca (1).

Hyolites sp.

Localité: Buzdongo.

Lituites sp.

Je rapporte à ce genre un fragment, échantillon unique, qui appartient peut-être au *L. intermedius* (Vern.) (2), trouvé par de Verneuil dans le midi de l'Espagne en compagnie de *B. bilobatus*. Il est en trop mauvais état de conservation pour être déterminé.

Localité: *Étage de el Horno*: El Horno.

Endoceras cf. duplex, WAHL.

Pl. IV. Fig. 7. a, b, c.

Le fragment de Céphalopode (figuré pl. IV) appartient au genre *Endoceras*, comme le prouvent la position submarginale de son large siphon contre le bord de la coquille, et le prolongement de ses goulots invaginés. Le fragment est long de 70mm, son diamètre le même aux deux extrémités montre qu'il a dû appartenir à une espèce très allongée. Le diamètre est de 32 mm, la hauteur des cloisons étant de 7 mm, elles sont plus de 4 fois moins hautes que larges. On sait qu'il en est de même chez *E. duplex*. Le siphon est large de 15mm, et se trouve sur mon échantillon à près de 2 mm du bord. Les goulots des cloisons pénètrent chacun à peu près d'un tiers dans la longueur du goulot suivant, et on voit une inflexion sur le milieu de chacun d'eux. Deux loges à air sont remplies de calcite cristallisée, les autres moins nettes sont remplies de calcaire argileux comme le siphon. Le siphon renferme le débris d'un autre Endocère plus petit, et apparemment de même espèce. MM. de Verneuil et Barrande attribuent au hasard, l'introduction de ces fragments hétérogènes dans la partie du siphon restée vide après la mort du mollusque; mais la généralité de ce phénomène constaté chez les Endocères d'Espagne et de Russie, comme sur ceux de Bohême, des Etats-Unis, me paraît plaider

(1) Rappelons ici que Casiano de Prado a été plus heureux que nous à Luarca, où il cite au même niveau, en dehors des espèces signalées ici: *Asaphus glabratus, Dalmanites Phillipsi, Redonia Deshayesiana, R. Duvaliana, Arca Naranjoana, Echinosphaerites Murchisoni?* (Bull. soc. géol. de France, 2e Sér. T. XV. 1857. p. 92.)

(2) *De Verneuil*: Bull. soc. géol. de France, 2e Sér. T. XII. p. 983.

en faveur de l'opinion de M. J. Hall (1) qui regarde comme des coquilles embryonnaires les Endocères inclus. Le test de mon échantillon est lisse. Il me paraît plus voisin du *E. duplex* (Wahl.) de Russie, que des Endocères décrits dans la zône méridionale de l'Europe par M. Barrande en Bohême, sous les noms de *End. conquassatum, novator, peregrinum*. En l'absence d'un nombre suffisant d'échantillons, je ne puis conclure à l'identité de l'espèce des Asturies et du *E. duplex* de Russie, quoique l'on puisse rappeler à l'appui de cette opinion que de Verneuil (2) a cité déjà l'*Endoceras duplex?* Wahl. en Espagne.

Les nombreuses relations de faunes constatées par de Verneuil et M. Barrande, entre l'Espagne et la Bretagne pendant l'époque paléozoïque, relations toujours confirmées par les travaux postérieurs, nous font hésiter à signaler dans la faune seconde d'Espagne, cette forme des bassins septentrionaux? D'autre part nous ne pouvons lui donner un nouveau nom sans autres motifs : il faudrait du reste dans ce cas, étudier d'abord les deux espèces nouvelles de ce même genre citées par M. Barrande en Bretagne à ce même niveau. Ces espèces désignées par M. Barrande sous les noms de *Orthoceras cenomanense* (3), *O. Dalimieri* (4), n'ont pas encore été décrites suffisamment pour que je puisse leur comparer mon échantillon. La figure que j'en donne, permettra de faire plus tard ce rapprochement s'il y a lieu, et je dois en attendant lui conserver le nom de *E. duplex* comme celui d'une espèce connue, dont elle se rapproche par tous les caractères que j'ai pu observer.

Calymene Tristani, BRONG.

Caymene Tristani : de VERNEUIL, Bull. soc. geol. Fr., 2ᵉ Sér. T. XII pl. XXV f. 3.

Localité : *Etage de el Horno* : El Horno (Très mauvais échantillons) ; *Etage de Luarca* : Luarca.

Illaenus Hispanicus, VERN.

Illaenus Hispanicus : de VERNEUIL, Bull. soc. geol. Fr., T. XII. p. 981, pl. XXV. f. 6.

Cette espèce paraît très abondante dans la faune seconde des Asturies, où elle a eu une longue existence : je l'ai rencontrée dans les schistes ferrugineux de la partie inférieure (Ferrero), et dans les schistes avec parties calcaires du sommet (Vidrias). Elle est caractérisée par les dix segments du Thorax, dont l'axe

(1) *James Hall* : Paleont. of New-York, T. 1. p. 297.

(2) *De Verneuil* : Bull. soc. geol de France, 2ᵉ Sér. T. XII. 1856. p. 1013.

(3) *Barrande* : Group. des Orthocères. p. 29.

(4) id. : Distribution. p. 29, 1870 (MS. 1869).

occupe le tiers de la largeur totale. Le test présente sur tout le pygidium, les stries transverses, ondulées, inégalement espacées, résultant de séries de points creux, signalées par de Verneuil. On trouve cette même forme en Bretagne.

Localités : Étage de Luarca : Ferrero, Luarca ; *Etage de el Horno :* Vidrias, El Horno.

§ 3.

PARALLÉLISME ENTRE LES FAUNES CAMBRIENNES ET SILURIENNES DES ASTURIES

Les fossiles énumérés dans la liste précédente appartiennent à trois faunes différentes, successives, sans analogies entre elles. Ce sont de haut en bas :

1° *Faune des étages de el Horno, de Luarca.* . . . SILURIEN MOYEN

2° *Faune de l'étage de Cabo Busto.* . . . . SILURIEN INFÉRIEUR

3° *Faune de l'étage de la Vega de Rivadeo* . . . . CAMBRIEN SUPÉRIEUR

Ces faunes paraissent conserver un caractère de très grande généralité dans toute l'Espagne, et dans une grande partie de l'Europe méridionale.

La faune cambrienne comparée à celle du Léon présente peut-être encore des caractères plus franchement primordiaux : ainsi, les *Leperditia,* les *Capulus,* qui établissent un lien entre la faune primordiale du Léon et celles qui l'ont suivie, n'ont pas été rencontrés dans les Asturies. Au contraire, la prédominance des trilobites sur les autres animaux marins à cette époque, n'est nulle part aussi complète que dans les Asturies ; dans la revue générale des espèces de la faune primordiale présentée par M. Barrande (1), les trilobites formaient les sept dixièmes de la faune totale, ils forment presque à eux seuls la faune de cette époque en Asturies. Les espèces les plus communes des Asturies (*Con. Castroi, Par. Barrandei*) sont inconnues dans le Léon ; des six espèces de trilobites décrites dans le Léon, la moitié seulement a été reconnue positivement dans les Asturies. Le genre *Agnostus* signalé dans le Léon fait en effet défaut dans les Asturies, le *Con. coronatus* (Barr.) y manque également, l'*Arionellus ceticephalus* n'y est représenté que d'une façon très douteuse. Enfin l'absence complète des Brachiopodes est également remarquable.

(1) *Barrande* : Bull. soc. géol. Fr., 2e Sér. T. XVI. p. 543.

La faune de l'étage de Cabo Busto n'est réellement pas encore connue : il faut toutefois noter la curieuse persistance des caractères lithologiques et paléontologiques (algues inférieures), de l'épaisse formation de grès de cette époque, dans tout le S.O. de l'Europe, du nord de la France au midi de l'Espagne.

La faune des étages de el Horno et de Luarca est la même qui a été décrite dans la Sierra-Morena par de Verneuil et M. Barrande, dans la Sierra de Bussaco par Sharpe : on sait ses analogies avec celle des couches ardoisières synchroniques de l'Ouest de la France. Je n'ai pas trouvé de bien beau gisement fossilifère à ces niveaux dans les Asturies, et n'ai par conséquent rien à ajouter aux rapports et aux analogies indiqués par M. Barrande et de Verneuil (1) d'après leurs listes de fossiles, entre ces étages Espagnols et ceux du reste de l'Europe et d'Amérique.

Je n'ai pas reconnu dans les Asturies, la faune du silurien supérieur.

Les systèmes cambriens et siluriens ont dû se former dans les Asturies au voisinage de grandes terres d'âge primitif : il y a en effet dans ces formations beaucoup d'éléments détritiques comme le prouvent l'abondance et la diffusion des grains de quarz clastique dans toutes leurs divisions, schistes, grès, quarzites. Ces grains quarzeux ont les caractères des grains de quarz des couches schisto-cristallines primitives, plutôt que ceux des granites éruptifs. L'action des mers cambro-siluriennes dans le nord de l'Espagne a donc été d'étaler au fond des bassins marins les crêtes formées par le relèvement des strates primitives, qui devaient par suite, être déjà émergées à cette époque en Galice, en Portugal, et au sud dans les Monts Carpentaniques. Les sédiments cambriens et siluriens des Asturies étaient donc principalement apportés d'après moi, de l'ouest et du midi.

---

(1) Barrande et de Verneuil ; Bull. soc. géol. Fr., 2e sér. T. XII, 1855, p. 1017.

CHAPITRE II.

FAUNE DES TERRAINS DÉVONIENS & CARBONIFÈRES.

Je crois, comme on le verra plus loin dans la partie stratigraphique de ce mémoire, que le terrain dévonien des Asturies, peut être divisé de haut en bas, en un certain nombre d'assises qui sont les suivantes :

8. Grès de Cué,
7. Calcaire de Candas à *Spirifer Verneuili*,
6. Grès à *Gosseletia*,
5. Calcaire de Moniello à *Calcéoles*,
4. Calcaire d'Arnao à *Spirifer cultrijugatus*,
3. Calcaire de Ferroñes à *Athyris*,
2. Calcaires et schistes de Nieva à *Spirifer hystericus*,
1. Grès ferrugineux de Furada.

De même le terrain carbonifère, m'a présenté un certain nombre de niveaux distincts que je désignerai également de haut en bas par les noms suivants :

5. Assise de Tineo,
4. Assise de Sama,
3. Assise de Leña,
2. Assise des Cañons,
1. Assise du Marbre griotte.

Le passage entre un certain nombre de ces assises se fait d'une façon graduelle, mais il en est par contre dans le nombre qui sont séparées par des lacunes, et il manque entre elles diverses faunes ou termes de la série paléontologique qui nous sont connus dans des régions voisines. Il n'y a donc pas de chances de pouvoir suivre les enchaînements des formes spécifiques dans cette contrée si accidentée, où on ne trouve que des lambeaux isolés de la série stratigraphique normale ; on ne doit pas renoncer pour cela à toute idée d'ensemble sur cette faune, et nous jetterons un coup d'œil général sur la population de ces périodes dans les Asturies, après avoir terminé l'examen critique des déterminations spécifiques.

§ 1.

Description des fossiles du dévonien.

Le terrain dévonien marin paraît se présenter en Europe avec une grande uniformité, du Devonshire aux contrées Rhénanes, des Ardennes au Bosphore et aux Pyrénées. Comparé en Espagne à celui des régions mieux connues du centre de l'Europe, ce terrain présente un point spécial d'intérêt, dû à la répartition spéciale des calcaires. Ainsi, tandis que le dévonien moyen est essentiellement calcaire et corallien dans toute la région Rhénane, il a un représentant arénacé dans les monts Cantabriques; par contre, la *grauwacke inférieure*, le *Spiriferensandstein*, y sont à l'état de calcaires, et nous offrent ainsi un faciès un peu différent de cette époque. On reconnaîtra aisément par les listes suivantes que la faune de ces calcaires dévoniens inférieurs, n'est pas celle du calcaire Hercynien de M. Kayser, et que par conséquent la proposition faite de considérer le *Spiriferensandstein* comme un faciès arénacé du calcaire Hercynien, ne trouve pas ici de confirmation.

La pauvreté en fossiles des grès dévoniens inférieurs de Furada, nous prive de documents sur cette époque importante ; notre examen sera donc limité aux couches comprises entre les calcaires de Nieva à *Spirifer hystericus* et les *marbres griottes*. Cette série étant essentiellement composée de calcaires, le moyen le plus facile de montrer la marche du développement phylogénique, me paraît être de faire successivement le parallèle de chaque groupe zoologique dans les divers niveaux géologiques ; puisque nous pouvons négliger ici les variations dues aux changements ordinaires de milieux, des régions où abondent les alternances de calcaires, de schistes et de grès.

Alcyonaires.

Aulopora serpens, Schlt.

Aulopora serpens, Goldfuss : Petref. Germ. T. I. p. 82. pl. 29. f. 1.

Polypier formant un réseau à la surface du corps qu'il recouvre ; le calice du polypiérite présente un petit bourrelet labial circulaire, resserré. La gemmation a lieu près du calice.

Localités : *Calcaire de Candas* : Candas; *Grès à Gosseletia* : Candas ; *Calcaire de Moniello* : Moniello.

2. *Aulopora tubæformis*, GOLD.

Aulopora tubæformis, GOLD.; Pet. Germ. T. 1. p. 83 pl. 29. f. 2.

Ce polypier diffère surtout du précédent par la forme subovalaire des calices, à bords très minces, aussi grands que le diamètre des polypiérites. La gemmation a lieu sur le côté et au milieu des polypiérites.

Localité : *Calcaire de Ferroñes* : Grullos.

3. *Aulopora conglomerata*, GOLD.

Aulopora conglomerata, GOLD.: Pet. Germ. T. 1. p. 83. pl. 29. f 4.

Ce polypier diffère des précédents par le groupement serré, irrégulier, des individus. Les polypiérites sont allongés, libres en haut.

Localité: *Calcaire d'Arnao* : Santa-Maria del Mar.

Syringopora abdita, MILN-EDW. ET HAIME.

Syringopora abdita, MILNE-EDWARDS ET HAIME : Pol. paléoz, p. 295, pl. 15. f. 4.

Je rapporte avec doute à cette espèce des Syringopores en assez mauvais état de conservation. Les polypiérites sont plus petits que le type, ne dépassant pas 4^{mm} de diamètre; mais ils sont de même cylindriques, un peu géniculés, à très rares tubes de connexion peu marqués, et entourés d'une épithèque fortement plissée en travers.

Ce syringopore diffère du *S. cæspitosa*, Gold. par sa plus grande taille, et par ses tubes de connexion plus gros, irréguliers, lamelleux. Le *S. cæspitosa* a déjà été signalé dans la région à Colle (Léon) par M. L. Mallada (Synopsis p. 81. pl. 14. f. 1), mais cet auteur ayant figuré le type de Goldfuss, plutôt que son échantillon d'Espagne, je ne puis juger des relations qui existent entre nos fossiles. Je n'ai que des échantillons trop mauvais pour être figurés.

Localités : *Grès à Gosseletia* : Candas; *Calcaire de Ferroñes* : Arenas.

1. *Thecostegites parvula*, MIL.-EDW. ET H.

Thecostegites parvula, MIL.-EDW. ET HAIME: Pol. paléoz. p. 298.

Ce Thecostegites encroutant, en lame mince, est caractérisé par ses calices très petits, d'environ 1/4 de ^{mm}, et distants de près de deux fois leur diamètre.

Localités: *Calcaire de Moniello* : Moniello ; *Calcaire de Ferroñes*: Ferroñes.

2. *Thecostegites auloporoïdes*, M.-EDW. ET H.

Thecostegites auloporoïdes, MIL.-EDW. ET HAIME : Pol. paléoz. p. 298.

La forme du polypier diffère de celle de l'espèce précédente, elle est subramifiée; les calices sont aussi plus larges, leur diamètre a 2/3 de ^{mm}.

Localités: *Calcaire de Candas* : Candas; *Calcaire de Ferroñes*: Ferroñes.

3. *Thecostegites Bouchardi*, Mich.

Thecostegites Bouchardi, Michelin: Incon Zooph. p. 185. pl 48. f. 10. 1845

Cette espèce paraît très rare dans les Asturies, je n'en ai recueilli qu'un seul échantillon : il est toutefois suffisamment caractérisé par ses calices larges de 1mm, et par la forme cylindrique, un peu allongée, et saillante des polypiérites. Les calices circulaires sont distants d'un peu plus d'une fois leur diamètre, mais assez inégalement. Il me paraît identique aux échantillons de la collection de M. Gosselet qui proviennent du Frasnien des Ardennes, notamment à ceux de Boussu-en-Fagne.

Localité : *Calcaire de Candas* : Candas.

Polypiers Rugueux (1). *Tetracoralla.*

Hadrophyllum conicum, C. B., nov. sp.

Pl. VII. fig. 1

Polypier libre, très court, droit, subturbiné, conico-convexe inférieurement; les stries costales sont planes, égales, à l'exception de celle qui correspond à la cloison principale, plus large que les autres; il y avait peut-être une épithèque, qui a disparu dans mon unique exemplaire, magnifiquement dégagé par les agents atmosphériques. Calice très peu profond, sub-circulaire, loges intercloisonnaires superficielles. La fossette septale principale très grande, s'évasant au centre, où elle forme un pseudo-calice ; trois autres fossettes forment une croix avec celle-ci, la fossette opposée, et les deux fossettes latérales, elles sont égales entre elles, mais bien plus petites que la précédente. Au milieu de la fossette principale se trouve la cloison principale, de chaque côté de laquelle les cloisons ordinaires sont pinnées : ces systèmes sont formés de 5 cloisons de chaque côté. Dans les deux quadrants opposés à la grande fossette septale, les cloisons sont plus égales entre elles, au nombre de 7 de chaque côté de la cloison opposée et ne s'unissent entre elles que dans le voisinage de la fossette centrale. Dans les deux premiers quadrants, voisins de la cloison principale, les cloisons s'unissent plus rapidement par leur bord interne, de manière à former près du centre un faisceau : ces faisceaux sont plus visibles quand on considère les stries costales en dehors, on reconnaît ainsi que les cloisons ordinaires forment un faisceau pinné de chaque côté de la cloison principale, et qu'à la base du polypiérite ces 2 faisceaux, avec la cloison principale bifide comprise

(1) Dans l'étude de ce groupe, j'adopte tous les termes proposés et employés par M. Kunth dans son mémoire sur les *Tetracoralla*, Zeits. d. deuts. geol. ges. 1869, Bd. XI, p. 647. J'appelle cloison principale, le hauptseptum ; cloison opposée, le gegenseptum; cloisons latérales, les seitensepten ; etc.

entre eux, semblent former 3 faisceaux égaux. Toutes les cloisons sont épaisses en dehors, minces en dedans, assez élevées, et débordantes. Hauteur 10mm, largeur 11mm.

Rapports et différences : Cette espèce se distingue nettement de toutes celles qui ont été décrites jusqu'à ce jour par le nombre de ses cloisons, par leur élévation, ainsi que par la grandeur beaucoup plus considérable de la fossette principale

Localité : *Calcaire de Ferroñes* : Pomarada.

Combophyllum Leonense, Mil.-Edw. et H.

Combophyllum Leonense, Mil.-Edw. et Haime : pol. paléoz. p. 359.

J'ai trouvé à Salas un mauvais échantillon que je rapporte avec doute à cette espèce.

Localité : *Zone d'Arnao* : Salas?

Amplexus annulatus, M.-Edw. et H.

Amplexus annulatus Mil.-Edw. et Haime : Pol. paléoz. p 345.

Ce polypier est décrit sans figures par M. Haime comme étant très long, un peu contourné, entouré d'une épithèque fortement plissée, présentant à des distances de 2 cent environ, des bourrelets circulaires en arêtes saillantes, et au-dessus de ces bourrelets un rétrécissement assez marqué ; calice circulaire ; 32 cloisons un peu écartées, minces et peu développées. Dans une section verticale, on voit des planchers serrés, à peu près horizontaux, et qui s'étendent d'une paroi de la muraille jusqu'à l'autre. Un exemplaire incomplet a 11 cent de longueur, son diamètre est de 18mm

Dans le dévonien supérieur à Candas, j'ai recueilli un échantillon que je rapporte à cette espèce, il est de plus petite taille, n'ayant que 6 cent de long, et 25mm de large, mais présente les mêmes caractères. A Moniello, j'ai rencontré un autre *Amplexus*, spécifiquement indéterminable.

Je rapporte encore à cette espèce un petit échantillon cylindrique très contourné, tortueux, à diamètre de 7mm, entouré d'une épithèque finement plissée, présentant des bourrelets circulaires distants seulement de quelques millimètres, et seulement 24 cloisons marginales entières. Dans les sections verticales, les planchers serrés sont à peu près horizontaux et s'étendent d'une muraille à l'autre. J'aurais rapporté cette espèce à *Amplexus tortuosus*, Phill. (1), dont elle se rapproche tant par sa taille et la plupart de ses caractères, si elle ne s'en distinguait par l'absence de stries longitudinales si marquées sur les types anglais. Cet échantillon provient de Candas.

Localités : *Calcaire de Candas* : Candas ; *Calcaire de Moniello* : Moniello.

---

(1) *Phillips* ; Palæoz. fossils p. 8. pl. 3. fig. 8.

Metriophyllum Bouchardi, Mil. Edw. et H.

Pl. VII, fig. 2

Metriophyllum Bouchardi, Mil.-Edw. et Haime : Pol. paléoz. p. 318. pl. 7, f. 1. 2.

La diagnose de ce genre établie par MM. Milne Edwards et Haime d'après le *M. Bouchardi* de Ferques, doit être un peu modifiée, comme on peut le reconnaître sur les bons échantillons de cette localité. Polypier simple, turbiné, libre et finement pédicellé, entouré d'une épithèque complète, en cône allongé, droit. Pas de fossette septale. Au centre des coupes horizontales, columelle figurée par MM. Milne Edwards et Haime (pl. VII f. 1 b); ce n'est pas toutefois une columelle essentielle (*Col. propria*) développée indépendamment des cloisons, mais bien une columelle formée par la rencontre et la soudure des cloisons au centre du polypier : elle ne fait pas saillie au mileu du calice. Cloisons en lames bien développées, nombreuses, rayonnées, couvertes de traverses alternes ; ces traverses se réunissent souvent et forment alors des planchers ondulés, à travers lesquels passent les cloisons. Cette alternance des traverses est frappante chez les *Metriophyllum* du Boulonnais ; elles ne se correspondent pas dans les diverses loges interseptales comme le pensaient MM. Milne Edwards et Haime, mais seulement dans les loges alternes, et l'échantillon fendu en long représenté par eux, leur a montré par hasard des cloisons de même ordre de chaque côté, toutes paires ou impaires. Ce genre, voisin par sa forme et la disposition des cloisons des *Cyathaxonia*, en diffère par l'absence de la fossette septale, par les traverses incomplètes de ses loges, et par sa columelle non saillante.

L'espèce espagnole est cylindro conique, droite, pointue à la base, où elle forme un angle de 30° ; épithèque mince, présentant de faibles ondulations circulaires. Calice circulaire très peu profond à en juger par mes échantillons au nombre de 19 ; peut-être les bords du calice si minces chez les *Cyathaxonia* et les *Metriophyllum Bouchardi* du Boulonnais ont-ils été cassés ici ? La columelle n'est pas saillante au milieu du calice. Les cloisons au nombre de 18 sont très inégales, il en est de très grosses et de très petites, leurs relations paraissent trop irrégulières pour qu'il soit permis d'y reconnaitre les différents cycles : toutes ces cloisons sont rayonnées, et arrivent jusqu'à la columelle ; entre ces cloisons il en est d'autres plus petites intercalaires. Les coupes verticales montrent des loges intercloisonnaires ouvertes, leur bord formé par les cloisons est droit, et montre bien les traverses alternes lamelleuses qui s'y trouvent. (pl. VII, fig. 2.)

Je ne puis trouver de différence spécifique entre cette espèce et mes échantillons de *Metriophyllum Bouchardi* du Boulonnais : la columelle est en général plus compacte chez les échantillons espagnols, les cloisons un peu plus nombreuses, et l'angle de base du polypier plus aigu : il est toutefois des échantillons de Beaulieu (Boulonnais) qui n'ont que 18 cloisons, et dont la columelle est grosse.

Hauteur du polypier 22 à 28 mm ; diamètre du calice 5 à 7 mm.

Localités : *Calcaire de Moniello* : Moniello, Vaca de Luanco ; *Calcaire d'Arnao* : Arnao.

1. *Zaphrentis Guillieri*, C B., nov. sp.

Pl. VII. fig. 3.

Polypier en cône courbé, allongé, atténué à la base, sans bourrelets saillants, à épithèque mince, laissant apercevoir des côtes planes. Calice ovalaire assez profond ; fossette septale grande, dépassant le centre du calice, oblongue, située du côté de la petite courbure. 24 ou 26 cloisons, épaisses, subégales, coupées obliquement ; celle des quadrants principaux sont pinnées et s'unissent entre elles de chaque côté de cette fossette, formant ainsi deux faisceaux ; elles sont notablement plus grandes que les cloisons des quadrants opposés, qui occupent la moitié du calice voisine de la grande courbure, elles sont rayonnées près de l'ouverture du calice mais forment un faisceau sub-pinné dans les coupes à travers la partie embryonnaire du polypier, comme le montre notre figure (3 *b*). 26 cloisons très petites alternent avec les principales. Dans les loges on aperçoit des planchers et aussi quelques rares traverses.

Hauteur du polypier 30mm du côté de la grande courbure, 10mm du côté de la petite, grand diamètre du calice 20mm, petit diamètre 17mm.

Ce polypier a un intime rapport avec le *Z. Cliffordana* (M. Edw. et Haime : Pol. paléoz : p. 329 pl. 3. f. 5.), par la position de sa fossette septale du côté de la petite courbure ; mais il s'en distingue par sa forme générale et par l'obliquité de son calice.

Localités ; *Calcaire de Moniello* : Luanco ; *Calcaire d'Arnao* : Moniello.

2. *Zaphrentis celtica* LAMOUROUX sp.

Pl. VII. fig. 4.

Zaphrentis celtica, . . . LAMOUROUX sp., Exp. méthod. p. 85, pl. 78, f. 7 et 8, 1821 (Type de Kerliver, près le Faou).

Petraia celtica . . . . . LONSDALE : Trans. geol. soc. London, 2e Sér. Vol. 2. pl. 58. f. 6.

Turbinolopsis celtica . . PHILLIPS : Palæoz. fossils, p. 8. pl. 1. f. 1. 1841.

Cyathophyllum celticum, D'ORB. : Prodrôme de Paléont. 1124.

id. id. MILNE-EDWARDS ET HAIME ; Polyp. foss. paléoz. p. 373.

Polypier cônique, formant à la base un angle de 55°, à peine courbé, à épithèque mince, à bourrelets peu sensibles ondulés. Calice circulaire, peu profond, fossette septale peu marquée située du côté de la grande courbure : 8 cloisons pinnées de chaque côté de la cloison principale, 7 cloisons radiées de chaque côté de la cloison opposée : toutes ces cloisons diffèrent peu entre elles, à part la cloison principale très réduite. Les cloisons sont donc au nombre de 32, elles sont épaisses, et alternent avec un nombre égal de cloisons intermédiaires plus petites. Mes échantillons de Moniello montrent 36 cloisons, il y en a une de plus dans chaque quadrant; quelques cloisons très bien conservées, permettent de voir les traverses qui existent dans les loges : ces traverses sont peu nombreuses, au nombre de 1 ou 2 par loges, elles sont plus minces que les cloisons et présentent leur convexité vers le centre du calice. L'existence de ces traverses rapproche certes cette espèce des Cyathophyllinæ, mais la disposition pinnée des cloisons et l'existence de la fossette septale, ne permet pas de voir plus dans ce fait, qu'un de ces passages comme M. Milne Edwards et Haime en ont déjà cité entre ces deux groupes (l. c. p. 326).

Longueur du polypier : 30 ^{mm}., diamètre du calice 20 à 25 ^{mm}. ; la profondeur du calice m'est inconnue, celle du moule interne est égale au diamètre du calice.

Localités : *Calcaire d'Arnao* : N. de San Roman, Villanueva près Grado ; *Calcaire de Ferroñes* : Moniello, Rañeces, Ferroñes ; *Calcaire de Nieva* : Murias, Sabugo.

D'après cette liste de localités, on voit que le *Z. celtica* est un des polypiers les plus répandus et les plus caractéristiques du dévonien inférieur des Asturies : je n'oserais toutefois affirmer que tous les échantillons que je rapporte au *Zaphrentis celtica* appartinssent réellement à cette espèce ; je crois même qu'une étude basée sur de plus riches matériaux que les miens permettra de reconnaître parmi ces *Zaphrentis* coniques plusieurs des *Zaphrentis* et des *Hexorygmaphyllum* décrits par Ludwig dans la grauwacke d'Allemagne. La grande difficulté d'identification consiste en ce que mes échantillons des Asturies, se trouvent dans des calcaires, et qu'il est impossible de dégager leurs loges remplies de calcite cristallisée ; les descriptions de Ludwig ont été faites au contraire d'après les seuls moules intérieurs de la grauwacke, c'est-à-dire des parties que je ne puis préparer dans mes échantillons.

En Bretagne où le dévonien inférieur est à l'état de grauwacke comme sur les bords du Rhin, j'ai reconnu plusieurs des types de Ludwig : par exemple, à Kervian, Lanvéoc, Laulerbach, et sur la rivière du Faou (Finistère). Dans un mémoire précédent sur ce pays (1), j'avais désigné ces espèces sous le nom de *Cyathophyllum celticum*, MM Milne Edwards et Haime ayant rapporté à ce genre le *Turbinolia celtica* de Lamouroux. Mais tous mes moules présentant en relief l'impression de la fossette septale, ainsi que la différence de structure caractéristique des *Zaphrentis*, entre les cloisons des quadrants opposés et des

(1) Ann. soc. géol. Nord, T. IV, 1877, p. 79.

quadrants principaux, je dois les rapporter à ce genre. Leur forme conique, leur taille, sont les mêmes que celles du type de Lamouroux ; il est évident du reste que le tissu vésiculeux qui remplit les loges des Cyathophyllums ne permet pas la formation des moules intérieurs semblables à celui qui a été figuré par Lamouroux.

En attendant un travail de spécification plus détaillé, on peut déjà remarquer ce fait capital et intéressant au point de vue de la faune corallienne du dévonien inférieur, à savoir que le groupe des Zaphrentis coniques a atteint à cette époque un très grand développement et une très grande variété de formes dans la partie occidentale de l'Europe. Ludwig en a décrit onze espèces dans la grauwacke d'Allemagne ; j'ai retrouvé ses *Zaphrentis profunde-incisa*, *rostelliforme*, *procerum*, dans la grauwacke de Bretagne ; les formes décrites dans le groupe de Linton en Angleterre, sous les noms de *Turbinolopsis celtica*, *T. pluriradialis*, appartiennent également à ce même groupe, et il en est de même des *Petraia* de Lonsdale et M. Mac Coy (1) qu'il faut également rattacher à cette division des Zaphrentis.

3. *Zaphrentis gigantea*, Lesueur.

Pl. VII, fig. 6.

Zaphrentis gigantea, Milne-Edwards et Haime ; Pol. paléoz. p. 340. pl. 4.

Polypier cylindro-conique, très long, à bourrelets d'accroissement larges et peu saillants, bien figurés par MM. Milne-Edwards et Haime. Mon unique échantillon mesure 12 centimètres de long, sur 4 de large, les cloisons sont au nombre de 50, égales, minces, légèrement flexueuses vers le centre. Il y a un nombre égal de cloisons rudimentaires alternes ; fossette septale petite, latérale ; planchers très grands, parallèles, envahissant les loges intercloisonnaires. Ce polypier à part son nombre un peu plus restreint de cloisons, ne me paraît différer par aucun caractère essentiel du *Zaphrentis gigantea*, dont un échantillon en mauvais état a été cité à Sabero (Léon), sous le nom de *Zaphrentis Clappi* par de Verneuil et Haime.

Localité : *Calcaire de Ferroñes* : Pola de Gordon.

4. *Zaphrentis Candasi*, C.B., nov. sp.

Pl. VII. fig. 5.

Polypier conique, formant à la base un angle de 70°, entouré d'une épithèque mince et présentant quelques faibles bourrelets et étranglements circulaires. L'épithèque souvent un peu usée permet de voir les côtes qui présentent la disposition pinnée

(1) *Mac Coy* : Petraia gigas, Brit. palæoz. fossils. 1854 p. 66-74.

caractéristique, de chaque côté de la ligne médiane de grande courbure, correspondant à la cloison principale. Calice circulaire, pénétrant à un peu moins du quart de la longueur totale du polypier ; le moule intérieur (Leibesthiel de Ludwig) se prolonge jusqu'à moitié de cette longueur, sa forme que je me suis efforcé de donner dans la figure, n'est pas aussi facile à saisir dans des échantillons complets du calcaire, que sur les moules intérieurs de la grauwacke figurés par Ludwig. Fossette septale peu marquée, située du côté de la grande courbure, appareil cloisonnaire formé de 34 à 36 cloisons ; il y en a 9 pinnées de chaque côté de la cloison principale, et 8 radiées de chaque côté de la cloison opposée. Ces nombres sont les plus communs dans les coupes menées au milieu du polypier ; entre les grandes cloisons, il en est de petites qui alternent avec elles : sur les bords du calice de certains échantillons, j'ai compté jusqu'à 50 et 60 cloisons.

Dimensions : Longueur 35^{mm} à 40^{mm}, diamètre du calice 30^{mm}, profondeur 6^{mm}.

Cette espèce se distingue de la précédente par son angle de base plus ouvert, par ses cloisons plus épaisses, par sa plus grande taille, et par son moule interne moins profond, plus arrondi au fond. Il se distingue du *Zaph. radiatum* (Ludw.) (1) par la disposition plus pinnée de ses cloisons, et par la forme de son moule intérieur.

Localités : *Grès à Gosseletia* : Candas.

5. *Zaphrentis truncata*, C.B., NOV. SP.

Pl. VII. fig. 7.

Polypier cylindro-conique, cylindrique près du calice, et brusquement tronqué par un cône vers la base ; il ressemble assez aux moules intérieurs des *Hexorygmaphyllum* figurés par Ludwig, mais nous n'avons pas ici à faire à un moule, le fossile est en calcaire et toutes les cloisons ainsi que la muraille sont conservées avec leur structure propre. Il est probable que pendant la vie de l'animal, le polypier se prolongeait à sa partie inférieure en une base pointue, partie embryonnaire, montrant les traverses endothécales : cette partie se serait détachée après la mort de l'animal et avant sa fossilisation, car on ne les trouve pas dans la roche où ces fossiles sont empâtés.

Calice circulaire profond ; je n'ai pu étudier que par coupes la disposition des cloisons, et l'existence de la fossette septale caractéristique ne m'est indiquée que par l'existence de la petite cloison principale. De chaque côté de cette cloison, 5 à 6 cloisons longues, renflées aux deux extrémités ; les deux premières paraissent s'anastomoser souvent près du centre, à la cloison principale. On ne distingue pas les cloisons latérales,

(1) *Ludwig* : Palæontographica Bd. XI. pl. 48. f. 2.

des autres cloisons des quadrants opposés; elles sont au nombre de 4 à 5 de chaque côté, et sont semblables à celles des quadrants principaux. Un nombre égal de petites cloisons alternent avec les précédentes, mais sont surtout visibles sur la muraille (partie cylindrique de notre fossile), où elles sont représentées par un nombre égal de côtes saillantes. On ne voit que les grandes cloisons, en nombre moitié moindre, sur la partie conique de notre fossile, correspondant d'après nous au moule interne du fond du calice.

Rapports et différences : Cette espèce diffère de tous les Zaphrentis connus. Si elle représente réellement comme nous le pensons, un moule interne, on peut la comparer au moule décrit par Ludwig sous le nom de *Heroygmaphyllum oratum*.

Dimensions : Hauteur de la partie cylindrique 3^{mm} ; hauteur de la partie conique 2,5 ; largeur 5^{mm}.

Localité : *Calcaire d'Arnao* : Santa-Maria.

Aulacophyllum Schlüteri, C.-B., NOV. SP.

Pl. VII, fig. 8.

Polypier turbiné, libre, subpédicellé. Cloison principale petite, très réduite, montrant de chaque côté des cloisons pinnées, au nombre de 6 à 8 suivant l'âge. Cette disposition pinnée se poursuit bien plus loin que la cloison principale, elle dépasse le centre du calice. La cloison opposée est droite, assez longue ; les 2 cloisons latérales très courtes ; les cloisons des quadrants opposés sont disposées radiairement, et au nombre de 6 à 7 ; les cloisons situées de chaque côté des cloisons latérales se rencontrent au-delà de celles-ci, vers le centre du calice. Il y a souvent une différence de deux dans le nombre des cloisons des quadrants principaux et opposés ; c'est toujours alors dans les quadrants principaux que l'on trouve le plus grand nombre de cloisons: c'est donc dans ces quadrants qu'apparaissaient les premières cloisons de chaque nouveau cycle, pendant la vie du polypier. Les planchers sont peu développés, minces, et distants de 0,5^{mm} dans les loges intercloisonnaires. La disposition des cloisons s'accorde bien avec la disposition typique représentée par MM. Milne-Edwards et Haime (Pol. paléoz. pl. 2. f. 6.), et aussi avec le schéma rapporté sans doute par suite d'un erratum au *Lophophyllum* par Ludwig (l. c. pl. 31, f. 4). Elle est surtout visible quand on fait une coupe au milieu du polypier ; près de la bouche, la dispositi on est plus radiaire, car les cloisons s'y avancent moins loin vers le centre du calice, et elles présentent par conséquent moins de différences entre elles. Les cloisons portent des synapticules ; calice largement ouvert, subovalaire, oblique, tourné du côté de la petite courbure. Le polypier est entouré d'une épithèque mince, présentant des bourrelets d'accroissement, elle est très mince et permet généralement de voir les côtes, elle sont pinnées de chaque côté de la cloison principale.

Dimensions: Hauteur 10 à 20^{mm}, diamètre du calyce 10 à 20^{mm}.

Rapports et différences : Cette espèce diffère du *Aulacophyllum Elhuyari*, (Milne-Edw. et H.) par sa taille plus petite, le nombre moindre de ses cloisons, qui sont couvertes de synapticules, et plus courtes près du bord du calyce. Le calyce est plus largement ouvert. Elle a des rapports avec le polypier de l'Eifel figuré par Goldfuss sous le nom de *Cyathophyllum explanatum*, mais dont la description est malheureusement insuffisante.

Localité: *Calcaire d'Arnao*: Casazorrina près Salas.

1. *Cyathophyllum hypocrateriforme*, Gold.

Cyathophyllum hypocrateriforme, Gold : Pet. Germ. pl. 17, f. 1. p.

Je rapporte à cette espèce d'Allemagne un polypier simple, qui présente avec elle plusieurs caractères communs, mais dont le calice est toutefois moins profond. Les cloisons sont au nombre de 46, elles sont droites, presque horizontales vers l'extérieur des calyces, assez convexes au milieu, subégales, très minces, peu serrées. La hauteur du polypier dépasse 7 centimètres, largeur du calice 35^{mm}.

La forme des calyces renversés en dehors rapproche notre échantillon du *Cyathophyllum helianthoïdes*, mais il s'en distingue par ses cloisons moins nombreuses, moins larges, et par sa forme plus allongée, moins élargie. Cette espèce est nettement différente des *Cyathophyllum helianthoïdes* de l'Eifel de ma collection ; il est toutefois des variétés allongées du *C. helianthoïdes*, figurées par Goldfuss pl. 20. f. 2, f, g. (cœt. excl.), qui s'en rapprochent beaucoup plus.

Localité: *Calcaire de Candas*: Cornellana.

2. *Cyathophyllum ceratites*, Gold.

Cyathophyllum ceratites, Gold.: Pet. Germ. pl. 16, fig. 8, c. h., pl. 17, f. 2.

Espèce rare dans les Asturies. Polypier simple, turbiné, allongé, légèrement courbé, à bourrelets d'accroissement circulaires bien marqués. Epithèque forte. Calice à bords minces, assez profond, avec une fossette septale rudimentaire. Il se distingue des espèces voisines par ses cloisons minces dentelées, alternativement plus grandes et plus petites mais très peu inégales ; elles arrivent près du fond du calice qui est un peu vésiculeux, de même que les loges intercloisonnaires : je ne connais aucune autre espèce qui présente ce caractère aussi bien développé. Le nombre des cloisons est de 70 à 80, mais je n'ai pas trouvé de grands exemplaires ; ceux que je possède n'ont que 0,05 à 0,07 de longueur, 0,03 pour diamètre du calyce, et 0,02 pour sa profondeur.

Localités : Calcaire de Moniello : S. Arnao ; *Calcaire de Ferroñes* : S. Ferrônes.

3. *Cyathophyllum Decheni*, M.-Edw. et H.

Cyathophyllum Decheni, Milne-Edwards et Haime : Pol. paléoz. p. 365.

Cette espèce figurée avec la précédente par Goldfuss sous le nom de *C. ceratites* (Pet. germ. p. 57, pl. 17, f. 2 g, 2 b, 2 c, 2 e,) et séparée par M. Milne-Edwards et Haime sous le nom de *C. Decheni*, se trouve aussi dans les Asturies. Le polypier simple, libre, pédicellé, est en cône courbé. L'épithèque porte des plis très marqués, circulaires. Le bord des cloisons est arqué en dedans comme cela est représenté sur les figures 2 c, 2 e, de Goldfuss ; leur nombre est inférieur à celui qu'a fixé M. Milne-Edwards pour cette espèce, il me parait en général de 40 à 50.

Hauteur du polypier 3^{cent}, diamètre du calyce 2^{cent}.

Localités : Calcaire de Moniello : Moniello ; *Calcaire d'Arnao* : Casazorrina près Salas, S. Fenolleda, Moniello.

4. *Cyathophyllum Steiningeri*, Mil-Edw. et H.

Cyathophyllum Steiningeri, Gold. ; Pet. Germ. p. 54, p. 16, f. 1 a, d.

Les polypiers que je rapporte à cette espèce sont simples, allongés, cylindro-turbinés, presentant en dehors de forts bourrelets d'accroissement semblables à ceux qui sont figurés sur la ligne 1 d de Goldfuss. Ces bourrelets font complètement le tour du polypiérite, et font ainsi croire sur certains échantillons à un bourgeonnement calicinal. Calices circulaires profonds, à bords minces, ayant de 30 à 50 cloisons principales suivant la taille des individus ; il y a un nombre égal de cloisons rudimentaires alternantes.

Dimensions : Hauteur 2 à 5^{cent}, diamètre des calices 1 à 2^{cent}, profondeur 1 à 1,5^{cent}.

Localités : Grès à Gosseletia : Candas ; *Calcaire de Moniello* : Moniello, Luanco ; *Calcaire d'Arnao* : Arnao ; *Calcaire de Ferroñes* : Moniello, Rañeces.

5. *Cyathophyllum Michelini*, Mich.

Cyathophyllum Michelini, Michelin : Icon Zooph. p. 182, pl 47, f. 4.

Cette espèce déjà citée à Ferroñes dans les Asturies par de Verneuil n'est pas très différente de l'espèce précédente à laquelle la rapportait d'abord Michelin. Mes échantillons s'en distinguent parce que leur base est moins recourbée ; leur épithèque plus épaisse présente des stries d'accroissement plus marqués sur le côté convexe que sur le côté concave (petite courbe) du polypiérite. Ce coté est presque lisse, tandis que l'autre est couvert de bourrelets et de prolongements subradiciformes. Le calice est profond et à bords minces comme dans l'espèce précédente : je ne saurais distinguer les sections de ces espèces.

Localités: *Calcaire de Moniello*: Arnao ; *Calcaire d'Arnao* : Arnao ; *Calcaire de Ferroñes* : Arenas?, Ferrônes ; *Calcaire de Nieva* : S. d'Espin?, Sabugo.

6. *Cyathophyllum cæspitosum*, Gold.

Pl. VIII, fig. 3.

Cyathophyllum cæspitosum, Goldfuss ; Pet. Germ. pl. 19, f. 2.

Cette espèce est très commune à Candas, où elle présente les caractères extérieurs et la taille de l'individu du Boulonnais figuré par Michelin (pl. 47, f. 5, Icon. zooph.); je me suis assuré par comparaison avec les types de M. Gosselet, qu'elle était identique aux formes de l'Ardenne. Les cloisons sont au nombre de 25 avec lesquelles alterne un nombre égal de cloisons plus petites ; les planchers sont bien développés au milieu du polypier, ainsi que le tissu vésiculeux sur les bords des coupes longitudinales.

Localités : *Calcaire de Candas* : Candas (abondant), Requejo ; *Calcaire d'Arnao* : Moniello (rare).

Acanthophyllum heterophyllum, M.-Edw. et H.

Pl. VIII. fig. 5.

Cyathophyllum heterophyllum, Milne-Edwards et Haime : Pol. paléoz. p. 367, pl. 10. f. 1.

Cette espèce ne diffère des types de l'Eifel décrits par MM. Milne-Edwards et Haime que par sa taille constamment plus petite, ainsi que par le nombre proportionnellement moindre des cloisons. La hauteur atteint rarement 4^{cent}, étant ordinairement de 2^{cent}, diamètre du calyce 2 à 3^{cent}, sa profondeur 1^{cent}. Mes plus petits échantillons ont 38 cloisons, le plus grand en a 68. Les sections menées verticalement par ce polypier présentent des traits si particuliers et si caractéristiques du *A. heterophyllum*, qu'il est difficile de distinguer ces espèces : on voit sur ces coupes que les loges intercloisonnaires sont remplies par de petites vésicules, très régulières, inclinées en bas et en dedans. Les planchers espacés de 1^{mm} sont très minces, et n'interrompent pas les cloisons qui s'étendent jusqu'au centre du polypiérite, et montrent leurs tranches sur les sections médianes verticales. Lorsque l'épithèque est usée, on remarque très bien à l'extérieur du polypérite les petites vésicules, parfaitement régulières, qui occupent les loges cloisonnaires, en inclinant en dedans et en bas ; ces petites vésicules intercloisonnaires se prolongent jusqu'au centre du polypiérite, indépendamment des planchers, qui sont plus espacés qu'elles. Ils ne se présentent plus dans la partie centrale avec la même régularité ; ce sont ces vésicules que M. Dybowsky a pris pour des épines, et qui l'ont déterminé à faire rentrer cette espèce dans son nouveau genre *Acanthophyllum* (p. 79-493). Ce genre ne diffère uniquement des *Cyathophyllum* que par la disposition spéciale des vésicules intercloisonnaires, et leurs relations avec les planchers. Les cloisons forment un gros bourrelet, autour de la cavité calcinale, alternativement minces et épaisses. Le polypier est simple, court, trapu, un peu courbé, l'épithèque est mince.

Localités : *Calcaire de Candas* : Candas.

Acervularia

Les échantillons asturiens que je rattache ici au genre *Acervularia Schw.* diffèrent par un caractère important du genre *Acervularia* tel qu'il a été défini par MM. Milne-Edwards et Haime [1] : ils ne présentent pas de muraille interne. M. Schlüter a déjà fait cette même observation sur les *Acervularia Goldfussi* et *Troscheli* du Rhin et des Ardennes ; il conclut de ses études que toutes les espèces rangées par MM. Milne-Edwards et Haime dans le genre *Acervularia* doivent rentrer dans le genre *Heliophyllum* (Edw. et H.) dont ils présentent les caractères, à l'exception du *Acervularia pentagona* qui resterait le seul représentant dévonien, actuellement connu, du genre *Acervularia* [2].

C'est donc à M. Schlüter que revient d'avoir reconnu le premier les caractères véritables des *Acervularia*. Ce genre étant aujourd'hui mieux connu, on doit se demander d'abord s'il y a lieu de le démembrer, de le faire rentrer en partie dans les *Heliophyllum*, ou s'il n'y a qu'à en donner simplement une nouvelle diagnose ? J'ai fait des coupes minces des *A. Goldfussi*, *A. Troscheli*, qui sont pleinement d'accord avec les dessins de M. Schlüter. J'ai fait de plus des sections d'un très grand nombre de *A. pentagona* de l'Ardenne, provenant de la collection de M. Gosselet, et sur des échantillons déterminés et choisis par lui à cet effet : mais il m'a été tout aussi impossible d'y retrouver de muraille interne que dans les espèces précédentes : je n'ai pas vu de section analogue à celle de M. Schlüter (planche IX, fig. 4.). Elles montrent comme celles des autres espèces, que les dissépiments sont plus gros et plus serrés vers

(1) *Milne-Edwards et Haime* : Pol. paléoz. p. 414.
(2) *Cl. Schlüter* : Sitzungs. Ber. der Gesel. naturf. Freunde zu Berlin, 16 marz 1880 p. 50.
Id. : Ueber einige Anthozoen d. Devon., Zeits. d. deuts. geol. ges. 1881 p. 84.

le bord interne de l'appareil septo-costal, près de l'aire centrale, que près de la muraille externe. M. Schlüter à qui j'ai fait part des difficultés que je rencontrais, a bien voulu me donner des préparations des types de Goldfuss d'*Acervularia pentagona* du dévonien supérieur de Vichtbachthales, qui montrent en effet une muraille interne. Il semble donc difficile de repousser la nécessité de démembrer le genre *Acervularia* de MM. Milne-Edwards et Haime ; mais on doit admettre en même temps qu'il est impossible d'en distinguer les deux groupes par les caractères extérieurs.

En comparant mes sections de *A. pentagona* avec celles que j'ai faites de *A. Rœmeri*, *A. Goldfussi*, *A. Pradoana*, etc., il me semble qu'elles ont plus de caractères communs entre elles, qu'il n'y en a entre *A. Rœmeri* et les *Heliophyllums* du Hamilton Group. En effet, toutes les sections d'*Acervularia* montrent le fait très général de la différenciation en deux parties concentriques de l'appareil septo-costal : 1° partie centrale, où les septa sont minces, lisses ; 2° partie périphérique, où les cloisons (côtes) deviennent beaucoup plus grosses que dans l'aire centrale, où elles sont dentelées, et en nombre double. Cette différenciation se retrouve chez les *A. pentagona* aussi bien que chez tous les autres *Acervularia*.

Chez les *Heliophyllum* au contraire, dont nous devons d'excellentes coupes à M. James Hall [1], on voit que les parties dentelées des cloisons ont absolument la même épaisseur que leurs parties lisses centrales ; il n'y a pas comme chez les *Acervularia* de limite brusque entre la partie centrale et la partie périphérique pl. 25, fig. 5., pl. 23, f. 5. ; les cloisons confluent irrégulièrement entre elles (pl. 24, f. 13, pl. 25, fig. 5-7), ce qui n'existe jamais chez les *Acervularia*. Enfin les formes composées d'*Heliophyllum* (*H. confluens*) qui devraient surtout se rapprocher des *Acervularia* (pl. 27), montrent que la muraille externe si caractéristique des *Acervularia* est très réduite, si même elle existe, et que les septo-côtes confluent entre elles à la manière des *Phillipsastraea*.

En me bornant à l'étude de mes échantillons, je dois admettre que les *Acervularia* (*A. Goldfussi. A. Rœmeri*) se rapprochent plus du *A. pentagona* que des *Heliophyllum*. Il y a donc lieu d'après moi, de modifier la diagnose du genre *Acervularia* (Schlüter, non Schweigger, non Milne-Edwards et Haime) ; ou à le scinder en sous-genres (*Acervularia*, Schweigger, et *Pseudo-Acervularia*, Schlüter), plutôt que de faire rentrer ses représentants dans le genre américain *Heliophyllum*.

---

(1) *James Hall* : Palæontology of New-York, Illust. of Devon. fossils, pl. 23 à 28.

1. *Acervularia cf. Pradoana*, DE VERN. ET HAIME.

Pl. VI, fig. 3, et pl. VIII, fig. 2.

Acervularia cf. Prodoana, DE VERN ET HAIME : Bull. soc. géol. de France, 2e Sér. T. XII, pl. XXIX, fig. 10, p. 1011.

Les polypiers que je rapporte à cette espèce se trouvent avec la suivante à Cornellana ; la figure que j'en donne permettra de la comparer à l'espèce voisine de Haime. La forme de ce polypier est la même que celle de *A. Pradoana* ; on compte sur les polypiérites 26 à 28 rayons septo-costaux, alternativement inégaux, droits, minces ; la grande diagonale des polypiérites 8 à 9mm ; diamètre des murailles internes 3mm. Elle se rapproche plus par ces caractères du *A. Pradoana*, que du *A. Goldfussi* et des autres espèces décrites jusqu'à ce jour ; elle en diffère cependant par le plus grand diamètre des polypiérites, par le plus petit nombre des cloisons, par la forme un peu conique de la région septo-costale autour du calice, et enfin par la disposition des lignes polygonales qui limitent les différents polypiérites. Ces lignes au lieu d'être droites et saillantes comme dans la figure de Haime, sont peu prononcées et disposées en zig-zag ; les dernières traverses septo-costales de chaque côté de ces lignes sont différenciées d'une façon spéciale, et sont plus espacées que les autres. Les coupes horizontales montrent donc les différents polypiérites séparés par une trainée polygonale de cellules anguleuses, formées par ces grandes traverses, et rappelant ainsi la disposition du genre *Pachyphyllum* : on reconnait toujours toutefois la ligne qui forme la muraille externe.

Localités : *Calcaire de Candas* : Cornellana.

2. *Acervularia Ræmeri*, DE VERN. ET H.

Pl. VI, fig. 2.

Acervularia Ræmeri, MILNE-EDWARDS ET HAIME : Pol. paléoz. p. 420.

— — F. A. ROEMER : Harz. 1843, p. 5, pl. 2, f. 13.

— — MILNE-EDWARDS ET HAIME : Paleont. de l'Asie mineure, Paris 1869, p. 54, pl. XII, f. 6, 7.

Cette espèce est très commune à Cornellana ; F. A. Roemer n'ayant figuré qu'un fragment de ce polypier, je représente ici un échantillon de Cornellana, intéressant en ce qu'il montre à la fois les calices conservés dans sa moitié droite, et à l'état de moules internes dans sa moitié gauche. Les polypiérites sont limités par une muraille extérieure mince, mais très nette ; et généralement à 6 pans inégaux ; leur grande diagonale est de 6 à 7mm, le diamètre de la muraille intérieure étant de 1,5 à 2mm. Les rayons septo-costaux minces, au nombre ordinaire de 24, sont surtout caractérisés par leur disposition courbée et flexueuse en dehors. Les dimensions de mes échantillons sont plus petites que celles des polypiers d'Asie figurés par MM. Milne-Edwards et Haime.

Localité : *Calcaire de Candas* : Cornellana.

Phillipsastrea

Les échantillons que j'ai recueilli dans les Asturies me paraissent appartenir aux mêmes espèces que celles qui ont été trouvées dans le Léon par de Verneuil et qui ont été rapportées d'abord par Haime au genre *Phillipsastrea*. Plus tard MM. Milne-Edwards et Haime (1) les rapportèrent avec doute au genre *Syringophyllum* ; mais F. Rœmer (2) prouva qu'il n'en pouvait être ainsi, et que les *Syringophyllum ? Torreanum* et *Syringophyllum ? Cantabricum* de ces auteurs appartenaient réellement au genre *Phillipsastrea*. Les coupes horizontales que j'ai menées à travers mes échantillons ne m'ayant pas montré de traces de la columelle, il conviendrait plutôt de les ranger dans le genre *Smithia* de MM. Milne-Edwards et Haime ; mais je crois devoir suivre ici l'opinion de Kunth (3) qui fait rentrer ces espèces dans le genre *Phillipsastrea*. On trouve dans le dévonien supérieur de l'Eifel un polypier très voisin de ces *Phillipsastrea*, qui avait été rapporté par MM. Von Dechen (4) et Kayser (5) au *Phillipsastrea Verneuili*, (M.-Edw. et H.) du dévonien du Wisconsin ; l'absence de la columelle et de la muraille interne constatée par M. Schlüter l'a déterminé à rapporter cette espèce de l'Eifel au genre *Darwinia* (Dybowsky). La *Darwinia rhenana*, Schlüt. ne me paraît pas génériquement distincte des *Phillipsastrea* du dévonien supérieur des Asturies et du Léon. Si je ne rapporte pas mes échantillons au genre silurien *Darwinia*, c'est que ce genre ne paraît pas encore suffisamment établi ; le type (*Darwinia speciosa*, Dyb.) n'étant d'après M. Lindström qu'un *Strombodes diffluens*, (M.-Edw et H.).

Manquant des types siluriens dont l'étude directe permettrait seule de fixer les relations des genres précités, je laisserai les espèces d'Espagne dans le genre où elles ont été primitivement rangées par leurs auteurs, pour ne pas contribuer inutilement à compliquer encore cette synonymie que je ne puis fixer. Les polypiers de *Phillipsastrea* du dévonien supérieur n'ayant jamais été figurés, je donne ici la figure d'un cormus de Cornellana, qui est sans doute le *Phillipsastrea Torreana*, peu distinct du *P. Cantabrica*.

---

(1) *Milne-Edwards et Haime* : Polyp. paléoz. p 451.
(2) *F. Rœmer* : Fossile Fauna von Sadewitz, p. 20
(3) *Kunth* : Devonische Korallen von Ebersdorf in Schlesien, Zeits. d. deuts. geol. Ges, Bd. 22, 1870, p. 35.
(4) H. v. Dechen : Orog. geogn. Uebersicht d. Regierungsbezirkes Aachen, 1866, p. 103.
(5 E. Kayser ; Zeits. d. deuts. geol. ges. 1870. p. 847.
(6) Cl. Schlüter : Ueber einige Anthozoen d. devon, Zeits. d. deuts. geol. Ges 1881, p. 80, pl. VII, f. 1.4.

Phillipsastrea Torreana, M. Edw. et H.

PL. VI. fig. 1.

Phillipsastrea Torreana, Milne Edwards et Haime, Pol. paléoz. p. 452.

Ce polypier de Cornellana correspond bien à la description de MM. Milne Edwards et Haime; sa face est subplane, et on voit sur sa partie postérieure, qu'il est formé de couches superposées La gemmation est latérale, l'échantillon figuré montre un assez grand nombre de jeunes polypiérites entre les calices saillants des plus âgés. Ils semblent débuter par de simples dépressions du tissu costal des vieux polypiérites. Les calices sont inégaux 0,0015 à 0,0025, circulaires, saillants de 2^{mm}, et généralement distants les uns des autres de deux fois leur diamètre. Côtes égales, minces, saillantes, séparées par des sillons de 1^{mm}, droites ou flexueuses et arrivant jusqu'au fond des espaces intercalicinaux; elles y rencontrent celles des individus voisins avec lesquelles elles se soudent par leur bord extérieur, suivant un angle variable, ou en se continuant directement avec elles; la confluence est incomplète et rare, mais il n'existe pas de lignes polygonales autour des divers individus. La fossette calicinale paraît peu, elle n'est pas assez bien dégagée pour permettre de voir la forme de la columelle (fausse columelle). Il m'est du reste impossible de la voir sur les coupes minces, et elle n'est pas non plus figurée sur la bonne coupe horizontale de cette espèce donnée dans la Paleontographical Society (Pl. 55. Fig. 3). La muraille interne est mince, peu distincte, et rappelle l'opinion de M. Schlüter (l. c. p. 51), d'après laquelle cette muraille ferait réellement défaut chez le type du genre *Phillipsastrea Hennahii*. Les cloisons sont au nombre de 12 à 14, les côtes de 24 à 28, elles paraissent donc plus nombreuses que chez les types de MM. Milne Edwards et Haime; mes échantillons de Cornellana ne montrent pas deux types spécifiques distincts, correspondants à ceux qui ont été proposés par MM. Milne Edwards et Haime, et qu'il me semble par conséquent avantageux de réunir.

Localité : *Calcaire de Candas* : Cornellana.

Pachyphyllum devoniense, M.-Edw. & H.

PL. VIII, fig. 1.

Pachyphyllum devoniense, Milne-Edwards et Haime : Brit. Paleoz. foss, pl. 52 f. 5. p. 234.
— — — — : Pol. paleoz. p. 397.

Cette espèce a la même forme générale que la *Phillipsastrea Torreana*; les calices sont plus grands, et ont 3 à 5^{mm} de diamètre, ils sont inégalement distants, mais en général d'une fois leur diamètre; leurs bords sont un peu élevés. Les individus ont 10 à 15^{mm} de diamètre. Côtes irrégulièrement confluentes en certains points, et géniculées ailleurs, assez fortes, distantes entre elles de 2/3 de mm, présentant des crénelures fines et serrées; 16 ou 18 cloisons principales débordantes à bord crénelé. Elles arrivent à une petite distance du centre, et alternent avec un nombre égal de plus petites; les plus grandes très minces, sont un peu flexueuses et se renflent un peu à leur extrémité; elles s'arrêtent à une petite distance du centre. Les rayons sont de plus en plus granulés latéralement à mesure qu'on s'éloigne du calice, et rappellent ceux du *Phillipsastrea Pengillyi* figuré par MM. Milne-Edwards et Haime (Paleont. Soc. pl. 55, fig. 1 *a*), ils sont en général plus allongés d'un côté du calice que de l'autre. Les coupes minces montrent que ces rayons ne sont pas complètement confluents; leurs parties extérieures sont principalement constituées par un tissu vésiculaire, très caractéristique; on observe à une certaine distance du centre du polypiérite une zône sub-circulaire très marquée, formée par un épaississement des rayons et qui semble représenter une muraille rudimentaire. Cette espèce se rapporte par sa forme et par de nombreux caractères au *Phillipsastrea cantabrica* (M. Edw. et H.), et peut-être devra-t-on réunir ces espèces? Je rapporte mes échantillons au genre *Pachyphyllum* à cause du tissu vésiculaire qui sépare les différents polypiérites.

Localité : *Calcaire de Candas* : Candas.

1. *Cystiphyllum vesiculosum*, Gold.

Cystiphyllum vesiculosum : Gold. Pet. Germ. p. 58, pl. 17. f. 5. pl. 18 f. 1.

Mes échantillons des Asturies sont identiques aux types de Goldfuss, ils présentent ordinairement la même taille qu'en Allemagne; ils atteignent parfois aussi de très grandes dimensions, notamment dans la falaise de Moniello, où de grands individus larges de 6 à 7 cent et longs de plus de 20 cent montrent bien leur structure vésiculeuse dans les bancs calcaires battus et usés par la mer. Ils rappellent alors l'échantillon usé, bien figuré par Goldfuss (planche 18, f. 2) sous le nom de *Cystiphyllum secundum*. Il en est d'autres aussi longs, et dont la largeur n'excède pas 1 cent, on en trouve en un mot, une très grande variété de formes, surtout à Moniello.

En outre de ce *Cystiphyllum*, rappelons que le *Cystiphyllum lamellosum* a été cité par M. Kayser à Arnao [1]. La série de formes qu'il a reconnu en compagnie de cette espèce, a permis à M. Kayser d'indiquer l'existence à Arnao du calcaire à calcéoles.

Localités : *Calcaire de Candas* : Candas; *Calcaire de Moniello* : Moniello, Arnao; *Calcaire d'Arnao* : S. Fenolleda, Arnao.

(1) *Kayser*: Zeits. d. deuts. geol. ges., Bd. XXXIII, 1881. p. 834.

2. *Cystiphyllum americanum*, MIL.-EDW. et H.

Cystiphyllum americanum, MILNE-EDWARDS et HAIME : Polyp. paleoz. p. 464.

Quelques Cystiphyllums des environs d'Arnao se distinguent de la masse des précédents par leur épithèque mince, permettant de voir lorsqu'elle est usée des stries costales très fines, égales. Le calice excavé montre des rayons cloisonnaires distincts, se prolongeant jusque près du centre sous forme de stries fines ; je les crois identiques à l'espèce américaine. M. Dybowsky (1) l'a déjà reconnue aussi dans l'Eifel.

Localité : *Calcaire de Moniello* : Arnao.

Microplasma Munieri, C. B. NOV. SP.

PL. VIII, fig. 4.

Les polypiers que je rapporte au genre *Microplasma* de Dybowsky sont simples, en cône peu allongé, à base grêle. Epithèque assez forte. Bourrelets d'accroissement circulaires bien marqués. Calice circulaire profond, 60 à 70 cloisons, minces épineuses ; on les suit jusqu'au fond du calice, où elles affectent une disposition un peu spirale (4 a), elles ne s'avancent pas à plus de 1mm. dans l'intérieur du calice. Le faible développement de ces lamelles cloisonnaires rappelle ce qui a lieu dans le genre *Spongophyllum* de MM. Milne-Edwards et Haime ; elles sont moins bien développées encore dans ce genre *Microplasma*. Les cloisons sont alternativement plus grandes et plus petites ; les plus petites arrivent jusqu'au milieu du calice.

La fig. 4 d montre une coupe horizontale à travers ce polypier, elle montre la disposition du tissu vésiculaire à l'intérieur de la chambre viscérale ; il n'y a plus ici de planchers comme chez les *Cyathophyllums*, mais de grosses vésicules irrégulières. Cette disposition me parait identique à celle qui a été décrite par Dybowsky (2), et figurée par lui (pl. 5, fig. 3 a, 5 d). Ce polypier s'éloigne des *Strephodes* par le moindre développement des cloisons vers le centre du calice. Ce n'est pas la première fois que ce genre est signalé dans le Terrain Dévonien, il a été récemment reconnu en Allemagne par M. le prof. Schlüter (3), qui a montré que le *Cyathophyllum radicans* de Goldfuss (pl. 16. f. 2) appartenait en réalité au genre *Microplasma*.

(1) *Dybowsky* : Monog. der Zoantharia sclerod rugosa, 1873 p. 109.

(2) *Dybowsky* : Monog. der Zoantharia sclerod. rugosa, Archiv. für d. naturk. Liv. Esth. u. Kurlands. Sér. 1. Bd. V. 8. Lief. 1873. p. 508.

(3) *Cl. Schlüter* : Sitzungs-Bericht der gesell. naturf. Freunde zu Berlin vom 16 Maerz 1880, p. 52.
— Ueber einige Anthozoen des Devon, Zeits. d. deuts. geol. Ges. 1880. p. 78. pl. VI. fig. 5-6.

Dimensions : hauteur 2 à 4 cent, diamètre du calice 2,5 à 3 cent, sa profondeur égale les 2/3 de son diamètre.

Localités : *Calcaire de Moniello* : Moniello ; *Calcaire d'Arnao* : Moniello, Santa maria del mar, Arnao ; *Calcaire de Ferroñes* : Rañeces.

Michelinia geometrica, M.-Edw. et H.

Michelinia geometrica, Milne-Edwards et Haime : Polyp. paléoz. p. 252, pl. 17. f. 3.

Polypier présentant les mêmes caractères que ceux de France ; plat, libre, ou encroutant. Les calices ont en général 6mm, leur forme est celle d'un hexagone régulier, ils sont peu profonds et montrent des stries cloisonnaires verticales. Je ne puis observer sur mes échantillons la surface fortement granulée du plancher supérieur ; les planchers sont très irréguliers et plus ou moins vésiculaires.

Localités : *Calcaire d'Arnao* : S. Fenolleda ; *Calcaire de Ferroñes* : Moniello.

Calceola sandalina, Lamk.

Calceola sandalina, Kunth : Zeits. d. deuts. geol. Ges. Bd. XXI. 1869. p. 647 pl. XIX.

Cette espèce identique aux échantillons de l'Eifel est très abondante dans la falaise de Moniello, elle est un peu plus rare au S. d'Arnao. Elle avait déjà été reconnue dans les Asturies par MM. Mallada et Kayser.

Localité : *Calcaire de Moniello* : Moniello, Arnao.

Hexacoralla.

1. *Favosites Goldfussi* M.-Edw. et H.

Favosites Goldfussi, Goldfuss : Pet. Ger. pl. 26. f. 3 b 3 c. (coet. excl.), p. 78.

Id. Milne-Edwards et Haime; Palœoz. corals, Paléont. Soc. p. 214. pl. 47, fig. 3.

Polypier en masse arrondie, parfois très déprimée, plus aplatie même que le type de Goldfuss 3 c. Calices subégaux, à diamètre de 2mm, à contour polygonal, souvent pentagone, planchers droits, serrés ; murailles percées de trous ronds, assez rapprochés.

Localités : *Calcaire de Moniello* : Moniello, Arnao ; *Calcaire d'Arnao* : N. San Roman ; *Calcaire de Ferroñes* : Grullos.

2. *Favosites fibrosa*, Gold

Favosites fibrosa Goldfuss : Pet Germ. pl. 28, f. 3 a b. p. 82.

Cette espèce est spécialement abondante dans la falaise de Moniello où elle se présente avec une extrême variété d'aspect. Elle y atteint des proportions considérables, et son polypier affecte les formes les plus diverses, tantôt en forme de coupe, tantôt en une masse gibbeuse, tantôt en crêtes aplaties, tantôt en branches ramifiées. J'ai recueilli un fragment d'échantillon rameux long de 19 cent et d'un diamètre de 3 cent. Ces étonnantes variations de forme du polypier ne sont pas accompagnées de changements correspondants dans les caractères du polypiérite, de sorte qu'il n'y a pas lieu de les distinguer spécifiquement. Les polypiérites sont prismatiques, irradiant de la base à la surface, et formant plusieurs couches concentriques ; ils sont peu inégaux en diamètre, de $^1/_2$ à $^2/_3$ de mm. Les planchers sont au nombre de 4 ou 5 dans l'espace de 1mm, ils sont très minces ; les pores muraux sont disposés en séries verticales simples, le plus souvent placés sur les angles des prismes.

Localités : *Calcaire de Moniello* : Moniello, Arnao ; *Calcaire d'Arnao* : Casazorrina près Salas ? Moniello, Grullos ; *Calcaire de Nieva* : Arcas.

Pachypora.

Pachypora : Lindström 1878. Ofversgit af. K. Vetensk. Akad. Förhandl.

— H. Alleyne Nicholson, On the structure and affin. of the Tabulate corals, of the palaeozoic period, London 1879. p 77.

Genre créé en 1873 par M. Lindström pour le *P. lamellicornis* du silurien de Gothland, et où M. A. Nicholson fit rentrer les *Favosites* à cormus rameux, dendroïde, à murailles épaisses, très épaisses, à planchers peu développés, incomplets, peu nombreux ; à pores muraux peu nombreux, grands, disposés sans ordre.

Les *Pachypora* sont très abondants dans le dévonien d'Espagne, comme dans tout l'ouest de l'Europe à cette époque : ils y présentent de nombreuses variétés. Ces variétés élevées au rang d'espèces en Allemagne, ont été réunies en Angleterre par M. A. Nicholson qui fait rentrer dans son *Pachypora cervicornis*, les *Favosites cervicornis, polymorpha, cornigera, reticulata, dubia*, des auteurs Allemands et Français. La variété de formes de mes espèces d'Espagne m'empêche d'admettre ici l'opportunité de la réunion proposée par M. Alleyne Nicholson ; je trouve également plus facile d'assimiler mes espèces espagnoles aux formes des vieux auteurs, plutôt qu'aux nouvelles espèces établies en Bretagne par M. Alleyne Nicholson, sur des échantillons sans doute imparfaits. Malgré les analogies souvent constatées entre la faune dévonienne des Asturies et celle de la Bretagne, il m'a été impossible de reconnaitre avec certitude parmi mes échantillons les *Pachypora Oehlerti, meridionalis*, ni les *Favosites punctata, inosculans, gothlandicus, Forbesi*, de M. Alleyne Nicholson (1).

(1) *H. Alleyne Nicholson* : On some new or imperfectly known species of Corals from the devonian rocks of France, Annals and Mag. of nat. hist., 4e Sér., Vol. VII, 1881. p. 14 pl. 1.

1. *Pachypora Boloniensis*, Goss. sp.

PL. VI, fig. 7.

Favosites Boloniensis, Gosselet : Annal. soc. geol. du Nord. T. VI. 1877 p. 271.
Id. Michelin : Icon. Zooph. pl. 48. f. 2.

Polypier branchu, calices inégaux, allongés transversalement et atteignant le diamètre maximum de 2mm. Les trous muraux sont grands, très peu nombreux, parfaitement représentés sur la figure de Michelin. Ce polypier est identique aux échantillons du Frasnien du Boulonnais et des Ardennes, connu sous le nom de *F. cervicornis* dans la plupart des collections, mais qui diffère réellement comme l'a montré M. Gosselet de l'espèce d'abord appelée *cervicornis* par de Blainville. Elle s'en distingue par ses calices plus grands, subégaux, et plus obliques par rapport à l'axe des branches. L'obliquité de ces calices dont la forme est grossièrement triangulaire, ou semi-circulaire, rappelle plutôt la disposition du calice des Alveolites que celle des Favosites.

Localité : *Calcaire de Candas* : Candas.

2. *Pachypora polymorpha*, Gold. sp.

Favosites polymorpha Quenstedt ; Petrefak. Deutsch. pl. 143. f. 36.

Polypier en masse subsphérique, remarquable par ses calices très inégaux, dont le diamètre varie de 1 à 4mm sur le même polypier. Les figures de Quenstedt donnent une idée plus exacte de la forme espagnole que la figure typique de Goldfuss : ils sont du reste identiques à mes *P. polymorpha* des schistes à calcéoles des Ardennes et de l'Eifel.

Localités : *Grès à Gosseletia* : Candas ; *Calcaire de Moniello* : Moniello, Vaca de Luanco, Arnao ; *Calcaire d'Arnao* : Casazorrina près Salas, Moniello, Arnao ; *Calcaire de Ferroñes* : Arenas, Rañeces.

3. *Pachypora cervicornis*, Gold. sp.

Favosites cervicornis Gold : Pet. Germ. pl. 27 f. 4 a, 4b, 4c. (caet. excl.).
Id. Milne-Edwards et Haime : Palœont. Soc. pl. 48 f. 2 p. 216.
Id. Quenstedt ; Petrefk. Deutsch. p.

Je limite cette espèce aux formes branchues dont le diamètre varie de 1 à 2 cent. La plupart des calices ont 1mm de diamètre, quelques-uns très rares atteignent 2mm. Cette espèce n'a jamais d'aussi grands calices que le *P. polymorpha*, dont elle se distingue encore par ses trous muraux plus grands, moins réguliers et moins nombreux. Les planchers sont très minces, et manquent très souvent sur les échantillons asturiens : les figures citées de Goldfuss et de Quenstedt montrent qu'il en est souvent de même sur les types d'Allemagne. On retrouve ce même caractère chez le *Pachypora*

Boloniensis, qui se rapproche surtout de cette espèce.

Localités : *Calcaire de Moniello* : Vaca de Luanco, Arnao ; *Calcaire d'Arnao* : Santa-Maria del mar ; *Calcaire de Ferroñes* : Arenas, Ferroñes.

4. *Pachypora cornigera*, d'ORB. sp.

Favosites cornigera, D'ORBIGNY : Prodome, T. 1 nº 1159.

Id. GOLDFUSS : Pet. Germ. p. 79, pl. 27 f. 8 a.

Ce nom a été d'abord donné par d'Orbigny à la figure 3, pl. 27, de Goldfuss, mais MM. Milne-Edwards et Haime l'ont ensuite fait passer dans la synonymie en réunissant cette figure *3 a* de Goldfuss aux figures 4 du même auteur, sous le nom de *F. cervicornis*. Il y a pourtant des différences réelles entre les figures *3 a* et 4 de Goldfuss, différences qui se retrouvent dans mes échantillons des Asturies, et m'ont décidé à reprendre le nom proposé par d'Orbigny pour la figure *3 a*, distincte du vrai *P. cervicornis*. Le *P. cornigera* se distingue surtout du *P. cervicornis* par ses planchers bien plus épais, plus solides, plus réguliers, conservés dans tous les échantillons. Son polypier est en outre plus gros, atteignant un diamètre de 3 à 5 cent, et se renflant en masses gibbeuses. La disposition et la grandeur des calices est à peu près la même dans les deux espèces, ils sont moins profonds chez *P. cornigera*, ce qui tient au développement des planchers. Cette même espèce se trouve dans le givétien des Ardennes, elle y a été distinguée par M. Gosselet dans ses notes sous le nom de *P. polymorpha* var β (*æquipora*).

Localité : *Calcaire de Ferroñes* : Ferroñes.

5. *Pachypora reticulata*, GOLD. sp.

Favosites reticulata, GOLDFUSS : Pet. Germ. p. 80, pl. 28. f. 2 a-g.

Cette espèce bien figurée par Goldfuss est abondante dans les Asturies où elle a d'abord été citée par de Verneuil sous le nom de *F. Orbignyana*. Les branches de ce polypier sont généralement plus minces que celles du *F. cervicornis*, elles ont des formes irrégulières, aplaties, entremêlées, coalescentes. Calices subégaux, larges à peine de 1mm.

Localités : *Calcaire de Candas* : Candas ; *Calcaire de Moniello* : Moniello ; *Calcaire d'Arnao* : Casazorrina près Salas, S. Fenolleda, Moniello ; *Calcaire de Ferroñes* : Arenas, Rañeces, Naranco ?, Ferroñes.

6. *Pachypora dubia*, GOLD. sp.

PL. VI. fig. 6.

Favosites dubia . . . GOLDFUSS : Pet. Germ. p. 79 pl. 27. f. 5.

Favosites cervicornis, Var. MICHELIN : Icon. Zooph. pl. 49 f. 8.

En rapportant quelques Pachypora des Asturies au *F. dubia*, GOLD. je resserre beaucoup plus les limites de cette espèce, que ne l'ont fait MM. Milne-Edwards et Haime. J'y fais seulement entrer les Pachypores branchus, à diamètre moyen de 1 cent, et dont les calices profonds, un peu obliques, ont leurs bords externes arrondis. Murailles épaisses, pores grands et espacés, planchers très minces ou manquant entièrement.

Localités : *Calcaire de Candas* : Candas ? ; *Calcaire d'Arnao* : Areñas.

Emmonsia hemispherica, d'ORB.

Emmonsia hemispherica d'ORBIGNY : Prodome p. 49.

Cette espèce citée déjà à Arnao par de Verneuil se distingue de tous les Favosites précédents par ses planchers de deux sortes, les uns complets à peu près horizontaux, les autres incomplets, obliques, ou vésiculeux.

Localité : *Calcaire d'Arnao* : Arnao.

Trachypora elliptica, C. B. NOV. SP.

PL. VIII, fig 6

Polypier rameux à branches elliptiques, déprimées, diamètre variable de 3 mm sur 1,5, à 15mm sur 7,5, et en général deux fois plus large dans un sens que dans l'autre ; certains échantillons sont très déprimés. Les polypiers présentent souvent une suite de renflements et d'étranglements irréguliers. Les rameaux présentent des calices dans lesquels on ne distingue pas de cloisons, ils ont 1/4 mm de diamètre et sont espacés d'environ deux fois leur diamètre, leur bord forme un petit bourrelet subcirculaire. Entre les calices, cœnenchyme très abondant, dense, et dont la surface est granuleuse et chagrinée.

Cette espèce se distingue du *T. Davidsoni* (1) par ses calices plus petits et son cœnenchyme dépourvu de fortes stries. Elle se rapproche davantage du *Trachypora marmorea* (2), qui a comme elle des calices arrondis rapprochés, à bord saillant, mais de plus grande taille et dont les branches sont de plus cylindroïdes au lieu de présenter la forme elliptique si caractérisée de tous mes échantillons. Le *Trachypora circulipora* (3) présente un cœnenchyme granuleux comme le *T. marmorea* et le *T. elliptica* : ces trois formes ont du reste entre elles les plus grandes analogies, le *T. elliptica* s'en distingue seulement par la petitesse des calices et par l'aplatissement constant des branches de son

(1) *Milne-Edwards et Haime* : Poly. paléoz. p. 805, pl. 17. f. 7.
(2) *Gosselet* : Annal. soc. géol. du Nord, T. IV. 1877. p. 271. pl. 8. f. 2.
(3) *Kayser* : Zeit. d. deuts. geol. Ges 1879. pl. V. f. 2. 3. 4. p. 305.

polypier. F. A. Rœmer (1) a décrit un polypier rameux aplati sous le nom de *Limaria Steiningeri*, qui ressemble à notre espèce, mais est trop peu connu pour pouvoir lui être assimilé.

Le *T. elliptica* a enfin de grands rapports avec le *Manon cribrosum* de l'Eifel décrit par Goldfuss (2), et qui a servi de type à M. Mac Coy (3) pour son genre *Fistulipora*. Je n'aurais pas hésité à rapporter cette espèce au genre *Fistulipora* de Mac Coy, si elle eut été encroutante, et s'il m'avait été possible d'y reconnaitre les planchers. Il est du reste difficile de distinguer sur les coupes verticales, les loges souvent coupées obliquement, des vésicules de cœnenchyne qui les entourent; sur les coupes horizontales, les loges sont circulaires, tandis que les vésicules ont des contours polygonaux irréguliers : leur diamètre est le même, et il y a ordinairement deux vésicules entre les loges voisines. Si l'on admet toutefois la classification nouvelle de M. H. Alleyne Nicholson (4), il faut enlever notre espèce du genre *Trachypora*, et la ranger définitivement parmi ses *Monticuliporidæ*, dans le genre *Fistulipora*.

Localités: *Calcaire de Moniello* : Moniello ; *Calcaire d'Arnao* : Santa Maria del mar, N. de San Roman où ils sont beaux et très abondants.

Chætetides

Je crois devoir laisser les chætetides dans les *Hexacoralla* à l'exemple de MM. Milne-Edwards et Haime, près des Favositides et des Seriatoporides (*Dendropora*, *Trachypora*). Les raisons qui ont été invoquées par M. Rominger (5) et par M. G. Lindstrom (6), pour les rapporter aux Bryozoaires ne me semblent pas décisives. Du reste les *Fenestellidæ* elles mêmes, ont de tels rapports avec certains polypiers tels que *Rhipidigorgia flabellum* (7) par exemple, que leur position systématique parmi les Bryozoaires ne me semble nullement établie.

(1) *F. A. Rœmer* : Harz Beit., part. 1. pl. 2, f. 2, p. 8.

(2) *Goldfuss* : Pet. Germ., p. 3, pl. 1, f. 10.

(3) *Mac Coy* : Annal. and mag. of. nat. hist.

(4) *H. Alleyne Nicholson* : On the struct. of. the tabul. Corals. London 1879, p. 304.

(5) *Rominger* : Proceed. of the academy of nat. science of Philadelphia, 1866. p. 113.

(6) *G. Lindstrom* : Ann. and. mag. nat. hist. 1876. 4th sér. vol. XVIII, p. 1.

(7) Voir : Report on the Florida reefs, Mem. of the museum of Harvard College, vol. VII, n° 1, 1880, pl. XXI, by Louis Agassiz.

1. *Monticulipora Goldfussi*, MICHELIN.

Monticulipora Goldfussi MICHELIN : Icon. zooph. p. 190. pl. 48 f. 9.

Les échantillons des Asturies que je rapporte à cette espèce sont identiques aux polypiers désignés sous ce nom dans les calcaires Frasniens des Ardennes où ils abondent : je les ai comparés dans la collection de M. Gosselet où ils sont en grand nombre. Les polypiers sont dendroïdes, à branches de 5 à 18^{mm} de diamètre, les calices subcirculaires sont ordinairement inégaux, variant de 1/4 à 1/3 de ^{mm}. Ils ne présentent pas de traces de cloisons. Murailles bien développées, très épaisses, je n'y ai pas vu de pores ; planchers complets, horizontaux, ne se correspondant pas sur un même plan dans les différents individus, plus serrés près de la bouche des calices, où il en est même qui sont incomplets, vésiculaires. Les monticules de la surface sont très peu marqués, il y a toutefois des points où le cœnenchyme est plus abondant, et les calices par suite plus distants les uns des autres. Cette espèce a de grands rapports avec le *Favosites minor* du Harz, décrit par F. A. Rœmer [1], et l'on devra probablement les rapprocher.

Localité : Calcaire de Candas : Candas.

2. *Monticulipora Torrubiæ*, M. EDW. & H.

Monticulipora Torrubiæ, MILNE-EDWARDS ET HAIME : Polyp foss. des T. paléoz. p. 268. pl 20. f. 5. 5 a.

Les échantillons que j'ai ramassés dans les Asturies sont identiques à ceux de de Verneuil, qui ont été parfaitement figurés par MM. Milne-Edwards et Haime ; il est facile de les distinguer des précédents à la forme polygonale de leurs calices, leurs murailles moins épaisses, et à la disposition de leurs mamelons.

Localités: *Calcaire de Moniello* : Moniello ; *Calcaire d'Arnao* : Santa-Maria del mar. N. San Roman, Villanueva ; *Calcaire de Ferroñes* : Grullos, Trubia, Ferroñes.

3. *Monticulipora Trigeri*, M. EDW. & H.

Monticulipora Trigeri, MILNE-EDWARDS ET HAIME ; Polyp. foss. p. 269. pl. 17 f. 6. 6 a.

Je rapporte à cette espèce des polypiers en masse subsphérique, variant de 5 à 1 $^{cent.}$ de diamètre, assez communs dans les Asturies où ils ont déjà été trouvés par la Commission de la carte géologique d'Espagne, et rapportés par M. Mallada, à tort croyons-nous, au *Chætetes petropolitanus* de Pander (Synopsis, n° 221, pl. 17 f. 4. 5). Ils se rapprochent du *M. Trigeri* par leur forme subsphérique, la disposition radiée des polypiérites, qui sont droits, et si remarquables par leurs murailles minces, affectant la disposition variqueuse représentée sur la figure 6 a de MM. Milne-Edwards et Haime. Les planchers sont parfaitement horizontaux, et distants entre eux d'un demi-millimètre ; le

(1) F. A. Rœmer ; Harz. Beitr. 3, pl. 21, fig. 6 p. 140.

diamètre des calices est généralement plus petit que ceux du type français, ils varient de 1/2 à 1/3 de ^{mm}, c'est la seule différence que j'ai pu saisir entre ces deux formes.

La disposition des murailles distingue entièrement cette espèce du *C. petropolitanus*. Elle a de plus grandes analogies avec le *Favosites fibroglossus* (1) des schistes à calcéoles de l'Eifel, dont le polypier présente la même forme générale : les murailles de cette espèce présentent toutefois des perforations que je n'ai pu retrouver sur celles-ci. Je crois par contre qu'il faut assimiler au *Mont. Trigeri*, le fossile figuré comme *Calamopora fibrosa*, par F. A. Rœmer (2) ; ainsi que peut-être le *Monticulipora Winteri* (3), cité par M. Alleyne Nicholson à la Baconnière (Mayenne), que je n'en puis guère distinguer. Dans ce cas, il faudrait faire passer le *Mont. Trigeri* comme le *M. Winteri* de Nicholson, dans son sous-genre *Monotrypa*. Il y aura évidemment lieu de rechercher dans la famille des *Monticuliporidæ* si bien représentée dans le dévonien espagnol, des sections analogues à celles qui ont été proposées par M. Nicholson, mais dont les caractères insuffisamment délimités encore, gagneraient à être confirmés par une bonne étude critique.

Localités : *Calcaire de Moniello* : Moniello ; *Calcaire d'Arnao* : Arnao , Santa-Maria del mar.

1. *Alveolites suborbicularis*, Lamk.

Alveolites suborbicularis, Goldfuss : Pet. Germ. p. 80, pl. 28, f. 1. a. h.

Cette espèce est abondante dans les Asturies, et atteint de très grandes proportions dans les schistes à calcéoles de Moniello ; j'en ai recueilli de 15 ^{cent} de long. Ils sont irréguliers, incrustants, à couches superposées, et à surface inégale mamelonnée. Les calices sont très serrés, très penchés, plus petits et plus allongés en travers relativement à la hauteur, que chez les *A. suborbicularis* typiques de l'Eifel et des Ardennes. Cette disposition leur donne une apparence squammeuse, qui rappelle les caractères assignés par Steininger à son *A. squammosus* de l'Eifel (4), mais qui est trop imparfaitement connue pour que je lui assimile l'espèce d'Espagne.

Localités : *Calcaire de Moniello* : Moniello, Arnao ; *Calcaire d'Arnao* : Santa Maria del mar, Arnao ; *Calcaire de Ferroñes* : Arenas.

---

(1) *Quenstedt* : Petref. Deuts. p. 16. pl. 143. f. 25 à 29.
(2) *F. A. Rœmer* : Harz. geb. pl. 3 f. 4. a. b, p. 6.
(3) *H. Alleyne Nicholson* : On some corals from the devonian rocks of France, Annals and mag. of nat. hist. 1881, p. 22.
(4) *Steininger* : Verst. des Uebcrg. Geb. der Eifel, p. 11.

2. *Alveolites reticulatus*, STEIN.

Alveolites reticulatus, MILNE-EDWARDS et HAIME ; Pol. foss. p. 256, pl. 16. f. 5.

Je rapporte à cette espèce une forme beaucoup plus rare en Espagne que la précédente, je ne l'ai trouvée qu'en une localité à Arenas. Elle en diffère principalement par la forme plus gibbeuse, subsphérique du polypier, dont les calices sont en outre plus bombés, moins serrés, et une fois plus petits.

Localité : *Calcaire de Ferroñes* : Arenas.

3. *Alveolites denticulata*, M.-EDW. et H.

Alveolites denticulata, MILNE-EDWARDS et HAIME : Pol. paléoz. pl. 16. f. 4.

Ce n'est qu'avec doute que je signale cette espèce dans les Asturies : je l'ai rencontrée à Cornellana au milieu des bancs de polypiers rugueux de cette localité. Mes échantillons sont rameux, mais à branches variant de 1 à 3^{cent} de diamètre. Les calices irréguliers sont remarquables par leurs bords très épais, peu proéminents ; le bord calicinal inférieur forme à l'intérieur une saillie très forte. La grandeur des calices varie de $^1/_2$ à 1^{mm}.

Localité : *Calcaire de Candas* : Cornellana.

4. *Alveolites subæqualis*, MICH.

Alveolites subæqualis, MICHELIN : Icon. zooph. p. 189 pl. 48 f. 8.

Id. MILNE-EDWARDS et HAIME : Pol. fos. p. 256. pl. 17 f. 4.

Cette espèce est également assez rare en Asturies, où l'*Alveolites suborbicularis* a seul atteint un grand développement. Je n'en ai trouvé que des échantillons isolés, ils sont rameux, larges de 1 à 4^{cent} ; les calices inégaux, sont plus petits que ceux de *A. suborbicularis*, auxquels ils ressemblent, ils sont moins penchés, moins transverses, et relativement plus hauts.

Localités : *Calcaire de Candas* : Candas ; *Calcaire d'Arnao* : Moniello.

5. *Alveolites Velaini*, C. B. NOV. sp.

PL. VI, Fig. 5.

Polypier en masse subconvexe, discoïde, plus ou moins aplatie mais non encroutante, composée de polypiérites intimement soudés par leurs murailles ; plateau commun recouvert d'une épithèque mince : murailles simples bien développées, à perforations régulières peu nombreuses ; calices obliques à l'axe des polypiérites, en général subtriangulaires ou subcirculaires, serrés, tournés vers la périphérie du polypier et mesurant de 1 $^1/_2$ à 2^{mm} sur 1 à 1 $^1/_2$^{mm} ; cloisons au nombre de 12 peu saillantes, formées par des séries de trabécules ; planchers horizontaux, complets et régulièrement superposés.

Cette espèce s'éloigne de toutes les autres formes d'Alveolites dévoniens par l'existence de ses cloisons, et je l'aurais certes rapportée au genre *Favosites*, au *F. Goldfuss* par exemple, auquel elle ressemble à première vue, si l'obliquité de ses calices et la forme de leur contour ne m'avaient décidé à la ranger parmi les Alveolites. On sait du reste que quelques espèces d'Alveolites du silurien, *Al. Fougti*, *A. Labechei*, présentent aussi des traces de cloisons.

Localité : Calcaire de Moniello : Moniello.

1. *Cœnites clathratus*, Stein.

Pl. VI. fig. 4, Pl. VIII. fig. 7.

Cœnites clathratus Steininger : Mém. soc. géol. de France, 1e Sér. T. 1. p. 339. pl. 20. f. 6. 1831.

Polypier dendroïde, à branches coalescentes, étendues en plaques calcaires, ou sur divers fossiles, polypiers ou bryozoaires, mais non encroutant. Il présente une disposition réticulaire, les branches réunies en réseau ont 2 à 3^{mm} de diamètre et sont légérement aplaties ; elles sont garnies de pores sur tout leur pourtour. Les polypiérites sont intimement soudés par leurs murailles, qui sont épaisses et imperforées, formant à la surface un cœnenchyme abondant et compacte, à surface lisse. Les planchers ne sont pas conservés sur mes préparations. Calices de forme triangulaire, disposés en quinconce, très penchés, présentant en dedans 3 saillies cloisonnaires inégales comme cela a lieu chez les Alveolites ; mais tandis que chez les Alveolites, le coté extérieur du calice porte en dedans une petite crête allongée, opposée à deux dents rudimentaires rarement visibles, chez nos *Cœnites* au contraire la crête impaire est très réduite, et les deux dents opposées ont pris un grand développement. C'est le développement de cette double dent à l'intérieur du calice qui donne à cette ouverture la forme en fer de flèche, parfaitement indiquée déjà par Steininger (f. 6 a) ; cette double dent fait en même temps saillie au dessus de la surface générale du polypier, ils rendent ainsi le polypier rude au toucher comme une lime douce suivant l'expression de Steininger qui leur avait donné pour cette raison le nom générique de *Limaria*.

A l'exemple de MM. Milne-Edwards et Haime nous avons assimilé ce genre *Limaria* aux *Cœnites* antérieurement établis par d'Eichwald ; mes échantillons ont en outre les plus grands rapports avec le genre américain *Cladopora* de M. James Hall, qui ne diffère de ses *Limaria* du Niagara-group que par la forme du calice et le contour arrondi de la bouche.

Localités: *Calcaire de Moniello* : Moniello ; *Calcaire d'Arnao* : Santa Maria del mar.

2. *Cœnites fruticosus*, STEIN.

Cœnites fruticosus STEININGER : Mém. Soc. géol. de France, T. 1. 1831. p 389.

Cette espèce présente les mêmes caractères que la précédente : Elle a comme elle des calices penchés, triangulaires, en fer de flèche ; elle n'en diffère que par la forme du polypier. Les branches ne sont pas coalescentes, quoique bien ramifiées, leur diamètre est en outre plus considérable et varie de 3 à 5 mm.

Localité : *Calcaire de Candas* : Requejo.

Hydroïdes

Stromatopores

Les Stromatopores dont la position systématique parmi les hydroïdes a été fixée par M. Moseley, présentent dans les Asturies de nombreuses variations. L'étude qu'a bien voulu en faire M. A. Bargatzky (1) a montré que toutes ces formes appartiennent aux groupes du *Stromatopora concentrica* (Gold), et du *S. verrucosa* (Gold.). On sait que ces espèces font défaut dans les grauwackes inférieures de l'Eifel et des Ardennes; elles ont ici apparu dans les *couches de Nieva*, ont atteint leur plus grand développement dans l'eifelien, et ont disparu pendant le givétien.

1. *Stromatopora concentrica*, GOLD.

Stromatopora concentrica, GOLDFUSS, Pet. Germ. pl. VIII. fig. 5, pl. LXIV. fig. 8. a, pl. V. fig. 6.

Localités: *Calcaire de Moniello*: Moniello, Arnao; *Calcaire d'Arnao*: Moniello; *Calcaire de Ferroñes*: Arenas, Rañeces; *Calcaire de Nieva*: Murias.

2. *Stromatopora verrucosa*, GOLD.

Stromatopora verrucosa; GOLDFUSS, Pet. Germ. pl. X. fig. 6.

Localités: *Calcaire de Ferroñes*: Arenas, Rañeces.

Crinoïdes

Haplocrinus mespiliformis, STEIN.

PL. VIII, fig. 11.

Haplocrinus . . . . . STEININGER : (Gen.) Bull. soc. géol. de France, Tome 8. p. 232.

Haplocrinus mespiliformis, GOLDFUSS : Pet. Germ. p. 213. pl. 64. f. 6.

Calice petit, hémisphérique : pièces basales très petites au nombre de 5 ; pièces

(1) Dr *A. Bargatzky*; Ann. Soc. géol. du Nord, T. IX. 1882.

radiales parfaitement représentées par Ferd. Rœmer, au nombre de 2 dans 3 rayons, et uniques dans les deux autres rayons alternes; 5 grandes pièces radiales sub-égales forment ainsi une couronne au calice : Il y a en leur milieu, une dépression correspondant aux terminaisons ambulacraires. Les pièces brachiales ne peuvent s'observer dans mes échantillons de très petite taille; la voûte est formée par 5 grandes pièces triangulaires, interradiales, formant par leur ensemble une pyramide. Les pièces du calice sont ornées de granulations, disposées en séries linéaires radiantes, qui rappellent ainsi les figures de Goldfuss. Je ne vois pas de différences entre les échantillons des Asturies et ceux de l'Eifel.

On rencontre cette espèce dans l'Eifel, dans les schistes à calcéoles, les calcaires ferrugineux d'Enkeberg près Bredelar d'après F. Rœmer (Rheingeb. p. 64), les minerais de fer de Weilburg d'après Sandberger (Neues Jahrb, 1843. p. 777.)

Localité : Calcaire de Moniello : Luanco.

Hexacrinus cf. callosus, SCHUL.

Hexacrinus cf. callosus : SCHULTZE, Denksch. Wien. Akad. XXVI. pl. 9. f. 3.

J'ai trouvé dans l'Eifélien deux calices d'*Hexacrinus* qui rappellent par plusieurs caractères les *H. callosus* de l'Eifel; ils sont toutefois incomplets, et leur conservation n'est pas suffisante pour me permettre de les déterminer avec la même certitude que les précédents.

Localités : Calcaire de Moniello : Moniello ; *Calcaire d'Arnao* : Arnao.

Pradocrinus Baylii, VERN.

PL. VIII, fig. 10.

Pradocrinus Baylii, DE VERNEUIL ; 1850. Bull. soc. géol. de France, 2e Sér. T. VII. pl. IV. f. 11. p. 184.

Cette espèce décrite déjà en grand détail par de Verneuil d'après des échantillons du Léon, est commune dans l'Eifélien des Asturies. Les calices sont allongés, la section des échantillons non déformés est ronde; ma description différera un peu de celle de de Verneuil par suite des différences de terminologie, j'ai adopté avec tous les paléontologistes actuels, le mode descriptif proposé par M. de Koninck.

Pièces basales : 3 pièces basales hexagones, et égales entre elles.

Pièces radiales : 3×5, grosses, hexagones, et d'égale dimension. Le cycle inférieur est formé de 6 pièces comme l'avait décrit de Verneuil, mais à 5 pièces radiales constituantes vient se joindre une pièce interradiale anale de même forme qu'elles.

Pièces brachiales : (2+2)×5, la dernière pièce porte les bras libres.

Pièces interradiales régulières : (8—10)×4. Il y a une pièce interradiale IR^1 entre les pièces radiales R^2 ; il y en a deux IR^2 entre les radiales R^3 ; et il y en a un nombre variable de 5 à 7 entre les pièces brachiales.

Pièces interradiales anales : $\left\{\frac{6\times1}{9\times2}\right.$ Les pièces interradiales anales beaucoup plus nombreuses que les pièces des séries interradiales régulières, peuvent être distinguées en 3 faisceaux radiaires : l'un central, est formé par une seule file de pièces hexagonales au nombre de 6 ou 7 ; les 2 autres faisceaux, situés à droite et à gauche de celui-ci, sont identiques aux faisceaux interradiaux réguliers.

Les *Pradocrinus* de l'Eifélien des Asturies présentent d'assez grandes différences dans l'ornementation de leur test, les uns sont presque lisses, les autres portent des stries partant du sommet des plaques et perpendiculaires à chacun de leurs côtés : ces 2 variétés ont déjà été représentées par de Verneuil ; je ne crois pas plus que lui qu'il y ait lieu d'en faire deux espèces, on les trouve toujours réunies. La voûte est formée par un grand nombre de pièces assez irrégulières, à peu près lisses ; elle se termine en une petite trompe submédiane, qui ne m'a pas présenté d'ouverture à son extrémité. Les ouvertures de mes échantillons sont sans doute recouvertes par des plaques operculaires.

Rapports et différences : Le genre *Pradocrinus* de de Verneuil (1850) est aujourd'hui relégué dans la synonymie par nombre de paléontologistes. M. de Koninck (1) a le premier indiqué son identité avec les *Ctenocrinus* (Bronn). A cette époque les *Ctenocrinus* n'étaient connus encore que par les descriptions insuffisantes de Bronn (2), et de F. Rœmer (3), qui hésitait même sur le nombre de leurs pièces basales « (teneris basalibus tribus ?) » ; on en distinguait deux espèces, le *Ctenocrinus typus* (Bronn l. c.) et le *C. decadactylus* (Gold. l. c. pl. 31. f. 5). Depuis lors, M. Sandberger (4) a donné une diagnose de ce genre basée sur le *Ctenocrinus decadactylus* (Gold.), qu'il figure et qui est la seule espèce qu'il ait rencontrée dans le Nassau : cette espèce présente 3 pièces basales, et est identique par tous ses caractères au *Pradocrinus Baylii* des Asturies ; le nombre et la disposition des pièces interradiales même est identique si on regarde la Fig. 15. pl. 35 de Sandberger. Les plaques

(1) *de Koninck et Le Hon* : Recherches sur les crinoïdes. Mém. acad. roy. de Belgique, T. 28, 1854. p. 127.

(2) *Bronn* : Neues Jahrb. f. miner. 1840. p 542.

(3) *Ferd. Rœmer* : Rheingeb. p. 60.

(4) *Sandberger* : Verstein. d. Rhein. sch. syst. in Nassau, 1856. p. 395.

ayant la même disposition, même nombre, et même ornementation, il ne resterait qu'à constater l'intercalation d'une pièce anale entre les 5 pièces basales, pour assimiler ces deux espèces et voir dans le *P. Baylii* des Asturies, le *C. decadactylus* de Goldfuss in Sandberger, de la grauwacke rhénane. On ne pourra pas dans ce cas toutefois, laisser ces formes dans le genre *Ctenocrinus* : une diagnose récente de ce genre basée sur le *Cten. typus* (Bronn), et accompagnée d'une bonne figure de cette espèce a été donnée récemment par M. Zittel (1), et auparavant par Müller (2) ; elle montre que le type du genre *Ctenocrinus* est caractérisé par une base à 4 pièces. M. Zittel, à la suite de M. F. Rœmer, fait rentrer les *Pradocrinus* dans le genre *Saccocrinus* de M. J. Hall ; mais outre que les *Pradocrinus* ont été établis en 1850, tandis que les *Saccocrinus* (3) ne l'ont été qu'en 1852, le type de *Saccocrinus spesiosus* a des bras dichotomes qui le distinguent nettement des *Pradocrinus* à gros bras simples.

Localités : *Calcaire d'Arnao* : Moniello, S. Fenolleda, Santa Maria del mar.

Ctenocrinus sp.

Deux fragments de calices trouvés à Grullos ressemblent par la disposition et l'ornementation de leurs pièces au *Ctenocrinus typus* tel qu'il est figuré par M. F. Rœmer (Rheingeb. pl. 1. f. 1) ; cette ornementation rappelle celle de certains *Rhodocrinus* (*R. crenatus*). Mes échantillons sont en trop mauvais état pour être déterminés ; peut-être appartiennent-ils au genre *Trybliocrinus* (de la famille des *Rhonocrinidae* ?), décrit par M. Geinitz (4) d'après des échantillons d'Arnao, qui doivent provenir du dévonien inférieur et non du calcaire carbonifère ?

Localité : *Calcaire de Ferroñes* : Grullos.

Pentremites Paillettei, VERN.

Pentremites Paillettei, de VERN : Bull. soc. géol France, 2e sér. T. 2, pl. XV. f. 10. 11 p. 479.

Localités : *Calcaire de Moniello* : Luanco ? ; *Calcaire de Ferroñes* : Ferroñes.

Pentremites Schultzii, VERN.

Penremites Schultzi Bull. soc. géol. de France. 2e sér. T, 2, pl. XV. f. 12. 13. p. 479.

Localité : *Calcaire de Ferroñes* : Ferroñes.

---

(1) *Zittel* : Handbuch der Palœont 1880. p. 372, fig. 260

(2) *Müller* : Monats. Berl. Akad. 1858 p. 188.

(3) *James Hall* : Palœont. of. New-York. Vol. 2. p. 205. 1852.

(4) *H. B. Geinitz* : Uber organische Uberreste a. d. Steinkohlengrube Arnao bei Avilés. in Asturien, Neues Jahrb. 1867. p. 284.

Tiges de crinoïdes.

Cyathocrinus pinnatus, Gold.

Cyathocrinus pinnatus, Goldfuss : Pet. Germ. pl. 58. f.7 p. 190.

En outre des espèces précédentes, il y a encore un grand nombre d'autres crinoïdes dans les calcaires dévoniens des Asturies : j'en ai la preuve très positive dans le grand nombre de fragments de tiges qui se trouvent dans ma collection. Pas plus pour elles que pour celles du carbonifère, je n'ai pu arriver à une détermination précise ; je n'indiquerai donc ici que des ressemblances entre mes tiges et celles qui ont été figurées, sans attacher autrement de valeur à ces déterminations. Cette comparaison montrera que pour les crinoïdes comme pour les autres groupes, il y a de grandes relations entre la faune du terrain dévonien des Asturies et celle des bassins Allemands mieux connus ; de nouvelles recherches fourniront les calices de ces espèces et permettront alors de reconnaitre leur distribution géographique.

La plus grande partie des tiges d'encrines que j'ai ramassé dans les calcaires dévoniens des Asturies, ressemblent à celles qui sont figurées par Goldfuss sur sa planche 58, et qu'il a décrit sous le nom de *Cyathocrinus pinnatus*. Ces articulations appartiennent sans doute en réalité, au genre *Platycrinus*.

Localités : *Calcaire de Moniello* : Moniello, Vaca de Luanco, Luanco ; *Calcaire d'Arnao* : S. Fenolleda, Moniello ; *Calcaire de Ferroñes* : Llontralés près Grado, Ferroñes.

En outre des tiges précédentes, j'ai ramassé à Luanco et à Moniello, quelques fossiles irrégulièrement dichotomes, qui ressemblent évidemment aux belles racines de crinoïdes du Niagara-group figurées par M. James Hall ; il est impossible de les déterminer actuellement, même génériquement.

Cyathocrinus pentagonus, Gold.

Cyathocrinus pentagonus Gold : Pet. Germ. p. 192. pl. 59. f. 2.

Curieuses grosses tiges atteignant jusqu'à 4 cent de diamètre, et correspondant bien aux figures citées de Goldfuss.

Localité : Calcaire de Ferroñes : Cabruñan.

Actinocrinus muricatus, Gold.

Actinocrinus muricatus Gold ; Pet. germ. pl. 59. f. 8. p. 195.

Articulations analogues à celles qui ont été figurées sous ce nom par Goldfuss, Schultze, Quenstedt, et remarquables par leurs neuf tubercules périphériques.

Localités : *Calcaire de Moniello* : Arnao ; *Calcaire d'Arnao* : Arnao, Moniello.

Rhodocrinus crenatus, SCHULT.

Rhodocrinus crenatus SCHULTZE ; Denks. Wien. Akad. XXVI. pl. 7. f. 1 m. n.

Tiges présentant les ornements des *R. crenatus* des schistes à calcéoles, et appartenant en tous cas aux *Entrochi Tornati* de Quenstedt (Petref. Deutsch. p. 641, pl. 112, fig. 82-85.)

Localités : *Calcaire d'Arnao* : Fenolleda, Santa Maria del mar ; *Calcaire de Ferroñes* : Ferroñes.

Entrochus dentatus, QUENST.

Entrochus dentatus, QUENSTEDT : Petref. Deutschlands p. 649. pl. 112, f. 132.

Tiges bien figurées par Quenstedt, et remarquables par les dents en scie des faces articulaires.

Localités : *Calcaire de Moniello* : Vaca du Luanco ; *Calcaire d'Arnao* : Arnao ; *Calcaire de Ferroñes* : Ferroñes.

Pentacrinus priscus, GOLD.

Pentacrinus priscus, GOLDFUSS : Pet. Germ p. 176. pl. 53. f. 7.

Petites tiges pentagonales, à canal médian unique, et se rapprochant assez de la figure citée de Goldfuss ; elles ressemblent par leur ornementation extérieure à la tige de *Cupressocrinus* représentée par Quenstedt (Petref. Deutsch. p. 627. pl. 112, f. 19).

Localités : *Calcaire de Moniello* : Vaca de Luanco ; *Calcaire d'Arnao* : Moniello.

Bryozoaires.

1. *Fenestella Boloniana*, d'ORB.

Fenestella Boloniana, d'Orbigny : Prodrôme 1847, p. 100. n° 1036.

Retepora retiformis, MICHELIN : Icon. Zooph. pl. 49 f. 7. 191.

Cormus disposé en réseau mince, en forme d'éventail, à mailles ovales longues de 1/2 mm, larges de 1/4 mm, et composé d'une quantité considérable de petits rameaux. Ces rameaux sont lisses en dedans, et portent les pores en dehors, ceux-ci sont tous ainsi rassemblés sur une face ; entre les rameaux sont des commissures, ou branches non perforées par les pores, qui se trouvent sur le même plan que les rameaux. Les lacunes sont donc ici ouvertes dans le plan de la plus grande surface des cormus.

Cette espèce, la plus abondante à Cangas, a été parfaitement représentée par Michelin ; je lui donne toutefois le nom proposé par d'Orbigny qui avait reconnu les différences entre cette espèce dévonienne et la *R. retiformis* (type) du carbonifère, bien représentée par M. de Koninck (Carbonifère de Belgique, pl. A. fig. 2, 3). Je crois qu'il faut assimiler à *Fenestella Boloniana*, la *Fenestella antiqua* var. α, et représentée par Phillips (Palæoz. fossils p. 24 pl. 12 f. 35 α), qui offre les mêmes caractères, et dont les lacunes sont également dans le plan du cormus.

Localité : *Calcaire de Candas* : Candas.

2. ***Fenestella Michelini***, C. B. nov. sp.

Retepora infundibulum, Michelin : Icon. Zooph. pl. 49. f. 6, p.

Cette espèce est beaucoup plus rare que la précédente, j'en ai trouvé un seul exemplaire à Candas, elle est caractérisée parce que les dissépiments sont sur un plan inférieur à celui des rameaux du cormus ; il arrive ainsi que les fenestrules sont disposées dans des lignes concaves comprises entre les rameaux. Cette espèce diffère du *R. infundibulum* de Lonsdale à laquelle elle a été assimilée par Michelin, ainsi que du *R. antiqua*, Gold. à laquelle d'Orbigny l'avait rapportée (Prodrome n° 1045).

Localité : *Calcaire de Candas* : Candas.

3. ***Fenestella Verneuiliana***, Mich.

Pl. VIII. Fig. 8.

Fenestella Verneuiliana Michelin ; Icon. Zooph. p. 193 pl. 49. f. 10.

Cette jolie espèce parfaitement représentée par Michelin se présente avec des caractères identiques dans les Asturies. Le cormus forme une lame ondulée, un peu enroulée ; il est composé de rameaux droits, joints entre eux par de petites traverses très grêles et généralement alternes, se réunissant entre les rameaux sur une ligne ondulée. Je possède un cormus en partie décomposé et très instructif : tandis que la portion bien préservée correspond à notre description et est identique à la figure (10 b) de Michelin, la portion décomposée présente les caractères ordinaires de Fenestelles. On peut suivre facilement la transformation : tandis que les rameaux bien conservés sont dépourvus de pores, on reconnait nettement sur les parties décortiquées de ces rameaux, qu'ils sont percés d'une série unique de pores ovales. Cette observation confirme l'opinion exprimée récemment par M G. R. Vine (1) que les Fenestellidæ vivantes avaient leurs loges couvertes par un opercule. Le tissu ou couche externe qui recouvre ainsi les rameaux, se continue avec le tissu qui forme les petites traverses alternes du *F. Verneuiliana* ; il arrive généralement que ces tissus se décomposent en même temps, et on observe alors que sous quelques unes de ces traverses

(1) *G. R. Vine* : Geological Magazine, p. 511 novembre 1880.

alternes, se trouvaient d'autres dissépiments identiques à ceux des autres Fenestellides. Chacun de ces dissépiments était recouvert et caché par une paire de traverses qui se soudaient en son milieu ; entre les dissépiments successifs il y avait deux paires de traverses qui laissent en disparaissant une grande fenestrule quadrangulaire.

On pourrait réserver le nom de dissépiment aux parties inférieures qui limitent les fenestrules de toutes les Fenestellides, et en donner un autre (Sub-dissépiments) aux traverses alternes, qui sont disposées dans les fenestrules comme les carreaux dans nos fenêtres.

Il n'y a donc pas lieu de mettre les *F. Verneuiliana* de Michelin dans un genre spécial (*Hemitrypa*); mais les différences considérables qu'amènent chez ces Bryozoaires, les décompositions partielles si générales chez les fossiles anciens, rend bien difficile la délimitation naturelle des genres et des espèces des cormus de cette classe. Je suis ainsi très porté à croire que la *Fenestella Bouchardi*, d'Orb. (Prodrome N° 1042; Michelin pl. 49. f. 8. p. 192,) n'est qu'une *F. Verneuiliana* décomposée, où les sub-dissépiments ont disparu, et où les pores ne sont pas encore dégagés : les rameaux ont en effet le même écartement que chez *F. Verneuiliana*, et les dissépiments sont à la même distance les uns des autres que tous les troisièmes sub-dissépiments (recouvrant le dissépiment véritable) du *F. Verneuiliana*.

Localité: *Calcaire de Candas*: Candas.

4. ***Fenestella prisca***, Gold.

Fenestella prisca, Gold. Pet. Germ. pl. 36. f. 19. p 103.

Un échantillon enroulé en forme de coupe, montre des rameaux lisses, anastomosés, limitant des fenestrules ovales, à l'intérieur de la coupe ; à l'extérieur, les rameaux portent les pores des loges disposés sur deux lignes parallèles, et non séparées par une côte. Cette espèce est commune.

Localités: *Calcaire de Candas*: Candas ; *Calcaire de Moniello* : Moniello, Arnao ; *Calcaire d'Arnao*: Arnao, Santa-Maria del mar.

5. ***Fenestella explanata***, F. A. Rœmer.

Pl. VIII, Fig. 9.

F. A. Rœmer ; Harz geb. pl. 12. f. 3.

F. A. Rœmer ; Beitraege z. Harz. T. 1. pl. 1. fig 12. p. 7.

Cormus en lame, généralement enroulée en entonnoir, formée de rameaux droits, dichotomes, remarquables par l'égalité absolue des branches dès leur bifurcation. La face interne des rameaux est convexe, arrondie, lisse, ou peut-être finement striée sur quelques échantillons ; leur face externe porte une carène médiane, flanquée de chaque côté d'une série de pores arrondis ou un peu ovalaires. Les rameaux sont réunis par des dissépiments, qui sont un peu en retrait sur la face externe, de sorte que les fenestrules de ce côté paraissent ouvertes dans des lignes concaves. Les fenestrules rectangulaires ont leurs angles plus arrondis que ceux du type de Rœmer : c'est la seule différence que j'ai pu trouver entre ses figures et mes échantillons. Il y a aussi de 3 à 4 pores entre les différents dissépiments.

Quelques échantillons mieux conservés m'ont permis de reconnaître des faits analogues à ceux que j'ai indiqués chez *Fenestella Verneuiliana* : la face externe du cormus porte des sub-dissépiments, ils partent des branches et se rejoignent en alternant au milieu de l'espace compris entre ces rameaux, où ils forment ainsi une ligne ondulée. Le nombre et la disposition de ces sub-dissépiments sont les mêmes que chez le *F. Verneuiliana*, il en est qui recouvrent les dissépiments, il y en a deux de chaque côté entre les différents dissépiments : le tissu qui forme ces sub-dissépiments se prolonge sur les rameaux où il recouvre les pores en les cachant, il se soude ainsi à la carène médiane, et à son niveau, de sorte que la surface externe des cormus complets parait presque plane. Ces échantillons ressemblent alors beaucoup au *F. Verneuiliana* ; ils s'en distinguent toutefois lorsqu'on les compare attentivement, en ce qu'ils ont des sub-dissépiments épais qui atteignent le diamètre des rameaux, tandis que ces sub-dissépiments sont très déliés chez le *F. Verneuiliana*.

Deux échantillons à demi-décomposés, m'ont montré la coexistence sur un même cormus, d'un *F. explanata* muni de ses sub-dissépiments et du *F. explanata* (type), c'est-à-dire dépourvu de ces parties. C'est cette trouvaille qui m'a permis d'identifier des formes qui paraissent si distinctes au premier abord, car la plupart des cormus sont ou entièrement préservés, ou entièrement privés de leur couche externe, et ils paraissent alors très différents les uns des autres. La figure donnée par F. A. Rœmer du type de l'espèce (fig. 12 b) montre bien la généralité des faits observés ici ; on y voit en effet de chaque côté des rameaux des renflements, qui ne sont autre chose d'après moi, que les points d'attache des sub-dissépiments disparus. Ils sont au nombre de 3 à 4 sur les figures de Rœmer, entre les dissépiments successifs ; on peut remarquer en faveur de ma thèse, que ces renflements font défaut sur la figure de Rœmer représentant la face interne du cormus (fig. 12 c).

Localités : *Calcaire de Moniello* : Moniello ; *Calcaire d'Arnao* : Fenolleda, Moniello,

Santa Maria del mar, Arnao; *Calcaire de Ferroñes* : Ferroñes.

1. *Retepora dubia*, d'ORB.

Retepora dubia, d'ORBIGNY : Prodrome, n° 1013.

Gorgonia ripisteria, MICHELIN : Icon. Zooph. pl. 49. f. 9. p. 193.

Cormus en lame irrégulière, réticulée, où les rameaux lisses sont coalescents, laissant entre eux des fenestrules irrégulières, en lignes souvent continues, dichotomes.

Localité : *Calcaire de Candas* : Candas.

2. *Retepora antiqua*, GOLD.

Retepora antiqua GOLD : Pet. Germ. pl. 9. f. 10. p. 28.

L'espèce que je désigne sous ce nom est de beaucoup la plus commune dans les calcaires eifeliens des Asturies : elle me parait identique à celle qui est figuré et décrite par Goldfuss. Pas plus que cet auteur, je n'ai pu observer les pores des loges ; nous n'avons sans doute vu que la face interne des cormus, et la face externe toujours soudée à la roche est probablement très rugueuse ou hérissée de crêtes, qui la rendent très adhérente. Je crois que l'étude de cette espèce permettra de la ranger parmi les Fenestelles.

Localités : *Calcaire de Moniello* : Moniello ; *Calcaire d'Arnao* : Arnao, Santa Maria del mar.

Rosacilla emersa, F. A. RŒMER.

Rosacilla emersa F. A. ROEMER : Harz. Beitrege 1. pl. 1. f. 9. p. 6.

J'ai trouvé à Santa Maria del mar, dans la zône à *Rh. Orbignyana* un petit cormus discoïde, qui présente la plupart des caractères de la *R. emersa* de Rœmer ; n'ayant trouvé qu'un seul exemplaire de cette espèce, je n'ai pu m'assurer suffisamment de l'exactitude de cette détermination, qui reste par conséquent douteuse.

Localité : *Calcaire d'Arnao* : Santa Maria del mar.

Ceramopora sp.

Ceramopora, JAMES HALL : Paleont. of New-York, Vol. 2. p. 168. pl. 40 E.

Cormus encroutant, en plaques gibbeuses arrondies, formées par un grand nombre de cellules disposées en quinconce, et à ouvertures triangulaires.

Localité : *Calcaire d'Arnao* : N. de San Roman.

Rhinopora sp.

Rhinopora, JAMES HALL : Paleont. of New-York. Vol. 2. p. 170. pl. 40 E f. 4.

Cormus lamellaire, encroutant, à nombreuses cellules quadrangulaires ou rhomboïdales irrégulières, à parois minces ; surface irrégulière et mamelonnée, les tubercules sont solides et dépourvus généralement de cellules à leur sommet.

Localité : *Calcaire de Ferroñes* : Valduño.

Lichenalia sp.

Lichenalia, James Hall : Paleont. of New-York, Vol. 2, pl. 40 E. f. 5. p. 171,

Cormus lamelleux, étalé, flabelliforme, portant des côtes radiaires aigües sur une face et des côtes concentriques larges obtuses sur l'autre. Entre les côtes concentriques, se trouvent les ouvertures des cellules disposées régulièrement comme sur les figures, 5 f, 5 g, de M. Hall.

Localité : *Calcaire d'Arnao* : Arnao.

Brachiopodes.

Crania ? proavia, Gold.

Crania ? proavia Goldfuss : Pet. Germ. 1840. pl. 163. f. 9-10.

Ce n'est qu'avec doute que je rapporte mes échantillons à ce genre : un mauvais échantillon de Candas, rappelle la figure du *Davidsonia* (pl. XV, de Davidson), il est fixé sur *Spirifer comprimatus* ; un autre de Candas, est fixé sur *Spirifer Verneuili*, mais le mauvais état de conservation de ces échantillons m'empêche d'ajouter grande importance à cette détermination.

Localité : *Calcaire de Candas* : Candas.

Productus Murchisonianus, Kon.

Productus Murchisonianus Mallada : Sinopsis, Bol. de la com. de la mapa geol. de España, Vol. IV, pl. XI, f. 19-20.

Cette espèce a une très vaste répartition géographique. Dans les Ardennes, elle apparait dans les schistes à calcéoles et se développe dans le dévonien supérieur.

Localités : *Grès à Gosseletia* : Candas ; *Calcaire de Moniello* : Vaca de Luanco, Luanco.

1. *Chonetes minuta*, Gold.

Chonetes minuta d'Archiac et de Verneuil : Trans. geol. soc. 2e Ser. T. VI p. 372. pl. 36. f. 5.

Cette espèce d'Espagne est identique aux figures citées de d'Archiac et de Verneuil, et à mes échantillons de l'Eifel ; d'excellentes figures en ont été également données par MM. von Buch, Schnur, Sandberger et Davidson.

Localités : *Grès à Gosseletia* : Candas ; *Calcaire de Moniello* : Pola de Gordon, Vaca de Luanco, Moniello.

2. *Chonetes crenulata*, F. Rœm.

Chonetes crenulata F. Rœmer : Rheingeb. p. 74. pl. V. fig. 5.

— de Koninck : Monog. des Chonetes, p. 205. pl. 20 f. 8.

Cette espèce comme la précédente m'a paru très rare dans les Asturies, où le genre Chonetes n'a pas atteint le même développement que dans le dévonien inférieur du centre de l'Europe. Je n'en ai recueilli que 3 échantillons en deux localités différentes ; ils sont bombés et couverts de stries fines comme la coquille du Rhin et de la Belgique, leur forme est toutefois plus transverse, et peut-être devra-t-on en faire une espèce nouvelle, quand on en aura entre les mains une série plus complète.

Localité : *Calcaire d'Arnao* : Moniello, Santa Maria del mar.

1. *Orthis striatula*, Schlt.

Orthis striatula v. Schlotheim : Nacht. Petrefk. pl. 15. f. 2.-4.-1822.

Cette espèce est très commune en Asturies où on la trouve à plusieurs niveaux, mais ce n'est réellement que dans le niveau à *Sp. Cultrijugatus* qu'elle devient abondante. Les variétés sont assez limitées : si on les compare aux *O. striatula* des bassins du nord de la France, on remarque que la commissure palléale est généralement moins recourbée sur les échantillons d'Espagne ; il en est qui ont cette commissure droite, d'autres l'ont ondulée, mais il ne m'est jamais arrivé d'en trouver d'anguleuse comme celle qui a été figurée par Schlotheim sous le nom d'*O. excisus* (l. c. pl. XV. f. 3). Les crochets présentent également quelques variations, dûes à l'étendue de l'aréa : l'aréa de la valve dorsale, horizontale, est parfois recourbée de façon que le crochet de cette valve repose sur la valve ventrale, tel est le type figuré par Schnur ; tantôt au contraire, les crochets des deux valves sont très éloignés l'un de l'autre, et l'aréa de la valve ventrale, très vaste, est presque normale à l'aréa horizontal de la valve dorsale, tels sont les échantillons figurés par Sandberger. Si je ne considérais que les échantillons des Asturies, qui sont sous mes yeux, je devrais admettre que cette différence est un résultat de l'âge, car tous mes échantillons de petite taille se rapportent à la figure de Sandberger, tandis que les gros échantillons se rapprochent plus des figures de Schnur. Je rattache à cette espèce les échantillons d'Arnao, cités sous le nom de *O. resupinata* (Bol. com. mapa geol. T. 2. 1875. p. 75).

Localités : *Calcaire de Candas?* : Candas ; *Calcaire de Moniello* : Moniello, Vaca de

Luanco, Luanco ; *Calcaire d'Arnao* : S. Fenolleda, Moniello, Arnao ; *Calcaire de Ferroñes* : Grullos, N. San Roman ; *Calcaire de Nieva* : St-Jean de Nieva, Laviana, S. d'Espin.

2. *Orthis orbicularis*, de Vern.

Orthis orbicularis de Verneuil : Bull. soc. géol. de France, 2e Sér. T. 2. pl. XV. f. 9. p. 478.

Coquille à contour arrondi, présentant un angle obtus de 125° à la limite de l'aréa et du bord latéral ; valves inégales ; valve ventrale bombée, valve dorsale aplatie mais non operculaire. La commissure palléale présente une courbure assez prononcée, dont la convexité est tournée vers la valve ventrale, et qui correspond au sinus de la valve dorsale. Le crochet de la valve ventrale est petit, droit, peu recourbé, l'aréa peu développée est plus grande que chez *Orthis opercularis*, et est également parallèle à l'axe longitudinal de la coquille ; l'aréa de la petite valve est inclinée, et forme un angle droit avec la première. Les stries de la surface sont disposées comme dans l'espèce suivante ; les anneaux d'accroissement sont plus fréquents, et marqués très profondément près du bord de la coquille.

D'après M. Kayser qui a fait une excellente étude de ce groupe d'Orthis, il convient de rapporter cette espèce à *Orthis circularis* (Geol. Trans. 2e Sér. Vol. VI. p. 409, pl. 38, f. 12) décrite d'une façon si insuffisante par Sowerby ; c'est par l'étude des moules des orthis de la grauwacke de Stadtfeld que M. Kayser est arrivé à assimiler ces espèces.

Localités : *Calcaire d'Arnao* : N. San Roman ; *Calcaire de Ferroñes* : Ferroñes, Arenas, Pont de Llontrales ; *Calcaire de Nieva* : Laviana, Sabugo, Vocal ?, Arcas.

3. *Orthis opercularis*, M. V. K.

Orthis opercularis de Verneuil : Russie, Vol. 2. 1845, p. 187. pl. 13. f. 2.

Coquille à contour arrondi, allongée transversalement. Valve dorsale subplane, légèrement creusée au milieu par un sillon peu profond Valve ventrale bombée, surtout près du crochet ; crochet petit peu saillant ; aréa courte, parallèle à l'axe longitudinal de la coquille. La petite aréa de la valve dorsale est presque normale à cet axe.

Les stries de la surface sont rectilignes au milieu de la coquille, et recourbées en arrière sur les bords ; elles sont très fines, dichotomes, serrées et découpées par 2 ou 3 anneaux d'accroissement peu marqués. Mes échantillons des Asturies sont identiques aux coquilles de l'Eifel figurées par de Verneuil dans son ouvrage sur la Russie, il est souvent très difficile de les distinguer de l'espèce précédente *Orthis orbicularis*. Il y a toutefois quelques différences entre les individus bien conservés : les coquilles que je rapporte à *O. orbicularis* et qui se trouvent dans des couches un peu inférieures aux autres, sont plus allongées, leur aréa est plus large et forme avec la commissure latérale de la coquille un angle de 125°, tandis que cet angle est nul chez *O. opercularis* où ce contour est arrondi. La largeur de l'aréa est également plus grande chez *O. orbicularis* que chez *O. opercularis* ; elle égale chez *O. orbicularis* les $^2/_3$ de la coquille, et n'atteint que le $^1/_3$ chez *O. opercularis*. La valve dorsale est moins operculaire chez *O. orbicularis*, enfin la plus grande largeur de la coquille est au $^1/_3$ inférieur de cette espèce, tandis qu'elle est au milieu chez *O. opercularis*.

Localités : *Calcaire de Moniello* : Vaca de Luanco ; *Calcaire d'Arnao* : Arnao, Moniello, Santa Maria del mar.

4. *Orthis tetragona*, F. Rœmer.

Orthis tetragona F. Rœmer : Rhein. Uebergangsgeb. 1844. p. 76. pl. 5. f. 6. a. b.

— Schnur : Brach. d. Eifel 1853. p. 214. pl. 37. f. 8.

Ces coquilles se reconnaissent facilement à leur contour quadrangulaire, à leur épaisseur, et à leur charnière droite presque aussi large que la coquille. La valve dorsale est presque aussi épaisse que la ventrale, elle est creusée par un sillon étroit qui remonte jusqu'au sommet. L'aréa dorsale est horizontale contrairement à ce qui existe chez *O. opercularis*, l'aréa de la valve ventrale est au contraire oblique.

Cette forme si facile à reconnaître, est plus rare que les précédentes en Espagne, je n'en ai ramassé que 2 à 3 échantillons dans les localités indiquées. Cette espèce a vécu dans l'Eifel un peu après les autres d'après Kayser, elle y caractériserait le sommet des schistes à calcéoles ; cette observation est d'accord avec une foule d'autres pour montrer que l'évolution de la faune malacologique dévonienne s'est faite en Espagne de la même façon qu'en Allemagne ; tandis que l'on trouve dans l'assise d'Arnao, foule d'espèces des *Unterer Calceola Schichten*, on n'y trouve que des types isolés des *Oberer Calceola Schichten* et l'on tend ainsi à croire qu'il y a en Asturies une lacune correspondant à ce niveau et aux couches à Strigocéphales qui l'ont suivi dans le Nord.

Localités : *Calcaire de Moniello* : Vaca de Luanco ; *Calcaire d'Arnao* : Moniello, Arnao, Santa Maria del mar.

5. *Orthis Eifeliensis*, Vern.

Orthis Eifeliensis de Verneuil : Bull. soc. géol. de France, 2e Sér. T. VII. p. 161. 1850.

— *lunata*, de Verneuil Murchison et Keyserling : Russie d'Europe p. 189. pl. 13, f. 6. 1845.

— *Eifeliensis*, Schnur : Brach. der Eifel. pl. 37. f. 6.

Cette coquille orbiculaire assez voisine des précédentes, s'en distingue nettement par sa forme plus pointue vers le crochet que vers le front, par ses valves presque également convexes, moins épaisses que chez *O. tetragona*. La valve ventrale creuse au milieu, offre une dépression peu profonde qui se renfle dans sa partie médiane en un vague bourrelet. La valve dorsale offre un sinus plus profond. L'aréa dorsale est horizontale, dans le plan des arêtes latérales ; l'aréa ventrale un peu plus haute et inclinée sur l'axe longitudinal de la coquille. La charnière est égale à environ la moitié de la largeur de la coquille ; cette largeur maxima est un peu en dessous du milieu de la coquille.

C'est à cette espèce qu'il convient de rapporter sans doute les *Orthis Michelini* (Lév.) indiquées dans le dévonien inférieur d'Espagne (de Verneuil, B. S. G. F. 2e Sér. T. 2) ; il est du reste très difficile de distinguer ces deux espèces.

Localités : Calcaire de Candas : Requejo ; *Calcaire de Moniello* : Luanco, Vaca de Luanco, Moniello.

6. *Orthis cf. opercularis*, VERN.

Cette Orthis commune dans le minerai de fer de Candas y est ordinairement en trop mauvais état pour servir de type à une nouvelle espèce de cette division des *Orthis arcuato-striatæ*; il n'est possible de déterminer spécifiquement que les échantillons parfaitement conservés de ce groupe. Cette Orthis de Candas se rapproche surtout de *O. opercularis* (Vern.); sa valve dorsale est aussi operculaire, sa valve ventrale bombée a un très petit crochet. J'hésite à la rapporter à cette espèce, à cause de sa taille plus grande que celle des *O. opercularis* des Asturies, la forme de son contour est en outre plus arrondie, moins transverse, enfin les stries sont plus nombreuses et plus fines. Elle rappelle surtout la forme de l'Asie-Mineure *7 b* figurée par M. de Verneuil (1).

Localité : *Grès à Gosseletia* : Candas.

7. *Orthis subcordiformis*, KAYS.

Orthis subcordiformis KAYSER : Zeits. d. deuts. geol. Ges., Bd. XXIII, 1871. p. 600, pl. XII, f. 1.

On trouve abondamment à Moniello une grande espèce d'Orthis, assez voisine de *O. striatula*, mais qui s'en distingue nettement par sa forme toujours aplatie, son contour orbiculaire, l'absence du sinus sur sa valve ventrale, et sa commissure palléale droite non relevée en haut. Elle se rapproche par plusieurs caractères importants de *O. subcordiformis* de Kayser, et l'intérieur de la valve ventrale que j'ai pu préparer, est identique à la figure *1 e, pl. 13.* de Kayser.

Localité : *Calcaire d'Arnao* : Moniello.

(1) *de Verneuil* : in Tchihatcheff, Asie mineure, paléontologie 1866, p. 484 pl. XXI, fig. 7.

8. *Orthis Gervillei*, Defrance.

Pl. IX. Fig. 1.

Orthis Gervillei, Defrance, Tableau des corps organisés foss. 1824.
— de Verneuil, in Tchihatcheff. Asie mineure, Paléontologie, 1866. p. 28. pl. XXI. f. 5.

Coquille sub-orbiculaire, à charnière droite presque égale à la plus grande largeur de la coquille ; largeur maxima, peu en-dessous de la charnière. La valve ventrale est renflée, notamment en son milieu et près du crochet, où elle forme presque une carène ; le crochet est petit, pointu, et un peu recourbé. L'aréa est basse, allongée, et limitée nettement du reste de la coquille, elle est horizontale, ou du moins très peu inclinée au plan des arêtes latérales. L'aréa de la valve dorsale est au contraire très inclinée sur ce plan, et presque normale. Cette disposition de l'aréa est donc l'inverse de ce qu'on observe chez *O. tetragona*. Au mileu de l'aréa de la valve ventrale, il y a une large ouverture triangulaire, libre, dépourvue de pseudo-deltidium ; elle est deux fois plus large que longue, et égale presque le 1/4 de la longueur de l'aréa. La valve dorsale est beaucoup moins convexe que la ventrale, son crochet est droit, l'aréa petite et oblique montre en son centre l'ouverture triangulaire ouverte Au milieu de cette valve il y a une dépression, commençant près du crochet où elle est profonde, et arrivant jusqu'au bord frontal de la coquille où elle s'évase. Les valves sont ornées de stries aigües rayonnantes, droites au milieu, arquées sur les bords ; elles se recourbent toutefois bien moins en approchant des bords que chez les *Orthis* du groupe de *O. orbicularis*, caractère qui joint à beaucoup d'autres me fait considérer cette espèce comme l'*Orthis* la plus voisine du genre *Streptorhynchus*. Le nombre des stries est plus grand au bord qu'au sommet de la coquille, par suite de dichotomie et d'intercalation ; elles se groupent entre elles en faisceaux de grosseur variable au nombre d'une dizaine. Ces faisceaux sont d'autant plus prononcés, qu'on les observe plus près du crochet, ils sont plus marqués sur la valve dorsale que sur la valve ventrale. Il y a près du bord quelques anneaux concentriques très peu marqués.

Rapports et différences : Cette coquille rappelle *Orthis canaliculata*, Schnur (Brach. d. Eifel, p. 213, pl. 37, f. 5. et p. 242, pl. 45, f. 6), dont les caractères ont été bien fixés par Kayser (p. 607), par la forme de son contour, ses plis en faisceaux ; elle en diffère par l'inégale épaisseur de ses valves, et par le bombement régulier de sa valve ventrale. Elle se rapproche plus du *Streptorhynchus lepidus*, Schnur, décrit par

Schnur sous les noms différents de *testudinaria* (p. 212, pl. 37 f. 3), *plicatella* (pl. 38, f. 4), *lepidus* (p. 218, pl. 45, fig. 9), et qu'il convient de réunir comme l'a montré Kayser p. 617 ; je trouve la plus grande ressemblance entre ces deux coquilles et je ne saurais distinguer les *S. lepidus* de l'Eifel que je dois à l'obligeance de M. Kayser, de mes *O. Gervillei*, sans en dégager la charnière : Le *S. lepidus* a un pseudodeltidium sur l'ouverture de sa valve ventrale, la valve dorsale en étant dépourvue ; il n'y a pas de pseudodeltidium sur les ouvertures de l'aréa de *O. Gervillei*, qui restent ouvertes toutes deux, sur mes échantillons d'une conservation parfaite. L'aréa ventrale du *St. lepidus* est en outre beaucoup plus grande, et plus oblique que dans notre espèce. Ces deux espèces *O. Gervillei* et *S. lepidus*, me paraissent former entièrement le passage entre les types génériques *Orthis* et *Streptorhynchus*. L'espèce que je rapporte à l'*Orthis Gervillei* (Defr. in de Verneuil), a aussi des relations intimes avec la forme désignée par d'Orbigny sous le nom de *O. fascicularis* dans le Prodrome (1847, n° 822), qui provient de Ferroñes, et qui est également caractérisé par ses stries en faisceaux, mais s'en distingue comme l'a montré M. Bayle (1) par ses bords cardinaux arrondis, et ses faisceaux de côtes moins saillantes.

Localités : *Calcaire de Moniello* : Moniello ; *Calcaire d'Arnao* : Arnao.

9. *Orthis Beaumonti*, Vern.

Orthis Beaumonti, de Verneuil : Bull. soc. geol. de France, 2e Sér. Vol. VII, pl. IV, f. 8, p. 180.

Cette grande et belle espèce se distingue nettement des *O. striatula* de la même région par le sinus de sa valve dorsale, et aussi par la finesse et le plus grand nombre des plis qui ornent les valves, ils portent pour la plupart les petits renflements figurés sur le dessin de de Verneuil.

Localités : *Calcaire d'Arnao* : Santa Maria del mar, Villanueva près Grado ; *Calcaire de Ferroñes* : Trubia, Moniello.

10. *Orthis Dumontiana*, Vern.

Orthis Dumontiana de Verneuil : Bull. soc. géol. de France, 2e Sér. T. VII. pl. IV, f. 7, p. 181.

Cette espèce décrite par de Verneuil d'après un échantillon unique provenant d'Aleje près Sabero, est décidément très rare en Espagne ; je ne l'ai également recueillie qu'en une seule localité (deux échantillons).

Localité : *Calcaire d'Arnao* : Santa Maria del mar.

---

(1) *Bayle* : Explic. de la Carte géol. de France, T. IV. 1878. pl. XVIII. fig. 4.

1. *Streptorhynchus umbraculum*, SCHLT.

PL. IX, Fig. 2.

Streptorhynchus umbraculum, DAVIDSON : Dev. Brach. p. 76, pl. 16, f. 6, pl. 18, f. 1-5.

Les caractères sur lesquels on a établi un certain nombre d'espèces différentes de *Streptorhynchus* dévoniens sont bien vagues et peu précis ; les matériaux que j'ai recueillis en Espagne ne sont pas assez riches pour me permettre de reconnaître si le *S. umbraculum* forme le type d'un groupe auquel viennent se rattacher diverses espèces, ou s'il est préférable de considérer ces variétés comme ne formant qu'une seule espèce, comme je le ferai ici ? Les échantillons ramassés à Luanco, et à la Vaca de Luanco, sont identiques à ceux qui sont si abondants dans les schistes à calcéoles de l'Eifel ; A Moniello ils rappellent le *St. gigas* de Mac Coy. Toutes ces formes proviennent du dévonien inférieur ; j'ai pu les comparer aux *St. devonicus* d'Orb. du dévonien inférieur de l'ouest de la France, grâce à l'obligeance de M. Oehlert qui a bien voulu m'envoyer quelques échantillons de cette espèce qu'il avait citée dans son excellent mémoire sur les fossiles dévoniens de la Mayenne (B. S. G. F, 3e Sér., T.V, pl. IX. X, p. 599) : je n'ai pas vu entre ces espèces de différences constantes, qui me permit de rapporter mes échantillons à deux types distincts.

Je figure ici une forme de Candas (Dévonien supérieur) qui me parait particulière à cette région ; je ne l'ai pas encore vue figurée. Elle diffère des *Strept. umbraculum* du Dévonien inférieur, par sa charnière beaucoup plus courte, ne dépassant guère les 2/3 de la longueur de la coquille. Sa valve ventrale est plus convexe, étant aussi bombée que la valve dorsale près du crochet, elle s'aplatit plus loin il est vrai. Les aréas des 2 valves sont obliques surtout celle de la valve ventrale, elle est très développée, peu symétrique, rappellant ainsi un peu celle des *Cyrtina heteroclita*. Les stries rayonnantes sont nombreuses, et se multiplient au bord par intercalation de nouvelles stries plus petites ; ces stries ne portent pas les renflements des *St. umbraculum* de l'Eifel figurés par Davidson (l. c. pl. XVIII f. 5 b) ; il y a en outre sur les deux valves 4 à 5 gros anneaux concentriques, remarquables par leur profondeur qui atteint 1mm.

Rapports et différences : La convexité des 2 valves et la brièveté de l'aréa rapprochent cette variété de la *S. biconvexa* de Kayser (p. 615), mais elle s'en éloigne par sa taille toujours plus grande, sa forme plus renflée, asymétrique, son aréa, et ses anneaux concentriques. Les échantillons de *S. biconvexa* de Kayser que j'ai pu comparer au *S. elegans* (Bouch.) du Boulonnais, sont identiques ; et il y a lieu d'assimiler ces deux formes. Le *Streptorhynchus* de Candas se rapproche plus de certains *S. umbraculum* que de *St. elegans*, et je le considérerai provisoirement encore comme une simple variété de cette espèce : il est intéressant de noter que cette variété est limitée en Asturies au dévonien supérieur, et ne se trouve pas avec les *St. umbraculum* typiques.

Localités : *Calcaire de Candas* : Candas ; *Calcaire de Moniello* : Luanco, Vaca de Luanco ; *Calcaire d'Arnao* : San Roman ; *Calcaire de Ferroñes* : Rañeces, Moniello ; *Calcaire de Nieva* : St. Jean de Nieva, Arcas.

1. *Strophomena rhomboïdalis*, WAHL.

Leptaena depressa, SCHNUR : Brach. Eifel. p. 224, pl. 42, f. 3, (cæt. excl.) ; pl. 45, f. 2, 1853.

Localités : *Calcaire de Moniello* : Luanco, Vaca de Luanco ; *Calcaire d'Arnao* : Moniello.

2. *Strophomena Naranjoana*, VERN.

Strophomena Naranjoana de VERNEUIL : Bull. Soc. geol. de France, 2e Sér. T. VII. pl. IV. f. 10.

Identiques aux types de de Verneuil, ces coquilles portent un nom qui devra sans doute tomber dans la synonymie, M. Kayser ayant montré que cette espèce devait porter le nom de *L. Lepis* (Bronn, Lethœa 1835, p. 87, pl. 2, f. 7), tandis que le *L Lepis*, Vern. (de Verneuil : Trans. geol. Soc., Vol. 6, p. 372, pl. 36, f. 4), doit s'appeler *L. subtetragona* (F. Rœmer). La *L. Naranjoana* (*Lepis*, Gold.) peut servir de type d'après Kayser à un groupe de Strophomènes représentées par 6 espèces dans le dévonien de l'Eifel (p. 631), et remarquable par les rapports de ses caractères internes avec ceux des Productus. Ce groupe est très faiblement représenté en Asturies, puisque je n'y ai trouvé que cette seule espèce.

Localités : *Calcaire d'Arnao* : Moniello, Fenolleda.

Strophomenæ plicistriatæ.

Les *Strophomena Murchisoni*, et S. *interstrialis* peuvent être prises pour types de deux séries, caractérisées par le mode d'ornementation différent de leur surface. Les plis de la première série (Type *Murchisoni*), sont aigus, taillés en biseau, et séparés par des sillons profonds de même largeur et de même forme que les plis ; ces parties sont souvent ornées de stries fines : cette division correspond aux *plicistriatæ* de de Verneuil (Russie p. 217). Les plis des *Strophomena* du type *interstrialis*, sont plus minces, et ne méritent plus que le nom de stries d'après de Verneuil ; ils sont arrondis ou obtus, beaucoup plus minces que les sillons qui les séparent, ceux-ci sont plans et couverts de stries : cette division correspond aux *Irregulatim-striatæ* non productiformes (Verneuil).

3. *Strophomena Murchisoni*, VERN.

PL. IX, Fig. 6.

Strophomena Murchisoni de VERNEUIL : Bull. soc. geol. de France, 2e Sér. T. 2. pl. XV. f 7.

Ces coquilles sont identiques à celle qui a été figurée par de Verneuil ; on trouve avec elles une variété très fréquente, qui s'en distingue par ses plis plus simples, prenant tous naissance au crochet, ainsi que par l'allongement remarquable des ailes : je figure un des échantillons montrant ce dernier fait, rare chez les autres espèces du genre. Un de mes échantillons de Santa-Maria parfaitement conservé, montre que les stries longitudinales très fines signalées sur les plis par de Verneuil, sont croisées par un autre système de stries concentriques ; leur grosseur est à peu près la même, et le test parait à la loupe recouvert d'un tissu à fils peu serrés. Cette variété est évidemment identique à la *Leptæna acutiplicata* Oehlert et Davoust (Bull. soc. geol. de France, 3e Sér. T. VII. p. 708. pl. XIV, f. 3) ; l'échantillon figuré ici ne se distingue que par sa meilleure conservation, des types de la Sarthe. Je ne crois pas devoir séparer ces échantillons Espagnols, de la *L. Murchisoni*, entre lesquels il y a tous les passages.

Localités : *Calcaire d'Arnao* : S. Fenolleda, Santa Maria del mar, Arnao ; *Calcaire de Ferroñes* : Agüera, Trubia, Rañeces, Ferroñes ; *Calcaire de Nieva* : Laviana, Sabugo ?

4. *Strophomena Maestrana*, VERN.

Strophomena Maestrana, de VERNEUIL : Bull. soc. geol. de France, T. VII. pl. IV. f. 9. p. 183.

Espèce rare dans la province de Léon, et décrite par de Verneuil d'après un échantillon unique de Sabero ; elle est aussi peu répandue dans les Asturies, je n'en ai trouvé que trois exemplaires, ils sont identiques à la figure de de Verneuil.

Localités : *Calcaire de Moniello* : Arnao ; *Calcaire d'Arnao* : Santa Maria del mar.

5. *Strophomena Sedgwickii*, V. A.

Pl. IX, fig. 7.

Strophomena Sedgwickii, de VERNEUIL et d'ARCHIAC : Trans. geol. soc. 2e Sér. T. VI. pl. 36 f. 1.

Coquille sub-orbiculaire, fortement géniculée. Valve ventrale très convexe ; crochet petit, ne dépassant pas le bord supérieur de l'aréa, qui est étroite, à bords parallèles et couverte de stries verticales. La charnière droite égale la plus grande largeur de la coquille. Surface de cette valve couverte au milieu de la coquille de 25 à 30 plis anguleux, commençant à se subdiviser près du crochet, vers le commencement de la courbure. Ces plis se bifurquent plusieurs fois avant d'atteindre le bord, où ils sont ainsi très fins et très nombreux ; ces plis sont couverts de stries longitudinales très fines. Les plis se perdent insensiblement sur les côtés de la coquille, qui se prolongent parfois un peu en ailes, et sont seulement couverts de stries longitudinales. Valve dorsale concave, à charnière droite, aréa invisible, crochet petit, droit, appliqué sur l'aréa ventrale ; cette valve est ornée d'environ 20 plis près du crochet, mais leur nombre augmente bientôt par bifurcation, et ils sont très nombreux près du bord de la coquille, où ils ne sont plus représentés que par des faisceaux de stries peu distincts les uns des autres.

Cette espèce atteint parfois de grandes dimensions, je lui rapporte des échantillons longs de 55^{mm} et larges de 60^{mm} ; ils diffèrent alors des échantillons plus petits décrits par de Verneuil et par nous, par le nombre beaucoup plus grand de leurs plis. La plupart de nos échantillons sont comme celui de (Pl. IX, fig. 7), plus larges que longs ; il en est cependant où la longueur égale la largeur. Je ne crois pas ces différences suffisantes pour établir une nouvelle espèce.

Rapports et différences : Cette espèce a été décrite par d'Archiac et de Verneuil d'après un échantillon incomplet de la grauwacke du Rhin, et dont la valve dorsale seule était conservée ; leur description a été admise par Schnur qui s'est borné à la recopier. Sandberger a proposé l'assimilation de cette espèce à sa *Strophomena tæniolata* (Nassau, p. 360, pl. 34 f. 11), mais celle-ci appartient aux *irregulatim-striatæ* et n'a donc aucun rapport avec la *S. Sedgwickii.* M. Mallada (Synopsis pl. 9. f. 7, n° 179) s'est aussi borné à recopier la figure de de Verneuil ; notre figure est donc la première qui ait été publiée de la valve ventrale de cette espèce, car le moule figuré par F. A. Rœmer ne donne également qu'une idée incomplète de cette espèce (Harz, Beitræge 2, pl. XI. f. 12). La nouvelle espèce décrite par MM. Oehlert et Davoust sous le nom de *L. Sarthacensis* (1) est bien voisine de celle que nous figurons ici, si même elle ne lui est pas identique.

Localités : *Types* : *Grès à Gosseletia* : Candas ; *Calcaire d'Arnao* : Moniello. *Grosses variétés* : *Calcaire de Moniello* : Moniello ; *Calcaire d'Arnao* : Santa Maria del mar, San Roman ; *Calcaire de Ferroñes* : Trubia, Moniello.

6. *Strophomena nobilis?* Mac Coy.

Strophomena nobilis Davidson : Pal. soc. p. 86, pl. XVIII, f. 19-21.

Les coquilles que je rapporte avec doute à cette espèce sont assez grandes,

(1) *Oehlert et Davoust* : Dévonien de la Sarthe, Bull. Soc. géol. France. 3e Sér. T. VII. 1879. p. 706, pl. XIV. f. 2.

atteignant 40mm de long, sur 50mm de large, et se rapprochent des espèces précédentes par les 30 à 40 gros plis dichotomes dont leurs valves sont ornées. Mes échantillons sont assez nombreux (15), mais trop mauvais cependant pour mériter d'être figurés.

Localité : *Grès à Gosseletia* : Candas.

Strophomenæ Irregulatim-striatæ.

7. *Strophomena interstrialis*, Phill.

Pl. IX, fig. 8.

Strophomena interstrialis Schnur : Brach. der Eifel, p. 222, pl. 41, f. 2.

J'ai trouvé dans les Asturies des échantillons identiques à ceux de la grauwacke de Daleiden, dont Schnur a donné d'excellentes figures. Je n'y ai pas retrouvé toutefois la *S. Phillippsii* signalée par de Verneuil dans le midi de l'Espagne (B. S. G. F. 2e S. T. XII, pl. XXVIII, f. 10) ; Sandberger a proposé de réunir ces deux espèces, peu distinctes il est vrai. Nos échantillons se rapprochent bien plus des figures de Schnur que de celles de M. Barrande. Leur valve dorsale est concave comme celle de *L. Dutertrii*, mais il y a 3 ou 4 stries fines entre chaque strie principale, tandis qu'il n'y en a qu'une ou deux entre les stries principales du test de *L. Dutertrii*. Elle est en outre plus longue, de plus grande taille, et toujours moins bombée que *L. Dutertrii*. Elle se rapproche parfois beaucoup par sa forme générale de la *L. Davousti* Vern. (in Oehlert, B. S. G. F. 3e Sér. 1879 pl. XIV, f. 1, p. 706) dont elle ne diffère que par l'ornementation et le mode d'intercalation des stries.

Localités : *Calcaire de Moniello* : Luanco ; *Calcaire d'Arnao* : Arnao, S. Fenolleda ; *Calcaire de Nieva* : Laviana.

8. *Strophomena Dutertrii*, Murch.

Pl. IX, fig. 3.

Strophomena Dutertrii, Murchison : Bull. soc. géol. de France, 1re Sér. T. XI, p. 253, pl. 2, f. 6.

— de Verneuil : Russie d'Europe, T. 2. p. 223. pl. XIV. f. 2. (cœt. excl.).

Cette coquille est rare en Espagne bien qu'elle y ait été souvent citée : je crois devoir rapporter au *Leptæna bifida* (F. A. Rœmer), les *Leptæna* d'Espagne considérées jusqu'ici comme *L. Dutertrii* et figurées par de Verneuil (Bull. soc. géol. France, 2e Sér. T. 2, pl. XV, f. 8) sous ce nom.

Je réserve le nom de *L. Dutertrii* aux formes identiques aux types de Ferques (Boulonnais), et dont la description est donnée de main de maître par de Verneuil (Russie, p. 223). C'est de la *L. interstrialis* que cette espèce se rapproche le plus, elle s'en distingue par sa taille plus petite, par sa valve ventrale gibbeuse, hémisphérique ; le bord cardinal est un peu plus court que le diamètre transverse. La valve dorsale est uniformément concave, et sa courbe suit la convexité de l'autre valve. La surface des valves est ornée de stries nombreuses, fines, irrégulières, inégales, lisses et rayonnantes ; entre ces stries principales il y a un second système de stries intercalaires beaucoup plus fines, et au nombre de 1 ou 2 seulement dans chaque sillon.

Localités : *Calcaire d'Arnao* : Moniello, Salas ; *Calcaire de Ferroñes* : Ferroñes.

9. *Strophomena bifida*, F. A. Rœmer.

PL. IX. fig. 4.

Strophomena bifida F. A. Rœm : Beit g. K. d. Harz. Geb. 3 Abth. Cassel 1855 p. 129. pl. XIX, f. 4.
— de Verneuil : Bull. soc. geol. de France, 2ᵉ Sér. T. 2. pl. XV f. 8, p. 478.

Coquille semi-circulaire, transverse. Valve ventrale convexe, légèrement renflée dans le milieu en forme de dos d'âne, et déprimée sur les côtés, à bord cardinal plus long que le diamètre transverse, à crochet petit et non saillant. Aréa horizontale étroite, ainsi que l'ouverture couverte par un deltidium bombé ; l'aréa de cette valve est un peu plus haute que celle de la valve dorsale, cette dernière fait un angle obtus avec l'aréa ventrale, étant un peu renversée relativement à la charnière. Valve dorsale concave au milieu, et devenant insensiblement plane vers les bords ; le milieu de la valve est creusé par un sinus vague, que l'on suit depuis le crochet jusqu'au bord de la coquille où il relève un peu la commissure palléale : ce sinus correspond à la convexité de la valve ventrale. La surface des valves est ornée de stries nombreuses, fines, irrégulières, rayonnantes ; on ne peut les répartir en stries principales et en stries intercalaires comme chez *S. Dutertrii* : les stries qui partent du crochet sont au nombre de 20 à 25, leur nombre est double par intercalation de stries semblables à elles-mêmes, au quart de leur longueur ; il y a une 3ᵉ intercalation de stries semblables à partir du milieu de leur longueur ; et l'on compte ainsi jusqu'à 80 stries égales entre elles au bord de la coquille. Toutes les stries sont égales sur le front, elles sont plus minces sur les parties latérales. Ces stries sur les échantillons les mieux conservés sont couvertes de nodosités, disposées concentriquement, et qui rappellent les ornements du *St. umbraculum*.

Rapports et différences : Il ne peut y avoir de doute sur l'identité de cette coquille avec celle qui a été décrite par de Verneuil en Espagne sous le nom de *Strophomena Dutertrii, Var.* fig. 8, mais les différences entre les deux formes ne lui avaient pas échappé. De Verneuil fait remarquer (p. 478) la moindre convexité de la valve ventrale, la disposition différente des plis, et la plus petite taille, de la variété espagnole. L'étude que j'ai pû faire d'un très grand nombre d'échantillons m'ayant montré de nouvelles différences entre ces 2 formes, je n'ai pu hésiter à les séparer spécifiquement. Cette espèce diffère aussi de la *Leptæna Ferquensis* (Rigaux, f. 8, p. 11) (1) par son système unique de stries ; elle se rapproche plus par là de la *Lept. Cedulæ*, dont elle diffère par sa forme concavo-convexe, et par son allongement transversal. Elle a de grands rapports avec *Leptæna asella* (de Verneuil, Russie p. 224, pl. XIV, f. 3), à laquelle je serais tenté de la réunir, si elle n'en avait été éloignée par de Verneuil lui-même, l'auteur de ces espèces. L'espèce de F. A. Rœmer à laquelle je la rapporte, n'est pas décrite d'une façon suffisante pour permettre une assimilation absolue : elle s'en rapproche par ses stries nombreuses, égales, bi-ou trifides, par sa forme transverse, et par la longueur de sa charnière.

Les variétés de nos *Strophomena bifida* des Asturies ne nous ont pas fourni des passages au *Stroph. Dutertrii* ; il en est qui rappellent la *Stroph. Maestrana* par 5 à 6 stries plus grosses que le reste ; d'autres ont des stries très fines qui rappellent la *St. piligera* (Sandberger : Nassau pl. 34, f. 10) : mais elles conservent toujours leur même forme générale et leur mode de striation caractéristiques.

Localités : *Calcaire d'Arnao* : Moniello, S. Fenolleda, Salas ; *Calcaire de Ferroñes* : Ferroñes.

10. *Strophomena Cedulæ*, RIGAUX.

PL. IX, fig. 5.

Strophomena Cedulæ RIGAUX : Soc. acad. de Boulogne, 1872. p. 12. pl. 1. f. 9.

Cette espèce me semble identique à une coquille du Frasnien du Boulonnais décrite par M. Rigaux sous le nom de *S. Cedulæ*. Elle est extrêmement voisine de l'espèce précédente par le nombre et la disposition de ses stries : la dernière bifurcation de stries se fait plus près du bord frontal. Elle diffère encore de *S. bifida* par son bord cardinal un peu plus court que le diamètre transversal, ainsi que par son aréa plus élevée. Sa forme est beaucoup moins convexe, la valve ventrale est peu renflée, et la valve dorsale presque plane. L'aréa de la valve ventrale n'est plus parallèle à l'axe longitudinal de la coquille, mais bien inclinée ; l'aréa dorsale est normale à cet axe.

Localité : *Calcaire de Candas* : Candas.

1. *Anoplotheca lepida*, GOLD.

De VERNEUIL et d'ARCHIAC : Trans. geol. soc. Lond. 2e Sér. Vol. VI. pl. XXXV. f. 2.

Localités : *Calcaire de Moniello* : Vaca de Luanco, Moniello ; *Calcaire d'Arnao* :

(1) *Rigaux* ; Soc. acad. de Boulogne, 1872 p. 12, pl. 1, f. 8.

Salas, Arnao ; *Calcaire de Ferroñes* : Arenas.

1. Spirifer curvatus, Schlt.

Spirifer curvatus Schnur : Brach. der Eifel, p. 208. pl. 36. f. 3.

Cette espèce se trouve avec le *S. concentricus* dans le dévonien inférieur de France (Bretagne, Ardennes) et d'Allemagne, où elle l'aurait précédé d'après Kayser (*l. c.* p. 578). Elle s'en distingue surtout par son aréa beaucoup plus développée, et par son sinus et son aréa bien marqués.

Localité : *Calcaire de Moniello* : Vaca de Luanco.

2. Spirifer concentricus, Schnur.

Spirifer concentricus, Schnur : Brach. d. Eifel, p. 210, pl. 37. f. 1.

On n'avait pas encore signalé dans le dévonien d'Espagne de Spirifer à test lisse, entièrement dépourvu de plis ; ils y sont en effet bien plus rares que les autres, mais n'y font point défaut toutefois. Le *Spirifer concentricus* est une espèce commune dans l'Ardenne et l'Eifel à la base des couches à calcéoles et dans la zône à *S. cultrijugatu* , elle se trouve également en Bretagne dans les schistes de Porsguen ; les échantillons d'Espagne que nous lui rapportons ici présentent bien les caractères indiqués par Schnur et Kayser. La coquille est circulaire, ou transversalement ovale, la charnière est plus courte que la coquille, et les ailes sont arrondies au bout. Le crochet est petit, recourbé, reposant parfois sur le bord de la valve dorsale. Les deux valves sont également bombées, l'aréa de la valve dorsale est basse, mais nettement limitée par deux arêtes anguleuses. Le sinus et le bourrelet manquent également sur tous les échantillons que j'ai ramassés en Espagne, tandis que dans les Ardennes et l'Eifel on sait que le sinus est souvent visible près du bord. Ce bord palléal est droit. La surface de la coquille est ornée de nombreuses stries concentriques d'accroissement, sur lesquelles il y a en outre de nombreuses petites papilles, longues mais très délicates.

Rapports et différences : M. Kayser a bien fait ressortir les différences entre cette espèce et le *Sp. glaber*, qui lui ressemble assez. M. Marie Rouault [1] a décrit dans le dévonien de la Bretagne sous le nom de *S Dutemplei* un *Spirifer* à test lisse, qu'il aurait été intéressant de comparer au *Sp. concentricus* ; mais je ne crois pas être utile au progrès de la science en discutant les diagnoses incomplètes de M. Rouault, qu'il y aurait avantage à oublier pour la plupart.

---

(1) *Rouault* : Bull. soc géol. de France, 2e Sér. T. XII, p. 1045.

Localités : Calcaire de Moniello : Luanco ?; *Calcaire de Ferroñes* : Ferroñes ; *Calcaire de Nieva* : Laviana.

8. Spirifer subspeciosus, VERN.

Pl. IX, fig. 9.

Spirifer subspeciosus de VERNEUIL : Bull. soc. géol. de France, 2e Sér. T. VII, pl. IV. f. 5.

Une partie de mes échantillons sont identiques au type de de Verneuil ; on ne se ferait toutefois qu'une mauvaise idée de cette espèce en étudiant la seule figure qu'il en a donnée (fig. 5), elle ne représente comme l'a fait remarquer Quenstedt (Petrefk. Deuts. p. 483), qu'une variété de petite taille, très aplatie et peu transverse.

Je rapporte à cette même espèce d'autres coquilles plus transverses, souvent aussi larges que le *S. speciosus*, c'est à dire deux fois plus larges que longues, ce qu'a parfaitement représenté la figure de Quenstedt du *S. subspeciosus*, beaucoup plus analogue à la masse de mes échantillons que celle de de Verneuil. Les ailes sont longues, droites et pointues, et souvent les plis ne sont plus distincts vers leur extrémité. Il n'y a de plis ni sur le sinus, ni sur le bourrelet ; dix à douze plis rayonnants de chaque côté, et plus nombreux par conséquent, ainsi que plus élevés que chez *Sp. speciosus* : les trois premiers de chaque coté sont deux fois plus gros que ceux qui les suivent. Les sinus et les sillons offrent des stries longitudinales d'une finesse extrême, coupées par des stries concentriques, et paraissant ainsi renflées de distance en distance : Cette apparence est bien représentée par Quenstedt (*l. c.* 43 a). L'aréa est peu élevée, et recourbée comme chez le *Sp. speciosus* ; l'ouverture du deltidium est 3 fois plus large que haute. Le bourrelet de la valve ventrale est plus élevé que chez *Sp. speciosus*, et les cotés de la coquille s'amincissent plus rapidement que dans cette espèce, en descendant du bourrelet aux bords latéraux de la coquille.

Rapports et différences : L'espèce figurée ici, rappelle beaucoup par ses plis et leur mode d'ornementation une coquille décrite par F. A. Rœmer dans les schistes à calcéoles du Harz sous le nom de *Sp. squamosus* (Beitræge, pl. 11. f. 8) ; le type de Rœmer s'en éloigne toutefois par sa forme moins transverse, et son aréa bien plus élevée.

Localités : (*Type de de Verneuil*), *Calcaire de Ferroñes* : Moniello, Ferroñes ; *Calcaire de Nieva* : Riv. de Laviana. — Je ne figure ici que la variété décrite précédemment, plus commune que le type, et que j'ai trouvée dans le *Calcaire d'Arnao* : Moniello, Villanueva, Salas ; *Calcaire de Ferroñes* : Ferroñes, Llontrales près Grado ; Je l'ai également trouvée en Bretagne, au Fret.

4. *Spirifer elegans*, Stein.

Pl. IX. Fig. 10.

Spirifer elegans, Steininger : Geogn. Beschr. Eifel, p. 72. pl. 7. f. 2. 1853.
— — Kayser : Zeits. d. deuts. geol. Ges. Bd. 23. p. 569. pl. XI. f. 2.

Cette espèce si abondante dans les schistes à calcéoles de l'Eifel, et que j'ai retrouvée dans les schistes de Porsguen en Bretagne, se trouve également dans le dévonien des Asturies. La forme la plus commune est celle qui a été figurée par Kayser (pl. XI, f. 2. d. e.), par Schnur (pl. XI. f. 3. e. f.) sous le nom de *Sp. lævicosta*, et par Quenstedt (pl. 52. f. 46.); c'est une coquille transverse, dont les 2 valves sont également bombées ; crochet mince, peu recourbé, sous lequel se trouve l'aréa longue et étroite, l'ouverture est large. Le sinus est profond, le bourrelet est élevé mais relativement étroit, et un peu aplati ou creusé chez certains échantillons ; de chaque côté il y a 7 à 8 plis aigus, couverts de fortes stries d'accroissement aiguës, en zig-zag.

Les moules internes de cette espèce Espagnole ne ressemblent nullement à ceux du *Spirifer micropterus* auxquels on les a parfois comparés. Un de mes échantillons (fig. 10 *c.*) préparé à cet effet, montre que les dents de la valve ventrale étaient courtes, elles ne laissent qu'une faible impression sur le moule, et l'espace compris entre elles y est occupé par un gros bourrelet saillant. La ressemblance de notre figure avec celle des moules intérieurs qui ont été décrits dans l'Eifel (Schnur, pl. XI. f. 2. p. 31), sous le nom de *Sp. Arduennensis*, rend bien probable l'identité de ces espèces. La variété *alata* (Schnur, l. c. pl. XI f. g. h, p. 33) semble rare en Espagne, je ne l'y ai pas rencontrée.

Localités : *Grès à Gosseletia* : Candas? ; *Calcaire d'Arnao* : Santa-Maria del mar ; *Calcaire de Ferroñes* : Valduño ; *Calcaire de Nieva* : Laviana.

5. *Spirifer paradoxus*, Schlt.

Pl. X, fig. 1.

Spirifer paradoxus, Schlotheim : Leonhardt Taschenb. 1813. pl. 2. f. 6. p. 28 ; et Petrefk. 1. p. 249.
— — F. Rœmer : Rhein. Uebergangsgeb. 1844. pl. 1. f. 34. p. 71.
— — De Verneuil : Bull. soc. géol. de France, 2e Sér. T. 2. pl. XV. f. 1. 2. p. 472.

Cette espèce a été bien figurée par F. Rœmer sous le nom de *Sp. macropterus*, et par de Verneuil sous le nom de *Sp. Pellico*, sous lequel elle est connue en Espagne (Mallada : Synopsis p. 56). C'est une coquille très allongée, ailée, à plis petits et aigus au nombre de 12 à 16 de chaque côté, on les suit jusque près de la charnière, mais ils deviennent de moins en moins distincts vers les bords où ils disparaissent souvent. Le sinus et la selle sont assez aigus; au fond du sinus on remarque un petit pli sur les échantillons bien conservés, mais il disparait souvent sur les échantillons usés et les moules les rendant ainsi identiques aux *Sp. paradoxus* des Ardennes. On sait du reste que les *Sp. paradoxus* de France, bien conservés, présentent aussi ce même pli au fond du sinus. Toute la surface des coquilles est couverte de stries transverses, concentriques, très fines, très serrées et ondulées en passant sur les plis et dans les sillons.

Sur les moules internes le *Sp. Pellico* se reconnaît comme le *Sp. paradoxus*, à ce qu'il est un des *Spirifers* qui ont les dents de la valve ventrale les plus courtes, et qu'elles ne laissent pas par suite sur les moules les deux grandes incisions qui caractérisent justement le *Spir. hystericus*. La place laissée sur le moule entre les empreintes des dents, est occupée chez le *Sp. paradoxus* par un gros bourrelet saillant très caractéristique de cette espèce, et qui a été parfaitement représenté par Ferd. Rœmer (Rhein. pl. 1. f. 3). La figure que nous donnons de l'intérieur d'une valve ventrale de *Sp. Pellico* de Trubia que je suis parvenu à dégager, montre l'identité des caractères intérieurs de cette espèce et du *Sp. paradoxus* des Ardennes et de l'Eifel.

M. de Koninck a déjà proposé la réunion du *Sp. Pellico* au *Sp. paradoxus* (Schlot.), " qui n'en diffère en rien " d'après lui (Fossiles de Mondrepuits, p. 22); il leur assimile également le *Sp. macropterus*, Gold., et le *Sp. Arduennensis* (Schnur): cette dernière assimilation me semble moins fondée, en raison des analogies signalées ici entre les moules intérieurs de *Sp. elegans* et de *Sp. Arduennensis*. Kayser considère pourtant aussi le *Sp. Arduennensis* comme une forme locale du *Sp. macropterus*, qu'il assimile aussi du reste à *Sp. paradoxus* (Zeits. d. deuts. geol. Ges., Bd. 23. 1871. p. 316).

Localités: *Grès à Gosseletia*: Candas?; *Calcaire d'Arnao*: Moniello, Villanueva; *Calcaire de Ferroñes*: Ferroñes, Moniello, Trubia, Pomarada, Grullos, Llontrales.

6. *Spirifer Cabedanus*, Vern.

Pl. X, fig. 2, 3.

Spirifer Cabedanus, de Verneuil: Bull. soc. géol. de France, 2ᵉ Sér. T. II. pl. XV. f. 3.

Il y a à Moniello une variété (Pl. X. fig. 3) qui montre le développement remarquable des deux plis qui limitent le sinus: il y a une décroissance régulière de grosseur depuis ce pli jusqu'aux plis qui forment les côtés de la coquille. Avec cette variété on trouve tous les passages jusqu'aux formes types de Ferroñes, et à d'autres formes où tous les plis sont de même grosseur, même ceux qui limitent le sinus, et ceux qui forment le bourrelet : la valve dorsale de cette variété ressemble alors à s'y méprendre à certaines Térébratules plissées. On trouve à Candas la variété de Ferroñes ; certains échantillons ont des relations avec *Sp. Bouchardi*, mais s'en distinguent par leur forme beaucoup moins transverse, et par les caractères de leur suture où les plis sont plus accentués et plus aigus que chez le *Sp. Bouchardi* (*comprimatus*).

Localités : *Calcaire de Candas* : Candas ; *Grès à Gosseletia* : Candas ; *Calcaire d'Arnao* : Moniello, Salas ; *Calcaire de Ferroñes* : Ferroñes.

7. *Spirifer Cabanillas*, VERN.

Spirifer Cabanillas DE VERNEUIL : Bull. soc. géol. de France, 2e Sér. T. 2. pl. XV. f. 6.

Echantillons identiques au type.

Localités : *Calcaire de Ferroñes* ; Ferroñes, Arenas.

8. *Spirifer Ezquerræ*, VERN.

Spirifer Ezquerræ de VERNEUIL ; Bull. soc. géol. France, 2e Sér. T. VII. pl. IV. f. 6.

Il y a tant de rapports entre cette espèce et la figure donnée par F. A. Rœmer du *Sp. squamosus* des schistes à calcéoles du Harz (Beitræge, pl. 2, f. 8), par leur forme générale, et les plis dont elles sont couvertes, qu'il sera certes intéressant de pouvoir comparer les types. La plus grande différence réside dans le développement inégal de l'aréa, mais on sait le peu de valeur de ce caractère chez les Spirifers.

Localités : *Calcaire d'Arnao* : Arnao, Moniello.

9. *Spirifer Paillettei*, VERN.

Spirifer Paillettei, de VERNEUIL ; Bull. soc. géol. France, 2e Sér. T. VII, pl. IV. fig. 3. p. 177.

Je n'ai trouvé qu'un seul échantillon douteux de cette espèce.

Localité : *Calcaire de Ferroñes* : Pont de Llontrales près Grado.

10. *Spirifer hystericus*, SCHLT.

PL. IX. fig. 11.

Spirifer hystericus........v. SCHLT : Petrefk. Vol. 1. p. 249. pl. XXIX. f. 1. 1820.
Spirifer carinatus........SCHNUR : Brach. d. Eifel. p. 202. pl. 33 f. 2 ; Kayser, l. c. p. 565 et 314.
Spirifer micropterus......F. RŒMER : Rhein. Uebergangsgeb. p. 72.
Spirifer carinatus........QUENSTEDT : Petrefk. Deuts. Leipzig. 1871, Brach. p. 474. pl. 52. f. 11.
Spirifer hystericus........QUENSTEDT : — — p. 475. pl 52. f. 12, 13.
Spirifer micropterus......GOLDFUSS : 1832, in Dechen p. 525.
— ......SOWERBY : Trans. geol, soc Lond. 2e Sér. Vol. VI, pl. 38, fig. 6 p. 408, 1842.
Spirifer hystericus?.......DAVIDSON : Monog. der Brach. pl. VIII. f. 10-17. p. 34.
Spirifer lævicosta (partim).KAYSER : Zeits d. deuts. geol. Ges. Bd. XXIII. p. 565.
— ....BARROIS : Annal. Soc. géol. du Nord, T. IV p. 76.

Spirifer Rousseau.........Mar. Rouault : Bull. soc. géol. France, 2e Sér. T. IV. 1846, p. 322.
— ....de Verneuil : Bull. soc. géol. France, 2e Sér. T. X, 1852, p. 163, pl. 3, f. 1.
— ....E. Bayle : Explic de la carte géol. de France, T. IV. 1878. pl. XIV. fig. 6-7-8.
Spirifer Belouini..........Mar. Rouault : Bull. soc. géol. France, 2e Sér. T. XII. 1855, p. 1044.
Spirifer Venus............d'Orbigny : Prodrome 1847, n° 923.
— ....E. Bayle : Explic. de la carte géol de France, T. IV. 1878. pl. XIV. fig 9-10.
Spirifer cytherea... ......d'Orb. : Prodrome 1847, n° 924.

Non *Spirifer hystericus*...de Koninck : 1842, Descript. des foss. de Belgique. p. 236, pl. 15 f. 8.
— ?..de Verneuil : Russie, p. 173, pl. VI. f. 12.

L'espèce que je désigne sous ce nom est généralement connue en France sous le nom de *Sp. Rousseau* (Marie Rouault) ; je l'ai appelée *Sp. lævicosta* dans un Mémoire sur le Terrain dévonien de la Rade de Brest (p. 76), en admettant pour cette espèce la définition de M. Kayser, (l. c. p. 564) ; mais M. Gosselet ayant prouvé (Annal. soc. géol. du Nord, T. VII. 1880, p. 128) que le *Sp. lævicosta* devait être rayé de la nomenclature, il y a lieu de chercher le nom que doit porter le Spirifer si commun dans les grauwackes de Bretagne et des Pyrénées espagnoles ? Cette détermination est plus qu'une question de synonymie : l'identité du *Sp. Rousseau* si commun dans le dévonien inférieur de l'ouest de l'Europe, avec des formes communes les grauwackes dévoniennes-inférieures des Ardennes et du Rhin, a une grande importance au point de vue de la comparaison des faunes de ces contrées.

Schlotheim décrivit en 1820 sous le nom de *Sp. hystericus* des moules internes de *Spirifers*, abondants dans la grauwacke d'Allemagne ; ce sont des coquilles un peu transverses, à sinus et bourrelet lisses un peu saillants, portant 11 plis de chaque côté, séparés les uns des autres par des sillons assez profonds et montrant des stries d'accroissement prononcés. Le moule de la valve ventrale est caractérisé par 2 incisions profondes, qui partant du crochet à la hauteur du 3me pli, atteignent le tiers de la longueur de la coquille, en se dirigeant vers le sinus. Nous considérons ici comme typiques les figures publiées par Schlotheim, sans nous arrêter aux erreurs d'assimilation qu'il aurait commises dans sa collection.

En 1841, J. Sowerby figurait (Trans.— pl. 38. f. 6) un *Spirifer* de la grauwacke du Rhin, décrit par Goldfuss sous le nom de *Sp. micropterus* (Gold. in Dechen, p. 525), et l'identifiait au *Sp. hystericus* de Schlotheim. Cette identification proposée par Sowerby me semble décisive au sujet du nom que doit porter l'espèce. Les figures de Sowerby, nous montrent en effet des coquilles transverses, à sinus et bourrelet saillants, lisses, portant

12 plis de chaque côté. Ces plis sont séparés par des sillons profonds, et montrent des stries d'accroissement bien développées. Le moule de la valve ventrale montre aussi les deux grandes incisions, qui partent également du crochet à la hauteur du 3me pli, mais s'avancent ici jusqu'au milieu de la coquille, en se repliant toutefois aussi vers le sinus.

En 1853, Schnur décrivait sous le nom de *Sp. carinatus* (p. 34. pl. XII, f. 2) des moules de *Spirifers* très communs dans la grauwacke de l'Eifel (Prüm, Daun, Waxweiler, Daleiden); cette espèce comme les précédentes avait une coquille transverse, à sinus et bourrelet saillants et lisses, portant de chaque côté 15 à 20 plis, et caractérisée comme les *Sp. hystericus* et *Sp. micropterus* par les deux incisions de la valve ventrale, qui ont la même disposition. L'aréa est concave et trois fois plus large que haute. Cette coquille ne diffère réellement des précédentes que par le nombre de ses plis un peu plus considérable et par leur forme plus arrondie. Nous considérons cette espèce de Schnur comme une simple variété du *Sp. hystericus*; nous ne pouvons les admettre comme spécifiquement distinctes, quand des autorités comme M. de Koninck (Mondrepuits, p. 20. 24), M. Kayser (Zeits. d. d. geol. Ges., Bd. 23, p. 565.314) pensent qu'on doit les réunir, et qu'il leur a été si facile d'en trouver des séries dans les grauwackes des Ardennes et du Rhin.

Ce même *Spirifer* de la grauwacke allemande a été figuré par Quenstedt (Die Brach. p. 474. pl. 52. f. 11-13), qui considère la figure du *Sp. carinatus* de Schnur comme un *véritable type* de *Sp. hystericus*, et figure de nouveaux moules de *Sp. hystericus* de la grauwacke de Kahlenberg et de Dillenburg, portant toutefois plus de plis que les types établis. Ces trois figures de Quenstedt sont très bonnes en ce qu'elles montrent tel qu'il est, le *Spirifer* le plus commun de la grauwacke de la Meuse et du Rhin, et que nous étudions ici.

Les publications paléontologiques récentes ont visé, surtout en Allemagne, à une très grande précision; et aucun des savants distingués qui se sont occupés des *Spirifers* dévoniens n'a été porté à admettre cette vieille espèce fondée seulement sur des moules internes. Tous ont cherché à la rapporter à quelque espèce mieux connue et mieux décrite du terrain dévonien inférieur: c'est ainsi que Ferd. Rœmer (Rhein., p. 72) compare les moules de *Sp. micropterus* (Gold.) de la grauwacke, à ceux de *Sp. speciosus*; et ceux de *Sp. hystericus*, Schlot. à ceux de *Sp. lævicosta* (p. 78). M. Quenstedt compare (p. 475) également ces moules à ceux de *Sp. lævicosta*; et M. Kayser (p. 565) *faisant ses réserves sur la variété spéciale du Sp. lævicosta, caractéristique des schistes à calcéoles*, assimile aussi les moules de *Sp. hystericus* à ceux de *Sp. lævicosta de la grauwacke*.

Je pense que la coquille qui recouvrait les moules du *Sp. hystericus* (Schlot.) n'a pas encore été figurée en Allemagne, et que c'est celle qui a été décrite en France sous le nom de *Sp. Rousseau*. Cette opinion est fondée sur l'identité des moules internes de *Sp. Rousseau* si abondants dans les grauwackes du Finistère, avec les moules décrits en Allemagne sous les noms de *Sp. hystericus* et *Sp. micropterus*; les figures de ces moules que je donne ici et qui proviennent du Fret (Finistère) permettront de juger de la ressemblance. Ces moules ont une forme transverse, gibbeuse, ils ont un sinus et un bourrelet lisses saillants, portant de chaque côté 10 à 12 plis, anguleux, séparés par des sillons profonds, et recouverts par de fortes stries d'accroissement. L'aréa est concave, peu élevée. Le moule de la valve ventrale est caractérisé par les deux incisions profondes, qui partant du crochet à la hauteur du 3e pli, atteignent presque le 1/3 de la longueur de la coquille, en se repliant vers le sinus. Avec ces moules on en trouve d'autres, de même forme, mais portant jusqu'à 20 plis de chaque côté, plis plus arrondis que chez les premiers, et rappelant ainsi exactement les moules figurés par Schnur sous le nom de *Sp. carinatus*. Il m'est impossible de distinguer les premiers, des figures données par Schlotheim, Goldfuss, et Quenstedt du *Sp. hystericus*, et je dois donc les assimiler.

J'ai reconnu par l'étude des moules de la grauwacke et par des préparations des échantillons du calcaire, que les moules externes de ces *Sp. hystericus* comme les échantillons munis de leur test, correspondaient exactement aux descriptions données du *Sp. Rousseau*.

Le *Spirifer Rousseau* a été établi en 1846 par M. Marie-Rouault (B. S. G. F. 2e sér. T. IV. p. 322.) « pour des formes voisines du *Sp. Verneuili* dont elles ne diffèrent que par le sinus lisse. » De Verneuil admit cette espèce, et la cita dans sa liste des fossiles de Bretagne en 1850, en faisant remarquer qu'elle était voisine du *Sp. subspeciosus* (Bull. Soc. géol. de France, 2e sér. T. VII. pl. XI. p. 37); en 1852, il en donnait une figure et la décrivait comme suit: « Cette espèce se distingue du *Sp. macropterus*, Gold. dont elle est très voisine, par le moindre développement de ses ailes ou pointes latérales, du *Sp. speciosus* par la largeur et la profondeur plus considérable des sillons, par ses stries d'accroissement plus prononcées, et enfin par une forme plus gibbeuse et moins transverse. » (B. S. G. F. 2e sér. T. X. pl. 3. f. 1. p. 163). D'après M. Marie-Rouault, son *Sp. Rousseau* aurait 10 plis de chaque côté du sinus (l. c., T. X, p. 1044). On doit enfin à M. Bayle de récentes et très bonnes figures de *Sp. Rousseau*, malheureusement dépourvues de texte explicatif.

Les moules intérieurs de ces *Sp. Rousseau* étant identiques aux formes décrites sous le nom de *Sp. hystericus* en Allemagne, il convient à mon sens, de leur rendre ce dernier nom, qui a la priorité.

Rapports et différences : Le *Sp. hystericus* (Schl.) d'après Rœmer (Rhein-Uebergg. p. 71), a des plis plus aigus, et des ailes plus étendues transversalement que le *Sp. ostiolatus* : ils appartiennent cependant à un même groupe, caractérisé par les entailles profondes qui se trouvent sur la grande valve des moules internes, de chaque côté du crochet. Ces entailles correspondent aux apophyses qui se trouvent de chaque côté de l'ouverture de la grande valve, et qui entrent dans les fossettes de la valve opposée. Il est toutefois possible de distinguer avec MM. F. Rœmer et Oehlert (1), les moules du *Sp. hystericus* (*Sp. Rousseau*) et ceux du *Sp. ostiolatus*.

Le *Sp. ostiolatus* (Schlt. Nacht. Petref. 1822, pl. 17. f. 3) auquel nous comparons ici, le *Sp. Rousseau*, est la forme figurée par Schnur sous le nom de *Sp. lævicosta* (Schnur, Brach. d. Eifel, pl. XI. f. 3 a. b. c.) et qui est partout caractéristique des schistes à calcéoles. Le *Sp. lævicosta* (Valenciennes) cité par M. Oehlert dans l'ouest de la France, est d'après lui subquadrangulaire, assez aplati, et à plis arrondis ; il le rapporte à la figure de Schnur (*l. c.* pl. XI, f. 3 a-c), c'est à dire au type du *Sp. lævicosta* qui ne se trouve en Ardennes et en Allemagne que dans les schistes à calcéoles. La découverte de cette forme en Bretagne, appartient entièrement à M. Oehlert, ce serait un rapprochement inattendu entre le dévonien moyen et inférieur : il conviendra toutefois de restituer à cette espèce son nom de *Sp. ostiolatus* (Schlt.). Le *Sp. Rousseau* de la liste de M. Oehlert est seul et sans confusion celui que j'avais appelé *Sp. lævicosta* (2) (Val.), en l'assimilant à la forme de la grauwacke décrite sous le nom de *Sp. hystericus* (Schlt.) et que M. Kayser (l. c. p. 564) avait rattaché comme variété au *Sp. lævicosta* (Val.) : à défaut du nom de *Sp. lævicosta* (Val.) qui tombe dans la synonymie, c'est le nom de *Sp. hystericus* qui lui revient de droit.

De Verneuil, F. Rœmer, Quenstedt, Kayser, ont déjà comparé le *Sp. hystericus* aux *Sp. speciosus* et *Sp. macropterus* ; les différences entre ces espèces sont trop sensibles pour qu'il soit encore nécessaire de les remettre de nouveau en évidence. On a décrit en France plusieurs formes plus voisines du *Sp. hystericus* (*Rousseau*), provenant comme

(1) *Oehlert* : Bull. soc. géol. France, 3e Sér. T. V. p. 395.

(2) Annal. soc. géol. du Nord, T. IV, 1877, p. 76.

elles du Dévonien inférieur, et qu'il est bien difficile d'en distinguer, ce sont :

1° *Spirifer Belouini* (Marie Rouault) qui ne diffère du *Sp. Rousseau* que par sa largeur moindre, un nombre plus grand de plis rayonnants (15 au lieu de 10) et la forme tranchante et élevée de son sinus. Mais d'après M. Oehlert (l. c. p. 595), le *Sp. Rousseau* est aussi caractérisé par ce pli médian élevé et anguleux.

2° *Spirifer Venus* d'Orb. Cette espèce si bien figurée par M. Bayle ne paraît qu'une variété du *Sp. hystericus* très allongée transversalement, aigüe sur les côtés, ornée de 9 grosses côtes de chaque côté du sillon médian.

3° *Spirifer Cytherea*, d'Orb. Espèce très voisine de *Sp. Venus*, mais avec 14 côtes de chaque côté du sillon.

Les variations du nombre des plis sur lesquelles reposent ces espèces sont trop fréquentes et trop irrégulières chez les Spirifers dévoniens, pour qu'on puisse les considérer comme ayant une valeur spécifique ; je crois donc que toutes ces dénominations ne représentent que des variétés individuelles du *Sp. hystericus*, le *Sp. Belouini* rappelant spécialement la var. *carinatus* de Schnur.

Localités : *Grès à Gosseletia* : Candas ? ; *Calcaire d'Arnao* : San Roman ? ; *Calcaire de Nieva* : S. d'Espin, Sabugo, Arcas, Phare St-Jean de Nieva, Laviana, Llumeres ? Murias ? Narvata ?

11. Spirifer cultrijugatus, F. Rœmer.

PL. IX, fig. 12.

Spirifer cultrijugatus F. Rœmer : Rhein. Uebergangsgeb. p. 70. pl. 4, fig. 4, 1844.

Localités : *Grès à Gosseletia* : Candas ? ; *Calcaire d'Arnao* : Pola de Gordon, Arnao.

12. Spirifer aculeatus, Schnur.

Pl. X. fig. 5.

Spirifer aculeatus, Schnur : Brach. d. Eifel. p. 208.

— Quenstedt : Petrefk. Deutsch. pl. 52, f. 59-61.

Coquille elliptique, allongée transversalement, à contours très arrondis ; subglobuleuse, et à valves presque également bombé s ; crochet renflé, très recourbé, pointu au sommet ; aréa concave, arquée, ne s'étendant pas jusqu'aux cotés de la coquille. Ouverture grande, angle cardinal 130° ; arêtes cardinales s'unissant par une courbe semicirculaire aux arêtes latérales. Sinus de la valve ventrale, large, profond, arrondi, se prolongeant jusqu'à la pointe du crochet ; 2 à 3 plis de chaque côté du sinus, séparés par des sillons arrondis peu profonds qui s'atténuent vers la charnière. La valve dorsale a un crochet assez saillant, bourrelet arrondi orné de chaque côté de 2 gros plis arrondis, séparés par des sillons peu profonds. Des stries concentriques d'accroissement fines et serrées, très régulières, couvrent toute la coquille; la partie périphérique de ces stries est percée de petites ouvertures allongées bien représentées par Quenstedt (l. c. pl. LII, fig. 59 a).

Rapports et différences : Cette espèce se distingue du *Sp. Cabanillas*, Vern. dont elle est voisine, par son angle cardinal plus ouvert, sa forme plus allongée transversalement, et par ses plis toujours en moins grand nombre. Elle se rapproche plus du *Sp. imbricato-lamellosus*, Sandb. pl. 25, f. 5. par sa forme ainsi que par le nombre et la disposition de ses plis, mais elle en diffère par la forme de son crochet, moins recourbé, et son aréa plus largement ouverte. Ce fossile a aussi des rapports avec *Sp. Schulzei* (Kayser, Zeits. d. d. g. G. Bd. XXIII. p. 575, pl. XI. f. 3), et plus encore avec un Spirifer du dévonien moyen de Lummaton figuré par Davidson (Dev. Brach., p. 48, pl. VI. f. 16-17) et assimilée par lui à *Sp. insculpta* Phill. du carbonifère, Quenstedt a déja signalé la grande analogie de plusieurs de ces formes, et pense qu'elles dérivent les unes des autres (l. c. p. 488). Il y a déjà ici trop d'espèces voisines pour que je propose encore un nouveau nom pour la forme asturienne; je la désignerai donc sous le nom de *Sp. aculeatus*, car bien qu'elle diffère un peu des figures de Schnur, on ne peut la distinguer de celle qui a été donnée par Quenstedt.

Localités : *Calcaire de Moniello* : Arnao ; *Calcaire d'Arnao* : Moniello, Arnao.

13. Spirifer Zeilleri, C. B. nov. sp.

Pl. IX. fig. 13.

Coquille petite, transversalement circulaire, peu épaisse, la valve ventrale la plus profonde. Crochet petit et recourbé, aréa peu élevée. Bord cardinal droit, ailes peu allongées; sinus peu profond régulièrement concave et s'étendant du crochet au front, il est strié par de gros plis concentriques, mais dépourvu ainsi que le bourrelet de plis rayonnants. Chaque valve est ornée de 5 à 6 plis longitudinaux de chaque coté du sinus ou du bourrelet, ils sont simples, aigus, et couverts de stries concentriques, grosses, peu nombreuses et redressées en lamelles. Le nombre de ces lamelles ne dépasse pas 10 sur les échantillons de Fenolleda, il est un peu plus nombreux sur les échantillons de Candas.

Rapports et différences : Cette coquille est très voisine du *Sp. Legayi*, Sauvage (Soc. acad. de Boulogne, Nov. 1872, pl. 1. f. 2), que l'on trouve en compagnie du *Sp. Bouchardi* à Ferques ; Ce *Sp. Bouchardi* a vécu à ce même niveau à Candas. Peut-être n'avons-nous à faire qu'à une variété régionale de cette espèce, mais la grande différence de leur ornementation m'a engagé à les séparer ; les plis du *Sp. Zeilleri* sont en effet plus gros, moins nombreux et recouverts par de grosses lamelles.

Dimensions : Longueur 6^{mm}, largeur 13^{mm}, épaisseur 4^{mm}.

Localités : *Calcaire de Candas* : Candas ; *Calcaire d'Arnao* : Fenolleda.

14. *Spirifer Verneuili*, MURCH.

Pl. X. fig. 7.

Spirifer Verneuili, MURCHISON : Bull. soc. géol. de France, 1e Sér. T. XI. pl. 2. p. 252. 1840.

— GOSSELET : Ann. soc. géol. du Nord, T. VII. 1880. p. 125.

Je n'ai recueilli cette forme qu'en une seule localité des Asturies, à Candas, où elle est très abondante toutefois, et se rencontre même à plusieurs niveaux. Contrairement au polymorphisme ordinaire de cette espèce, dans le Boulonnais et les Ardennes, où elle se présente habituellement dans une même couche avec toutes les formes diverses qui lui ont valu les noms de *Sp. Lonsdalii, Archiaci, disjunctus, calcaratus*, etc. ; cette espèce parait conserver dans les Asturies une fixité absolue. J'ai recueilli à Candas une bonne centaine d'échantillons, qui ont tous la même forme que je représente ici (pl. X.) ; elle est remarquable par sa forme quadrangulaire peu allongée transversalement, ainsi que par le grand nombre et la finesse des plis latéraux.

Coquille transverse subquadrangulaire. Valve ventrale plus gibbeuse que la dorsale, pourvue d'une aréa largement ouverte, triangulaire, finement et verticalement striée et limitée dans sa partie supérieure par une arête tranchante. La plus grande largeur de la coquille est peu en dessous du bord cardinal. Le sinus est peu profond et prend naissance à la pointe du crochet, où il est toujours nettement séparé des côtés de la coquille ; la valve dorsale présente un bourrelet, qui n'est pas plus saillant que le sinus de la valve opposée. Ce caractère ainsi que la forme de l'aréa, distingue cette forme de Candas du *Sp. disjunctus*, et le rapproche du *Sp. Verneuili*, telles que ces variétés sont définies par de Verneuil dans sa Géologie de la Russie (p. 158) : on sait toutefois que ces 2 variétés elles-mêmes sont aujourd'hui réunies par tous les paléontologistes.

La surface est couverte de 30 à 35 plis rayonnants et simples sur chacun des lobes latéraux, et de 8 à 10 plis fins, et dichotomes dans le sinus. Les plis des côtés décroissent très régulièrement, en s'éloignant du bourrelet ; les 5 ou 6 derniers sont très fins et naissent dans la seconde moitié du bord cardinal.

Localité : *Calcaire de Candas* : Candas.

15. *Spirifer Trigeri*, de Vern.

Pl. X, fig. 6.

Spirifer Trigeri, de Vern. : in Tchihatcheff, Asie Mineure, paléontologie 1866, p. 26, 472. pl. XXI, fig. 1.

Coquille allongée transversalement, quelquefois de très grande taille, la largeur atteint 10^{cent}, et est alors double de la longueur. La plus grande largeur est près de la charnière. Aréa ouverte, assez haute et un peu recourbée en gouttière ; ouverture triangulaire large. Le sinus de la valve ventrale commence au crochet, il est moins saillant que le bourrelet de la valve dorsale ; il est séparé des côtés par une pente insensible et est par suite mal délimité, il est orné de plis au nombre de 8 à 10, semblables à ceux des côtés, et exceptionnellement dichotomes. Les côtés sont couverts de 20 à 25 plis fins, aigus, séparés par des sillons plus larges qu'eux ; ces plis sont ornés de stries concentriques très marquées sur le bord de la coquille, et chargées de papilles élégantes sur les parties du test bien conservé. Ces papilles rappellent l'ornementation du *Sp. aperturatus* (Quenstedt, Petrefk. deuts. pl. 53, f. 43 a), mais leur disposition est différente. Le bourrelet de la valve dorsale porte 7 à 9 plis aigus, dont 2 ou 3 au plus se subdivisent sur le bord de la coquille.

Rapports et différences : Cette coquille a des rapports avec *Sp. aperturatus* (Schlt.) par sa surface entièrement couverte de plis, et par leur ornementation ; elle s'en distingue parce qu'il y a ici moins de différence entre les plis du sinus-bourrelet et ceux des côtés que chez *Sp. aperturatus*, de plus le sinus est limité par 2 angles vifs chez *Sp. aperturatus* qui n'existent pas ici ; enfin la forme de *Sp. aperturatus* n'est pas aussi transverse. Cette espèce se rapproche aussi beaucoup de certaines variétés du *Sp. Verneuili*; elle s'en distingue surtout par l'uniformité qui existe ici entre les plis du sinus-bourrelet et ceux des côtés, tandis que chez *Sp. Verneuili*, les plis du sinus-bourrelet sont beaucoup plus petits que ceux des côtés, et dichotomes pour la plupart. Ces plis dans le *Sp. Trigeri* sont semblables à ceux des côtés, et il n'y en a jamais plus de 2 qui se bifurquent sur un même échantillon ; ils sont plus aigus, plus minces, et à sillons plus larges que chez *Sp. Verneuili*. Je regrette que la variété *echinulata* du *Sp. Verneuili* de Kayser (l. c. p 585) n'ait pas été figurée ; cette variété caractéristique des Crinoïden-schichten parait d'après la description, former comme la nôtre une forme transitoire entre *Sp. aperturatus* et *Sp. Verneuili*, elle porte les mêmes papilles caractéristiques, et je doute qu'il soit possible de l'en distinguer.

On en distingue plus facilement le curieux *Spirifer Jouberti* (Oehl. et Dav.) à plis bifurqués, du dévonien inférieur de la Sarthe (1). Le *Spirifer Trigeri* (2) auquel nous identifions nos coquilles, présente la même aréa, le même nombre de plis semblablement disposés, et semblablement striés en travers ; il s'en distingue toutefois un peu par sa forme beaucoup moins transverse, différence qui ne nous semble pas suffisante pour caractériser une nouvelle espèce.

Localités : *Calcaire d'Arnao* : Fenolleda ; *Calcaire de Ferroñes* : Valduño, Agüera, Rañeces.

16. *Spirifer comprimatus*, v. Schlot.

PL. X, fig. 4.

Spirifer Bouchardi Murchison : B. S. G. F., 1e Sér. T. XI. p. 253, pl. 11, f. 5. 1840.

L'espèce que je désigne sous ce nom est connue en France, en Angleterre et en Espagne sous le nom de *Sp. Bouchardi* : il était en effet difficile d'assimiler les coquilles si communes dans le Frasnien du Boulonnais à la mauvaise figure de v. Schlotheim (Petrefk. pl. XVI, f. 3. a. b.) ; mais Ferd. Rœmer ayant étudié à Berlin les échantillons originaux de von Schlotheim, les a trouvés identiques aux *Sp. Bouchardi* qu'il avait ramassés dans le bassin de Namur à Golzinnes, et il en conclut avec raison (3) qu'on doit restituer à cette espèce le nom de Schlotheim. La figure 3, Pl. IV, donnée par F. Rœmer représente un individu plus gros que ceux que l'on trouve dans les Asturies ; leur taille est généralement la même que dans le Boulonnais, et j'ai trouvé dans ces 2 régions des individus identiques : on remarque toutefois une tendance des échantillons Espagnols à avoir une aréa plus étendue que ceux du Boulonnais. La figure 4, pl. X, représente un échantillon de Candas, qui montre ce grand développement de l'aréa.

Localité : *Calcaire de Candas* : Candas.

17. *Spirifer* nov. sp.

Cette coquille trop mauvaise pour être figurée est de taille variable, transverse ; aréa concave, élevée. Fente triangulaire large à sa base et ouverte dans toute son étendue ; crochet pointu, fortement recourbé. Ailes courtes. Le sinus est profond et nettement limité ; le bourrelet assez élevé est étroit et bien séparé du reste de la coquille ; il parait lisse à l'œil nu, mais on voit avec une loupe qu'il est couvert ainsi que le sinus de fines granulations disposées en files, qui leur donnent une apparence striée, bien représentée par de Verneuil dans son ouvrage sur la Russie (pl. IV. f. 5 e) dans sa description du *Sp.*

(1) *Oehlert et Davoust* : Bull. soc. géol. France, 3e Sér. T. VII. pl. XIV. f. 5. p. 709.
(2) *De Verneuil* : Bull. soc. géol. France, 2e Sér. T. VII. p. 781. 1850.
(3) *F. Rœmer* : Das Rheinische Uebergangsgebirge, Hannover, 1844. p. 69.

Archiaci. Ils rappellent aussi les minces plis du sinus du *Sp. echinulata*, figuré par de Verneuil (Trans. geol. soc. London, 2e Sér, T. VI, pl. 35, f. 8). Les plis latéraux sont simples et arrondis, au nombre de 12 à 15 de chaque côté.

Rapports et différences : La forme la plus voisine que je connaisse est le *Sp. Archiaci*, que la plupart des paléontologistes considèrent aujourd'hui comme une simple variété du *Sp. Verneuili* : l'espèce de Fenolleda est en tous cas entièrement différente des formes de *Sp. Verneuili* que l'on trouve aussi dans les Asturies. Parmi les espèces espagnoles décrites par de Verneuil, on peut lui comparer le *Sp. Rojasi* (B. S. G. F. 2e Sér. T. VII, pl. IV, f. 4 c.), qui présente également dans son sinus des stries rayonnantes, celles-ci s'étendent toutefois à tous les plis et sont disposées suivant les lignes d'accroissement ; de plus la forme du *Sp. Rojasi* est bien moins transverse.

Localité : *Calcaire d'Arnao* : Fenolleda.

1. *Cyrtina heteroclita*, Defr.

Pl. X. fig. 8.

Cyrtina heteroclita, Davidson : Monog. Dev. Brach., pl. 9, f. 1-14, p. 48.

Je rapporte au type de M. Davidson la forme de Cyrtina la plus abondante dans le dévonien d'Espagne ; je suis ainsi l'exemple de de Verneuil (B. S. G. F. 2e Sér. T. 2, p. 474), mais je m'éloigne de d'Orbigny, qui crût devoir imposer le nouveau nom d'*Hispanica* à cette espèce. C'est sous ce nouveau nom que le type espagnol de de Verneuil a été reproduit par M. Mallada (Bol. de la map geol., pl. 6, f. 1). Cette variété comme de Verneuil le faisait remarquer diffère du type de l'Eifel, par sa forme moins arrondie, par ses valves moins profondes, par des sillons et des plis plus prononcés, plus nombreux et plus réguliers. L'aréa n'est d'ailleurs pas moins variable dans sa hauteur.

Je figure (pl. X, f. 8 a b f) un échantillon de Moniello qui se rapporte bien à cette variété par ses plis et sa forme allongée transversalement ; mais entre cette variété *hispanica* et les types ordinaires, à valves profondes, arrondies, ornées seulement de 3 à 5 plis arrondis, il y a des passages, et notre figure (8 e) d'un échantillon d'Arnao se rapporte bien plus au *C. heteroclita* de l'Eifel, qu'aux variétés *C. hispanica* bien caractérisées.

Ce n'est pas du reste à cette forme *hispanica* que s'arrête la série des modifications variétales de la *C. heteroclita* en Espagne. Elle présente à peu près la même série que dans l'Eifel. Les Cyrtina dont les ornements sont les plus simples, et qui se trouvent dans les couches à *Cultrijugatus*, ne portent guère plus de 3 plis : ce sont des *C. heteroclita* véritables ;

on trouve avec celles-ci, ainsi que dans les couches supérieures à calcéoles, des Cyrtina à plis plus nombreux, de la variété *hispanica* ; enfin on voit apparaitre dans ces dernières couches une autre variété qui a vécu en Asturies jusque dans le Frasnien, variété à nombreux plis fins, et qui me parait identique à la variété *multiplicata*, Davidson (Monog. Dev. Brach., pl. 9, f. 11-14) et (Kayser, l. c., p. 595). Cette *cyrtina* porte 6 à 10 plis, minces, aigus, de chaque côté ; le bourrelet et le sinus sont très marqués. L'aréa plus rarement recourbée que dans les variétés précédentes ; elle est souvent très longue, à contours anguleux ; les stries d'accroissement sont très marqués (8 c, 8 d).

L'espèce que l'on trouve dans le Frasnien à Candas diffère légèrement des formes de l'Eifélien de Luanco ; elle se rapproche beaucoup par sa forme des *C. Demarlii* (Bouchard) du Boulonnais (Davidson, l. c. pl. 9, f. 15-17) auxquelles je la rattacherais si elle présentait le petit pli caractéristique au milieu du sinus.

Localités : *Var. heteroclita. Calcaire de Moniello* : Moniello, Arnao ; *Calcaire d'Arnao* : Arnao ; *Var. hispanica. Calcaire de Moniello* : Moniello ; *Calcaire d'Arnao* ; Arnao ; *Calcaire de Ferroñes* : Ferroñes ; *Var. multiplicata. Calcaire de Candas* : Candas ; *Calcaire de Moniello* : Luanco ; *Var. Demarlii* : *Calcaire de Candas* : Candas.

Athyris.

Le genre *Athyris* (Mac Coy, 1844) me parait synonyme du genre *Spirigera* (d'Orbigny 1847), bien que distingué dans le Thesaurus devonicus de Bigsby [1] ; et il me parait même impossible d'indiquer actuellement, dans la belle série de coquilles terebratuloïdes du dévonien espagnol, la limite qui sépare ce genre *Athyris* du genre *Retzia* (King 1849).

Les nombreuses espèces nouvelles rapportées par de Verneuil en 1845 aux *Terebratules*, ont été depuis réparties dans divers genres de la famille des *Spiriferidæ* (*Spirigera*, *Athyris*, *Retzia*, *Cryptonella*) ; on doit à M. Oehlert [2] de très intéressantes observations sur les *Athyris* de ce groupe. Il les répartit en 2 subdivisions d'après leurs caractères extérieurs : la première subdivision, correspondant aux *Antiplicatæ* de M. Douvillé [3], est caractérisée par ce que la commissure palléale permet de reconnaitre une série de plis et de bourrelets qui alternent, le pli d'une valve correspondant au sinus de la.

(1) *Bigsby* : Thesaurus devonicus, p. 31-55, London. 1878.
(2) *D. Oehlert* : Documents pour servir à l'hist. des faunes dévoniennes dans l'ouest de la France, Mém. soc. géol. France, 3e Sér. T. 2. 1881. p. 37.
(3) *Douvillé* : Bull. soc, géol. de France, 3e Sér. T. VII, 1879, p 251.

valve opposée. La seconde subdivision, représentant les *Cinctæ* de M. Douvillé, porte des plis et des sinus disposés de telle sorte, qu'à un sillon de la valve ventrale correspond un sillon de la valve dorsale, les plis étant ainsi correspondants. On peut considérer *A. undata* comme type des *Athyris antiplicatæ* ; et *A. Ezquerræ* comme type des *Athyris cinctæ* ; les *A. Campomanesii*, *A. Pelapayensis*, *A. subconcentrica*, *A. Ferronensis*, *A. hispanica*, permettent de suivre le passage d'un type à l'autre : les *Cinctæ* dérivant des *Antiplicatae* par l'apparition de plis et de sillons supplémentaires qui ont pris de l'importance, et dont la taille a égalé les plis et les sillons principaux.

Jusqu'au jour où la connaissance des appareils internes de toutes les espèces viendra fixer les limites de ces groupes, on doit admettre entre les *Athyris cinctae* et les *Retzia*, les mêmes passages que ceux que l'on a reconnus entre les *Athyris antiplacatae* et les *A. cinctae*. Les *Athyris hispanica* m'ont en effet présenté le deltidium des *Retzia* (*R. Adrieni*, par ex.) ; et les *Athyris Collettii* (Vern.), *A. trigonula* (Kayser) [1] du dévonien d'Espagne, forment des passages tellement insensibles entre les *A. Ezquerrae* et les *Retzia* (*R. trigonella* du Muschelkalk, par ex.), qu'il m'est impossible de décider si ce sont des *Athyris* ou des *Retzia* ? Il y a ici une confirmation évidente de l'opinion de MM. Beyrich, Quenstedt [2], qui considéraient ces *Athyris* comme les ancêtres des *Retzia* (*Trigeria* de M. Bayle).

La succession de ces formes dans le temps est parfaitement d'accord avec ces vues théoriques : nos tableaux montrent que *Athyris undata* est la forme la plus ancienne, limitée aux calcaires inférieurs de Nieva et de Ferroñes, ce n'est que dans les assises de Ferroñes et d'Arnao qu'apparaissent les nombreuses et célèbres *Athyris* dévoniennes des Asturies. Les *Retzia* représentées par 2 espèces à cette époque présentent un plus grand développement dans le calcaire de Moniello ; M. Kayser [1] en cite 6 espèces à ce niveau dans l'Eifel.

1. *Athyris undata*, Defr.

Athyris undata de Verneuil : Bull. soc. géol. Fr, 2e Sér. T. XII, pl. XXIX, fig. 7.

Localités : *Calcaire de Ferroñes* : Salas. Arenas ; *Calcaire de Nieva* : St-Jean de Nieva, Laviana.

2. *Athyris Palapayensis*, V. A.

Athyris Pelapayensis de Verneuil et d'Archiac : Bull. soc. géol. France. 2e Sér. T. 2. pl. XIV, f. 2.

Localités : *Calcaire d'Arnao* : Moniello ; *Calcaire de Ferroñes* : Ferroñes.

(1) *Kayser* : Zeits. d. deuts. geol. Ges. Bd. XXXIII. 1881, p. 323, pl. XIX, f. 4.
(2) *Quenstedt* ; Deuts. Petrefk. Brachiop. p. 449.
(1) *Kayser* : Zeits. d. deuts. geol. Ges. Bd. XXIII, 1871. p. 554.

3. *Athyris subconcentrica*, V. A.

Athyris subconcentrica de Verneuil et d'Archiac : Bull. soc. géol. France. 2e Sér. T. 2. pl. XIV. f. 1.

Localités : *Calcaire de Ferroñes* : Ferroñes, Rañeces.

4. *Athyris concentrica*, v. Buch.

Athyris concentrica Quenstedt : Petrefk. Deutsch. pl. 51 f. 38-58. p. 440.

Il y a dans les Asturies plusieurs variétés de cette espèce, toutes bien représentées par Quenstedt (l. c.).

Localités : *Calcaire de Candas* : Candas ; *Calcaire de Moniello* : Vaca de Luanco ; *Calcaire d'Arnao* : Fenolleda, Moniello, Arnao ; *Calcaire de Ferroñes* : Arenas, Rañeces Ferroñes ; *Calcaire de Nieva* : Arcas. Laviana.

5. *Athyris Ferronesensis*, V. A.

Athyris Ferronesensis, de Verneuil et d'Archiac : Bull. soc. géol. de France, 2e Sér. T. 2 pl. XIV. fig. 4.

Localités : *Calcaire d'Arnao* : Moniello ; *Calcaire de Ferroñes* : Trubia, Agüera, Valduño, Ferroñes, Grullos, San Roman ; *Calcaire de Nieva* : Laviana, Sabugo.

6. *Athyris Campomanesii*. V. A.

Athyris Campomanesii. de Verneuil et d'Archiac : Bull. soc. géol. de France, 2e Sér, T. 2. pl, XIV, f 3.

Localités : *Calcaire de Moniello* : Vaca de Luanco ; *Calcaire d'Arnao* ; Salas, Moniello ; *Calcaire de Moniello* : Valduño, Ferroñes.

7. *Athyris phalaena*, Phill.

Pl. X. fig. 9.

Athyris hispanica de Verneuil : Bull. soc. géol. de France, 2e Sér. T. 2, pl. XIV. var. f. 7.

Coquille assez commune à Ferroñes où ont été trouvés les types de de Verneuil. Le crochet de la valve ventrale est petit et à peine recourbé, l'ouverture est ronde et touche presque le crochet de l'autre valve ; un échantillon où les deux valves avaient glissé un peu l'une sur l'autre m'a montré que cette espèce avait un deltidium, contrairement à l'opinion de de Verneuil (l. c. p. 468). M. Davidson fait toutefois rentrer (p. 87) dans ce genre *Spirigera* des espèces où l'ouverture de la valve ventrale est séparée du crochet de la valve dorsale par un deltidium en deux pièces, on sait que M. Davidson a assimilé cette espèce de de Verneuil à *Spirigera phalæna*, Phillips.

Localités : *Calcaire de Moniello* : Moniello ; *Calcaire d'Arnao* : Salas, Moniello, Villanueva ; *Calcaire de Ferroñes* : Ferroñes,

8. *Athyris Ezquerra*, Vern.

Athyris Ezquerra, de Verneuil : Bull. soc. géol. de France, 2e Ser. T. 2. pl. XIV. f. 5.

Localités ; *Calcaire de Moniello* : Moniello ; *Calcaire d'Arnao* ; Salas, Arnao, S.

Fenolleda ; *Calcaire de Ferroñes* : Ferroñes.

1. Retzia Adrieni, VERN.

Retzia Adrieni de VERNEUIL : Bull. soc. géol. de France, 2e Sér. T. 2. pl. XIV, f. 11.

Mes échantillons sont identiques aux types décrits par de Verneuil (l. c. p. 171) ; leur surface est généralement ornée de 17 à 20 plis rayonnants, mais leur nombre s'élève toutefois jusqu'a 25. C'est cette dernière variété qui a été figurée par M. Mallada (Synopsis, pl. 7, f. 8).

Localités : *Calcaire de Moniello* : Moniello. Arnao ; *Calcaire d'Arnao* : Santa Maria del mar, Arnao ; *Calcaire de Ferroñes* : Ferroñes.

2. Retzia Oliviani, VERN.

Retzia Oliviani, de VERNEUIL : Bull. soc. géol. de France, 2e Sér. T. 2. Pl. XIV, f. 10.

Localité : *Calcaire de Ferroñes* : Ferroñes.

1. Rhynchospira Guerangeri, VERN. sp.

Pl. X. fig. 10.

Rhynchospira Guerangeri, VERN. : Descript. Asie Mineure. Pal. p. 466. pl. XXI f. 4, 4 c.

Espèce bien caractérisée par de Verneuil et facile à reconnaître ; sa valve dorsale peu convexe, aplatie, la plus petite ; elle est ornée comme la plus grande de 22 à 24 plis simples, droits, non dichotomes. Cette coquille s'éloigne des Rynchonelles par la forme allongée de son crochet, par son deltidium inférieur, par sa forme ovale allongée, et la moindre convexité de sa valve dorsale. Cette valve a en son milieu une légère dépression, sensible seulement chez quelques individus. Tous ces caractères s'accordent bien mieux avec les genres *Retzia*, et surtout *Rhynchospira* de Hall (Paleont. of New-York, Vol. IV, 1867, p. 276, pl. 45) auquel nous rapportons cette espèce, qu'avec le genre *Rhynchonella*. Il restera toutefois toujours un peu de doute sur cette détermination générique jusqu'à ce qu'on ait pu voir les caractères internes de cette espèce. M. Bayle (1) a fait rentrer cette espèce dans son genre *Trigeria*.

Localités : *Calcaire de Ferroñes* : Ferroñes, Grullos ; *Calcaire de Nieva* ; Phare St-Jean de Nieva.

1. Nucleospira lens, SCHNUR

Nucleospira lens, SCHNUR : Brach. d. Eifel. p. 43, pl. XV, f. 6.

— KAYSER : Zeits. d. deuts. geol. Ges. Bd. 28, p. 552. pl. X. f. 4.

Localités : *Calcaire d'Arnao* : Arnao.

---

(2) *Bayle* : Explic. de la carte géol. de France, Paléontologie, t. IV. 1878. pl. XIII.

1. *Atrypa reticularis*, SCHLT.

Atrypa reticularis. v. SCHLOTHEIM : Nacht. Petref. pl. 17. f. 2, pl. 20, f. 4. 1822.

Localités : *Calcaire de Candas* : Candas ; *Grès à Gosseletia* : Candas ; *Calcaire de Moniello* : Moniello, Vaca de Luanco, Luanco, Arnao ; *Calcaire d'Arnao* : Moniello, Arnao, N. San Roman, Villanueva, Posada près Santo Firme ; *Calcaire de Ferroñes* : Ferroñes.

2 *Atrypa aspera*, SCHLT.

Atrypa aspera, VON SCHLOTHEIM : Leonh. Taschenb. p. 74. pl. 1. f. 7. 1813.

Localités : *Calcaire d'Arnao* : Sta Maria del mar ; *Calcaire de Ferroñes* : Pomarada.

1. *Rhynchonella pila*, SCHNUR.

Rhynchonella pila, SANDBERGER : Rhein. Schich. in Nassau. pl. XXXIII. f. 13

Cette coquille non encore signalée en Espagne me semble pourtant identique à la forme de l'Eifel. L'espèce la plus voisine en est la *Rh. Wilsoni* des couches de Wenlock, qui s'en distingue toutefois par des plis un peu plus gros. Il est plus difficile d'en distinguer la *Rh.* (*Uncinulus* de M. Bayle) *Subwilsoni* du calcaire dévonien de Bretagne, dont la valve dorsale est plus bombée en général. On doit rappeler que Sandberger en s'appuyant sur la comparaison des échantillons de *Rh. pila* de l'Eifel, avec des types de *Rh. Subwilsoni* de Néhou qu'il tenait de de Verneuil, a conclu qu'on devait réunir ces deux espèces (l. c., p. 340).

Localités : *Calcaire de Nieva* : Murias, Phare St-Jean de Nieva, Laviana, Sabugo ?

2. *Rhynchonella Orbignyana*, VERN.

Pl. XI, fig. 1.

Rhynchonella Orbignyana, de VERNEUIL : Bull. soc. géol. de France, 2e Sér, T. VII. pl. 3. f. 10.

De Verneuil avait déjà reconnu le type de son espèce à Arnao et à Viescaz (Concejo de Salas) dans les Asturies : elle y est en effet très abondante. Cette forme type est petite, arrondie, ornée de 40 à 50 stries fines, très dichotomes. D'après de Verneuil, la valve ventrale est un peu moins épaisse que la dorsale, pourvue d'un sinus très large au milieu duquel s'élève une côte arrondie et striée comme le reste de la coquille. Le crochet est petit, recourbé, et percé au sommet d'une ouverture exigüe. La valve dorsale très bombée, présente un sillon médian qui correspond à la côte du sinus de l'autre valve. La commissure palléale des valves est marquée par un léger enfoncement. La ligne cardinale forme un angle de 120°.

Localités : *Calcaire de Moniello* : Moniello ; *Calcaire d'Arnao* : Moniello, Santa Maria del mar, Arnao, N. de San Roman. Villanueva près Grado.

3. *Rhynchonella Kayseri*, C. B. nov. sp

Pl. XI, fig. 2.

On trouve avec la forme précédente à Arnao et à Moniello, une autre espèce un peu moins abondante qu'elle, et qu'il est facile d'en distinguer. C'est une coquille de même taille que *Rh. Orbignyana*, mais plus allongée, plus longue que large et à contour triangulaire, quelques échantillons très larges ont un contour pentagonal. Les stries au nombre de 30 à 40, sont bien plus grosses que chez *Rh. Orbignyana*, elles ne sont pas dichotomes, et se prolongent jusque près du crochet. Valve ventrale un peu moins épaisse que la valve dorsale, pourvue d'un sinus très large au milieu duquel s'élève une bosse allongée et striée comme le reste de la coquille. Le crochet est long, aigu, formant un angle de 70° à 75° et percé au sommet d'une très petite ouverture.

La valve dorsale très épaisse, n'est pas bombée mais aplatie au sommet ; elle présente une dépression médiane qui correspond à la bosse que j'ai signalée sur le sinus de l'autre valve. La commissure des valves est droite, comme dans les *Rh. Wahlhenbergii*, le léger enfoncement que l'on remarque en son milieu chez la *Rh. Orbignyana*, où il correspond à la côte qui se trouve au milieu du sinus, fait défaut ici. En effet la bosse et la dépression que j'ai signalées, sur la ligne médiane de ces coquilles et qui y remplacent la côte et le sillon de *R. Orbignyana*, restent limitées à la partie médiane des valves, et ne se prolongent pas sur la région palléale.

Rapports et différences : Cette espèce fait partie du groupe des *Wilsoni*, et se distingue facilement de toutes les espèces dévoniennes du groupe (*Walhenbergii, primipilaris, parallelipipepa, coronata*, etc) par l'existence d'une saillie au milieu du sinus, et d'une dépression au milieu du bourrelet. Ce caractère la rapproche au contraire intimement de la *Rh. Orbignyana*, dont elle se distingue par la forme spéciale de ces saillies qui s'arrêtent au milieu de la coquille, au lieu d'en faire le tour. De plus cette espèce a un angle cardinal plus aigu, et est couverte de plis plus gros que la *Rh. Orbignyana*.

Localités : *Calcaire de Moniello* : Moniello ; *Calcaire d'Arnao* : Moniello, Arnao.

4. *Rhynchonella parallelipipeda*, Bronn.

Rhynchonella angulosa Schnur ; Brach. d Eifel, p 185. pl 25, f 5. 6. 1853.

Cette espèce très bien figurée par Schnur sous le nom de *R. angulosa* est abondante dans l'Eifel et les Ardennes à la base des couches à Calcéoles. Elle est caractérisée par son contour pentagonal, par sa largeur. Le front est droit, et la commissure palléale y forme une courbure régulière, se détachant à angle droit de la ligne latérale. De chaque côté du sinus de la valve ventrale il y a une saillie arrondie ; le bourrelet de la valve dorsale n'est pas très proéminent. La coquille est couverte de 40 à 50 plis, souvent simples, mais parfois aussi dichotomes ; les plis sont plus nombreux sur les échantillons d'Espagne, que sur les types des schistes à Calcéoles des Ardennes, caractère qui les rapproche davantage des *Rh. Orbignyana.*

Rapports et différences : Cette espèce a la plupart des caractères de la *Rh. Orbignyana* dont elle ne se distingue que par l'absence de la côte dans le sinus ; elle fait donc une transition dans l'arbre généalogique de M. Kayser entre la *Rh. Orbignyana* et la *Rh. parallelipipeda* ; car elle a des plis plus fins que celle-ci et un bourrelet plus large, bien moins saillant et moins bien délimité. C'est cette même variété qu'on trouve au Fret (Finistère).

Localités : *Calcaire d'Arnao* : Moniello, Villanueva près Grado.

5. *Rhynchonella Wahlenbergii*, Gold.

Rh. Goldfussi, Schnur : Brach. d. Eifel p. 188. pl. 26. f. 4.

Coquille pentagone, arrondie, généralement plus large que longue, et à front vertical. La valve dorsale est plus bombée que la ventrale, elles sont ornées de 14 à 20 plis larges, aplatis, visibles surtout dans la moitié postérieure de la coquille ; elles portent en outre 4 à 6 plis sur le sinus, ou le bourrelet. La suture des 2 valves dans la région palléale se fait à angles droits, le long du sinus. La partie de la coquille voisine du crochet est lisse, et montre parfois des stries concentriques d'accroissement.

Localités : *Calcaire de Moniello* : Vaca de Luanco ; *Calcaire de Nieva* : Cabo Negro ?

6. *Rhynchonella Pareti*, Vern.

Rhynchonella Pareti, de Verneuil : Bull. soc. geol, de France, 2e Sér. T. VII. pl. 3. f. 11.

Cette forme est commune dans les calcaires dévoniens des Asturies, où elle est identique à la figure qui en a été donnée par de Verneuil. Je ne puis signaler de nouvelles différences entre mes échantillons et les *R. Daleidensis* (F. Rœm.), *R. livonica* (V. Buch.), *R. inaurita* (Sandb.); ces espèces sont très voisines, comme l'a montré Kayser qui conclut à leur identité.

Localités : *Calcaire de Nieva* : Phare St.-Jean de Nieva, Sud d'Espin, Sabugo, Riv. de Laviana ?, Arcas.

7. *Rhynchonella cypris?*, d'Orb.

Rhynchonella cypris, d'Orbigny : Prodrome 1847, n° 855.

Je rapporte avec doute à cette espèce une coquille abondante à Moniello et qui se trouve aussi à San Roman ; elle se distingue de la *Rh. Pareti* des Asturies à laquelle on est tenté de la rapporter au premier abord, par sa forme moins haute nettement triangulaire, par son angle apicial très aigu de 60° à 65°, et par sa taille plus petite ; le bourrelet de la valve dorsale est aplati, plus large que chez *Rh. Pareti*, et orné de 6 plis aigus. Mes échantillons sont trop déformés pour servir de types à une nouvelle espèce. Ils rappellent un peu la variété *emaciata* de la *Rh. nympha* de M. Barrande (Bohême pl. 29, f. 17, 18) ; ainsi que par leur forme générale la *Rhynchotreta Brulonensis* de MM. Oehlert et Davoust (Bull. soc géol. de France, 3e Sér. T. VII p. 709. pl. XIV, f. 4).

Localités : *Calcaire de Moniello* : Moniello, ; *Calcaire d'Arnao* : Moniello, N. San Roman.

8. *Rhynchonella Douvilléi*, C.-B. nov. sp.

Pl. XI, fig. 4

Coquille plus longue que large, peu épaisse, l'épaisseur égalant la moitié de la longueur. Les valves sont ornées de plis simples, tranchants, se prolongeant jusqu'au crochet ; ils sont au nombre de 4 sur le bourrelet et de 3 sur le sinus. De chaque côté du bourrelet, il y a 5 à 7 plis, dont les trois premiers très visibles, tandis que les derniers s'effacent graduellement sur les côtés de la coquille. Les plis du sinus et du bourrelet ne se distinguent pas des autres plis sur la moitié antérieure de la coquille ; ce n'est que sur la moitié postérieure que le sinus se creuse. Le crochet de la valve ventrale est pointu, formant un angle aigu de 75°.

Rapports et différences : La grande taille de cette espèce rappelle la *Rh. Mariana* (Vern. B. S. G. F., T. XII, pl. 29, f. 8), mais elle s'en éloigne toutefois par de nombreux caractères ; elle se distingue de la *Rh. Pareti* par sa plus grande taille, ses plis plus gros, son bord intérieur bien moins relevé, et par les plis du bourrelet moins distincts des plis latéraux. Elle ressemble davantage à la *Rh. laticosta* (Phillips) de Baggy-point (Davidson, Dev. Brach., pl. XIV, f. 1-3), par sa taille, et la régularité de ses plis ; ils sont toutefois moins nombreux, la coquille est également plus allongée, et son crochet plus aigu. Des échantillons de Rinne (Eifel) fournis par le Dr. Krantz sous le nom de *Rh. laticosta*, se rapprochent assez de cette espèce.

Localités : *Calcaire d'Arnao* : Arnao ; *Calcaire de Ferroñes* : Grullos, Ferroñes ;

Calcaire de Nieva : Laviana.

9. *Rhynchonella Letissieri*, OEHL.

Rhynchonella Letissieri, Oehlert : Bull. soc. géol. de France. 3e Sér. T. V. pl. X. f. 11. p. 597.

Cette forme paraît représentée dans le dévonien des Asturies, bien qu'elle y soit rare. Je lui rapporte deux échantillons incomplets trouvés en des localités différentes. Le type de l'espèce a été découvert dans la Mayenne par M. Oehlert, je l'ai retrouvé depuis cette époque aux Courtoisières (Sarthe) en compagnie de M. Guillier.

Localités : *Calcaire d'Arnao* : N. San Roman ; *Calcaire de Nieva* : Riv. de Laviana.

10. *Rhynchonella elliptica*, SCHNUR.

Pl. XI, fig. 3.

Rhynchonella elliptica KAYSER : Zeits. d. deuts. geol. Ges. Bd. 23. p. 528. pl. IX. f. 2.

Coquille elliptique, toujours plus large que longue, très épaisse, mais dont l'épaisseur n'égale jamais la longueur. Elle est distinctement trilobée, couverte dans toute sa longueur de plis simples, tranchants, au nombre de 8 au sinus, et de 12 sur chaque lobe latéral. La suture des valves rappelle la ligne palléale de *Rh. pleurodon*, peut-être toutefois se fait-elle ici suivant une courbe plus accentuée, notamment chez les jeunes individus.

La valve dorsale est beaucoup plus épaisse que la ventrale ; le sinus médian est profond, mais il se perd vers le tiers de la coquille et n'atteint jamais le crochet. Il n'existe même pas chez les jeunes individus. Le crochet ventral est pointu, et très petit ; l'angle cardinal varie de 115° à 120°. Les jeunes individus bien figurés du reste par M. Kayser diffèrent notamment des adultes ; la ligne palléale ne présente plus les mêmes inflexions, mais décrit une simple courbe : ces individus ressemblent beaucoup alors à *Rh. bifera* (Phillips, Pal. foss. p. 84, pl. 34, f. 151).

Rapports et différences : Cette espèce est très voisine de certaines variétés de *Rh. pleurodon* du calcaire carbonifère, elle s'éloigne des types ordinaires figurés par M. Davidson (Dev. Brach. pl. 13. f. 11-13), mais se rapproche de celle qui a été figurée par de Verneuil (Russie, p. 79, pl. X, f. 2), dont elle ne diffère que par son angle cardinal plus obtus. et le plus grand nombre des plis dont elle est ornée Parmi les Rhynchonelles du dévonien supérieur de France désignées par M. Gosselet sous le nom de *Rh. Boloniensis* (Ann. soc. géol. du Nord, T. IV, pl. 3, f. 1, p. 264), il est des variétés identiques à celle que nous décrivons ici (Ferques, Henripont, Avesnes). Il faut toutefois noter l'absence en Asturies de la forme typique, à gros plis, la plus commune en France. La forme de cette espèce la distingue nettement de la *Rh. triloba*, Sow. (Trans. geol. soc. London, 2e Sér. T.V. pl. 56, f. 24-25) qui est couverte comme elle d'un grand nombre de plis sensiblement égaux Le gisement du type de l'Eifel, est à la partie supérieure des schistes à calcéoles.

Localité : Calcaire de Candas : Candas.

1. *Pentamerus globus ?*, Bronn.

Pentamerus globus, Quenstedt, Petref. Deutsch. pl. 48.

Localité : Grès à Gosseletia : Candas.

2. *Pentamerus galeatus*, Dalm.

Pentamerus galeatus, Quenstedt : Petrefk. Deutsch. pl. 43, f. 23-27.

Localités : Calcaire d'Arnao : Pola de Gordon, Moniello.

3. *Pentamerus Oehlerti*, C. B. nov. sp.

Pl. XI. fig. 7.

Coquille de grande taille, arrondie, tantôt plus large que longue, tantôt plus longue que large ; les 2 valves sont renflées, mais très inégales, la valve ventrale étant 2 fois plus profonde que la valve dorsale. Le crochet est gros, très recourbé, et il est accompagné de chaque côté d'un enfoncement lisse, non strié, comme le *P. vogulicus*, Vern.— Les valves sont ornées de plis anguleux, remontant jusqu'au crochet, et au nombre de 24 à 34 sur chaque valve; quelques individus portent jusqu'à 40 plis, et d'autres n'en ont que 14. Ces plis sont parfois simples, mais sont aussi assez souvent subdivisés, et sans qu'il y ait de règle apparente dans leur division ; les plis du sinus et du bourrelet restent parfois indivis comme chez *Pent. Heberti*, mais ces plis sont bifurqués dans d'autres individus. Les plis sont très anguleux au milieu de la coquille, mais s'arrondissent graduellement, et diminuent en approchant du bord. Le test est très-épais, et montre de très légères stries d'accroissement, qui recouvrent les plis de la coquille. La valve ventrale, très bombée, a un bourrelet insensible sur les jeunes échantillons, mais plus marqué chez les gros individus : il est alors très saillant près du bord de ces coquilles. On y compte de 4 à 10 plis suivant les individus, il y a rarement plus de 4 plis près du crochet.

La valve dorsale, plus petite, moins bombée, a un sinus bien accusé près du bord palléal, et qui disparait graduellement vers le bord cardinal. On y compte 4 à 8 plis. La commissure cardinale est droite, la commissure latérale forme une courbe, et la commissure palléale presque droite chez les petits échantillons, forme près du bourrelet un coude brusque chez les gros individus.

J'ai cassé sans grand succès plusieurs individus, ils sont très difficiles à fendre, indice du peu de développement des septums médians. Le septum médian de la valve ventrale n'est pas en effet plus développé que chez les *P. galeatus*, il atteint à peine la moitié de la coquille, il supporte deux petites plaques dentales convergentes. Le peu de développement du septum éloigne de suite cette espèce des *Pentamerus* du silurien supérieur, tels que *P. Knightii*, *P. Vogulicus*, avec lesquels elle a de grandes analogies extérieures.

Rapports et différences : Cette espèce se rapproche du *P. Bashkiricus*, Vern. (Russie p. 117) par le peu de développement du septum, mais en diffère par le moins grand nombre de plis dont elle est ornée, et par ce que ses plis sont plus hauts, plus tranchants ; elle s'en distingue également par sa grande largeur. Il est très difficile de distinguer les échantillons jeunes de *Pent. Œhlerti* du *P. costatus*, Gieb. (Sil. F. Unterh. p. 44. pl. 4, f. 5, 1858), dont on doit à Kayser une description plus complète (Harz. pl. XXVII, f. 1, p. 156) ; mais les échantillons adultes en diffèrent par la subdivision de leurs plis, par leur nombre, et par la plus grande largeur de la coquille qui n'atteint à aucun âge la longueur des *P. costatus*. Ce dernier caractère le rapproche du *P. Heberti* de la Mayenne, décrit par M. Oehlert d'après un échantillon unique : Il diffère par contre du *P. Heberti*, par le moins grand nombre de plis de celui-ci, leur grosseur, leur régularité, et la forme de son crochet plus petit et moins recourbé. La forme du crochet, et la disposition de la commissure latérale sont d'accord avec la grosseur de la coquille pour nous faire citer la *Rh. Chaignoni* (Oehlert) (1), parmi les espèces très voisines.

J'avais désigné le *Pent. Œhlerti* dans mes précédents travaux, sous le nom de *P. Rhenanus* en l'assimilant à une espèce de F. Rœmer des quarzites de Greifenstein, dont elle est très voisine par les caractères internes, par sa grosseur, et par le grand nombre de plis irrégulièrement dichotomes. Des échantillons de Greifenstein que je dois à l'obligeance de M. Maurer ne sont pas assez bien conservés pour me montrer de caractères distinctifs ; je n'en trouve pas de plus frappants dans les descriptions de F. Rœmer (Lethœa, 2 Aufl. p. 349) et de Quenstedt (Petrefk. Deutsch. p. 227. pl. 43, f. 34-35). Ces deux espèces sont intimement alliées. Le *Pent. Oehlerti* n'est pas limité toutefois à l'Espagne, je l'ai reconnu dans le dévonien inférieur de la Bretagne, ainsi que dans la grauwacke à *cultrijugatus* des Ardennes, au Ham près Givet.

Dimensions : Le plus grand échantillon mesure 60mm de hauteur, 68mm de largeur, 45mm d'épaisseur ; le plus petit mesure 20mm de haut, 25mm de large ; en moyenne ils mesurent 40mm de haut, 37mm de large, et 27mm d'épaisseur.

(1) *Oehlert et Davoust* : Sur le dévonien de la Sarthe, Bull. soc. géol. de France, 3e Sér. T. VII, p. 705. pl. XIII, f. 3.

Localités : *Calcaire de Moniello* : Moniello ; *Calcaire d'Arnao* : Moniello, Arnao, San Roman, Villanueva.

1. *Cryptonella Schulzii*, Vern.

Pl. XI, fig. 5.

Cryptonella Schulzii. de Verneuil : Bull. soc. géol. de France, 2e Sér. T. VII, pl. 3, f. 7.

Cette espèce, comme du reste la *Terebratula Bordiu* du même auteur, me paraissent devoir rentrer dans le genre *Cryptonella* de M. James Hall (= *Charionella* de Billings) (Paleont. of New-York, Vol. IV. p 392, 1867) ; elle est notamment voisine de *Cryptonella rectirostra* (Hall. l. c.-pl. 61, f. 1 8).

Localités : *Calcaire de Moniello* : Vaca de Luanco ; *Calcaire d'Arnao* : Arnao.

1. *Terabratula? Passieri*, Oehlert.

Terebratulata Passieri, Oehlert : Bull. soc. geol. de France, 3e Sér. T. V. pl. X. f. 9.

Un échantillon d'Arnao rappelle l'espèce nouvelle de M. Oehlert, s'il n'est pas toutefois un jeune individu de *Retzia Adrieni*.

Localité : *Calcaire d'Arnao* : Arnao.

1. *Centronella Lapparenti*, C. B. nov. sp.

Pl. XI, fig. 6.

Centronella, Billings : Canadian naturalist and geol. p. 131. avril 1859.

— Hall : Paleont. of New-York, Vol. IV. p. 339. pl. 61 A.

Je rapporte au genre *Centronella* du dévonien d'Amérique quatre petites coquilles trouvées à Arnao et difficiles à classer. Leur contour est arrondi, subtriangulaire ; les côtés sont droits de part et d'autre du crochet, formant entre eux un angle de 115°, le côté frontal qui les rejoint est circulaire. Valves très inégales : valve ventrale bombée, subcarénée au milieu, où se trouve en même temps un petit sillon, elle tombe rapidement vers les côtés ; crochet très petit s'arrêtant au niveau de celui de la valve dorsale. Valve dorsale plate, un peu concave au milieu, où cette dépression est limitée par 2 lignes saillantes divergentes. Surface couverte de stries concentriques lamelleuses, test compacte. Mes échantillons sont transformés en silice, ils en sont tellement imprégnés qu'il est impossible de les dégager et d'étudier leurs caractères internes.

Rapports et différences : Ces coquilles rappellent par la plupart de leurs caractères externes, les *Centronella* de Billings, notamment le *C. glans-fagea* (Hall. Pal. of N. Y. Vol. 4, pl. 61. f. 6-7) ; elles n'en diffèrent réellement que parce que le crochet de la valve ventrale des *Centronella* est constamment plus grand que chez notre espèce. Peut-on considérer cette différence comme une simple différence spécifique ? Il me semble impossible de fixer cette question avant que de nouvelles découvertes en Espagne aient permis de reconnaitre les caractères de ces coquilles.

Dimensions : Longueur 9 à 10mm, largeur 10 à 12mm.

Localité : *Calcaire d'Arnao* : Arnao.

Meganteris Archiaci, Vern.

Meganteris Archiaci, de Verneuil : Bull. soc. géol. de France. 2e sér. T. VII, pl. IV. f. 2.

Les échantillons que j'ai recueillis en Espagne appartiennent tous à la forme aplatie et arrondie décrite par de Verneuil, et qui devrait porter le nom de *M. inornata*, d'Orb., d'après M. Bayle (1). Je n'y ai pas reconnu la forme la plus commune en Bretagne d'après M. Oehlert, et qui y a été décrite par Cailliaud sous le nom de *M. Deshayesi*.

Localités : *Calcaire d'Arnao* : Moniello, Villanueva près Grado.

Lamellibranches

Gosseletia, nov. gen. (2).

Pl. XII. fig. 1.

Coquille équivalve, inéquilatérale, gibbeuse, oblique. La plus grande épaisseur est le long d'une crête oblique partant du crochet jusqu'au bord frontal, et séparant ainsi nettement la partie postérieure de l'antérieure. La partie postérieure s'allonge en une aile obtuse, qui s'abaisse rapidement en s'amincissant jusqu'à l'extrémité postérieure. La partie antérieure courte, s'abaisse verticalement, à partir de la crête médiane, sans former d'aile. Crochets saillants, non recourbés, tournés du côté antérieur, qu'ils ne dépassent pas. Test lisse marqué de stries concentriques et rappelant celui de la *Lima gigantea* du Lias. Bords cardinaux formant un angle de 60° ; la charnière montre à partir du sommet une sorte de crête, dirigée en arrière, comme chez les *Anomalodonta*, et de chaque côté de laquelle s'étend l'aréa du ligament de forme aplatie et portant de nombreuses rainures parallèles. Ces rainures du cartilage se suivent sur les 2 côtés de la coquille, mais tandis qu'ils ont une parfaite régularité du côté postérieur, ils sont plus irréguliers, ondulés du coté antérieur. Les dents cardinales de la charnière sont au nombre de 3, l'antérieure est le plus souvent bifide. — Impressions palléales inconnues.

Rapports et différences : Ce genre rappelle par sa forme extérieure les *Myalina*, par

(1) *Bayle* : Explic. de la carte géol. de France, Vol. IV. 1878. pl. X, f. 7-9.
(2) *Ch. Barrois* : Annal. soc. géol. du Nord, T. VIII, p. 176, mai 1881.

exemple la *M. angulata* (1), dont on ne pourrait la distinguer en dehors. Elle s'en distingue nettement par les caractères de sa charnière qui la rapprochent plutôt des *Anomalodonta* (2), nommées *Megaptera* et *Opisthoptera* par MM. Meek (3) et C. A. White (4). Les *Anomalodonta* ont en effet, la même curieuse aréa ligamentaire, mais elles manquent de dents cardinales ; leur test est de plus orné de plis. Les dents cardinales des *Gosseletia* rappellent celles des *Ambonychia* (5) Hall ; mais elles n'ont pas leurs dents latérales ni leur dépression pour le passage du byssus. Je propose donc pour les coquilles de ce genre, le nouveau nom de *Gosseletia*, en l'honneur de M. le Prof. Gosselet, auquel la science est redevable de tant de progrès dans l'étude des terrains dévoniens. Les *Gosseletia* font partie de la famille des *Pterineinæ*, à côté des divers genres précédemment cités.

Depuis que ces lignes sont écrites (Avril 1881), a paru la description du genre *Myalinodonta* de M. Oehlert (6), très voisin sinon identique, à celui que nous décrivons ici. Ces genres se rapprochent par leur taille, leur ligament interne recouvrant une large surface, striée sur toute son étendue par de petits sillons parallèles, leurs dents obliques, linéaires, subparallèles, situées sous le crochet ; la comparaison des figures montre toutefois que la disposition et le développement de ces dents sont différents. Les *Myalinodonta* diffèrent en outre des *Gosseletia* par leur forme aplatie, non biconvexe, non bicarénée et par leur bord cardinal perpendiculaire à l'axe de la coquille.

Gosseletia devonica, C. B. nov. sp.

Pl. XII. fig. 1.

Espèce de grande taille, longue de 6 cent, large de 11 cent, épaisse de 7 cent, et de forme triangulaire. Partie postérieure ailée, comprimée ; partie antérieure brusquement coudée, formant de part et d'autre un même plan, à contour cordiforme, allongé. Cette partie montre sous le crochet un pli étendu, rappelant le sinus du byssus des genres voisins. Test lisse, orné de stries concentriques d'accroissement, rappelant celles des grandes Limes et des Inocérames. Les parties du test parfaitement conservées montrent en outre de petites stries rayonnantes, superficielles, sur le côté postérieur. La charnière est remarquable par le développement de l'aréa ligamentaire, et surtout par son

(1) *Meek et Worthen* : Geol. surv. of Illinois, Vol. 2, p. 300, pl. 28, f. 7.

(2) S. *A. Miller* : Cincinnati quart. journ. of Science, Vol. 1. 1874. p. 17, f. 7-8.

(3) *Meek et Worthen* : Geol. surv. of. Illinois, Vol. 3. p. 337 ; et Geol. Surv. of Ohio, Paleontology, Vol. 1, p. 132.

(4) *C. A. White* : Silliman's American Journal of Science.

(5) *J. Hall* : Paleont. of New-York. Vol. 3. p. 523.

(6) *D. Oehlert* : Doc. pour l'étude des faunes dévoniennes de l'Ouest de la France. Mem. soc. géol. France, 3e Sér. T. 2. 1882. p. 29.

irrégularité. Je n'ai pu dégager que des valves gauches de cette espèce, elles sont toutefois au nombre de 6 ; quoique leur taille soit à peu prés constante, le nombre des rainures parallèles du cartilage. creusées sur l'aréa varie dans des proportions étonnantes : un échantillon (fig. 1 f) m'a permis de compter 40 rainures sur son aréa large de 10mm, un autre (1 e) parait manquer entièrement d'aréa, tant elle est réduite. Cette différence doit tenir évidemment à l'âge de ces coquilles, l'aréa s'épaississant avec le temps ; il n'est pas inutile de noter que ces curieuses différences ont été observées également chez les *Anomalodonta* par S. A. Miller, les *Myalinodonta* par M. Oehlert (1) et paraissent ainsi générales à cette famille. Une autre observation curieuse, c'est que les rainures du cartilage creusées sur l'aréa si bien délimitée du bord postérieur, peuvent parfaitement se suivre et une à une, sur le bord antérieur de la coquille ; il n'y a pas de ce côté d'aréa proprement dite, mais le test très épaissi en ce point, porte à croire qu'il y avait là aussi une attache ligamentaire. S'il en était ainsi, les valves ne pouvaient s'ouvrir que bien faiblement pendant la vie de l'animal. Les dents cardinales de la charnière, décrites dans la diagnose générique, s'éloignent donc du crochet à mesure que l'aréa s'étend davantage. L'épaisseur du test de cette espèce est très variable ; elle est mince et ne dépasse pas 1mm dans la plus grande partie de la coquille, mais elle augmente rapidement, atteint, et dépasse 6mm dans les régions cardinales et ligamentaires.

Rapports et différences : Peut-être y a-t-il une différence spécifique entre la *Gosseletia devonica* et la *Pterinœa Bilsteinensis* décrite par F. Rœmer (2), mais ces coquilles doivent à coup sûr rentrer dans le même genre. La comparaison de mes dessins avec les figures 1 a, 1 b, de F. Rœmer le prouve surabondamment ; nous excluons toutefois de notre comparaison la Fig. 1 c de F. Rœmer, représentant un moule interne. Cette figure montre une grande aile antérieure qui n'existe et ne peut exister ni sur les figures 1 b de Rœmer, ni sur mes échantillons ; elle est donc inexacte ou appartient à une autre espèce. Ce n'est qu'en hésitant que M. F. Rœmer rapportait ces coquilles aux *Pterinées*, et il n'avait pu dans sa description reconnaître les caractères de leur charnière. Les figures que nous en donnons les éloignent positivement des *Pterinœa*. Le genre *Gosseletia* renferme donc aujourd'hui à notre connaissance 2 espèces, la *Gosseletia Bilsteinensis* de F. Rœmer, et la *Gosseletia devonica* des Asturies. Le côté antérieur de ces espèces est identique, elles diffèrent par leur côté postérieur

(1) *Oehlert* : Mém. soc. géol. France, 3e Sér. T. 2, 1881. p. 31.

(2) F. *Rœmer* : Das Rhein. Uebergansgeb, pl. 6, f. 1 a, 1 b. p. 77.

déprimé chez *G. Devonica*, ondulé chez *G. Bilsteinensis*, à bord long et convexe chez *G. Bilsteinensis*, tandis qu'il est plus court et rentrant chez *G. Devonica*.

Gisement : Il est intéressant de rapprocher le gisement de ces deux espèces : on les trouve en Asturies dans un minerai de fer oolitique intermédiaire entre le dévonien inférieur et le dévonien supérieur ; en Allemagne, Rœmer a découvert *G. Bilsteinensis* à Bilstein (Nord-Est de Olpe, en Westphalie), dans une couche de grauwacke indéterminée, qu'il croit devoir rapporter au dévonien supérieur. Dans cette couche, remplie de moules de cette espèce, on ne trouve avec elle que des moules de 2 espèces nouvelles de Lamellibranches, et celui d'une Terebratule plissée. Ainsi la faune du niveau à *Gosseletia* est nouvelle et indépendante des faunes voisines, en Espagne comme en Allemagne ; peut-être y aura-t-il lieu plus tard de les comparer plus en détail. La *G. Devonica* n'est pas une forme localisée en Espagne, j'ai trouvé un représentant de cette espèce dans le dévonien des Ardennes pendant une excursion avec M. Gosselet : Sa taille est un peu plus petite, mais il y a concordance dans la plupart des caractères, son niveau géologique a pu être fixé dans les Ardennes où nous l'avons ramassée à La Forgette en Flohimont, dans les couches calcaires qui forment la zône à *Spirifer cultrijugatus*, au sommet de la grauwacke du dévonien inférieur.

Localité : *Grès à Gosseletia* : Candas.

Arca sp.

Pl. XII, fig. 2.

Arche remarquable par la carène très aiguë qui divise en deux portions sa partie postérieure : Cette moitié postérieure dirigée obliquement est plane, l'autre partie est régulièrement convexe et se poursuit insensiblement jusqu'à la partie antérieure. Celle-ci est assez courte, les crochets étant situés au $^1/_3$ antérieur de la coquille : il y a sous eux une échancrure. La surface encroûtée de grains d'oligiste, paraît lisse.

Cette espèce se distingue de *Arca carinata* (Goldf., Pet. Germ. p. 283, pl. 160, f. 11.) par son côté antérieur concave, et par le pli abrupt qui correspond à la carène sur le côté postérieur. Vue de côté, elle rappelle par sa forme la *Crassatella Bartlingii* (F. A. Rœmer, Harz. pl. VI. f. 17), dont l'aile postérieure serait repliée obliquement, de façon à être invisible sur le dessin indiqué.

Dimensions : Longueur 16^{mm}, largeur 9^{mm}.

Localité : *Grès à Gosseletia* : Candas.

Nucula sp.

Petite coquille, inéquilatérale, à côté postérieur long et arrondi ; côté antérieur court, profondément échancré sous les crochets. La surface des valves paraît lisse ; mais cette coquille comme la plupart de celles que j'ai trouvées dans le lit de minerai de fer oolitique à *Gosseletia* de Candas, ne montre qu'imparfaitement les détails de sa surface : les oolites ferrugineuses semblent avoir pénétré profondément dans la substance de la coquille. Cette Nucule diffère un peu de toutes les espèces qui me sont connues, et n'est pas assez belle pour servir de type à une nouvelle espèce. Elle se rapproche par sa forme de la *N. plicata* (Phill., Pal Foss., pl. 18. f. 63) de Baggy-point, mais ne porte point les mêmes ornements ; les caractères de sa surface la rapprochent plus de *N. Protei* (Münst., Beit. z. Petref. 3, p. 54. pl. XI. f. 9) d'Elbersreuth, mais sa forme est différente.

Localité : *Grès à Gosseletia* : Candas.

Conocardium clathratum, Gold.

Conocardium clathratum, de Vern. et d'Arch. : Trans. geol.Soc. Lond., 2e Sér. T.VI. p. 374. pl. 26. f. 7.

Cette espèce d'abord figurée par Goldfuss comme variété du *C. aliforme* (Sow.) n'a été considérée comme espèce distincte que par d'Orbigny (Prodrome 1847, p. 80) ; elle a surtout été bien étudiée et figurée par d'Archiac et de Verneuil (*l. c.*). Elle diffère nettement du *C. aliforme* du calcaire carbonifère en ce que la partie antérieure très déprimée est nettement séparée de la partie moyenne de la coquille par un pli abrupt ; de plus les plis qui ornent cette partie sont plus fins que ceux de la partie moyenne. Cette dernière partie de la coquille porte 5 à 6 plis sur mes échantillons, c'est-à-dire un peu plus que sur les types Eiféliens de de Verneuil, de plus cette partie passe insensiblement à la région postérieure, sans qu'il y ait ici de pli abrupt comme de l'autre côté. Toute la surface de la coquille est ornée de petites lamelles transverses, fines, rapprochées, régulières, qui croisent les plis et forment ainsi un treillis fort élégant. On remarque en outre de fortes stries concentriques d'accroissement sur le côté antérieur de ces coquilles.

Mac Coy a aussi reconnu (Palæozoic fossils, p. 517) la différence entre ce *Conocardium* du dévonien et le *C. aliforme* de Sowerby, et a proposé de le rapporter au *C. hystericus* (Schlot.) ; je ne puis toutefois assimiler mes *C. clathratum* du dévonien inférieur à ce type du dévonien supérieur de Grund avant d'avoir plus de documents sur cette espèce peu connue.

Localités : *Calcaire d'Arnao* : Salas ; *Calcaire de Ferroñes* : Ferroñes.

Gastéropodes

Loxonema angulosum, F. A. RŒMER.

Pl. XIII, fig. 5.

Loxonema angulosum, F. A. Rœmer : Harz. Beitræg. 1. pl. 1. f. 5. p. 3.

Je figure ici une coquille trouvée dans les Asturies et appartenant au genre *Loxonema*. Elle a un angle apicial de 16°, et est formée d'un grand nombre de tours, portant chacun 8 côtes arquées, à concavité tournée vers la bouche. Cette forme n'est donc pas identique aux types de Phillips (*Loxonema Hennahii*, Sowerby, et Phillips, du dévonien supérieur d'Angleterre), et souvent cités dans le dévonien inférieur de la Bretagne. La *L. Hennahii* se distingue de cette *Loxonema* du dévonien inférieur par son angle plus ouvert, et ses côtes plus fines et plus nombreuses. Il est toutefois établi d'autre part que la *Loxonema Hennahii* présente une série très étendue de variations ; Goldfuss (Pet. Germ. p. 110) fait déjà remarquer que le nombre des côtes est variable sur les différents tours et sur les divers échantillons ; il assimile par conséquent son *L. Kaupii* à *L. Hennahii*, Phill. ; Sandberger admet les assimilations de Phillips et leur ajoute comme synonyme le *L. costatum* (Nassau, p. 230). Il faudrait une série de beaux échantillons pour débrouiller cette synonymie. Je ne puis le tenter ici, n'ayant ramassé dans les Asturies que des échantillons incomplets, je crois toutefois qu'il y a avantage à assigner provisoirement à ces formes du dévonien inférieur le nom de *L. angulosum* qui leur convient aussi bien, et qui a été donné par Rœmer à des fossiles de la grauwacke dévonienne inférieure.

Localités : Calcaire d'Arnao : Moniello.

1. *Pleurotomaria Larteti*, C. B. nov. sp.

Pl. XIII, fig. 6.

Pleurotomaria expansa, Phill., Pal. Foss., p. 97. pl. 37. f. 179. 1841.

Coquille trochiforme, solide, non ombiliquée, formant au sommet un angle de 125° ; tours au nombre de 4, peu convexes dans la partie tournée vers la bouche, plus aplatis encore dans la partie tournée vers le sommet. Suture simple, profonde. Surface couverte de côtes transversales bien développées, elles s'infléchissent d'abord un peu près la suture des tours, au niveau d'une petite couronne spirale ; au-delà elles se prolongent en ligne droite vers l'arrière de la coquille, et restent simples jusqu'à la bande latérale. Sous cette bande, les côtes transversales sont remplacées par des stries beaucoup plus fines, dirigées de même façon. La bande du sinus est large, et se suit au bord angulaire des tours. Bouche transverse, ovale, columelle saillante.

Rapports et différences : On a déjà signalé dans le dévonien inférieur d'Europe une série de Pleurotomaires, très voisines de celle-ci par leurs plis transversaux, et par la position du siphon sur l'angle des tours. Ainsi, la *Pl striata* (1), qui en diffère par la convexité plus grande des tours ; la *Pl. Daleidensis* (2) qui en diffère par son angle plus aigu, par ses plis plus fins, et sa bouche plus haute ; la *Pl. crenatostriata* (3) en diffère très peu, et présente de plus d'après Sandberger de nombreuses variétés : sa bouche toutefois paraît constamment plus haute. La *Pleurotomaria Virensis* Œhl. (4), de France, est conique, à tours plats, et à bande du sinus placée près de la suture, comme chez *P. Larteti* ; mais elle s'en distingue par ses tours plus nombreux, plus coniques, et par les ornements qui accompagnent la bande du sinus. Plusieurs espèces du dévonien d'Amérique présentent avec ces espèces des analogies rappelées par M. Œhlert.

Toutes ces formes proviennent de la grauwacke inférieure, et sont si voisines de cette espèce, que nous hésitons à l'éloigner spécifiquement des espèces du dévonien inférieur. Phillips a décrit en Angleterre une espèce du dévonien supérieur de Baggypoint sous le nom de *Pl. expansa* (5), qui est identique par sa forme extérieure aussi bien que par ses ornements à celle que nous avons trouvée en Espagne. Phillips ayant lui-même indiqué les différences qui séparent cette espèce de la *Pl. expansa* (Phill.) du carbonifère, nous proposons le nom de *Pl. Larteti* pour l'espèce dévonienne.

Localité : *Grès à Gosseletia* : Candas.

2. *Pleurotomaria* sp.

Coquille indéterminable, du groupe de *Pl. catenulata*, d'Archiac et de Verneuil, (Trans. geol. soc. London, 2e Sér. T. VI. pl. 32. f. 17.)

Localité : Grès à Gosseletia : Candas.

1. *Platystoma ? janthinoïdes ?* Œhl.

Platystoma ? janthinoïdes ?, Œhlert : Bull. soc. géol. de France, 3e Sér. T V. pl. 9. f. 9. p. 587.

Échantillons indéterminables que je crois très voisins du genre *Naticopsis* ; ils ressemblent assez aux *Platystoma janthinoïdes* de M. Œhlert.

Localité : *Calcaire d'Arnao* : Moniello.

---

(1) *Gold.*: Pet. Germ. T. 2. p. 61. pl. 82. f. 4.
(2) *F. Rœmer* ; Rhein. p. 80. pl. 2. f. 7.
(3) *Sandberger* ; Nassau, p. 188. pl. 23. f. 2.
(4) *Oehlert* ; Mém. Soc. géol. de France. 3e Sér. T. 2. 1882. p. 12. pl. 1. fig 10.
(5) Pal. foss. p. 97. pl. 37, f. 179.

2. *Platystoma spiralis*, C. B. nov. sp.

Pl. XIII, fig. 4.

Coquille allongée, renflée, à dos arrondi, montrant 3 tours de spire et remarquable par le grand développement de sa partie spirale. La columelle très reconnaissable, est indiquée sur notre fig. 4 *b*; elle n'a pas été représentée par M. Rogghé sur la fig. 4 *c*, dont la bouche est ainsi très mauvaise. La partie spirale est épaisse, courbée, et excentrique; le dernier tour n'excède pas en largeur la moitié du diamètre total. Bords tranchants; ouverture ovale oblique, comprimée du côté de la suture et faiblement sinuée. La surface est nettement striée par des stries fines et parallèles aux bords; ces stries sont coupées par d'autres plus fines encore, plus régulières et spirales, de sorte que le test est également réticulé.

Rapports et différences: Cette espèce rappelle par son ornementation le *Cap. psittacinus* (Sandberger, Nassau, pl. 26, f. 18), mais s'en distingue nettement par son enroulement; elle se rapproche davantage par sa forme de *Cap. sigmoïdalis*, Phill. (Pal. foss., p. 94, pl. 36, f. 170) auquel j'aurais peut-être dû la réunir. Elle ne s'en distingue que par ses stries spirales représentées chez *Cap. sigmoïdalis* par un pointillé discontinu, différence peut-être dûe à l'état de conservation des échantillons.

Dimensions : Longueur : 25^{mm} à 12^{mm}; largeur 15^{mm} à 8^{mm}; épaisseur 10^{mm} à 4^{mm}.

Localités : *Calcaire de Moniello*; Luanco, Vaca de Luanco.

3. *Platystoma* ? *lineata*, Gold.

Platystoma? lineata, Goldfuss : Pet. Germ. pl. 168. f. 2. p. 10.

Espèce enroulée et ressemblant dans le jeune âge à une *Natica*, partie dorsale très bombée, spire montrant deux tours et demi couverts de fines stries régulières concentriques parallèles au bord. Bouche ovale, arrondie. Il me semble impossible de distinguer mes coquilles du *Capulus lineatus* de l'Eifel, tel qu'il est figuré par Goldfuss. Elles sont toutefois de très petite taille, et présentent à part cela, d'étroites relations de forme générale avec le *Platystoma naticopsis*, Oehlert (Bull. soc. géol de France, 3e Sér. T. V. 1877, p. 588, pl. IX, f. 10). De Verneuil a cité aussi en Bretagne sous le nom de *Cap. robustus*? (Barr.) une espèce qui me parait avoir de grands rapports avec celle-ci. Le mauvais état de mes échantillons m'empêche de les rapporter au genre américain *Strophostylus*, dont ils présentent la plupart des caractères; la difficulté déjà signalée par M. James Hall (Paleont. of New-York, Vol. 3, p. 299), de distinguer ces genres entre eux, comme des *Platyceras*, est considérable dans les Asturies, où ces coquilles sont toujours plus ou moins déformées.

Localité : *Calcaire de Moniello* : Moniello.

1. *Platyceras compressus*, GOLD.

Pl. XIII, fig. 2.

Platyceras compressus, GOLDFUSS : Pet. Germ. p 10. pl. 167. p. 18.

Espèce déprimée, caractérisée par sa forme étroite et son dos caréné. Surface lisse, montrant de fines stries d'accroissement. Crochet très petit ; dernier tour très étendu, six fois plus large que la partie enroulée.

Localité : *Calcaire de Moniello* : Luanco.

2. *Platyceras priscus ?* GOLD.

Pl. XIII, Fig. 1.

Platyceras priscus, GOLDFUSS : Pet. Germ. p. 10. pl. 168. f. 1.

Cette forme si abondante dans l'Eifel où on en rencontre tant de variétés, est rare, si même elle existe en Asturies ; elle y est représentée d'une façon beaucoup moins nette que les précédentes. J'ai toutefois des échantillons qui rappellent beaucoup les variétés 1 *d*, 1 *c*, de Goldfuss.

Localités : *Calcaire de Moniello* : Luanco ; *Calcaire de Ferroñes* : Moniello.

3. *Platyceras priscus, var. undulatus*, C. B.

Pl. XIII. fig. 3.

Coquille conique, oblique, à crochet petit, recourbé, excentrique, faisant environ 2 tours. Les bords sont lobés au nombre de 5 ; trois se trouvent sur le dos. Surface couverte de petites stries concentriques.

Je ne sais s'il y a lieu de le distinguer du *C. priscus*, qui se présente dans l'Eifel avec tant de variétés différentes ? Son contour pentagonal lobé, qui constitue son principal caractère distinctif, ne serait qu'un caractère tout à fait superficiel d'après M. de Koninck qui a également réuni sous le nom de *C. vetustus* toute une série de formes carbonifères (*Cap. trilobus, quadrilobus*, etc.) ; le nombre et la grandeur des lobes varient d'après lui, presque pour chaque échantillon ; les 3 lobes principaux du *Cap. vetustus* peuvent se subdiviser en plusieurs autres petits lobes, et il est des échantillons de cette espèce qui ont jusqu'à 12 lobes plus ou moins bien marqués (Foss. carb. de Belgique, 1842. p. 333). Notre variété a des analogies avec *Platyceras Lorierei* des Courtoisières, récemment figuré avec talent par M. Œhlert (Mém. Soc. géol. de France, 3e Sér. T. 2. 1881. p. 14. pl. 2. f. 1.)

Localité : *Calcaire de Moniello* : Luanco.

1. Bellerophon Sandbergeri.

Pl. XIII, fig. 7.

Bellerophon acutus, SANDBERGER : Nassau. p. 177. pl. 22. f. 3.

L'espèce que je désigne sous ce nom me paraît spécifiquement identique avec la variété du *B. trilobatus*, Sow. distinguée par Sandberger (*l. c.*, f. 3) sous le nom de *B. acutus*. Elle lui ressemble par sa taille, son dos caréné, son grand ombilic laissant à découvert la moitié du tour; elle s'en distingue toutefois un peu parce que ces tours sont plans au lieu d'être renflés. En supposant même établie, l'identité très probable de ces formes, on ne pourra leur conserver le nom de *B. acutus* proposé par Sandberger; F. A. Rœmer ayant décrit sous ce nom une espèce de Grund qui diffère considérablement de celle-ci (Harz. 1843. p. 32, pl. 8. f. 17). Le *B. Sandbergeri* a de grands rapports avec la variété de Wissenbach du *B. Murchisoni* (d'Orb.) figurée par de Verneuil (Geol. Trans. geol. Soc. 2e Sér. Vol. VI. p. 353. pl. 28. f. 8).

Localité : *Grès à Gosseletia* : Candas.

Céphalopodes.

Orthoceras crassum, F. A. RŒMER.

Orthoceras crassum, F. A. ROEMER; Harz, Beitraege II, p. 75, pl. 11. f. 23.

Coquille allongée à section arrondie, à siphon petit, central; chambres 5 fois plus larges que hautes. Cloisons rapprochées, peu renflées, plus minces que dans le type de Rœmer. Je n'ai pas assez de matériaux pour discuter à fond cette détermination, qui reste par conséquent un peu douteuse.

Localité : *Calcaire de Nieva* : Cuero.

Nautilus sp.

J'ai ramassé à Luanco plusieurs fragments d'un gros *Nautilus* trop détérioré pour pouvoir être déterminé avec certitude; il rappelle surtout le *Nautilus planatus* (F. A. Rœmer, Harz. Beitr. I, p. 64. pl. V. f. 5) du calcaire à Strigocéphales.

Localité : *Calcaire de Moniello* : Luanco.

Ptéropodes.

Conularia Gervillei, A. V.

Pl. XII, fig. 8.

Conularia Gervillei, D'ARCHIAC et de VERNEUIL : Trans. g. s. Lond., 1841. 2e Sér. T. VI. p. 351. pl. 29. f 3-4.

Coquille allongée, à angle apicial de 25°, très déprimée : sa section est un rhombe très aplati dont les diamètres sont entre eux comme 1 est à 4. Surface couverte de nombreux plis, fins, recourbés en arcs, et dont la convexité est tournée en haut, ils sont séparés par de petits sillons. Le bord libre des plis est dentelé par de petits granules identiques à ceux qui ont été figurés par Sandberger, d'Archiac et de Verneuil.

Rapports et différences : Cette belle espèce est identique à celle de Néhou décrite par de Verneuil et d'Archiac ; il me semble en outre très difficile de la distinguer de la *C. subparallela* de Sandberger (Nassau, p. 243. pl. 21. f. 2-3), qui présente la même forme et porte les mêmes ornements. Elle est peut-être toutefois moins déprimée d'après la description de Sandberger, caractère qui a une valeur spécifique suffisante chez les Conulaires, puisque la *Conularia subtilis* (Salter) du Ludlow (in Mac Coy, Synopsis Brit. pal. rocks, p. 288. pl. 1 L. fig. 24), ne diffère réellement de cette espèce que par sa forme générale.

Localité : Calcaire de Moniello : Vaca de Luanco.

1. *Tentaculites scalaris*, v Schlt.

Tentaculites scalaris, Sandberger : Verst. Nassau. p. 248 pl. 21. f. 9.

Les coquilles que je désigne sous ce nom sont allongées comme les types d'Allemagne, et ornées d'anneaux concentriques, aigus ; entre ces anneaux, il y a un nombre variable de petites stries, fines, subégales, qui leur sont parallèles. Coquille longue, atteignant 25^{mm}, à angle de 12°, montrant une dizaine de stries entre les anneaux : elle correspond bien aux types de l'Eifel, et se trouve en Espagne dans des couches calcaires plus élevées que les suivantes.

Localités : Calcaire d'Arnao : Moniello ; *Calcaire de Nieva* : Cabo Negro, Laviana.

2. *Tentaculites alternans*, F. A. Rœmer.

Tentaculites alternans, F. A. Rœmer : Harz. p. 86. pl. 10. f. 14.

J'ai ramassé en Espagne une espèce de *Tentaculites* différente de la précédente par sa taille plus petite, longue de 12^{mm} au maximum, par son angle apicial plus aigu, et qui ne montre que 2 à 3 stries entre les différents anneaux. Elle me semble identique à l'espèce de la grauwacke du Harz figurée par Rœmer ; elle se trouve en Asturies dans les parties inférieures du calcaire.

Localité : Calcaire de Nieva : Laviana.

Annélides

Serpula omphalotes, Gold.

Serpula omphalotes, Goldfuss ; Pet. Germ.

Localités : *Calcaire de Candas* : Candas ; *Calcaire de Moniello* : Vaca de Luanco ; *Calcaire de Ferroñes* : Ferroñes.

Trilobites

Homalonotus Pradoanus, Vern.

Homalonotus Pradoanus, de Verneuil : Bull. soc. géol. de France, T. VII, p. 168, pl. 8, f. 4.

J'ai trouvé un seul pygidium de cette magnifique espèce, décrite d'après 3 échantillons recueillis à Colle près Sabero (Léon) par C. de Prado et de Verneuil.

Localité : *Calcaire de Nieva* : Rivière de Laviana.

Phacops latifrons, Bronn.

Phacops latifrons, de Verneuil : Bull. Soc. géol. de France, 2e Sér. T. VII. pl. 3. f. 1. p. 167.

Le *Phacops latifrons* est une espèce cosmopolite que j'ai ramassée dans le terrain dévonien des monts Cantabres, de la Bretagne, des Ardennes, et des Etats-Unis : il présente partout les mêmes caractères, et presque tous les auteurs qui se sont occupés jusqu'ici de ces fossiles ont été unanimes à les réunir en une même espèce. J'ai cherché à établir parmi ces formes des groupes à caractères constants, et après avoir comparé entre eux les *Phacops latifrons* des différentes provinces, j'ai comparé les espèces qui se trouvent dans une même région à différents niveaux géologiques. Ainsi, le *Phacops latifrons* est très abondant dans les Ardennes à 2 niveaux, 1° à la partie supérieure de la grauwacke d'Hierges à *Sp. cultrijugatus*, 2° dans les schistes à Calcéoles. L'examen attentif de ces échantillons m'a montré que les échantillons de la grauwacke d'Hierges étaient identiques aux échantillons de Sabero figurés par de Verneuil ; ceux des schistes à Calcéoles s'en distinguent par la moindre largeur des côtes des plèvres, par l'absence de renflements latéraux sur les côtes de l'axe thoracique, et par la présence d'un tubercule au milieu de la petite côte qui est en avant de l'anneau occipital.

On donnerait volontiers à ces différences une valeur spécifique si on se limitait à l'examen d'échantillons locaux, mais leur peu de constance et leur variabilité les fait abandonner quand on prend des termes de comparaison un peu plus étendus. Ainsi les *Phacops* que j'ai recueillis à Moniello en compagnie des Calcéoles présentent les mêmes caractères de la plèvre, même absence de tubercules de chaque côté de l'axe, que les *Phacops* des schistes à Calcéoles de l'Ardenne, mais ils possèdent pour la plupart le petit tubercule qui se trouve sur la variété de la grauwacke en avant de l'anneau occipital. Quelques rares échantillons sont dépourvus de ce tubercule, et ressemblent ainsi entièrement aux *Phacops* Eiféliens.

Ces légères différences, et leur peu de constance, ne permettent pas d'établir deux types spécifiques distincts ; et je crois devoir rattacher aux *Phacops latifrons* de Bronn, tous les *Phacops* que j'ai trouvés dans le dévonien des Asturies. La seule conclusion que je puisse tirer de minutieuses comparaisons, c'est que ces échantillons des calcaires asturiens présentent des caractères un peu plus récents que ceux des schistes de Llama (Léon), et qu'on a ainsi une raison pour supposer ces calcaires un peu postérieurs aux schistes. La variété de *Phacops* des schistes de Llama (Léon), est identique à celle que j'ai signalée en Bretagne dans les schistes de Porsguen.

Je considère tous ces *Phacops* comme étant le véritable *P. latifrons* de Bronn, à glabelle couverte de fortes granulations, à yeux formés de rangées de 5 lentilles, séparées par des cornées hexagonales. Ils diffèrent des rares échantillons du dévonien inférieur de Viré (Sarthe) figurés par M. Bayle, sous le nom de *Ph. Potieri* (Paléontologie de la France, 1881. pl. IV. f. 7).

Localités : *Calcaire de Candas* : Candas ? ; *Calcaire de Moniello* : Moniello, Vaca de Luanco, Luanco ; *Calcaire d'Arnao* : Moniello, Santa-Maria del mar, Arnao.

§ 2

DESCRIPTION DES FOSSILES DU MARBRE GRIOTTE

Favosites parasitica, PHILL.

Calamopora parasitica, PHILL. : 1836. Geol. of Yorks., T. II, p. 201, pl. 1, fig. 61 et 62.
Favosites — MIL-EDW. ET HAIME : 1851. Polyp. foss. des T. paléoz. p. 244.
— — — : 1852. Brit. foss. cor., p. 153. pl. 45, fig. 2.
— — DE KONINCK : 1872. Polyp. carb. de Belg., Mém. Acad. Roy. pl. XV. f. 4. p. 137.

Polypier formant de petites masses globulaires ; les polypiérites ont des formes très variées et leur diamètre est très irrégulier, à côté des plus gros, qui ont environ 2mm de diamètre, on en observe de petits qui n'atteignent pas le quart de ce diamètre.

Leur calyce est très profond et la section en est généralement hexagonale. Mon échantillon se rapproche donc entièrement par ses caractères extérieurs des types figurés par Phillips et de Koninck, son état de conservation n'est malheureusement pas suffisant pour me permettre d'y reconnaître les planchers et les pores muraux caractéristiques du genre *Favosites*.

Localité: Entrellusa.

1. *Cyathaxonia griottæ*, C.-B. nov. sp.

Pl. XIII, fig. 18.

Polypier petit, conique, légèrement recourbé, finement pédicellé à son extrémité qui est adhérente (f. 18 *b*), ou pointue et libre (f. 18 *a*) ; entouré d'une épithèque mince, ridée, à faibles bourrelets d'accroissement, permettant de voir sur toute la longueur de petites côtes cloisonnaires pinnées, disposées comme celles du *C. Dalmani* figuré par MM. Milne-Edwards et Haime (Pl. I, fig. 6, Polyp. paléoz.). Calice circulaire, profond, à bords minces. Columelle saillante, un peu comprimée latéralement, compacte, à structure rayonnée sur les coupes minces, et jamais feuilletée comme dans certains genres voisins à planchers. Fossette septale étroite, la cloison primaire qui en occupe le centre est peu développée et ne se distingue pas des cloisons secondaires ; elle est située du côté de la grande courbure. La cloison opposée est longue, mince et se continue nettement avec la columelle dans les coupes voisines de la base. De chaque côté de la cloison principale il y a quatre cloisons (cloisons pinnées de M. Kunth) qui se distinguent des autres par leur grosseur, dans les sections voisines de la base : dans les sections faites près du bord du calice, toutes les cloisons sont égales entre elles. De chaque côté de la cloison opposée il y a suivant les échantillons, 4 ou 5 cloisons, assez minces dans les sections basses, où elles se rendent à la columelle, sans jamais prendre le même développement que dans les quadrants principaux : elles sont libres dans les parties supérieures du calice, où la columelle est libre, sub-centrale, un peu rapprochée de la grande courbure. Les cloisons principales sont donc au nombre de 18 ou de 20 sur mes différents échantillons ; entre elles il y a des cloisons secondaires, qui vont souvent se souder aux cloisons principales au 1/3 de leur longueur. L'épaississement et la soudure des cloisons principales autour de la columelle, visible sur certaines sections, coïncide avec l'observation faite par M. de Koninck sur le *Cyathaxonia cornu*, où le pourtour du calice est par suite plus profond que le centre (l. c., p. 111). Hauteur du polypier 7 à 9^{mm} ; diamètre du calice 5 à 6^{mm}.

L'espèce dont nos échantillons se rapprochent le plus est le *C. cornu* de Tournay, qui a absolument le même nombre de cloisons: elle est comme elle conique, mais s'en distingue par sa taille plus petite, sa forme moins allongée, moins arquée, mais plus évasée et plus trapue; elle porte à la surface des côtes plus visibles. Le *C. Koninckii* (Edw. et H.) a une épithèque plus forte, des cloisons plus nombreuses. Les nombreux *Cyathaxonia* décrits dans l'Oural par M. Ludwig (Zur Palæont. des Urals, 1862, Palæontographica, pl. 30-31), et qui appartiennent même à des genres différents d'après M. de Koninck, diffèrent beaucoup de notre espèce d'Espagne; on peut en dire autant de *C. distorta* du T. houiller de l'Illinois décrit par M. Worthen (Geol. Surv. of Illinois, vol. VI, 1875, pl. 32).

Quels que soient les caractères spécifiques de ces coralliaires du marbre griotte, ils se rapportent exactement au genre *Cyathaxonia* par la disposition de leur columelle, par leurs cloisons bien développées, ainsi que par l'absence complète de planchers et de traverses vésiculaires, caractéristique de la famille des *Inexpleta* (Dybowsky). Le genre *Cyathaxonia* est inconnu dans le T. dévonien; les représentants siluriens qui en ont été cités, paraissent douteux à M. de Koninck, qui croit ce genre essentiellement carbonifère. Sa présence dans le griotte espagnol, jointe à celle des *Zaphrentis*, *Lophophyllum*, montrent que la faune corallienne de cette époque avait plus d'affinités carbonifères que dévoniennes.

Localité: Entrellusa.

1. *Zaphrentis* sp.

Les polypiers les plus répandus dans le marbre griotte des Asturies, appartiennent au genre *Zaphrentis*. Ils sont simples, libres, coniques, peu arqués, à épithèque complète; pas de columelle; cloison primaire peu développée, au milieu de la fossette septale, un peu plus large que les autres loges interseptales. Ces loges sont garnies de traverses minces, abondantes surtout dans les quadrants opposés. De chaque côté de la cloison principale, il y a généralement 5 cloisons qui s'avancent assez loin vers le centre de la chambre viscérale: leur disposition est nettement pinnée. La cloison opposée, située du côté de la petite courbure, est assez longue; on observe de chaque côté de cette cloison, 4 autres cloisons généralement un peu plus longues qu'elles, et à disposition radiaire. Le nombre ordinaire des cloisons des *Zaphrentis* que j'ai ramassés dans le griotte, me paraît donc de 20. Longueur du polypier 20 à 35^{mm}; largeur 12 à 15^{mm}.

Je crois cette espèce nouvelle, mais en l'absence de spécimens suffisamment bien conservés, montrant leur calice, je crois ne pas pouvoir lui donner de nom spécifique nouveau. Parmi les espèces connues, elle se rapproche principalement des *Z. vermicularis* (de Kon., l. c., p. 95. pl. X, fig. 1) et des *Z. Omaliusi* (de Kon, l. c., p. 94. pl. IX, fig. 4), par le nombre et la disposition des cloisons; elle s'éloigne du *Z. vermicularis* par sa forme extérieure, et c'est évidemment avec le *Z. Omaliusi* qu'elle présente le plus d'affinités.

Localités: Naranco, Vallota, Candas, Entrellusa.

1. *Lophophyllum tortuosum* ? MICH.

Cyathaxonia tortuosa. .. MICHELIN, 1846, Iconogr. zooph., p. 258, pl. 59, fig. 8.
— *plicata*..... A. D'ORB., 1850. Prodr. de paléont., t. I. p. 158.
— *tortuosa*. .. MIL. EDW. et J. HAIME, 1851. Polyp. foss. des terr. paléoz. p. 322.
— *id.* .. MIL. EDW., 1860. Histoire nat. des Corall. T. III. p. 330.
Lophophyllum tortuosum. de KON., Polyp. du calc. carb. de Belg. Mém. acad. 1872, pl IV. fig. 6.6 a p. 56.

Ce n'est qu'avec doute que je rapporte à cette espèce des polypiers simples, cylindro-coniques, arqués, assez communs dans les calcaires rouges des Asturies. Ils ont la forme générale du *L. tortuosum* de Tournay (de de Koninck), et comme lui une épithèque assez mince, à bourrelets d'accroissement bien prononcés. Calice circulaire, à bords minces tranchants extérieurement et faiblement courbés en dehors. Columelle centrale. Cloisons au nombre de 24, assez fortes, s'étendant à peu près régulièrement jusqu'à la base de la columelle et alternant avec des cloisons rudimentaires, peu développées. Fossette septale un peu plus large que l'une des loges septales adjacentes, la cloison primaire y est à peine visible : elle est flanquée de chaque côté de 6 cloisons un peu pinnées; la cloison opposée est longue, et semblable aux 5 cloisons radiaires qui se trouvent de chaque côté. Les loges interseptales sont remplies de nombreuses traverses endothécales dans les deux quadrants opposés.

Localité : Entrellusa.

1. *Poteriocrinus minutus*, F. A. ROEM.

Pl. XIII, fig. 17.

Poteriocrinus minutus F. A. ROEMER : Verst. d. Harz geb. pl. VIII. f. 1.
— — CH. BARROIS ; Bol. com. map. geol. de Esp., T. VIII. lam. B fig. 4.

Je rapporte à cette espèce de F. A. Rœmer l'encrine la plus abondante dans les calcaires rouges Pyrénéens, où ses articulations se rencontrent en foule. J'ai trouvé un calyce bien conservé à Mere, il ne diffère guère de celui des schistes à Posidonies de Lautenthal figuré par F. A. Rœmer; il est infundibuliforme, formé de même de 5 pièces basales pentagonales, 5 pièces sous-radiales hexagonales alternant avec les précédentes,

5 pièces radiales. La surface du calyce est lisse, l'articulation de ses pièces est denticulée.

La tige est cylindrique, traversée par un canal cylindrique, les articles présentent des surfaces articulaires couvertes de stries rayonnantes. Ces articulations sont partout abondantes dans les calcaires rouges.

Localités : Entrellusa, Naranco, Vallota, Mere, Margolles (Oviedo), Puente-Alba (Léon).

J'ai trouvé également d'autres tiges d'encrines (Entrellusa, Mere, Vallota), que je n'ai pu rapporter à des espèces connues, et qui ne valent pas une description, en l'absence de calyces.

1. Chonetes variolata, D'ORB.

Pl. XIII, fig. 16.

Chonetes variolata de KONINCK, Monog. des Chonetes, p. 206, pl. XX, fig. 2.

Coquille petite, transverse, subrectangulaire, à surface couverte de côtés minces, très apparentes, dichotomes, séparées entre elles par des stries fines et profondes ; presque toutes les côtes se bifurquent, mais leur bifurcation s'opère d'une manière peu régulière, et à des distances très différentes de leur parcours.

Cette espèce diffère du *Chonetes sarcinulata* du dévonien, par la bifurcation de ses côtes qui s'opère irrégulièrement, tandis que chez *C. sarcinulata* elle s'opère à la même distance pour toutes les côtes à la fois. Il est difficile de séparer de cette espèce le *Chonetes longispina* du Culm du Harz (F. A. Rœmer, Harz. pl. 8, fig. 2).

Localité : Entrellusa (Oviedo).

2. Chonetes papilionacea ? PHILL.

Pl. XIII, fig. 15.

Cet échantillon est indéterminable, il rappelle par sa forme générale le *Chonetes papilionacea* (de Koninck, Monog. du genre Chonetes, pl. XIX, f. 2.), auquel il appartient probablement.

Localité : Mere (Oviedo).

1. Athyris Royssii, LEV.

Spirigera Royssii, LÉVEILLÉ, in de Koninck, anim. foss. carb. Belg. pl. XXI. f. 1 a-h.

Cette espèce se distingue difficilement de *Athyris concentrica* du Dévonien, je n'en n'ai recueilli qu'un seul échantillon en mauvais état.

Localité : Puente-Alba (Léon).

1. Spirifer glaber, MARTIN.

Spirifer glaber DE KONINCK : Anim. foss. du carb. Belgique, pl. 18, f. 1.

J'ai ramassé à Mere (Oviedo) vingt échantillons d'un *Spirifer* que je ne puis distinguer des types de cette espèce du terrain carbonifère du Nord; les crochets sont peut-être un peu plus forts. J'ai en outre de mauvais échantillons de Vallota, Entrellusa, qui appartiennent sans doute aussi à cette espèce.

Localité : Mere, Vallota ?, Entrellusa.

2. Spirifer sublamellosus, DE KON.

Pl. XIII, fig. 13.

Spirifer sublamellosus, DE KONINCK : Anim. fossil. carb. de Belgique, pl. 18, f. 2.

Espèce transverse, subpentagone, sinus et bourrelet un peu mieux limités que dans le type. Toute la surface est traversée par de petites lamelles extrêmement minces, légèrement imbriquées. La largeur de l'aréa donne la mesure du plus grand diamètre de la coquille ; sa longueur est de 0,009, sa largeur de 0,012. Le *Sp. imbricata* (Phill. Yorks. pl. X, f. 20) a des analogies avec cette espèce.

Localité : Mere.

1. Productus rugatus, PHILL.

Pl. XIII, fig. 12.

Productus rugatus PHILL ; Geol. of. Yorks. pl. 8, f. 16.

Coquille du groupe des *Producti Caperati* (de Koninck) auquel appartiennent toutes les espèces dévoniennes de ce genre. Je ne puis la distinguer des échantillons du calcaire carbonifère de Bolland figurés par Phillips. Elle a de grandes analogies avec le *Productus subaculeatus* (*var. fragaria*) du dévonien, ainsi qu'avec le *P. aculeatus* du carbonifère auquel M. de Koninck réunit le *P. rugatus* de Phillips. Les plis concentriques sont très accusés, plus irréguliers que dans le *Productus productoïdes*, figuré par de Verneuil (Russie, pl. 18, f. 4) auquel notre coquille ressemble beaucoup ; les tubes sont distribués irrégulièrement sur les plis concentriques, ils sont plus petits et en moins grand nombre que chez les *P. productoïdes* figurés par M. de Koninck (Monog. des Productus, pl. 16, f. 3).

Localité : Vallota (Oviedo).

1. Orthis Michelini, LÉV.

Pl. XIII, fig. 14.

Coquilles à stries fines et appartenant à la division des *Orthis Arcuato-striatæ* de de Verneuil. Leur forme élargie vers le front, atteignant sa plus grande épaisseur aux 2/3 de la coquille, le léger aplatissement médian de la valve ventrale, les stries fines, serrées, dichotomes, rayonnantes, coupées par des anneaux d'accroissement, nous ont déterminé à la rapporter à l'*Orthis Michelini*, Lév. — La figure de Cosatchi-Datchi de de Verneuil (Russie, pl. 13, f. 2) se rapporte très bien à mes échantillons.

Localités : Margolles, Vallota, Entrellusa (Oviedo).

1. Platyceras neritoïdes, PHILL. sp.

Pl. XIII, fig. 11.

Platyceras neritoïdes, PHILL : Geol. of Yorks. pl. XIV. f. 16-18. p. 224.

Une belle coquille d'Entrellusa se rapproche bien des figures de Phillips par son sommet épais, courbé, excentrique, et à spire bien prononcée. Ses bords sont tranchants, son ouverture est ovale, oblique, très comprimée sur les côtés, sinuée et présentant un lobe à sa partie antérieure. La surface est couverte de stries fines parallèles au bord.

Mon échantillon se distingue du type de Phillips ainsi que de la figure de M. de Koninck (pl. 23 bis, fig. 1 c) parce qu'il est beaucoup plus comprimé, mais peut-être faut-il attribuer son peu d'épaisseur à un écrasement accidentel?

Localité : Entrellusa.

1. Orthoceras giganteum, Sow.

PL. XIII, fig. 10.

Orthoceras giganteum, PHIL. : Geol. of Yorks. p. 237, pl. XXI. f. 3.

Les coquilles appartenant à ce genre sont extrêmement répandues dans les calcaires rouges des Pyrénées ; leur état de conservation est cependant si imparfait qu'il est impossible de reconnaître sur la plupart des échantillons les rares caractères qui permettent d'établir des différences spécifiques dans ce groupe. J'ai recueilli à ce niveau de nombreux *Orthocères* dans les provinces de Léon et d'Oviedo, à Puente-Alba, Vallota, Entrellusa, Pola de Gordon, Naranco, Margolles, Candas, etc., quelques-uns de mes échantillons sont longs de 0,17, j'en possède dont la largeur ne dépasse pas 0,014 tandis que certains individus adultes atteignent 0,045 de largeur.

Mes meilleurs échantillons ont la forme d'un cône régulier extrêmement allongé, les fragments en paraissent cylindriques. La coquille est divisée par un très grand nombre de cloisons assez fortement bombées et parfaitement circulaires, dont la distance équivaut exactement au tiers de leur diamètre respectif. Le siphon est assez grand, un peu excentrique, le diamètre de l'ouverture qu'il fait à la cloison équivaut à peu près au 1/10 du diamètre de celle-ci. Tous ces caractères concordent parfaitement avec le *O. giganteum*, tel qu'il est décrit par Phillips et de Koninck. Je n'ai pu vérifier sur mes échantillons si le siphon se dilate également à l'intérieur des loges, je n'ai pu reconnaître non plus les ornementations de la surface.

Cette espèce a été signalée dans le calcaire carbonifère d'Angleterre et de Belgique, dans le Culm du Harz (par F. A. Rœmer, pl. 13, f. 27) et dans le Culm de la Basse-Silésie par Tietze (Mittheil. über den Niederschlesischen Culm und Kohlenkalk, 118-123, Verhand. der K. K. geol. Reichsanstalt. Wien 1870). L'*Orthoceras Indianensis* de Hall (13th. Ann. Report of the Regents of the Univ. of New-York. 1860. Albany. p. 107), provenant du calcaire à Goniatites de Rockford (Indiana) ne me paraît pas distinguable de mes échantillons des Pyrénées.

Localités : Puente-Alba, Vallota, Entrellusa, Pola de Gordon, Naranco, Margolles, Candas, etc.

1. *Goniatites crenistria*, PHILL.

Pl. XIV, fig. 1.

Goniatites crenistria, PHILL. : Geol. of Yorkshire, pl. XIX, f. 1-8 et 7-9.
— — SANDB : Verst. d. Nassau, p. 74, pl. V, f. 1.
— — DE KONINCK : Anim. foss. du carb. Belg. pl. XLIX, f. 7.
— — CH. BARROIS : Bol. com. map. geol. de Esp. T. VIII, Lam. C. fig 1.

Ombilic étroit et profond. Coquille épaisse, globuleuse. Bouche allongée, ou arrondie, variable. Test mince à dessins treillisés ; tantôt les stries longitudinales tantôt les transversales dominent. Les côtes longitudinales sont au nombre de 30 à 40 de l'ombilic au dos. Chambres étroites.

Sutures : Lobe dorsal très étroit, anguleux, placé dans une grande selle dorsale, qui est ainsi divisée en deux petites selles très aigues. — Le lobe latéral principal plus ou moins pointu, avec côtés plus ou moins ondulés. Selle latérale principale aigue, large, toujours plus haute que les petites selles dorsales, quelquefois 2 fois plus haute ; sa pointe est tournée vers l'ombilic, sa base est large, égale aux 2/3 de la hauteur. 2me lobe latéral aussi large, plus large même que cette dernière selle, et surtout que le premier lobe qui est de la même hauteur que lui, les côtés sont très ondulés. La 2me selle latérale est un genou arrondi, presque à angle droit, il s'étend du milieu du côté jusqu'à l'ombilic. Le côté ventral est peu plié, presque droit.

Mes échantillons sont en général moins globuleux que les types ; mais il y a d'après Sandberger de nombreuses variétés qui montrent les passages depuis la forme sphérique, jusqu'aux formes à côtés aplatis, on doit les réunir parcequ'on trouve les passages et que toutes ont les mêmes sutures. — Les dessins longitudinaux du test de notre espèce sont généralement plus accusés que les transversaux, ils sont bien représentés dans de Koninck pl. 49 f. 6 d.

A l'exemple de Sandberger (p. 74) je réunis les *G. sphœricus* (Sow. Min. Conch. p. 111. pl. 53 f. 2), et les *G. striatus* (Sow. Min. Conch. p. 115, pl. 53. f. 1) à *G. crenistria* (Phill.); à cause de l'identité de leurs sutures. Cette espèce est caractéristique en Angleterre et en Allemagne du Calcaire carbonifère et du Terrain houiller (Schistes à Posidonomyes). Elle atteint en Asturies des proportions gigantesques comme le montre l'échantillon assez mal conservé (1 *h*), qui appartient à cette espèce, à en juger par ses caractères extérieurs, seuls visibles.

Les deux variétés de Sowerby se retrouvent l'une et l'autre dans le marbre Griotte des Pyrénées. Les grands échantillons adultes, rappellent surtout l'aspect de *G. striatus* par leurs ornements, et par leur ombilic plus grand que chez les petites formes (fig. 1 *d*, 1 *h*). La *Goniatites Baylei* du schiste blanc verdâtre faisant passage au calcaire amygdalin, décrite dans le mémoire posthume de Leymerie [1] (pl *c*. fig 4), etqui diffère d'après lui de toutes les espèces connues par ses stries concentriques, est identique à nos *Gon. crenistria* (*striatus*, fig. *1 d,h*), autant qu'on en peut juger par la figure. De même, la figure qu'il donne de la *Goniatite* la plus commune d'après lui dans le marbre Griotte des Pyrénées de la Haute-Garonne (pl. *c*, f. 2), et à laquelle il applique le nom de *G. retrorsus*, ressemble à notre *Goniatites crenistria* (*sphaericus*, fig. *1 a,b,c*) par sa forme renflée et son petit ombilic. Mais ces échantillons incomplets et sans sutures des Pyrénées françaises, sont à vrai dire indéterminables; cela est surtout vrai de la troisième espèce figurée par M. Leymerie sous le nom de *Goniatites Sancti-Pauli* (nov. sp) !

M. le Prof. Ferd. Rœmer qui m'a fait le plaisir de venir visiter ma collection, en 1879, a confirmé de sa haute autorité, l'identité de mes *Goniatites crenistria* des marbres rouges espagnols, avec les *Goniatites crenistria* d'Allemagne.

Localités : Vallota, Margolles, Naranco, Entrellusa, Candas, (Oviedo), Puente-Alba, Pola de Gordon (Léon).

2. *Goniatites Malladœ*, C.B. nov. sp.

Pl. XIV, fig. 4.

Goniatites Malladœ : Ch. Barrois. Bol. Com. map. geol. de Esp. T. VIII. Lam. B. fig. 3.

Espèce très voisine de la *G. crenistria* dont elle se distingue parce qu'elle est plus plate, et a un plus grand ombilic.

---

(1) *Leymerie*. Description géologique et paléontologique des Pyrénées de la Haute-Garonne. in-8 avec carte géol. au 1/20000 et atlas de 21 planches de coupes et 30 planches de fossiles. Toulouse, Ed. Privat, Editeur, 1881.

Sa suture ne diffère de celle de *G. crenistria* que parce que le lobe latéral principal est plus étroit, et la selle latérale principale est plus arrondie. Cette suture ressemble ainsi à celle de la *G. sphæricus* figurée par Phillips (Geol. of Yorks. pl. XIV f. 6).

Cette espèce est nouvelle, je la dédie à M. L. Mallada, paléontologiste de la carte géologique d'Espagne.

Localité : Puente-Alba (Léon).

3. *Goniatites Henslowi*, Sow.

Pl. XIV. fig. 3.

Goniatites Henslowi, Sow : Min. Conch. pl. 262.
— — Phill : Geol. of Yorks. pl. XX. f. 89 p. 236.
— — Ch. Barrois : Bol. Com. map. geol. de Esp. T. VIII. Lam. C. fig. 3.

Coquille discoïde, lisse, ombiliquée ; spire longue ; 6 tours enroulés, peu recouvrants. Côtés plats. Chambres étroites, deux fois plus larges sur le dos que sur les côtés.

Sutures : Lobe dorsal en forme de lancette, pointu au bout. Selles dorsales latérales courtes claviformes. Lobe latéral principal à peine plus long que le lobe dorsal, en forme de lancette comme le lobe latéral inférieur et le premier lobe auxiliaire latéral. Lobe latéral inférieur un peu moins long que le lobe latéral principal. Les 2 selles voisines de ce lobe latéral inférieur, minces, arrondies, claviformes ; la selle latérale principale la plus grande. Deuxième et dernier lobe auxiliaire latéral petit, arrondi, peu visible.

Cette coquille se rapproche de plusieurs types de Phillips sans être identique à aucun ; voisine du *G. mixolobus* (Phill. Geol. of Yorks., Vol. 2., pl. XX, f. 43, et Sandb. Verst. d. Nassau, p. 67. pl. 3, f. 13, pl. 9. f. 6.), elle en diffère parce que le lobe dorsal est entier, au lieu d'être terminé par 3 petites dents, comprenant entre elles deux petites selles. Le lobe latéral principal est le plus long, tandis que chez *G. mixolobus* c'est le lobe latéral inférieur. Elle se rapproche aussi de *G. lunulicosta* (Sandb. pl. 3., f. 14), dont elle diffère par son lobe dorsal en lancette et par l'absence d'un 3me lobe latéral auxiliaire. Elle diffère du *G. serpentinus* (Phillips, pl. XX, f. 48-50) parce que ses lobes sont en forme de lancette et non arrondis, parce qu'elle a une selle de moins, et parce que la coquille est aplatie au lieu d'être arrondie. Cette espèce se rapproche au contraire très près de *G. Henslowi* (Phill., pl. XX, f. 50), décrite d'une façon plus complète par *Sowerby* (Min. Conch. pl. 262), par sa forme aplatie sur les côtés, arrondie sur le dos, et par ses tours peu recouvrants ; leur suture a comme traits communs un lobe dorsal unique, pointu au bout, 3 lobes dont le latéral principal est le plus long, et enfin 4 selles dont la selle latérale principale est la plus grande. Ces rapports sont si frappants que je crois pouvoir identifier ces espèces, quoique les selles de mes échantillons soient arrondies et non en lancettes, comme dans la figure de Phillips.

Localités : Vallota, Margolles (Oviedo), Puente-Alba (Léon).

4. *Goniatites, cyclolobus*, Phill.

Pl. XIV, fig. 2.

Goniatites cyclolobus, Phill. Geol. of Yorks. pl. XX, f. 40-42.

— Ch. Barrois : Bol. com. map. geol. de Esp., T. VIII. Lam. C, fig. 2.

Coquille lisse, discoïde, subombiliquée, spire composée de tours embrassants, beaucoup plus hauts que larges, comprimés, aplatis sur les côtés et sur le dos. Bouche sub-quadrangulaire, plus haute que large, chambres étroites.

Lobe dorsal en forme de lancette, s'élargissant à sa base où il se termine par 3 dents. Il y a donc là deux petits lobes dorsaux auxiliaires en pointes aigües, entre elles il y a deux petites selles pointues. Les selles dorsales latérales sont courtes, claviformes. Lobe latéral principal de la même longueur que le lobe dorsal, il se divise en deux pointes. Lobe latéral inférieur moins long que le principal, ce lobe comme le lobe auxiliaire latéral est en forme de lancette. Les selles comprises de chaque côté de ce lobe latéral inférieur sont arrondies et claviformes ; la selle latérale principale la plus grande. Les 2e et 3e lobes auxiliaires latéraux sont en lancettes moins aigues, le dernier étant presque arrondi.

Cette espèce a été trouvée dans l'Oural par M. de Verneuil, qui l'a figurée (Russie p. 370, pl. XXVII, f. 4) ; il faut encore la comparer à l'échantillon décrit par F.-A. Rœmer sous le nom de *G. mixolobus* (Harz. pl. 8, f. 14), provenant des schistes à Posidonomyes du Harz.

Localités : Vallota (Oviedo), Pola de Gordon (Léon).

1. *Phillipsia Brongniarti*, Fischer.

Pl. XIII, fig. 8.

Phillipsia Brongniarti, Fischer, ap. Eichwald 1825, de Trilob. obser. p. 54, pl. 4, f. 5, non Deslong.

— Ch. Barrois : Bol. com. map. geol. de Esp, T. VIII. 1881. Lam. B. fig. 1.

Tête à limbe mince, front très développé, gibbeux, arrondi, à surface ornée de fines stries arquées, ondulées, granuleuses, bien figurée par Phillips sous le nom de *Asaphus obsoletus* (Yorkshire, pl. 21, f. 3-6, p. 239).

Abdomen elliptique uniformément bordé par une partie lisse et élargie de la carapace. Son lobe médian à peu près de la même largeur que les lobes latéraux, est composé de 10 ou 11 articulations, et aboutit directement par son extrémité à la bordure dont nous venons de parler. Les articulations des lobes latéraux, en nombre moindre que celles du lobe médian, vont aussi se perdre dans la même bordure ; elles sont simples et dirigées obliquement en arrière. La surface paraît être lisse et dépourvue des granulations qui couvrent ordinairement la carapace des *Phillipsia*.

Nous rapprochons cette espèce du *Ph. obsoletus* (Phillips, pl. 22, f. 36), et du *Ph. Brongniarti* (Fisch.) non Deslongchamps, figuré par M. de Koninck, pl. 53, f. 7 ; ils se ressemblent par l'absence de granulations à la surface, et le contact immédiat de la bordure lisse avec l'extrémité du lobe médian. Nos échantillons se distinguent toutefois de ces espèces en ce que le lobe médian est de même largeur que les lobes latéraux au lieu d'être plus large ; en l'absence d'autres différences, je ne crois pas devoir séparer ces espèces.

Notre *Phillipsia* est encore comparable par son bord marginal, et par la largeur relative des 3 segments, à l'abdomen dessiné sans nom par M. de Verneuil (Russie, pl. 27, f. 14), ainsi qu'au *Ph. crassimargo* du Culm du Harz (F.-A. Rœmer, pl. 13, f, 36) ; il se distingue de ces espèces par son moins grand nombre d'articulations. Il est aussi voisin du *Ph. Eichwaldi* (de Verneuil, Russie, p. 376, pl 27, f. 14), signalé déjà en Espagne par M. Mallada (Bol. de la comision del mapa geol. T. 2, pl. 1, f. 3, n° 245), et s'en distingue surtout parce que l'abdomen ne possède pas le petit prolongement caudiforme. Il est enfin très voisin du *Prœtus* Sp. (Tietze, Ebersdorf, pl. 1, f. 3) malgré son lobe médian plus étroit et son moins grand nombre d'articulations, sa tête rappelle celle du *Phacops* indéterminé, (Tietze, p. 25.)

Localité : Puente-alba (Léon), Entrellusa (Oriedo).

2. *Phillipsia Castroi*, C. B, nov. sp.

Pl. XIII, fig. 9.

Phillipsia Castroi, Ch. Barrois : Bol. com. map. geol. de Esp. T. VIII, Lam. B. fig. 2,

Tête et Thorax inconnus. Abdomen transverse, largeur presque double de la longueur, uniformément bordé par une partie lisse et élargie de la carapace. Son lobe médian à peu près de même largeur que les lobes latéraux est lisse, il aboutit directement par son extrémité qui est très saillante, à la bordure dont nous venons de parler. Les lobes latéraux sont lisses comme le lobe médian, et sont nettement séparés de la bordure latérale.

Cette espèce se distingue de toutes les autres par sa grande largeur et par sa surface entièrement lisse, dépourvue d'articulations et de granulations. Elle se rapproche par sa forme générale du *Cylindraspis latispinosa* (Sandberger, pl. 3, f. 4.) du Culm du Harz et du Nassau. J'ai dédié cette nouvelle espèce à M. M. F. de Castro, Directeur de la carte géologique d'Espagne.

Localités : Puente-alba (Léon), Mere (Oviédo).

§ 3

DESCRIPTION DES FOSSILES DU CARBONIFÈRE

Foraminifères

1. *Fusulinella sphæroïdea*, v. MŒLLER.

Pl. XVI. fig. 1.

Fusulinella sphæroïdea, V. VON MŒLLER : Mém. Acad. St-Pétersbourg, 1878. T. XXV. pl. V, f. 4, p. 107.

Petite coquille très commune dans le calcaire carbonifère des Asturies, et ne dépassant pas 1 à 1,5mm de diamètre. Forme extérieure sphérique, un peu comprimée sur les côtés et ornée de sillons longitudinaux réguliers. J'ai dû rapporter à cette espèce toutes les Fusulines d'Espagne de ma collection, aucune ne m'a présenté les caractères de la *Fusulina cylindria*, Fisch : c'est pourtant à cette dernière espèce que de Verneuil(1) rattachait les Fusulines du calcaire carbonifère des Asturies. L'incontestable valeur des déterminations de de Verneuil m'a fait douter beaucoup de ma propre détermination. J'ai donc envoyé une série de ces fossiles à M. Valerian von Moeller qui a bien voulu les examiner, et m'a fait savoir qu'ils étaient réellement identiques à ses formes russes de *Fusulinella sphæroïdea*. Cette espèce est donc certainement le foraminifère spiral le plus commun du carbonifère asturien.

La *Fusulinella sphæroïdea* se trouve en Russie à la partie supérieure du calcaire carbonifère inférieur et y caractérise surtout le calcaire carbonifère supérieur d'après M. V. de Moeller.

Localités : *Assise de Leña* : Leña, Puertas, Ontoria, Cangas de Onis, et près de Posada..

(1) de Verneuil : Bull. soc. géol. de France, 2e sér. T. X. 1852. p. 125.

1. *Fusulina cylindrica*, FISCHER

Fusulina cylindrica, V. DE MOELLER : Mém. Acad. St-Pétersbourg, 1878, T. XXV, pl. 1, fig. 2, p. 51.

Je dois à l'obligeance de M. Douvillé d'avoir pu voir récemment la collection de Verneuil, à l'école des mines. J'y ai reconnu la *Fusulinella sphæroïdea*, mais aussi une espèce différente, appartenant réellement au genre *Fusulina*.

Cette espèce a une coquille fusiforme, cylindrique, conservant le même diamètre invariable d'un bout à l'autre, et ne présente pas le renflement médian des *F. Verneuili* du carbonifère inférieur, ni des *F. montipara* du carbonifère supérieur. Les extrémités terminées en pointes mousses, sont un peu tordues ; la fente médiane transversale est invisible ; les plis longitudinaux au nombre de 15 à 20 qui ornent sa surface sont ondulés. Ces échantillons de la collection de Verneuil ont 4 à 5mm de long, sur 1 à 1,2mm de large. Le nombre des tours spiraux est de 4 à 5.

Rapport et différences : Les espèces dont ces Fusulines se rapprochent le plus sont *F. cylindrica* et *F. Bocki*, du carbonifère supérieur de Russie ; se séparant de la *F. Bocki* par leur taille constamment plus forte. Elle se distingue nettement de la *F. montipara* Ehrb., à laquelle il faut rapporter les *Fusulines* de Russie nommées *F. cylindrica* par de Verneuil(1), et qui sont plus grosses, plus courtes, et plus renflées en leur milieu. Nous pensons donc que de Verneuil a réellement trouvé la véritable *F. cylindrica*, Fisch. dans le carbonifère inférieur des Asturies.

Localité : Assise de Leña : San Felix près Pola de Leña. Un des blocs de schistes calcareux avec *Fusulina cylindrica* contenant en même temps des fragments d'*Aulacorhynchus Davidsoni*, je puis rapporter sans hésitation leur gisement à l'*assise de Leña*.

Dentalina sp.

Les préparations microscopiques que j'ai dû faire pour étudier les calcaires et les polypiers des calcaires anciens des Asturies, contenaient un certain nombre de coupes de Foraminifères ; elles m'ont ainsi permis de reconnaître qu'il existait à ces époques reculées dans cette région une faune de foraminifères assez riche. Les Foraminifères sont bien plus abondants dans les calcaires carbonifères que dans les calcaires dévoniens, un des genres qui y sont le mieux représentés est le genre *Dentalina*.

J'ai ainsi reconnu à Ontoria une *Dentaline* assez commune et bien conservée : La coquille est libre, régulière, équilatérale, allongée et un peu arquée ; les loges sont globuleuses, moins obliques et moins étranglées que celles de la *Dentalina communis*

(1) de Verneuil : Géol. de la Russie. T. 2, p. 16, pl. 1, fig. 1.

décrite par d'Orbigny dans la craie de Meudon et indiquée depuis par H. B. Brady dans le Permien d'Angleterre (Pal. Soc. vol. 30. 1876. p. 127, pl. X. f. 17-18). Elle se rapproche ainsi de la *Dentalina gracilis* de la Craie (d'Orbigny : Mém, soc, géol. de France, 1re sér. T. IV. p. 14. pl. 1. f. 5). Certains calcaires schisteux (Quiros) sont remplis de foraminifères, aux formes variées.

Eponges

On trouve dans l'*assise de Leña*, à Sebarga, Leña, des fossiles intéressants, à affinités encore assez obscures, dont nous avons déjà parlé (p. 178) à propos des Scolithes, et qui présentent des relations avec certaines éponges *Pharetrones* de M Zittel, et certaines Algues calcaires *Siphonées verticillées* de M. Munier-Chalmas.

M. G. Steinmann qui s'occupe de ce groupe a bien voulu se charger de l'étude de nos échantillons dont il donnera bientôt la description détaillée. Ils constituent d'après lui les types de trois genres nouveaux, pour lesquels il propose les noms suivants :

Sollasia ostiolata.

Amblysiphonella Barroisi.

Sebargasia carbonaria

Ils font partie, pour M. Steinmann, de la famille des *Pharetrones*, division des *Sphingtozoa* (Steinmann), caractérisée par ses invaginations horizontales.

Polypiers Rugueux (*Tetracoralla*)

1. *Amplexus corralloïdes*, Sow.

Amplexus coralloïdes, De Koninck : Polyp. du calc. carb. de Belg., 1872, p. 65, pl. IV, f. 12.; pl. V. f. 1.; pl. VI. f. 1.; pl. VII, f. 1.

M. de Koninck a parfaitement représenté toutes les variétés de cette espèce ; elle est commune à Onis, où elle est de petite taille, ne dépassant pas 15mm de diamètre ; et en fragments qui ont jusqu'à 6cent de longueur. Mes échantillons se rapprochent surtout des figures (pl. IV, f. 12, pl. V, f. 1 h. i. k. m) de M. de Koninck, ainsi que de la figure donnée par Michelin ; ils sont tordus, repliés diversement sur eux-mêmes, surtout dans le jeune âge, et entourés d'une épithèque mince qui permet de voir les côtes. Leur contour est souvent aplati, ovalaire. Planchers très bien développés, plans, distants de 1mm ; cloisons courtes, ne dépassant pas le nombre de 22 à 24, ce qui est dû à la petite taille des polypiers que j'ai ramassés.

Localité : *Assise de Leña* : Onis (base).

Zaphrentis

Le genre Zaphrentis est représenté par plusieurs espèces dans le calcaire carbonifère des Asturies ; ce sont des polypiers faciles à reconnaître à ce qu'ils sont libres, simples, coniques, en forme de corne un peu recourbée. Ils n'ont pas de columelle ; le calice assez profond, est creusé d'une fossette septale dans laquelle se trouve la cloison primaire, les autres cloisons bien développées s'étendent jusque près du centre de la chambre viscérale. Les caractères spécifiques sont plus difficiles à distinguer : le grand développement de ce genre à l'époque carbonifère, a eu pour effet de multiplier beaucoup les dénominations spécifiques ; M. de Koninck par exemple, a pu en figurer 20 espèces différentes du calcaire carbonifère de la Belgique. La plupart des caractères sur lesquels elles sont basées, tels que la profondeur du calice, la forme et la disposition de la fossette septale, ne sont visibles que sur les échantillons en parfait état comme ceux qui ont été représentés par M. de Koninck. Les échantillons que j'ai trouvés dans le calcaire carbonifère d'Espagne sont empatés dans le calcaire, et ne peuvent s'étudier que par coupes ; on ne peut donc plus y retrouver les caractères indiqués, et il y a en outre une difficulté considérable à identifier des sections, à des polypiers complets, tels que ceux qui ont été figurés par les auteurs. En l'absence des figures représentant les sections de ces différents *Zaphrentis*, il m'est impossible de déterminer positivement les échantillons empatés que j'ai rapportés des Asturies, et ce n'est qu'avec doute que je propose les assimilations suivantes :

1. *Zaphrentis Phillipsi*, Miln-Edw. & Haime.

Zaphrentis Phillipsi, de Koninck : Pol. du calc. carb. de Belg., 1872, p. 96, pl. X, f. 2.

Polypier en cône peu courbé, garni de bourrelets d'accroissement assez prononcés ; l'épithèque mince permettant toujours de voir les côtes, est la plus grande différence qui sépare nos échantillons des types Belges. Ces côtes présentent la disposition pinnée caractéristique des Rugueux. Les espèces dont elle se rapproche le plus extérieurement, sont les *Z. Phillipsi* et *Z. Delanouei*, figurés par M. de Koninck (Pol. de Belgique 1872, pl. X. f. 2 et f. 6.): Elle se distingue absolument de la seconde espèce par la position de son sillon sur le côté convexe. La hauteur de mes échantillons est de 1,5 à 2^{cent}, le diamètre du calice 1^{cent}. On compte 30 cloisons sur les coupes horizontales, entre elles s'en trouve un égal nombre de plus petites, alternes. La disposition bilatérale y est évidente : la cloison principale, petite, située au milieu du sillon, montre de chaque côté 6 cloisons pinnées ; les cloisons latérales sont courtes, la cloison opposée est forte, entre elles il y a 7 cloisons radiaires dans chacun des quadrants opposés.

Localités : Assise de Leña : Pria, Pont de Demues, Agueras ?

2. *Zaphrentis patula*, MICHELIN

Zaphrentis patula, DE KONINCK : Pol. du calc. carb. de Belgique, 1872. p. 87, pl 8, f. 2.

Les échantillons que je rattache à cette espèce se distinguent à première vue de la précédente par leur taille plus grande atteignant 4 à 5 cent., et un diamètre de 2 à 2,5 ; les cloisons sont au nombre de 36 à 42 sur mes échantillons, qui concordent bien par tous leurs caractères visibles avec ceux qui ont été figurés par M. de Koninck.

Localités : Assise de Leña : Gamonedo, Villayana, Pont de Demues, Cuevas ?

1. *Lophophyllum costatum*, MAC COY, sp.

Pl. XV. fig. 1.

Lophophyllum costatum, MAC COY : Palæoz. fossils. p. 109. pl. 3 c, f. 2.

Je rapporte au genre *Lophophyllum* de petits polypiers simples, ressemblant extérieurement aux *Zaphrentis*, mais s'en distinguant nettement par l'existence d'une columelle. Ils ressemblent beaucoup à une espèce du calcaire carbonifère du Derbyshire décrite par Mac Coy, et rapportée par lui au genre *Cyathaxonia* ; mais on ne peut hésiter à faire rentrer le type de Mac Coy dans le genre *Lophophyllum*, car sa figure 2 *a* montre nettement les traverses endothécales caractéristiques de ce genre. Mes échantillons d'Espagne sont beaucoup moins bien garnis de traverses, et je les aurais sans doute considérés comme des *Cyathaxonia*, si Kunth n'affirmait que les *Lophophyllums* n'étaient souvent dépourvus de planchers sur de grandes longueurs (1). Mes polypiers sont longs de 14mm, le calice large de 8mm, leur forme est conique, un peu recourbée, garnie extérieurement de rides d'accroissement assez prononcées, et de côtes fortes arrondies, variqueuses, larges de 5mm et à disposition pinnée. Je n'ai pu dégager l'intérieur du calice, et n'ai pu l'étudier que par coupes : une coupe (fig. 1 *a*) menée près de la bouche d'un échantillon de 4mm de rayon, m'a montré au centre une columelle cristiforme, égale au 1/4 du rayon, l'épithèque épaisse de 5mm portait 20 cloisons sub-égales, ne dépassant pas le 1/4 du rayon. Une autre coupe (fig. 1 *b*) menée dans la partie médiane, d'un plus gros échantillon, m'a montré une disposition un peu différente dans cette partie embryonnaire : toutes les cloisons se réunissent au centre en une masse solide qui occupe presque la moitié du diamètre total, et qui empâte la columelle.

(1) *Kunth* : Zeits. d. deuts. geol. Ges., Bd. XXI. p. 198. 1869.

On observe une cloison septale dans le sillon ; de chaque côté de cette cloison, il en est quatre qui paraissent pinnées, mais qui sont si semblables aux cloisons radiaires qu'il est difficile de fixer ce point ; ces dernières sont au nombre de 6 de chaque côté de la cloison opposée. Le nombre total est donc ici de 22 ; il atteint 24 dans un seul de mes échantillons : entre ces cloisons, il n'en est pas de plus petites, alternantes. Les coupes menées près de la base du polypier, vers son extrémité embryonnaire, montrent que les loges y sont très réduites, et confirment ainsi l'opinion de Kunth d'après laquelle le polypide continuant à sécréter du calcaire pendant toute sa vie, comblait graduellement les cavités inférieures de son polypiérite (1). Cette opinion de M. Kunth a été entièrement confirmée par les observations de M. von Koch qui a reconnu le fait chez la *Caryophyllia cyathus*, de nos mers.

Notre espèce a certes des rapports très intimes avec la *Cyathaxonia costata* de Mac Coy, à laquelle je l'assimile ; je n'ai pu toutefois confronter les types, aussi dois-je noter que ces formes diffèrent entre elles par le nombre plus grand des cloisons du type de Mac Coy (25), et le plus grand développement des traverses. Une autre espèce très voisine est le *Lophophyllum Leontodon* (Kunth, l. c. p. 194. pl. 2, f. 4), qui en diffère par le nombre encore un peu plus grand des cloisons, moins dissemblables entre elles. Elle est enfin voisine par ses caractères internes des individus jeunes du *Lophophyllum tortuosum* de Tournay.

Localité : *Assise de Leña* : Sebarga.

2. *Lophophyllum cf. reticulatum*, Thom. & Nichols.

Pl. XV, fig. 2

Lophophyllum cf. reticulatum, J. Thomson et Alleyne Nicholson : Annals and Mag. of nat. hist. 4e Ser. T. XVIII, p. 126, pl. VIII. f. 5. 1876.

Polypier simple, conique, recourbé, recouvert d'une épithèque mince avec gros anneaux d'accroissement, et laissant voir les grosses côtes longitudinales correspondant aux cloisons. Il atteint 3cent de long, et 15mm de large. Je n'ai pu observer le calice, toujours engagé dans la roche. Les coupes horizontales (fig. 2 *a*) montrent une cloison principale bien développée, continue avec une columelle centrale, cristiforme ; de chaque côté de cette cloison, il y en a 6 ou 7 autres pinnées, et dont les premières de chaque côté sont très petites. La cloison opposée atteint également la columelle, elle est suivie de chaque côté par 7 cloisons radiaires, qui atteignent toutes la columelle. Entre

(1) *E. von Koch* : Palæontographica 1882, p. 220.

ces cloisons au nombre de 28 ou 30, il y en a de plus petites alternes; toutes ces cloisons sont réunies entre elles par de petites traverses endothécales dont la convexité est tournée en dehors. Elles ne sont jamais assez nombreuses, pour donner naissance à un tissu vésiculeux analogue à celui des *Clisiophyllidæ*.

Les coupes longitudinales (fig. 2 *b*) montrent des planchers vésiculeux, bien développés ; ce ne sont pas des lames continues mais des vésicules aplaties dans le sens de la hauteur, et tournant leur convexité vers le haut. Elles se prolongent depuis la muraille externe du polypiérite jusqu'en son centre, sur toutes les coupes longitudinales périphériques : ce sont des coupes de cette nature qui ont été figurées d'après moi par MM. Thomson et Nicholson (pl. 8, f. 6-7); mais les coupes longitudinales menées normalement à la cloison principale, et passant par le centre du polypiérite, montrent en leur milieu une masse solide continue, la columelle, de chaque côté de laquelle les vésicules viennent se souder en s'abaissant. Cette disposition de la columelle de mes *Lophophyllum*, les éloigne il est vrai, de la définition donnée de ce genre par MM. Thomson et Nicholson ; je suis porté à rapporter cette divergence au manque d'orientation de leurs sections, et crois d'autant plus pouvoir laisser mes fossiles dans le genre *Lophophyllum* qu'ils rentrent entièrement dans ce genre tel qu'il a été défini par MM. Milne-Edwards et Haime (p. 349) ainsi que par M. Kunth (p. 193).

Cette espèce est rare en Asturies, et en l'absence d'un nombre suffisant d'échantillons pour montrer ses variations de forme et de taille, je ne crois pas devoir lui donner un nom spécifique nouveau. De nombreuses espèces de ce genre ont été nommées provisoirement par MM. Thomson et Nicholson, et par M. Kunth, mais elles ne sont pas connues suffisamment pour permettre de détermination précise ; dans le nombre, c'est du *Lophophyllum reticulatum* (Thomson & A. Nicholson, *l. c.* pl. 8., f. 5, p. 128) que l'espèce espagnole se rapproche le plus.

Localité : *Assise de Leña* : Ontoria.

1. *Campophyllum compressum*, Ludwig.

Pl. XV. fig. 3.

Campophyllum compressum, Kunth : Zeits. d. deuts. geol. Ges. Bd. XXI. 1869. p. 198, pl. 3, f. 8.

Je rapporte au genre *Campophyllum* de MM. Milne-Edwards et Haime de grands polypiers simples trouvés à Espiella, qui se distinguent des *Cyathophyllum* par l'étendue de leurs planchers, et le moindre développement de leurs cloisons non prolongées jusqu'au centre, où on voit ainsi le plancher à nu. Ces polypiers sont un peu courbés, à bourrelets d'accroissement bien marqués, recouverts par l'épithèque. Je n'ai pas d'échantillon complet, le plus gros fragment que j'aie trouvé a 11cent de long, son calice a 4cent, je n'ai pu l'étudier que par coupes. La coupe horizontale montre 3 zônes différentes concentriques ; la zône externe, la plus épaisse, égale la moitié du rayon, elle est formée d'un tissu vésiculeux irrégulier au bord, radié vers le centre et disposé sur 7 à 9 rangs, la vésicule la plus interne a une paroi très épaisse et limite ainsi nettement la zône moyenne. De l'épithèque partent de grandes cloisons subégales, droites, au nombre de 44 sur notre préparation, qui traversent toute la zône externe, et arrivent ainsi dans la zône moyenne, où leur épaisseur devient toutefois beaucoup plus considérable. Entre les cloisons principales, il en est un nombre égal de plus petites alternes, mais elles ne s'avancent pas à plus de 1mm au delà de l'épithèque. Les cloisons principales s'arrêtent au bord de la zône interne, entre elles il y a encore de petites vésicules dans la zône moyenne, mais moins nombreuses, plus fines et n'ayant pas la même disposition que dans la zône externe : ce ne sont du reste que les coupes transversales irrégulières des planchers qui sont un peu repliés. La zône interne ne montre plus de cloisons, qui s'arrêtent sur son bord, on n'y voit que la surface des planchers, ou dans les points où le polypier a été comprimé et un peu écrasé un lacis irrégulier correspondant aux plissements des planchers, distants les uns des autres d'un peu moins de 0,5mm.

La coupe longitudinale (3 *b*) ne montre que 2 zônes, l'externe vésiculeuse, l'interne montrant les planchers, horizontaux dans leur partie médiane, et s'abaissant régulièrement sur les côtés; ils présentent des plis irréguliers dans les parties du polypier qui ont été écrasées.

Rapports et différences : Cette espèce a des rapports avec le *Campophyllum formosum*, M-Edwards et Haime [1], mais ses planchers sont bien plus serrés ; elle a de plus grands rapports avec le *Campophyllum Murchisoni* [2] dont elle ne se distingue que par sa forme plus allongée, moins conique, et la plus grande épaisseur de la couche externe vésiculaire : peut-être devra-t-on réunir ces espèces? Je la désignerai cependant sous le nom de *C. compressum* donné par Ludwig [3] à une espèce d'Allemagne, à laquelle Kunth [4] assimile des échantillons de Silésie, et qui me paraissent identiques aux miens. M. Kunth trouve aussi cette espèce bien peu distincte du *Campophyllum Murchisoni*.

Localité : *Assise de Leña* : Espiella.

(1) *Milne-Edwards et Haime* : Polypiers Paléozoïques, pl. 8, f. 4 a.
(2) *De Koninck* : Pol. du calc. carb. de Belgique, 1872. p. 44. pl. 3. f. 5.
(3) *Ludwig* : Palœontographica, Bd XIV p. 202. pl. 57, f. 1 *a-c*.
(4) *Kunth* : Zeits. d. deuts. geol. Ges. Bd. XXI. 1869. p. 198, pl. 3. f. 3.

1. *Diphyphyllum concinnum*, LONSDALE.

Diphyphyllum concinnum, DE KONINCK ; Pol. du calc. carb. de Belgique, 1872, p. 36, pl. 2, fig. 4.

Rares échantillons assez mal conservés ; je n'ai que des fragments de polypiers simples, cylindro-coniques, de 8mm de diamètre et se rattachant au genre *Diphyphyllum* par leur muraille interne distincte, leur absence de columelle. Cloisons subégales au nombre de 22, assez étroites, reliées entre elles par un tissu vésiculaire et entourant une zône centrale, cylindrique. Les cloisons ne se prolongent pas dans cette zône centrale, où on voit sur les coupes longitudinales des planchers superposés, distants de 1mm, plans, s'abaissant un peu sur les côtés, et exempts de fossette septale.

Localités : *Assise de Leña* : Sebarga, Onis ?

1. *Petalaxis Favrei*, C. B. nov. sp.

Pl. XV, fig. 4.

Polypier simple, évasé, entouré d'une épithèque mince, présentant de faibles bourrelets d'accroissement ; on voit sous l'épithèque des côtes minces, aigües, 4 fois plus étroites que les intervalles qui les séparent. Calice circulaire, bords minces et souvent subfeuilletés, à fossette centrale profonde. Columelle forte, lamellaire, saillante, comprimée à son sommet qui a la forme d'une petite crête elliptique. En général, une soixantaine de cloisons visibles dans l'intérieur du calice, alternativement un peu inégales en épaisseur et en étendue, droites, serrées, à bord libre, sensiblement horizontales dans leurs 2/3 extérieurs, d'où la forme subplane du calice ; ces cloisons sont épaisses et s'amincissent seulement un peu en approchant de la columelle Le nombre de ces cloisons diminue rapidement dans les coupes menées sous le calice, en approchant de l'extrémité embryonnaire. Dans les coupes où on compte 24 cloisons (fig. 4 c.), la cloison principale atteint la columelle, elle est accompagnée de chaque côté de 5 cloisons un peu pinnées ; la cloison opposée est accompagnée de 6 cloisons radiaires de chaque côté, les sixièmes plus courtes sont les cloisons latérales.

Comme dans les genres suivants, les sections horizontales présentent 3 zônes concentriques, mais elles présentent avec ces genres des différences importantes : La zône externe est formée de vésicules plus irrégulières, où il est impossible de reconnaître par places les cloisons ; la zône moyenne est formée de cloisons qui se soudent à la columelle sans mur interne distinct ; enfin la columelle est pleine au lieu d'être formée de lamelles réticulées, concentriques ou tordues.

Nos échantillons se rapportent par la plupart de ces caractères au genre *Petalaxis*, distinct des autres membres de la famille des *Axophyllinæ* par sa columelle simple ; cette espèce en diffère toutefois parce qu'elle est simple, tandis que tous les *Petalaxis* connus sont astréïformes. On pourrait considérer notre espèce comme formant le type d'un nouveau genre qui serait relativement aux *Petalaxis* astréïformes, ce que les *Axophyllum* simples sont aux *Lonsdaleia* composées : Elle s'éloigne en tous cas beaucoup de tous les *Petalaxis* décrits jusqu'à ce jour. Elle se rapproche par contre beaucoup du polypier d'Irlande figuré par Mac Coy[1] sous le nom de *Turbinolia expansa*, mais dont on n'a encore qu'une description incomplète. Ne pouvant rapporter l'espèce Espagnole à aucun type connu je la considère comme nouvelle, et la dédie à M. Ernest Favre, collaborateur de M. de Verneuil en Espagne.

Localités : *Assise de Leña* : Ontoria, Sebarga.

1. *Koninckophyllum cf. interruptum*, THOM. & NICHOLS.

Pl. XV. fig. 5.

Koninckophyllum cf. interruptum, THOMSON ET NICHOLSON : Annals and Mag. of nat. hist., 4e sér., vol. XVII. 1876, p. 297, pl. XII

Ce polypier me parait très répandu dans les Asturies, j'en ai ramassé 16 échantillons dans la seule localité de Pria. Il est généralement simple, cylindro-conique, entouré d'une épithèque complète assez mince et présentant des bourrelets d'accroissement bien marqués. Mes plus grands échantillons ont 5cent de long, et un diamètre de 2.5cent Les bourgeons des formes composées (5 d) naissent sur les bords du calice. Calice circulaire, à bords renflés, un peu débordants (5 e), à fossette centrale peu profonde ; columelle un peu saillante, compacte, styliforme, très elliptique. Cloisons au nombre de 28 à 42 sur les divers échantillons, elles sont bien développées, mais n'atteignent jamais le centre du polypier, elles sont réunies à la périphérie par un réseau vésiculeux de dissépiments.

Les coupes horizontales de ces polypiers (5 b) montrent 3 zônes concentriques comme chez les *Clisiophyllidæ*. Une zône externe où le nombre des cloisons est double de celles de la zône moyenne, et où elles sont réunies par un tissu vésiculeux dense ; une zône moyenne où les cloisons principales se poursuivent seules, et ne sont réunies que par de rares dissépiments, ces cloisons s'arrêtent au bord de la zône interne, sans qu'il m'ait été possible de voir de muraille interne entre elles ; la zône interne montre en son centre une columelle mince, cristiforme, souvent continue avec la cloison principale, et entourée de lignes irrégulières concentriques.

(1) Mac Coy : Synopsis of the carb. fossils of Ireland, Dublin 1844. p. 186, pl. XXVIII. f. 7.

Chez les jeunes individus, ou dans la partie embryonnaire des plus grands, la zône externe est très mince, et la zône moyenne y existe parfois presque seule (fig. 5 a). Ce n'est que par suite de l'accroissement du polypier que la zône vésiculeuse externe se développe. Une coupe horizontale à travers un jeune individu long de 16^{mm}, large de 13^{mm}, m'a montré 28 cloisons. La cloison principale plus courte que les autres se continue manifestement par un prolongement très délié avec la columelle cristiforme située au centre du calice, elle est suivie de chaque côté par 5 cloisons un peu pinnées. Ces 5 cloisons se distinguaient en outre des cloisons radiaires suivantes par leur grosseur plus considérable, elles sont plus grosses que leurs intervalles, et il n'y a plus de traverses entre elles. Cette inégale répartition des dissépiments dans les quadrants principaux et opposés, m'a du reste semblé générale dans tous les Polypiers Rugueux que j'ai étudiés. Les quadrants opposés contiennent chacun 8 cloisons radiaires, minces, plus minces que leurs intervalles, et montrant entre elles de nombreuses traverses endothécales ; entre ces 2 quadrants, la cloison opposée ressemble aux cloisons voisines, mais se continue directement avec la columelle.

Un échantillon plus âgé, de 9^{mm} de rayon mesurait 2,5^{mm} de largeur pour sa zône externe, 3,5^{mm} pour sa zône interne. Cette section présentait à part cela les mêmes particularités que la précédente, il y a 7 cloisons dans chaque quadrant principal, et 8 dans chaque quadrant opposé.

Les sections longitudinales (5 c) ne montrent que deux zônes différentes ; au milieu la columelle n'est représentée que par une simple ligne ondulée, mince et continue. Cette discontinuité singulière de la columelle me paraît aussi réelle dans les échantillons Espagnols que dans ceux d'Ecosse étudiés pas Thomson et Nicholson. Le tissu du polypier au milieu duquel se trouve la columelle, est un tissu vésiculeux lâche, à longues mailles horizontales, rappelant les planchers des *Campophyllum*. Il arrive souvent que ces planchers sont continus sur toute la longueur de la coupe, et qu'on ne distingue plus la columelle, pas plus sur les coupes normales à la cloison principale que sur celles qui lui sont parallèles. Dans les parties de la coupe où la columelle est visible, ces planchers se relèvent de chaque côté et déterminent ainsi les lignes concentriques visibles autour de la columelle sur les coupes horizontales. La zône externe des sections longitudinales se distingue nettement de la précédente, elle est formée par un tissu vésiculeux, à cellules très courtes, et à 5 ou 6 rangs.

Ce genre est intermédiaire comme l'ont fait remarquer MM. J. Thomson et Alleyne

Nicholson, aux *Cyathophyllum* et *Lithostrotion*, mais c'est toutefois avec les *Axophyllum* qu'il présente les analogies les plus étroites. La seule différence essentielle entre ces genres résidant dans la disposition de leur columelle, mince, cristiforme et discontinue chez celui-ci ; grosse, libre et formée de lamelles tordues chez *Axophyllum*.

Les descriptions spécifiques des *Koninckophyllum* d'Ecosse ont été remises par MM. Thomson et A. Nicholson à un autre mémoire ; il faudra attendre sa publication pour être fixé sur les relations spécifiques des *Koninckophyllum* d'Espagne. A en juger toutefois par les coupes de leurs espèces, figurées par MM. Thomson et A. Nicholson, c'est des espèces à zône extérieure mince que nos échantillons se rapprochent le plus, c'est-à-dire des *Koninckophyllum interruptum* (fig. 3) et *K. retiforme* (fig. 6) ; la forme de ce tissu vésiculeux externe montre surtout des rapports avec le *Koninckophyllum interruptum*, auquel nous le comparerons provisoirement.

Localités : *Assise de Leña* : Pria, Quiros, Ontoria.

1. *Lonsdaleia rugosa*, Mac Coy

Pl. XV, fig. 6.

Lonsdaleia rugosa, Mac Coy : Syn. Brit. Pal. foss. : Cambridge 1854. p. 105. pl. 3 B. f. 6.

Polypier fasciculé, à gemmation latérale, formant des touffes. Polypiérites longs, grêles, cylindroïdes ou un peu elliptiques suivant le diamètre qui passe par la cloison principale ; ils sont entourés d'une épithèque mince, souvent usée, et permettant de voir des côtes planes, égales et serrées. Calice peu profond, large de 5 à 6^{mm}, au milieu duquel fait saillie une columelle allongée, de 1.5^{mm} à 1^{mm}, et arrivant presque à la hauteur du bord du calice (6 a). Cloisons minces, assez serrées, denticulées au bord sur un échantillon très bien conservé ; elles sont au nombre de 22 à 28 sur mes échantillons et arrivent presque jusqu'au centre du calice, entre ces cloisons il en est un égal nombre d'autres plus petites, rudimentaires, de sorte que le nombre total s'élève de 40 à 50. En examinant avec soin les cloisons dans les calices bien conservés, on reconnaît sur certains échantillons leur disposition pinnée, caractéristique des Rugueux (6 c) : de chaque côté de la cloison principale assez courte, il en est deux autres aussi courtes, et qui rappellent absolument les 3 cloisons rapprochées et soudées entre elles, figurées dans le type du *Lithostrotion irregulare* de Phillips ; elles sont suivies par des cloisons un peu pinnées au nombre de 4 à 6 suivant les échantillons. La cloison opposée est longue, elle est flanquée de chaque côté de cloisons plus longues que celles des quadrants principaux, disposées radiairement, et dont le nombre s'élève jusqu'à 6 de chaque côté.

Il est intéressant de noter qu'une grande partie de ces caractères est indiquée sur la figure originale de Phillips du *Lithostrotion irregulare* (Geol. of Yorks. T. 2. p. 202, pl. 2, f. 14-15).

Mes échantillons se rapprochent par leur taille et leurs caractères externes du *L. irregulare*, mais l'étude des caractères internes fournis par l'examen microscopique, nous oblige à les rapporter à un autre genre, au genre *Lonsdaleia* de Mac Coy. Les coupes verticales (6 b) montrent que l'axe central, gros, est formé de nombreuses lamelles tordues ; elles passent latéralement à une seconde zône circulaire formée de lamelles inclinées, à mailles allongées, et disposées sur 2 ou 3 rangs : cette seconde zône est un peu mieux limitée en dehors, où elle est suivie par la zône circulaire externe, formée d'un tissu vésiculeux à petites mailles, disposées sur 2 ou 3 rangs, et inclinées en sens inverse. Les coupes horizontales montrent que l'axe central est formé de lamelles irrégulières, compliquées ; autour de lui rayonnent les cloisons au nombre de 22 grandes, et réunies par des lamelles vésiculaires ou traverses : la limite entre la zône moyenne et l'extérieure formée par la muraille interne est moins nette sur mes préparations que sur les figures de Mac Coy.

Par le nombre de ses cloisons, cette espèce se rapproche de la *Lonsdaleia duplicata* (Martin Sp., Pet. Derb. pl. 30, f 1-2), et l'on peut certes hésiter beaucoup entre elle et la *L. rugosa* de Mac Coy à laquelle je crois devoir la rapporter. Je ne lui trouve pas assez de caractères propres pour en faire un type spécifique nouveau ; je crois qu'il est plus rationnel d'étendre à ce groupe l'idée exprimée par le Dr Kunth (1), au sujet du genre voisin *Lithostrotion* : d'après lui.. l'absence de toute description d'un polypier complet de ces *Lithostrotion* fasciculés, et la longueur des fragments connus, rendent très probable que les *L. junceum*, *irregulare*, *fasciculatum*, ne sont que des échantillons de différents âges, d'une seule et même espèce. Kunth rapporte aussi à *Lonsdaleia rugosa* (Mac Coy), le *Tæniodendrocyclus Martini*(2) (Ludwig), qui ne compte que 24 cloisons.

Localité : *Assise de Leña* : Ontoria.

2. *Lonsdaleia floriformis*, Fleming

Pl. XV, fig. 7.

Lonsdaleia floriformis, Milne-Edwards et Haime : Brit. foss. Corals p. 205, pl. 45, f. 1 a.

Je n'ai trouvé qu'un échantillon de cette espèce, il est identique à celui qui a été

(1) Kunth : Zeits. d deuts. géol. geol Ges. 1869, p. 207.
(2) Ludwig : Palœontographica Bd XIV, p. 220, pl. 63. f. 1.

figuré (fig. 1 a) dans les British fossil corals de MM. Milne-Edwards et Haime. Il est remarquable par sa gemmation submarginale ; le polypier simple dans sa partie embryonnaire, est entourée d'une épithèque assez mince, présentant des bourrelets d'accroissement bien marqués et quelquefois coupants ; les calices sont engagés dans la roche, je n'ai pu les étudier que par coupes, et celles-ci sont si ressemblantes à celles de l'espèce précédente, qu'il me serait impossible de distinguer les sections de ces deux espèces. La coupe figurée ici (7 a) présente également 36 cloisons, elle a été prise un peu plus bas que la précédente, et la muraille interne touche la columelle ; elle présente de même les 3 zônes concentriques caractéristiques de cette famille des *Axophyllinæ*.

Localité : Assise de Leña : Sebarga.

1. *Axophyllum expansum*, M. Edw. & Haime

Pl. XV, fig. 8.

Axophyllum expansum. Milne-Edwards et Haime : Polypiers foss. p. 455, pl. XII.

Polypier allongé, turbiné, identique extérieurement à la figure 3, pl. XII, de MM. Milne-Edwards et Haime ; il en diffère par sa fossette centrale profonde, égale en profondeur à la moitié de la longueur du polypier. Le calice n'est pas visible sur mes échantillons, et je n'ai pu étudier la disposition interne que par coupes. Les coupes horizontales (8 a) sont remarquables par la division en 3 zônes concentriques qu'on y observe à première vue : la zône extérieure formée d'un tissu vésiculaire dans lequel les cloisons prolongées sont au nombre d'une soixantaine ; la zône moyenne montre les cloisons lamellaires bien développées, et entre lesquelles il n'y a plus ou peu de dissépiments ; la zône interne est la columelle composée de feuillets concentriques, irrégulièrement réticulés, mais allongés dans le sens des deux cloisons primaires du polypier. Entre les cloisons et la columelle on observe souvent le mur interne, auquel se soudent les cloisons dans la partie embryonnaire du polypier. Les cloisons dans la zône moyenne, sont souvent au nombre de 36, la cloison principale est alors petite, elle est accompagnée de chaque côté de 8 cloisons un peu pinnées ; la cloison opposée ressemble à la principale, elle est accompagnée de chaque côté de 9 cloisons radiaires, plus minces que les pinnées, égales entre elles ; la neuvième cloison de chaque côté étant la cloison latérale de Kunth. Les sections verticales (8 b) montrent des traverses interseptales distantes de 0.5^{mm} inclinées, descendantes vers la columelle, et disposées sur 8 à 10 rangées ; les murailles internes sont moins visibles que sur les coupes horizontales. Le diamètre des grands polypiérites est de 30^{mm}, et celui de la columelle 6^{mm} ; en mesurant sur un rayon, la columelle a 3mm, l'espace entre elle et la muraille interne 1mm, la zône moyenne 5mm, la zône externe 5mm ; la longueur totale des polypiérites est généralement de 30mm.

Localité : *Assise de Leña* : Sebarga.

1. *Rhodophyllum Carezi*, C. B. nov. sp.

Pl. XV fig. 9.

Rhodophyllum. Jas. Thomson : On New corals from the Carb. Limest. of Scotland, Geol. mag. Dec. 2. Vol. 1. p. 557. pl. XX. 1874.

J'ai trouvé à Sebarga un polypier simple que je range dans le genre *Rhodophyllum* de Thomson ; la présence de ce genre Ecossais dans le calcaire carbonifère d'Espagne m'a semblé assez intéressante pour être citée malgré le mauvais état de mon unique échantillon. Ce fossile est simple, à peine recourbé, long de 50mm sur 26mm de large, et rappelant beaucoup par sa forme extérieure le *Clisiophyllum bipartitum* figuré par M. Mac Coy (Syn. Palæozoic fossils, p. 93, pl. 3 c, f. 6.). L'épithèque sans doute mince, a disparu sur mon échantillon qui montre des cloisons très saillantes ; son calice n'est pas visible, je n'ai pu l'étudier que par coupes.

Les coupes horizontales (9 *a*) montrent trois zones concentriques distinctes comme chez tous les *Clisiophyllidés*, mais je n'ai pu reconnaître entre elles de muraille interne. Mesurées suivant un rayon, la zône externe a 4mm, la zône moyenne 6mm, et l'interne 3mm de largeur. Les cloisons traversent les 2 zônes externes, elles sont très distinctes et assez grosses dans la zône moyenne, où il n'y a entre elles que peu de dissépiments ; elles sont moins distinctes dans la zône externe, où il y a entre elles d'autres cloisons alternes, ainsi que de nombreux dissépiments formant un tissu vésiculeux. La plupart des cloisons s'arrêtent au bord de la zône centrale, où l'on voit des lignes irrégulières concentriques disposées comme les pétales d'un bouton de rose (d'où le nom de *Rhodophyllum*) ; ces lignes sont les coupes des vésicules qui forment les planchers, mais leur disposition concentrique est souvent dérangée par la continuation de quelques cloisons jusque dans cette partie centrale ; ces cloisons se replient alors sur elles-mêmes et s'anastomosent ordinairement avec une cloison voisine, comme l'indique la figure *D* (p. 71, de Thomson & A. Nicholson).

Les cloisons sont au nombre de 44 sur mon échantillon, la cloison principale est petite, elle est suivie de chaque côté de 7 cloisons un peu plus grosses que les autres ; la cloison opposée ne se distingue pas des 14 cloisons radiaires qui l'accompagnent de chaque côté.

J'ai mené ma coupe longitudinale (9 *b*), perpendiculairement à la cloison primaire : elle m'a montré ainsi une division tripartite. La zône externe formée d'un tissu vésiculeux serré ; la zône moyenne mince, d'un tissu vésiculeux lâche à 2 rangs de cellules ; je n'ai pas vu de mur interne entre cette zône et la centrale qui passent insensiblement de l'une à l'autre. Ce fait est la raison capitale qui m'a empêché de rapporter cette espèce à *Aulophyllum fungites* (1) (Miln.-Edw. et Haime), espèce dont la coupe longitudinale donnée par Kunth (2) serait identique, notamment dans sa partie inférieure, à la coupe de mon échantillon, si elle ne possédait pas de muraille interne. La zône interne de cette coupe est formée de 4 à 5 rangs de vésicules, groupées en courbes tournées vers le bas ; mais ces courbes sont souvent dérangées par des prolongements irréguliers des septas, " wavy columellarian lines " de J. Thomson.

Les nouveaux genres distingués par Thomson et A. Nicholson (3) dans la famille des *Clisiophyllidæ* sont basés sur les différences que présentent entre elles les zônes internes de ces polypiers ; les deux zônes concentriques externes conservant les mêmes caractères dans toute la famille. Les caractères du polypier d'Espagne décrit ici, sont évidemment ceux des *Clisiophyllidæ*, et probablement ceux des *Rhodophyllum* ; les auteurs de ces genres ont eux-mêmes fait remarquer qu'il existait de nombreux passages et qu'il n'y avait pas de limites nettes entre leurs genres, aussi je dois rapporter cette espèce aux formes décrites sur la planche 3 de MM. Thomson et Nicholson, comme intermédiaires entre les genres *Rhodophyllum* et *Aspidophyllum*, plutôt qu'aux *Rhodophyllum* typiques. La figure schématique du centre d'un type intermédiaire (Fig. *D*, p. 71) donnée par ces auteurs, représente exactement la disposition de la partie centrale de mon fossile. Quant à la courbe des vésicules de cette partie, représentée sur ma coupe longitudinale, elle est due comme l'a fait observer M. Kunth (*l. c.*, p. 204) à la position centrale et symétrique de cette coupe à travers le polypier.

Je dédie cette espèce nouvelle à M L. Carez, à qui on doit d'importants travaux sur la géologie du nord de l'Espagne.

Localité : *Assise de Leña* : Sebarga.

---

(1) *Milne-Edwards et Haime* : Brit. palæoz. corals, p. 188. pl. 37. f. 3.

(2) *Kunth* : Zeits. d. deuts. geol. Ges, pl. 3. f. 2 b, p. 203.

(3) *Jam. Thomson et H. Alleyne Nicholson* : Contribution to the Study of the chief generic Types of the palæozoic corals. Annals and Mag. of nat. hist. 4e Ser. 1875. Vol. XVI. p. 305-424. pl. XII.
— — — Vol. XVII. 1876 p. 60-123-290-451. pl. 6-7-8-12-14-15-16-17-21-25.
— — — Vol. XVIII. p. 68. pl. 1-3.

Hexacoralla

1. *Favosites Haimeana*, DE KONINCK.

Favosites Haimeana, DE KONINCK : Pol. du calc. carbon. de Belgique, 1872, p. 138, pl. 15, f. 5.

Polypier composé de polypiérites basaltiformes, intimement soudés par leurs murailles, sub-égaux, à contours irréguliers et de 1/2^{mm} de diamètre. Les murailles sont très minces, les planchers nombreux se correspondent dans les polypiérites voisins, ils sont espacés de 1/2^{mm} ; les pores sont difficiles à observer, je n'en ai vu qu'un très petit nombre, paraissant disséminés sans ordre.

Il est difficile de distinguer cette espèce d'un *Favosites* que l'on trouve répandu dans le carbonifère d'Angleterre, mais que Mac Coy(1) croit devoir assimiler au *F. gothlandica* du Terrain Silurien.

Localité : Assise de Leña : Agueras

1. *Monticulipora tumida*, PHILLIPS, Sp.

Monticulipora tumida, DE KONINCK : Descript. des foss. du T. carb. de Belgique, 1844, p. 9, pl. B, fig. 1.
— — Polyp. du T. carb. de Belg., 1872, pl. XIV, f. 3 à 3 d, cæt. excl.

Le polypier que je désigne sous ce nom est assez répandu dans le calcaire carbonifère des Asturies : sa forme est ordinairement en branches cylindroïdes, mais comme le *Favosites fibrosa* du Dévonien auquel il ressemble à première vue, il prend parfois des formes globuleuses irrégulières. Les calices sont inégaux, irréguliers, à bords minces, polygonaux, larges de 1/2 à 1/3 de millim. La surface du polypier n'est pas lisse, mais ondulée en mamelons peu saillants ; les calices sont un peu plus grands en ces points.

Ce polypier décrit d'abord par Rafinesque, fut bien figuré en 1844 par M. de Koninck, qui le rapporta au genre *Favosites*, puis en 1872 au genre *Monticulipora*, en l'assimilant alors à son *Monticulipora tumida*. La ressemblance qu'il y a entre cette espèce et le *Favosites fibrosa* du terrain dévonien rapporté par Kayser (2) au genre *Monticulipora*, et les différences de structure qu'il y a entre elles et les véritables Monticulipores dévoniennes, tendent à les faire ranger dans le genre *Stenopora* de Lonsdale, comme l'a déjà proposé Mac Coy.(3)

Localités : Assise de Leña : Pria, Ontoria.

---

(1) Mac Coy : Palæoz. fossils Cambridge 1854, p. 80.
(2) Kayser : Zeits. d. deuts. geol. Ges. Bd. XXIII, 1871, p 373.
(3) Mac Coy : Annals and Magazine of nat. hist., 2e Sér., T 3, 1849, p. 136.

1. *Fistulipora minor*, Mac Coy.

Fistulipora minor, Mac Coy : On some new gen. of Pal. Corals, An. and Mag. of nat. hist. 2e Sér, T. 8, p. 130.

Polypier en masse irrégulière encroûtante, composé de calices longs, simples, cylindriques. Les calices s'ouvrent à la surface, indépendamment les uns des autres, leur contour est arrondi, leur diamètre de 1/4 de mm, et la distance comprise entre eux est en moyenne, double de leur diamètre. Un échantillon de Espiella diffère des types de Mac Coy, parce que la bouche des calices n'est pas saillante, ce qu'on peut attribuer à l'usure ; et aussi parce que la distance entre les calices est plus grande ; je ne crois pas toutefois pouvoir donner un nouveau nom spécifique à cette forme, car un autre échantillon d'Ontoria présente le bourrelet indiqué autour des oscules, et ceux-ci sont en outre plus rapprochés les uns des autres. Il est intéressant de retrouver en Espagne ce genre qui n'est encore signalé dans le carbonifère que dans le Derbyshire ; il est toutefois probable qu'on le reconnaîtra dans les régions intermédiaires, où on l'aura confondu avec une des nombreuses formes laissées dans le genre *Monticulipora* par les paléontologistes qui ont étudié ces contrées.

Localités : *Assise de Leña* : Ontoria, Espiella.

1. *Alveolites irregularis ?* de Koninck.

Alveolites irregularis, de Koninck : Foss. carb. de Belgique, 1844, p. 11, pl. B., f. 2, a. b.

J'ai trouvé à Espiella un polypier ressemblant assez au premier abord au *Monticulipora tumida*, mais qui s'en distingue nettement quand on le regarde attentivement par l'obliquité de ses calices, subtriangulaires, et par l'épaisseur bien plus considérable de ses murailles ; l'absence de la saillie longitudinale qui caractérise l'intérieur du calice des Alvéolites, m'empêche de le rapporter à ce genre. Il rappelle un peu certains *Trachypora* du dévonien supérieur. En l'absence de documents suffisants, je le comparerai provisoirement à l'*Alveolites irregularis*, de Kon. qui me paraît présenter absolument les mêmes caractères, et dont la place dans la classification est toute aussi douteuse.

Localité : *Assise de Leña* : Espiella.

Crinoïdes

1. *Cyathocrinus planus*, Mill.

Pl. XVI, fig. 4.

Cyathocrinus planus, Miller : 1821, Nat. Hist. of the Crinoid, p. 85.
— Quenstedt : Petref. Deutsch. p. 500, pl. 107, f. 130-131

Calice hémisphérique, formé de 3 couronnes concentriques de pièces dont on peut établir comme suit la formule générique :

Pièces infra-basales : 5 petites, visibles seulement sur les échantillons qui ont subi à l'air un commencement de décomposition. *Pièces para-basales* : 5 grosses, 4 pentagones, la cinquième (anale) est hexagone. *Pièces radiales* : 5 grandes, allongées, peu épaisses, à face supérieure un peu concave. *Pièces interradiales* : une seule pièce hexagonale, grosse, régulière, comprise entre les radiales.

Le calice de cette espèce est lisse, sa forme hémisphérique : les pièces parabasales remarquables par leur très grand développement qui empêche de voir les pièces infrà-basales de profil (fig. 4 *b*). Ces pièces sont développées chez le *C. planus* figuré par Quenstedt (f. 130), mais la fig. 131 fait croire qu'elles ont été exagérées dans le précédent dessin. Les pièces radiales de notre échantillon sont également plus larges et moins hautes que sur les figures de Quenstedt : J'ai cru toutefois devoir assimiler ces espèces à cause de l'identité de leur formule générique, à cause de la forme hémisphérique du calice plus conique chez les autres *Cyathocrinus*, à cause du grand développement des pièces parabasales, et enfin parce que ces pièces comme toutes les autres sont lisses.

Rapports et différences : Cette espèce diffère de tous les *Cyathocrinus* qui me sont connus, à l'exception du *C. inequidactylus* (Mac Coy, Carb. Foss., pl. 26) dont il est également difficile de le distinguer.

Dimensions : Haut. du calice 15^{mm}, diam. du calice 23^{mm}.

Localité : *Assise de Leña* : Espiella.

1. *Cyathocrinus mammillaris*, Phill.

Cyathocrinus mammillaris, Phillips : Yorks. 1836, pl. 3, f. 28, p. 206.

Je n'ai qu'un calice incomplet de cette espèce qui me paraît présenter la même formule générique que la précédente, le calice est petit, de forme subconoïde, à surface externe granulée. Les granules sont plus gros que sur la figure de Phillips. Les pièces parabasales sont plus larges que longues, bombées dans leur milieu, et nettement séparées les unes des autres par un large sillon. Les pièces radiales sont plus larges que hautes, ce qui les distingue aussi un peu du type de Phillips, elles sont toutefois aussi épaisses.

Dimensions : Long. du calice 9^{mm}, diamètre 14^{mm}.

Localité : *Assise de Leña* : Ontoria.

1. *Erisocrinus Europœus*

Pl. XVI, fig. 2.

Erisocrinus typus, Meek et Worthen : Paleont. of Illinois, vol. 2, 1866, p. 317, fig. 33-34.

Calice court, arrondi en dessous, composé de pièces très épaisses, lisses, légèrement convexes en dehors ; son diamètre est plus de deux fois plus grand que sa hauteur. Vu de face il a une forme pentagonale très marquée.

Pièces basales : 5 petites, quadrangulaires, à moitié cachées par la tige qui laisse sur la partie centrale de ces pièces son empreinte arrondie à stries rayonnantes. *Pièces parabasales* : 5 petites, égales, larges de 8^{mm}, hautes de 8^{mm}, lisses, pentagonales, et toutes aiguës au sommet. *Pièces radiales* : 5 grandes égales, pentagonales, larges de 11^{mm}, hautes de 6^{mm}, face articulaire supérieure large, oblique. Il n'y a pas de pièces interradiales. Cette partie solide du calice est la seule que j'aie trouvée : je n'ai donc pu observer les caractères des bras ni des pièces brachiales ; la tige était ronde comme le prouve son impression basale.

Rapports et différences : Le genre *Erisocrinus* de Meck et Worthen quoique n'ayant pas encore été signalé en Europe présente tous les caractères de l'espèce que nous décrivons ici ; nous ne pouvons donc hésiter à lui rapporter notre fossile d'Espagne. Le genre *Philocrinus* de M. de Koninck a de grands rapports avec celui-ci, mais nous n'avons pu y faire rentrer notre espèce dont la base est évidemment dicycle. La concordance est du reste telle entre mes échantillons et le type de Meek et Worthen (*Erisocrinus typus*), qu'on pourrait certainement admettre leur identité spécifique : la forme, la taille, l'ornementation de *E. typus* et de *E. Europæus* sont les mêmes ; ils ne diffèrent que par la grandeur plus considérable des pièces parabasales du *E. Europæus*, je n'en ai ramassé que 3 échantillons et il est probable que des séries plus complètes permettraient d'identifier ces espèces.

J'ai en outre trouvé à Ontoria le moule interne d'un calice qui se rapproche assez par sa forme de ces échantillons de Sebarga, pour qu'on puisse supposer la présence de cette espèce en ce point.

Localité : *Assise de Leña* : Sebarga.

1. *Platycrinus gigas*, Phill.

Platycrinus gigas, Phillips : Yorks p. 204. pl. 3. f. 22.

Grand calice en forme de coupe évasée, et à contour ondulé pentagonal. Surface externe lisse. Pièces basales, minces, au nombre de 3, et formant un ensemble à contour pentagonal. Pièces radiales au nombre de 5, très grosses, très hautes atteignant 19^{mm}, sur 21^{mm} de large, leur face articulaire est entamée par le point d'attache des pièces brachiales. Les pièces brachiales, aussi bien que les interradiales manquent sur mon échantillon incomplet, et dont la partie inférieure seule est conservée. Il est donc difficile de l'assimiler d'une façon certaine au type de Phillips : Je me suis surtout appuyé sur le grand diamètre de mon échantillon qui est de 40mm, et qui l'éloigne de la plupart des autres espèces de *Platycrinus*. C'est ce qui m'a empêché de l'assimiler au *Plat. lævis* (Miller), qui avait pourtant été indiqué par de Verneuil, avec doute il est vrai dans cette région.

Localité : *Assise de Leña* : Onis.

2. *Platycrinus granulatus?* Miller.

Platycrinus granulatus, de Koninck : Recherch. sur les crinoïdes, Bruxelles 1854. p. 179. pl. VII. f. 5.

De Verneuil a également cité cette espèce dans les Asturies, avec le *Plat. lævis*; mais je ne puis non plus confirmer cette détermination, n'ayant pas trouvé d'échantillon déterminable qui pût se rapporter à cette espèce. En admettant toutefois sur la grande autorité de de Verneuil que le *Pl. granulatus* existe réellement dans le calcaire carbonifère des Asturies, on peut croire que cette espèce y a été assez répandue : j'ai en effet trouvé à Espiella, Agueras, des plaques calycinales isolées qui rappellent bien par leur forme et leur ornementation celles de *Pl. granulatus*.

De Verneuil avait cité 3 espèces de crinoïdes dans le calcaire carbonifère des Asturies, il est curieux que je n'en aie retrouvé aucune bien caractérisée. En outre des 2 espèces que je viens de citer, il indiquait l'*Actinocrinus triacontadactylus*, Mill., qui paraîtrait même la plus commune, puisque M. Mallada l'a citée également à Leña, Aller, Mieres (p. 124); mais il m'a été ici impossible de reconnaître dans ma collection même un fragment attribuable à cette espèce.

Localités : *Assise de Leña* : Espiella, Agueras.

1. *Euryocrinus concavus*, Phill.

Pl. XVI. fig. 3.

Euryocrinus concavus, Phillips : Yorkshire, pl. 4. f. 14-15 p. 205. 1836.

Pièces basales : 3 très petites, intimement soudées entre elles, et formant un cercle. *Pièces radiales* : 3×5 ; R^1 hexagonale, très longue et surbaissée ; R^2 de même forme que la première, R^3 axillaire ; c'est entre ces deux dernières que s'intercalent les pièces interradiales uniques IR^1. *Pièces interradiales* : Côté anal 3, hexagones, dont 1 reposant sur la base, et plus étroite que les pièces radiales correspondantes ; côtés réguliers 1×4. *Articles brachiaux* : $(2+2)\times5$; Ces pièces ont la même forme que les radiales, elles sont longues et surbaissées. Elles forment une couronne continue autour du calice, car il n'y a pas entre elles d'intercalation de pièces axillaires, et elles se touchent également de l'autre côté, au-dessus des pièces interradiales. Cette couronne n'est interrompue que par le côté anal.

Les calices que je rapporte à l'espèce décrite par Phillips sous le nom de *Euryocrinus concavus*, sont identiques par tous leurs caractères, nombre, forme, et disposition de leurs pièces, avec les figures de cet auteur. Leur diamètre moyen est de 25^{mm}, la profondeur du calice 9^{mm}. M. le Prof. John Morris dont les travaux ont toujours une telle exactitude, a seul conservé dans ses (Brit. fossils, p. 79) le genre *Euryocrinus*: la plupart des paléontologistes ont considéré le *E. concavus* comme une assez mauvaise espèce d'*Actinocrinus*. Les Manuels de paléontologie de Pictet (p. 324) et de Zittel (p. 369) sont d'accord pour ranger *Euryocrinus* parmi les synonymes du genre *Actinocrinus* (Mill.). Cette assimilation avait d'abord été proposée je crois, par d'Orbigny (Prodrôme, N° 924, p. 156). La formule générique que nous donnons des échantillons d'Espagne et qui concorde d'une manière étonnante avec les figures de Phillips montre que ce genre diffère réellement des *Actinocrinus* (Miller): 1° par le nombre constant des pièces brachiales, grandes, et se réunissant au-dessus des pièces interradiales, 2° par le petit nombre des pièces interradiales et anales. Nous pouvons conclure de ces différences que les *Euryocrinus* diffèrent nettement des *Actinocrinus*, et qu'il y a lieu de maintenir cette coupe générique dans la famille des *Actinocrinidæ* (F. Rœmer). La disposition des pièces radiales de cette espèce, et leur forme allongée caractéristique, rappelle beaucoup ce qu'on voit chez le genre *Ichthyocrinus* de M. J. Hall (*Ich. Burlingtonensis*, Iowa Survey, p. 557); mais les *Ichthyocrinus* n'ont que (1+1)×5 articles brachiaux, et de plus ils manquent de pièces interradiales. Au point de vue spécifique je n'ai pas de raisons pour distinguer mes échantillons d'Espagne de ceux d'Angleterre; la forme des plaques, et l'épaississement de leur bord supérieur visible sur la fig. 14 de Phillips, se retrouvant même sur mes échantillons.

Localité : Assise de Leña : Espiella.

Tiges de Crinoïdes

Les déterminations qui suivent n'ont pas la valeur de celles qui précèdent, n'étant basées que sur l'étude des tiges. Les articles de *Cyathocrinus* sont avec ceux des *Poteriocrinus*, les seuls que j'ai reconnus dans le calcaire carbonifère des Asturies ; il est bien certain qu'une foule d'autres genres de crinoïdes ont laissé des débris de leurs tiges dans ces dépôts, ceux par exemple dont nous avons reconnu les calices, mais il n'en est pas moins important de noter que les 2 genres qui ont pris la plus grande part par l'abondance de leurs débris à la formation des calcaires carbonifères Espagnols, sont précisément les mêmes qui formaient presque à eux seuls les calcaires crinoïdaux d'Angleterre, et les calcaires petits-granites de Belgique. Cette conclusion resterait vraie si même nos déterminations spécifiques de tiges étaient inexactes ; car comme je l'ai fait observer en commençant, les déterminations de ces parties n'offrent que bien peu de garanties.

1. *Cyathocrinus cf. quinquangularis*, MILLER

Cyathocrinus cf. quinquangularis, QUENSTEDT : Petrefk. p. 500. pl. 107. f. 182.

Petites tiges pentagonales portant les mêmes ornements que celles qui sont représentées sur les figures de Miller.

Localité : *Assise de Leña* : Ontoria.

1. *Mespilocrinus granifer ?* DE KON.

Mespilocrinus granifer, DE KON. ET LE HON: Rech. s. l. Crin., Mém. Acad. de Belg. 1854. p. 114.pl.2. f. 6.

Je ne puis proposer cette détermination que d'une façon dubitative, n'ayant pas trouvé de calice entier de cette espèce ; je me suis néanmoins décidé à l'indiquer ici, à cause du grand nombre de pièces calicinales isolées que j'ai trouvées en différentes localités et qui rappellent par leur forme et leur ornementation le *M. granifer* de de Koninck. Les pièces radiales nombreuses, sont identiques à la figure(6 *c*) de cet auteur, et leur facette articulaire présente également les caractères de ce genre, telle qu'elle est représentée sur la figure (1 *e*) du *M. Forbesianus* donnée par ces mêmes auteurs.

Localités : *Assise de Leña* : Pont de Demues, Agueras, Sebarga.

1. *Poteriocrinus cf. crassus*, MILLER.

Poteriocrinus cf. crassus, QUENSTEDT : Petrefk. Deutsch. p. 524, pl. 108, f. 37-45.

Les tiges et articulations de crinoïdes les plus abondantes dans le calcaire carbonifère des Asturies appartiennent certainement au genre *Poteriocrinus* ; il est doublement regrettable par conséquent que je n'aie pu trouver de calice de ce genre. Ces articulations sont de taille très diverses, variant de 2 à 25^{mm} de diamètre, et montrant par conséquent qu'il y avait des *Poteriocrinus* de très grande taille dans le calcaire carbonifère des Asturies. Ces tiges sont cylindriques, composées d'articles lisses, courts, à canal central cylindrique, leur surface articulaire porte vers les bords un grand nombre de stries rayonnantes, dans lesquelles s'insèrent les côtes produites par des stries semblables, sur la surface de l'article suivant : leur suture est par suite dentelée comme sur la figure 45 de Quenstedt. Il est naturel de trouver en si grand nombre les fragments de

Poteriocrinus dans le calcaire carbonifère des Asturies ; on sait en effet que ce sont les débris de ce genre qui composent presque à eux-seuls les marbres carbonifères dits petits-granites de la Belgique (l. c. de Koninck, p. 88), et Quenstedt les considère à eux-seuls comme caractéristiques de cet étage, où on les retrouve toujours aussi abondants, en Allemagne, en Angleterre, en Amérique.

Localités : *Assise des Cañons* : Cuevas, Trubia, Entrellusa, Rivadesella, Llanes. *Assise de Leña* : Agueras, Onis (base), Sebarga, Puertas, Espiella, Villayana, Ontoria, Cabo-di-mar, Pria, Villanueva.

2. *Poteriocrinus cf. Egertoni*, Phill.

Poteriocrinus cf. Egertoni, Quenstedt : Petref. Deutsch. p. 503, pl. 107, f. 140.

Parmi les nombreuses espèces de *Poteriocrinus* représentées par les fragments de leurs tiges dans le calcaire carbonifère des Asturies, et que nous rapportons pour la plupart à l'exemple de Quenstedt au *Poteriocrinus crassus*, il en est un certain nombre qui présentent des caractères nettement différents. Ainsi j'ai trouvé à Agueras, Sebarga, Cuevas, des tiges à canal central pentangulaire, comme celle qui est figurée (l. c. pl. 108, f. 51) par Quenstedt. J'ai trouvé aussi des tiges à articles allongés, épais, granulés, que l'on doit comparer au *P. Egertoni*.

Localité : *Assise des Cañons* : Trubia.

3. *Poteriocrinus cf. originarius*, Trautschold.

Poteriocrinus cf. originarius, Quenstedt : Petrefk. Deutsch. p. 526, pl. 108, f. 46.

Espèce à articles bombés extérieurement et alternativement gros et minces.

Localités : *Assise des Cañons* : Cuevas ; *Assise de Leña* : Ontoria, Agueras, Pont de Demues.

Echinodermes

Archæocidaris Sixi nov. sp. C.-B.

Pl. XVI. fig. 5.

Les plaques de cette espèce sont hexagones comme celles de tous les Echinides paléozoïques ; elles sont isolées, parfois de grande taille, un fragment de ma collection a 2cent. de diamètre. Au centre de ces plaques, le tubercule qui donne attache aux piquants (tubercule interambulacraire) est perforé, lisse, largement développé, crénelé à sa base, et égal en diamètre au cinquième de la plaque, il est entouré à sa base par un scrobicule circulaire, à bords très saillants, arrivant à moitié hauteur du tubercule. Il n'y a pas de cercle scrobiculaire, ni de zône miliaire ; ou si l'on veut, la zône miliaire est lisse, et le cercle scrobiculaire forme près de la suture de la plaque, une couronne hexagonale composée de granules mamelonnés au nombre de 24 à 30. Les radioles (5 c) de forme bacillaire ont 6^{mm} de long, sur 1^{mm} de large ; ils sont comprimés, ornés de stries longitudinales, fines, serrées, régulières, sub-granuleuses, au nombre de 35 à 40 ; ces stries se prolongent jusqu'au bouton, la collerette est nulle, ainsi que l'anneau. Bouton peu développé sub-comprimé comme la tige, conique, facette articulaire paraissant non crénelée.

Rapports et différences : Les deux plaques que j'ai trouvées me paraissent si voisines de celles de *Archæocidaris Wortheni* (Hall : Iowa Survey p. 700, pl. 26, f. 4), de *Archæocidaris mucronatus* (Meek et Worthen, Illinois Survey, vol. 2, pl. 23, f 3, p. 295), et de *Archæocidaris Rossicus* (de Vern. Russie, p. 17, pl. 1, f. 2 c), qu'il ne me parait pas plus possible de déterminer spécifiquement les Echinides paléozoïques que les Echinides plus récents, par l'examen de plaques isolées. Une de mes plaques porte encore une épine adhérente, de sorte que je suis fondé pour rapporter ces 2 fragments à une même espèce ; j'ai dû ainsi reconnaître que malgré la ressemblance de la plaque avec plusieurs des espèces déjà décrites, le radiole ne paraît s'accorder avec aucune, et qu'il y a sans doute lieu de considérer ce *Perischæchinide* d'Espagne comme appartenant à une espèce nouvelle. Cette espèce ne différerait de celles que je viens de citer, que par les caractères de ses radioles, qui s'éloignent beaucoup plus par leur forme des *Cidaris* mésozoïques que les radioles des autres *Archæocidaris* connus jusqu'ici ; elle se rapproche beaucoup plus par contre des radioles des *Cyphosoma* secondaires. Peut-être conviendrait-il de comparer cette espèce à l'*Archæocidaris Protei*, Münst, (Beitræge z. Petref., Part 1, p. 40) de Tournay, mais dont la description est malheureusement insuffisante ; il y a encore une certaine ressemblance entre ses radioles et ceux de *Eocidaris squamosus* du Burlington group (Meek et Worthen : Illinois Survey, vol. V. pl. 9, f. 15 b. c, p. 478).

Localités : Assise de Leña : Ontoria, Sebarga.

Archæocidaris Nerei, MUNST.

Archæocidaris Nerei, DE KONINCK ; Foss. carb. de Belgique 1842. pl. E. fig. 1 c. d.

Base d'un radiole identique à celui de cette espèce qui a été figuré par de Koninck ; il est couvert de stries longitudinales, fines, et l'anneau du bouton est crénelé.

Localité : Assise de Leña : Villanueva.

Bryozoaires.

1. *Fenestella crassa*, MAC COY.

Fenestella crassa, MAC COY ; Syn. carb. foss. Ireland, pl. 29, f. 1.
— *laxa*, PHILL.; Geol. of Yorks. pl. 1, f. 26-30.

Cormus en lame enroulée plus grand et à rameaux plus gros que les autres Fenestelles de cette formation. Les rameaux sont arrondis, souvent déviés de la direction rectiligne par dichotomie, les dissépiments sont assez gros, irréguliers et limitent des fenestrules étirées, ovales. Un côté des rameaux est lisse, l'autre est percé de pores ovales-arrondis disposés en quinconce, et par séries de deux comme sur la figure 28 de Phillips. Mes échantillons ne sont pas aussi bien conservés que ceux de Mac Coy ; je crois toutefois devoir admettre le nom que M. Shrubsole assigne à cette espèce.

Localité : *Assise de Leña* : Sebarga.

2. *Fenestella nodulosa*, PHILL.

Fenestella nodulosa, PHILLIPS : Geol. of Yorks. pl. 1. f. 31-32-33.

Cormus étalé en lame mince, à rameaux droits, radiés, dichotomes ; dissépiments minces, limitant des fenestrules quadrangulaires, émoussées aux coins, et présentant en leur milieu un renflement des rameaux bien représenté sur la figure 33 de Phillips. Un côté des rameaux est percé de pores, disposés sur deux rangs, et plus irrégulièrement que chez le *F. membranacea* : tantôt les pores des deux rangs sont opposés, tantôt ils sont alternes, et leur nombre n'est pas le même des deux côtés, il y en a cependant presque toujours aux points d'attache des dissépiments. Mes échantillons sont aussi mauvais que ceux de Phillips, et je n'en ai pas trouvé à l'état d'*Actinostoma*. Il est curieux au point de vue de la faune, que j'aie retrouvé en Asturies les mêmes espèces de Fenestelles qu'en Angleterre ; je n'y ai pas reconnu toutefois la *F. plebeia*, Mac Coy, qui est la forme la plus commune du calcaire carbonifère d'Angleterre.

Localité : *Assise de Leña* : Onis.

3. *Fenestella membranacea*, PHILLIPS.

Fenestella membranacea, PHILL : Geol. of Yorks. pl. 1, f. 23-24-25 et 1 à 6.
— *flabellata*......PHILL. — — pl. 1, f. 7 à 10.

Cette espèce que l'on trouve aussi en Belgique est la plus commune des Fenestelles du calcaire carbonifère des Asturies : je n'en ai toutefois aucun échantillon complet, aucun qui présente la forme conique du cormus en bon état de conservation ; ils présentent tous la forme d'expansions foliacées, plus ou moins fragmentaires. Les rameaux sont grêles, droits, percés d'un côté par deux rangées de pores opposés, séparés par une ligne peu saillante. Dissépiments très minces, équidistants, fenestrules subangulaires, allongées, égales entre elles. Nos échantillons rappellent surtout les *F. flabellata* et *F. tenuifila* de Phillips que M. Shrubsole assimile à *M. membranacea*. M. Mac Coy(1) a observé pour cette espèce, commune dans le carbonifère d'Irlande, des faits analogues à ceux que j'ai signalés à l'occasion des *F. Verneuiliana*, *F. explanata*, du dévonien : il y voit les caractères d'un genre nouveau *Hemitrypa*, distinct des *Fenestella*.

Localités : *Assise de Leña* : Pont de Demues, Pria, Ontoria.

1. *Polypora fastuosa*, Mac Coy.

Polypora fastuosa, De Koninck sp. : Carb. Belgique, 1844. p. 7. pl A. fig. 5 a. b.

Cormus étalé en lame, composé comme le type du calcaire carbonifère de Felüy par des rameaux larges de 1^{mm}, criblés de pores visibles à l'œil nu, disposés régulièrement en quinconce, par séries alternatives de 3 et de 4. Les dissépiments qui réunissent les rameaux sont lisses, ou un peu striés ; ils limitent des murailles rectangulaires à coins arrondis.

Localité : *Assise de Leña* : Espiella.

1. *Rhabdomeson funicula*, Michelin sp.

Rhabdomeson funicula, Michelin : Icon. zooph. p. 260. pl. 60. f. 5.

Je rattache au genre *Rhabdomeson* de Young un petit cormus formé de rameaux cylindriques, larges de 2^{mm}, droits ou un peu courbés, et parfois dichotomes. Les rameaux paraissent creux au centre, c'est de cet axe que partent en rayonnant toutes les loges qui sont cylindriques et se terminent à la surface par des pores ovalaires, nettement disposés en quinconce. Il me semble identique au fossile de Tournay figuré par Michelin (pl. 60, f. 5) sous le nom d'*Alveolites funicula* ; mais la figure de Michelin pas plus que mes échantillons ne présentent aucun des caractères assignés aujourd'hui au genre *Alveolites*. Je ne puis y voir davantage les caractères du genre *Monticulipora* auquel M. de Koninck (Recherches sur le calc. carb. de Belgique, 1872. p. 144) a rapporté l'espèce de Michelin, en l'identifiant à *Alveolites* (*Monticulipora*) *tumida* du même auteur.

Localité : *Assise de Leña* : Espiella, Villanueva.

---

(1) Mac Coy : Carb. fossils of Ireland, 1844. p. 205, pl. XXIX f. 7.

(2) Baily : Palaeoz. fossils, p. 107.

Brachiopodes.

1. *Productus punctatus*, MART.

Productus punctatus, DE KONINCK : Monog. des Productus, Liège 1847. p. 123. pl. XIII. f. 2.

De Verneuil a déjà indiqué cette espèce à Pola de Leña, et M. Mallada à Mieres, Aller, Riosa, Teberga.

Localités : *Assise de Leña* : Sebarga, Ontoria?

2. *Productus aculeatus*, MART.

Pl. XVI. fig. 7.

Productus aculeatus, DE KONINCK : Monog. des Productus, Liège, 1847. pl. XVI. f. 6. p. 144.

Cette espèce m'a paru bien plus commune que la précédente, elle n'a pas encore été pourtant signalée dans les Asturies, malgré la longue liste des *Productus* carbonifères d'Espagne, donnée par M. Mallada (Synopsis p. 118). Je figure ici un de mes échantillons, appartenant à une variété assez aberrante du type.

Localités : *Assise de Leña* : Agueras, Espiella, Tablado, Pria, Ontoria.

3. *Productus longispinus*, SOW.

Productus Flemingii : DE KONINCK : Monog des Prod. p. 95. pl. X. f. 2.

Mes échantillons rappellent entièrement les variétés de ma collection provenant du calcaire carbonifère supérieur de Visé. Elle avait été citée déjà par de Verneuil à Pola de Leña et Mieres, ainsi que par M. Mallada (Synopsis p. 120), au S. de Onis, Arenas de Cabrales, Peña de Gobezanes, Peña Deboyo. Muñera y Linariegas, Laviana.

Localités : *Assise de Leña* : Onis, Pont de Demues, Espiella, Sebarga.

4. *Productus semireticulatus*, MART.

Productus semireticulatus, DE KONINCK : Monog. des Prod. p. 83. pl. 8. f. 1, pl. 9. f. 1, pl. 10. f. 1.

Cette espèce avait été signalée déjà par de Verneuil à Pola de Leña et Mieres, et par M. Mallada en diverses autres localités des Asturies. Je l'ai rencontrée dans les localités suivantes.

Localités : *Assise des Cañons* : Rio Trubia ; *Assise de Leña* : Villayana, Onis, Pont de Demues, Ontoria, Cangas de Onis.

5. *Productus cora*, D'ORB.

Productus cora, DE KONINCK : Monog. des Prod. p. 50. pl. IV. f. 4, pl. V. f. 2.

Cette espèce a été signalée par de Verneuil à Pola de Leña et par M. Mallada à

Arenas de Cabrales, Caldas de Oviedo, Valdebreto, Mieres, Aller y Teberga, San Felices (l. c. p. 119.)

Localités : *Assise de Leña* : Villayana, Villanueva, S. de Bobia.

6. *Productus Duponti*, C. B. nov. sp.

Pl. XVI. fig. 9.

Espèce allongée, très gibbeuse, très recourbée sur elle-même, et à oreillettes bien séparées de la voûte ventrale. Valve ventrale divisée en son milieu par un sinus profond commençant à peu de distance du crochet; surface couverte de côtes longitudinales minces, peu profondes et assez superficielles, parfois bifurquées, au nombre de 24 à la distance de 10 mm du crochet, et sur une largeur de 10mm. Cette partie de la coquille porte de gros tubes, disposés irrégulièrement, et au nombre de 10 à 15. Les côtes sont peu visibles près du crochet, où on remarque au contraire des plis concentriques, assez rapprochés. Le crochet est petit, renflé, très recourbé. Tous mes échantillons sont remarquables par quelques gros plis d'accroissement, variqueux, rappelant celui du *Prod. expansus* (de Koninck, pl. VII. fig. 3 d.). Valve dorsale ornée de plis concentriques, beaucoup plus courte que la ventrale, très concave.

Dimensions : La longueur moyenne de mes échantillons au nombre de six, est d'environ 13 mm, largeur 11 mm.

Rapports et différences : Par la forte courbure de sa valve dorsale, comme par sa forme et la disposition de ses tubes, cette espèce a les plus grandes analogies avec le *Productus Boliviensis* de d'Orbigny (Paléont. du voyage dans l'Amérique méridionale p. 52 pl. 4. f. 5-9); il s'en distingue par sa forme moins transverse, sa taille constamment plus petite, par ses côtes plus fines, ses tubes moins nombreux, et par ses gros plis variqueux concentriques. Elle a également quelques rapports avec les *P. Verneuilianus* (de Kon.), et *P. Mammatus* (Keyserling), mais s'en distingue constamment par sa forme bien plus recourbée. Je dédie cette nouvelle espèce à M. Dupont, auteur de si importants travaux sur le carbonifère de Belgique.

Localité : *Assise de Leña* : Onis.

1. *Chonetes variolata*, d'Orb.

Chonetes variolata, De Koninck : Monog. des Prod. p. 206, pl. XX. f. 2.

Les *Chonetes* les plus abondants dans le calcaire carbonifère des Asturies appartiennent au groupe des *Striatæ* de de Koninck (Monog. p. 185), l'espèce la plus commune est identique à *Ch. variolata* (d'Orb.) in de Koninck. Je l'ai trouvée à Onis, Villayana, Villanueva, Tablado, Espiella *(Assise de Leña)*.

2. *Chonetes Jacquoti*, C.-B. nov. sp.

Pl. XVI. fig. 8.

Je figure ici une coquille de *Chonetes* trouvée à Sebarga qui se distingue du *Chonetes variolata* par sa forme moins déprimée, sa ligne cardinale plus courte, sa valve ventrale plus bombée et divisée en son milieu par un sinus profond. Les oreillettes triangulaires, séparées de la partie médiane par une légère dépression divergente, sont couvertes de stries comme cette partie. Cette espèce rappelle le *Chonetes Verneuiliana* (Meek et Hayden, Final Report Nebraska, p. 170, pl. 1, f. 10). L'intérieur des échantillons espagnols est identique à celui qui a été figuré par M. de Koninck (l. c. pl. 20, f. 2 *d*).

Cette coquille commune à Sebarga n'est sans doute qu'une variété de l'espèce précédente ; elle est toutefois bien distincte du type. Je la dédie à M. Jacquot, Inspecteur général des mines, auteur du mémoire géologique bien connu sur la province de Cuenca.

Localité : *Assise de Leña* : Sebarga.

3. *Chonetes Hardrensis*, PHILL.

Chonetes Hardrensis, DAVIDSON : Monog. Carb. Brach. p. 186, pl. 47 f. 12. 25.

En outre de l'espèce précédente qui est la mieux représentée en Asturies, j'ai trouvé aussi quelques échantillons se rapportant aux *Chonetes sulcata*, et *Ch. perlata* de Mac Coy, tels qu'ils sont figurés par M. de Koninck (Monog. p. 196-199, pl. 20, f. 11-12). M. Davidson considérant ces formes comme de simples variétés d'une même espèce, les a rapportées avec d'autres au *Chonetes Hardrensis* (Phillips). Mes matériaux ne sont pas suffisants pour apporter quelque lumière sur cette synonymie : Je me rangerai donc à l'opinion de M. Davidson, déjà adoptée en Espagne par M. Mallada, qui a cité cette espèce à Valdebreto, Muda.

Localités : *Assise de Leña* : Sebarga, Villayana.

1. *Aulacorhynchus Davidsoni*, C. B, nov. sp.

Pl. XVI. fig. 6.

Chonetes cf. concentrica, ..DE KONINCK : Monog. des Chonetes, 1847. p. 186. pl. 20. f. 19.
— — ..DAVIDSON : Monog. carb. Brach. p. 278..pl. 55. f. 13.
— — ..P. v. SEMENOW : Fauna des Schlesischen Kohlenkalkes, Zeits. d. deuts. geol. Ges. Bd. VI. 1854. p. 345. pl. 5. f. 1.
Isogramma cf. millepunctata, MEEK et WORTHEN : 1870, Proceed. Acad. nat. sci. Philada. p. 35.
— — — — Geol. Surv. of Illinois. vol. V. 1873. pl. XXV. f. 3. p. 566.
Aulacorhynchus cf. Ussensis, DITTMAR : Ueber ein neues Brachiopoden Geschlecht aus dem Bergkalk, St-Petersburg 1871. (Buchdruck. d. Kays. Akad. d. Wissens.)

Ces coquilles communes dans les Asturies paraissent répandues dans toutes les contrées carbonifères, où elles ont été souvent rapportées à différents genres des *Productidæ* ou des *Strophomenidae*. Les premières figures en sont dûes à MM. de Koninck, Davidson, qui les rapportèrent dubitativement aux *Chonetes* ; elles furent étudiées depuis en Silésie par M. v. Semenow, dans l'Illinois par MM. Meek et Worthen, en Russie par M. Dittmar.

Coquilles régulières, plano-convexes, transverses, ornées de nombreux plis concentriques s'appuyant presque à angle droit au bord cardinal. Quelques uns de mes échantillons atteignent 6cent. de large, sur 4cent. de long ; les plis concentriques qui ornent la surface sont subégaux, et au nombre de 60 à 70 sur les grands échantillons. Test épais, ponctué. Pas d'aréa visible extérieurement, sans doute très déprimée et double comme chez les *Chonetes ;* le bord cardinal comme tout le reste de la coquille est entièrement dépourvu de tubes. Valve ventrale légèrement renflée ; charnière droite un peu moins longue que le plus grand diamètre de la coquille, bords arrondis. Valve dorsale plane, portant au milieu de sa charnière droite, une petite dent triangulaire (fig. 6 c) qui pénètre dans l'ouverture de l'autre valve.

Les deux valves montrent extérieurement l'indice d'un sillon, s'étendant du crochet au milieu de la commissure frontale ; une valve ventrale que j'ai pu dégager à peu près complètement montre en effet qu'elle est creusée en son milieu d'un sillon continu, il n'y a donc pas de crête comme le supposait Meek (l. c. p. 567). J'ai figuré ici (Pl. XVI, fig. 6 a) l'intérieur de la valve ventrale en question : la place des muscles adducteurs n'est pas très nette, ils étaient en tous cas minces et allongés, s'attachant à une petite crête médiane ; les muscles cardinaux étaient attachés en dehors des précédents et entre les deux longues apophyses qui limitaient en dehors les attaches musculaires. Ces empreintes musculaires cardinales, minces et allongées vers le crochet, s'épanouissent à leur extrémité en une sorte de plateforme trapézoïdale, divisée en deux parties par le commencement du sillon médian. Je n'ai pu observer la disposition intérieure de la valve dorsale.

Ce que j'ai pu voir des empreintes musculaires de ce genre, montre qu'il est réellement distinct du genre *Chonetes* auquel il se rapportait par sa forme générale, et par les caractères de sa charnière. Il se rapproche des *Leptaena* par l'absence des épines à sa surface, et par des empreintes musculaires où les muscles adducteurs sont peu représentés, et les muscles cardinaux limités en dehors par de grosses crêtes saillantes. Il correspond ainsi complétement au genre *Isogramma* de MM. Meek et Worthen, auquel je l'assimilai, jusqu'à ce que M. Davidson qui vit mes échantillons, voulut bien m'indiquer le travail de M. Dittmar que je ne connaissais pas. Ce genre *Isogramma* (1873) devient synonyme du genre *Aulacorhynchus* (1871) de M. Dittmar ; et se place entre les anciens genres *Chonetes* et *Leptæna*, dont il présente divers caractères, mais dont il se distingue par la structure cellulaire prismatique de son test, et par les plis concentriques de sa surface.

Rapports et différences : Les figures que je donne de cette espèce si commune dans l'assise carbonifère de Leña, où elle forme des bancs de lumachelle, montreront les rapports intimes qu'il y a entre elle et le type de M. Davidson (*C. concentrica*). Elle s'éloigne de celui de M. de Koninck, dont la taille est plus grande, le nombre des plis moindre, et de 12 ou 13 au plus. On doit encore comparer *A. Davidsoni* à *Producta elegans*, Mac Coy (pl. XVIII. f 13, p. 108.), ainsi qu'au *Chonetes ?? millepunctata* de MM. Meek et Worthen dont les échantillons de taille moyenne ornés de 60 plis sont identiques à l'espèce espagnole. MM. Meek et Worthen, hésitèrent comme leurs prédécesseurs à ranger cette coquille dans le genre *Chonetes*, et ayant de plus remarqué qu'elle différait des vrais *Chonetes* par sa structure ponctuée grossière, ils proposèrent pour elle le nouveau nom générique de *Isogramma*. La structure ponctuée des échantillons américains est si grossière, que l'intérieur de la valve dorsale vue à la loupe rappelle la disposition des cormus des petits *Chaetetes ;* les ponctuations sont si rapprochées que les intervalles qui les séparent sont plus petits que leur diamètre.

Ces grosses ponctuations sont aussi visibles sur les échantillons Asturiens que sur ceux d'Amérique : je trouve cette structure surtout comparable à celle des Rudistes, elle est plutôt cellulaire prismatique que ponctuée ; les prismes sont perpendiculaires aux lamelles de la coquille, et souvent finement subdivisés. Leur diamètre moyen est de 1/6^{mm}. Le test est assez épais et atteint 1^{mm} dans la plupart de mes échantillons, quand ce test est enlevé, le moule intérieur reproduit d'une manière à peu près exacte les lignes concentriques et les ponctuations du test ; ce caractère les rapproche des *Chonetes*. L'épaisse couche cellulaire du test, est revêtue en dehors d'un mince recouvrement exothécal, lisse, bien représenté déjà sur la figure (3 a) de MM. Meek et Worthen.

Des 3 espèces d'*Aulacorhynchus* décrites par M. Dittmar, espèces dont les caractères génériques concordent entièrement avec ceux de nos coquilles espagnoles, c'est le *A. Ussensis* (pl. 1. fig. 14-16), qui ressemble le plus aux *A. Davidsoni* des Asturies.

Les *Aulacorhynchus* n'ont pas fait leur apparition croyons-nous dans le calcaire carbonifère, et leur existence dans le dévonien inférieur nous paraît établie. — F. A. Rœmer [1] a en effet figuré une coquille du Festenburg provenant des schistes à calcéoles, sous le nom de *Strophomena gigantea* et qu'il rapporte plus loin dans sa liste aux Orthis, qui présente en réalité tous les caractères des *Aulacorhynchus*. Elle serait ainsi le plus ancien représentant connu du genre.

Localités : *Assise de Leña* : Villayana, Onis, Villanueva, Pola de Leña.

1. *Orthis resupinata*, Mart.

Orthis resupinata, de Koninck : Foss. paléoz. de Belgique. 1842, p. 226, pl. 13. f. 9-10.

Cette espèce a été citée d'abord dans les Asturies par M. Mallada à Laviana, Caldas de Oviedo.

Localités : *Assise de Leña* : Onis ?, Espiella.

2. *Orthis Michelini*, Lév.

Orthis Michelini. de Koninck : Foss. paléoz. de Belg. 1842. pl. 13. f. 8.

J'ai trouvé à Tablado cette espèce déjà citée par de Verneuil dans les Asturies au S. O. d'Ynfiesto, et par M. Mallada à Caldas de Oviedo.

J'ai trouvé en outre à Sebarga et à Ontoria, de petites *Orthis*, ne dépassant pas 0.005, identiques à de petites coquilles de ma collection provenant de Tournay, et que je crois être de jeunes individus de cette même espèce.

Localités : *Assise de Leña* : Tablado, Sebarga, Ontoria.

1. *Streptorhynchus arachnoïdea*, Phill.

Strept. arachnoïdea, Murch. Vern. Keys. : Russie d'Europe, T. 2. Paléont. p. 196. pl. X. f. 8, pl. XI. f. 1.

Espèce commune en Espagne où elle me paraît identique aux individus de Russie à valve ventrale concave figurés par de Verneuil ; parmi les *St. crenistria* figurés pl. 26-27 par M. Davidson (Carb. Brach.) il en est plusieurs d'identiques aux échantillons cités ici.

Localités : *Assise de Leña* : Pont de Demues, Gamonedo, Onis, Pria, Sebarga, Villayana, Villanueva.

2. *Streptorhynchus eximius*, Eichw.

Streptorhynchus eximius, Murch. Vern. Keys ; Russie d'Europe, T. 2, p. 192, pl. 11, f. 2.

Cette espèce avait déjà été signalée dans cette région par de Verneuil à Leña, Mieres ; je l'ai retrouvée dans les localités suivantes :

Localités : *Assise de Leña* : Cabo di Mar, Pont de Demues.

---

(1) F. A. Rœmer, Harz, Beitræge, Bd. V, p. 23, pl. 33, fig. 11.

1. *Spirifer trigonalis*, MART.

Spirifer trigonalis. DAVIDSON : Monog. Carb. Brach. pl. V., f 29-32

Je rapporte au *Sp. trigonalis* de Martin une espèce assez commune dans le calcaire carbonifère des Asturies et qui cependant n'y a pas encore été signalée. J'en ai ramassé une trentaine d'échantillons, qui ne diffèrent par aucun caractère important de la description et des figures de Davidson ; le bel échantillon de Denwick (Northumberland) figuré par M. Davidson représente surtout la variété ordinaire des Asturies. Elle rappelle par ses plis simples le *Sp. incrassatus* (Eichwald) signalé par de Verneuil dans les Asturies ; je ne puis toutefois le rapporter à cette espèce incomplètement décrite du reste, parce que la plupart de mes échantillons ont les plis tranchants, peu réguliers, inégaux, souvent fendus ou dichotomes, séparés par de larges sillons, caractéristiques du *Sp. trigonalis*.

Localités : *Assise de Leña* : Onis, Espiella, Sebarga.

2. *Spirifer glaber*, MART.

Spirifer glaber, DAVIDSON : Monog. Carb. brach. p. 59. pl. XI. f. 1-9, pl. XII, f 11-12.

Cette espèce est très répandue dans les Asturies, je ne crois pas toutefois qu'elle y ait encore été citée, bien que M. Mallada ait reconnu sa présence dans le calcaire carbonifère d'Espagne.

Localités : *Assise de Leña* : Sebarga, Onis, Espiella, Villayana, Villanueva.

3. *Spirifer lineatus*, MART.

Spirifer lineatus, DAVIDSON : Monog. carb. brach. p. 62, pl. XIII, f 1-13.

Espèce commune, déjà signalée par de Verneuil et M. Mallada à Las Caldas de Oviedo, Mieres, Riosa, Leña.

Localités : *Assise de Leña* : Cabo di Mar, Espiella, Sebarga, Ontoria, Quiros, Pont de Demues.

4. *Spirifer integricosta*, PHILL.

Spirifer integricosta, DAVIDSON : Monog. carb. brach. p. 55, pl. 9, f. 13-19.

Espèce déjà citée dans les Asturies par M. Mallada à Laviana, Puente Lorio, Riosa, Teberga. Mes échantillons sont bien conformes aux descriptions de M. Davidson.

Localités : *Assise de Leña* : Onis, Puertas, Sebarga.

5. *Spirifer cristatus*, SCHLT.

Spirifer cristatus, DAVIDSON : Monog. carb brach. p. 38, pl. 7, f. 37-47.

Les coquilles des Asturies que je désigne sous ce nom se rapportent bien aux types figurés par M. Mallada (Synopsis, pl. 7, f. 2) et provenant de la Peña de Gobezanes et de la Peña Deboyo.

Localités : Assise de Leña : Espiella, Villayana, Ontoria, Pont de Demues ?

6. *Spirifer striatus*, MART.

Spirifer striatus, DAVIDSON : Monog. carb. brach. p. 19, pl. 2, f. 12-21 ; pl. 3, f 2-6.

Espèce déjà reconnue par de Verneuil à Leña, Mieres, Caso, Aller et Riosa.

Localités : Assise de Leña : Tablado, Ontoria.

7. *Spirifer Mosquensis*, FISCH.

Spirifer Mosquensis, DAVIDSON : Monog. carb, brach. p. 22, pl. 4, f. 13-14.

Espèce abondante dans les Asturies, elle est citée par de Verneuil et M. Mallada à Caso, Puente Lorio, La Muñera, Linariegas, Laviana, San Emeterio, Leña, Mieres, Riosa, Aller, Teberga. Je l'ai ramassée dans les localités suivantes :

Localités : Assise de Leña : Quiros, Posada près Santo-Firme, Espiella, Pont de Demues.

8. *Spirifer bisulcatus*, SOW.

Spirifer bisulcatus, DAVIDSON : Monog. carb. brach. p. 31, pl. VI, f. 1-19.

M. Mallada a signalé pour la première fois cette espèce à Arenas de Cabrales, Melendreras et Vergaño ; je crois avec l'auteur du Synopsis que cette espèce est assez répandue en Espagne. Je lui rapporte des échantillons ramassés dans les localités suivantes :

Localités : Assise de Leña : Sebarga, Quiros, Sebarga, Espiella, Pont de Demues, Ontoria, Posada près Santo-Firme, Villanueva.

9. *Spirifer duplicicosta*, PHILL.

Spirifer duplicicosta, DAVIDSON : Monog. carb. brach. p. 24, pl. 3, f. 7-10, pl. 4, f. 8, 5-11.

Espèce plus rare que la précédente, mais qui se rapporte très bien de même aux types de Davidson : c'est d'après cet auteur une forme cosmopolite très commune. Bien qu'elle n'ait pas encore été signalée en Asturies, je n'ai pas crû devoir la figurer plus que les précédentes : cette forme de *Spirifer* du calcaire carbonifère Asturien ne paraît différer par aucun caractère saillant des individus du même genre qui vivaient dans les mers carbonifères de Belgique et d'Angleterre.

Localités : Assise de Leña : Sebarga, Onis.

1. *Athyris planosulcata*, PHILL.

Athyris planosulcata, DAVIDSON : Monog. carb. brach. p. 80, pl. 16. f. 2-13.

Cette espèce synonyme de *Sp. Roissyi*, a déjà été signalée sous ce nom par de Verneuil à Pola de Leña, et Mieres.

Localités : *Assise de Leña* : Puertas, Cabo di Mar, Sebarga.

1. *Rhynchonella pugnus*, MART.

Rhynchonella pugnus, DAVIDSON : Monog. carb. brach. p. 97. pl. 22. f. 9-16.

J'ai trouvé à Onis, Espiella, de petits échantillons très bien caractérisés de cette espèce, elle est très abondante et belle à Sebarga ; de Verneuil l'avait déjà reconnue du reste à Mieres, Leña, et Aller.

Localités : *Assise de Leña* : Onis, Espiella, Sebarga.

2. *Rhynchonella pleurodon*, PHILL.

Rhynchonella pleurodon, DAVIDSON : Monog. carb. brach. p. 101. pl. 23.

Les échantillons que je rapporte à cette espèce sont de petite taille et en assez mauvais état de conservation : leur détermination n'est pas aussi certaine que la précédente.

Localités : *Assise de Leña* : Pria, Villayana.

1. *Terebratula hastata*, Sow.

Terebratula hastata, DAVIDSON : Monog. carb. brach. p. 11. pl. 1. f. 1-12.

Espèce déjà citée à Caldas de Oviedo, et Teberga par M. Mallada ; elle me parait assez rare, car je ne l'ai rencontrée qu'en une seule localité :

Localité : *Assise de Leña* : Onis.

Lamellibranches

1. *Pecten dissimilis*, FLEM.

Pl. XVI, fig. 15

Pecten dissimilis, DE KONINCK : Foss. carb. 1842. p. 144. pl. 4. f. 7-8.

J'ai trouvé un certain nombre de valves isolées de *Pecten*, lisses pour la plupart et rappelant les descriptions données par M. de Koninck de la valve droite du *P. dissimilis* de Fleming. J'ai trouvé au Pont de Demues une valve gauche que je rapporte aussi à cette espèce, elle porte une quarantaine de plis rayonnants ; ces plis alternativement plus gros et plus petits alternent entre eux, les plus gros se suivent seuls jusqu'au crochet, ils ne sont pas dichotomes. C'est par intercalation que le nombre des plis augmente au bord. De fines stries concentriques d'accroissement, couvrent toute la coquille : elles sont très visibles, et j'aurais rapporté cette coquille au *P. mactatus* de Koninck si ces stries n'étaient beaucoup plus rapprochées que dans cette espèce. Elle a également des relations intimes avec le *P. mundus* de Mac Coy (carb. foss. of Ireland, 1844. p. 97. pl. XVII. f. 5.)

Localités : Assise de Leña : Pont de Demues, Onis, Sebarga.

1. *Lima Buitrago*, C. B. nov. sp.

Pl. XVI, fig. 11.

Coquille lisse, inéquilatérale, sub-elliptique, un peu oblique, atténuée vers le crochet et élargie à sa base ; charnière courte, droite, un peu arquée du côté postérieur, terminée à ses extrémités par des angles obtus. Oreillettes inégales, petites, étroites ; la postérieure n'est pas séparée du reste de la coquille, l'antérieure en est nettement détachée. La plus grande épaisseur de la coquille se trouve vers les crochets. Le test est orné de fines stries concentriques.

Je dédie cette espèce à M. J Buitrago, dont nous avons rappelé plus haut les recherches sur la faune primordiale des Monts Cantabriques. C'est une forme très voisine de *Lima Permiana* (King, Perm. fossils p. 154. pl. 13. f. 4), dont elle ne diffère que par sa forme plus oblique, et son oreillette postérieure moins développée. Elle a encore plus de rapports avec *L. obliqua* (Mac Coy, carb. foss. p. 88. pl. 15. f. 7) dont le type malheureusement incomplet ne se distingue guère que par l'obliquité de sa charnière, et l'absence de stries concentriques.

Localité : Assise de Leña : Sebarga.

1. *Aviculopecten cf. scalaris*, Sow.

Pl. XVI. fig. 13.

Aviculopecten cf. scalaris, Sowerby : Geol. Trans. 2e Sér. vol. V. pl. 39. f. 20.

Coquille ovale allongée, un peu oblique, à valves bombées, ornées de 12 à 15 côtes radiaires près du crochet, elles se bifurquent bientôt et sont au nombre de 30 à 35 près du bord. Elles sont interrompues par de fines stries d'accroissement ; devenant très fortes sur les oreillettes, notamment sur l'antérieure où elle efface les côtes Le Test est excessivement mince et fragile.

Rapports et différences : Je crois pouvoir assimiler cette espèce à *Avicula scalaris*, Sow., bien que la description originale en soit bien incomplète ; il y. a de grandes analogies entre ces espèces, ainsi la figure de Sowerby montre les fortes stries concentriques des oreillettes, et en outre de 15 côtes signalées dans le texte, il en est un nombre égal d'autres qui viennent s'intercaler entre les premières à une faible distance du crochet. Il y a toutefois une différence importante, les plis de mes échantillons ne sont pas aigus ; ces échantillons au nombre de 14 ne présentent pas de différences importantes entre eux. Cette espèce se distingue du *Av. simplex* (Phill.) (in de Koninck : Foss. carb. 1842, p. 137, pl. IV, f. 2-5.), par son plus grand nombre de côtes, et parce que je n'ai pu reconnaitre de différence entre les deux valves ; elle diffère du *Av. gentilis* (id. ibid. pl. 39, f. 19.), par le plus grand nombre de ses côtes. Elle a de grands rapports avec l'*Aviculopecten occidentali* de Shumard (Illinois, vol. 2, p. 331, pl. 27, f. 4-5.), ainsi qu'avec *Av. Coxanus* (Meek et Worthen, ibid. p. 326, pl. 26, f. 6.), et surtout avec *Av. Whitei* (Meek, Nebraska, p. 195, pl IV, f. 11.)

Localité : *Assise de Sama* : Santo-Firme.

1. *Posidonomya cf. Becheri*, Bronn.

Pl. XVI, fig. 10.

Posidonomya cf. Becheri, Goldfuss : Pet. Germ p. 119. pl. 113. f. 6.

Coquilles abondantes dans la mine de Santo-Firme, elles y sont extrêmement minces, aplaties, déformées, et spécifiquement indéterminables. La présence de ce genre dans les couches houillères saumâtres des Asturies est une analogie de plus entre ce bassin et les autres bassins houillers de l'ouest de l'Europe : je ne m'arrêterai pas à chercher sa position spécifique, que l'état de mes échantillons laissera toujours douteuse. Il en est qui rappellent la *Pos. Becheri* du Culm ; je figure un petit échantillon, moins écrasé que les autres, et qui s'éloigne un peu de ce type. Il rappelle la *Posidonomya fracta* du Coal measures de l'Ohio (Meek, Ohio Report, vol. 2, pl. 19, f. 7 a, p. 333).

Localité : *Assise de Sama* : Santo-Firme.

1. *cf. Bakevellia ceratophaga*, Schlt.

cf. Bakevellia ceratophaga, King : Permian fossils, p. 176, pl. XIV, f. 24-27.

J'ai trouvé à Villayana de petites coquilles dont je n'ai pu voir la charnière, et que je n'ai pu par suite déterminer. Ce sont sans doute des Avicules, elles ressemblent par leur forme et tous leurs caractères extérieurs à *Bakevellia ceratophaga* du Permien.

Localité : *Assise de Leña* : Villayana.

Myalina

Le genre *Myalina* établi par M. de Koninck en 1842 d'après quelques échantillons incomplets de Visé, a été parfaitement illustré depuis par Meek qui en a décrit et figuré de nombreuses espèces dans les terrains houillers du Nebraska et de l'Illinois. Ce sont des coquilles triangulaires, inéquivalves, inéquilatérales, à bord cardinal droit. Charnière sans dents, facette ligamentaire large traversée dans le sens de sa plus grande étendue par plusieurs petits sillons très apparents, parallèles entre eux et au bord cardinal : le ligament n'est pas recouvert par ces facettes comme chez les *Mytilus*, car ces facettes divergent vers le dos, et laissent ainsi voir le ligament en dehors. Crochets aigus, antérieurs : le peu de développement de la partie antérieure les fait paraître terminaux dans certaines espèces (Sub-genus *Anthracoptera* de Salter, Quart. journ. geol. soc. 1863, p. 79), qui ressemblent ainsi extérieurement aux *Mytilus* ; lorsque la partie antérieure est mieux développée, la forme extérieure rappelle plus celle des *Modioles*. Les crochets sont ordinairement petits et un peu recourbés ; à l'intérieur, et immédiatement au dessous de ceux-ci, est une petite lame septiforme, semblable à celle de certains *Mytilus*.

King, l'auteur qui a le mieux vu les caractères de ces *Mytilidæ* Permo-carbonifères, et indiqué les particularités de ce petit groupe, n'a pas crû devoir encore les enlever du genre actuel *Mytilus* ; Il fait de plus rentrer dans ce même groupe (Monog. Perm. fossils, p. 159) toutes les coquilles houillères décrites sous divers noms *Modiola*, *Mytilus*, *Avicula* par Sowerby (Geol. Trans. London. 2e ser. T. 5. pl. 39, f. 15-18), et qui sont représentées dans les Asturies par des formes identiques, ou du moins très voisines.

Plusieurs de ces espèces rentrent certainement dans le genre *Anthracoptera* de Salter, mais ces coquilles qui ne diffèrent des *Myalina* que par l'absence du plateau cardinal épais de ce genre, ne me paraissent pas former une coupe générique naturelle : tout au plus forment-elles un sous genre, dans lequel on devrait alors faire rentrer plusieurs des *Myalina* de Meek (*M. recurvirostris*, etc.). Du reste, les paléontologistes Américains modernes, auxquels les vastes extensions houillères de leur continent ont fourni de si riches matériaux sur ce sujet, paraissent peu disposés à admettre ces genres de Salter. M. Dawson qui a trouvé dans la Nouvelle-Ecosse les *Anthracomya* et *Anthracoptera* de Salter dans les mêmes gisements, vivant toujours dans les mêmes conditions, comme en Angleterre, Westphalie, Espagne, les avait réunis sous le nom de *Naiadites*. Ce groupe basé sur l'étude d'un grand nombre d'échantillons, lui semble naturel : il correspond en entier aux *Myalina*. Meek qui a étudié les riches collections faites par les Survey officiels dans les régions houillères de l'Illinois et du Nebraska, n'a pas été porté à admettre pour certaines des coquilles houillères de ce groupe les caractères des *Myacidæ* (*Anthracomya*), et pour d'autres les caractères des *Mytilidæ* (*Anthracoptera*) : il les réunit toutes dans le même genre *Myalina*. Il y a cependant une différence extrême de forme extérieure entre sa *Myalina Swallowi* à contour modioloïde, et sa *Myalina perattenuata* à contour mytiloïde.

En résumé, je pense qu'il n'y a pas lieu de distinguer les *Anthracoptera* (Salter) des *Myalina* (de Koninck), auxquelles il convient de les réunir. Il est impossible de distinguer extérieurement les fossiles de ces genres ; peut-être les caractères intérieurs des *Anthracoptera* permettront-ils de les considérer comme un sous-genre des *Myalina*, mais les formes décrites jusqu'ici ne sont pas assez parfaites pour permettre cette division. Je pense de plus que les *Anthracomya* de Salter, rattachées par lui à la famille des *Myacidæ* ont beaucoup plus d'analogies avec les *Mytilidæ* qu'avec cette famille, et qu'elles sont alliées très intimement aux *Myalina* houillères.

1. *Myalina triangularis*, Sow.

Pl. XVI, fig. 14.

Myalina triangularis, Sowerby : Geol. Trans. 2e ser. vol. V. pl. 39. f. 16

Coquille triangulaire, peu épaisse, à front arrondi, crochets aigus antérieurs, formant un angle de 70°, bord cardinal postérieur droit. La région du crochet est un peu carénée du côté antérieur.

Rapports et différences : Les caractères spécifiques de ces formes sont si superficiels, qu'il est bien difficile d'arriver à une détermination précise sans la comparaison directe des échantillons. L'espèce de Sowerby à laquelle je la rapporte, est l'espèce la plus anciennement décrite qui se rapproche de mes échantillons; la *Myalina lamellosa* (de Koninck, Foss. Carb. Belg. 1842, pl. 3, f. 6) s'en distingue par un crochet moins acuminé, son bord postérieur moins droit. La *Myalina squamosa* (J de C. Sowerby, in King. Perm. foss. pl. XIV. f. 1-7. p. 159) s'en distingue par son angle moins ouvert et son côté postérieur moins long. La *Myalina mytiloïdes* (v. Kœnen, Neues Jahrbuch f. Min. 1879, pl. VI. f 6. p 335) a sa plus grande largeur plus rapprochée des crochets. Le *Mytilus comptus* (Mac Coy, Carb. lim. fossils of Ireland, p 76. pl. XIII. f. 12) ne présente pas la même aile allongée postérieurement. Elle est plus voisine de la *Myalina perattenuata* (Meek, Illinois, vol. 5, p. 582, pl. 26, f. 11) dont je ne saurais réellement la distinguer, et à laquelle il conviendrait de la rapporter plutôt même que de la *M. triangularis*.

Dimensions : Longueur 18 à 20mm, largeur 11 à 12mm.

Localités : *Assise de Sama* : Mosquitera, Santo-Firme.

2. *Myalina carinata*, Sow.

Pl. XVI, fig. 12.

Myalina carinata, Sowerby : Geol. Trans. Lond. Soc. 2e sér. T. V, pl. 39, f. 15.

Coquille allongée, oblique, Valves profondes, carénées ; crochets antérieurs peu saillants, partie antérieure courte, partie postérieure plus développée. Une carène oblique part des crochets jusqu'au bord de la coquille. La fig. 12 a, montre la charnière sans dents, traversée sur la plus longue étendue par plusieurs petits sillons parallèles.

Rapports et différences : Cette coquille d'Espagne me semble identique à l'espèce du Coal brook dale décrite par Sowerby ; elle ressemble à la *Myalina Swallowi* (Mac Chesney, in Meek : Illinois Survey, T. 2. pl. 27, f. 1) dont elle se distingue par sa carène plus saillante, son coté postérieur moins allongé. Elle a aussi quelque analogie avec la *Naiadites elongata* (Dawson : Acad. Geol. 1878, p. 204, f. 43), et l'*Avicula Verneuili* (Mac Coy, Carb. foss. Ireland, p. 85. pl. XIII. f. 19) autant qu'on en peut juger par les seuls caractères extérieurs ; cette *A. Verneuili* ne s'en distinguant extérieurement que par sa largeur plus grande.

Dimensions : Longueur 40^{mm}, largeur 15^{mm}.

Localité : *Assise de Sama* : Mosquitera.

1. ***Arca tessellata***, DE KON.

Arca tessellata, DE KON : Foss. carb. Belg. 1842, pl. 8. f. 2. p 118.

Je rapporte à cette espèce de de Koninck une jolie coquille ramassée à Ontoria, et qui s'en rapproche par sa forme générale ainsi que par les ornements de sa surface. Il m'a été impossible d'en dégager la charnière et par suite de l'étudier plus à fond.

Localité : *Assise de Leña* : Ontoria.

1. *Carbonarca Cortazari*, C. B. nov. sp.

Pl. XVII, fig. 1.

Carbonarca : MEEK ET WORTHEN : Illinois Survey, Vol. VI. 1875. p. 530, pl. 33. f. 6.

Je rapporte à ce genre américain de Meek et Worthen une coquille du calcaire carbonifère des Asturies, qui comme toutes les *Arches* des terrains paléozoïques a les dents antérieures de sa charnière plus ou moins obliques comme les *Arca*, et les dents postérieures parallèles à la ligne cardinale comme les *Cucullæa*. Le type de Meek était très mauvais, et sa figure ne représentant qu'un moule interne, je crois pouvoir rapporter à cette cause les légères différences qui existent entre nos échantillons. Mes coquilles sont inéquilatérales, allongées, à crochets saillants, recourbés ; elles présentent le contour extérieur ordinaire aux Arches proprement dites. Ligne cardinale droite, portant 2 grosses dents un peu obliques sur le côté antérieur ; sur le côté postérieur il y a 2 dents très minces, très allongées, parallèles au bord cardinal, et entièrem entcouvertes de petites crénulations. Ces dents se prolongent sur le bord antérieur où elles s'amincissent toutefois beaucoup pour passer entre les 2 grosses dents précédentes et le crochet, elles s'amincissent ainsi jusqu'à devenir invisibles ; ces deux dents crénelées sont très rapprochées l'une de l'autre, et doivent évidemment sur les moules internes reproduire l'aspect d'une ligne crénelée comme celle qui a été décrite et figurée par Meek et Worthen.

Le genre européen avec lequel cette coquille a le plus de rapports me paraît être le genre *Macrodon* (Lycett) ; il a toutefois ses dents antérieures plus obliques, et ses longues dents postérieures laminaires rappelant tant celles des *Carbonarca*, sont dépourvues de crénulations.

La *Carbonarca Cortàzari* d'Espagne, se distingue spécifiquement de la *C. gibbosa*, *M. et W.* d'Amérique, parce qu'elle est plus allongée. C'est une coquille étendue, à région postérieure plus large que l'autre, et portant une carène oblique, peu marquée, qui se poursuit jusqu'au crochet. Aréa cardinale nulle sur mes échantillons. Surface lisse, ne portant que des stries d'accroissement concentriques, minces. Elle rappelle assez extérieurement le *Sanguinolites plicatus*, (Mac Coy, Carb. foss. of Ireland, p. 49, pl. X, fig. 3).

Dimensions : Longueur 25^{mm}, largeur 14^{mm}, épaisseur 12^{mm}.

Localités : *Assise de Leña* : Sebarga, Pont de Demues.

1. *Macrodon Monreali*, C. B. nov. sp.

Pl. XVII, fig 2.

Coquille petite, longue de 7^{mm}, large de 2,5^{mm}, allongée, transverse, tronquée obliquement à son extrémité postérieure. Crochet saillant situé près du côté antérieur qui est court et arrondi ; bord cardinal postérieur, allongé, droit, terminé en arrière par un angle obtus. Entre le crochet et cet angle obtus, carène obtuse, en avant de cette carène, vers la partie antérieure, surface déprimée étroite. Les valves sont couvertes extérieurement de stries concentriques fines. Il m'a été impossible de dégager la charnière de mes échantillons, de sorte que la détermination générique basée sur leur seule forme extérieure, reste un peu douteuse ; leur forme générale rappelle aussi celle du genre *Sedgwickia* de Mac Coy.

Rapports et différences : Cette espèce se distingue des divers *Macrodon* des terrains houillers (*M. tenuistriatus*, *M. delicatulus*) par l'absence de plis radiés ; elle se rapproche beaucoup de certaines espèces permiennes, par exemple de *M. Kingiana* de Vern., telle qu'elle est figurée par King. (Perm. foss. pl. XV, f. 11) et du *M. obsoletus* des Coal-Measures de l'Ohio (Meek, Ohio Report T. 2, pl. 19, f. 9, p. 334). L'espèce qui me parait la plus voisine est *Cypricardia socialis* (Mac Coy, Carb. fossils of Ireland, p. 61, pl. VIII, fig. 12) qui ne s'en distingue que par sa ligne cardinale plus courte ; cette ligne droite, dépasse un peu les 2/3 de la longueur totale de la coquille chez le *Macrodon Monreali*, proportion qu'elle n'atteint pas chez la *Cypricardia* de Mac Coy. La dimension de la ligne cardinale de notre espèce est inférieure à celle de la *Modiola divisa* de Mac Coy, qui en est aussi très voisine.

Localité : *Assise de Sama* : Mosquitera.

1. *Nucula gibbosa*, Flem.

Nucula gibbosa, Flem : Brit. anim. p. 403.
— *tumida*, Phill. : Yorks. p 210. pl. 5. f. 15.

La *N. tumida* de Phillips doit être réunie à l'espèce indiquée de Fleming d'après Mac Coy, qui lui a reconnu les caractères du genre *Nucula* (Brit. pal. foss. p. 512). Cette espèce a été signalée par de Verneuil à Leña, Mieres, Aller; je l'ai trouvée au Pont de Demues.

Localités : *Assise de Leña* : Leña, Mieres, Aller, Demues.

1. *Ctenodonta Halli*, C. B. nov. sp.
Pl. XVII. fig. 3.

Coquille équivalve, fermée, inéquilatérale, marquée de stries concentriques d'accroissement très faibles, visibles surtout près du bord. Crochets antérieurs peu saillants, sans aréa ligamentaire. Ligament externe. Bord cardinal arqué, subangulaire, avec deux séries de dents transverses dont les plus petites sont au dessous du crochet : elles sont très nombreuses, environ 20 sur le côté postérieur, elles y conservent la même dimension ; les dents sont moins nombreuses sur le côté antérieur, on en compte d'abord 5 à partir du crochet qui sont un peu plus fortes que les précédentes, puis 2 autres qui sont deux fois plus épaisses.

La forme de la coquille est subtriangulaire : le bord antérieur est droit ; le bord postérieur également droit est plus allongé, le bord frontal est renflé. La région postérieure est étroite. La plus grande largeur de la coquille est près des crochets : ceux-ci sont pointus, juxtaposés, mais non recourbés en spirale. Je n'ai pu observer l'intérieur de mes échantillons.

Cette espèce ressemble beaucoup par sa forme extérieure au *Tellinomya nasuta* (Hall 1847, décrit complètement en 1857 dans 10th Annual Report of the State Museum p. 183, f. 1.) du Trenton limestone, qui est devenue le type du genre *Ctenodonta* de Salter (1851), et dans lequel il faudra faire rentrer d'après Hall et Mac Coy un grand nombre des Nucules paléozoïques. Plusieurs des *Nucules* décrites dans les terrains paléozoïques des

Etats-Unis par M. James Hall auquel nous dédions cette espèce, présentent comme elle, ce caractère d'avoir les dents du côté postérieur plus petites que du côté antérieur, ainsi la *Nucula neda* (Hall et Whit. pl. XI, f. 10.—27th Annual Report of the State of New-York p. 191), et *Nucula ventricosa* (Hall, Iowa Report, p. 716, pl. 29, f. 4). Le *Ctenodonta Halli* se distingue nettement par sa forme de ces dernières ; la ressemblance que nous avons indiquée entre cette espèce et le *T. nasuta* est complète pour la moitié postérieure, mais leurs côtés antérieurs diffèrent par la disposition des dents, et par la plus grande largeur de ce côté chez *T. nasuta*. L'*Axinus obovatus* (Mac Coy, Carb. foss of Ireland, p. 64. pl. VIII. f. 30) voisin par sa forme générale s'en distingue par son côté antérieur plus court, et ses bords cardinaux bombés.

Localités : *Ass se de Leña* : Vallota, Pont de Demues.

1. *Cuculella sp.*

J'ai trouvé à Villayana un moule intérieur de coquille qu'il est intéressant de signaler. Il appartient par sa forme générale, la disposition des dents de la charnière, et l'impression palléale simple, au genre *Nucula*; mais il montre en outre sur son côté antérieur, et sous l'adducteur antérieur, une incision oblique correspondant à une côte saillante de la coquille, et caractéristique du genre *Cu ulella* de Mac Coy. Je ne crois pas que ce genre ait été signalé encore dans le terrain carbonifère.

Localité : *Assise de Leña* : Villayana.

1. *Schizodus sulcatus*, Sow. sp.

Pl. XVII, fig. 6.

Shizodus sulcatus, Sowerby : Geol. Trans, 2e Sér. T. V. 1836, pl. 39. f. 1.

Coquille subtriangulaire, convexe, arrondie en avant, atténuée en arrière ; crochets saillants. Test assez mince, lisse, ne montrant que des stries d'accroissement. Sur les moules internes, arête oblique s'étendant du crochet au bord postérieur ; il y a une autre arête moins saillante du côté antérieur ; elles sont très peu visibles sur les coquilles. Cette espèce est la coquille la plus abondante du terrain houiller des Asturies, il y en a un banc rempli dans la houillère de Mosquitera.

Rapports et différences : Cette espèce a de grands rapports avec certains *Schizodus* du T. permien (*Schiz. obscurus, S. truncatus*), tels qu'ils sont représentés par King (Palæont. Soc. p. 189. pl. 15. f. 23-29), et s'en distingue surtout parce que les arêtes obliques qui s'étendent du crochet au bord sont beaucoup plus accentuées chez les espèces permiennes. Elle ressemble beaucoup à une espèce de *Schizodus* trouvée dans le terrain houiller de l'Iowa et figurée par Meek (Meek, Nebraska fin. Rep. pl. X. fig. 1 *e*, *f*. cœt. excl.), ainsi que du *Schizodus Klipparti* du même auteur (Ohio Report, T. 2. pl. 20. f. 7. p. 346).

Dimensions : Longueur 30 à 35mm, largeur 20 à 25mm.

Localité : *Assise de Sama* : Mosquitera.

2. *Schizodus Rubio*, C. B. nov. sp.

Pl. XVII. fig. 5.

On trouve à Mosquitera avec la précédente, et aussi en très grande quantité, une autre espèce que je figure ici. Elle se distingue du *S. sulcatus* par sa longueur beaucoup plus considérable, et par sa moindre largeur. Mes échantillons adultes ont pour longueur 24 à 32mm, pour largeur 10 à 14mm ; leur longueur est donc égale à plus de deux fois leur largeur. La longueur du *Sch. sulcatus* atteint à peine une fois et demie la largeur de cette espèce.

Le *Schizodus Schlotheimi*, Gein. (King. pl. XV. f. 31-32) est une des formes connues les plus allongées, elle est toutefois plus courte que notre espèce, que je crois nouvelle. Dans le Mémoire sur les British Palæozoic fossils (Cambridge 1854), Mac Coy décrit sous le nom de *Sanguinolites variabilis* (l c. pl. 3 F, f. 6-8) une espèce voisine de celle-ci par ses caractères extérieurs (fig. 8), et dont quelques variétés sont semblables à l'espèce précédente (fig. 7) ; on sait d'après King (Permian fossils, p 161) que Mac Coy a confondu plusieurs genres dans ses *Sanguinolites*.

Localité : *Assise de Sama* : Mosquitera.

3. *Schizodus curtus*, Meek.

Pl. XVII, fig. 4.

Schizodus curtus, Meek : Nebraska, p. 208. pl. X, f 13.

Espèce beaucoup plus petite que les précédentes, qu'elle accompagne ; sa longueur est de 4 à 8mm, sa largeur de 2,5 à 6mm. Son côté antérieur est court, oblique, à contour arrondi vers le front; côté postérieur droit, terminé en angle obtus. La région postérieure est aplatie, la coquille se renfle subitement au niveau de la carène oblique qui va du crochet au bord frontal de la coquille.

Je ne vois pas de différence entre mes échantillons et les figures données par Meek dans le Nebraska Survey, et dans le geological Survey of Illinois. Je ne puis toutefois la distinguer nettement de la *Cypricardia tumida* (Mac Coy, Carb. foss. of Ireland, p. 61, pl. VIII, f. 13), à laquelle il faudra sans doute la réunir. Nos coquilles diffèrent du *Sch.*

rotundatus, Brown, du Permien d'Angleterre, par la position plus oblique de sa carène. (King, Perm. fossils. pl. XV, f. 30).

Localité : *Assise de Sama* : Mosquitera.

1. *Anthracosia bipennis*, Brown.

Pl. XVII, fig. 8.

Anthracosia bipennis, Brown : Annals and Mag. of Nat. hist., vol. XII, 1843, p. 391, pl. XV, f. 9.

On trouve dans les schistes houillers de Santo-Firme, comme à Mosquitera, de très nombreux bivalves ; le plus grand nombre de ces coquilles n'appartient plus ici au genre *Schizodus*, je le rapporte au genre *Anthracosia*. Ils sont très abondants, mais souvent aplatis, déformés, et très fragiles : un seul échantillon m'a montré sa charnière. La plupart des échantillons sont remarquables par leur allongement qui égale le double de leur largeur, 15mm à 25mm sur 7mm à 12mm. Le côté postérieur est beaucoup plus développé que l'antérieur, il forme une droite parallèle au bord frontal de la coquille : il rejoint ce bord en se courbant rapidement en angle obtus. Le bord antérieur est court, arrondi ; les crochets sont situés au tiers de la longueur de la coquille.

Le nombre des *Anthracosia* décrits en Angleterre, Allemagne et Belgique par MM. Brown, Ludwig, et de Koninck est si considérable, que leurs descriptions paraissent avoir épuisé toutes les combinaisons possibles des différents caractères propres à ces espèces. L'espèce commune à Santo-Firme, est surtout remarquable par son allongement, le parallélisme des bords postérieurs et frontaux, et la forme anguleuse de sa partie postérieure, qui la distinguent de la plupart des espèces. Parmi celles qui ont été décrites par Sowerby il en est quelques unes qui présentent des caractères semblables : la *A. acuta* (Min. Conch. pl. 33. f. 5-6) est allongée, mais sa partie postérieure est plus acuminée. La *A. Urii* (Fleming, in Sow. Geol. Trans. 2e ser. T. V. pl. 39, f. 6) en est bien plus voisine. Elle n'en diffère que par son bord antérieur plus court. Cette différence n'existe pas entre notre espèce et le *A. bipennis* (Brown) à laquelle nous l'assimilons. Il faut noter dans le texte de Brown le parallélisme des bords de cette espèce, qui n'est pas bien indiqué dans sa figure. Je crois qu'une série suffisante d'*Anthracosia* permettrait de faire rentrer cette espèce, dans l'ancienne *A. Urii* de Fleming.

Localités : *Assise de Sama* : Santo-Firme, Mosquitera.

2. *Anthracosia carbonaria*, Schlt.

Pl. XVII, fig. 7.

Anthracosia carbonaria, de Koninck : Foss. Carb. Belg. 1842, pl. 1. f. 10.

Avec les *Anthracosia* précédentes, on en trouve quelques unes plus rares, qui s'en distinguent par leur moindre allongement et leur contour arrondi. Elles me paraissent présenter les caractères de la cosmopolite *A. carbonaria*.

Localité : *Assise de Sama* : Santo-Firme.

1. Naiadites Tarini, C. B. nov. sp.

Pl. XVII. fig. 14.

Je rattache provisoirement à ce genre des coquilles qui appartiennent à un genre nouveau, et que je ne puis définir actuellement faute de connaître la charnière. Je les rapporte ici à la famille mal limitée des *Naiadites* de Dawson parce que ce sont des coquilles d'eaux douces comme celles de la Nouvelle-Ecosse d'après ce savant : elles ne rentrent nullement toutefois dans les genres européens *Anthracomya*, *Anthracoptera*, *Anthracosia*. L'espèce est nouvelle, je la dédie à M. Joaquin Gonzaco y Tarin.

Ces coquilles sont très-allongées, elliptiques, à bord cardinal droit, se terminant en avant et en arrière par une courbe. Bord antérieur court, arrondi ; bord postérieur très allongé, arrondi, plus large que la partie antérieure. Crochets petits, situés au 1/4 antérieur de la coquille. Ligament externe, très visible sur certains échantillons (fig. 14 a.) Test très mince ondulé par de fortes stries d'accroissement.

Cette espèce ressemble par sa forme générale à *Sanguinolaria arcuata*, Phill. (Yorks. p. 209, pl. V, f. 5); elle s'en distingue toutefois par son bord cardinal plus droit, et son extrémité postérieure moins oblique. Elle rappelle également certaines espèces du genre *Sanguinolites* de Mac Coy. (*S. iridinoïdes*, Pal. foss. p. 504, pl. 3 F, f. 11), ainsi que du genre *Edmondia* (cf. *Edm. reflexa ?* Meek in Nebraska, p. 213, pl. IV, f. 7) ; ainsi que *Solenomya? anodontoïdes* (Meek, Ohio Report, vol. 2. Paleont. pl. 19, f. 11, p. 339). Je dois la distinguer de toutes les formes houillères qui me sont connues, à cause de sa forme extérieure, qui ne correspond à aucune des espèces décrites, et à cause de son habitat. Ces coquilles en effet, ne se trouvent pas associées à des espèces marines ou saumâtres, comme la plupart de celles que l'on trouve habituellement dans le T. houiller, et comme toutes celles que j'ai citées jusqu'ici à Mosquitera, Santo-Firme ; elles sont au contraire les seuls représentants animaux qui se trouvent dans le toit de certaines veines de houille, et où abondent en même temps les fougères. Le parfait état de ces fougères et de ces lamellibranches dont les ligaments sont parfois même conservés, prouve à l'évidence que ces fossiles n'ont pas été remaniés, mais nous ont été conservés à la place et dans les conditions où ils ont vécu.

Dimensions : Mes plus grands échantillons ne dépassent pas 16mm de long ; la largeur est un peu moins de 1/4 de la longueur, l'épaisseur ne dépasse pas 1 à 1,5^{mm}.

Localités : *Assise de Sama* : Santa-Ana, Ciaño.

1. *Conocardium alæforme*, Sow.

Conocardium alæforme, de Koninck : Foss. Carb. Belg. 1842, p. 83, pl. 4, f. 12.

Je rapporte à cette espèce avec doute, des moules internes de *Conocardium*, identiques autant qu'on peut en juger d'après leur état de conservation, à mes échantillons de Tournay. De Verneuil a déjà cité dubitativement cette espèce dans les Asturies ; M. Mallada la cite à Leña, Mieres, et Aller ; il signale de plus dans les Asturies une autre espèce (*Con. Ouralicum*, *Vern.*) que je n'ai pas retrouvée.

Localité : *Assise de Leña* : Ontoria.

2. *Conocardium Cortazari*, Mallada.

Conocardium Cortazari, Mallada : Syn. Paleont. de Espana, p. 109. pl. 5 a, f. 6.

M. Mallada a décrit sous ce nom une forme du terrain houiller de San Felices (Palencia) ; j'ai trouvé à Pria dans des schistes noirs une coquille qui correspond extérieurement à la figure 6 de sa description.

Localité : *Assise de Leña* : Pria.

1. *Astarte subovalis*, Mall. sp.

Pl. XVII, fig. 12.

Astarte subovalis, Mallada : Synopsis, p. 109. pl. 4, f. 8.

Espèce très voisine sinon identique à celle qui a été décrite par M. Mallada dans le carbonifère de San Felices (Palencia) ; elle n'en diffère que par le nombre toujours moindre des plis concentriques qui ornent ses valves. Je ne crois pas toutefois qu'on doive la rapporter au genre *Cardinia* comme le fait Mallada, et je lui trouve tous les caractères des *Astartes* telles qu'elles sont limitées par Forbes et Hanley (Hist. of Brit. Mollusca, vol. I. p. 450-1). Cette espèce a de très grands rapports avec *Astarte Vallisneria* (King) du Permien d'Angleterre (King, Paleont. Soc. p. 194, pl. 16, f. 1) ; elle s'en distingue parce qu'elle est relativement un peu plus large. Elle est également voisine de *A. transversa* (de Koninck 1842, p. 80. pl. 4, f. 11.)

Localités : *Assise de Leña* : Sebarga, Villayana, Pria, Quiros ?

2. *Astarte Mac Phersoni*, C. B. nov. sp.

Pl. XVII, fig. 13.

Coquille inéquilatérale, épaisse, subtrapézoïdale, transverse et tronquée postérieurement. Sa surface est couverte d'un assez grand nombre de sillons ondulés, larges, peu profonds, transverses, parallèles au bord de la coquille. Le bord cardinal postérieur est presque droit, l'antérieur est concave, sinué. Les crochets sont pointus proéminents et placés moins en avant que chez *A. ovalis.* J'ai hésité à placer cette espèce ainsi que *A. ovalis* dans le genre *Astarte*; mais ayant pu dégager la charnière d'un échantillon de cette espèce, je n'ai plus conservé de doutes à ce sujet. Je figure ici la valve que j'ai ainsi préparée, c'est une valve droite, elle montre à la charnière deux fortes dents divergentes, à peu près de même grandeur, l'antérieure la plus grande. Ligament externe; lunule enfoncée, impression palléale simple ; bords intérieurs lisses.

On ne peut donc mettre en doute l'existence du genre *Astarte* dans le calcaire carbonifère d'Espagne, et ce n'est plus dans le Permien comme le pensait King (l. c. p. 194), qu'on trouve les plus anciens représentants de ce genre. Cette espèce se distingue de toutes celles qui me sont connues. Elle a des rapports de forme extérieure avec *Cardiomorpha lamellosa* (de Kon. 1842, p. 110, pl. 1, f. 2) : Je croirais volontiers que certaines formes à plis concentriques rapportées au genre *Cardiomorpha* par M. de Koninck, et dont la charnière est inconnue, sont très voisines de mes *Astartes*.

Dimensions : Longueur 23mm, largeur 18mm, épaisseur 8mm.

Localité : *Assise de Leña* : Onis.

1. *Sanguinolites cf. subcarinatus*, Mac Coy.

Pl. XVII, fig. 10.

Sanguinolites subcarinatus, Mac Coy : Brit. pal. foss. 1854, pl. 8 F, fig. 4.

Je figure ici une petite coquille du terrain houiller de Santo-Firme, longue de 9mm, large de 7mm, et qui présente des rapports de forme générale et d'ornementation avec le *Sang. subcarinatus* de Mac Coy. Elle en diffère il est vrai, par sa région postérieure moins développée ; comme de plus, les charnières du type et de mes échantillons sont également inconnues, on ne peut espérer arriver actuellement à une détermination précise.

Localité : *Assise de Sama* : Santo-Firme.

1. *Edmondia Calderoni*, C. B. nov. sp.

Pl. XVII, fig. 9.

Coquille renflée, équivalve, inéquilatérale, transverse, subovale, couverte de plis et de nombreuses stries concentriques. Le côté cardinal est droit et allongé, sa partie antérieure est beaucoup plus déprimée que l'autre; le bord postérieur plus court, rejoint le front en faisant un angle obtus avec le côté. Je n'ai pu observer la charnière. Mon échantillon est assez déprimé, il se rapproche un peu par sa taille du *Edmondia rudis* de

Mac Coy (Pal. foss. pl. 3 F, f. 9, p. 502), mais s'en distingue par son bord postérieur anguleux, et par son bord antérieur plus long. Il rappelle également le *Venerupis scalaris* par sa forme générale renflée, mais en diffère par l'ornementation de sa surface et par sa taille (Mac Coy, Carb. foss. of Ireland, p. 67, pl. X, fig. 6). N'ayant pu observer sa charnière, je ne puis fixer la position générique de cette coquille.

Dimensions : Longueur 30^{mm}, largeur 20^{mm}, épaisseur 18^{mm}.

Localité : Assise de Leña : Onis.

1. ***Cardiomorpha sulcata***, KON.

Pl. XVII, fig. 11.

Cardiomorpha sulcata, DE KONINCK : Foss. carb. de Belg. 1842, p. 109, pl. 2, f. 18.

Je rapporte avec doute à cette espèce de Belgique, quatre petites coquilles de Ontoria qui lui ressemblent assez par leur forme générale. L'espèce de M. de Koninck a été décrite d'après un seul échantillon ; mes échantillons sont en assez mauvais état, aucun n'a pu me permettre de voir la charnière : cette détermination a donc besoin d'une confirmation. Ils rappellent également certaines *Cypricardia* du carbonifère d'Irlande de Mac Coy, telles que sa *Cypricardia concinna*, par exemple.

Dimensions : Longueur 10^{mm}, largeur 5^{mm}.

Localité : Assise de Leña : Ontoria.

J'ai trouvé au Pont de Demues, plusieurs autres espèces de Lamellibranches Dimyaires que je n'ai pu déterminer. Cette localité est riche en formes de ce groupe. D'autres Lamellibranches indéterminables se trouvent aussi à Ontoria dans un grès grossier verdâtre avec débris de *Calamites* charbonneux.

Gastéropodes

Naticopsis Ciana, VERN. sp.

Pl. XVII, fig. 15.

Naticopsis Ciana, MALLADA, SYNOPSIS : p. 97, pl. 1, f. 6. 6 *a*.

Cette espèce ainsi que la suivante appartiennent au sous-genre *Trachydomia* de Meek et Worthen, subdivision des *Naticopsis* de Mac Coy. Coquille petite, plus longue que large, subconique, à angle apicial de 70°. Elle est composée de 4 à 5 tours convexes, dont le dernier très développé forme à lui seul les 2/3 de la hauteur totale. Surface ornée dans le sens de l'enroulement de 12 à 15 rangées de petits tubercules parallèles aux sutures ; plus de la moitié de ces rangées sont recouvertes par le retour de la spire. La partie supérieure du dernier tour de spire est faiblement anguleuse. La bouche est oblongue, son bord interne est garni en haut d'un petit rebord.

Cette espèce a d'abord été décrite sommairement par de Verneuil (Bull. soc. géol. France, 2e Sér. T. 3. 1846, p. 455) ; elle fut figurée en 1875 par M. Mallada (Synopsis, pl. 1, f 6.) qui la cite en divers points des Asturies : Leña, Mieres. Les échantillons que j'ai trouvés sont plus petits que ceux qui ont été représentés par M. Mallada, leur longueur ne dépasse pas 0,005mm. Ils se rapprochent donc considérablement par ce caractère, comme aussi par leur ornementation d'une espèce du calcaire carbonifère de Rnssie décrite et figurée par de Verneuil sous le nom de *Natica Mariæ* (Russie, p. 332, pl. 27. f. 12) ; la bouche de cette espèce étant inconnue je ne vois aucun motif qui permette de la séparer de la *N. Ciana*, à laquelle je propose de la réunir.

Cette espèce a encore les plus grands rapports avec *Littorina Wheeleri* (Swallow, 1860. Trans. St. Louis Academy Sci. vol. 1, p. 658) rapportée par Meek et Worthen au genre *Naticopsis* de Mac Coy (Illinois, vol. V, p. 595), et figurée par eux (pl. 28, f. 3). L'ornementation des coquilles est identique, ainsi que la forme générale ; la *Naticopsis Wheeleri* ne diffère de l'espèce Espagnole que parce que le bord interne de sa bouche est recouvert par une large callosité aplatie, que je n'ai pas observée chez *N. ciana*, ce qui est peut-être dû à la fossilisation.

Localité : *Assise de Leña* : Ontoria.

2. *Naticopsis nodosa*, VAR. WORTHENI, nov. var.

Pl. XVII, fig. 16.

Naticopsis nodosa, MEEK ET WORTHEN : Illinois Survey, vol. 2. p. 366. pl. 31. f. 2-3.

Coquille voisine de la précédente par sa forme générale, elle est un peu moins allongée, son angle apicial est de 90°. Elle est composée de 4 tours convexes, dont le dernier très développé forme de même les 2/3 de la hauteur totale. Surface ornée de 4 à 5 rangées de tubercules disposés dans le sens de l'enroulement ; les rangées postérieures sont les plus saillantes, les tubercules s'effacent vers la bouche. On reconnait de plus que ces tubercules sont alignés suivant les stries d'accroissement de la coquille. La partie recouverte par le retour de la spire ne présente habituellement que ces stries d'accroissement, et jamais plus d'une ou 2 lignes de tubercules effacés ; on n'en compte que 3 rangées sous cette partie. Une dépression, en forme de gouttière, et assez fortement indiquée, règne le long du bord sutural des divers tours, et y détermine également une angulosité obtuse. La bouche est oblongue, ovale, son bord interne est garni d'une petite callosité, moindre encore que chez les types de Meek et Worthen auquel nous assimilons cette espèce.

Cette forme assez commune à Ontoria montre une analogie très grande avec le *N. nodosa* de l'Illinois, dont elle diffère par le moindre développement de sa callosité columellaire, ainsi que par la disposition de ses tubercules. Si l'on compare entre elles à ce point de vue les 2 variétés de *N. nodosa* figurées par Meek et Worthen (*N. typa* et *N. Hollidayi*), on voit qu'elles diffèrent entre elles autant que l'espèce espagnole de l'une d'elles ; c'est ce qui m'a engagé à les rapporter à cette même espèce comme une nouvelle variété.

Localité : Assise de Leña : Ontoria.

3. *Naticopsis Collombi*, C. B. nov. sp.

Pl. XVII, fig. 17.

Naticopsis cf. globosa, DE KONINCK : Annal. musée royal de Belg. 1881. T. VI. Gasterop. p. 15. pl. 1 et 2.

Coquille de forme ovale, atteignant 4^{cent} de long, sur 3 de large. L'ouverture de l'angle spiral est de 100°. Elle est composée de 4 à 5 tours de spire convexes, légèrement déprimés sur le bord sutural ; cette partie déprimée est ornée d'un grand nombre de petits plis rayonnants, qui se divisent en 2 ou 3 par dichotomie, sur la partie renflée. Les tours de spire sont nettement séparés les uns des autres, mais il n'y a pas ici de gouttière anguleuse comme chez *N. plicistria*. La bouche est grande, hémisphérique ; son bord interne est recouvert par une callosité columellaire très développée.

N. Collombi a les plus grands rapports avec la *Natica plicistria* de Phillips, elle ne s'en distingue que par son angle apicial plus aigu, son mode d'ornementation différent, et la forme de ses sutures. Elle a également des rapports, moins intimes il est vrai, avec le *Naticopsis Altonensis*, *var. giganteus*, de Meek et Worthen (Illinois, vol. V, p. 595. pl. 28, f. 12). M. de Koninck ayant assimilé la *Natica plicistria* de Phillips à *Naticopsis globosa*, Hoeninghaus, et montré dans ses belles planches, l'extrême variabilité de cette espèce ; l'ornementation spéciale du test de *N. Collombi* reste son seul caractère distinctif.

Localité : Assise de Leña : Villanueva.

4. *Naticopsis planispira*, PHILL.

Naticopsis planispira, DE KONINCK : Annal. du musée royal de Belgique, Gaster. T. VI. 1881. p. 20, pl. 2, fig. 23-24, pl. 3. f. 9-10.

Cette espèce a déjà été citée dans les Asturies par MM. de Verneuil et Mallada, les échantillons que je désigne sous ce nom se rapportent également aux descriptions des types belges donnés par M. de Koninck.

Localités : *Assise de Leña* : Sebarga, P[t]. de Demues, Ontoria, Onis, Santo-Firme?

1. Loxonema rugiferum, PHILL.

Loxonema rugiferum, DE KONINCK : Ann. musée R. Belgique, T. VI. 1881. p. 59. pl. VI. fig. 12-13.

Espèce déjà citée dans le calcaire carbonifère des Asturies par MM. de Verneuil et Mallada à Leña, Mieres, Aller. Mes échantillons se distinguent un peu des types de M. de Koninck par leur angle spiral plus ouvert égal à 25°, le moindre nombre de spires; elles sont chargées aussi de grosses côtes allongées dans le sens de l'axe principal, obliques et occupant les 2/3 de la largeur de chaque tour, mais le tiers inférieur est nettement strié en travers.

Localité : *Assise de Leña* : Sebarga.

2. Loxonema scalarioïdeum ? PHILL.

Pl. XVII, fig. 18.

Loxonema scalarioïdeum PHILLIPS : Yorkshire, 1836. p. 229. pl. 16. f. 3.

Ce n'est qu'avec doute que je rapporte cette espèce à *Loxonema scalarioïdeum*, en effet mes échantillons d'Espagne atteignent parfois 35[mm] de long, leur angle spiral n'est que de 16°. La coquille est composée de 8 à 11 tours de spire convexes, aplatis latéralement, et ornés d'environ 24 côtes arquées tranchantes, dirigées dans le sens de la longueur et occupant tout l'espace visible de chaque tour.

Les types de M. de Koninck mieux connus que ceux de Phillips diffèrent de ceux-ci par leur allongement moindre, leur angle apicial plus ouvert, un moindre nombre de spires ornées de plus de côtes (de Koninck, Foss. carb. 1842. p. 464, pl. 41. f. 4). M. Mallada indique le *Ch. scalarioïdea* à Caldas de Oviédo, Mieres, Leña, Aller, il en donne une figure qui n'est toutefois que la copie de la forme belge d'après M. de Koninck. Je trouve la *Chemnitzia* des Asturies assez différente du type de de Koninck, il faut toutefois noter qu'elle se distingue beaucoup moins du type original de Phillips à angle apicial plus aigu, et à tours de même forme (Yorks. p. 229. pl. 16. f. 3). De Verneuil a sans doute ramassé aussi cette forme, qui serait ainsi assez répandue dans les Asturies : il indique en effet avec doute dans sa liste un fossile voisin du *Loxonema Hennahi*, Phill. du dévonien (Phillips, Pal. foss. pl. 38. f. 184), peut-être identique au *Chem. scalarioïdea* du carbonifère? De Verneuil aurait donc eu les mêmes hésitations que nous relativement à cette espèce. J'ai pris par conséquent le parti de figurer cette coquille; l'échantillon représenté est incomplet, mais a été choisi à cause de sa meilleure conservation. Il rappelle d'assez près le *Loxonema rugosa* (Meek et Worthen, Illinois Survey, vol. 2, p. 178, pl. 31. f. 11)

Localités : *Assise de Leña* : Pont de Demues, Villanueva.

1. *Macrochilina ventricosa*, de Kon.

Pl. XVII, fig. 19.

Macrochilina ventricosa, de Koninck : 1843. Ann. musée R. de Belgique, T. VI. 1881. Gasteropodes. p. 33. pl. IV. f. 53-54.

La forme que j'ai ramassée en Espagne me paraît la même que l'on trouve en Belgique, les stries d'accroissement sont plus marquées : la figure que j'en donne d'après nature montrera les différences insensibles de cette espèce dans ces 2 régions. Petite coquille subfusiforme, composée de 5 à 6 tours de spire peu convexes, suture linéaire. Le dernier tour, ventru, occupe les deux tiers de la longueur totale de la coquille. Spire aigüe ; ouverture subovale, à bord columellaire garni d'une callosité peu prononcée, bien visible sur l'échantillon, quoique négligée sur le dessin. Surface ornée de plis d'accroissement.

Les figures données par M. Mallada qui a cité cette espèce sous le nom de *M. acutus*, *Sow.* à Caldas de Oviedo, Leña, Mieres, Aller, Teberga, sont des copies des types belges de M. de Koninck (Foss. Carb. 1842) ; l'identité de ces formes avec le type dévonien de Sowerby (Geol. Trans. 2e ser. vol. V, pl. 57, f. 23) ne me semble nullement établie, et ne saurait l'être que par la comparaison directe des types. L'espèce espagnole se rapproche aussi assez des *M. minor* (de Kon.), et *M. ovalis* (Mc Coy), par ses dimensions et l'ouverture de son angle spiral.

Dimensions : Longueur 17^{mm} ; épaisseur 10^{mm} ; hauteur de l'ouverture 8^{mm} ; largeur de la même 4^{mm} ; ouverture de l'angle spiral 55°.

Localité : *Assise de Leña* : Sebarga.

1. *Strobeus Altonensis*, M. et W. sp.

Pl. XVII, fig. 20.

Strobeus, ... de Koninck ; Annal. musée R. de Belgique, T. VI. 1881, p. 25.

Macrocheilus Altonensis, Meek et Worthen ; Illinois Survey, vol. V, p. 593, pl. 28, f. 8.

Coquille presque deux fois aussi longue que large, souvent de petite taille, atteignant généralement 9 à 10^{mm}, mon plus grand échantillon figuré ici atteint 17^{mm} de long. L'ouverture de l'angle spiral atteint 70°. Elle est composée de 4 à 5 tours de spire convexes, mais non renflés, lisses, où les stries d'accroissement sont peu visibles. Le test est épais ; la bouche allongée à ouverture subovale, est recouverte sur son bord interne par une callosité columellaire très développée. Columelle ornée d'un pli un peu tordu sur lui-même. Surface lisse.

Cette coquille présente l'aspect général du genre *Macrocheilus* auquel la rapportaient Meek et Worthen ; elle s'en distingue par la callosité qui recouvre le bord interne de l'ouverture des échantillons américains comme des échantillons espagnols, et qui caractérise justement le genre *Strobeus* de M. de Koninck. Son *Strobeus ventricosus* (pl. 3, fig. 26-27) voisin de l'espèce espagnole, s'en distingue un peu par sa forme moins allongée, qu'on retrouve dans le *S. Altonensis*.

Localité : *Assise de Leña* : Ontoria.

1. *Turbinilopsis? Hoeninghausianus*, DE KON.

Turbinilopsis Hoeninghausianus, DE KON. : Ann. mus. R. de Belgique, T. VI. 1881. p. 90. pl. IX-X.

Petite espèce dont la hauteur ne dépasse pas 0,006, mais correspondant exactement par sa forme et par tous ses autres caractères au *T. Hoeninghausianus* de Visé (de Kon. 1842. pl. 40. f. 5). Cette espèce a déjà été citée par M. Mallada à Leña, Mieres, Aller.

Localité: *Assise de Leña* : Quiros.

1. *Straparollus Dionysii*, DE MONT.

Straparollus Dionysii, DE KONINCK : Foss. carb. de Belg. 1842. p. 438. pl. 24. f. 5.
— — — Annal. musée R. de Belgique, T. VI. 1881. p. 120. pl. XI. XIII.XIV.

Le diamètre de mes échantillons ne dépasse pas 0,009, et se rapproche plus par sa taille du *Straparollus fallax* que de *St. Dionysii* ; la forme transversalement ovale de la bouche, la disposition de l'ombilic privé de carène, rapprochent mes échantillons du *Evomphalus Dionysii*, notamment de la Fig. 5. pl. 24. de M. de Koninck.

Localité : *Assise de Leña* : Villayana.

1. *Schizostoma catillus*, MART.

Schizostoma catillus, DE KONINCK : Foss. carb. 1842, p. 427, pl. 24. f. 10.
— — — Annal. musée R. de Belgique, T. VI, 1881, p. 154, pl. XVI. XXI.

Cette espèce a déjà été signalée à Teberga, Laviana, par M. Mallada ; je l'ai rencontrée à Sebarga, Quiros. Les *Evomphales* ont acquis un aussi beau développement dans le calcaire carbonifère des Asturies que dans celui des régions voisines ; de Verneuil avait trouvé un grand nombre d'espèces de cette famille, il cite les *Evomphalus pentangulatus, tabulatus, pugilis,* que je n'ai pas retrouvés.

Localités : *Assise de Leña* : Sebarga, Quiros, Cabo di Mar ?

1. *Pleurotomaria Yvanii*, LÉVEILLÉ.

Pleurotomaria Yvanii, DE KONINCK : Foss. carb. 1842, p. 390, pl. 37, f. 1-7.

Cette espèce a déjà été signalée par M. Mallada en Espagne, à San-Felices ; j'ai également recueilli des échantillons que je crois devoir lui rapporter, ils ne se distinguent des types belges de ma collection que par le plus grand développement des stries d'accroissement.

Localités : *Assise de Leña* : S. de Bobia, Pont de Demues.

2. *Pleurotomaria Vidalina*, Mall.

Pleurotomaria Vidalina, Mallada : Synopsis, p. 102, pl. 3, f. 6.

Cette nouvelle espèce que M. Mallada cite en de nombreux points des Asturies, Langreo, Mieres, Aller, Leña, Riosa, se distingue facilement de la précédente par la forme arrondie régulièrement renflée de ses tours.

Localité : *Assise de Leña* : Ontoria.

3. *Pleurotomaria conica?* Phill.

Un très mauvais échantillon de *Villanueva* se rapporte peut-être à cette espèce ?

Localité : *Assise de Leña* : Villanueva.

1. *Orthonema Delgado*, C. B. nov. sp.

Pl. XVII, fig. 21.

Orthonema, Meek and Worthen : 1861, Proceed. acad. nat. sci. Philadelphia, p. 146.

Je rapporte au genre américain *Orthonema* de Meek et Worthen des coquilles du calcaire carbonifère d'Espagne présentant l'aspect général des *Murchisonies*. Elles s'en distinguent par l'absence de la fente et de la carène qui la continue sur le milieu des tours des *Murchisonies*. Notre *Orthonema Delgado* présente également certains caractères du genre *Aclisina* (de Koninck, Annal. mus. R. de Belgique, T. VI, 1881, p. 86) auquel nous l'avons comparé, mais s'en distingue par ses tours moins convexes, et à ouverture non ovale.

Les tours de *O. Delgado* portent comme les *Aclisina* des carènes saillantes en spirale, sur lesquelles passent sans se déranger les stries d'accroissement. Mon plus grand échantillon de cette espèce est incomplet, il a dû atteindre 5 ct. de long, son angle apicial est de 24°. Les tours sont aplatis au milieu et portent 3 carènes : l'une assez grosse au bord antérieur du tour près de la suture, les deux autres contigües et près du bord postérieur de ce même tour, la plus petite des deux étant en dedans. La plupart de mes échantillons ont 8 à 9mm de long, ils montrent que la position de ces carènes n'est pas très régulière, souvent elles sont espacées également sur toute la longueur des tours. Au delà de la carène postérieure, le tour s'abaisse très obliquement ; le dernier tour est convexe, aplati en dessus, anguleux en son milieu, et présente vers la bouche trois petites carènes supplémentaires parallèles aux précédentes ; sur les autres tours ces carènes sont recouvertes. La columelle est simple, et la bouche de forme allongée ovale.

Rapports et différences : Il y a tant de rapports entre *Orthonema Delgado* et le *O. Salteri* de Meek et Worthen (Illinois Survey, 1866. vol. 2, pl. 31, f. 14), que je dois signaler leur ressemblance, malgré certaines différences d'ornementation qui empêchent de les assimiler. En Europe, on a déjà décrit des formes bien voisines, elles font partie du genre *Murchisonia* : ainsi je pense que les *Murchisonies* signalées par MM. de Verneuil et Mallada (Synopsis p. 103), et rapportées par eux à *Murchisonia abbreviata* (Sow), sont identiques à l'espèce décrite ici, et qui est trop commune pour avoir échappé à ces observateurs. Ainsi, notamment la variété de *Murchisonia abbreviata* représentée (fig. 3, pl. 38) par M. de Koninck, prêterait facilement à la confusion : elle ne se distingue de notre espèce que par la convexité de ses tours, et l'égale distance des carènes. Les stries d'accroissement dont les différences permettent seules de distinguer la place du sillon, sont invisibles sur un grand nombre d'échantillons. Pour cette même raison, je ferais volontiers rentrer dans le genre *Murchisonia*, et proposerais même l'assimilation à *Murch. abbreviata*, de la *Turritella ? Stevensana* de Meek et Worthen (Illinois Survey, vol. 2. p. 382. pl. 7. f. 8.)

Localités : *Assise de Leña* : Pont de Demues, Ontoria.

2. *Orthonema conica*, M. & W.

Pl. XVII, fig. 22.

Orthonema conica, Meek et Worthen : Illinois Survey, vol. 5. p. 590. pl. 29. f. 5.

Coquille allongée, mince, conique, ayant un angle apicial de 35° à 40°. Tours au nombre de 7 à 9, aplatis au milieu et dans la direction de l'angle de spire, anguleux au bord. Les derniers tours vers la bouche, paraissent parfois déprimés au milieu, mais ce sillon ne me parait dû qu'à la minceur de la coquille qui s'est affaissée en ces points. Dernier tour anguleux au milieu. Suture bien nettement marquée au milieu de l'angle rentrant qui sépare les divers tours. Bouche ovalaire-rhomboïdale. Surface lisse. Cette espèce me semble identique au type des Lower coal-measures de l'Illinois décrit par Meek et Worthen.

Localité : *Assise de Sama* : Santo-Firme.

3. *Orthonema Choffati*, C. B. nov. sp.

Pl. XVII, Fig. 23.

Cette coquille est identique à la précédente par la plupart de ses caractères, la forme de la bouche, etc. ; elle ne s'en distingue que par son angle apicial de 20°. Cette espèce est très commune à Santo-Firme, où elle se trouve avec la précédente ; j'en ai ramassé une cinquantaine d'échantillons dont la longueur varie de 12mm à 20mm, les adultes présentent 9 tours.

L'*Orthonema Choffati* se distingue de la *Murchisonia subtæniata* (Geinitz 1866. Carb. und Dyas in Nebraska, p. 12, pl. 1, f. 18) rapportée depuis par Hayden au genre *Orthonema* (Final Report on Nebraska, p. 228), par l'absence des carènes circulaires caractéristiques de cette espèce. Elle me semble identique à celle qui a été figurée sans nom par Meek et Worthen (Illinois Survey, vol. V, pl. 29. f. 5), auprès de la *Orthonema conica* citée plus haut.

Localité : Assise de Sama : Santo-Firme.

1. *Platyceras neritoïdes*, Phill.

Platyceras neritoïdes, de Koninck : Foss. carb. 1842, p. 332, pl. 23 bis, f. 1.

J'ai trouvé à Sebarga cette espèce déjà signalée dans les Asturies par M. Mallada à Las Caldas de Oviedo.

Localité : Assise de Leña : Sebarga.

2. *Platyceras vetustus*, Sow.

Platyceras vetustus, de Koninck : Foss. carb. 1842, p. 333, pl. 22, f. 7. ; pl. 23 bis, f. 2.

Espèce déjà citée par M. Mallada à Vergaño.

Localité : Assise de Leña : Espiella.

1. *Dentalium Meekianum* ? Gein.

Pl. XVII, fig. 28.

Dentalium Meekianum, Meek et Worthen ; Illinois Survey, vol. V. p. 590, pl. 29, f 8.

Je rapporte avec doute à cette forme, une petite espèce distincte de tous les dentales du calcaire carbonifère qui me soient connus, par sa petite taille. Elle ne dépasse pas 9 à 10mm de long ; la coquille est lisse, un peu arquée, et ne présente que de faibles stries d'accroissement circulaires.

Je l'ai trouvée dans les schistes houillers de Mosquitera ; dans l'Illinois, cette espèce se trouve dans les mêmes conditions que dans les Asturies, au toit de la veine n° 7 des Coal-Measures.

Localité : Assise de Sama : Mosquitera.

1. *Bellerophon Urii*, Flem.

Pl. XVII, fig. 25.

Bellerophon Urii, de Koninck : Foss. carb. 1842. pl. 30, f. 4.

Cette espèce est facile à distinguer comme étant une des seules qui appartiennent au groupe des Bellerophons à dos sillonnés, et non ombiliqués. Il y a environ 36 côtes longitudinales parallèles sur le dernier tour de la coquille ; l'ouverture de la bouche est très surbaissée, très transversale et fortement semilunaire, ne dépassant pas en hauteur le 1/3 de la coquille.

Localités : Assise de Leña : Onis, Pria, Pont de Demues.

2. *Bellerophon sub-Urii*, Mall.

Pl. XVII, fig. 24.

Bellerophon sub-Urii, Mallada : Synopsis, p. 105. pl. 4. f. 5, 1875.

Cette espèce appartient au même groupe que la précédente, elle s'en distingue par ses proportions différentes et par le nombre des côtes longitudinales qui la couvrent. La comparaison de nos figures (24, 25) montre que le *B. sub-Urii* est plus haut que large, tandis que le *B. Urii* présente les mêmes dimensions dans les deux directions ; la bouche du *B. sub-Urii* est presque égale à la moitié de la hauteur totale de la coquille, tandis qu'elle ne dépasse pas le 1/3 chez *B. Urii*. Enfin les côtes longitudinales du *B. sub-Urii* sont moitié moins nombreuses que chez *B. Urii*.

M. Mallada a parfaitement saisi les différences entre ces deux espèces, et nous pensons avec lui que celle-ci est nouvelle. L'échantillon original de M. Mallada provenait du T. houiller de Mieres, nous avons ramassé les nôtres au même niveau à Mosquitera.

Localité : Assise de Sama : Mosquitera.

3. *Bellerophon navicula*, Sow.

Pl. XVII, fig. 26-27.

Bellerophon navicula, Sowerby : Geol. Trans. London. 2e Sér. T. V. pl. 40, f. 5.

— *gracilis*, Mallada ; Synopsis, p. 106. pl. 4. f. 6.

Cette espèce appartenant au groupe des Bellérophons à dos caréné et sans ombilic, est sans contredit, la plus commune du Terrain houiller des Asturies, où elle est extrêmement abondante. Sa taille est constante, elle atteint le plus souvent 10^{mm} de long sur 10^{mm} de large ; certains individus sont plus longs que larges et n'atteignent que 7 à 8^{mm} de largeur. Elle est caractérisée par la largeur de sa carène et par la fermeture des ombilics ; de chaque côté de la carène, la coquille se renfle et forme deux plis longitudinaux saillants. Sa surface est couverte d'un très grand nombre de stries d'accroissement, fines, transverses, irrégulières ; elles sont coupées par un grand nombre de petites stries longitudinales, parallèles, régulières. Ces ornements sont rarement conservés dans les schistes houillers, et la plupart de mes échantillons paraissent lisses.

M. Mallada a déjà trouvé cette espèce dans les terrains houillers de l'Espagne à San

Felices (Palencia), et la décrivit sous le nom de *Bellerophon gracilis* comme espèce nouvelle. Je ne puis toutefois voir de différence spécifique entre ce *B. gracilis* et le *Bellerophon* anglais du terrain houiller de Coalbrook dale figuré par Sowerby dans le travail de M. Prestwich : le nom de *B. navicula* qui lui fût donné parce que la forme de sa bouche rappelait la forme de la section d'un navire, caractérise également bien les échantillons espagnols.

Je figure un échantillon très large (f. 27) où les plis latéraux sont très développés, il correspond aux types de M. Mallada ; l'échantillon (f. 26) appartient à une variété très allongée, où les plis latéraux sont très réduits : entre ces deux formes extrêmes je possède une foule de passages. J'ai en outre trouvé à Onis, dans le calcaire de Leña, un échantillon incomplet que je rapporte avec doute à cette espèce.

Localités : *Assise de Sama* : Santo-Firme, Mosquitera. *Assise de Leña* : Onis?

4. *Bellerophon tenuifasciata*, Sow.

Bellerophon tenuifasciata, de Koninck : Foss. carb. 1842. p. 347. pl. 27. f. 4.

Mes échantillons se rapportent assez bien aux types de Visé de M. de Koninck ; les plus grands, de 28mm de long, laissent encore voir leurs ombilics profonds, en forme d'entonnoir et non carénés au pourtour. Les échantillons de Gamoñedo sont couverts de grosses stries concentriques analogues à celles du *Bellerophon tangentialis*, mais elles sont un peu arquées près de la carène, et celle-ci est de plus couverte de petites stries recourbées. D'une manière générale mes échantillons diffèrent un peu de ceux de Belgique par leurs stries mieux marquées, leur ombilic plus ouvert, leur carène plus saillante.

Localités : *Assise de Leña* : Onis, Gamonedo, Pont de Demues.

5. *Bellerophon hiulcus*, Mart.

Bellerophon hiulcus. de Koninck : Foss. carb. 1842. p. 348. pl. 27. f. 2.

Cette espèce parait très répandue dans les Asturies, citée déjà par MM. de Verneuil et Mallada à Mieres, Barruelo, Valdebreto, Vergaño ; je l'ai trouvée à Ontoria, Gamonedo, Villanueva, Villayana, Sebarga, Pont de Demues et Puertas? dans l'*Assise de Leña*.

Peut-être conviendrait-il de distinguer ici l'espèce nommée *B. Naranjo* par de Verneuil, voisine d'après lui de *B. hiulcus*, dont elle ne différerait que par ses stries plus prononcées, et principalement par sa bande médiane plus élevée et entourée de chaque côté d'un sillon profond. (B. S. G. F., vol. 3, 1846, p. 457). Il est difficile de se rendre exactement compte de cette espèce en l'absence de description plus complète, mais aucun de mes échantillons ne m'a présenté de sillon de chaque côté de la carène.

6. *Bellerophon decussatus*, Flem.

Bellerophon decussatus, de Koninck : Foss. carb. 1842. p. 339. pl. 29. f. 2. 3.

Cette coquille bien caractérisée par les petites côtes longitudinales irrégulières dont elle est ornée, a déjà été signalée dans les Asturies par de Verneuil et M. Mallada à Leña, Mieres.

Localités : Assise de Leña : Ontoria, Pont de Demues.

M. Mallada cite encore dans le calcaire carbonifère des Asturies, en outre des espèces précédentes, un certain nombre d'autres espèces belges : je ne les ai pas reconnues. Il serait intéressant de les retrouver, car il est un certain nombre des déterminations de M. Mallada qui sont à vérifier.

Céphalopodes

1. *Nautilus dorsalis*, Phill.

Nautilus dorsalis, Phillips : Yorks. p. 231. pl. 18, f. 1-2.

Grosse coquille presque de même taille que le type de Phillips. Siphon dorsal, ombilic assez étroit mais très profond, ce qui est dû à ce que l'angle de spire est très ouvert : le rapport de la largeur entre les tours de spire successifs étant de 1 à 3. Il y a au Musée de Lille, un échantillon de *N. dorsalis* de Wetton (Staffordshire) identique à mon échantillon d'Espagne.

Localité : *Assise de Leña* : Sebarga.

Ostracodes

1. *Entomis Grand'Euryi*, C. B. nov. sp.

Pl. XVII, fig 29.

Les schistes houillers où nous avons signalé une faune saumâtre, contiennent dans les Asturies comme en Belgique et en Angleterre un assez grand nombre d'Entomostracés. Ces petites coquilles très fragiles ne dépassent pas 1mm de longueur. Je crois pouvoir les rapporter au genre *Entomis* de M. Rupert-Jones, genre qui n'aurait plus de représentant vivant d'après ce savant, et dont les rapports avec les autres Ostracodes sont encore bien obscurs. Il se distingue des autres genres par l'absence du tubercule qui se trouve habituellement à la partie supérieure de chaque valve : il est de plus caractérisé par un sillon transversal qui le divise vers son milieu.

Valves ovalaires, subréniformes, bombées, redressées dans la région où elles s'articulent ; elles sont divisées en deux parties égales par un sillon onduleux transversal, profond, arrondi, et qui ne se prolonge pas jusqu'au bord. En avant de la coquille, petit sillon parallèle au précédent, et visible seulement sur les bons échantillons. La surface des valves me parait lisse, je n'y ai pu voir de stries d'accroissement.

Mes échantillons diffèrent du *E. concentrica* (de Koninck) par l'absence des ornements du test, ainsi que par le petit sillon antérieur (Rupert-Jones, Palæont. soc. 1874. pl. IV. f. 22-25. p. 41) ; ils se rapprochent beaucoup par leur forme générale, et leur bord sutural droit de *Philomedes ? Bairdiana* (Rupert-Jones, l. c., pl. 2, f. 30), mais le tubercule large en forme de crochet antérieur de cette espèce ne peut correspondre au lobe antérieur du *Entomis Grand'Euryi*.

Localités : *Assise de Leña* : Mosquitera, Santo-Firme.

Trilobites

1. *Phillipsia Derbyensis*, Mart.

Phillipsia Derbyensis, de Koninck . Foss. carb, 1842. p. 601. pl. 53. f. 2.

Cette espèce est certes la forme trilobitique la plus répandue dans le calcaire carbonifère des Asturies : elle y a déjà été citée par de Verneuil et Mallada à Mieres, Aller, Leña ; je l'ai ramassée en outre à Sebarga, Pont de Demues , dans l'*Assise de Leña* :

Poissons

1. *Ichthyodorulites.*

Pl. XVII, fig. 30.

Les terrains carbonifères d'Angleterre et d'Amérique ont fourni une faune ichthyologique très riche, on n'a pas encore signalé d'animaux de cette classe dans le calcaire carbonifère d'Espagne. Cette lacune n'est qu'apparente, et dûe seulement à ce que les recherches ont été insuffisantes ; j'ai reconnu en effet parmi mes fossiles du carbonifère d'Espagne, des fragments de rayons épineux de poissons placoïdes. Mes matériaux ne sont pas assez bons pour mériter une étude approfondie, je me contenterai donc de signaler ici leur existence. Ces rayons sont assez courts, plus ou moins comprimés, épineux à leur bord postérieur, et rappelant un peu les *Odontacanthus* d'Agassiz.

Localité : *Assise de Leña* : Pont de Demues.

§. 5.

Parallélisme entre les faunes des calcaires paléozoiques des Asturies.

Le catalogue raisonné qui précède, de tous les fossiles récoltés dans les calcaires dévonien et carbonifère, nous permet de jeter ici un coup d'œil général sur la vie à cette époque dans le Nord-Ouest de l'Espagne. On doit d'abord constater que les différentes divisions reconnues et indiquées par nous, dans la série devono-carbonifère des Asturies, ne sont pas également fossilifères. Tandis qu'un certain nombre d'entre-elles nous ont fourni des formes variées et une faunule intéressante, d'autres ne servent par leur pauvreté en fossiles, qu'à montrer au biologiste la raison des lacunes de l'histoire paléontologique, et à lui expliquer l'isolement de la plupart des types spécifiques.

Un coup d'œil sur le tableau ci-joint, de la succession des assises dévono-carbonifères dans les Asturies, montrera immédiatement qu'à côté d'assises souvent citées dans les pages précédentes (*Assises de Moniello, de Leña*, etc.), il en est d'autres (*Assises de Furada, des Cañons*, etc.), dont les noms n'ont pour ainsi dire pas été cités, et qui sont par conséquent très pauvres en fossiles :

Systèmes.	Etages.	Assises.	Divisions Asturiennes.
Carbonifère	Permien. .	Permien	Mimophyres de Gargantada.
	Houiller. .	Houiller supérieur .	Assise de Tineo.
		Houiller moyen. . .	Assise de Sama.
	Anthracifère	Carboniférien. . . .	Assise de Leña.
			Assise des Cañons.
			Assise du marbre griotte.
Dévonien	Supérieur .	Famennien	Grès de Cué.
		Frasnien	Calcaire de Candas à *Sp. Verneuili.*
	Moyen . . .	Givétien.	Grès à *Gosseletia.*
	Rhénan . .	Eifélien.	Calcaire de Moniello à *Calcéoles.*
			Calcaire d'Arnao à *Sp. cultrijugatus.*
		Coblenzien	Calcaire de Ferroñes à *Athyris.*
			Calcaire de Nieva à *Sp. hystericus.*
		Taunusien.	Grès de Furada.

Les niveaux fossilifères de la région étant presque exclusivement calcaires, il y a entre eux des relations de faciés qui facilitent l'étude comparative de leurs faunes, ainsi débarrassées des complications ordinairement amenées par les modifications de milieu. Il est ainsi possible de se rendre approximativement compte de la marche du développement phylogénique, en faisant successivement le parallèle de chaque groupe zoologique dans les divers niveaux stratigraphiques.

Foraminifères : Je n'ai pas trouvé de foraminifères dans le calcaire dévonien des Asturies. Les calcaires carbonifères diffèrent notablement des calcaires dévoniens par leur richesse en foraminifères : la famille qui y est représentée par le plus grand nombre d'espèces et d'individus est celle des *Fusulines* ; famille curieuse, dont les ancêtres nous sont inconnus, et qui après avoir rempli de ses débris les dépôts carbonifères n'a pas laissé de représentants dans les formations géologiques suivantes. Elle nous montre dès cette époque reculée, le type des *Foraminifera perforata* avec un degré de perfectionnement à peine dépassé depuis par les *Nummulinides* des formations tertiaires. Avec les *Fusulines* on trouve dans le calcaire carbonifère d'Espagne des *Dentalina* et autres *Lagenidœ*, qui n'ont atteint au contraire leur plus grand développement que dans des périodes géologiques plus récentes ; des sections minces du calcaire m'ont révélé leur existence à cette époque, mais leur étude spécifique reste entièrement à faire.

Eponges : Le terrain dévonien des Asturies contient des Spongiaires, rares et en assez mauvais état malheureusement ; ce sont des formes vagues appartenant sans doute aux *Hexactinellides*, mais dont l'étude n'a pas encore été entreprise, elles paraissent présenter des rapports avec les *Steganodyctium* de Mac Coy. Les débris d'éponges siliceuses reconnus dans le calcaire carbonifère d'Ecosse doivent faire croire que les genres existant dans le dévonien se sont continués pendant cette période ; mais il est un autre groupe d'éponges, qui a atteint un bien plus grand développement à cette époque en Asturies. Le curieux groupe des *Pharetrones* de Zittel, si développé dans les calcaires triasique, jurassique, et crétacé qu'il ne parait pas avoir dépassé, est représenté par plusieurs genres nouveaux dans le calcaire carbonifère des Asturies : (*Sebargasia, Sollasia, Amblysiphonella*).

M. Zittel a fait l'intéressante remarque que ces *Pharetrones* si abondants dans les terrains secondaires, ne s'y trouvent jamais dans les mêmes gisements que les *Hexactinellides* et les *Lithistides* : ces familles vivaient dans les grandes profondeurs ; les *Pharetrones* comme les *Éponges calcaires* actuelles, vivaient sur les côtes et dans les eaux peu profondes : cette remarque nous porte à penser que les calcaires carbonifères continuaient parfois à se former dans de faibles profondeurs, à Sebarga par exemple, où j'ai trouvé ces divers *Pharetrones*. Les alternances de formations terrestres et marines de la série carbonifère des Asturies sont du reste parfaitement d'accord avec ces données fournies par le groupe des Spongiaires

Anthozoaires : Les *Madréporaires* ont surtout de l'intérêt au point de vue géologique, car les autres ordres (*Antipathaires, Actiniaires*) font défaut, à part quelques *Alcyonaires* (*Aulopora, Syringopora*), dans les calcaires paléozoïques des Asturies. Les *formes des récifs* paraissent bien représentées à cette période, et comme les bancs de coraux actuels croissent dans les mers chaudes, on est naturellement porté à assigner une température chaude aux mers paléozoïques, cette température devait être très uniformément répartie sur le globe, puisqu'on trouve ces bancs dans les calcaires paléozoïques de toutes les contrées.

Il n'y a pas de faune corallienne connue jusqu'ici en Espagne dans le *Silurien* ; l'absence de couches calcaires est une preuve que ces animaux n'ont pas rencontré alors dans cette contrée les conditions propres à leur développement : on ne connaît pas en Espagne les genres de polypiers siluriens supérieurs de l'Amérique et de la Scandinavie. Les récifs de coraux *dévoniens* ont le même faciès général que ceux du silurien supérieur, mais leur richesse en formes spécifiques de *Tetracoralla* est déjà bien moindre. Il est encore difficile d'y reconnaître actuellement quelle a été la marche générale du développement phylogénique de cette classe. En effet plusieurs genres siluriens se sont éteints dans le dévonien comme *Aulacophyllum, Acanthophyllum, Acervularia, Cystiphyllum, Microplasma*; tandis que plusieurs autres genres de ces mêmes familles se sont poursuivis à travers le dévonien jusque dans le carbonifère, *Amplexus, Zaphrentis, Cyathophyllum*. Divers genres sont limités au Dévonien *Hadrophyllum, Combophyllum, Metriophyllum, Pachyphyllum, Calceola*, et le plus petit nombre enfin apparaissent dans le dévonien pour mourir dans le carbonifère : *Phillipsastrea, Michelinia*.

Les 3 ordres d'*Anthozoaires* qui ont vécu dans les terrains paléozoïques n'ont pas été reconnus tous dans le *Calcaire carbonifère* des Asturies : Les *Alcyonaires* n'y ont pas encore été rencontrés, mais il est probable que des recherches plus suivies y trouveront les genres ordinaires *Syringopora, Cladochonus*, etc.. Les *Hexacoralla* (*Favosites*, etc.) sont moins développés que pendant le Dévonien. Les *Rugueux* (*Tetracoralla*) sont nombreux et variés ; sur le point de disparaître, leur organisation présente toujours des nouvelles complications : la sève de ce rameau n'était pas épuisée à l'époque carbonifère.

Les polypiers carbonifères sont d'accord avec le reste de la faune de ce terrain pour montrer que cette faune présente la plus grande constance sur toute la terre ; comme M. Beyrich (1) l'a déjà fait remarquer en parlant de la faune carbonifère de Timor, et M. Kunth (2) pour la faune de la Silésie : tous les polypiers cités ici en Asturies sont identiques à des espèces connues de Russie, d'Angleterre, d'Amérique, etc., où ils sont si voisins d'espèces déjà connues, que l'on peut douter de la réalité de leur individualité spécifique.

Parmi les *Tetracoralla* (*Rugueux*), divisés on le sait en deux grands groupes par M. Dybowsky(3), *Inexpleta* et *Expleta*, parce que les premiers ont leurs loges dépourvues de traverses, dissépiments, ou tissus vésiculeux : on remarque le fait que la première division des *Inexpleta* fait complètement défaut dans le carbonifère des Asturies. Cette faune de *Tetracoralla Expleta* comprend d'abord des genres anciens tels que *Amplexus*, *Zaphrentis*, *Lophophyllum*, *Campophyllum*, *Diphyphyllum*, auxquels est venue se joindre une seconde série de formes, caractérisée par le développement exagéré de la columelle, et représentée par les genres *Petalaxis*, *Koninckophyllum*, *Lonsdaleia*, *Axophyllum*, *Rhodophyllum*. Ces genres présentent les modifications les plus diverses de leur columelle ; ce n'est que dans le carbonifère en Espagne, comme en Silésie d'après M. Kunth, qu'on voit les *Rugueux à columelle* dominer par le nombre et la variété des espèces et des individus. Ce développement tardif de la columelle dans la série phylogénique est pleinement d'accord remarquons-le, avec les observations ontogéniques de M. de Lacaze-Duthiers, qui a reconnu que les cloisons naissaient chez l'embryon avant la muraille, avant la columelle.

En même temps que la columelle se développe ainsi, il se produit une autre différenciation chez les *Tetracoralla* carbonifères ; elle consiste dans une division en 3 zônes concentriques, facilement observable sur les sections horizontales de ces polypiers, et dont notre planche XV donne de nombreux exemples. La zône externe est formée d'un tissu vésiculaire où les cloisons sont nombreuses, peu distinctes ; la zône moyenne montre des cloisons lamellaires bien développées entre lesquelles il n'y a plus

(1) *Beyrich* : Abh. d. Akad. d. Wiss. Berlin 1864. p. 87.

(2) *Kunth* : Zeits. d. deuts. geol. Ges. Bd. XXI. p 217.

(3) *W. N. Dybowsky* : Monog. d. Zoanth sclerod. rugosa aus d. Silurf. Estlands, u. d. Ins. Gotland, Archiv d. Naturkunde Liv-, Est-, u. Kurlands, 1re Sér. T. V p. 257-415 ·LS· ɐdɪɐ ɹıoq1874.

guère de dissépiments ; la zône interne est la columelle formée de feuillets concentriques et diversement réticulés.

Le genre *Cyathophyllum* a eu son plus grand développement à l'époque dévonienne ; il est en pleine dégénérescence lors de l'époque carbonifère, pendant laquelle il s'éteint. Les formes à gemmation calycinale y dominent sur les formes à gemmation latérale si abondantes au contraire dans le dévonien.

Les *Acervularia* (*Heliophyllum* de Schlüter) sont peu abondants dans les divisions inférieures du dévonien, ce n'est que dans le Frasnien, et en général dans les étages dévoniens supérieurs qu'ils atteignent tout leur développement ; c'est ici qu'il convient de remarquer l'intérêt de la différenciation de leur calice en deux zônes concentriques, sur laquelle nous avons insisté : ce caractère nous montre chez les *Acervularia* de la fin du dévonien des précurseurs des nombreux genres carbonifères où cette différenciation est poussée si loin, et est devenue si générale.

L'ordre des *Hexacoralla* n'a pris on le sait son développement dans la série géologique qu'après la décroissance des *Tetracoralla* Il n'est guère représenté dans les calcaires paléozoïques des Asturies que par les familles aberrantes des *Favositides* et des *Chœtetides* ; si nous limitons nos observations aux Asturies nous constatons que ces familles entrent dans leur phase de régression du dévonien au carbonifère: les 6 genres, 20 espèces citées dans le dévonien inférieur, ne sont plus représentés que par 4 genres, 5 espèces, dans le carbonifère, et il n'y apparait pas de genres nouveaux. Ainsi l'énorme développement que vont prendre les *Hexacoralla* pendant la période mésozoïque n'est nullement préparé dans les derniers temps de la période précédente. Si on compare l'histoire des *Hexacoralla* à celle des *Tetracoralla*, on remarque ce fait curieux, que la famille des *Favositides* a encore des alliés dans le crétacé (*Koninckia*) et dans nos mers (*Favositipora*), et que les *Poritinæ* paleozoïques (*Pleurodyctium*, *Protaræa*) jouent encore un rôle capital dans nos récifs coralliens actuels (*Rhodaræa*) ; tandis que les *Tetracoralla* si plastiques encore pendant leur dégénérescence à l'époque carbonifère, où naissaient encore tant de types nouveaux et polymorphes, ne nous offrent plus que quelques représentants hypothétiques dans les périodes suivantes (*Holocystis*, *Conosmilia*, *Guynia*, *Haplophyllum*).

Hydroïdes : Les Hydroïdes sont infiniment moins bien représentés dans les terrains anciens que dans nos mers actuelles. L'ordre des *Graptolites* n'a fourni que quelques espèces en Espagne, et quoique nous n'en ayons pas rencontré dans les Asturies, on peut déjà indiquer le niveau (faune 3me) où on les trouvera. Par contre les *Hydrocorallines* de

Moseley, sont représentés avec un magnifique développement dans le dévonien inférieur des Asturies par la grande famille des *Stromatoporidae*; ils constituent à eux seuls des bancs calcaires entiers, et ont dû par leur nombre contribuer au moins autant que les *Tetracoralla* à la formation des couches calcaires de cette époque : je n'ai retrouvé aucun représentant de cette classe des Hydroïdes dans le calcaire carbonifère.

Crinoïdes : Absence de crinoïdes bien caractérisés dans le terrain Silurien des Asturies; comme cet ordre atteint son apogée dans le silurien supérieur, et que cette division est peu représentée et entièrement dépourvue de calcaires dans cette contrée, on ne peut espérer y trouver une faune de crinoïdes bien représentée. Les calcaires dévoniens des Asturies m'ont fourni les mêmes genres qui caractérisent ce terrain sur les bords du Rhin : j'y ai retrouvé des *Haplocrinidæ* propres au terrain dévonien, des *Cyathocrinidæ* moins variées que dans le Silurien, et enfin des représentants des *Platycrinidæ* et *Actinocrinidæ*, familles en progrès, ainsi que des *Melocrinidæ* et *Rhodocrinidæ* qui atteignent ici leur maximum. La localisation des Crinoïdes me paraît moins grande dans le dévonien que dans le carbonifère, car il y a de nombreux rapports spécifiques entre mes fossiles des Asturies et ceux de l'Eifel. Des fragments de tiges nous permettent de penser que la famille des *Pentacrines* secondaires avait déjà pris naissance à cette époque, et nous avons même deux fragments qui rappellent des tiges d'*Apiocrinidae* (*Millericrinus*).

Le carboniférien est caractérisé en Asturies comme dans toutes les autres régions où ont été étudiés les sédiments calcaires de cette époque, par la grande abondance des restes de crinoïdes qu'on y trouve; mes recherches n'ont pas été assez longues pour trouver un grand nombre de calices, seules parties bien déterminables de ces animaux, mais suffisent toutefois pour assurer l'énorme prédominance des familles des *Actinocrinidae, Platycrinidae, Poteriocrinidae*. dans cette région, et leur variété de formes spécifiques; on y trouve en outre des *Mespilocrinus, Erisocrinus*, si caractéristiques du carboniférien, avec des *Cyathocrinidae* dont l'existence s'est prolongée à travers toute la série paléozoïque. Plusieurs des espèces déterminées par leurs calices sont propres au carbonifère des Asturies. Les fragments de tiges, de bras, de racines, sont très nombreux dans certains bancs, mais ils n'offrent malheureusement que des caractères infiniment moins importants que ceux qui sont fournis par le calice; aussi ai-je soigneusement indiqué les pièces qui ont servi à mes déterminations. Des espèces fort éloignées, appartenant à des genres différents, peuvent avoir des tiges à peu près identiques; d'autre part, la tige d'un même exemplaire peut fort bien n'être point identique dans toute sa longueur, et nous ignorons généralement quelles sont les variations dans l'ornementation qui peuvent affecter la tige d'une même espèce. Je n'ai jamais trouvé dans les Asturies les tiges en relation avec leur calice ; ce qui n'arrive du reste que dans des gisements exceptionnels, fouillés dans un but spécial ; je considère donc leur détermination rigoureuse comme impossible et l'intérêt qu'elles présentent est à peu près nul au point de vue spécifique. Si j'ai cherché à tirer parti du mieux que j'ai pu, de ces fragments de tiges en leur imposant les noms d'espèces déjà connues, c'est surtout pour attirer l'attention sur la richesse en crinoïdes de ces calcaires carbonifères. mais je dois insister sur le peu de valeur de ces indications au sujet de la distribution géographique des espèces citées. Les débris d'encrines sont en plus grand nombre dans les calcaires carbonifères, que dans les calcaires dévoniens des Asturies ; il ne m'est cependant arrivé que rarement (à Pria), de reconnaître dans ce terrain des bancs sublamellaires, uniquement formés de ces Entroques, comme le sont par exemple les calcaires *petits-granites* du carbonifère belge, les *Crinoidal-limestones* d'Angleterre. Les tiges de Crinoïdes qui forment presque à elles seules par leur accumulation les calcaires carbonifères des Asturies et des fameux Picos-de-Europa, m'ont paru appartenir exclusivement aux genres *Poteriocrinus et Cyathocrinus.*

Blastoïdes : De Verneuil a décrit plusieurs espèces de *Pentremites* dans le dévonien inférieur des Asturies ; elles y sont peu répandues et très localisées. N'ayant pas trouvé de représentant de ces animaux dans le carbonifère je n'ai pas d'observations nouvelles à présenter sur ce groupe.

Echinides : Je n'ai pas trouvé d'Echinide dans les terrains Silurien ni Dévonien des Asturies, par contre le calcaire carbonifère m'a fourni des plaques et des radioles d'oursins, comme le carboniférien de tous les pays où ce terrain a été suffisamment étudié. Les plaques que j'ai ramassées sont hexagones comme celles de tous les Echinides paléozoïques, et se rapportent facilement ainsi que les radioles qui les accompagnent au genre *Archæocidaris* de Mac Coy, genre qui présente d'après Al. Agassiz de curieuses homologies avec les jeunes stades de nos *Cidaris* actuels.

Vers : Peut-être conviendrait-il de rapporter à cette classe un certain nombre de traces obscures que l'on trouve souvent dans les Asturies à la limite de bancs arénacés et schisteux ; mais cette question est loin d'être élucidée. Le genre *Serpula* est le seul qu'on puisse réellement citer dans le dévonien de cette contrée.

Bryozoaires : Les Bryozoaires abondent au milieu des bancs de polypiers de l'Eifélien des Asturies : Les *Fenestellidæ* et les *Reteporidæ* s'y présentent avec une grande variété de formes, parmi lesquelles il en est un certain nombre de nouvelles pour la science. L'état de nos connaissances sur cette classe est si peu avancé, et la systématique des Bryozoaires paléozoïques encore si obscure, que je me suis borné à citer ici les formes qui m'ont paru identiques aux espèces déjà décrites et bien figurées, j'ai négligé les autres. La liste de ces animaux n'aura donc qu'un intérêt de comparaison géologique, et ne donnera pas une idée complète de la faune des Bryozoaires des Asturies, à l'époque paléozoïque. La plupart des diagnoses génériques données jusqu'ici pour ces animaux sont incomplètes ou contradictoires ; je divise ici provisoirement les cormus flabellés de Bryozoaires dévoniens en *Fenestelles* et en *Rétepores*, à l'exemple de M. Alleyne Nicholson, qui caractérise les *Fenestelles* parce que leurs rameaux sont réunis par des dissépiments, tandis que les rameaux des *Retepores* s'anastomosent directement entre eux pour limiter les fenestrules. Je ne ferai que citer ici pour mémoire, les genres douteux *Lichenalia*, *Rosacilla*, *Ceramopora*, *Rhinopora*, inconnus jusqu'ici pour la plupart en Europe, et qui ont vécu dans les Asturies, ou y sont représentés par des genres très voisins à l'époque dévonienne. Ces groupes sont encore trop peu connus pour que je puisse établir de nouvelles espèces sur mes échantillons incomplets.

Les difficultés de la détermination sont encore augmentées par l'excellent état de conservation de ces fossiles, dans le dévonien des Asturies ! Je suis ainsi arrivé à croire que la plupart des *Fenestellidæ* décrites et figurées jusqu'ici par les auteurs n'étaient que des fossiles incomplets, dépourvus de leur couche externe, qui est mince, fragile, et d'une décomposition rapide. Une même espèce, un même échantillon, peut prendre ainsi des aspects très différents suivant ses différents états de conservation : quelques paléontologistes ont déjà étudié et représenté des *Fenestellides* complètes, munies de leur tégument externe ; je citerai par exemple la figure 10, pl. 49, de Michelin, mais ils ne paraissent pas avoir reconnu le rôle de ces parties, ou ils leur accordaient la valeur d'un caractère spécifique.

MM. Young(¹) dans un récent travail avaient été les premiers à appeler l'attention sur le fait de la préservation incomplète de la plupart des *Fenestellidæ*. Ils décrivirent à cette époque sous le nom de *Actinostoma fenestratum* un Bryozoaire trouvé dans le calcaire carbonifère de Glasgow en compagnie de *Fenestella nodulosa* et de plusieurs autres ; ce Bryozoaire identique par la forme extérieure à *Fenestella nodulosa* en différait assez

(1) *MM. Young* : On new carboniferous Polyzoa, Quart Journ. geol. soc. Vol. 30, p. 681. 1874.

par divers appendices figurés pl. 40-41 de ces auteurs, pour servir de type à un genre nouveau. Depuis cette époque, M. Shrubsole(¹) a reconnu que cette forme munie de ses divers appendices, et si différente à première vue des *Fenestellidæ* ordinaires, n'était en réalité que la forme complète et intacte de la *Fenestella nodulosa* (Phill.) ; et il est établi aujourd'hui que si l'*Actinostoma fenestratum* (Young), vient à être usé par le frottement ou par l'action des vagues, il se transforme en la *Fenestella nodulosa* de Phillips. On a trouvé des cormus à demi décomposés présentant à la fois les caractères d'*Actinostoma fenestratum* d'un côté, et de *Fenestella nodulosa* de l'autre. Ce sont des faits analogues que j'ai reconnus parmi les *Fenestellidæ* du Dévonien des Asturies, mais leur forme complète ne rappelle nullement celle des *Actinostoma* ; aussi peut-on prévoir dès aujourd'hui que la connaissance plus complète des *Fenestellidae* nous forcera à subdiviser cette famille en plusieurs genres, d'après les caractères de leur couche externe.

La disposition que présente la couche externe des *Fenestellides* dévoniennes que j'ai pu observer, rappelle celle qui a été décrite par Mac Coy[2] comme caractérisant son genre *Hemitrypa*. Ce genre comprend des cormus formés de deux couches superposées, l'inférieure rappelle la disposition des *Fenestellides*, la supérieure est différente, mais ses mailles correspondent avec la première. Mac Coy émit l'idée, défendue depuis par Baily[3] que l'*Hemitrypa hibernica* n'était que l'état parfait d'une *Fenestelle* (*F. membranacea*). Les objections émises par Lonsdale[4] et par M. Shrubsole[5], qui considèrent l'*Hemitrypa* comme une *Fenestella membranacea* sur laquelle un coralliaire parasite serait venu se fixer, ne sont pas défendables pour les *Hemitrypa* du dévonien espagnol. Ce tissu ne se trouve que sur les parties les mieux conservées des *Fenestelles*, jamais on ne le rencontre isolé, ou en relations avec d'autres fossiles ; de plus, il présente des caractères spécifiques distincts chez les différentes espèces de *Fenestelles* où je l'ai observé, différences qui sont indépendantes de la disposition des rameaux et des dissépiments de la *Fenestelle* sous-jacente.

Nous sommes donc fondés à penser d'après nos échantillons dévoniens, que les *Hemitrypa* ne sont que la couche externe de certaines *Fenestella* bien conservées, et que la plupart des *Fenestelles* figurées ne sont que des fossiles incomplets.

---

(1) *Shrubsole* : On carboniferous Fenestellidœ, Quart. journ. geol. soc. Vol. 35. p. 277. 1879.
(2) *Mac Coy* : Syn. carb. foss. of Ireland, p. 205.
(3) *Baily* : Palœoz. fossils, p. 107.
(4) *Lonsdale* : Deuxième voyage de Darwin sur le Beagle, Pt 2, p. 168.
(5) *Shrubsole* : On carb. Fenestellidœ, Quart. journ. geol. soc. Vol 35, 1879, p. 282.

Le plus grand nombre des Bryozoaires du *calcaire carbonifère* des Asturies appartient à la famille des *Fenestellidae* ; cette famille déjà si développée dans les mers dévoniennes de la région, a gardé sa prépondérance pendant la période suivante du carbonifère. C'est même alors, qu'elle a atteint son plus grand développement en France et en Angleterre; dans ce pays d'après Schrubsole [1], on les trouve à la fois en très grand nombre dans le silurien supérieur et le carbonifère. Dans le silurien inférieur il y aurait déjà quelques espèces, curieuses par leurs analogies avec les graptolites ; les *Fenestellidae* du silurien supérieur ont pour trait caractéristique la forme conique du cormus, à base très développée et par suite solidement attachée ; les *Fenestellidae* carbonifères au contraire s'étalent en expansions flabelliformes, dont la fixation est assurée par des prolongements radicaux spéciaux. Les cormus siluriens sont plus petits que ceux du carbonifère. Les pores sont toujours limités (à une exception près) à la face externe du cormus des *Fenestellidae* siluriennes, ils sont au contraire toujours ouverts sur la face interne des *Fenestellidae* carbonifères : on ne connait pas encore d'espèce carbonifère dont les pores soient sur la face externe.

Ce parallèle entre les *Fenestellidae* du silurien supérieur et celles du carbonifère d'Angleterre, a un grand intérêt pour la faune dévonienne des Asturies où cette famille est si bien représentée. La petite taille des cormus que j'y ai trouvés, leur base solide, la position des pores sur la face externe, sont autant de faits qui viennent montrer que les relations des *Fenestellidae* dévoniennes des Asturies sont avec celles du silurien supérieur plutôt qu'avec celles du carbonifère.

L'abondance des *Fenestellidæ* dans le calcaire carbonifère d'Angleterre explique pourquoi elles ont été plus étudiées que celles des périodes précédentes : on en a décrit jusqu'à 26 espèces différentes de cet âge. L'excellente revue critique de Mr G. W. Schrubsole [2] sur les *Fenestellidæ* carbonifères a toutefois réduit ce nombre à 5 types réellement distincts, et la détermination de ces animaux est devenue ainsi relativement facile. Dans les Asturies toutefois, la conservation de ces fossiles carbonifères laisse beaucoup à désirer ; ils sont beaucoup moins beaux et moins abondants que dans les calcaires dévoniens de la région, et si l'on en jugeait par cette seule contrée, on n'hésiterait pas à considérer le terrain dévonien comme celui où les *Fenestellidae* ont atteint leur plus grand développement.

---

(1) *Shrubsole* : On the British upper Silurian Fenestellidae, Quart. journ. geol. soc. Vol. 36, p. 241. 1880.

(2) *G. W. Shrubsole* : On carboniferous Fenestellidae, Quart. journ. geol. Soc. May 1879, p. 275.

Brachiopodes : De toutes les classes d'animaux qui peuplaient les mers de l'époque paléozoïque, aucune ne mérite autant l'attention que celle des Brachiopodes, car aucune n'est aussi généralement répandue. Le nombre total des Brachiopodes paléozoïques des Asturies s'élève à 112 d'après mes recherches, et est plus grand encore si l'on y joint les espèces citées par les auteurs. Considérées dans les limites de la région que nous étudions, toutes ces espèces sont caractéristiques des différentes assises où on les rencontre; elles peuvent servir à les caractériser et à les distinguer entre elles, comme dans les régions voisines. L'ordre de succession des espèces cosmopolites a été du reste le même; si on établit toutefois une comparaison entre les Asturies et les autres parties de l'Europe, on reconnait que plusieurs des espèces citées, passent d'une Assise à une autre et d'un Système à un autre.

Les Brachiopodes *Pleuropygia*, dépourvus de charnière articulée, avaient déjà atteint leur maximum pendant l'époque silurienne, et sont rares en Espagne où il n'y a guère de calcaires à ce niveau ; ils sont rares et en pleine décroissance pendant les époques dévonienne et carbonifère.

Les Brachiopodes *Apygia*, pourvus d'une charnière articulée, avec ou sans bras, sont en nombre beaucoup plus grand dans le *dévonien* que dans le *silurien* des Asturies; ce qui est conforme à ce qu'on a observé dans les autres régions, étant donnée l'absence de la faune silurienne supérieure en Espagne. On ne peut donc se faire d'idée des relations qui ont pu exister entre les faunes de brachiopodes siluriens et dévoniens dans cette région : Leur nombre va en diminuant du dévonien au carbonifère. La plupart des genres dévoniens des Asturies, sont des genres connus dans le silurien supérieur des régions voisines (*Spirifer*, *Athyris*, *Retzia*, *Atrypa*, *Rhynchonella*, *Strophomena*, *Chonetes*) ; il apparait quelques nouveaux genres caractéristiques du dévonien comme *Meganteris*, *Anoplotheca*, *Centronella*, *Cryptonella*, *Nucleospira*, mais on doit y remarquer l'absence de genres réputés essentiellement dévoniens comme *Uncites*, *Stringocephalus*.

Parmi les Brachiopodes *Apygia*, les formes à région cardinale allongée, anguleuse, à aréa vaste (*Spirifer*, *Strophomena*, *Orthis*) prédominent pendant le dévonien et le carbonifère; au contraire, les genres qui atteignent leur maximum pendant les périodes suivantes néozoïques (*Terebratules*, *Rhynchonelles*, *Thécidées*), ont leur région cardinale moins allongée, arrondie aux bords, sans aréa.

Le développement du deltidium parait avoir suivi celui de l'aréa ; ainsi les Brachiopodes à vaste aréa (*Strophomena*, *Orthis*), ou manquent de deltidium, ou ont un pseudodeltidium, ou un deltidium développé au dessus du pédoncule d'attache de la coquille (*Spiriféridées*). Les Brachiopodes à aréa plus courte et dont le grand développement ne s'est fait que plus tard dans la série, ont un deltidium plus développé et qui croît à la fois au dessus et au dessous du pédoncule d'attache (*Rhynchonellidae*) ; les *Terebratulidées* qui sont les moins développées dans les terrains primaires, ont le deltidium le plus différencié, et limité en dessous du pédoncule d'attache de la coquille. Il est intéressant de signaler l'accord de ce développement phylogénique avec le développement embryonnaire tel qu'il a été d'abord découvert et décrit par M. Eug. Deslongchamps (1) : c'est d'après nous un des faits les plus généraux, du développement dans le temps des Brachiopodes.

Les causes qui contribuaient au grand développement des individus favorisaient aussi la formation de nouvelles variétés dérivées du type principal : les espèces les plus abondantes sont celles qui présentent le plus grand nombre de variétés, il suffira de citer comme exemples les *Athyris* du dévonien inférieur et les *Spiriferi ostiolati* de cette époque pour montrer la plasticité de ces formes dans la région espagnole, où il y avait eu un plus grand développement d'individus que dans les bassins voisins.

Le genre *Athyris* né dans le silurien supérieur, disparait dans le Trias, après avoir atteint son apogée et son maximum de plasticité, dans le dévonien inférieur des Asturies : tandis qu'en France, on trouve abondamment *Athyris undata* dans le dévonien inférieur et *Athyris concentrica* dans le dévonien supérieur, sans qu'il paraisse guère y avoir dans l'intervalle de passage entre ces espèces, on trouve dans cet intervalle en Espagne dix espèces nouvelles, espèces si polymorphes, qu'il est souvent difficile de fixer leurs variétés. Elles se répartissent dans les deux subdivisions des *Antiplicatae* et des *Cinctae* de M. Œhlert; on suit pas à pas, comme nous l'avons indiqué (p. 262), le passage graduel des *Athyris antiplicatae* aux *Athyris cinctae* dans les *assises de Ferroñes* et *d'Arnao*, comme plus tard le passage de ces *Athyris cinctae* aux *Retzia* dans les *assises d'Arnao* et de *Moniello*.

Les *Spirifers* du dévonien d'Espagne appartiennent presque uniquement à la division des *Alati* de von Buch. Les *Sp. curvatus*, *Sp. concentricus*, signalés dans ce mémoire sont les premiers *Spirifers* à test lisse qui aient été cités dans la Péninsule, encore y sont-ils rares. Par contre, on trouve également représentées les deux sections principales de von Buch, des *Ostiolati* à sinus lisse, et des *Aperturati*, dans lesquels le sinus est couvert

(1) *Eug. Deslongchamps* : Bull. soc. géol. France, 2e S. T. XIX, p. 409. pl. IX.

de plis. Dans le bassin dévonien de l'Espagne comme dans les Ardennes, où M. Gosselet l'a d'abord remarqué, les *Ostiolati* ont précédé les *Aperturati* ; ils caractérisent le dévonien inférieur, tandis que ces derniers ne deviennent abondants que dans le dévonien supérieur. Dans tous les cas la prédominance des formes à grandes ailes est constante, et les *Spirifers* dévoniens sont en général caractérisés par l'allongement de leurs ailes.

Dans les régions où le dévonien supérieur présente un beau développement (Ardennes, Boulonnais) il est des espèces d'*Aperturati* qui se rencontrent avec une abondance et une variété extrêmes : comme exemple étonnant de ces variations on peut citer le *Sp. Verneuili* qui ramassé dans une même couche et dans une même localité, offre des variétés courtes, avec des variétés très allongées ailées, il en est d'aplatis et d'autres gros, subsphériques, les uns ont une aréa surbaissée, d'autres une aréa largement ouverte, droite ou recourbée, les plis qui ornent ces coquilles sont parfois fins, et parfois très gros : ces variations ont valu aux diverses formes, les noms de *S. Verneuili, Archiaci, Lonsdalii, disjunctus, calcaratus, extensus, giganteus, inornatus, protensus*, etc. Il est possible dans une collection d'établir ainsi un certain nombre de sections correspondant à ces différentes formes, mais le géologue stratigraphe qui les ramasse suivra volontiers F. Rœmer qui réunit toutes ces formes entre lesquelles on connait les passages, et qu'on peut trouver réunies dans une même couche. Le *Sp. Verneuili* ne présente pas la même variabilité en Espagne que dans le Nord de la France, je n'y ai trouvé qu'une forme qui est fixe, et qui m'a toujours présenté les caractères figurés ici.

Si le dévonien supérieur est peu développé en Asturies, le dévonien inférieur y est par contre très beau ; les grauwackes du nord de l'Europe y sont remplacées par des calcaires remplis de fossiles. La même variabilité que l'on observait dans les *Spiriferi aperturati* du dévonien supérieur du nord, se remarque ici parmi les *Spiriferi ostiolati* du dévonien inférieur : il suffit de citer les nombreuses formes nouvelles reconnues à ce niveau par de Verneuil *Sp. subspeciosus, Rojazi, Pellico, Cabedanus, Cabanillas, Ezquerræ Paillettei, Rousseau*, etc. pour faire voir que c'est dans le midi que se formaient les variétés nouvelles du groupe. Il y a des types d'*Ostiolati* communs entre les bassins dévoniens du midi et du nord de l'Europe à l'époque du dévonien inférieur, mais c'est dans les bassins du midi que l'on trouve le plus grand nombre des variétés et des passages : là étaient leurs centres spécifiques.

L'arbre généalogique des *Rhynchonella Wilsoni* (*Wilsonia* de Quenstedt) a été proposé par Kayser(1), il a montré que ce groupe a atteint sa plus grande différenciation

(1) *Kayser :* Zeits. d. deuts. geol. Ges., Bd. XXIII. p. 517.

en Eifel dans les couches à Crinoïdes (sommet des schistes à Calcéoles). Il faut une grande attention pour distinguer entre elles les différentes espèces des schistes à Calcéoles de l'Eifel, et Kayser indique surtout des passages entre *R. pila* et *R. Orbignyana*, entre *R. parallelipipeda* et *R. Wahlenbergi*. En suivant cette idée de Kayser on trouve ailleurs la difficulté en Asturies ; tandis que la *R. pila* et *R. Wahlenbergi* paraissent fixes, c'est autour de *R. Orbignyana* que rayonnent les variétés, car en outre de la nouvelle *R. Kayseri* voisine de *R. Orbignyana*, on trouve aussi des variétés intermédiaires entre *R. Orbignyana* et *R. parallelipipeda*.

Le *calcaire carbonifère* des Asturies contient moins d'espèces et de genres de Brachiopodes que les calcaires dévoniens : la classe est en déchéance, mais certains genres atteignent alors leur développement maximum ; tels sont les *Productus*, *Chonetes*, *Streptorhynchus*, genres les plus inférieurs du phyllum des *Apygia*. J'ai pu déterminer six espèces de *Productus* différentes, parmi lesquelles, il en est une seule nouvelle, les autres appartiennent aux formes les plus abondantes du calcaire carbonifère et occupent une étendue géographique très considérable ; elles paraissent avoir vécu à cette époque sur le globe entier. Les *Chonetes* sont aussi développés dans le calcaire carbonifère d'Europe, où ce genre a atteint son plus grand développement : les espèces reconnues paraissent avoir eu à cette époque une aire géographique aussi vaste que les *Productus*.

Les familles de Brachiopodes les plus différenciées, *Atrypidæ*, *Rhynchonellidæ*, *Terebratulidæ*, ne produisent plus de nouveaux rameaux pendant cette époque, leur évolution est arrêtée ou rétrograde. Les *Spirifers* abondants dans le *calcaire carbonifère* des Asturies où j'en ai reconnu 9 espèces, ne diffèrent pas des espèces carbonifères des autres régions ; ils se distinguent de ceux qui les ont précédés dans le temps, par leurs plis moins nombreux, plus larges, plus arrondis et souvent dichotomes ; leurs dimensions sont souvent plus grandes que dans le dévonien comme l'a déjà fait observer de Verneuil, leurs formes plus globuleuses, ou arrondies.

L'absence du genre *Leptæna* dans le *calcaire carbonifère* d'Espagne est digne d'être remarquée ; on sait qu'une espèce de ce genre la *Leptæna depressa* est très abondante dans la plupart des bassins carbonifères d'Europe et d'Amérique : je ne l'ai pas trouvée en Asturies, comme elle n'a de plus été citée ni par de Verneuil, ni par M. Mallada, il parait probable que ce genre s'est éteint dans cette région avec l'époque dévonienne. Les Terebratulides paraissent également avoir eu un moins grand développement dans cette contrée que dans les régions voisines carbonifères.

Lamellibranches : L'arrangement systématique des bivalves adopté aujourd'hui par les zoologistes est essentiellement celui de Lamarck, modifié par beaucoup d'observations récentes. Les familles telles qu'elles sont présentées dans le Manuel de M. Zittel (p. 16, de ma traduction), se suivent les unes les autres selon leurs affinités reconnues : les *Veneridæ* et la section des *Siphonida sinupalliata* sont celles qui ont l'organisation la plus parfaite ; de ce point culminant on descend dans la section moins différenciée des *Siphonida integrepalliata* et on arrive enfin dans la dernière section des *Asiphonida* qui est la plus inférieure en organisation.

La liste suivante des familles dont j'ai reconnu l'existence dans les terrains dévonien et carbonifère des Asturies, montre nettement combien le développement paléontologique de ce groupe a concordé avec son développement embryogénique ; les genres les mieux représentés dans ces temps anciens sont les moins différenciés :

Asiphonida	1. Ostreidæ. . . .	3	genres. . .	3	espèces
	2. Aviculidæ . . .	3	— . . .	3	—
	3. Mytilidæ. . . .	1	— . . .	2	—
	4. Arcadæ	8	— . . .	8	—
	5. Trigoniadæ . .	1	— . . .	3	—
	6. Unionidæ . . .	2	— . . .	3	—
Siphonida integripalliata	7. Chamidæ		—		—
	8. Hippuritidæ. . . .		—		—
	9. Tridacnidæ		—		—
	10. Cardiadæ . . .	2	— . . .	3	—
	11. Lucinidæ		—		—
	12. Cycladidæ		—		—
	13. Cyprinidæ . . .	2	— . . .	3	—
Siphonida sinupalliata	14. Veneridæ		—		—
	15. Mactridæ		—		—
	16. Tellinidæ		—		—
	17. Solenidæ		—		—
	18. Myacidæ		—		—
	19. Anatinidæ . . .	2	— . . .	2	—
	20. Gastrochœnidæ . .		—		—
	21. Pholadidæ		—		—

Ce tableau montre que toutes les familles de la première section (*Asiphonida*) avaient terminé leur évolution dans les Asturies lors du calcaire carbonifère ; la 2e section n'était représentée que par 2 familles, une seule famille de la troisième existait alors. Il prouve donc d'une façon absolue la concordance énoncée plus haut. Si toutefois on descend encore d'un degré dans la série stratigraphique, on reconnait dans le silurien, que la famille des *Ostreidæ* ne doit pas être considérée comme étant à la base de ce groupe des Lamellibranches ; l'abondance des *Arcadæ*, seuls représentants du groupe à la base du silurien, nous montre que cette famille occupe la base de l'arbre généalogique des lamellibranches ; les *Monomyaires* et les autres *Dimyaires* en sont deux rameaux divergents. Cette conclusion basée sur la paléontologie, est pleinement d'accord avec les observations morphologiques de M. Ihering, pour qui les *Monomyaires* vrais dériveraient des *Aviculides*.

Les espèces de *Lamellibranches* des Asturies sont nouvelles pour la plupart, quoiqu'appartenant à des genres connus. Le développement phylogénique des groupes de *Lamellibranches* est en effet le même partout, mais on sait par contre que les espèces de ces genres ont ordinairement une extension locale et très circonscrite.

Parmi les Monomyaires de Lamarck, ce sont les *Avicules* et les *Pecten* qui ont pris le plus d'extension en Espagne, comme dans les autres régions Européennes : c'est surtout dans le calcaire carbonifère des Asturies que l'on trouve les *Pecten*, c'est par contre dans le dévonien que les *Avicules* y ont atteint leur apogée ; les grès du dévonien inférieur, fossilifères surtout dans la Sierra-Morena, contiennent une foule *d'Avicules* et de *Pterinées*, elles sont un peu moins nombreuses plus haut, mais nous avons cependant reconnu la nécessité de créer encore un nouveau genre (*Gosseletia*) dans cette famille pour des coquilles du dévonien des Asturies.

Les familles les mieux représentées des *Aviculidæ*, *Mytilidæ*, *Arcadæ*, *Trigoniadæ*, offrent une foule de subdivisions génériques, plus nombreuses que dans la faune actuelle. Pendant l'époque carbonifère divers genres existants des *Cardiadæ*, *Cyprinidæ*, *Veneridæ*, *Anatinidæ*, prennent un grand développement ; et de nouveaux genres apparaissent *Edmondia*, *Astarte*, *Cardiomorpha*, etc. Les *Schizodus* carbonifères, les *Myophoria* triasiques, les *Trigonia* jurassiques, forment une série continue, et King les considère comme descendant les unes des autres ; toute cette famille est en effet caractérisée par 2 dents principales à la charnière de chaque valve, les dents de la valve gauche sont en avant de celles de la valve droite, enfin la dent postérieure de la première est bifide et embrassée par les deux dents de la seconde valve.

Les *Naiadites*, *Myalina*, *Anthracosia*, se trouvent en Espagne comme en Angleterre dans des couches avec Gastéropodes et Lamellibranches marins, l'absence de Coraux, de Céphalopodes, et de Brachiopodes dans ces couches en Espagne, montre clairement qu'ils vivaient ici dans des eaux saumatres. D'après la faune à laquelle ils sont associés en Angleterre, Salter ([1]) les considère comme des formes marines, Dawson ([2]) au contraire dit qu'on ne les trouve jamais à la Nouvelle-Ecosse dans les calcaires. mais qu'ils sont limités aux schistes, et qu'ils ne s'y trouvent jamais en compagnie de formes vraiment marines. Il pense que ce sont des formes d'eau douce ou d'eau saumatre, qui vivaient dans les lagunes houillères fixées par un byssus aux bois flottants ou noyés qui devaient y abonder. Les *Anthracosia* carbonifères, les *Anoplophora* triasiques (*Uniona*), les *Cardinies* jurassiques forment une famille naturelle d'après H. Pohlig ([3]), famille intermédiaire entre les *Cyprinidæ* et les *Najadæ*, et d'où sont nées nos *Unios*.

Gastéropodes : De Verneuil a remarqué que depuis les temps paléozoïques jusqu'à l'époque actuelle, les gastéropodes ont suivi une loi de progression croissante, et la faible proportion des animaux de cette classe dans les mers anciennes, comparée au rôle important qu'ils jouent dans la création moderne est un des traits caractéristiques de la faune paléozoïque.

Les familles de gastéropodes que j'ai reconnues dans les calcaires paléozoïques des Asturies sont les mêmes qui sont signalées dans les autres régions paléozoïques ; elles y sont de plus toutes représentées, à part les petites familles des *Fissurellidæ* et des *Patellidæ* dont je n'ai pas trouvé d'échantillons, et la famille des *Chitonidæ* dont l'absence dans le calcaire carbonifère des Asturies me semble curieuse et tout à fait digne de remarque.

Si l'on cherche à se rendre compte au point de vue zoologique de la succession des *Gastéropodes Branchifères* dans les terrains paléozoïques des Asturies, on voit d'abord qu'un des ordres de nos classifications modernes, celui des *Opisthobranches* fait entièrement défaut. Le second ordre, celui des *Prosobranches* contient la plupart des *Gastéropodes Branchifères testacés*, et mérite un examen plus attentif. S. Woodward répartit comme

---

(1) *Salter* : Quart. journ. geol. soc. T. XIX. no 73. 1863. p. 80.

(2) *Dawson* : Acadian geol. 2. Ed. 1878. p. 203.

(3) *Dr H. Pohlig*. Palæontographica, Bd. 27. 1880. p. 127.

A. von Kœnen : Ueber die Gattung *Anoplophora*, Sandb. (*Uniona* Pohlig). Zeits. d. d. geol Ges. Bd. XXXIII. 1881, p. 679.

suit les familles de cet ordre :

		Nombre des genres trouvés en Asturies.	Nombre des espèces trouvées en Asturies.
Siphonostomata :	1. Strombidæ		
	2. Muricidæ		
	3. Buccinidæ		
	4. Conidæ		
	5. Volutidæ		
	6. Cypræidæ		
Holostomata :	1. Naticidæ	1	4
	2. Pyramidellæ	3	5
	3. Cerithiadæ		
	4. Melaniadæ		
	5. Turritellidæ		
	6. Littorinidæ	1	1
	7. Paludinidæ		
	8. Neritidæ		
	9. Turbinidæ	2	4
	10. Haliotidæ	2	8
	11. Fissurellidæ		
	12. Calyptrœidæ	1	6
	13. Patellidæ		
	14. Dentalidæ	1	1
	15. Chitonidæ		

Ce tableau montre que la section des *Siphonostomata* fait entièrement défaut dans les calcaires paléozoïques des Asturies ; l'absence de toute cette section nous fournit une preuve par la géologie, de la valeur des classifications actuelles basées sur l'anatomie. Cette section des Prosobranches, inconnue dans les terrains anciens, est celle dont les animaux ont le bord du manteau prolongé en un siphon ; nous avons vu de même que les lamellibranches à siphons respiratoires sont ceux qui n'ont atteint leur grand développement qu'après l'époque paléozoïque : C'est une curieuse coïncidence d'un simple caractère d'adaptation, avec les plus grands stades du développement paléontologique de ces classes de mollusques.

Les *Holostomata* si prépondérants dans les calcaires paléozoïques, sont de nos jours presque tous herbivores et par conséquent restreints au rivage et aux eaux peu profondes dans lesquelles croissent les algues.

Les genres d'*Holostomata* les plus répandus sont les suivants : Les *Platyceras* qui atteignent leur maximum dans le dévonien des Asturies, comme aux Etat-Unis ; les *Evomphalus* se trouvent dans le dévonien et le carbonifère des Asturies, cette famille est du reste considérée comme un des types les plus importants parmi les gastéropodes paléozoïques, tant elle présente de sections génériques et de formes spécifiques variées dans toutes les mers de cette époque. Les *Pleurotomaria* ont atteint leur plus grand développement dans le calcaire carbonifère.

On range généralement les *Bellérophons* dans un ordre spécial, parmi les *Nucléobranches*, animaux pélagiques qui nagent à la surface au lieu de ramper au fond de la mer comme les autres gastéropodes. Les *Bellérophons* n'ont pas survécu à l'époque paléozoïque ; il est étonnant comme le fait remarquer M. de Koninck (1) que leur coquille soit si épaisse et si lourde, tandis que dans tout le groupe elle est mince et légère. Une autre objection sérieuse à la vie pélagique des *Bellérophons*, est qu'on les trouve en si grande abondance dans les couches houillères (Asturies, Illinois, Coalbrook dale) avec des animaux saumatres, et qu'on en rencontre à peine quelques individus dans les couches où dominent les céphalopodes. Les *Bellérophons* forment donc un groupe bien aberrant, très éloigné par sa structure et ses mœurs, de ses plus proches voisins actuels.

Ptéropodes : Les *Tentaculites* sont les représentants les plus abondants de ce groupe dans le Terrain dévonien inférieur, ils y sont accompagnés de quelques belles espèces de *Conulaires*. Je n'ai pas trouvé de Ptéropodes dans le calcaire carbonifère des Asturies.

Céphalopodes : Les Céphalopodes qui atteignent un si grand développement et présentent une telle variété de formes dans les contrées paléozoïques voisines, m'ont paru si rares dans les Asturies qu'il serait certes impossible de se douter du rôle important de ce groupe à cette époque, si l'on se limitait à l'étude de cette contrée. Les quelques rares échantillons que j'ai ramassés, montrent toutefois ce fait important que le développement de la classe s'y est fait de la même façon que dans les bassins synchroniques bien connus : ainsi la faune seconde silurienne m'a fourni un *Orthocère* du groupe des *Vaginati*, le dévonien inférieur m'en a présenté d'analogues à ceux de la grauwacke, et le calcaire carbonifère contient les *Orthocères* et les *Nautiles* caractéristiques du Mountain limestone.

(1) *de Koninck*. foss. carb. de Belgique. 1842. p. 337.

Les *Goniatites* sont un peu mieux représentées que les autres genres de Céphalopodes : Le dévonien-inférieur du Léon m'a fourni des Goniatites bien caractérisées du groupe des *Nautilini* comme dans l'Eifel ; je n'ai plus retrouvé de *Goniatites* de ce groupe au-dessus de ce niveau. Je n'ai pu trouver une seule *Clyménie* dans le dévonien des Asturies. Les marbres griottes si riches en *Goniatites* m'ont fourni nombre d'échantillons, qui suffisent à prouver que ce marbre doit être rangé dans le terrain carbonifère. On sait en effet, d'après Kayser(1) que : « C'est aux Céphalopodes (Goniatites et Clyménies) qu'il faut attacher le plus d'importance pour la division paléontologique du terrain dévonien supérieur ; ce sont en effet les seuls mollusques qui nous présentent des formes essentiellement différentes de celles qu'ils avaient dans le dévonien moyen, et qui de plus, montrent dans le dévonien supérieur même, une succession de deux faunes distinctes. La première de ces faunes est caractérisée essentiellement par l'apparition de *Goniatites primordiales* (2), et par l'absence des *Clyménies*, elle se trouve à la partie inférieure du dévonien supérieur. La seconde faune est surtout caractérisée par la présence des *Clyménies*, la disparition des *Goniatites primordiales*, et leur remplacement par des formes nouvelles et spéciales de *Goniatites*, elle occupe le sommet du dévonien supérieur. On pourrait appeler la première le *niveau de l'Intumescens*, la seconde le *niveau des Clyménies*. En Westphalie le *niveau de l'Intumescens* correspond exactement au *Flinz* de von Dechen, le *niveau des Clyménies* au *Kramenzel* du même auteur. »

D'après Kayser (ibid. p. 655), ce *niveau des Clyménies* représenterait le niveau le plus élevé (Alleroberste Grenze des Oberdevon) du dévonien supérieur, et correspondrait exactement aux Schistes d'Etrœungt dans le Nord de la France, à notre couche de passage, contenant un mélange de formes dévoniennes et de formes carbonifères(3). Les Goniatites de ce *niveau des Clyménies* appartiennent aux groupes des *Magnosellares* et des *Lanceolati* de Sandberger, or il ne m'est pas arrivé de voir une seule *Goniatite* du groupe des *Magnosellares* ni une seule *Clyménie*, dans les marbres griottes des Pyrénées espagnoles ! je ne puis donc admettre l'existence dans les Pyrénées, de la faune de Brilon si souvent signalée.

Toutes les Goniatites que j'ai recueillies dans le marbre griotte appartiennent sans exception aux groupes des *Genufracti* et des *Lanceolati*.

---

(1) *Em. Kayser* : Ueber die Fauna des Nierenkalks vom Enkeberge und der Schiefer von Nehden bei Brilon, und Uber die Gliederung des Oberdevon im Rheinischen Schiefergebirge. Zeits. d. deuts. geol. Ges. Bd. XXV, 1873, p. 669. no 4.

(2) Cette division correspond aux *G. Crenati* de Sandberger.

(3) *Gosselet* : Esquisse géol. du Nord, Lille 1879.

Les *Genufracti* sont bien reconnaissables par leur 2me selle latérale grande, occupant presque tout le côté de la coquille, et formant avec le côté ventral du 2me lobe latéral un genou, ou angle droit; leur lobe dorsal est petit, anguleux, compris dans les selles dorsales qui semblent ainsi dentées. Les *Genufracti* sont considérées comme caractéristiques du T. carbonifère ; leur extrême abondance dans le *marbre griotte* suffirait à elle seule pour distinguer ces marbres des calcaires à *Clyménies* de la Westphalie avec lesquels on les a toujours identifiés jusqu'ici.

Les *Lanceolati*, avec leurs lobes pointés en lancettes, contractés vers la base, et avec leurs selles rondes, claviformes, ne sont pas limitées comme les *Genufracti* à un seul terrain : Klein(1) et Kayser(2) citent comme très caractéristiques du Kramenzel, les *G. Muensteri*, et *G. bifer*. Les *Lanceolati* sont toutefois des *Goniatites* très différenciées, qui ont pris leur plus grand développement après le dévonien ; von Buch les considérait déjà comme des *Cératites*. Si de plus, nous envisageons les caractères spécifiques des échantillons que nous avons recueillis, nous reconnaissons qu'ils appartiennent à des espèces carbonifères ; ils sont moins abondants que les *Genufracti* dans le *marbre griotte*.

La faune de goniatites du marbre griotte n'est donc pas la même que celle du calcaire de Brilon, généralement regardée comme la plus élevée du terrain dévonien, elle a un cachet plus récent qu'elle. Ces goniatites montrent par leurs affinités génériques comme par leurs caractères spécifiques, qu'elles n'ont pas vécu à l'époque dévonienne, mais qu'elles sont en relation avec la faune carbonifère. L'importance de ces céphalopodes pour la division du terrain, a été tellement mise en évidence par MM. Barrande, Sandberger, Kayser, qu'ils suffiraient à eux seuls pour fixer la position géologique des couches où on les rencontre.

Crustacés : Mes recherches n'ont pas été aussi fructueuses pour les animaux supérieurs, articulés, vertébrés, que pour les termes inférieurs de la série zoologique. Les *Trilobites* sont les crustacés les plus répandus dans les calcaires paléozoïques des Asturies ; la plupart des espèces que j'y ai trouvées avaient été déjà reconnues par de Verneuil, (*Homalonotus, Phacops*, dans le dévonien ; *Phillipsia* dans le griotte et le carbonifère,) qui constata ainsi que le développement de ce groupe avait été le même dans les Asturies que dans les contrées paléozoïques voisines.

---

(1) *R. Stein* : Geog. Beschreib. d. Umgegend v. Brilon, Zeits. d. deuts. geol. Ges. Bd. XII, 1860. p. 208.

(2) *Em. Kayser* : Zeits d. deuts geol. Ges. Bd. XXV, 1873. p. 610.

Les couches saumatres du terrain houiller ne m'ont montré qu'une faune de *Crustacés ostracodes* prospérait à cette époque dans les Asturies (Mosquitera, Santo-Firme) comme dans les autres régions où ces conditions se sont trouvées remplies à cette même époque.

Vertébrés : La richesse en poissons des calcaires carbonifères de l'Illinois n'est certes pas atteinte en Espagne, mais quelques fragments de rayons épineux ramassés pendant mon rapide voyage, prouvent que cette classe habitait de même les mers carbonifères asturiennes.

Conditions dans lesquelles les dépots se sont effectués.

Les dépôts dévoniens et carbonifères des Asturies peuvent se répartir par leur mode d'origine, en deux grandes catégories distinctes : les uns sont formés d'éléments clastiques, grès, schistes, poudingues (*Furada, Cué, Sama, Tineo*) ; les autres formés de calcaires, sont plutôt des formations construites, (*Nieva, Ferroñes, Moniello, Griotte*, etc.)

Les premiers se sont formés aux dépens des roches préexistantes, voisines des terres siluriennes et primitives, qui constituent aujourd'hui la ligne de faîte des Pyrénées : nous sommes portés à les considérer comme des dépôts peu profonds, marins à l'époque dévonienne, comme l'attestent les rares *Spirifers* qu'on y trouve, et formés à peu de distance des côtes comme le prouve la grosseur des grains du grès. La nature quarzeuse de ces grains, témoignerait à elle seule de leur origine continentale, d'après les récentes recherches de M. Murray[1] sur le Challenger. Les *grès de Furada*, colorés par du fer oxydé, rappellent donc les conditions qui ont dominé dans le nord de l'Europe pendant cette période, et qui ont valu à cette division des terrains sédimentaires, la dénomination de *Vieux grès rouge*. Les grès, schistes, et poudingues houillers, présentent les alternances de flores terrestres et de faunes fluviales ou marines, ordinaires dans toute la partie occidentale de l'Europe à cette époque. Ces sédiments éminement clastiques renferment des débris de toutes les formations antérieures, déjà émergées alors, et sans doute aussi pétrifiées.

Les Assises calcaires se sont formées dans des conditions spéciales, bien différentes : ce sont des terrains construits par les animaux qui peuplaient les mers de ces époques. L'étude lithologique de ces calcaires (p. 43) nous a montré entre eux des différences intimes de composition ; tandis que les calcaires dévoniens nous ont paru essentiellement

(1) *J. Murray* : Proceed. Roy. soc. Edinburgh. 1876-77, p. 247.

formés de coralliaires, puis en second lieu de brachiopodes, les encrines et les autres débris animaux ne venant qu'ensuite; les calcaires carbonifères au contraire sont composés en majeure partie de crinoïdes, après lesquels viennent successivement les brachiopodes, puis les foraminifères, les autres groupes n'y jouant qu'un rôle secondaire. Ces différences de composition sont en relation évidente avec le mode de formation et l'origine de ces calcaires, qu'il y a ainsi lieu de rechercher successivement.

Les calcaires dévoniens de Nieva et de Ferroñes, qui succèdent immédiatement aux grès de Furada, et présentent la même extension géographique, nous offrent tous les caractères d'un dépôt de mer plus profonde : on pourrait évidemment les regarder comme le dépôt de mer profonde correspondant au sédiment littoral arénacé de Furada, comme on l'a prétendu pour la craie d'Angleterre et les sables verts sous-jacents. Nous préférons faute de preuves suffisantes à l'appui de cette théorie, considérer ces phénomènes d'oscillations comme successifs, et généraux à toute notre région. Dans tous les cas on doit reconnaître ici un mouvement d'affaissement du sol, et d'approfondissement de la mer Asturienne à l'époque de Nieva. Les assises calcaires se poursuivant ensuite d'une façon presque continue jusqu'à l'époque Frasnienne, il y a lieu de se demander si ce bassin dévonien a été en s'affaissant durant toute cette période, pendant que les formations nouvelles s'accumulaient sur un fond qui s'enfonçait lentement ?

Tel paraît-être le mode de formation des couches dévoniennes des bassins ardennais, rendus typiques, par les travaux de M. Gosselet, et qui paraissent du reste les plus complets de toute l'Europe. Si nous comparons ces bassins à celui des Asturies, nous constatons qu'aux sédiments calcaires des Assises de Nieva-à-Moniello, correspondent dans l'Ardenne des sédiments grossiers littoraux ; et chose étrange, tandis que le bassin ardennais nous montre après l'Eifélien une série stratigraphique presque continue jusqu'au Carboniférien, à travers le Givétien, le Frasnien, le Famennien, et le Strunien, le bassin des Asturies au contraire nous présente pendant ce temps de nombreuses lacunes correspondant au Givétien, au Famennien, au Strunien. Il est donc impossible d'admettre que le bassin dévonien des Asturies est allé s'approfondissant pendant tout le dépôt des calcaires : il présente de trop nombreuses lacunes stratigraphiques.

C'est je crois, pendant le Coblenzien, que le bassin dévonien asturien a atteint sa plus grande profondeur ; il s'est ensuite lentement comblé, sous des eaux marines pures, au voisinage de terres peu étendues : les formations Eifelo-Frasniennes de cette région sont des dépôts d'une mer qui se comblait à l'abri de tout apport alluvial. Des modifications orographiques, difficiles encore à indiquer, déterminèrent graduellement l'arrivée de plus en plus abondante de matières en suspension dans ces eaux, jusqu'à l'époque de la formation purement clastique de Cué. Telle est du moins l'hypothèse qui nous parait le plus d'accord avec la composition élémentaire et la disposition stratigraphique de ces calcaires.

Les polypiers qui constituent la masse essentielle de nos calcaires dévoniens, sont comme l'ont prouvé les belles recherches de M. Dana sur les agents coralligènes, les facteurs les plus actifs de la formation des calcaires construits de nos mers. A l'époque actuelle, comme l'a surtout mis en évidence M. Martin Duncan, les Madréporaires se divisent en deux grands groupes par leur mode d'existence et leur répartition bathymétrique : 1° ceux qui habitent des eaux assez profondes, 2° ceux qui forment les récifs.

Les *Coralliaires de mer profonde*, ont une vaste répartition indépendante du climat, de la température, de la position géographique, ils vivent de 50 à 300 jusqu'à 1500 brasses, et même dans les eaux saumâtres littorales. Ce sont la plupart du temps des polypiers simples, ou branchus, des formes rameuses ou rampantes, sans coenenchyme, souvent isolés, parfois de taille considérable, mais jamais réunis en gros cormus (*Turbinolides*, *Oculinides*, etc).

Le deuxième groupe des *Coralliaires de récifs* est le plus nombreux, il comprend les formes d'une croissance rapide, à polypiers composés et à coenenchyme abondant, les polypiérides isolés sont rares. Ils ont besoin pour vivre d'une température de 18° à 20° cent. ; ils sont limités entre les 30° de latitude Nord et Sud, et seulement dans les points où l'eau de la mer n'est pas mêlée à des affluents d'eau douce. Ils vivent dans des eaux peu profondes, pas en dessous de 30 à 35^{m}.

A l'*époque paléozoïque*, il ne parait pas encore y avoir eu de différenciation nette entre les *polypiers d'eaux profondes*, et les *polypiers de récifs ;* ceux que l'on trouve isolés appartiennent aux mêmes genres que ceux qui sont assemblés en récifs. Cette division pour être moins sensible qu'à l'époque actuelle, n'en est pas moins déjà indiquée dans les calcaires dévoniens des Asturies : il suffit pour s'en convaincre de comparer entre elles les faunes coralliennes du Coblenzien, de l'Eifélien et du Carboniférien. Dans les calcaires coblenziens, les formes les plus abondantes sont des *Zaphrentis* simples, des *Amplexus* isolés, les gros cormus et les masses coralliennes sont rares ; dans l'Eifélien au contraire les polypiers composés deviennent abondants, on trouve des *Phillipsastrea*, *Cyathophyllum*, des *Hydroïdes* (*Stromatopora*), et de nombreux représentants de la famille des *Pori-*

tidae (*Favosites*, *Pachypora*, etc.) qui comprend maintenant d'après M. Verrill, beaucoup des coraux de récifs les plus importants (1). La faune du Carboniférien rappelle plus par l'aspect de ses coraux celle du Coblenzien, que celle de l'Eifélien : il renferme en Asturies de nombreux *Zaphrentis* simples des *Campophyllum*, *Lophophyllum*, *Koninckophyllum*, *Lonsdaleia*, généralement simples, ou peu composés. C'est donc surtout pendant l'époque Eifélienne que les calcaires paléozoïques asturiens ont revêtu un aspect corallien (ceintures de récifs, Abrolhos). On peut voir des ilôts coralliens dans les calcaires construits bien caractérisés de l'époque Frasnienne, en masses localisées, lenticulaires, remplies de *Cyathophyllum coespitosum*, *Acanthophyllum*, *Acervularia*, *Phillipsastrea*, *Pachyphyllum*, etc.

L'existence de récifs coralliens dans les mers Eifélienne, Frasnienne des Asturies, n'a rien qui doive surprendre, car MM. Dana (2), Martin Duncan, admettent qu'il en a existé en Angleterre par exemple, dès l'époque des calcaires siluriens de Wenlock, et en Amérique dès l'époque des calcaires dévoniens de Helderberg. On sait avec quel talent M. Dupont (3) a développé récemment sa théorie de l'origine coralligène des calcaires dévoniens de la Belgique.

En nous basant sur l'observation des phénomènes actuels de la vie des coraux nous sommes amenés à penser qu'à l'époque Eifélienne et même à l'époque Frasnienne, la mer où se développaient ces récifs dans les Asturies, était dans certaines conditions spéciales que nous pouvons résumer comme suit :

1° Les eaux de cette mer avaient une température assez élevée et régulière : elles étaient à l'abri de courants froids, car de nos jours ces courants empêchent les récifs de prospérer là où ils passent.

2° Les récifs ne s'établissant que sur un fond solide, et dans des eaux marines claires, nous avons la preuve que les rivages de cette mer Eifélienne n'étaient pas boueux (argiles, sables), et qu'il ne s'y jetait pas de grande rivière chargée d'alluvion. Par conséquent les terrains siluriens ou anté-siluriens qui formaient la crête Pyrénéenne n'étaient pas reliés au Sud à un continent où des rivières auraient pris naissance, mais formaient un alignement d'iles distinctes et dépourvues de grandes montagnes.

---

(1) *A. E. Verrill*: On the affinities of palæozoic tabulate corals with existing species, American Journal, 1872. Vol. CIII, p. 187.

(2) *Dana* : Manual of geol. p. 265.

(3) *E. Dupont* : Sur l'origine des calcaires dévon. de la Belgique, Bull. acad. Roy. 3e Ser. T. 2. Nos 9-10. 1881.

3° Les rivages de ces îles n'étaient pas escarpés, car les récifs coralliens ne se forment pas de nos jours à des profondeurs dépassant 35m : les mers Eifélienne et Frasnienne dont nous retrouvons les fonds dans les Asturies n'étaient donc pas profondes.

Il parait d'abord un peu difficile de concilier l'épaisseur du calcaire Eifélien des Asturies et leur extension, avec le peu de profondeur de la mer où ils se formaient. On sait il est vrai, que les calcaires qui se forment actuellement au N.-E. de l'Australie ont une extension considérable et une grande épaisseur ; c'est même pour expliquer leur formation que Darwin a dû proposer sa théorie de l'affaissement continu du fond de cette région du Pacifique. Cette théorie appliquée au bassin des Asturies, nous ramènerait à admettre que ce bassin s'approfondissait régulièrement pendant cette époque dévonienne, ce qui nous a déjà paru en désaccord avec les faits. Ceux-ci s'expliquent bien plus naturellement en admettant la nouvelle théorie de M. Murray(1) sur le mode de croissance des récifs coralliens, et d'après laquelle les récifs coralliens peuvent se former également dans les régions qui s'élèvent, comme dans celles qui s'abaissent, et dans celles qui restent en repos.

C'est nous l'avons dit, à l'époque coblenzienne, que la mer dévonienne aurait atteint sa plus grande profondeur dans les Asturies ; elle se serait comblée lentement à partir de cette époque, grâce à l'action combinée des constructions coralliennes, jointe à un mouvement d'exhaussement du sol. Le mouvement d'affaissement continu nous semblant contredit à la fois, par les lacunes signalées entre les assises dévoniennes, par les différences des assises Eifélionnes dans les régions limitrophes des Asturies et du Léon (*calcaires à cultrijugatus* et *calcéoles* d'une part, *schistes de Llama* d'autre part), et enfin par la localisation des lentilles calcaires frasniennes.

Après le dépôt littoral, clastique, du grès de Cué, un mouvement important du sol amena l'invasion des eaux carbonifères, dont le terme inférieur (marbre griotte), présente une extension considérable et une grande régularité dans tout le massif pyrénéen franco-espagnol. Les Coralliaires ne forment comme espèces et comme individus qu'une infime portion de la faune du calcaire carbonifère de la région : on trouve beaucoup de céphalopodes dans le griotte, mais les crinoïdes forment la partie essentielle du dépôt carbonifère : ainsi, ces calcaires carbonifères se déposent dans des conditions spéciales nouvelles, comme le prouvent à la fois leur composition différente, et leur extension régulière d'une remarquable uniformité.

(1) *John Murray* : On the structure and origin of Coral reefs and Islands, Proceed. of the Roy. Soc. of Edinburgh, 1880, vol. X, p. 505.

En se basant sur l'étude des caractères lithologiques et paléontologiques des calcaires carbonifères, on peut également se faire une idée des conditions dans lesquelles ce dépôt s'est formé dans les Asturies. Ce calcaire est un dépôt *pélagique* mais non *océanique* ; ses caractères en Asturies ne peuvent permettre de conclure à l'existence d'un vaste océan en ce pays, ni à un grand changement de place entre les masses continentales et les océans. Nous pouvons admettre pour ce terrain, ce que disait sir Wyville Thomson de la craie : « La craie de la période crétacée n'a pas été déposée dans ce que nous appelons aujourd'hui une eau profonde ; sa faune consistant surtout de formes d'eaux littorales, touche à peine la limite supérieure de la faune profonde. » (Sir W. Thomson, nature, nov. 1880).

Les conditions physiques spéciales de la période carbonifère dans le N. de l'Espagne, sont représentées de nos jours, non pas tant par les mers à coraux, que par la mer Egée, où d'après Forbes la vase calcaire provenant des débris des régions calcaires voisines, se dépose rapidement dans les eaux profondes. Il est même certain que le *calcaire de Leña* a dû continuer à se former, comme le prouvent sa faune et ses alternances avec des couches clastiques à empreintes végétales, à de faibles profondeurs. Il me semble donc que ces calcaires carbonifères se sont formés dans des bassins restreints, creusés par les ridements de la fin de l'époque dévonienne, et limités par conséquent de terres couvertes de matériaux clastiques, désagrégés, à remanier, et à redéposer. Les matériaux apportés de la sorte dans les eaux carbonifères provenaient en Asturies des calcaires dévoniens qui formaient les rivages, et l'origine du carbonate de chaux n'est pas douteuse ; cette richesse en carbonate de chaux des mers de l'époque du calcaire carbonifère que l'on trouve en tant de régions différentes, a dû beaucoup contribuer à maintenir l'uniformité de leur faune.

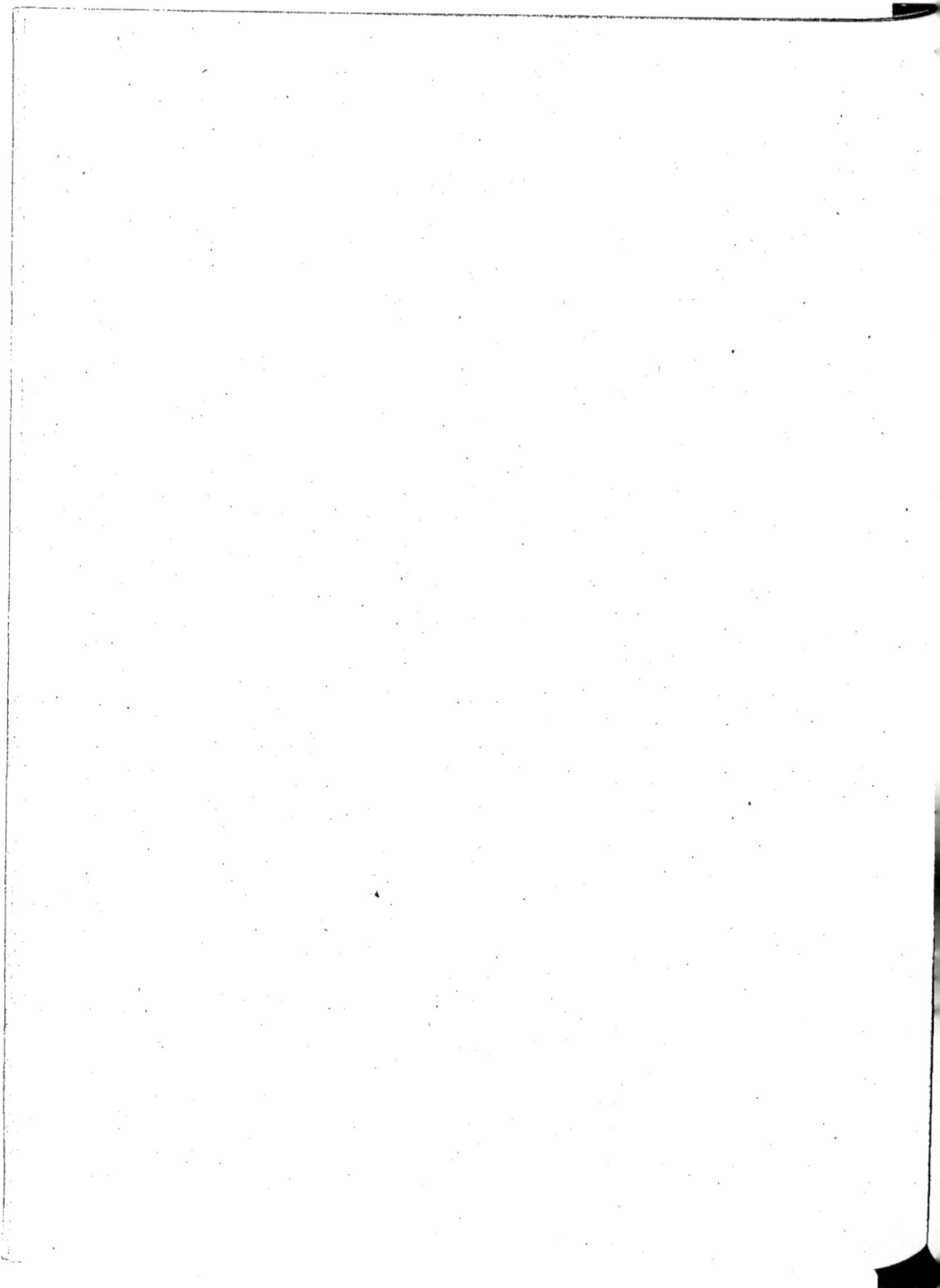

TROISIÈME PARTIE

STRATIGRAPHIE

Composition & succession des strates

Chapitre I

TERRAIN PRIMITIF

1. **Introduction historique** : La série toute entière des couches sédimentaires est supportée dans la région cantabrique par un terrain de nature spéciale, cristallin, stratiforme, justement appelé *Terrain primitif*. — M. M. F. de Castro [1] dans son excellent rapport de 1876 sur les progrès de la géologie en Espagne rapporte au Système Archéen de Dana, les couches strato-cristallines de l'Espagne, inférieures aux schistes argileux cambriens : or ce système Archéen tel qu'il a été défini par M. Dana, correspond exactement au *terrain primitif* de Werner, de MM. Schulz [2], de

(1) *Excmo. Sr. D. Manuel Fernandez de Castro* : Bol. com. del mapa geol. de España, T. 3. p. 1.

(2) *G. Schulz* : Descrip. geol. de Asturias. Madrid. 1858.

Lapparent [1], F. von Hauer [2], au *Grundgebirge* de M. Kjerulf [3], à l'*Urgneissformation* de Naumann, de M. Kalkowsky [4], et aux *terrains azoïques* de d'Orbigny.

Le *Terrain primitif* ou *archéen* tel que nous le limitons ici à l'exemple des auteurs précédents, comprend ainsi toutes les formations strato-cristallines, antérieures aux sédiments cambriens Il comprend donc l'ensemble des périodes Laurentiennes et Huroniennes des Etats-Unis[5] ; ainsi que les étages Lewisien, Dimétien, Arvonien, Pébidien, de M. Hicks[6] en Angleterre. Nous n'aurons pas lieu de nous occuper ici de ces divisions et étages distingués déjà de divers côtés dans le *terrain primitif* : leur signification théorique est encore trop indécise, la valeur des comparaisons trop douteuse, pour qu'on ait avantage à les suivre dans une région où les roches cristallines-stratiformes primitives sont encore aussi peu connues qu'en Galice. Les cartes géologiques de de Verneuil et Collomb, comme celle de M. de Botella, montrent que les roches gneissiques ont leur plus beau développement en Espagne au N.-O. de ce pays, dans la Galice ; ces schistes cristallins sont directement recouverts à l'Est par le terrain cambrien, avant d'arriver à la frontière Asturienne. Ils affleurent de nouveau dans les Pyrénées Espagnoles d'après M. Mallada[7], et mieux encore au Sud de la Galice, dans toute la partie septentrionale du Portugal, jusqu'au Sud de l'Espagne dans la Sierra Nevada.

Les géologues Espagnols n'ont pas négligé l'étude de ces masses primitives : Les roches de cette période forment 9 zônes distinctes dans la province de Salamanque d'après M. Amalio Gil y Maestre [8] ; les diverses roches de cet âge, gneiss granitoïde, gneiss ordinaire, micaschiste, talcschiste, schiste micacé, quarzite, alternent irrégulièrement entre elles, elles sont de plus toujours en stratification concordante, et il parait ainsi préférable de ne pas subdiviser cette série en étages distincts. MM. Pedro Palacios[9], Carlos Castel[10] ont distingué 2 massifs de roches schisto-cristallines dans la province de

(1) *De Lapparent :* Traité de géologie, Paris 1881. p. 612.

(2) *F. von Hauer* : Die Geol. u. ihre Anw. Kennt d. Bod. d. Oster.-Ungar. Mon., Wien 1875, p. 168.

(3) *Kjerulf* : Geol. d. süd u. mittl. Norwegen, Bonn. 1880, p. 99.

(4) *Kalkowsky* : Die Gneissformat. d. Eulengebirges, Leipzig, 1878.

(5) *Dana* : Manual of geology, 3e Edition, 1880, p. 151.

(6) *H. Hicks* : Geological Magaz. 1879, p. 433.

(7) *Mallada* : Geol. de la prov. de Huesca, Mem, com. map. geol. de España, 1878.

(8) *Amalio Gil y Maestre* ; Descrip. de la prov. de Salamanca, Mem. com. del mapa geol. de Esp., Madrid 1880, p. 119.

(9) *Pedro Palacios* ; Reseña geol. de la parte N. O. de la prov. de Guadalajara, Bol. com. mapa geol. T. VI. 1879. p. 321.

(10) *Carlos Castel :* Descrip. de la prov. de Guadalajara, Bol. com. del mapa geol., T. VIII p. 158. Madrid 1881.

Guadalajara, où le principal élément constituant est le gneiss; les micaschistes deviennent plus abondants dans le massif occidental, où ils présentent des variétés plus ou moins micacées, quarzeuses ou grenatifères. On rencontre également des amphibolites, schistes micacés et quarzites. MM R. von Drasche[1], J. Gonzalo y Tarin[2] ont étudié cette formation dans la province de Grenade, où les micaschistes et les amphibolites dominent sur les gneiss, qui ne jouent avec les talcschistes qu'un rôle secondaire. Les micaschistes présentent au contraire de nombreuses variétés, ils contiennent parfois des grenats. Dans la province de Cordoue, d'après M. L. Mallada[3], ce terrain également formé de roches schisto-cristallines montre encore une grande prédominance des micaschistes « no ocupa el gneiss un horizonte inferior, sino que se intercala en lechos delgados entre las micacitas », observation précieuse sur laquelle nous reviendrons plus loin. Les formations archéennes de la province de Séville sont composées d'après M. Mac Pherson[4] de gneiss, micaschistes, amphibolites, granatfels, calcschistes, calcaires, à la base, et de schistes argileux lustrés au sommet : le granite injecte ces gneiss suivant des cassures parallèles à leur direction. On observe dans la Serrania de Ronda d'après le même savant[5], des roches archéennes variées, gneiss à andalousite (Istan), gneiss riche en biotite et plagioclase, et enfin un autre gneiss avec grenat, andalousite, biotite, pléonaste, graphite, magnétite, feldspath en petits cristaux, rutile, spinelle ; les serpentines de la région sont éruptives et postérieures à ces roches. Les gneiss sont assez développés dans la province d'Avila d'après M. Felipe Martin Donayre[6] qui y a signalé également des micaschistes, amphibolites, phyllades, et calcaires grenus ; M. Franc. Quiroga y Rodriguez [7] y a trouvé des blocs intéressants d'une roche formée essentiellement de disthène, avec un peu d'orthose, muscovite, biotite et quarz. Dans la province d'Almeria M. Luis

---

(1) *Richard von Drasche :* Bosquejo geol. de la zona superior de Sierra Nevada. Bol, com. del mapa geol. T. VI. p. 358. Madrid 1879.

(2) *Joaquin Gonzalo y Tarin :* Reseña geol. de la prov. de Granada, Bol. com. del mapa geol. de Esp., Madrid 1881 T. VIII. p. 1.

(3) *Lucas Mallada :* Reconocimiento geol. de la prov. de Cordoba Bol. com. del mapa geol. de Esp. T. VII p. 1. Madrid 1880.

(4) *Jose Mac Pherson :* Estudio geol. y petrog. del norte de la prov. de Sevilla. Bol. com del mapa geol de Esp. T. VI. 1879. p. 172.

(5) *Jose Mac Pherson :* Descripcion de alg. rocas que se encuentran en la Serrania de Ronda, Anal. soc. Esp. hist. nat., T. VIII. 1879. p. 229-264.

(6) *Felipe Martin Donayre :* Trabajos geol. ejecut. dur. 1877 en la prov. de Avila, Bol. com. del mapa geol. de Esp., T. V. 1878.

(7) *Francesco Quiroga y Rodriguez :* Noticias petrograficas. Anal. soc. Esp. hist. nat. T. VIII. 1879. p. 493-497.

Natalio Monreal (1) a reconnu la superposition constante des formations suivantes : 1° Phyllades talqueuses, 2° Micaschistes, 3° Gneiss et quarzites.

L'ancien royaume de Galice n'a encore été étudié que par MM. G. Schulz(2), D. de Cortazar(3), et J. Mac Pherson(4) : M G. Schulz publia en 1835 une description géologique de cette province, accompagnée d'une carte géologique à petite échelle. C'est un pays montagneux mais fertile, la hauteur de ses montagnes varie de 2000 à 6000 pieds ; les roches primitives occupent les trois quarts du pays, existant seules dans sa partie occidentale. On rencontre surtout au contraire des dépôts paléozoïques dans le reste de ces provinces.

Le terrain primitif de cette région est composé, d'après M. G. Schulz, de gneiss, micaschistes, amphibolites, talcschistes, et schistes chloriteux, traversés par des granites, diorites, eurites et euphotides, qu'il est parfois difficile de distinguer des roches encaissantes. Le gneiss plus riche en mica que le granite, présente de nombreuses variétés intéressantes, feldspathiques, amphiboliques, mais dont les principales sont :

1° *Gneiss granitique*, alternant avec le granite à Ulloa, N. de Villalba, Vigo.

2° *Gneiss commun*, très caractérisé en Galice près Pontevedra, Tierra de Porto, de Viana.

3° *Greiss micacé*, alternant avec les micaschistes auxquels il forme d'innombrables passages, Santiago à la Corogne, etc. Il est imprégné de tourmaline, cassitérite, au voisinage du granite.

4° *Gneiss chloriteux*, visible à Bergantinos, Montes, N. de Chantada.

Les autres roches principales de cette série primitive sont des *micaschistes*, alternant souvent avec les *gneiss micacés* et les *talcschistes* (Juridiction de Montes, Tierra de Deza, las mariñas de la Coruña, Betanzos et Ferrol, etc.), des *leptynites* en masses subordonnées (Porto Cabo près de Cedeyra, entre la Gudiña et Navallo), des *itacolumites* (O. de Ria de Foz, N. O. de Villalba), des *chloritoschistes* (Tierra de Jallas, pays de Arzua), des *amphibolites* formant 4 amas principaux (E. de Santiago, Mellid, cap Ortegal, etc.) ; des *serpentines* (E. de Mellid, E. de Ferrol). A ces serpentines sont associés des cipolins

(1) *Luis Natalio Monreal* ; Apuntes geol. refer. a la zona central de la prov. de Almeria, Bol. com. del mapa geol. de Esp., T. V. 1878.

(2) *G. Schulz* ; Descripc. geogn. de Galicia, Madrid 1835, p. 8-19.

(3) *D. de Cortazar* : Datos geologico-mineros de la prov. de Orense, Bol. de la com. del mapa geol. de España, 1874, vol. 1.

(4) *J. Mac Pherson* : Apuntes petrograficos de Galicia, Anal. soc. Esp. de Hist. nat., T. X. 1881, p. 49.

blancs ou jaunes, formant une longue bande à San Jorge de Morche à 3 lieue E. de Ferrol.

D'après M. Schulz ce terrain de gneiss et micaschistes présente généralement en Galice une direction N. S., à inclinaison ouest; il y a cependant de nombreuses exceptions dans la région del Allones, comme à l'Est de la province de Orense, récemment étudiée par M. Daniel de Cortazar. Les différentes roches primitives de la Galice présenteraient d'après M. G. Schulz (1) des alternances diverses, et il ne serait pas possible d'établir pour elles un ordre fixe de superposition « Estos pocos datos bastan para demostrar que no hay un orden constante de superposicion entre las diferentes rocas primitivas de Galicia. »

M. de Cortazar revient sur la description de ces schistes cristallins, gneiss, talcschistes, etc. dans son étude géologique de la province d'Orense; mais conclut de même (2) que : « Todas estas rocas cristalinas se hallan en un orden de colocacion tan confuso y, por decirlo asi, tan arbitrario, que es casi imposible decidir cuales son las primitivas o mas antiguas.

On doit à M. Mac Pherson (3) des recherches sur les principales roches cristallines de la Galice, et ses descriptions sont et resteront la base de la lithologie de ces provinces. Il a fait connaître dans leurs détails les serpentines, avec la curieuse roche connue dans le pays sous le nom de *Doelo*, qui lui est associée, et qui est formée de grands cristaux de giobertite réunis par un ciment chloriteux; il a décrit les amphibolites grenatifères, épidotifères, et diallagiques, les chloritoschistes, les syénites gneissiques, les gneis grenatifères, les gneiss amphiboliques, les granites syénitique, les diabases, et enfin parmi les roches récentes un basalte néphélinique.

Moins complètes au point de vue stratigraphique, les observations de M. Mac Pherson lui ont cependant permis de reconnaître l'inclinaison dominante vers l'ouest, du terrain primitif de la région; il indique le premier ce fait important de la grande extension des amphibolites, chloroschistes, et serpentines en Galice, ainsi que la constance de l'ordre de succession de ces diverses roches « las rocas verdes de Galicia.... parecen ocupar un lugar relativamente alto en la colosal serie arcaica de la peninsula Iberica. »

Je n'ai pu disposer d'un temps suffisant pour parcourir la Galice avec le soin

(1) Descripc. geogn. de Galicia, Madrid 1835. p. 19.
(2) *D. de Cortazar* : Datos geolog. de Orense, Bol. com. map. geol., 1874, vol. 1, pl. 14.
(3) *Mac Pherson* : Apuntes petrograficos de Galicia, Anal. de la Soc. Esp. de hist. nat. T. X, 1881. p. 49. — p. 68.

qu'exigerait l'étude détaillée de cette intéressante contrée, j'ai dû me borner à quelques courses dans la province de Lugo qui forme la partie orientale de cet ancien royaume. Je m'étendrai surtout sur la description des roches sur lesquelles M. Mac Pherson a moins insisté (micaschistes, gneiss), et passerai très rapidement sur la grande série des roches schisto-cristallines vertes qu'il a étudiées avec tant de soin. Ses observations ayant en outre porté sur l'Ouest de la Galice, et les miennes étant limitées à la partie orientale, elles se compléteront ainsi mutuellement et donneront ensemble un aperçu des formations les plus anciennes du Nord de la péninsule Ibérique.

Les terrains primitifs de la province de Lugo, m'ont présenté 2 divisions principales : l'inférieure formée de micaschistes ; la supérieure formée de schistes chloriteux, amphiboliques, talqueux, ou micacés, avec lits subordonnés de quarzites, serpentines, cipolins. Dans ces deux divisions, il y a des couches interstratifiées de gneiss, d'amphibolites grenatifères (voyez Pl XVIII et XIX). Les granites que j'ai observés sont tous éruptifs.

2 Micaschistes de Villalba.

Les micaschistes sont développés aux environs de l'Ayuntamiento de Villalba (Pl. XVIII fig. 1). Ils présentent d'assez grandes variations, et en des points voisins ; ils contiennent généralement deux micas, du mica blanc potassique et du mica noir magnésien, ce dernier m'a toujours paru le plus abondant mais n'existe jamais seul. Le mica blanc est un élément caractéristique des micaschistes de la Galice. Ce mica est habituellement en paillettes isolées de 3 à 5^{mm}, dans quelques roches à grains fins elles ne dépassent pas 1^{mm} carré ; les micaschistes où ces lamelles de mica se soudent entre elles pour former des *membranes* ondulées, comme dans une catégorie des gneiss de la Saxe décrits par Naumaunn (1), sont très rares aux environs de Villalba. Le mica est de beaucoup l'élement dominant, et il parait former presque seul la roche suivant le plan de la schistosité ; on voit souvent au milieu des lamelles de mica blanc des paillettes de mica noir comme en Russie (2), et de petits cristaux rouge-brun très durs.

Quand on regarde ces roches suivant leur tranche, on y reconnait du quarz en plages étirées suivant la schistosité, et d'assez nombreux cristaux de feldspath : Leur nombre et leur grosseur varient beaucoup. Les plus gros cristaux de feldspath que j'ai

(1) C. *Naumann :* Ueber den jüngeren Gneiss bei Frankenberg. Neues Jahrb. f. Miner. 1878. p. 809.

(2) A. *Inostranzeff :* Stud. üb. metamorph. Gest., Leipzig, 1879, p. 133.

observé, ne dépassaient pas 2mm, ils sont toujours de couleur blanche, devenant jaunes par décomposition, et paraissent appartenir tous à l'orthose : ces micaschistes à gros cristaux de feldspath passent aux micaschistes gneissiques. Ces cristaux sont parfois si petits qu'on ne peut les distinguer à l'œil nu; c'est surtout dans ce cas que le mica est disposé en membranes continues. Les cristaux de feldspath sont souvent très décomposés, et il est souvent difficile même, de ramasser un fragment de la roche, désagrégée, quelquefois entièrement transformée en une sorte de limon jaunâtre. Le mica noir est aussi très souvent altéré, on reconnait que des lamelles de ce mica se décolorent sur les bords, passant au vert clair et au blanc, la décoloration progressant toujours de la périphérie au centre, parait dûe à une épigénie, plutôt qu'à une association intime et régulière de mica noir et de mica blanc, comme celles qui ont été signalées par Gustave Rose, et M. E. Kalkowsky(1) Ce mica blanc produit par épigénie, conserve un aspect gras, talqueux, qui peut aider à sa détermination. Cette modification du mica noir des schistes cristallins n'est pas limitée à la Galice, Scheerer (2) l'a signalée depuis longtemps dans les gneiss de la Saxe, M. Gümbel (3) dans ceux de la Bavière, M. Kalkowsky (4) dans les micaschistes de Zschopau ; je l'ai souvent constatée dans ceux de la Bretagne.

Les micaschistes de Villalba se clivent en fragments à faces planes; les variétés très micacées, et à mica membraneux, sont froncées et ondulées, suivant leur cassure : ce clivage facile est la seule division naturelle des micaschistes de Villalba, je n'ai pu fixer si elle représentait la stratification comme cela parait probable, ou si elle ne montre au contraire que la schistosité de la roche.

Au microscope, les éléments de ces schistes cristallins sont entièrement cristallisés, ils manquent entièrement de magma vitreux ou amorphe, comme les roches de cet âge décrites en France par M. Michel-Lévy(5). Le mica noir biotite est généralement feuilleté, dépourvu de contours polyédriques réguliers, il forme des traînées d'aspect caractéristique au microscope, il est très rare d'y trouver un feuillet hexagonal. Il est un des éléments les plus anciens de la roche. Il est souvent étendu sur d'autres minéraux, où il

(1) *E. Kalkowsky* : Die Gneissformation des Eulengebirges, Leipzig 1878. p. 33.

(2) *Scheerer* : Die Gneisse des Sachsischen Erzgebirges, Zeits. d. deuts. geol. Ges., Bd. XIV. 1862. p. 87.

(3) *Gümbel* : Ostbayerisches Grenzgebirge, p. 215-239.

(4) *E. Kalkowsky* : Das Glimmerschiefer Gebiet von Zschopau im Sächsischen Erzgebirge, Zeits. d. deuts. geol. Ges., Bd. XXVIII. 1876. p. 699.

(5) *Michel-Lévy* : Note sur la formation gneissique du Morvan, Bull. soc. géol. de France. 3e Sér. T. VII. 1879. p. 857.

est froissé et chiffonné, notamment autour des grains ferrugineux Quelques lamelles de ce mica contiennent des grains cristallins arrondis, très réfringents, entourés d'une auréole de décomposition brun verdâtre, et qui rappellent ainsi le sphène déjà signalé par M. Michel-Lévy, dans les schistes cristallins ; elles contiennent beaucoup plus souvent, et en bien plus grande abondance, des grains ferrugineux, opaques, isolés, rougeâtres, à contours arrondis ou polygonaux. Leur forme est alors hexagonale : les 6 côtés sont quelquefois égaux, mais plus souvent trois grands côtés alternent avec 3 plus petits, deux côtés de la section sont parfois très développés aux dépens des 4 autres, et donnent alors à la section l'apparence d'un prisme terminé par des pyramides. La forme et les caractères de ces lamelles les rapportent au fer oligiste, dont les rhomboèdres présentent souvent les dispositions observées ici ; des taches jaunâtres de limonite dérivent par décomposition de cet élément. D'après M. Kalkowsky l'oligiste serait caractéristique des micaschistes de Zschopau.

Certaines piles de mica sont formées de lamelles alternantes de biotite et de mica blanc ; le mica blanc est toujours au voisinage du mica noir et en provient le plus souvent par épigénie. Ces grandes lamelles ne présentent pas les caractères microscopiques du talc ni de la chlorite ; je n'ai jamais pu observer de biotite verdie par décomposition, présentant les microlithes irrégulièrement croisés et réunis en faisceaux, signalés dans les biotites de Saxe et d'Amérique par MM. Kalkowsky(1), Zirkel(2). J'ai reconnu en France ces microlithes dans un galet de gneiss granulitique des poudingues houillers de Quimper, ils ne se trouvent en Bretagne comme en Saxe, que dans les micas décolorés, altérés

Les feldspaths ont une disposition irrégulière dans les préparations, ils ne présentent aucune orientation générale, leur contour est irrégulier et ne doit sa forme qu'à l'obstacle opposé par les feuillets de mica. L'orthose est assez abondante, claire, transparente, parfois recouverte d'une poussière talqueuse de décomposition. Ces cristaux sont généralement simples, rarement maclés ; ils contiennent de petites inclusions de mica, et un assez grand nombre de petites plages arrondies de quarz de corrosion. Le feldspath triclinique est rare, sans contours cristallins ; les lamelles polysynthétiques sont larges, peu nombreuses, à petits angles d'extinction.

Le quarz très abondant forme la majeure partie de la roche, il est en grains irréguliers, émoussés sur le pourtour, à polarisation vive immédiate pour chaque grain ;

(1) *E. Kalkowsky* : Neues Jahrb. f. Miner. 1876. p. 701.
(2) *F. Zirkel* : U. S. geol. Explor. 40th Parallel. Washington, 1876.

il est remarquable par les fissures qui le traversent dans tous les sens, prouvant qu'il a été brisé en place après sa solidification, pendant que les feuillets de mica présentaient l'étirement que nous avons indiqué. Ces grains de quarz sont riches en inclusions; inclusions liquides, très petites, disséminées au hasard et non en séries comme dans certains quarz, elles contiennent une bulle immobile à la température ordinaire ; ils contiennent en outre des grains d'oligiste et de nombreux prismes raccourcis terminés par les faces de la pyramide, d'une substance très réfringente. Les rares individus de mes préparations qui n'étaient pas entièrement noyés dans le quarz m'ont montré une extinction en long. Ces petits cristaux présentent la plupart des caractères du zircon, signalés déjà du reste dans les schistes micacés du Fichtelgebirge par M. Zirkel[1], et en Suède par M. Tornebohm[2].

Je n'ai pu reconnaître dans ces micaschistes de graphite, ni d'apatite, quoique ces minéraux aient été souvent signalés dans les micaschistes d'Allemagne, et que j'aie constaté leur présence dans les micaschistes de Bretagne. Le seul minéral accessoire assez répandu dans ces micaschistes d'Espagne, et notamment dans les variétés à gros grains est le grenat ; il est en petits cristaux rougeatres, fissurés, à contour irrégulier subarrondi, et toujours au contact des micas.

En résumé, les micaschistes de Villalba présentent donc la composition suivante : *mica noir, mica blanc, orthose, plagioclase, et quarz à deux états différents, avec grenat, zircon, sphène?, oligiste.*

Les *micaschistes de Villalba*, avec leurs couches subordonnées de gneiss et d'amphibolites forment presque toute la partie occidentale de la province de Lugo, leurs nombreux plissements rendent difficile l'évaluation de l'épaisseur de ce terrain. Aux environs de Goiriz, les micaschistes incl. S. 35° E. = 10° ; ils alternent avec des lits plus schisteux verts, très micacés, ainsi qu'avec quelques minces lits d'amphibolites grenatifères, ils sont coupés par de nombreux filons de quarz avec mica blanc abondant. Cette région est peu accidentée, on y élève des bestiaux dans des prairies humides, séparées par des haies de chênes et de bouleaux.

Au Sud de Villalba, l'inclinaison dominante N. 45° O. = 15° à 25°, les roches sont les mêmes qu'aux environs de Goiriz. Quelques bancs gneissiques passent au granite ; plusieurs filons minces de quarz présentent la disposition en chapelet si ordinaire pour

(1) *F. Zirkel* : Neues Jahrb. f. Miner. 1875. p. 628.
(2) *Tornebohm* : Neues Jahrb. f. Miner. 1877, p. 97.

les veines de quarz des schistes cambriens. Vers Parrocha, l'incl. devient plus septentrionale, les amphibolites grenatifères subordonnées ont la même inclinaison ; on reste sur les micaschistes jusqu'à Noche et San Cosme, où on passe sur des schistes verts micacés avec quarzites, qui forment dans la province de Lugo, la division supérieure des terrains primitifs. L'inclinaison dominante de ce terrain de micaschistes devient O. au centre de la Galice.

3. Roches vertes, Chloritoschistes, Talcschistes.

La division supérieure des formations primitives est très développée en Galice dans la Sierra Capelada ; on la reconnait dans la province de Lugo (Pl. XIX, fig. 1) où elle est formée de schistes chloriteux, talqueux, micacés, avec lits de quarzites subordonnés ; on y trouve des lits intercalés de gneiss, d'amphibolites, et de serpentines. Elle forme une bande large de 12 à 15 kilomètres entre les micaschistes inférieurs et les schistes cambriens bien caractérisés ; les nombreux plissements de ces schistes chloriteux et talqueux rendent leur épaisseur difficile à évaluer. Le microscope ne nous a pas permis de déterminer le silicate à aspect de talc ou mica blanc, qui est si répandu dans cette formation : des analyses chimiques pourront seules fixer si le minéral dominant est ici le talc, la séricite, la damourite, la margarodite ?—A l'Est de Goiriz, on suit les chloritoschistes jusque vers Castromayor, après avoir rencontré 2 minces couches de gneiss. On y reconnait au microscope du fer magnétique, de la chlorite verte à polarisation assez faible, de l'épidote en grains, quelques paillettes micacées et granules lenticulaires de quarz. A l'Est de Gontan, l'inclinaison générale est vers l'Ouest, des schistes micacés alternent avec des lits de quarzites gris-verdâtre ; on trouve de nombreux fragments d'amphibolites à grenats, et il est facile de s'assurer de leur concordance avec les schistes. A Candia, schistes gris micacés avec mica noir, et bancs d'amphibolite feldspathique avec grenats et actinote rayonnée ; à l'Est du village, schistes et quarzites gris-vert remplis de paillettes micacées noires ; on reste sur ces schistes gris-vert, avec quarzites et lits de schistes gris-bleuâtre alternants, jusqu'à Santa Maria de Abadin et Gontan, où ils contiennent de petites paillettes de mica noir et de petites taches noires de macle. On arrive à moins de 2 kilomètres au Nord de Santa Maria sur un massif de granite éruptif, et l'action métamorphique dûe à cette roche massive a encore obscurci le contact entre les schistes cambriens et les schistes inférieurs qui doit se trouver à la hauteur de Gontan, mais que je n'ai pu observer. A l'Est de Gontan, vers Sasdoniegas et San Vicente on se trouve sur les schistes cambriens bien caractérisés. La limite entre ces deux terrains serait également insensible en Saxe d'après M. Sauer(¹), ainsi qu'en certains points de la Bretagne.

La partie de la province de Lugo formée par ces schistes verdâtres micacés, est une contrée ondulée, couvertes de collines arrondies, peu élevées, peu habitées, et tapissée de genêts. Les schistes verts recouvrent vers San Cosme les micaschistes de Villalba, leur incl. S. = 70° est très variable, et devient bientôt S. 45° E., puis N 40° O. = 50° en approchant de Gaibor. Les schistes alternent avec des quarzites, et contiennent des paillettes micacées et de petites macles noires. A Gaibor les schistes contiennent de grandes paillettes de mica et passent à de véritables micaschistes avec lits de quarz incl. S. 60° O = 45°; on les suit jusqu'à Troho. Vers Peto, incl. S.; puis schistes verdâtres à petites paillettes de mica noir et de mica talqueux, alternant avec des amphibolites vers Otero del Rey, Robra. A Ramil, schistes et quarzites micacés; à Lugo et aux environs, schistes verdâtres remplis de petites paillettes de mica noir, et passant par places aux micaschistes, les inclinaisons sont les plus variables ; ils sont coupés vers Carballido par une épaisse masse de granite éruptif. La vaste extension du granite éruptif dans la province de Lugo, jointe à la ressemblance des schistes cambriens à ceux qui terminent la série primitive. m'ont empêché d'y reconnaître le contact de ces terrains, et la nature de la limite entre le terrain cambrien et le terrain primitif.

Les diverses roches vertes si bien développées à l'Ouest de la Galice incl. du N.-O. au S.-O., comme la plupart des strates précédentes : on peut y remarquer d'une manière générale l'abondance des grenats avec inclusions de rutile qui se trouvent à la fois dans les gneiss, les micaschistes, les chloristochistes, les amphibolites, aussi bien que dans les éklogites, et par contre la rareté ou même l'absence très curieuse de la tourmaline dans toute cette série schistocristalline. M. Mac Pherson a décrit de nombreuses variétés de gneiss et d'amphibolites grenatifères, de granatfels, éklogites, kinzigites, dont il est intéressant de comparer les descriptions avec celles de la province de Lugo, sur lesquelles je reviendrai plus loin.

Je n'ai rien à ajouter aux intéressantes observations de M. Mac Pherson sur les autres roches vertes schisto-cristallines de la Galice : les serpentines (Mellid, Santa Marta de Ortigueira) ne proviennent pas de l'altération du péridot, mais bien du diallage, dont on retrouve de nombreux débris. Il y a du reste dans cette région un beau massif de

(1) *Dr A. Sauer*; Neues Jahrb. f. Miner. 1881. T. 1. p. 229.

diabase, où l'on reconnait en abondance le pyroxène, frais, maclé, à contours irréguliers, remplissant les vides laissés entre les feldspaths, et parfois assez décomposé. Le feldspath dominant est le labrador, généralement frais, en grands cristaux zonés, et en microlithes. C'est à ces serpentines situées vers le sommet de la série primitive de la province de la Corogne, que sont associés les *doelo* de M. Mac Pherson, et les cipolins cités par M. Schulz.

4. Roches subordonnées aux précédentes.

A. Gneiss : Je n'ai pas rencontré dans la province de Lugo, le gneiss à l'état de formation indépendante : je ne l'ai observé qu'en couches minces de 0,20 à 0,50 interstratifiées au milieu des schistes cristallins primitifs; tantôt dans les micaschistes aux environs de Goiriz et de Villalba, et tantôt dans les schistes chloriteux de la division supérieure aux environs de Castromayor (Pl. XVIII-XIX). Sans conclure ici à l'absence du *Gneiss Laurentien* en Galice, notons que cette formation y est très peu développée : Durocher (1) disait déjà en 1846, que « dans les Pyrénées le gneiss est peu développé et ne se trouve qu'en masses peu considérables », et M. Zirkel(2) répétait « dass eigentliche, charakteristische Gneisse in den metamorphischen Schieferregionen der Pyrenaeen sehr selten sind ». Dans le midi de l'Espagne, la formation de Gneiss, ne parait pas atteindre un plus grand développement, ni avoir plus d'indépendance que dans le massif pyrénéen ; c'est du moins ce qu'on doit conclure des études citées plus haut de M. Mallada dans la province de Cordoue, et de M. J. Gonzalo y Tarin dans celle de Grenade.

Cette observation prend de l'intérêt si on la rapproche des études générales de M. E. Kalkowsky sur les roches primitives: quand on compare en effet, d'après M. Kalkowsky(3) diverses régions primitives ; on voit que les gneiss, granites-stratifiés, dominent dans l'une, tandis que les micaschistes, calcaires, amphibolites, sont plus abondants dans une autre. Ces dernières roches caractérisent en général on le sait, la division supérieure des terrains primitifs, remarquables ainsi par la diversité de leur composition, qui rappelle celle des terrains plus récents : cette division supérieure des terrains archéens est la mieux développée dans la province de Lugo, à moins qu'on ne doive en paralléliser

---

(1) *Durocher* ; Bull. Soc. geol. de Fr., 2e ser. T. 3. 1846. p. 615.
(2) *Zirkel* ; Zeits. d. deuts. geol. Ges., Bd. XIX. 1867. p. 191.
(3) *E. Kalkowsky* ; Ueber die Erforschung der Archaïschen Formationen, Neues Jahrb. f. Miner. 1880. Bd. 1. p. 20.

la partie inférieure avec les roches différentes gneissiques, des massifs primitifs voisins ?

Le gneiss de Castromayor est formé de feldspath blanchâtre strié en grande partie, de quarz, et de mica blanc ; il est stratifié en lits parallèles, et remplis de mica blanc en paillettes isolées non réunies en membranes. L'orthose est blanche, le plagioclase blanchâtre le quarz est transparent blanc ou gris-clair, le muscovite blanc argentin ou vert très clair. Ce gneiss ne se distingue des gneiss-rouges du massif granulitique de la Saxe que par l'absence totale de l'oligiste ; l'absence de ce minéral qui explique du reste sa couleur blanche, ne saurait être une raison suffisante pour séparer ces roches, car en Saxe, même d'après M.H. Credner(1) « Zahlreiche *rothe gneisse* sind in frischem Zustande fast volkommen weiss ». Le gneiss de Goiriz, Villalba, ne diffère de celui de Castromayor que par la présense de mica noir ; or les gneiss rouges de Saxe contiennent d'après M. Kalkowsky(2) du mica potassique brun verdâtre dichroïque, et même du mica magnésien comme à Wiesenbad.

Au microscope, les roches gneissiques de Lugo ne montrent jamais de pâte amorphe, ni cristallitique ; elles se résolvent entièrement en cristaux. La forme de leurs grains cristallins est irrégulière ; la plupart des cristaux sont nés en même temps en se gênant réciproquement dans leur croissance : on n'y voit jamais un cristal à contours nets, on voit souvent au contraire des grains cristallins déformés les uns par les autres La répartition de ces grains est irrégulière, le gneiss étant ainsi plus quarzeux ou plus feldspathique par places, comme celui des environs d'Heidelberg d'après MM. Benecke et Cohen(3). La grosseur des grains est également très variable dans un même gneiss, de gros grains se trouvent au voisinage d'autres de même espèce infiniment plus petits.

Le *Gneiss à muscovite* de Castromayor contient en abondance de grands faisceaux de lamelles de mica blanc, incolore dans la lumière naturelle, non dichroïque ; ces lamelles s'éteignent en long, mais non simultanément à cause de leur disposition flabelliforme. Ces faisceaux sont isolés, et souvent fichés par une extrémité dans un cristal de feldspath. Le feldspath triclinique est de beaucoup prédominant, il est en gros cristaux, très frais, et transparents, à contours très irréguliers, formés d'un grand nombre de fines lamelles maclées, au nombre de 50 à 60 par cristal. Elles sont généralement maclées suivant la loi

(1) *H. Credner* : Zeits. d. deuts. geol. Ges. Bd. XXIX. 1877. p. 760.
(2) *E. Kalkowsky* ; Zeits. d. deuts. geol. Ges , Bd. XXVIII. 1876, p. 706-708.
(3) *Benecke et Cohen* : Abriss d. geol. v. Elsass, Strasbourg, 1879. p. 22

de l'albite, mais à cette première macle s'en superpose souvent une seconde en croix suivant p avec axe de rotation suivant l'orthodiagonal : je n'ai pas observé d'extinction supérieure à 15° dans la zône ph^1 ; de plus, l'extinction simultanée des lamelles dans la zône pg^1, me fait rapporter ce feldspath à l'oligoclase. Quelques individus présentent un commencement de décomposition, ils sont ternes et recouverts par une poussière à aspect de calcite. L'orthose est en grands cristaux déchiquetés, généralement ternis et altérés, moins abondants que les cristaux d'oligoclase, mais froissés comme eux ; je n'en ai jamais reconnu de semblables à ceux que j'ai signalé dans les gneiss glanduleux du Finistère(1), et si remarquables par l'abondance du quarz de corrosion en gouttelettes et en palmes, qui y est injecté, formant souvent une couronne autour de ces cristaux qui sont ainsi lardés au bord, et comme entourés d'une auréole de micropegmatite grossière. C'est une auréole de feldspath récent, qui est parfois formée d'une série de petits cristaux d'orthose maclés suivant la loi de Carlsbad, juxtaposés parallèlement, et entourant un fragment de feldspath ancien simple ; le quarz en palmes est ici limité à l'orthose récente.

Le quarz se présente en outre dans cette roche, en grains disséminés, de formes très irrégulières, souvent accolés entre eux suivant des lignes sinueuses, et à orientations optiques différentes. Ces grains sont beaucoup plus abondants que les précédents, ils sont d'origine plus ancienne Je donne (pl. XX) une figure de ces grains de quarz, leur volume est très irrégulier et variable, leur forme extérieure les distingue toujours de ceux des micaschistes ; ils sont caractérisés par leur contour hérissé d'aspérités, de pointes et de prolongements irréguliers, pénétrant dans tous les interstices des minéraux plus anciens, mais existant aussi entre les différents grains quarzeux d'une même plage ; les angles des grains quarzeux des micaschistes de Villalba sont au contraire toujours émoussés et arrondis. Les grains du gneiss sont entiers, intacts, et présentent sous les nicols croisés une polarisation successive qui leur donne un aspect moiré ; les grains de quarz des micaschistes sont au contraire brisés, sillonnés de fissures irrégulières, et s'éteignent souvent d'un seul coup sous les nicols croisés. Les grains de quarz des gneiss contiennent des inclusions liquides ; elles sont moins abondantes, moins grosses, moins irrégulières que celles des quarz du granite, et généralement très petites, à libelle grosse, égale environ au 1/4 du volume et immobile à la température ordinaire. Leur disposition varie ; sans ordre, ou en lignes limitées à un cristal, ou plus rarement en séries continues dans plusieurs quarz voisins. Ces quarz contiennent en outre quelques très rares aiguilles

(1) Annal. soc. géol. du Nord, T. VIII, 1881, p. 6.

microlitiques s'éteignant en long. Les grains de quarz des micaschistes ressemblent aux quarz anciens des rhyolithes, des porphyres quarzifères ; ceux de nos gneiss seraient des quarz de seconde consolidation.

Le *Gneiss avec mica noir* de Goiriz contient comme le précédent, le mica muscovite en abondance, mais au milieu de ces faisceaux de mica blanc on reconnait des lamelles dichroïques brun-verdâtre foncé, que je rapporte à la biotite. Ce mica noir est souvent épigénisé en mica blanc, comme cela arrive si souvent dans le gneiss, par exemple dans ceux des environs de Sainte-Marie aux Mines décrits par M. P. Groth(1). Le mica blanc se trouve souvent pincé dans le microcline. Ce feldspath est très abondant dans ces gneiss qu'il vient ainsi distinguer des précédents : il est en grands cristaux à contours irréguliers, plus récent que le mica et qu'un autre feldspath triclinique rapporté à l'oligoclase. Ce dernier est en grands cristaux polysynthétiques, plus petits toutefois que les précédents, frais, bien conservés et souvent inclus dans le microcline. Le quarz est comme précédemment sous deux états différents : 1° le quarz de corrosion, en gouttelettes, à contours souvent anguleux, subtrigonaux, hexagonaux, ils s'éteignent alors tous en même temps dans un même feldspath ; 2° le quarz en grains granulitiques, irréguliers, moins hérissés que ceux de Castromayor, présentant quelques fissures et inclusions liquides nombreuses, très petites, disséminées sans ordre. Ces grains contiennent en outre de petits prismes allongés, aculéiformes, autour desquels vient se grouper irrégulièrement et par places une fine poussière que je n'ai pu déterminer, et qui leur donne des formes singulières.

Tous les gneiss que j'ai observés dans la province de Lugo sont identiques par leurs caractères minéralogiques à ceux que je viens de décrire ; ils se rapprochent beaucoup plus par conséquent des *Gneiss rouges* de la Saxe que des *Gneiss gris* ou *Gneiss primordiaux*. Les Gneiss rouges de cette partie de l'Allemagne, caractérisés par leur teneur en acide silicique de 75 à 76 % au lieu de 68 %, ont été l'objet d'un si grand nombre de travaux, qu'il serait intéressant de leur trouver des termes de comparaisons dans les contrées voisines. Ainsi, les relations stratigraphiques des *Gneiss de Lugo* sont entièrement à l'appui de la théorie de MM. H. Credner(2), Kalkowsky(3), Jentzsch, Gümbel(4), Andrian(5)

(1) *P Groth* : La région gneissique de Ste-Marie aux mines dans la Hte Alsace, Strasbourg 1877, p. 410.

(2) *H. Credner* : Der rothe Gneiss des Sächsischen Erzgebirges, Zeits. d. deuts. geol. Ges. 1877, p. 757.

(3) *E. Kalkowsky* ; Zeits. d. deuts. geol. Ges., Bd. XXVIII. 1876. p. 746.

(4) *Gümbel* ; Geogn. Beschr. d. Ostbayerischen Grenzgebirges, Gotha, 1868.

(5) *Andrian* : Jahrb. d. k. k. geol. Reichsanst. Bd. XIII. p. 183.

qui considèrent les *Gneiss rouges* comme une formation sédimentaire, faisant partie intégrante de la série Archéenne. Ce gneiss acide de la Galice s'est montré dans tous les affleurements où je l'ai observé, en couches parfaitement concordantes aux schistes cristallins ou micaschistes encaissants ; jamais il ne les coupe, ni ne détermine sur eux aucun phénomème de contact. On semblerait donc très fondé à le considérer comme un sédiment ancien, transformé en gneiss lors de la cristallisation des autres sédiments primitifs voisins.

Cette théorie toutefois n'est pas universellement admise en Saxe, H. Müller, von Cotta, Scheerer, MM. Stelzner, Förster, Jokely(1), considèrent avec Naumann(2) le *Gneiss rouge* comme une roche éruptive. Mes courses en Galice ont été trop rapides pour que les arguments donnés ici, aient grande valeur dans une discussion sur les gneiss de la Saxe, décrits d'après des cartes géologiques au 1/25000 ; j'ajouterai que malgré la ressemblance des roches des deux pays, on ne peut considérer leur identité comme établie, et qu'enfin cette question parait aussi difficile à résoudre en Galice qu'en Saxe. Notons toutefois que le gneiss ne nous a nullement paru en Galice en grande masse indépendante, il forme des lits alternant avec les micaschistes comme M. Schulz l'indiquait en 1835. De même, il arrive fréquemment dans les Pyrénées Françaises d'après Durocher(3) « que le gneiss a » été fondu au contact du granite, et qu'il s'est développé entre les strates, des cristaux un » peu gros de feldspath, de sorte qu'il y a alors une dégradation apparente entre cette » roche et le granite. » En effet, certains caractères des gneiss de Lugo leur donnent un cachet éruptif, peut être dû au métamorphisme de contact : le plus saillant de ces caractères est fourni par le quarz, tandis que les grains de quarz des terrains primitifs normaux de Lugo sont sub-arrondis et fissurés, les grains de quarz de ces gneiss acides sont au contraire entiers, intacts, hérissés d'aspérités et de prolongements correspondant aux plus petits vides de la roche, qu'ils sont donc venus injecter après coup. L'abondance de ce quarz récent, distingue nettement ces gneiss des roches des formations primitives encaissantes ; elles les rapproche au contraire beaucoup de tous les *augengneiss, flasergneiss*, qui se trouvent en Bretagne au voisinage des granites éruptifs, et où j'ai retrouvé cette même particularité.

Si donc la disposition stratigraphique du Gneiss de Lugo parait donner raison à la

(1) *Jokely* ; Jahrb. d. k. k. geol. Reichsanstalt, Bd. VIII. p. 446 ; ibid. Bd. X. p 365 ; ibd. Bd XII. p. 396.

(2) *Naumann* ; Lehrb. d. Geognosie.

(3) *Durocher* : Annal d. mines, 1844. p. 80.

théorie sédimentaire, ses caractères minéralogiques tendent plutôt à le faire considérer comme une roche éruptive ou modifiée par contact.

B. Amphibolites grenatifères : Des roches riches en amphibole, forment comme les gneiss, des couches minces interstratifiées dans les schistes cristallins du centre de la province de Lugo ; la présence du grenat et du quarz y est fréquente. On ne trouve que bien plus rarement en masses subordonnées les types plus basiques caractérisés par le pyroxène. La composition minéralogique de ce Terrain Primitif est ainsi rendue très variée, et il y a par suite lieu de croire que l'étage Hercynien de Gümbel (*Hercynisches Stufe*) est mieux représenté dans cette partie de l'Espagne, que le *Bojisches Stufe* de MM. Gümbel et Kalkowsky(1), qui forme dans d'Oberpfälzer Waldgebirge la base du Terrain primitif, caractérisée par son uniformité, et où on ne trouve que des alternances de gneiss et de granite.

Ces roches amphiboliques rappellent encore celles qui aux environs de Ste-Marie-aux-Mines, alternent régulièrement avec les couches de gneiss récent de M. P. Groth(2) ; on trouve là tous les passages entre ces gneiss récents grenatifères, des schistes amphiboliques, des diorites stratifiées, en un mot des gneiss où l'amphibole remplace le mica. Il y a des variétés compactes où on ne voit à l'œil que de l'amphibole et du feldspath strié ; on en rapporterait plutôt les échantillons aux diorites qu'aux gneiss. C'est à ces variétés qu'appartiennent les plus nombreuses et les plus belles des roches amphiboliques du terrain primitif de Lugo : ce sont de remarquables roches massives d'un blanc jaunâtre, formées de feldspath strié et de quarz en petits grains ; sur ce fond clair se détachent de beaux cristaux d'amphibole verte de 3 à 4mm élégamment groupés en rosettes, et des points rouge-jaunâtre de 2mm de grenats.

On peut observer ces amphibolites grenatifères dans les micaschistes, à Goiriz, Parrocha près Villalba, ainsi que dans les schistes verts chloriteux à Gontan, Candia, Castromayor, Peto, Robra, elles sont partout interstratifiées régulièrement à ces schistes cristallins. Elles ont un développement considérable en Galice ; M. G. Schulz(3) y avait déjà indiqué 4 grands amas principaux de roches amphiboliques (Santiago, Cap Ortegal, etc.) fort mélangées de quarz, de feldspath, de chlorite, de grenats, etc., et formant de nombreux passages aux roches chloriteuses et aux gneiss.

---

(1) *E. Kalkowsky* : Ueber Gneiss und Granit des bojischen Gneissstockwerkes im Oberpflalzer Waldgebirge, Neues, Jahrb. f. Miner. 1880, p. 29.

(2) *P. Groth* : La région gneissique de Ste-Marie-aux-Mines dans la Hte Alsace, Strasbourg, 1877, p. 438.

(3) *G. Schulz* : Bull. soc. géol, France, 1re Sér. T. IV. p. 417.

L'examen microscopique permet aussi de distinguer à première vue ces amphibolites grenatifères des diorites éruptives : elles sont en effet moins riches en fer magnétique et en fer titané, mais plus chargées par contre de grenats, et présentent ainsi les meilleurs caractères distinctifs indiqués pour les amphibolites par M. Rosenbusch(1). Elles se distinguent de la plupart des amphibolites gneissiques par la disposition radiée des prismes d'amphibole, si différente de leur disposition ordinaire lamelleuse, parallèle, qui détermine l'état schisteux habituel des amphibolites. Ces cristaux d'amphibole sont allongés, de couleur vert bouteille ; il en est d'assez grande taille, leurs contours sont alors très irréguliers, frangés, rongés, et leur intérieur transformé en une véritable dentelle par l'abondance des grains injectés de quarz de corrosion. Ces sections sont très dichroïques, allongées, fibreuses, ne s'éteignant que très rarement suivant les traces de leur clivage, parallèles ici à l'allongement ; l'extinction de ces sections se faisant pour la plupart à 15° de la trace du plan h^1, il y a lieu de les rapporter à l'actinote. Quelques sections ph^1 s'éteignent suivant la bissectrice de l'angle obtus des 2 clivages. Ces cristaux d'actinote contiennent de petites inclusions identiques à celles que nous décrivons dans les grenats où elles sont plus abondantes. Les échantillons de Goiriz présentent au voisinage de l'actinote dont ils dérivent sans doute, des grains biréfringents, à polarisation éclatante, rappelant les caractères de l'épidote.

L'abondance du *feldspath* varie beaucoup d'une localité à l'autre : il est plus abondant dans les granatites à gros grains (Parrocha, Goiriz) que dans celles à grains fins (Candia). Ce feldspath frais, transparent, est exclusivement triclinique ; les cristaux polysynthétiques très petits ne m'ont pas paru déterminables à Candia, où ils sont rares. Ils sont beaucoup plus grands à Parrocha près Villalba, plus décomposés, à stries hémitropiques excessivement fines, présentant la macle de l'albite et celle du péricline. Ces macles croisées m'ont donné des extinctions symétriques de 31° de chaque côté de la ligne de macle, extinctions caractéristiques du labrador. Le contour de ces grandes plages de labrador est très irrégulier, rongé, et pénétré au bord de grains très fins de quarz de corrosion.

Le *quarz* est l'élément le plus abondant, empâtant tous les autres. On y reconnait en assez grande abondance du quarz ancien (Goiriz). Il ne contient pas d'inclusions liquides, ou seulement quelques rares inclusions isolées. La majeure partie du quarz est plus récente, en granules gris, hyalins, transparents, de formes variées, irrégulières,

(1) *H. Rosenbusch* : Mik. Physiog. p. 268. T. 2. 1877.

de teinte homogène sous les Nicols ; quelquefois et notamment à l'intérieur des grenats, il est étiré comme le quarz du gneiss. La grosseur de ces grains varie beaucoup, ils sont 3 à 4 fois plus petits à Candia que dans les autres localités étudiées, et ressemblent au quarz des gneiss granulitiques.

Le *grenat* est très abondant en fragments irréguliers ou en cristaux d'un brun colophane, à éclat gras, présentant les faces du dodécaèdre rhombe, et rarement celles de l'hexakisoctaèdre. Ils sont coupés de fissures irrégulières, assez larges, remplies de chlorite de décomposition, et d'autres produits opaques d'infiltration (oxydes de fer), qui partagent généralement ces cristaux en un nombre variable de fragments irréguliers. La marche de cette décomposition ne se poursuit pas de la périphérie vers le centre, elle se fait suivant les fissures ; il arrive que des cristaux presque entièrement décomposés à l'intérieur présentent encore sur les sections un ou deux angles intacts, et qu'on peut ainsi rapporter à un gros cristal ancien, toute une plage de fragments irréguliers de grenats, ne paraissant plus avoir de relations entre eux. Ces grenats comme ceux qui ont été étudiés par M. Mac Pherson à l'ouest de la Galice, présentent une grande diversité quant à leur teneur en inclusions : les uns en contiennent très peu, les autres en sont chargés. Les inclusions les mieux caractérisées, mais non les plus abondantes, sont de très petits cristaux allongés, simples, ou diversement maclés, et identiques aux microlithes de rutile décrits plus haut (p. 27) dans les phyllades. Il ne nous est jamais arrivé d'en trouver autant dans nos préparations de la province de Lugo, que dans les grenats de la Sierra Capelada, décrits par M. Mac Pherson : il y a toutefois des localités en France, comme Laraon en Pouldreuzic (Finistère), où les grenats contiennent aussi d'assez nombreuses macles de rutile.

Beaucoup plus abondants que les macles précédentes dans les grenats de Lugo, sont des grains cristallins assez gros, irréguliers, jaune-grisatre, transparents, clairs, rugueux, très réfringents, dichroïques, à polarisation peu vive, parfois isolés, parfois groupés sans orientation optique commune, ou entourant un granule de fer titané. Ils présentent donc la plupart des caractères optiques du sphène ; ils rappellent beaucoup d'autre part les petits cristaux quadratiques à contours oblitérés signalés dans les granatfels des environs d'Heidelberg par MM. Benecke et Cohen (1), et rapportés par eux à la scheelite ; mais je crois toutefois devoir les identifier aux grains analogues décrits par M. Sauer (2) dans les amphibolites de l'Erzgebirge, il les considère comme composés d'*acide titanique*, et formés

(1) *Benecke et Cohen* : Geogn. Beschreib. der Umgeg. von Heidelberg, Strasbourg 1879. p. 27.
(2) *Dr A. Sauer* : Rutil als mik. Gesteinsgemengtheil, Neues Jahrbuch, 1879. p. 569.

simplement aux dépens du rutile et du fer titané reconnaissables encore à l'état frais dans la roche, mais qui auraient en majeure partie perdu leur fer. Cette manière de voir est d'accord avec celle de M. Cohen qui a fait remarquer que beaucoup de grains de fer titané dans les roches basiques anciennes, avaient une croute blanchâtre formée d'acide titanique pur; ces grains ne sont pas limités aux grenats dans mes préparations, on les trouve aussi dans l'amphibole, et entre les grains de quarz.

Les grenats dans les amphibolites sont de formation aussi récente que les andalousites dans les phyllades : ils ont englobé comme eux en cristallisant les divers microlithes résultant des premières émanations. Je n'ai reconnu dans aucune des grenatites de Lugo les curieux zoïsites signalés par M. Mac Pherson [1] dans les amphibolites de la Sierra Capelada.

En résumé, les granatites de Lugo sont formées comme suit :

I. Fer titané, rutile, quarz.

II. Feldspath plagioclase, actinote, grenat, quarz, acide titanique, épidote.

5. Conclusions.

En résumé, le Terrain primitif de la Galice nous a paru formé de strates régulières, concordant avec les changements minéralogiques : c'est évidemment avec les roches massives granitoïdes anciennes, que les roches primitives ont le plus de relations lithologiques, mais leur disposition stratigraphique est toute différente, et on doit appliquer à leur examen les procédés employés dans l'étude des terrains sédimentaires.

On reconnait ainsi que la série schisto-cristalline de la Galice présente deux faisceaux principaux de couches distinctes : le faisceau inférieur est essentiellement formé de micaschistes; le faisceau supérieur de schistes verts, chloriteux, amphiboliques, talqueux ou micacés, avec lits subordonnés de quarzites, serpentines, cipolins. Dans ces deux divisions, dont le mode de formation est encore environné de tant d'obscurités, il y a des couches régulièrement interstratifiées de gneiss, de grenatites ; ou plutôt des lits chargés de feldspath, de grenat, de rutile et de mica. L'origine de ces minéraux serait due à une action métamorphiqne de contact, analogue à celle qui a déterminé la formation des auréoles cristallines décrites plus haut dans les phyllades (p. 92), autour des massifs du granite éruptif.

(1) *Mac Pherson* : Apuntes petrog. de Galicia, Anal. Soc. Esp. de hist. nat., T. X. 1881. p. 55.

Les faits observés en Galice, sont donc comparables en somme, à ceux que M. Michel-Lévy (1) a signalés dans les formations primitives du Morvan : il faut toutefois noter que la sillimanite, la tourmaline, qui paraissent après le feldspath et les micas, les minéraux métamorphiques les plus répandus et les plus caractéristiques des formations gneissiques modifiées de la région française, font à peu près complètement défaut dans cette partie de l'Espagne, où les grenats, les rutiles, sont par contre si répandus. Si on veut pousser plus loin cette comparaison entre les deux pays, il semble que l'étage inférieur du terrain primitif de France, *Etage 1 du gneiss granitoïde* fasse défaut en Galice ; et que toute la formation gneissique de ce district appartienne à l'*Étage 2*, savoir : les *Micaschistes de Villalba* à la subdivision β, et les *Roches vertes de la Sierra Capelada* à la subdivision γ.

(1) *Michel Lévy* : Note sur la formation gneissique du Morvan, Bull. Soc. géol. France, 3e sér. T. VII. 1879. p. 857.

CHAPITRE II.

TERRAIN CAMBRIEN.

§ I

INTRODUCTION

On peut rapporter en Espagne au *Terrain cambrien* une formation de schistes et phyllades avec lits de quarzites et bancs calcaires, épaisse d'environ 3000 mètres, intercalée dans les monts Cantabriques entre les schistes cristallins (*Primitif*) et les grès à Scolithes (*Silurien*). La plus grande partie de ce système est dépourvue de fossiles, c'est vers sa partie supérieure que se trouve en Galice et en Asturies, la faune rendue célèbre par M. Barrande sous le nom de *faune primordiale*.

Le terrain Cambrien tel que nous l'entendons ici, correspond aux nos 3 et 4 du mémoire de M. Barrande [1] sur la comparaison des terrains Siluriens de Bohême, de France, et d'Espagne. Je n'ai pu reconnaître de ligne de division importante entre les schistes argileux (n° 3), rapportés au terrain azoïque par M. Barrande et divers géologues français, et les schistes et calcaires à faune primordiale, qui ne forment avec eux je crois, qu'un même système.

C'est en 1860 que MM. de Prado, de Verneuil, Barrande, signalèrent l'existence de cette faune primordiale en Espagne. L'état actuel de nos connaissances sur la répartition de cette faune dans ce pays a été résumé récemment par M. L. Mallada[2]. « Le gisement le plus important par les beaux fossiles qu'il a fournis, fut découvert par C. de Padro dans le Léon au N. de Sabero, dans un calcaire rouge argilo-ferrugineux ; un 2me gisement fut découvert par MM. de Verneuil et Donayre à Murero près Daroca dans des schistes argileux gris-rouge ; le 3me fut découvert par de Verneuil aux Cortijos de Malagon (Mts de Tolède) dans un grès micacé, jaunâtre ; le 4me est près de Belmonte (Asturies) dans des schistes argileux gris-verdâtre ; le 5me entre Calatayud et Moncayo fut signalé par de Verneuil et Collomb. »

(1) *Barrande* ; Représentation des colonies de Bohême dans le bassin Silurien du N. O. de la France et en Espagne, Bull. soc. géol. France, 2e Sér., T. XX. p. 490.

(2) *L. Mallada* ; Synopsis, Bol. de la com. del map. geol. de Esp., Vol. 2. 1875. p. 14.

L'identité ou synonymie de ces termes de *faune primordiale* de M. Barrande et de *terrain cambrien*, est admise par tous les géologues : On pourrait donc aussi bien rapporter au *terrain silurien primordial* les couches que je rapporte ici au *terrain cambrien*. J'ai préféré adopter ce dernier terme, pour laisser au *terrain silurien* d'Espagne (faunes 2e et 3e) une importance plus en rapport avec les autres divisions de la série stratigraphique(1). On ne peut considérer en Espagne les systèmes silurien, dévonien, permo-carbonifère, comme des stades d'égale valeur dans l'histoire de la terre, si on comprend dans le Silurien les trois belles faunes de M. Barrande : l'introduction du *terrain Cambrien* rétablit un peu l'équilibre. De plus, ce terme est aujourd'hui adopté par tous les géologues anglais et américains, c'est-à-dire dans le plus grand nombre des mémoires publiés sur les terrains paléozoïques ; son usage ainsi consacré par une réelle majorité se généralisera tôt ou tard malgré quelques divergences sur ses limites.

Le système Cambrien s'imposera d'autant plus fatalement, qu'il n'y a pas plus de raisons pour réunir en Espagne le Cambrien au Silurien, qu'il n'y en a pour réunir le Silurien au Dévonien dans l'Etat de New-York, ou le Dévonien au Carbonifère dans les Ardennes, l'Ohio. Nos périodes géologiques sont des divisions conventionnelles des temps antéhistoriques, qu'il convient surtout d'équilibrer d'après nous, en répartissant entre elles aussi également que possible, les diverses phases de la vie organique et inorganique du globe.

L'adoption du système Cambrien en Espagne, fut d'abord proposée par MM. Egozcue et Mallada (2) dans leur description de la province de Caceres. On confirma et étendit cette manière de voir dans l'*Esquisse géologique* de l'Espagne publiée par la Commission de la carte géologique de ce pays : On y rapporta les schistes argileux, brillants, feuilletés, sans fossiles, avec nombreux filons de quarz, que l'on a appelés jusqu'ici Siluriens dans les provinces de Badajoz, Ciudad-Real, Toledo, Salamanca, Zamora, Madrid. Peut-être doit-on leur rapporter aussi les nodules siluriens de Zaragoza, Teruel, Huesca et Almeria ?

Les couches de la Galice et des Asturies que je rapporte au terrain cambrien, présentent leur plus grand développement vers la limite de ces deux provinces.

---

(1) MM. de Verneuil et Barrande avaient eux-mêmes été frappés de ce fait dans leur étude sur les fossiles de la Sierra Morena et des Montagnes de Tolède « Si l'on cherche à se rendre compte, disent-ils, du rôle que jouent sous le rapport de l'étendue, les terrains silurien et dévonien, on reconnait qu'ils sont fort inégaux et que le premier est incomparablement plus développé que le second. » (Bull. soc. géol. France, 2e Sér. T. XII. p. 967).

(2) *Egozcue et Mallada* : Mem. com. del map. geol. de España, 1876.

M. G. Schulz[1] laisse dans le terrain silurien, les schistes gris, verts, sombres, rougeâtres, passant aux phyllades noirâtres, rangés ici dans le système cambrien. Paillette[2] rapporte également au terrain silurien les schistes maclifères, métamorphiques, du Consejo de Boal, appelés aussi ici cambriens.

§ 2.

COUPES DÉTAILLÉES

A. Terrain cambrien de la Galice.

La Galice est la partie de la chaîne cantabrique où il convient d'abord d'étudier le système Cambrien ; là seulement en effet on peut reconnaître ses relations stratigraphiques avec les terrains primitifs et siluriens, entre lesquels il est compris. Nous le suivrons ensuite dans les Asturies où il est également très bien développé, mais où ne pénètre pas le terrain primitif.

1. Coupe de la vallée de la Masma ; (*Pl. XVIII. fig.* 1). La vallée de la Masma, de Santa Maria de Abadin à la mer, donne une bonne coupe du système cambrien de la province de Lugo. La partie supérieure du terrain primitif, formée de schistes chloriteux, micacés, affleure à Santa-Maria, à Gontan, où ils alternent avec des schistes gris bleuâtre à petites paillettes de mica-noir et petites taches noires de macle ; vers Gontan on voit succéder à ces roches, des schistes verdâtres, bleuâtres, plus ou moins grossiers, passant aux phyllades, inclinés comme les précédents sur lesquels ils reposent ; il est difficile de tracer entre eux une limite précise. J'ai indiqué déjà au chapitre du terrain primitif, combien l'extension du granite éruptif dans la province de Lugo, venait encore obscurcir et compliquer l'étude du contact des formations primitives et cambriennes, dont les couches de contact sont naturellement peu différentes par leurs caractères lithologiques. On passe insensiblement des couches archéennes supérieures aux couches cambriennes inférieures : Je n'ai nulle part observé entre elles de discordance de stratification.

Au S. de Sasdoniegas, schistes gris-vert compactes, avec nombreux filons de quarz en chapelet, incl. O., puis S. E. ; ils alternent avec quelques couches plus foncées

(1) Bol. de la com. del map. geol. de Esp., T. V. 1878.

(2) *Paillette* ; Recherches sur qqunes des roches qui constituent la prov. des Asturies, Bull. soc. geol. France, 2e Sér. T. XX. p. 490.

de phyllades, psammites et quarzites en approchant de Sasdoniegas, où il y a quelques bancs avec petites macles noires. A Sasdoniegas, schistes verts avec lits de quarzite vert incl. S., il y a de petites macles dans ces schistes, qui deviennent gris, micacés vers San Vicente. Au N. de San Vicente, beaux affleurements de schistes verts et quarzites micacés alternants, avec bancs de quarzites friables, de psammites, et schistes grossiers quarzeux verdâtres ; incl. variable du S. au S. E. — A 1 kil. N. de San Vicente, on trouve à la surface du sol de nombreux fragments de minerai de fer, il y en a près de là un lit intercalé dans les schistes, de 0,50 d'épaisseur. Au-dessus de ces schistes, affleurent à Folgeraraza des calcaires superposés en stratification concordante, et dont j'ai indiqué (p. 50) les intéressantes modifications métamorphiques, en décrivant les caractères lithologiques des calcaires. Ils présentent ici une épaisseur de 60^{m}, qui est la plus grande que j'ai observée pour ce niveau dans les monts Cantabriques. A partir de ce point, la route qui longe la vallée jusqu'à San Julian de Cabarcos suit constamment le même niveau géologique, et cette assise calcaire y est exploitée en nombre de carrières. Elle forme une petite crête continue à l'Est de la grand'route au N. de Mondoñedo ; à l'Ouest de cette route on voit une autre chaîne parallèle, nue, couverte de blocs éboulés, arrondis, formée de granite, qui a métamorphisé ces calcaires et les schistes verts cambriens dans lesquels ces calcaires sont régulièrement interstratifiés.

A Mondoñedo, les schistes incl. S. E., le calcaire intercalé est bleuâtre, avec des flammèches de sidérose ; à Puente San Lazaro, calcaire bleu et blanc alternant en petits bancs avec des talcschistes verdâtres ; vers Grobe on recoupe le lit d'oligiste signalé déjà à San Vicente, à Grobe, calcaire bleu rubané, devenant cristallin, blanc, métamorphique à sa partie supérieure ; on le suit au Nord jusqu'à Pousada, mais son épaisseur dans toute cette région n'a plus que 20^{m}, valeur moyenne de ce niveau en Galice. La route au N. de Grobe, monte à Arroyo sur des couches supérieures au calcaire cambrien, ce sont des schistes verts incl. S., que l'on ne peut distinguer de ceux qui sont en dessous ; ils sont assez grossiers, et les bancs alternants de quarzites sont assez épais ; ces schistes contiennent ici de petits cristaux noirâtres de chiastolithe. De Arroyo à Villanueva de Lorenzana, schistes verts incl. S., plus ou moins fissiles, avec bancs de phyllades bleu-noirâtre, près du chemin de San Julian par exemple, où ils incl. S. E. ; les phyllades sont assez développées au Nord à partir de ce point, à Cilleiro, Cosme de Barreiros, elles sont fissiles, bleuâtres, ou d'un noir-lustré, grises, brunes, avec bancs de quarzite gris et nombreux filonnets de quarz en chapelet, disposés le plus souvent parallèlement aux couches. L'incl. reste S. E. jusqu'à la mer.

2. Coupe des falaises du golfe de la Masma : (Pl. XVIII. fig. 1) Les schistes et phyllades cambriens que nous avons suivis dans la vallée forment les falaises du golfe de la Masma jusqu'à la frontière des Asturies : ces falaises en donnent de très belles coupes.

A Reinante San Miguel schistes gris-verdâtre incl. S. = 25°, le cap Promontorio est formé des mêmes schistes incl. S. E., dérangés et coupés par des filons d'Eurite, qu'on trouve également dans l'Arenal de Portelas. Vers Punta Corbéra, schistes verts et psammites gris-vert peu altérés, incl. S. 20° E. = 30°, contenant près le ruisseau de petites taches obscures de macles ; à l'Est, les schistes passent aux phyllades grossières, gris-bleuâtre, exploitées comme ardoises communes, elles sont traversées par des filons de diorite quarzifère (Pl. XIX). Au delà, les phyllades incl. S. 40° E. = 10°, deviennent bleu-foncé, fissiles, et sont exploitées comme dalles, elles alternent avec des bancs psammitiques grisâtres. Vers Riulo, schistes verts N. 30° E. = 15°, plissés, avec filonnets de quarz riches en chlorite ; au dessus de ce schiste se trouve le banc de minerai de fer déjà signalé aux environs de Mondoñedo et qui est constant dans la province de Lugo à ce niveau. Vers Punta de Piñeira, la coupe ne donne pas la série régulière des couches supérieures, il y a de nombreux plis et failles difficiles à reconnaître dans toutes ces couches à caractères lithologiques si peu variés ; on est d'abord dans des schistes et quarzites verts incl. N. 20° O. = 10° à 30°, puis N. vers Longas où les quarzites sont plus micacés, puis N. E. et E.-A las Longas, phyllades bleu-clair, lustrées, froncées et plissées, incl. E. et N. E. ; ces phyllades sont coupées par des filons obliques de 0,50 de quarz. A Rio, schistes verts incl. N. 40° E. = 45°, avec minces bancs de quarzite ; même schistes devant l'île Pancha, et jusqu'à Rivadeo où ils inclinent N. O. : ils sont toujours coupés de nombreux filonnets de quarz. Le beau développement de ces schistes dans les falaises de Rivadeo, ainsi que sur les rives du Ria de Rivadeo m'a engagé à proposer le nom de *Schistes de Rivadeo* pour désigner cette division du terrain Cambrien dans les monts Cantabriques.

3. Coupe de Castroverde à Grandas de Salime par Fonsagrada : (*Pl. XIX fig. 4*) : Route pittoresque dans une curieuse et sauvage contrée, qui donne de précieuses notions sur la partie supérieure du terrain Cambrien et sur son contact avec le terrain Silurien.

Castroverde est à la limite du terrain Cambrien et du granite éruptif, celui-ci est postérieur aux schistes cambriens comme le prouve l'existence des cristaux de chiastolithe qu'il a développés dans ces schistes. Il a pénétré comme un coin entre Lugo et Castroverde, entre les formations primitives et cambriennes, refoulant puissamment celles-ci vers l'Est : cette violente pression de l'Ouest à l'Est a renversé en partie les couches, qui présentent une inclinaison en masse vers l'Ouest et montrent parfois le Silurien sous le Cambrien.

A l'Est de Castroverde, les schistes incl. N. et N. E. sont bleuâtres et contiennent de petits grains de chiastolithe. Cette couleur sombre est dûe au métamorphisme de ces schistes, et l'on ne peut reconnaitre si l'on a ici à faire aux phyllades de la base du Cambrien, ou aux schistes verts du sommet? A Villalle, schistes bleu-noir violacé à petits grains de chiastolithe, incl. N. O. ; vers Monte del Cadebo, schistes vert-clair incl. O. avec lit de quarzite grisâtre, et filonnets de quarz ; ces schistes et quarzites gris-vert, incl. O. = 70° à 80°, forment les hauteurs, alternant avec quelques lits schisteux bleus. A Pradeda, mêmes schistes verts, incl. O. ; à Cadebo, schistes bleuâtres, fissiles, alternant avec schistes verts rubanés de gris, incl. O. = 50° : ils paraissent ici recouvrir des couches qui leur sont réellement supérieures, par suite du renversement déjà mentionné ; ce sont des grès gris-blanchâtre, stratifiés, passant aux quarzites, et qui présentent à Cadebo d'immenses plaques couvertes de Bilobites, identiques à ceux de la province de Saragosse, figurés par M. F. M. Donayre(1). Les Bilobites sont ici en immense abondance.

Les grès à peu près verticaux inclinent légèrement O. ; en avançant vers Fontanéira les Bilobites disparaissent, mais on trouve dans les grès de nombreux *Scolithus linearis*, ainsi que des empreintes vagues qui me paraissent se rapporter à des *Lamellibranches* : l'existence de formes de ce groupe à ce niveau, nous fournit un des motifs pour lesquels nous considérons ces *grès à Bilobites* comme formant la base du Silurien (*faune seconde* de M. Barrande). Ces grès alternent près Fontanéira avec des couches schisteuses d'un bleu-noir foncé; l'inclinaison générale est O., un petit pli l'amène à E., mais elle revient O. à Fontanéira, où affleurent des grès blancs avec Bibolites, ainsi que des grès et quarzites blanc-verdâtre à Scolithes. Jusqu'à Lastra, alternances de schistes noirs, gris, bleus et grès plus ou moins micacés blanchâtres, appartenant toujours au niveau des *grès siluriens* avec Bilobites. On retourne bientôt au delà sur les *schistes Cambriens de Rivadeo*, gris, bleus, noirâtres, fissiles, paraissant plus épais que de coutume,

(1) *Felipe Martin Donayre* : Bosquejo de una descripcion fisica y geologica de la prov. de Zaragoza. Mém. com. map. geol. de España. 1874. pl. 1.

pour la raison qu'on marche longtemps ici sur la tranche des mêmes couches ; elles contiennent de nombreux filons de quarz.

Au N. E. de Degolada, schistes gris-vert, bleuâtre, incl. O = 80°, très épais, compactes d'abord, ils contiennent ensuite quelques bancs de quarzite vert en bancs de 0,20, puis quelques bancs plus importants de quarzite gris-vert, formant de petites crêtes. En approchant de l'hopital de Montouto, phyllades bleues, grises, fissiles, exploitées même en certains points comme ardoises grossières (incl. O.), elles sont parfois noires, lustrées, elles contiennent près de l'hôpital un banc intercalé de quarzite vert schisteux épais de 15^m^, incl. O. vertical. On suit ces phyllades bleuâtres jusqu'à Piedras-fideles, où on passe sur des schistes ordinaires, verdâtres, gris, avec bancs de grauwacke, de quarzite, incl. O = 80°, et avec nombreux filonnets de quarz; de là à Padron schistes verdâtres et quarzites à incl. dominante O = 70°. Ce n'est qu'en approchant de Fonsagrada qu'il y a encore quelques couches de phyllades lustrées bleu-noirâtre.

Fonsagrada est bâti sur une crête de schistes verts avec lits de quarzite, et de psammites gris verdâtres, verticaux, O; certains bancs de psammites sont si désagrégés qu'on les exploite comme sable à O. de Fonsagrada. A Parade-nova, schistes verts grossiers, O., au-delà, schistes verts et gris avec bancs alternants de grès, les schistes décomposés prennent une teinte rougeâtre, les quarzites sont gris, verts, ou roses; A Silvela schistes verts, O = 40°; à Fonfria schistes verts avec lits de quarzite O = 15° à 25°; à l'Est un banc de quarzite vert de 10^m^ forme un synclinal dans ces schistes verdâtres, et près de là on trouve de nombreux fragments de fer oligiste identique à celui que j'ai déjà signalé vers Mondoñedo et Rivadeo, et que nous trouverons d'une manière constante, en approchant du sommet de la série Cambrienne. Au delà, vers Acebo, alternances de schistes verts, et de phyllades dominantes bleues, lustrées, feuilletés, O = 35° ; à Acebo schistes gris-bleuâtre, grossiers, dans lesquels on voit en place le lit de minerai de fer signalé à Fonfria, il a ici une épaisseur de 1,60.

En montant vers l'hospital de la Guiña, les quarzites dominent beaucoup sur les schistes, et la base des *grès à Scolithes* me parait ici représentée dans un petit synclinal ; on voit en effet diverses alternances de schistes et quarzites gris-rougeâtre, grossiers, plissés (O., puis E., puis O.), et de schistes verts ; On rencontre encore une fois le lit de minerai de fer avant l'hospital : cette colline qui correspond à la frontière de la Galice et des Asturies, est formée par les couches de la partie supérieure du Cambrien, diversement plissées, avec quelques bancs inférieurs des *grès siluriens à Scolithes*. En descendant à l'Est de l'hospital de la Guiña schistes gris-vert, O., schistes gris avec quarzites, puis schistes noirâtres et rouges lie-de-vin alternants, surmontés de schistes gris et quarzites durs avec lits de minerai de fer, peu au-dessus de ce lit apparait un banc calcaire dolomitique blanc brunâtre identique à celui des environs de Mondoñedo, incl. E.; un petit pli ramène bientôt O., et les schistes verts dominent jusqu'à Peña-fuente avec alternances de bancs de quarzite, de schistes grossiers quarzeux, et de phyllades bleues ou noirâtres. A l'Est de Peña-fuente, les *grès à Scolithes* sont très bien caractérisés, il forment un bassin synclinal, renversé, dont toutes les couches plongent à l'Ouest; on les suit à Valdaliera, Pradaira, Calstro, où ils s'arrêtent et où on descend de nouveau sur les schistes inférieurs du Cambrien. Ces schistes gris et rougeâtres avec bancs psammitiques, incl. O. = 75°, montrent avant San Julian le lit ordinaire de minerai de fer du Cambrien supérieur; le calcaire m'a échappé, mais doit évidemment aussi reparaitre de ce côté.

Les schistes verts, incl. O., prennent ensuite un beau développement vers S. Julian, Teijera, ils alternent avec des schistes gris, des psammites, des quarzites, dont quelques bancs rares atteignent 7 à 8^{m} d'épaisseur: on les suit jusque près de Grandas de Salime. Cette ville est construite sur des schistes grossiers quarzeux bleu verdâtre, à bancs gris gréseux, verticaux, incl. N.-O, qui commencent la série des phyllades; de Grandas de Salime à Puente Salime, on descend une pente rapide constamment taillée dans des phyllades bleu, foncé, incl. N. O = 65°, lustrées, avec de nombreuses paillettes d'un minéral inconnu, ressemblant macroscopiquement à l'ottrélite, et décrit plus haut (p. 95.) Ce minéral à aspect d'ottrélite, parait assez répandu en Espagne dans les schistes cambriens; M. Zirkel (1) l'a cité dans les Pyrénées, M. Amalio gil y Maestre (2) dans la province de Salamanque, MM. Casiano de Prado, Carlos Castel (3), à la limite des provinces de Segovie et de Guadalajara.

En résumé, cette coupe de Castroverde à Grandas de Salime, à travers la Sierra de Piedras-apañadas, montre deux plis synclinaux de *grès à Scolithes*, renversés, compris au milieu de *schistes cambriens*, plissés; à la limite des deux formations, et formant la partie supérieure du terrain cambrien, il y a un niveau constant de *minerai de fer*, surmonté d'une *assise calcaire* qui est séparée des grès siluriens, par une faible épaisseur de schistes identiques à ceux qui sont en dessous.

(1). *F. Zirkel.* Zeits. d. deuts. geol. Ges. Bd. XIX. p. 166.

(2). *Amalio gil y Maestre*: Descripc. de la Prov. de Salamanca, Mem. com. map. geol. de Esp. 1880. p. 143.

(3) *Carlos Castel*: Descripc. de la prov. de Guadalajara, Bol. com map. geol. de Esp. 1881 T. VIII. p. 176.

4. Résumé du Terrain Cambrien de la Galice : Le Terrain Cambrien de la Galice nous a donc fourni les divisions suivantes de haut en bas ; les noms donnés à ces divisions sont pris dans les Asturies, comme nous le verrons plus loin :

Grès de Cabo Busto (1500m) formant la base du Silurien.

SYSTÈME CAMBRIEN	1. *Calcaires et schistes à Paradoxides, de la Vega, 50 à 100m.*	a. Schistes verdâtres grossiers. b. Calcaires (20 à 60m). c. Schistes et minerai de fer 1 à 2m.
	2. *Schistes de Rivadeo, 3000m*	d. Schistes verdâtres. e. Phyllades bleuâtres.

Ce terrain est en stratification concordante avec les formations primitives sous-jacentes ; on n'observe entre eux ni dislocation, ni mouvement du sol, ni modification lithologique brusques.

B. TERRAIN CAMBRIEN DES ASTURIES.

Les *schistes cambriens* que nous avons vu reposer sur les formations primitives dans la Galice, prennent une grande extension dans l'Ouest des Asturies, où ils se courbent et se recourbent en une série de plis synclinaux et anticlinaux. Aucun pli anticlinal ne ramène au jour les couches archéennes, les synclinaux sont souvent remplis de couches siluriennes, ou de couches houillères.

C'est dans les falaises du golfe de Biscaye qu'on peut le mieux étudier dans les Asturies les caractères du terrain Cambrien, depuis la frontière de la Galice (Rivadeo), jusqu'à l'embouchure du Rio de Pravia, sur une étendue de 80 kil., à vol d'oiseau. Je vais les décrire en détail à cause de leur importance et en commençant par l'Ouest.

5. Falaises des Asturies de la Ria de Rivadeo à la Ria de Navia : (Pl. XVIII. fig. 1, 2). L'embouchure du Rio de Rivadeo est dans les schistes verts cambriens N. 10° E. = 20° ; à Los Canucos, phyllades vert-noirâtre exploitées pour dalles, alternant avec lits minces de quarzite bleuâtre veiné de quarz ; cap et baie de Rumeles, mêmes schistes et phyllades vert noirâtre avec bancs de quarzite de 0,20 ; sur ces couches reposent en stratification concordante les curieux poudingues de la Punta de Rubia, incl. N. 30° E. = 40°. Ce poudingue est disposé en bancs rougeâtres de 1 à 2m, séparés par des lits de schistes verts, les galets sont émoussés, non arrondis, schisteux pour la plupart, ou formés de psammites bleuâtres, de quarzites verdâtres, brunâtres, et de quarz ; son épaisseur est de 50 mètres. On remarque à sa partie supérieure des bancs de schiste rouge lie-de-vin, et d'autres passant à un poudingue pisaire schisteux, N. 40° O., dans la baie de Peñaronda. Au fond de cette baie on revient sur les schistes verts inférieurs avec quarzites, ils sont ici très plissés mais encore en stratification concordante avec les poudingues N. 40° O.

Je considère ces poudingues, qui reposent ici sur les schistes verts cambriens, comme appartenant à la base des *grès de Cabo Busto*, et par conséquent comme supérieurs aux *couches à Paradoxides* de la Vega. Je leur assigne cette position parce qu'ils sont supérieurs aux schistes verts, et qu'ils correspondent entièrement par leurs caractères lithologiques aux couches qui occupent cette même position en Bretagne, où ils sont connus sous le nom de *Poudingue de Rennes*, du *Cap la Chèvre*, etc. — Comme je n'ai pu toutefois reconnaître en ce point la position du *calcaire de la Vega*, et que ce poudingue, formation locale dans tous les pays, est réellement exceptionnelle à ce niveau dans les Asturies, il y aurait lieu de confirmer la place que je lui assigne. Je me suis demandé si ce poudingue ne pouvait être un lambeau houiller, comme il en est de nombreux (Tineo, Gillon, Tormaleo) isolés à la surface de la région cambrienne ; mais les caractères des poudingues houillers sont tout différents. Je n'ai vu nulle part de poudingue intercalé dans les schistes cambriens des Asturies, il y a donc plusieurs motifs pour assigner à ces poudingues la place proposée ici, quoique leur antériorité aux *grès à scolithes* n'ait pas été constatée. En tous cas, je signale la Punta de Rubia comme un des points les plus intéressants à revoir.

La falaise de Santa Gadia est formée de schistes verts avec quarzites en bancs épais, incl. N 40° O. = 45°, ils reposent sur les schistes verts et quarzites verticaux de Serantes. Dans la baie, mêmes schistes avec filons de quarz gras de 1 à 4^{m}, une couche de schistes rouges a 3^{m}. La Punta de Cariongo est formée par les schistes verts verticaux, N. 60° O., mais ils y forment bientôt un anticlinal S 60° E., de nombreux filons de quarz traversent ces schistes. Au Puerto de Tapia schistes verts et quarzites, N. 60° O. verticaux ; au delà, phyllades bleuâtres avec quarzites gris-bleu assez abondants à Tapia et San Martin. A San Martin, filon-couche de 0,50 de Kersantite quarzifère récente, il coupe obliquement un filon de quarz, et n'altère pas les schistes au contact. A Varon, phyllades noir-verdâtre tachetées, avec lits de quarzite, N. 50° O., verticaux ; à Cabo-Cebes, schistes noir-verdâtre tachetés, devenant gris en se décomposant. Les taches de ces schistes sont dues à des concentrations de la substance graphiteuse du schiste, et à des paillettes métamorphiques de mica noir. Ces schistes tachetés sont encore exposés dans la baie de

Figueiras où ils sont coupés par divers filons de Kersantite (Pl. XIX, fig.) : le premier a 0,50 d'épaisseur, mais il y en a un grand épanchement au fond de la baie, près du sentier de Salave. Il est formé de Kersantite récente granitoïde, assez décomposée en arène, et coupant diversement les schistes en poussant dans tous les sens des ramifications minces de 0,10 : Cette masse éruptive est entourée d'un auréole de micaschistes chloriteux de 3 à 4ᵐ. A l'Est de la baie, il y a un filon mince de Kersantite quarzifère compacte ; tous les schistes de cette baie sont chargés de petites paillettes de mica noir microscopique, les quarzites sont plus durs siliceux. Il y a au fond de cette baie une source sulfureuse.

Au cap Cierva, schistes et quarzites peu modifiés, incl. N. O. = 70° ; de Cierva à Salave, Kersantite granitoïde assez décomposée; les parties micacées sont les plus résistantes et forment des bancs ou des boules saillantes, qui donnent à la roche éruptive une apparence stratifiée confuse, résultant sans doute de la contraction de cette roche ignée. A l'Est de Cierva, schistes et quarzites N. 50° O. = 65°, quarzites gris-brun, abondants, puis filon de Kersantite compacte, puis quarzites blanchâtres verticaux S.-E., avec rares bancs de schistes gris. Ces quarzites n'ont pas plus de 30ᵐ d'épaisseur, ils sont suivis par une masse importante de schistes et phyllades noirs, N. O., verticaux, métamorphisés, traversés près du moulin par un filon épais de Kersantite très micacée ; au delà filon de quarz gris, puis schistes et quarzites psammitiques jusque près de la Forcada où il y a encore un filon de Kersantite compacte. En descendant vers Cilleiro, on rencontre dans les schistes noirs le minerai de fer du Cambrien supérieur, transformé ici par métamorphisme en fer magnétique ; c'est à l'action des Kersantites qu'est dûe ici la couleur noire des schistes du Cambrien supérieur. Ce minerai est exploité à San Pedro y Caleya, où les schistes noirs, lustrés, à veines de quarz inclinent N. 30° O.

Dans l'intérieur des terres, on suit les Kersantites récentes des falaises jusque vers Salave et Campos, où elles sont très développées. L'inclinaison dominante des schistes encaissants reste au N. O., ils passent du gris au noir, et sont assez chargés de mica près de la roche éruptive ; vers Tol ils alternent avec quelques bancs minces de quarzite, il y a là surtout de nombreux filons de quarz gras.

Si on reprend la coupe des falaises au Rio Porcia, on arrive à Franco sur des schistes et quarzophyllades noirâtres, plissés, froncés, avec paillettes micacées, alternant avec des lits minces de quarzite gris rubané. L'Atalaya de Porcia est formée de quarzites gris, N. 50° O. = 75° de l'*étage de Cabo Busto* ; ils sont épais, et surmontés dans la baie suivante, de schistes noirs intercalés à ce niveau, ou appartenant peut-être même à une division plus élevée du silurien. On repasse à Cabo Blanco sur les grès blanchâtres de l'Atalaya qui forment ainsi un petit pli synclinal, N. 50° O. = 60° : ils reposent sur des schistes verts avec lits intercalés de quarzite gris blanc, épais de 2 à 4ᵐ; ces schistes verts cambriens sont bien caractérisés dans ces falaises de Punta del Paso, Punta del Conzon, et jusqu'à l'Astillero de Viavelez. On les reconnait aussi à l'intérieur des terres, où ils se continuent de Valdepares à la Caritad, incl. N. 40° O. = 60° ; à O. de Valdepares il y a des schistes noirs gaufrés comme ceux de Santa Eulalia.

A la Punta Castelo, les couches me paraissent former un nouveau petit pli synclinal, parallèle à celui de l'Atalaya de Porcia, et où toutes les couches plongeant de même vers le N. O. sont en partie renversées : ce petit synclinal s'étendrait de Castelo à Gaviero. A Castelo, quarzites verts en bancs épais, alternant avec schistes verts, incl N. 30° O. = 40° ; mêmes roches à Patarroja, les quarzites verts compactes ou psammitiques existent seuls dans la baie de Torbas, ils alternent avec des bancs violacés, et présentent de fausses stratifications analogues à celles des formations torrentielles. Leur épaisseur est de 80ᵐ, ils inclinent N. 20° O. = 20° ; à la Punta de los Acebos, ces grès et quarzites de couleur sombre alternent avec des schistes. Je n'ai pu reconnaître ici le poudingue, dont la présence en ce point serait une confirmation importante de la comparaison que j'établis entre ces quarzites sombres de las Torbas et ceux de la Punta Rubia : je les considère comme formant la base de l'étage Silurien du *grès de Cabo Busto*. L'absence du poudingue ne peut être un argument contre cette opinion, car cette roche est toujours locale et d'une extension irrégulière, il y a ressemblance entre les autres roches associées, et enfin le voisinage du lit de minerai de fer cambrien vient prouver que l'on est ici à la limite supérieure de cet étage.

Ce n'est pas dans la falaise que j'ai reconnu ce lit de minerai de fer, mais si en quittant las Torbas on se dirige dans l'intérieur des terres vers le S. E., on reconnaît bientôt au milieu des schistes de nombreux blocs de ce minerai. Il y a ici plusieurs petits plis ; ce même minerai se retrouve près de là, à Mohias, incl. S. E., il est assez décomposé à la surface, et forme 2 bancs épais de 1ᵐ chacun. Aux environs de Mohias, les schistes sont noirs, et passent aux phyllades, ils contiennent par places de grands cristaux de chiastolithe, preuve du voisinage de quelque masse granitique ; à Jarrio schistes verts grossiers, également plus riches que de coutume en mica blanchâtre, ils alternent avec des phyllades noires gaufrées. Les falaises de San Agustin et celles des rives de la Ria Navia, sont formées de phyllades noires exploitées comme ardoises grossières, incl. S. 50° E. = 80°, remarquables par la grosseur et la beauté des microlithes maclés de rutile qu'elles renferment.

Si quittant les falaises, on se dirige vers Navia et Boal, on voit que toute cette région est formée des mêmes schistes cambriens, plissés, à inclinaisons N. O. à S. E., qu'on peut bien étudier dans les Sierras de Ronda et de Penauta ; ils m'ont surtout paru intéressants par les modifications métamorphiques qu'ils présentent au voisinage du granite, aussi ai-je préféré les décrire plus haut en traitant du granite.

G. Coupe du Rio de Rivadeo :(Pl. XIX, fig. 10). En suivant les rives du Rio de Rivadeo, de la Vega à son embouchure (Ria), on voit une coupe importante de la partie supérieure du système Cambrien de la région. La rive droite présente la succession la plus complète : les schistes verts cambriens sont bien développés autour de l'étang de Castropol, ils inclinent N. 45° O. de Castropol à Granda. A Palacios on est assez élevé dans les schistes de cette série, et près de là, affleure à Villavedelle, le calcaire cambrien : il y est exploité, les bancs alternants sont blancs ou blanchâtres et cristallins, ils inclinent N. O. = 80°, et semblent donc passer sous les schistes précédents : je les crois renversés, comme on en a tant d'exemples dans cette région. La petite rivière de Palacios, qui descend de la Loma de Santa-Maria, a rempli sa vallée de galets de quarzites verts et violacés, rubanés, provenant sans doute des hauteurs voisines ; ils sont identiques à ceux de Torbas, que nous avons rapporté à la base du terrain silurien, et qui succéderaient ici aux couches cambriennes supérieures.

A Fondon, schistes verts et rouges, incl. S. 40° E. = 80°, puis plissés N. 60° O. = 80°, avec bancs compactes psammitiques jusqu'à Casua. Entre Casua et Presa, et en montant à la Loma de Porzun, schistes gris verdâtre, incl. N. O. = 80° avec fossiles de la faune primordiale : ils sont surtout abondants dans les tranchées du chemin qui monte dans les maisons de Cortillas, où j'ai ramassé :

Brachiopode indéterminable.
Paradoxides Barrandei.
Conocephalites Sulzeri.
» *Ribeiro.*
» *Castroi.*
Arionellus ceticephalus.

A Presa, schistes verts avec bancs de quarzites gris, psammitiques, grossiers, incl.

S. 40° E. = 80° ; au Sud de cette localité, carrières de calcaire cambrien, l'épaisseur de ce calcaire est dûe à ce qu'il est plissé comme on peut s'en convaincre dans la carrière près de la rivière, l'inclinaison dominante est au N. O. L'épaisseur réelle de ce calcaire ne me paraît pas supérieure à 25^{m} ; il est bleu à la base, schisteux et passant à la grauwacke dans le haut. Je le considère comme formant la moitié méridionale du pli synclinal dont la moitié septentrionale est à Villavedelle ; l'état métamorphique plus avancé du calcaire de cette localité dépend sans doute des compressions plus grandes éprouvées par cette bande qui est renversée. Le lit de minerai de fer qui se trouve toujours au voisinage du calcaire cambrien dans la Galice et les Asturies m'a échappé dans cette vallée. Il y existe toutefois d'après les notes de Paillette et Bezard(1) ; peut-être même le fer carbonaté spathique qu'ils citent dans la Sierra de Bedules, n'en est-il qu'une modification postérieure, dont l'étude serait certes intéressante ?

On passe au delà de Presa, vers Galea, sur des schistes gris-verdâtre, grossiers, incl. N. O. ; puis vers la Vega de Rivadeo, sur des schistes vert-bleuâtre, gris, fissiles, passant à des phyllades exploitées comme ardoises grossières à la Vega, incl. S. 30° E.=90°. De la Vega de Rivadeo vers Pianton, schistes verdâtres avec bancs de grès psammitiques gris-verts, incl. N. 40° O.=25° ; mêmes schistes au Sud de Pianton ; en approchant d'Armeiria, phyllades cambriennes noir-verdâtre, fissiles, avec lits de psammites bleuâtres, incl. N. O. = 45° sur lesquels on reste longtemps à l'Est.

La rive gauche de la Ria de Rivadeo ne m'a montré ni les schistes à faune primordiale, ni les calcaires cambriens, qui rendent si intéressante la coupe précédente. Elle est formée au N. de la Vega par des schistes vert-clair avec bancs de quarzites de 0,20, incl. O. 15°, en beaux escarpements. Au N. du pont, jusqu'à Rivadeo, mêmes schistes verts avec quarzites à inclinaison variable de O., à N. O., ne dépassant pas 30°.

7. Coupe des falaises du Ria de Navia au Ria de Pravia : (Pl. XVIII, fig. 2). Navia est bâtie sur des phyllades noires, satinées, tachetées, incl. N. 80° O.=70°, ayant un peu ressenti l'influence métamorphique de l'aplite qui forme à l'Est de cette ville, plusieurs pointements alignés de Armental à Freijulfe(Pl. XX). Au S.-E. de Navia vers Salcedo, phyllades noirâtres grossières passant aux schistes avec lits de quarzite gris tendres, incl. S. 45° E.—De là à Villapedre, schistes verts et quarzites. Les mêmes couches affleurent dans les falaises voisines : les phyllades de Navia, à Coedo ; celles de Salcedo, à Freijulfe, incl. S.-E.=75°, où il y a un filon d'aplite. A l'Est de Freijulfe schistes et quarzites verts très bien

(1) *Paillette et Bezard* : Bull. Soc. géol. de France, 2e sér. T, VI, p. 575.

développés jusqu'à la Isla où ils forment un petit synclinal ; l'inclinaison devient N. O. au delà de la Isla ; phyllades noirâtres exploitées pour dalles, puis schistes et quarzites vert-bleuâtre sous la chapelle de la Virgen de la Atalaya. Schistes et quarzites verts plissés incl. N. à N. 60° O. et S. 70° E. sous Santa-Maria, devenant presque horizontaux vers la petite ile Romanella de Vega ; près de cette île les schistes sont très grossiers, gris verdâtre, incl. N. 60° O. = 20°.

Punta de la Camagina, schistes grossiers gris noir avec rares quarzites, et phyllades noires, homogènes, épaisses de 200^m, incl. N. 50° O. = 15°, rappelant beaucoup plus par leurs caractères les *schistes siluriens de Luarca* que les schistes cambriens : La présence d'une faille en ce point me parait d'autant plus probable que la falaise voisine du Cap Cuerno est formée par les *grès de Cabo Busto* à Scolithes, et que l'on ne voit pas à la limite les calcaires, le minerai de fer, et les autres couches caractéristiques du Cambrien supérieur de la région. Toute la baie de Barayo comprise entre la Romanella de Vega et El Cuerno est dans ces schistes noirs. Le grès Silurien de El Cuerno est gris blanchâtre, N. 40° O. = 40°, puis S. 60° E. = 70°, il forme ainsi un anticlinal dans cette grande et majestueuse falaise qui termine brusquement la Sierra de Barayo ; il est suivi successivement dans l'arenal d'Arniella par un lambeau de schiste noir, puis de 40^m de grès blanc, vertical, rempli de débris de Bilobites et de Scolithes, incl. N. 40° O., de 20^m de schistes noirs, de 20^m de grès blanc, de 40^m de grès grisâtre et de schistes psammitiques noirs alternants en bancs de 5 à 6^m, de grès blanc, de 30^m de schistes noirs (*assise de Luarca*), qui butent par faille contre un dernier et petit bombement en voûte brisée des *schistes à Scolithes*.

Au delà du ruisseau qui coule au milieu de l'Arenal d'Arniella, apparaissent les *schistes de Luarca*, phyllades noires d'âge silurien, sur lesquelles nous reviendrons plus loin en détail. Ils forment les falaises d'une façon non interrompue sur une longueur de 9 kilomètres jusqu'à Luarca et Portizuelo, grâce à plusieurs plissements parallèles ; l'inclinaison en masse étant au N. O. une partie de ces couches doit être renversée. A Portizuelo on arrive sur des falaises plus hautes, qui s'élèvent jusqu'à Cabo Busto, et qui terminent devant l'Océan, l'immense crête du grès Silurien à Scolithes, qui traverse du N. au S. la province des Asturies : l'inclinaison dominante de ces grès est vers le N. O., ils passent sous les *schistes* précités *de Luarca*, on les suit jusqu'à la Punta del Picon près Cadavedo, où ils butent brusquement par faille contre les schistes verts et quarzites du Cambrien, que l'on avait quitté depuis la

Romanella de Vega.

Ces schistes verts sont peu inclinés au contact, incl. S. 20° O. = 15°, où leur épaisseur est d'au moins 200^m ; ils inclinent N. 70° O. = 45° à la Punta Horadada. On voit parfaitement de ce point que toute la partie orientale de la côte jusqu'au Cap Vidio est formée par ces mêmes couches presque verticales, tombant S. ou N., et que cette ligne est la direction d'un anticlinal des couches cambriennes, flanquées de chaque côté à Cabo Busto et à Cabo Vidio de synclinaux de *grès à Scolithes*.

Dans le mur occidental de la baie de Cadavedo, filon de diorite quarzifère épais de 10^m, traversant obliquement les couches (Pl. XIX). Il y a au fond de cette baie une cassure, à peu de distance du filon, et les schistes verts inclinent S. un peu E. au fond de la baie, ils sont presque verticaux. Cette partie de la baie montre une assise épaisse de 30^m de calcaire jaune dolomitique et ferrugineux, formant saillie dans la falaise et passant sous les schistes verts précédents : Il appartient au Cambrien supérieur. Les schistes verts conservent un certain temps l'inclinaison S E. verticaux, mais reprennent bientôt au delà leur incl. ordinaire N. O. dans la falaise devant Cadavedo. Ils conservent cette inclinaison et alternent avec des couches de grès et de quarzite sur les pentes connues sous le nom des Siete Vallotas y el Vallotin. A la Punta Vallota, schistes verts avec quarzites très siliceux, N. verticaux, et passant ensuite S. verticaux; schistes verts et quarzites Cambriens S. verticaux, à Punta Santa-Marina, Punta de la Sarna, Punta de la Barquera ; on arrive sur les grès versicolores de la base du silurien devant les Islotes los Negros. Ces grès affleuraient déjà dans la région précédemment décrite, quand en s'éloignant un peu des falaises, on remontait vers Vallota et Novellana sur la route de Cudillero ; Ils inclinent S. j'ai trouvé dans ces grès à l'Ouest de Novellana de nombreuses *Lingulella Heberti*. J'ai retrouvé cette même espèce en haut de la falaise de Los Negros, où les grès versicolores forment une petite baie; ils sont en bancs massifs, épais d'environ 10^m et incl. S.—Au delà, sur le flanc Ouest de Cabo Vidio, schistes verts et quarzites incl. S. de la partie supérieure du Cambrien : le Cabo Vidio est formé par ce grès silurien. L'inclinaison change ici : Tandis que les falaises de Cabo Busto à Cabo Vidio, à couches N. O et S. E. sont coupées obliquement par la mer, elles sont coupées transversalement de Cabo Vidio à Ria Pravia où les inclinaisons sont E. et O.

Cabo Vidio est formé de schistes verts et de grès, mais ceux-ci dominent de beaucoup, formant des masses homogènes d'une centaine de mètres. Leur inclinaison en masse est O. Ces grès blanchissent par altération à l'air, ce sont les mêmes que l'on a observé à Novellana et à Los Negros dont ils sont séparés par un pli ou une faille : on trouve en abondance dans les champs en haut des falaises du Cabo Vidio des blocs de grès blanchâtres, remplis de la *Lingulella Heberti* dont le gisement parait ainsi dans cette région, limité à la base de l'étage des grès Siluriens. Le falaise Castrillon est formée de grès versicolores bien caractérisés gris, jaunes, verts, violacés, zônés, incl. O., reposant sur les schistes et quarzites verts cambriens visibles dans la baie suivante de San Pedro: les grès versicolores de la base du silurien, inférieurs aux couches à Scolites, où la roche dominante est un grès blanc, ont au moins ici une épaisseur de 300 mètres ; leur base est caractérisée d'après nos observations par *Lingulella Heberti*.

Schistes verts avec bancs de quarzites schisteux micacés vert-clair, incl. O. = 30° dans la baie de San Pedro ; ils y sont bombés en pli anticlinal, et la Punta Cabrafigo montre les mêmes couches incl. E. — On suit ces couches dans les montagnes à l'Ouest de Lamuño jusqu'à Soto, incl. O., où on observe le long de la carretera, dans les murs de cette ville, de nombreux fragments du calcaire dolomitique, ferrugineux, brêchoïde, du Cambrien supérieur. On est du reste près de la limite supérieure de ce terrain, car au delà, les montagnes jusqu'à Baldredo sont dans les grès siluriens bigarrés, à fausses stratifications, blanchis superficiellement, et avec quelques lits schisteux subordonnés. La baie d'Oleiro, qui fait suite à la Punta Cabrafigo est synclinale, elle est ouverte dans les grès vert-clair, blanchâtres, micacés, avec Ripple-marks de la base du silurien. Les couches se relèvent au Rabion de Artedo, incl. N. 60° O = 50°, formé de schistes et quarzites verts : l'existence d'une couche schisto-ferrugineuse à l'Est de cette falaise du Rabion me porte à croire que l'on a réellement ici une des couches caractéristiques du sommet du Cambrien, on en a une autre preuve près de là à l'intérieur des terres à Mumayor où on exploite sur le prolongement des mêmes couches un banc de calcaire rosâtre dolomitique épais de 10^m, identique à celui que nous avons signalé si souvent vers le sommet du Cambrien. Ce calcaire Cambrien forme une petite butte isolée à l'Est de Mumayor, sa stratification est peu nette incl. E ?, sous ce calcaire affleure vers Mumayor une couche argilo-ferrugineuse. On rencontre encore un banc schisto-ferrugineux qui est peut-être toujours la continuation de la même couche cambrienne à Lamuño.

La concha de Artedo est pavée de gros galets de grès violets, zonés, versicolores, qui se trouvent en place dans la falaise à l'Est où ils alternent avec des schistes verts pyritifères incl. N. 70° O. = 60°. Sur les hauteurs voisines ces grès blanchissent en s'altérant, ils se distinguent des *grès supérieurs à Scolithes* par leurs zônes colorées, leurs fausses stratifications, leurs gros grains de quarz, et leur état carié : c'est de la Sierra au sud de Magdalena que proviennent les galets de grès versicolores de la concha de Artedo; ils y sont très bien développés. A El Jurando, schistes et quarzites verts cambriens incl. N. 60° O. = 45°; à Corbéra, grès verts alternant avec quarzites roses passant à l'arkose, ces zônes diversement colorées rappellent ici d'une manière frappante les fausses stratifications des sables et des grès plus récents. De là vers Cudillero, schistes et quarzites verts cambriens, la couche de minerai de fer du Cambrien supérieur affleurerait, m'a-t-on assuré, dans la petite île voisine de Olio ; les schistes incl. O. à Villademar, E. à Cudillero.

La vallée de Cudillero est ouverte dans les schistes et quarzites très bien caractérisés, c'est la vallée habitée la plus étroite que je connaisse : les maisons sont adossées aux flancs de la vallée, et il n'y a qu'une seule rue entre ces deux rangées d'habitations. Les falaises sont peu abordables aux environs immédiats de Cudillero, et c'est du haut que je me suis borné à faire la coupe en ce point. L'inclinaison E. domine jusqu'à Rebollera, mêmes schistes et quarzites verts cambriens incl. O, à Forcada, puis E. vers Arancès où les grès subordonnés sont plus abondants. A El Gabiero, schistes verts verticaux avec quarzites très abondants incl. O., puis E. prédominants, et passant à Aguilar sous une masse de calcaire ferrugineux, jaune, dolomitique, plissé, à stratification confuse. On l'observe des deux côtés d'Aguilar où il forme un petit synclinal au milieu des schistes verts Cambriens. Le centre du synclinal est occupé par des grès jaune-rose, dolomitiques en gros bancs. A l'Est de cette baie d'Aguilar, les schistes verts incl. O, ils sont pyriteux et alternent avec des bancs de grès verdâtres. Leur épaisseur atteint plusieurs centaines de mètres; ils passent aux quarzophyllades vers Veneros, puis les grès dominent incl. E, puis les grauwackes, et on reconnait dans la baie Cazonera plusieurs plis parallèles dont le résultat général est un anticlinal. Certains bancs de quarzites contiennent de gros cubes de pyrite ; les veines de quarz gras sont assez abondantes et ordinairement accompagnées de chlorite verte, tendre, formant parfois à elle seule des filonnets de 1 à 2 cent. Le filons de quarz obliques aux couches ont souvent poussé des prolongements, des infiltrations, normalement, aux bancs de quarzite. Les schistes verts dominent de ce côté à l'exclusion des phyllades noirâtres; les quarzites diminuent en quantité vers Spiritu Santo, où se trouvent des schistes verts compactes incl. O. — Ce cap est entièrement formé par ces couches Cambriennes, on les observe au N. E. de Muros incl. N. 60° O. = 50°, où on les taille en dalles grossières, et aussi à San Estevan.

INTÉRIEUR DES ASTURIES.

Le terrain cambrien présente les mêmes caractères à l'intérieur des Asturies que dans les falaises ; il forme dans la partie occidentale de ce pays des montagnes sauvages et pittoresques avec lesquelles alternent les cimes nues, stériles, du grès silurien, disposé en plis synclinaux. Quelques coupes transversales suffisent à établir ces faits.

8. Coupe de Salime à Cangas de Tineo : Salime est construit au fond de la gorge étroite et sombre, ouverte dans les phyllades bleuâtres cambriennes par les eaux écumantes du Rio Navia, qui remplissent encore le fond de la vallée et la rendent impraticable. Pour quitter Salime il faut s'élever verticalement de plusieurs centaines de mètres, et monter sans interruption pendant des heures jusqu'à l'hopital de Buspol : on reste toujours pendant ce temps sur des phyllades noir-bleuâtre, fissiles, froncées, plissées, contenant de nombreuses paillettes du minéral discoïdal déjà signalé à Grandas incl N. 80° O.=45°. Ces phyllades bleuâtres sont encore feuilletées, lustrées près l'hôpital, mais ne contiennent plus ces mêmes paillettes, incl. N. 80° O. = 50° ; elles passent au-delà à des schistes gris-rougeâtre avec bancs psammitiques gris. A Mesa, phyllades gris-bleuâtre, vers Berducedo l'inclinaison diminue et on marche longtemps sur les mêmes bancs incl. O = 10° ; ils forment à Berducedo un pli, incl. S. 80° E., en conservant presque leur horizontalité, ces phyllades sont coupées obliquement par de nombreux filons de quarz. Le grand développement des phyllades, et les minéraux métamorphiques qu'elles contiennent aux environs de Salime, attestent que de puissantes modifications et de grandes pressions ont accompagné le plissement de ces couches Cambriennes. Vers Carcedo, des schistes gris, rouge, bleu, avec grès blanchâtres intercalés, succèdent aux phyllades, incl. S 80° E. = 40° ; ils contiennent au Nord de Carcedo le lit de minerai de fer de 1 à 2^{m} que nous avons reconnu si souvent au sommet du Cambrien de cette région. Il est surmonté vers Lago de schistes et phyllades bleuâtres, épais de 60^{m}, puis d'une crête de grès blancs siliceux épaisse de 20^{m}, incl. E.=70°, puis de schistes gris et bleus, avec lits rougeâtres, et bancs alternants de grès psammitiques blanchâtres jusqu'à Lago.

A Lago, un filon de Diorite andésitique vient interrompre la continuité des couches sédimentaires ; il y a encore au-delà quelques schistes et phyllades cambriens incl. E., mais on arrive bientôt sur les grès et quarzites siluriens ; leur inclinaison E. à O. est variable jusqu'à Montefurado, des grès blancs avec Scolithes alternant avec des grès verts. A Montefurado, phyllades bleu-foncé, pailletées, avec bancs psammitiques gris. En montant à la Collada del Palo dont les couches inclinent en masse vers l'Ouest, on reconnaît les alternances de quarzites verts et roses rubanés, bigarrés, que nous considérons comme la base du Silurien de la région, incl. N. 70° O. = 70° ; plus haut des grès blancs avec Scolithes alternent avec ces grès verts et roses incl. O. = 60°. Vers Reigada il y a de petits plis, incl. N. 80° O.=70° à S. 70° E.=60°, de grès Silurien vert et rose, montrant que cette couleur n'est pas limitée à la base de l'étage, mais peut pénétrer assez haut dans la masse du grès silurien à Scolithes. A Peñaseita, quarzites vert rosé, incl. N. 80°O. =35°, conservant la même inclinaison N 80° O. = 75°, et alternant avec des quarzites gris et des schistes verts jusqu'à Colobreo. De Colobreo à Mazo et à Pola de Allande schistes verts et quarzites cambriens, incl. N. 70° O. = 80°. Ils sont coupés à l'Est de la Pola de Allande par un important filon de diorite quarzifère (dirigé à 10°), à Ceda est un autre filon plus petit de Diorite proprement dite, dans les mêmes schistes verts Cambriens, verticaux, grossiers, incl. O ; mêmes schistes jusqu'à Celon, incl. N. 80° O. = 75°, où ils alternent avec des quarzites verts. A Celon, filon de 1m de Kersantite quarzifère récente, ainsi qu'à Presnas 1m, et à Lomes 6m ; ces petits filons ont tous trouvé leur route dans les schistes verts cambriens qui sont verticaux et conservent l'inclinaison O. à N. O. dans tout ce district ; ils alternent entre Presnas et Otero avec quelques rares lits de phyllades bleuâtres tachetées. A Lomes, schistes et quarzites verts cambriens, incl. N. 60 O. = 50°, alternant avec phyllades bleuâtres lustrées à gros bancs de quarzite, et schistes bleus grossiers passant à la grauwacke. En montant vers Carcedo, on voit reposer en discordance sur la tranche des schistes cambriens, les poudingues grossiers de la base du carbonifère du bassin de Santa Ana. Nous décrirons plus loin ce bassin houiller, ce n'est qu'en descendant vers Corias, qu'on quitte ce petit bassin pour retourner sur les schistes verts grossiers, verticaux, avec filons de quarz, du Cambrien, qui affleurent très bien dans cette vallée de Narcea jusque près Cangas de Tineo, où se trouve un autre petit bassin houiller.

En résumé, cette coupe à travers les hauteurs occidentales des Asturies, nous a montré que cette région est essentiellement formée de schistes et quarzites Cambriens, diversement plissés, mais se relevant en 2 anticlinaux principaux à Salime et à Cangas, entre lesquels la crête des grès Siluriens del Palo correspond à un vaste pli synclinal : tout l'ensemble présente une même inclinaison dominante à l'Ouest, témoignant ainsi de puissantes pressions latérales.

9. Coupe du Rio Narcea : Le Rio Narcea dont l'embouchure déjà décrite est dans la Ria de Pravia, a une partie de son cours dans le terrain Cambrien, depuis sa source dans la Sierra del Picon jusqu'à Santianes.

Dans toute la partie de son cours, voisine de Cangas de Tineo, il suit la direction des couches, et on ne voit que les schistes verts et quarzites Cambriens, incl. à Corias N. O. = 80° ; ils sont coupés par divers filons minces porphyriques et amphiboliques, décrits ailleurs. A l'Ouest de Carceda, des poudingues houillers reposent encore en discordance sur les schistes cambriens, dont l'inclinaison reste toujours la même ; ils vont verticaux incl. N. 70° O., à Bodegas, où se trouve intercalé le banc d'arkose décrit (p. 63). Au Pont de Tebongo, schistes vert-bleuâtre et lits psammitiques, à Entraljo, schistes verts et gris verticaux, incl. O.=90°, avec filons de quartz, qu'on suit jusqu'au confluent du Rio de Soto. Vers Portiella, l'inclinaison auparavant si constante se modifie, et devient plus septentrionale, elle varie du N. au N. O.; on reste toutefois sur les schistes et quarzites verts jusque près du Pont de Arganzinas, où affleurent les calcaires cambriens supérieurs incl. N. 20° E. =55°.— Ils reposent sur les schistes précédents, et montrent la succession suivante de haut en bas :

Schistes gris-bleus brunâtre	
Calcaires schisteux bleu.	8m
Schistes.	1m50
Calcaire bleu-gris	6m

Au-delà du pont, une masse homogène de 80m de quarzites verts repose sur les calcaires cambriens ; elle est limitée par une faille, peu importante, qui ramène quelques schistes verts cambriens à Villanueva, aussitôt suivis au Nord par une épaisse série de quarzites verts et rouges alternants, incl. N. E =35°, appartenant à la base du Silurien. Ces quarzites sont plissés jusqu'au 1er pont, incl. N. 25° E. à N. 60° E., et renferment des bancs rouges passant à l'arkose, au poudingue pisaire, rappelant ainsi certaines couches de la Punta de Rubia. Au-delà du pont, l'inclinaison devient N. et plus uniforme ; les quarzites verts et rouges présentent de fausses stratifications et alternent avec des lits de schistes rouges lie-de-vin et verts : la route entame ici par de splendides tranchées ces grès de la base du Silurien, jusqu'au pont de Posada, où j'ai quitté la rivière Narcea ; elle entre à quelques kilomètres de là dans le massif dévonien. A Posada, il devient plus intéressant de remonter la petite vallée de Rio Radical, ouverte dans la région cambrienne. On reste sur les quarzites rouges et verts de Posada, N.=30° jusque près Valserondo, où des grès rouges avec rares lits schisteux, incl. N. 20° O. = 50° sont immédiatement recouverts en stratification concordante par les bancs calcaires du Cambrien supérieur, sans que j'aie pu trouver ici les schistes fossilifères du Cambrien. On rencontre successivement alors :

Calcaire bleu homogène, argileux, en bancs de 1 à 2m, alternant avec lits de schistes et de grès, incl. N. 20° O. = 50.	15m
Grès gris, N. 45°.	10m
Schistes verts compactes.	10m
Grès gris	
Calcaire bleu, incl. N. 40° O. = 70°	6m
Schistes grossiers verts et rouges.	15m
Calcaire bleu, avec bancs de 0,50 de phtanite gris à la base	25m

Ce dernier calcaire incline N., mais présente une disposition synclinale très nette qui ramène de nouveau au jour toute l'épaisseur des 30m du calcaire cambrien avant le Pont Radical (Molino de Coello) ; les schistes rouges lie-de-vin avec parties verdâtres, épais de 40m du Pont Radical, correspondent à un pli anticlinal, car au-delà du Pont, on rencontre de nouveau les calcaires cambriens à inclinaison dominante N. 20° O. = 30°. Ces calcaires ont la même couleur bleue que précédemment, ils forment des lits de 0,30 à 1m séparés par des veines de schistes verts ou rouges. L'épaisseur de ce faisceau calcaire est de 30 à 40m ; il se courbe au-delà en un nouveau pli synclinal, mais ses couches sont ici redressées, incl. S. 75, la roche est grise, dolomitique, caverneuse, plus modifiée que celle du Pont Radical. Elle forme une crête élevée, à structure anticlinale, comme le prouvent à la fois l'épaisseur, de 60m du calcaire en ce point, et l'inclinaison N. 20° O.=30° des dernières couches calcaires : ce dernier faisceau est constitué de calcaires bleuâtres avec filonnets blancs de calcite, et rouges de sidérose, il est immédiatement recouvert en stratification concordante par des schistes rouges avec minces bancs de grès ferrugineux incl. N. 20° O. = 30°, puis S. 20° E. = 25°, alternant avec des schistes verts, ces schistes verts existent seuls N. 20° O. = 15° dans le petit ravin suivant, entre les bornes kilométriques 55 et 54 où ils contiennent en abondance des fossiles de la faune primordiale, j'y ai trouvé :

Trochocystites Bohemicus	*Conocephalites Sulzeri*
Paradoxides Pradoanus	*id.* *Ribeiro*
id. *Barrandei*	*id.* *Castroi*

La faune primordiale me paraît ici comme à Rivadeo, supérieure aux calcaires cambriens ; l'énorme épaisseur de ces calcaires 150m dans la vallée du Radical, me paraît due à des plissements répétés d'une même couche.

Les schistes cambriens fossilifères du Ravin de Pont Radical, sont recouverts par des schistes verts compactes, incl. N. 20° O. = 45°, passant bientôt aux quarzites verts dont l'épaisseur est ici de 100 à 200m, incl. N. 40° O. = 60°. Ces quarzites verts avec schistes verts subordonnés rappellent ceux de Villanueva sur le Rio Narcea ; ils sont recouverts à 700m au delà de la borne kilométrique 54 par des poudingues houillers en stratification discordante. Ces couches houillères font partie du bassin de Tineo et Santa-Ana que nous étudierons plus tard ; elles se sont déposées dans une dépression des schistes cambriens dont on voit encore parfois affleurer les têtes, incl. N. O., sous les schistes houillers, en divers points de la route jusqu'à Santa-Eulalia de Tineo.

10. Coupe de Grado à Belmonte : Cette coupe a une importance spéciale au point de vue de l'histoire du système Cambrien dans les Asturies. La faune primordiale a été découverte et étudiée dans le Léon et dans le centre de l'Espagne par MM. Casiano de Prado et de Verneuil(1), qui avaient de plus signalé son existence au centre des Asturies, entre Grado et Belmonte. Dans un rapport préliminaire fait à la Société géologique du Nord, il y a quelques années en rentrant d'Espagne, je déclarai(2) : « qu'il m'avait été impossible de retrouver les terrains primordiaux entre Grado et Belmonte, et que toute la région comprise entre ces deux points était formée par des couches dévoniennes. » Je signalais ensuite les gisements de fossiles primordiaux que j'avais découverts dans la partie occidentale des Asturies, et qui sont ici décrits en détail, à la Vega de Rivadeo et sur le Rio Radical.

Ces observations n'échappèrent pas à l'éminent Directeur du service de la carte géologique d'Espagne, Son excellence M. F. de Castro(3), qui a su donner un si vif essor aux études géologiques dans son pays, et consigner tant de documents précieux dans les Memorias et le Boletin de son service. L'importance des faits relatifs à la faune primordiale décida M. M. de Castro à envoyer immédiatement MM. Mallada et Buitrago en mission dans les Asturies, pour élucider cette question de la faune primordiale de Belmonte.

Le résultat des recherches de MM. Mallada et Buitrago, est publié dans le Boletin del mapa geologico ; il est également exposé dans les mémoires de l'Académie des sciences

(1) Sur l'existence de la faune primordiale dans la chaîne Cantabrique par Cas. de Prado, de Verneuil, Barrande, B. S. G. F. 2e Sér. T. XVII, p. 516. 1860.

(2) Relation d'un voyage en Espagne, Ann. soc. géol. du Nord. T. IV. p. 298, juillet 1877.

(3) *Manuel Fernandez de Castro* : Bol. mapa geol. de Espana, T. V, 1878. Advertencia.

(4) *D. L. Mallada y D. J. Buitrago* : La fauna primordial à uno y otro lado de la Cordillera Cantabrica, Bol. del map. geol. de Esp. — 1878, T. V. p. 1.

de Lisbonne par M. Delgado [1], envoyé en mission par le gouvernement portugais pour étudier cette question, et qui accompagna MM. Mallada et Buitrago. Ces savants Espagnols et Portugais furent plus habiles que je n'avais été ; ils retrouvèrent aux environs de Belmonte la faune primordiale signalée par Casiano de Prado, et en reconnurent les relations stratigraphiques. En me plaisant ici à rendre hautement hommage à leur talent, je dois cependant relever la phrase de leur rapport où ils concluent dans les termes suivants [2], en terminant leur exposé de la question : « no resultando al fin certeza sobre la existencia ò nò de la fauna primordial en Asturias, fuimos comisionados para la aclaracion de este punto dudoso. » Le point mis en doute était l'existence de la faune primordiale entre Grado et Belmonte, mais nullement l'existence de cette faune dans les Asturies. M. Delgado l'avait parfaitement reconnu, il écrivait (p. 16) du travail Portugais : « Sabemos agora, pelos trabalhos de M. Ch. Barrois que essa fauna apparece nos confins da provincia de Oviedo còm a de Galliza ».

Ces nouveaux gisements sont d'autant plus importants, que les coupes des environs Belmonte ne peuvent suffire à donner une notion exacte de la position de la faune de primordiale : les coupes décrites plus haut, prouvent que le calcaire cambrien et les schistes avec fossiles primordiaux qui les recouvrent, forment la partie supérieure du terrain Cambrien, on pourrait logiquement conclure au contraire des coupes de Belmonte que le calcaire formait la base du Terrain Cambrien des Asturies.

En effet, la région comprise entre Grado et Belmonte est presque entièrement formée comme je l'avais cru avec M. Schulz, par des couches dévoniennes ; mais elles sont brisées, ouvertes, et c'est seulement dans ces boutonnières (*inliers* des géologues anglais), qu'affleure le sommet de la série Cambrienne avec calcaires et fossiles primordiaux. L'immense épaisseur des schistes et phyllades cambriens inférieurs au calcaire, n'affleure pas dans la région de Belmonte, d'après les coupes de MM. Mallada et Buitrago.

Ces coupes sont au nombre de deux : la première au Sud du Pedrorio [3], montre entre Vio et Lodos la succession suivante de haut en bas :

e. f. Grès à Scolithes.

c. Schistes argileux verts avec *Conocephalites Ribeiro*, *Paradoxides bohemicus?* ou *spinosus?*

a. Calcaire saccharoïde, dolomitique (Cambrien)

h. i. g. Schistes, grès et calcaires dévoniens.

---

(1) *Joaquim Felippe Nery Delgado :* Relatorio da commissão desempenhada em Hespanha no anno de 1878 — Lisboa, Typog. da Academia real das Sciencias 1879, vol. V.

(2) Mallada y Buitrago : Bol. com. map. geol. de Esp. T. V. p. 2.

(3) *l. c.* (p. 3).

Toutes ces couches inclinent au N. O. ; il y a donc une faille oblique entre le calcaire cambrien et les couches dévoniennes sous-jacentes. Cet *inlier* cambrien du Pedrorio n'aurait pas d'après MM. Mallada et Buitrago plus de 2 kil. carrés. La seconde coupe, plus étendue, va de Peña Manteca à la Sierra de Bejega : les maisons de Ferredal sont établies sur les schistes de la faune primordiale repliés en anticlinal, et supportant de chaque côté des masses de *grès à Scolithes* ; le centre de l'anticlinal de Ferredal montre encore le calcaire cambrien. La coupe donnée est donc :

Grès, schistes et calcaires dévoniens.
d. e. f. Grès à Scolithes.
c. Schistes verts argileux avec Paradoxides Pradoanus, Conocephalites Ribeiro, Trochocystites Bohemicus.
b. a. Calcaire ferrugineux, dolomitique (Cambrien).

On peut suivre ici les schistes avec faune primordiale dans la petite vallée du Rio Aguja, de las Estacas à Quintana. Les recherches de MM. Mallada et Buitrago ont donc eu pour résultats importants de retrouver la faune primordiale aux environs de Belmonte, et de suivre sa position stratigraphique entre les *grès à Scolithes* et le *calcaire Cambrien*.

Lors de mes courses entre Grado et Belmonte, j'avais reconnu l'axe anticlinal de *grès à Scolithes*, qui forme entre ces villes les monts d'Escobio, de Siaza et de Pedrorio ; j'avais même relevé des affleurements calcaires à Lodos et près la Venta de Montas, mais l'absence de fossiles et le voisinage du dévonien ramené par faille, m'avaient empêché de les rapporter au Terrain Cambrien, comme on doit le faire depuis le travail de MM. Mallada et Buitrago.

Ce pli anticlinal cambrien, avec son revêtement de *grès à Scolithes*, que l'on suit au milieu du dévonien, du Pedrorio à la Peña Manteca, se poursuit au S. O. dans la Cabra et la Serrantina ; il est ainsi parallèle aux autres plis du *grès à Scolithes* précédemment signalés dans la région cambrienne de l'Ouest des Asturies. Ainsi l'affleurement le plus oriental de ce grès, signalé à Posada sur le Rio Narcea, se poursuit au N. E. dans une direction parallèle à celle de la Peña Manteca, dans la Curriscada et la Sierra de Bodenaya, où on peut bien l'étudier sur la route de Salas, le long du Rio Nonaya, qui s'est creusé une étroite et profonde gorge dans ces grès blancs à Scolithes, incl. N. = 40° à N. 40° O. = 60°. Ils butent ici encore en faille au S. E. contre les calcaires dévoniens ; ils paraissent au contraire recouverts au N. O. par les schistes et quarzites verts cambriens incl. N. O. qui sont ici renversés et leur sont en réalité inférieurs. On observe ces schistes verts au pont de Porciles, incl. N. 40° O. = 60° ; près des maisons de Porciles banc ferrugineux du Cambrien supérieur, près de là schistes et quarzites S. 50° E. verticaux, passant à des schistes bleuâtre N. 60° O. = 70°. A Bodenaya schistes et quarzites verts, incl. N. 40° O. verticaux ; schistes verts compactes à Huergola, incl. N. 40° O. = 65°, ainsi qu'à Pedregal.

§ 3.

Observations générales sur le Système Cambrien.

1. Résumé des coupes : Le Système Cambrien des Asturies est identique à celui de la Galice, il présente la succession suivante de couches concordantes entre elles :

	Grès de Cabo Busto (Base du Silurien)	*Grès blancs et schistes.* *Grès versicolores, poudingues et schistes.*
Cambrien	*Calcaires et schistes à Paradoxides de la Vega 50 à 100m*	*Schistes grossiers, fossilifères, et bancs épais de quarzites verts, 50 à 100m.* *Calcaires (20 à 60m), schistes, et lit de minerai de fer (1m50 à 2m).*
Cambrien	*Schistes de Rivadeo 3000m.*	*Schistes et quarzites verts.* *Phyllades bleues et schistes verts.*

La division en deux niveaux des *schistes de Rivadeo*, proposée ici, n'est pas suffisamment établie par mes coupes ; elle demande confirmation. Je ferai également observer que les épaisseurs assignées ici à ces couches ne sont que des évaluations approximatives, et qu'elles n'ont aucune prétention à une exactitude rigoureuse.

2. Comparaison du système Cambrien des monts Cantabriques avec celui des autres régions. A. Types Espagnols : On compara pour la première fois le terrain Cambrien des monts Cantabriques avec celui des régions voisines en 1860, après la découverte de la faune primordiale faite dans cette chaîne par MM. Casiano de Prado, de Verneuil, et Barrande [1]. L'étude des fossiles trouvés par M. C. de Prado permit à M. Barrande de reconnaître l'analogie qu'à cette époque ancienne, la faune marine de l'Espagne présentait

(1) Faune primordiale dans la chaîne Cantabrique, B. S. G. F. 2e sér. T. XVII. pl. VIII. p. 516.

avec celle de la Bohême ; il attribuait cette uniformité à un ensemble de circonstances physiques plus ou moins semblables, qui auraient présidé au dépôt de ces terrains dans toute la région centrale de l'Europe, depuis la Bohême jusqu'en Espagne et en France.

La succession des couches cambriennes indiquée dans notre mémoire, est parfaitement d'accord avec cette conclusion de M. Barrande, en montrant que l'ordre stratigraphique est également constant dans cette partie de l'Europe. Cette constance est complète pour les parties de l'Espagne et de la France qui nous sont connues ; elle prouve que du Nord de la France au Midi de l'Espagne, il n'y avait qu'un bassin unique de sédimentation à l'époque Cambrienne.

De Verneuil et Collomb (1) indiquaient en 1868 sur leur carte d'Espagne les *couches Paradoxides* ou à faune primordiale en 5 points : province de Léon, N de Ciudad-Real, N. de Daroca, N. de Calatayud, et entre Belmonte et Grado.

Nous avons vu que dans les Asturies cette faune est limitée à une mince couche au sommet de la série cambrienne ; la proximité des affleurements cambriens et dévoniens aux environs de Belmonte est due à une faille qui les met au contact et nullement comme on l'a d'abord pensé (2), à l'absence des termes intermédiaires, à une discordance. Il en est de même dans la province de Léon : les coupes de la grande route de Puente-Alba à Buzdongo données par Casiano de Prado (3), MM. Mallada et Buitrago (4). Delgado, montrent que la faune primordiale est ici contenue dans des calcaires situés au contact du dévonien ou du silurien. J'ai relevé dans la province de Léon, ces coupes de C. de Prado : la coupe classique de la grande route de Léon à Buzdongo, traverse une région essentiellement dévonienne, continuation du massif dévonien du centre des Asturies. Le Silurien forme dans la partie septentrionale de la coupe quelques anticlinaux, brisés au centre, analogues à ceux des environs de Belmonte ; au centre de ces anticlinaux apparaissent les calcaires primordiaux de Buzdongo, Villamanin, surmontés normalement d'un côté par le *grès à Scolithes*, et butant d'autre part en faille contre des couches dévoniennes.

Les calcaires rouges ferrugineux qui contiennent dans le Léon les fossiles primordiaux, ont été assimilés par MM. Mallada et Buitrago (p. 7), à ceux de Belmonte et de la

(1) Carte géol. d'Espagne. 1868. Paris.
(2) Barrande, l. c. p. 541.
(3) Bull. soc. geol. France, T. XVII. p. 521.
(4) *Mallada et Buitrago:* Bol. map geol de Esp., T. V 1878 p. 18.

Peña-Manteca, sur lesquels reposent les *schistes à Paradoxides* de la région ; c'est donc essentiellement à la nature différente des sédiments qu'il faut rapporter les différences de faunes de ces 2 provinces à cette époque; les Brachiopodes faisant défaut dans les Asturies, tandis qu'ils constituent le tiers de la faune du Léon.

Les coupes des environs de Sabero décrites en détail par MM. de Prado, Mallada, Buitrago, Delgado, présentent des faits analogues (Bandes de Sabero, et de Boñar). Ce n'est que dans la partie occidentale du Léon qu'on pourra reconnaitre les véritables caractères et la succession des couches cambriennes : nul doute pour nous, que les belles recherches de M. Luis N. Monreal (1) dans le Partido de Vierzo, n'arrivent à assimiler les calcaires gris bleuâtres ou blancs saccharoïdes, découverts par lui à Salas de la Ribera, Peña rubia, Barosa, Ambasmestas, El Castro, etc., aux calcaires fossilifères de Boñar et de Sabero. Il a reconnu que ces calcaires étaient en stratification concordante dans une épaisse série de schistes grisâtres, passant parfois aux phyllades (Pradilla), avec lits subordonnés de grès et quarzites ; ces schistes sont d'après moi, la continuation des *schistes Cambriens de Rivadeo*. Les recherches de M. Angel Rubio(2) ont déjà montré que dans la vallée de Laceana, au N. O. de la province de Léon, le *grès à Scolithes*, dur, gris-blanchâtre, forme un niveau constant dirigé du N. O. au S. E.; au N. E. de cette bande, et la séparant de la masse des schistes cambriens gris-vert bleu, il y a un niveau continu de calcaire blanc saccharoïde, ou rouge jaunâtre. Cette position du calcaire cambrien, au sommet de la série des schistes, est pleinement d'accord avec ce que nous avons réconnu en Asturies.

La faune primordiale se rencontre dans l'Est de l'Espagne dans les mêmes conditions de gisement que dans les Asturies. Les localités célèbres de Daroca, Calatayud, ont été étudiées avec soin par M. F. M. Donayre (3) dans sa grande description géologique de la Province de Saragosse, où il reconnut le fait capital de la superposition immédiate du grès silurien à Scolithes sur les *schistes à Paradoxides*. Je cite : « Las Cruzianas. . .recogidas cerca de Murero... se presentan en una cuarcita blanca, aunque en las caras de los estratos toma un tinte rojizo, que se halla immediatemente en contacto de las pizarras verdosas y rojizas que contienen los trilobites ». Les roches où se trouvent les fossiles primordiaux sont des schistes argileux rouges surtout développés aux environs de

(1) *Luis N. Monreal* : Datos geologicos acerca de la provincia de Leon recogidos durante la campaña de 1877 à 1880. Bol. del map. geol. de Esp., T. V. VI. VII. Madrid 1878-1881.

(2) *D. Angel Rubio* : Bosquejo topografico y geologico del valle de Laccana, Bol. map. geol. T. 3.

(3) *D. F. M. Donayre* : Bosquejo de una descripcion fisica y geologica de la provincia de Zaragoza, Mem. de la com. del mapa geol. 1874. p. 51-58.

Murero ; sous eux se trouvent dans cette région des calcaires, des dolomies jaunes passant au gris et au rose, des quarzites, des phyllades et des schistes grossiers verdâtres.

Dans la province de Ciudad-Real récemment décrite par M. Daniel de Cortazar(1), Ingénieur en chef des mines, la composition du terrain Cambrien est la même que dans les provinces précédentes. Ce terrain décrit par l'auteur sous le nom de *silurien primordial* (p.14) est formé de schistes argileux verts, de phyllades, avec bancs de grauwacke, de psammites, et de pyroxénites intercalés ; ces roches sont traversées comme dans les Mts Cantabriques de nombreux filonnets de quarz. C'est de cette série de roches que dépend le grès à *Ellipsocephalus Pradoanus*, signalé pour la première fois en 1855 par M. Casiano de Prado à los Cortijos de Malagon(2). Ces couches à fossiles primordiaux sont surmontées directement d'après M. D. de Cortazar par le *grès à Bilobites* du silurien inférieur.

Dans la province de Caceres, le terrain Cambrien est formé d'après MM. J. Egozcue et L. Mallada (3) de chloritoschistes, de phyllades et de schistes argileux, que ces savants identifient aux *phyllades de St-Lô* en France. Ils y sont directement recouverts par les *quarzites à Bilobites*, formant pour eux comme pour nous, la base du T. silurien. Dès 1834 M. Le Play(4) avait reconnu la division en 2 étages du terrain de transition de l'Estramadure ; son étage inférieur de schistes argileux et talqueux avec phyllades correspond au terrain Cambrien, et est recouvert d'après ce savant par des grès et quarzites à fossiles semblables à ceux de la Bretagne. La formation cambrienne du Portugal parait identique à celle de l'Espagne : M. J. F. N. Delgado (5) a fait voir que les *quarzites à Bilobites* occupent en Portugal (Bussaco, Serra de Monfortinho) comme en Espagne (Aragon), la même position qu'en France, entre les schistes cambriens et les schistes siluriens. Les *schistes cambriens*, dépourvus de fossiles, parfois maclifères, sont caractérisés par l'abondance de couches calcaires ou dolomitiques, intercalées : ils étaient durcis et dénudés dans cette région avant le dépot des *grès à Scolithes*. La même succession a été reconnue et parfaitement étudiée dans la province de Badajoz par M. J. Gonzalo y Tarin (6).

---

(1) *D. Daniel de Cortazar* : Reseña fisica y geologica de la provincia de Ciudad-Real, Bol. de la com. del mapa geol. vol. VII. p. 289. 1880.

(2) *Cas. de Prado* : Sur la géol d'Almaden, d'une partie de la Sierra Morena et des Montagnes de Tolède. B. S. G. F., 2e sér. T. XII. p. 182. 1855.

(3) *J. Egozcue et L. Mallada* : Descrip. géol. de la prov. de Caceres, Mém. com. geol. de Esp. 1876. p. 128.

(4) *Le Play* : Ann. des mines, T. VI. 1834. p. 337.

(5) *J. F. N. Delgado* : Terrenos paleozoïcos de Portugal : Sobre a existencia do terreno siluriano no Baixo Alemtejo-Lisboa, Typog. da academia real das sciencias, 1876. p. 4-6.

(6) *Joaquin Gonzalo y Tarin* : Reseña fisico geologica de la prov. de Badajoz. Bol. com. map. geol. T. VI 1879. p. 389

Le terrain cambrien de la province de Séville que nous ont fait connaître les belles recherches de M. J. Mac Pherson (1), comme celui de la Sierra Nevada, de Grenade et du reste de l'Andalousie, d'après MM. Richard Von Drasche et J. Gonzaloy Tarin, paraissent s'éloigner davantage du type ordinaire, suivi si facilement jusqu'ici dans toute la péninsule Ibérique. M. Mac Pherson a trouvé à El Pedroso dans les calcaires et les schistes argileux qui limitent vers le haut l'ensemble des couches sur lesquelles repose le Terrain houiller de la province de Séville, un fossile que M. F. Rœmer a rapporté au genre *Archæocyathus* de Billings, genre jusque-là inconnu en Europe : Il est caractéristique du *grès de Potsdam*. On peut en conclure que toute la série des couches inférieures au Terrain houiller, dans la province de Séville, est infrà-silurienne. Cette série est la suivante de haut en bas :

5. Système puissant d'alternances de schistes argileux et de calcaires avec quelques couches de grès. C'est à ce niveau qu'on trouve l'Archœocyathus.

4. Roche tuffacée à grains fins, alternant avec grès et schistes argileux, et par places avec des couches de diabase en stratification corcordante (entre Guadalcanal et Malcocinado).

3. Bancs épais de conglomérats, contenant des fragments de toutes les roches inférieures, et reposant tantôt sur les schistes argileux (El Pedroso), tantôt sur le granite (Malcocinado).

2. Schistes argileux, luisants, siliceux, contenant par places de la chiastolithe; épaisseur considérable. D'importantes masses granitiques ont traversé les schistes argileux.

1. Schistes micacés et talcschistes avec calcaires intercalés, blancs, rouges, bleus, parfois remplis d'actinote; il y a plus rarement des lits intercalés de grauwacke feldspathique.

M. Mac Pherson assimile 3. 4. 5 au Potsdam Sandstone, 2 aux schistes verts Huroniens, et peut-être 1 au Laurentien.

B. Types étrangers : En France, la série cambrienne a la même uniformité qu'en Espagne. Durocher indiquait déjà « 2 grandes divisions dans le terrain de transition des Pyrénées, correspondant aux 2 systèmes distingués dans le terrain de transition de l'Angleterre et de la Bretagne : le système inférieur ou cambrien, composé de schistes argileux et siliceux, qui deviennent souvent cristallins et micacés, accompagnés quelquefois de petits bancs calcaires, à cassure schisteuse et esquilleuse, mais n'en renfermant pas

(1) *J. Mac Pherson* : Sobre la existencia de la Fauna primordial en la provincia de Sevilla, Anal. de la Soc. Esp. de hist. nat. VII. 1878.

ordinairement des masses considérables Le système supérieur est composé de schistes passant à la grauwacke, de grès quarzeux, de quarzites, etc. » [1]. Il est facile de reconnaître nos *schistes de Rivadeo* dans l'étage inférieur ou Cambrien de Durocher, et nos *grès de Cabo Busto* dans son Etage supérieur. M. Seignette [2] n'a certes pas fait un progrès en établissant dans les Pyrénées son *terrain cristallophyllien*, aux dépens des terrains primitif et cambrien. M. de Lapparent [3] a rapporté au Cambrien les schistes et phyllades épais de 2000 à 3000^{mm} des vallées de la Pique et du Lys, souvent traversés et modifiés par des filons granitiques d'après Leymerie [4], ils correspondent sans doute aussi à nos *schistes de Rivadeo*.

Le massif breton souvent comparé par M. de Verneuil à la chaîne cantabrique, pour l'analogie des formations dévoniennes, avait comme l'indiquait Durocher des rapports aussi intimes avec cette région, à l'époque cambrienne. Les mêmes roches se formaient alors dans ces régions, et se superposaient dans le même ordre. Le *grès armoricain à Scolithes*, blanc en haut, rouge et poudingiforme en bas, recouvre en Bretagne, les schistes décrits par Dufrénoy sous le nom de Cambriens; ces schistes souvent étudiés depuis sous les noms de *phyllades de St-Lô, schistes et phyllades de Rennes, de Douarnenez*, par MM. Dalimier. Lebesconte et de Tromelin, Delage, sont identiques par leurs caractères lithologiques, leur gisement, et leur grande épaisseur, à nos *schistes de Rivadeo*. C'est donc à la partie supérieure de ces *schistes de St-Lô, schistes verts en dalles* de M. Lebesconte, que nous espérons trouver en France comme en Asturies, les fossiles primordiaux; Les bancs calcaires sous-jacents, si constants dans les Asturies, ne sont pas aussi réguliers en France, où ils ne forment à ce même niveau que des lentilles isolées (calcaire de Neuvillette, dolomie d'Assé).

La composition des *phyllades de St-Lô* est constante dans toute la Bretagne, et une même mer s'étendait sans interruption à l'époque cambrienne, de la Manche, au Sud de l'Espagne.

Il est également facile d'assimiler en masse à cette série, les couches cambriennes du N.-E. de la France (Ardennes), décrites et rapportées par Dumont à son système Ardennais; mais il devient si difficile de poursuivre cette comparaison dans les détails, qu'il y a lieu de croire qu'elles se sont formées dans un bassin différent. Tous les points de repère

(1) *Durocher* : Annales des mines, 4ᵉ sér. T. VI. 1844. p. 35.
(2) *Seignette* : Etude géol. de la Hte-Ariège, Montpellier 1880. p. 184-169.
(3) *De Lapparent* : Traité de géologie, 1882. p. 672.
(4) *Leymerie* : Descript. des Pyr. de la Hte Garonne, 1881. p. 180.

d'une comparaison détaillée rigoureuse font défaut, les *grès à Scolithes*, les *calcaires cambriens* manquent dans les Ardennes, et nous n'avons pas de faunes communes. Nous considérons les *schistes de Rivadeo* comme correspondant à l'ensemble des systèmes Revinien et Devillien des Ardennes, dont ils se rapprochent par leur caractères lithologiques et leur grande épaisseur. Nous n'avons pas de preuves bien solides pour comparer les *schistes et calcaires de la Vega* au *Salmien*; on ne pourrait en tous cas les assimiler qu'aux *quarzophyllades de la Lienne*, l'Assise supérieure du Salmien (*schistes oligistifères de Viel Salm*) ayant un représentant lithologique bien plus proche dans les *schistes rouges lie-de-vin* de Bretagne. Ces schistes rouges sont oligistifères comme ceux de Viel Salm, et c'est à ce niveau que j'ai trouvé aussi dans le Finistère les lits de Coticule.

La difficulté que nous éprouvons à trouver dans les Ardennes des termes de comparaison précis, correspondant à nos divisions de la série cambrienne d'Espagne, reste la même dans tout le nord de l'Europe.

On ne peut faire ici que des comparaisons d'un ordre très général. En Angleterre, nous voyons l'équivalent de nos *schistes de Rivadeo*, dans le *Lower Cambrian* de Phillips 1855, de Sedgwick, de Lyell 1871, de Hicks 1872, dans le *Cambrian* de Jukes 1863, de Murchison 1868, comprenant les groupes de *Harlech*, de *Llanberis*, de *Longmynd*, et le *Menevian*. Les *schistes et calcaires de la Vega* équivaudraient à l'*Upper Cambrian* de Sedgwick, Lyell, Hicks, comprenant les *Lingula flags* et les *Tremadoc slates*; c'est-à-dire au *Primordial Silurian* de Murchison.

En Scandinavie, nous comparons les *grès à Eophyton et à fucoïdes* aux *schistes de Rivadeo*, voyant dans la *Regio Conocorypharum* le représentant des *schistes et calcaires de la Vega*, La *Regio Olenorum* ferait défaut en Espagne comme en Bohême d'après Linnarsson, Kayser, Marr, et son absence serait un des caractères distinctifs les plus nets de la bande silurienne méridionale de l'Europe.

En Bohême, c'est dans l'*Etage C* qu'il faut voir d'après M. Barrande l'équivalent des *calcaires de la Vega*; c'est donc naturellement à sa grauwacke de Przibram (Etage B) qu'il faut comparer les *schistes de Rivadeo*.

Chapitre III.

TERRAIN SILURIEN.

§ I.

Introduction historique.

C'est aux travaux de Casiano de Prado et de Verneuil[1] que nous devons nos connaissances les plus importantes sur le terrain silurien de l'Espagne. Ces savants reconnurent le rôle capital que joue ce Système dans la Péninsule, dont il forme, associé au Cambrien, environ la cinquième partie ; il s'étend en effet de la ville d'Alcaraz à l'Est, jusqu'au Cap Saint-Vincent à O.-S.-O., et du Portugal à l'Ouest, jusque dans l'Estramadure, les montagnes de Tolède, les Sierras de Guadalupe, de Gate, de Francia, les provinces de Salamanque, de Léon, des Asturies et de Galice, au Nord.

MM. de Verneuil et Collomb[2] firent encore remarquer que presque tous les dépôts Siluriens de l'Espagne correspondaient à la *faune seconde* de M. Barrande. La *faune 3e Silurienne* de ce savant n'était représentée en Espagne comme en France que par des lambeaux isolés de schistes ampéliteux à *graptolites* et de schistes à nodules avec *Cardiola interrupta*, comme par exemple au N. d'Almaden, au N. E. de Cordoue (Sierra Morena), à Ogasa près San-Juan de Las Abadesas, et de Gerona à Barcelone en Catalogne. L'étage inférieur du Silurien (Cambrien des Anglais, faune primordiale de M. Barrande) n'avait pas encore été reconnu en 1852 en Espagne ; ce ne fut qu'en 1860 que les nouvelles découvertes de MM. Casiano de Prado, de Verneuil, Barrande[3] firent connaître son existence dans les monts Cantabriques, Ciudad-Real, Daroca et Calatayud : nous en avons reporté plus haut l'étude.

Si l'on cherche à se rendre compte du rôle que jouent sous le rapport de l'étendue, les terrains Cambrien et Silurien, on reconnaît qu'ils sont fort inégaux, et que le premier est incontestablement plus développé que le second, quoique celui-ci joue le rôle orographique le plus saillant. L'épaisseur et l'extension superficielle des schistes et phyllades cambriens sont considérables, mais les grès de la base du Silurien forment des crêtes saillantes, des arêtes nues et désolées, qui ont attiré l'attention des premiers

(1) *C. de Prado et de Verneuil* : Géol. d'Almaden, B. S. G. F. 1855, p. 967.
(2) *De Verneuil et Collomb* ; B. S. G. F. 1852. p. 129.
(3) *Casiano de Prado, de Verneuil, Barrande* : B. S. G. F. 1860. T. XVII. p. 516.

observateurs. On se rapprocherait plus de la vérité, à mon sens, en intervertissant les chiffres attribués aux terrains cambriens et siluriens, dans la supputation qui a été faite de leur étendue en Espagne, dans le Boletin de la Comision del Mapa geologico, (1) où on estime à 92635 kil. carrés, l'étendue du terrain silurien, et à 12751 kil. carrés, l'étendue du terrain cambrien.

La chaine cantabrique était riche en dépôts siluriens pour de Verneuil (2), ils y formaient une région dépourvue de fossiles déterminables, et limitée à l'Est par le terrain dévonien, à l'Ouest par les schistes cristallins de la Galice. Ce n'est pas pourtant à de Verneuil que nous devons le plus de renseignements sur le Terrain Silurien des Asturies, mais bien à M G. Schulz, qui résuma dans sa carte et sa *Descripcion geologica de Asturias* (*1858*) le résultat de plus de 15 années de patientes et savantes recherches.

M. G. Schulz chercha d'abord la répartition topographique du terrain Silurien, et sa carte géologique en montre nettement la disposition. Une couleur unique y est attribuée à ce terrain, mais des signes différents distinguent les schistes, les calcaires et les quarzites. Les quarzites ainsi distingués appartiennent exclusivement au T. Silurien (nos *grès de Cabo-Busto*), les calcaires au T. Cambrien (nos *Calcaires de la Vega*), les schistes en partie au T. Cambrien et en partie au T. Silurien. La disposition des crêtes de quarzites est bien représentée sur la carte de Schulz, qui montre assez bien par conséquent au point de vue général les relations des terrains Silurien et Cambrien de la région. L'inclinaison dominante de toutes ces couches est O. et N. O.—Les schistes maclifères sont très développés à l'Ouest des Asturies, notamment au voisinage du granite. Le Terrain Silurien est traversé en outre par diverses roches éruptives, leur apparition n'est pas toutefois en relation avec la formation de ces montagnes. Le parallélisme des diverses rivières Asturiennes, les caractères de leurs vallées étroites, abruptes, irrégulières, prouvent que leur cours a été tracé par des failles. M. G. Schulz donne enfin d'intéressants détails sur l'orographie, la culture, et la richesse minérale de la région silurienne des Asturies (fer, or, cuivre, antimoine).

M. Paillette (3) rattache en 1845 au T. Silurien « le quarzite stratifié, passant au véritable grès blanc très quarzeux, où on remarque quelquefois des parties tubulaires pareilles à celles de Mortain et du centre de la Bretagne.... Il n'y a pas jusqu'à la végétation

(1) Boletin. com. map. geol. de Esp. T. V. 148.
(2) Recherches sur quelques unes des roches qui constituent la province des Asturies (Espagne) B. S. G. F., 2. S., T. 2. 1845. p. 441.
(3) Lettre à M. de Verneuil., B. S. G. F., novembre 1857., 2e sér. T. XV. p. 92.

spontanée qui ne soit exactement la même. » Cette identité des *grès à Scolithes* (Silurien inférieur) des Asturies et de Bretagne, qui avait déjà frappé Paillette, paraitra certes aussi remarquable à tous ceux qui verront les deux régions.

Les premiers fossiles caractéristiques du terrain Silurien proprement dit (*faune seconde*), furent découverts dans les Asturies en 1857, par M. Casiano de Prado, d'après les indications de M. Anciola.—M. C. de Prado trouva à Luarca au milieu de schistes bleus comme ceux d'Angers : *Calymene Tristani*, *Asaphus glabratus*, *Dalmanites Phillipsi*, *Bellerophon bilobatus*, *Redonia Deshayesiana*, *R. Duvaliana*, *Arca Naranjoana*, *Echinosphaerites Murchisoni ?*

Le terrain Silurien des Monts Cantabriques présente d'après mes notes, trois divisions principales constantes, qui sont de haut en bas :

1. Schistes et grès de Corral	Faune 3e Silurienne.
2. Schistes de Luarca	Faune 2e Silurienne.
3. Grès de Cabo Busto	

J'étudierai ici ces formations par une série de coupes, qui donneront en même temps des preuves de leur superposition. La base de ce système est formée d'après nous, par des *grès et quarzites versicolores*, violacés, verts ou rouges, passant à leur partie supérieure aux grès blancs (N° 3), bien connus en Espagne sous le nom de *grès à Scolithes* ou à *Bilobites*.

M. Schulz [1] avait reconnu l'importance de ces *grès de Cabo Busto* dans les Monts Cantabriques de la Galice et des Asturies : il avait vu que ces grès et quarzites blanchâtres forment à eux seuls la cordillère comprise entre la Navia R. et le Canero R.; chaine qui traverse les Asturies de Cabo Busto au N., à Valdebueyes au S.— Il indique également d'autres chaines plus petites de quarzites siluriens, parallèles à la précédente, comme à l'Est de Boal, à O. de Cudillero, et d'autres encore, qui se trouvent indiquées sur sa carte ; mais il parait avoir toujours considéré ces couches arénacées comme alternant et même passant aux schistes (p. 13-14). Il n'a jamais fait ressortir l'indépendance de ce niveau géologique si constant en Espagne.

On peut également distinguer deux niveaux dans les *schistes de Luarca* ; nous décrirons plus loin le niveau supérieur sous le nom de *schistes de El Horno*.

(1) *G. Schulz* : Descrip. geol. de Asturias. 1858. p. 11 à 13.

§ 2.

COUPES DÉTAILLÉES.

1. Silurien de la Galice : La partie orientale de la Galice est essentiellement formée nous l'avons vu par le terrain Cambrien. La coupe transversale que nous en avons donnée de Lugo à la frontière, aux Piedras-apañadas (p. 415, pl. XIX. fig. 4) montre que le *grès à Scolithes* forme dans cette région deux grands plis synclinaux dirigés N. à S., renversés, à incl. constante O., et compris au milieu des *schistes cambriens* plissés et renversés comme eux. Les fossiles cités à Cadebo, où les Bilobites sont si abondants, la succession des roches indiquée à Fontanéira et près l'hospital de la Guiña, la coupe IV. (pl. XIX) montrent que le *grès de Cabò Busto* est supérieur aux *schistes cambriens* dans la Galice, et qu'il y occupe une position constante un peu au dessus des calcaires et minerais de fer du Cambrien supérieur.

M. Schulz [2] avait déjà rapporté en 1835 aux terrains de transition les quarzites qui forment les crêtes de ces provinces ; ils forment avec des schistes et des grauwackes de petits bassins (N. du Miño, Sierra de Invernadero, Santa Marta de la Barquera) nettement superposés au terrain primitif. Il indique également des fossiles dans les schistes siluriens (Trilobites, Orthoceratites, Polypiers) aux environs de Nuestra Señora de la Puente, (plantes et bivalves mal conservés) au S. de Sante. D'après M. Schulz ces terrains de transition formeraient le 1/4 de la Galice.

2. Silurien de la partie occidentale des Asturies : Le tiers occidental de la province des Asturies est essentiellement formé par les couches cambriennes précédemment décrites ; elles sont plissées en synclinaux et en anticlinaux parallèles, les synclinaux contiennent des grès et des schistes siluriens. Les bandes de quarzite figurées sur la carte de M. Schulz, de la frontière au Rio Narcea, sont des synclinaux de ce genre, remplis de *grès à Scolithes*, disposés pour la plupart en V renversés, et à pointe tournée à l'Ouest. J'ai déjà cité un certain nombre d'affleurements du *grès à Scolithes* de cette partie des Asturies en décrivant les coupes du terrain Cambrien (Pl. XVIII): Je rappellerai ici les curieux poudingues rougeâtres qui reposent en stratification concordante dans les falaises de la Punta de Rubia sur les schistes Cambriens, que j'ai décrit (p. 416), et rapporté à la partie

(2) *G. Schulz* : Descripcion geognost. del Reino de Galicia, Madrid. 1835. p. 20-25.

inférieure de l'étage des *grès à Scolithes*. Plus à l'Est, on relève dans les falaises un autre affleurement du *grès de Cabo-Busto* à l'Atalaya de Porcia; je n'y ai pas retrouvé le poudingue précédent, la roche dominante est un grès blanchâtre, formant jusqu'à Cabo Blanco un petit synclinal, incl. O., au centre duquel les schistes sont assez abondants.

La baie de las Tornas, de Castelo à Gaviero, est ouverte dans un nouveau pli synclinal de *grès de Cabo Busto*, à inclinaison N. O. constante. A Castelo et Patarroja quarzites et schistes verts; les quarzites verdâtres compactes ou psammitiques prédominent de plus en plus vers Torbas, où ils alternent avec des quarzites violacés. Ces roches arénacées existent seules dans les falaises de las Torbas, où elles présentent de fausses stratifications. A los Acebos des grès et quarzites sombres alternent avec des schistes. Je considère les grès sombres verts et violacés comme caractérisant dans cette région la base du *grès de Cabo-Busto*, les poudingues n'y formeraient que des bancs exceptionnels, locaux, plus rares en Espagne qu'en France.

Les belles falaises de el Cuerno et d'Arniella montrent encore un important affleurement du *grès de Cabo Busto*. Nous l'avons décrit déjà (p. 422); les couches y sont plissées, mais à incl. dominante N. O, elles forment d'après notre coupe (pl. XVIII. fig. 2), l'aile occidentale d'un grand synclinal dont l'aile orientale se relèverait dans les falaises de Cabo Busto, après être passé sous le bassin Silurien de Luarca. Ces deux masses de *grès à scolithes*, ainsi exposées à la côte dans les falaises, se suivent au loin à l'intérieur des terres, où elles forment des crêtes nues et stériles dont l'aspect et les caractères orographiques ont été parfaitement décrits par M. Schulz (1) : la première se prolonge de El Cuerno jusque vers Boal, formant la Sierra de Barayo et une partie de la Sierra de Panondres : le grès blanc de la Sierra de Barayo incl. N., puis N. O. en approchant de Sabugo; il repose vers Villapedre et Villainclan sur les schistes et quarzites verts du Cambrien, et incl. N. O. dans cette dernière localité où ils alternent avec des schistes noirs satinés contenant le lit ferrugineux connu du sommet du Cambrien. On voit ensuite successivement vers le Rio Barayo :

Grès blanc grisâtre	20m
Schistes grossiers, passant au grès blanc, gris, rouge, violet.	
Schistes noirs lustrés avec bancs gris verts grossiers	50m
Grès blanc (en montant la Sierra Barayo).	

On trouve donc ici entre les *grès blancs à Scolithes* et le terrain cambrien, des

(1) *G. Schulz* : Descripc. de Asturias. 1858. p. 14.

schistes et quarzites verts et rouges. Au dessus du grès blanc de la Sierra Barayo, on voit à l'entrée de Sabugo, un minerai de fer exploité, contenant des galets du *grès à Scolithes*. Ce minerai forme un banc régulier dans des schistes avec quarzites, supérieurs aux grès blancs, surmontés à leur tour par la grande épaisseur des *schistes noirs de Luarca*. C'est la première fois que nous signalons cette couche de minerai, elle est cependant très constante à ce niveau, et nous la retrouverons assez souvent : elle est toujours plus pauvre en fer que celle que nous avons signalé au haut du terrain cambrien. Elle présente toutefois un intérêt tout spécial quand on se rappelle qu'on retrouve ce minerai au même niveau dans l'Ouest de la France, où Dalimier a su si habilement profiter de son existence comme point de repère stratigraphique : il est remarquable de suivre cette couche sur une si grande étendue.

Retournons de la Sierra de Barayo à la côte, et continuons la coupe des falaises (pl. XVIII), laissée à Arniella à la partie supérieure, remplie ici de Scolithes et de Bilobites, des *grès de Cabo Busto*. Ces grès grisâtres micacés psammitiques au sommet, sont recouverts directement par des schistes ardoisiers d'un noir sombre, très bien exposés ici (*schistes de Luarca*), incl. N. 40° O. = 75° comme la masse des *grès à Scolithes* de El Cuerno, sous lesquels ils paraissent passer par suite d'un renversement en masse de ces couches. Leur inclinaison est successivement N. 60° O. = 50°, N 50° O, N. 65° O. = 80°, et ne varie par suite que dans d'étroites limites ; ils sont finement plissés, gaufrés, verticaux en approchant de la baie de Touran. Ces schistes sont suivis dans la baie par un banc de quarzite blanc de 15m, puis il y a de nouveau des schistes noirs avec lits de quarzite devenant de plus en plus rares au fond de la baie, où les schistes sont verticaux et plissés. A San Martin mêmes schistes noirs N. O., ainsi qu'à Santiago ; sur la route de Santiago à Luarca, il y a de nombreuses exploitations de ces ardoises noir-bleuâtre qui rappellent entièrement celles des environs d'Angers : Les couches sont verticales et inclinent toujours au N. O.

La ressemblance indiquée des *schistes de Luarca* avec les *schistes d'Angers* n'est pas une simple analogie lithologique : leur faune est identiquement la même. Ce fut Casiano de Prado [1] qui découvrit les premiers fossiles dans ces *schistes ardoisiers de Luarca*, il y cite : *Calymene Tristani*, *Asaphus glabratus*, *Dalmanites Phillipsi*, *Bellerophon bilobatus*, *Redonia Deshayesiana*, *R. Duvaliana*, *Arca Naranjoana*, *Echinosphaerites Mur-*

---

(1) *Casiano de Prado* : Lettre à M. de Verneuil, in Bull. Soc. géol. de France, 2e sér. T. XV. 1857. p. 92.

chisoni? Il n'est pas difficile de ramasser la plupart de ces espèces dans les falaises voisines de Luarca.

A l'Est de Luarca, la falaise de la Blanca sur laquelle s'élève le phare est encore formée par les mêmes schistes noirs, au delà on rencontre le même banc de quarzite blanc épais de 15ᵐ signalé dans la baie de Touran, puis de nouveaux schistes noirs, incl. N. 50° O., très pyriteux, avec filons de quarz blanc. A l'Est, mêmes schistes noirs plissés, incl. S. 50° E. avec *Calymene Tristani ;* dans un ravin j'ai reconnu le lit de minerai de fer, caractéristique de la partie inférieure de cet étage : l'énorme épaisseur des *schistes d'Angers* dans cette baie de Luarca ne peut s'expliquer que par une répétition des mêmes couches, amenée par des plis et failles qu'il serait long de relever en détail. Ce lit de minerai de fer ne repose pas ici sur le *grès de Cabo Busto,* il est suivi par des schistes noirs avec lits de quarzite gris bleu, très plissés, N. 50° O. évidemment relevés ici par une faille ; au delà schistes avec veines anthraciteuses noir-foncé de 0,05 à 0,10 où j'ai cherché sans succès des *graptolithes,* mais qui appartiennent sans doute à la *faune troisième silurienne.* Ils reposent sur 100ᵐ environ de schistes noirs (*zône de Luarca*) formant un petit cap, et sous lesquels on voit ensuite vers Portizuelo :

Schistes bruns ferrugineux.	
Schistes noirs	10ᵐ
Schistes noirs avec minces bancs nodulaires quarzeux.	10ᵐ
Schistes micacés, très grossiers, bréchoïdes	8ᵐ
Quarzite blanc bleuâtre.	15ᵐ

Ce quarzite appartient à l'étage des *grès de Cabo Busto ;* il apparait près du ruisseau de Portizuelo, où il passe sous les *schistes de Luarca,* il est gris-bleuâtre N. 50° O., en bancs de 10 à 20ᵐ alternant avec des bancs moins épais et très variables de schistes et psammites gris ou noirâtres. A Yada, incl. N. 50°O. = 70° schistes et grès avec *Scolithes,* ces couches sont le prolongement de celles qui passent sous le phare de Cabo Busto ; dans toute la Ria de Canero, depuis Caroges à Cabo Busto le *grès à Scolithes* est très bien développé, c'est un grès blanc grisâtre, bleu-verdâtre, avec *Scolithes* et *Bilobites,* alternant avec nombreux bancs psammitiques schisteux, incl. N. 25° O. = 80°. A Cabo Busto incl. N. 50° O. = 80° le grès contient des *Scolithes* et des blocs remplis des débris décrits plus haut sous le nom de *Scolithomères.* A l'Est du Cap, on rencontre successivement :

Schistes noirs	20ᵐ

Quarzites bleus à veines de quarz minces, et rares lits de schistes gris.

Schistes noirs alternant avec lits plus épais de quarzite gris-bleu . 40m

Schistes noirs et quarzites gris verts dominants, en gros bancs, formant un synclinal qui passe à l'Islote Serron.

Schistes noirs minces.

Quarzites verts 20m

Schistes noirs pyriteux, quelques uns gaufrés, alternant avec quarzites bleuâtres 80m

Schistes noirs, avec quarzites bleuâtres, en lits épais en bas, minces en haut.

Ces schistes incl. N. 50° O. = 70° et passent sous les *grès blancs de Cabo Busto*; ils ressemblent beaucoup lithologiquement aux *schistes noirs de Luarca*, mais s'en distinguent par leurs alternances répétées avec de minces lits de quarzite bleuâtre, on rencontre rarement une couche schisteuse de 1m, qui ne présente de ces lits de quarzite. Ces quarzites contiennent des formes analogues aux *Scolithes*, de 1 cent. de diamètre, dichotomes et couchées dans le sens de la stratification (*Rusophycus?, Vexillum*). On suit les schistes avec quarzites jusque dans la falaise élevée à l'Est de l'Ile Serron, je les crois subordonnés à l'étage des *grès à Scolithes;* ils reposent au delà de Serron sur des grès vert-rouge, versicolores, alternant avec des quarzites de couleur foncée (100 à 150m) si répandus dans cette région à la partie inférieure du silurien. Au delà vers Corbéiras, alternances de schistes verdâtres et de grès vert rouge, puis grès blanc avec peu de schistes (100m) contenant à Corbéiras un banc rempli de *Scolithomères*, incl. N. 40° O. = 80°, puis schistes verts avec nombreux bancs de grès, puis grès blanc-grisâtre sans schistes incl. N. 50° O. = 80°, puis à la Punta Mosquéira, schistes et quarzites verts à *Scolithomères* formant une lande à grès blanchis par décomposition. L'épaisseur totale de ces grès verdâtres me semble environ de 400 à 500m. Les grès à *Scolithomères* affleurent près de là à l'intérieur des terres à Quiruas; près l'église de Canero, grès verts et rosés, rubanés, de la base du silurien.

Dans la baie voisine de la Estaca, schistes avec quarzites gris-blanchâtre, zônés, avec *Scolithes, Bilobites, Scolithomères* incl. N. 40° O. = 90°. L'épaisseur extraordinaire de cette série en cette partie des falaises, me fait penser qu'il y a ici en outre du grand pli indiqué sur la coupe, de petites failles parallèles aux couches, qui ramènent les mêmes bancs, et qui échappent à l'observation par suite de la verticalité des couches, et de l'impossibilité de les suivre à la plage. Au delà de la Estaca, vers Cruces de San Cristobal, grès et schistes 300^m, rubanés de blanc et de gris sur 150^m à las Cruces de San Cristobal, incl. N. 60° O.=90°; on reste sur des quarzites avec schistes alternants jusqu'à Punta del Picon, incl. N. 60° O. = 75°, épais de plus de 200^m, les grès dominent à la partie supérieure, ils sont blanchâtres, rubanés, et me paraissent appartenir encore pour ce motif à la série des *grès de Cabo Busto*. Ils butent par faille au delà de la Punta del Picon contre les schistes et quarzites Cambriens, où on quitte définitivement cette bande de *grès à Scolithes*.

Si laissant ici les falaises, on se dirige au Sud, on peut suivre cette crête de *grès de Cabo Busto* jusqu'au Sud des Asturies (Valdebueyes), dans le Léon : elle forme une des régions les plus désertes et des plus sauvages des Asturies, où s'aventurent rarement eux-mêmes les troupeaux. Nous avons donné une coupe transversale de cette crête de *grès à Scolithes* dans notre coupe (p. 426) de Salime à la Pola, en passant par la Collada del Palo (860^m) sur le *grès à Scolithes*. Ses caractères et sa position stratigraphique sont les mêmes que dans les falaises du Nord des Asturies; il en est de même nous l'avons montré dans la Sierra del Acebo au S. O. des Asturies, et nous ne croyons pas nécessaire d'insister davantage sur ce niveau si régulier.

La coupe (pl. XVIII, f. 2) montre que ce n'est que vers Cabo Vidio que l'on rencontre dans les falaises un nouveau massif de *grès à Scolithes*. Il est ici si intimement lié au terrain cambrien par une série de plis parallèles, que j'ai préféré n'en pas séparer les descriptions, que l'on trouvera dans le chapitre du t. cambrien (p. 423). La base de ces grès siluriens m'a fourni en divers points voisins de Cabo Vidio la *Lingulella Heberti*, qui y est abondante. Les grès zônés, versicolores, dominent dans cette partie, incl. O. ; on les retrouve dans le petit synclinal de la baie d'Oleiro, et dans celui de la Concha de Artedo, ainsi qu'à Corbera où des quarzites roses passent à l'arkose. On peut rattacher à ces *grès à Scolithes* des falaises de Cudillero à Cabo Vidio, les affleurements que nous avons signalés à Salas et au sud de Tineo sur le Rio Narcea. Les descriptions données à notre chapitre du Cambrien indiquent leur superposition sur ce terrain, et la carte de M. G. Schulz indique l'allure générale de ces bandes de grès.

3. Disposition du terrain silurien dans la partie centrale des Asturies : On peut distinguer sous le nom de *partie centrale* des Asturies, la région qui s'étend du Nord au Sud, du Cap de Peñas à la province de Léon, et de l'O. à l'E. de Salas à Oviedo : cette contrée correspond à la bande dévonienne de la carte de M. G. Schulz. Elle est en effet essentiellement formée par ce terrain; mais de même que le terrain houiller forme d'après Schulz de petits bassins isolés (*Outliers*) dans cette région dévonienne, ainsi le terrain silurien y forme de petits ilots (*Inliers*), amenés au jour par suite des plissements du sol, et qui paraissent avoir échappé à M. G. Schulz.

C'est surtout dans les falaises, qu'il est facile de se persuader des caractères siluriens de certaines couches comprises dans le massif dévonien de Schulz. Je vais les décrire successivement, de O. à E. en suivant les coupes figurées ici (pl. XVIII, f. 2,3.)

Le Rio Pravia coule près de son embouchure dans une faille : Sa rive gauche est formée par des schistes et quarzites cambriens décrits plus haut, sa rive droite est formée par des couches plus récentes, bien exposées dans le Pico-Cornal. Les roches de Pico-Cornal sont des quarzites vert-clair alternant avec schistes verts siliceux à gros grain de quarz macroscopiques : leur inclinaison est d'abord N. E., elles sont traversées de nombreux filons de quarz. L'inclinaison devient graduellement N. à mesure qu'on avance vers l'Est, des bancs d'arkoses pisaire rappelant ceux de la Punta Rubia, à la base du *grès à scolithes*, alternent avec les schistes et quarzites verts ; les couches inclinent de plus en plus vers l'Ouest, et atteignent au milieu de Pico-Cornal N. 60° O, où elles forment ainsi un pli synclinal. On repasse donc au delà sur les couches déjà observées ; et qui sont de plus en plus anciennes vers l'Arenal de Bayas : j'évalue l'épaisseur totale de ces schistes et quarzites avec bancs d'arkose à environ 400 mètres. Ils m'ont semblé dépourvus de fossiles, à moins que l'on ne considère comme tels des trainées obscures assez fréquentes à la limite des bancs de grès et de schistes, et identiques aux *Arenicolites* de certains auteurs. A l'extrémité du Pico Cornal, les couches inclinent O., ce sont toujours les mêmes schistes et quarzites verts, mais contenant ici sur une épaisseur de 40^{m} des nodules calcaires, qui marquent par suite la base de la série. Les falaises s'abaissent et disparaissent dans l'Arenal de Bayas, et on ne peut observer dans cette baie le contact immédiat de ces schistes à nodules calcaires sur les couches inférieures.

Les formations anciennes visibles dans l'Arenal de Bayas sont des lambeaux de schistes noirs et verdâtres, isolés d'abord, mais prenant un beau développement vers Bayas. Ces schistes noirâtres paraissent avoir plus de 100 mètres d'épaisseur, ils inclinent O. et passent ainsi sous les schistes et quarzites de Pico-Corral; ils contiennent de mauvais fossiles siluriens (*faune seconde*). Au Nord de l'Arenal de Bayas, on arrive vers la base de cette série; on y remarque un banc de schiste très ferrugineux, épais de 3^{m}, sous lequel apparaissent à quelques mètres de distance, des bancs épais de grès blanc incl. O. identiques à ceux de

Cabo-Busto. La falaise s'élève aussitôt et le Cap Vidrias est une belle et imposante masse de grès dont le pied est toujours battu par les grandes vagues de l'Océan. Ces grès blanchâtres avec *Scolithes*, épais de plus de 200 mètres, forment ici un pli anticlinal; inclinés O. à l'ouest du Cap, ils inclinent S. 50° E. = 52° à l'Est; vers leur partie supérieure, on remarque 30ᵐ de schistes micacés gris grossiers alternant avec psammites gris-brun, surmontés par environ 60ᵐ de *grès blanchâtre à Scolithes*, au bord de la baie del Horno. Ces grès s'enfoncent sous la baie del Horno, où on passe sur des couches supérieures, formant des falaises basses, coupées de ravins humides et marécageux : il est facile de reconnaître dans ces couches de la baie del Horno les schistes noirâtres observés dans l'Arenal de Bayas de l'autre côté de l'anticlinal du Cap Vidrias. Ces schistes sont ici très noirs, incl. S. 50° E., et contiennent des lits de nodules pyriteux ainsi que des fossiles en assez grand nombre :

Illænus hispanicus.
Calymene Tristani.
Chætetes Sp.

La présence de ces fossiles vient à l'appui des caractères lithologiques de ces schistes noirs pour nous permettre de les assimiler aux *schistes noirs de Luarca*, aux ardoises *d'Angers*. Leur superposition aux grès du Cap Vidrias prouve aussi que ces grès avec Scolithes, identiques par leur composition aux *grès de Cabo Busto*, occupent réellement la même position stratigraphique et n'ont été rapportés au terrain dévonien que par erreur. C'est dans les schistes noirs de Bayas, et au S. O. du village que l'on trouve la roche cristalline, décrite au chapitre des mimophyres. Avant de poursuivre la coupe, j'appellerai encore l'attention sur le lit ferrugineux, qu'on observe dans la baie de Bayas à la base des *schistes de Luarca*, car cette couche acquiert de l'intérêt par sa constance et sa vaste extension, on la retrouve au même niveau jusqu'au centre de la Bretagne (Mortain, etc.).

Les *schistes de Luarca* de la baie del Horno, ont plus de 100ᵐ d'épaisseur, ils sont recouverts en stratification concordante par des schistes noirs analogues, calcarifères, alternant avec schistes et quarzites verts, et contenant de minces lits ou nodules alignés de calcaire. Ces schistes à nodules calcaires m'ont fourni :

Obolus Bowlesii?
Illænus hispanicus,
Calymene Tristani?
Lituites sp.
Endoceras duplex,
Disteichia reticulata,
Chætetes sp.
Bellerophon bilobatus,
Tiges d'encrines.

Les schistes verts et quarzites prédominent de plus en plus à mesure qu'on s'élève au dessus de cette couche à *Orthoceras duplex*, ils alternent avec des bancs grossiers, gris, noirs, verts et d'autres passant à l'arkose : leur épaisseur est d'environ 200m, incl. S. 60° E. = 75°. Ces *schistes et quarzites verts* forment Corral, ils sont identiques à ceux de Pico Cornal et occupent la même position : ils sont limités à l'Est par une faille, qui les fait buter en discordance contre les *grès dévoniens de Furada*, incl. O.

La Cap Vidrias est donc le centre d'une voute silurienne : on y observe de haut en bas la série suivante :

Schistes et quarzites de Corral	200m
Schistes calcarifères de El Horno à *Endoceras duplex*.	
Schistes ardoisiers de Luarca *Cal. Tristani*	100m
Lit (mince) de minerai de fer.	
Grès de Cabo Busto à *Scolithes*	300m

Cette coupe a le double intérêt de montrer clairement la succession des couches siluriennes, et aussi la position dans les Asturies de la couche silurienne à *Endoceras*. On sait que de Verneuil (1) a déjà cité des représentants de cette famille dans le terrain silurien de la Sierra Morena, mais sa position stratigraphique n'avait pu être fixée dans cette partie de l'Espagne. La concordance si complète de la série silurienne de l'Espagne avec celle de la Bretagne, désigne naturellement le sommet des *schistes d'Angers* comme la partie où on devra chercher le gisement des *Endoceras cenomaneuse, Dalimieri*, dont la position dans ce pays est encore peu connue.

De Cabo Vidrias à Cabo de Peñas, s'étend une vaste région dévonienne étudiée déjà par M. G. Schulz, et que nous décrirons plus loin en détail. Notre coupe (pl. XVIII. f. 2) montre que ces couches dévoniennes ont été affectées de divers plissements et cassures à peu près parallèles : le plus grand de ces plissements est l'anticlinal de Cabo Peñas qui ramène au jour toute la série silurienne en plein milieu du massif dévonien des Asturies.

A l'Est de Furada, en suivant les falaises, on reste sur le terrain dévonien jusqu'à Arcas ; la falaise en ce point est formée par des calcaires plissés, (pl. XX, f. 8), incl. N. 20° O. à S. 20° E. de la *zône de Nieva*, reposant en stratification concordante au delà d'Arcas et avant Vocal, sans interposition des grès dévoniens de la *zône de Furada*, sur des quarzites verts avec

(1) De Verneuil : Almaden. Bull. Soc. géol. de France, 2e sér., T. XII. 1856. p. 1013-1018.

bancs de schistes et d'arkoses, que je rapporte au silurien :.il y a donc ici une faille parallèle aux couches. Les couches siluriennes de Vocal sont les plus élevées de ce massif de Peñas : ce sont des schistes et quarzites gris, noirs, blancs, rouges, à couleurs vertes dominantes, il y a des bancs d'arkose et d'autres brêchoïdes ; j'y ai trouvé quelques fossiles indéterminables : *Encrines, Favosites, Leptæna.* L'incl. S. 30° O. = 30° devient S. ; j'ai trouvé 150m pour l'épaisseur de cette série, qui correspond aux *couches de Corral.* Vers Ferrero ces couches reposent sur des grès verdâtres, avec couches de roches feldspathiques, décrites (p. 60) en traitant des mimophyres : Je n'ai pas vu ici les schistes à nodules calcaires siluriens. On arrive directement dans la baie de Ferrero sur des schistes ardoisiers noirs avec lits grossiers verdâtres, épais de 200m, incl. S. E , contenant également des couches de mimophyre, et riches en fossiles ; j'y ai trouvé les espèces suivantes :

Synocladia hypnoïdes,
Orthis Budleighensis,
» *Ribeiroi,*
» *exornata,*
Orthis Berthoisi,
Leptæna Beirensis,
Illænus hispanicus,

Ces schistes contiennent la faune des *schistes de Luarca,* ils ont les mêmes caractères lithologiques, ils reposent enfin comme eux sur les *grès à Scolithes.* En quittant en effet la baie de Ferrero pour monter au Cap de Peñas, on passe immédiatement sous les *schistes noirs,* sur des grès blanchâtres avec *scolithes,* incl. S. 50° E. = 35° qui forment à eux seuls le Cabo Peñas, où ils ont même un très beau développement. Le Cap de Peñas est formé en entier par les *grès à Scolithes,* depuis la baie de Ferrero, la Meseta del Cabo, jusqu'au delà du phare où ils incl. E. = 45° ; leur épaisseur est d'environ 250m. On reconnait du haut de la falaise des alternances de grès et de schistes ; il y a entre autres une bande de schistes micacés épaisse de 20m vers la partie supérieure de la masse du grès. Au delà du Cap (pl. XVIII. f. 3), à Gabieras, les *schistes de Luarca* reposent sur ces *grès à scolithes* en stratification concordante ; ce sont des schistes noirs, pauvres en fossiles, presque verticaux, et dont la position verticale rend par suite difficile la recherche des fossiles. Leur épaisseur atteignant près de 300m est sans doute dûe à une répétition par faille ou plissement ; on observe encore ici dans ces schistes à environ 10m au dessus des *grès à Scolithes,* le banc ferrugineux de 5 mètres, déjà indiqué dans cette position à Bayas. A partir de l'Islote Castro, ces schistes noirs sont recouverts régulièrement par des quarzites durs, verts, roses, gris, généralement grossiers et passant à l'arkose, incl. S. 20° E., puis S.

50° O. = 70°; ils sont épais et se prolongent jusqu'au fond de la baie de Llumeres : je les rattache encore aux *schistes et quarzites de El Corral*.

Au fond de la baie de Llumeres 20m de calcaire compacte gris-rose avec *Encrines*, *Polypiers*, *Orthis*, *Spirifers* indéterminables, incl. S. 40° E.; ils sont immédiatement suivis par des schistes noirs, incl. N. 60° O. au petit Cap N. de l'Ens. de Llumeres, alternant par places avec de petits bancs de 0,02 à 0,03 de quarzites noirâtres, plissés. Ces schistes butent par faille contre les *grès dévoniens de Furada*, incl. S. E., qui forment tout le Cap de Narvata. Je n'ai pu déterminer bien positivement les couches de Llumeres très bouleversées; ce faisceau me parait pincé entre deux failles, les schistes rappellent ceux de la *zône de Luarca*, et l'hypothèse la plus simple serait de considérer les calcaires comme appartenant à la zône silurienne de El Horno. Ils ne leur ressemblent pas toutefois, et la présence douteuse d'un mauvais *Sp. hystericus?* peut les faire considérer comme dévoniens.

Le terrain dévonien forme les falaises de Narvata au Cabo de Torres, cap qui montre les derniers affleurements de cet âge, vers l'Est des Asturies. Il est formé par une épaisse masse de grès et quarzites épaisse de plusieurs centaines de mètres. Sa partie supérieure ferrugineuse appartient au terrain dévonien (*grès de Furada*), comme le pensait G. Schulz, mais l'épaisseur de cette masse arénacée, et sa ressemblance au sommet de la crête au *grès de Cabo-Busto*, permettent de supposer qu'une faille ramène encore au jour en ce point *ces grès de Cabo-Busto*. De nouvelles recherches plus précises, pourront seules fixer ce point.

Ces coupes dans les falaises de la partie centrale des Asturies montrent avec évidence, que cette région n'est pas un massif dévonien homogène comme l'avait cru M. G. Schulz : le terrain dévonien y est ridé en plis synclinaux, et anticlinaux, à peu près parallèles, et le terrain silurien affleure au centre des principaux anticlinaux. Cette structure du pays si nettement dévoilée dans les sections naturelles des côtes, peut se reconnaître également à l'intérieur du pays, au cœur du massif dévonien.

J'ai cité au chapitre du Cambrien les beaux rochers de *grès de Cabo-Busto* au milieu desquels coule le Rio Nonaya à l'Ouest de Salas. Ce sont des grès blancs bien caractérisés, incl. N. = 40° à N. 40° O. = 60° alternant avec des schistes et des quarzites verts en bancs de 0,15 vers la partie supérieure ; ils butent en faille vers Salas contre les calcaires dévoniens. Si on prolonge en ligne droite les grès siluriens de Salas suivant la direction observée, on voit que cette ligne passe par une série de Sierras (Sierra de

Sandamias, de Bodenaya, de Curriscada, de Bidaredo) présentant la disposition et l'orientation des autres crêtes de *grès de Cabo-Busto* de la région silurienne ; nous avons constaté que la Sierra de Bíduredo près Posada était en effet formée par les *grès de Cabo Busto*.

M. G. Schulz a lui-même indiqué au milieu de son massif dévonien une série de crêtes montagneuses, formées de grès qu'il rapporte au Dévonien, malgré leur ressemblance avec les grès siluriens, ressemblance contre laquelle il met en garde à deux reprises différentes (p. 33-35) : (Sierra de la Cabra, Serrantina, Peña Manteca, Sierra de Bejega, Siaza, El Pedrorio, Sierra del-Bufaran, Sierra de Faidiello). C'est précisément dans cette direction, que MM. Mallada et Buitrago ont reconnu un anticlinal cambrien, avec revêtement de *grès à Scolithes* au milieu de la région dévonienne, du Pedrorio à la Peña Manteca ; ces chaînes forment donc une ligne anticlinale silurienne parallèle aux autres plis du *grès à Scolithes*, précédemment signalés dans la région cambro-silurienne de l'Ouest des Asturies. M. Delgado(1) avait déjà été frappé de l'identité de certains grès dévoniens de Schulz avec les grès siluriens du Portugal. On peut donc suivre à l'intérieur de la contrée dévonienne la structure que nous avons d'abord reconnue sur les côtes de cette région.

§ 3.

Observations générales sur le Terrain Silurien.

1. Succession des couches dans les Asturies : Les coupes qui précèdent montrent que la composition du terrain silurien est constante dans la Galice et les Asturies ; cette série est la suivante de haut en bas :

Schistes et quarzites de Corral : Corral, Pico Cornal, Vocal, Llumeres, Belmonte.

Schistes calcarifères de El Horno à Endoceras duplex : El Horno, Bayas, etc.

Schistes ardoisiers de Luarca à Calym. Tristani : Luarca, falaises de Arniella à Portizuelo, Bayas, Ferrero, Llumeres.

Lit (mince) de minerai de fer : Bayas, Peñas, Sierra de Barayo, Luarca E., etc.

Grès de Cabo-Busto à Scolithes : Arniella, Cadebo, Fontanéira, Caroges, Canero, Cabo-Busto, Cabo-Vidio, Cabo-Vidrias, Cabo-Peñas, etc.

Grès versicolores à Lingulella Heberti, poudingues et schistes : Punta Rubia, las Tornas, Sierra Barayo, Serron, Canero, Concha de Artedo, Collada del Palo.

(1) *Delgado* : Relatorio da commissão desempenhada em Hespanha no anno de 1878 (Lisboa 1879 p. 15).

2. Comparaison avec le T. Silurien des régions voisines : Si on compare cette série à celles des régions voisines, on reconnait de suite qu'elle est identique à celle du reste de l'Espagne, du Portugal, des Pyrénées, et de la Bretagne; elle ne présente au contraire que des analogies beaucoup plus éloignées avec les couches synchroniques de la Bohème, et de la grande zône septentrionale (Angleterre, Scandinavie). Nous chercherons ici successivement les équivalents des différents étages :

Le grès de Cabo-Busto avec Scolithes et Bilobites, joue un rôle orographique important dans les districts siluriens de l'Espagne, où il a frappé tous les observateurs. On doit déjà d'excellentes descriptions de cet étage à MM. G. Schulz, Casiano de Prado, qui l'observèrent dans les monts Cantabriques, le Guadarrama, les monts de Tolède ; il fut étudié depuis par un grand nombre d'observateurs, Casiano de Prado(1) dans le Léon, M. F. M. Donayre (2) dans la province de Saragosse, M. D. de Cortazar dans les provinces de Tolède (3), Ciudad-Real, (4) M. Angel Rubio (5) dans la vallée de Laceana (Léon), où il forme les contrées redoutées connues sous le nom de *Lleras* ou *Pedrizas*. Ces travaux eurent pour résultat de reconnaitre l'indépendance de ces grès, et leur superposition aux couches schisteuses cambriennes (Silurien primordial). Ces grès sont de plus caractérisés paléontologiquement par l'abondance des débris énigmatiques décrits sous les noms de *Scolithus linearis*, *Bilobites*, *Scolithomères*, etc. figurés (pl. IV. V.), ainsi que par MM. Casiano de Prado(6), Donayre(7), et que l'on peut généralement distinguer des formes analogues répandues en Espagne comme en Bretagne, dans le Silurien supérieur. Les *grès à Scolithes* paraissent reposer directement sur les schistes cristallins primitifs, sans interposition des phyllades cambriennes dans la province de Tolède d'après M. de Cortazar.

Le *grès de Cabo-Busto* présente en Portugal les mêmes caractères que dans les Asturies ; M. J. F. N. Delgado affirme que les quarzites à Bilobites de Bussaco (8), de la

---

(1) *Casiano de Prado* : Bull. soc. géol. de France. 2e Sér. 1857.

(2) *F. M. Donayre* : Bosquejo de una descripcion fisica y geol. de la prov. de Saragoza, Mem. com. map. geol. de Esp. 1874. p. 58.

(3) *D de Cortazar* : Expediciones geol. por la provincia de Toledo en 1877-78, avec carte géol. au 1/800000. Bol. com. map. geol. de Esp., T. V. Madrid 1878.

(4) *D. de Cortazar* : Reseña fis. y geol. de Ciudad-Real, Bol. com. map. geol. de Esp., T. VII. 1880. p. 289 (16-17).

(5) *Angel Rubio* : Bosquejo topografico y geologico del valle de Laceana, Bol. com. map. geol. de Esp. T. 3.

(6) *Casiano de Prado* : Descripc. geol. de la prov. de Madrid.

(7) *F. M. Donayre* : l. c., pl. 1.

(8) J. F. N. Delgado ; Sobre a existencia do terreno Siluriano no Baixo Alemtejo, Lisboa, 1876, p. 4.

Sierra de Monfortinho occupent comme en Aragon et en France, une position intermédiaire entre les couches à *faune primordiale*, et les schistes de la *faune seconde*.

Les travaux de Dalimier [1] ont établi en France dès 1861 la position du grès armoricain (grès à Scolithes) entre les schistes Cambriens et les schistes d'Angers, à *faune seconde* ; ils conservent cette position dans tout l'Ouest de la France, en Normandie et en Bretagne. Il est encore difficile de fixer la question théorique de savoir si le *grès à Scolithes* appartient au terrain Cambrien ou au terrain Silurien ? La première opinion est celle de M. Hicks[2] et de divers savants Anglais ; la seconde est celle de la plupart des géologues Français. Dufrénoy[3], de Fourcy[4], Dalimier[5] se sont basés pour tracer cette grande limite sur la discordance de stratification qui séparait en Bretagne et dans le Cotentin ces *grès à Scolithes* des schistes Cambriens (de Dufrénoy) ; MM. de Tromelin et Lebesconte[6] se sont appuyés sur la découverte du genre *Asaphus* et de nombreux lamellibranches dans les grès armoricains de Sion, pour rapporter ces grès à la *faune seconde* Silurienne.

Ces arguments bien établis auraient une valeur suffisante pour fixer la question, mais ils ont encore besoin de quelque développement. Ainsi dans le Finistère, la discordance indiquée à ce niveau n'est d'après moi qu'une longue faille ; cette discordance fait également défaut dans les Asturies et la Galice, et M. Lebesconte dans un récent mémoire a montré qu'il n'y avait pas non plus de discordance à ce niveau dans l'Ille-et-Vilaine[7]. Enfin je ne puis distinguer du genre scandinave *Olenus* certains débris trilobitiques que j'ai trouvés dans le grès de la Sarthe en compagnie de mon ami M. Guillier. Si d'un autre côté on compare les grès armoricains avec les formations des régions éloignées, on lui trouve autant d'analogies avec le Cambrien (Potsdam sandstone), qu'avec le Silurien inférieur (Arenig sandstone). En attendant que je puisse confirmer les relations des *grès à Scolithes* avec la *Regio Olenorum* ; je considère ces grès de *Cabo-Busto* comme formant la base du T. Silurien (Arenig Sandstone), et notre T. Cambrien d'Espagne correspondra au *terrain Cambrien* de Murchison et du geological Survey 1865, au *Terrain cambrien inférieur seul* de Sedgwick, de Lyell 1871.

---

(1) *Dalimier* : Strat. des T. primaires dans le Cotentin, Paris, 1861.
(2) *Hicks* : On the Northern Palæozoic Rocks. Geol. mag., June 1876 p. 156.
(3) *Dufrénoy* ; Explic. de la cart. geol. de France, T. 1.
(4) *De Fourcy* : Carte geol. du Finistère, avec 1 vol. de texte.
(5) *Dalimier* : Strat. des T. prim. du Cotentin. p. 81.
(6) *De Tromelin et Lebesconte* : Catalogue raisonné, Nantes 1875. p. 15.
(7) *Lebesconte* ; Classif. des assises Siluriennes de l'Ille-et-Vilaine, B. s. g. F. 3e Sér. T. X. 1881. p. 55.

Les schistes ardoisiers de Luarca à Cal. Tristani signalés dans les Asturies en 1857 par Casiano de Prado, avaient été auparavant étudiés dans la Sierra-Morena où ils sont très fossilifères, par ce même savant, ainsi qu'en 1855 par MM. Paillette, de Verneuil et Barrande (1). D'après de Verneuil (2) les fossiles siluriens de la Sierra Morena et des montagnes de Tolède se trouvent ordinairement dans des schistes noirâtres; les trilobites sont les fossiles les plus caractéristiques et les mieux conservés, ils appartiennent en général à des espèces connues en Bretagne et en Bohême. Le plus abondant, en Espagne comme en France, est le *Calymene Tristani*, avec lequel on rencontre aussi le *Calymene Arago*, *Asaphus nobilis*, *Dalmania Phillipsi*, *D. socialis*, *Trinucleus Golfussi*, *Placoparia Tournemini*, *Illænus Salteri* ou *lusitanicus*, *Orthoceratites duplex* ou *vaginatus*, *Bellerophon bilobatus*, *Redonia Deshayesiana*. Toutes ces espèces, ou du moins la plupart d'entre elles, se trouvent dans les schistes d'Angers, de Bain, de Poligué, etc. en Bretagne, couches que tous les géologues s'accordent à placer aujourd'hui sur l'horizon des *schistes de Llandeilo*. De Verneuil avait donc reconnu dès 1852, la frappante identité des schistes de la Sierra Morena et des schistes d'Angers; Cas. de Prado leur assimilait en 1857 les *schistes de Luarca*, et reconnaissait ainsi dès cette époque, leur curieuse uniformité lithologique et paléontologique sur l'Espagne et la France entières.

Les couches siluriennes fossilifères de la Sierra Morena ont déjà été suivies de l'E. à l'O. depuis Santa Cruz de Mudela jusqu'à Cabeza del Buey et Castuera, sur une longueur de 170 kil., et il est très vraisemblable que cette chaîne conserve la même composition jusqu'à son extrémité occidentale au cap saint-Vincent, quoiqu'on n'y ait pas encore reconnu ces couches d'après M. Delgado. La faune des schistes siluriens de Bussaco dont nous devons la connaissance aux travaux de Sharpe, contient trop d'espèces communes avec les *Schistes d'Angers*, pour ne pas leur être assimilées. Les géologues français doivent avoir sans cesse recours aux descriptions de Sharpe (3) pour déterminer leurs fossiles siluriens de l'Ouest (Angers, Morgat, Camaret, etc.)

M. D. De Cortazar (4) a montré que dans les provinces de Ciudad-Real et de Tolede

(1) *De Verneuil et Barrande :* Sierra Morena, 1855, B. s. g. F., T. 28, p. 96.
(2) *De Verneuil et Collomb* : Bull. soc. géol. de France, 1852, T. X, p. 131.
(3) *Sharpe* : On the silurian formation of Bussaco, with notes on the trilobites by J. W. Salter, Q. j. g. s. Vol. IX; 1853.
(4) *D. de Cortazar* : Reseña fisica y geologica de Ciudad-Real, Bol. map. geol., T. VII p. 17. 1880. Expedicion geologica por la provincia de Toledo en 1878. Bol. com. map. geol. de Esp. T. V.

les schistes noirs fossilifères de la faune seconde reposent directement sur les quarzites à Bilobites; ces schistes alternent à leur sommet avec des grès. M. Delgado (1) confirme cette superposition importante aux environs d'Almaden, ainsi que M. Kuss dans son mémoire de 1878. Ces schistes sont très fossilifères à Nava-entresierra, Linarejos, dans la province de Cacerès, où ils reposent aussi sur les grès à Bilobites, et sont recouverts par des grès à *Crossopodia* et des schistes ampélitiques à graptolites, d'après M. J. Egozcue et L. Mallada(2). Le même niveau silurien affleure aussi en lambeaux isolés dans la province d'Aragon et à l'est de la nouvelle Castille ; il a fourni près de Pardos au N. de Molina de Aragon plusieurs espèces de la Sierra Morena, telles que *Calyme Tristani*, *C. Arago*, *Placoparia Tournemini*, comme pour prouver selon la remarque de de Verneuil qui les signala, que tous ces dépôts se sont formés dans une seule et même mer. On observe la même superposition de schistes ferrugineux sur des quartzites à bilobites dans la province de Salamanque d'après M. Amalio Gil y Maestre (3), où ils sont à leur tour recouverts par des ampélites avec *Graptolithus latus*.

Ce n'est qu'au sud de l'Espagne, dans l'Andalousie, que la série silurienne paraît revêtir des caractères nouveaux, distincts de ceux que nous avons suivis si facilement dans toute la Péninsule : M. J. Gonzalo y Tarin (4) décrit le silurien de Grenade comme formé de phyllades versicolores, satinées, talqueuses, et de schistes, alternant avec nombreux bancs calcaires blancs, gris, bleus, qui donnent à cette formation un cachet tout spécial. Il en était de même des couches cambriennes décrites par M. Mac Pherson dans la partie orientale de la province de Séville (5).

J'ai indiqué dans les Asturies à la base et au sommet des schistes de Luarca, deux niveaux constants : le *minerai de fer* à la base, les *calcschistes à Endocères de el Horno* au sommet, qui méritent également de fixer l'attention au point de vue général. Il est d'abord curieux de voir un simple accident lithologique comme ce lit ferrugineux de la base des *schistes de Luarca*, avec des caractères assez constants et une position assez fixe, pour pouvoir se suivre dans toute l'étendue de cette mer Hispano-française de la faune seconde.

(1) *J. F. N. Delgado :* Relatorio da Commissao, p. 20.

(2) *Egozcue et L. Mallada :* Descripcion geol. de la provincia de Caceres. 1876, p. 139.

(3) *Amalio Gil y Maestre :* Descripc. geol. de la prov. de Salamanca, Mém. com. map geol. de Esp. 1880, p. 127.

(4) *Joaquin Gonzalo y Tarin :* Reseña fis. y geol. de la prov de Granada, Bol. com. map. geol. de Esp., T. VIII, 1882, p. 1.

(5) *J. Mac Pherson :* Estud. geol. y petrog. del norte de la prov. de Sevilla, Bol. com. map. geol. de Esp., 1879.

Ce lit que j'ai rencontré en deux coupes différentes des Asturies, se trouve au même niveau en France avec une telle régularité, qu'il fût pour Dalimier le point de repère qui lui permit de débrouiller la stratigraphie des terrains primaires de Normandie. Ce fait n'est pas isolé, il me rappelle certains lits de silex, que j'ai pu suivre dans le terrain Crétacé de l'Angleterre [1] sur une distance de 110 kil.

Les *schistes calcareux à Endocères* ne forment sans doute qu'une subdivision d'importance secondaire des *schistes de Luarca;* leur existence a été signalée par de Verneuil dans la Sierra Morena, mais leur position n'avait pas été reconnue. Les *Endocères* signalés dans le Silurien de l'ouest de la France, auraient une répartition stratigraphique plus étendue, d'après les travaux de MM de Tromelin et Lebesconte [2]; ces auteurs citent deux espèces de ce genre dans les *ardoises d'Angers* (la Hunaudière, la Butte du creux) et ajoutent que ce type s'est propagé jusque dans le *grès de May*.

Les schistes et quarzites de Corral sont ici rapportés au terrain silurien supérieur sans raisons suffisantes, et on pourrait tout aussi bien les rattacher à la base du terrain dévonien : il y a dans nos observations une lacune qu'il serait intéressant de combler. Ces couches ne nous ont fourni aucun fossile. et sont comprises en stratification concordante entre le Silurien et le Dévonien. Nous les avons éloignées du Dévonien, parce que les grès dévoniens ont des caractères propres différents; nous les avons au contraire rapprochées du terrain silurien, parce qu'elles se rattachent à la partie supérieure de ce terrain, par la variabilité et la nature de leur composition lithologique. Enfin l'analogie de la série paléozoïque des Asturies avec celles des massifs anciens voisins d'Espagne et de France, fait supposer que la *faune troisième* silurienne doit exister dans les Asturies comme dans ces régions, où les travaux récents montrent tous les jours sa grande extension

Dans les Asturies, en dehors des schistes, quarzites, arkoses de Corral, Cornal, Vocal, Llumeres, il est d'autres couches que l'on peut rapporter à cette division supérieure du terrain silurien Tels sont d'abord les *schistes ampélitiques* cités à l'est de Luarca, telles sont encore les couches que traverse le Rio Pigueña de San Martin à Fontoria. Vers San Martin ces couches sont des schistes et quarzites verdâtres en petits bancs, incl. S. 30° E. = 75°; puis des quarzites blanchâtres, incl. O. 85°, verticaux. plissés; vers Selviella, incl. S. 50° E., et ressemblant assez aux *grès de Cabo-Busto ;* au delà de Selviella on arrive sur des sédiments différents de ceux que nous avons étudiés jusqu'ici. On observe

(1) *Ch. Barrois* : Mém. sur le T. crétacé de l'Angleterre, Mem. soc. géol. du nord. T. I. p. 22.
(2) *De Tromelin et Lebesconte* : Catal. raisonné, Nantes, 1875, p. 40.

successivement schistes avec minces bancs de grès verdâtre incl. N. 50° O., grès ferrugineux, schistes et calcaires schisteux, grès verts et ferrugineux alternant avec lits minces de schistes noirs ampélitiques où on a fait des recherches de houille entre les bornes kil. 7 et 8, incl. N. 35° O. = 15°. On arrive au-delà à Fontoria sur les calcaires dévoniens, sans doute séparés des schistes et grès précédents par une faille.

Je considère aussi comme assez probable que les minces lits de houille inexploitable signalés par M. D. G. Schulz [1], comme intercalés au milieu des schistes dévoniens des Asturies, appartiennent en réalité à la partie supérieure du terrain silurien. Leur épaisseur d'après Schulz ne dépasse pas quelques centimètres, ils ont toutefois donné lieu à d'inutiles et coûteuses recherches à Pravia, Bascones près Grado, San Juan au Nord d'Avilès.

On sait que les ampélites du Silurien supérieur de Bretagne, (Dinan, etc.) ont de même souvent provoqué d'inutiles travaux et demandes de concession.

Les couches comprises dans les Asturies entre le Silurien et le Dévonien inférieur, ont d'après ce qui précède, des ressemblances lithologiques certaines avec le Silurien supérieur des régions voisines. Cette partie du Silurien a été du reste constatée positivement dans des parties très voisines de la chaîne Cantabrique : M. Casiano de Prado[2] l'a signalée avec ses fossiles ordinaires dans le Léon à 7 kil. au N. O. d'Astorga. M. Luis N. Monreal[3] a également trouvé dans la même province des *Graptolites*, dans le ruisseau de Sortes, au N. de Salas de la Rivera. Ces schistes de la *faune 3e* se suivent en Galice dans la province d'Orense, ainsi qu'à l'Est dans les calcaires noirs d'Ogaza, Camprodon[4], à San Juan (Gerona)[5], près Barcelone[6], et autres localités des Pyrénées de Catalogne et de France.

C'est surtout au centre de l'Espagne dans la Sierra-Morena que les sédiments de la *faune 3e silurienne* paraissent bien exposés : les *Graptolites* caractéristiques y furent d'abord reconnus par Casiano de Prado[7], dans des schistes bitumineux qui donnèrent lieu comme en France d'après l'observation de de Verneuil[8] à d'inutiles recherches de houille : on les a reconnus aujourd'hui dans les provinces de Ciudad Real, Salamanque,

(1) *D. G. Schulz* : Asturias, p. 48.

(2) *C. de Prado* : Faune primord. B. s. g. F. 2e Sér T. XVII. p 516. 1860.
— Almaden, B. s. g. F., T. 28. p 967.

(3) *L. N. Monreal* : Datos geologicos accrca de la provincia de Leon recogidos durante la campana de 1878. Bol. map. geol., T. V. 1878.

(4) *De Verneuil* B. s. g. F. 1852. T. X. p. 129.

(5) *A. Maestre* : Descripc. geol. de la Cuenca carbonifera de San Juan de las Abadesas, 1855

(6) *S. Pratt* : Quart. Journ. geol. soc. London, vol. VII. p. 270.

(7) *C. de Prado* : Almaden, B. s. g F. T. X., p. 131.

(8) — Almaden, B s. g. F. T. X. p. 129.

Segovie, Cacerès. D'après les observations de C. de Prado, Bernaldez, J. F. N. Delgado (1), D. de Cortazar (2), H. Kuss (3), on peut admettre aux environs d'Almaden la série suivante :

1. Grès dévonien fossilifère, et calcaire dévonien pauvre en fossiles.
2. Schistes ampélitiques à Graptolites de Cuevas et Gargantiel.
3. *Frailesca* (Tuf schisteux diabasique) (4), et brèches à Bilobites.
4. Grès à *Calymene Tristani*.
5. Schistes noirs à *Calymene Tristani*.
6. Quarzite blanc ou rose avec poudingues, *Bilobites*.

Aux schistes noirs à *graptolites* du Silurien supérieur (n° 2) d'Almaden, Gargantiel Ciudad-Real, Corral de Caracuel, sont parfois associés d'après M. de Cortazar (5) des calcaires gris-clair avec *Cardiola interrupta* comme à Alamillo près Almaden (6), qui nous rappellent la composition de ce même terrain en Normandie M. D. de Cortazar a fait en outre dans la province de Ciudad-Real l'importante observation que « la relacion de las capas de graptolites es tan evidente con las cuarcitas de Cruzianas, por mas que unos y otros fosiles jamas se presenten unidos, que es inutil intentar siquiera una separacion geognostica » ; de cette association intime, nous devons conclure avec l'auteur de ces observations, qu'il y a lieu de réunir dans un même étage silurien ces deux niveaux à *Graptolithes* et à *Bilobites* (nos 2 et 3). Nous voyons pour nous des raisons de les faire rentrer tous deux dans le Silurien supérieur : la faune Silurienne supérieure des schistes et calcaires est bien caractérisée, et il est établi par contre que certaines formes spéciales de *Scolithes* et *Bilobites* sont très répandues dans tout le Silurien supérieur de l'Ouest de la France. Nous en pensons autant des quarzites signalés au même niveau dans la province de Badajoz par M. J. Gonzalo y Tarin, qui a si nettement reconnu la succession des couches siluriennes de cette région (7).

C'est à ce même niveau à *Scolithes* et *Bilobites* de la *faune 3e* étudié dans

---

(1) *J. F. N. Delgado* : Relatorio da commissão desempenhada em Hespanha no anno 1878 (Lisboa 1877 à 1879) p. 20.

(2) *D. de Cortazar* : Reseña fisica y geologica de Ciudad-Real, Bol. T. VII. p. 12. 1880.

(3) *H. Kuss* : Mémoire sur les mines et usines d'Almaden, Ann. des mines, 7e Sér. T. XIII. p. 39. 1878.

(4) *R. Helmhacker* : Uber Diabas von Almaden, Jahrb. d. K. K. geol. Reichsanstalt. Bd. XXVII. Min. Mitth. Heft. 1. p. 13-14.

(5) *D. de Cortazar*: Descripc. geol. de Ciudad-Real, Bol. com. map. geol. de Esp. T. VII. 1880. p. 20-21.

(6) *Casiano de Prado* : Almaden, Bull. soc. géol. de France, 2e Sér. T. XII. p. 91.

(7) *J. Gonzalo y Tarin* : Reseña fisic. geol. de la provincia de Badajoz, Bol.—T. V. 1879. p. 402.

l'Ille-et-Vilaine par MM. de Tromelin et Lebesconte[1] (grès blanc de Poligné, Bourg des Comptes), et par moi-même dans le Finistère [2] (Psammites bleus à Scolithes) que je rapporte aussi les célèbres schistes et grauwackes à *Nereites* de M. Delgado.

M. J. F. N. Delgado a fait dans le Portugal la très intéressante découverte de toute une série de couches appartenant au terrain silurien supérieur. Dans un premier travail en 1876, M Delgado [3] signalait les schistes ampéliteux à *graptolites* dans la Sierra de Portalegre, il décrivait en même temps les schistes à *Nereites* de l'Alemtejo. Deux ans après, M. Joaq. Gonzalo y Tarin [4] reconnaissait au N. de la province de Huelva des schistes ampélitiques d'une grande richesse paléontologique, où il citait *Monograpsus Nilsoni* Barr., *M. latus* M. Coy, *M. Linnoei* Barr , *M. convolutus* His., *M. priodon?* Barr , *Diplograpsus palmeus* Barr. — M. Delgado ayant accompagné M. J. Gonzalo y Tarin dans la province de Huelva, put suivre ces schistes à *graptolites* au-delà de la frontière dans le Portugal, à Barrancos, quelques lieues au N. de San Domingos (Alemtejo).

D'après le dernier mémoire de M. Delgado, [5] les couches à *Nereites* de l'Alemtejo appartiennent à la partie supérieure du Silurien , ou mieux encore au Silurien moyen. Les *Schistes à graptolites* ont déjà fourni 30 espèces de *graptolites*, et une douzaine d'espèces de végétaux ; ces débris sont répartis dans 6 lits fossilifères distincts, les uns à *Graptolites* et un autre à *Nereites*. Au-dessus des schistes à *Graptolites*, il y a un niveau schisteux avec noyaux siliceux et ferrugineux où se trouvent quelques espèces caractéristiques des colonies de Bussaco (*Cardiola interrupta*, *C. striata*, *Monograptus priodon*, *M. colonus*, *Diplograptus pristis*, *Dalmanites cf. Phillipsi*). Au-dessus de ces schistes, il y a un lit de calcaire (p. 8) ; tout cet ensemble appartient d'après M. Delgado, au terrain silurien supérieur.

Le tableau suivant résume la succession des couches siluriennes supérieures

---

(1) *De Tromelin et Lebesconte* : B. s. g. France, 3e. Sér. T. IV. 1877. p. 14.

(2) *Ch. Barrois* : Sur le t. sil. sup. de la presqu'île de Crozon, Annal. soc. g. Nord T. VII. 1880. p. 258.

(3) *J. F. N. Delgado* : Terrenos paleozoicos de Portugal : Sobre a existencia do Terreno Siluriano no Baixo Alemtejo, Lisboa, 1876. p. 4.-31.

(4 *J. Gonzalo y Tarin* : Nota acerca de la existencia de la Tercera fauna Siluriana en la provincia de Huelva, Bol. com. map. geol. de Esp. T. V. 1878.

(5) *J. F. N. Delgado* : Correspondance relative à la classification des schistes siluriens à Nereites découverts dans le sud du Portugal ; Jornal de Sciencias math. phys. y naturaes, No XXVI. Lisboa 1879. p. 7.

reconnue par M. Delgado, j'ai mis en regard la série des couches de la même époque que j'ai indiquée dans le Finistère :

Alemtejo.	*Finistère.*
Calcaire de Barrancos.	Calcaire de Rosan.
Schistes à nodules de Barrancos, Colonies de Bussaco.	Schistes à nodules à *Card. interrupta*, Lostmarch, Argol.
Ampélites à *graptolites* de Barrancos et Encinasola.	Ampélites à *graptolites*, Camaret, Morgat, Rosan.
Schistes et grauwackes à *Nereites* de Barrancos et San Domingos.	Psammites à *Scolithes* (Morgat, Argol).

L'accord parfait de ces 2 séries, relevées indépendamment, me semble un fait frappant en faveur de l'homogénéité et de l'unité du terrain silurien, de la Manche au détroit de Gibraltar ; de Verneuil a déjà souvent insisté sur les analogies de composition de toute cette contrée à l'époque silurienne, et les études récentes nous paraissent confirmer son opinion. La Péninsule Ibérique et la France ne formaient à l'époque silurienne qu'une même province naturelle. Cette conclusion est toutefois trop générale, et il conviendrait d'indiquer ici d'une manière détaillée les relations des différents termes de la série silurienne d'Espagne avec les termes correspondants des contrées voisines. Nous nous abstiendrons cependant de proposer ici une comparaison détaillée de ces niveaux, qui nous semble encore prématurée ; trop de découvertes restent encore à faire dans le massif silurien d'Espagne, pour qu'on puisse retracer son histoire d'une façon exacte. Il suffit d'en citer comme preuves les découvertes récentes faites dans la région Pyrénéenne, de la *faune* e^2 de Bohême, à Lez près St Béat par M. Thiérot (1), et de la *faune G* à Cathervieille dans le val de l'Arboust par M. M. Gourdon (2).

2. Résumé. Les coupes qui précèdent nous permettent d'établir la série suivante

(1) De Lapparent : Traité de géologie, Paris. 1882. p. 699.
(2) Ch. Barrois : Annal. soc. géol. du nord. T. IX. 1882. p. 50

dans le terrain Silurien des Asturies :

		Asturies	France occidentale
Silurien supérieur	Faune 3e	Schistes et quartzites de Corral, *ampélites*.	Calcaire de Rosan. Schistes à nodules. Ampélites à *graptolites*. Psammites à *Scolithes*.
Silurien moyen	Faune 2e	Sch. calcar. de el Horno à *Endoceras duplex*. . . . . Sch. ardois. de Luarca à *Calymene Tristani*. . . . Lit de minerai de fer	Sch. d'Angers. Min. de Dalimter.
Silurien inférieur	Faune 2e	Grès de Cabo Busto à Scolithes . . . . Grès versicolore, poudingues et schistes	Grès armoricains Sch. pourprés.

Ces couches reposent en stratification concordante sur le terrain cambrien (Silurien primordial), et sont recouvertes de la même façon, par le terrain dévonien inférieur. Elles sont relevées, brisées et plissées, sous les angles les plus divers, remplissant les plis synclinaux de la région cambrienne, et affleurant en plis anticlinaux au milieu de la région dévonienne. On trouvera plus haut aux chapitres spéciaux, nos observations sur la faune et la composition lithologique de ces niveaux, sur lesquelles nous ne croyons pas devoir revenir ici : un des faits les plus importants au point de vue stratigraphique, et qui nous évite d'insister davantage, est leur identité de composition avec les couches synchroniques bien connues, de toute la contrée hispano-française.

CHAPITRE IV.

TERRAIN DÉVONIEN.

§ 1.

INTRODUCTION HISTORIQUE.

Grâce aux études de de Verneuil, le terrain dévonien est considéré comme « uno de los que mas importancia paleontologica ofrecen en España » (1); il n'offre pourtant dans ce pays comme l'avait indiqué de Verneuil qu'une faible extension superficielle, relativement à celle du terrain silurien $\frac{1}{10}$. Il ne se présente qu'en lambeaux isolés, aux environs d'Almaden, à Cabeza del Buey, à Herrera del Duque, et ce n'est qu'au N. de la province de Léon et dans les Asturies qu'on lui voit acquérir une certaine continuité.

» Dans la chaine Cantabrique, d'après de Verneuil (2), l'époque dévonienne a dû être accompagnée de mouvements ou de déplacements assez considérables des eaux de la mer, car ses dépôts sont composés en grande partie de grès et de conglomérats. En Espagne, des grès rouges fort épais paraissent être à la base du système dévonien. Ils sont quelquefois tellement imprégnés de fer, qu'ils fournissent un très bon minerai ; c'est le gisement principal, d'où proviennent les fers des fabriques de Mieres dans les Asturies, et de Sabero dans la province de Léon. Les grès rouges, accompagnés de schistes de même couleur, sont surmontés par des calcaires très puissants qui se dressent en pics aigus et déchiquetés dont les formes pittoresques se distinguent de loin dans les plaines de Castille. Les fossiles d'après M. de Verneuil sont caractéristiques pour la plupart de la base du terrain dévonien; ils représentent le *calcaire de l'Eifel* et encore mieux les grès et les schistes qui lui sont inférieurs. C'est l'étage que les géologues allemands appellent *oelterer grauwacke* ; c'est aussi le *système Rhénan* de M. Dumont, étage représenté principalement en France par les grès et les calcaires de Néhou, de Viré et de la Rade de Brest ; enfin, c'est la partie inférieure du système dévonien, où de Verneuil (3) a reconnu 28 espèces communes entre l'Espagne et la France.

» Outre les grès et les calcaires dont nous venons de parler, il existe encore

(1) *Mallada* : Synopsis, Bol. com. map. geol. de Esp. Vol. 2. 1875. pl. 41.
(2) *de Verneuil* : Almaden, B. S. G. F. 1855. p. 967.
(3) *de Verneuil et Collomb* : B. S. G. F. 1852, p. 127.
(4) *de Verneuil* : Réunion du Mans. B. S. G. F. 2e sér T. VII, p. 785.

d'après de Verneuil dans le terrain dévonien des montagnes de Léon des bancs calcaires plus élevés : ce sont les *calcaires rouges à goniatites* et à orthocératites de Puente Alba près Robles, et de Buzdongo sur la route de Léon à Oviedo. Ces calcaires sont tout à fait comparables au *marbre griotte* des Pyrénées, et semblent devoir occuper comme eux et comme les calcaires rouges à goniatites des bords du Rhin et de la Westphalie, la partie supérieure du système dévonien. M. Casiano de Prado a découvert aussi à Llama, près de Sabero, des schistes qui doivent également être classés parmi les couches les plus élevées de ce système, et dont le fossile le plus caractéristique est le *Cardium palmatum* (Gold.).

» Le système dévonien occupe la plus grande partie du revers méridional de la chaîne Cantabrique dans la province de Léon. Peut-être même, et ceci est une question encore douteuse, faudrait-il y comprendre les dépôts de combustibles de Sabero. Dans les Asturies, c'est vers la partie occidentale de la province qu'il acquiert son plus grand développement. Recouvert à l'est par le terrain carbonifère qui s'élève jusqu'au centre même de la chaîne, il reparait dans les nombreuses découpures du sol, et surtout entre Oviedo et Avilès. A Ferroñes et à Arnao, il contient selon M. Paillette, quelques couches de combustible qui seraient contemporaines de celles de Sabero. »

Les lignes précédentes de de Verneuil résumaient nettement l'état des connaissances sur le terrain dévonien des Monts Cantabriques, telles qu'on les devait à ses travaux, et à ceux de Casiano de Prado(1) et de Paillette(2). En s'appuyant sur ces données on pourrait donc représenter la succession de ces couches et leurs relations avec celles des régions voisines par le tableau suivant :

	Monts Cantabriques.	Europe centrale.
Dévonien supérieur	Schistes noirs à *Cardium palmatum* de la Collada de Llama.	Schistes de Büdesheim à *Cardium palmatum*.
	Calcaires rouges à *Goniatites* de Puente-Alba.	Calcaires de Brilon, à *Goniatites*.
Dévonien inférieur	Calcaires de Ferroñes, etc.	Calcaire de Néhou, Izé, Brest.
	Grès rouges, ferrugineux.	Grès rouge de Bretagne et des Ardennes.

(1) *C. de Prado :* Note géol. sur les t. de Sabero et de ses environs dans les montagnes de Léon (Espagne) B. S. G. F. 2e sér. T. VII. 1850. p. 137.
(2) *Paillette :* B. S. G. F., 2e sér. T. 2. p. 439.

D'après Paillette et de Verneuil (1) les couches houillères d'Arnao, Ferroñes, appartenaient comme celles de Sabero au T. Dévonien, et un des principaux résultats scientifiques de la description des Asturies de M. Schulz (2) fut de déclarer que ces bassins houillers, comme toute la houille exploitable des Asturies, étaient postérieures à l'époque dévonienne, et appartenaient à la période houillère proprement dite. M. G. Schulz donna également des notions plus précises sur l'extension et les limites du terrain dévonien dans les Asturies, qu'il put limiter sur sa carte : il reconnut que les roches dominantes de ce terrain étaient des quarzites, schistes, grauwackes, marnes, calcaires, dolomies, et il indique approximativement leur étendue. Le minerai de fer forme des bancs dans les quarzites dévoniens, et on trouve en outre dans le terrain des minerais de cuivre, de calamine. Il est difficile de se rendre compte des accidents principaux qui ont affecté le Dévonien, tant les couches sont tourmentées et leurs inclinaisons variées. M. G. Schulz donne enfin d'intéressants détails sur la culture, l'orographie, les sources et les cavernes de la région dévonienne. Il n'a pas cherché à en donner de division stratigraphique, ni paléontologique. Nous reviendrons souvent sur ce mémoire de M. G. Schulz.

M. Pascual Pastor y Lopez (3) a donné une description sommaire du terrain dévonien des Asturies ; il est formé d'après lui de schistes et de grès rouge. Les schistes sont vert-noir, lustrés ou calcareux ; ils contiennent des lits de marbres et d'amphibolites, ainsi que des métaux ; ils sont fossilifères. Le grès rouge forme les hauteurs, et passe à des conglomérats.

M. Francisco de Luxan (4), dans son voyage aux Asturies a profité des observations de Schulz ; il résume ses vues sur le Dévonien, et donne d'intéressantes observations sur la disposition et l'orographie de cette formation.

Le terrain dévonien de la province voisine de Léon a été l'objet de divers mémoires de MM. Casiano de Prado, Angel Rubio, L. N. Monreal, L. Mallada, dont il sera question à la fin de ce chapitre, lorsque je comparerai le dévonien des Asturies à celui des régions voisines.

Je terminerai cet historique du terrain dévonien des Monts Cantabriques, en rappelant 2 notes préliminaires antérieurement publiées par moi à ce sujet. La première (5), sur le

(1) *Paillette et de Verneuil* : B. S. G. F. Sabero. T. VII. p. 157-158.
(2) *G. Schulz* : Descripc. de Asturias, p. 34, 48.
(3) *Don Pascual Pastor y Lopez* : Memoria geogn. agric. sobre la prov. de Asturias, Madrid 1853.
(4) *El Excmo Sr. D. Francisco de Luxan* : Viaje cientifico à Asturias, Madrid, 1861.
(5) Note sur le T. Dévonien de la prov. de Léon, Assoc. franc. avancement des Sciences, Le Havre, 1877.

terrain dévonien de la province de Léon avait pour but de rattacher au Dévonien inférieur (*Schistes de Porsguen*) les *schistes de la Collada de Llama* à *Cardium palmatum*. La seconde (1) fit au contraire passer dans le terrain carbonifère les *Marbres rouges à goniatites*, rapportés auparavant au Dévonien supérieur : il ne restait ainsi plus rien des couches attribuées précédemment au terrain dévonien supérieur. Le terrain dévonien des Asturies ne renfermait donc plus que 2 divisions : la division inférieure formée de grès sans fossiles, la supérieure de calcaires variés à faune dévonienne inférieure (Rhénane).

§ 2.

COUPES DÉTAILLÉES

1. **Coupes du Pico Cornal au Cabo de Peñas** (pl XVIII). Cette section de la côte des Asturies montre une succession de couches variées, à inclinaisons diverses, entrecoupées de failles, et dans lesquelles il est difficile de suivre un ordre constant. La plus grande partie de la région est formée par le terrain dévonien, comme l'indique déjà la Carte de M. G. Schulz, mais il n'est pas rare de trouver au milieu de ces couches des *Inliers* siluriens, formant le centre des plis anticlinaux.

La falaise du Pico Cornal à Furada (pl.XVIII, f. 2) est formée par une série de couches rapportées dans les pages précédentes à différents niveaux du Silurien. Ces couches inclinent S. 60° E. = 75° à l'ouest de Furada, où elles sont brusquement arrêtées par une faille, et buttent contre des grès rouges O. = 35° que je considère comme formant la base du terrain dévonien. Le grès rouge de Furada est en bancs épais, alternant par places avec des schistes et quarzites verts sans fossiles, il contient des lits ferrugineux exploités : L'épaisseur de cet étage dépasse 100m ; les seuls débris organisés que j'y aie reconnu sont des anneaux discoïdaux de 0,005 de diamètre, sans doute des articles d'encrines décomposés. A l'Est du Rio de Naveces, schiste, grauwacke, et calcaires noirs, en bancs peu épais, alternants, incl. O = 35 , formant le Cap d'Espin, malheureusement inabordable. L'épaisseur de ces couches me paraît atteindre 150 à 200m ; j'ai ramassé dans les schistes et calcaires noirâtres :

Cyathophyllum Michelini ? — *Spirifer hystericus*.
Orthis tetragona ? — *Rhynchonella Pareti*.

C'est la faune des *Schistes et calcaires de Nieva* ; je n'ai pu observer ici le *Calcaire de*

(1) Note sur le marbre griotte des Pyrénées, Annal. soc. géol. du Nord, T. VI. 1879. p. 270.

Ferroñes. A l'Est de El Espin on entre dans la baie de Santa-Maria-del-mar, où des calcaires noirs schisteux et bleus foncés à veines blanches (O. = 45°) passent sous les calcaires de El Espin, comme ceux-ci passaient sous les *grès de Furada* (25m); les *Phacops latifrons* y sont abondants, ainsi que *Spirifer elegans*. Sous ces couches, il y a des calcaires gris et rouges avec polypiers, bryozoaires, encrines (N. 60° O. = 21°), dont la faune indique un renversement évident de tout le dévonien depuis Furada, et où j'ai trouvé :

Aulopora conglomerata
Zaphrentis truncata
Microplasma Munieri
Favosites cervicornis
Trachypora elliptica
Monticulipora Torrubiae
» *Trigeri*
Alveolites suborbicularis
Pradocrinus Baylei
Fenestella prisca ?
» *explanata*
Retepora antiqua
Rosacilla emersa
Chonetes crenulata
Orthis opercularis
» *Beaumonti*
» *Dumontiana*
Strophomena Murchisoni
» *Maestrana*
Atrypa aspera
Rhynchonella Orbignyana

C'est la faune des *Calcaires d'Arnao à Cultrijugatus*, ici très fossilifères, certains bancs étant entièrement formés de bryozoaires, d'autres de fragments d'encrines. On suit ce niveau jusqu'au fond de la baie de Santa-Maria où on arrive brusquement sur les schistes houillers. L'inclinaison en masse de toutes les couches à l'ouest, montre que ce terrain houiller est ici recouvert par le terrain dévonien, fait signalé depuis longtemps en divers points des Asturies. La flore de ces schistes houillers prouve qu'ils sont de l'âge du houiller supérieur, et que ce n'est que par suite d'accidents stratigraphiques qu'ils sont ainsi intercalés dans le Dévonien. La terrain houiller supérieur dans les Asturies est en stratification transgressive sur le terrain paléozoïque, reposant indifféremment sur les terrains cambrien ou dévonien : il reposait directement d'après moi sur le *Calcaire à Cultrijugatus* à Santa-Maria, et une pression latérale venue postérieurement de l'Ouest a plissé ce bassin en un V renversé, recouvert d'un côté par tout le faisceau dévonien de El Espin à Furada.

Sur le rivage oriental de la baie de Santa Maria del mar, on revient immédiatement sur des calcaires rouges et bleu-clair, incl. O.; ils forment à mon avis la 2e moitié du pli synclinal dont nous avons étudié la 1re moitié à l'ouest de la baie. Il y a ici des bancs de plus de 1m d'épaisseur, formés uniquement de *Rhynch. Orbignyana* accumulées. J'y ai trouvé :

Pachypora cervicornis
Monticulipora Torrubiæ
Alveolites suborbicularis
Cœnites clathratus
Pradocrinus Baylei
Rhodocrinus crenatus
Fenestella prisca ?

Orthis opercularis
» *tetragona*
Strophomena Sedgwickii
» *Murchisoni*
Retzia Adrieni
Rhynchonella Orbignyana

Ces calcaires reposent sur des bancs remplis de *Stromatopora polymorpha*, il y a successivement en dessous, calcaires rouges ; schistes noirs alternant avec des calcaires minces à polypiers ; puis calcaires schisteux gris bleuâtre, avec bancs calcaires compactes pauvres en fossiles, formant le Cap de la Vela : Leur épaisseur est de 100m , je les rapporte au niveau du *Calcaire de Ferrônes*. Ils présentent à la Vela une disposition anticlinale, à inclinaison constante N. 80° O = 25. Au-delà, vers la Playa de Arnao, l'inclinaison varie, calcaire schisteux gris-bleu S. 20° E. = 10, puis marbre gris et rouge à polypiers (20m), puis marbre rouge exploité dans une grande carrière. Dans la baie, petit affleurement de calcaire dévonien S. 70. E. = 80°, puis au-delà, lambeau de terrain houiller qui me paraît limité de toutes parts par des failles (O = 30°). On relève la succession suivante de haut en bas, dans la petite baie devant les derniers bâtiments à l'ouest, de la fabrique d'Arnao :

Grès gris tendre grossier, *Calamites*	2m
Schistes gris noir anthraciteux, et sidérose	2. 60
Grès et poudingues à galets quarzeux	1.
Houille schisteuse impure, *Calamites*	1.
Poudingue siliceux	0, 60
Houille impure, pyriteuse	0, 50
Grès	0, 25
Schistes noirs charbonneux	1.
Grès et poudingues	0, 60
Schistes charbonneux	1.
Schistes très ferrugineux	1, 50
Schistes gris compactes avec gros nodules calcaro-ferrugineux à la base	1.

(*Terrain dévonien*).

Schistes sablo-calcareux gris et calcaire arénacé ferrugineux, quelques fossiles sont remaniés 1,50

Cyathophyllum Michelini
Pachypora polymorpha
Monticulipora Trigeri
Orthis striatula
» *tetragona*
» *opercularis*
Cyrtina hispanica
Athyris Ezquerræ
» *concentrica*
Nucleospira lens
Atrypa reticularis
Rhynchonella Orbignyana
Pentamerus Oehlerti
Centronella Lapparenti

Marnes rouges avec lits ferrugineux rouges, et lits gris marneux : fossiles siliceux. 25,00

Metriophyllum Bouchardi
Cyathophyllum Steiningeri
» *vesiculosum*
Microplasma Munieri
Pachypora polymorpha
Emmonsia hemispherica
Alveolites suborbicularis
Hexacrinus cf callosus
Actinocrinus muricatus
Fenestella prisca
Lichenalia sp.
Orthis striatula
» *tetragona*
» *opercularis*
» *fascicularis*
Strophomena Murchisoni
Anoplotheca lepida
Spirifer Ezquerræ
Spirifer aculeatus
Cyrtina heteroclita
Athyris concentrica
Retzia Adrieni
Atrypa reticularis
Rhynchonella Orbignyana
» *Kayseri*
» *Douvillei*
Pentamerus Oehlerti
Cryptonella ? Schulzii
Centronella Lapparenti
Phacops latifrons

Calcaire gris et rouge, avec *Rh. Orbignyana* et *Sp. cultrijugatus*, abondants, affleurant sur (20^m,00).

Monticulipora Trigeri
Actinocrinus muricatus
Entrochus dentatus
Fenestella explanata
Retepora antiqua
Orthis striatula
Strophomena Murchisoni
» *interstrialis*
Spirifer cultrijugatus
Rhynchonella Orbignyana
» *Kayseri*
Terebratula ? Passieri

On suit un certain temps ce calcaire à *Sp. cultrijugatus* dans les falaises à l'est, l'inclinaison reste O. = 60° ; Au sud des fourneaux de la grande fabrique d'Arnao, sur le chemin, le calcaire est gris bleu clair, blanchâtre par altération, et un peu plus récent que le précédent. Sa faune me détermine à le rapporter au *calcaire de Moniello*, et il faut encore attribuer à un renversement sa position sous le *calcaire à cultrijugatus*, j'y ai trouvé :

Cyathophyllum ceratites
» *Michelini*
Alveolites suborbicularis
Stromatopora polymorpha

Cystiphyllum vesiculosum
» *americanum*
Calceola sandalina
Favosites Goldfussi
» *fibrosa*
Pachypora polymorpha
» *cervicornis*
Actinocrinus muricatus
Fenestella prisca
Strophomena Maestrana
Spirifer aculeatus
Cyrtina heteroclita
Retzia Adrieni
Atrypa reticularis

La falaise suivante de Cuerno est d'abord formée de calcaire bleuâtre, incl. O., passant sous le précédent, quoique plus récent que lui, puis de calcaire rouge semblablement incliné ; on passe ensuite à la Punta de Requejo sur des calcaires gris et rouge à veines blanches O. = 65° avec nombreux *Cyathophyllum cæspitosum* en silex, ressortant nettement sur le mur calcaire de la falaise. L'abondance de cette espèce, considérée comme caractéristique du Dévonien supérieur, me porte à penser que ce calcaire de Requejo est le plus élevé de tous ceux que nous ayons décrits jusqu'ici : toutes les couches seraient donc renversées depuis Arnao. N'ayant ramassé ici avec *Cyathophyllum cæspitosum* que *Cœnites fruticosus*, et *Orthis Eifeliensis*, je ne suis pas en mesure de fixer l'âge de cette couche. Elle est immédiatement recouverte au delà de Requejo, et en stratification discordante par des marnes, grès et poudingues rouges à galets quarzeux du Trias, incl. E. = 15°. Au midi de Laspra, j'ai observé des affleurements dévoniens à Campiello, ainsi qu'à Piedras-blancas, où sont des schistes et calcaires bleu-rouge, incl. N. 65° O. — Je n'ai aucun document sur les couches profondes recouvertes par le Trias de Requejo a la Ria de Aviles : mais si l'on considère que le Dévonien inférieur incl. N. O. réapparait dans les falaises de la Forcada de Avilès, on ne peut manquer d'être frappé par la disposition de la coupe représentée (pl. XVIII, f. 2) et qui montre une si grande analogie entre les 3 petits synclinaux parallèles, brisés, renversés, de Santa-Maria, Arnao et Requejo. La présence du terrain houiller dans les plis de Santa-Maria, et d'Arnao, mérite au moins que l'on tente un coup de sonde quelque part au N. E. de Laspra, pour voir si l'on ne trouvera pas aussi la houille, dans ce pli synclinal comme dans les petits synclinaux voisins ?

Les escarpements de la rive droite de la Ria de Avilès, montrent à Saint-Jean de Nieva et sur les 2 rives du petit affluent le Rio Viono, les plus beaux affleurements que j'aie rencontré, du niveau fossilifère inférieur du Dévonien des Asturies : Je l'ai nommé pour cette raison *zône des schistes et calcaires de Nieva*. Nous l'avons déjà signalé à El Espin. On les voit à St-Jean de Nieva à l'ouest du corps de garde de la douane : calcaire bleu N. 60° O. = 35° (20ᵐ), schistes verts et grauwacke grisâtre (30ᵐ), schistes noirs calcareux avec lits de calcaire noirâtre argileux incl. O. (50ᵐ), surmontés par des calcaires compactes jaunâtres avec polypiers, stromatopores, que je rattache à une zône plus élevée (*calcaire de Ferroñes*). J'ai ramassé dans les schistes et *calcaires noirs de St-Jean de Nieva* :

Orthis striatula	*Athyris undata*
Streptorhynchus umbraculum	*Rhynchospira Guerangeri*
Strophomena interstriais	*Rhynchonella pila*
Spirifer hystericus	» *Pareti*

Les bords de la rivière de Vioño sont formés du même calcaire bleu foncé argileux, incl. N. 20° O. = 35°, alternant avec puissantes couches incl. 30 à 40ᵐ de schistes noirs, de grauwackes à encrines, de psammites gris-verdâtre, j'y ai trouvé :

Orthis striatula	*Athyris Ferronesensis*
» *orbicularis*	» *undata*
Strophomena Murchisoni	*Rhynchonella pila*
» *interstrialis*	» *Pareti*
Spirifer concentricus	» *Douvillei*
» *subspeciosus*	» *Letissieri*
» *elegans*	*Tentaculites scalaris*
» *hystericus*	» *alternans*
Athyris concentrica	*Homalonotus Prodoanus*

Ces *schistes et calcaires de Nieva* sont surmontés directement dans la presqu'île de Forcada par des calcaires compactes, bleu grisâtre, en bancs alternants gris et rose, avec *Favosites*, *Stromatopores*, incl. N. 40° O. = 80°, que je rapporte au *calcaire de Ferroñes*. Leur épaissseur est ici de 150 mètres. Ils forment des escarpements abruptes et dénudés, l'inégale résistance des divers bancs détermine la formation des profonds couloirs ouverts dans la falaise à l'est du phare, la mer y pénètre à plusieurs centaines de mètres dans l'intérieur des terres en mugissant entre 2 parois à pic, distantes parfois de 1 à 2 mètres seulement.

On arrive au-delà de Forcada sur la plage de Chago, où il n'y a pas d'affleurement et qui doit correspondre à une faille (voir Coupe XVIII, fig. 2) ; la falaise voisine de Jago est formée de grès ferrugineux, incl. N. 50° E. = 10°, en bancs rouges de 7 à 8ᵐ alternant avec lits de même épaisseur de quarzite schisteux gris vert ; à la base de la série les schistes et quarzites verdâtres prédominent, il y a au sommet un banc ferrugineux de

8 mètres. Ces couches sont visibles sur une épaisseur d'environ 90 mètres : elles appartiennent à la zône du *grès de Furada*. Au Nord de Jago, vers El Home, des schistes et calcaires noirs avec schistes gris grossiers passant à la grauwacke reposent sur les grès ; leur épaisseur est de 100ᵐ, incl. N. 60° = 25°, ils appartiennent à la *zône de Nieva* et sont limités par une faille dans la falaise de El Home.— Cabo Negro est formé principalement des mêmes schistes et calcaire noirs, incl. N. 50° E = 15° ; ce n'est qu'à l'ouest du cap et à sa partie supérieure, qu'on reconnait les *calcaires gris de Ferroñes*. De Cabo Negro vers Llampero, schistes noirs charbonneux avec minces lits calcaires à veines blanches :

Rhynchnoella Wahlenbergi	*Tentaculites scalaris*

incl. S. 50° ; mêmes couches incl. S. 20° O. = 20° à l'est de Llampero, où les schistes dominent sur les calcaires, et forment au haut des falaises une argile jaune de décomposition épaisse de 1 à 2ᵐ. Mêmes schistes et calcaires dans l'Arenal de Verdicio, où ils sont diversement plissés et répétés ; calcaire plus compacte, dolomitique, incl. S. 20°. E. = 10° en approchant d'Arcas. Le cap de ce nom est formé de schistes et calcaires noirs veinés de blanc, plissés, incl. N. 20° O. à S. 20° F. où j'ai ramassé :

Favosites fibrosa	*Spirifer hystericus*
Orthis orbicularis	*Athyris concentrica*
Streptorhynchus umbraculum	*Rhynchonella Pareti*

Ce calcaire appartient à notre *zône de Nieva* ; il repose en stratification concordante au-delà d'Arcas, et avant Vocal sur des quarzites verts avec bancs de schistes et d'arkoses que j'ai rapporté au Silurien : il doit donc y avoir ici une petite faille parallèle aux couches qui explique l'absence du grès de Furada. On reste sur le Silurien, de Vocal à Cabo Peñas. Le Cap Arcas (Punta del Ratin, de Coello) montre les plissements multiples et si brusques qui ont affecté les calçaires dévoniens de cette région (pl. XX).

2. Coupe du Cabo de Penas Cabo de Torres (pl. XVIII. fig. 3). Le terrain silurien du Cabo de Peñas se prolonge jusqu'à la baie de Llumeres, où sa partie supérieure est représentée par des quarzites grossiers verdâtres : il y est recouvert au fond de la baie par un calcaire compacte gris rose incl. S. 40° E., épais de 20ᵐ seulement, avec débris d'encrines, polypiers et coquilles. La présence du *Sp. hystericus ?* en mauvais état me fait penser que l'on a ici un lambeau de calcaire dévonien isolé par failles. Ce calcaire est en effet immédiatement suivi dans la baie de Llumeres par des schistes noirs incl. N 60° O., avec petits lits de quarzite sombre de 2 à 3 centimètres, que je ne puis distinguer des *schistes noirs de Luarca*.

Au delà, vers la Punta de Narvata, des grès ferrugineux rouges, gris-bleus, alternent avec des schistes en bancs de 0.20; leur inclinaison (S. 60° E.) montre qu'il y a encore une cassure entre eux et les schistes précédents : l'existence du *Sp. hystericus* dans ces grès, ainsi que la présence de lits assez riches en fer pour être exploités, rattachent ces grès de Narvata à la zône des *grès de Furada*. Leur épaisseur est ici de plus de 100 mètres, c'est vers le haut que les lits ferrugineux dominent; ces grès forment le cap Narvata presque en entier, l'extrémité seule de ce promontoire montre un faisceau de couches plus récentes, calcaires noirs, incl. S. O., argileux, à veines blanches, avec *Sp. hystericus*, *Tentaculites scalaris*, *Stroph. interstrialis*, (*zône de Nieva*), formant un petit *Outlier* isolé, qui plonge sous les grès de Narvata par suite d'un renversement local des couches. Ce grès de Narvata me paraît former dans l'intérieur des terres une crête continue, il me semble en effet se continuer dans les landes et les sapinières du Monte Merin au Sud de Rañeces où des grès blancs et ferrugineux inclinent à l'ouest. On les observe encore au S. O. dans la Loma de Viono entre Manzaneda et Viono. A l'est du Cap Narvata on repasse sur les grès que l'on avait observés du côté ouest; puis on arrive ensuite de nouveau sur les *Calcaires noirs de Nieva*. Ces calcaires avec veines blanches alternent avec des schistes noirs, très plissés, verticaux; ils ont un beau développement dans ces falaises, d'abord incl. O., puis N. 70° O., puis près Sabugo et Cordero E., puis S. E. et N.-O. Ils m'ont fourni :

Zaphrentis celtica	*Spirifer hystericus*
Cyathophillum Michelini	*Athyris Ferronesensis*
Orthis orbicularis	*Rhynchonella pila*
Strophomena Murchisoni	— *Pareti*

Ces calcaires et schistes de Sabugo appartiennent encore à la *zône de Nieva*; ils sont surmontés dans la baie de Rañeces par un calcaire compacte, gris, un peu dolomitique plissé E. à O., mais à inclaison O. dominante. J'y ai reconnu :

Zaphentis celtica	*Spirifer Trigeri*
Cyathophyllum Steiningeri	*Strophomena Murchisoni*

Sur la rive droite de l'Ens. de Rañeces, on observe les mêmes calcaires de la *zône Ferroñes* avec bancs rougeâtres, formant un petit pli anticlinal dont les deux côtés inclinent également vers l'ouest. A partir de ce point jusqu'à la Punta de Moniello, on suit une série régulière de couches de plus en plus récentes, mais renversées, inclinant en masse vers l'ouest, et montrant les couches les plus récentes sous les plus anciennes. Cette série est la suivante au-delà de la baie de Rañeces :

1. Calcaire dolomitique, gris, à bancs rougeâtres. . . . . 15m.

Cyathophyllum Steiningeri	*Alveolites subæqualis*

2. Calcaire dur, grossier, alternant avec minces couches schisteuses noires incl. N. 70o O. = 70o. . . . . 50m.

Zaphrentis celtica	*Streptorhynchus umbraculum*
Michelinia geometrica	*Strophomena Sedgwickii*
Favosites fibrosa	*Spirifer subspeciosus*
Stromatopora polymorpha	— *paradoxus*
Orthis striatula	*Rhynchonella parallelipipeda*
— *Beaumonti*	*Platyceras priscus*
— *subcordiformis*	

3. Schistes et calcaires bleus à bancs rougeâtres. . . . . 100m.
4. Calcaire encrinitique, sublamellaire, formant des rochers irréguliers . 20m.
5. Schistes et calcaires noirs en petits bancs, à veines blanches, avec bancs de schistes rouges. . . . . 40m.

Zaphrentis Guillieri	*Strophomena bifida ?*
Cyathophyllum Decheni	*Spirifer subspeciosus*
— *cæspitosum*	— *parodoxus*
Pradocrinus Baylei	— *Ezquerræ*
Cyathocrinus pinnatus	*Athyris hispanica*
Actinocrinus muricatus	— *Ferronesensis*
Pentacrinus priscus	*Atrypa reticularis*
Fenestella explanata	*Rhynchonella Orbignyana*
Chonetes crenulata	— *parallelipipeda*
Orthis striatula	*Pentamerus galeatus*
— *opercularis*	— *Oehlerti*
— *subcordiformis*	*Meganteris Archiaci*
Strophomena rhomboïdalis	*Tentaculites scalaris*
— *Sedgwickii*	*Phacops latifrons*

6. Calcaire encrinitique compacte et schistes rougeâtres. . . . . . . 10m.
7. Schistes et calcaires noirs. . . . . 20m.
7. Calcaire gris bleu, clair, dur, compacte, rempli de *Rh. Orbignyana*. . 15m.

Spirifer Ezquerræ	*Rhynchonella parallelipipeda*
Athyris Campomanesii	— *Orbignyana*

9. Calcaire bleuâtre avec nombreux *Spirifer Cabedanus*. . . . . 15m.

Microplasma Munieri
Pachypora polymorpha
— *reticulata*
Alveolites subæqualis
Stromatopora polymorpha
Pradocrinus Baylei ?
Cyathocrinus pentagonus
Orthis striatula
— *opercularis*
Strophomena Naranjoana
Strophomena Dutertrii
— *bifida*
Spirifer Cabedanus
— *aculeatus*
Athyris concentrica ?
— *Pelapayensis*
Rhynchonella cypris ?
Loxonema angulosum
Platystoma ? janthinoides ?

10. Calcaires et schistes calcareux noirs formant la Punta Moniello jusqu'à l'embouchure du Rio de Mazorra ; les bancs calcaires prédominent et sont remplis de polypiers, calcéoles, stromatopores, incl. N. 70° O. = 60°. . . . 70m.

Aulopora serpens
Thecostegites parvula
Metriophyllum Bouchardi
Cyathophyllum Decheni
— *Steiningeri*
Cystiphyllum vesiculosum
Microplasma Munieri
Calceola sandalina
Favosites Goldfussi
— *fibrosa*
Pachypora polymorpha
— *reticulata*
Trachypora elliptica
Monticulipora Torrubiæ
— *Trigeri*
Alveolites suborbicularis
— *Velaini*
Cœnites clathratus
Stromatopora polymorpha
Hexacrinus cf. callosus
Cyathocrinus pinnatus
Fenestella prisca
— *explanata*
Retepora antiqua
Chonetes minuta
Orthis striatula
— *tetragona*
— *Eifeliensis*
— *fascicularis*
Strophomena Sedgwickii
Anaplotheca lepida
Cyrtina heteroclita
— *hispanica*
Athyris Ezquerræ
— *concentrica*
Retzia Adrieni
Atripa reticularis
Rhynchonella Orbignyana
— *Kayseri*
— *cypris*
Pentamerus Oehlerti
Platystoma lineata
Phacops latifrons

Dans cette coupe des falaises de Moniello, je rapporte les couches 1 à 4 à la *zône de*

Ferroñes, 5 à 9 à la *zône d'Arnao*, 10 contient la faune de la base des *schistes à Calcéoles* des Ardennes, et constitue pour cette raison le type d'une zône nouvelle en Asturies, que je désignerai sous le nom de *zône du calcaire de Moniello à Calceola sandalina*. Ce calcaire est limité à l'est de la Punta de Moniello par le petit ruisseau qui descend de Mazorra, au-delà duquel des grauwackes, grès grossiers jaunes rougeâtres, lui succèdent régulièrement; ils inclinent N O. et passent sous la *zône de Moniello* à laquelle ils doivent ainsi être supérieurs par suite du renversement indiqué plus haut. Ces grauwackes sont dépourvues de fossiles, leur épaisseur est d'environ 150m. En poursuivant la coupe vers La Vaca de Luanco (Pl. XVIII fig. 3), on rencontre ensuite des schistes noirs charbonneux et calcaires noirs à veines blanches incl. N. 60° O. = 55°, puis un calcaire gris dolomitique incl. N. O. = 30° alternant avec rares bancs de schistes noirs, pour revenir encore sur les schistes et calcaires noirs précédents qui sont ici diversement plissés et dérangés; il est par suite difficile d'évaluer exactement leur épaisseur que j'ai estimée à environ 150m. Ces calcaires forment les falaises de la Vaca de Luanco où j'ai trouvé :

Metriophyllum Bouchardi
Pachypora polymorpha
— *cervicornis*
Cyathocrinus pinnatus
Entrochus dentatus
Pentacrinus priscus
Productus Murchisonianus
Chonetes minuta
Orthis striatula
— *tetragona*
— *opercularis*
— *Eifeliensis*
Streptorhynchus umbraculum
Strophomena rhomboïdalis
Anoplotheca lepida
Spirifer curvatus
Athyris concentrica
— *Campomanesi*
Atrypa reticularis
Rhynchonella Wohlenbergii
Cryptonella? Schultzii
Platystoma spiralis
Conularia Gervillei
Serpula omphalotes
Phacops latifrons

Cette liste indique que les analogies paléontologiques des *calcaires de la Vaca de Luanco* sont bien plus avec les *schistes à Calcéoles* qu'avec les zônes inférieures du dévonien. Les grès de Rio Mazorra que l'on revoit à la Garita, et sur presque toute cette côte du Peroño, qui domine la ville de Luanco, m'avaient semblé appartenir à la *zone du grès de Furada*; mais ne pouvant me rendre compte des accidents stratigraphiques qui feraient alterner ces grès avec les *schistes à Calcéoles* dans les falaises de la Vaca de Luanco, je suis amené à les considérer comme régulièrement intercalés à ce niveau du terrain dévonien des Asturies. Il y aurait donc eu dans les Asturies, vers la fin de l'époque dévonienne inférieure, des modifications orographiques suffisantes pour arrêter la formation des calcaires, et déterminer un dépôt de couches arénacées, qui se serait continué pendant toute la durée du Dévonien moyen ; je n'ai pas toutefois observé ces grès de la Vaca de Luanco, dans un nombre suffisant de sections pour considérer leur position comme rigoureusement établie. La falaise de la Garita à l'Est de la Vaca de Luanco, est formée de ces mêmes grès avec lits de grauwacke calcarifère, et de schistes, incl. O. = 60°, la couleur dominante est brune, elle devient rouge par décomposition : Ces grès sont très ferrugineux au Nord de Luanco où ils contiennent des tigres d'encrines. Ils paraissent recouverts dans la falaise au Nord de Luanco par 150m de schistes calcareux noirs, verticaux, N. 20° O., à bancs de 0.30 de calcaire bleu noir à veines blanches où j'ai trouvé :

Zaphrentis Guilleri
Cyathophyllum Steiningeri
Pachypora polymorpha
Haplocrinus mespiliformis
Pentremites Pailletei ?
Cyathocrinus pinnatus
Productus Murchisonianus
Orthis striatula
— *Eifeliensis*
Streptorhynchus umbraculum
Strophomena rhomboïdalis
Strophomena interstrialis
Spirifer concentricus
Cyrtina multiplicata
Atrypa reticularis
Platystoma spiralis
Platyceras compressus
— *priscus*
— *undulatus*
Nautilus sp.
Phacops latifrons

Cette faune comme celle de la Vaca a ses plus grandes analogies avec celle des *schistes à Calcéoles* : je les considère ici comme appartenant à la base de la *zône de Moniello*. La présence de quelques nodules siliceux et calcaire-pyriteux dans ces schistes noirs donne à ce niveau une certaine ressemblance avec les *schistes de Llama* du Léon, que je n'ai pu retrouver dans les Asturies.

De Luanco à Candas, le terrain dévonien est recouvert et généralement caché par des formations triasiques et crétacées : à partir de Candas jusqu'à Cabo de Torres, on relève la coupe la plus intéressante du Dévonien des Asturies, la seule qui montre la constitution des divisions moyenne et supérieure de ce terrain (Pl. XVIII fig 3). A Candas les couches incl. S. 40° E. = 50°, et l'inclinaison reste sensiblement la même jusqu'à Peran ; on observe entre ces points la succession suivante que je dois considérer comme régulière jusqu'à preuve du contraire :

1. Grès rouge verdâtre, sombre, alternant avec schistes verts ; les grès deviennent très ferrugineux à la partie supérieure. Ils présentent une grande ressem-

blance avec les *grès de Furada*, mais je crois devoir cependant les rapporter au même niveau que ceux de Peroño . . . . 200m.

2. Schistes calcareux et grès vert, reposant sur les précédents. (Fossiles mal conservés). . . . . 15m.

Zaphrentis Candasii	*Strophomena nobilis ?*
Fenestella prisca ?	*Spirifer cultrijugatus ?*
Strophomena Sedgwickii ?	*Pentamerus globus ?*

3. Schistes calcareux verdâtres, et grauwacke . . . . 40m.

4. Schistes verts micacés avec minces lits de grès verts et de grès ferrugineux . . . . 60m.

Zaphrentis Candasii	*Gosseletia devonica*
Strophomena nobilis ?	

5. Schistes calcareux et grauwacke avec fossiles en mauvais état. . . . 20m.

Zaphrentis Candasii	*Strophomena Sedwickii*
Orthis cf. opercularis ?	*Spirifer paradoxus ?*
Strophomena nobilis ?	— *hystericus ?*

6. Banc de minerai de fer exploité (oligiste oolitique . . . . 5 à 10m.

Syringopora abdita	*Gosseletia devonica*
Pachypora polymorpha	*Arca* sp.
Orthis cf. opercularis	*Nucula* sp.
Strophomena nobilis ?	*Pleurotomaria Larteti*
Spirifer elegans ?	*Bellorophon Sandbergeri*
Pentamerus globus ?	

7. Grès verdâtre et schistes alternants, avec bancs ferrugineux . . . . 50m.

8. Schistes noirs. . . . . 10m.

9. Grès gris et rougeâtre, compacte, incl. S. 40o E. = 40o. . . . . . 20m.

10. Schistes calcareux noirâtres . . . . 10m.

Aulopora serpens	*Spirifer Cabedamus*
Cyathophyllum Steiningeri	*Atrypa reticularis*
Productus Murchisonianus	*Pentamerus globus*
Chonetes minuta	*Pleurotomaria sp.*

Ici s'arrête la série des couches que je rapporte au Dévonien moyen ; les éboulements de la falaise, le mauvais état de conservation des fossiles, la ressemblance des roches avec celles de la base du dévonien de la région rendent cette partie de la coupe obscure et difficile. La couche à *Gosseletia* (No 6) m'a fourni seule des fossiles en bon état, ce sont pour la plupart des espèces nouvelles, sans analogues dans les Asturies ni dans les régions voisines : On y trouve le *Pentamère* lisse (*P. globus* ?) et la grande *Strophomène* (*St. nobilis* ?), signalés à divers niveaux de cette coupe, et montrant entre eux une relation évidente.

Malgré l'absence des fossiles caractéristiques du Dévonien moyen, je vois dans les 400m des couches qui précèdent le représentant dans les Asturies du Dévonien moyen (*Givétien*), parce que les fossiles rencontrés ne sont pas ceux de la faune bien connue du Dévonien inférieur, et parce que ces couches sont immédiatement recouvertes en stratification concordante par des couches que l'on doit rapporter sans hésitation au Dévonien supérieur. On reconnait ces couches en suivant les falaises vers Peran :

11. Calcaire rouge compacte, sublamellaire . . . . 15m.

Amplexus annulatus	*Orthis striatula*
Pachypora Boloniensis	*Athyris concentrica*
Monticulipora Goldfussi	*Atrypa reticularis*
Fenestella prisca ?	*Serpula omphalotes*
Spirifer Cabedanus	*Phacops latifrons*
— *Verneuili*	

12. Calcaire gris . . . . 10m.

Thecostegistes auloporoïdes	*Pachypora Boloniensis*
Acanthophyllum heterophyllum	— *reticulata*
Pachyphyllum devoniense	*Monticulipora Goldfussi*
Cystiphyllum vesiculosum	*Fenestella prisca*

13. Calcaire gris compacte pauvre en fossiles, incl. S. 30° E. . . . . . . 25m.

14. Calcaire gris avec nombreux polypiers dans des lits schisteux intercalés, visibles au sud de la petite baie de la chapelle . . . . 3m.

Aulopora serpens	*Pachypora Boloniensis*
Alveolites subæqualis	— *dubia*

15. Calcaire gris S 30° E. = 40°. . . . . 10m.

16. Calcaire gris avec quelques veines rouges . . . . 10m.

Thecostegites Bouchardi	*Streptorhynchus umbraculum*
Cyathophyllum cæspitosum	*Strophomena Cedulæ*
Acanthophyllum heterophyllum	*Spirifer Candasi*
Pachypora Boloniensis	— *Verneuili*
Monticulipora Goldfussi	— *comprimatus*
Fenestella Boloniana	*Cyrtina multiplicata*
— *Michelini*	— *Demarlii* ?
— *Verneuiliana*	*Atrypa reticularis*
Retepora dubia	*Rhynchonella elliptica*
Crania ? *proavia*	

17. Calcaire gris avec gros polypiers, et un banc formé uniquement de *Sp. Verneuili* S. 30° E. = 50° . . . . 10m.

Cyathophyllum cæspitosum	*Crania ? proavia*
Pachypora Boloniensis	*Spirifer Verneuili*
— *dubia*	— *comprimatus*
Retepora dubia	*Rhynchonella elliptica*

18. Schistes noirs alternant avec petits lits de calcaire et de grès gris ou rouge, nombreux polypiers et *Sp. Verneuili* . . . . 15m.

Amplexus annulatus	*Pachypora Boloniensis*
Cyathophyllum cæspitosum	*Spirifer Verneuili*

19. Grès rouge, sans fossiles, reposant régulièrement sur le calcaire précédent . . . . 25m.

Toutes ces couches de 11 à 19 contiennent *sans mélange* la faune *Frasnienne* des Ardennes, telle qu'elle est connue depuis les travaux de M. Gosselet ; on doit donc les ranger sans hésitation dans le Dévonien supérieur. Cette coupe de Candas établit donc que le Dévonien supérieur est représenté dans les monts Cantabriques par des calcaires marins épais d'une centaine de mètres, et contenant la faune de l'*Assise Frasnienne.*

Les grès rouges sans fossiles (N° 19) épais de 25 mètres, sont un très maigre représentant des étages supérieurs *Famennien et Condrusien* des bassins dévoniens du Nord de la France. Ils sont immédiatement recouverts dans la falaise de Peran par :

20. Calcaire marbre rouge à *goniatites*, (célèbre sous le nom de *griotte*). . 20m.

Zaphrentis . . .	*Goniatites crenistria*
Orthoceras giganteum	

21. Calcaire bleu foncé, compacte, caverneux. avec phtanites, plus cassant que les calcaires dévoniens. . . . . 25m.

22. Grès dolomitique blanc, bleu, rose, gris, jaune, très dur, à stratification indistincte, fendillé dans tous les sens : il forme le cap Peran, où il incline N. E. et présente une disposition synclinale

Au delà de Peran, on passe sur l'autre côté de ce pli synclinal, et on revient successivement en continuant la coupe des falaises sur toutes les couches précédentes. Le calcaire (N° 21) est mieux exposé de ce côté, il présente la disposition suivante de haut en bas :

Calcaire bleu compacte, homogène, siliceux, incl. N. 20° O. = 55°.	
Schistes gris verdâtre.	1.00
Calc. blanc bleuâtre et schistes marneux en petits lits alternes, nombreuses tiges d'encrines	1,10
Schistes marneux rouge, mêmes encrines	0.15

Calcaire gris	0.10
Marne rouge	0.15
Schistes marneux gris	0.15
Calc. bleu avec veines de calcite blanche	4.00
Calc. bleu avec parties rouges	1.00
Calc. marneux rouge avec flammèches verdâtres	20.00
20. Calc. marbre rouge (griotte) à Goniatites exploité dans la baie d'Entrellusa,	25.00

où j'ai trouvé :

Favosites parasitica ?
Lophophyllum tortuosum ?
Cyathaxonia Griottae
Zaphrentis
Poteriocrinus minutus
Chonetes variolata
Spirifer glaber ?
Orthis Michelini
Capulus neritoides
Orthoceras giganteum
Goniatites crenistria
Phillipsia Brongniarti

Cette faune du *marbre griotte* appartient comme je l'ai précédemment montré(1) au calcaire carbonifère ; le calcaire bleu à encrines (N° 21) qui le recouvre, fait à plus forte raison partie de ce terrain, il représente ici notre niveau du *Calcaire des Cañons*. Il est ainsi réduit à la faible épaisseur de 28 à 30 mètres, et surmonté immédiatement par des couches arénacées, ou dolomitiques carbonifères. Les petites couches de houille du Monte Areo signalées par Schulz (p. 48), à l'est d'Avilès, entre Serin et Tamon, forment la continuation très probable de ce synclinal carbonifère de Peran, et il y a évidemment lieu de faire dans l'intervalle des recherches attentives sur la richesse de ce petit bassin. Le marbre griotte (N° 20) repose de même de ce côté sur des grès rouges (N° 19) dont l'épaisseur m'a paru d'environ 40 mètres ; sous ces grès affleure la série épaisse de 100 mètres des calcaires du Dévonien supérieur à *Sp. Verneuili*, que l'on suit jusqu'à la Punta de Socampo, sous une inclinaison constante N. 20° O. Ils reposent dans les falaises à l'est de la Punta de Socampo sur des grès ferrugineux, rappelant ceux de Candas ; mais le terrain dévonien est recouvert à partir de ce point par d'épaisses couches de poudingues rouges triasiques, et ce n'est qu'à marée basse qu'on pourra chercher à compléter de ce côté cette intéressante coupe de Candas.

En suivant le haut des falaises on arrive à Cabo de Torres sur des couches rapportées par M. G. Schulz au terrain dévonien, et qui sont sur sa carte les derniers affleurements de ce terrain vers l'est des Asturies. Cabo de Torres est une énorme masse de grès et de quarzites, épaisse de 200 à 300^{m}, blancs ou roses, sans relations stratigraphiques immé-

(1) Ann. soc. geol. Nord, T.VI.

diates, et incl. N. 60° O. = 55°, à N. 30° O. = 70°; tout le Cap Orrio est formé par ces mêmes grès, où on ne distingue que quelques lits intercalés de schistes et de poudingues à petits éléments. On suit ces grès dans toute la Sierra de Torres, à la station de Veriña ils sont blancs et quarzeux, au N. O. de ce point près du pont, ils deviennent rougeâtres, bariolés, incl. N. 20° O, puis incl. N. 50° O. = 50°, puis encore incl. N. 20° O. et de plus en plus ferrugineux : certains bancs sont même exploités sur cette grand'route, vers le sommet de ce massif. Un peu au-delà, en approchant de Carrio, schistes grossiers avec minces bancs calcaires à encrines dévoniennes, incl. N. 20° O. — Cette superposition dans la vallée du Rio Aboño, des calcaires dévoniens au grès ferrugineux de Cabo de Torres, m'a décidé à en rapporter au moins la partie supérieure, à notre zône du *grès de Furada*.

3. Coupe de la vallée du Rio Nalon (Pl. XIX. fig. 3.) : Le Bas-Nalon est le fleuve par lequel se rendent à la mer toutes les eaux de la région dévonienne des Asturies : il est donc le chemin naturel tracé pour étudier ce massif. Malgré cette magnifique tranchée, il est très difficile de se rendre exactement compte de tous les dérangements subis par ces terrains.

Le Nalon se jette à la mer dans la Ria de Pravia au milieu de couches siluriennes déjà décrites, et auxquelles je rapporte encore les quarzites de Monte Agudo et de la Sierra de Gamonedo. (Ces quarzites verticaux N. O. appartiennent au *grès de Cabo Busto à Scolithes*). Ils butent par faille au sud contre les calcaires dévoniens incl. S. E. ; la faille dirigée d'Agones à Cabos suit ensuite la Ria de Pravia qui lui doit sans doute son origine. Le calcaire dévonien de los Cabos est bleu foncé avec veines blanches : il incl. du N. O au S. E. présentant ainsi de nombreux plis dans les mêmes niveaux inférieurs, jusque vers Agònes ; à Pravia, calcaire plus schisteux, brunâtre, rougeâtre, avec polypiers. Sur la rive droite on arrive par suite plus tôt sur le terrain dévonien que sur la rive précédente; en effet aux environs de Castillo de Muro sont des schistes gris et rouges, des grès de la zône du *grès de Furada* ; ce grès est très ferrugineux près de là à la montagne de Cuenza où j'ai trouvé *Sp. hystericus*. Près de là, à Santiago, schistes et calcaires bleus noirs du dévonien inférieur

Au Sud de Pravia, la Sierra de Birabeche est dans le grès rose de la *zône de Furada* incl. S. 20° E. ; il est recouvert à Beifar par des calcaires bleus à *Stromatopores*, avec schistes et calcaires rougeâtres, appartenant au Dévonien inférieur et formant la moitié d'un pli synclinal dont le centre est à Fenolleda. Ces calcaires de Fenolleda sont rouges et bleus, schisteux, encrinitiques ; ils m'ont fourni les fossiles suivants que je rapporte à la *zône d'Arnao à Sp. cultrijugatus* :

Cyathophyllum Decheni
Cystiphyllum vesiculosum
Michelinia geometrica
Pachypora reticulata
Pradocrinus Baylei
Cyathocrinus pinnatus
Rhodocrinus pinnatus
Fenestella explanata
Orthis striatula
Strophomena Naranjoana
— *Murchisoni*
— *interstrialis* ?
— *bifida*
Spirifer Candasii
— *Trigeri*
— *nov. sp.*
Athyris Ezquerræ
— *concentrica*

De Fenolleda à San Roman, calcaire encrinitique rouge lie-de-vin du même niveau, puis on passe sur la moitié sud du pli synclinal, à couches plus anciennes (N. O.), schistes et calcaires à *Atrypa reticularis, Stroph. Murchisoni*; puis calcaires bleus et schistes rouges au N. de San Roman, incl. N. 50° O. où l'on revient sur la *zône d'Arnao à Sp. cultrijugatus* :

Zaphrentis celtica
Favosites Goldfussi
Trachypora elliptica
Monticulipora Torrubiæ
Ceramopora sp.
Orthis striatula
— *orbicularis* ?
Streptorhynchus subumbraculum
Strophomena Sedgwickii
Spirifer sp.
Athyris Ferronesensis
Atrypa reticularis
Rhynchonella Orbignyana
— *cypris*
— *Letissieri*
Pentamerus Oehlerti

San Roman est construit sur une crête de grès ferrugineux verdâtre, incl. N. 80° O. = 90°, distincte des grès de la *zône de Furada* par sa faible épaisseur et l'absence au voisinage de la *zône de Nieva* ; ce grès rappelle celui de Luanco. Il est limité au sud par un calcaire dolomitique jaune rosé épais de 15^m^, puis par des calcaires bleu clair à *Stromatopores, At. reticularis, Athyr. concentrica* (70^m^), incl. N.60° O.=60°. L'inclinaison reste longtemps la même vers Grullos, on traverse près de 200^m^ de schistes et calcaires bleu et rouge, présentant plusieurs petits plis parallèles près du Pont de Grullos, où j'ai ramassé dans des schistes et calcaires bleus (S. E.) :

Aulopora tubæformis
Favosites Goldfussi
— *fibrosa*
Monticulipora Torrubiæ
Ctenocrinus sp.
Orthis striatula
Spirifer paradoxus
Athyris Ferronesensis
Rhynchospira Guerangeri
Rhynchonella Douvillei

Ce calcaire est un peu inférieur à celui de San Roman, et renferme la faune de la *zône de Ferroñes ;* il est recouvert par des bancs encrinitiques rouge lie de vin exploités à Grullos, incl. S. 30° E, qui passent à leur tour vers le pont au sud, sous des calcaires gris bleuâtres, avec nombreux polypiers et stromatopores *de la zône de Moniello?* Un nouveau pli synclinal rendait l'inclinaison N. O. avant d'arriver au pont, et on passe donc sur des schistes et calcaires rougeâtres, puis bleuâtres, en approchant de Murias, où ils m'ont fourni :

Zaphrentis celtica	*Spirifer hystericus*
Stromatopora polymorpha	*Rhynchonella pila*

Ils sont plus anciens que les précédents et appartiennent au sommet de la *zône du calcaire de Nieva.* Ces calcaires incl. N. 60° O. se prolongent jusque vers Aguëra, ils sont presque verticaux, et quelques lits seulement tombent au S. E. ; ils m'ont fourni à Aguëra :

Strophomena Murchisoni	*Athyris Ferronesensis*
Spirifer Trigeri	

Ils appartiennent à la *zône de Ferroñes,* et se poursuivent avec la même inclinaison N. 70° O. dominante vers Cuero, où des calcaires bleus schisteux en petits bancs avec *Orthoceras crassum* et *Encrines* représentent la *zône de Nieva.* Ils reposent sur les grès blancs et roses de la *zône de Furada,* bien exposée ici près du Pont de Peñaflor, incl. O. = 70°, ils alternent avec des schistes à leur partie supérieure où il y a aussi des bancs ferrugineux exploités.

De Grado (Pont de Peñaflor) deux routes se rendent à Oviédo, l'une sur la rive gauche, l'autre sur la rive droite du Rio Nalon ; nous les décrirons successivement, ces deux coupes se complétant l'une l'autre. On constate sur la rive gauche que le grès de Peñaflor forme un pli anticlinal, l'inclinaison O. devient N. 10° E. = 45°, et les couches oligisteuses de leur partie supérieure sont exploitées à Anzo ; ils sont recouverts par des schistes noirs avec lits de calcaire bleu foncé, à veines blanches, du dévonien inférieur. Ces schistes et calcaires ont des inclinaisons variables N. 20° O. = 80°, S. 30° E. = 60°, etc., ils sont très dérangés ; on reconnait bientôt les calcaires bleus à *Stromatopores* de la *zône de Ferroñes,* sans doute arrêtés de ce côté par une faille, et immédiatement suivis par des grès vert rougeâtre incl. N. 40° O. = 80° : Ils représentent à mon sens, les grès signalés à Peran au sommet du dévonien (*grès de Cué*), car les couches qui leur succèdent appartiennent au carbonifère : ces couches forment ici un synclinal, de l'embouchure de la Llera à la Fabrique de Trubia. Leur inclinaison dominante est au N. O., mais présente de grandes variations ; à Llera ce sont des calcaires bleus compactes à veines blanches alternant avec des schistes gris grossiers, puis au delà calcaires gris blancs ou jaunâtres dolomitiques compactes ou caverneux, épais d'environ 100m, incl. S. 20° E. à N. 20° O., puis calcaires gris bleus compactes plissés; et suivis jusqu'à Oezio par des schistes et grauwackes gris bruns, plissés du S. E. au N. O. contenant des débris de *Productus* et *d'Encrines*, et alternant avec despsammites grossiers et des macignos : on ne peut hésiter à rapporter ces couches fossilifères au terrain carbonifère, bien qu'elles soient rapportées par M. Schulz au terrain dévonien. Vers Bercio, grès blanc incl. N. 20° O. = 60°, puis sables blancs et poudingues à galets de quarzite rappelant les poudingues houillers de Mieres; Bercio est bâti sur les calcaires jaunes dolomitiques déjà cités, qui se relèvent de ce côté. On revient ensuite sur des calcaires bleus assez foncés, des schistes avec lits de grauwacke et de calcaire rougeâtre, incl. S. E. = 70°, bleu, gris ou noduleux. Ce n'est qu'à la fabrique de Truvia que l'on arrive de nouveau sur les schistes et calcaires à fossiles dévoniens bien caractérisés : ils sont toujours très plissés du N. 20° O. au S. 20° E. et on recoupe plusieurs fois les mêmes couches à l'est de Truvia jusqu'à la borne kilométrique 8 où elles sont recouvertes par les terrains secondaires. J'ai trouvé dans ces calcaires dévoniens à l'est de Truvia, les fossiles suivants de la *zône de Ferroñes* :

Monticulipora Torrubiæ	*Orthis Beaumonti*
Strophomena Murchisoni	*Spirifer paradoxus*
— *Sedgwickii*	*Athyris Ferronesensis*

Au Sud de Truvia, mêmes schistes et calcaires bleus dévoniens, très plissés, incl. N. 20° O. à S. 20° E. jusqu'à la Vega de Rivadeo. En remontant le Rio Truvia, au sud de la Vega, calcaire bleu et schistes incl. N. O.; à Peravia schistes bleus et lits calcaires bleu-rougeâtre, incl. S. 70° O. = 10°; à San Andres, schistes et calcaires bleu-verdâtre avec bancs rougeâtres encrinitiques, incl. S. 40° E. = 80° ; au-delà vers la crête de la Buanga calcaire bleu clair compacte avec points de calcite transparente S. 40° E. = 60°, ressemblant par ses caractères lithologiques au *calcaire de Moniello*. Il est recouvert en stratification concordante par des grès rouge et gris (50m); par des schistes avec grauwacke (60m); par du grès rouge 10m; par du calcaire gris bleu sublamellaire à encrines (30m); et enfin par le *Marbre rouge griotte à goniatites* formant ici la base du terrain carbonifère.

Le même Rio Trubia montre une autre coupe analogue à la précédente, à la limite des terrains dévonien et carbonifère, vers Caranga et Santullano; nous y reviendrons en traitant du terrain carbonifère qu'il est surtout intéressant d'étudier dans cette vallée.

La deuxième route de Grado à Oviedo, suit la rive droite du Rio Nalon: Elle se confond avec la première jusque près du pont qui mène à Valduño sur la rive gauche. Elle montre donc au delà de Peñaflor les schistes et calcaires déjà décrits du dévonien inférieur ; ces calcaires bleu-rougeâtre, encrinitiques vers leur partie supérieure, m'ont fourni près du pont (incl. N. O.) les fossiles suivants :

Rhinopora	*Athyris Ferronesensis*
Spirifer elegans	— *Campomanesii*
— *Trigeri*	

Je rapporte ces fossiles à la *zône de Ferroñes*. Cette couche étant suivie immédiatement sur la rive droite par des grès verts et rouges avec lits de schistes grossiers recourbés en un pli anticlinal à inclinaisons O. et E., est ici aussi limitée par la faille déjà indiquée. Au-delà de ces grès on arrive en effet à Valduño sur des calcaires carbonifères; ce sont des calcaires bleu foncé, homogènes, incl. N. O., ils sont succédés à Premoño par des dolomies d'un blanc rosé incl. O., puis par des calcaires dolomitiques gris, incl. O. jusqu'au ruisseau de Molinon qui coule dans des schistes et grauwackes houillers, incl. O. = 90°. On passe sur l'autre rive de ce ruisseau de Molinon, sur des rochers compactes à stratification confuse, de calcaire carbonifère bien caractérisé, il alterne au-delà avec des bancs de dolomie, incl., N. O. = 90° jusqu'au delà de Sienra. Les constructions de ce village contiennent de nombreux blocs de marbre rouge *griotte* qui forme pour la base du carbonifère un répère si précieux, l'exploitation est près de là, à Rañeces, sur la hauteur.

En montant à la Venta de Estamplero, on arrive comme à Trubia sur des schistes et grauwackes rouge-brun, incl. N. 80° O. = 55°, alternant bientôt avec des grès bigarrés, ferrugineux, incl. N. 55° O. = 55°, que je rapporte au sommet du dévonien. Ils paraissent reposer à l'est vers Gallegos sur des calcaires gris-rose, bleu, incl. N. 50° O. = 50°, sans fossiles, qui me paraissent assez élevés dans le terrain dévonien inférieur ; les calcaires alternent avec des schistes gris et rouges, ils deviennent coralliens et encrinitiques vers Loriana (*zône de Ferroñes*) où ils se plissent E. et présentent jusqu'à la Sierra de Naranco des accidents bien compliqués sur lesquels je reviendrai plus tard.

4. Coupe de la vallée du Rio Narcea : J'ai commencé cette coupe aux environs de Belmonte sur le Rio Pigüeña affluent du Rio Narcea. Belmonte est bâti sur des calcaires schisteux bleus de l'âge du dévonien inférieur, incl. S. 30° E., on les suit dans la vallée jusque près Posadorio, où ils font plusieurs petits plis. Le plus bel affleurement est au nord de la ville, le sentier qui mène à Grado s'élève lentement sur les tranches des calcaires bleus (*zône de Ferroñes*) qui forment de ce côté une crête escarpée.

L'incl. S. 50° E. = 80° se poursuit assez longtemps ; les calcaires alternent ensuite avec des schistes, et avec des calcaires encrinitiques rouges, et il y a ici de nombreux plis incl. S. E. à N. O. — Vers las Cruces, calcaire bleu foncé noirâtre à veines blanches, qui bute contre le silurien relevé par la faille du Pedrorio.

La vallée du Pigüeña reste dans les couches siluriennes de Posadorio à Fontoria, où affleurent de nouveau avant le Pont de San Cristoval, des schistes et calcaires bleus dévoniens, incl. N. 20° O = 80°. Ils alternent avec des schistes gris à San Cristoval, incl. S. 40° E. = 40° ; calcaires encrinitiques incl. S. 20° E. à San Martin ; calcaires encrinitiques incl. N. 20° O. au N. de Lodon, où la vallée est ainsi anticlinale. A l'Hospital, calcaire bleu incl. S. 30° E. =40° ; à San Bartolomé, calcaire gris rose, et calcaire bleu, incl. N. 20° O.; à Pomarada, calcaires schisteux bleuâtres incl. S. E., puis N. 30° O. vers Requejo. C'est à Pomarada que j'ai trouvé le rare *Hadrophyllum conicum* avec *Spirifer paradoxus*, *Atrypa aspera*, dans des couches que je rapporte à la *zône de Ferroñes*, avec la plupart de celles qui forment cette partie du Rio Narcea. On s'élève cependant dans la série au N. O. de Pomarada, au N. de Requejo calcaires bleus à grands *Favosites* incl. O., recouverts vers Santiago par des grès gris rougeâtre alternant avec schistes incl. N. 80° O. = 70°. Ces grès de Santiago appartiennent autant qu'on peut en juger en l'absence de fossiles à la zône du *grès à Gosseletia*. Ils sont recouverts près Barcena par des calcaires sublamellaires rougeâtres, dolomitiques, et des calcaires bleus moins magnésiens, incl. N 80° O. = 90°; ces calcaires sont peu épais, et au-delà du Puente à l'embranchement des 2 routes grès verdâtre, blanc, rouge, avec tiges d'encrines, incl. N. 80° O. = 75°, jusqu'à Cornellana, et de même âge que ceux de Santiago. Je n'ai pas continué au delà vers le nord cette coupe du Rio Narcea, toujours parallèle ou oblique aux couches, et qui jamais ne les traverse perpendiculairement ; j'ai préféré remonter à Cornellana la vallée de la Nonaya, ouverte normalement aux couches.

5. Coupe du Rio Nonaya ; Le Rio Nonaya prend sa source dans le terrain cambrien, et traverse bientôt ensuite la grande gorge ouverte dans le *grès de Cabo-Busto*, déjà décrite à l'ouest de Salas. Ce grès silurien est limité brusquement à l'est par une faille, qui amène à son contact des schistes et calcaires bleus dévoniens, incl. N. 40° E = 30°. On reste sur ces mêmes schistes et calcaires bleu noir, plissés, jusqu'à Salas. Je n'ai malheureusement pas trouvé à Salas d'assez bons fossiles, pour déterminer l'âge des couches dévoniennes qui forment ici la base de la série (*zône de Ferroñes ?*). A l'est de Salas, schistes calcareux gris, bruns (E.), puis calcaires bleus schisteux, incl. E. = 50°, puis schistes et calcaires encrinitiques rouges (*zône d'Arnao à Sp. cultrijugatus*), puis à Casazorina schistes noir, bleuâtre, calcareux, incl. E. = 35°, très fossilifères, que je rapporte à cette même *zône d'Arnao* :

Combophyllum Leonense	*Anoplotheca lepida ?*
Aulacophyllum Schlüteri	*Spirifer subspeciosus*
Cyathophyllum Decheni	— *Cabedanus*
Pachypora polymorpha	*Athyris hispanica*
— *reticulata*	— *Ezquerræ*
Favosites fibrosa ?	— *Campomanesii*
Strophomena Dutertrii	— *undata ?*
— *bifida*	*Conocardium clathratum*

Un détour de la route ramène au-delà de Casazorina sur les calcaires encrinitiques rouges, inférieurs à ces schistes ; on passe bientôt ensuite sur un calcaire dolomitique jaunâtre (25^{m}), auquel succède une importante série arénacée. Cette série est formée de grès vert rougeâtre, épais de 110^{m}, avec tiges d'encrines, de schistes et grès alternants, incl. S. 50° E. = 70° jusqu'à Villazon, puis enfin de grès blanc ; elle appartient au Dévonien moyen déjà signalé avec ces mêmes caractères à Luanco et Candas, où se trouve le *banc à Gosseletia.* Au-delà, calcaire bleu noirâtre à veines blanches, incl. S. 50° E. = 70°, avec bancs schisteux gris-noir, je n'y ai malheureusement pas trouvé de fossiles, mais crois qu'on y découvrirait la faune à Calcéoles. Ils sont immédiatement suivis vers Espinedo par des schistes et grauwackes compactes, plissés en divers sens, identiques à ceux que nous avons signalés dans les falaises au nord de Luanco. A l'Est d'Espinedo, banc de grès blanc épais de 30^{m}, incl. N. 80° O. = 90°; puis calcaire bleu à polypiers incl. N. 70° O. = 90°; puis quarzites, schistes et grauwackes jusqu'à Cornellana où on arrive sur les grès rougeâtres, verts, blancs, avec tiges d'encrines, incl. N. 70° O. = 90°, déjà rapportés aux *grès de Candas.* Le calcaire à polypiers que nous venons de citer entre Cornellana et Espinedo mérite une attention spéciale, il est au sommet des couches de cette région, où il forme le centre d'un petit pli synclinal ; c'est le plus beau récif corallien que j'aie vu dans le Dévonien des Asturies, j'y ai ramassé des fossiles que je n'ai trouvés nulle part ailleurs

Cyathophyllum hypocrateriforme	*Phillipsastrea Torreana*
Acervularia cf. Pradoana	*Alveolites denticulata*
— *Ræmeri*	

Je considère ce calcaire de Cornellana commè appartenant à la base du Dévonien supérieur (*zône de Candas*) des Monts Cantabriques.

Le grès de Cornellana affleure encore sur la rive droite du Rio Narcea, il y est limité à l'est par le même calcaire gris dolomitique, déjà signalé au N. de Barcena. On rencontre au-delà sur la route de Grado des calcaires bleus homogènes, N 20°O. puis N.70° O. = 80°; puis des schistes calcareux bleuâtres ; puis des calcaires schisteux rougeâtres avec encrines ; à Cabruñan schistes calcareux grisâtres, incl. N. 60° O.= 85° avec *Cyathocrinus pentagonus*. Je crois tous ces calcaires de l'âge de la *zône de Ferroñes*. Au-delà, schistes et calcaires rougeâtres encrinitiques, incl. O = 50° reposant sur une crête de grès blanc, incl. O. 45°, sur laquelle est bâtie Villapanada et qui se continue jusque près de Grado. Je n'ai pas battu ce district avec assez de soin pour indiquer la continuité de ce grès de Villapanada avec le *grès silurien à Scolithes* de Pedrorio : On sait que M. G. Schulz(¹) et tous ceux qui ont étudié ces régions ont déjà insisté sur la difficulté d'y distinguer lithologiquement les grès de la base du Silurien, des grès de la base du Dévonien.

6. Coupe de la vallée du Rio Cubia : Le Rio Cubia est un affluent du Rio Nalon, auquel il se réunit un peu au N. de Grado : les couches dévoniennes sont recouvertes par des dépôts plus récents au voisinage de cette ville. Il faut remonter la vallée jusqu'à Llontrales pour arriver sur un calcaire bleuâtre incl. N. O. = 55°, on passe ensuite sur un calcaire rougeâtre ferrugineux encrinitique, incl. N. 50° O = 80°, puis sur des calcaires et schistes noirs. Le calcaire rougeâtre m'a donné les fossiles suivants dans une petite rivière près du pont :

Cyathocrinus pinnatus
Orthis orbicularis ?
Spirifer subspeciosus
Spirifer paradoxus
— *Paillettei*

Je rapporte ce calcaire à la *zône de Ferroñes* ; il est suivi au sud de schistes et calcaires grossiers, incl. S. 50° E. = 90° plus récents, puis de schistes rougeâtres et calcaires bleus rougeâtres jusqu'à Villanueva où j'ai trouvé :

Zaphrentis celtica
Monticulipora Torrubiæ
Orthis Beaumonti
Spirifer subspeciosus
— *paradoxus*
Athyris hispanica
Atrypa reticularis
Rynchonella Orbignyana
— *parallelipipeda*
Pentamerus Oehlerti
Meganteris Archiaci

Ces calcaires appartiennent à la base de la *zône d'Arnao à Cultrijugatus*. Vers

(1) *G. Schulz* : Descrip. geol. de Asturias, p. 35-37.

Salcedo, Pereda, schistes et calcaires, bleuâtres, incl. S. 20° E.; on passe au-delà sur des calcaires gris avec points de calcite blanche transparente, assez caractéristiques du sommet du Dévonien inférieur. Ils inclinent S. 20° E. = 70° ; ces calcaires gris contiennent au Sud de Villanueva des bancs de *Stromatopores*, puis dans la montagne vers Panizal des lits gris-rouges dolomitiques. Au pied de la colline de Panizal, couche de 15m de dolomie rouge ferrugineuse ; les calcaires gris-bleuâtres qui inclinaient S. 25° E. inclinent au delà de Panizal N. 40° O. = 80° ; je les fais rentrer avec doute dans la *zône du calcaire de Moniello*, n'y ayant pas trouvé de fossiles. Ces calcaires inclinent toujours N. 30° O. vers Rañeces, on passe donc dans cette direction sur des couches inférieures ; à Rañeces schistes et calcaires gris-rougeâtre, en petits lits alternants, que je rapporte d'après les fossiles trouvés à la *zône de Ferroñes* :

Pachypora polymorpha
— *reticulata*
Microplasma Munieri
Stromatopora polymorpha
— *verrucosa*
Streptorhynchus umbraculum
Strophomena Murchisoni
Athyris concentrica
— *subconcentrica*

7. **Coupe des environs de Ferrones** : Cette localité, célèbre dans l'histoire du terrain dévonien, fut découverte en 1845 par Paillette (1) qui en fournit à de Verneuil et d'Archiac de nombreux fossiles ramassés à Ferroñes même, et dans les points voisins de Pelapaya, San Pedro, Detras de la Peña, etc., Paillette reconnut que par suite « d'un bouleversement assez notable des couches, on voit reposer au toit de la houille, d'une façon assez uniforme et en suivant toutes les inflexions dont parle M. G. Schulz dans le n° 11 du Bulletin officiel des Mines, de grandes nappes calcaires entremêlées de petits lits de calcaire argileux rempli de corps organisés. Des Pentremites, des Terebratules, des Spirifers un peu brisés, sont avec des polypiers souvent énormes, ce qui se présente le plus abondamment dans la masse. La plus grande partie de ces fossiles se répète dans tous les calcaires un peu argileux du fond de la vallée, (derrière la maison) de Monte Agudo, et le long des pentes ou ravins au-dessus du presbytère. Ils nous forcent à considérer ces terrains comme contemporains des formations analogues et déjà connues de Boulogne-sur-mer, de Néhou en Normandie, d'Izé et de Gahard en Bretagne, et peut-être à ceux de l'Eifel. » (*l. c.* p. 443).

Paillette a déjà représenté les coupes (fig. 3, 4. pl. XII) des bassins houillers de

(1) *Paillette* ; Rech. sur quelques-unes des roches qui constituent la province des Asturies, B. S. G. F., T. 2., 2e Sér. p. 439.

Ferroñes et de Santo-Firme : la coupe de Ferroñes montre nettement les calcaires dévoniens (N O.) eposant sur les schistes houillers.

Les empreintes ramassées par moi dans ces schistes, appartenant d'après MM. Grand-Eury et Zeiller à la flore des *Terrains houillers moyen et supérieur*, il est évident comme on peut s'en convaincre du reste sur le terrain, que ces faisceaux de couches discordantes entre elles, sont de plus séparés par une faille oblique, descendant vers le N. O. Je ne rendrai pas les coupes de M. Paillette, qu'il est difficile de donner plus exactement en l'absence de plan topographique assez détaillé. Je m'occuperai seulement ici de la succession des couches dévoniennes des environs de Ferroñes : les couches les plus anciennes de ce terrain affleurent au sud du village de Ferroñes, et au contact du terrain houiller, ce sont des calcaires compactes alternant avec des lits de calcaire argilo-schisteux, encrinitique (incl. N. O. variable), contenant les fossiles suivants :

Thecostegites parvula
— *auloporoïdes*
Zaphrentis celtica
Cyathophyllum ceratites
— *Michelini*
Pachypora cervicornis
— *cornigera*
— *reticulata*
Monticulipora Torrubiæ
Pentremites Paillettei
— *Schultzii*
Cyathocrinus pinnatus
Rhodocrinus crenatus
Entrochus dentatus
Fenestella explanata
Orthis orbicularis
— *bifida*
Spirifer concentricus
— *subspeciosus*
— *paradoxus*
— *Cabedanus*
— *Cabanillas*
Cyrtina hispanica
Athyris hispanica
— *concentrica*
— *Ferronesensis*
— *Campomanesii*
— *subconcentrica*
Rhynchospira Guerangeri
Retzia Adrieni
Rhynchonella Douvillei
Conocardium clathratum
Orthoceras Jovellani
Serpula omphalotes

L'examen de cette liste montrera qu'un certain nombre des espèces reconnues sont nouvelles pour la localité, n'ayant pas été citées par de Verneuil et d'Archiac (1). Leur liste contient au contraire des espèces qui nous ont échappé : les unes, comme *Strophomena Murchisoni*, *Spirigera Ezquerræ*, *Spirigera Pelapayensis*, *Retzia Oliviani* parce que

(1) *De Verneuil et d'Archiac* : B. S. G. F., T. 2., p. 458.

nos recherches ont sans doute été trop rapides; les autres, comme *Spirifer Verneuili*, *Stroph. Dutertrii*, *Atrypa reticularis*, parcequ'elles se trouvent sans doute dans des couches plus élevées, visibles à l'ouest de Ferroñes ?

Il y a en effet à l'ouest de cette localité, un escarpement calcaire, allant de Peña à Areñas, et formé de couches calcaires dévoniennes, régulièrement incl. N. O. = 30° : Les couches inférieures sont les mieux exposées, nous donnerons donc la coupe de bas en haut :

Schistes grossiers calcareux, grisâtres, contenant la *faune de Ferroñes*; ils forment le fond de la vallée.

Au dessus, schistes gris-bleus calcareux, et calcaire marneux bleu en bancs de 0,50 . . . . 10m

Syringopora abdita	*Orthis orbicularis*
Cyathophyllum Michelini?	*Anoplotheca lepida*
Athyris cervicornis	*Spirifer Cabanillas*
Pachypora reticulata	*Athyris concentrica*
Alveolites reticulata	— *undata*

Schistes bleu clair. 8m

Pachypora cervicornis	*Athyris concentrica*

Schistes bleu grisâtre, bancs de 0,30 de calcaire bleu foncé à la base 12m

Pachypora reticulata

Calcaire jaunâtre noduleux, gris, sans fossiles, considéré comme formant le sommet de la zône de Ferroñes 10m

Schistes rougeâtre, environ. 30m

Il y a ici une dépression, couverte par la végétation, et où je fais commencer la *zône d'Arnao à Spirifer cultrijugatus*, assez mal caractérisée en ce point.

Calcaire très compacte gris bleu, avec minces infiltrations rouges entre les bancs. 15m

Favosites reticulata

Calcaire moins compacte, argileux, avec nodules calcaires alignés 20m

Pachypora polymorpha	*Alveolites suborbicularis*
— *dubia*	*Stromatopora polymorpha*
— *reticulata*	

Calcaire gris bleu compacte avec bancs formés entièrement de *Stromatopora* et représentant sans doute la base des calcaires de Moniello 10m

Calcaire gris bleu compacte avec les nombreux petits grains de calcite transparente, ordinaires à la zône de Moniello 25m

Calcaire gris bleu compacte comme le précédent, alternant avec de gros bancs de même nature de calcaire rosé 30m

Calcaire gris bleuâtre compacte, inabordable.

La présence du *Sp. Verneuili* à Ferroñes, signalée par de Verneuil, peut faire supposer que le niveau de cette espèce est représenté au haut de ces escarpements, dans des calcaires situés au sommet de la série et que je n'ai pu étudier. Je n'ai jamais quant à moi ramassé cette espèce dans le dévonien inférieur des Asturies, elle m'y a au contraire semblé limitée au dévonien supérieur (*zône de Candas*) comme dans tous les autres bassins dévoniens.

Dans cette partie des Asturies, il y a également des couches arénacées dans le dévonien, aux environs d'Arlos, de Molleda, par exemple; mais il est ici plus difficile encore que dans la région occidentale, de voir leurs relations avec les couches encaissantes, à cause du développement des formations triasiques.

8. Coupes des environs d'Oviédo : On peut relever diverses coupes dans le terrain dévonien, aux environs de la ville d'Oviédo ; elles présentent toutefois de grandes difficultés dûes aux bouleversements qui les ont affectées, et aux formations secondaires qui les recouvrent par places. M. G. Schulz a très bien indiqué sur sa carte les deux *inliers* formés dans cette région par le terrain dévonien, au milieu des couches plus récentes : le premier au sud d'Oviédo, suit le cours du Rio Nalon de Soto à Paranza ; le second, au nord d'Oviédo, forme la montagne de el Naranco et est séparé du premier par une bande de terrain crétacé.

On fait facilement une coupe transversale de l'*inlier* méridional en suivant la grande route de Cruces au tunnel d'Olloniego : les couches sur ce petit parcours sont très dérangées. Je considère la crête de el Pando que longe assez longtemps la route comme formée de calcaire carbonifère gris-bleu, vertical, plissé incl. O. à S O. — Immédiatement sous ce calcaire affleure très près de la route le calcaire rouge *griotte*, de la base du carbonifère, il est vertical, incl. N. 20° O. à N. O, et passe sous le précédent. Ce *marbre griotte* repose sur des schistes et calcaires gris, rouges, bleus, verticaux (N. O.) appartenant au terrain dévonien, et dans lesquels la route reste longtemps ouverte.

En se dirigeant au nord, on passe vers Cruces sur des couches de plus en plus anciennes : schistes arénacés jaunâtres, grauwackes, grès rouges, incl. S. 45° E. à S. 10° E., avec minces lits de calcaires argileux. Il y a dans le grès rouge des lits oligisteux exploités ; je ne puis en l'absence de tous fossiles les rapporter au *grès de Candas à Gosseletia*. A Cruces, calcaire bleu S 30° O. alternant encore avec schistes et grès rouges, ferrugineux ; ils sont recouverts et cachés au delà par le terrain crétacé.

En se dirigeant au sud de el Pando, on trouve également sous le *marbre griotte*, des alternances de schistes, grès, calcaires dévoniens, incl. N. 20° O. = 90°, jusqu'au pont de Picobiaza ; ils sont plissés au-delà du pont, incl. S. 10° E., les grès dominent jusqu'à la station d'Olloniego où comme le pensait Schulz il doit y avoir une faille. Les couches de la tranchée du chemin de fer sont en ce point contournées, des schistes rouges alternent avec des couches plus dures, recouvertes par du marbre rouge à aspect de *griotte*, surmonté à son tour par du calcaire bleu sans fossiles, exploité comme pierre à chaux (*calcaire carbonifère* S. 30° E.) et qui passe sur les schistes et grauwackes grossières à végétaux houillers du tunnel.

La Sierra del Naranco au Nord d'Oviédo, montre également de très beaux affleurements, mais les relations des couches y sont aussi difficiles à comprendre qu'aux environs d'Olloniego. Le pied méridional del Naranco est formé par les terrains secondaires d'Oviedo ; on arrive immédiatement en s'élevant sur cette côte sur des calcaires bleu-clair, sans fossiles, avec nombreux petits points de calcite transparente, incl. N. 60° O. = 45°, rappelant la roche de la *zône de Moniello à Calcéoles*. Au-dessus, calcaire bleu clair compacte à bancs rosés ; *Encrines*, *Stromatopores*, *Spirigera concentrica*, *Favosites polymorpha*, l'inclinaison devient N. 30° O. = 55° vers le haut. L'épaisseur de cette masse de calcaire bleu-clair compacte est au moins de 100 mètres, je n'ai pas trouvé de fossile vers la partie supérieure. Elle est immédiatement recouverte par le *marbre griotte* rouge formant une crête verticale inclinant tantôt N. 20° O., tantôt S. 20° E., et au-delà de laquelle affleurent au haut de la Sierra des schistes grossiers, grisâtres, avec tiges d'encrines, alternant avec des grès rouges ferrugineux, d'âge indéterminé.

Le *marbre griotte* affleure en divers points de la Sierra del Naranco, il y forme une crête saillante déjà remarquée par M. Paillette, et contient à sa partie supérieure deux bancs de phtanite de 0,05 : j'ai trouvé les fossiles suivants dans le *marbre griotte* del Naranco :

Zaphrentis sp.	*Orthoceras giganteum*
Poteriocrinus minutus	*Goniatites crenistria*

Au N. E. de la Sierra del Naranco, dans la vallée du petit ruisseau de Villaberez, on voit à peu de distance des bancs siliceux du sommet du *Marbre griotte*, des schistes, grauwackes et grès verts avec végétaux houillers incl. S. 30° E. = 90°. — Paillette a déja rapporté ces schistes à *Lepidodendron*, etc., au terrain houiller, et il a été l'objet de tentatives d'exploitation ; d'après Paillette ces couches houillères sont disposées dans une sorte de grand U à branches inégales, formé par les plissures du revers nord de la montagne de Naranco, et reposent sur un calcaire un peu esquilleux. L'inclinaison générale de ces couches est différente de celle qui a été observée dans le bassin voisin de Santo-Firme auquel Paillette(1) les compare : ces deux bassinssont synchroniques, mais aujourd'hui séparés, et réduits à d'assez faibles proportions.

§ 3.

OBSERVATIONS GÉNÉRALES SUR LE TERRAIN DÉVONIEN.

1. Succession des couches dévoniennes des Asturies, Leur faune : Les coupes précédentes levées en divers points du massif dévonien des Asturies nous ont montré une succession de niveaux constants, caractérisés par leur faune et parfois par leur composition lithologique. Cette série est la suivante, de haut en bas :

1. *Grès de Cué* (150m) : Sierra de Cué, Vallota, Sierra Pimiango ;
2. *Calcaire de Candas* (100m) avec *Sp. Verneuili* : (Candas, Requejo, Cornellana) ;
3. *Grès à Gosseletia*: (Candas, Cornellana, San Roman?) ;
4. *Calcaire de Moniello* (150m) avec *Calceola sandalina* : Moniello, Arnao, Vaca de Luanco, Luanco ;
5. *Calcaire d'Arnao* à *Sp. cultrijugatus* (100m) : Arnao, Santa-Maria-del-Mar, Moniello, San Roman, Fenolleda, Casazorrina près Salas, Villanueva;
6. *Calcaire de Ferroñes* à *Athyris* (200m) : Rañeces, Moniello, Grullos, Agüera, Trubia, Ferroñes, Areñas, Llontrales, Valduño ;
7. *Schistes et calcaires de Nieva* à *Sp. hystericus* (150m) : Espin, Laviana (Rio Vioño), Nieva, Arcas, Sabugo, Murias, Cuero ;
8. *Grès ferrugineux de Furada* (200m) : Torres, Llumeres, Peñaflor, Birabeche, Furada.

Cette classification comparée à celle de M. de Verneuil donnée (p. 466) s'en distingue par le plus grand nombre des divisions, et par l'absence des couches rapportées par de Verneuil au Dévonien supérieur. Les *schistes de Llama à Cardium palmatum*, dont nous reparlerons plus loin, manquent dans les Asturies ; le *Marbre rouge à goniatites* (*griotte*)

(1) *M. Paillette* : B. S. G. F., T. 2., p. 446.

est rangé ici dans le calcaire carbonifère. Nos deux classifications se rapprochent par cette grande division du Dévonien, qui range la masse principale des grès à la base, et l'ensemble des calcaires au-dessus.

La plus grande partie de ces calcaires appartient au dévonien inférieur comme l'avait indiqué de Verneuil; il faut en distinguer certaines couches à *faune frasnienne*, entièrement dépourvues d'espèces du dévonien inférieur, et qui paraissent avoir échappé aux observateurs antérieurs. La faune du dévonien moyen manque, ou est maigrement représentée dans quelques couches arénacées. Avant de comparer le terrain dévonien des Asturies à celui des régions voisines, je donnerai dans le tableau suivant, les listes des fossiles que j'y ai rencontrés et qui nous serviront de base pour ces comparaisons.

FAUNE DÉVONIENNE DES ASTURIES

PAGES		Zône de Nieva	Zône de Ferroñes	Zône d'Arnao	Zône de Moniello	Zône à Gosseletia	Zône de Candas
	Alcyonaires (Octocoralla) :						
192	Aulopora serpens, Schl.				+	+	+
193	— tubœformis, Gold.		+				
193	— conglomerata, Gold.			+			
193	Syringopora abdita, Miln.-Edw.		+			+	
193	Thecostegites parvula, Edw. et H.		+		+		
193	— auloporoides, Edw. H.		+				+
194	— Bouchardi, Mich.						+
	(Tetracoralla) :						
194	Hadrophyllum conicum, nov. sp.		+				
195	Combophyllum Leonense, Edw. H.			+			
195	Amplexus annulatus, Edw. H.				+		+
196	Metriophyllum Bouchardi, Edw. H.			+	+		
197	Zaphrentis Guillieri, nov. sp.			+	+		
198	— gigantea, Les.		+				
198	— Candasi, nov. sp.					+	
197	— celtica, Lam.	+	+	+			
200	— truncata, nov. sp.			+			
201	Aulacophyllum Schlüteri, nov. sp.			+			
202	Cyathophyllum hypocrateriforme, Gold.						+
202	— ceratites, Gold.		+		+		
203	— Decheni, Edw. H.			+	+		
203	— Steiningeri, Edw. H.		+	+	+	+	

PAGES		Zône de Nieva	Zône de Ferroñes	Zône d'Arnao	Zône de Moniello	Zône à Gonelctia.	Zône de Candas.
203	Cyathophyllum Michelini, Mich.	+	+	+	+		
204	— cœspitosum, Gold.			+			+
204	Acanthophyllum heterophyllum, Edw.						+
207	Acervularia cf. Pradoana, Edw. H.						+
207	— Rœmeri, Edw. H.						+
209	Phillipsastrea Torreana, Edw. H.						+
209	Pachyphyllum devoniense, Edw. H.						+
210	Cystiphyllum vesiculosum, Gold.			+	+		+
210	— americanum, Edw. H.				+		
210	Microplasma Munieri, nov. sp.		+	+	+		
212	Michelinia geometrica, Edw. H.		+	+			
212	Calceola sandalina, Lam.				+		
	(Hexacoralla) :						
212	Favosites Goldfussi, Edw. H.		+	+	+		
212	— fibrosa, Gold.	+	+	+	+		
214	Pachypora Boloniensis, Goss.						+
214	— polymorpha, Gold.		+	+	+	+	
214	— cervicornis, Gold.		+	+	+		
215	— cornigera, d'Orb.		+				
215	— reticulata, Gold.		+	+	+		+
215	— dubia, Gold.			+			+
216	Emmonsia hemispherica, d'Orb.			+			
216	Trachypora elliptica, nov. sp.			+	+		
218	Monticulipora Goldfussi, Mich.						+
218	— Torrubiœ, Edw. H.		+	+	+		
218	— Trigeri, Edw. H.			+	+		
219	Alveolites suborbicularis, Lam.		+	+	+		
220	— reticulata, Stein.		+				
220	— denticulata, Edw. H.						+
220	— subœqualis, Mich.			+			+
220	— Velaini, nov. sp.				+		
221	Cœnites clathratus, Stein.			+	+		
222	— fruticosus, Stein.						+
	Hydroïdes :						
222	Stromatopora concentrica, Gold.	+	+	+	+		

PAGES		Zône de Nieva	Zône de Ferroñes	Zône d'Arnao.	Zône de Moniello	Zône à Gosseletia.	Zône de Candas.
222	Stromatopora verrucosa, Gold.		+				
	Crinoïdes (*calices*) :						
222	Haplocrinus mespiliformis, Stein.				+		
223	Hexacrinus cf. callosus, Schul.			+	+		
223	Pradocrinus Baylii, Vern.			+			
225	Ctenocrinus sp.			+			
225	Pentremites Paillettei, Vern.		+		+		
225	— Schultzii, Vern.		+				
	(*tiges*) :						
226	Cyathocrinus pinnatus, Gold.		+	+	+		
226	— pentagonus, Gold.		+				
226	Actinocrinus muricatus, Gold.			+	+		
227	Rhodocrinus crenatus, Schul.		+	+			
227	Entrochus dentatus, Quenst.		+	+	+		
227	Pentacrinus priscus, Gold.			+	+		
	Bryozoaires :						
227	Fenestella Boloniana, d'Orb.						+
228	— Michelini, nov. sp.						+
228	— Verneuiliana, Mich.						+
229	— prisca, Gold.			+	+		+
229	— explanata, F. A. Rœm.		+	+	+		
231	Retepora dubia, d'Orb.						+
231	— antiqua, Gold.			+	+		
231	Rosacilla emersa, F. A. Rœm.			+			
231	Ceramopora sp.			+			
231	Rhinopora sp.		+				
232	Lichenalia sp.			+			
	Brachiopodes (pleuropygia) :						
	Lingulidæ : manquent.						
	Obolidæ ; — id. —						
	Discinidæ : — id. —						
	Trimerellidæ : — id. —						
232	*Craniadæ* : Crania proavia ? Gold						+
	apygia (*Productidæ*) :						
232	Productus Murchisonianus, Kon.				+	+	

PAGES		Zône de Nieva	Zône de Ferroñes	Zône d'Arnao	Zône de Moniello	Zône à Gosseletia	Zône de Candas
232	Chonetes minuta, Gold.				+	+	
233	— crenulata, F. Rœm.			+			
	(*Strophomenidae*) :						
	Orthis *sinuatae* :						
233	— striatula, Schl.	+	+	+	+		+
	— *arcuato-striatæ* :						
235	— tetragona, F. Rœm.			+	+		
234	— opercularis, M. V. K.			+	+		
236	— cf. opercularis.					+	
238	— Beaumonti, Vern.		+	+			
238	— Dumontiana, V.			+			
234	— orbicularis, V.	+	+	?			
235	— Eifeliensis, V.				+		?
236	— subcordiformis, Kays.			+			
237	— Gervillei, Defr.			+	+		
239	Streptorhynchus umbraculum, Schlt.	+	+	+	+		+
240	Strophomena rhomboïdalis, Wahl.			+	+		
240	— Naranjoana, V.			+			
	— *plicistriatæ* :						
241	— Murchisoni, V.	+	+	+			
241	— Maestrana, V.			+	+		
241	— Sedgwickii, V. A		+	+	+	+	
242	— nobilis ? Mac Coy					+	
	— *irregulatim-striatæ* :						
243	— interstrialis, Phill.	+		+	+		
243	— Dutertrii, Murch.		+	+			
244	— bifida, F. A. Rœm.		+	+			
245	— Cedulæ, Rigaux.						+
	(*Koninckidae*) :						
245	Anoplotheca lepida, Gold.		+	+	+		
	(*Spiriferidae*) :						
	Spirifer (*laeves*) :						
246	— curvatus, Schlt.				+		
246	— concentricus, Schnur.	+	+		+		

PAGES		Zône de Nieva	Zône de Ferroñes	Zône d'Arnao	Zône de Moniello	Zône à Gosseletia	Zône de Candas
	Spirifer (*ostiolati*) :						
247	— subspeciosus, Vern.	+	+	+			
247	— elegans, Stein.	+	+	+		?	
248	— paradoxus, Schlt.		+	+		?	
249	— Cabedanus, V.		+	+		+	+
250	— Cabanillas, V.		+				
250	— Ezquerræ, V.			+			
250	— Paillettei, V.		+				
250	— hystericus, Schlt.	+		?		?	
255	— cultrijugatus, F. Rœm.			+		?	
255	— aculeatus, Schnur.			+	+		
256	— Zeilleri, nov. sp.			+			+
	— *aperturati* :						
257	— Verneuili, Murch.						+
258	— Trigeri, Vern.		+	+			
259	— comprimatus, Schlot.						+
259	— nov. sp.			+			
260	Cyrtina heteroclita, Defr.			+	+		
260	— var. hispanica, d'Orb.		+	+	+		
260	— var. multiplicata, Davids.				+		+
260	— var. Demarlii ?, Bouch.						+
262	Athyris undata, Defr.	+	+				
262	— Pelapayensis, V. A.		+	+			
263	— subconcentrica, V. A.		+				
263	— concentrica, v. Buch.	+	+	+	+		+
263	— Ferronesensis, V. A.	+	+	+			
263	— Campomanesii, V. A.		+	+	+		
263	— phalæna, Phill.		+	+	+		
263	— Ezquerræ, V.		+	+	+		
264	Retzia Oliviani, V.		+				
264	— Adrieni, V.		+	+	+		
264	Rhynchospira Guerangeri, V.	+	+				
264	Nucleospira lens, Schnur.			+			
	(*Atrypidae*) :						
265	Atrypa reticularis, Schlt.		?	+	+	+	+

PAGES		Zone de Nieva.	Zône de Ferroñes	Zône d'Arnao.	Zône de Moniello	Zône à Gosseletia	Zône de Candas
265	Atrypa aspera, Schlt.		+	+			
	(Rhynchonellidae) :						
265	Rhynchonella (Wilsonia) pila, Schnur.	+					
265	— Orbignyana, V.			+	+		
266	— Kayseri, nov. sp.			+	+		
266	— parallelipipeda. Bronn.			+			
267	— Wahlenbergi, Gold.	?			+		
267	Rhynchonella Pareti, V.	+					
268	— cypris? d'Orb.			+	+		
268	— Douvillei, nov. sp.	+	+	+			
269	— Letissieri, Œhlert.	+		+			
269	— elliptica, Schnur.						+
270	Pentamerus globus? Bronn.					+	
270	— galeatus, Dalm.			+			
270	— Œhlerti, nov. sp.			+	+		
	Stringocephalidæ : manquent						
	Thecideidæ — id. —						
	Terebratulidæ						
272	Cryptonella? Schulzii, nov. sp.			+	+		
272	Terebratula? Passieri, Œhl.			+			
272	Centronella Lapparenti, nov. sp.			+			
273	Meganteris Archiaci, V.			+			
	Lamellibranches :						
273	Gosseletia devonica, nov. sp.					+	
276	Arca sp.					+	
277	Nucula sp.					+	
277	Conocardium clathratum, Gold.		+	+			
	Gastéropodes :						
278	Loxonema angulosum, F. A. Rœm.			+			
278	Pleurotomaria Larteti, nov. sp.					+	
279	— sp.					+	
279	Platystoma? janthinoïdes? Œhl.			+			
280	Platystoma spiralis, nov. sp.				+		
280	— lineata, Gold.				+		
281	Platyceras compressus, Gold.				+		

PAGES		Zône de Nieva	Zône de Ferroñes	Zône d'Arnao.	Zône de Moniello	Zône à Gosseletia.	Zône de Candas.
281	Platyceras priscus? Gold		+		+		
281	— priscus var. undulatus, V.				+		
282	Bellerophon Sandbergeri, nov. sp.					+	
	Céphalopodes :						
282	Orthoceras crassum, F. A. Rœm.	+					
282	— Jovellani, Vern.		+				
282	Nautilus sp.				+		
	Ptéropodes :						
282	Conularia Gervillei, A. V.				+		
283	Tentaculites scalaris. v. Schlot.	+		+			
283	— alternans, F. A. Rœm.	+					
	Annélides :						
284	Serpula omphalotes, Gold.		+		+		+
	Trilobites :						
284	Homalonotus Pradoanus, V.	+					
284	Phacops latifrons, Bronn.			+	+		?

2. Comparaison du terrain dévonien des Asturies avec celui des régions voisines.— Monts Cantabriques : La composition du terrain dévonien des Asturies présente des rapports et des différences avec celle des formations correspondantes des régions voisines. Dans les Monts Cantabriques sa constitution varie, et de Verneuil (1) avait déjà signalé la dissemblance qu'offre cette chaîne sur ses deux versants. La base du terrain dévonien seule paraît avoir la même composition des deux côtés ; ainsi au sud, dans les montagnes du Léon, on reconnait facilement que la base de ce terrain est formée de grès analogues à ceux de Furada (Huergas, Fiñera, Gotera), et qu'ils sont recouverts par une masse importante de calcaires bleuâtres (Puente-Alba, Perdilla, Pola Gordon, La Vid, etc.), où l'on peut reconnaitre divers niveaux Asturiens. Ainsi les couches de Colle, décrites par de Verneuil, contenant 5 espèces propres, 11 communes avec la *zône de Moniello*, 27 avec celle d'*Arnao*, 14 avec celle de *Ferroñes*, doivent appartenir à cette *zône d'Arnao à Sp. cultrijugatus*. Il en serait de même d'Aleje, où de Verneuil cite *Pleurodyctium problematicum*, que nous n'avons pas reconnu dans les Asturies. Telle paraît être également l'opinion que de Verneuil (2) s'était formée de l'âge des calcaires et schistes de Sabero,

(1) *de Verneuil* : Fossiles de Sabero ; Bull. soc. géol. de France, 2e sér. T. VII. p. 158.
(2) *de Verneuil* : Bull. soc. géol. de France, 2e sér. T. VII. p. 182.

qu'il indique comme à peu près contemporains des schistes de Verlaine (Système quarzo-schisteux supérieur de Dumont).

Les gisements de Ocejo de la Peña, et Pola de Gordon, où j'ai ramassé :

Zaphrentis gigantea — *Spirifer cultrijugatus ?*
Orthis orbicularis — *Pentamerus galeatus*
Chonetes minuta

appartiendraient à la base de cette *zône d'Arnao*, ou à celle de *Ferroñes*; ce dévonien inférieur de Pola de Gordon me parait séparé par une faille des poudingues houillers voisins. Veneros où l'on trouve *Atrypa reticularis, Spirifer Bouchardi, Orthis Eifeliensis*, appartiendrait à notre *zône de Candas*.

La plus grande différence que j'ai pu observer entre le Dévonien des deux versants des Monts Cantabriques, pendant un voyage rapide dans le Léon, consiste dans le développement des *schistes noirs de Llama* sur le versant sud de la chaine.

Les *schistes noirs de la Collada de Llama* ont été signalés pour la première fois en 1850 par Casiano de Prado(¹) dans le Léon ; il les considérait alors comme appartenant au terrain houiller. Les fossiles recueillis étaient peu nombreux, ils se trouvent dans des nodules argilo-ferrugineux assez nombreux dans les schistes ; de Verneuil ayant examiné ces fossiles, y reconnut une *Orthis*, un *Phacops* et une *Posidonomya*. Le genre *Phacops* étant inconnu dans le terrain carbonifère indiquait ici le terrain dévonien, mais la *Posidonomya* ressemblait à une coquille carbonifère et fournissait ainsi une présomption en faveur de l'opinion de Casiano de Prado. Cette *Posidonomya* fut décrite comme nouvelle et figurée par de Verneuil (²), sous le nom de *Posidonomya Pargai*; il la comparait à la *P. vetusta* (*Inoceramus vetustus*, Sow.) ; cependant elle est plus inéquilatérale et tient le milieu à cet égard entre celle-ci et la *P. Becheri*, dont elle diffère d'ailleurs par le moindre nombre de ses rides ou plis transverses et par sa plus grande épaisseur. De Verneuil la comparait encore à *P. lateralis* et aux autres Posidonomyes du terrain houiller inférieur du Devonshire, du Harz et des bords du Rhin. La découverte de nouveaux fossiles vint modifier l'opinion de Casiano de Prado au sujet de l'âge de ces couches, il écrivait en 1860 (³) que les *schistes de la Collada de Llama* contenaient : « *Cardium palmatum*, » *Posidonomya Pargai*, une *Conularia* et quelques autres espèces assez rares qui se

(1) *Casiano de Prado* : Note géol sur les Terrains de Sabero et de ses environs dans les montagnes de Léon (Espagne), Bull. Soc. Géol. France. 2ᵉ série, T. VII, p. 137.
(2) Bull. soc. geol. France. 2ᵉ série, T. VII, p. 170. pl. 6. fig. 5*a*. 5*b*.
(3) *Casiano de Prado :* Sur l'existence de la faune primordiale dans la chaine cantabrique, Bull. Soc. Géol. France, 2ᵉ série, T. XVII, p. 520.

» trouvent presque toujours dans de petits rognons ferrugineux. Il n'y a ni brachiopodes, » ni crinoïdes. On peut considérer cette bande comme l'étage supérieur du terrain » dévonien. On ne la voit dans aucun autre lieu de la chaîne cantabrique. »

J'ai observé ces *schistes noirs à Cardiola retrostriata* (*Cardium palmatum*) *de la Collada de Llama* dans une autre partie de la province de Léon ; ce nouveau gisement est d'un accès plus facile que celui des environs de Sabero, puisqu'il se trouve à peu de distance de la grande route de Léon à Oviédo. Cette route suit la vallée de la Bernesga ; lorsqu'en partant de Léon on est arrivé à Puentealba sur les terrains paléozoïques, et que l'on a traversé l'aqueduc de la Robla où les calcaires rouges à Goniatites sont si bien développés, il faut suivre la grande route jusqu'au premier affluent de la rive gauche de la Bernesga pour voir les schistes noirs qui m'ont fourni *Cardiola retrostriata, Posidonomya Pargai*, etc. — Les gens du pays appellent ce petit cours d'eau le ruisseau del Barrero : il montre de beaux affleurements de schistes et grauwackes de l'époque houillère, des calcaires rouges à Goniatites et des schistes noirs à *Cardiola retrostriata*. Ces schistes noirs à *Cardioles* m'ont fourni de nombreux fossiles, notamment dans un ravin qui m'a été désigné sous le nom de *el fuego* ; ces schistes sont fins, ampéliteux et d'un noir très-foncé, ils contiennent des lits de nodules durs, discoïdes, argilo-ferrugineux ; c'est en brisant ces nodules que l'on trouve les fossiles. J'y ai reconnu :

Retzia novemplicata, Sandb.	*Bactrites Schlotheimii, Quenst. sp*
Cardiola retrostriata, v. Buch.	*Orthoceras regulare, Schlt.*
Posidonomya Pargai, Vern.	*Goniatites cf. occultus*, Barr.
Pleurotomaria subcarinata, F.A.Roem.	*Phacops latifrons*, Bronn.

Cette faune est d'accord avec les caractères lithologiques de cette assise, pour la faire ranger comme je l'ai déjà proposé en 1877(1), dans le Dévonien inférieur avec les *schistes de Porsguen* (Bretagne), et les *ardoises de Wissenbach* (Nassau), et pour la distinguer au contraire du Dévonien supérieur auquel on l'avait assimilée auparavant.

La position stratigraphique de ces *schistes de Llama* ne s'oppose pas au rapprochement proposé ici ; inférieurs au marbre griotte, et supérieurs au Dévonien inférieur de Sabero, ils paraissent succéder directement à son terme le plus élevé (*zône à Sp. cultrijugatus*). C'était à cette même zône à *Sp. cultrijugatus* que j'avais rapporté(2) dans un mémoire antérieur les *schistes de Porsguen* de Bretagne ; les derniers travaux de

(1) Note sur le T. Dévonien de la prov. de Léon (Espagne). Assoc. Franc., congrès du Havre. août 1877.

(2) *Ch. Barrois* : Note prélim. sur le T. Dévonien de la Rade de Brest, Annal. Soc. géol. du Nord, T. IV. 1877 p. 59.

MM. Maurer[1], Koch[2], sur le Dévonien inférieur des bords du Rhin assignent la même place aux *ardoises de Wissenbach* dont la position a déjà été si discutée[3] en Allemagne.

Laissant pour plus loin la comparaison détaillée du Dévonien d'Allemagne avec celui des Asturies, j'insisterai seulement ici sur cette observation de K. Koch (l. c. 241), que dans les points où sa zône à brachiopodes du Coblenzien supérieur (*zône à cultrijugatus*) est épaisse et bien développée, les ardoises à Orthocères (*zône de Wissenbach*) sont minces, pauvres en fossiles, ou manquent entièrement. Au contraire, quand il n'y a que peu d'espace entre les ardoises à Orthocères et le Coblenzien inférieur, ces ardoises atteignent alors un très grand développement et sont riches en fossiles (Rupbach). Ces deux zônes passent néanmoins de l'une à l'autre au point de vue paléontologique, et K. Koch considère avec MM. von Dechen, Sandberger, Beyrich, Kayser, les *ardoises à Orthocères*, comme le dépôt profond synchronique du dépôt littoral du Coblenzien supérieur.

Les *schistes de Llama* considérés ici comme parallèles aux *schistes de Wissenbach* (ardoises à Orthocères) du Nassau, donnent lieu dans le Nord de l'Espagne à la même observation qui a été faite en Allemagne par K. Koch : *ils sont très bien développés au sud de la chaine cantabrique, tandis qu'ils manquent ou sont rudimentaires au nord de cette chaine, où la zône d'Arnao atteint son plus beau développement* [4]. Pouvons-nous en conclure que la mer dévonienne était plus profonde à la fin du Dévonien inférieur au sud qu'au nord des Monts Cantabriques? Nous manquons encore de documents suffisants pour tirer avec certitude une semblable conclusion. Cependant l'absence (ou l'état arénacé) du Dévonien moyen au nord des Monts Cantabriques (*Grès à Gosseletia*), montre bien que la mer dévonienne allait en se comblant dans cette région à la fin de la période dévonienne inférieure.

Espagne : On peut supposer qu'il n'en était pas de même au sud des Monts Cantabriques, et dans le centre de l'Espagne. Une observation de de Verneuil dans la Sierra Morena, vient en effet à l'appui de l'idée fournie par les *schistes de Llama* du Léon. De Verneuil à découvert en effet dans la Sierra Morena le *Stringocephalus Burtini*, le fossile

(1) *F. Maurer* : N. Jahrb. f. Miner. 1876, p. 808.

(2) *K. Koch* : Ueber die Gliederung der rheinischen Unterdevon-Schichten zwischen Taunus und Westerwald — Jahrb. d. Kon. preuss. geol. Landesanstalt für 1880. — Berlin 1881.

(3) Voyez pour l'historique de cette question, mon mémoire précité sur la Rade de Brest, p. 93.

(4) Les couches des Asturies qui m'ont le plus rappelé les *schistes de Llama* du Léon, sont les calcschistes noirs remplis de *Phacops latifrons*, qui se trouvent à la base de la zône à *Sp. cultrijugatus* dans les falaises de Santa-Maria del Mar.

le plus caractéristique des récifs coralliens du Dévonien moyen rhénan, qui apporte ainsi un argument en faveur de l'existence d'une mer ouverte au centre de l'Espagne à la fin du Dévonien inférieur et pendant le Dévonien moyen. Les autres fossiles cités par de Verneuil et Collomb (¹) dans la Sierra-Morena : *Productus subaculeatus, Leptaena Dutertrei, Spirifer Verneuili, Spirifer Bouchardi, Orthis striatula, Terebratula reticularis*, et ceux que j'ai vus dans la collection de l'école des mines de Madrid, grâce à l'obligeance du Directeur de la carte M. M. F. de Castro, prouvent du reste que le terrain dévonien supérieur était aussi représenté dans cette province par une riche faune marine. Le terrain dévonien inférieur parait moins bien développé dans cette région que dans les Monts Cantabriques, cependant les *Phacops latifrons, Rhynchonella Orbignyana, Pleurodyctium problematicum* y ayant été cités par de Verneuil, M. de Cortazar (²), prouvent que cette division y est aussi représentée.

On doit admettre que le terrain dévonien supérieur eût un assez beau développement dans le centre de l'Espagne; car en outre des gisements connus de la Sierra Morena, il faut encore rapporter à cet âge, des fossiles cités dans la province de Caceres par MM. J. Egozcue et L. Mallada (³), ainsi que dans la province de Badajoz par M. J. Gonzalo y Tarin (⁴).

Dans la province de Caceres, ces géologues placent à la base du dévonien les grès et schistes de la Aliseda, et au sommet les calcaires du Calerizo et de la vallée del Ibor, qu'ils rapportent encore au dévonien inférieur. La coexistence dans ces calcaires du *Spirifer disjunctus* du dévonien supérieur, et de *Rhynchonella Orbignyana*, indiquée par MM. J. Egozcue et L. Mallada, ne nous permet pas de fixer actuellement l'âge précis de ces calcaires, peut-être dévoniens supérieurs?

Dans la province de Badajoz, M. J. Gonzalo y Tarin a remarqué le fait important, unique je crois en Espagne, de la discordance de stratification du Dévonien sur le Silurien. Ces couches dévoniennes ne forment que des lambeaux disséminés; à Rañas de Monterrubio, schistes argileux verdâtres à *Spirifer Rousseau, Sp. Verneuili, Rh. Orbignyana*, ils sont associés à des calcaires coralliens gris bleu avec *Favosites cervicornis, F. polymorpha*,

(1) *De Verneuil et Collomb* : Bull. soc. géol. de France, 2ᵉ ser. T. X. 1852. p. 126.
(2) *D. de Cortazar* : Descripc. geol. de la prov. de Ciudad-Real, Bol. com. map. geol. de Esp. T. VII. 1880. p. 24.
(3) *J. Egozcue et L. Mallada* : Descripc. geol. de la prov. de Caceres. Mem. com. map. geol. de España. 1876. p. 152.
(4) *Joaquin Gonzalo y Tarin* : Reseña fisico geol. de la prov. de Badajoz, Bol. com. map. de geol. España. T. VI. 1879. p. 405.

Acervularia Pradoana. A Cuesta de Anton grès gris rougeâtre à *Spirifer Verneuili*, *Sp. Bouchardi*, *Rh. Orbignyana*. Le mélange de fossiles de niveaux différents cités dans ces couches empêche de préciser leur âge ; Ils fournissent une forte probabilité de l'extension du dévonien supérieur au centre de la péninsule.

Le terrain dévonien inférieur est seul connu jusqu'ici dans les autres parties de l'Espagne, et il serait prématuré de chercher à y suivre nos zônes.

M. Casiano de Prado (1) a trouvé une assez riche faune dévonienne inférieure (*Sp. hystericus*, etc.), au N. de Cervera de Rio Pisuerga, aux confins des provinces de Palencia et Santander (2). Elle existe aussi dans le N. O. du Léon (Vallée de Laceana) d'après M. Angel Rubio (3), dans les Pyrénées Espagnoles et en Navarre d'après M. Stuart Menteath (4), dans la province de Huesca (Vallées de Canfranc, Tena, Bielsa, Gistain, Venasque) d'après MM. L. Mallada (5) et Donayre, et enfin dans les provinces de Gerona et de Lerida où elle reposerait directement sur le granite.

Dans les Pyrénées de la H^te Garonne, le terrain dévonien serait composé d'après Leymerie (6) de trois divisions, que nous n'avons pas à discuter :

1° Assise inférieure, formée de calcaires et calcschistes à Phacops, Encrines ;

2° Calcschistes amygdalins (griotte, campan) ;

3° Assise supérieure de schistes bleuâtres, flambés de violet, avec grès blanchâtres à grains fins.

Dans les Pyrénées de la H^te Ariège, M. Seignette (7) indique également trois divisions dans le dévonien : elles correspondent exactement à celles de Leymerie. Le terrain dévonien inférieur (Rhénan) est bien représenté dans les Basses-Pyrénées, où M. de Mercey (8) a trouvé au col d'Aubisque : *Rh. Subwilsoni*, *Athyris Ezquerrai*, *Spirifer macropterus*, *Leptaena Murchisoni*.

Les recherches de MM. de Verneuil, Jacquot, de Cortazar, dans la province de Cuenca, ont appris qu'il y existait plusieurs ilots dévoniens (Hinarejos, Higueruelas, pico Ranera, Bonillas) : les espèces citées par de Verneuil (9) rendent très probable que la

(1) *Casiano de Prado* : Descripc. geol. de Palencia, Madrid.

(2) *Amalio de Maestre* : Descripc. geol. de Santander, 1864. p. 45.

(3) *Angel Rubio* : Bosquejo topog. y geol. del Valle de Laceana, Bol. com map. geol. de Esp. T. 3.

(4) *Stuart Menteath* : Bull. soc. géol. de France, 3e ser. T. IX. p. 812.

(5) *L. Mallada* : Descripc. geol. de la prov. de Huesca, Mem. com. map. geol. de Esp., Madrid.

(6) *Leymerie* : Note sur l'étage dévonien dans les Pyrénées, Bull. soc. géol. de France, 3e ser. T. 3, 1875, p. 546.

(7) *P. Seignette* : Etudes geol. des Pyrénées de la H^te Ariège, 1880. Thèse de Montpellier, p. 188.

(8) *De Mercey* : Bull. soc. géol. de France, 2e ser. T. XXIII. p. 280.

(9) *De Verneuil* : Bull. soc. géol. de France, 2e sér. T. X, 1852. p. 127.

faune la mieux représentée est celle de notre *zône de Nieva*. La présence de *Phacops latifrons, Rh. Orbignyana* (1), me fait penser que la *zône d'Arnao* y est aussi représentée. D'après M. de Cortazar, il y a deux formations distinctes dans le terrain dévonien de Cuenca : quarzite blanchâtre sans fossiles (Talaguelas, Garaballa, S. d'Henarejos), calcaires, grauwackes et grès ferrugineux fossilifères (S. d'Higueruelas, Henarejos) ; quoiqu'il ne donne pas de superposition, et que ces affleurements soient des *Outliers* isolés, on voit une certaine analogie entre ces grandes divisions et celles des Asturies.

Le terrain dévonien inférieur a encore été signalé dans les provinces de Teruel par M. Vilanova (2), Saragosse par M. Donayre (3), Guadalajara par M. Carlos Castel (4), qui y signale des schistes, grès, calcaires abondants, quarzites : à la base se trouvent d'après lui des schistes argileux chloritiques ; et au dessus vient la grande masse des calcaires, recouverte à son tour par les quarzites et les grès rouges.

Le terrain dévonien inférieur seul parait aussi représenté dans la province de Cordoue, où M. Mallada (5) a décrit trois bassins distincts de cet âge, différents par leurs caractères lithologiques malgré leur peu d'étendue : celui de Navacaballos formé de schistes argileux à *Pleurodyctium problematicum*, celui de Rinconcillo formé de grès fossilifères, et celui de Cigüeñuela formé de calcaires coralliens avec phosphate de chaux.

Pays étrangers : Il ne me paraît guère possible d'indiquer encore de relations nettes entre le terrain Dévonien d'Espagne et celui des Alpes, et du sud de l'Allemagne. Le *grès de Furada* correspond bien aux quarzites à Grammysia signalés par M. Ferd. Rœmer(6) à la base de la série dévonienne de l'Altvater. Les divisions établies dans le Dévonien inférieur des Alpes par M. Guido Stache(7), et par M. Clar(8) (*1 Grenzphyllit, 2 Schöklkalk, 3 Semriacher Schiefer*), sont si pauvres en fossiles qu'on ne peut guère

(1) *Daniel de Cortazar* : Descripc. geol. de la prov. de Cuenca, Mem. com. map. geol. de Esp., p. 77.

(2) *J. Vilanova*: Descripc. geol. de Teruel, Mem. com. map. geol. de España.

(3) *F. M. Donayre* : Bosquejo fis. geol. de Zaragoza. Mem. com. map. geol. de Esp. 1874. p. 61.

(4) *Carlos Castel* ; Descripc. geol. de la prov. de Guadalajara, Bol. com. map. geol. de Esp. 1881. T. VIII. p. 175

(5) *L. Mallada* : Recon. geol. de la prov. de Cordoba, Bol. com. map. geol. de Esp. T. VIII. 1880 p. 26.

(6) *Ferd. Rœmer* : Ueber die Auffindung devonischer Verstein. auf dem Abhange des Altvater-gebirges, Zeits. d. deuts. geol. Ges. Bd. XVII. p. 579.

(7) *Dr Guido Stache* : Die Palaeoz. Geb. d. Ostalpen, Jahrb. d. K. K. geol. Reichsanstalt, 1874. Bd. XXIV, hefte 2, 4.

(8) *Dr Clar* : Uebersicht der geotektonischen Verhältnisse der Grazer Devonformation. Verhandl. der geol. Reichsanstalt 1874. p. 62.

songer à des comparaisons sérieuses ; de plus, le grand développement du Dévonien supérieur et moyen (4° *Kalkschiefer*, 5° *Dolomitstufe*, 6° *Diabastufe*, 7° *Korallenkalk*, 8° *Hochlantschkalk*) semble indiquer d'importantes différences dans l'histoire de ces deux régions à l'époque dévonienne.

Ces différences sont d'autant plus frappantes, qu'on était préparé par les travaux de de Verneuil à croire à la grande constance des caractères principaux du Dévonien dans le sud de l'Europe. Déjà en 1850 de Verneuil avait reconnu que 28 espèces du Dévonien inférieur d'Espagne se trouvaient également dans la Sarthe ; et plus tard(1), il donna une liste des fossiles dévoniens du Bosphore, d'après laquelle nous constatons que 33 espèces sont communes aux environs de Constantinople et au département de la Sarthe.

MM. Oehlert et Davoust(2) qui ont rappelé récemment ces nombres, pensent « que les ressemblances de la faune dévonienne de l'Ouest de la France avec celles de l'Espagne et du Bosphore tendront à augmenter encore lorsque de nouveaux travaux paléontologiques seront venu grossir les listes de fossiles de ces différents pays. » Il est en effet très facile de reconnaître en Bretagne les équivalents stratigraphiques des couches dévoniennes inférieures d'Espagne : Les *grès de Furada* correspondent exactement aux *grès de Gahard*, de *Landevennec* ; les *calcaires de Nieva* aux *calcaires de Néhou*, de la *Rade de Brest*; les *calcaires de Ferroñes* sont moins bien représentés par des schistes et grauwackes, et peut-être par des calcaires, à Brulon. Le *calcaire d'Arnao* est représenté en Bretagne comme dans le Léon, par un faciès schisto-calcaire à Cephalopodes (*schistes de Porsguen*). Les étages moyens et supérieurs du Dévonien ne sont pas mieux représentés dans l'Ouest de la France qu'en Espagne ; les *calcaires de l'Ecochère*, de *Montjean*, étudiés par MM. Bureau(3), Oehlert(4), correspondent peut-être aux *grès à Gosseletia*, et les *calcaires de Cop-choux* aux *calcaires de Candas*.

On arrive à des rapprochements plus intéressants en cherchant les termes de comparaison dans la région plus distante mais si bien étudiée, qui s'étend au centre de l'Europe, des Ardennes au Taunus. Les nombreux savants qui ont étudié ces formations sur les deux rives du Rhin, sont aujourd'hui d'accord pour prendre les types de leurs

(1) *De Verneuil* : Description de l'Asie mineure, Paléontologie, 8° avec pl. 1866-69. Paris.
(2) *Oehlert et Davoust* : Dévonien de la Sarthe, Bull. soc. géol. de France, 3° Sér. T. VII. 1880. p. 702.
(3) *E. Bureau* : Bull. soc. géol. de France, 2° Sér. T. XVIII. p. 337,
(4) *Oehlert* : Bull. soc. géol. de France, 3° Sér. T. VIII. p. 276.

divisions, dans les Ardennes, rendues classiques par les travaux de M. Gosselet(1).

Le *Gédinnien* des **Ardennes** ne paraît pas avoir de représentant dans les Asturies ; la présence de *Spirifers* Rhénans dans le *grès de Furada*, ainsi que les caractères lithologiques de ce niveau m'ont décidé à le rapporter plutôt au *Taunusien*. Le *Coblenzien* des Ardennes présente deux faunes distinctes, celle de *Montigny* à la base, et celle de *Hierges* au sommet; entre elles il y a les niveaux stériles pauvres en fossiles des *grès noirs de Vireux*, et des *schistes rouges de Burnot*. Les caractères lithologiques du *Coblenzien* asturien sont complètement différents, et on ne retrouve naturellement plus dans cet étage calcaire, de représentant des grès ahriens sans fossiles : il est toutefois facile d'y reconnaître malgré les variations locales les faunes coblenziennes ardennaises. Les *calcaires de Nieva* se rattachent à la *faune de Montigny* par l'abondance de *Strophomena Murchisoni*, *Spirifer hystericus*, *Athyris undata*, *Rhynchospira Guerangeri*, *Rhynchonella pila*, *Rh. Pareti* ; les *calcaires de Ferroñes* se rattachent à la *faune d'Hierges* par ses *Cyathocrinus*, *Spirifer elegans*, *Retzia Oliviani*, *R. Adrieni*, *Orthis Beaumonti*, *Cyrtina heteroclita*, *Atrypa reticularis*, diverses *Athyris*. Les plus grandes différences sont dûes au développement des Coralliaires qui occupent une place plus importante dans les calcaires coblenziens des Asturies, mais les faunes de mollusques sont à peu près les mêmes de part et d'autre.

L'oligiste de *Fourmies à Sp. cultrijugatus* contient exactement la faune du *calcaire d'Arnao*. On ne peut hésiter davantage à assimiler les *calcaires de Moniello* aux *schistes et calcaires de Couvin* : un coup d'œil sur les listes (p. 498) rendra ces relations évidentes.

Il est plus difficile de trouver dans les Asturies un équivalent des récifs coralliens de l'assise *Givétienne* : la faune de cette époque fait je crois défaut dans les Asturies. La formation arénacée du *grès à Gosseletia* que je considère comme homotaxiale, s'est faite dans des conditions toutes autres et contient une faune entièrement différente.

A l'époque *Frasnienne*, il y eut dans les deux régions des récifs coralliens, et la *faune de Candas* est identique dans tous ses détails à celles de *Frasnes* et de *Ferques*. Mais ici cessent les relations de faunes entre les dépôts dévoniens de l'Espagne et des Ardennes ; et nous n'avons pas de preuve pour assimiler les *grès de Cué* au *Famennien*, et aux *Psammites du Condros*. Les conditions n'étaient plus du tout les mêmes dans les

(8) Voyez les nombreux mémoires de M. Gosselet dans les Annales de la Société géologique du Nord. et notamment le Résumé qu'il en a fait dans son *Esquisse géologique du Nord de la France*, 2e Edit. Lille 1880.

deux pays à la fin de l'époque dévonienne.

L'**Eifel** dont les formations dévoniennes sont si bien connues grâce aux études de MM. von Dechen(1), Beyrich(2), Baur, de Verneuil, Sedgwick et Murchison, et surtout de M. Kayser (3) que nous suivrons ici, est également comparable aux Asturies. Des deux côtés, la série commence par des grès pauvres en fossiles ; au dessus, la grauwacke de Stadtfeld, Daun, correspond au *calcaire de Nieva* ; comme la grauwacke de Daleyden, Waxweiler, Prüm, au *calcaire de Ferroñes*. Le *calcaire d'Arnao* correspond à l'oligiste oolitique à *Sp. cultrijugatus* de l'Eifel, ainsi qu'aux *schistes à Orthocères*, qui la remplacent à Olkenbach. Comme dans les Ardennes, nous trouvons ici des représentants exacts des *calcaires de Moniello* et des *calcaires de Candas*, dans les *Calceola Schichten*, et les *Cuboïdes-Schichten* ; mais les *grès à Gosseletia* n'ont pas plus d'analogies avec les *Stringocephalen-Schichten*. Enfin les *grès de Cué* ne présentent pas non plus de relations avec les schistes à Goniatites et à Cypridines qui couronnent le Dévonien dans cette région.

Les couches dévoniennes de la **rive droite du Rhin**, du Taunus à la Westphalie, ont été savamment décrites par MM. von Dechen, F.Rœmer(4), Sandberger(5) Kayser(6), Lossen(7) Koch(8), Maurer(9). Nous savons aujourd'hui que la base de cette série est constituée par le *Taunus quarzit*, analogue à nos *grès de Furada*. Le *calcaire de Nieva* correspond à la fois aux *Hundsruckschiefer*, aux *Untere* et *Mittlere Coblenz-Schichten* : nos divisions sont plus larges que celles qui ont été reconnues sur les bords du Rhin et de la Meuse, et il est probable que des études plus détaillées arriveront aussi à subdiviser notre *zône de Nieva*. Il n'y a donc pas lieu actuellement pour nous de discuter les divergences d'opinion de MM. Koch et Maurer sur la succession de ces niveaux Coblenziens. Les *Obère Coblenz-Schichten* de ces géologues correspondent en tous cas exactement aux *calcaires de Ferroñes* ; nous voyons dans les *schistes de Wissenbach* (*Orthoceras Schiefer*), le représentant sous un faciès différent du *calcaire d'Arnao*, question sur laquelle nous reviendrons plus loin. Les *calcaires de Moniello* contiennent la faune des *Lenne-Schiefer*; les

(1) *Von Dechen* : Nögger Geb Rheinl.— Westph. II. 1823.
(2) *Beyrich* : Beitr. z. Kenntn. d Verstein. d. Rhein. Uebergangs geb. 1837.
(3) *E. Kayser* : Zeits. d. deuts. geol. Ges., Bd. XXIII. 2 heft. 1871. p. 289.
(4) *F. Rœmer* : Rhein, Uebergangs geb. 1844.
(5) *F. et G. Sandberger* : Verst. rhein. Schich. in Nassau, Wiesbaden, 1856.
(6) *E. Kayser* : Zeits. d. deuts. geol. Ges. Bd. XXV. 1873. p. 602.
(7) *K. Lossen* : Zeits. d. deuts. geol. Ges. Bd. XIX. p. 509.
(8) *K. Koch* : Jahrb. d. Vereins f. Naturk. im Nassau, heft 13. 1858. — id. — : Verh. d. Naturhist. Vereins v. Rheinl. u. Westf. 1872, Bonn, 3e Sér. T. IX. p. 85.
(9) *F. Maurer* : Beitr. zur Gliederung der rhein. Unterdevon Schich, Neues Jahrb. f. Miner. 1882. p. 1.

grès à Gosseletia trouvent ici dans les minerais de fer de Haina, etc. un représentant un peu plus exact que dans l'Eifel. Le *calcaire de Candas* correspond évidemment aux calcaires noduleux à *Intumescens*; mais les calcaires supérieurs à Clyménies de la Westphalie ne paraissent pas avoir comme je l'ai déjà dit, de représentant reconnaissable en Asturies.

Le **Harz** dont la série nous est si bien connue grâce aux recherches de F. A. Rœmer[1], Beyrich[2], Lossen[3], Kayser[4], paraît différer davantage des Asturies. Le *Haupt-quarzit* du Harz correspondrait d'après la liste de fossiles de M. Kayser [5] au *calcaire de Ferroñes*, et on est ainsi amené à assimiler avec M. Kayser les *Untere Wieder Schiefer* au *Coblenzien inférieur* (*calcaire de Nieva*). Il y a ici, toutefois une difficulté, c'est que les calcaires (Zorge, Wieda, Ilsenburg, etc.) qui forment des lentilles d'une dizaine de mètres dans ces Untere Wieder Schiefer, présentent une faune essentiellement différente de la faune de *Nieva*.

L'âge de la faune de ces lentilles calcaires, ou faune Hercynienne, est depuis le travail de M. Kayser, une des grosses questions pendantes de la géologie européenne. Elle ne fait qu'une, avec la question des *schistes de Wissenbach*. Dans le Harz et le Nassau, on trouve régulièrement intercalées à divers niveaux de la série dévonienne inférieure, des lentilles calcaires à faune propre, indépendante, où dominent soit les céphalopodes, ou les brachiopodes ; la faune de ces calcaires est mélangée en proportions variables d'éléments siluriens supérieurs (faune 3e), dont le nombre devient parfois prépondérant et est ainsi théoriquement très gênant.

On a abandonné aujourd'hui l'idée de faire descendre les *schistes de Wissenbach* dans le système silurien : ils appartiennent au terrain dévonien pour tous les géologues allemands, revenus aux opinions de MM. von Dechen et Sandberger [6]. Il convenait d'abord de distinguer entre eux, les différents gisements : c'est ainsi que dans le Harz d'après M. Beyrich[7] les *schistes de Lehrbach* de F. A. Rœmer[8], comprenaient trois niveaux

(1) *F. A. Rœmer :* Versteinerungen des Harzgebirges, Hannover 1843.— Palaeontographica de Dunker et Meyer, Cassel 1850-1866.

(2) *Beyrich :* Zeits. d. deuts. geol. Ges. Bd. XX. 1868. p. 216.

(3) *K. Lossen :* Carte géologique du Harz au 1/100000, du geologischen Landesanstalt, Berlin, 1881.

(4) *E. Kayser :* Die Fauna d. aeltesten Devon-Ablagerungen des Harzes, Berlin, 1878 ; ouvrage qui a eu l'honneur de nombreuses analyses critiques (Schlüter, Tietze, etc.)

(5) *E. Kayser :* Ueber das Alter. d. Hauptquarzits, etc , Zeits. d. deuts. geol. Ges., Bd. XXXIII. 1881, p. 617.

(6) *H. von Dechen :* Zeits. d. deuts. geol. Ges. 1875, heft 4.

(7) *F. et G. Sandberger :* Verst. d. Rhein. Schich. in Nassau, Wiesbaden, 1856.
Beyrich : Zeits. d. deuts. geol. Ges., Bd. XXXIII. 1881. p. 518.
K. Lossen : Carte du Harz au 1|100000. Berlin 1881.

(8) *F. A. Roemer :* Palacont. de Dunker et Meyer, Cassel, 1850-1866.

à *Orthocères* d'âge différent. Ainsi il parait établi actuellement qu'une partie de ces schistes à *Orthocères* appartient aux *Goslarer Schiefer*, les autres appartenant au Dévonien inférieur ; les lentilles calcaires de Zorge, Wieda, etc. sont inférieures à la faune Coblenzienne, tandis que les schistes d'Osterode comme les lentilles calcaires de Greifenstein (Nassau) lui sont supérieurs, correspondant approximativement aux couches à *Cultrijugatus*. Ces lentilles calcaires d'âges différents renferment également cependant des espèces siluriennes. De nombreuses hypothèses ont déjà été proposées pour expliquer cette anomalie apparente. cette curieuse réapparition de formes siluriennes à divers niveaux du dévonien inférieur. Pour MM. von Dechen, Sandberger, Koch, les *couches de Wissenbach* ne représentent qu'un faciès plus profond des couches à *Cultrijugatus* ; pour M. Maurer (1) elles représentent un faciès profond correspondant à tout son *Ober Unter Devon*, et où se seraient développés des descendants de types siluriens venus antérieurement de Bohême. La théorie de MM. von Dechen, Sandberger, Koch, à laquelle nous devons nous rendre ici, à cause de ses preuves stratigraphiques, n'explique pas suffisamment l'abondance des formes siluriennes dans les calcaires du Harz, du Nassau, ni la localisation de survivants siluriens dans cette seule région, alors que les couches dévoniennes inférieures synchroniques d'autres régions, en sont dépourvues.

La proposition de M. Kayser (2) semble bien plus séduisante à priori, il assimile les calcaires Hercyniens du Harz, du Nassau, aux étages F. G. H. de M. Barrande, en raison de leurs analogies paléontologiques ; d'après lui « das einzig Naturgemæsse ist, sæmmtliche fragliche Kalkfaunen zum Devon zu stellen, und sie mit Beyrich und mir als in tieferem Meere abgelagerte Aequivalente der überwiegend sandig entwickelten Schichtenfolge des normalen rheinischen Unterdevon anzusehen. » Mes études sur les *schistes de Porsguen* m'avaient porté à voir aussi dans les calcaires en question de Bohême, du Harz, et du Nassau, à faune troisième silurienne, le représentant calcaire des grauwackes Rhénanes. Depuis lors toutefois, l'étude des calcaires dévoniens inférieurs a fait des progrès des deux côtés du Rhin; et tandis que les travaux de MM. Kayser, Koch, Maurer, reconnaissaient de plus en plus de formes siluriennes dans les lentilles calcaires de la rive droite du Rhin ; je devais constater avec MM. Bayle (3), Oehlert, que le nombre de ces formes était moindre qu'on n'avait cru à gauche du Rhin, de la Bretagne à l'Espagne.

Les *Untere Coblenz Schichten* sont à l'état calcaire en Bretagne, d'après mes obser-

(1) *F. Maurer* : Der Kalk bei Greifenstein, Neues Jahrb. fur Miner. 1880. 2 bd. p. 1.
(2) *Dr E Kayser* : Die Fauna d. ältest. Devon Ablager. d. Harzes, Berlin, 1878 ; et Zeits. d. deuts. geol. Ges. Bd. XXXIII. 1881. p. 628.
(3) *Bayle* : Explic. de la carte géol. de France, vol. IV. 1878.

vations de 1877 (1); les nombreux fossiles qui y ont été reconnus par M. Oehlert dans la Sarthe (2), la Mayenne (3), la Manche (4), ont montré que ces calcaires contenaient une faune propre, remplie d'espèces nouvelles, mais à affinités essentiellement dévoniennes. En Asturies de même, nous voyons qu'il y a eu pendant l'époque Rhénane une succession de formations calcaires (*zônes de Nieva, Ferroñes, Arnao*), s'étendant du *Hundsruckien* à l'*Eifelien*, et que nulle part dans cette masse calcaire on ne trouve intercalés les bancs à formes siluriennes du Nassau et du Harz. On doit conclure des observations faites à l'ouest du Rhin, que les faciès profonds, calcaires, des grauwackes coblenziennes sont différents des calcaires F. G. H. de Bohême ; et que de même, l'on ne peut considérer davantage les calcaires du Nassau et du Harz, comme des faciès profonds de ces grauwackes. En un mot, le faciès calcaire du Coblenzien, contient en Asturies, une faune différente de la faune Hercynienne de M. Kayser.

Le Gédinien me parait ainsi le seul terme de la série dévonienne classique, dont les faciès profonds calcaires puissent peut-être contenir les faunes Hercyniennes ou la faune troisième silurienne de M. Barrande? Le calcaire de Naux, sur la Semois, interstratifié dans le Gédinien des Ardennes, serait dans ce cas le niveau de la faune Hercynienne. Il faudra sinon, regarder le calcaire Hercynien du Harz comme franchement silurien, et séparé du *Haupt-quarzit* par une lacune stratigraphique ; hypothèse qui est évidemment la plus simple.

On ne peut pas toutefois se dissimuler les objections sérieuses qui se présentent ici : la série du Harz est tellement homogène et continue pour MM. Beyrich, Lossen, Kayser, qu'on ne peut distinguer sur le terrain les *Wieder Schiefer inférieurs*, des *Wieder Schiefer supérieurs*, dans les points où le *Haupt-quarzit* est peu développé ou invisible : ils forment une épaisse masse schisteuse, à caractères constants que l'on a longtemps hésité à subdiviser ! Si les *Wieder Schiefer inférieurs* représentaient réellement le Coblenzien inférieur comme le prétend M. Kayser, je ne verrais qu'un seul moyen d'interpréter les faits observés des deux côtés du Rhin : ce serait de considérer les lentilles de calcaire hercynien, et les calcaires de Greifenstein, comme des récifs isolés de calcaires coralliens datant de l'époque silurienne (F. G. H.), entourés d'eaux pures lors de leur formation, et

(1) *Ch. Barrois* : Annal. soc. géol. du Nord, T. IV. 1877. p. 82.

(2) *Oehlert et Davoust* : Faune du terrain dévonien inférieur de la Sarthe, Bull. soc. géol. de France, 3e ser. T. VII. p. 697.

(3) *Oehlert* ; Fossiles dévoniens de la Mayenne, Bull. soc. géol. de France, 3e ser. T. V. p. 578.

(4) *Oehlert* : Etude des faunes dévoniennes de l'Ouest de la France, Mém. soc. géol. de France, 3e sér. T. 2. 1881.

qui n'auraient été envasés et noyés dans les dépôts clastiques de la Grauwacke, que pendant le cours de l'époque dévonienne inférieure. Les récifs de Zorge, Wieda, Ilsenburg, auraient été ainsi envasés pendant l'époque gédinienne ou coblenzienne inférieure, et ceux du Nassau pendant l'époque coblenzienne supérieure ; il y aurait eu de même dans le Harz des ilots coralliens formés de calcaire dévonien supérieur, qui n'auraient été envasés que pendant l'époque du Culm (comme à Cop-Choux, dans la Loire-inférieure), conformément à la théorie développée par M. Dupont (1) pour les calcaires dévoniens de la Belgique.

Les couches qui reposent dans le Harz sur le *Haupt-quarzit* ne ressemblent guère plus à celles des Asturies que celles qui lui sont inférieures et que nous venons d'étudier. Notre tableau comparatif (p. 518) montre que les *Ober Wieder Schiefer* à nodules calcaires occupent dans le Harz la place de la *zône d'Arnao*, les trois couches suivantes ne paraissent pas avoir de représentant, et on arrive ainsi de part et d'autre sur des *schistes à calcéoles*. Les *Stringocephalen Schichten* du Harz contiennent des minerais de fer rappelant ceux des *grès à Gosseletia* ; enfin la dernière analogie entre les deux séries est donnée dans l'identité des *calcaires d'Iberg* avec les *calcaires de Candas*.

Je me suis étendu longuement sur les relations du terrain dévonien des Asturie avec les couches dévoniennes des régions Rhénanes, à cause de leur beau développement dans ces pays et des excellentes études dont elles ont été l'objet. Les rapprochements que j'ai ainsi établis, me dispensent de poursuivre ces comparaisons dans les autres contrées dévoniennes, Angleterre, Amérique, etc , ne pouvant répéter ici dans l'état actuel de la science, que ce qui a été dit à ce sujet par MM. Kayser, F. Rœmer.

3. Résumé : Le terrain dévonien des Asturies, rendu célèbre par les travaux de MM. Schulz et de Verneuil, constitue d'après mes recherches un ensemble homogène, de couches concordantes entre elles, dont l'épaisseur totale est d'environ 1000 mètres.

J'ai pu y distinguer 8 zônes distinctes assez bien caractérisées lithologiquement et paléontologiquement. Je crois pouvoir résumer aussi succinctement que possible le résultat de mes observations sur ces couches, dans le tableau ci-joint, qui montrera à la fois la succession des zônes asturiennes, et leurs relations avec les zônes parallèles de quelques régions voisines typiques :

(1) *E. Dupont* : Bull. acad. roy. de Belgique, 3e sér. T. 2, Nos 9-10, 1881.

Étages	Assises	**Asturies**	**Bretagne**	**Ardennes**	**Eifel**	**Rive droite du Rhin**	**Harz**
DÉVONIEN SUPÉRIEUR	**Famennien**	Grès de Cué.		Calc. d'Etrœungt. Psamm. d'Evieux. Psam. de Montfort. Macigno de Souverain-Pré. Psamm. d'Esneux. Sch. à Rh. Omaliusi		Kramenzelk. à Clym. Grès verdâtre micacé, et schistes à Cypridines. Sch. de Hagen à Pos. venusta.	
	Frasnien	Calcaire de Candas	Calc. de Cop Choux	Schistes de Matagne. Calc. de Frasne.	Goniatiten u. Cypr. Schiefer. Cuboïdes Sch.	Schiefer v. Nehden. Calc. noduleux à Intumescens. Flinz.	Goniatiten Kalk, u. Cyprid. Sch. Iberger Kalk. Goslarer Schiefer.
DÉVON. MOYEN	**Givétien**	Grès à Gosseletia.	C. de l'Ecochère ?	Calc. de Givet.	Stringocephal. Sc. Crinoïden Schicht	Calc. d'Elberfeld, Villmar, Haina.	Stringocephalen-kalk u. eisenerz.
DÉVONIEN INFÉRIEUR OU RHÉNAN	**Eifélien**	Calc. de Moniello.		Schistes de Couvin.	Calc. de l'Eifel.	Lenneschiefer.	Calceola Schichten. Elbingeroder Grauwacke. Zorger Schiefer. Haupt Kiesel Schief.
		Calcaire d'Arnao.	Sch. et calc. de Porsguen.	Minerai à Cultrijugatus.	Ool. Eisenstein à Cultrijugatus ou Orthoceras Sch. d'Olkenbach.	Schistes de Wissenbach, ou à cultrijugatus.	Ober Wieder Schief.
	Coblenzien sup.	Calc. de Ferroñes.	Sch. et grauw. (calc. de Brulon?)	Grauwacke de Hierges.	Grauw. v. Daleyden, Prüm, Waxweiler	Obere Coblenz Sc.	Haupt-Quarzit.
	Coblenzien infr.	Calcaire de Nieva.	Schistes et grauwackes.	Sc. roug. de Vireux. Gr. noir de Vireux	Vichter Schichten. Grauw. v. Stadtfeld, Daun. Hundsrück Schiefer.	Chondriten Sch. et Platten Ss. Untere Coblenz S. Hundsrück Schiefer.	
			Grauw. et calc. de Néhou, la Baconnière, Brest.	Grauwacke de Montigny.			
	Taunusien.	Grès de Furada.	Grès de Gabard, Landévennec.	Taunusien.	Taunus Quarzit.	Taunus Quarzit.	
	Gédinnien		Calc. d'Erbray ?	Gédinnien.			Unterer Wieder Schiefer { Schistes à graptol. Calcaire hercynien.

CHAPITRE V.

TERRAIN CARBONIFÈRE.

§ 1.

INTRODUCTION HISTORIQUE.

Le système carbonifère n'occupe en Espagne d'après le Boletin de la comision del mapa geologico (1) que 11500 kilomètres carrés, c'est-à-dire 2,22 % de la surface totale du pays : il a toutefois malgré sa faible extension une grande importance industrielle. C'est dans les Monts Cantabriques que ce terrain atteint son plus grand développement : il forme à lui seul près du tiers de la province des Asturies, ou environ 3500 kil. carrés, et il se continue dans les provinces voisines de Léon, Palencia et Santander, où il occupe encore 3000 kil. carrés.

Les travaux de MM. Schulz, Paillette, de Prado et de Verneuil dans les Asturies, ceux de Casiano de Prado, A. Rubio dans le Léon, de Ezquerra del Bayo dans Palencia, A. Maestre dans Santander, ont établi qu'on pouvait distinguer trois divisions principales dans le *système carbonifère* des monts Cantabriques. Les divisions inférieure et moyenne, sont formées par le *calcaire carbonifère* à faune marine, alternant dans les Asturies et le Léon avec des bancs de quarzite et schiste intercalés. Dans la province de Palencia, cet étage est recouvert par des poudingues siliceux à éléments grossiers. L'étage supérieur est l'*étage houiller* proprement dit, formé de psammites et poudingues à la base, de schistes avec empreintes végétales et bancs de houille au sommet. Dans le Léon, il y a des couches de houille de 1.50 (2), on en cite de 2m dans la province de Palencia : les ingénieurs espagnols estiment à 2000 mètres l'épaisseur de cette division supérieure du système carbonifère dans les monts Cantabriques (3).

1. Dans les Asturies, d'après les travaux de MM. Schulz, de Prado, Paillette (4), de Verneuil (5), la base du système carbonifère se compose de calcaires massifs, tellement

(1) Bol. de la com. del map. geol. de Esp. T. V. p. 148.
(2) Mémoire de MM. C. de Prado, Bernaldez, Lasala y Rua Figueroa, Revista minera, T. 5. P. 720,
(3) *L. Mallada* ; Synopsis, Bol. com. map. Geol. p. 92.
(4) *Paillette* : Recherches, B. S. G. F., 2e Sér. T. 2. p. 439.
(5) *De Verneuil et Collomb* : B. S. G. F. 1852. T. X. p. 124.

semblables aux roches dévoniennes sur lesquelles ils reposent, qu'il serait difficile de les en distinguer si l'on n'y trouvait des fossiles différents et tout à fait caractéristiques. On peut comparer cette masse inférieure au *Scar limestone* du Nord de l'Angleterre, et au dépôt calcaire qu'on observe en Belgique, en Russie, ainsi qu'en Amérique, à la base de la grande série carbonifère : il constitue ici les montagnes de Cabralès, de Covadonga, les Picos de Europa, et s'avance jusqu'à la mer, près Ribadesella, pour pénétrer à l'Est dans les provinces de Santander et de Palencia.

2. Au dessus de ces calcaires massifs, quelques bancs calcaires, assez minces, alternent avec les premières couches de charbon ; c'est dans ces petites couches calcaires qu'on rencontre les fossiles marins les mieux conservés, tandis que les plantes sont plutôt dans les grès et les argiles schisteuses supérieures ; les restes d'animaux fossiles appartiennent aux espèces les plus caractéristiques du terrain carbonifère, telles que *Productus semireticulatus*, *P. punctatus*, *P. cora*, *Sp. mosquensis*, *Phillipsia*, etc. Il faut surtout y noter la présence de la *Fusulina cylindrica*, espèce qui n'existe que dans le système carbonifère de la Russie et des Etats-Unis. Les plantes sont celles que l'on rencontre ordinairement dans la flore du terrain houiller.

3. Au dessus, viennent des conglomérats et des grès mêlés d'argiles schisteuses, dont on peut évaluer l'épaisseur à 2 ou 3000^m ; on y compte plus de 80 couches de houille, qui représentent une richesse de combustible considérable. La stratification en est tourmentée, et les couches sont souvent redressées jusqu'à la verticale, mais cet inconvénient est plus que compensé par les avantages qu'offre le sol, assez profondément coupé par le lit des ruisseaux et des petites rivières, pour que les couches de charbon soient exploitées sur des hauteurs verticales considérables, sans que l'on soit gêné par les eaux, et sans que l'on ait à craindre le grisou d'après l'intéressante remarque de C. de Prado.

Les trois grandes divisions du système carbonifère ont été tracées sur la carte géologique des Asturies de M. G. Schulz (1) ; trois couleurs y sont réservées à :

1° Calcaire carbonifère.
2° Carbonifère pauvre en houille.
3° — riche en houille.

Ces divisions sont très naturelles ; elles correspondent presque exactement avec celles que nous adoptons, et seront certes toujours conservées, au moins comme divisions

(1) G *Schulz* ; Descripc. geol. de Asturias, Madrid, 1858.

générales, par les géologues asturiens.

Le *Calcaire carbonifère* de Schulz comprend nos deux divisions du *Marbre griotte*, et du *Calcaire des cañons*.

Son *Carbonifère pauvre* correspond en partie au *terrain houiller inférieur* de la plupart des auteurs. Je n'ai pu conserver le nom donné par Schulz à cette formation, parce que j'ai dû la diviser comme la précédente en 2 parties : La partie inférieure (*grès de Cué*) qui appartient au Dévonien supérieur, ramené dans la région carbonifère par failles et plis anticlinaux, et la partie supérieure (*Assise de Leña*) qui correspond au terrain houiller inférieur ou Culm.

Le *Carbonifère riche* de Schulz doit de même se diviser en deux assises : l'inférieure (*Assise de Sama*) correspondant au *terrain houiller moyen*, la supérieure (*Assise de Tineo*) correspondant au *terrain houiller supérieur*, comme l'ont prouvé MM. Grand'Eury et Zeiller. M. Schulz qui avait nettement reconnu la succession générale de ces assises ne se dissimulait pas la difficulté des détails, et nous pourrions encore répéter avec lui en terminant notre travail [1] : « La diversidad que se nota en la direccion de las montañas y la mayor diversidad que se observa en el rumbo de los estratos, que siguen curvas mas ò menos abiertas ò cerradas y tambien siguen rectas de considerable longitud, buzando ya de un lado ya de otro, demuestran que fuerzas plutònicas enormes han fracturado la superficie primitiva, elevandola en parte à montañas de muy considerable altura con cumbres y picachos asombrosos, trastornàndola y replegàndola en muchos puntos, retorciéndola en otros y hundiendola en algunos ; de modo que es muy déficil distinguir entre estos terrenos un orden de sucesion ò antigüedad. »

Dans le volume qui sert d'explication à sa carte, M. Schulz décrit successivement le *terrain houiller avec houille* et le *terrain houiller sans houille* ; celui-ci correspondant à ses deux divisions inférieures, qu'il ne sépare pas dans sa description (p. 51). A l'ouest des Asturies le Carbonifère forme des chaines isolées, synclinales, au milieu des couches dévoniennes (El Aramo, Sobia, Agüeria, etc.). A l'est des Asturies (p. 52), le Carbonifère forme à lui seul une vaste région de 55 lieues carrées, où Schulz distingue plusieurs régions assez naturelles. La première (p. 53), de Llanes à Cangas et aux Picos de Europa, présente diverses bandes de grès et schistes dont le parcours est soigneusement décrit ; elles alternent avec des bandes calcaires. Leurs relations stratigraphiques n'ont pas été fixées. Une seconde région (p. 59) de Ponga et Amieva, correspond approximativement à

(1) *G. Schulz* : Descripc. geol. de Asturias, p. 68.

notre coupe du Rio Sella, et montre à peu près les mêmes faits que la précédente. On peut presque en dire autant du troisième massif décrit par Schulz (p. 61), au S. E. d'Ynfiesto (Parres, Piloña, Caso et Sobrescobio) ; il reconnait toutefois le fait stratigraphique intéressant que les couches de Ponga et Amieva se contournent et se continuent ensuite au Nord par Parres, Piloña, jusqu'à Cangas et Rivadesella.

M. Schulz donne une place spéciale au petit massif de Puerto Sueve (p. 68), formé d'après lui, d'une masse calcaire synclinale, reposant sur le terrain houiller, et qu'il croit devoir rapporter pour cette raison au terrain permien. L'âge permien du calcaire de Sueve, où on n'a pu encore trouver de fossiles, ne me semble rien moins que douteux : il est en effet borné au nord par des schistes avec végétaux houillers (vers Carrandi, Borines), et au sud par des quarzites blancs ; si donc il est synclinal, il est au moins limité par une faille, et on n'a plus de raison stratigraphique pour le considérer comme supérieur aux schistes, c'est-à-dire comme permien. Je crois plus vraisemblable d'admettre comme Schulz l'a lui-même proposé (p. 69), que les quarzites du sud du Sueve appartiennent au Dévonien supérieur (*grès de Cué*) ; le calcaire du Sueve reprend ainsi dans la série la place ordinaire du *calcaire des cañons*.

On a évalué à 540 kil. carrés, l'espace occupé par le terrain houiller avec houille dans les Asturies [1] ; M. G. Schulz a reconnu qu'il y forme plusieurs bassins. Le bassin principal est au centre de la province, et divisé en plusieurs tronçons : il commence à l'ouest dans la Sierra de Agüeria, Quiros, l'Aramo, Riosa, et s'étend jusqu'au pont d'Olloniego par les riches concessions de Leña, Mieres, Langreo, Aller, Laviana, Bimenes, et Rey Aurelio. Il est recouvert par le crétacé de Siero à Ynfiesto, réapparait à l'ouest de El Sueve et arrive à la côte entre Colunga et Rivadesella.

Les autres bassins houillers de la province sont plus petits, et reposent directement sur les formations siluriennes ou dévoniennes : nous citerons parmi eux le bassin de Maravio et Teberga qui se continue dans le Léon, le bassin d'Arnao avec sa grosse veine de houille, le petit bassin de Ferroñes, celui du Naranco près Oviedo, le bassin étroit et allongé de Tineo à Cangas et Rengos, le bassin de Tormaleo.

Les végétaux que j'ai ramassés dans diverses houillères des Asturies ont permis à MM. Grand'Eury et Zeiller, qui ont bien voulu se charger de leur détermination, de fixer l'âge des houilles asturiennes. Ils ont reconnu que ces couches précédemment ballottées du terrain houiller, au terrain dévonien et au terrain carbonifère inférieur, appartenaient

(1) *Mallada* : Synopsis, Bol. map. geol. p. 93.

nettement par leur flore aux deux grands étages dans lesquels se subdivise le vrai terrain houiller.

Le houiller supérieur est représenté à Tineo, Lomes, Arnao, Ferroñes ; les dépôts de Tineo et de Lomes venant se placer dans l'*étage sous-supérieur* et vraisemblablement, tout au moins pour ceux de Tineo, vers le haut de cet étage ; ceux d'Arnao et de Ferroñes occupant peut-être une position un peu plus élevée encore, c'est-à-dire le sommet même de l'*étage sous-supérieur*, sinon la base de l'*étage supérieur* proprement dit.

Le houiller moyen est représenté dans tout le bassin central et à Santo-Firme, les couches de Mieres, Sama, Ciaño, etc. appartenant à l'*étage supra-moyen*, et celles de Santo-Firme paraissant se rapporter plutôt à l'*étage moyen* proprement dit, sinon à l'*étage sous-moyen*.

§ 2.

COUPES DÉTAILLÉES.

J'ai déjà décrit au chapitre du terrain dévonien, les *Outliers* de calcaire carbonifère de la falaise d'Entrellusa, du Naranco, des environs d'Olloniego, et du Rio Nalon entre Grado et Truvia. Ces affleurements avec ceux du Rio Trubia et de son affluent le Rio Quiros que nous décrivons ici sont les restes les plus lointains vers l'ouest, des formations carbonifères marines. La coupe déjà décrite d'Entrellusa nous a donné la succession suivante des couches carbonifères dans ce district, de haut en bas (Pl. XVIII, f. 3) :

Quarzite blanc	
Calcaire bleu des cañons	25.00
Calcaire rouge griotte	20.00
Grès rouge	25.00
Calcaire dévonien.	

Les coupes du Rio Nalon ont montré la même superposition du marbre griotte au Dévonien, et du *Calcaire carbonifère* au marbre griotte, mais ce *calcaire des cañons* a plus de 200^{m} d'épaisseur, il alterne avec des schistes et grauwacke en lits minces, et est recouvert par des calcaires dolomitiques plus ou moins puissants, à relations stratigraphiques encore obscures.

1. Coupe du Rio de Trubia : La coupe du Rio Truvia (Pl. XIX, fig. 2), de Truvia à Barzana, montre bien aussi la constitution de la partie inférieure du système carbonifère. Trubia est bâtie sur des calcaires dévoniens décrits plus haut, que l'on suit au sud jusqu'au delà du pont de San Andres; leur partie supérieure devient en ce point compacte, bleu clair, avec points de calcite transparente, et est assez élevée dans la série dévonienne de la région. Il y a quelques bancs schisteux rouges alternants; l'inclinaison est S. 40° E. = 60°. Ce calcaire dévonien est surmonté immédiatement par des grès gris et rouge, passant par places à la grauwacke, épais de 110 mètres; ils correspondent aux *grès de Cué*, car ils sont immédiatement recouverts par du calcaire marbre gris et rouge à Goniatites, par le *marbre griotte*, qui devient dans cette contrée le repère stratigraphique le plus commode : Son épaisseur est ici de 30^{m}, il incl. S. 30° E. = 70°. La vallée se resserre vers Tuñon en traversant à la Sierra del Estoupo les *calcaires des cañons*, qui reposent ici sur *le griotte*; ces calcaires bleus sont stratifiés, homogènes, présentant vers le haut des bancs jaunes dolomitiques, incl. S. 50° E. = 65°. Au-delà de Tuñon la vallée s'élargit (Pl. XX, fig. 6.), on marche sur les tranches des calcaires carbonifères où j'ai trouvé *Poteriocrinus cf. Egertoni*, et qui alternent avec des schistes et psammites, à inclinaison très variable, S. E. au N. O. jusqu'à Villa. Ces schistes et calcaires forment un pli synclinal, ils se relèvent vers Proaza, et on retrouve près Villa dans la Sierra de Caranga les calcaires de la Sierra del Estoupo : c'est la continuation de la même crête à couches calcaires verticales.

Les eaux du Rio Trubia coulent dans une gorge étroite et profonde, identique aux célèbres Cañons du Colorado, illustrés par le Survey du Major Powell. Ils ont été décrits déjà par Schulz, et ont frappé depuis longtemps les montagnards de la région qui leur ont donné les noms spéciaux de *Hoces*, *Foces*, *Escobios* « admirables en alto grado son en la caliza carbonera de Asturias y Leon algunos cortes o gargantas profundas y angostisimas por donde pasan los rios, cuyos pasos estrechos se llaman *hoces* en Leon y *foces* en Asturias... Cuando por tales gargantas pasan veredas ò caminos de herradura, que por falta del ancho necesario y buena direccion ofrecen peligro de despeñarse el transeunte, se llaman *escobios* » (1). Dans ces gorges, un torrent d'une largeur variable de quelques mètres à 500 mètres, roule en écumant entre deux murs à pic de plus de 150 mètres; ils atteignent 300^{m} de hauteur à la Foz de Paraya sur le Rio Aller, et la route entaillée dans le roc suit à grands frais le torrent.

Le Rio Trubia n'est pas la seule rivière des Asturies qui passe ainsi par des *Foces*, ou *Cañons*, pour leur conserver ici un nom plus connu des géologues; loin de là, la règle au

(1) *Schulz* : Descr. geol. de Asturias. p. 88.

contraire des rivières de ce pays, est de présenter ce même phénomène lorsqu'elles traversent les couches calcaires de la base du terrain carbonifère, ainsi le Rio Sella, le Rio Aller, le Caudal, le Rio Carès, le Rio Ponga, le Rio Nalon dans la partie haute de son cours, présentent le même fait. Les cañons du Rio Nalon seraient d'après Schulz (p. 67) les plus curieux des Asturies, notamment entre Campo et Coballes, où il serait impossible de tracer un chemin dans la gorge profonde et escarpée, que suit la rivière, quand même elle n'est pas souterraine. J'ai crû devoir appeler *calcaire des cañons*, le calcaire qui présente habituellement dans les Asturies cette disposition orographique remarquable, il forme l'assise inférieure du terrain carbonifère de cette province.

La masse de calcaire de cette assise exposée ainsi dans les cañons du Rio Trubia en couches verticales m'avait paru épaisse de 500 mètres, quoique moindre en réalité, son affleurement mesuré sur la carte aurait 800 mètres (N° 2, pl. XX, fig. 6). Il contient ici comme vers Tuñon, vers son milieu, une assise de calcaire jaune dolomitique ; sa partie inférieure repose comme toujours sur le marbre rouge griotte N. 60° E, avec lequel cesse le cañon et les beaux affleurements. On ne voit qu'assez obscurément les couches inférieures au griotte : il y a vers Caranga un calcaire dolomitique incl. N.40°E., puis des calcaires bleus; ils sont isolés, leur position seule les fait rattacher au système dévonien. Sur l'autre rive, il paraît y avoir du grès rouge dévonien. Au midi de Caranga, calcaire bleu avec schistes rouges verdâtres, incl. S. E. = 70° ; à Santullano, calcaire bleu avec points de calcite transparente, rappelant les *calcaires de Moniello*, puis grès et calcaires dolomitiques incl. S. 50° E.=75°, peu visibles, couverts par de puissants éboulements. La rivière forme ici un coude brusque, traverse de nouveau la Peña de Caranga, dans un cañon étroit et profond, identique à celui de Villa ; il s'étend de Santullano à Llano. On observe d'abord le marbre griotte à Goniatites, vertical, plissé, épais de 25m ; il est recouvert par 600m de calcaire bleu à veines blanches, puis par des calcaires bleus clairs, puis jaunes dolomitiques, puis bleus homogènes : l'épaisseur totale dépasse 700 mètres, mais ils sont plissés et répétés. Ces couches forment notre *assise du calcaire des cañons*. Elles sont surmontées à Llano par des schistes et grauwackes ; on est sorti du cañon. Ces schistes et grauwackes sont très plissés incl. O. à E., et contiennent vers Agüeras quelques bancs calcaires encrinitiques (*Assise de Pola de Leña*) :

Zaphrentis Phillipsi?
Favosites Haimeana
Platycrinus granulatus?
Mespilocrinus granifer?
Poteriocrinus crassus?
— *originarius?*
Productus aculeatus.

Agüeras est sur les schistes et grauwackes, incl. S. 50° E. = 45°, de la zône de Leña; ils sont fortement plissés au sud de cette localité, et alternent avec de nombreux bancs de calcaire bleu encrinitique en approchant d'Arrojo, incl. N. 50° E. — Il y a également quelques bancs de grès, incl. E. = 80°. A San Salvador un four à chaux emploie ces calcaires, qui me paraissent toujours appartenir au terrain carbonifère, incl. S. 50° = E; les schistes, avec psammites et grauwacke dominent vers Barzana où on arrive sur le terrain carbonifère riche de M. G. Schulz. Il fait ici partie de la concession de Quiros. J'ai trouvé dans le *Carbonifère pauvre* des environs de Quiros :

Koninckophyllum interruptum	*Astarte subovalis?*
Spirifer lineatus	*Turbinilopsis? Hœninghausianus*
— *mosquensis*	*Schizostoma catillus*
— *bisulcatus*	

Le *Carbonifère riche* de Quiros, supérieur aux couches précédentes de l'*assise de Pola de Leña*, forme un bassin bien limité sur la carte de M. G. Schulz de Barzana à Cienfuegos, et de Salcedo à Ricabo. Ce pays est très couvert par la végétation; des coupes relevées en passant ne sauraient présenter grand intérêt dans les bassins houillers de cette région, déjà étudiés en détail dans des travaux d'exploitation.

Avant de quitter la vallée de Trubia, notons les blocs de grès silurien à Scolithes qu'on trouve dans ses alluvions jusqu'à Caranga : ils proviennent sans doute des montagnes du Léon.

2. Coupes des environs de Pola de Lena : Le *Terrain carbonifère pauvre* que nous avons trouvé dans la coupe précédente entre le *terrain houiller riche* de Quiros et le calcaire *carbonifère des cañons* du Rio Trubia, présente un splendide développement aux environs de la *Pola de Leña*. Nous appellerons pour cette raison cette formation l'assise de *Pola de Leña* : J'ai donné (p. 521) la raison qui m'empêchait d'adopter le nom de *carbonifère pauvre* proposé par Schulz. Le nom *de Pola de Leña* (ou pour abreger *Assise de Leña*) se recommande d'abord par la facilité, et la richesse des gisements fossilifères, situés sur la grand route de Léon à Oviédo, ainsi que surtout au point de vue historique par l'étude qui en était faite en 1846 par Paillette et de Verneuil. Tous les fossiles du calcaire carbonifère des Asturies cités par de Verneuil[1], proviennent des environs de Pola de Leña, à la limite des *terrains carbonifères pauvres* et des *terrains carbonifères riches* de Schulz, il est juste par conséquent de conserver à ce niveau le nom d'*Assise de Leña* que nous proposons ici. J'ai reconnu *Fusulina cylindrica*, *Aulacorhynchus Davidsoni* parmi les

(1) *De Verneuil* : Note sur le terrain carbonifère de Pola de Leña, B. S. G. F. 2e sér. T. 3. 1846, p. 455.

fossiles ramassés par de Verneuil à ce niveau à San Félix, près la Pola de Leña. Il n'a pas eu plus que nous entre les mains, de fossiles de *l'Assise des cañons*, dont la faune est par conséquent encore inconnue. L'intérêt principal des couches des environs de la *Pola de Leña* est de montrer la composition de cette assise, formée de schistes et psammites avec végétaux et lits charbonneux alternants avec des couches calcaires minces de 5 à 10m: la région est tellement bouleversée qu'il est très difficile de relever la succession détaillée de ces couches.

La coupe de Pola de Leña à Cienfuegos montre de beaux affleurements; on voit successivement à l'ouest de la Pola : calcaire argileux bleu foncé, incl. S. 40° O. = 80°; grauwacke et schistes charbonneux reposant sur ces calcaires; calcaire jaune dolomitique, mince; schistes, grauwacke et psammites à empreintes végétales, incl. E. 15°. Au delà du ruisseau, jusqu'à Piedracea, calcaire bleu foncé vertical N. 20° O. = 30°; au delà schistes et calcaires E. = 45°, puis grès, psammites et grauwackes incl. E. = 50° en approchant d'un moulin à vapeur, construit sur des schistes bleuâtres grossiers, incl. E. = 55°. De là à Tablado, on a un bel exemple de l'alternance des schistes et calcaires : des psammites et grauwackes avec minces couches de houille forment un petit pli anticlinal, recouvert de chaque côté par 8 à 10m de calcaire bleu marin, incl. E. = 40° et S. = 35°, et recouverts à leur tour par des schistes bleus foncés compactes. Les calcaires des environs de Tablado m'ont fourni :

Productus aculeatus	*Orthis Michelini*
Chonetes variolata	*Spirifer striatus.*

L'ascension de la Cordal de Leña montre un faisceau de couches incl. S. à S.E., où dominent des schistes, grauwackes et psammites à calamites et fougères, alternant avec des bancs calcaires à *Orthis Michelini* de 5 à 10m, ces couches sont très plissées et repliées en descendant vers Villar : cette montagne fournirait d'excellentes sections pour l'étude détaillée de cette partie du terrain carbonifère. Les végétaux, fougères et calamites, que j'ai ramassés dans les schistes du flanc est de la Cordal de Leña sont indéterminables pour la plupart; M. Zeiller a pu identifier toutefois une de ces formes au *Diplotmema distans* Sternberg *sp.* espèce propre à l'étage du Culm, dont la découverte dans le carbonifère pauvre des Asturies a la plus grande importance au point de vue de la fixation de l'âge de cet étage.

De Villar à Cienfuegos, on passe sur le terrain houiller riche déjà reconnu du bassin de Quiros : ce sont des schistes et grauwackes avec lits de houille, à inclinaison.

dominante N.E., de ce côté.

On a également une belle coupe du *terrain carbonifère pauvre* des Asturies, en suivant la vallée du Rio de Leña, de San Feliz au N. de la Pola à Pajares sur la frontière du Léon. San Feliz est à la limite du terrain *carbonifère pauvre* et du *carbonifère riche*, de Verneuil y cite de nombreux fossiles de l'*assise de Leña* ; on y voit des schistes et grès incl. O., et près de Barraca au milieu des schistes un lit de calcaire bleu épais de 20^m, que je rapporte au *carbonifère pauvre*; à Pola de Leña schistes et grès, incl. N. 20° O. =30°, puis grès gris durs E. = 45° ; à Vega del Ciego schistes et grès N. 40° E.; à Vega del Rey calcaire bleu à veines blanches et schistes O. ; à Caseta, schistes noirs à lits charbonneux incl. O.; à Campomanes, alternances répétées de schistes et calcaires O. Le croquis suivant pris de Campomanes, sur la côte de Malvedo, montre leur disposition (Pl. XX. fig. 10).

A Erias, schistes et grauwacke grisâtre, banc de 10^m de calcaire bleu noir à veines blanches ; à Renueva grès grossier O., puis crête calcaire saillante, épaisse de 40^m, et grauwacke alternant avec des schistes grossiers. De Campomanes à Renueva, on coupe un faisceau de couches incl. O. ; elles forment ici un anticlinal jusqu'à Puentes. De Puentes à Villar près Pajares, la route reste toujours sur les mêmes couches, incl. E. et dirigés comme la route N.S.—A Puentes schiste et calcaire bleu à veines blanches ; à Veguellina schiste gréseux, et calcaire bleu foncé à veines blanches; à Muela schistes grossiers, lit de calcaire bleu épais de 15^m, schistes jusqu'à Entrabandos rios, à Romia schistes grossiers. Toutes ces couches sont fortement plissées, le croquis suivant pris à Posadorio près Romia en peut servir d'exemple (Pl. XX. fig. 9).

Les schistes de Posadorio contiennent de petits lits de calcaire encrinitique et des nodules de sidérose ; vers Villar, calcaire bleu incl. E. épais de 30^m, intercalé dans les schistes. Au Sud, schistes grossiers, grès et grauwackes (N.) jusqu'à Pajares, où leur inclinaison devient très variable : ils contiennent des calamites. De Pajares à la F^{te} del Vieja, alternances des mêmes schistes avec lits calcaires de 5 à 10^m, butant près la frontière sur une épaisse masse de grès blancs, dont l'étude demanderait beaucoup de temps, comme celle de toutes les couches des environs de Buzdongo.

3. Coupe du Rio Sella (Pl. XIX. fig. 5) : Cette coupe a été faite par Schulz (p. 54) qui la cite comme un exemple des « Curvas admirables » des couches carbonifères de la contrée : l'inclinaison y passant successivement d'après lui du N. O., au N., au N. E., au S. E, puis à E. — La Ria de Rivadesella est ouverte dans des couches jurassiques bien exposées à l'atalaya, et dans les falaises à l'ouest; ces couches reposent à Rivadesella même, sur des calcaires carbonifères si bien développés à l'est de cette localité, que l'on pourrait y prendre le type de cette formation dans les Asturies. Ce *calcaire des Cañons* est encore visible à Rivadesella dans la vallée au sud de la ville; c'est un calcaire gris bleuâtre, incl. N. à nombreux filonnets de calcite. Il alterne bientôt sur la route de Llovin, avec des grauwackes à empreintes végétales obscures, avec des schistes gréseux, et des bancs de silex incl. N. E à E.; près Llovin, calcaire gris compacte avec tiges d'encrines; à Llovin schistes et grès, verticaux (S. O.) présentant également les caractères de l'*assise de Leña*.

Au nord de Santianes, *calcaire des Cañons* bleu foncé avec parties rouges (S. O.), banc dolomitique arénacé grisâtre épais de 40 mètres, puis calcaire bleu foncé; cette assise est suivie au sud de Santianes par des grès blancs quarzeux, incl. S. 20° O — 65°); des grès blancs verdâtres psammitiques, incl. S. O.=70°; puis vers Frias par des schistes, appartenant à l'*assise de Leña*. Ils paraissent former un pli synclinal: on passe sur des couches nettement plus anciennes en pénétrant dans la Sierra de Escapa. Le *calcaire des Cañons* est magnifiquement exposé dans cette Sierra, il forme une masse homogène, épaisse de plusieurs centaines de mètres de calcaire bleu siliceux, avec ou sans veines blanches incl. S. O.; on remarque dans cette assise deux couches de dolomie grossière rosée incl. S. 40° O. = 35°, épaisses d'environ 20 mètres chacune. Les dernières couches de calcaire bleu viennent reposer en stratification concordante près d'un petit ravin, à l'est de Margolles, sur du calcaire marbre rouge griotte alternant comme d'habitude avec des lits verts de marbre Campan, incl. S. 40° O. et dont l'épaisseur totale ne dépasse pas 12 à 15 mètres. J'ai ramassé dans ce *marbre griotte* les fossiles suivants:

Poteriocrinus minutus	*Orthis Michelini*
Goniatites Henslowi	*Orthoceras giganteum*
— *crenistria*	

Le *marbre griotte* repose au delà du ravin sur des grès blancs sans fossiles. Au delà à l'ouest, ces grès inclinent davantage ouest, ils alternent près Margolles avec des schistes gris grossiers incl. O. et des grauwackes verdâtres, incl. S. 50° O., verticales. Au Nord de Cuenco, le grès blanc présente une couche rouge, épaisse de 3m de grès ferrugineux, exploité comme minerai; le grès est blanc, plus homogène et assez bien développé au N. O. de Cuenco, incl. N. 70° O. = 55°. Je rapporte au Dévonien supérieur, ce grès sans fossiles, inférieur au *marbre griotte*. Il paraît brusquement limité par une faille entre Cuenco et Triongo; les couches que l'on observe vers Triongo présentant les caractères lithologiques de l'*assise de Leña*. Ce sont d'abord des schistes et grauwackes, des grès peu épais, puis des calcaires bleus incl. N. 45° O = 40 à 60°. A l'ouest de Triongo grès blanc homogène, fendillé en tous sens, incl. O., et que l'on suit assez longtemps, au delà, calcaire noir à veines blanches, incl. N. 50° O.; puis vers Las Arriondas, incl. S. 60° E. = 75° schistes et grauwackes gris. M. Schulz a déjà signalé dans cette partie, entre Triongo et Cobiella, une couche schisteuse, anthraciteuse (p. 56).

La vallée de la Sella s'élargit au midi de Las Arriondas, elle correspond à peu près à la limite de l'*assise de Leña* et du terrain crétacé : on n'y peut relever de coupe jusque près de Cangas-de-Onis.

On retrouve à l'ouest de Cangas-de-Onis des schistes et calcaires de l'*assise de Leña*, incl. S. 60° E.; les calcaires sont argileux, bleu-foncé et contiennent en grande abondance un fossile intéressant la *Fusulinella sphaeroïdea*, ainsi que *Productus semireticulatus*, *Encrines*, etc. On peut chercher d'autant plus facilement ces petits fossiles que la route suit pendant longtemps la tranche des couches, plongeant de l'E. au S.-E.; cette disposition n'a pu être représentée sur la coupe (pl. XIX. fig. 5), qui donne par suite une idée inexacte de cette partie; de Cangas-de-Onis au coude de la rivière à Caño, on reste toujours en réalité sur les mêmes couches. Au delà de Caño, on marche normalement aux couches, et on passe sur un calcaire bleu compacte, incl. E. = 75°, puis sur du calcaire bleu à veines blanches, incl. S. 30° E. = 75°, avec lits dolomitiques jaunes (*assise des Cañons*), que l'on traverse rapidement. On arrive à Tornin sur un grès blanc, incl. S. 60° E. = 45°, identique à celui de Cuenco, auquel je l'assimile. Je n'ai pu voir toutefois le *marbre griotte* entre ce grès blanc et le calcaire bleu de l'*assise des Cañons*. Le contact de ces couches est caché de ce côté de la vallée ; peut-être une carrière visible sur la rive droite où je n'ai pu arriver, montre-t-elle justement ce *marbre griotte*, le plus recherché des marbres de la région.

J'ai longuement hésité avant de rapporter au terrain dévonien supérieur les grès blancs de Tornin et du Rio Sella : ils ressemblent en effet beaucoup aux *grès de Furada* du Dévonien inférieur, et surtout aux *grès à Scolites* du Silurien inférieur, dont l'analogie a été depuis longtemps déjà signalée par Schulz (p. 37). Il me paraissait plus vraisemblable de croire à la répétition par failles de ces mêmes formations, si plissées et brisées dans la région, que d'admettre ces récurrences de dépôts lithologiques arénacés semblables. La découverte de nombreux *Scolithus linearis* siluriens dans des blocs de grès de la vallée de Tornin vint me confirmer dans cette idée : je recherchai si les *grès siluriens à Scolithes* n'étaient pas ramenés par failles, ou si ils n'avaient pas acquis un énorme développement dans cette partie est des Asturies, dans laquelle les couches plus récentes du Silurien supérieur, du Dévonien et du Carbonifère, seraient arrivées successivement à les recouvrir transgressivement ? Mais ces hypothèses ne résistent pas à l'examen stratigraphique de la région. On doit admettre que ces grès recouverts constamment par le *marbre griotte*, sont les mêmes qui couronnent le Dévonien à Entrellusa et sur le Rio Trubia, et qu'ils appartiennent donc en réalité au Dévonien supérieur. Les Scolithes siluriens de Tornin proviennent donc sans doute des montagnes du Léon, d'où des blocs de grès silurien auraient été apportés par les torrents actuels ou diluviens, sur les grès lithologiquement semblables de Tornin.

M. Schulz semble avoir pressenti qu'une partie des couches qu'il rapportait au Carbonifère seraient rattachées au Dévonien : il admet implicitement cette vue quand il dit: « No podemos asegurar que el terreno devoniano deje de asomar en parte alguna de la vasta region montañosa que hemos recorrido (Est des Asturies), mas bien es de suponer que exista en algunos de sus valles, ò en masas de cuarcita intercaladas entre las fajas del terreno carbonifero, de un modo parecido (ò mas bien à la inversa) que en el O. de Asturias hemos visto el terreno carbonifero enclavado é intercalado entre terrenos mas antiguos » (p. 68).

Le Rio Sella coule longtemps au sud du Tornin dans les grès, dont il suit à peu près les tranches ; ces grès alternent avec des bancs ferrugineux rouges, des arkoses, et des poudingues siliceux. Leur inclinaison S. 80° E. diminue vers Vega, et ils forment des couches presque horizontales. On reste sur ces grès jusqu'à l'entrée de Vega, bâti sur les calcaires blancs S. 65° E., puis jusqu'au Puente de Grasos, sur des calcaires bleus, incl. O. et S. O., alternant avec lits schisteux à encrines, et bancs charbonneux. Il y a sans doute de ce côté une faille entre ces calcaires (de l'*assise de Leña*?) et les grès blancs, mais on est ici sur une rive convexe, couverte d'alluvions, et la route forme de plus des lacets qui compliquent encore le relevé des couches.

Si on abandonne au pont de Grasos, le Rio Sella pour remonter le Rio Ponga, on trouve une coupe géologique bien plus claire, déjà recommandée par Schulz (p. 60), et qui est certes une des plus instructive du pays. La Sierra Lampaza paraît formée en majeure partie par le grès blanc de Tornin, incl. S. O. il y est recouvert directement par le *marbre* rouge *griotte* comme le montre l'esquisse suivante prise au bord de la route (Pl. XX. fig. 11.).

Le marbre griotte a ici une épaisseur de 20 à 25^m et contient d'assez nombreuses

Goniatites, indéterminables : il incline au S. O. comme le grès blanc. On peut constater la superposition de ces couches en deux points différents de cette route, répétition que je rapporte aux détours du chemin et que je n'ai pas représentée sur la coupe. Le *calcaire bleu des Cañons* (S. O.) recouvre immédiatement le marbre rouge et forme une crête escarpée. La route recoupe deux fois ce calcaire bleu comme les couches sur lesquelles il repose, il est surtout très bien exposé dans la seconde tranchée ; c'est une masse calcaire homogène, incl. S. 50° O. = 40°, bleuâtre, sans plis, sans alternances schisteuses, épaisse de 200 à 250m, et où je n'y ai pas trouvé de fossiles ; elle présente les divisions lithologiques suivantes de bas en haut :

Calcaire bleu compacte, reposant sur le griotte.	60m.
Dolomie bleu- jaunâtre	4m
Calcaire bleu avec nodules et lits dolomitiques	50m
Calcaire bleu foncé, siliceux, à stratifications nettes, et en lits plus minces que les précédents	100m
Calcaire schisteux bleuâtre.	

Près d'une petite chaumière, des schistes et grauwackes grossiers de l'*assise de Leña* recouvrent ces calcaires en stratification concordante, la route coupe toutes ces couches normalement, et la coupe est par suite très claire au milieu d'affleurements magnifiques.

Au dessus de ces schistes apparaissent des bancs de poudingue, incl. S. 50° O. = 70°, épais de 15m et formés de galets calcaires dans une pâte arénacée, quarzeux, gris-bleuâtre. Il sont recouverts par un calcaire gris clair, incl. S. 50° O., très fossilifère à la hauteur du village de Sebarga, j'y ai trouvé :

Petalaxis Favrei	*Productus punctatus*
Lonsdaleia floriformis	*Chonetes Jacquoti*
Axophyllum expansum	*Orthis Michelini ?*
Rhodophyllum Carezi	*Streptorhynchus arachnoïdea*
Erisocrinus Europaeus	*Spirifer integricosta*
Poteriocrinus cf. crassus	— *bisulcatus*
Fenestella crassa	*Platyceras neritoïdes*

On passe au delà dans un petit vallon schisteux, formant je crois le centre d'un pli synclinal, puis on revient sur des calcaires gris clair, incl. S. 20° O. = 70°, devenant plus foncés à sa base où il y a un banc compacte, schisteux. Ce banc parait assez constant à cette position, on le retrouve à Onis et ailleurs ; il est caractérisé par l'existence de végétaux remaniés associés à des coquilles marines, parmi lesquelles on remarque les

Aulacorhynchus, des *Spongiaires*, etc., c'est le plus inférieur des bancs calcaires de l'*assise de Leña*. J'y ai trouvé en ce point de la commune de Sebarga :

Sollasia ostiolata
Amblysiphonella Barroisi
Sebargasia carbonaria
Lophophyllum costatum
Diphyphyllum concinnum
Mespilocrinus granifer
Archaeocidaris Sixi
Productus longispinus
Chonetes Hardrensis
Spirifer trigonalis
— *glaber*
— *lineatus*
— *duplicicosta*
Athyris planosulcata
Rhynchonella pugnus
Pecten disimilis
Lima Buitrago
Carbonarca Cortazari
Astarte subovalis
Naticopsis planispira
Loxonema rugiferum
Macrochilina ventricosa
Schizostoma catillus
Bellerophon hiulcus
Nautilus dorsalis
Phillipsia Derbyensis

Ce banc calcaire repose à la hauteur de Eno sur des schistes peu épais, suivis par des poudingues à galets calcaires dont la pâte est un véritable grès, et qui correspondent aux poudingues de l'est de Sebarga. Ils sont ici contournés, alternent avec des schistes et grauwackes verticaux, incl. N. 20° E. Ces poudingues reposent de nouveau sur les *calcaires compactes des cañons* ; la vallée se resserre ici de nouveau, et on marche pendant un kilomètre dans une gorge étroite ouverte entre deux murs calcaires. L'énorme épaisseur du calcaire est dûe ici à des plissements, et à l'obliquité de la vallée à l'inclinaison des strates. En approchant de Caso on reconnait un bombement anticlinal, au centre duquel apparait un calcaire rouge à aspect de griotte, où je n'ai pu toutefois trouver de fossiles, au delà le calcaire bleu incline S. 60° O ; et est presque vertical, on y remarque un banc oolitique. C'est un des seuls points où j'aie pu reconnaitre cette roche dans le calcaire carbonifère des Asturies : on sait qu'elle est assez caractéristique de ce terrain, en Belgique, en Angleterre, sur le Mississipi, etc.

La vallée s'ouvre vers Caso, on retrouve encore de ce côté le banc de calcaire schisteux à mollusques marins et végétaux, incl. S. 25° O. = 70°, de la base de l'*Assise de Leña*, puis des schistes, et des calcaires bleus en petits bancs de cette même assise ; en approchant de Caso, prés schisteux.

4. Coupe du Rio Bedon (Pl. XIX. fig. 7). Le Rio Bedon se jette à la mer au pied de la Sierra de San Antolin, si remarquable au point de vue orographique par le nivellement parfait de son sommet. Cette haute plaine de dénudation marine, dont on a de nombreux exemples sur toute la côte Asturienne, n'est nulle part plus sensible qu'ici, par suite du contraste résultant du voisinage des crêtes voisines découpées et déchiquetées de la Peña de Llabres, Biforco, etc.

La Sierra de San Antolin est une masse de grès blanc sans fossiles, que je rapporte au dévonien supérieur (*grès de Cué*) en raison de son contact immédiat avec le marbre griotte. Ce grès blanc est plissé en couches généralement verticales, incl. S. 20° E. ou N. 20° O, et ressemble lithologiquement au *grès à Scolithes*; on remarque toutefois entre les lits de grès des veines minces de quelques millimètres de schistes rouge ou vert-clair. Vers la partie supérieure de cette assise, les grès deviennent psammitiques, gris-verdâtre, et alternent avec des schistes; il y a même quelques lits conglomérés très minces; on remarque aussi dans ces grès quelques lentilles de schistes rouges, longues de 0m,50 sur 0m,08 de large. Au pied méridional de cette Sierra est un vallon creusé dans des argiles grisâtres, noires par places, employées pour la fabrication des tuiles, et qui appartient au sommet de cette division; elles présentent un lit ferrugineux (limonite), vertical, incl. S., avec quelques galets.

Au délà de ce vallon on arrive vers Posada sur des calcaires très plissés, brisés, gris-verts, avec taches et bancs schisteux rouges; il y a également des lits de calcaire et de schistes rouge lie de vin, gris et vert clair en petits bancs alternants. Bien que je n'y aie pas trouvé de fossiles, ces calcaires présentent tous les caractères lithologiques des marbres Griotte et Campan, auxquels on doit donc les identifier. Ils présentent successivement les inclinaisons N. 20° O., S. 20° E., S. 50° E. = 50°. On passe ensuite sur le *calcaire des cañons* comme le montre la coupe (pl. XIX, f. 7), en se dirigeant vers Posada à l'intérieur des terres. Si on revient à l'ouest sur le Rio Bedon, on trouve à peu de distance, un calcaire bleu noirâtre avec *fusulinelles de l'assise de Leña*, qui acquiert à partir de ce point un beau développement. On suit cette assise jusqu'à Mere, elle forme un vaste pli synclinal, à ondulations secondaires.

Les calcaires grisâtres à *fusulinelles*, souvent décomposés, alternent avec des schistes gris, incl. N. O. J'ai observé vers Rales un mince lit charbonneux de 0,03; à Rales schistes gris grossiers et grauwackes incl. S. E.—Au sud, mêmes schistes et grès grossiers incl. N. 10° O. = 75°, puis incl. S. 20° O, puis N. 20° O. = 60° en approchant de Herreria qui est bâtie sur un calcaire bleu foncé, à veines blanches, avec lits schisteux et lits de phtanites incl. N. 20° O. = 75°. De Herreria à Torrevega, schistes et grès incl. N. O., puis incl. S., puis incl. N., où ils contiennent des débris charbonneux, puis avant Torrevega crête de calcaire bleu foncé nettement stratifié, incl. N., presque vertical, et contenant des *fusulinelles*. Au Sud de Torrevega les altitudes diminuent; on passe successivement sur des grauwackes incl. N., des schistes et grès grossiers alternant avec psammites gris à *Calamites* et autres débris végétaux, à inclinaisons variant du S. au N., puis avant Mere sur des calcaires bleu foncé, en petits bancs, à veines blanches, et avec quelques lits schisteux intercalés, noirâtres, incl. N. à N. O. : ils terminent ici *l'assise de Leña*, et on passe au sud de Mere sur des couches plus anciennes. On entre dans une gorge profonde ouverte au milieu d'une épaisse masse de calcaire, où l'on est de nouveau dans le *calcaire des cañons*. Les premières couches que l'on observe au S. de Mere sont divisées en petits bancs, et montrent nettement leur inclinaison N. = 80° ; la division en bancs devient moins nette au delà, le calcaire est compacte, bleu foncé, sur plus de 200 mètres. Je n'y ai pas trouvé plus de fossiles que dans les coupes précédentes.

La vallée s'ouvre au sud de cette imposante masse calcaire, et on peut y voir près du Moulin Antonin, malgré les éboulements dont elle est assez encombrée, un calcaire marbre en lits alternants gris et rouge, présentant les caractères ordinaires du *marbre griotte*; il est très plissé, presque vertical, incl. N. 20° O., et passe sous le *calcaire des cañons*. Il m'a fourni les fossiles suivants :

Poteriocrinus minutus — *Chonetes papilionacea*
Spirifer sublamellosus — *Spirifer glaber*
Phillipsia Castroi

Ce *marbre griotte* est particulièrement riche en débris d'encrines. Au sud de cette carrière, l'inclinaison des couches change et devient S. : ce griotte se trouve ici au centre d'un pli anticlinal, on passe de nouveau au-delà sur le *calcaire des cañons*. Ce calcaire est presque vertical, de couleur bleu foncé, il se divise assez facilement en plaquettes et en petits bancs, mais son ensemble forme néanmoins une masse homogène sans alternances de roches différentes. Il devient siliceux à sa partie supérieure. Toute la masse de cette assise conserve l'incl. S., et reste en couches presque verticales sur toute son épaisseur ; ce calcaire se suit au sud jusque dans un petit vallon, où se trouvent d'abondantes sources, et où on ne voit guère les relations des sources. Il correspond à une faille, et je n'ai pu observer au-delà les calcaires de l'*Assise de Leña*; les couches qui affleurent ensuite sur les rives du Rio de las Cabras sont des grès blancs, micacés, verticaux, incl. S. — Ils ressemblent aux grès dévoniens de la Sierra de San Antolin, mais pourraient également appartenir au terrain houiller, comme le pense M. Schulz : ils ne présentent pas de relations stratigraphiques immédiates en ce point, et sont dépourvus de fossiles. Ces grès sont recouverts de schistes et grauwackes jaune-verdâtre, incl. S., en couches verticales, puis de grès jaunes, puis ensuite de schistes et grauwackes diversement plissés et contenant quelques minces feuillets charbonneux. Ils sont directement recouverts au-delà par le terrain crétacé de la Robellada.

5. Coupe des montagnes de Covadonga (Pl. XIX, fig. 8) : Les montagnes de Covadonga sont célèbres entre toutes dans l'histoire de l'Espagne : elles furent le berceau de la monarchie espagnole. Ce sont des montagnes sauvages, abruptes, s'élevant à des hauteurs de 1000 à 1100 mètres, et séparées par des ravins à pic et des vallées escarpées où coulent des eaux torrentielles. Une riche végétation vient tempérer la sévérité du paysage, mais ne fait qu'ajouter aux difficultés que rencontre le géologue dans cette région bouleversée, entrecoupée de ravins, de cavernes, et où on a la plus grande peine à s'orienter avec les cartes de M. G. Schulz et du Colonel Coello.

C'était un refuge parfaitement choisi par Pélage et ses compagnons fuyant devant l'invasion des Maures, et c'est dans ce rayon de quelques lieues qu'ils purent défendre et conserver leur indépendance. Cangas-de-Onis était le siège de la cour, Covadonga fut le théâtre de la victoire, et Abamia le lieu de la sépulture royale. Les corps de Pélage et d'Alphonse I, ont été transportés à Covadonga, où on peut voir leurs tombes, à grossières sculptures du VIIIe siècle, dans la fameuse grotte où Pélage s'était caché avec quelques centaines de braves, et où est aujourd'hui le célèbre sanctuaire national de Nuestra Señora de Covadonga. Cette grotte d'où sort en écumant la belle cascade de la Diva, haute de 25 mètres, est ouverte dans un escarpement de calcaire rouge, facilement reconnaissable au point de vue géologique, comme *marbre griotte*, le marbre le plus caractéristique des montagnes du Nord de l'Espagne, d'où il est expédié on le sait, comme marbre d'ornementation dans toutes les parties du monde.

Le *marbre griotte* de Covadonga, incl. N. 10° E. = 70°, m'a paru reposer (Pl. XIX, f. 8), sur des grès blancs, et directement recouvert par le *calcaire bleu des cañons ;* je ne suis arrivé toutefois qu'à une notion très sommaire de la constitution géologique de cette contrée, mes courses n'ayant pas été assez répétées pour débrouiller le dédale des accidents stratigraphiques locaux. Une des coupes les plus intéressantes est celle de Covadonga à Onis par les Sierras de Priena, et de Valdelamesa : elle traverse les couches normalement à leur inclinaison dominante.

Les grès blancs des environs de Covadonga, incl. N. à N. 20° O. = 60° à 90°, contiennent des bancs rouges. Le *marbre griotte* est coupé à plusieurs reprises par la rivière de Covadonga, il affleure également dans la montagne, un peu au-dessus de la Casa de Talañes-Dios, où il forme une crête rouge verticale, incl. N.; on passe à l'est vers Santa-Frecha, sur d'épais calcaires bleus verticaux avec bancs dolomitiques, (*calcaire des cañons*), recouverts à leur tour par des grès blancs, incl. S. 10° O. = 60°, présentant une assez grande importance, et qui appartiennent sans doute ici à l'*Assise de Leña*. Cette assise présente au-delà vers Gamonedo un beau développement, on voit successivement des bancs de calcaire lamellaire gris, verticaux, des schistes avec crinoïdes, des schistes et grauwackes jaunâtres contenant avant Gamonedo un lit charbonneux de 0,10; à Gamonedo grès jaune, au-delà schistes, incl. S. O, paraissant recourbés en un pli anticlinal. Ces diverses couches de l'*Assise de Leña* sont ici plissées et répétées, je n'ai pu y reconnaître leurs relations réciproques. Au N. E. de Gamonedo on descend sur des schistes calcareux, incl. S. = 20°, contenant des fossiles marins (*Bellerophons*, *Orthis*), avec des végétaux charbonneux (*Calamites*, etc.); J'y ai reconnu :

Zaphrentis patula
Streptorhynchus arachnoïdea
Bellerophon tenuifasciata
— *hiulcus*

Ces schistes se chargent de calcaire vers le Pont de Demues près duquel j'ai trouvé :

Zaphrentis Phillipsi
— *patula*
Mespilocrinus granifer ?
Poteriocrinus cf. originarius
Fenestella membranacea
Productus longispinus
— *semireticulatus*
Streptorhynchus arachnoïdea
— *eximius*
Spirifer lineatus
— *cristatus ?*
— *mosquensis*
— *bisulcatus*
Pecten dissimilis
Carbonarca Cortazari
Tellinomya gibbosa
Ctenodonta Halli
Naticopsis planispira
Loxonema scalarioïdeum ?
Pleurotomaria Yvanii
Orthonema Delgado
Bellerophon Urii
— *tenuifasciata*
— *hiulcus*
— *decussatus*
Phillipsia Derbyensis
Ichthyodorulithes.

C'est à 15 kil. à l'est de Demues que se trouve le gisement carbonifère de Arénas de Cabrales étudié par Paillette et de Verneuil : il est situé sur la continuation de la même bande sur la carte de Schulz, l'identité des fossiles de Demues et d'Arénas de Cabrales confirme ce rapprochement.

Près de l'eau de Demues, schistes et calcaires incl. N., on remarque près du Moulin un banc calcaire à grosses oolites, incl. N. 50° O. = 80°. Sur l'autre rive, brêche calcaire grisâtre, contenant des fragments de schistes houillers ; au-delà vers Demues, schistes, puis calcaire encrinitique bleu foncé, incl. N. = 80°, avec *Productus*, *Poteriocrinus*, *Calamites* et débris charbonneux, puis un banc de calcaire cristallin dolomitique bleu-jaunâtre, puis schistes, grès jaunâtre, et grauwackes à empreintes végétales, incl. N. 30° E. = 30°. Demues est construit sur des calcaires gris bleuâtre avec parties dolomitiques, incl. N. 30° E. = 60°, épais de 30^m et contenant quelques débris végétaux remaniés. Au N. de Demues, schistes, jusqu'à Bobia, dont l'église est construite sur une crête de calcaire incl. N. 30° E. = 80°, gris, analogue à celui de Demues et contenant des débris végétaux en même temps que des fossiles marins. C'est un des rares points des Asturies, où j'ai trouvé *Productus cora*, qui m'a paru plus abondant dans le Léon, en compagnie de *Pleurotomaria Yvanii*, etc.

Au N. de Bobia, on traverse des grès blancs, incl. N. E., puis jusqu'au ruisseau, de nouveaux calcaires bleu foncé, incl. N. 20° E. = 45°; au-delà ce même calcaire incl. S.O , et on passe ensuite sur des grès blancs, caverneux, remplis de petites cavités, qui ont dû être primitivement occupées par des galets calcaires. La roche devait représenter à cet état un conglomérat identique à ceux que nous avons signalés au même niveau sur le Rio Ponga près de Sebarga. Les actions atmosphériques lentes qui attaquent chimiquement le calcaire ont donc agi plus puissamment à Bobia que les actions mécaniques des eaux courantes qui usent indistinctement les grès et les calcaires ; dans la vallée de Sebarga au contraire, ce sont ces actions mécaniques qui l'ont emporté.

Ces poudingues décomposés sont suivis au nord, par un calcaire gris, en couches verticales, incl. N. 20° E., ensuite par des schistes, et enfin au pied de la Valdemesa par un calcaire bleu homogène avec encrines, qui me paraît être le banc à *Aulacorhynchus*. Il termine cette assise, et on arrive sur des bancs calcaires plus homogènes, verticaux, gris, bleuâtres, avec bancs dolomitiques jaunâtres, dans la Sierra Valdemesa : Ils présentent les caractères et l'épaisseur ordinaire du *calcaire des cañons*. On passe en descendant vers Onis sur un calcaire marbre rouge, incl. S. 10° O. = 80°, qui nous montre ainsi le *marbre griotte* à sa place stratigraphique.

Peut-être ce marbre forme-t-il ici un pli anticlinal ; car on revient en approchant d'Onis sur des calcaires gris-bleu à stratification confuse, incl. S. O.? sans fossiles, qui paraissent appartenir à l'assise du *calcaire des cañons*. Cette observation est confirmée par le développement des calcaires gris, incl. S. E., plus ou moins décomposés, qui affleurent à l'Est d'Onis sur la route d'Avin. On s'élève de ce coté dans la série des terrains, on se trouve évidemment à Avin dans l'*Assise de Leña.* A l'Est de ce village, une tranchée montre les couches suivantes fossilifères :

1. Calcaire grisâtre, à fossiles marins, incl. N. 10° E. = 85° recouvert régulièrement par les couches suivantes : 2m

Amplexus coralloïdes	*Spirifer trigonalis*
Diphyphyllum concinnum	— *glaber*
Platycrinus gigas	— *integricosta*
Poteriocrinus cf. crassus	— *duplicicosta*
Fenestella nodulosa	*Rhynchonella pugnus*
Productus longispinus	*Naticopsis planispira*
— *Duponti*	

2. Calcaire bleu très compacte, avec nombreux *Aulacorhynchus*, *Calamites* et *Stigmaria* remaniés. 8m

Productus semireticulatus	*Pecten dissimilis*
Chonetes variolata	*Astarte Mac Phersoni*
Aulacorhynchus Davidsoni	*Edmondia Calderoni*
Orthis resupinata	*Bellerophon Urii*
Streptorhynchus arachnoïdea	— *navicula?*
Terebratula hastata	— *tenuifasciata*

3. Schistes alternant avec des grauwackes . . . .

4. Grauwackes passant aux grès . . . .

On passe au-delà vers la Robellada sur des grès quarzeux blancs ou jaunes, contenant de rares bancs rougeâtres.

On peut relever d'autres coupes également intéressantes aux environs de Covadonga. La bonne route qui mène de Covadonga à Cangas de Onis, permet de relever rapidement une coupe rendue toutefois assez peu nette, par l'obliquité des couches traversées et les détours de la route même. En quittant Covadonga, on recoupe d'abord plusieurs fois les grès blancs déjà signalés, ainsi que les *marbres griottes* rouges qui les recouvrent; on arrive ensuite avant Riera sur la masse du calcaire bleu de l'*assise des cañons.* Près Riera schistes et calcaire bleu encrinitiques, incl. N. 20° O. = 60°, qui me paraissent appartenir à l'*assise de Leña*; au-delà de cette localité grès blanc, en couches verticales, incl. N.

Au Village d'Ysongo, on rencontre sur la rive droite de la rivière, une carrière de *marbre griotte*; il est en couches verticales, et sans doute ramenées par un pli anticlinal, comme porte à le faire croire son épaisseur qui atteint ici 40 mètres, il est de plus flanqué de part et d'autre de calcaires bleus carbonifères. On suit assez longtemps jusqu'au delà de Soto, des calcaires bleus incl. N. avec lits dolomitiques. On arrive dans la vallée du Rio Güeña sur des grès blancs, incl. N. = 80°, la rivière suit l'affleurement de ces grès jusqu'à Cangas de Onis, où ils présentent des couches jaunes et rouges.

6. Coupes aux environs d'Ynfiesto : La vallée affluente du Rio Nueva n'est pas aussi favorable que je l'espérais, pour l'étude des couches carbonifères du district d'Ynfiesto : Cette vallée est large, dépourvue de route, et suit de plus à peu près la direction des couches. Le terrain carbonifère de la région d'Ynfiesto (Vallée de la Piloña) présente des difficultés qui avaient déja frappé M. Schulz (p. 61) « debe suponerse que haya existido aqui algun motivo local de trastorno ò sublevacion de los terrenos. » C'est vers Espinaredo qu'il me semble le plus facile de se rendre compte de la structure de la vallée.

A l'est, affleurent des calcaires bleus (assise du *calcaire des cañons*) ; ils sont recouverts dans la vallée par des schistes et grauwackes houillères, leur disposition est synclinale; le côté ouest de la vallée est formé par le grès dévonien supérieur (*grès de Cué*) qui serait relevé par une faille au niveau du carbonifère supérieur.

Vers Rozapanera affleurent ces mêmes schistes et grauwackes houillères avec parties charbonneuses, que nous rapportons à notre *Assise de Leña* (*carbonifère pauvre* de Schulz). Le grès dévonien (*grès de Cué*) déja cité dans la vallée, forme une partie de la Sierra de Bedular, ainsi que la Sierra de Sellon où il est très développé ; c'est un grès blanc, ou jaunâtre vers Sellon, contenant au nord des bancs rouges, ainsi que des bancs passant à l'arkose et au poudingue à grains fins ; il alterne avec des schistes et grauwackes. En me dirigeant à travers monts, de la Sierra de Sellon à Lozana près Ynfiesto, j'ai bientôt quitté ces grès très blancs à leur partie supérieure, et renversés en ce point, et suis arrivé sur des calcaires rouges, épais de 6 à 8^m, véritables *griottes*. Le contact de ces grès blancs avec les *griottes* m'a seul décidé à considérer ces grès comme dévoniens : il est fâcheux que je n'aie pu me repérer avec plus de précision. Au delà vers le nord, se trouve une masse assez épaisse de calcaire bleu carbonifère, incl. S. 45° E. (*assise des cañons*) ; puis seulement en approchant de Lozana viennent des calcaires schisteux, alternant avec des schistes à nodules ferrugineux, des grauwackes, et des grès à végétaux de l'*assise de Leña*. Ynfiesto est située dans le bassin crétacé du centre de la province d'Oviedo ; à 5 kilomètres à l'est de cette ville, on retrouve le terrain carbonifère pauvre, représenté par des schistes et grès grossiers verdâtre, incl. S. 40° E. = 50°. A Sotiello minces bancs de houille déjà signalés par M. Schulz (p. 61). Près de là, à Villamayor, schistes grossiers verticaux avec débris végétaux.

A l'Ouest d'Ynfiesto, en suivant le Rio Piloña on arrive bientôt aussi sur les schistes grossiers de l'*assise de Leña*, traversés ici par un filon de Kersantite récente. Près du pont de la Piloña bel affleurement de grès blanc, puis au-delà schistes verts et grès vert rougeâtre avec un banc d'arkose de 10m incl. N.— A Corugedo calcaire bleu noir à veines blanches, puis de nouveau au-delà grès blancs assez bien développés; la route vers Ceceda recoupe plusieurs fois le calcaire bleu, et est flanquée au sud par le grès blanc formant une chaîne parallèle. Le grand nombre de fragments de marbre griotte disséminés, me fait croire, bien que je n'aie pu le trouver en place, qu'on se trouve en ce point à la base du carbonifère.

7. Coupe des falaises carbonifères des Asturies (Pl. XVIII, fig. 3). Le terrain carbonifère présente un très beau développement dans les falaises asturiennes ; il forme à lui seul près du quart des côtes de cette province, s'étendant d'une façon continue de Rivadesella au delà de la frontière de Santander.

Ces falaises ne sont pas aussi commodes pour l'étude qu'on pourrait l'espérer : il est impossible d'en prendre la coupe en suivant la grève, même à marée basse. On doit descendre successivement de baie en baie, en passant de l'une à l'autre par le haut des falaises. On marche généralement alors sur un sol pittoresquement parsemé de blocs calcaires de formes diverses, tuberculeux, cristiformes, d'un volume de plusieurs mètres cubes, et montrant leurs flancs nus, blanc-bleuâtre, au milieu du court gazon verdoyant, qui tapisse un sol ombragé par de rares chênes verts. Il est bien rare de trouver des fossiles parmi ces blocs calcaires découpés en formes capricieuses et plus ou moins polis par l'action combinée d'abondantes eaux pluviales, et des vents du large, chargés de sable, qui les fouettent continuellement ; si l'on ajoute à cela, la dolomitisation et la quarzification si ordinaires, comme nous l'avons dit à la partie lithologique du Mémoire, pour les calcaires carbonifères de cette région, on comprendra la grande difficulté de tracer dans ces affleurements des niveaux paléontologiques. La stratigraphie est également rendue plus complexe par l'obliquité du rivage à la direction des couches.

A l'Est de Rivadesella, dans la falaise de Palo-verde et la région au sud, affleure un calcaire gris-rosé, clair, dolomitique, dirigé à 90°, et à stratification indistincte : On y distingue quelque tiges de *Poteriocrinus* et autres encrines. Je le rattache à l'assise du *calcaire des cañons*.

Une petite baie sise à l'est de Palo verde, montre un pli local des couches qui inclinent E. et O., mais reprennent bientôt au-delà leur incl. S. dominante et presque constante dans tout ce district. Il y a dans cette petite baie un banc intercalé de dolomie jaunâtre, dure, caverneuse, épais d'environ 10^m, ainsi que de nombreuses autres petites veines et lentilles de cette même roche. Au haut des falaises vers Toriello, on reste longtemps sur les mêmes calcaires compactes, gris bleuâtre, verticaux, ou inclinant ici un peu au sud ; cette région est parsemée de gros blocs calcaires, très dénudés, rongés par les agents atmosphériques, qui ont eu pour résultat de mettre bien nettement en évidence à leur surface où ils font saillie, les innombrables et parfaits petits cristaux de quarz que contient toujours le *calcaire des cañons* de cette région. On reconnait encore sur ces blocs d'assez nombreuses sections de polypiers et d'articles de crinoïdes, indéterminables.

On continue à marcher à l'est sur le même calcaire gris à stratification indistincte jusqu'au Rio Aguamia, où il est rempli de cavernes sauvages où s'engouffre la mer, avec fracas. Je trouve sur la rive droite de ce ruisseau *Terebratula sp.*, *Poteriocrinus sp.* — Au-delà, à Villanueva, calcaire gris bleuâtre, plus foncé que le précédent sur lequel il repose, et alternant avec couches schisteuses incl. S. 20° E. = 40°. Vers Orcado de Cuevas, calcaire gris clair à stratification indistincte, bancs siliceux ; un peu au-delà calcaire noduleux avec encrines. A Cuevas, roches très pittoresques, et entrecoupées, comme l'indique le nom de la localité, de nombreuses grottes, en communication directe avec les eaux du golfe de Gascogne : ces cavernes sont ouvertes dans les calcaires compactes gris-clair, verticaux, incl. S. :

Zaphrentis patula ?
Poteriocrinus cf. crassus
Poteriocrinus cf. originarius

Le même calcaire, forme le Cap Cabo de Mar, de l'autre côté du Rio de Nueva ; il plonge toujours S. et est presque vertical, j'y ai trouvé :

Poteriocrinus cf. crassus
Streptorhynchus eximius
Spirifer lineatus
Athyris planosulcata
Schizostoma catillus

On peut descendre assez facilement dans une petite baie située au N. d'Ontoria et à l'ouest du Cap de Castro-Molina, qui montre une coupe intéressante et m'a fourni d'assez beaux fossiles. Les couches (pl. XX, fig. 12) y inclinent S. 10° E. = 85° ; l'ouest de la baie est formé par des calcaires homogènes gris-foncé, rosés, que je considère comme formant ici le sommet de l'*assise des cañons*. Ils sont surmontés directement au centre de la baie par les couches suivantes :

Calcaire noduleux, gris rougeâtre.

Poteriocrinus cf. crassus	*Spirifer bisulcatus*
— *cf. originarius*	*Conocardium alaeforme*

Schistes et grès avec *Bellerophon*, *Calamites* et autres végétaux. . . . . . 25^m

Calcaire bleu noir, mince, à fusulinelles (*F. sphaeroïdea*).

Calcaire bleu, bien stratifié, où j'ai ramassé:

Fusulinella sphaeroïdea	*Productus semireticulatus*
Lophophyllum cf. reticulatum	*Orthis Michelini ?*
Petalaxis Favrei	*Spirifer lineatus*
Koninckophyllum interruptum	— *cristatus*
Lonsdaleia rugosa	— *striatus.*
Monticulipora tumida	*Arca tessellata ?*
Fistulipora minor	*Cardiomorpha sulcata*
Cyathocrinus mammillaris ?	*Naticopsis ciana*
Cyathocrinus cf. quinquangularis	— *nodosa var. Wortheni*
Erisocrinus Europaeus ?	— *planispira*
Fenestella membranacea	*Pleurotomaria Vidalina*
Archaeocidaris Sixi	*Orthonema Delgadoi*
Productus punctatus ?	*Bellerophon hiulcus*
— *aculeatus*	— *decussatus*

Ces calcaires bleus, stratifiés, fossilifères, supérieurs aux calcaires compactes, homogènes de Rivadesella, appartiennent à notre *assise de Leña.* Ils en présentent la faune caractéristique, ainsi que les alternances de couches lithologiques diverses, déjà signalées sur le Rio Ponga et le Rio Bedon. On s'en convainc facilement dans la petite baie à l'Est de Castro-Molina où une série épaisse de 50^m de grès blancs, schistes gris quarzeux à lits rouges, vient s'intercaler dans les couches calcaires précédentes. Une troisième baie, plus à l'est, montre les mêmes couches schisto-calcarifères, aussi noirâtres que dans la première : on a dépassé de ce côté le centre d'un pli synclinal, et on redescend sur des couches plus anciennes, déjà rencontrées près de Rivadesella. Les couches de ce pli synclinal sont à peu près verticales, et conservent l'incl. constante S. 20° E , des deux côtés.

A l'embouchure du Rio Huergo, qui coule entre Ontoria et Espiella, calcaire gris clair vertical, incl. S. 20° E; un peu à l'est, au N. d'Espiella, ces couches calcaires alternent avec des lits de calcschistes argileux, remplis de fossiles (*Assise de Leña*) :

Campophyllum compressum	*Chonetes variolata*
Fistulipora minor	*Orthis resupinata*

Alveolites irregularis
Cyathocrinus planus
Platycrinus granulatus?
Euryocrinus concavus
Poteriocrinus cf. crassus
Polypora fastuosa
Rhabdomeson funicula
Productus aculeatus
— *longispinus*
Spirifer trigonalis
— *glaber*
Spirifer lineatus
— *cristatus*
— *Mosquensis*
— *bisulcatus*
Rhynchonella pugnus
Platyceras vetustus

Dans les falaises à l'est, vers l'Islote Desburacado et la Punta de las Huelgas, calcaire compacte gris avec bancs dolomitiques jaunâtres, jusqu'à l'embouchure du Ria Bedon, où on arrive sur les grès blancs, déja signalés, de la Sierra de S. Antolin. *L'assise du marbre griotte* m'a échappée dans cette partie, mais nous l'avons signalée (p. 534) près de là, à l'intérieur des terres, dans sa position habituelle.

La coupe que nous avons relevée, le long de la côte de la Ria Sella à la Ria Bedon, peut également se suivre sur la route à l'intérieur des terres. On voit les calcaires compactes de l'*assise des cañons* à l'est de Rivadesella jusque vers Toriello, où on observe déjà des bancs schisteux à encrines, annonçant le voisinage de l'assise supérieure. On est à ce niveau, à Villanueva, où il y a des amas de schistes noirs, gris, à apparence houillère; à Roncello, où l'on fit jadis des recherches de houille (1), ainsi qu'à Pria, où la tranchée de la route à l'ouest du village est ouverte dans des schistes et calcaires noirs alternants, avec bancs de grauwacke, incl. S. 45° E. = 70°, qui m'ont fourni :

Zaphrentis Phillipsi
Koninckophyllum interruptum
Monticulipora tumida
Poteriocrinus cf. crassus
Fenestella membranacea
Productus aculeatus
Streptorhynchus arachnoidea
Rhynchonella pleurodon
Conocardium Cortazari
Astarte subovalis
Bellerophon Urii

Au S. E de Pria et de Villanueva on pénètre dans la région des calcaires inférieurs, puis on passe vers Nueva sur le sable blanc. On est arrivé sur la continuation du grès de la Sierra de San Antolin (*grès de Cué*). Il ne faut pas ici confondre avec ce grès ancien, une formation assez récente de sable blanc avec galets de grès irrégulièrement stratifiés, qui recouvre de Piñeres à Ontoria des couches carbonifères, calcaires ou arénacées.

On voit donc que la direction des couches de cette contrée est un peu oblique au rivage de la mer, étant dirigées régulièrement et pouvant se suivre du N. N. E. au S. S. O.

(1) Paillette, B. S. G. F. 1845, 2e Ser. T. 2. p. 454.

Reprenons à la Sierra de S. Antolin la coupe des falaises carbonifères des Asturies : le grès blanc de la Sierra s'avance en mer où il forme Cabo Prieto ; nous l'avons rapporté plus haut à l'assise du *grès de Cué*. C'est ici un grès blanc homogène, dont les relations stratigraphiques sont un peu obscurcies par des lambeaux crétacés que l'on trouve accolés contre ces falaises paléozoïques. L'assise du *marbre griotte* n'est pas bien exposée dans cette partie : peut-être faut-il lui rapporter les marnes rouges sur lesquelles reposent le crétacé, ainsi qu'un calcaire marneux bleu à veines rouges, incl. N. = 90° qui se trouvent un peu à l'est du cap, et qui sont intercalés entre le grès et des calcaires très dolomitiques. Je n'ai pu toutefois y reconnaitre de fossiles. L'assise du *calcaire des cañons* qui apparait déjà à l'extrémité du cap et prend au-delà vers l'est un très grand développement, est remarquable en cette partie des falaises par sa dolomitisation ; le calcaire rougeâtre précité est recouvert par 20^m de dolomie grossière, noirâtre.

La baie située à l'est de Cabo Prieto (Bajo de la Vaca) présente une extrême variété de roches dolomitiques : des calcaires dolomitiques noirs, en lits de quelques mètres alternent avec des dolomies grenues, blanches, rouges, jaunes, fines ou grossières, contenant parfois de nombreuses géodes tapissées de petits cristaux de dolomie, ou montrant au milieu de leur pâte grenue micro-cristalline de nombreux rhomboèdres de dolomie de 0,002 à 0,004 segrégés porphyriquement. Ces gros cristaux comme ceux des géodes, sont beaucoup plus purs que les cristaux de la pâte grenue, ordinairement chargés de fer plus ou moins oxydé. En aucun autre point des Asturies, le calcaire carbonifère ne m'a paru aussi chargé de dolomie qu'en cette partie : en outre de bancs alternants de calcaire et de dolomie, on remarque à l'ouest de cette baie une masse de dolomie grenue blanchâtre épaisse d'une centaine de mètres. Nulle part, on n'observe rien de semblable à l'ouest des Asturies ; le *calcaire des cañons* est évidemment plus dolomitique au Cabo Prieto que sur le Rio Trubia, et la dolomitisation du calcaire carbonifère des Asturies se fait aussi irrégulièrement que celle de la craie du bassin de Paris (1).

La dolomie du Cabo Prieto contient d'assez nombreuses tâches rougeâtres ferrugineuses, au fond de la baie de Bajo de la Vaca, incl. S. ; elle est recouverte à l'est, par des bancs alternants de calcaire bleu noir et de dolomie, incl. S. 10°O. = 60°. A l'embouchure de la rivière de Niembro, calcaire grisâtre avec lentilles de dolomie jaunâtre incl. S. 20° E. = 20°. Barro calcaire avec bancs dolomitiques rougeâtres.

Les baies creusées entre ces falaises carbonifères dolomitiques, sont tapissées d'un

(1) *Ch. Barrois* : Craie des Ardennes. Ann. soc. géol. du Nord. T. V. 1878, p. 451.

fin sable blanchâtre, et présentent un phénomène particulier, sur lequel on peut appeler l'attention en passant. Lorsqu'on parcourt ces grèves par un temps calme, on ne peut manquer d'être frappé du singulier bruit produit par les pas sur le sable sec, c'est un son assez faible, aigu, rappelant celui que produit une étoffe de soie, que l'on chiffonne. On doit sans doute l'attribuer au frottement réciproque des angles et arêtes aigües des petits cristaux de dolomie, qui constituent le sable; ces grains sont ainsi séparés mécaniquement de la roche, avant d'être altérés chimiquement. Il est également notable que le mouvement des vagues ait pour résultat le clivage plutôt que la déformation de ces grains cristallins.

Les falaises de la côte de Silo et Sorraos sont formées de calcaire noirâtre, siliceux, avec bancs dolomitiques, jaunâtres, caverneux. Il y a un banc de dolomie grenue rougeâtre dans la baie ouest de Sorraos. Cet ensemble de couches épais d'environ 200m m'a paru dépourvu de fossiles; les couches en sont très dérangées, bouleversées, généralement verticales incl. S. ou N., mais parfois aussi horizontales.

Au S. de l'Ile Arnielles, dans la baie, calcaire noir, siliceux, en petits bancs, alternant avec bancs dolomitiques jaunes, incl. N. 20° O. = 65°. Je rapporte à l'assise du *calcaire des cañons* toutes les couches calcaires et dolomitiques qui affleurent de Cabo Prieto à Arnielles. Arnielles me paraît former le centre d'un pli synclinal important, au delà vers Llanes on redescend la série stratigraphique; mais on reste pendant longtemps dans cette direction sur cette même assise du *calcaire des cañons.*

Vers Isla de Borizo, calcaire gris compacte, siliceux, avec petites parties dolomitiques incl. S. = 90°. Sous le Convento de Benitos calcaire gris vertical paraissant incl. S.; dans la petite baie près Almeneda, calcaire gris, incl. S. E. vertical. Au Palo de Peo, à l'ouest de Llanes, calcaire gris incl. S. 20° E. = 30°; il y est recouvert par le terrain crétacé, qui présente comme nous l'avons dit ailleurs, un beau développement aux environs de Llanes.

On retrouve les calcaires compactes gris clair de l'assise du *calcaire des cañons* sous le phare de Llanes, incl. N. 10° O. = 60°. Mêmes calcaires avec parties dolomitiques dans l'arenal de San Antonio; stratification peu nette verticale, incl. N. 25° E., puis N. 30° O. = 60°, elle atteint N. 20° O. = 80° au nord de Cué, et se maintient par conséquent assez longtemps au nord. Les falaises en face des Islotes Canales sont formées de calcaire gris clair avec veines et lentilles dolomitiques, et avec cristaux de quarz gris brunâtre : les couches sont très plissées. A Santa-Clara même calcaire vertical, incl. E. puis S. 20° E., il est en petits bancs, gris bleuâtre, de couleur foncée, et avec nombreuses petites veines plus siliceuses, noir-bleu : Ces couches doivent être plissées à plusieurs reprises à en juger par leur épaisseur qui atteint 200m à l'est de Santa-Clara, et par leurs inclinaisons passant du N. au S.—Ces falaises permettent de suivre d'une façon intéressante la marche des dénudations atmosphériques et marines sur les calcaires compactes. (voir les croquis, pl. XX).

Le *calcaire bleu des cañons* suivi depuis Arnielles, s'étend sans interruption à l'est jusqu'à la Punta Vallota, où se trouvent les couches inférieures de la série, bleuâtres, calcaires, dolomitiques, siliceuses, en petits bancs verticaux incl. N.— Les calcaires bleus de la Punta Vallota reposent à l'est en stratification parfaitement concordante sur un calcaire gris, rose, noduleux, plissé, en bancs séparés par des lits de schistes rouge-brique, calcareux, avec articles d'encrines incl. N., et présentant les caractères lithologiques du *marbre griotte* dont il contient du reste la faune. J'y ai ramassé :

Zaphrentis cf. Omaliusi
Poteriocrinus minutus
Spirifer glaber ?
Productus rugatus
Orthis Michelini
Orthoceras giganteum
Goniatites cyclolobus
— *Henslowi*
— *crenistria*

Leur épaisseur est ici de 25 mètres, ils reposent sur des couches argileuses rouges, mieux exposées au centre de la baie, et formant à mon sens le sommet du terrain dévonien. On voit successivement en dessous dans la baie de Vallota :

Grès grossier rougeâtre incl. N. 20° O. avec banc de Bilobites à la base. .	4m
Schistes rouges et grès verts alternants, incl. N. 20° O. = 70°.	3m
Grès blanc passant à l'arkose, incl. N. 20° O. = 55° à la partie supérieure, à grains fins à sa partie inférieure.	50m
Grès blanc un peu verdâtre, argileux.	10m

Ce grès ne forme plus comme le précédent une haute falaise, mais se trouve à l'origine d'un vallon encombré d'éboulements, et dans lequel coulent plusieurs sources. On est donc dans de très mauvaises conditions d'observation, et il est très difficile de reconnaître en ce point l'ordre réel de succession des couches. Je considère en somme cette baie de Vallota comme correspondant à un pli anticlinal, présentant en son centre le grès dévonien supérieur, et limité brusquement à l'est par une faille qui amène brusquement au contact le calcaire carbonifère supérieur. Cette structure assez simple serait obscurcie par de nombreux éboulements et par les nombreux plissements accessoires des couches.

Notre croquis représentant des calcaires *marbres griottes*, du fond de la baie de Vallota, vus de l'ouest, permettra de juger combien ces couches ont été dérangées (Pl. XX, fig. 13). Les éboulements sont dûs en partie aux eaux qui suivent ici comme d'habitude les failles et plis anticlinaux, et en partie aux couches imperméables sur lesquelles repose le *marbre griotte*. Voici une coupe de ces couches que j'ai pu relever au centre de la baie, immédiatement sous le *marbre griotte*, incl. S :

Schistes verdâtres, et phtanite noirâtre	0,20
Schistes ampéliteux	0,01
Schiste noir et phtanites, *Orthis*, *Encrine*	0,50
Schiste ampéliteux	0,02 à 0,05
Schistes verts (avec malachite terreuse) et phtanites	0,30
Schistes rouges argileux	
Grès rougeâtre	

L'épaisseur totale de ces couches schisteuses m'a paru d'environ 15 mètres ; en un autre point de la baie, des travaux de recherche avaient mis à jour au même niveau un lit de schiste ampéliteux de 0,40 à 0,60 d'épaisseur, presque vertical incl N. — L'existence de couches anthraciteuses dans ce Dévonien a été signalée depuis longtemps par Schulz (p. 48), on sait d'autre part combien elles sont caractéristiques dans tout le massif Hispano-français de la faune troisième silurienne. Ce fait joint à la découverte de Bilobites (*Crossochorda*) dans les grès de cette même baie de Vallota (Pl. V. fig. 4), permet évidemment de se demander si l'on n'est pas arrivé ici sur un nouvel affleurement de grès Silurien ? Nous nous sommes déjà posé cette même question à Tornin sur le Rio Sella, où nous trouvions des Scolithes dans les mêmes conditions stratigraphiques. Nous répondrons encore ici d'une manière négative: il n'y a pas de faille entre ces grès et le *marbre griotte*, on ne peut comprendre que le griotte repose directement ici sur le Silurien, sans interposition du Dévonien, si épais à peu de distance vers l'ouest, le sud, et l'est dans les Pyrénées. Les *Crossochorda* bilobitiques trouvés à Vallota ont été nettement recueillis en place ; la figure que j'en donne pour cette raison (Pl. V fig. 4), montre du reste que leur forme diffère beaucoup de ceux du Silurien. Rappelons en passant que Casiano de Prado a signalé déja des *Bilobites* dans le Dévonien de la province de Léon (1).

Considéré en masse, et en faisant abstraction des plis accessoires, le grès de la baie de Vallota représente donc un pli anticlinal de couches dévoniennes supérieures, dont les deux côtés inclinent vers le nord. Au-delà d'un ravin marécageux qui limite la baie à l'est, on passe directement sur des calcaires noirs verticaux incl. N., en petits bancs, qui se trou-

(1) *Casiano de Prado* : B. S. G. F. 2e Ser. T. XVII, 1860, p. 518.

vent sur le prolongement immédiat des grès blancs : ce ravin correspond donc à une faille; je rapporte le calcaire à l'*assise de Leña*. Il m'a fourni la *Ctenodonta Halli, nov. sp.* de Demues ; en outre à 100 mètres de là, vers l'est, affleurent des bancs noduleux à fusulines (*F. sphaeroïdea*) incl. N. Ces bancs à *Fusulines* me semblent ici situés à la base du calcaire bleu siliceux en petits bancs, où j'ai trouvé en outre vers Puertas :

Lonsdaleia rugosa — *Athyris planosulcata*
Poteriocrinus cf. crassus — *Bellerophon hiulcus*
Spirifer integricosta

Ces calcaires bleus stratifiés alternent à la côte avec de minces couches schisteuses intercalées. Au sud, on passe bientôt ensuite sur le calcaire de l'*assise des cañons*, il affleure vers le village de Puertas sur les rives du Rio Puron qui coule dans un calcaire gris clair compacte avec parties dolomitiques jaunes. Ces calcaires ont un grand développement, ils inclinent N. et paraissent se continuer au loin vers la frontière de Santander. Ils reposent au N. O. de San Vicente de la Barquera sur des grès blanc-rouge sans fossiles, passant aux quarzites, dont le prolongement forme à l'intérieur des terres la chaîne de Pimiango, parallèle à la chaîne anticlinale de Cué, qui lui est identique à tous les points de vue. Nous sommes ici pleinement d'accord avec M. Francisco Gascue(1) pour rattacher au Dévonien (*grès de Cué*) ces grès de la Sierra Pimiango, rapportés au terrain houiller par MM. Schulz et A. Maestre.

Les faits reconnus dans les falaises carbonifères de Llanes, peuvent facilement se suivre parallèlement à l'intérieur des terres, le long de la grande route. A l'est de Llanes, au sortir du terrain crétacé, on passe immédiatement sur les calcaires gris compactes de l'*assise des cañons* ; ils deviennent noirâtres et plus siliceux près la Sierra de Cué, où ils reposent sur des calcaires rougeâtres (*griottes*). On observe successivement au-delà grès rougeâtres (environ 30 mètres), et grès blancs qui forment la Sierra de Cué : Ils butent immédiatement à l'est contre des calcaires gris-bleu verticaux avant Galguera. Sur la même route, à l'est d'Acebal schistes noirâtres incl. N., flanqués de chaque côté de bancs calcaires qui affleurent dans les champs voisins, incl. N. — On arrive à Puertas sur les calcaires compactes de l'assise sous-jacente.

Paillette (2) avait reconnu dès 1845 la superposition immédiate du calcaire carbonifère à des grès blancs qu'il considérait comme siluriens, dans cette partie orientale des

(1) *Francisco Gascue* : Nota acerca del grupo numulitico de San Vicente de la Barquera en la prov. de Santander. Bol. com. map. geol. de Esp. T. IV. 1877. p. 71.
(2) *Paillette* : B. S. G. F. 2e ser. 1845, T. 2, p. 458.

Asturies, dans les gorges des ruisseaux de Ridon et Ribelès par exemple, au sud d'Aranguas.

Les observations et les coupes qui précèdent, s'accordent avec celles de MM. Schulz, Gascue, de Verneuil, pour considérer la partie orientale des Asturies et le massif des Picos de Europa, comme formés essentiellement de couches carbonifères : il est impossible de partager l'opinion récente de MM. W. K. Sullivan et J. P. O'Reilly (1), appuyée par M. Augusto Gonzalez Linares (2), qui veulent rattacher ces couches au terrain jurassique. M. Gascue y a découvert récemment les *Sp. mosquensis* et *Prod. semireticulatus*, caractéristiques du carbonifère à 1800^m à Andara. Il est probable qu'il y a des lambeaux de calcaires liasiques pincés au milieu des masses paléozoïques de la Sierra de Penamellera, entre la Sierra de Cuera et les Picos de Europa, comme le prouvent les blocs anguleux de calcaire avec Belemnites, provenant des hauteurs voisines et ramassés par Paillette (3).

Je ne puis quitter cette région carbonifère de l'est des Asturies sans rappeler les nombreuses richesses minérales qu'elle contient : elles ont été étudiées avec tant de soin par notre compatriote Paillette que je dois encore ici renvoyer à ses études et à ses analyses (4). Les minerais de cuivre (panabase, avec les carbonates ordinaires), de manganèse, de cobalt, le cinabre, paraissent être en filons diversement alignés. Les mines de calamine et de blende de l'est des Asturies, comme celles de Santander, se trouvent habituellement dans la dolomie carbonifère, elles disparaissent en profondeur, d'où l'on peut conclure que l'apport métallifère est venu par le haut et par des sources.

De nombreux profils des mines de blende et calamine de ces régions ont été donnés par MM. Sullivan et O'Reilly : on observe d'après eux, comme dans la mine Vicenta par exemple (p. 120), qu'il y a en haut du filon de la pyrite réniforme et en stalactites, plus bas la pyrite passe à la blende, et plus bas encore celle-ci passe à la calamine ; cette mine comme toutes les voisines disparait en profondeur, et est surtout métallifère au sommet. MM. Sullivan et O'Reilly supposent la blende et la galène formées par décomposition de carbonates primitifs. Le dépôt de ces carbonates se serait fait dans les fissures et les failles produites selon ces auteurs après l'éocène. L'âge de ces cassures ne saurait être déterminé avec précision dans l'est des Asturies ; leur direction y est du

(1) Notes on the geol. and miner. of the Spanish provinces of Santander and Madrid, Williams and Norgate, London 1863. p. 41-50.

(2) *Augusto Gonzalez Linares* ; Anales de la Sociedad Española de hist. nat. Febrero 1876.

(3) *Paillette :* B. S. G. F., 2e sér., T. 2, p. 453, 1845.

(4) *Paillette* : Rev. Min. T. VI, p. 239 à 304.

N. E. au S. O. à l'est de Rivadesella, où elles sont ainsi parallèles aux plis anticlinaux et synclinaux déjà représentés sur la carte de Schulz, ainsi que sur nos coupes. Les principaux gites de calamine des Asturies sont ceux de la Peña de Peruyera ou de Samielles au sud du comté de Laviana, de Posada en Llanes, de Sebreño à l'ouest de Rivadesella, et surtout ceux de Llonin, Bores, Panes, Merodio en Peñamellera et au S. E. des Asturies près les Picos de Europa.

8. **Bassin houiller central, ou Bassin de Sama de Langreo** (Pl. XIX, fig. 9): Le bassin houiller de Sama de Langreo est le plus grand des Asturies(1); il est traversé dans toute sa largeur par le Rio Nalon sur les rives duquel fut commencée en 1780 l'exploitation de la houille aux frais de l'État(2). On doit à Paillette(3) une des premières descriptions de ce bassin houiller : « Au sud d'Oviédo et au-delà du Nalon, après les schistes et grès siluriens qu'on voit entre le pont et le village d'Olloniego, se développe, en atteignant le sommet des montagnes, une immense formation carbonifère qui, abstraction faite des mouvements produits par quelques grosses iles de calcaire d'une époque antérieure, marche sensiblement de E. N. E. un peu E., à O. S. O. un peu O. — C'est elle qui, en se bifurquant et en se pliant autour des masses d'un calcaire qui peut être pris pour le métallifèro des Anglais, constitue les bassins de Mieres, de la Riosa, de Tudela, etc. » Les limites de ce bassin (Region carbonifera rica del centro) ont été tracées sur la carte de M. Schulz; sa largeur de O. à E. est de 6 lieues de la Sierra del Aramo à la Sierra de Peñamayor, et des Picos de Agüeria au Puerto de Vegarada en Aller; sa longueur du N. au S. est de 5 lieues et demie, de sorte qu'on peut estimer sa superficie à 33 lieues carrées. Il y a toutefois d'après Schulz des parties pauvres dans ce bassin; elles correspondent aux îles calcaires de M. Paillette, qui s'était parfaitement rendu compte de la structure générale de ce bassin, et sont dûes d'après nous à des lambeaux de *Terrain carbonifère pauvre* (*assise de Leña*), ramenés au jour par des plis anticlinaux. En laissant de côté ces parties pauvres, Schulz estimait à 16 lieues carrées la partie de ce bassin renfermant des couches de houille exploitables.

On pouvait donc baser de très grandes espérances sur la richesse de ce bassin ; M. Virlet d'Aoust(4) qui a étudié ces houillères, n'a pas évalué à moins de 11 milliards de

---

(1) *Antonio Luis de Anciola* : Estudios sobre la Cuenca carbonifera de Asturias, Rev. Min. T. X. 1859. p. 169.
(2) *Andres Perez Moreno* : Industria minera en Oviédo, Rev. Min. 1858. T. IX. pp. 660. 689. 722.
(3) *A. Paillette* : Bull. soc. géol. France, 2e sér. T. 3. 1846. p. 450.
(4) *Virlet d'Aoust* ; Mém. soc. Ing. civils, Paris, 1874. p. 311.

tonnes la quantité de houille à exploiter. Malgré la richesse incontestable de ces gisements, on doit considérer comme très justes les réserves faites par MM. Delesse et A. Grand(1) sur ces évaluations, non fondées sur des travaux profonds ; de plus la région est très accidentée, une végétation épaisse recouvre toutes les roches dont les inclinaisons visibles, variées et changeantes, attestent de profondes dislocations et bouleversements des couches. Le terrain *houiller riche*, qui repose directement autour de ce bassin sur *l'assise de Leña* (Terrain carbonifère pauvre) a été soulevé en même temps que cette assise et soumis aux mêmes pressions, aux mêmes déplacements, et aux mêmes déchirements.

Ces accidents stratigraphiques sont bien plus difficiles à reconnaître et à débrouiller ici, que dans des districts déjà étudiés des Asturies, formés de terrains plus anciens. Il n'y a plus ici de grandes masses de grès, ni d'escarpements calcaires, servant de points de repère au milieu de schistes : l'orographie n'aide plus le géologue. Des bancs minces de schistes, de grauwackes, alternent irrégulièrement avec des bancs de grès : il y a parfois un banc de poudingue, ou une veine de houille intercalée. Toutes ces couches sont assez décomposées à la surface, elles ne forment guère d'escarpement, mais des pentes et des ravins couverts de débris, ne dépassant pas des altitudes de 800 à 900 mètres, et où croît la plus riche végétation de la contrée. Dans ces conditions, et malgré les nombreuses recherches des géologues et des ingénieurs, qui m'ont précédé le marteau à la main dans ces vallées, malgré les études des Paillette, Schulz, Grand, Virlet d'Aoust, je crains que beaucoup de ceux qui me suivront ne soient arrêtés comme moi par la difficulté de donner des coupes d'ensemble en l'absence de travaux profonds. Les conséquences économiques que peut avoir la publication de certaines coupes, vient encore ajouter à ces difficultés.

L'étude comparée des travaux profonds, basée sur les plans fournis par les ingénieurs des différentes concessions, pourra seule permettre de comprendre la structure de ce bassin houiller de Sama de Langreo. Espérons que la Commission de la carte géologique d'Espagne qui a déjà publié tant d'importants travaux sous l'habile direction de M. Manuel F. de Castro, pourra bientôt mener à bonne fin cette grande entreprise.

Je me suis borné pour ma part, à suivre les deux rivières qui traversent ce bassin dans toute son étendue, et permettent de l'étudier le plus facilement : le Rio Caudal avec son affluent le Rio Aller, et Rio Nalon avec son affluent le Rio Candin.

Le Rio Caudal descend des montagnes du Léon et coule jusqu'à Pola de Leña sur

(1) *Virlet d'Aoust* : Mém. soc. Ing. civils Paris, 1874. p 312.

l'assise carbonifère de ce nom (*terrain houiller pauvre* de Schulz). Nous l'avons décrit ailleurs. C'est des environs de Pola de Leña que viennent la plupart des fossiles carbonifères cités par de Verneuil (1) dans les Asturies (Casanueva, Saint-Felix, la Riraya, El Valle, Muñon, Tabladiello, Reconcos, etc.), et qui sont par conséquent de l'âge de notre *assise de Leña*.

C'est au Nord de la Pola de Leña, et à partir de la ligne tirée de Muñon à San Feliz, que l'on passe de l'*assise de Leña* sur le terrain houiller riche, ou *assise de Sama*. Au dessus des calcaires déjà signalés à Barraca, on passe vers Vega sur les schistes et grès houillers, sédiments grossiers présentant les mêmes caractères que dans les bassins houillers du N. de la France. A Villayana, schistes incl. O., puis schistes et grès O. ; au delà, grauwacke, incl. N. 70° O. avec *Calamites*, *Stigmaria*, puis schistes, veines de houille de 0,50, puis schistes vers Senriella. Cette partie est donc essentiellement formée de bancs de schistes et de grauwackes alternant entre eux et avec quelques veines de houille. Vers Sovilla des grès avec végétaux, incl. O. = 60°, alternent avec des schistes calcareux contenant une faune marine, que l'on suit jusqu'à Ujo, où ils alternent avec des bancs de poudingue siliceux à galets de quarzite :

Zaphrentis patula	*Spirifer glaber*
Poteriocrinus cf. crassus	— *cristatus*
Productus semireticulatus	— *striatus*
— *cora*	*Rhynchonella pleurodon*
Chonetes variolata	*cf. Bakevellia ceratophaga*
— *Hardrensis*	*Cuculella sp.*
Aulacorhynchus Davidsoni	*Astarte subovalis*
Orthis Michelini	*Straparollus Dionysii*
Streptorhynchus arachnoïdea	*Bellerophon hiulcus* (2)

Je considère ces couches marines alternant avec des poudingues siliceux comme appartenant à la partie supérieure de l'*assise de Leña*, ramenée ici par un pli anticlinal, à inclinaison générale vers l'ouest. On reste à ce niveau à Ujo, et jusque près Santullano où des schistes noirâtres avec encrines alternent encore avec des schistes et grès, incl. O.

(1) *De Verneuil* : Bull. soc. géol. de France, 2e Sér. T. 3. p. 455.

(2) M. de Verneuil (B s. g. F. 2e Sér. T. 3. 1846. p. 457.) avait également trouvé des fossiles carbonifères aux environs de Mieres, il y cite :

Productus semireticulatus,	*Orthis eximia*
Productus tenuistriatus	*Spirifer striatus,*
Orthis Michelini	*Bellerophon Naranjo*

Au delà, on revient sur l'*assise de Sama* formée de bancs de grès, psammites, schistes ; ils sont presque verticaux, incl. O., fournissent des débris végétaux, et alternent avec des veines de houille de 0,10 à 0,60. Vers Mieres quelques bancs de grès contiennent de petits galets, et alternent avec des bancs de grès remplis d'empreintes de *Calamites, Stigmaria*, ainsi qu'avec des veines de houille et des schistes avec végétaux, et petits nodules de sidérose. On remarque à Mieres des bancs de grauwacke dure, gris bleuâtre, exploités comme dalles ou pierres de taille, et que l'on prend souvent à quelque distance dans les escarpements pour des bancs calcaires. (L'inclinaison dominante est N. 70° O. = 30°). La houille repose ici sur des schistes ou des grès remplis de *Stigmaria*.

Les procédés d'exploitation décrits en détail par M. Grand (l. c. p. 310) sont faciles : l'élévation des massifs entre les vallées permet d'exploiter en hauteur sans avoir besoin de recourir à des puits d'extraction ; de là, suppression de l'emploi des machines. L'absence de grisou permet en outre, l'usage des lampes ordinaires pour l'éclairage intérieur, et met les exploitants à l'abri des dangers auxquels on se trouve exposé dans la plupart des autres exploitations houillères.

M. Zeiller a reconnu les espèces suivantes parmi les végétaux que j'ai rapportés de Mières :

Calamites Suckowi	*Sigillaria Candollei*
Dictyopteris sub-Brongniarti	— *tessellata*
Lepidodendron aculeatum	*Cordaites borassifolius*

Vers Peña, l'inclinaison devient E.; on passe ensuite sur schistes et grès, incl. N.O., puis sur schistes noirs compactes avec sidérose. A la Rebollada, schistes noirs compactes ferrugineux avec empreintes, *Sigillaria*, *Calamites*, incl. N. O., grès blanc et veines de houille. Au nord on arrive à la montée de Cardeo, sur une masse épaisse de poudingue O., que je rapporte comme ceux d'Ujo à l'*assise de Leña*. Ce poudingue a ici un très beau développement, il est formé de galets de quarzite blanc grisâtre, variant de la grosseur du poing à celle de la tête et réunis par un ciment sableux, durci. C'est dans ces poudingues que l'on trouve des galets impressionnés signalés d'abord par Paillette(1) et qui depuis ont attiré l'attention de tant de géologues(2). En outre des nombreuses hypothèses émises par MM. A. Favre, Rivière, Delesse, Schulz, à la suite de la communication de Paillette sur l'origine de ces galets impressionnés : actions chimiques, pressions,

(1) *Paillette* : Sur les poudingues de Mières, B. s. g. F. 2e Sér. T. VII. p. 39.
(2) Voyez Daubrée : Etud. synthétiques de géol. expérim. Paris 1879. p. 382.
— Sorby : Neues Jahrb. f. Miner. 1863. p 801.

chaleur, ramollissement, etc., il faut encore ajouter un facteur négligé jusqu'ici : l'action du vent. M. Cazalis de Fondouce(1) a fait à ce propos une observation importante sur l'érosion de cailloux quaternaires due à l'action du vent et du sable. Il a reconnu que les galets quarzeux de la plaine St-Laurent, dans la vallée du Rhône, soumis au violent vent, le mistral, qui souffle toujours du nord, présentent une surface dépolie, usée, creusée ; cette surface est dirigée au nord, c'est celle qui reçoit le choc des grains de sable entrainés et projetés avec force par le Mistral.

On sait qu'une plaque de verre soumise à un jet de sable est immédiatement dépolie, le procédé est même employé industriellement pour la gravure sur verre ; les falaises actuelles des Asturies montrent elles-mêmes des exemples de l'action des grains de sable entrainés par un vent dominant ; J'ai rapporté des falaises carbonifères d'Arnielles des blocs de calcaire-marbre carbonifère, irrégulièrement découpés, et présentant jusque dans leurs plus petites anfractuosités le plus beau poli. Ce poli ne peut-être dû qu'à l'action du vent du N. O. car il fait défaut dans les parties rentrantes, abritées, des falaises, où le calcaire présente ses cassures ordinaires, plus ou moins irrégulières, conchoïdales. Je rapporte donc en partie, à l'action du vent, la forme de certains *cailloux usés*, et de *cailloux enfoncés* des poudingues Asturiens, je ne puis toutefois expliquer de même les *cailloux étoilés* de Paillette. L'action du sable et du vent a dû se faire sentir facilement sur nombre de ces cailloux : la masse de ces poudingues termina en effet la série des formations marines des Asturies, et les galets en ont été soumis longtemps aux agents atmosphériques (vents, etc.), pendant que s'établissait la période tellurique, marécageuse, du terrain houiller proprement dit (*Assise de Sama*.)

En continuant la coupe, au nord de l'épaisse masse des poudingues quarzeux de Cardeo, déjà décrite par Paillette, Schulz, de Verneuil, Grand, etc.; on passe d'abord sur des grauwackes incl. O. = 40, puis vers Padrun sur des schistes et grauwackes, puis sur un banc épais de 10m de poudingue à ciment et à galets calcaires, contenant des fragments de houille de 4 à 5 mm. On est revenu sur l'*assise de Sama*, elle est formée au-delà par des grès et des schistes charbonneux incl. O., des grès blancs, puis par des schistes et grauwacke grossière, grisâtre, micacée, avec traces charbonneuses. Ces schistes contiennent des nodules de sidérose, incl. N. 70° O.:

Calamites Suckowi — *Dictyopteris sub-Brongniarti*

On passe directement au delà sur les calcaires carbonifères, incl. S. E., d'Olloniego,

(1) Assoc. franc. av. des sciences à Montpellier, 1879. p. 646.

qui viennent par conséquent buter par faille contre le terrain carbonifère riche de l'*assise de Sama*.

En résumé, la coupe du Rio Caudal montre une série de schistes et grès présentant la flore du *terrain houiller moyen*, inclinant à O. N. O , sous des angles très élevés, et relevés à deux reprises (Ujo, Cardeo) par des plis anticlinaux, qui ramènent au jour le *terrain carbonifère pauvre*.

Les couches houillères de toute cette partie du Rio Caudal, en aval de Mières, forment par leur prolongement au S. O. la concession de Riosa, étudiée par M. D. Thiry [1]. Les veines de houille sont au nombre de 30, et forment différents groupes assez distants les uns des autres, à inclinaisons très variées. L'épaisseur de ces veines oscille de 1 à 5 pieds, entre deux veines épaisses il y en a généralement plusieurs minces ; elles présentent souvent des crains. Les couches du toit et du mur, grès ou schistes, présentent comme dans les autres pays des caractères différents : le schiste du mur est plus foncé, plus compacte, et ne présente que des fragments végétaux, *Stigmaria*, etc.—Les schistes du toit contiennent au contraire les plus belles empreintes. La veine de houille est souvent immédiatement recouverte par la Rozadura, schiste noir, pulvérulent, ou parfois mélange de schiste et de charbon, épais de 10 à 15 centimètres. Les veines sont séparées les unes des autres par des bancs de schistes et de grès au nombre de 2 ou 3, et épais de 2 à 3 mètres ; les bancs stériles les plus épais étant du côté du mur.

Si l'on remonte la **vallée de l'Aller**, affluent du Rio Caudal, on traverse une série de couches distinctes des précédentes, puisqu'elles sont situées au S. E. de celles-ci, et qu'elles inclinent en masse comme elles au N. O. — Ces inclinaisons varient en réalité du N.N.O. au S. S. E. et montrent ainsi qu'il y a dans cette partie de nouveaux plis parallèles. De Taruelo à Santa Cruz et Gramedo, alternances de schistes et grès grossiers N. N. O. assez brouillés ; Paillette [2] avait déjà reconnu en 1846 que Carabanzo est justement vers l'extrémité d'un V très aigu que forment ici les couches sur la rive droite du Rio Aller, au-dessus de Santa Cruz. A Pedroso, poudingues à galets siliceux de l'*assise de Leña*. Ces poudingues forment ici nettement un pli anticlinal qui a été reconnu et figuré par M. Schulz (p. 73. pl. 1*a*, f. 7.) et par M. A. Grand (p. 559. fig. 1). Au sud de ce pli anticlinal, affleurent de nouveau des schistes et grès houillers avec

---

(1) *D. Thiry* : Rev. Min. T. 2. 1851. p. 481.

(2) *Paillette* : Lettre à M. de Verneuil, B. s. g. F. 2e Ser. T. 3. p. 452. 1846.

veines de houille intercalées, de l'*assise de Sama* : elles forment le bassin synclinal de Moreda, si riche d'après M. Virlet d'Aoust (1), et qui repose au sud, entre Piñeres et Soto sur le *terrain carbonifère pauvre*. A l'est de Moreda, d'après cet auteur, on peut suivre sur plus de 2 kilomètres, la stratification du terrain sans rencontrer de changement dans l'inclinaison. L'ensemble de ces couches en stratification concordante, formées d'alternances de grès et de schistes avec couches de houille et comprenant accidentellement quelques lits calcaires (Loyanco, Miciogo), représenterait en tenant compte de l'inclinaison moyenne de 70° une épaisseur totale de 1900^m au minimum.

Sans nous arrêter à ce mode d'évaluation, au sujet duquel nous avons déjà donné notre avis, pour ces couches plissées, notons pour conclure que la coupe transversale du bassin de Sama par les vallées du Caudal et d'Aller, montre que les couches sont plissées, et apparemment répétées suivant 3 plis anticlinaux principaux, parallèles, comme l'indique le schéma suivant (Pl. XIX. fig. 9).

Notre interprétation repose sur la répétition du niveau de poudingues siliceux, et sur la constance des caractères lithologiques et paléophytologiques des couches houillères intercalées. Le développement des poudingues, suivant 3 grandes bandes parallèles avait déjà été reconnu par MM. Paillette, Schulz et Graud. M. Schulz a même pu les suivre à l'intérieur du pays : la première bande, celle de Cardeo, s'étend de Riosa et Morcin à l'ouest, à la Foz de Arriba, Loredo, Tudela, jusqu'à Riaño en Langreo à l'Est où elle est recouverte par le Keuper. Sa largeur varie de 300^m à 1000^m, elle présente sur son étendue des variations d'inclinaison. La seconde bande, celle de Ujo, est plus étroite ; du Rio Caudal, où elle affleure de Sovilla à Santullano, elle passe au S. E. de Mieres, à Requintin, Cuestavil sur le Rio de San Juan, puis se dirige vers Planta, Coufel et se termine dans la Peña del Nalon à l'ouest de Sama. La troisième bande, celle de Pedroso, apparaît à l'ouest dans la Sierra del Ranero en Leña ; après avoir traversé le Rio Aller, elle affleure à l'ouest d'Urbies sur le Rio de Turon, et se suit au nord vers Sama jusqu'à la partie supérieure du Rio de Zamuño. Cette bande anticlinale atteint une grande largeur sur le Rio de Turon, où apparaît même au jour à l'est de Turon, le *calcaire de Leña*, présentant les mêmes fossiles qu'à Villayana. Elle limite à l'est le riche bassin houiller de Turon qui renfermerait d'après M. Virlet d'Aoust (2) 80 veines distincte de houille, d'une épaisseur supérieure à 0,40.

(1) *Virlet d'Aoust* : Rapport sur les concessions houillères de Moreda (Aller), Paris 4to 1873

(2) *Virlet d'Aoust :* Sur le terrain houiller de Turon, 4to Paris 1837.

La disposition des poudingues suivant 3 bandes parallèles transversales permet d'affirmer avec M. Grand (p. 572), que certaines veines de houille traversent aussi ce bassin dans toute sa longueur du S. O. au N.E, en décrivant une courbe dont la convexité est tournée au N. O.

Le **Rio Nalon** traverse comme le Rio Caudal le bassin houiller de Sama dans toute son étendue, de Pola de Laviana à Riaño. On observe également de nombreux plis dans cette partie du bassin. Il y en aurait 4 principaux d'après l'observation de Schulz, qui décrivit 7 faisceaux de couches houillères à inclinaisons différentes: Quatre faisceaux inclinent au N. N.O. sous des angles plus ou moins élevés, trois autres au S. S. E. — Nulle part on ne voit réapparaitre ici l'*assise de Leña* au centre des plis anticlinaux; mais la comparaison de cette coupe du Rio Nalon avec notre schéma du Rio Caudal où les couches présentent de même 7 faisceaux à inclinaisons diverses, permet de penser (sans s'arrêter à cette coïncidence numérique fortuite), qu'on retrouve des deux côtés la continuation d'accidents stratigraphiques semblables: les plis étant plus nombreux mais moins importants sur le Rio Nalon. Quoiqu'il en soit de l'extension et des relations exactes des divers plis du terrain d'une extrémité à l'autre du bassin, il reste au moins acquis par cette analogie de structure des 2 vallées transversales, que ce bassin houiller central est formé par la répétition de ridements synclinaux parallèles, au nombre minimum de quatre. On doit donc considérer comme entièrement inexact le mode d'évaluation souvent usité dans le pays, qui consiste à apprécier la richesse d'une concession d'après le nombre de veines qui affleurent successivement dans une vallée; Schulz a déjà fait observer très judicieusement que les 4 plis cités réduisaient en réalité le nombre des veines existantes au 1/8 du nombre des veines observées (p. 72). Si on compte 72 veines dans la vallée du Nalon, elles ne représentent ensemble que 9 lits différents. D'après M. de Anciola[1], on doit penser qu'il existe 80 veines dans ce bassin de Sama.

Le Rio Nalon entre à la Pola de Laviana dans le bassin houiller de Sama, il traverse d'abord les concessions de Laviana et de Rey-Aurelio. La vallée est formée de schistes et grès grossiers charbonneux, alternant avec des veines de houille, qui inclinent tantôt N.O. tantôt S. E.; ils sont identiques aux sédiments qui forment à l'ouest cette même *assise de Sama*, et contiennent la même flore. La plupart des veines de houille exploitées atteignent à peu près 1^m d'épaisseur, elles sont souvent interrompues toutefois par des crains, rétrécissements subits, qui ont pour conséquence de faire disparaitre momentanément

(1) *A. L. de Anciola* : Revista Minera, T. X. p. 172.

toute trace de charbon, et qui se répètent quelquefois tous les 200 à 300 mètres.

A Linares, on observe un niveau de poudingue à galets calcaires régulièrement intercalé dans la série. J'ai ramassé dans les schistes de Santa-Ana, les empreintes suivantes, déterminées par MM. Grand'Eury et Zeiller :

Naiadites Tarini, nob.	*Dictyopteris sub-Brongniarti*
Annularia microphylla	*Pecopteris abbreviata ?*
Sphenophyllum emarginatum	— *dentata*
Nevropteris tenuifolia	

Les schistes alternent avec des grauwackes et incl. S. 20° E., puis S. 50° E. = 35°, puis pendant un certain temps N. 20° O. = 80°. Au sud de Ciaño, schistes alternant avec bancs de grauwacke compacte, exploitée, incl. N. 30° O. = 80°, où j'ai ramassé ainsi que dans d'autres petites houillères situées à l'ouest du village, les espèces suivantes :

Naiadites Tarini, nob.	*Nevropteris tenuifolia*
Asterophyllites equisetiformis	— *Scheuchzeri*
Sphenophyllum cuneifolium	*Dictyopteris sub-Brongniarti*
— *emarginatum*	*Pecopteris abbreviata*
Mariopteris latifolia	— *dentata*

Vers Sama de Langreo, bancs de poudingue calcaire, employés dans des fours à chaux ; ils incl. N. 60° O. = 30° à Barrio-de-Torre-los-Reyes, et se continuent au nord par Ronderos et Baeres. A Sama de Langreo, j'ai trouvé dans les schistes les espèces suivantes :

Calamites Suckowi	*Nevropteris tenuifolia*
— *Cisti*	— *Scheuchzeri*
Annularia sphenophylloïdes	*Dictyopteris sub-Brongniarti*
Sphenophyllum cuneifolium	*Pecopteris abbreviata*
— *saxifragaefolium*	— *dentata*
Sphenopteris formosa	

De Sama à la Felguera schistes et grauwackes ; j'ai ramassé à la Felguera les espèces suivantes :

Calamites Cisti	*Dictyopteris sub-Brongniarti*
Sphenophyllum emarginatum	

Au Nord de Turiellos, nouveaux bancs de poudingues calcaires, puis à l'ouest, schistes et grauwackes irrégulièrement recouverts par des formations secondaires.

En quittant la Vallée du Rio Nalon pour remonter le cours du **Rio Candin**, on reste sur les mêmes schistes et grauwackes, incl. E., généralement verticaux ; vers Antuña, bancs alternants de brêches et poudingues calcaires, incl E. = 40°, au milieu des grauwackes. On passe de nouveau sur les schistes et grauwackes E., vers Resellon, où les déblais de la fosse de la Mosquitera m'ont fourni un curieux mélange d'espèces végétales et de coquilles saumâtres. Ces fossiles se trouvent dans des schistes, incl. O. = 80°, une même plaque schisteuse présentant souvent à la fois des empreintes animales et végétales :

Stigmaria	*Schizodus Rubio*
Calamites Suckowi	— *curtus*
Sphenophyllum emarginatum	*Anthracosia sp?*
Dictyopteris sub-Brongniarti	*Dentalium Meekianum ?*
Myalina triangularis	*Bellerophon sub-Urii*
— *carinata*	— *navicula*
Macrodon Monreali	*Entomis Grand'Euryi.*
Schizodus sulcatus	

A la Mosquitera on compte 23 couches de houille sur 1300 mètres de longueur. A Carbayin, schistes et grauwackes à végétaux houillers, incl. N.O.=75°; les veines de houille sont plissées, brisées, épaisses de 0,40 à 0,50. La plus mince que l'on exploite a 0,30 d'épaisseur; la plus épaisse de la concession atteint 1,50, et il y aurait 12 veines exploitables d'après M. Lomba qui a bien voulu me donner ces renseignements.

Les épaisseurs des veines sont à peu près les mêmes dans le reste du bassin : elles ne dépassent que très rarement 1^{m}, quelques veines de 2,50 à 3^{m} exploitées dans la vallée de Candin sont des exceptions. Par contre celles de 0,30 à 0,40 sont assez fréquentes, et l'on peut estimer la moyenne générale de 0,60 à 0,70. Les veines se succèdent souvent à des distances très rapprochées et sont généralement groupées de manière à former des séries successives séparées par des massifs de 50 à 60^{m} complètement stériles.

Les coupes du **Rio Nalon** et du **Rio Caudal** sont donc d'accord pour montrer que ce grand bassin houiller de Sama est formé par des couches de l'époque du *terrain houiller moyen* (Grand'Eury, Zeiller). Des pressions latérales ont ridé ces couches, en nombreux plis synclinaux et anticlinaux parallèles, et déterminé l'inclinaison dominante O.N.O.—Ce n'est que dans la partie occidentale du bassin que l'*Assise de Leña* paraît affleurer au centre des plis anticlinaux. Il nous est donc impossible d'admettre l'opinion de M. A. Grand, pour qui il n'y avait pas lieu de séparer ces dépôts houillers de l'*étage du calcaire carbonifère*, et qui les considérait comme antérieurs géologiquement à ceux du nord et du centre de la France, de la Belgique et de l'Angleterre (p. 308-563). La direction générale des strates du S. S. O. au N. N. E. permet évidemment de supposer que cette formation houillère ne s'arrête pas au N. E. de Sama à la limite des terrains secondaires, mais qu'elle se poursuit au contraire sous ce manteau plus récent, dans les districts de Siero, Nava, et peut-être au-delà vers Villaviciosa. Schulz en a déjà trouvé quelques indications dans ces régions, au N. de Lamuño, de Traspando, Torazo, Viñon, Lieres, Feleches, et on doit peut-être aussi rapporter à ce terrain les schistes de la station de San Pedro, au haut du plan incliné ?

9. Petits bassins houillers du Nord des Asturies. Plusieurs de ces bassins m'ont fourni des fossiles appartenant à la même flore que les espèces du bassin de Sama de Langreo, d'après les déterminations de MM. Grand'Eury et Zeiller ; mais le plus grand nombre contient une flore différente, plus récente. Il est donc probable que le grand bassin central des Asturies, tout en ayant une extension plus considérable avant l'époque des ridements et des dénudations, ne s'est jamais étendu jusqu'aux limites de la province, où nous trouvons des lambeaux de *terrain houiller supérieur* recouvrant immédiatement les formations anciennes. Aucun de ces bassins n'a l'importance de celui de Sama.

A. Bassin de Quiros : Il a déjà été question de ce bassin houiller, en décrivant la coupe du Rio Trubia. Les couches y présentent les mêmes caractères lithologiques que dans le grand bassin de Langreo, sans doute de même âge, et reposent à l'ouest au-delà de Barzana sur les calcaires, schistes et poudingues de l'*assise de Leña*. L'inclinaison dominante des couches houillères est E. $= 50°$ à $70°$; et il doit y avoir dans ce bassin un renversement, puisque l'inclinaison restant la même, on arrive de nouveau à l'est du bassin, de Cienfuegos à Villar, sur l'*assise de Leña*, qui recouvre ainsi la précédente.

Il y a donc au moins un et peut-être plusieurs plis parallèles, dirigés N.— S., dans ce bassin de Quiros ; ils ne paraissent pas toutefois ramener l'*Assise de Leña* à l'intérieur du bassin, car on n'y trouve nulle part les calcaires, ni les poudingues siliceux de cette assise. Ces poudingues sont au contraire très développés dans le bassin voisin de Teberga, au Puerto de Ventana, etc.

D'après M. Thiebaut, directeur actuel de la mine, il y aurait à Quiros 84 veines de houille, dont la moitié aurait une épaisseur supérieure à 0,30.—D'après M. Gabriel Heim(1) auquel on doit la première étude de ce bassin de Quiros, il y aurait 114 veines, donnant une épaisseur totale de 62^m de combustible; parmi ces veines il y en aurait 50 exploitables de 0,40 à 1,80 et 2^m. D'après cet ingénieur la superficie de ce riche bassin est de 6000 hec-

(1) *G. Heim* : Nota sobre las minas del distrito de Quiros, Rev. min. T. XII. p. 81-97.

tares, et il n'aurait guère subi de dislocations. Ces évaluations ne me paraissent pas tenir suffisamment compte de la structure stratigraphique du bassin, et des répétitions de couches dûes aux violentes pressions latérales éprouvées.

On trouve à Quiros d'après M. G. Heim trois variétés de houille; la houille maigre se trouve au N. du bassin vers l'Aramo, la houille demi-grasse la plus abondante s'étend de Salcedo au Rio Lindes, la houille grasse est au centre du bassin au Monte Runeiro.

B. Bassin de Teberga : Voisin du bassin de Quiros, dont il est séparé par les Sierras calcaires de Sobia et d'Agueria, il présente un beau développement des poudingues de Mieres à galets impressionnés, et des calcaires argileux fossilifères de l'*assise de Leña*. Au Puerto de Moravio les couches sont verticales, on y observe des veines de 0,50 à 0,80 dans les affleurements, qui peuvent peut-être gagner en profondeur d'après M. Enrique Abella. Dans la vallée de Villanueva, il y aurait 7 veines de houille, ainsi que quelques lits calcaires intercalés d'après Schulz (p. 47). En dehors de nombreux accidents secondaires, ce bassin paraît essentiellement formé par un long pli synclinal, large de 1 à 7 kil., et disposé en V renversé dont les deux branches inclineraient également au S.O.—Dans le sud du bassin il y aurait moitié moins de couches de houille que dans le nord, et elle y serait plus riche, d'après le récent travail de Enrique Abella y Casariego (1), qui s'est proposé essentiellement de tracer sur la carte les limites du district carbonifère riche.

C. Bassin de la Marca : Situé à l'est du grand bassin central de Sama de Langreo, il est allongé suivant le méridien comme le bassin de Teberga. On y trouve des traces de houille, comprises dans une étroite gorge synclinale des schistes et *calcaires de Leña*, inclinés O. et E.

D. Bassins de Torazo, de Vinon : J'ai déjà parlé incidemment de ces bassins, situés au N. E. du grand bassin de Sama avec lequel ils sont peut-être reliés souterrainement. Ces petits bassins présentent en effet la même direction des couches du N. E. au S. O. Je n'ai rien à ajouter à ce qui en a été dit par Schulz (2) et Buvignier (3).

E. Bassin de Naranco : J'ai également dit quelques mots des couches de houille qui affleurent dans le Naranco au Nord d'Oviedo. Ce massif comprend 2 lambeaux dont le plus important situé au nord de la Montagne del Naranco est traversé par le Rio Nora qui permet

(1) *E. Abella y Casariego* : Datos topografico-geologicos del concejo de Teverga, Prov. de Oviedo. Bol. de la Com. del map. geol. de España. T. IV. 1877. p. 251.

(2) *G. Schulz* : Descripc. geol. de Asturias. 1858. p. 70.

(3) *Buvignier* : Bull. soc. géol. de France, 1re sér. T. X. p. 100.

ainsi de l'étudier à loisir. Cette étude faite par MM. Paillette (1), Schulz (p. 80), a montré qu'il n'y avait là que de minces couches irrégulières de houille; il y a au contraire d'assez nombreux bancs calcaires, notamment le banc de lumachelle de Schulz, qui permettent de rattacher la plus grande partie de cette formation à l'*assise de Leña*..

F. Bassin de Santo-Firme : Les couches houillères de Santo-Firme reposent en concordance à l'ouest sur le terrain dévonien de Ferroñes, et sont recouvertes de tous les autres côtés par des formations plus récentes. Elles forment un petit massif montagneux, haut de 500 mètres, où on compte 10 veines de houille, incl. E S E, quelques-unes assez épaisses, mais présentant l'irrégularité ordinaire (crains) des houilles Asturiennes; le même lit devenant successivement large, mince, et représenté par une simple trainée noirâtre. Ces variations d'épaisseur sont ici plus ordinaires que les failles qui forment des dénivellations si fréquentes dans les terrains houillers des autres pays. Ce gisement a été décrit par Paillette (l. c. 445, pl. XII. f. 4), et M. Schulz, qui y a reconnu (p. 82) le banc de schiste si intéressant, rempli de coquille marines (*Mytilus lingualis*, d'Orb). Ce banc m'a fourni les espèces suivantes :

Aviculopecten cf. scalaris	*Entomis Grand Euryi*
Posidonomya cf. Becheri	*Calamites Cisti*
Myalina triangularis	*Alethopteris lonchitica*
Anthracosia bipennis	*Pecopteris æqualis ?*
— *carbonaria*	*Lepidostrobus variabilis*
Sanguinolites cf. subcarinatus	*Sigillaria transversalis*
Naticopsis planispira ?	— *Schlotheimi*
Orthonema conica	— *conferta*
— *Choffati*	— *hexagona*
Bellerophon navicula	— *cf. Cortei.*

Ces schistes me paraissent former d'après les renseignements que j'ai pu obtenir, le toit de la dernière veine de houille à l'ouest de la concession; ils rappellent singulièrement par leur faune et leur flore les schistes qui forment la base du *terrain houiller moyen* du Nord de la France (2), et qui constituent un niveau si constant en Angleterre d'après M. Hull (Etage E.) (3). Ces schistes sont ici séparés par des schistes grossiers

(1) *Paillette* : Recherches sur quelques roches des Asturies, B. S. G. F. 2e Ser. T. 2, p. 446.

(2) *Ch. Barrois* : Bull. soc. géol. de France, 3e sér. T. 2.

(3) *E. Hull* : Quart. journ. geol. soc. London, Nov. 1877. p. 646.

houillers avec nodules de sidérose, de calcaires schisteux qui m'ont fourni vers Posada :

Spirifer mosquensis — *Spirifer bisulcatus.*

et que je rapporte à l'*assise de Leña.*

G. Bassin de Ferrones : Ce petit bassin est célèbre par les beaux fossiles dévoniens que l'on y trouve au-dessus de la houille. La coupe en a été donnée déjà et parfaitement représentée par Paillette (1) ; elle nous montre un exemple de plus, de ces renversements si fréquents dans les Asturies, où les deux ailes de la plupart des plis synclinaux sont amenés de la sorte à incliner dans le même sens. Ce fait était d'autant plus difficile à comprendre à l'origine, que le calcaire carbonifère *calcaire des cañons* faisait défaut à Ferroñes : ce n'est pas toutefois à des failles ni à des dénudations qu'est dûe son absence, mais bien à la disposition transgressive du *terrain houiller supérieur*, sur les terrains antérieurs. Cette transgressivité a été reconnue par Schulz qui a montré que le terrain houiller s'était étendu bien au-delà des formations carbonifères marines sous-jacentes, qu'il les dépassait vers l'ouest, où il reposait successivement sur le terrain dévonien, sur le Silurien et enfin sur le Cambrien.

Les couches houillères de Ferroñes reposent directement sur le Dévonien, qui les recouvre au sud : on observe des alternances de grès gris, de schistes avec empreintes végétales et traces charbonneuses, épais de 50 à 200m d'après Schulz ; ce bassin contient d'après Paillette une seule veine de houille exploitable, et se distingue ainsi par sa structure comme par sa flore du *terrain houiller moyen* de Sama et de Santo-Firme. Les houilles de Ferroñes que l'on a quelquefois citées comme dévoniennes, ont enfin été rangées à leur véritable place stratigraphique par M. Zeiller, qui y a reconnu les espèces suivantes, caractéristiques du *terrain houiller supérieur* :

Annularia sphenophylloides
— *stellata*
Odontopteris Brardi
Pecopteris oreopteridia
— *dentata*
Pecopteris polymorpha
— *unita*
— *arguta*
Sphenopteris cf. goniopteroides

H. Bassin du Monte Areo : A l'ouest de cette montagne, entre Serin et Tamon, Schulz (p. 48) a signalé au milieu du terrain dévonien un lambeau de terrain houiller, sans doute isolé par failles, et sur lequel je manque de renseignements précis.

J. Bassin d'Arnao : La mine d'Arnao est activement exploitée par la compagnie Real Asturiaña, pour ses fonderies de zinc. Ce lambeau houiller situé à l'ouest d'Avilès est

(1) *Paillette* : Bull. soc. géol. France, 2e sér. T. 2. p. 444. pl. XII. fig. 3.

assez éloigné des précédents; il se rapproche par sa position géographique, et par ses caractères stratigraphiques, du bassin de Ferroñes, et des petits bassins de la région silurienne que nous décrivons plus loin. Le terrain houiller d'Arnao repose transgressivement sur le terrain dévonien, et paraît même intercalé dans ce terrain par suite des failles obliques qui le limitent. Je me suis efforcé de représenter (pl. XVIII. fig. 2) d'une manière schématique sa disposition stratigraphique. M. Desoignie [1] était arrivé dès 1850 à une opinion semblable : « Hemos creido, contrariamente a la opinion de dos de nuestros estimables consocios, que los depositos carboniferos de Ferroñes se hallan en igual caso (como los de Arnao), es decir sobrepuestos con discordancia al terreno general antiguo subjacente y no interpolados entre las capas calizas y areniscas circundantes como han opinado dichos amigos ». D'après Schulz (p. 44), c'est au S.O. de ce massif qu'on peut voir le plus facilement cette discordance.

L'épaisseur du terrain houiller d'Arnao ne dépasserait pas 170ᵐ d'après Schulz. Il est formé à la base de grès et schistes avec nodules de carbonate de fer argileux, atteignant une épaisseur de 45ᵐ ; ces grès sont surmontés d'une grosse veine de houille épaisse de 5 mètres, puis successivement de schistes argileux, de grès et poudingues siliceux, de grès formant une masse de 24ᵐ, d'une seconde couche de houille, de schistes argileux épais de 30 mètres, recouverts directement par les calcaires dévoniens. Les deux couches de houille d'Arnao présentent une disposition si irrégulière, indiquée du reste sur le plan de Desoignie, qu'il est très probable qu'elles ne présentent que des tronçons séparés par failles, d'une seule et même veine Cette grosse veine est divisée en 3 bancs d'après Paillette [2] (p. 442), par des nerfs de houille brouillée. L'exploitation de cette grosse veine de houille se fait en partie sous la mer, où on la suit dans la direction du N. N. E. au S. S. O. Cette disposition du charbon d'Arnao en une grosse veine, rappelle bien plus les caractères du *terrain houiller supérieur* de la Loire, que ceux des *terrain houillers moyens* du Nord de la France à veines minces et nombreuses.

M. Schulz dont les déterminations paléontologiques ne valent malheureusement pas en général les observations stratigraphiques, avait cependant reconnu des analogies entre les fougères des schistes houillers d'Arnao et celles du bassin de Tineo [3]. Ce rapprochement a été confirmé par la détermination de quelques espèces végétales faites par M. H. B. Geinitz, et qui ont permis à M. Zeiller de rattacher ce gisement avec

(1) *Desoignie* ; Revista minera, T: I. p. 274. 1850, avec 1 pl. carte et 2 coupes.
(2) *Paillette* : B. s. g. F, 2ᵉ Sér. T. 2., p. 439.
(3) *G. Schulz* ; Descripc. de Asturias p. 46.

Ferroñes, au *terrain houiller supérieur*. Les espèces reconnues à Arnao par M. Geinitz sont :

Calamites cannæformis	*Sigillaria Brardi*
— *Suckowi*	— *cyclostigma*
Neuropteris gigantea ?	— *Knorri ?*
Odontopteris Brardi	— *Dournaisii ?*
Cyatheites dentatus	— *mamillaris ?*
Alethopteris Pluckeneti	*Cordaites borassifolius*

10. Petits bassins houillers de l'Ouest des Asturies : Ces petits bassins se distinguent des précédents par leur position géographique, leurs relations géologiques et parfois par leurs caractères paléontologiques. Ces couches houillères reposent directement comme Schulz (p. 31) l'avait reconnu, sur les formations antérieures au carbonifère, du Dévonien au Cambrien ; elles les recouvrent donc en stratification transgressive et discordante. MM. Grand'Eury et Zeiller ont reconnu qu'elles n'étaient pas du même âge que les couches houillères du centre des Asturies, mais qu'elles contenaient la flore de Ferroñes et d'Arnao, caractéristique du *terrain houiller supérieur*.

A. Bassin de Tineo (Pl. XIX): Ce bassin est le plus étendu de la partie occidentale des Asturies ; il se prolonge du nord au sud, de Santa-Eulalia à Santa-Maria sur une longueur de 30 kilomètres, mais n'a guère plus de 2 à 3 kilomètres de large. C'est dans sa partie méridionale qu'on peut se rendre plus facilement compte de sa structure : ainsi une coupe de Lomes à Corias montre nettement les couches houillères formant un pli synclinal au milieu des couches cambriennes redressées.

Le chemin (pl. XIX, f. 10) quitte au delà du ruisseau de Lomes les schistes cambriens, O. = 45°, et monte immédiatement sur des poudingues, S. 20° E. = 15°, qui reposent ainsi en stratification discordante sur les schistes. Ces poudingues qui forment ici la base du terrain houiller sont siliceux, à pâte grossière, argilo-sableuse, gris-bleuâtre, et à galets de quarzite blanc, de quarzite gris, de schistes durcis, et de calcaires bleus reconnaissables comme calcaires carbonifères. Leur présence suffirait seule à prouver la postériorité de ce terrain houiller aux terrains carbonifères du centre des Asturies, dont la dénudation a commencé par conséquent dès avant la fin de la période houillère.

Ces poudingues sont immédiatement recouverts par des schistes où j'ai ramassé

(2) *H. B. Geinitz* ; Uber organische Ueberreste aus der Steinkohlengrube Arnao bei Aviles in Asturien, Neues Jahrb. f. Miner. 1867, p. 283.

les empreintes végétales suivantes :

Pecopteris cyathea *Pecopteris polymorpha*

Vers Santa-Ana, on continue sur des alternances de schistes grossiers, de psammites et de poudingues. Il y a dans cette région houillère divers filons de Kersantite, que nous avons décrit plus haut au chapitre des roches éruptives. Le sommet de la côte vers Santa-Ana est formé de quarzites et de poudingues incl. N. O. = 10°, où dominent de beaucoup les galets de quarzite, ceux de calcaire étant rares ; les bancs de poudingue alternent avec les bancs de psammites. En descendant vers Corias, mêmes alternances de bancs de poudingues épais de 10m, avec bancs de schistes avec *Calamites*, et bancs de psammites grossiers, incl. N. 70° O. =15°. Les poudingues prédominent de plus en plus vers la base de la formation, et ils reposent encore en discordance sur les tranches des schistes cambriens, incl. N. 60° O. — 60°, au dessus de Corias.

Les poudingues dont nous avons constaté la puissance dans cette coupe transversale, constituent la roche dominante de ce massif; ils forment une longue trainée jusqu'à Tineo au nord. La variété des éléments remaniés et transformés en galets, distingue nettement ces poudingues de ceux de Mieres et de Leña, qui datent en réalité d'une époque antérieure comme le prouve la flore des schistes intercalés.

En suivant au nord ce bassin de Tineo, on peut répéter nombre de coupes parallèles à celle que nous avons donnée de Lomes à Corias. On constate toutefois que le bassin malgré sa plus grande extension superficielle, est en réalité plus resserré : les couches en sont plus redressées, la disposition synclinale est dérangée par suite des pressions latérales qui ont déterminé un plongement général au N. O. de toutes les couches houillères. La discordance avec les couches cambriennes qui inclinent aussi au N. O. est ainsi rendue moins sensible.

M. Schulz estime à 2000 pieds l'épaisseur de ces poudingues houillers dans la Sierra de Armallan ; ils alternent il est vrai comme au sud du bassin avec des grès à empreintes végétales, et contiennent au sud de cette Sierra et du Ruisseau au N. de Sorriba une veine de houille. Au sud de Tineo schistes et grès, alternant avec plusieurs veines de houille dans le Barranco de Cetrales, et dont la plus épaisse à 1 mètre.

On peut facilement se rendre compte de la composition de ce bassin en suivant la grand'route de Cangas à la mer, dans la vallée du Rio Radical. Les couches houillères affleurent sur cette route au nord de la borne kilométrique 54, à l'hectomètre 7 : elles y reposent en stratification discordante sur les schistes verts cambriens, incl. N. 40° O. =55°.

La base de la formation est encore formée ici par les poudingues à galets variés, incl. N. = 15°, il est recouvert successivement par les couches suivantes :

Schistes noir bleu avec fougères,
Poudingue,
Schistes noirâtres avec empreintes végétales,

Annularia stellata	*Pecopteris arborescens*
Sphenophyllum oblongifolium	— *dentata*
— *angustifolium*	— *polymorpha*
Sphenopteris cf. chœrophylloïdes	— *Bucklandi*
Tæniopteris jejunata	— *Pluckeneti*
Pecopteris arguta	*Walchia piniformis*
— *oreopteridia*	

Grès et psammites grisâtres,
Poudingue à galets de quarzite,
Grès, psammites, et schistes avec *Calamites*, incl. N. 20° O. = 10°,
Veine de charbon 0,50,
Schistes et psammites gris grossiers, métamorphisés, se décomposant en boules comme des diabases.

Jusqu'à Rendio, schistes, psammites, veines de houille de 0,50, et bancs de poudingue formant quelques plis : on observe 3 ou 4 bancs (filons couches ?) d'une roche massive spéciale, décomposée en boules, où l'on reconnait au microscope des microlithes de feldspath triclinique dans une pâte formée de viridite. M. Michel-Lévy qui a bien voulu l'examiner croit devoir la rapprocher des *porphyrites micacées* de la base du Permien. On y reconnait d'après lui des microlithes de feldspath et de mica, et en outre de grands cristaux de pyroxène ? Ces derniers éléments étant totalement transformés en chlorite et serpentine.

Au delà de Rendio et avant le Pont, on voit encore des schistes et psammites avec petites veines de houille, incl. O. = 30°, reposer en discordance sur les tranches des schistes cambriens, incl. N. 20° O. = 55°. On traverse de nouveau au nord, avant la borne kil. 51, un petit pli synclinal des couches houillères, montrant des alternances de schistes grossiers avec bancs de poudingue de 20^{m}, et au moins 3 veines de houille, dont la plus épaisse, assez irrégulière, atteignait 1,10 à 1,50.

Ce bassin est limité au nord par les quarzites de Santa-Eulalia, N. O. = 80°. Je n'ai pu fixer l'âge des grès grossiers verdâtres qui succèdent à ces quarzites près le pont de Santa-Eulalia, et qui contiennent des galets de schistes, de calcaires, et des curieuses diabases (décrites p. 126) : La situation de cette roche près le bassin houiller de Tineo, son absence partout ailleurs dans les Asturies, la proximité des porphyrites micacées, s'accordent à faire penser que les grès grossiers et diabases de Santa Eulalia datent de l'*époque houillère supérieure*, comme les autres poudingues interstratifiés dans ce bassin.

B. Bassin de Cangas de Tineo : Ce petit bassin situé au sud du précédent, en est la continuation évidente, et devait lui être rattaché avant l'époque des dénudations. Il est formé par une série de bancs de schistes à empreintes végétales, de grès, et de poudingues siliceux, à inclinaison dominante vers l'ouest. Près le confluent des deux bras du Rio Narcea, Schulz a observé un banc de charbon de 1^{m} d'épaisseur, dont on connait également des traces au N. N. E. de Cangas de Tineo. Les *Alethopteris aquilina* et *Grandini* attestent d'après M. Zeiller ses relations avec l'*étage houiller supérieur*.

C. Bassin de Rengos : Situé à deux lieues au sud des précédents, et suivant le prolongement de leurs couches, ce bassin présente tous les mêmes caractères lithologiques. Il est traversé comme eux par le Rio Narcea, qui suit ainsi dans cette région l'affleurement des couches houillères. Les roches prépondérantes sont ici les poudingues siliceux, très développés dans les Sierras de Arbolente, de Santarbas, où ils dominent de chaque côté la vallée du Narcea, et alternent avec des grès et schistes. Ces poudingues reposent en stratification discordante sur les tranches des couches cambriennes du fond de la vallée ; ils inclinent comme elles à l'ouest, mais sous un angle bien moins élevé. Près l'église de la Vega de Rengos, Schulz (p. 30) cite des traces de charbon.

D. Bassin de Gillon : Petit bassin formé de poudingues comme les précédents, dont il n'est sans doute que la continuation vers le S. E.

Ces divers bassins de l'Ouest des Asturies que nous rapportons au *terrain houiller supérieur*, forment une même bande étroite, allongée du nord au sud, de Santa Eulalia à Gillon, et à la vallée de Laceana dans le Léon, d'après le mémoire de M. Angel Rubio (1). Ils ne doivent sans doute qu'à des dénudations atmosphériques, leur division actuelle en lambeaux distincts. La houille de Laceana est sèche, et en bancs peu épais, d'après M. Angel Rubio.

E. Bassin de Tormaleo : Le plus occidental des lambeaux houillers des Asturies, est situé à 6 lieues à l'ouest de Cangas, il présente comme les précédents des alternances de

(1) *Angel Rubio :* Bosquejo topografico y geologico del valle de Laceana, Bol. com. map. geol. T. 3.

poudingues, grès, et schistes à empreintes végétales, reposant en couches peu inclinées sur les tranches des schistes cambriens. Il y aurait là d'après Schulz (p. 31), cinq veines différentes de charbon anthraciteux, menu, mais d'assez grande épaisseur.

§ 3.

OBSERVATIONS GÉNÉRALES SUR LE SYSTÈME CARBONIFÈRE.

1. Succession des couches carbonifères, leur faune : L'ensemble des coupes précédentes, levées dans les divers districts carbonifères des Asturies, des frontières de la Galice et du Léon jusqu'à celles de Santander, permet d'établir dans ce terrain la succession suivante de niveaux stratigraphiques, distincts à la fois par leur faune et par leur composition lithologique :

1. *Poudingues de Tineo à Pecopteris Pluckeneti*, de l'âge du terrain houiller supérieur (Tineo, Cangas de Tineo, Rengos, Gillòn, Arnao, Ferroñes).

2. *Schistes de Sama de Langreo à Dictyopteris sub-Brongniarti*, de l'âge du terrain houiller moyen (Sama de Langreo, Mieres, Marea, Torazo, Quiros, Teverga, Santo-Firme), avec faune saumâtre (Mosquitera, Santo-Firme).

3. *Schistes, poudingues et calcaires de Leña à Fusulinella sphaeroïdea*, de l'âge du terrain houiller inférieur (Agueras, Quiros, Tablado, Pola de Leña et environs, Villayana, Sebarga, Posada, Demues, Cangas de Onis, Gamonedo, Ontoria, Espiella, Arenas de Cabrales, Villanueva).

4. *Calcaire des Cañons* à cristaux de quarz (Cañons du Rio Trubia, de la Sierra de Escapa, du Rio Ponga, de la Sierra de Sobrescobio, de la partie haute du Rio Nalon, d'Entrellusa, Olloniego, Posada, Mere, Covadonga, Valdelamesa, falaises de Rivadesella, de Llanes).

5. *Calcaire marbre griotte à Goniatites crenistria :* (Entrellusa, Vallota, Naranco, Candas, Mere, Margolles, Pola de Gordon, Puente-Alba).

Cette classification comparée à celles de MM. de Verneuil et Schulz, exposée dans l'introduction, s'en distingue à divers points de vue :

Nos recherches permettent de diviser pour la première fois le *terrain houiller riche* de ces auteurs en deux assises (*assise de Tineo, et assise de Sama*) distinctes par leur flore, et leur stratification transgressive.

Nous limitons plus nettement l'*Assise de Leña* à laquelle Schulz avait réuni les grès dévoniens de Cué.

Le *calcaire des cañons* correspond au calcaire carbonifère de de Verneuil ; il faut noter pour les comparaisons de faune, que cette épaisse série n'a pas encore fourni de fossiles déterminables : Tous ceux cités par de Verneuil provenant de nos *calcaires de Leña.*

Le *calcaire marbre griotte* considéré ici comme l'assise inférieure du Carbonifère n'avait pas été distinguée par Schulz de l'assise précédente ; de Verneuil l'avait rapportée au terrain dévonien. Son épaisseur est bien moindre que celle des assises précédentes et ne dépasse guère 30^{m}.

Le tableau suivant contient la liste des fossiles que j'ai moi-même trouvés dans les Asturies. On pourrait beaucoup augmenter cette liste, en y ajoutant les espèces citées par de Verneuil et par M. Mallada.

FAUNE CARBONIFÈRE DES ASTURIES

PAGES		Assise du Griotte	Assises des Cañons	Assise de Leña	Assise de Sama	Assise de Tineo
	Foraminifera :					
297	Fusulinella sphaeroïdea, v. Moell. . .	. . . .	. . . .	+	. . . .	. . . .
298	Fusulina cylindrica, Fisch	. . . .	. . . .	+	. . . .	. . . .
298	Dentalina sp.	. . . .	. . . .	+	. . . .	. . . .
	Pharetrones :					
299	Sollasia ostiolata, Steinm.	. . . .	. . . .	+	. . . .	. . . .
299	Amblysiphonella Barroisi, Steinm. . .	. . . .	. . . .	+	. . . .	. . . .
299	Sebargasia carbonaria, Steinm. . . .	. . . .	. . . .	+	. . . .	. . . .
	Alcyonaires (Tetracoralla) :					
299	Amplexus coralloïdes, Sow.	. . . .	. . . .	+	. . . .	. . . .
287	Zaphrentis cf. Omaliusi, de Kon. . . .	+	. . . .	. . . .	. . . .	. . . .
300	— Phillipsi. Edw. et H. . . .	. . . .	. . . .	+	. . . .	. . . .
301	— patula, Mich.	. . . .	. . . .	+	. . . .	. . . .
288	Lophophyllum tortuosum ? Mich. . .	+	. . . .	. . . .	. . . .	. . . .
301	— costatum, Mac Coy. . .	. . . .	. . . .	+	. . . .	. . . .
302	— cf. reticulatum, T. N. .	. . . .	. . . .	+	. . . .	. . . .
303	Campophyllum compressum, Ludw. . .	. . . .	. . . .	+	. . . .	. . . .
205	Diphyphyllum concinnum, Lonsd. . .	. . . .	. . . .	+	. . . .	. . . .
305	Petalaxis Favrei, nov. sp.	. . . .	. . . .	+	. . . .	. . . .
306	Koninckophyllum interruptum, T. N. .	. . . .	. . . .	+	. . . .	. . . .
308	Lonsdaleia rugosa, Mac Coy.	. . . .	. . . .	+	. . . .	. . . .

PAGES		Assise du Griotte	Assises des Cañons	Assise de Leña	Assise de Sama	Assise de Tineo
309	Lonsdaleia floriformis, Flem.	. . . .	. . . .	+	. . . .	. . . .
310	Axophyllum expansum, Edw. H.	. . . .	. . . .	+	. . . .	. . . .
311	Rhodophyllum Carezi, nov. sp.	. . . .	. . . .	+	. . . .	. . . .
286	Cyathaxonia Griottae, nov. sp.	+	. . . .	. . . .	. . . .	. . . .
	(Hexacoralla) :					
313	Favosites Haimeana, de Kon.	. . . .	. . . .	+	. . . .	. . . .
285	— parasitica, Phill.	+	. . . .	. . . .	. . . .	. . . .
313	Monticulipora tumida, Phill.	. . . .	. . . .	+	. . . .	. . . .
314	Fistulipora minor, Mac Coy	. . . .	. . . .	+	. . . .	. . . .
314	Alveolites irregularis, Kon.	. . . .	. . . .	+	. . . .	. . . .
	Crinoïdes :					
314	Cyathocrinus planus, Mill.	. . . .	. . . .	+	. . . .	. . . .
315	— mammillaris ? Phill.	. . . .	. . . .	+	. . . .	. . . .
315	Erisocrinus Europaeus, nov. sp.	. . . .	. . . .	+	. . . .	. . . .
316	Platycrinus gigas, Phill.	. . . .	. . . .	+	. . . .	. . . .
317	— granulatus ? Mill.	. . . .	. . . .	+	. . . .	. . . .
317	Euryocrinus concavus, Phill.	. . . .	. . . .	+	. . . .	. . . .
319	Cyathocrinus cf. quinquangularis, Mill.	. . . .	. . . .	+	. . . .	. . . .
319	Mespilocrinus granifer ? de Kon.	. . . .	. . . .	+	. . . .	. . . .
288	Poteriocrinus minutus, F. A. Rœm.	+	. . . .	. . . .	. . . .	. . . .
319	— cf. crassus, Mill.	. . . .	+	+	. . . .	. . . .
320	— cf. Egertoni, Phill.	. . . .	+	+	. . . .	. . . .
320	— cf. originarius, Trauts.	. . . .	. . . .	+	. . . .	. . . .
	Echinodermes :					
320	Archaeocidaris Sixi, nov. sp.	. . . .	. . . .	+	. . . .	. . . .
321	— Nerei, Münst.	. . . .	. . . .	+	. . . .	. . . .
	Bryozoaires ;					
323	Polypora fastuosa, Mc Coy.	. . . .	. . . .	+	. . . .	. . . .
322	Fenestella crassa, Mc Coy.	. . . .	. . . .	+	. . . .	. . . .
322	— nodulosa, Phill.	. . . .	. . . .	+	. . . .	. . . .
322	— membranacea. Phill.	. . . .	. . . .	+	. . . .	. . . .
323	Rhabdomeson funicula, Mich.	. . . .	. . . .	+	. . . .	. . . .
	Brachiopodes (pleuropygia) ;					
	— **(apygia) ;**					
	1. *Productidæ.*					

PAGES		Assise du Griotte	Assise des Cañons	Assise de Leña	Assise de Sama	Assise de Tinco
290	Productus rugatus, Phill.	+	....	....	....	....
324	— punctatus, Mart.	....	....	+	....	....
324	— aculeatus, Mart	....	....	+	....	....
324	— longispinus, Sow.	....	....	+	....	....
324	— semireticulatus, Mart.	....	....	+	....	....
324	— cora, d'Orb.	....	....	+	....	....
325	— Duponti, nov. sp.	....	....	+	....	....
289.325	Chonetes variolata, d'Orb.	+	....	+	....	....
326	— Jacquoti, nov. sp.	....	....	+	....	....
326	— Hardrensis, Phill.	....	....	+	....	....
289	— papilionacea, Phill.	+	....	....	....	....
326	Aulacorhynchus Davidsoni, nov. sp.	....	....	+	....	....
	2 *Strophomenidæ.*					
329	Orthis resupinata, Mart.	....	....	+	....	....
290.329	— Michelini, Lév.	+	....	+	....	....
329	Streptorhynchus arachnoïdea, Phill.	....	....	+	....	....
329	— eximius, Eichw.	....	....	+	....	....
	3. *Koninckidæ.*					
	4. *Spiriferidæ.*					
330	Spirifer trigonalis, Mart.	....	....	+	....	....
290.330	— glaber, Mart.	+	....	+	....	....
290	— sublamellosus, de Kon.	+	....	....	....	....
330	— lineatus, Mart.	....	....	+	....	....
330	— integricosta, Phill.	....	....	+	....	....
330	— cristatus, Schlt.	....	....	+	....	....
331	— striatus, Mart.	....	....	+	....	....
331	— Mosquensis, Fisch.	....	....	+	....	....
331	— bisulcatus, Sow.	....	....	+	....	....
331	— duplicicosta, Phill.	....	....	+	....	....
331	Athyris planosulcata, Phill.	....	....	+	....	....
289	— Royssii, Lév.	+	....	....	....	....
	5. *Atrypidæ*					
	6. *Rhynchonellidæ.*					
332	Rhynchonella pugnus, Mart.	....	....	+	....	....
332	— pleurodon, Phill.	....	....	+	....	....

PAGES		Assise du Griotte	Assises des Cañons	Assise de Leña	Assise de Sama	Assise de Tineo
	7. *Stringocephalidæ.*					
	8. *Thecididæ.*					
	9. *Terebratulidæ.*					
332	Terebratula hastata, Sow.			+		
	Lamellibranches ;					
332	Pecten dissimilis, Flem.			+		
333	Lima Buitrago, nov. sp.			+		
333	Aviculopecten cf. scalaris, Sow.				+	
334	Posidonomya cf. Becheri, Bronn.				+	
334	cf. Bakevellia ceratophaga, Schlt.			+		
336	Myalina triangularis, Sow.				+	
336	— carinata, Sow.				+	
337	Arca tessellata, de Kon.			+		
337	Carbonarca Cortazari, nov. sp.			+		
338	Macrodon Monreali, nov. sp.				+	
339	Tellinomya gibbosa, Flem. sp.			+		
339	Ctenodonta Halli, nov. sp.			+		
340	Cuculella sp.			+		
340	Schizodus sulcatus, Sow.				+	
341	— Rubio, nov. sp.				+	
341	— curtus, Meek et W.				+	
342	Anthracosia bipennis, Brown.				+	
342	— carbonaria, Schlt.				+	
343	Naiadites Tarini, nov. sp.				+	
344	Conocardium alaeforme, Sow.			+		
344	— Cortazari, Mall.			+		
344	Astarte subovalis, Mall.			+		
344	— Mac Phersoni, nov. sp.			+		
345	Sanguinolites cf. subcarinatus, Mac Coy.				+	
345	Edmondia Calderoni, nov. sp.			+		
346	Cardiomorpha sulcata, de Kon.			+		
	Gastéropodes :					
346	Naticopsis Ciana, de Vern.			+		
347	— nodosa, var. Wortheni, nov.			+		
348	— Collombi, nov. sp.			+		
348	— planispira, Phill.			+		

PAGES		Assise du Griotte	Assises des Cañons	Assise de Leña	Assise de Sama	Assise de Tineo
349	Loxonema rugiferum, Phill.	. . . .	. . . .	+	. . . .	. . . .
349	— scalarioïdeum? Phill. . . .	. . . .	. . . .	+	. . . .	. . . .
350	Macrochilina ventricosa, de Kon. . . .	. . . .	. . . .	+	. . . .	. . . .
350	Strobeus Altonensis, Meck et W. sp. . .	. . . .	. . . .	+	. . . .	. . . .
351	Turbinilopsis? Hœninghausianus, de Kon.	. . . .	. . . .	+	. . . .	. . . .
351	Straparollus Dionysii, Mont.	. . . .	. . . .	+	. . . .	. . . .
351	Schizostoma catillus, Mart.	. . . .	. . . .	+	. . . .	. . . .
351	Pleurotomaria Yvanii, Lév.	. . . .	. . . .	+	. . . .	. . . .
352	— Vidalina, Mall.	. . . .	. . . .	+	. . . .	. . . .
352	— conica? Phill.	. . . .	. . . .	+	. . . .	. . . .
352	Orthonema Delgado, nov. sp.	. . . .	. . . .	+	. . . .	. . . .
353	— conica, Meck et Worth. . .	. . . .	. . . .	. . . .	+	. . . .
353	— Choffati, nov. sp.	. . . .	. . . .	. . . .	+	. . . .
291.354	Platyceras neritoïdes. Phill.	+	. . . .	+	. . . .	. . . .
354	— vetustus, Sow.	. . . .	. . . .	+	. . . .	. . . .
354	Dentalium Meekianum? Gein.	. . . .	. . . .	. . . .	+	. . . .
354	Bellerophon Urii, Flem.	. . . .	. . . .	+	. . . .	. . . .
355	— Sub-Urii, Mall.	. . . .	. . . .	. . . .	+	. . . .
355	— navicula, Sow.	. . . .	. . . .	+	+	. . . .
356	— tenuifasciata, Sow. . . .	. . . .	. . . .	+	. . . .	. . . .
356	— hiulcus, Mart.	. . . .	. . . .	+	. . . .	. . . .
356	— decussatus, Flem.	. . . .	. . . .	+	. . . .	. . . .
	Céphalopodes ;					
357	Nautilus dorsalis, Phill.	. . . .	. . . .	+	. . . .	. . . .
291	Orthoceras giganteum, Sow.	+	. . . .	. . . .	. . . .	. . . .
292	Goniatites crenistria, Phill.	+	. . . .	. . . .	. . . .	. . . .
293	— Malladæ, nov. sp.	+	. . . .	. . . .	. . . .	. . . .
294	— Henslowi, Sow.	+	. . . .	. . . .	. . . .	. . . .
295	— cyclolobus, Phill.	+	. . . .	. . . .	. . . .	. . . .
	Crustacés ;					
296	Phillipsia Castroi, nov. sp.	+	. . . .	. . . .	. . . .	. . . .
295	— Brongniarti, Fisch.	+	. . . .	. . . .	. . . .	. . . .
358	— Derbyensis, Mart.	. . . .	. . . .	+	. . . .	. . . .
357	Entomis Grand'Euryi, nov. sp. . . .	. . . .	. . . .	. . . .	+	. . . .
	Poissons ;					
358	Ichthyodorulithes.	. . . .	. . . .	+	. . . .	. . . .

2. Extension des assises carbonifères des Asturies dans le reste de l'Espagne : — A. Monts Cantabriques : — La constitution du terrain carbonifère parait constante sur les deux versants de la chaîne Cantabrique : les courses que j'ai faites dans le Léon m'ont permis de reconnaître dans cette province la plupart des niveaux distingués dans les Asturies. Il m'est toutefois impossible de donner ici de coupe de cette région, n'ayant pu me procurer d'autre carte pour ce voyage, que la Mapa itinerario militar au $\frac{1}{500000}$, publiée par le Dépôt de la guerre, et qui est absolument insuffisante pour les études géologiques détaillées.

J'ai revu entre autres, la fameuse coupe, des plaines de Castille au centre de la chaîne Cantabrique, de Léon à Buzdongo, rendue célèbre par Cas. de Prado et de Verneuil (1). Je n'y ai pas trouvé de confirmation de l'extrême dissemblance signalée par de Verneuil (p. 158) entre les deux versants de la chaîne Cantabrique ; et dois complètement repousser l'opinion de mon illustre devancier (*l. c.*) concernant l'absence du calcaire carbonifère dans ces montagnes du Léon. D'après les études récentes de M. Luis Natalio Monreal (2), un grand bassin carbonifère affleure sur le versant méridional de la Cordillère Cantabrique, qui fait partie du bassin du Duero : c'est le bassin de la Vieille-Castille. Il a été morcelé par les mouvements postérieurs du sol, qui ont déterminé l'élévation de roches plus anciennes et l'ont divisé en quatre sous-bassins principaux, qui sont de E. à O., celui de Valderrueda, celui de Sabero, celui de Matallana, et celui de Otero de las-dueñas.

Les roches de ces bassins houillers sont des grès, schistes grossiers, schistes argileux, calcaires et poudingues ; leur altitude moyenne est de 900m, mais ils s'élèvent jusqu'à 1800m ; leur inclinaison dominante est au S. O. — Le calcaire carbonifère a un grand développement et forme des pics élevés (Peña Prieta, Peña de Curavacas).

Le *marbre griotte* qui forme pour nous la base du terrain carbonifère dans la province de Léon, avait déjà été signalé par de Verneuil : « Sur la route d'Oviédo à Léon, les derniers escarpements de la chaîne, près de Puente Alba, sont composés d'un calcaire

(1) *Cas. de Prado et de Verneuil:* Note géol. sur les terrains de Sabero et de ses environs dans les Montagnes de Léon, B. S. G. F. 2e sér. T. 7, 1860, p. 137.

Cas. de Prado : Sur l'existence de la faune primordiale dans la chaîne Cantabrique, B. S. G. F. 2e sér., T. 17, p. 516, 1860.

(2) *Luis Natalio Monreal :* Datos geol. acerca de la prov. de Léon, recogidos dur. la camp. de 1879 à 1880. Bol. com. map. geol. de Esp. T. VII, 1880, p. 233.

rouge, rempli de Goniatites plus grandes que celles du calcaire *griotte* des Pyrénées, mais qui sont peut-être du même âge » (l. c. p. 158). On observe en effet ces marbres rouges, épais de 30^m, au nord du Dévonien de Puente-Alba ; j'y ai ramassé :

Poteriocrinus minutus	*Goniatites Malladae*
Athyris Royssii	— *crenistria*
Orthoceras giganteum	*Phillipsia Castroi*
Goniatites Henslowi	— *Brongniarti*

Le griotte est suivi au nord du pont, par une masse de calcaire bleuâtre, épaisse de plus de 100^m, qui me parait présenter les caractères ordinaires du *calcaire des cañons.*

Au nord de Pola de Gordon, on observe une haute crête de calcaire bleu compacte incl. S. O , sans fossiles, épais de plus de 100^m, et qui rappelle ainsi par ses caractères orographiques et lithologiques le *calcaire des cañons* ; j'ai d'autant plus de raisons de le rapporter à ce niveau, qu'on passe au delà vers Santa Lucia sur le *marbre rouge griotte* à Goniatites, où j'ai trouvé les espèces suivantes :

Orthoceras giganteum	*Goniatites crenistria*
Goniatites cyclolobus	

Les calcaires rouges de Villamanin seraient d'un autre âge d'après Casiano de Prado, qui les rapporte à la faune primordiale. Je n'y ai pas trouvé de fossiles ; Ils sont en tous cas limités au nord par une faille, et la large vallée plate qui se trouve au-delà de Villamanin est ouverte dans les schistes houillers. Ce sont des schistes noirs fissiles, suivis à Godiezmo d'un grès grossier micacé, alternant avec des schistes à empreintes végétales, débris charbonneux, et nodules de sidérose. Vers Villanueva, mêmes schistes et grès houillers avec bancs intercalés de calcaire marneux, où j'ai trouvé :

Poteriocrinus cf. crassus	*Spirifer glaber*
Rhabdomeson funicula	— *bisulcatus*
Archaeocidaris Nerei	*Naticopsis Collombi*
Productus cora	*Loxonema scalarioïdeum ?*
Chonetes variolata	*Pleurotomaria conica?*
Aulacorhynchus Davidsoni	*Bellerophon hiulcus.*
Streptorhynchus arachnoïdea	

C'est la faune de notre *Assise de Leña* ; elle repose ici vers le nord sur des calcaires gris-bleus, noirs, ou rosés, compactes, verticaux, épais de 120^m au moins, et présentant ainsi les caractères comme la position de l'*Assise des cañons*.

La partie supérieure du terrain carbonifère des Asturies (Houiller proprement dit), a été étudiée dans la province de Léon par Casiano de Prado (1), qui a fait connaître son extension. De Verneuil (2) déclare en outre que les empreintes végétales des schistes houillers de Sabero sont les mêmes que celles de Ferroñes et d'Arnao : Malgré les difficultés stratigraphiques locales, et la position de ces couches qui paraissent comprises d'après Casiano de Prado au milieu du terrain dévonien, ce fait suffit à établir leur relations avec le terrain houiller proprement dit. L'absence (3) du calcaire dans ce bassin, tend à prouver par comparaison avec les bassins houillers des Asturies, qu'il appartient au terrain houiller supérieur (*Assise de Tineo*)? L'étude attentive des empreintes végétales pourra seule fixer ce point.

Il y a dans ce bassin de Sabero, des houilles sèches et d'autres grasses, d'après Casiano de Prado; les veines paraissent au nombre de 9 sur sa carte, et présentent des épaisseurs considérables; ainsi l'ensemble de la veine Carmen et d'une autre qui en est proche, auraient 30m d'épaisseur. Le terrain houiller affleurerait encore dans le Vierzo, à l'ouest du Léon, d'après M. Monreal (4) qui cite des poudingues de cet âge à Manzanal, San Miguel, ainsi qu'une bande dirigée E. O., de schistes et grès avec Calamites.

Le système carbonifère des Asturies se continue dans les montagnes de Santander, où il présenterait deux divisions principales d'après M. Amalio de Maestre (5) La partie inférieure est calcaire, formée de roches gris-bleu ou noirâtre, avec filons de calcite, et parfois métamorphisée ou saccharoïde; elle forme les Picos de Europa. Les fossiles sont rares, on ne trouve guère que des Encrines; le calcaire est dur et cassant. Il est caractérisé comme dans les Asturies, par du quarz cristallin, en beaux cristaux isolés. La partie supérieure du système carbonifère est formée de grès, marnes, schistes, avec lits intercalés de quarz, et de calcaire gris obscur, passant au bleu ou au rouge; cet ensemble est surmonté par un poudingue jaune, à galets quarzeux dans une pâte schisto-marneuse, qui se décompose souvent plus vite que les galets. On trouve dans cette série de minces veines de houille sèche.

B. **Péninsule Ibérique.**— En dehors des Monts Cantabriques, il devient beaucoup plus difficile de reconnaitre nos divisions du système carbonifère asturien. Les deux massifs

---

(1) *Cas. de Prado*: Bull. soc. géol. de France, 2e sér. T. IX. p. 381.
(2) *De Verneuil*: B. S. G. F. 2e sér. T. VII, 1850, p. 158.
(3) — — — p. 137.
(4) *Luis N. Monreal* : Datos geol. recogidos acerca de la prov. de Léón, durante la campaña de 1877 à 1879. Bol. com. map. geol. T. V. 1878, T. VI, 1879.
(5) *Amalio Maestre* : Descripc. geol. de Santander, Mem. com. map. geol. de Esp. 1864, p. 46-48.

principaux de ce terrain en Espagne sont ceux de Geroña et de la Sierra Morena.

De Santander à Gerona, le terrain carbonifère affleure en divers points des Pyrénées : Nous avons déjà rappelé (p. 550), les relations des marbres saccharoïdes de cette chaîne avec le calcaire carbonifère. M. Stuart Menteath (1), A. Maestre (2), Hébert (3), Jacquot, ont étudié le terrain houiller des Pyrénées en divers points de la Rhune, etc.; les plantes recueillies par M. Stuart Menteath, et dont la détermination a été faite par M. Renault, ont établi que ces lambeaux appartenaient au *terrain houiller supérieur* de St-Etienne. Ce terrain est formé sur la Rhune par des grauwackes grossières avec bancs de poudingue à fragments de schistes et de quarz, alternant avec des grès gris foncé et des phyllades à concrétions de lydienne. M. G. Schulz caractérisait de même le bassin de Tineo, que nous avons rapporté au *terrain houiller supérieur*, par ses poudingues et ses galets de lydienne.

D'après les explorations de M. Mallada (4) dans les Pyrénées d'Aragon, le terrain houiller serait représenté dans cette région par des schistes à empreintes végétales entre Torla et le Puerto de Gavarnie près la frontière française, ainsi qu'à Sallent (Vallée de Tena). Ils n'auraient pas d'importance industrielle d'après M. Mallada. Les caractères du terrain houiller productif paraissent à peu près les mêmes dans la province de Logroño, d'après M. P. Lizardo Urrutia (5).

Dans la province de Gerona, le terrain carbonifère forme le bassin de San Juan de las Abadesas, étendu d'environ 30 kil. carrés. On y observe d'après MM. A. Maestre (6) et Rodriguez, des grès et poudingues siliceux alternant avec des calcaires, des schistes et des veines de houille, dont la flore a présenté à M. Grand'Eury (7) et à M. Zeiller (8), des caractères du *terrain houiller supérieur*. A l'ouest de ce bassin, dans la province de Lerida, et près du Val d'Arran, il y a un autre affleurement carbonifère à Eril-Castell.

(1) *P. W. Stuart Menteath* : Sur la géologie des Pyrénées, de la Navarre, du Guipuzcoa et du Labourd, Bull. soc. géol. de France, 3e sér, T. IX, p. 304.

(2) *Amalio Maestre* : Geogn. de la Catalogne et d'une partie de l'Aragon, Bull. soc. géol. de France, 2e sér. T. 2, p. 624.

(3) *Hébert* : Bull. soc. géol. de France, 3e sér. T. IX, p. 179.

(4) *L. Mallada* : Synopsis de las fosiles, Bol. com. map. geol. T. 2. 1875. p. 94.

— Id. — Descripc. de la prov. de Huesca, Mem. com. map. geol. de Espana.

(5) *P. Lizardo Urrutia* : Prov. de Logroño, Bol. com. map. geol. de Esp. T. V, 1878.

(6) *Amalio Maestre* : Descripcion geologica-industrial de la cuenca carbonifera de San Juan de Abadesas. 1855.

(7) *C. Grand'Eury* : Flore carbon. de la Loire, Paris 1877, p. 433.

(8) *Zeiller* : Flore carb. des Asturies, Mém. soc. géol. du Nord, T. I. p. 21. 1881.

Les dépots carbonifères de la Sierra Morena (1) affleurent à Villa-Harta, Espiel, Belmez et Fuente-Ovejuna dans les provinces de Cordoue et Badajoz, sur une étendue d'environ 500 kil. carrés. Comme les couches du même âge dans le nord de l'Espagne, ils contiennent généralement à la partie inférieure, des calcaires avec fossiles marins (*Productus semireticulatus*), riches en métaux à Llerena, etc., d'après Le Play (2). Le calcaire est surtout bien développé dans la Sierra de Espiel où il a, d'après M. Mallada (3), 800^{m} d'épaisseur; il contient des Crinoïdes à sa partie supérieure, et de nombreuses coquilles à sa base. Le bassin houiller de Belmez et Espiel, vaste de 150 kil. carrés est formé de psammites, schistes, houille, avec poudingues à la base; l'inclinaison en masse est vers le S. O., où les couches butent en faille contre les terrains archéens et cambriens. M. Parran (4) a reconnu quatre divisions constantes dans cette masse houillère de 1300^{m}. Les veines de houille sont au nombre de 10 à 12; deux d'entre elles atteignent l'épaisseur considérable de 15 à 20 mètres, elles sont maigres aux extrémités du bassin, grasses au centre.

Elles appartiennent d'après M. Grand'Eury (5) au *Terrain houiller sous-moyen* de Swina en Bohême, et de la Westphalie. Il est toutefois notable que ces couches charbonneuses avec empreintes végétales du terrain houiller sous-moyen, présentent dans l'Estramadure d'après Le Play (6), les conditions de gisement du terrain houiller supérieur de Tineo, puisqu'elles reposent en discordance sur les tranches du terrain de transition. Cette discordance a été confirmée par M. J. Gonzalo (7) y Tarin, dans la province de Badajoz.

Dans la province de Séville, le terrain carbonifère est formé de grès, schistes et poudingues, discordants sur les roches plus anciennes; il forme trois bassins distincts d'après M. Mac Pherson (8), dont un seul contient de la houille, celui de Villanueva del Rio. Ce bassin (9) situé dans l'étroite vallée du Rio Huesna, affleure sur une étendue de

(1) Mémoires de MM. Le Play, Fernandez, Ramos, Parran.

(2) *Le Play* : Obs. sur l'Estramadure et le nord de l'Andalousie, Ann. des Mines, 3e sér. T. VI, p. 345.

(3) *L. Mallada* : Reconocimiento geol. de la prov. de Cordoba, Bol. com. map. geol. de Esp. T. VII, 1880, p. 1.

(4) *Parran* : Bol. com. map. geol. de Esp. T. IV.

(5) *Grand'Eury* : Flore carbonifère de la Loire, Paris 1877, p. 429.

(6) *Le Play* : l. c. p. 347.

(7) *J. Gonzalo y Tarin* : Bol. com. map. geol. de Esp. T. VI, 1879, p. 407.

(8) *J. Mac Pherson* : Estud. geol. y petrog. del norte de la prov. de Sevilla, Bol. com. map. geol. de Esp. 1879, T. V, p. 151.

(9) *Lan* : Notes de voyage sur la Sierra-Morena, et sur le nord de l'Andalousie, Ann. des Mines, 5e ser. T. XII, p. 561.

Ramon Pellico : Revista minera, T. VIII, p. 229.

8 kil. carrés d'après MM. Lan, Ramon Pellico; il est limité d'un côté par des schistes siluriens relevés, et recouvert de l'autre par des couches tertiaires. Ce terrain houiller reparait plus loin dans la vallée del Biar, où il est formé comme dans tout le bassin, de grès, poudingues, et schistes alternants; on peut estimer d'après M. Kith (1) à 2000000 de tonnes la quantité de combustible contenue dans ce bassin. C'est pendant le carbonifère inférieur qu'eut lieu dans cette province d'après M. Mac Pherson, la principale éruption des diabases.

Les autres gisements houillers de l'Espagne sont relativement bien peu importants, ils sont disséminés en divers points du pays.

Dans la province de Guadalajara, il y a d'après M. Carlos Castel(2), trois petits bassins carbonifères distincts. Ils sont formés de couches alternantes de grès, arkoses, argiles, brèches, schistes avec végétaux, et minces veines de houille de quelques centimètres, reposant en stratification discordante sur les schistes siluriens.

Dans la province de Ciudad-Real, on a découvert en 1873 un bassin houiller assez riche, successivement étudié par M. Caminero(3), D. de Cortazar(4), de Reydellet (5); des schistes charbonneux contiennent des fossiles carbonifères qui ont été rapportés par M. Grand'Eury(6) au *Terrain houiller sous-supérieur*.

Dans la province de Huelva, le terrain carbonifère a une immense extension, presque égale à celle qu'on lui connaît dans les Asturies; il est formé de schistes et grauwackes bien caractérisés par leurs fossiles, mais est entièrement stérile au point de vue industriel. Ces couches appartiennent à la base de la série carbonifère : la découverte qui y a été faite par M. J. Gonzalo y Tarin(7), de *Posidonomya Becheri* et *Goniatites crenistria*, rendrait intéressante leur comparaison directe avec le Griotte pyrénéen.

Dans la province de Cuenca les travaux de MM. Jacquot(8), D. de Cortazar(9), ont fait connaître le bassin d'Hinarejos, formé de poudingues à sa partie inférieure, de schistes et psammites horizontaux alternant avec quelques minces couches de houille vers

(1) *Kith* : Revista minera, T. VIII, p. 609.
(2) *Carlos Castel* : Descripc. geol. de la prov. de Guadalajara, Bol. com. map. geol. de Esp. T. VIII. 1881, p. 178.
(3) *Caminero* : Bol. com. map. geol. de España, T. 3, p. 248.
(4) *D. de Cortazar* : Descripc. geol. de Ciudad-Real, Bol. map. geol. T. VII, p. 313.
(5) *de Reydellet* : Bull. soc. géol. de France, 3e Sér. T. 3, p. 160.
(6) *C. Grand'Eury* : Flore carbon. de la Loire, p. 432.
(7) *J. Gonzalo y Tarin* : Reseña geol. de la prov. de Huelva, Bol com. map. geol. de Esp. T. V, 1878.
(8) *Jacquot* : Esquisse géol. de la Serrania de Cuenca, Annal. des mines, 6e Sér. T. IX.
(9) *D. de Cortazar* : Descripc. geol. de la prov. de Cuenca, Mém. com. map. geol de Esp. 1875, p. 82.

la partie supérieure. La houille est en 4 ou 5 veines d'une épaisseur totale de 0,10 à 1,50, et séparées par des schistes parfois calcarifères, à empreintes végétales. L'épaisseur totale de la formation ne dépasse pas 80 mètres.

Au S. E. de la Sierra de Burgos (S. Adrian, Brieba, etc.), des grès et schistes avec traces de charbon et plantes de l'époque houillère, reposent en stratification discordante sur les schistes cristallins. Le calcaire paraît manquer, mais de Verneuil (1) cite un Spirifer dans les grès de la base. M. Zeiller (2) a reconnu la flore du *sommet du houiller moyen* dans les échantillons rapportés par de Verneuil de San Felices (Palencia).

En Portugal, le terrain houiller a été successivement décrit par M. Carlos Ribeiro (3), qui a fait connaître le bassin de San Pedro da Cova, et M. J. F. N. Delgado (4) qui a décrit le bassin de l'Alemtejo. M. Max Braun (5) a décrit dans le bassin silurien de Porto un lambeau houiller long de 21 kil. sur 6 kil. de large ; M. Ferd. Rœmer (6) reconnut de son côté dans ce pays la présence du Culm à *Posidonomya Becheri*. Ces terrains houillers ne paraissent pas avoir grande valeur industrielle ; leur flore a été étudiée par B. A. Gomes (7), les 60 espèces végétales qu'il signale dans ces trois bassins de Porto, Serra de Bussaco, el Moinho d'Ordem, paraissent rapporter ces couches d'après M. H. B. Geinitz à sa *zône des Annularia*, c'est-à-dire à la base du *terrain houiller supérieur*.

3. Comparaison du carbonifère des Asturies, avec celui des pays étrangers :

L'époque carbonifère débuta en Espagne, comme en France, en Angleterre, aux États-Unis, par une période marine, pendant laquelle se forma *l'Etage carbonifère inférieur* de M. Grand'Eury (*Sub-carboniferous Period* des Américains). Le calcaire fut le sédiment prépondérant de cette époque en Belgique, en Angleterre, dans la vallée du Mississipi, etc. ; mais tous les géologues admettent aujourd'hui les alternances de couches d'eaux douces avec plantes terrestres et charbon, qu'on observe à divers niveaux de cette série en France (Sarthe, Mayenne), au N. de Angleterre (Burdie-

(1) *De Verneuil :* Bull. soc. géol. de France, 1852, p. 126.
(2) *Zeiller :* Mém. soc. géol. du Nord, T. 1, No 3, p. 21, 1882.
(3) *Carlos Ribeiro :* Neues Jahrb. f. Miner. 1862, p. 257 à 283.
(4) *J. F. N. Delgado :* Breves apontamentos sobre os terrenos paleozoicos de nosso paiz. Extrahido de Obras publicas e minas, No 1, Janeiro 1870, p. 10.
(5) *Max Braun :* Geol. Beobacht. auf seiner Reise in Portugal, Neues Jahrb. f. Miner. 1876, p. 535.
(6) *Ferd. Ramer :* Zeits. d. deuts. geol. ges. Bd. XXIV. p. 589.
(7) *B. A. Gomes :* Commissão geologica do Portugal, 4o, 44 p. 6 pl.

house, East Lothian), en Russie (Oural, Donez), et même la substitution entière de couches arénacées et schisteuses, aux couches calcaires (Monts Appalaches).

Les observations judicieuses de M. Valerian von Mœller(1) relativement à l'ancien Étage des *Coal measures* de Murchison sont actuellement admises en principe On voit en Espagne comme dans toute la partie occidentale de l'Europe, que la fin de la *période carbonifère inférieure* est partout caractérisée par l'établissement d'une longue ère continentale, pendant laquelle se développèrent des forêts et une riche végétation paludéenne, forêts inondées et détruites à intervalles plus ou moins éloignés par des invasions marines. Cette période continentale s'annonce en Asturies pendant l'*assise de Leña* (étage carbonifère inférieur), formée d'alternances marines et terrestres, et ne s'établit définitivement que lors de l'*assise de Sama* (étage houiller moyen de M. Grand'Eury), pour se continuer pendant l'*assise de Tineo* (étage houiller supérieur de M. Grand'Eury). La nécessité absolue de comparer des couches marines à des couches terrestres, quand on passe d'une région à une autre, rend les comparaisons entre pays distincts plus difficiles pour le terrain carbonifère que pour aucun autre terrain paléozoïque.

Avant de pouvoir réunir en un tableau synoptique les couches homotaxiales des diverses contrées carbonifères, je devrai rechercher successivement les relations de chacune des assises de la série asturienne. Je commencerai par les plus anciennes :

A. Assise du Marbre Griotte: J'ai consacré un mémoire spécial à l'histoire du marbre Griotte(2) et crois pour cette raison ne devoir pas analyser de nouveau ici les travaux de Dufrénoy (3) qui le rapportait au terrain cambrien, ni ceux de Leymerie(4), de Buch, Elie de Beaumont(5), de Verneuil(6), Girard(7), de Verneuil et Collomb(8), Graff et Four-

---

(1) *Val. de Mœller :* Sur la composition et les divisions générales du système carbonifère, Congrès de Paris, Août 1878.

(2) Bol. de la com. del map geol. de Esp. T. VIII. 1841 p. 131.

(3) *Dufrénoy :* Sur la nature et la position des calcaires marbres amygdalins : Annales des mines, 3e sér. T. 3, 1833, p. 123.
— Mémoires pour servir à une description géol. de la France, T. 2, 1834.
— Explication de la carte géol. de la France, T. 1, p. 166, 1848, et T. 3, p. 186, 1873.

(4) *Leymerie :* Description géognostique de la Montagne noire, Revue des sciences nat. de Montpellier, T. 1, 1872, p. 495
— *Id.* — Consulter aussi : « Esquisse géognostique des Pyrénées de la Haute-Garonne, Toulouse, 1858, p. 38; et Descript. geol. et paléont. des Pyrénées de la Haute-Garonne, 8o avec carte géol. et atlas de 51 pl., Toulouse, E. Privat 1881.

(5) *E. de Beaumont :* Note sur les systèmes de montagnes les plus anciens de l'Europe, B. S. G. F. 2e sér. T. IV, 1847, p. 909.

(6) *De Verneuil :* Observations à propos d'une lettre de M. Leymerie sur le terrain de transition supérieur de la Haute-Garonne, B. S. G. F. 2e sér. T. VII, p. 222.

(7) *Girard :* Ueber Analogie der Gebirgsschichten des Rheinish-belgischen Uebergangs-gebirge mit denjenigen der Pyrenaen, Zeits. d. deuts. geol. Ges., Bd. 2, p. 7, 1849.
— Neues Jahrbuch f. Miner. 1848, p. 307.
— — 1849, p. 450.

(8) *De Verneuil et Collomb :* Coup d'œil sur la constitution géol. de quelques provinces de l'Espagne, B. S. G. F. 2e sér. T. X, p. 128, 1852.

net (1), de Rouville (2), Garrigou (3), Noguès (4), Naumann (5), Zirkel (6), de Tromelin et de Grasset (7), qui le rapportaient sans plus de raison au terrain dévonien; en l'assimilant aux marbres rouges à Goniatites de la Westphalie.

Les coupes qui précèdent montrent que le *marbre griotte* est compris entre deux niveaux sans fossiles : il repose sur le *grès de Cué*, et est recouvert par le *calcaire des Cañons* ; il est ainsi à la limite du Dévonien et du Carbonifère. La coupe de Candas montre qu'il ne repose pas sur le terrain dévonien inférieur, puisqu'il est là supérieur au Frasnien bien caractérisé. A l'est des Asturies, il ne repose pas comme je l'ai dit dans le mémoire précité, en stratification transgressive sur les grès siluriens à Scolithes : j'ai déjà insisté (p. 530) sur les difficultés que j'avais eu à classer les grès blancs avec Scolithes et Bilobites de cette région ; je suis arrivé finalement à les réunir aux grès blancs de Candas, du sommet du Dévonien, sous le nom de *grès de Cué*, malgré leur ressemblance lithologique et paléontologique avec les grès siluriens.

La superposition évidente dans la coupe de Candas, du *marbre griotte* au Dévonien supérieur, est une première raison stratigraphique de la distinction de ces niveaux, assimilés à tort jusqu'ici.

La preuve paléontologique reste toutefois toujours la plus forte : Le *marbre griotte* n'a fourni jusqu'à ce jour que des Goniatites des groupes des *Lanceolati* et des *Genufracti*, si caractéristiques du Calcaire carbonifère ; et les autres fossiles qui les accompagnent *Trilobites*, *Orthocéres*, *Brachiopodes*, *Crinoïdes* et *Polypiers*, viennent tous témoigner également du caractère carbonifère de cette faune. MM. James Hall et Ferd. Rœmer ont reconnu comme franchement carbonifères les fossiles du *Griotte* de ma collection. M. Stuart-Menteath (8) ayant admis récemment notre interprétation pour les Griottes de Navarre, reconnait « qu'il n'y a plus ainsi de difficultés paléontologiques qui empêchent

(1) *Graff et Fournet :* Sur les terrains anciens du Languedoc. B. S. G. F. 2ᵉ ser., T. 6, p. 625.
— — — T. 8, p. 44.

(2) *De Rouville :* Réunion extraordinaire à Montpellier, B. S. G. F. 2ᵉ sér. Vol. XXV, p. 961.

(3) *Garrigou :* B. S. G. F. 3ᵉ sér. Vol. 1, p. 418.

(4) *Noguès :* Comptes-rendus, LVI, 1863, p. 1122.

(5) *Naumann :* Lehrbuch der Geognosie, p. 386.

(6) *F. Zirkel;* Beitraege zur geol. Kennt. der Pyrenaen, Zeits. d. deuts. geol. Ges. Bd. XIX, 1867, p. 157.

(7) *De Tromelin et de Grasset :* Memoire sur la faune paléozoïque du Languedoc et des Basses-Pyrénées, Congr. assoc. franc. av. sci., Le Havre, août 1877.

(8) *P. W. Stuart Menteath ;* Sur la géol. des Pyrénées de la Navarre, du Guipuzcoa et du Labourd, B. S. G. F. 3ᵉ sér. T. IX, 1881, p. 312.

de classer le calcaire de Biriatu et d'Echalaz dans le Carbonifère, auquel il parait essentiellement associé sans discordance. »

Le *marbre griotte* forme un niveau constant dans toute la chaîne des Pyrénées d'Espagne et de France : les conditions physiques étaient les mêmes au début de l'époque carbonifère sur cette grande étendue. On le suit dans les Pyrénées de la Haute-Garonne [Leymerie, Zirkel], et jusque dans la Catalogne [Paillette (1), d'Orbigny (2)], les Pyrénées orientales [d'Archiac (3),] et le Languedoc [Fournet (4).] Nous avons déjà indiqué à la partie paléontologique de ce mémoire les relations des *Goniatites Baylei*, *retrorsus*, *Sancti-Pauli*, des Griottes de Leymerie, avec nos *Goniatites crenistria ;* de même les *Goniatites* des Griottes d'Ogasa en Catalogne, décrites successivement par d'Orbigny comme Bellerophons, et comme Clyménies (Nos 132 et 139 du Prodrôme), ont aussi des rapports avec nos Goniatites carbonifères. Les types de d'Orbigny que j'ai eu l'occasion de voir, grâce à l'obligeance de M. P. Fischer, sont en très mauvais état, ne laissant voir ni le siphon, ni la suture, et ne sont pas déterminables par conséquent : sa *Clymenia Paillettei* représentée par 6 échantillons, peut se rapporter par sa forme générale à *Goniatites crenistria ;* sa *Clymenia dubia* (1 échantillon) se rapproche plus de *Goniatites Henslowi*.

En s'éloignant de la région pyrénéenne, c'est dans le *terrain carbonifère* que l'on trouve les relations les plus voisines avec la faune du *marbre griotte*. Ce terrain est peu développé en France et son étude détaillée est peu avancée : de Verneuil (5) a signalé dans l'Ouest, plusieurs Brachiopodes de notre liste, ainsi que M. Gosselet dans le Nord (6); mais ce sont les espèces dont l'existence s'est prolongée longtemps, pendant l'époque carbonifère. M. Oehlert (7) a signalé dans la Mayenne au sommet du Carbonifère, des bancs qui rappellent l'aspect du Griotte, mais dont il n'a malheureusement pas encore fait connaître la faune.

En Belgique, nous trouvons 13 de nos 18 espèces des *griottes*, citées dans le calcaire carbonifère, par M. De Koninck (8) ; cette faunule ne m'a pas montré de relation

(1) *Paillette* : Sur les bassins houillers de la partie orientale de la chaîne des Pyrénées, Ann. des mines, 3e sér. T. XVI, 1839, p. 149. 663.

(2) *D'Orbigny* : Bellérophons 1839, pl. 7, fig. 8-9-10-11 ; et Prodrome, p. 58.

(3) *d'Archiac* : Etudes géol. sur les départements de l'Aude et des Pyrénées orientales, Bull. soc. géol. de France, 2e sér. T. XIV, 1857, p. 502.

(4) *Fournet* : Bull. soc. géol. de France, 2e sér. T. VIII, p. 50.

(5) *De Verneuil* : Réunion extraord. au Mans, B. S. G. F. 2e sér. T. VII, 1850, p. 32.

(6) *Gosselet* : Esquisse géologique du Nord, Lille, 1879.

(7) *D. Oehlert* : Calcaire de St-Roch à Changé, Bull. soc. géol. de France, 3e sér. T. 8, 1880, p. 4.

(8) *De Koninck* : Anim. fossiles du calc. carb. de Belgique.

spéciale avec aucune des subdivisions si savamment établies dans la série de ce pays par M. Dupont (1), il est même singulier de ne trouver les Goniatites du *Griotte* que dans la *zône de Visé*. Il n'y a d'autre part, aucun rapport entre cette faune, et celle des couches même les plus élevées du terrain dévonien des Ardennes.

En Angleterre, nous retrouvons 12 de nos espèces pyrénéennes dans le calcaire carbonifère ; la localité de Bolland illustrée par Phillips fournit à elle seule 7 de ces espèces, et c'est au sommet de ce calcaire carbonifère (Bernician) que se trouvent nos fossiles, d'après une communication obligeante de M. G. A. Lebour. C'est toutefois au *Tuedian group* (du Northumberland), au *Lower limestone shale* (du S. O. de l'Angleterre et du S. du pays de Galles), à la base du *Calciferous sandstone* d'Ecosse, qu'il convient de comparer stratigraphiquement le *marbre griotte*. Le « *Culmiferous series* » (Culm) de Sedgwick et Murchison, qui repose dans le Devonshire sur le Dévonien à *Spirifer Verneuili*, contient à sa base les *Goniatites sphæricus*, *Goniatites mixolobus*, *Posidonomya Becheri*, et se rapproche beaucoup par là du niveau qui nous occupe. Ces fossiles paraissent du reste avoir continué leur existence pendant une partie considérable de l'époque du calcaire carbonifère.

C'est dans cette série du *Culm*, que l'on trouve en Allemagne, les représentants les plus immédiats du *marbre griotte*. Des formes très spéciales comme les *Goniatites crenistria*, *G. cyclolobus*, *Poteriocrinus minutus*, etc. se trouvent dans le Culm du Harz d'après F. A. Rœmer (2). Nous trouvons la faune de Céphalopodes des Griottes dans le Culm de la Westphalie d'après Stein (3), dans le Culm du Nassau d'après Sandberger (4) et Koch (5), dans le Culm de la Silésie d'après F. Rœmer (6) et Tietze.

Nous avons déjà insisté sur le rapprochement que l'on peut faire entre cette faune, et celle qui a été décrite par le Dr E. Tietze, dans son travail sur le Culm de la Basse-Silésie (7), il cite dans les calcaires de la base du Calcaire carbonifère : *Phillipsia Derbyensis*, *Goniatites crenistria*, *G. mixolobus*, *Orthoceras giganteum*, *Spirifer glaber*, *Spirigera Roissyi*, *Chonetes papilionacea*, *Productus mesolobus* et espèces voisines, *Poteriocrinus*, etc., formes

(1) *Dupont* : Mémoires sur le calcaire carbonifère de la Belgique, Bull. Acad. roy. de Belgique.
(2) *F. A. Roemer* : Verst. d'Harzgeb. Paleontographica de Dunker et Meyer, Cassel.
(3) *R. Stein* : Geog. Beschreib. d. Umgegend von Brilon. Zeits. d. deuts. geol. Ges. Bd. XII, 1860, p. 208.
(4) *Sandberger* : Verst. d. Rhein. Schich. in Nassau, Wiesbaden, 1856.
(5) *Dr Koch* : Verh. d. naturh. Vereins. v. Rheinl. u. Westf. 1872, Bonn, 3me ser. vol, IX.
(6) *F. Roemer* : Geologie von Oberschlesien, Breslau.
(7) *Dr E. Tietze* : Mittheil. uber den Niederschlesischen Culm und Kohlenkalk, 118-123, Verhand. der K. K. geol. Reichsanstalt. Wien 1870.

qui appartiennent à la faune de nos *marbres griottes*; le Dr Tietze mentionne même un *Receptaculite* voisin du *R. Neptuni* du Dévonien, qui rappelle bien la découverte analogue faite par M. Leymerie en 1850 dans les Pyrénées. Si le Culm de la Basse-Silésie présente des relations étroites de faune avec le *marbre griotte*, il y a des rapports non moins intéressants entre les couches dévoniennes de la Haute-Silésie et les marbres rouges des Pyrénées. Ces couches ont été étudiées à Ebersdorf, Comté de Glatz (Haute-Silésie) par M. Tietze (1), et nous montrent comme le calcaire d'Etrœungt (Ardennes) et les grès de Waverley (Ohio), sous un faciès différent, le passage de la faune dévonienne à la faune carbonifère. M. Tietze (2) croit son Clymenienkalk d'Ebersdorf très différent du Griotte des Pyrénées (malgré les analogies que j'avais signalées); parce que ces couches contiennent des faunes que l'on peut distinguer, malgré leur identité lithologique, preuve de leur formation dans des conditions analogues.

Le *marbre griotte* a de remarquables analogies paléontologiques avec la faune de Goniatites de Cosatchi-Datchi, sur le revers oriental de l'Oural, à l'Est de Miask, décrite par de Verneuil (3). A Cosatchi-Datchi, on trouve en effet des Goniatites de deux types, celles qui se rapprochent de *G. cyclolobus*, et celles qui appartiennent au groupe de *G. Listeri* (*G. diadema*, *G. Marianus*, *G. Barbotanus*). Les premières si caractérisées par la subdivision du lobe latéral principal, indiquant déjà une certaine analogie avec les Ammonites des terrains secondaires, se trouvent aussi dans les *marbres griottes* de Vallota, et de Pola de Gordon. Les Goniatites de Cosatchi-Datchi appartenant au groupe ayant pour type le *G. Listeri*, peuvent être placées à côté d'un autre groupe qui serait représenté par les *Goniatites sphœricus*, *G. striatus*, *G. crenistria*, des marbres rouges des Pyrénées; chacun de ces groupes possédant le même nombre de lobes, serait caractérisé seulement par la forme de la selle latérale principale qui dans l'un est arrondie, tandis que dans l'autre elle est anguleuse.

On doit encore signaler ici une analogie plus curieuse que celle que je viens de mentionner, c'est celle qui existe entre la faune des *marbres griottes* des Pyrénées et celle du calcaire à Goniatites de Rockford (Indiana), que M. James Hall (4) m'a fait connaitre.

---

(1) *Dr E. Tietze*: Ueber die devonischen Schichten von Ebersdorf, in der Grafschaft Glatz, Palaeontographica, Cassel, 1870.

(2) *Id.* — Voyez l'analyse critique faite par M. E. Tietze de mon mémoire sur le marbre griotte des Pyrénées : Verhandl. der K. K. geol. Reichsanstalt, Februar 1880, n° 5, p. 80-82.

(3) *De Verneuil*: Description géol. de la Russie d'Europe, T. 2. p. 370.

(4) *Prof. James Hall*: Thirteenth ann. rept. Regents Univ. N. Y., p. 102. 1860. Il faut rapporter à *Goniatites hyas* de M. Hall, la *Goniatites Lyoni* décrite par Meck et Worthen (geol. Survey of Illinois, vol. 2. p. 165, pl. 14, f. 11).

Sans prétendre ici prouver la contemporanéité de deux dépôts aussi distants, nous ne pouvons toutefois laisser passer inaperçue une si curieuse analogie de faunes. Le calcaire à Goniatites de Rockford (Indiana) contient une faune riche en Goniatites de deux types différents : les *Goniatites Oweni* var. *parallela* (Hall) se rattachent à notre groupe des *Goniatites Listeri*, les *Goniatites hyas*, (Hall) au groupe des *G. Henslowi*. L'âge géologique des calcaires à Goniatites de l'Indiana correspond à celui que nous attribuons au *marbre griotte* des Pyrénées. Le calcaire à Goniatites de Rockford (Indiana) est assimilé aux *couches de Waverly* par MM. Hall, Worthen; il est donc supérieur au *Chemung group*, ou Dévonien supérieur à *Spirifer Verneuili*. Il est d'autre part assimilé par les mêmes auteurs au *Kinderhook group* de l'Illinois, c'est-à-dire inférieur au *Burlington group* à faune de Tournay. Notre faune à Goniatites est à la base du calcaire carbonifère à *Producti* à côtes radiées, aux Etats-Unis comme dans les Pyrénées.

La constance de caractères et de faunes que conserve, dans l'état actuel de nos connaissances, le *marbre griotte*, des Monts Cantabriques aux Monts Catalans, m'empêche encore de le considérer avec M. Tietze, comme un *faciès hétérotopique* du calcaire carbonifère bleu qui le recouvre. Dans la terminologie établie dans les beaux travaux de M. Mojsisovics (1), le *marbre griotte* peut être cité comme un des plus beaux exemples de *formation isopique* (formations semblables à des époques diverses et dans des régions distinctes). C'est pour cette raison qu'on l'a confondu si longtemps avec les marbres à Goniatites de Westphalie ; il les rappelle en effet lithologiquement, ainsi que le Scaglia des Italiens, la Red-chalk of Hunstanton des Anglais. On sait depuis les récents travaux de M. Renard, qu'il faut renoncer à la comparaison souvent faite de ces *craies-rouges* avec la *boue rouge* des grandes profondeurs, qui a une origine toute différente.

B. Assise du Calcaire des Canons : La rareté des fossiles dans les calcaires qui constituent ce système dans les Asturies est un grand obstacle à la comparaison de la série carbonifère de ce pays avec celle des régions voisines mieux connues. Les seuls fossiles que j'y ai reconnus sont des tiges de *Poteriocrinus* et des fragments de *Producti* à côtes radiées; ils ne fournissent donc qu'une faible et inutile confirmation de l'âge de ce calcaire fixé par la stratigraphie, et rapporté *omnium consensu* au Mountain limestone, ou Metalliferous limestone (Paillette, Schulz, A. Maestre, de Verneuil, etc.) : ces fossiles ne permettent pas de préciser davantage.

(1) v. *Mojsisovics* : Die Dolomit-Riffe von Süd-Tyrol und Venetien; Beitraege zur Bildungs-geschichte d. Alpen, Wien, Holder, 1879.

Dans les Pyrénées françaises, Coquand [1] a reconnu en 1869, qu'il convenait de rapporter au Calcaire carbonifère les marbres statuaires et les calcaires saccharoïdes à couzéranites de la vallée d'Ossau, supérieurs au terrain dévonien, recouverts par des schistes à plantes houillères, et de plus fossilifères à Laruns. Durocher [2] en 1844 considérait le grand développement de la roche calcaire comme l'un des principaux caractères de l'étage supérieur du terrain de transition des Pyrénées, et il dit plus loin (p. 34) que les Encrines sont très fréquentes dans ces calcaires.

Les faits avancés par Coquand n'ont pas encore rallié l'adhésion générale, et à part Magnan, la plupart des géologues se sont laissé entraîner par l'autorité de Leymerie, qui s'opposait à cette manière de voir de Coquand. Ces calcaires marmoréens blancs des Pyrénées, pénétrés de couzéranite, de dipyre, etc. furent d'abord décrits par Charpentier comme *calcaires primitifs* ; Dufrénoy ayant trouvé des fossiles liasiques dans la région, les rapporta au Lias; MM. Leymerie, Massy, Garrigou, Seignette, qui étudièrent ensuite ces questions se partagèrent sans nouvelles preuves entre ces deux dernières opinions L'analogie des Pyrénées de France avec celles d'Espagne, fait cependant pencher toutes les probabilités en faveur de Coquand : il faudra sans doute rapporter dans les Pyrénées de France, la masse du calcaire marmoréen au Calcaire carbonifère, comme dans la région des Picos de Europa; et rattacher au Lias, au Crétacé, ou à d'autres terrains, les lambeaux plus récents qui y sont pincés, comme on le reconnait en Asturies, dans la Sierra de Peñamellera, Cabo-Prieto, etc., (p. 550).

Les grands travaux de MM. Gosselet, Dupont, de Koninck, sur les calcaires carbonifères des Ardennes franco-belges, doivent évidemment aujourd'hui faire choisir dans cette contrée les types des divisions du carbonifère inférieur. M. Gosselet [3] a établi 10 zônes différentes dans la partie française, et M. Dupont [4], en a établi 6 dans la partie belge; nous sommes loin d'être à même de pouvoir indiquer leurs relations dans les Asturies. La faune du *marbre griotte*, et celle du *calcaire des cañons* ne sont pas suffisamment connues pour permettre ces comparaisons de détail: ce qu'on peut dire, c'est que ces divisions correspondent en bloc à l'ensemble des assises inférieures du calcaire carbonifère des Ardennes.

Aux Etats-Unis, où nous avons pu indiquer à la base du calcaire carbonifère une

---

(1) *Coquand* : Aperçu géol sur la vallée d'Ossau, Basses-Pyrénées, Bull. soc. géol. de France, 2e sér. T. XXVII. 1869, p. 54.— Id. Comptes-rendus Acad., Août 1874.

(2) *Durocher* : Annales des mines, 4e sér. T. VI. p. 23.

(3) *Gosselet* : Esquisse géol. du Nord de la France, p. 129.

(4) *Dupont* : Bull. acad. roy. de Belgique, 1865. T. XX.

zône comparable au *griotte*, on trouve à un niveau un peu plus élevé de ce même terrain (3me zône, ou *Zône de Keokuk*), des roches qui rappellent celles de l'*Assise des cañons*. Le calcaire de Keokuk alterne avec des dolomies comme le *calcaire des cañons*; c'est lui qui contient le fameux « Geode bed » avec ses druses remplies de cristaux de quarz, de calcite, de dolomite, de blende, etc., qui rappellent les cristaux de quarz, etc., caractéristiques en Asturies du *calcaire des cañons*, ainsi qu'en Santander, d'après MM. Amalio Maestre (1), et Francisco Gascue (2). Il est curieux de voir ainsi les dépôts carbonifères inférieurs se former à peu près dans les mêmes conditions physiques de milieu, des deux côtés de l'Atlantique.

C. Assise de Lena : La faune de ce niveau comparée à celle des assises carbonifères des Ardennes, nous apprend que des 108 espèces signalées ici dans les Asturies, 52 seulement se retrouvent en Belgique. De ce nombre, 28 espèces asturiennes sont communes avec l'assise de Tournay, 17 avec l'assise de Waulsort, 39 avec l'assise de Visé, d'après les listes de M. Mourlon (3). C'est donc avec l'*Assise de Visé* que l'*Assise de Leña* a le plus de rapports paléontologiques : cette *Assise de Visé* est celle qu'on reconnait le plus facilement dans tout l'ouest de l'Europe, elle est très développée dans l'ouest de la France et dans le pays de Galles (4), où je n'ai pu reconnaître les caractères des assises de Tournay et de Waulsort.

Au nord de l'Irlande, les iron shales of Lough Allen correspondraient à l'*Assise de Leña*, le carboniferous limestone de M. E. Hull, ainsi que le Ballycastle Coal-field, au *calcaire des cañons*, et son calciferous-sand-stone au *marbre griotte*.

En Angleterre, on peut comparer l'*Assise de Leña* aux Yoredale Rocks du Northumberland et du Eastern-Westmoreland ; ainsi qu'au Carboniferous limestone series d'Ecosse. L'*Assise des cañons* correspondrait alors au Scaur limestone series ; et le *griotte* au *Tuedian*. Mais l'opinion de M. Lebour (5), considérant la faune *du griotte* comme homotaxiale à celle du calcaire carbonifère supérieur, plutôt qu'à celle du calcaire carbonifère inférieur, enlève tout fondement à ces comparaisons. Elles n'ont aucun intérêt immédiat : Il ne parait pas possible dans l'état actuel de la science de se rendre compte du déve-

(1) *Amalio Maestre* : Descripc geol. de Santander, Mem, com. map. geol. de España.
(2) *Francisco Gascue* : Bol. com. map. geol. de Esp. T. IV. 1877. p. 64.
(3) *Mourlon* : Geol. de la Belgique, Bruxelles 1881. Liste des foss. carb. d'après MM. Dupont et de Koninck. p. 24.
(4) *Ch. Barrois* : A geolog. sketch of the Boulonnais, Proceed. geol. Assoc. Vol. VI, p. 13, 1879.
(5) *G A. Lebour* : Glasgow meeting of the British association; et in Litteris.

loppement de la faune marine de l'époque carbonifère à travers les différents niveaux qui forment ces terrains dans l'ouest de l'Europe, de l'Ecosse à l'Espagne.

Le terrain carbonifère existe dans les Alpes françaises, suisses et autrichiennes, et parait au contraire y présenter plus d'analogie avec la série espagnole, que les formations sous-jacentes. Il ne forme plus aujourd'hui que des lambeaux isolés, qui étaient réunis en un massif unique, immense d'après Elie de Beaumont (1), avant l'époque des érosions. On sait, notamment par les belles études de M. Lory, que tous ces lambeaux de la partie occidentale des Alpes appartiennent au *terrain houiller véritable* et d'après M. Grand'Eury à son *terrain houiller supérieur* (*Assise de Tineo*). Ce n'est que dans la partie orientale des Alpes, qu'apparait la formation carbonifère inférieure, et avec des caractères nettement marins : Les *Gailthaler Schiefer* forment la base de cette formation d'après G. Stache (2). Les fossiles ramassés à ce niveau à Bleiberg en Carinthie (80 espèces) ont permis à M. de Koninck (3) d'y reconnaître la faune du calcaire de Visé ; d'autre part les plantes que l'on trouve aussi à ce niveau des *Gailthaler Schiefer* sont d'après Stur des plantes du Culm. Ces *Gailthaler Schiefer* sont surmontés par des alternances de schistes, grès et calcaires à Fusulines, contenant des fossiles nouveaux, avec des espèces de la zône précédente ; ils correspondraient d'après les géologues autrichiens aux calcaires à Fusulines de la Russie, et par suite au *terrain houiller moyen*. Ces calcaires à Fusulines seraient ici directement recouverts par le terrain permien.

On peut assimiler les *Gailthaler Schiefer* à l'*Assise de Leña* qui présente la même faune et s'est déposée dans les mêmes conditions ; au contraire il est difficile de se prononcer sur les relations des *couches terrestres de Sama* avec les *couches marines à Fusulines* des Alpes.

Dans l'Oural, d'après les observations de M. Grand'Eury (4), d'accord en cela avec les notes présentées par M. de Moeller au Congrès géologique à Paris, la superposition est la suivante de bas en haut : 1° Quarzites et argiles schisteuses, 2° Calcaire carbonifère à *Productus*, 3° Grès et schistes houillers, 4° Calcaires à *Fusulines*, avec bancs de schistes à la partie supérieure, 5° Formation permienne. L'assise n° 1 contient les empreintes

(1) *E. de Beaumont* : B. S. G. F. 2e sér. T. XII. 1854. p. 670.

(2) *G. Stache* : Die Graptolithen Schiefer am Osternigg-Berge in Karnten, Jahrb. der geol. Reichsanst. Bd. XXIII. p. 175. — Die palaeozoischen Gebiete der Ostalpen, Bd. XXIV, p. 185.

(3) *J. G. de Koninck* : Monographie des fossiles carbonifères de Bleiberg en Carinthie, Bruxelles. 1873.

(4) *Grand'Eury* : Sur l'âge du calcaire carbonifère de l'Oural central (Compte-rendus 1881, T. XCIII. p. 1093).

végétales du Culm ; le n° 2 contient la faune du Calcaire carbonifère de l'Europe occidentale ; le n° 4, *calcaire houiller* à *Fusulines* de MM. Grand'Eury et de Mœller, alterne dans le bassin du Donetz avec les schistes à végétaux n° 3, du terrain houiller moyen. En Russie par conséquent, comme dans les Alpes autrichiennes, les calcaires à *Fusulines* se sont formés à l'époque du *terrain houiller moyen*; cela rend la comparaison assez difficile avec l'Espagne, où les calcaires à *Fusulines* (*Assise de Leña*) se trouvent sous le *terrain houiller moyen*.

Le calcaire à *Productus* (n° 2) de M. Grand'Eury correspond à l'ensemble de nos *Assises des Cañons* et *de Leña* ; il présente du reste aussi dans le bassin du Donetz, les mêmes alternances de couches terrestres et marines qu'à Leña. Le calcaire à *Fusulines* (n° 4) correspond à notre *Assise de Sama*; doit-on en conclure, que les Fusulines caractérisent en Espagne le terrain houiller inférieur, et au contraire dans les Alpes et en Russie le terrain houiller moyen ? Je ne le crois pas : les conditions favorables au développement des Fusulines ont cessé en Espagne dès l'*époque de Sama* et par conséquent bien plus tôt que dans les contrées orientales; mais peut-être la partie de l'*Assise de Leña* qui a fourni les Fusulinelles doit-elle être séparée du reste de l'assise, pour être rangée dans le terrain houiller moyen ? Je n'ai jamais en effet trouvé de *Fusulinelles* dans les bancs à *Aulacorhynchus*, qui m'ont fourni la plupartdes Mollusques de ma liste. Si je n'ai pas scindé cette *Assise de Leña*, c'est qu'elle forme sur le terrain un groupe naturel bien caractérisé, et distinct des autres par ses alternances répétées de couches lithologiques diverses, et de faunes marines et terrestres : elle correspond du reste au *terrain houiller pauvre* de la carte géologique de M. Schulz (moins ses Inliers dévoniens), d'où provenaient les Fusulines et Mollusques carbonifères de de Verneuil. Au contraire l'*Assise de Sama*, présente des caractères très différents, rappellant ceux des *terrains houillers moyens* du Nord de la France : On n'y a jamais signalé de Fusulines. Peut-être les études postérieures pourront-elles cependant placer dans les Asturies, la limite entre le *terrain houiller inférieur* et *moyen* au milieu de mon *Assise de Leña ?*

Aux Etats-Unis les Fusulines se trouvent aussi dans les Coal-Measures, supérieurs aux Subcarboniferous-limestones.

D. Assise de Sama.— L'assise de Sama est essentiellement caractérisée par une flore dont MM. Grand'Eury et Zeiller ont montré l'extension en diverses contrées. La faune saumâtre signalée à la Mosquitera, Santo-Firme, nous montre ce fait curieux que les faunes du *terrain houiller moyen* conservent dans les différents pays, une dissémination presque aussi grande que celle des flores associées. Nous ne reviendrons pas ici sur la merveilleuse constance de la *flore houillère moyenne*, indiquée de la France aux Etats-Unis, d'un côté, et à la Russie d'autre part, par MM. Lesquereux, Grand'Eury et autres : nous ferons seulement ressortir les conclusions qui nous paraissent dériver de l'extension des faunes saumâtres.

Ces faunes à *Posidonomya*, *Myalina*, *Schizodus*, *Anthracosia*, *Orthonema*, *Bellerophon*, *Entomis*, etc , se retrouvent en effet dans l'*étage houiller moyen* de Belgique, de France, d'Angleterre et des Etats-Unis.

En Angleterre, elles ont été étudiées avec soin par M. E. Hull (1) (Etage E.), où elles se trouveraient à la limite du Middle à l'Upper carboniferous. Aux Etats-Unis, elles ont été décrites dans les mémoires de MM. Meek, Worthen (2), et Hayden (3). Partout elles diffèrent notamment des faunes carbonifères antérieures par la rareté des Coralliaires, Crinoïdes, et même des Brachiopodes : les Lamellibranches et les Gastéropodes dominent, et sont représentés par certains genres qui sont limités, ou atteignent au moins leur maximum, à ce niveau. Il y a bien plus de rapports entre la *faunede Sama* et celle de l'Illinois, qu'entre cette *faune* et *celle de Leña*, qui la précédait immédiatement dans le même bassin.

Quand on considère d'autre part combien les niveaux marins ou saumâtres sont faibles, limités, locaux, dans les Coal-Measures de l'ouest de l'Europe et des Etats-Unis, on ne peut songer un instant à la continuité matérielle de ces dépôts, qui ne se sont évidemment pas formés dans une même mer, mais bien au contraire dans des mers sans communications entre elles. *Nous avons donc ici un exemple de faunes indépendantes, développées parallèlement dans des régions différentes, qui doivent leurs relations à la seule constance des lois phylogéniques, agissant dans des milieux où les conditions étaient rigoureusement les mêmes, et où il n'arrivait pas d'immigration étrangère.* Ces diverses méditerranées houillères devaient en effet se trouver dans les mêmes conditions bathymétriques, elles furent également suivies de périodes terrestres.

L'importance industrielle de cette *Assise de Sama* m'a engagé à ne pas m'arrêter à ces considérations purement théoriques, mais à comparer aussi les produits utiles des terrains houillers espagnols à ceux des pays voisins.

Le terrain houiller des Asturies est presque complètement dépouillé de carbonate

(1) *Prof. Ed. Hull* : On the Upper limit of the essentially marine beds of the carboniferous group of the British Isles and adjoining continental districts, Q. J. G. S. Nov. 1877. p. 613.

(2) *A. H. Worthen* : Geological Survey of Illinois, Springfield, 6 vol. 1866-1875. Paléontologie par Meek et Worthen.

(3) *Hayden* : Final Report on Nebraska, Washington, 1872.

de fer lithoïde ; on n'en connait que de rares exemples déjà cités par Paillette et Bézard (1) autour de Mieres et de Leña, et on n'a encore trouvé à ce niveau aucun gisement d'hydrate et de carbonate d'une importance industrielle réelle. Ces carbonates sont en général fort argileux.

La province d'Oviédo avait en 1869, 210 mines de houille, d'après le rapport de M. Denis de Lagarde (2), produisant 3671951 quintaux métriques. Ses houilles ont déjà été l'objet d'un grand nombre d'analyses dûes à Manuel de Aspiroz (3) et Paillette (4). De ces études on peut conclure que la composition de la houille ne diffère pas seulement d'un bassin à un autre, mais même d'une couche à l'autre dans un même massif. Les 10 analyses de houille de la seule localité de Sama de Langreo, données par Paillette suffisent à le prouver : la proportion des matières volatiles y varie de 39 à 45 %. La grande masse de houille des Asturies appartient aux houilles grasses (*bituminous coal*) à 30 ou 40 % de matières volatiles. Telles sont les houilles du grand bassin houiller central des Asturies, comme on peut en juger par les exemples suivants, pris dans le tableau des analyses de Paillette. Les numéros de la première colonne sont les numéros d'ordre de Paillette ; je m'en tiens ici aux résultats principaux de ces analyses, et ne donne que les termes extrêmes des divers essais d'échantillons provenant d'une même localité :

Numéros d'ordre	Noms des Localités	Produits volatils.	Cendres	Coke sans cendres
21	Olloniego.	35	3	61
22	id.	37	2	59
24	Tudela	30	1	67
25	id.	33	2	63
26	Mieres	39	3	57
28	Sama	39	1	60
35	id.	45	1	53
37	Carbayin	44	0,4	55

(1) *Paillette et Bézard* ; Bull. soc. géol. de France, 2e sér. T. VI, 1849, p. 507.
(2) *L. Denis de Lagarde* : De la richesse minérale de l'Espagne, Paris, E. Lacroix, 1872,
(3) *Sr D. Manuel de Aspiroz* : Différents mémoires de 1843 à 1857 dans la Sociedad Economica de Oviedo.
(4) *Paillette* : Revista minera, T. VI, p. 66.

Les analyses des houilles des petits bassins septentrionaux d'Arnao, Santo-Firme, Ferroñes, ont un intérêt théorique général. Elles sont composées comme suit d'après Paillette :

Numéros d'ordre	Noms des Localités	Produits volatils.	Cendres	Cokes sans cendres
1	Arnao	39	20	40
4	id.	49	7	42
8	Ferroñes.	45	12	42
10	id.	47	2	49
11	Santo-Firme	38	5	55
15	id.	46	8	44

Ce sont donc principalement des houilles à gaz (higlhy-bituminous coal), qui affleurent en ces points.

La houille des autres petits bassins sans importance, situés au N.-E. de Sama, tels que Venta-Cruz, Lleres, Torazo, Sotiello, Nueva, Arenas, est de la houille grasse, qui se rapproche principalement de celle du grand bassin de Sama de Langreo.

La houille de Viñon et Colunga est maigre, anthraciteuse ; elle est entièrement différente des précédentes par sa composition, et il y a lieu de chercher si elle n'appartient pas au terrain houiller inférieur ?

L'étude que MM. Grand'Eury (1) et Zeiller (2) ont bien voulu faire des végétaux que j'ai ramassés dans cette province, a établi que toutes les espèces (connues jusqu'ici) du bassin de Sama-de-Langreo, appartiennent au *terrain houiller moyen*, comme celles de Santo-Firme ; tandis que celles des petits bassins de Ferroñes, Arnao, Tineo, appartiennent au *terrain houiller supérieur*. La différence de composition qu'on observe entre ces charbons peut donc être attribuée en partie à une différence d'âge ; les houilles les plus récentes étant les plus grasses. La richesse en produits volatils des houilles de Santo-Firme, soulève cependant une objection contre cette interprétation.

On peut chercher une autre explication de cette diversité de composition des houilles des bassins asturiens, dans la relation assez constante qui existe entre la composition de ces houilles et leur gisement stratigraphique. En effet, tandis que le terrain

(1) *C. Grand'Eury* : Notes sur la flore houillère des Asturies, Annales soc. géol. du Nord, T. IX, p. 1, 1881.
(2) *R. Zeiller* : Notes sur la flore houillère des Asturies, Mém. soc. géol. du Nord, T. I, No 3, Lille, 1881.

houiller du bassin de Sama affleure librement au jour, en présentant divers plis et cassures; les couches d'Arnao, Ferroñes, Santo-Firme, sont en partie recouvertes par des terrains dévoniens renversés, et présentent des dislocations bien plus compliquées encore. On voit donc que la houille la plus grasse du *terrain houiller* des Asturies, est celle qui a essuyé les pressions les plus violentes, et s'est trouvée ainsi recouverte par un toit de roches dévoniennes.

Cette observation acquiert une certaine importance, quand on se rappelle que des faits du même genre ont été signalés dans le grand bassin houiller du nord de la France, dans celui du Donetz au sud de la Russie, et dans celui du sud du Pays de Galles.

Le grand bassin houiller du Nord de la France, si allongé de l'est à l'ouest, présente on le sait, les houilles les plus maigres dans sa partie N.-E, les plus grasses dans sa partie S.-O.. M. Gosselet [1] auquel on doit tant d'excellents travaux sur cette partie de la France, a montré que toute la partie septentrionale de ce bassin, solidement appuyée sur la pente du plateau du Brabant, n'avait éprouvé que peu de modifications, mais qu'il n'en avait pas été de même de la partie méridionale du bassin, violemment poussée vers le nord. Les couches de la partie méridionale de ce bassin sont ainsi plissées, renversées plus ou moins irrégulièrement, et en partie recouvertes au sud par une crête de terrain dévonien. Les houilles les plus riches en matières volatiles se trouvent ici comme dans les Asturies, dans les couches plissées et recouvertes.

Dans le grand bassin du sud du pays de Galles décrit par MM. de la Bêche et Hull [2], les veines de houille sont grasses à l'est, et deviennent graduellement maigres à l'ouest du bassin. M. le Professeur Hull, croit qu'il faut rapporter ce changement dans la composition des veines de houille à l'action d'une haute température souterraine. C'est un fait connu que la température s'élève à mesure qu'on s'enfonce; or dans ce bassin du Pays de Galles, la stratigraphie montre que certaines veines de houille ont été recouvertes anciennement par une épaisseur de 3 à 4000 mètres de sédiments, et que leur température a dû être par conséquent élevée au dessus de celle de l'eau bouillante. Dans ces circonstances, les matières volatiles ont dû se dégager peu à peu

(1) *Gosselet:* Esquisse géologique du Nord de la France, Lille 1880, p. 148. — On doit à M. Potier une autre explication théorique des différences de composition du terrain houiller, théorie qui a été confirmée par les travaux de MM. Breton et l'abbé Boulay, et est aussi partiellement applicable dans les Asturies (Ann. Soc. géol. du Nord, T. IV. 166.)

(2) *Prof. Hull* : Coal-Fields, London, 1876, p.

des veines de houille, et la houille grasse a pu devenir de la houille maigre, de l'anthracite.

Ces matières volatiles ont pu arriver parfois à l'air libre et se disséminer irrégulièrement : comme dans le nord de l'Allemagne par exemple, d'après M. Credner (1), et en Pennsylvanie, d'après M. Lesley (2), où les veines de houille horizontales non dérangées sont grasses, tandis que les veines plissées, brisées, sont maigres, et d'autant plus maigres qu'elles sont plus modifiées. Les matières volatiles mises en liberté par cette sorte de distillation de la houille, auraient au contraire trouvé des condenseurs, dans les couches brouillées, recouvertes d'un toit dévonien, du nord des Asturies et du nord de la France.

Les raisons proposées par M. Hull pour expliquer en Angleterre l'élévation de température amenée dans les terrains houillers, à l'époque de leur ridement, sont évidemment applicables aux Asturies. Iciaussi, il y a eu à cette époque un dénivellement considérable, ici aussi les couches que nous observons ont été recouvertes d'une charge épaisse de sédiments enlevés depuis par dénudations : les coupes à l'échelle nous montrent la masse énorme des sédiments paléozoïques enlevés de cette façon, et le seul creusement par les agents atmosphériques depuis l'époque nummulitique de Cañons profonds de 300 mètres, suffit à rendre probable la continuité primitive des bassins houillers de Quiros, Santo-Firme, Sama-de-Langreo, qui n'auraient été séparés qu'après l'époque des plissements, par des dénudations superficielles séculaires.

E. Assise de Tineo.— Les déterminations de MM Grand'Eury et Zeiller ont appris que les petits bassins houillers creusés à l'ouest et au nord des Asturies, au milieu des terrains anciens, ont une flore différente de celle des bassins houillers du centre de la province. Les couches de ces bassins (Tineo, Lomes, etc.) contiennent la flore du *Terrain houiller supérieur* de la Loire (Saint-Etienne, Rive-de-Gier), dont l'extension dans les pays voisins a été indiquée par M. Grand'Eury(3) dans son grand ouvrage ; il n'y a donc pas lieu d'y revenir ici. J'ai rappelé plus haut la composition des houilles de cet âge, d'Arnao, Ferroñes ; le petit bassin de Tormaleo (montagnes d'Ibias), contiendrait de l'anthracite d'après Schulz (p. 85) : il n'y aurait rien d'étonnant à ce que la composition de la houille de ces bassins occidentaux, soit différente des houilles plus dérangées des petits bassins du nord des Asturies.

(1) *H. Credner :* Elements de Géologie, traduction R. Monicz. p. 250.
(2) *Prof. Lesley :* Geol. Survey of Pennsylvania.
(3) *Grand'Eury :* Flore carbonifère du Dt de la Loire, Paris, Imp. Nat., 1877, T. 2, p. 493.

4. Résumé.—Nous avons indiqué dans les pages précédentes, la succession auparavant inconnue, ainsi que l'extension des principales divisions paléontologiques et stratigraphiques du terrain carbonifère des Asturies.

Le terrain carbonifère forme le sommet des Monts Cantabriques à la limite des provinces de Santander et d'Oviedo, où il repose sur le terrain dévonien supérieur. Il s'étend de là vers l'ouest, en petits bassins ou Outliers isolés (Tormaleo, etc.), jusque près des frontières de la Galice, il y repose directement sur le terrain Cambrien : M. G. Schulz avait déjà signalé divers petits bassins houillers au milieu des massifs siluriens et dévoniens des Asturies. Le terrain carbonifère est donc en stratification transgressive sur les formations antérieures des Asturies.

Griotte. Ce n'est pas toutefois au commencement de l'époque carbonifère, ni à la fin de l'époque dévonienne, que se produisit le plus grand mouvement du sol. Le dépôt du *marbre griotte* plus général que celui du calcaire frasnien, nous représente il est vrai, une première invasion de la mer; mais cette extension des sédiments carbonifères (autant qu'on en peut juger par ce qui a résisté aux dénudations) semble locale, et ces sédiments n'ont jamais dépassé à l'ouest le grand massif dévonien. Ce n'est que sur la bordure orientale de ce massif dévonien, que l'on trouve dans les profonds plis synclinaux, et en stratification concordante, les premières traces des plus anciennes formations carbonifères. On se rappellera qu'avant notre travail l'*assise du griotte* était rapportée au terrain dévonien; son épaisseur moyenne est de 30^m.

L'Assise des canons est la seconde division reconnue dans le terrain carbonifère des Monts Cantabriques, où elle joue un rôle orographique considérable : elle donne leur cachet aux rivières du pays, et détermine la direction des routes naturelles. Pauvre en fossiles, ce calcaire est bien reconnaissable par son homogénéité et sa stratification indistincte; il forme une masse épaisse de plus de 200^m de calcaire métallifère, avec nombreux cristaux de quarz caractéristiques, et couches alternantes de calcaire dolomitique.

L'Assise de Lena est formée de couches alternantes de calcaires à faune marine (Fusulines), de schistes à flore terrestre (Culm), de grès et de poudingues. Elle constitue pour nous le sommet de l'étage carbonifère inférieur. Les calcaires de ce niveau se distinguent des précédents, par leur division en lits minces, et leur stratification toujours nette : ils ont fourni à de Verneuil tous les fossiles habituellement cités depuis comme caractérisant le calcaire carbonifère d'Espagne. Nos coupes ont établi que cette faune était assez haut dans l'étage carbonifère inférieur ; les relations que nous avons indiquées avec l'*assise de Visé* sont donc très naturelles, et il y a amplement place dans les terrains inférieurs de la série carbonifère espagnole, pour les faunes des autres assises carbonifères (Tournay, Waulsort, etc.)

Assise de Sama : Ce n'est qu'à cette époque, que commencèrent dans les Asturies les grandes accumulations de combustible : elles se forment en stratification concordante sur l'*assise de Leña* au centre de la province. Elles contiennent la même flore que les houilles synchroniques du terrain houiller moyen du nord de la France, d'après les déterminations de MM. Grand'Eury et Zeiller. Ce ne sont pas les seules analogies entre ces bassins : les couches de houille sont comme dans le nord de la France, nombreuses et à épaisseur faible, de 0,25 à 0,30 jusqu'à 2 et 3^{m}, la moyenne étant de 0,60 à 0,90. On n'y rencontre jamais(dans le grand bassin de Sama), les couches épaisses, peu nombreuses, des bassins de la Loire et de Saône-et-Loire.

Le calcaire, si abondant encore dans l'*assise de Leña*, n'apparaît que rarement dans l'intérieur de ces bassins houillers ; il y forme quelques bancs sur le Rio-Aller, dans le Rañero. Les fossiles marins trouvés dans des schistes de cette assise, rappellent plutôt la faune du terrain houiller moyen de France, d'Angleterre, et des Etats-Unis, que celle de Russie.

Dès l'époque dévonienne supérieure, il se formait de la houille dans les Asturies, mais cette houille comme celle du terrain houiller inférieur à *Diplotmena distans* (*Assise de Leña*), ne se trouve qu'en lits minces, irréguliers, sans valeur commerciale.

Assise de Tineo : Les formations houillères de cet âge ne reposent pas sur l'*assise précédente de Sama*, mais recouvrent directement en stratification discordante, les terrains plus anciens, du Dévonien au Cambrien. Les veines de houille de cette assise diffèrent de celles du bassin central par leur épaisseur, leurs renflements irréguliers, et leur petits nombre dans un même bassin.

C'est donc entre les *Assises de Sama et de Tineo*, c'est-à-dire entre le terrain houiller moyen et le supérieur, d'après les déterminations de MM. Grand'Eury et Zeiller, que s'est produit le grand mouvement du sol cantabrique, à l'époque carbonifère. Nulle part, on ne peut voir plus nettement la preuve du phénomène de plissement qui a partagé en deux la période houillère. Cet accident, d'abord indiqué en Saxe par Naumann, fut ensuite reconnu dans les pays rhénans par M. Douvillé [1], qui le considéra comme général à

(1) *H. Douvillé* : Sur les terrains houillers des bords du Rhin. Compt.-Rend., Acad. Sci. Mai 1872.

toute la région comprise entre la Saxe et les Vosges : nous voyons qu'il fut plus étendu encore, puisqu'on en retrouve la trace jusqu'à l'extrémité des Monts Cantabriques.

Cet accident a été ici plus qu'un simple phénomène d'ondulation ; il a amené à sa suite l'envahissement de la région occidentale, par les eaux qui ont déposé les poudingues et les schistes houillers supérieurs. Entre le moment du plissement du houiller moyen, et le déplacement vers l'ouest de la nouvelle aire de dépôt (houiller supérieur), il y eut une période de dénudations et de remaniements considérables, puisque les poudingues de Tineo contiennent des galets variés, provenant en partie des roches carbonifères. L'existence de cette ancienne période de dénudation vient ajouter encore dans les Asturies, aux difficultés que l'on rencontre ordinairement à reconstituer les limites primitives des anciens dépôts.

Le tableau suivant résumera dans ses traits principaux l'histoire et la succession des grandes divisions du Système Carbonifère dans les Asturies, telles que nous les avons comprises :

Etages	Assises	Formations marines	Formations terrestres
Houiller supérieur (Upper coal measures).	A. de Tineo	(manque)	Flore houillère supérieure
Houiller moyen (Middle coal measures)	A. de Sama	Schistes à Bellerophons de Santo-Firme, etc.	Flore houillère moyenne
Carbonifère inférieur (Subcarboniferons or Bernician).	A. de Lena	Lumachelles à *Aulacoryhnchus*, calcaire à Fusulinelles, etc.	Flore du Culm
	A. des Canons	Calcaire à *Poteriocrinus*	(manque)
	A. du Griotte	Marbre à Goniatites	(manque)

CHAPITRE VI

DES PHÉNOMÈNES QUI ONT MODIFIÉ LES TERRAINS PALÉOZOIQUES DEPUIS L'ÉPOQUE DE LEUR DÉPOT

§ I

MOUVEMENTS DU SOL

Situées vers l'extrémité de la chaîne des Pyrénées, les Asturies offrent d'après Paillette(1), une complication peu commune, moins pourtant sous le rapport de la variété des roches, que sous celui des accidents auxquels ont été soumises les diverses formations. Continuation évidente des formations pyrénéennes, les couches asturiennes ont subi comme le faisait remarquer Durocher (2), des dislocations plus complexes, différentes, « la grande chaîne des Pyrénées, dont l'orientation générale est parfaitement définie au moyen d'une ligne qui joindrait le cap de Creus à la pointe du Figuier, éprouve vers les provinces de Biscaye une légère déviation qui la rapproche plus sensiblement de la ligne E. O. Ce n'est qu'en avançant vers la Galice que le relief du sol *présente de grands changements presque perpendiculaires.* »

Nous essaierons ici, en nous basant sur nos observations, de tracer à grands traits une esquisse des principaux mouvements du sol cantabrique, et concluerons à leur identité avec ceux qui ont affecté les Pyrénées.

Les formations les plus anciennes visibles en Galice, *Micaschistes de Villalba*, *Roches vertes de la Sierra Capelada*, avec leurs lits irrégulièrement interstratifiés de gneiss, grenatites, etc., dûs à l'action métamorphique exomorphe du granite, présentent la même inclinaison dominante que les couches plus récentes siluriennes : elles inclinent en masse à O. dans le centre de la province, l'inclinaison montant au N.-O. vers le nord, et descendant au S. O. vers le midi.

Les formations *cambriennes* si bien développées à la limite des Asturies et de la

(1) *A. Paillette* : Recherches sur quelques-unes des roches qui constituent la province des Asturies, Bull. soc. géol. de France, 2e ser. T. 2, 1845, p. 440.

(2) *Durocher* : Essai sur le terrain de transition des Pyrénées, Ann. des mines, 3e sér. T. VI, 1844.

Galice, où elles se montrent comprises entre les terrains primitifs et siluriens, y sont ridées en un certain nombre de plis synclinaux et anticlinaux parallèles, renversés, et inclinant en masse vers l'ouest. Ce terrain cambrien est en stratification concordante avec les formations primitives sous-jacentes ; on n'observe entre eux ni dislocation, ni modification lithologique brusques.

Le grès *silurien* occupe régulièrement en Galice l'intérieur des plis synclinaux précédemment décrits et a donc été ridé en même temps : il est recouvert par les *schistes de Luarca*, vers l'est, où ils forment ensemble une grande bande dirigée N. S. qui traverse toutes les Asturies ; plus à l'est encore, le terrain silurien affleure de nouveau, dans le grand massif dévonien des Asturies, où il est ramené par des plis anticlinaux, à inclinaisons E. et O., parallèles aux plis Cambriens précédemment décrits.

Dès à présent, on peut déjà se rendre compte du phénomène qui a déterminé l'élévation de ces montagnes cantabriques : la direction N.-S. des couches, et leur inclinaison dominante vers l'ouest, s'explique facilement par une pression latérale agissant de l'ouest vers l'est, qui aurait ridé, plissé, et parfois complètement renversé sur elles-mêmes, les formations paléozoïques. Les plissements des couches ont été accompagnés de cassures, failles, glissements, et autres déplacements plus ou moins verticaux, qui contrairement à ce qu'on observe dans les Ardennes, me paraissent coincider plus souvent ici avec les plis synclinaux, qu'avec les plis anticlinaux.

Le ridement des terrains paléozoïques des Monts Cantabriques ne peut être rapporté à l'éruption du granite, quoi qu'elle soit postérieure au Système Cambrien et peut-être même aux formations suivantes ; en effet, le granite des massifs de Boal et de Lugo ne paraît avoir nullement influencé la position des couches encaissantes. Elles ne sont pas soulevées par le granite de façon à plonger de toutes parts autour de lui, elles ne sont pas non plus redressées de façon à présenter la structure ordinaire en éventail ; mais elles conservent la même inclinaison dominante vers l'ouest de chaque côté du granite, qui paraît avoir rempli en cette occasion un rôle purement passif, absolument comme à Dartmoor (1), dans les Cornouailles.

Il n'y a donc pas de relation de cause à effet, entre l'apparition du granite et l'origine de ces montagnes ; peut-être toutefois y a t-il eu une relation dans le moment de leur formation, le granite cantabrique ayant pu n'arriver au jour qu'à la fin de la période paléozoïque, en s'élevant alors dans les cassures si fréquentes dans cette région, suivant

(1) A. H. Green : Geology, London 1877, p. 818.

les axes synclinaux ou anticlinaux?

La pression latérale à laquelle nous rapportons le ridement en masse des couches paléozoïques cantabriques, n'eut lieu qu'à la fin de la période paléozoïque, car les étages dévoniens et carbonifères présentent la même inclinaison dominante que les formations précédentes, sur lesquelles elles sont en général concordantes. Nos coupes, d'accord avec les cartes géologiques de M. Schulz, montrent que les affleurements paléozoïques cantabriques affectent tous la forme de croissants emboités, à convexité tournée vers l'ouest. La forme elliptique de ces arcs s'accentue de plus en plus à mesure qu'on avance vers l'est, et qu'on passe du terrain silurien sur les terrains dévonien et carbonifère. Le grand axe de ces ellipses est parallèle à l'axe de la chaîne des Pyrénées actuelles; aussi trouve-t-on dans le massif carbonifère des Picos-de Europa, de nombreuses inclinaisons N. et S., correspondant aux branches de ces courbes, et qui doivent se rapporter à des résistances croissantes, opposées à la même pression latérale venant de l'ouest.

Cette disposition a toutefois amené de considérables complications de détail dans la disposition stratigraphique des massifs dévonien et carbonifère des Asturies : nous y avons décrit à la partie stratigraphique de ce Mémoire, de nombreuses failles et dérangements locaux ; mais on peut néanmoins y reconnaître encore la trace du grand mouvement du sol, si nettement accusé, dans les massifs anté-dévoniens des monts cantabriques.

En outre de ce ridement général, survenu vers la fin de l'époque paléozoïque, divers mouvements contemporains de leur formation ont dérangé les terrains primaires : ces oscillations ont séparé entre elles les assises, elles nous ont expliqué (1) les changements orographiques, les variations de la faune, l'accumulation et l'origine des sédiments clastiques, et ont amené même parfois comme nous l'avons montré, une disposition transgressive entre diverses assises successives. Telle est la disposition du terrain houiller supérieur, à l'ouest du terrain houiller moyen : sa stratification transgressive, et sa situation dans de petits bassins alignés du N. au S., ont une grande importance théorique, en ce qu'elles nous prouvent que les divers mouvements qui ont affecté le sol paléozoïque des Asturies se sont toujours produits dans la même direction O. E. — On reconnait donc dans les Asturies paléozoïques comme dans les monts Hercyniens (2), les Alpes (3), l'Erzge-

(1) Voir plus haut, pp. 166 à 167, 190, 380 à 385.

(2) Gosselet ; Esquisse géol. du Nord de la France, Lille, 1880.

Ch. Barrois : Proceed. of the geologists Association, vol. VI. p. 84.

(3) E. Suess : Die Entstehung der Alpen, Wien 1877.

birge (¹), etc., le fait de la répétition des mêmes mouvements à différentes époques.

Avec la période mésozoïque, s'établit en Asturies un nouvel ordre de choses : les diverses formations secondaires recouvrent en stratification discordante les formations primaires ; les bassins secondaires ne s'allongent plus du N. au S., mais bien de E. à O., les pressions latérales ne viennent plus de l'ouest, mais suivent la direction du méridien, comme le prouve l'inclinaison dominante au N.

Le bassin triasique a son plus grand allongement de O. à E., de Avilès à Rivadesella, les grès et poudingues de ce système attestent sa formation dans une mer peu profonde, envahissant un fond continental. Les marnes et calcaires liasiques, indices de mers plus profondes, présentent également leur plus grande extension de l'est à l'ouest ; un nouveau relèvement du sol cantabrique correspond nécessairement à l'absence du jurassique supérieur.

A l'époque Urgonienne (²), les eaux marines envahissent de nouveau les Asturies, mais elles ne contiennent qu'une faune littorale ; on ne retrouve de dépôts de cet âge qu'en un certain nombre d'outliers espacés le long de la côte. Ce ne fut qu'à l'époque cénomanienne que la mer crétacée arriva au milieu des montagnes paléozoïques, remplissant de ses dépôts la longue dépression qui s'étend au centre du pays, sur une longueur de 90 kil. et dont la largeur ne dépasse pas 15 kil. — Il y eut donc un mouvement important du N. au S. dans les monts cantabriques, au milieu de la période crétacée.

Le terrain crétacé d'Oviédo, en couches plus ou moins verticales, est recouvert en stratification concordante par des couches éocènes, occupant le sommet de la série des formations observées dans ce pays, où les eaux miocènes n'ont vraisemblablement pas pénétré, puisqu'on n'en trouve aucune trace. On est donc ainsi conduit à rattacher la formation du bassin synclinal d'Oviédo, à la fin de la période éocène et avant la période miocène.

La disposition générale des formations mésozoïques des Asturies, en bandes allongées de l'est à l'ouest, et à inclinaison dominante N., s'explique facilement par l'hypothèse de pressions latérales ; mais ici ces pressions ont dû agir dans la direction du méridien, et ce nous semble du N. au S. — Ce grand mouvement du sol cantabrique, survenu entre l'Eocène et le Miocène, est donc synchronique, et on peut le dire identique, à celui qui détermina le relief des Pyrénées.

---

(1) H. Credner : Das Vogtlandish Erzgebirgische Erdbeben von 23 Nov. 1875, Zeits f. d. gesammt. naturw. Bd. XLVIII, p. 246, 1876.

(2) Ch. Barrois ; Mém. sur le terrain crétacé du bassin d'Oviédo, Ann. des Sci. géol. T. X, Paris 1876.

Le relief actuel du sol des Monts Cantabriques est dû principalement à ce dernier accident géologique, postérieur à l'Eocène; car non-seulement en effet, il a déterminé l'élévation des formations mésozoïques, mais il a sensiblement modifié le relief des massifs paléozoïques, singulièremens dénudés d'ailleurs, depuis l'époque houillère. C'est ainsi par exemple, qu'il faut rapporter à l'influence de cette pression post-éocène, les différences considérables de niveau que présente le terrain houiller des Asturies, exploité sous le niveau de la mer à Arnao, élevé à 220^{m} d'altitude non loin de là au sud, dans le bassin de Sama de Langreo, et à 2000^{m} dans la Chaîne Cantabrique.

En résumé, *les Monts Cantabriques doivent donc leur origine à deux puissantes pressions latérales successives : la première agissant dans la direction des parallèles, se produisit entre les terrains houiller et permien ; la seconde agissant suivant les méridiens, eut lieu entre l'Eocène et le Miocène. Le premier ridement fut précédé de nombreux mouvements de bascule, E. à O.; le second fut de même précédé de mouvements oscillatoires, N. à S., fournissant ainsi respectivement, de nouveaux exemples de ce fait général dans les régions montagneuses, de la répétition des mêmes mouvements du sol aux différentes époques.*

La constatation de ce fait de la répétition des mêmes mouvements dans les Monts Cantabriques, rend plus frappante encore l'apparente anomalie qui existe entre cette région et la plupart des autres (Monts Hercyniens, Appalaches, etc.), où toutes les pressions latérales s'opérèrent dans une même direction constante, au lieu de se succéder comme dans les Asturies, dans deux directions perpendiculaires entre elles.

Cette anomalie dans les mouvements du sol asturien, ne me semble toutefois qu'apparente, et il est facile de l'interpréter de façon à la faire rentrer dans la règle commune. On observe en effet que les deux ridements principaux dont on retrouve la trace dans les montagnes des Asturies, ont été tous deux déterminés par des pressions latérales, venant du côté des Monts qui faisait face à la plus grande mer, à l'époque où ces pressions se produisirent.

A l'époque houillère, les Pyrénées avec leur prolongement cantabrique se rattachaient au N. et au S. à de vastes régions continentales, comme le montre le peu d'extension des couches carbonifères marines dans les massifs paléozoïques voisins du Portugal, de la Vieille-Castille, de la Catalogne, et du S. de la France. A l'époque où se produisit le ridement paléozoïque, c'était donc à l'ouest des Monts Cantabriques et de la Galice, que devait se trouver la grande mer.

Par contre, pendant la période mésozoïque, on assiste à l'envahissement progressif de la mer dans la région pyrénéenne. Tandis que la mer crétacée comme la mer éocène [1], s'étendent sans interruption sur les deux flancs des Pyrénées, de la province d'Oviédo à la Méditerranée, la terminaison ouest de la chaîne se trouve séparée de l'Océan par le massif montagneux de la Galice précédemment exondé. Lorsque donc après l'époque éocène, se produisit le ridement des couches mésozoïques, ce n'était plus à O., mais bien au N., de la chaîne Cantabro-pyrénéenne, que se trouvait la mer la plus proche.

Cette relation entre le sens des pressions latérales et la direction des lignes littorales, n'est pas spéciale à la région cantabrique. Depuis longtemps déjà, MM. James Hall [2], Dana [3], ont indiqué que les monts Appalaches étaient dûs à une pression latérale agissant de E. à O., c'est-à-dire venant également du côté de la mer voisine. Elle paraît même tellement générale que M. de Lapparent a cru pouvoir la généraliser dans son remarquable Traité de Géologie[4], où il a formulé la loi suivante dont notre étude devient ainsi une confirmation locale : « *Au moment où une grande ligne de relief se constitue sur le globe, elle forme le rivage d'une dépression océanique ou lacustre, sous laquelle elle s'enfonce par son flanc le plus abrupt* ».

Telle est dans ses principaux traits, l'histoire des mouvements du sol de la région cantabrique, qui ne doit guère se distinguer de celle du reste de la chaîne pyrénéenne. Tous les géologues qui se sont occupés de cette chaîne depuis de Charpentier, ont reconnu plusieurs stades dans sa formation. Durocher [5] indique d'une manière générale la direction E. N. E. comme propre aux roches stratifiées les plus anciennes des Pyrénées, et Elie de Beaumont[6] croit possible de reconnaître son *Système du Finistère*(E. 17° 26' N.) dans le sol fondamental des Pyrénées et de la Catalogne. Plusieurs soulèvements se seraient superposés à celui-ci, mais ce ne fut qu'après le Nummulitique et avant le Miocène qu'eut lieu la grande catastrophe qui donna aux Pyrénées leur relief actuel, et les souleva en masse en leur donnant la direction O. 18° N. à E. 18° S. (*Système des Pyrénées*), devenue prépondérante au point d'effacer presque partout les traces des anciennes directions.

MM. Leymerie [7], Hébert [8], Magnan [9], et les autres savants, auxquels sont dûes

(1) *Leymerie* : Descript. géol. des Pyrénées de la H^te Garonne, Toulouse 1881, p. 838.
(2) *James Hall* : Paleont. of New-York, vol. 8.
(3) *Dana* : Silliman's journal, 1 ser. XLIX, p. 284.
(4) *A. de Lapparent* : Traité de géologie, Paris 1882, p. 72.
(5) *Durocher* : Essai pour servir à la classification du terrain de transition des Pyrénées, Annales des mines. 3e sér. T. VI, 1844, p. 15.
(6) *Elie de Beaumont* : Notice sur les systèmes de montagnes, Paris 1852, p. 105, 429.
(7) *Leymerie* : Descript. géol. et paléont. des Pyrénées de la H^te Garonne, Toulouse 1881, p. 71.
(8) *Hébert* : Bull. soc. géol. de France, 2e ser. T. XXIV, p. 324, 370.
(9) *Magnan* : Comptes-rendus Ac. Sciences, 1868, T. LXVI, p. 428, 1269; — 1868, T. LXVII, p. 414; — 1870, T. LXX, p. 537.

nos connaissances géologiques sur les Pyrénées, sont je crois d'accord, pour fixer à la fin de l'époque houillère et de l'époque éocène, les deux principaux mouvements du sol qui donnèrent naissance à ces montagnes. L'importance du mouvement qui se produisit dans les Pyrénées comme dans les Asturies, après l'époque crétacée inférieure et avant le cénomanien, me parait avoir été exagérée par H. Magnan ; il ne me parait pas comparable aux précédents, mais plutôt à celui qui se produisit dans les Asturies, dans une direction différente toutefois, entre le terrain houiller moyen et le terrain houiller supérieur (p. 600). Ces dérangements modifièrent ces montagnes sans doute, mais ils ne leur donnèrent pas naissance.

Nous ne terminerons pas cette description des divers mouvements qui ont affecté et façonné le sol des Monts Cantabriques, sans rappeler les vues ingénieuses récemment émises par M. Mac Pherson (¹) sur leurs relations avec la *Structure uniclinale* de la péninsule Ibérique. Dans les Pyrénées françaises et cantabres, comme dans toute l'Europe septentrionale, les couches inclinent N., d'après M. Mac Pherson ; dans le midi de l'Espagne comme dans la partie septentrionale de l'Afrique d'après lui, toutes les couches ont une inclinaison dominante S. (*structure uniclinale*) : entre ces deux moitiés de l'Espagne, où les couches ont une inclinaison inverse, il y a une limite, un espace neutre, où il n'y a pas d'inclinaison dominante unique. Cet espace part du N. O. de la Galice, et suit la vallée de l'Ebre ; on l'observe avec netteté en Galice où les inclinaisons dominantes varient comme nous l'avons montré du N. O. au S. O., disposition qui serait d'après la théorie, la résultante nécessaire de l'action de deux séries d'accidents qui se rencontreraient dans cette province.

§ 2.

DÉNUDATION DU SOL PALÉOZOÏQUE DES MONTS CANTABRIQUES.

A. Causes du relief actuel.

Depuis le moment du grand ridement qui mit fin aux dépôts primaires dans les Asturies, le sol paléozoïque ainsi soulevé, a été modifié et dénudé de diverses manières.

---

(1) *J. Mac Pherson* : Breve noticia acerca de la especial estructura de la Peninsula Iberica, Anal. soc. Esp. de hist. nat. T. VIII, 1879, p. 10 à 15.

— id. — : Uniclinal structure of the Iberian Peninsula, p. 20 à 24, Madrid 1880, chez Fortanet.

Les cimes de ces anciens continents ont été abaissées, leurs vallées creusées, et leurs débris étalés dans les mers environnantes des époques mésozoïques et cainozoïques, riches en dépôts clastiques.

Retracer l'histoire de la dénudation du sol paléozoïque asturien, serait donc faire l'histoire géologique du pays depuis l'époque primaire ; cet essai déjà tenté en partie par M. Schulz (1), et par moi-même (2), nous écarterait trop ici du cadre de ce Mémoire. On se rendra mieux compte du reste de ces événements, lorsque M. A. Six (3) aura publié ses observations sur les fossiles jurassiques des Asturies. Je me bornerai à signaler avant de terminer, certains traits orographiques particuliers du massif paléozoïque des Asturies, en insistant sur leurs relations génétiques avec les causes actuelles.

Peu de régions offrent des exemples plus variés des modifications que la surface terrestre a éprouvé de la part des agents extérieurs, que les Monts Cantabriques : là en effet, il y a des températures extrêmes, des pluies abondantes, une mer peu éloignée, toujours grosse ; là, l'eau agit sous toutes ses formes, à l'état d'eaux pluviales, d'eaux courantes, d'eaux marines, et à l'état de glace.

Pour bien comprendre l'action et la puissance des agents atmosphériques dans les Monts Cantabriques, il faut se rapporter aux conditions climatériques de la région. Il faut surtout les étudier comparativement des deux côtés de la chaîne, dont le faîte se trouve être une ligne orographique de premier ordre.

On peut noter d'abord, les différences et la nature excessive du climat ; ainsi en 1878 d'après l'Annuaire de l'Observatoire de Madrid, le thermomètre est descendu à plus de -5° à Saint-Sébastien et à la Corogne au nord des monts, et s'est élevé à $+40^{\circ}$ à Valladolid au S. de la crête. La sécheresse du climat n'est pas moins différente des deux côtés : ainsi (4) tandis que la moyenne des pluies ne dépasse pas 500^{mm} à Soria, Burgos, 400^{mm} à Huesca, 300^{mm} à Valladolid, Saragosse, au sud de la chaîne ; elle atteint 1940^{mm} au N. de cette chaîne, d'après M. Pascual Pastor y Lopez (5). Toute cette eau est amenée sur les Monts Cantabriques par les vents régnants du N. O. et de O., pendant une période moyenne de 130 à 140 jours : le vent du N. E. assez fréquent amène le beau temps.

Les Sierras espagnoles, se levant perpendiculairement à la direction des courants aériens, selon la remarque de M. Lucas Mallada (4), arrêtent donc et épuisent les nuages

(1) *G. Schulz* ; Descrip. géol. de Asturias, 1858.
(2) Mém. sur le T. crétacé de la prov. d'Oviédo. Ann. des sci. géol. T. X. 1879.
(3) *A. Six*, voyez sa note préliminaire, in John Lycett ; Supplement to the Monog. of Brit. fossil Trigoniae, Palaeont. Soc. London, 1881.
(4) *D. Lucas Mallada* ; Boletin de la soc. geografica de Madrid, 1881.
(5) *D. Pascual Pastor y Lopez* : Memoria geogn. agricola sobre la prov. de Asturias, Madrid 1858.

venus de la mer. Ainsi, pendant qu'il y a de nos jours dans chaque vallée des Pyrénées françaises et cantabres un torrent considérable, les plateaux castillans sevrés, par les montagnes du Nord, des vents pluvieux qui soufflent du golfe de Biscaye, n'ont guère que des rios à sec presque toute l'année. L'eau pourtant circule bien plus lentement de ce côté méridional, que sur le versant opposé de la chaîne ; les pentes des rivières sont insensibles dans les plaines du Léon, tandis qu'elles sont considérables vers la mer, descendant de 2000^m le long de ce versant, sur une longueur de moins de 80 kilomètres. Cette inégalité de la pente des deux versants des Pyrénées cantabres rentre du reste directement dans la règle générale formulée par M. de Lapparent (1), dans son excellent Traité, qui nous a surtout inspiré dans cette partie de notre Mémoire.

Les dépendances directes et multiples que l'on observe ainsi entre les conditions météorologiques des Monts Cantabriques, et leur disposition orographique, montrent l'influence capitale de cette disposition sur le climat de la région, sur le régime des eaux, et sur la marche de la dénudation. Aussi, bien qu'il n'y ait pas parmi les Sierras, Cordales, Peñas, de la Chaîne Cantabrique, de variété de forme qui ne soit représentée ; et bien qu'on soit souvent tenté de rapporter toutes ces formes au caprice des agents atmosphériques dont on retrouve partout la puissante action; on doit cependant reconnaître leur raison d'être dans la constitution même du massif, et surtout dans le mode particulier d'actions dynamiques qui a présidé à la naissance de la chaîne.

Ces idées rendues aujourd'hui classiques par M. de Lapparent (2) avaient été admises en Espagne par M. Mac Pherson (3), pour qui l'action des agents atmosphériques dans la formation des montagnes dépendait de la structure intérieure de ces masses « *como la mano del escultor obedece à la concepcion de su mente* ». De même dans les monts cantabriques, le grand fait qui domine tous les détails, plus ou moins complexes, des dénudations atmosphériques, c'est la régularité de l'action de ces agents, qui s'acharnent pour ainsi dire, suivant les directions des grands accidents géologiques. Ainsi, tandis que tous les torrents des *massifs paléozoïques* des Pyrénées cantabres se rendent directement à la mer, en descendant du S. au N.; les cours d'eau du *bassin crétacé* d'Oviédo, les plus grands et les plus ouverts de la chaîne, traversent ce bassin dans sa plus grande largeur, et en sortent, l'un à l'ouest, l'autre à l'est.

Dans tous les cas par conséquent, les eaux asturiennes suivent la direction des

(1) *A. de Lapparent* : Traité de géologie, 1882, p. 73.
(2) *A. de Lapparent* ; Traité de géologie, p. 81.
(3) *J. Mac Pherson* ; Relacion entre las formas orograficas y la const. geol. de la Serrania de Ronda, p. 34, Madrid 1881, chez Fortanet.

lignes anticlinales ou synclinales dominantes dans la région, puisque nous avons montré plus haut que ces directions étaient approximativement N.-S. dans la région paléozoïque, et E.-O. dans la région mésozoïque des Monts Cantabres. On peut donc rapporter à une loi générale le mode de circulation des eaux de ce massif.

Les principaux agents et les grandes lois qui ont déterminé et réglé ces dénudations étant reconnus, il nous reste à considérer leurs effets sur le sol paléozoïque des Monts Cantabres, c'est-à-dire à examiner les détails du relief actuel des deux versants de la chaîne, et à les expliquer par l'action des eaux pluviales, fluviales ou marines.

B. Détails du relief actuel.

1. Eaux pluviales : L'histoire de la goutte de pluie qui tombe sur le sol, a été si souvent retracée par les géologues qu'il nous est bien permis de passer directement, à l'examen de son action *chimique* et *mécanique* sur les roches asturiennes.

Les exemples les plus remarquables de l'action chimique de l'eau pluviale chargée d'acide carbonique, que j'aie reconnus dans les Asturies, sont la formation des nombreux minéraux secondaires, et les diverses altérations de silicates et de carbonates, décrits dans la partie lithologique de ce Mémoire. Des altérations d'un autre genre, mais non moins classiques sont les transformations de certains granites en arène, de schistes en argile, de grès en sable; mais c'est toujours le calcaire qui fournit les exemples les plus curieux. C'est en effet à l'action de l'acide carbonique contenu dans ces eaux, qu'il faut rapporter les altérations, et la dissolution des galets calcaires des poudingues houillers, parfois ainsi transformés en grès singuliers, bulleux, caverneux. Il faut également lui rattacher l'aspect carié des calcaires dolomitiques, ainsi que le creusement dans les calcaires compactes de cavités irrégulières. Notre figure (Fig. 15, pl. XX) représente le profil d'un des blocs calcaires qui forment le sommet des falaises carbonifères en quelques points de la côte Asturienne : la marche est impossible en ces points, le sol calcaire étant littéralement hérissé d'aiguilles calcaires de 1 à 2 cent., de longueurs inégales, à pointes tournées en haut, et à base solide conique. L'horizontalité absolue du fond des petites cuvettes qui séparent ces aiguilles entre elles, suffit à prouver qu'elles sont creusées par l'eau qui y séjourne encore régulièrement après chaque pluie, avant d'être évaporée.

Les eaux pluviales tendent également à séjourner à la surface des plateaux du *grès à scolithes*, où elles donnent par suite naissance à des marais tourbeux émérgés (1). Mais

1) *Belgrand* : La Seine, p. 6.

à part quelques cas exceptionnels, la majeure partie des eaux pluviales circule facilement et même très rapidement dans les monts Asturiens.

2. Eaux courantes : A. Eaux d'infiltration : L'écoulement des eaux de pluie est généralement superficiel en Asturies; l'infiltration assez faible dans ces régions à pentes rapides, devient importante dans les parties calcaires de la chaîne. La surface des calcaires dévoniens et surtout carbonifères, est généralement très fendillée, l'eau y pénètre donc facilement, et grâce à l'irrégularité des fissures, puis à son mouvement et à son action chimique propres, elle se concentre diversement dans des vides préexistants, ou poches. Les eaux circulant dans ces vides les ont transformés en grottes, si abondantes dans la région; c'est à l'agrandissement constant de ces cavernes, minées par des eaux courantes sous-terraines, faisant ainsi le vide sous les couches supérieures, qu'il faut attribuer les gouffres ou entonnoirs, que l'on observe assez souvent à l'est des Asturies.

Ces entonnoirs ont été observés et décrits déjà dans les Asturies par M. Schulz (1) « ils engloutissent les eaux de la neige fondue, des sources et de plusieurs ruisseaux et petites rivières; tandis que les sources, qui sortent plus bas, sont extrêmement abondantes : il y en a quelques-unes d'intermittentes. » Leur diamètre supérieur atteint 50 à 60 mètres, les eaux qui y arrivent n'ont d'autre issue que par le fond, où un trou est parfois visible, ou par infiltration dans les couches meubles.

Le calcaire de la province voisine de Santander présente des entonnoirs analogues (cratères de dépression de Amalio Maestre), remarquables par la régularité de leur forme conique, et sur lesquels Amalio Maestre (2) et M. F. Coello (3) ont déjà attiré l'attention. L'entonnoir des Campos de Estrada atteint 600^{m} de diamètre en haut, et une profondeur de 80 à 100^{m}. Ces entonnoirs suivent toujours les lignes de hauteurs suivant la remarque de Amalio Maestre, qui voit dans cette position une condition nécessaire de leur existence. Les dépressions ou vallées qui se trouvent au niveau du fond de ces entonnoirs, sont les voies qui facilitent l'entraînement et l'écoulement continu par les eaux d'infiltration des roches meubles ou solubles, qui s'éboulent au fond de la grotte, à mesure que les matériaux déjà tombés sont enlevés.

On peut observer à l'ouest du Rio Aguamia sur la côte carbonifère des Asturies,

---

(1) *G. Schulz* : Bull. soc. géol. de France, 1re ser. T. VIII. p. 326.
id. — : Descripc. geol. de Asturias, p. 43, 57.

(2) *Amalio Maestre* : Descrip. geol. de Santander, 1846, p. 66.

(3) *F. Coello* : Reseña geográfica de España.

de curieux entonnoirs en voie de formation, et qui montrent nettement que ces phénomènes se produisent dans les *couches sous-minées par une eau courante*. La forme de ces entonnoirs est très variée, il en est de régulièrement coniques, d'autres sont des puits à murs plus ou moins verticaux, ou même resserrés en haut, au fond desquels mugit l'eau de la mer, qui pénètre ainsi souterrainement jusqu'à 500 mètres de la ligne littorale; la profondeur moyenne de ces entonnoirs est de 60^m, leur diamètre de 10 à 25 mètres.

Quiconque parcourra cette région des entonnoirs, à marée montante, par un temps un peu gros, avec vent du N. O., sera certes bientôt surpris comme nous l'avons été, par un bruit sourd, intermittent, semblable à celui du tonnerre lointain. C'est l'écho de nombreuses pièces de canon partant en même temps, à intervalles irréguliers; mais bientôt le sifflement tout particulier qui accompagne ces décharges fixe de plus près l'attention, et l'on reconnait près de soi, qu'à chaque détonation il sort du sol des colonnes de vapeur qui sont la cause du bruit entendu. Les trous par lesquels sort cette poussière d'eau ont environ $20^{cent.}$; des cailloux, des pierres atteignant la grosseur du poing, mon mouchoir, que j'y jetai, étaient lancés en l'air lors de l'éruption.

L'explication du phénomène est très simple quand on note que l'éruption coïncide avec le flux : le trou observé n'est que l'orifice d'une caverne, véritable entonnoir renversé dont la pointe est en haut, et au fond de laquelle arrive la mer par un canal sous-terrain. A chaque lame qui arrive avec le flux, l'air qui remplissait l'entonnoir se trouve violemment et brusquement comprimé, n'ayant pour s'échapper que le petit orifice supérieur, par lequel il sort avec bruit, chargé d'eau pulvérisée. A chaque mouvement de recul des vagues, l'entonnoir se remplit de nouveau d'air, et le gigantesque soufflet est de nouveau prêt à fonctionner.

J'ai observé 5 ou 6 de ces soufflets, identiques aux puits appelés *soufflets du diable* sur la côte de l'Ile de Minorque; et il est facile de reconnaître qu'ils présentent la première phase de la formation des entonnoirs. Ils nous montrent le moment, où une grotte s'ouvre à la surface du sol par un point; ce point va tous les jours en s'agrandissant, comme le prouvent les nombreux soufflets analogues à grande section qu'on observe aux environs, et où la sortie de l'air devenue de plus en plus facile s'opère sans bruit : il y a alors au moment du flux, un simple courant d'air, plus ou moins appréciable suivant la section de la cheminée.

Ces soufflets se transforment ainsi graduellement, par l'élargissement de leur orifice, en puits, puis en entonnoirs à bords évasés.

Ils nous fournissent un exemple, de la diversité des causes qui concourent dans la nature à la production d'un même phénomène ; car on ne peut évidemment rapporter la formation de ces entonnoirs à un seul et même agent. Ainsi l'action chimique des eaux pluviales a joué un rôle évident dans le creusement de ces cavernes avant l'ouverture du trou supérieur, comme après l'élargissement du puits dont elles ont évasé les bords en entonnoir. L'action chimique a par contre été nulle, à l'époque des soufflets, où tous les progrès étaient dûs à l'action mécanique du vent et des eaux de la mer. Nous croyons donc qu'une même explication ne peut s'étendre à tous les phénomènes de ce genre, si répandus dans les diverses contrées calcaires, où ils ont reçu des noms spéciaux rappelés par M. de Lapparent (1), et parmi lesquels il nous suffira de citer les fameux phénomènes de Karst, récemment expliqués par M. de Mojsisovics (2).

B. Eaux de ruissellement : Les vallées cantabriques esquissées comme nous l'avons montré, par les mouvements du sol, et peut-être ciselées plus tard par de petits glaciers, doivent certainement leur forme définitive à l'action érosive des eaux, qui descendent en si grande quantité de ces montagnes. Malgré l'abondance de ces eaux courantes, il n'y a pas de rivière navigable au nord des Asturies ; la région n'a pas assez de largeur et trop de pente pour que les torrents puissent se transformer en rivières au cours paisible.

Les Rios cantabriques sont caractérisés comme tous les canaux d'écoulement des torrents, par leur forte pente, leur peu de largeur, et la raideur de leurs parois. Ils ont une vitesse et une force érosive considérables, dont l'action est augmentée par les matériaux solides entraînés ; sur la surface hérissée de leur lit, il y a d'après Paillette (3) un certain arrangement méthodique des galets, qui prennent, par rapport à leur grand axe et à celui des cours d'eau, un certain angle d'inclinaison.

La quantité d'eau des torrents cantabriques, toujours grande, varie beaucoup cependant suivant les diverses saisons : nous avons déjà mentionné la fréquence des pluies de la région, mais ils sont de plus parcourus par de l'eau courante pendant la saison sèche, grâce à la fonte des neiges persistantes qui couvrent les cimes de ces montagnes. La neige séjourne en effet pendant 7 mois de l'année dans quelques défilés (Pajares, Leitariegos, Aller, Cabrales), d'après M. Pascual Pastor y Lopez (4), et persiste pendant

(1) *De Lapparent* : Traité de géologie, 1882, p. 246.
(2) *E. von Mojsisovics* ; Die Karst-Erscheinungen, Zeits. d. deuts. Alpenvereins, 1880.
(3) *A. Paillette* ; Lettre à M. de Verneuil, Bull. soc. géol. de France, 2e sér. T. VII, p. 38, 1840.
(4) *Pascual Pastor y Lopez* : Mém. geogn. agric. sobre la prov. de Asturias, Madrid, 1853.

toute l'année dans les points abrités de la peña de Morcin.

La continuité de l'écoulement des Rios asturiens, ainsi que la masse et la vitesse de leurs eaux, sont autant de raisons qui portent les effets mécaniques d'affouillement et de destruction de ces torrents à leur maximum. Ce sont des outils de destruction, d'un bout à l'autre de leur cours; nulle part ils ne se ralentissent en de larges vallées, régions de dépôt et de construction, mais jettent directement à la mer la plus grande partie des matériaux provenant de la désagrégation de leur cours supérieur. En quelques points cependant de leurs rives on rencontre des formations alluviales, ou des accumulations de cailloux roulés; la hauteur où on trouve parfois les galets, prouve que leur apport correspond aux grandes crûes du torrent, ou même remonte à l'époque diluvienne.

La variété des terrains traversés par les rivières asturiennes, explique certaines variations; des parties tranquilles succèdent à des parties rapides, des vallées relativement larges succèdent à des gorges, barrancos, ou cañons. Des dépôts d'alluvions se forment en quelques points disséminés, où les torrents élargis diminuent de vitesse: ces formations récentes se couvrent rapidement de végétation donnant ainsi naissance aux *Vegas* fertiles de Onis, Mieres, Grado, Villaviciosa, Arriondas, Villanueva, Trubia, Cornellana, Pravia, etc.; mais ces petites plaines cultivées sont souvent inondées, remaniées, et ravinées par les eaux du torrent, qui les entraînent à la mer, ou les ensevelissent sous des nappes de cailloux, nappes stériles, connues sous le nom de *Lleras*.

De ces *Lleras*, on doit distinguer d'autres accumulations de cailloux, qui se trouvent à des niveaux plus ou moins élevés, au-dessus du niveau actuel des eaux. Tels que ceux qui se trouvent à 15^{m} au-dessus de l'eau, sur les rives convexes de la rivière au S. de Cangas de Onis; ceux qui se trouvent à 20^{m} dans la même situation à Ynfiesto, et à des niveaux variables dans toute cette vallée de la Sella; ceux d'Entraljo, au N. de Cangas de Tineo atteignent 15^{m}, ceux de Santiago, etc. — M. G. Schulz (1) signale 46 lambeaux de terrains caillouteux de ce genre, qu'il rapporte au terrain Diluvien; mais en reconnaissant comme nous qu'il n'y a aucun critérium qui permette de distinguer ces lambeaux diluviens des vallées, des galets apportés par les hautes crûes actuelles.

L'importance de ces accumulations de cailloux n'est jamais bien considérable du reste, leur épaisseur varie généralement de 1 à 2^{m}, et ne dépasse jamais 5 mètres. Elles sont formées par une argile sableuse grisâtre, plus ou moins oxydée et jaunie, contenant de gros galets disposés sans ordre, peu roulés, et où prédominent les roches dures, grès,

(1) *G. Schulz* : Descripc. géol. de Asturias, p. 132.

quarzites. Elles passent occasionnellement à un véritable Boulder-clay à gros blocs à peine roulés, présentant un aspect glaciaire très prononcé (vallée de la Sella, d'Ynfiesto à Castiello); il n'y a cependant pas de blocs striés, et en l'absence de témoins mieux caractérisés du phénomène glaciaire dans les Monts Cantabriques, je crois devoir attribuer les formes anguleuses de la plupart de ces cailloux à la pente, à la rapidité, et au peu d'étendue du cours des rivières, où les cailloux ne roulent ainsi que bien peu de temps.

Malgré ces conclusions négatives de nos observations, il est cependant évident, si l'on raisonne par analogie, que des glaciers recouvraient le versant septentrional des Monts Cantabres pendant l'époque quaternaire. Cela ressort d'abord des études faites dans le massif voisin des Pyrénées de France par MM. Leymerie (1), Piette (2), Garrigou (3), de Collegno (4), de Charpentier (5), Elie de Beaumont (6), Zirkel (7), Durocher (8), Max Braun (9), Stuart-Menteath (10), ainsi que de celles sur le versant sud des Monts Cantabriques, de Casiano de Prado (11) et de de Verneuil (12). Casiano de Prado décrivait en 1852 l'immense diluvium formé des roches de la chaîne, qui couvre le versant sud et une grande partie de la plaine des provinces de Léon, Zamora, Palencia, Valladolid et Burgos. Pour de Verneuil, le diluvium de la chaîne Cantabrique ne se voit que sur son versant sud; celui du versant nord, s'il en existe, serait dans la partie du littoral de l'Océan, aujourd'hui sous les eaux de la mer.

Il est donc vraisemblable qu'à l'époque quaternaire, la Chaîne Cantabrique portait des glaciers, semblables à ceux que l'on a reconnus dans la chaîne pyrénaïque, et dont les débris ont été depuis plus ou moins dérangés et étalés. On retrouve encore partout ces restes au S. de la chaîne; ils ont été au contraire complètement enlevés par dénudation,

(1) *Leymerie :* Descript. geol. des Pyrénées de la Hte Garonne, Toulouse 1881, pp. 34, 76, 704, 722, 861.

(2) *Piette :* Sur le glacier quaternaire de la Garonne, Bull. soc. géol. de France, 3e sér. T. 2, 1874.

(3) *Garrigou :* Glaciers et dépôts quaternaires des Pyrénées, Congrès d'archéol. préhistorique, 5e session, Bologne 1871, p. 89.

(4) *De Collegno* : Terrain diluvien des Pyrénées, Bull. soc. géol. de France, 1re sér. T. XIV, p. 402, 1843.

(5) *De Charpentier :* Bull. soc. géol. de France, 2e sér. T. IV. p. 274, 1847.

(6) *Elie de Beaumont :* Bull. soc. géol. de France, 2e sér. T. IV, p. 1334, 1847.

(7) *F. Zirkel* ; Beit. z. geol. Kennt. d. Pyrenaen, Zeits. d. deuts. geol. Ges. Bd. XIX, p. 81, 1867.

(8) *Durocher :* Etudes sur les phénomènes erratiques, Bull. soc. géol. de France, 2e sér. T. IV, p. 29, 1847.

(9) *Max Braun :* Lettre à Bronn sur le glaciaire des Pyrénées, Neues Jahrb. f. Miner. 1843, p. 80.

(10) *Stuart-Menteath* ; Sur les évidences d'une époque glaciaire miocène dans les Pyrénées, Bull. soc. géol. de France, 2e sér. T. XXV, p. 694, 1868.

(11) *Casiano de Prado* : Note sur les blocs erratiques de la chaîne Cantabrique, Bull. soc. géol. de France, 2e sér, T. IX, p. 171, 1852.

(12) *De Verneuil et Collomb :* Coup d'œil sur quelques provinces de l'Espagne, Bull. soc. géol. de France, 2e Sér. T. X. p. 65, 1852.

et charriés dans le golfe de Biscaye, au N. de la chaîne, où les agents atmosphériques agissaient avec une plus grande énergie.

Il y a encore du reste dans les Asturies, quelques petits lambeaux d'argile à cailloux roulés, sans relations avec les rivières actuelles, et qui sont peut-être des témoins oubliés de l'action glaciaire ; tels sont ceux par exemple de la Sierra de Mafalla, et quelques autres signalés par M. Schulz (1). On peut également trouver une confirmation de cette idée dans la ressemblance des *Rias*, ou embouchûres des rivières cantabriques, avec les Fiords de la Norwège ; ressemblance assez nette pour avoir frappé les géographes (2). C'est en effet par ces Rias, que devaient descendre à la mer les glaciers des vallées cantabriques.

Je suis moins porté à reconnaître une origine erratique aux blocs de granite indiqués par C. de Prado, dans la vallée du Nalon, où je n'ai trouvé que des fragments remaniés de la Kersantite quarzifère récente, qui est assez bien exposée en place, dans la partie supérieure de ce bassin. Quant aux nombreux blocs erratiques de granite, atteignant jusqu'à 100 mcb., découverts par C. de Prado (3), dans les vallées de la Carrion et de l'Esla, au S. de la chaîne cantabrique, leur origine me paraît encore actuellement inexplicable.

Le fait positif qui ressort avec le plus de netteté de ces considérations sur le régime des eaux de la chaîne cantabrique, c'est l'importance extrême du rôle rempli dans ces montagnes par les eaux courantes. Non-seulement les vallées actuelles, dont la direction était tracée, il est vrai, par les mouvements du sol, ont été ouvertes par la force vive de l'eau des torrents, à travers des massifs de grès et des remparts de calcaires compactes (cañons); mais les eaux ont dû de plus, creuser à diverses reprises leur lit, comblé en certains points par des dépôts secondaires, ou par des accumulations glaciaires. Ces remplissages momentanés des dépressions du sol paléozoïque, ont dû contribuer à permettre à certaines rivières de franchir des obstacles, tels que les murailles de calcaire et de grès, en élevant leur niveau jusqu'à leur sommet, d'après le mode décrit avec tant de talent par MM. Ramsay, Geikie. Les rivières Cantabres qui ont abaissé graduellement leur lit par creusement direct dans la masse des roches dures, forment toutefois l'exception ; beaucoup d'entre elles ont été déviées à mesure que le relief des crêtes traversées était accen-

(1) *G. Schulz* : Descripc. geol. de Asturias, p. 132.
(2) *Elisée Reclus :* Géographie universelle, Espagne, p. 882.
(3) *Casiano de Prado* : Sur les blocs erratiques de la chaîne Cantabrique, Bull. soc. géol. de France, 2e sér. T. IX, p. 171.

tué par l'ablation plus rapide des couches moins résistantes qui les limitaient, leurs eaux ont dû alors longer ces crêtes, formant des lacs de barrage, jusqu'au moment où elles ont trouvé un point faible, une fissure, qui leur a livré passage.

Je doute qu'il y ait des régions où l'action des eaux courantes ait été plus profonde et plus étendue que sur ce versant nord des Pyrénées Cantabres? Quand on se rappelle que le Lac Bonneville, si bien restauré par G. K. Gilbert, n'a pu amener pendant l'époque glaciaire que des modifications locales dans le Drift des versants de l'Utah, sans réussir à l'enlever; et que les agents atmosphériques n'ont guère altéré depuis lors les traces mêmes de cette ancienne mer intérieure, on n'est certes pas porté à admettre les énormes dénudations que j'ai décrites plus haut. Pour croire avec moi, que toutes les formations quaternaires, et même comme je le dirai plus loin, que des formations pliocènes et miocènes, ont été enlevées de la surface des Monts Cantabriques, et versées à la mer par les torrents actuels, qui auraient de plus creusé eux-mêmes leur lit, il faut se convaincre du fait sur lequel j'insistais(p.608), à savoir que tout coïncide au nord de la Chaîne Cantabrique, pour porter la dénudation superficielle à son maximum. Une température excessive, les vents dominants, l'humidité du climat, l'abondance des précipitations atmosphériques, la pente des versants, la direction des accidents naturels du sol; tout s'accorde, pour faciliter et exagérer l'ablation des formations superficielles au N. des Monts Cantabriques. Ces mêmes formations sont conservées au contraire au S. de la chaîne, où l'action de ces mêmes agents atmosphériques est réduite comme nous l'avons montré à son minimum.

3. Eaux marines : Les falaises carbonifères des Asturies et de la province voisine de Santander, montrent nettement dans leurs parties calcaires, compactes et homogènes, le mode d'action des eaux marines sur les côtes escarpées. C'est au voisinage immédiat de la surface liquide, que se dépense presque toute la puissance mécanique des lames, poussées avec tant de force sur la côte Cantabrique, par l'action combinée du vent et de la marée. Notre croquis de la falaise de Vallota (Pl. XX, fig. 16), montre comme la figure théorique déjà donnée par M. de Lapparent (1), que c'est à la base des falaises que la roche est attaquée, désagrégée, laissant ainsi les bancs supérieurs en saillie comme des corniches d'architecture, jusqu'à ce que leur poids les entraîne et les fasse tomber à l'état de gros blocs.

C'est aux environs de la ligne de haute mer que se produit le plus grand effet utile de la lame (fig. 16); sous ce niveau on remarque deux degrés superposés de plates-

(1) *De Lapparent :* Traité de géologie, 1882, p. 151, 153.

formes, remarquablement planes et unies, insensiblement inclinées vers le large; la plate-forme supérieure longue de quelques mètres, est située un peu au-dessous de la haute mer, comme le prouve notre dessin fait à marée basse. On constate donc que la vague dans ce golfe de Gascogne, comme dans tous les autres océans à marées, d'après MM. Dana et de Lapparent, n'a guère d'action mécanique au début de la montée, elle n'acquiert qu'au bout d'un certain temps une force vive sérieuse.

Devant l'action continue de la mer, toute côte, toute ligne littorale recule : le résultat de la dénudation marine est d'user graduellement la terre sur laquelle elle agit, de façon à la réduire à une surface plane, coïncidant approximativement avec le niveau des basses mers. Quand le nivellement a été ainsi opéré, la mer perd toute action sur cette plate-forme qu'elle a formée (1) ; elle n'a pas d'action érosive appréciable sous le niveau de la marée basse, elle devient même un garant de conservation pour sa plate-forme, en protégeant cette plaine contre l'action des autres agents de dénudation. On peut définir en deux mots avec M. A. Green la différence fondamentale du mode d'action des rivières et de la mer : *les rivières dénudent verticalement, la mer horizontalement*. La plaine ou plate-forme ainsi formée par l'action dénudante de la mer est désignée par MM. A. Ramsay (2), Geikie (3), sous le nom de *Plaine de dénudation marine*.

La plate-forme que les eaux du golfe de Biscaye nivellent sous nos yeux au pied des falaises Cantabriques, donne une explication très simple et toute naturelle d'une disposition toute particulière de cette côte, disposition remarquée déjà par tous les géographes qui l'ont parcourue, G. Schulz (4), F. Coello (5), Amalio Maestre (6), W. K. Sullivan et J. P. O'Reilly (7), O'Shea (8), etc. Nous voyons, disait M. G. Schulz, p. 58 : « en el litoral del E. de Asturias el fenómeno que apuntamos arriba al tratar de las terrenos silurianos y devonianos; es decir, que en la costa existe una region llana de poca altura, constituida por las mismas rocas y los mismos estratos empinados que forman las montañas inmediatas, y es dificil adivinar por que causa unas mismas fajas de terreno forman altas y ásperas montañas á una legua de la costa cuando en su prolongacion á media legua de la misma

(1) *A Green* : Geology, London 1877, p. 413.

(2) *A. Ramsay* : The physical geol. and geog. of great Britain, London, 5e Edition, 1878.

(3) *A. Geikie* : The Scenery of Scotland viewed in connection with its physical geology.

(4) *G. Schulz* : Descripc. geol. de Asturias, pp. 23, 42, 57, 58.

(5) *F. Coello* : Reseña geografica de España.

(6) *Amalio Maestre* : Descripc. geol. de Santander, 1846.

(7) *W. K. Sullivan et J. P. O'Reilly* : Notes on the Geology and Mineralogy of the Spanish provinces of Santander and Madrid, Williams and Norgate, London 1863, p. 46-48.

(8) *O'Shea* : Description des routes de Lugo à Oviédo, in Guide to Spain, Black, London 1876.

son reducidas á planicies niveladas conservando sin embargo la rápida inclinacion de sus estratos. »

Les roches de la côte Cantabrique entière, de la Galice à Santander, forment des montagnes sauvages et irrégulièrement escarpées, à une distance de 3 ou 4 kilomètres de la ligne littorale, tandis que l'espace compris entre la mer et ces montagnes est une plaine étroite, élevée d'après M. Schulz de 40 à 100 mètres au-dessus du niveau de la mer. Les couches ont été nivelées, comme si la main de l'homme avait voulu construire une route littorale au pied de l'escarpement des montagnes.

Les plaines ou plates-formes de grès sont plus élevées que celles des calcaires, celles-ci plus que celles des schistes; mais je n'ai jamais pu constater des différences d'altitude aussi importantes que celles qui sont données par M. Schulz. L'altitude de cette plaine m'a paru d'environ 60^{m} au dessus de la mer, excepté dans les points où elle a été abaissée par des dénudations récentes, par les eaux des torrents assez nombreux, qui descendant des monts traversent cette plaine normalement à sa longueur, et y déterminent ainsi la formation d'un grand nombre de coupures transversales.

Notre croquis (fig. 17, pl. XX) représente cette plaine telle qu'elle se présente à Cabo Vidio et qu'on peut la voir en foule d'autres points de la côte (Vallotas, Cabo Busto, Rivadeo, etc.). La comparaison de cette plaine, avec la plate-forme littorale actuelle (fig.16), montre la ressemblance qu'il y a entre elles; la surface nivelée qui longe dans le golfe de Biscaye le pied des Monts Cantabriques à la côte de 60^{m}., n'est qu'une plate-forme marine exondée, un exemple typique des *plaines de dénudation marine* de MM. Ramsay, Geikie. Elle a dû se former pendant une période d'affaissement lent du sol, à en juger par son étendue de plusieurs kilomètres. Un mouvement lent de ce genre (*déplacement positif du rivage de M. Suess*) (1), put seul permettre à la mer de progresser ainsi d'une manière continue dans le massif Cantabrique, en dénudant horizontalement devant elle. Ce mouvement date évidemment d'une époque où les roches étaient déjà soulevées dans leur position actuelle: il est donc postérieur à l'Epoque éocène, puisque le Nummulitique des falaises de San Vicente de la Barquera est redressé comme les formations anciennes.

J'ai souvent cherché à la surface de cette *plaine de dénudation marine*, si je ne retrouverais pas quelques lambeaux miocènes ou pliocènes épargnés par les dénudations, pour fixer ainsi l'époque de cette dernière invasion marine, si nettement marquée dans les Monts Cantabriques. Je suis ainsi arrivé à rattacher au Terrain tertiaire supérieur,

(1) *Suess*: Verhandl. der K. K. geol. Reichsanstalt 1880, p. 171.

divers lambeaux de sables, avec galets roulés, qui se trouvent disséminés dans cette plaine, sans présenter de relations avec les vallées actuelles ; mais en l'absence complète de fossiles, je n'ai pu reconnaitre leur âge précis. Tels sont à l'est des Asturies, les sables blanc-jaunâtre, avec lits irrégulièrement stratifiés de galets de grès blanc et de quarz, que l'on trouve vers Piñeres, Nueva, Ontoria, Cabo di Mar ; on les suit facilement à l'ouest, ils sont assez bien développés entre les caps de Busto et Vidio, où cette formation remplie de galets de quarz atteint 2m d'épaisseur près Caroyes. C'est à la limite des Asturies et de la Galice, dans la Granda de Mil-pasos près Castropol, que ces lambeaux me paraissent avoir conservé leur plus beau développement : il est facile d'y voir en divers points (Figueras, Teso), la ligne horizontale qui sépare les sables ferrugineux avec lits de galets quarzeux, des schistes cambriens redressés. L'épaisseur de ces sables ferrugineux avec galets de quarz blanc atteint ici 3 mètres (1).

A défaut de tout moyen immédiat de fixer l'âge de ces sables, et par suite celui de la plaine de dénudation marine, on en est réduit à des conjectures : elles nous présentent toutefois un certain degré de certitude, grâce aux beaux travaux récemment publiés par MM. L. Carez (2), et G. Vasseur (3) sur les Terrains tertiaires de l'ouest de l'Europe.

Un premier mouvement d'affaissement se fit sentir dans l'ouest de la France, d'après M. Vasseur, au commencement de l'époque miocène inférieure ; mais l'absence de tous dépôts de cet âge en Espagne signalée par M. Carez, rend bien peu probable l'action de ces eaux sur les côtes Cantabriques. L'époque des *faluns* au contraire (Miocène moyen), inaugure une nouvelle période d'affaissement, qui se fit sentir jusqu'à la côte 100 en Bretagne, remplit d'eaux marines le bassin de la Gironde, et permit le dépôt en Espagne des nombreux niveaux reconnus par M. Carez : il est évident que ces eaux ont battu les falaises Cantabriques à une altitude plus élevée que les eaux actuelles du golfe de Gascogne. Elles ont donc pu y laisser des traces, y niveler une plaine de dénudation marine.

Le Miocène supérieur eût une extension moindre que le Miocène moyen dans l'ouest de l'Europe ; mais à l'époque pliocène, et sans doute pendant le Pliocène supérieur, se produisit un phénomène important de transport, qui couvrit la Bretagne entière de

(1) Ils ont été dénudés et remaniés par places par des courants diluviens (Serantes, etc.), que nous pouvons négliger ici.

(2) *L. Carez :* Etudes sur les Terrains crétacés et tertiaires du N. de l'Espagne, Paris 1881.

(3) *G. Vasseur :* Recherches géol. sur les T. tertiaires de la France occidentale, Paris, Ann. des sciences géologiques, T. XXIII, 1881.

sables ferrugineux avec cailloux roulés, occupant la même place dans le Finistère et le N. du Morbihan (1), que dans les autres parties de la Bretagne étudiées par M. Vasseur. Ces sables avec galets de quarz, se sont étendus sur tout l'ouest de la France, et des Côtes-du-Nord à la Gironde ils présentent des caractères constants : je ne puis les distinguer de ceux qui recouvrent les formations miocènes de l'Aquitaine (sables des Landes) (2), ni de ceux que l'on retrouve épars sur la haute plaine maritime des Monts Cantabriques.

On est ainsi amené à attribuer aux vagues de la mer miocène moyenne (*faluns*), la première formation de la plaine de dénudation marine du nord de l'Espagne, et à penser que cette plate-forme a été ensuite de nouveau recouverte par les eaux du Pliocène supérieur, qui y ont laissé seules leur dépôt de sable avec galets (sables des Landes).

La plaine de dénudation marine s'étendait beaucoup plus loin en mer à l'époque miocène supérieure que de nos jours, comme l'atteste le front aujourd'hui à pic des falaises du Golfe de Biscaye; elle devait s'abaisser doucement vers le large, puisque l'invasion des eaux miocènes moyennes se fit lentement et non après un affaissement brusque du sol. Des mesures barométriques précises prises sur cette plaine, au pied des Monts actuels et près de la ligne littorale actuelle, devraient donc nous donner une pente, qui prolongée au large permettrait de mesurer ce qui a été gagné par la mer sur la côte cantabrique, depuis l'époque miocène supérieure.

Ces observations sur la plaine de dénudation marine du pied des Monts Cantabriques, nous permettent d'étendre un peu plus que ne l'avait fait M. Carez (3), les limites de la mer à l'époque miocène, en Espagne; cette limite doit longer la côte nord de la Péninsule, suivant une ligne ondulée, qui pénètrerait de 2 à 6 kilomètres dans les parties montagneuses et même un peu au-delà dans les estuaires.

(1) On observe dans les vallées de l'Odet (Finistère), et du Blavet (Morbihan), des coupes identiques à celles qui ont été relevées par M. G Vasseur dans la Loire-Inférieure, montrant la superposition des sables ferrugineux sur les argiles à poteries, pliocènes.

(2) *Ed. Collomb :* Bull. soc. géol. de France, 2e sér. T. XXVIII, p. 92, 1871.

Leymerie : Descript. géol. des Pyrénées de la Haute-Garonne, p. 37, 833. Toulouse 1881.

(3) *L. Carez :* Etudes des T. crétacés et tertiaires du N. de l'Espagne, Bull. soc. geol. de France, 3e sér. T. X. pl. 1, 1881.

TABLE DES MATIÈRES

Chapitre II.

Roches cristallines massives.

DEUXIÈME PARTIE

PALÉONTOLOGIE.

Introduction.

CHAPITRE I.

FAUNE DES TERRAINS CAMBRIENS ET SILURIENS.

CHAPITRE II.

FAUNE DES TERRAINS DÉVONIENS ET CARBONIFÈRES.

TROISIÈME PARTIE

STRATIGRAPHIE.

CHAPITRE I.

TERRAIN PRIMITIF.

CHAPITRE II.

TERRAIN CAMBRIEN.

CHAPITRE III.

TERRAIN SILURIEN.

CHAPITRE IV.

TERRAIN DÉVONIEN.

CHAPITRE V.

TERRAIN CARBONIFÈRE.

CHAPITRE VI.

DES PHÉNOMÈNES QUI ONT MODIFIÉ LES TERRAINS PALÉOZOÏQUES DEPUIS L'ÉPOQUE DE LEUR DÉPOT.

FIN.

823513. Lille. Imprimerie Six-Horemans, rue Notre-Dame, 244.

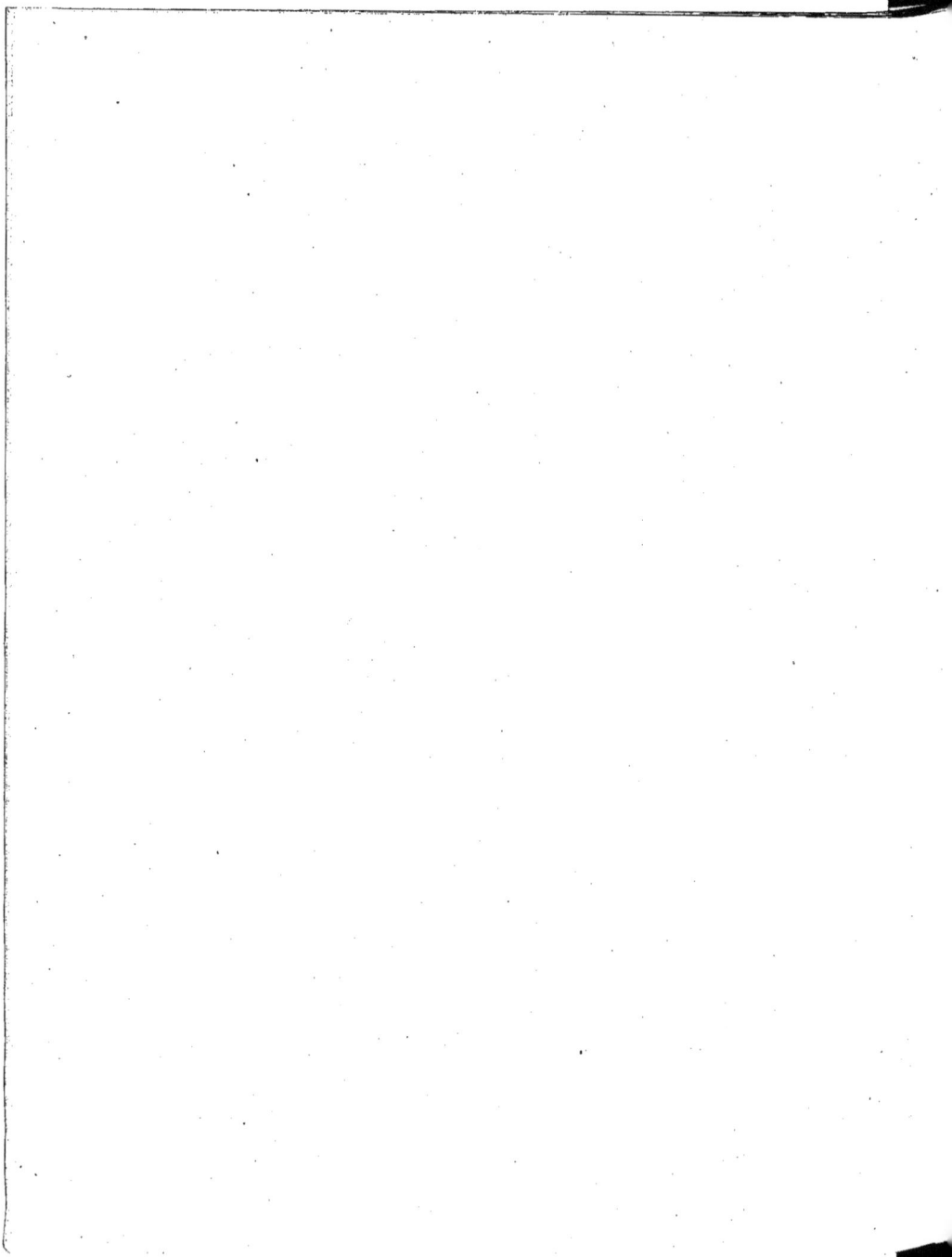

EXPLICATION DE LA PLANCHE I.

FIG. 1. KERSANTITE QUARZIFÈRE RÉCENTE, COMPACTE, DE CIERVA.

Gross. = 80 *diam., Lumière polarisée, nicols croisés (page 148).*

I. Apatite, amphibole (21) associée à la gédrite (22), grands cristaux de feldspath triclinique, labrador (7), orthose rare altérée (3), mica noir (19), fer oxydulé (29), sphène (14), fer titané.

II. Cristaux pseudomicrolithiques de feldspath plagioclase (6).

FIG. 2. KERSANTITE QUARZIFÈRE RÉCENTE, PORPHYRIQUE, DE PRESNAS.

Gross. = 80 *diam., Lumière polarisée, nicols croisés (page 144).*

I. Apatite, amphibole (21) en relation avec pyroxène (20) et gédrite (22), feldspath triclinique, oligoclase (6), sanidine (3), mica noir (19), sphène (14), fer titane (31).

II. Cristaux pseudomicrolithiques de feldspath plagioclase (5), présentant parfois le groupement en croix de la macle de Baveno, micropegmatite (50), quarz granulitique (1), chlorite (37).

Dessins de M. Jacquemin.

Fig. 1.

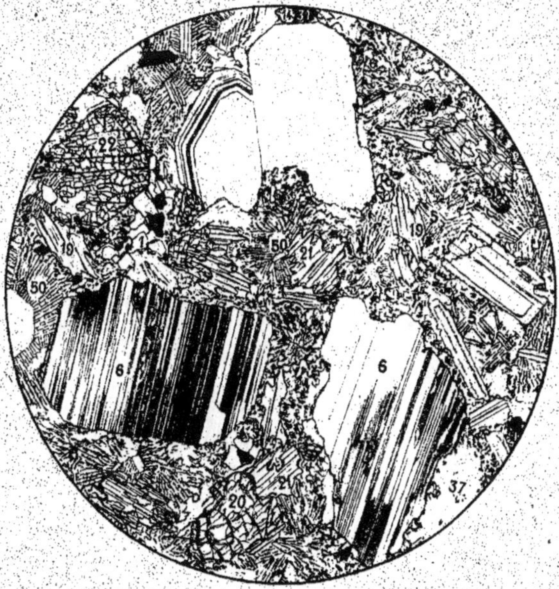

Pl. I.

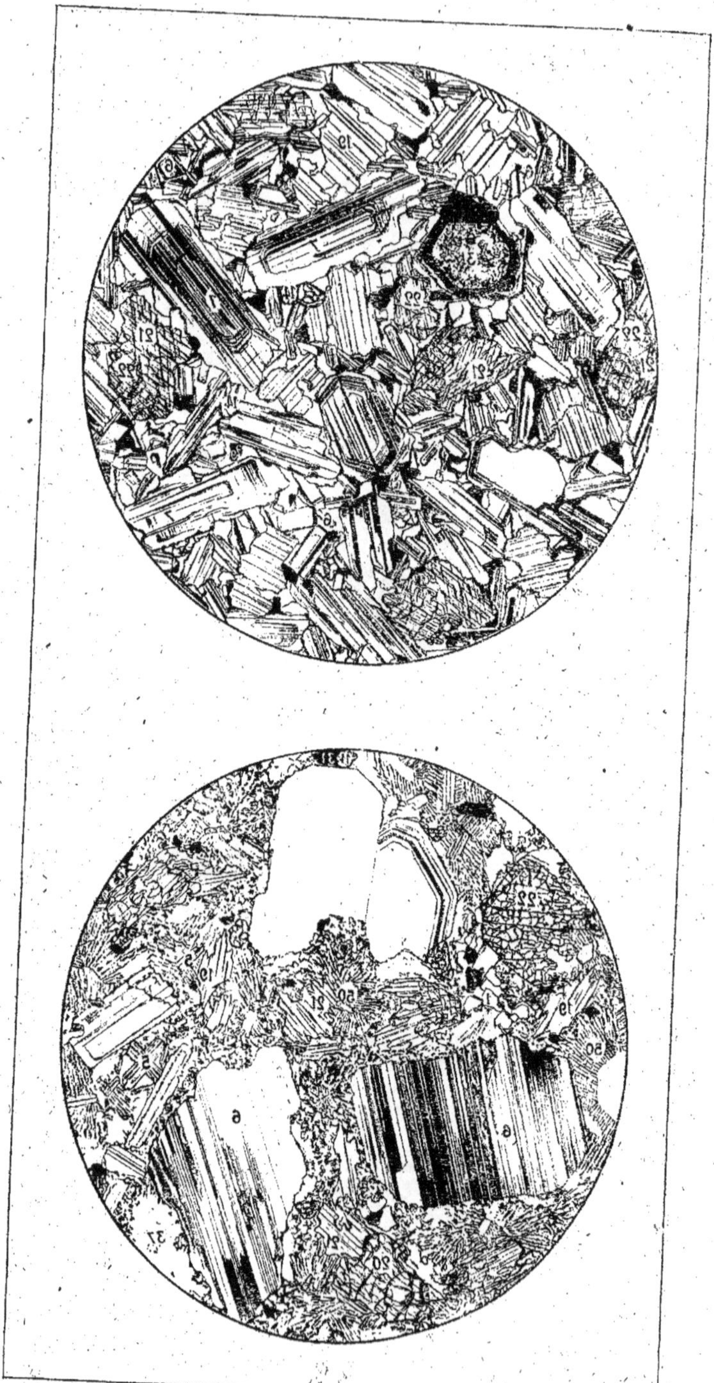

Fig. 1

Fig. 2.

Ateliers de Reproductions Artistiques. 15, Quai Voltaire, Paris.

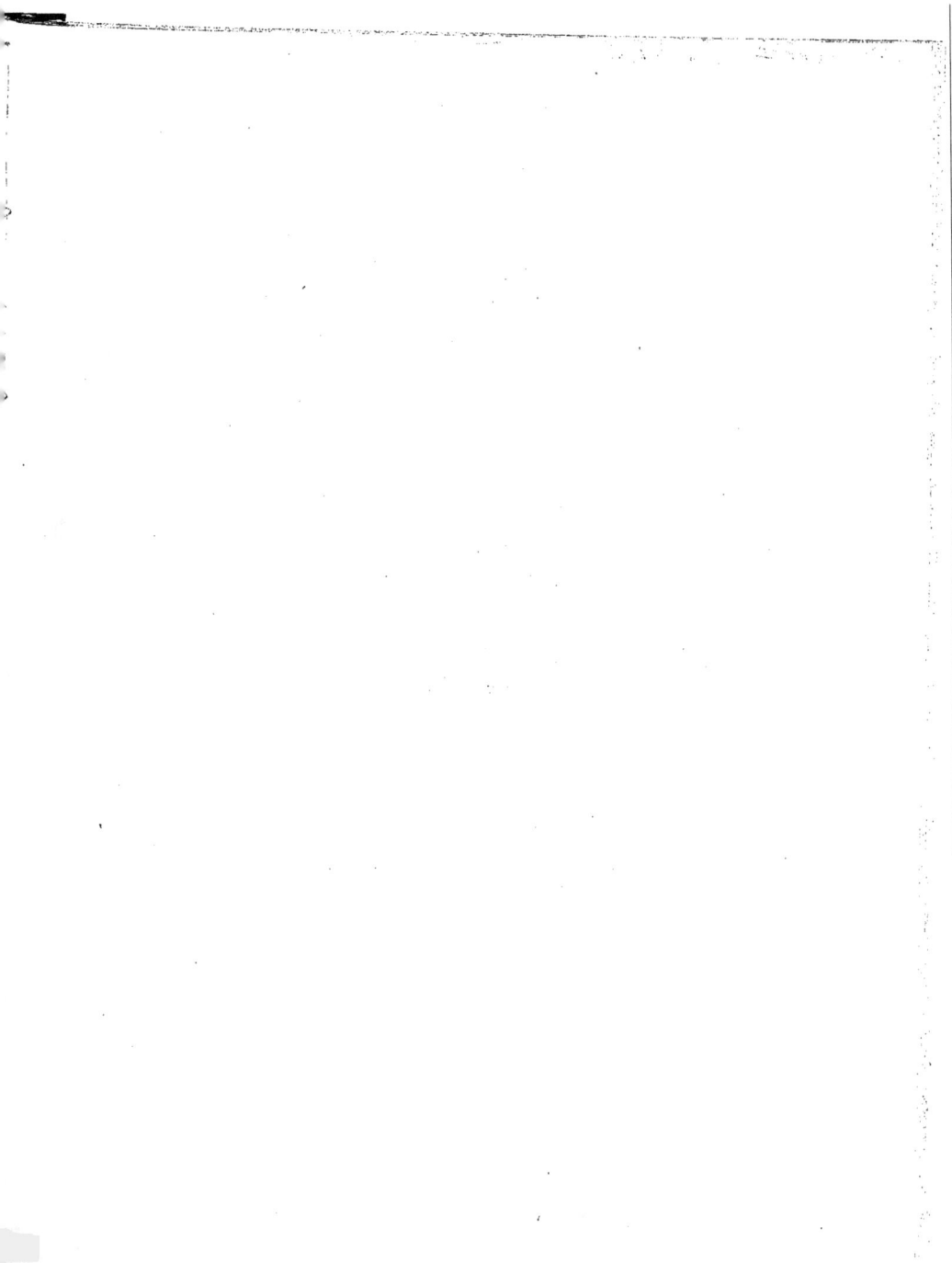

EXPLICATION DE LA PLANCHE II.

FIG. 1. — KERSANTITE QUARZIFÈRE RÉCENTE, COMPACTE, DE SELVIELLA.

Lumière polarisée, nicols croisés (page 146).

I. Apatite (13), pyroxène (20) en relation avec le mica noir (19) ou avec la hornblende (21) qui a dû souvent se former à ses dépens, gedrite (22), grands cristaux de labrador (7), sanidine (3), quarz (1), fer oxydulé (29).

II. Pate formée de grains de quarz à contours indécis, et de cristaux feldspathiques pseudomicrolithiques.

FIG. 2.—MICROPEGMATITE D'ALBUERN

Lumière polarisée, nicols à 45° (page 112).

I Quarz, orthose, oligoclase rare, microcline (4) servant de centre à certains groupements de micropegmatite.

II Micropegmatite (50) en remarquables palmes et en rosaces, quarz (1), talc (36).

Dessins de M. Jacquemin.

Pl. II.

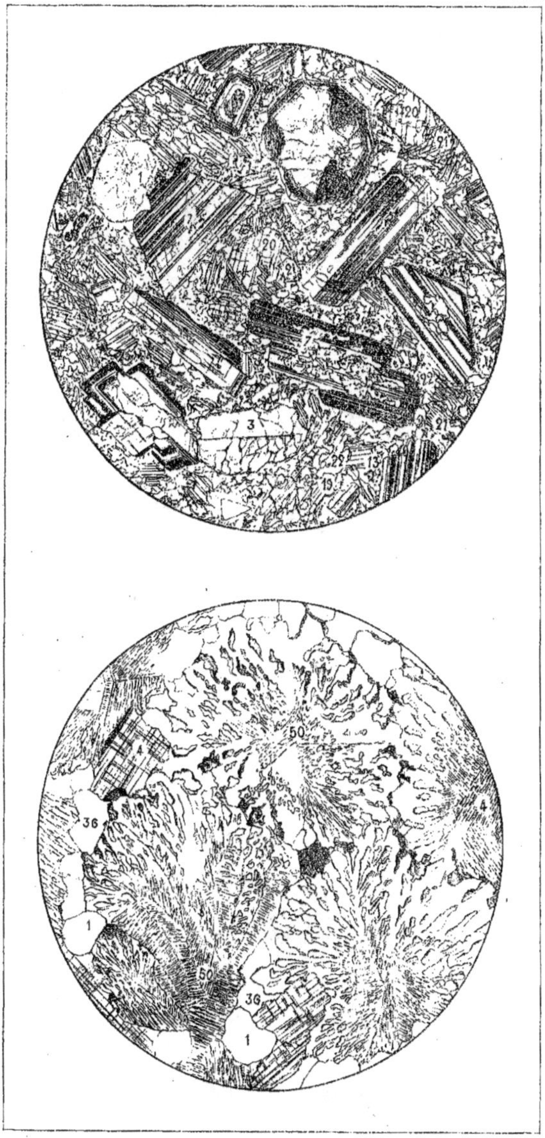

Pl. II.

Fig. 1.

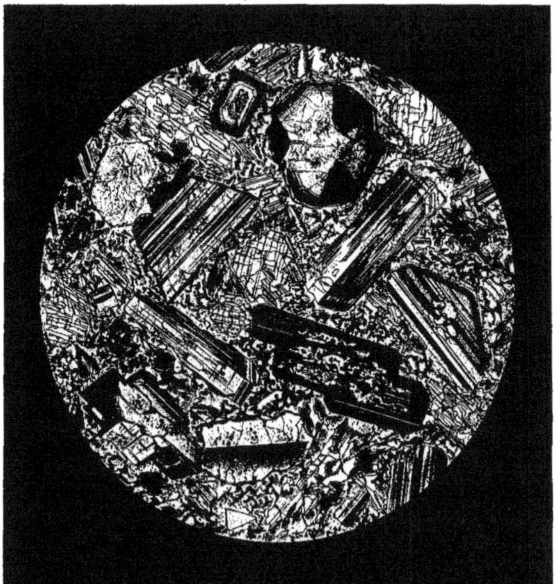

Fig. 2.

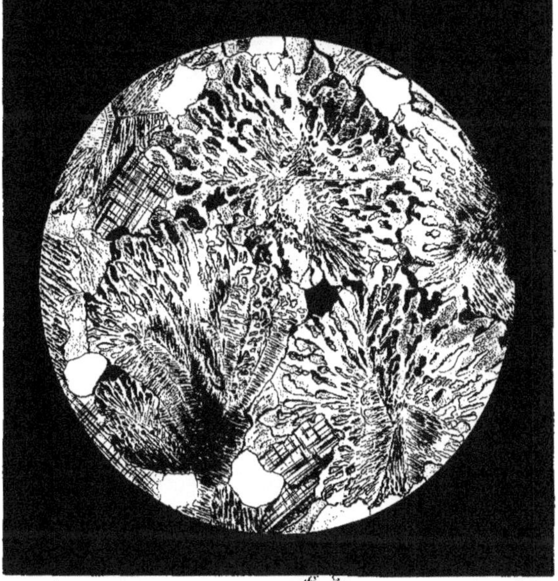

Ateliers de Reproductions Artistiques 15, Quai Voltaire, Paris.

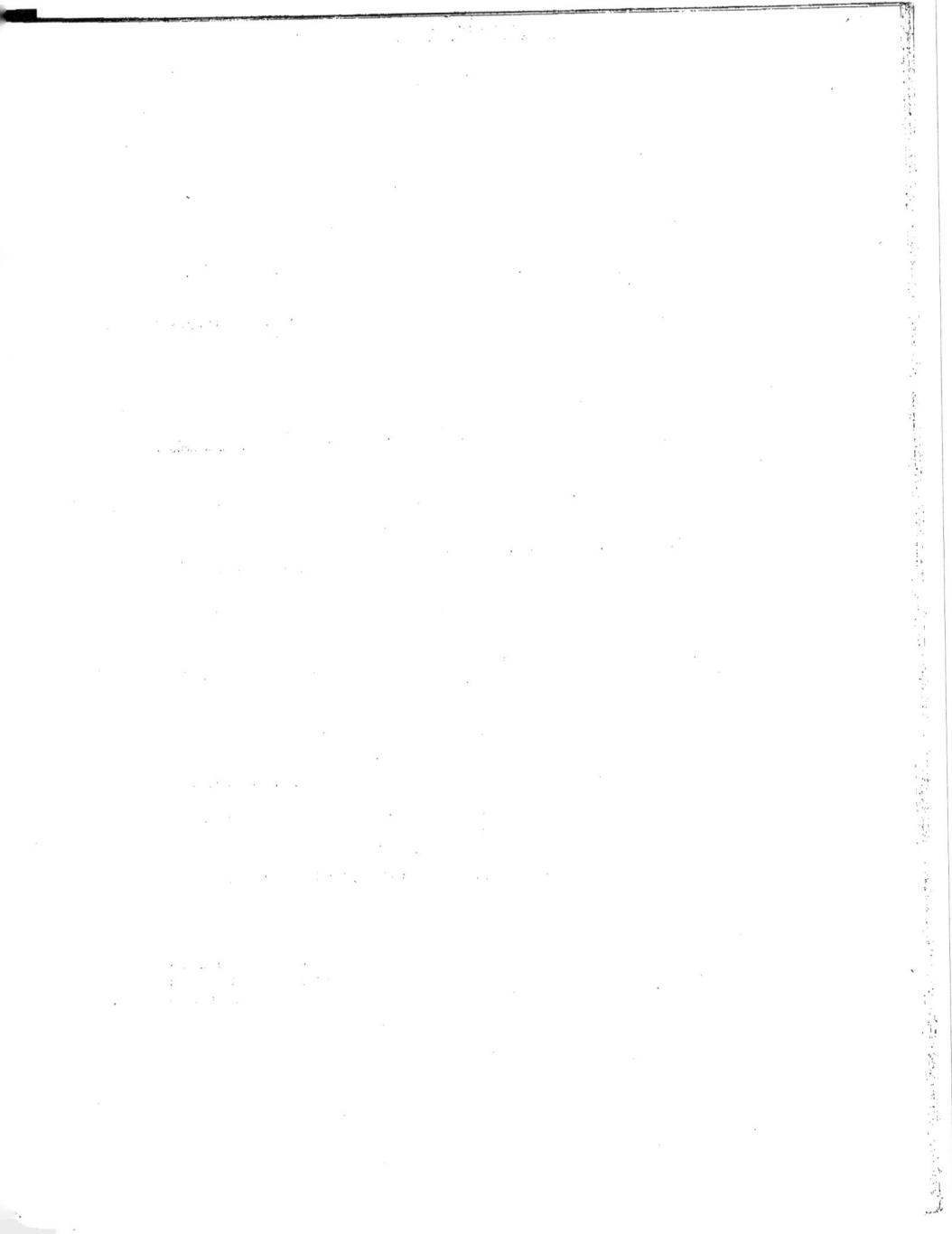

EXPLICATION DE LA PLANCHE III.

FIG. 1. — MICROPEGMATITE DE CORIAS.

Lumière polarisée, nicols croisés (page 110).

I. Quarz (1), orthose (3), feldspath triclinique (6), pyrite (50)

II. Orthose en microlithes, talc (36), pâte formée de quarz granulitique en petits grains, passant souvent à une micropegmatite grossière.

FIG. 2. — PORPHYRE GLOBULAIRE DE GARGANTADA.

Lumière polarisée, nicols croisés (page 115).

I. Mica noir (19), apatite, fer oxydulé (29), quarz (1), feldspath orthose (3).

II. Pâte formée de petits sphérolithes circulaires pressés les uns contre les autres, et à extinctions complètes.

FIG. 3. — AMPHIBOLITE GRENATIFÈRE DE PARROCHA.

Lumière polarisée, nicols à 45° (page 404).

I. Sphène (14), rutile, quarz (1), zircon (26).

II. Feldspath triclinique, labrador (6), actinote (21), grenat (25), quarz (1), épidote (35).

FIG. 4 — PORPHYRE A GLOBULES A EXTINCTIONS, DU COUVENT DES DOMINICAINS DE CORIAS.

Lumière polarisée, nicols croisés (page 109)

I. Quarz (1), feldspath triclinique (6), orthose très attaquée (3).

II. Quarz constituant toute la pâte, sous forme de globules à extinctions, contenant des microlithes noirâtres, chlorite (37), talc (36).

FIG. 5. — KERSANTITE QUARZIFÈRE RÉCENTE, PORPHYROÏDE, DE CELON.

Lumière polarisée, nicols croisés (page 145).

I. Mica noir (19), fer oxydulé (29), hornblende (21), feldspath triclinique, oligoclase (6), rare sanidine (3).

II. Mica noir en petites paillettes alignées (19), chlorite (37), pâte feldspathique avec quarz granulitique très fin.

FIG. 6. — PARTIE D'UN GROS CRISTAL D'ANDALOUSITE D'ARNAL, TAILLÉ SUIVANT SA BASE.

Lumière polarisée, nicols croisés (pages 98, 99).

I. Tourmaline (24), graphite (46), fer oxydulé (29).

II. Mica blanc (2).

Cette *macle pentarhombique*, épigénisée en un mica blanc, montre en *a* une partie du rhombe noir, en *b* une partie d'un rhombe latéral, en *c* une diagonale noire, dans lesquelles se sont concentrés les minéraux anciens; et en *d* des segments clairs, où ces minéraux sont moins nombreux, ou parfois même absents.

Fig. 1.

Fig. 2.

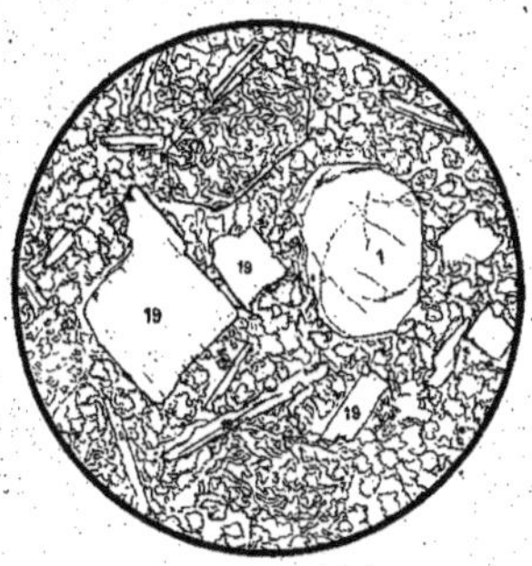

Fig. 3.

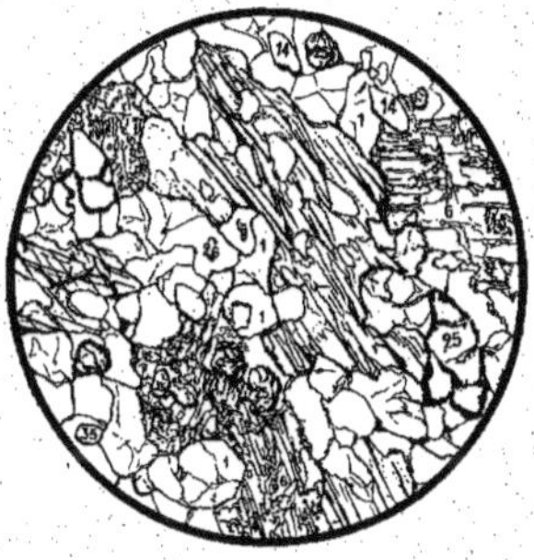

Fig. 4.

Fig. 5.

Fig. 6.

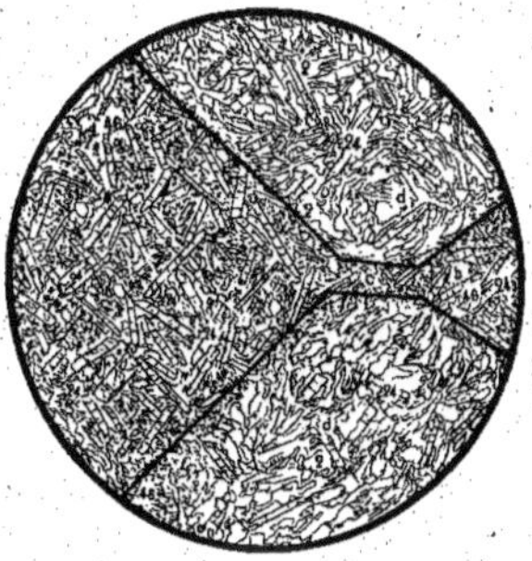

Ateliers de Reproductions Artistiques 15. Quai Voltaire. _ Paris.

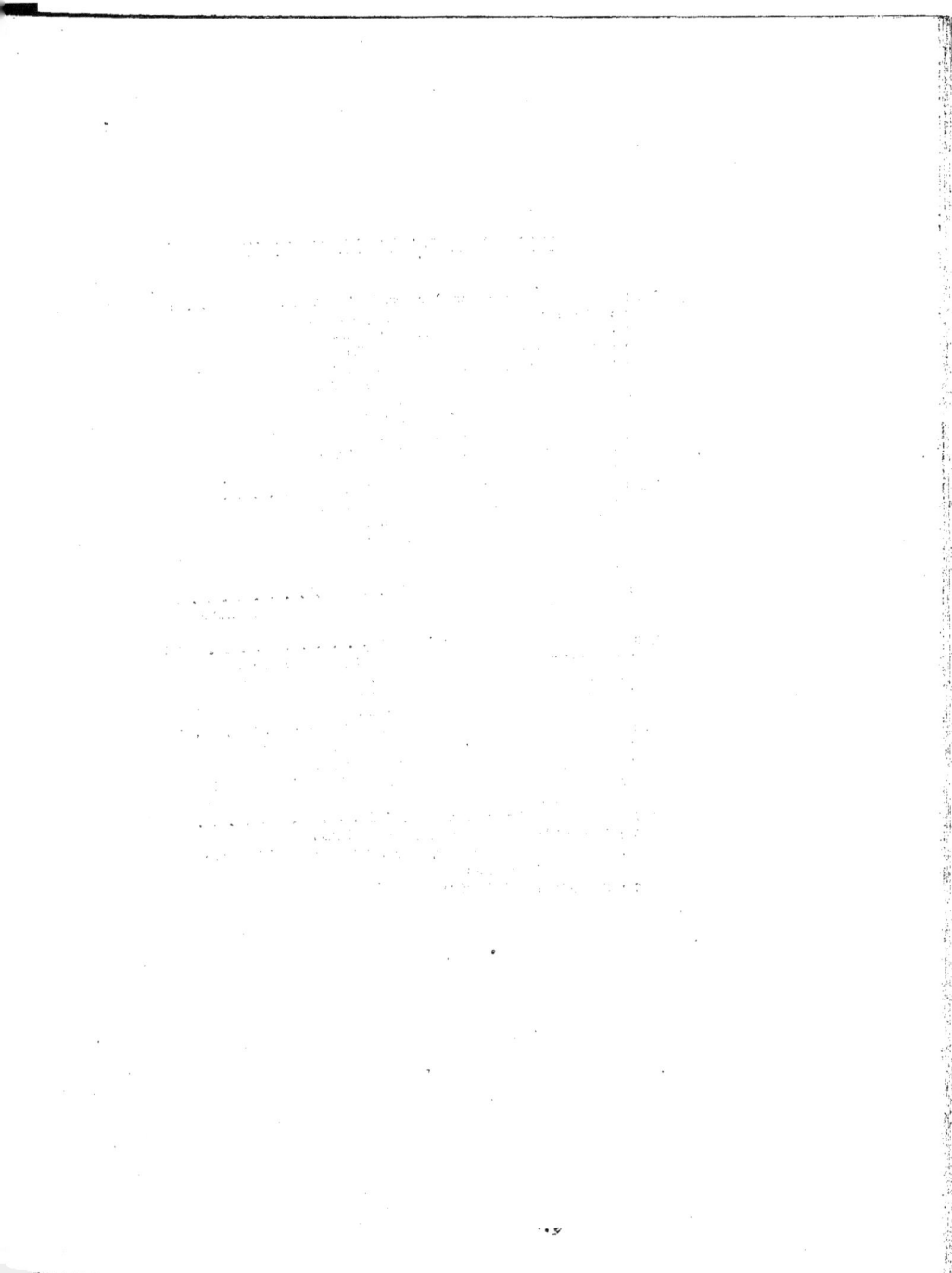

EXPLICATION DE LA PLANCHE IV.

PAGES

Fig. 1 PARADOXIDES BARRANDEI, C. B., nov. sp. 169
- 1 *a* Tête de gr. nat. des schistes de la Vega de Rivadeo.
- 1 *b* Joue mobile gauche, de gr. nat , même localité.
- 1 *c* Échantillon complet, gr. nat , même localité.
- 1 *d* Pygidium, gr. nat , face inférieure, même localité.
- 1 *e* Pygidium, gr. nat., face supérieure, même localité.
- 1 *f* Hypostôme, gr. nat., même localité.

Fig. 2 CONOCEPHALITES CASTROI, C B., nov. sp. 171
- 2 *a* Individu complet, de Radical, gr. nat.
- 2 *b* Tête de gr. nat., des schistes de la Vega de Rivadeo.
- 2 *c* Tête, double gr. nat.

Fig. 3 LINGULELLA HEBERTI, C. B., nov. sp. 185
- 3 *a* Echantillon gr. nat. du grès silurien de Cabo Vidio.
- 3 *b* Autre échantillon, gr. nat., même localité.
- 3 *c* Moule interne de la valve ventrale, montrant les insertions musculaires, double gr. nat., même localité.
- 3 *d* Fragment du test, grossi.

Fig. 4 SCOLITHUS LINEARIS, Hall. 181
- 4 Echantillon du grès armoricain de l'île St-Marcouf, gr. nat. montrant les anneaux de la surface.

Fig. 5 SCOLITHOMÈRE, C. B., nov. 183
- 5 *a* Coupe transversale, du grès silurien de Cañero, double de gr. nat.
- 5 *b* Bel échantillon vu de côté, même localité.
- 5 *c* Facette articulaire supérieure, même localité.
- 5 *d* Facette articulaire inférieure, même localité.

Fig. 6 VERTICILLIPORA (BARROISIA, M. C.) ANASTOMOSANS, Mant. . . 180
- 6 *a* Échantillon de l'étage aptien de Farringdon, Berkshire. gr. nat.
- 6 *b* Moule interne du canal central, double de gr. nat.
- 6 *c* Échantillon gr.nat.montrant la confluence des feuillets de deux individus voisins.

Fig. 7 ENDOCERAS CF. DUPLEX, Wahl 187
- 7 *a* Fragment de gr. nat du silurien moyen de El Horno.
- 7 *b* Section longitudinale du même, gr. nat.,montrant le large siphon, et un petit Endocère inclus.
- 7 *c* Section transversale du même.

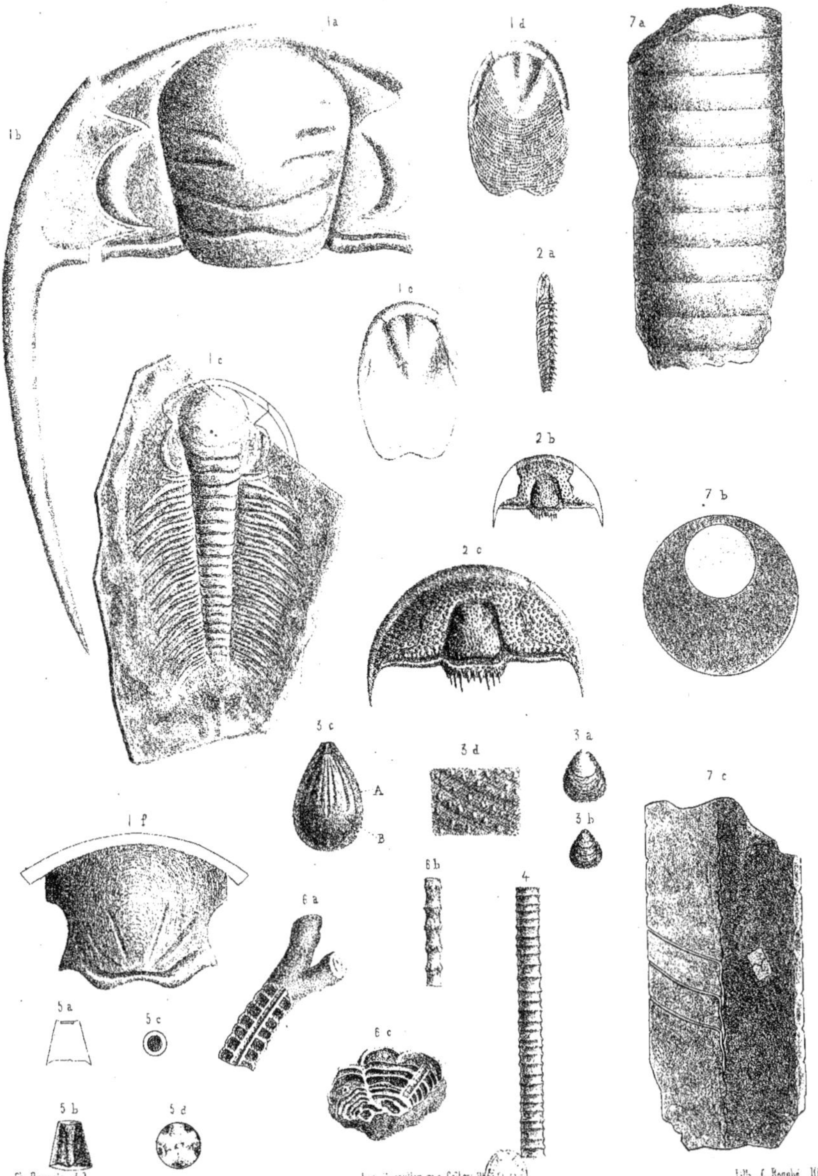

Ch. Barrois del.

Imp. Becquart-Arnoux, rue Ceillier...

Lille. C. Regghé lith.

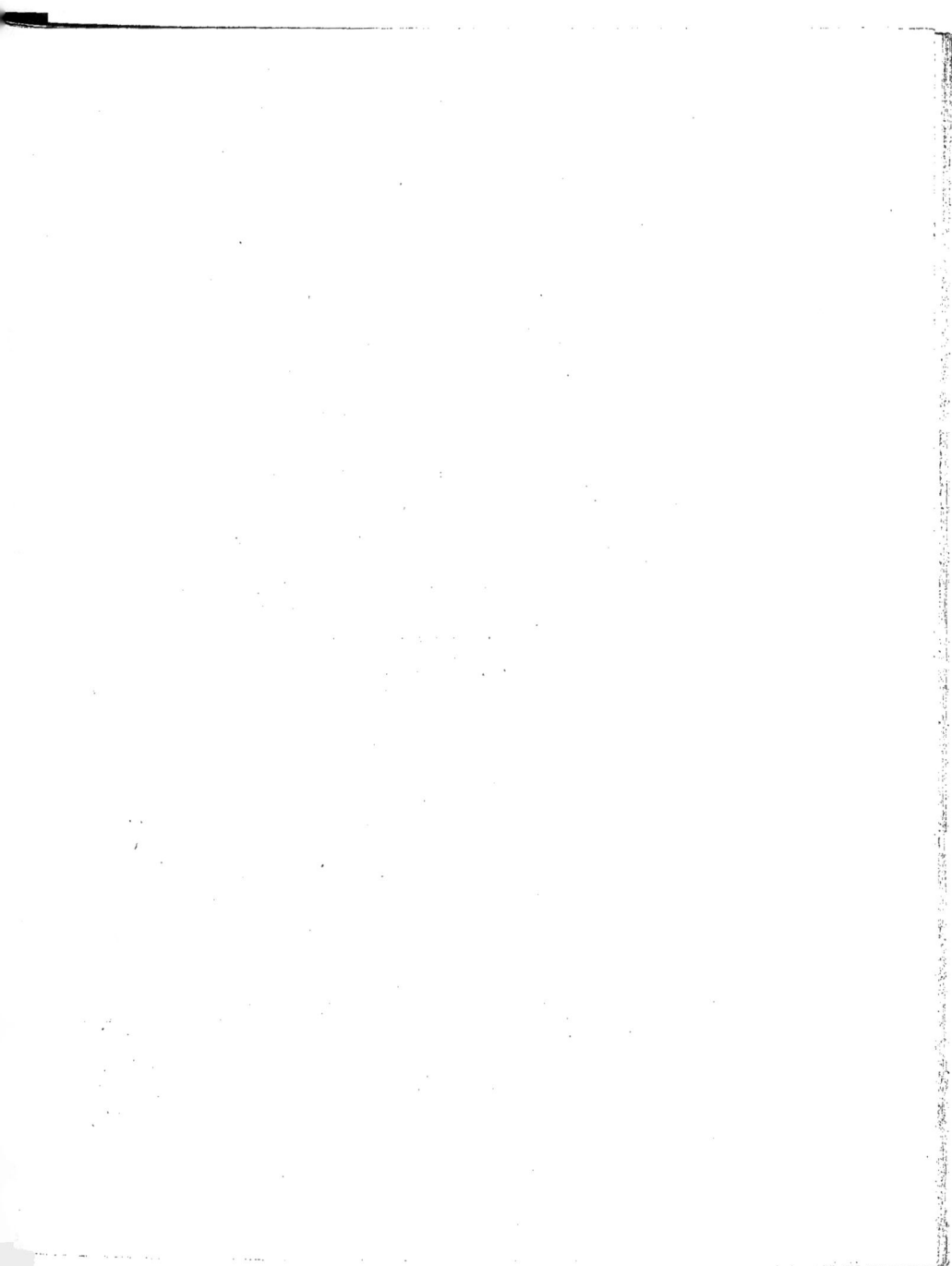

EXPLICATION DE LA PLANCHE V.

		Pages
Fig. 1	Scolithodème.	181
	Bloc de grés silurien traversé par de nombreux *Scolithes* (Scolithodème), montrant le canal central, le cylindre interne, et les feuillets ondulés, correspondant aux différents Scolithes. Cabo-Busto (Asturies) gr. nat.	
Fig. 2	Scolithodème.	181
	Echantillon vu de face, montrant le cylindre interne et le canal central, grand. nat., du grès silurien de Cabo-Peñas.	
Fig. 3	Scolithodème.	182
	Echantillon vu de côté, montrant l'obliquité d'individus voisins. Du grès silurien de Tornin, gr. nat.	
Fig. 4	Crossochorda sp.	175, 548
	Echantillon du grès de Vallota (Dévonien supérieur), gr. nat.	
Fig. 5	Pseudobilobite.	175
5 *a*	Echantillon des marnes Turoniennes de Séry (Ardennes), gr. nat.	
5 *b*	Section mince du même fossile, très grossie.	

1

5 b

5 a

2

3

4

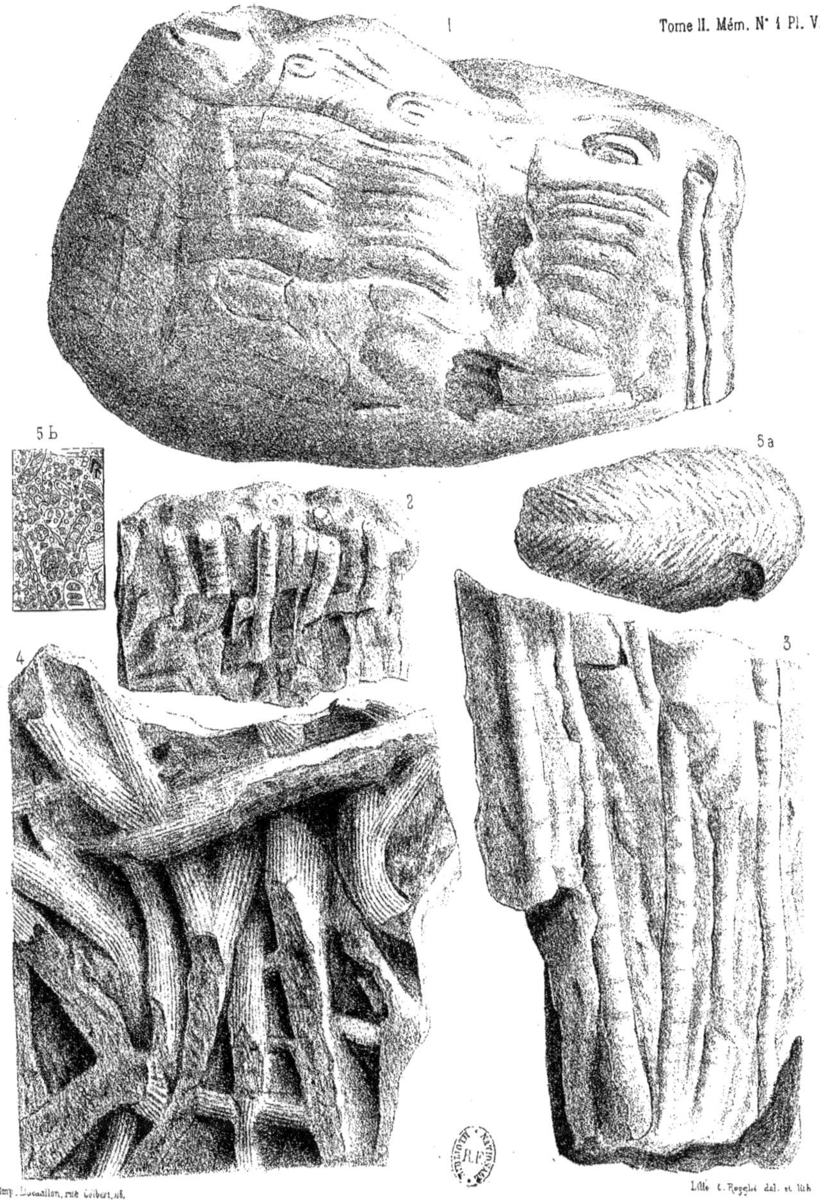

Imp. Ducaillon, rue Colbert, 48.

Lille C. Reggli del. et lith

EXPLICATION DE LA PLANCHE VI.

N. B. *Toutes ces figures sont réduites aux 4/5 de grandeur naturelle.*

FAUNE DÉVONIENNE.

2.

1.

3.

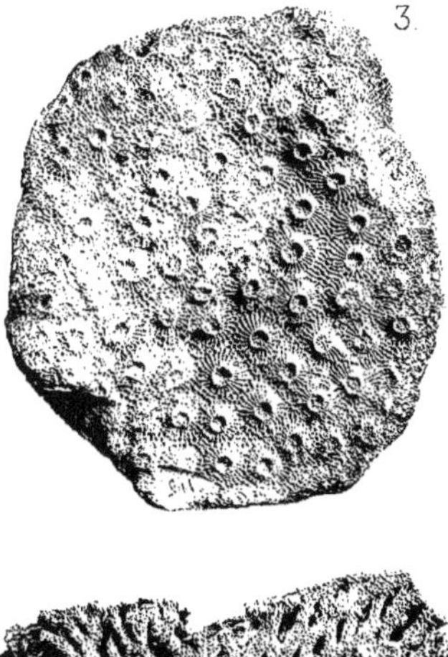

5 a.

5 b.

4.

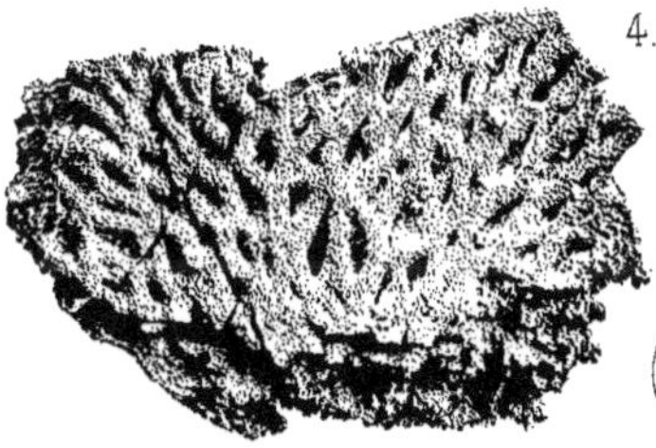

7.

6.

EXPLICATION DE LA PLANCHE VII.

			Pages
Fig. 1		Hadrophyllum conicum, C. B., nov. sp.	194
	1 a	Vu suivant la cloison principale, montrant les cloisons pinnées, double gr. nat.	
	1 b	Vu de côté, et montrant un quadrant principal et un quadrant opposé, double gr. nat.	
	1 c	Calice montrant la fossette septale très grande, s'évasant au centre.	
Fig. 2		Metriophyllum Bouchardi, Edw. et H.	196
	2 a	Echantillon vu de côté, 2 fois gr. nat.	
	2 b	Section transversale, prise vers le sommet du polypier, 4 fois gr. nat.	
	2 c	— — prise vers la base du polypier, 4 fois gr. nat.	
	2 d	Section longitudinale, montrant les traverses qui réunissent les cloisons, 4 fois gr. nat.	
Fig. 3		Zaphrentis Guillieri, C. B. nov. sp.	197
	3 a	Echantillon montrant son calice oblique et sa grande fossette septale, gr. nat.	
	3 b	Section transversale, normale à l'axe, 4 fois gr. nat. .	
Fig. 4		Zaphrentis celtica, Lamouroux, sp.	197
	4 a	Echantillon vu de côté, grand. nat.	
	4 b	Section tranversale, 2 fois gr. nat.	
Fig. 5		Zaphrentis Candasi, C. B. nov. sp.	198
	5 a	Echantillon vu de côté, gr. nat. — Les lignes ponctuées représentent la profondeur du calice et celle du moule interne.	
	5 b	Section transversale, 2 fois gr. nat.	
Fig. 6		Zaphrentis gigantea, Lesueur, sp.	198
	6 a	Echantillon vu de côté, gr. nat.	
	6 b	Section tranversale, gr. nat.	
	6 c	Section longitudinale, gr. nat.	
Fig. 7		Zaphrentis truncata, C. B., nov. sp.	200
	7 a	Echantillon vu de côté, montrant les côtes deux fois plus nombreuses que les cloisons, 4 fois gr. nat.	
	7 b	Section transversale, 6 fois gr. nat.	
Fig. 8		Aulacophyllum Schlüteri, C. B., nov. sp.	201
	8 a	Echantillon vu suivant la cloison principale, montrant les cloisons pinnées, 3 fois gr. nat.	
	8 b	Section transversale, 3 fois gr. nat.	
	8 c	Echantillon suivant la cloison opposée, et montrant la disposition du calice.	

POLYPIERS DÉVONIENS.

Mém. de la Soc. Géol. du Nord

Tome II. Mém. No 1. Pl. VII.

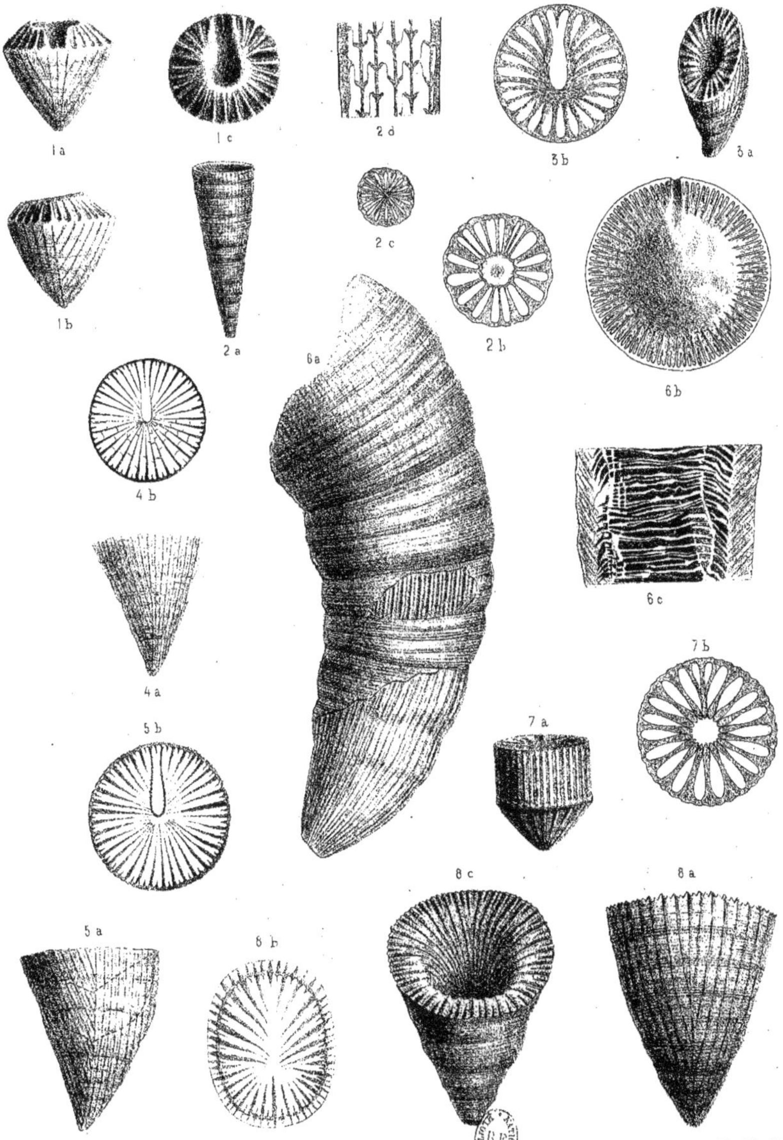

Ch. Barrois del.   Imp. Ducatillon rue Colbert 118.   Lille. C. Rogghé lith.

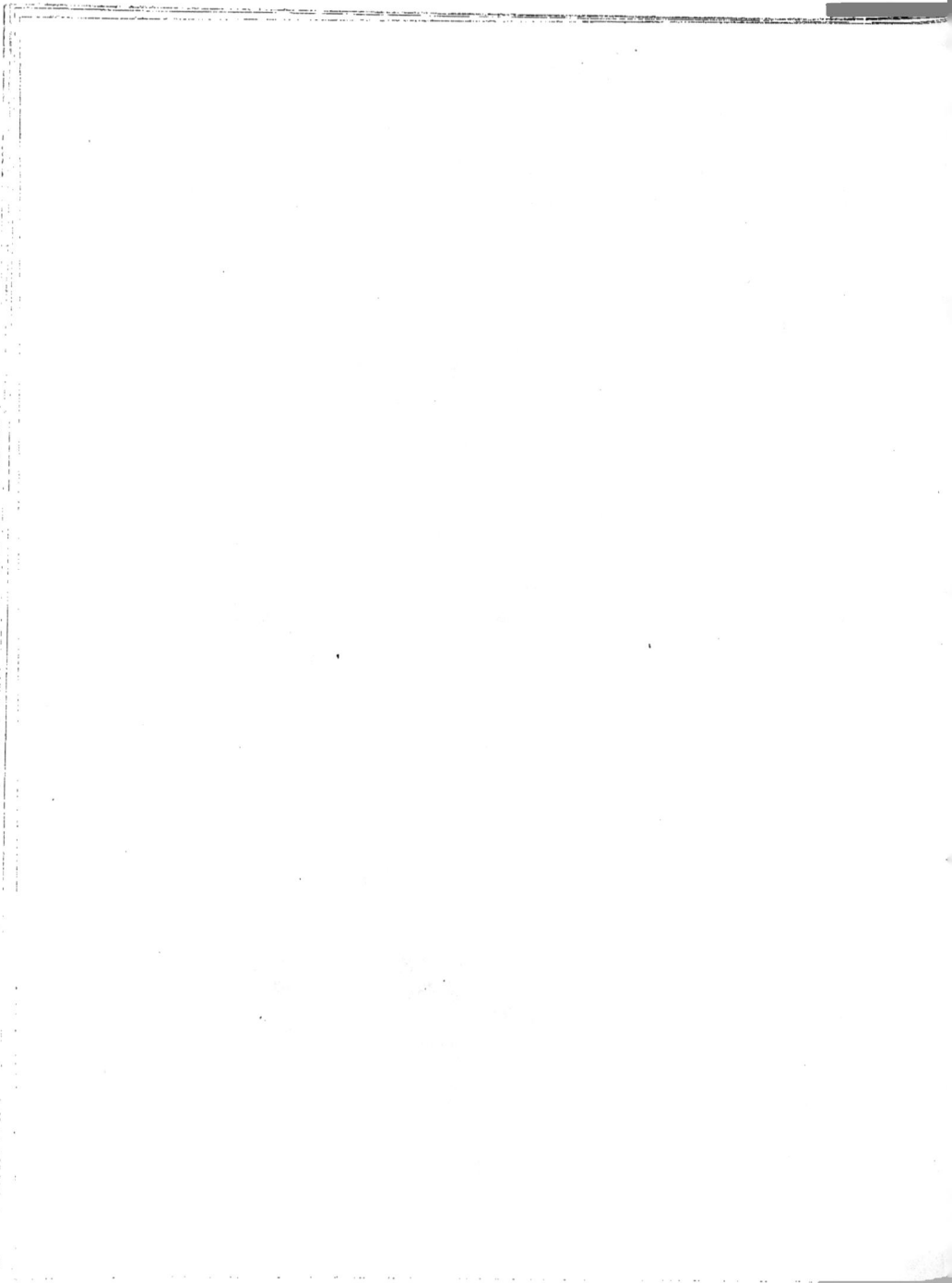

EXPLICATION DE LA PLANCHE VIII.

PAGES

Fig. 1 — PACHYPHYLLUM DEVONIENSE, M. Edw. et Haime. 209

1 *a* Section transversale du polypier, 2 fois gr. nat.

Fig. 2 — ACERVULARIA CF. PRADOANA, M. Edw. et Haime. 207

2 *a* Section transversale du polypier, 2 fois gr. nat.

Fig. 3 — CYATHOPHYLLUM CAESPITOSUM, Gold. 204

3 *a* Vu de côté, gr. nat.

3 *b* Section tranversale, 2 fois gr. nat.

3 *c* Section longitudinale, 2 fois gr. nat.

Fig. 4 — MICROPLASMA MONIERI, C. B., nov. sp. 210

4 *a* Calice vu de face, gr. nat.

4 *b* Echantillon vu de côté, montrant sa forte épithèque. La ligne ponctuée montre la profondeur du calice, gr. nat.

4 *c* Section transversale, montrant la disposition du tissu vésiculaire, 2 fois gr. nat.

4 *d* Fragment du calice, montrant les cloisons épineuses, peu saillantes, 2 fois gr. nat.

Fig. 5 — ACANTHOPHYLLUM HETEROPHYLLUM, M. Edw. et Haime. 204

5 *a* Echantillon vu de côté, la partie supérieure décortiquée montre les petites vésicules intercloisonnaires, gr. nat.

5 *b* Section longitudinale, 2 fois gr. nat.

Fig. 6 — TRACHYPORA ELLIPTICA, C. B. nov. sp. 216

6 *a* Echantillon gr. nat.

6 *b* Section mince vue au microscope.

Fig. 7 — COENITES CLATHRATUS, Stein. 221

7 *a* Fragment de l'échantillon figuré pl. VI, trois fois gr. nat.

Fig. 8 — FENESTELLA VERNEUILIANA, Mich. 228

8 *a* Echantillon décomposé partiellement, montrant le passage de *F. Verneuiliana* à *F. Bouchardi*. Grossi 10 fois.

Fig. 9 — FENESTELLA EXPLANATA, F. A. Rœmer. 229

9 *a* Echantillon décomposé partiellement comme l'espèce précédente, montrant le contact de parties avec et sans subdissépiments ; grossi 6 fois.

Fig. 10 — PRADOCRINUS BAYLII, Vern. 223

10 *a* Figure schématique montrant les plaquettes séparées, gr. nat.

Fig. 11 — HAPLOCRINUS MESPILIFORMIS, Stein. 222

11 *a* Echantillon gr. nat.

11 *b* Echantillon grossi 4 fois.

POLYPIERS ET CRINOÏDES DÉVONIENS.

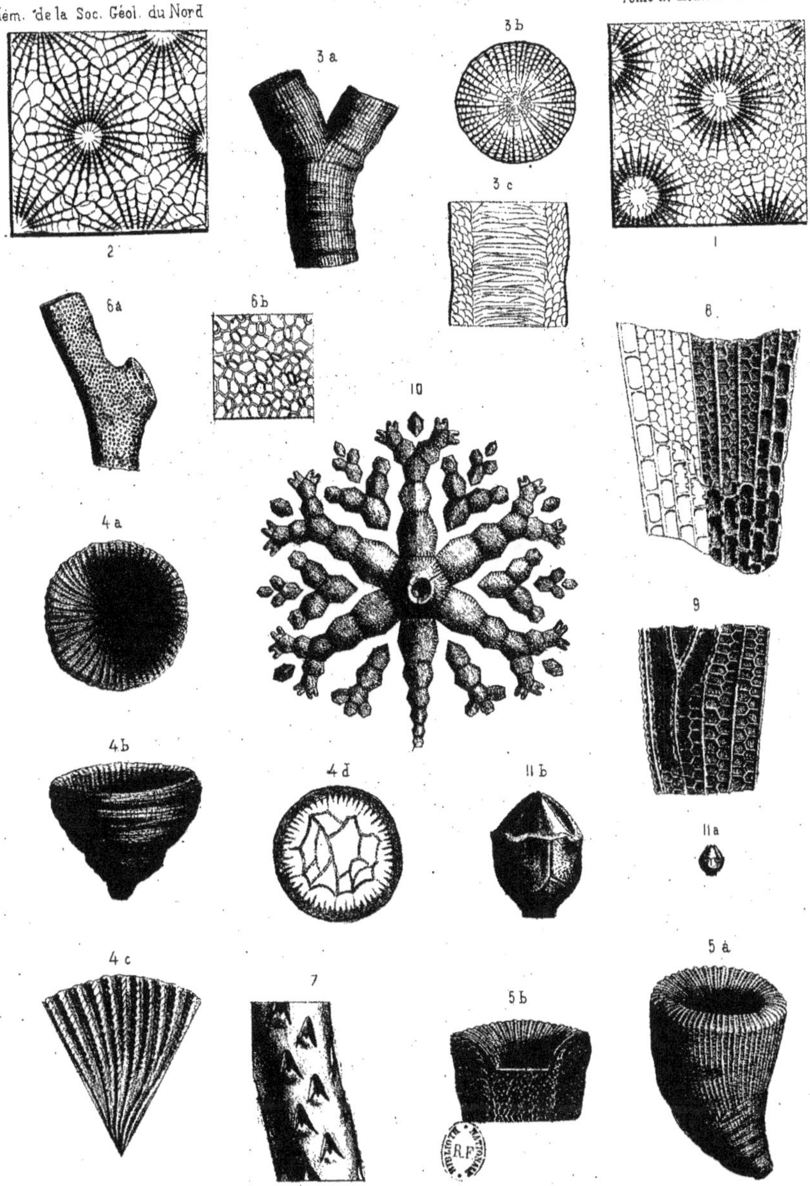

Ch. Barrois del.   Imp. Ducatillon, rue Colbert, 116.   Lith. C. Rogghé lith.

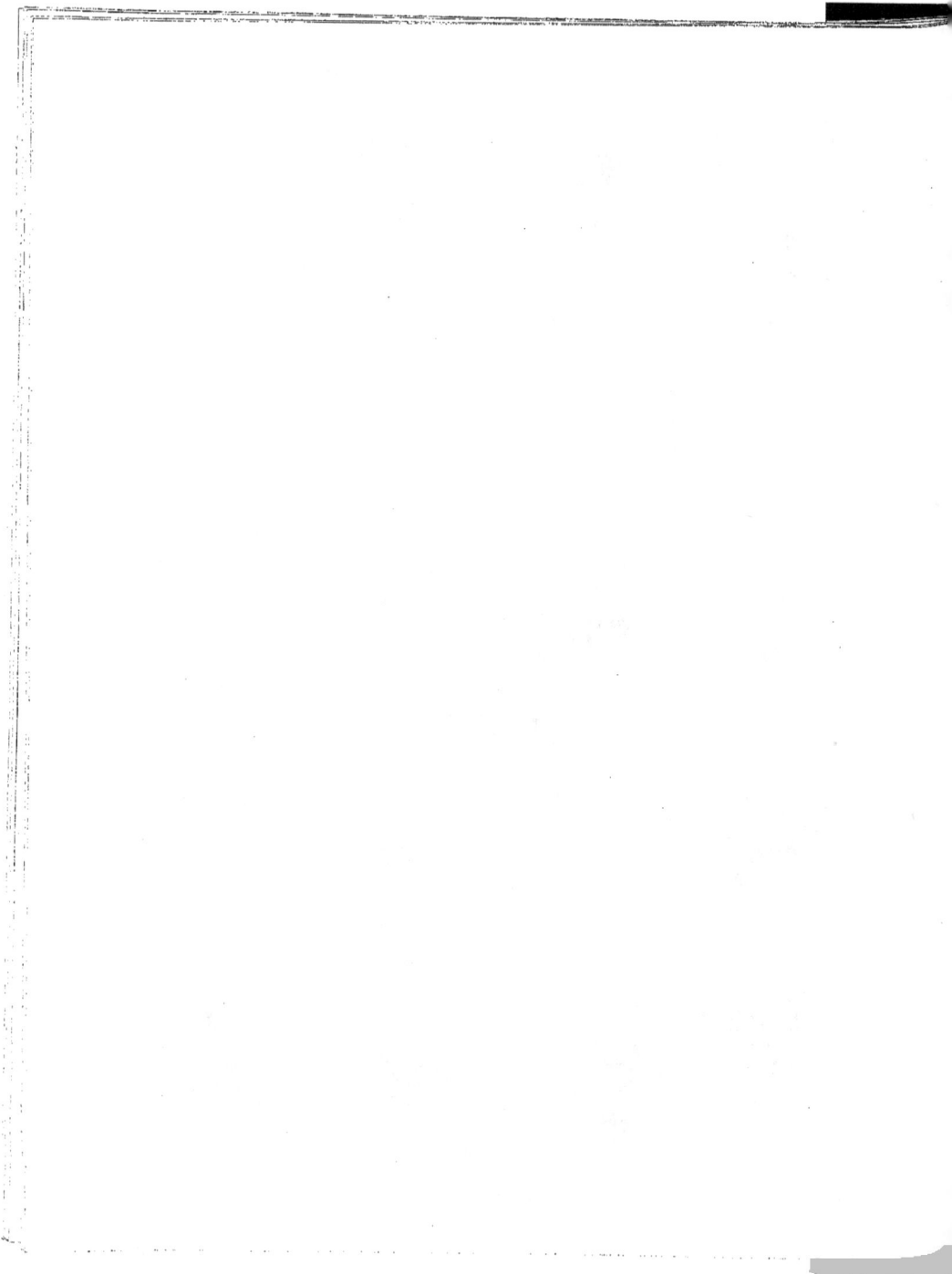

EXPLICATION DE LA PLANCHE IX.

PAGES

Fig. 1 ORTHIS GERVILLEI, DEFR. 237
1 *a* Echantillon vu du côté dorsal, gr. nat.
1 *b* Vu du côté ventral, gr. nat.
1 *c* Vu de profil, montrant la commissure latérale, gr. nat.
1 *d* Vu de côté, montrant la commissure palléale. gr. nat.
1 *e* Section montrant la disposition des aréas.

Fig. 2 STREPTORHYNCHUS UMBRACULUM, Schlt. var. 239
2 *a* Echantillon vu du côté dorsal montrant son aréa asymétrique, gr. nat.
2 *b* Vu de côté, montrant les gros plis concentriques, gr. nat.

Fig. 3 STROPHOMENA DUTERTRII, Murch. 243
3 *a* Echantillon vu du côté dorsal, gr. nat.
3 *b* Vu de profil, gr. nat.
3 *c* Section montrant la disposition des aréas.

Fig. 4 STROPHOMENA BIFIDA, F. A. Roemer. 244
4 *a* Echantillon vu du côté ventral, gr. nat.
4 *b* Vu du côté dorsal, gr. nat,
4 *c* Section montrant la disposition des aréas.
4 *d* Fragment de test grossi, montrant le mode d'intercalation des stries.

Fig 5 STROPHOMENA CEDULAE, Rigaux. 245
5 *a* Echantillon vu du côté dorsal, gr. nat.
5 *b* Vu du côté ventral, gr. nat.
5 *c* Section montrant la disposition des aréas.
5 *d* Echantillon vu du côté du front, gr. nat.
5 *e* Fragment de test grossi, montrant le mode d'intercalation des stries.

Fig. 6 STROPHOMENA MURCHISONI, Vern. 241
6 *a* Echantillon de Fenolleda, vu du côté ventral, montrant l'allongement remarquable des ailes. gr. nat.

Fig. 7 STROPHOMENA SEDGWICKII, Arch. Vern. 241
7 *a* Echantillon de Moniello, vu du côté ventral, gr. nat.
7 *b* Vu de côté, gr. nat.

Fig. 8 STROPHOMENA INTERSTRIALIS, Phill. 243
8 *a* Echantillon de Laviana vu du côté ventral, gr. nat.
8 *b* Fragment de test grossi montrant les ornements.

Fig. 9 SPIRIFER SUBSPECIOSUS, Vern. 247
9 *a* Echantillon de Salas vu du côté dorsal, gr. nat.
9 *b* Fragment de Villanueva montrant l'intérieur de la valve ventrale, gr. nat.
9 *c* Fragment de test très grossi, montrant les ornements des côtes.

Fig. 10 SPIRIFER ELEGANS, Stein. 247
10 *a* Echantillon vu du côté dorsal, gr. nat.
10 *b* Vu du côté frontal, gr. nat.
10 *c* Autre échantillon montrant le moule interne de la valve ventrale, gr. nat.

Fig. 11 SPIRIFER HYSTERICUS, Schlt. 250
11 *a* Echantillon de la grauwacke du Faou, moule interne de la valve ventrale, gr. nat.
11 *b* Autre échantillon de la même localité, moule interne de la valve dorsale, gr. nat.

Fig. 12 SPIRIFER CULTRIJUGATUS, F. Roemer. 255
12 *a* Echantillon de Arnao, vu du côté dorsal, gr. nat.

Fig. 13 SPIRIFER ZEILLERI, C. B. nov. sp. 256
13 *a* Echantillon de Candas, vu du côté dorsal, grossi 2 fois.
13 *b* Vu du coté ventral, grossi 2 fois.

BRACHIOPODES DÉVONIENS

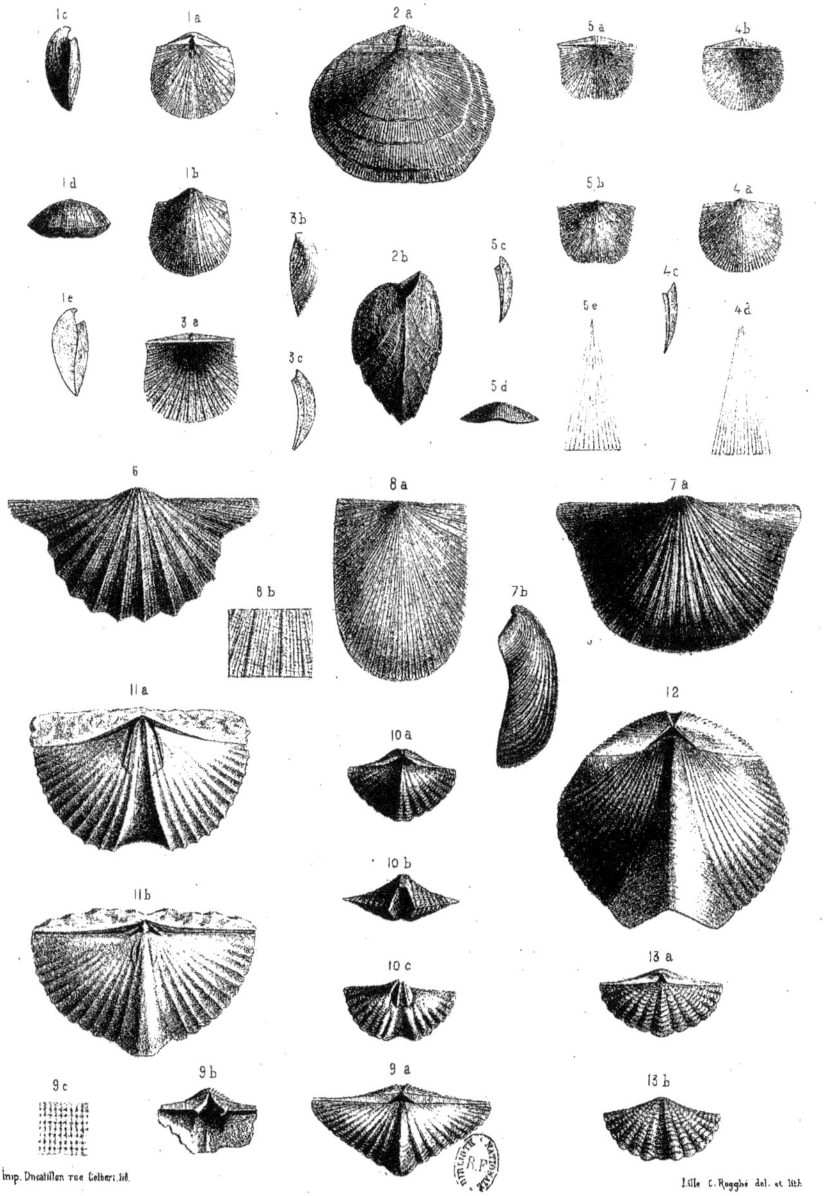

Imp. Ducatillon rue Colbert, lit.

Lille C. Rogghé del. et lith.

EXPLICATION DE LA PLANCHE X.

		Pages
Fig. 1	Spirifer paradoxus, Schlt.	248
1 *a*	Echantillon de Trubia, montrant l'intérieur de la valve ventrale, gr. nat.	
Fig. 2	Spirifer Cabedanus, Vern.	249
2 *a*	Echantillon de Candas, à plis égaux, vu du côté du front, gr. nat.	
2 *b*	Le même, vu du côté dorsal.	
2 *c*	Le même, vu de profil.	
Fig. 3	Spirifer Cabedanus, Vern.	249
3 *a*	Echantillon de Moniello, à plis décroissants, vu du côté ventral, gr. nat.	
3 *b*	Echantillon vu du côté dorsal, gr. nat.	
3 *c*	Echantillon vu de profil, gr. nat.	
Fig. 4	Spirifer comprimatus, Schlt.	259
4 *d*	Echantillon de Candas, vu du côté dorsal, gr. nat.	
Fig. 5	Spirifer aculeatus, Schnur.	255
5 *a*	Echantillon d'Arnao, vu du côté ventral, gr. nat.	
5 *b*	Echantillon d'Arnao, vu du côté dorsal, gr. nat.	
5 *c*	Le même vu de profil.	
5 *d*	Le même vu du côté du front.	
Fig. 6	Spirifer Trigeri, Vern.	258
6 *a*	Echantillon de Fenolleda, valve dorsale, gr. nat.	
6 *b*	Echantillon de la même localité, valve ventrale, gr. nat.	
6 *c*	Le même, vu de profil.	
6 *d*	Fragment de test grossi montrant les ornements.	
Fig. 7	Spirifer Verneuili, Murch.	257
7 *a*	Echantillon de Candas, vu du côté dorsal, gr. nat.	
7 *b*	Le même, vu du côté ventral, gr. nat.	
7 *c*	Le même, vu du côté frontal.	
7 *d*	Echantillon de Candas, vu de profil, gr. nat.	
Fig. 8	Cyrtina heteroclita, Defr.	260
8 *a*	Echantillon de Moniello, *variété hispanica*, vu du côté ventral, gr. nat.	
8 *b*	Le même (*var. hispanica*) vu du côté dorsal, gr. nat.	
8 *c*	Echantillon de Luanco, *var. multiplicata*, vu de profil, gr. nat.	
8 *d*	Echantillon de Luanco, *var. multiplicata*, vu du côté dorsal, gr. nat.	
8 *e*	Echantillon d'Arnao, *var. heteroclita*, vu du côté dorsal, double gr. nat.	
8 *f*	Echantillon de Moniello, *var. hispanica*, vu du côté cardinal, gr. nat.	
Fig. 9	Athyris hispanica, de Vern.	263
9	Echantillon de Ferroñes, un peu décomposé, montrant la place triangulaire du deltidium.	
Fig. 10	Rhynchospira Guerangeri, Vern.	264
10 *a*	Echantillon de St-Jean de Nieva, vu du côté dorsal, gr. nat.	
10 *b*	Le même, vu du côté ventral.	
10 *c*	Le même, vu de profil, gr. nat.	
10 *d*	Echantillon de Grullos, grossi pour montrer l'aréa.	

Mém. de la Soc. Géol. du Nord

BRACHIOPODES DÉVONIENS

Tome II. Mém. N° 1 Pl. X.

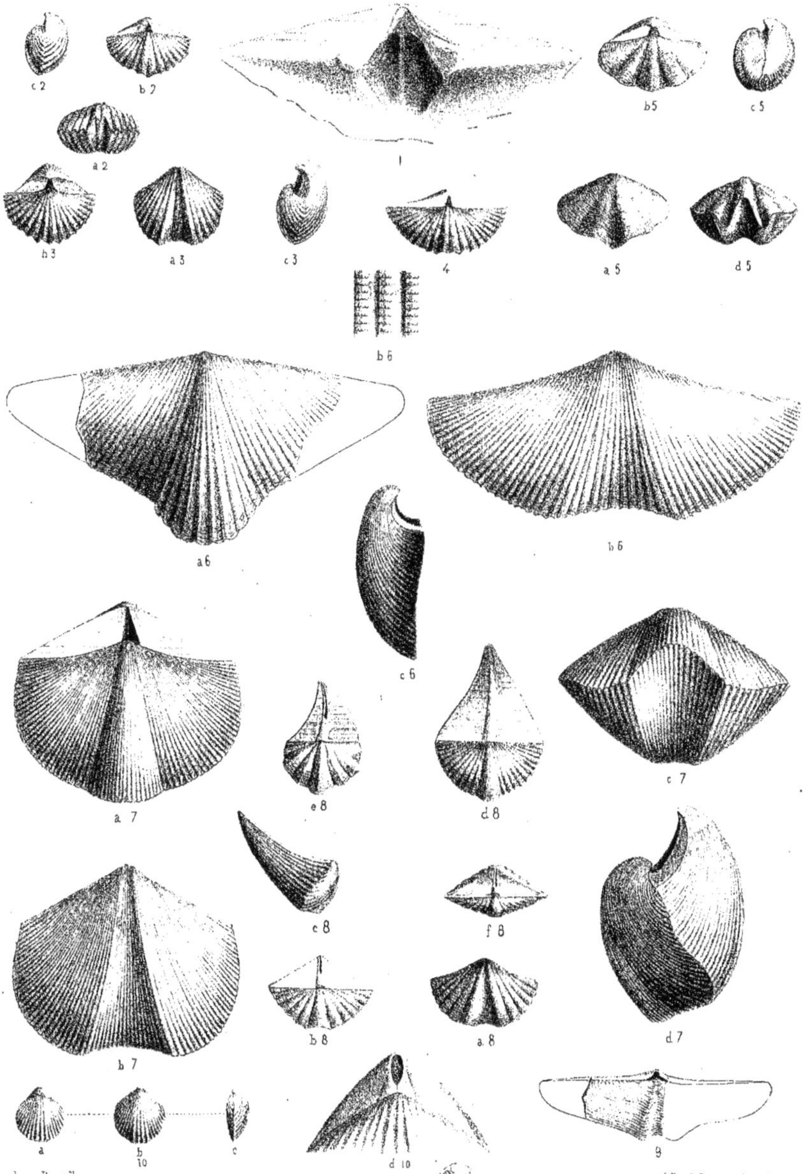

Imp. Ducatillon

Lille C. Rogghé del. et lith.

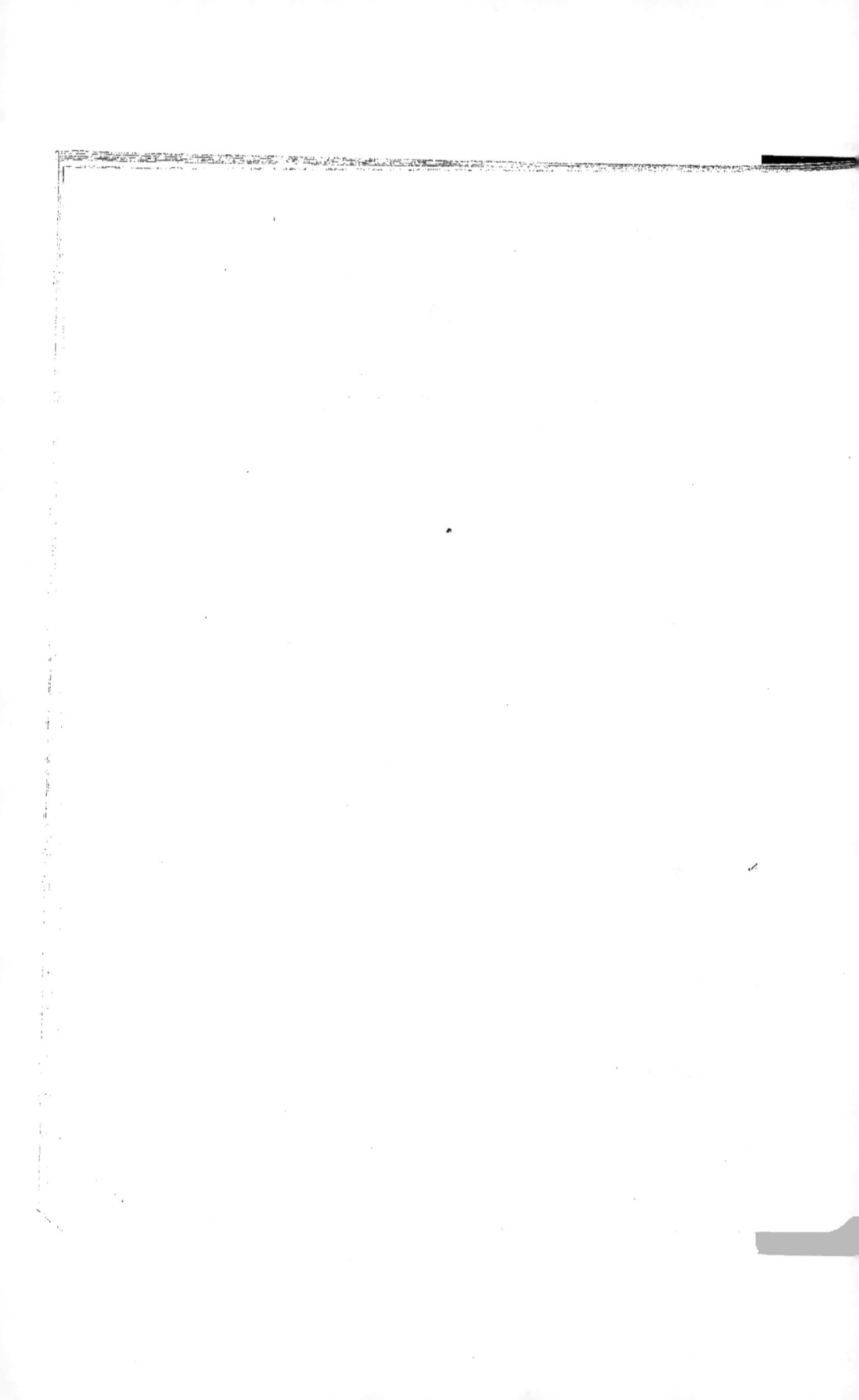

EXPLICATION DE LA PLANCHE XII.

Pages

Fig. 1 Gosseletia devonica, C. B. nov. sp. 273

1 *a* Echantillon de Candas, complet, vu du côté antérieur, gr. nat.

1 *b* Le même, vu du côté des crochets, montrant la partie antérieure, courte, abaissée verticalement, et la partie postérieure, allongée en aile.

1 *c* Le même, valve droite, montrant la crête médiane qui sépare la partie postérieure de l'antérieure.

1 *d* Valve gauche, de Candas, montrant les rainures du cartilage du côté antérieur, gr. nat.

1 *e* Valve gauche, de Candas, à aréa du ligament très réduite, et montrant les 3 dents cardinales.

1 *f* Valve gauche, de Candas (1 d), montrant l'aréa du ligament très développée, ainsi que les dents cardinales.

1 *g* Fragment d'une valve droite de Candas, montrant l'épaisseur du test près du crochet.

Fig. 2 Arca sp. 276

2 *a* Echantillon du grès à Gosseletia de Candas, valve droite. gr. nat.

2 *b* La même, vu du côté cardinal, montrant la carène aigüe de sa partie postérieure, gr. nat.

Fig. 3 Conularia Gervillei, d'Arch. et de Verneuil. 282

3 *a* Echantillon de la Vaca de Luanco, montrant les plis arqués de la surface, gr. nat.

3 *b* Echantillon, vu de côté, gr. nat.

3 *c* Section du même, montrant sa forme rhombique, déprimée.

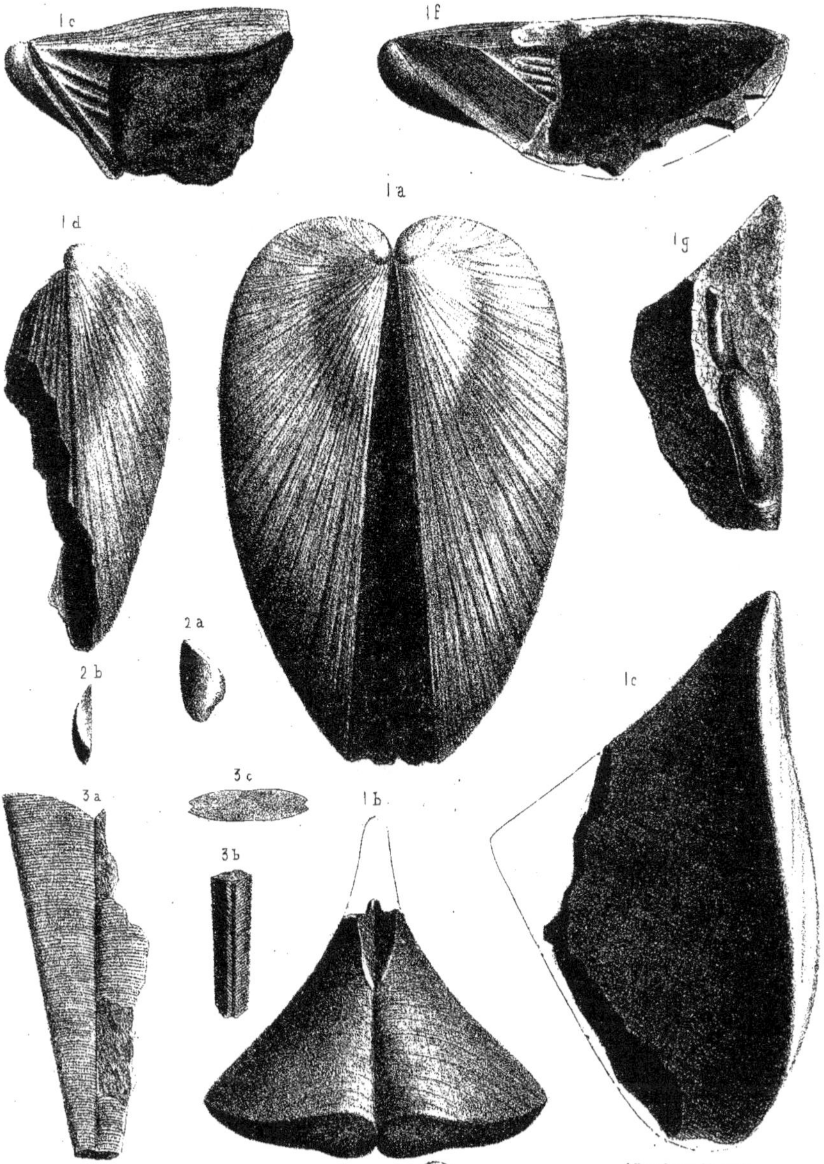

Imp. Ducaillan rue Colbert 18.

Lille C. Rogghé del. et lith.

EXPLICATION DE LA PLANCHE XIII.

		Pages
Fig. 1	Platyceras priscus? Gold.	281
1 *a*	Echantillon de Luanco, vu du côté de la spire, gr. nat.; Les stries sont exagérées sur ce dessin.	
Fig. 2	Platyceras compressus, Gold.	281
2 *a*	Echantillon de Moniello, vu du côté de la spire, gr. nat.	
2 *b*	Le même, vu de profil.	
Fig. 3	Platyceras priscus, var. undulatus, C. B.	281
3 *a*	Echantillon de Luanco, sans doute déformé, gr. nat.	
3 *b*	Le même, vu du côté de la spire.	
Fig. 4	Platystoma spiralis, C. B. nov. sp.	280
4 *a*	Echantillon de la Vaca de Luanco.	
4 *b*	Le même, vu du côté de la columelle.	
4 *c*	Echantillon de la Vaca, vu de profil, gr. nat. — Mauvaise figure, la columelle ayant été omise par le dessinateur et la forme de la bouche étant inexacte.	
Fig. 5	Loxonema angulosum, F. A. Rœmer.	278
	Echantillon de Moniello, gr. nat.	
Fig. 6	Pleurotomaria Lartéti, C. B. nov sp.	278
6 *a*	Echantillon du grès à Gosseletia, de Candas, vu de profil, gr. nat.	
6 *b*	Autre échantillon, vu du côté de l'ouverture, gr. nat.	
6 *c*	Le même, vu du côté de la spire, gr. nat.	
Fig. 7	Bellerophon Sandbergeri, C. B. nov sp.	282
7 *a*	Echantillon du grès à Gosseletia, de Candas, double grand nât.	
7 *b*	Le même, vu du côté dorsal.	
Fig. 8	Phillipsia Brongniarti, Fisch.	295
8 *a*	Pygidium de Entrellusa, double gr. nat.	
8 *b*	Pygidium de Entrellusa, grand. nat.	
8 *c*	Pygidium de Entrellusa (Oviedo), gr. nat.	
8 *d*	Pygidium de Puente-Alba, gr. nat.	
8 *e*	Fragment de tête d'Entrellusa, gr. nat.	
Fig. 9	Phillipsia Castroi, C. B. nov. sp.	296
9 *a*	Pygidium de Puente-Alba, double gr. nat.	
9 *b*	Pygidium de Mere, gr. nat.	
9 *c*	Pygidium de Puente-Alba, gr. nat.	
Fig. 10	Orthoceras giganteum, Sow.	291
10 *a*	Echantillon de Candas, gr. nat.	
10 *b*	Le même montrant le siphon.	
Fig. 11	Platyceras neritoïdes, Phill.	291
11 *a*	Echantillon d'Entrellusa, vu du côté de la spire, gr. nat.	
11 *b*	Le même, vu de dessous.	
11 *c*	Le même, vu de profil.	
Fig. 12	Productus rugatus, Phill.	290
	Echantillon de Vallota, valve ventrale, gr. nat.	
Fig. 13	Spirifer sublamellosus, de Kon.	290
	Echantillon de Mere, valve ventrale, gr. nat.	
Fig. 14	Orthis Michelini, Lév.	290
	Echantillon de Vallota, gr. nat.	
Fig. 15	Chonetes papilionacea? Phill.	289
	Echantillon de Mere, gr. nat.	

PLANCHE XIII (suite).

FAUNES DU DÉVONIEN ET DU GRIOTTE.

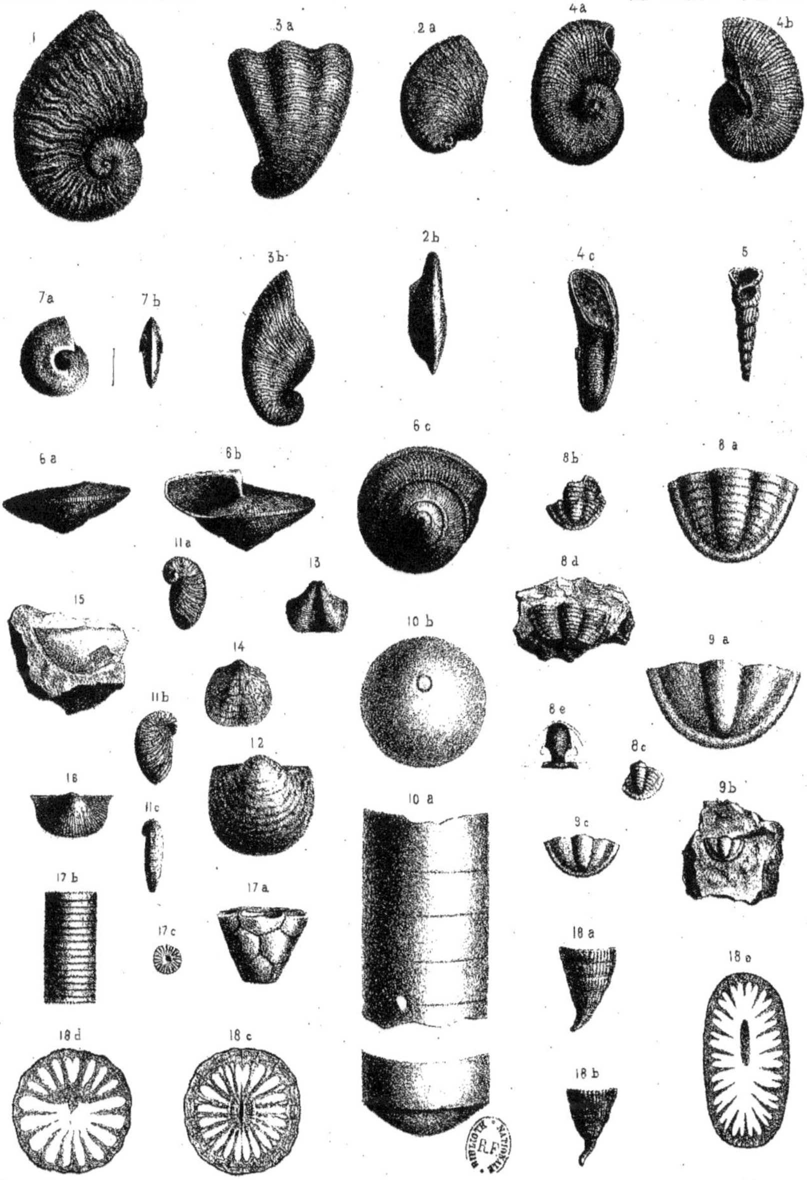

Imp. Ducatillon, rue Colbert, 118. Lille

Lille C. Regohé del. et lith

EXPLICATION DE LA PLANCHE XIV.

		Pages
Fig. 1	GONIATITES CRENISTRIA, Phill.	292
1 *a*	Echantillon de Margolles, vu de côté, gr. nat.	
1 *b*	Echantillon de Vallota, vu du côté dorsal, et montrant la bouche, gr. nat.	
1 *c*	Suture d'un échantillon d'Entrellusa.	
1 *d*	Echantillon de Naranco, vu de côté, gr. nat.	
1 *e*	Echantillon de Margolles, vu de côté, gr. nat.	
1 *f*	Echantillon d'Entrellusa jeune, vu de côté, gr. nat.	
1 *g*	Fragment de test grossi d'un échantillon de Vallota.	
1 *h*	Echantillon de grande taille de Naranco, gr. nat., et appartenant sans doute à cette même espèce.	
Fig. 2	GONIATITES CYCLOLOBUS, Phill.	295
2 *a*	Echantillon de la Pola de Gordon, vu de côté, gr. nat.	
2 *b*	Le même vu du côté dorsal.	
2 *c*	Suture du même.	
Fig. 3	GONIATITES HENSLOWI, Sow.	294
3 *a*	Echantillon de Vallota, vu de côté, gr. nat.	
3 *b*	Echantillon de Puente-Alba, vu du côté dorsal, gr. nat.	
3 *c*	Suture des mêmes.	
3 *d*	Echantillon jeune de Vallota, vu de côte, gr. nat.	
Fig. 4	GONIATITES MALLADAE, C. B. nov. sp.	293
4 *a*	Echantillon de Puente-Alba, vu de côté, gr. nat.	
4 *b*	Le même, vu du côté dorsal, et dont un tour a été enlevé, gr. nat	
4 *c*	Suture du même.	

CÉPHALOPODES DU MARBRE GRIOTTE.

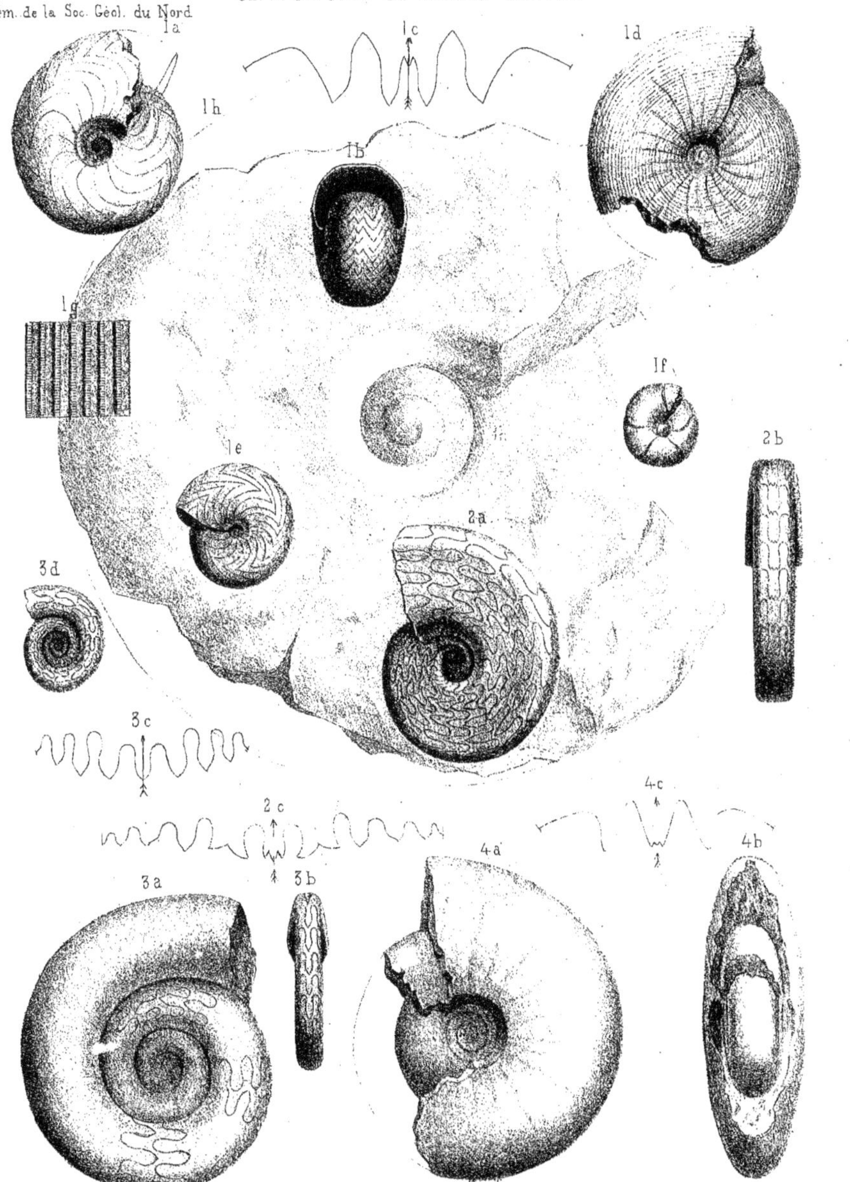

Imp. Ducatillon rue Colbert 116

Lille. C. Rogghé del. et lith.

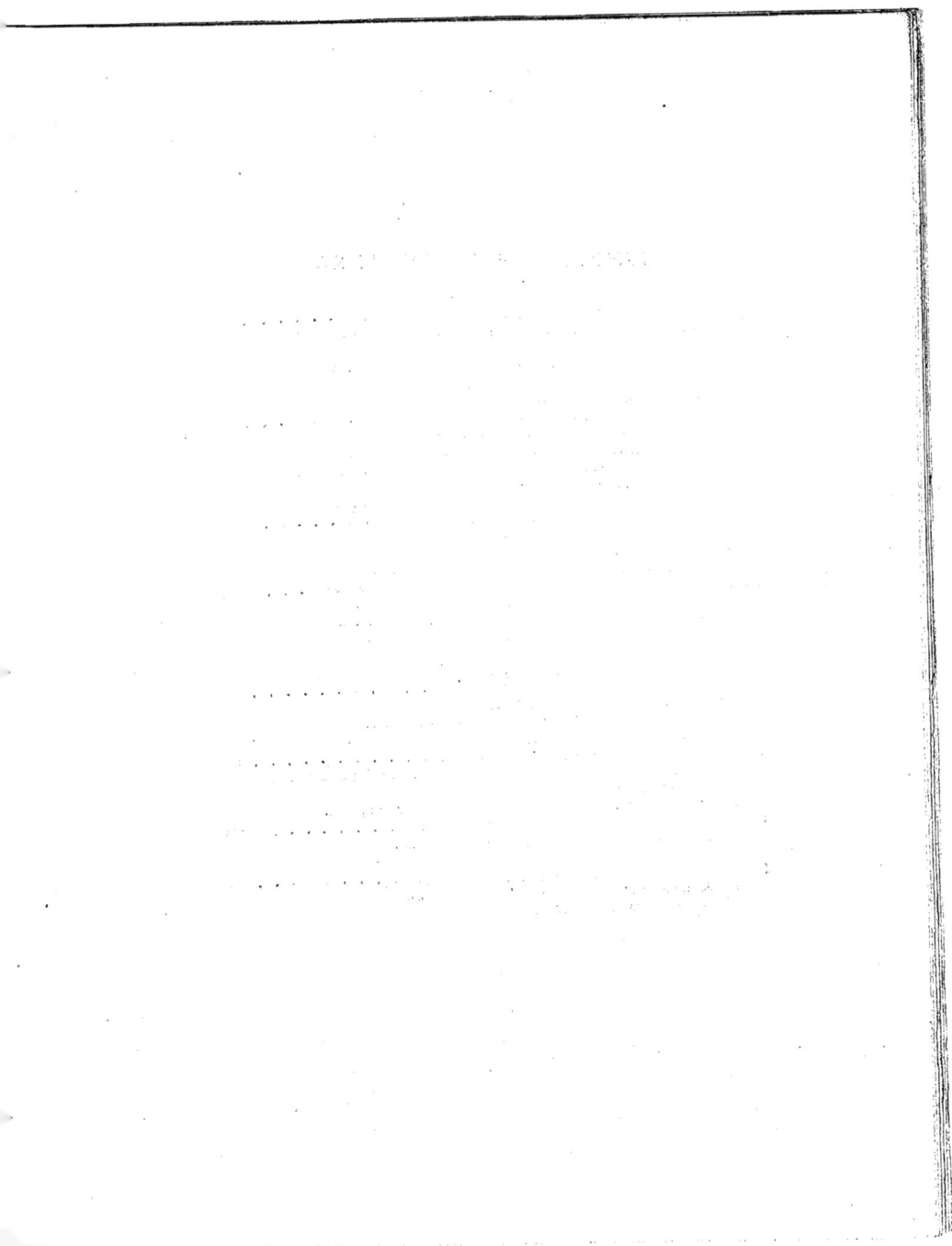

EXPLICATION DE LA PLANCHE XV.

		Pages
Fig. 1	LOPHOPHYLLUM COSTATUM, Mac-Coy, sp.	301
1 *a*	Section horizontale d'un échantillon de Sebarga, menée près de la bouche, double gr. nat.	
1 *b*	Section horizontale d'un autre échantillon plus gros, menée dans sa partie médiane, double gr. nat.	
1 *c*	Echantillon de Sebarga, vu de côté, double gr. nat.	
Fig. 2	LOPHOPHYLLUM CF. RETICULATUM, Thoms. et Nichols.	302
2 *a*	Section horizontale d'un échantillon d'Ontoria, double gr. nat.	
2 *b*	Section longitudinale d'un échantillon d'Ontoria, double gr. nat.	
Fig. 3	CAMPOPHYLLUM COMPRESSUM, Ludwig.	303
3 *a*	Section horizontale d'un échantillon d'Espiella, gr. nat.	
3 *b*	Section longitudinale d'un échantillon de la même localité, gr. nat.	
Fig. 4	PETALAXIS FAVREI, C. B. nov. sp.	305
4 *a*	Calice vu de face, d'un échantillon d'Ontoria, gr. nat.	
4 *b*	Section longitudinale du même.	
4 *c*	Section horizontale menée par la partie médiane du même, gr. nat.	
Fig. 5	KONINCKOPHYLLUM CF. INTERRUPTUM, Thoms. et Nichols.	306
5 *a*	Section horizontale d'un jeune individu de Pria, double gr. nat.	
5 *b*	Section horizontale d'un échantillon adulte de Pria, double gr. nat.	
5 *c*	Section longitudinale d'un échantillon de Pria, double gr. nat.	
5 *d*	Calice vu de face, montrant un bourgeon, double gr. nat,	
5 *e*	Echantillon de Pria. vu de côté, gr. nat.	
Fig. 6	LONSDALEIA RUGOSA, Mac Coy.	308
6 *a*	Calice vu de face, d'Ontoria, grossi 3 fois.	
6 *b*	Section longitudinale d'un échantillon d'Ontoria, grossie 3 fois.	
6 *c*	Section horizontale, grossie 3 fois.	
Fig. 7	LONSDALEIA FLORIFORMIS, Fleming.	309
7 *a*	Section horizontale d'un échantillon de Sebarga, menée par sa partie médiane; gr. nat.	
7 *b*	Le même, vu de côté, montrant ses bourgeons submarginaux; gr. nat.	
Fig. 8	AXOPHYLLUM EXPANSUM, M. Edw. et Haime.	310
8 *a*	Section horizontale d'un échantillon de Sebarga, gr. nat.	
8 *b*	Section verticale, gr. nat.	
Fig. 9	RHODOPHYLLUM CAREZI, C. B. nov. sp.	311
9 *a*	Section horizontale d'un échantillon de Sebarga, gr. nat.	
9 *b*	Section longitudinale du même.	

POLYPIERS CARBONIFÈRES.

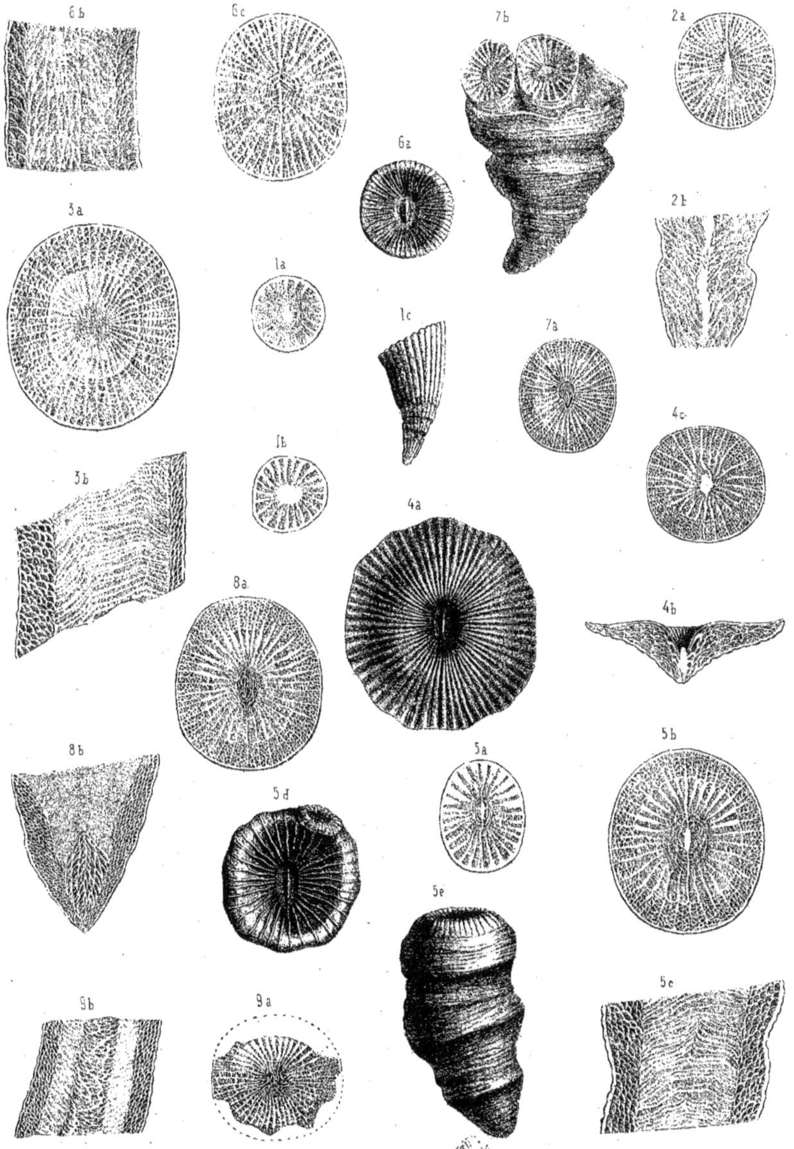

Ch. Barrois del.

Imp. Ducatillon, rue Colbert 2b

Lille. C. Rogghé lith.

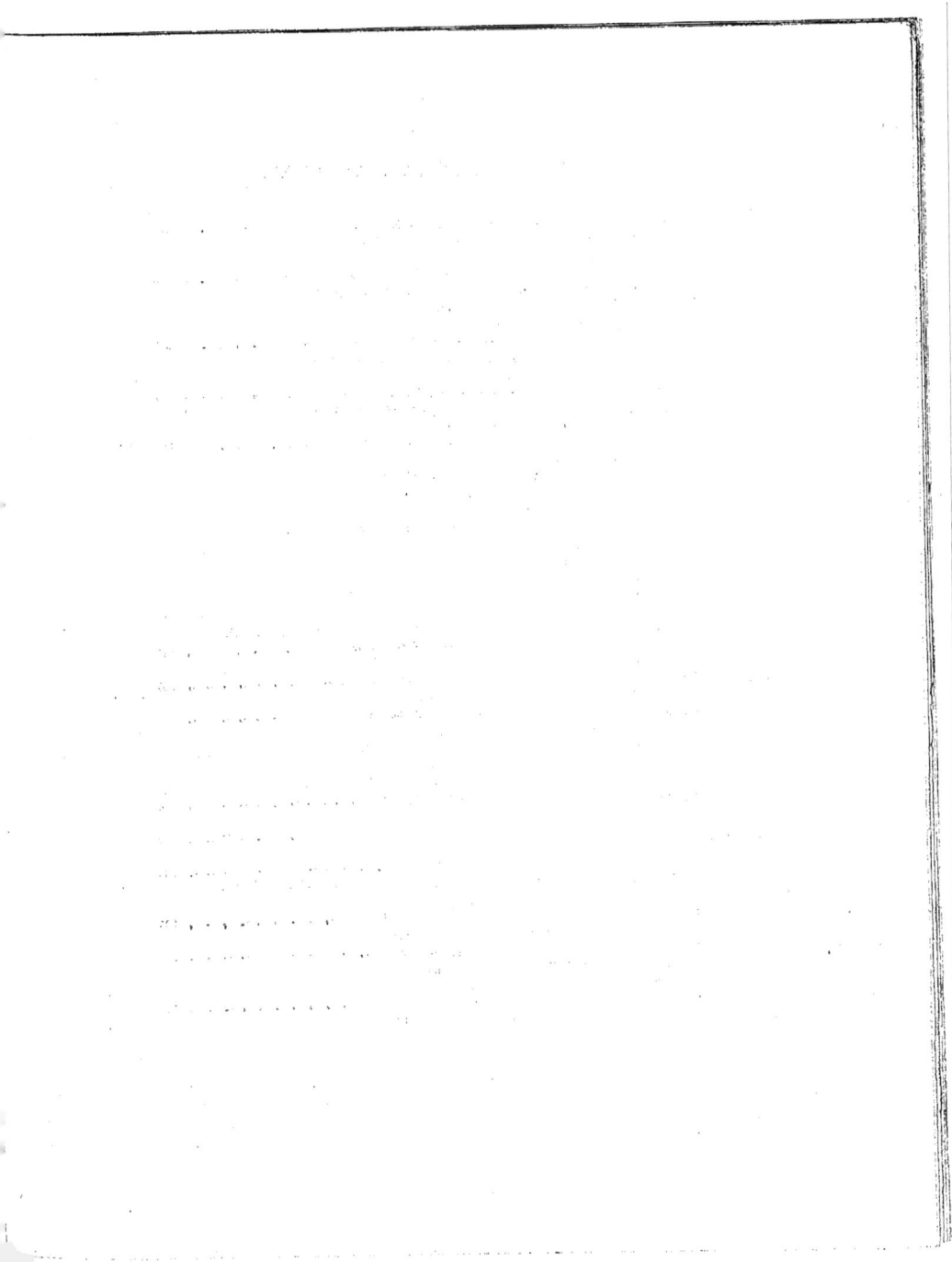

EXPLICATION DE LA PLANCHE XVI.

PAGES

Fig. 1 — Fusulinella sphaeroidea, Mill. 297
- 1 *a* Échantillon d'Ontoria, vu de côté, grossi 10 fois.
- 1 *b* Échantillon vu de face, grossi 10 fois.

Fig. 2 — Erisocrinus Europaeus, C. B. nov. sp. 315
- 2 *a* Figure schématique montrant les plaquettes séparées, gr. nat.
- 2 *b* Calice vu de face, de Sebarga ; gr. nat.
- 2 *c* Calice vu de côté, gr. nat.

Fig. 3 — Eurycrinus concavus, Phill. 317
- 3 *a* Figure schématique montrant les plaquettes séparées ; gr. nat.
- 3 *b* Calice d'Espiella, vu de côté ; gr. nat.

Fig. 4 — Cyathocrinus planus, Mill. 314
- 4 *a* Figure schématique montrant les plaquettes séparées ; gr. nat.
- 4 *b* Calice d'Espiella, vu de côté ; gr. nat.

Fig 5 — Archaeocidaris Sixi, C. B. nov. sp. 320
- 5 *a* Plaque isolée de Sebarga, gr. nat.
- 5 *b* La même vue de côté, pour montrer le tubercule.
- 5 *c* Radiole du même individu grossi 3 fois. La forme de la section tranversale est représentée au-dessus du radiole.

Fig. 6 — Aulacorhynchus Davidsoni, C. B. nov. sp. 326
- 6 *a* Intérieur d'une valve ventrale de Villayana, montrant les empreintes musculaires ; gr. nat.
- 6 *b* Valve ventrale de Villayana ; gr. nat.
- 6 *c* Valve dorsale de Villanueva, montrant la petite dent triangulaire de sa charnière ; gr. nat.
- 6 *d* Fragment du test grossi, montrant les différentes couches dont il est formé.

Fig. 7 — Productus aculeatus, Mart. 324
- Échantillon d'Agueras, double grand. nat

Fig. 8 — Chonetes Jacquoti, C. B nov. sp. 320
- Valve ventrale de Sebarga, double grand nat.

Fig. 9 — Productus Duponti, C. B. nov. sp 325
- 9 *a* Valve ventrale d'Onis : double gr. nat.
- 9 *b* Valve ventrale, vue de côté, d'un individu adulte, montrant les gros plis d'accroissement ; double gr. nat.
- 9 *c* Valve ventrale d'un individu plus jeune d'Onis, double gr. nat.

Fig. 10 — Posidonomya cf. Becheri, Bronn. 334
- Échantillon de Santo-Firme, valve gauche.

Fig. 11 — Lima Buitrago, C. B. nov. sp. 333
- Valve gauche de Sebarga ; double gr. nat.

Fig. 12 — Myalina carinata, Sow. 336
- 12 *a* Valve gauche de Mosquitera, montrant sa charnière sans dents; grand. nat.
- 12 *b* Même valve, vue extérieurement.

Fig. 13 — Aviculopecten cf. scalaris, Sow 333
- Valve gauche de Santo-Firme, double gr. nat.

Fig. 14 — Myalina triangularis, Sow. 336
- 14 *a* Valve droite de Mosquitera ; grand. nat.
- 14 *b* Valve gauche de la même localité.

Fig. 15 — Pecten dissimilis, Fleming. 332
- Valve gauche du Pont de Demues, grossie 3 fois.

FOSSILES CARBONIFÉRES

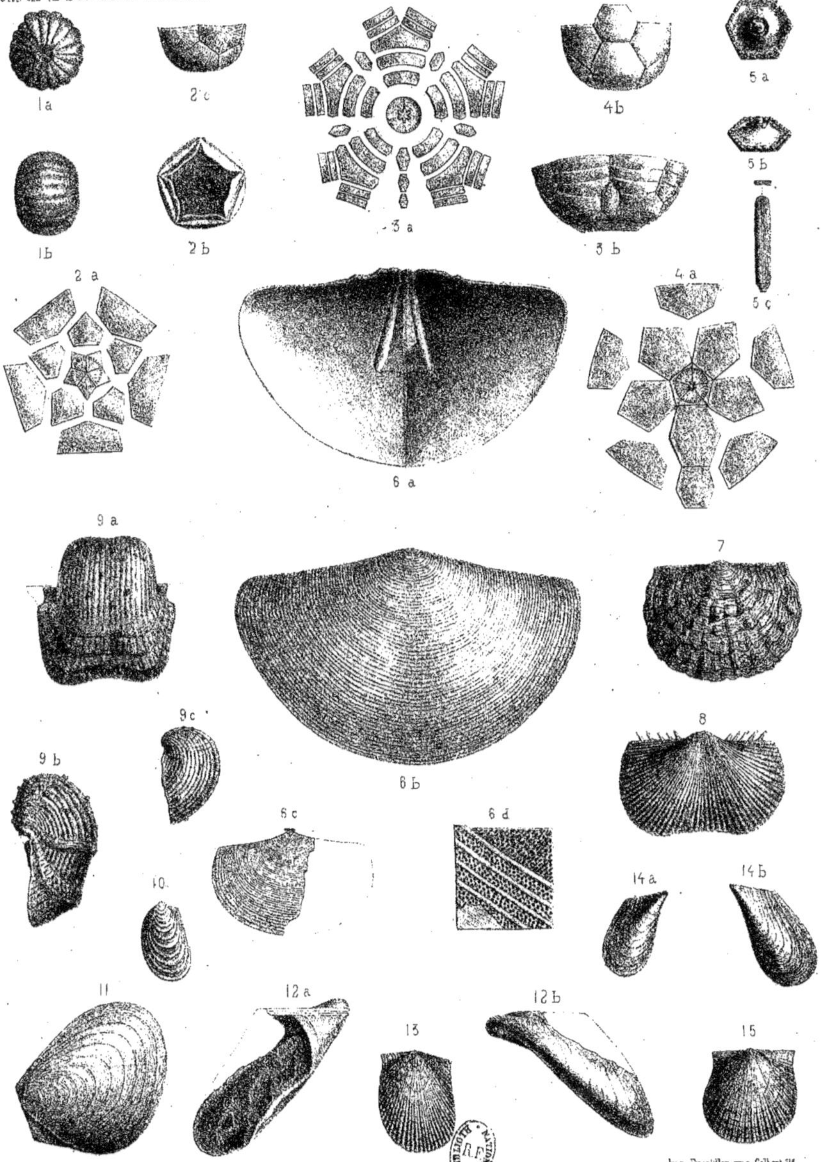

Lille C. Rogghé del. et lith.

Imp. Ducatillon, rue Colbert 38

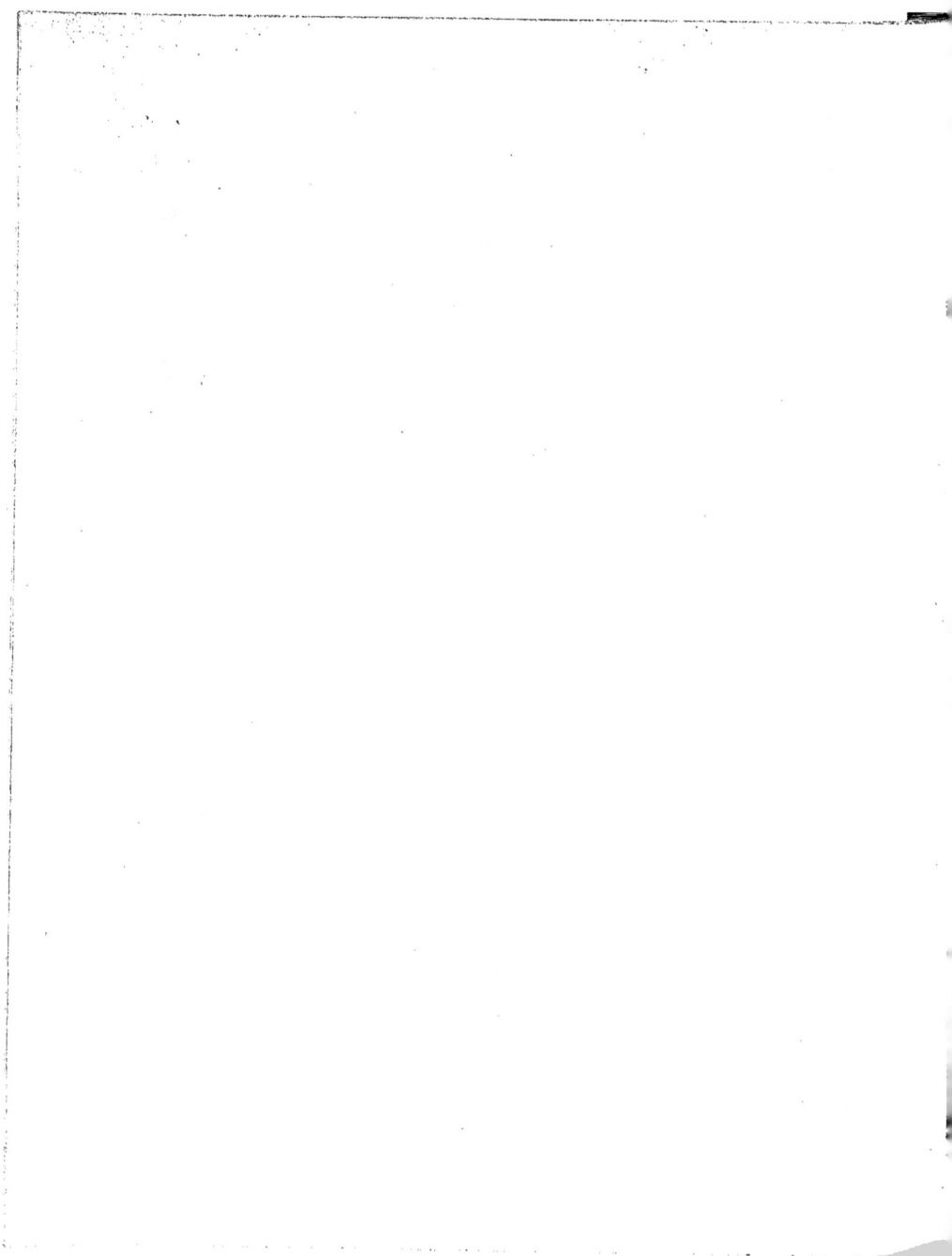

EXPLICATION DE LA PLANCHE XVIII.

LÉGENDE.

se — Terrains secondaires.
fe — Minerais de fer.
a — Terrain houiller (Assises de Tineo et de Sama).
b — Schistes, poudingues et calcaires de Leña, à Fusulinella sphaeroïdea.
c — Calcaire des Cañons, à cristaux de quarz.
d — Calcaire marbre griotte à Goniatites crenistria.
e — Grès de Cué.
f — Calcaire de Candas à Spirifer Verneuili.
g — Grès de Candas à Gosseletia.
h — Calcaire de Moniello à Calceola sandalina.
i — Calcaire d'Arnao à Spirifer cultrijugatus.
j — Calcaire de Ferroñes à Athyris.
k — Calcaire de Nieva à Spirifer hystericus.
l — Grès de Furada.
m — Schiste et quarzites de Corral.
n — Schistes de Luarca à Calymene Tristani.
o — Grès de Cabo-Busto à Scolithes.
p — Calcaire et schiste à Paradoxides de la Vega.
q — Schistes cambriens de Rivadeo.
r — Talcschistes, Chloritoschites.
s — Amphibolites.
t — Micaschistes et gneiss.
u — Gneiss rouge.
x — Roches éruptives.

OBSERVATIONS GÉNÉRALES SUR NOS COUPES.

Les coupes représentées (Pl. XVIII à XX) ne donnent qu'une idée très inexacte, de l'épaisseur réelle des couches, à cause de l'obliquité variable des falaises et des vallées suivies, aux diverses formations géologiques. Le développement des couches dures, résistantes, est en général exagéré; l'importance des couches meubles, tendres, est au contraire réduite, par suite du résultat inégal des dénudations. J'aurais pu éviter ces inexactitudes, en rabattant sur un même plan vertical, les coupes partielles correspondant aux diverses inflexions de la vallée ou du rivage suivis; je ne l'ai pas fait, pour retracer aussi fidèlement que possible la physionomie géologique du pays, en conservant les distances véritables.

Je dois insister ici sur la difficulté de détermination de certains calcaires dévoniens, dans les coupes où ils ne m'ont pas fourni de fossiles; et sur l'incertitude qui en résulte nécessairement, pour les grès de Candas, et de Cué. Il faut noter enfin, que j'ai fait complètement abstraction dans ces coupes des Terrains Secondaires de la région.

On trouvera le texte explicatif de cette planche XVIII aux pages : 395 à 403, 412, 416 à 425, 444 à 454 468 à 484, 541 à 554.

Échelle des longueurs 1/100000, hauteurs libres.

PLANCHE XVII (SUITE).

FOSSILES CARBONIFÉRES

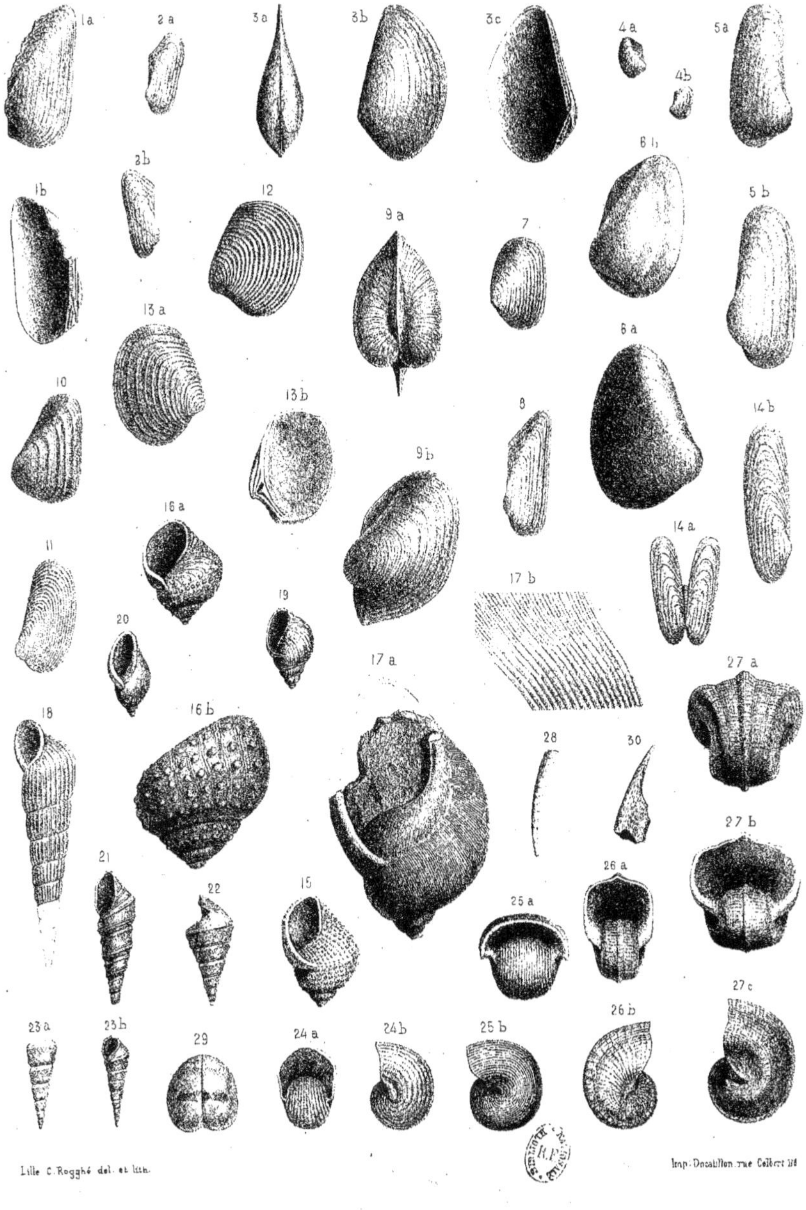

Lille C. Rogghé del. et lith.

Imp. Decatillon rue Colbert 1?

COUPE GÉOLOGIQUE DE LA CÔTE ESPAGNOLE, DE LA GALICE A LA PROVINCE DE SANTANDER.

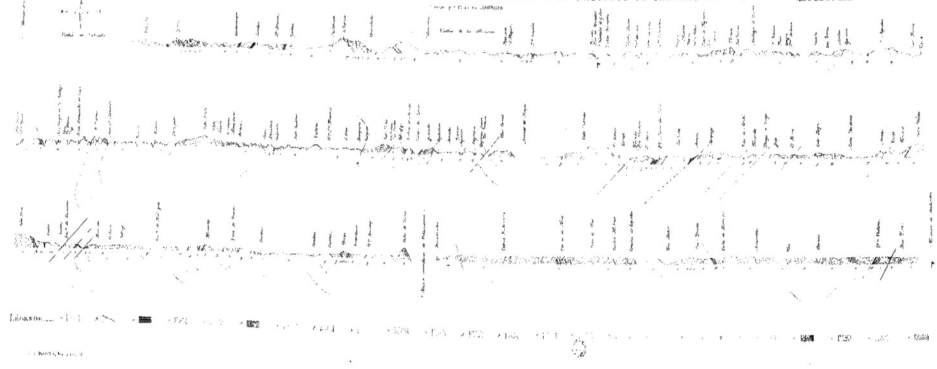

EXPLICATION DE LA PLANCHE XIX.

LÉGENDE GÉNÉRALE.

fe — Minerais de fer.
a — Terrain houiller (Assises de Tineo, et de Sama).
b — Schistes, poudingues et calcaires de Leña, à Fusulinella sphaeroïdea.
c — Calcaire des Cañons, à cristaux de quarz.
d — Calcaire marbre griotte à Goniatites crenistria.
e — Grès de Cué.
g — Grès de Candas à Gosseletia.
h — Calcaire de Moniello à Calceola sandalina.
i' — Calcaire d'Arnao à Spirifer cultrijugatus.
j — Calcaire de Ferroñes à Athyris.
k — Calcaire de Nieva à Spirifer hystericus.
l — Grès de Furada.
o — Grès de Cabo-Busto à Scolithes.
p — Calcaire et schistes à Paradoxides, de la Vega.
q — Schistes de Rivadeo.
r — Talcschistes. chloritoschistes.
s — Amphibolites.
t — Micaschistes et gneiss.
u — Gneiss rouge.
x — Roches éruptives (Les numéros 1 à 7 correspondent à des divisions du texte).

EXPICATION DES FIGURES.

Mémoires de la Soc. géol. du Nord

COUPES GÉOLOGIQUES DES TERRAINS PALÉOZOÏQUES DES ASTURIES.

dressées par CHARLES BARROIS

Tome II. Mém. N° 1 Pl. XIX.

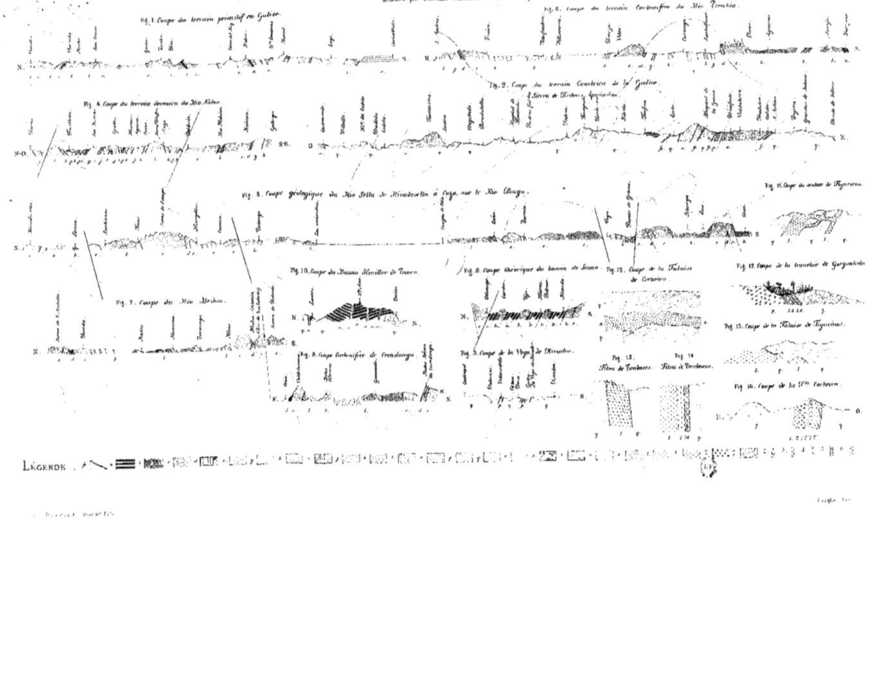

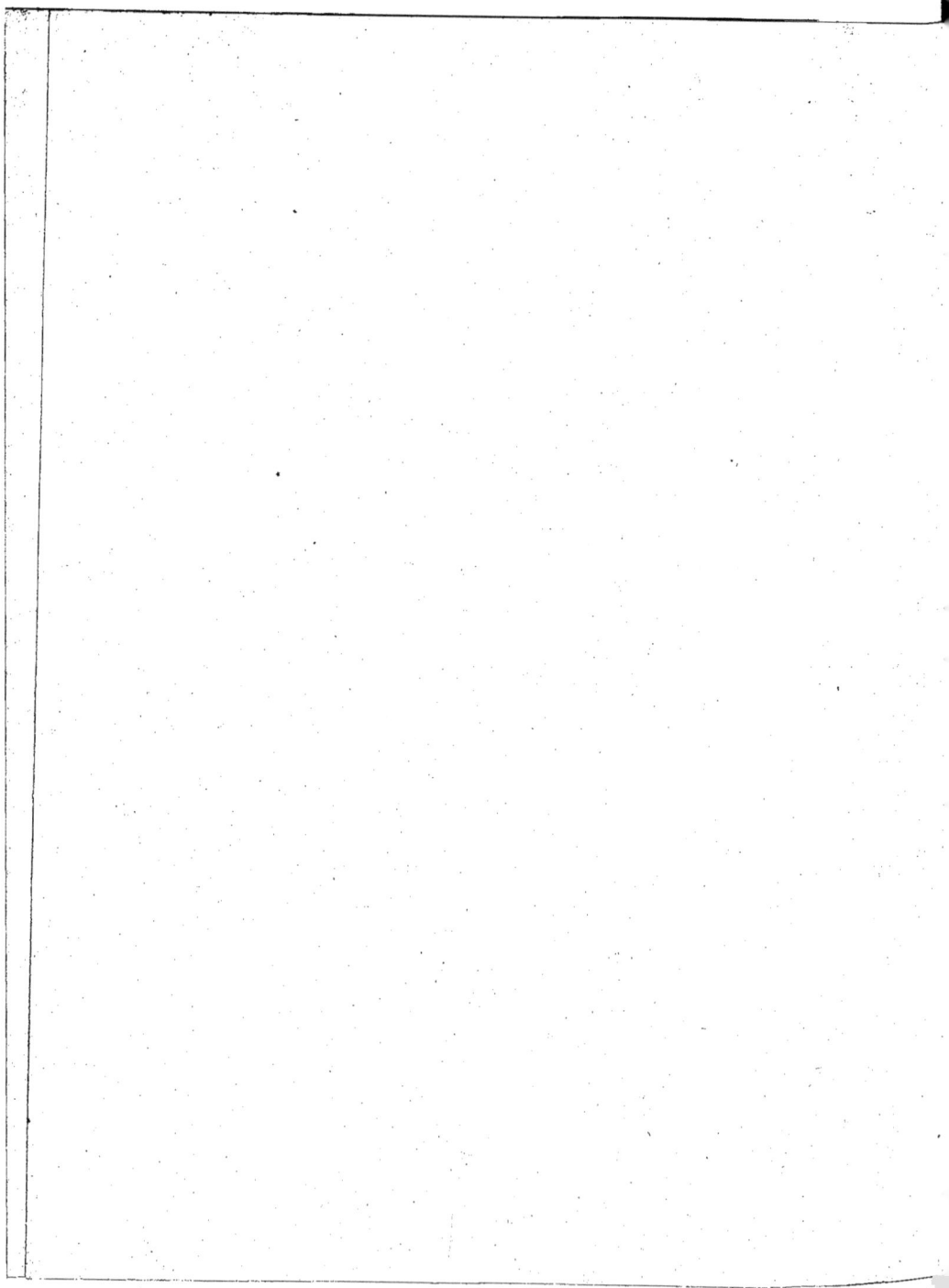

EXPLICATION DE LA PLANCHE XX.

GÉOLOGIE DES ASTURIES.

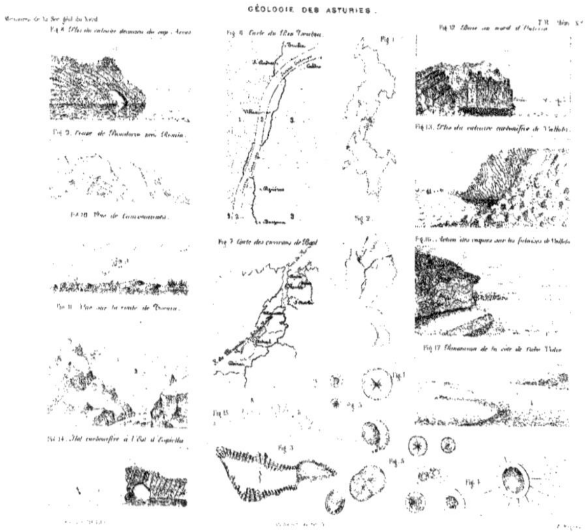

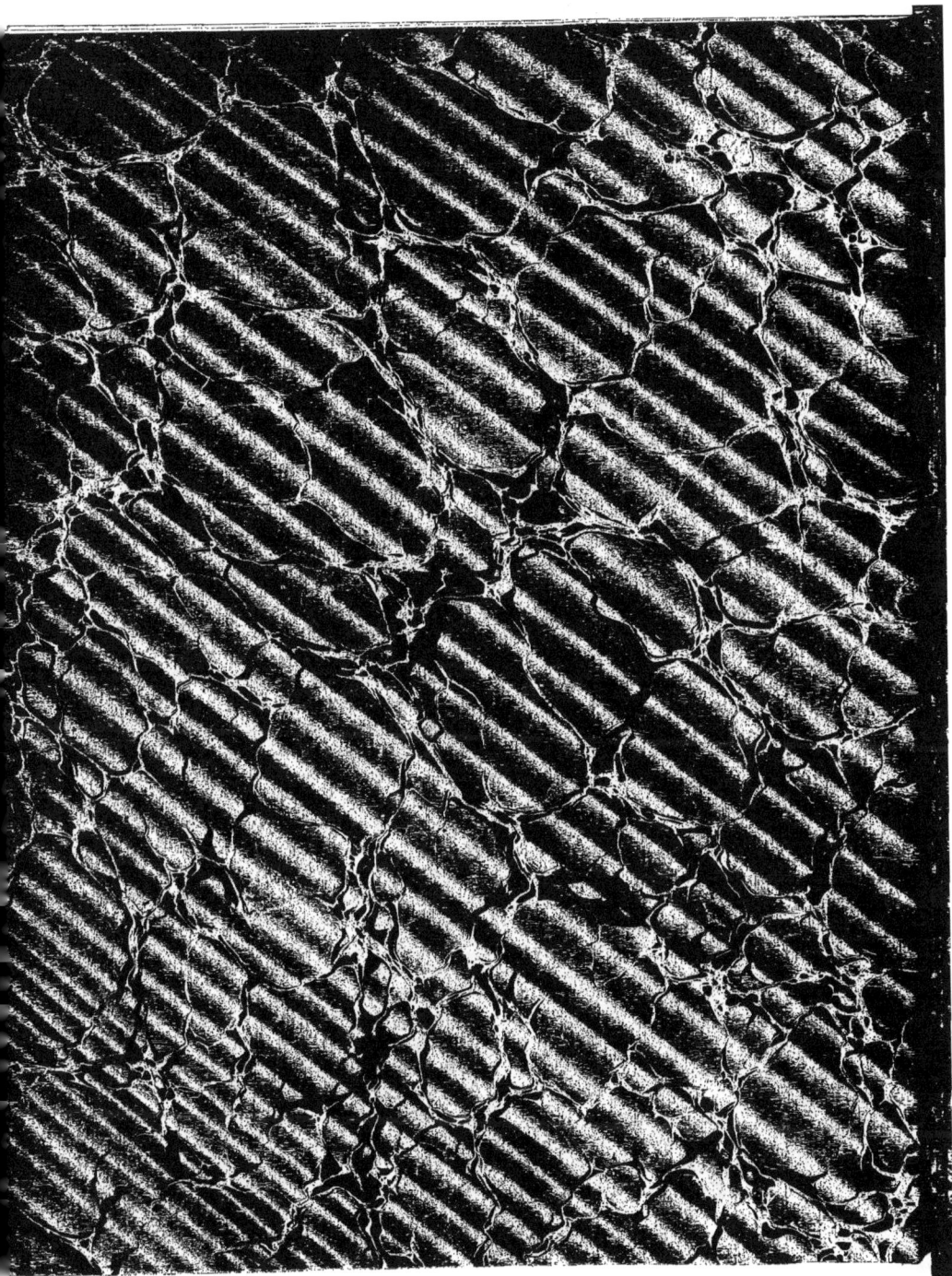